震源理论

陈运泰　顾浩鼎　著

科学出版社

北　京

内 容 简 介

本书是有关天然地震震源基础理论与应用研究的专著，涉及内容广泛，包括地震成因和地震机制、地震位错、地震破裂运动学、震源物理参量、地震辐射能、地震矩张量、地震破裂过程反演、地震破裂动力学、非对称地震矩张量等专题. 书中对所涉及问题的物理概念阐述清楚、简洁、明了；辅以详尽的数学公式推导，以深化对研究问题所涉物理概念的准确理解与结果的正确运用.

本书的主要读者对象是地球物理专业高年级大学生及相关专业研究生，可以作为他们入门的向导与进一步深造的基础. 本书的读者对象还包括只对本书的部分内容有兴趣的广大读者，可以作为他们广泛了解其他学科领域、增进其他学科领域知识的有益参考.

审图号：GS 京(2023)1061 号

图书在版编目(CIP)数据

震源理论基础/陈运泰，顾浩鼎著. —北京：科学出版社，2023.6
ISBN 978-7-03-075812-5

Ⅰ. ①震… Ⅱ. ①陈…②顾… Ⅲ. ①震源–研究 Ⅳ. ①P315.3

中国国家版本馆 CIP 数据核字(2023)第 105404 号

责任编辑：韩 鹏 张井飞/责任校对：何艳萍
责任印制：赵 博/封面设计：陈 敬

科学出版社 出版
北京东黄城根北街 16 号
邮政编码：100717
http://www.sciencep.com
北京富资园科技发展有限公司印刷
科学出版社发行 各地新华书店经销
*
2023 年 6 月第 一 版 开本：787×1092 1/16
2024 年 8 月第三次印刷 印张：39 1/4
字数：928 000
定价：298.00 元
(如有印装质量问题，我社负责调换)

作 者 简 介

陈运泰

1940 年 8 月生于福建厦门，原籍广东潮阳. 1962 年毕业于北京大学地球物理系. 1966 年研究生毕业于中国科学院地球物理研究所. 1981 年至 1983 年任美国洛杉矶加州大学(UCLA)地球与行星物理研究所(IGPP)访问学者. 1991 年当选中国科学院院士. 1999 年当选发展中国家科学院(TWAS)院士. 2015 年被授予国际大地测量学与地球物理学联合会(IUGG)会士(Fellow)称号. 2018 年被授予亚洲与大洋洲地球科学学会(AOGS)荣誉会员(Honorary Member)称号.

曾任中国地震局地球物理研究所所长(1986—2000)，国际大地测量学与地球物理学联合会执行局委员(2003—2007，2007—2011)，亚洲与大洋洲地球科学学会主席(2014—2016)，中国科协第六、七届全国委员会常务委员会委员(2000—2005，2005—2011)，中国地震学会第二届(1985—1991)，第四、五届(1995—2002)，第八届(2012—2015)理事长，中国地球物理学会常务理事(1986—2002)，国际数字地球学会(ISDE)执委会国际成员(2006—2016)，国际《纯粹与应用地球物理》(*Pure and Applied Geophysics*)编委(1996—1999)，中国科学院学部主席团成员，中国科学院咨询委员会副主任、地学部常委、副主任，《中国科学》、《科学通报》编委，《世界地震译丛》、《地震学报》、英文版《地震科学》(*Earthquake Science*)主编，《地球物理学报》副主编，《科学》编委等职.

现任中国地震局地球物理研究所名誉所长、研究员，北京大学地球与空间科学学院名誉院长、教授，中国地震学会名誉理事长，中国科学技术协会全国委员会荣誉委员，国际《地震学刊》(*Journal of Seismology*)编委(1998—)，《国际地球物理学刊》(*International Journal of Geophysics*)编委等职.

主要从事地球物理学与地震学研究，在地震波与震源的理论与应用研究和数字地震学与旋转地震学研究中做出了突出贡献. 在利用地震波、地形变、重力等方法综合研究发生于我国的大地震的震源过程、地震破裂动力学、天然与人为地震(如地下核爆炸等)近震源观测与研究及其在减轻地震灾害中的应用以及震源过程反演的研究成果增进了对地震破裂过程时空复杂性的认识. 在国内外学术刊物上发表论著 300 余篇(部). 研究成果获得全国科学大会奖(1978，排名第一)，卢森堡大公勋章(1987)，国家自然科学奖三等奖(1987，排名第一)，中国地震局科技进步奖一等奖(1997，排名第三)，国家科技进步奖三等奖(1998，排名第三)，中国地震局科技进步奖一等奖(2005，排名第一)，美国地球物理学联合会(AGU)国际奖(International Award)，亚洲与大洋洲地球科学学会艾克斯福特奖(Axford Medal Award，2013)，中国地震局防震减灾科技成果奖一等奖(2018，排名第一)，中国地球物理学会顾功叙奖(2019)，中国地震局防震减灾科学成果奖一等奖(2021，独自完成)等奖励.

顾浩鼎

1940年生于上海. 1959年高中毕业并考入北京大学. 1966年毕业于地球物理系固体地球物理专业. 1968年分配至中国科学院地球物理研究所三室. 1971年夏调入辽宁省地震办公室(辽宁省地震局前身). 1985年4月至10月任美国麻省理工学院访问学者. 1987年任辽宁省地震局地震学研究室主任. 1996年任辽宁省地震局副局长.

为地震科学奉献一生，主要成就可归纳为地震预报、地震预报应用基础理论和物理学及地震学基础理论几个方面. 1975年辽宁海城大地震，作为人类首次在震前提出预报而采取了一系列防震抗震措施并取得了良好防灾效果的成功预报，使他有幸成为一个科学上的突出贡献者. 他同样也是1999年岫岩地震成功预报的贡献者. 岫岩地震预报被誉为教科书般的范例，是在旋转理论指导下使地震预报取得长足科学进步标志的事件. 在地震预报应用基础理论方面，应用非线性物理学自组织理论，以地震频度为序参量描述震源系统在临界点状态下地震活动的不可预测性，证明了三种可能的地震活动性：有丰富的前震、无任何前震及仅有零星的前震. 在基础理论研究方面的重要贡献，是同陈运泰院士一道建立了完备的弹性动力学理论. 由于长期忽视弹性介质中的旋转运动，从而一直以来在连续介质力学中缺失这一动力学理论. 该理论既是对地震学的贡献，也是对经典物理学理论的补充. 这一理论不仅给出了以应力集中和旋转矩为物理源的真正的动力学波动方程，也给出了任何一种动力学理论必不可少的全部守恒定律. 这一理论告诉地震学家和地震预报分析研究人员，震源在临界状态是稳定的，这正是地震活动性表现出的诸如空区、平静和前震震源机制一致性等前兆现象的物理意义. 1999年辽宁省岫岩地震的完美预报也恰是基于此理论完成的.

前　言

《震源理论基础》一书，由于多种原因，经过多年的延宕，现在终于付梓了.

1970 年初，经过近一年半(1968 年 8 月—1970 年元月)的“再教育”，两位作者各自从不同的军垦农场回到原工作单位——中国科学院地球物理研究所，在学部委员（院士）傅承义先生的指导下从事震源物理研究工作.

1966 年至 1976 年，正值我国大陆地区地震活跃期，几乎每年都有一次面波震级 M_S 7.0 左右或以上的地震发生，例如：1966 年 3 月 8 日河北隆尧东部 M_S 6.8 地震；1966 年 3 月 22 日河北宁晋东南 M_S 7.2 地震；1969 年 7 月 18 日渤海 M_S 7.4 地震；1969 年 7 月 26 日广东阳江 M_S 6.4 地震；1970 年 1 月 5 日云南通海 M_S 7.8 地震；1970 年 2 月 24 日四川大邑 M_S 6.2 地震；1973 年 2 月 6 日四川炉霍 M_S 7.6 地震；1974 年 5 月 11 日云南昭通（永善-大关）M_S 7.1 地震；1975 年 2 月 4 日辽宁海城 M_S 7.3 地震；1976 年 5 月 29 日 20：23：20.3 云南龙陵 M_S 7.3 地震；1976 年 5 月 29 日 22：00：19.0 云南龙陵 M_S 7.4 地震；1976 年 7 月 28 日 03：42：55.9 河北唐山 M_S 7.8 地震；1976 年 7 月 28 日 18：45：34.3 河北滦县 M_S 7.1 地震；1976 年 8 月 16 日四川松潘-平武 M_S 7.2 地震；1976 年 8 月 23 日四川松潘-平武 M_S 7.2 地震……

无情的地震吞噬了成千上万的生命，造成了巨大的经济损失与社会影响；同时也推动地震研究不断向前发展. 在长达半个世纪的研究与实践中，作者本着边学习、边研究、边应用的精神，努力致力于将研究成果运用于防震减灾实践中，及时向有关部门提供研究成果，如海城地震、唐山地震等地震的震源机制解[顾浩鼎等，1976；邱群（陈运泰等），1976]，汶川地震破裂过程反演（陈运泰等，2008）等. 同时，不遗余力、持之以恒地致力于有关地震震源的理论与实践的教学与科学知识的传播普及工作. 本书便是作者在北京大学地球与空间科学学院、中国科学技术大学、中国科学院研究生院（今中国科学院大学）地球与行星科学学院、中国地震局地球物理研究所、中国地震局杭州培训中心、南京大学、台湾“中央”大学地球科学学院、武汉大学、意大利恩里科·费米（Enrico Fermi）国际物理学院(ISP) “地震断层力学”讲习班等国内外院、校、所、讲习班等授课的讲义等教材的基础上整理而成的（陈运泰，顾浩鼎，1979，1991，2007，2008，2009；Chen *et al.*, 2019）.

全书共分十章，除绪论外，包括地震成因和地震机制、地震位错、地震破裂运动学、震源物理参量、地震辐射能、地震矩张量、地震破裂过程反演、地震破裂动力学、非对称地震矩张量等诸多专题. 虽然如此，由于地震震源研究发展十分迅速，涉及范围远比上述范围广泛，仍有许多问题未能顾及. 期待今后有更多的相关论著出现，替代或弥补本书的不足.

本书所涉及的范围比较广泛，但章与章之间内容由浅及深、相互衔接；各章编排由易及难、自成体系，既可作为初学者入门的向导，亦可作为研究生进一步深造的基础.

本书的主要读者对象是地球物理专业高年级大学生及相关专业研究生. 为易于为初学者接受，书中对所涉及问题物理概念的阐述力求清楚、简洁、明了；为深化对所涉及问题物理概念的准确理解与结果的正确运用，书中不回避必要的数学公式的推导. 不过，公式推导尽管详尽，但作者无意出版演算稿，建议初学者阅读时仍辅以笔和纸作必要的演算.

本书的读者对象还包括具有不同专业背景与不同需求、只对本书的内容或部分内容有兴趣的广大读者，作者建议他们在阅读时略去数学推导的细节，避免陷于“只见树木不见森林”的境地.

本书写作过程中，得到许多使用过与本书有关教材的专家学者的帮助、讨论和修改建议，他们是：李世愚、陈晓非、郑斯华、蔡永恩、杨智娴、柯兆明、许力生、孙文科、章文波、魏东平、于湘伟、张勇、刘瑞丰、刘新美；在编辑出版过程中，得到了张井飞、李利芝的许多帮助. 在这里，作者向他们表示衷心的感谢！

陈运泰 顾浩鼎

参 考 文 献

顾浩鼎, 陈运泰, 高祥林, 赵毅, 1976. 1975年2月4日辽宁省海城地震的震源机制.地球物理学报, **19** (4): 270-285.

邱群(陈运泰等), 1976. 1976 年 7 月 28 日河北省唐山 7.8 级地震的发震背景及其活动性.地球物理学报, **19** (4): 259-269.

陈运泰, 顾浩鼎, 1979. 震源理论. 北京: 中国科学技术大学. 1-114. (讲义)

陈运泰, 顾浩鼎, 1990. 震源理论. 北京: 国家地震局地球物理研究所, 中国科学院研究生院. 文 1-256, 图 1-89. (讲义)

陈运泰, 顾浩鼎, 1991. 震源理论. 北京: 中国科学技术大学. 1-345. (讲义)

陈运泰, 顾浩鼎, 2007, 2008, 2009. 震源理论基础(上). 北京: 中国地震局地球物理研究所, 北京大学地球与空间科学学院, 中国科学院研究生院. 1-191. (讲义)

陈运泰, 许力生, 张勇, 杜海林, 冯万鹏, 刘超, 李春来, 张红霞, 2008. 2008 年 5 月 12 日汶川特大地震震源特性分析报告[R/OL]. [2017-12-24]. http://www. csi. ac. cn/manage/sichuan/chenyuntai. pdf.

Chen, Y. T., Zhang, Y. and Xu, L. S., 2019. Inversion of earthquake rupture process: Theory and applications. *Rivista Del Nuovo Cimento* **42** (8): 367-406.

目　　录

第一章　绪　　论

第一节　震源理论：内容、方法和意义

从地震震源辐射出、经过地球介质传播到地震台的地震波，既携带着地震震源的讯息，也携带着震源至地震台之间的地球介质的讯息(图 1.1)．因此，传统上，作为研究地震的一门科学，地震学所研究的问题有两个：一个是研究地震的震源，另一个是研究地球的结构(傅承义等，1985)．前者属于地震震源理论及其应用的研究范围，后者则属于地震波理论及其应用的研究范围．这门课程只涉及前者，即研究发生于地震震源的物理过程和地震波的辐射问题，及其在地震预测、防御与减轻地震灾害以及国防建设与国家安全(如侦测地下核爆炸)等方面的应用．至于地震波理论及其应用，即由震源辐射出的地震波在地球内部的传播以及用地震波作为一种探测手段来研究地球的内部结构和物理状态、地球作为一颗行星的历史、地球的构造演化以及勘探自然资源等问题则暂不涉及(Aki and Richards, 1980; Kanamori and Boschi, 1983; Lay and Wallace, 1995; Udías, 1999; Lee *et al*., 2002; Stein and Wysession, 2003; Kanamori, 2007)．

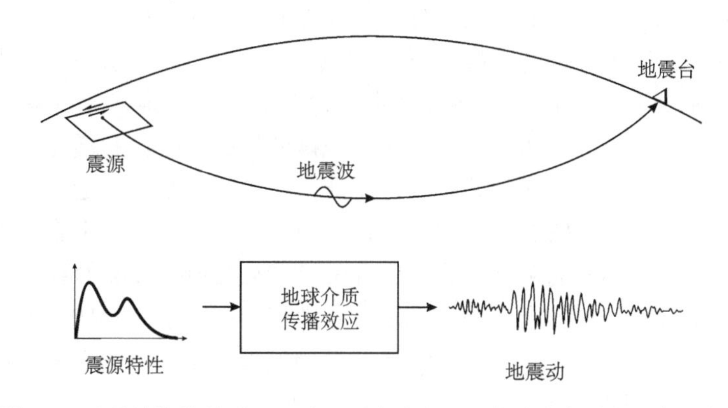

图 1.1　地震波携带着震源及震源至地震台之间的地球介质的讯息示意图

采用地震、地磁、地电、重力、大地测量、地球化学等方法，透过从“零频”(即静态)直至数百赫兹的“窗口”，可以对震源区进行观测与研究．地球物理学家的任务是通过这些观测反演发生于地震震源处的物理过程．和地球科学中的许多学科一样，对震源的研究具有多学科相互渗透的性质．在地震震源的研究中，除涉及物理学、数学等基础学科的知识外，还涉及其他许多学科的知识．在研究与地震有关的地面形变时，涉及大地测量学、天文学；在研究震源区的地质背景、地理环境时，涉及地质学和地理学；为了更好地了解岩石破裂的力学过程，需要用到岩石力学；为了防御与减轻地震灾害，地震震源的研究必须与工程学紧密结合；为了使地震预测实用化，为政府部门的决策提供咨询、收到防御与减轻地震灾害的实效，还要与心理学以及社会科学，如经济学、政治

学、法学、历史学、考古学、管理科学乃至哲学的研究结合起来.

野外调查显示，大多数浅源地震总是伴随着地表断裂，即沿着相对而言可视为平面的断层面上的剪切滑动(Madariaga, 1981,1983,2007; Madariaga and Olsen, 2002). 这些断裂或断层的长度从数十米至数千米不等，其上界正好就是板块边界连续地段的尺度. 许多微观观测资料(在地震学中，微观观测资料即指仪器观测资料)也支持上述野外观测结果. 余震的精确定位表明，大地震的余震通常分布于大体上是平面的主震断层面上，它们是主震发生时断层面上未破裂的部分在主震后继续破裂所引起的. 对地震波辐射所作的观测研究也支持上述观点. 这些观测研究表明，在震源距与波长两者均远大于震源的特征尺度时可以将震源视为一个偶极点源. 早在 20 世纪 60 年代初就已经从理论上严格地证明了偶极点源与剪切位错点源即“点”断层在弹性动力学上是等效的(Maruyama, 1963, 1964; Burridge and Knopoff, 1964). 这就是自 20 世纪 50 年代末以来地震学发展的一个重要的组成部分——地震震源的位错理论.

用地震震源的位错模式可以计算震源距远大于所涉及的地震波波长的远场理论(合成)地震图以及震源距与所涉及的地震波波长可以相比拟的近场理论地震图.将位错点源直接叠加可以得到有限移动源(Ben-Menahem, 1961,1962; Ben-Menahem and Singh, 1981). 运用有限移动源模式，可以很好地解释观测到的地震图(Haskell, 1964,1966). 地震引起的地面永久形变，板块边界的构造形变，震前、同震以及震后的应力积累与松弛的轮回过程，都可以用位错模式成功地予以解释(Chineery, 1961,1969,1970; Hastie and Savage, 1970; Savage, 1980; Savage and Hastie, 1966; Okada, 1985).

由于位错模式在远场、近场、持久形变（“永久”形变)、构造形变等观测资料的解释中取得了巨大的成功，所以在资料解释中，迄今仍然广泛地运用地震震源的位错模式. 然而，必须指出， 虽然位错模式对于阐明地震断层的有限性和震源的几何情况对地震辐射的影响，取得了巨大的成功并且十分重要，但是它只是一种运动学模式. 位错模式包含了物理上不恰当的一些假定. 要改进位错模式须要运用物理上合理的断层面上的位错分布，这便是地震震源的裂纹模式(Костров, 1975; Kostrov and Das,1988).

作为地震断层模式的裂纹产生的物理过程是地震破裂力学所要研究的问题. 裂纹模式是地震震源的动力学模式. 但是，裂纹模式会导致破裂面前缘的应力和质点运动速度的奇异性(Barenblatt, 1959; Burridge, 1976; Rice, 1980).

破裂面前缘的应力和质点运动速度的奇异性与流入破裂面前缘的能流以及能量以表面能的形式被吸收有关. 引进滑动弱化模式或与其相当的其他内聚力模式可以消除这个奇异性(Ida, 1972; Palmer and Rice, 1973; Andrews, 1976). 如果内聚力只在靠近断层端部的小范围内起作用，则可以用少数几个特征量来表征内聚力所起的作用. 按照由这些特征量建立起来的破裂准则，运用数值方法，可以解释应力和介质强度皆不均匀情况下地震断层的动态扩展过程.

为了阐明地震破裂过程的复杂性，现在已经有两种完全不同的模式——障碍体模式(Das and Aki, 1977; Aki, 1979)和凹凸体模式(Lay and Kanamori, 1981, 1995; Ruff, 1983). 两种模式强调的都是实际地震断层上物理条件的非均匀性，只不过前者强调的是介质强度的非均匀性，而后者强调的则是应力的非均匀性. 实际上，两种模式可能代表着活动断层在轮回演化过程中的两个不同阶段，究竟哪一个模式比较合适则取决于断层面上的实际情况.

尽管对在震源区所处的高温、高压条件下岩石流变性质的研究时间不长，但现在已经知道，岩石在临近破裂时是高度非线性的．一些岩石在纯剪切条件下，当应力很高时体积增加，这种现象称为膨胀(Griggs and Hardin, 1960; Brace *et al*., 1966; Brace, 1972; Byerlee, 1968, 1977; Mogi, 1967; Jaeger and Cook, 1979; Scholz, 2002)．与膨胀几乎同等重要的现象是孔隙压的存在，即在正常的地壳所处的条件下，岩石的性状有如两相介质，其液态部分随着应力的变化缓慢地流动．膨胀和孔隙流体在地震的引发过程中起着重要的、基本的作用，但到现在为止有关这些问题的观测资料仍不甚丰富，理论模型也仍处于初始阶段．迄今最成功的地震震源模式仍是关于断层作用及其产生的后果的模式，即成功地阐明了地震波辐射、地震引起的地面持久形变等现象的位错模式、裂纹模式、障碍体模式、凹凸体模式和滑动弱化模式等，所用到的基本的理论工具是线弹性力学，辅之以断裂力学.

地震是自然地发生于预应力介质中的突然破裂，是一种不可逆的、非线性的耗散过程．在非线性科学中近几十年来发现的一些现象如吸引子、分岔、混沌也出现于地震的孕育与发生过程中．地震断层相对而言固然可视为平面，但实际上它并非是一个平面，而是具有自相似性的分形结构．自 20 世纪 60 年代后期发展起来的分维几何学、非线性理论在地震震源的研究中也得到了应用与发展(Mandelbrot, 1967,1977,1982; Bak *et al*., 1987, 1988; Okubo and Aki, 1987; Bak and Tang, 1989; Sornette and Sornette, 1989; Ito and Matsuzaki, 1990; Scholz, 1990; Turcotte, 1992,1997,1999a,b; Barton and La Pointe, 1995; Sornette and Sammis, 1995; Bak, 1996,1999; Sornette and Knopoff, 1997; Rundle *et al*., 2000; Keylis-Borok and Soloviev, 2003; Turcotte *et al*., 2003).

地震波虽然不是研究地震的唯一手段，但现在是、将来仍然是研究地震和地球内部结构的主要手段，并且可能仍然是研究深源地震的唯一手段．由地震观测资料确定地震的破裂过程是一个反演问题．鉴于对于地球介质构造的非均匀性、对于地壳－上地幔复杂的三维结构的了解有限，鉴于地震仪的频带带宽也是有限的，一般而言，反演是不稳定的．解决这一困难的一种办法是求频率域和时间域中的地震矩张量．综合运用余震的时－空－强资料、宏观地震资料、地震断层的野外考察资料、历史地震、考古地震、古地震资料、大地测量特别是空间大地测量资料以及远场与近场地震观测资料，多学科相互渗透、交叉融合，必将有助于阐明地震震源过程、正确地评估地震危险性及实现地震及其灾害的预测、预警，并最终收到防御与减轻地震灾害的实效.

第二节　与地震有关的形变

地震波是极为复杂的、非均匀的、耗散的预应力介质中的线弹性波．与地震有关的应变很小，在震源区其数量级大约为 10^{-4}，并且随着距震源区的距离的增大很快地减小(Tsuboi, 1933; Kanamori, 1994)，所以可以用线性理论成功地处理地震波(Kasahara, 1981; Madariaga, 1981).

地球是侧向不均匀的，至少一直到上地幔－下地幔的边界处(从地面往下 600～700km 处)是如此．不过，作为一种很好的一级近似，可以用球状分层介质模式来近似地表示它．叠加在这个径向分层构造上的是与大陆－海洋差异相联系的侧向变化，其线性尺度最大可达数千米．

在与岩石层厚度同数量级的浅部(从地面往下 100km)，线性尺度的数量级为 100km 的变化是由岩石层板块的相互作用引起的．

就高频地震波而言，线性尺度的数量级为 10km 的不均匀体使地球介质表现为一种很混浊的耗散的散射介质．

与地震有关的形变和波动现象涉及很宽的尺度范围与波长范围．地球介质的非均匀性和流变性按照形变的时间尺度的不同以多种方式影响着这个形变．以下按形变的周期(持续时间)由短至长增加的顺序分述与地震有关的各种不同尺度的形变(图 1.2)．

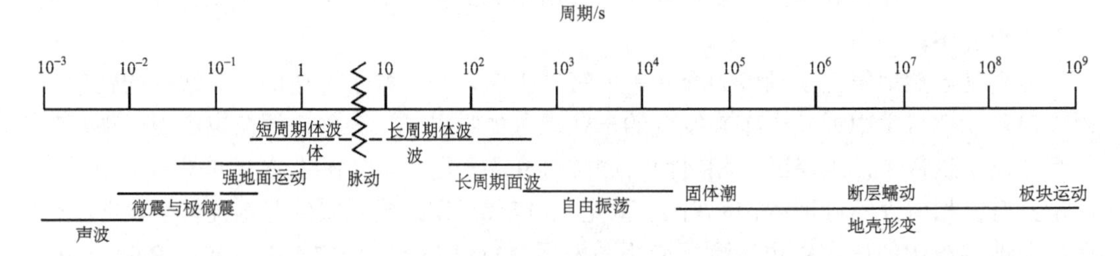

图 1.2　与地震有关的形变的谱

(1) 高频地震波．在地震波频率范围的高频端(约 10^2Hz)，频率高于 5Hz 的高频地震波只在几百千米距离(称作区域性距离)的范围内传播．只有用高增益的地震仪才能记录到微震和极微震辐射的高频地震波．周期 10^{-2}s 即频率 10^2Hz 的地震波已进入人耳能听到的声音的范围(16～20000Hz)．高频地震波受到品质因子约等于 100 的介质的散射与内耗的强烈影响而衰减．在工程地震学中，特别着重研究较大地震或大地震产生的高频地震波，因为这些波是地震引起建筑物与结构物破坏的主要原因．

(2) 短周期体波．以地脉动的峰值加速度的频率 0.1～0.2Hz(5～10s)为界，周期最大达几秒的短周期体波由震源辐射出后可以传播到很远的地方．

地震是激发这种短周期体波的很有效的源；全球范围内可以记录到大地震辐射的这种短周期体波．但是，短周期体波对于近震源和近地震台的局部构造十分敏感．对于一种观测震源的工具来说，这一性质自然大大地影响短周期体波对于震源研究的使用价值．但是，随着宽频带、数字化地震观测技术的迅速发展以及研究工作的深入，情况正在发生变化．

(3) 长周期体波．周期几秒至几十秒的长周期体波是最常用于地震震源研究的地震波．长周期体波为我们提供了大多数有关震源的讯息．长周期体波在地球内部的传播可以用射线理论成功地予以描述．体波的激发程度与地震的大小有关．5 级以下的地震产生的长周期体波只能在中等距离(角距离 30°～90°，1°≈111.22km)记录到．较大地震激发的长周期体波则容易被观测到，从而成为我们有关地震震源的知识的基础．

(4)地震面波. 地震面波是地震波的速度随深度增加而引起的、沿地球表面传播的弹性波，周期为 15s 至数百秒. 地震面波在由地面与层的界面构成的波导中传播时发生频散. 周期 30s 左右的面波的振幅在地壳中较大，受地壳侧向不均匀性的影响很大；周期大于 30s 的面波穿透到比地壳还深的地方；周期大于 100s 的面波，称作地幔波. 研究地幔波时，可以将地球视为球对称介质. 现在对面波在球对称介质中的传播已相当了解. 面波波长通常大于 50km，所以面波对于地震破裂过程的细节不敏感，除非是特大地震. 有鉴于此，一般不用面波研究地震破裂过程的细节；然而，面波适于用来确定反映震源总体特征的地震矩.

(5)地球的自由振荡. 研究周期再长一点、数量级达到 10^3s 的地震波时，就不能再忽略地球的有限性，此时地震波频谱是离散谱，即地球的自由振荡的本征周期(简正振型). 地球自由振荡的基谐振型最长周期为 3233s 即大约 54min. 只有特别大的地震才能激发地球的自由振荡. 地球的自由振荡适于用来确定特大地震的地震矩.

(6)地震引起的地面持久形变. 研究地震引起的地面持久(静态)形变(位移、地倾斜、地应变等)的领域又称零频地震学(zero-frequency seismology). 这个领域正是地震学与大地测量学相互交叉渗透的领域（Press, 1965），大地测量学家称它为地震大地测量学(earthquake geodesy). 零频地震学或者说地震大地测量学是地震震源研究的重要组成部分，通常以大地测量学方法，包括卫星激光测距(Satellite Laser Ranging, SLR)、卫星大地测量学方法(Satellite Geodesy)、合成孔径雷达干涉术(Interferometric Synthetic Aperture Radar, InSAR)、全球定位系统(Global Positioning System, GPS)、甚长基线干涉测量术(Very Long Baseline Interferometry, VLBI)等方法监测地震引起的地面持久形变.

(7)断层蠕动. 地震断层有以很低的速率(数厘米/年)滑动的趋势，其时间尺度从几天到几年不等，这就是断层蠕动. 地面下的温度随着深度的增加而增加，从而断层蠕动随深度增加而加剧.

现在知道，在北美的圣安德烈斯(San Andreas)断层，地震震源的深度大多不超过 15km. 一般认为这是因为在比 15km 深的地方发生了延展性形变. 引发地震的形变局部化可能也是在尺度为几天至几年的时间内发生的. 脆性岩石与时间有关的性状很可能与孔隙流体的流动有关. 鉴于这一问题与地震预测关系密切，对这个问题的研究一直很活跃.

(8)板块运动. 板块在其共同边界的相互作用是导致发生地震的应力积累的原因. 软流层的黏滞流动和板块运动的时间尺度在 5 年以上. 板块以数量级为 1～10cm/a 的速率移动，所以在一个世纪里，其相对运动的幅度累计可高达大约 10m 的数量级. 板块的相对运动应当为与地震有关的断层滑动或无震的断层滑动所调整. 如果在板块边界的某一地段长时间既未发生大地震又未发生无震滑动，那么该地段就很有可能发生大地震. 这就是确定未来大震可能地点的“地震空区”方法. “地震空区”方法曾被应用于环太平洋俯冲带地震的预测，并获得一定程度的成功. 一般认为，“地震空区”方法是确定未来大地震可能地点的有效方法.

与地震有关的形变跨越 10^{-2}s 至百年(约 10^9s)的、相当长的时间尺度区间（12 个数量级），出现于地震轮回的不同阶段中. 这就是：在两次大地震之间以及大地震前的长期的板块运动中，应力缓慢地积累(震间和震前阶段)；通过一次或多次地震及其余震突然释放能量，应力因发生地震破裂而重新分布(同震阶段)；应力和形变在震后至下一个轮回开始之前通过中期时间尺度的物理过程进行缓慢的调整(震后调整阶段)．线弹性理论适用于研究(1)～(6)所描述的、周期从 10^{-2}s 至 10^{6}s 的形变或波动，而研究缓慢的形变则要引进在地球内部表现为高度非线性的黏滞流变．

参考文献

傅承义, 陈运泰, 祁贵仲, 1985. 地球物理学基础. 北京：科学出版社. 1-447.

Aki, K., 1979. Characterization of barriers on an earthquake fault. *J. Geophys. Res.* **84**: 6140-6148.

Aki, K. and Richards, P. G., 1980. *Quantitative Seismology: Theory and Methods.* **1** & **2**, San Francisco: W. H. Freeman. 1-932. 安芸敬一, P. G. 理查兹, 1986. 定量地震学. 第 **1**, **2** 卷. 李钦祖, 邹其嘉等译. 北京：地震出版社. 1-620, 1-406.

Bak, P., 1996. *How Nature Works. The Science of Self-Organized Criticallity.* New York: Springer-Verlag. 1-226.

Bak, P., 1999. *How Nature Works. The Science of Self-Organized Criticallity*. 2nd edition. New York: Copernicus. 1-212.

Bak, P. and Tang, C., 1989. Earthquakes as a self-organized critical phenomenon. *J. Geophys. Res.* **94**: 15635-15637.

Bak, P., Tang, C. and Wiesenfeld, K., 1987. Self-organized criticality: An explanation of the 1/*f* noise. *Phys. Rev. Lett.* **59**: 381-384.

Bak, P., Tang, C. and Wiesenfeld, K., 1988. Self-organized criticality. *Phys Rev*. **A38**: 364-374.

Barton, C. C. and La Pointe, P. R. (eds.), 1995. *Fractals in the Earth Sciences.* New York and London: Plenum Press. 1-265.

Ben-Menahem, A., 1961. Radiation of seismic surface-waves from finite moving sources. *Bull. Seismol. Soc. Am.* **51**: 401-435.

Ben-Menahem, A., 1962. Radiation of seismic body waves from a finite moving sources in the earth. *J. Geophys. Res.* **67**: 396-474.

Ben-Menahem, A. and Singh, S. J., 1981. *Seismic Waves and Sources*. New York: Springer-Verlag. 1-1108.

Burridge, R., 1976. *Some Mathematical Topics in Seismology*. Courant Institute of Mathematical Sciences. New York: New York University. 1- 317.

Burridge, R. and Knopoff, L., 1964. Body force equivalents for seismic dislocations. *Bull. Seismol. Soc. Am.* **54**(6A):1875-1888.

Brace, W. F., 1972. Laboratory studies of stick-slip and their application to earthquakes. *Tectonophysics* **14**: 189- 200.

Brace, W. F., Paulding, B. W. and Scholz, C. H., 1966. Dilatancy of the fracture of crystalline rocks. *J. Geophys. Res.* **71**: 3939-3953.

Byerlee, J. D., 1968. Brittle-ductile transition in rocks. *J. Geophys. Res.* **73**:4741-4750.

Byerlee, J. D., 1977. Friction of rocks. *Proc. Conf. II Experimental Studies of Rock Friction with Application to Earthquake Prediction*, USGS. 55-77.

Chinnery, M. A., 1969. Theoretical fault models. *Publ. Dom. Obs. Ottawa* **37**: 211-223.

Chinnery, M. A., 1970. Earthquake displacement fields. In: Mansinha, L., Smylie, D. E. and Beck, A. E. (eds.), *Earthquake Displacement Fields and the Rotation of the Earth*. Dordrecht: D. Reidel. 17-38.

Das, S. and Aki, K., 1977. Fault plane with barriers: A versatile earthquake model. *J. Geophys. Res.* **82**: 5658-5670.

Griggs, D. T. and Hardin, J. (eds.), 1960. *Rock Deformation*. Geol. Soc. Am. Mem. **79**. Boulder, Colo. : GSA. 1-382.

Haskell, N. A., 1964. Total energy and energy spectral density of elastic wave radiation from propagating faults. Part I. *Bull. Seismol. Soc. Am.* **54**:1811-1841.

Hastie, L. M. and Savage, J. C., 1970. A dislocation model for the Alaskan earthquake. *Bull. Seismol. Soc. Am.* **60**:1389-1392.

Ito, K. and Matsuzaki, M., 1990. Earthquakes as self-organized critical phenomena. *J. Geophys. Res.* **95**: 6853-6860.

Jaeger, J. C. and Cook, N. G. W., 1979. *Fundamentals of Rock Mechanics*. 3rd edition. London: Chapman and Hall. 1-593.

Kanamori, H., 1994. Mechanics of earthquakes. *Ann. Rev. Earth Planet. Sci.* **22**: 207-237.

Kanamori, H. (eds.), 2007. *Earthquake Seismology*. Amsterdam: Elsevier. 1-696.

Kanamori, H. and Boschi, E. (eds.), 1983. *Earthquakes: Observation, Theory and Interpretation*. Amsterdam: North-Holland Publishing Company. 1-608. 金森博雄, E. 博斯基主编, 1992. 地震:观测、理论和解释. 柳百琪, 周冉译, 陈运泰, 谢礼立校. 北京:地震出版社. 1-394.

Kasahara, K., 1981. *Earthquake Mechanics*. Cambridge: Cambridge University Press. 1-261. 笠原庆一, 1986. 地震力学. 赵仲和译. 北京:地震出版社. 1-248.

Keylis-Borok, V. I. and Soloviev, A. A. (eds.), 2003. *Nonlinear Dynamics of the Lithosphere and Earthquake Prediction*. Berlin Heiderberg New York: Springer-Verlag. 1-338.

Kostrov, B. V. and Das, S., 1988. *Principles of Earthquake Source Mechanics*. Cambridge: Cambridge University Press. 1-286.

Lay, T. and Kanamori, H., 1981. An asperity model of large earthquake sequences. Maurice Ewing Ser. **4**:579-592.

Lay, T. and Wallace, T. C., 1995. *Modern Global Seismology*. New York: Academic Press. 1-521.

Lee, W. H. K., Kanamori, H., Jennings, P. C. and Kisslinger, C. (eds.), 2002. *International Handbook of Earthquake and Engineering Seismology*. Part **A**. Amsterdam: Academic Press. 1-933.

Madariaga, R., 1981. Dislocation and earthquakes. In: Balian, R., Kléman, M. and Poirier, J. -P. (eds.), *Physics of Defects*. Amsterdam: North-Holland Publishing Company. 569-615.

Madariaga, R., 1983. Earthquake source theory: A review. In: Kanamori, H. and Boschi, E. (eds.), *Earthquakes: Observation, Theory and Interpretation.* Amsterdam: North-Holland Publishing Company. 1-14.

Madariaga, R., 2007. Seismic source theory. In: Schubert, G. (editor-in-chief): *Treatise on Geophysics.* Vol. **4**. Kanamori, H. (ed.), *Earthquake Seismology.* Amsterdam: North-Holland Publishing Company. 59-82.

Madariaga, R. and Olsen, K. B., 2002. Earthquake dynamics. In: Lee, W. H. K., Kanamori, H., Jennings, P. C. and Kisslinger, C. (eds.), *International Handbook of Earthquake and Engineering Seismology*. Part **A**.

Amsterdam: Academic Press. 175-194.

Mandelbrot, B. B., 1967. How long is the coast of Britain? Statistical self-similarity and fractional dimension. *Science* **156**(3775): 636-638.

Mandelbrot, B. B., 1977. *Fractals: Form, Chance and Dimension.* San Francisco: W. H. Freeman.

Mandelbrot, B. B., 1982. *The Fractal Geometry of Nature*. New York: W. H. Freeman. 1-468.

Maruyama, T., 1963. On the force equivalents of dynamical elastic dislocations with reference to the earthquake mechanism. *Bull. Earthq. Res. Inst., Tokyo Univ.* **41**:46-86.

Maruyama, T., 1964. Statical elastic dislocations in an infinite and semi-infinite medium. *Bull. Earthq. Res. Inst., Tokyo Univ.* **43**:289-368.

Mogi, K., 1967. Earthquakes and fractures. *Tectonophysics* **5**: 35-55.

Okada, Y., 1985. Surface deformation due to shear and tensile faults in a half-space. *Bull. Seismol. Soc. Am.* **75**: 1135-1154.

Okubo, P. G. and Aki, K., 1987. Fractal geometry in the San Andreas fault system. *J. Geophys. Res.* **92**:345-355.

Press, F., 1965. Displacements, strains, and tilts at teleseismic distances. *J. Geophys. Res*. **70**:2395-2412.

Rice, J. R., 1980. The mechanics of earthquake rupture. In: Dziewonski, A. M. and Boschi, E. (eds.), *Physics of the Earth's Interior*. Amsterdam: North-Holland Publishing Company. 555-649.

Ruff, L. J., 1983. Fault asperities inferred from seismic body waves. In: Kanamori, H. and Boschi, E. (eds.), 1983. *Earthquakes: Observation, Theory and Interpretation*. Amsterdam: North-Holland Publishing Company. 251-276.

Rundle, J. B., Turcotte, D. L. and Klein, W. (eds.), 2000. *GeoComplexity and the Physics of Earthquakes.* AGU Monograph **120**, Washington, DC: Amer. Geophys. Union. 1-284.

Savage, J. C., 1980. Dislocations in Seismology. In: Nabarro, F. R. N. (ed.), *Dislocations in Solids*, **3**. Amsterdam: North-Holland Publishing Company. 251-339.

Savage, J. C. and Hastie, L. M., 1966. Surface deformation associated with dip-slip faulting. *J. Geophys. Res.* **71**: 4897-4904.

Scholz, C. H., 1990. Earthquakes as chaos. *Nature* **348**:197-198.

Scholz, C. H., 2002. *The Mechanics of Earthquakes and Faulting.* 2nd edition. Cambridge: Cambridge University Press. 1-471.

Sornette, A. and Sornette, D., 1989. Self-organized criticality and earthquakes. *Europhys. Lett.* **9**:197-202.

Sornette, D. and Knopoff, L., 1997. The paradox of the expected time until the next earthquake. *Bull. Seismol. Soc. Am.* **87**: 789-798.

Sornette, D. and Sammis, G. G., 1995. Complex critical exponents from renormalization field theory of earthquakes: Implications for earthquake prediction. *J. Phys. Int.* **5**: 607-619.

Stein, S. and Wysession, M., 2003. *An Introduction to Seismology, Earthquakes, and Earth Structure*. Malden, MA: Blackwell Publishing. 1-498.

Tsuboi, C., 1933. Investigation on the deformation of the Earth's crust found by precise geodetic means. *Jap. J. Astro. Geophys.* **10**: 93-248.

Turcotte, D. L., 1992. *Fractals and Chaos in Geology and Geophysics.* 1st edition. Cambridge: Cambridge University Press. 1-221.

Turcotte, D. L., 1997. *Fractals and Chaos in Geology and Geophysics.* 2nd edition. Cambridge: Cambridge University Press. 1-416.

Turcotte, D. L., 1999a. Seismicity and self-organized criticality. *Phys. Earth Planet. Interi.* **111**(3-4): 275-293.

Turcotte, D. L., 1999b. Self-organized criticality. *Reports on Progress in Physics* **62**(10):1377-1429.

Turcotte, D. L., Newman, W. I. and Shcherbakov, R., 2003. Micro and Macroscopic models of rock rupture. *Geophys. J. Int.* **152**(3):718-728.

Udías, A., 1999. *Principles of Seismology.* Cambridge: Cambridge University Press. 1-475.

Костров, Б. В., 1975. *Механика Очага Тектонического Землетрясения*. Москва: Издателвство《Наука》, АН СССР. 1-176. Б. В. 科斯特罗夫, 1979. 构造地震震源力学. 冯德益, 刘建华, 汤泉译. 北京：地震出版社. 1-204.

第二章　地震成因和地震机制

第一节　地　　震

我们脚下的大地并不是平静的．有时，地面会突然自动地晃动起来，振动持续一会儿后便渐渐地平静下来，这就是地震．如果地震引起的地面振动很强烈，便会造成房倒屋塌、山崩地裂，给人类生命和财产带来巨大的危害(傅承义，1976；李善邦，1981；傅承义等，1985)．

很多地震，在相当广阔的区域内可同时感觉到，但最强烈的振动只限于某一较小的范围内，并且离这个范围越远，振动变得越弱，以至在很远的地方就感觉不到了．这是因为在振动最强烈处的地下，发生了急剧的变动，由它产生的振动以波动形式向四面八方传播开来而震撼大地．这种波动称为地震波．所以地震即大地震动，是能量从地球内部某一有限区域内突然释放出来而引起的急剧变动，以及由此而产生的地震波现象．

作为一种自然现象，地震最引人注目的特点是它的猝不及防的突发性及巨大的破坏力．关于这一点，古人根据经验就已认识到．早在 2000 多年前，《诗经·小雅·七月之交》中就有关于地震的突发性及其破坏力的生动描述(孔丘, 2006; 周锡韨, 1984)：“烨烨震电，不宁不令．百川沸腾，山冢崒崩．高岸为谷，深谷为陵．”“不宁”是地不宁，即地动；“不令”是不预先通告给人们周知，突如其来．诗中惊叹地震突如其来，势如闪电，声如雷鸣，力足以令山川变易．

第二节　地震的地理分布

根据国际地震中心(International Seismological Centre, ISC)的报告，全球每年发生地震约 30 000 次．地球上到处都会发生地震，但不是到处都会发生大地震；地球上每天都有地震，但不是每天都有大地震．有的地震强烈到可以震撼山岳，造成极大的破坏和损失；有的地震则极其轻微，以至单凭感官觉察不出．小地震分布有时规律不明显，但较强的地震，特别是破坏性的强震，在地理上常呈带状分布，称为地震带(Gutenberg and Richter, 1954; Richter, 1958;傅承义, 1976; Doyle, 1995; Lowrie, 2007)．

从全球范围看，大多数地震分布在三条地带上(Barazangi and Dorman, 1969)，它们是环太平洋地震带、欧亚地震带、海岭地震带(参见图 2.1 和图 2.2)．

环太平洋地震带

全球大多数地震都密集在太平洋周围的环太平洋地震带．环太平洋地震带环绕在太平洋周围，西起阿留申群岛，沿着亚洲和大洋洲东海岸的岛弧，经千岛群岛、库页岛、日本东部，然后分成两支：西支经琉球群岛、中国台湾岛、菲律宾群岛，东支经太平洋

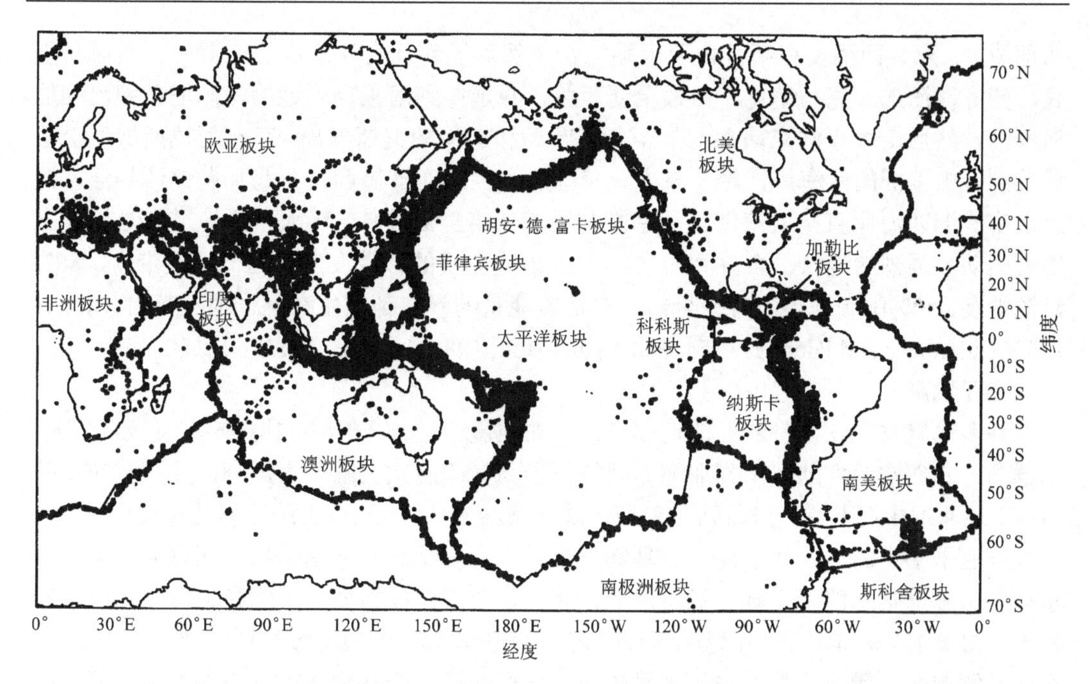

图 2.1　1964～1997 年期间震源深度为 0～700km，体波震级 $m_b \geqslant 5$ 的地震震中分布图

从这幅图上可以看到震中分布勾画出相对而言比较稳定的板块轮廓的、连续的、狭窄的大地震带. 在板块向外发散的地带，地震带很狭窄，有时呈阶梯状，地震活动水平中等. 在板块汇聚地带，地震带较宽，地震活动水平很高. 在大陆内部的一些地区，地震分布较分散，地震活动水平中等

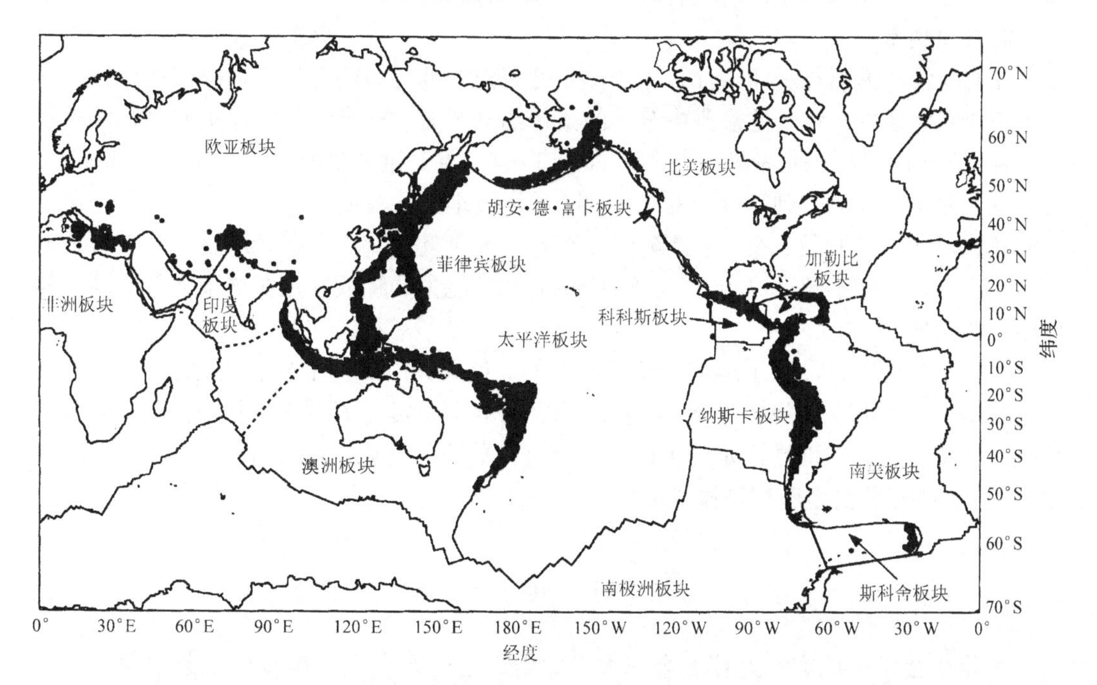

图 2.2　1964～1997 年期间震源深度为 100～700km，体波震级 $m_b \geqslant 5$ 的地震震中分布图

从这幅图上可以看到中源地震和深源地震的震中分布勾画出地震活动水平很高的板块汇聚带

西部边缘. 东、西两支在新几内亚西端汇合，然后经新几内亚北部的所罗门、新赫布里底、斐济、汤加、克马德克，斜插至新西兰，并延伸到南极洲附近的马洞尼岛和巴勒尼岛群岛，然后沿太平洋东南部北上至复活节岛和加拉帕戈斯群岛. 东起阿拉斯加，沿着北美洲、中美洲的西海岸，经加拿大、美国加利福尼亚、墨西哥，与加勒比环相连，然后沿南美洲西海岸直至安第斯山脉南端与桑德伟奇群岛连接. 环太平洋地震带是地球上地震活动最强烈的地带. 全球约 75%～80%地震能量的释放发生在这一地震带内，80%浅源地震、80%中源地震和几乎全部深源地震能量的释放都发生在这一地震带内(Bullen, 1953; Gutenberg and Richter, 1954; Bullen and Bolt, 1985; Lowrie, 2007).

欧亚地震带

许多地震发生在横贯欧亚的地震带. 欧亚地震带是一条弯曲的地震带，它西起亚速尔群岛，北邻欧亚大陆，南邻非洲、阿拉伯半岛、印度次大陆、大洋洲，经过直布罗陀海峡、北非地中海北岸，沿着阿尔卑斯山脉－第纳尔(Dinaride)山脉－喜马拉雅山脉，经意大利亚平宁半岛、西西里岛、土耳其、希腊、克里特岛、塞浦路斯、西班牙东南、阿尔卑斯山脉、喀尔巴阡山脉、亚美尼亚、高加索、伊朗扎格罗斯、阿拉伯海湾、厄尔布尔士、帕米尔－兴都库什、巴基斯坦俾路支、印度北部、中国青藏高原南部，直至南亚、东南亚缅甸弧、巽他岛弧，与环太平洋地震带相连接. 全球约 15%～20%的地震能量的释放发生在这一地震带内(Gutenberg and Richter, 1954; Bullen and Bolt, 1985; Howell, 1990; Bolt, 1999). 欧亚地震带是与阿尔卑斯褶皱带紧密联系的，所以也称为阿尔卑斯地震带；它始于地中海北岸，所以有时也称为地中海地震带.

海岭地震带

在北冰洋、大西洋、印度洋、太平洋东部和南极洲周边的海洋中，成带地分布着许多中小地震的震中. 这一地震震中分布的条带绵亘 8 万多千米，与大洋中的海岭位置完全符合. 它从西伯利亚北岸靠近勒那河的河口开始，穿过北极经斯匹次卑根群岛和冰岛，再经过大西洋中部海岭到印度洋的一些狭长的海岭地带或海底隆起地带，并有一分支穿入红海和著名的东非裂谷带. 它是全球最长的一条地震带，称为海岭地震带. 在这条地震带上，地震一般不超过 7 级. 全球约 5%的地震能量的释放发生在这条地震带以及其他稳定的大陆地区中.

上述三条地震带，除了地震活动性高以外，也是火山活动十分活跃的地带. 不过，上述三条地震带的地震属构造地震. 构造地震与火山地震之间并无直接的关联. 火山地震是火山喷发引起的地震，是与火山活动有直接关联的地震，一般都很小, 影响范围也较小. 几乎所有重要地震都是构造地震.

第三节 板 块

为什么会发生地震？为什么全球大多数地震会分布在上面提到的三条地震带内？这还要从地球内部结构说起(Birch, 1952, 1954; Bullen, 1953; Gutenburg, 1959; Båth, 1973).

早在 20 世纪初，地震学家就已经掌握如何根据地面上不同震中距离的地震波到达时间(简称到时)的观测，计算地下不同深度的地震波传播速度．由地震波传播速度的分布，辅以其他资料，可以知道地球内部的物质组成(Cook, 1973; Lomnitz, 1974; Jacobs, 1974,1987,1991; Bullen, 1975; Jeffreys, 1976; Scheidegger, 1976; Dziewonski and Anderson, 1981; Bolt, 1978,1982,1993,1999; Bott, 1982; Bullen and Bolt, 1985; Stacey, 1969, 1977; Anderson, 2007; Stacey and Davis, 2008)．地球内部按照其物质的不同，从地球表面至地心可以分成地壳(crust)、地幔(mantle)和地核(core)(图 2.3)．地壳平均 35km 厚．地幔又分成上地幔(深度自 35km 至 660km)和下地幔(深度自 660km 至 2889km)．地核又分为外核(深度自 2889km 至 5154km)和内核(深度自 5154km 至地心 6371km)．

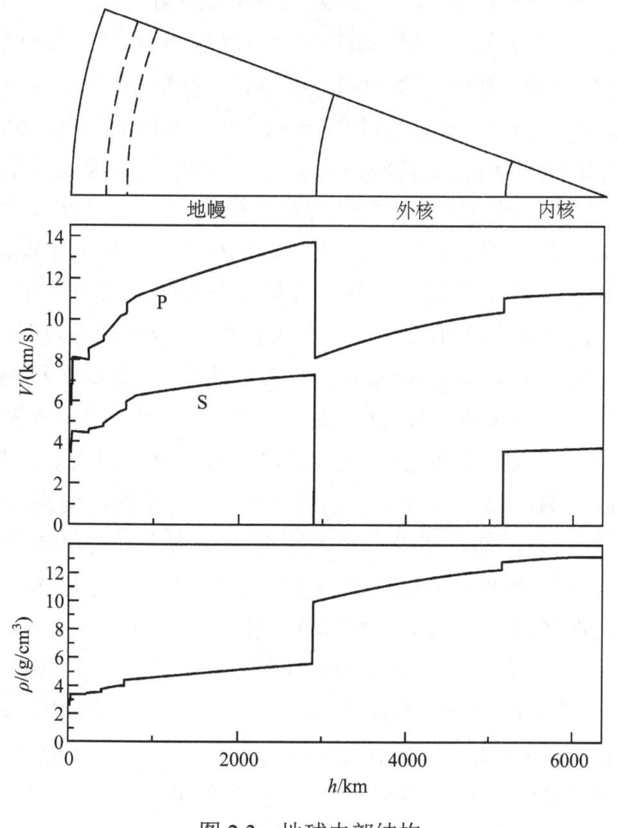

图 2.3　地球内部结构

地壳厚度，在大陆地区约 30km；在海洋地区约 6km；在青藏高原地区厚达 70～80km．

地球的外核是流体，地震剪切波(横波)不能通过；内核是固体．内外核之间有一过渡层，厚几百千米．

地球内部可以分成地壳、地幔和地核的分层结构，是按照物质的不同(主要依据地震波传播速度的分布)划分的．若是按照力学性质的不同，地壳和地幔这两部分又可分成三层，这就是：岩石层(lithosphere)、软流层(asthenosphere)和中间层(mesosphere)(Sykes, 1967; Oliver and Isacks, 1967; McKenzie and Parker, 1967; Le Pichon, 1968)．

岩石层自地面至 80～100 多千米甚至 150～200km 的深度，因地而异．岩石层包括地壳和上地幔的最上部．在以下的一些示意图中，将岩石层表示成等厚度的层，实际情形一般是：在大洋区，岩石层较薄；而在古老的大陆块下，岩石层较厚．在岩石层内，地震波速度较低、衰减很慢，在地质年代(10 万至 1 亿年左右)的载荷下不发生塑性形变．

岩石层漂浮在软流层上．软流层是一个软弱的、温度接近于熔点的、炽热的、黏滞性较低、易于流动的塑性层．在软流层内，地震波速度较低、衰减比在岩石层中快．在以下的一些示意图中，岩石层和软流层的边界简单地表示成明显的界面，实际情形可能不是这样，这两层可能是逐渐过渡的．

软流层往下是难以流动、地震波速度高的中间层．

地球的岩石层并非一完整块体，而是被一些活动的构造如海岭、海沟、岛弧、平移大断层和山系所割裂，形成若干个有限的单元，这些单元称为岩石层板块(lithosphere plate)(Heezen, 1960; Hess, 1962; Takeuchi *et al*., 1970; Le Pichon *et al*., 1973; Cox, 1973,1982; Lomnitz, 1974; McKenzie and Richter, 1967; Minster and Jordan, 1978; Menard 1986; Cox and Hart, 1986; Molnar, 1988; Gubbins, 1990; Kearey and Vine, 1990; Ahrens, 1995; Davies, 1999)．地球岩石层最初划分为 6 大板块(major plate)：南极洲板块、欧亚板块、美洲板块、太平洋板块、印一澳板块、非洲板块. 不久即发现，美洲板块可分为北美板块与南美板块；并且又发现，可从大板块中分出一些较小的板块，如阿拉伯板块等小板块. 这样一来，便有太平洋板块等 7 个大板块(major plate)和阿拉伯板块等 13 个小板块(minor plate, sub-plate, micro-plate)．7 大板块是： 南极洲板块(AN)、欧亚板块(EU)、北美板块(NA)、南美板块(SA)、太平洋板块(PA)、印一澳板块、非洲板块(图 2.4 和图 2.5)．13 个小板块是：阿拉伯板块(AR，红海、亚丁湾裂谷系与扎格罗斯褶皱山系之间)、婆罗洲板块(B)、加勒比板块(CA，中美海沟和西印度群岛之间)、加罗林板块(CL)、科科斯板块(CO，加拉帕戈斯海岭以北、东太平洋海隆与中美海沟之间)、中南半岛板块(I)、胡安·德·富卡板块(JF)、华北板块(NC)、纳斯卡板块(NZ，东太平洋海岭以东、秘鲁—智利海沟以西、加拉帕戈斯海岭和智利海岭之间)、鄂霍次克板块(OK)、菲律宾板块(PH)，琉球、菲律宾岛弧—海沟系与马利亚纳岛弧—海沟系之间)、斯科舍海板块(SC，南美洲与南极洲之间)和扬子板块(Y)．近年来，地球科学家(De Mets *et al*., 1990; Gordon, 1991,1995,1998; Gordon and Stein, 1992)将印一澳板块进一步划分为印度板块(IN)和澳洲板块(AU)，将非洲板块进一步划分为西非努比亚(Nubia)板块(NB)和东非索马里板块(SM)(图 2.4 和图 2.5)．若按此新的划分法(Gordon and Stein, 1992; Gordon, 1998)，大板块便有 8 个，小板块还应加上索马里板块(SM)，共 14 个小板块．有的地球科学家甚至将阿拉伯板块、菲律宾板块、纳斯卡板块、科科斯板块，也归为大板块. 若按此分法，大板块便有 12 个．

6 大板块、7 大板块，或者说 8 大板块、12 大板块系一级板块，其规模可大到 10000km 的尺度，如太平洋板块；小可到 1000km，如菲律宾板块. 尽管大板块多是或者以大陆命名，或者以大洋命名，但它们一般既包括陆地，也包括海洋．例如，太平洋板块基本上包括太平洋水域，但还包括北美圣安德烈斯断层以西的陆地和加利福尼亚半岛；南美板块既包括南美洲大陆，也包括大西洋中脊以西的半个大西洋的南部；北美板块既包括北美洲大陆，也包括大西洋中脊以西的半个大西洋的北部以及西伯利亚最东端的楚科奇地区；等等.

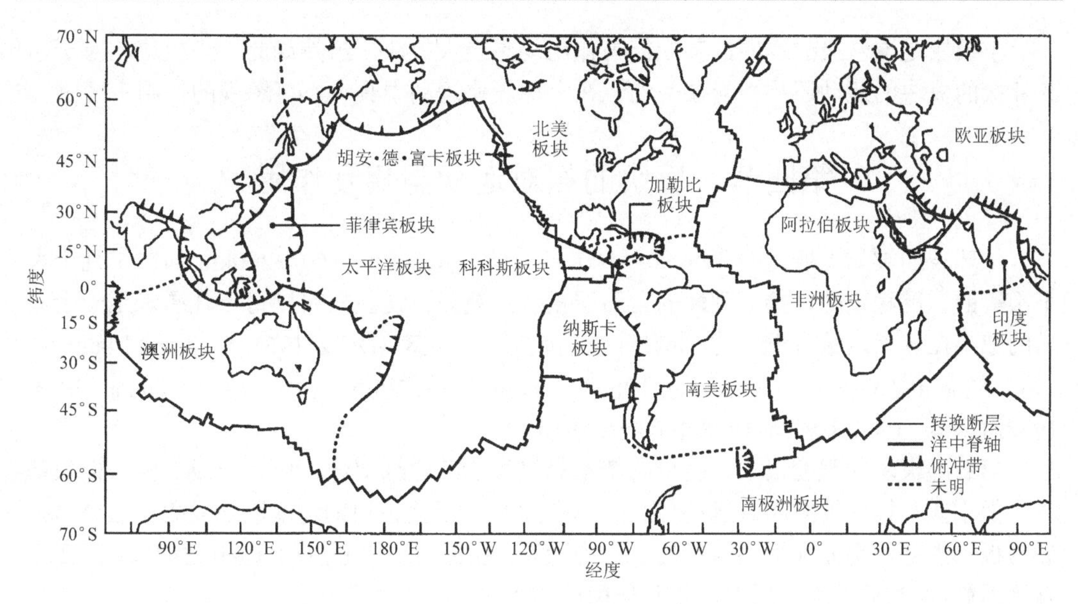

图 2.4　板块大地构造

图中表示太平洋板块等 8 个大板块和阿拉伯板块等小板块

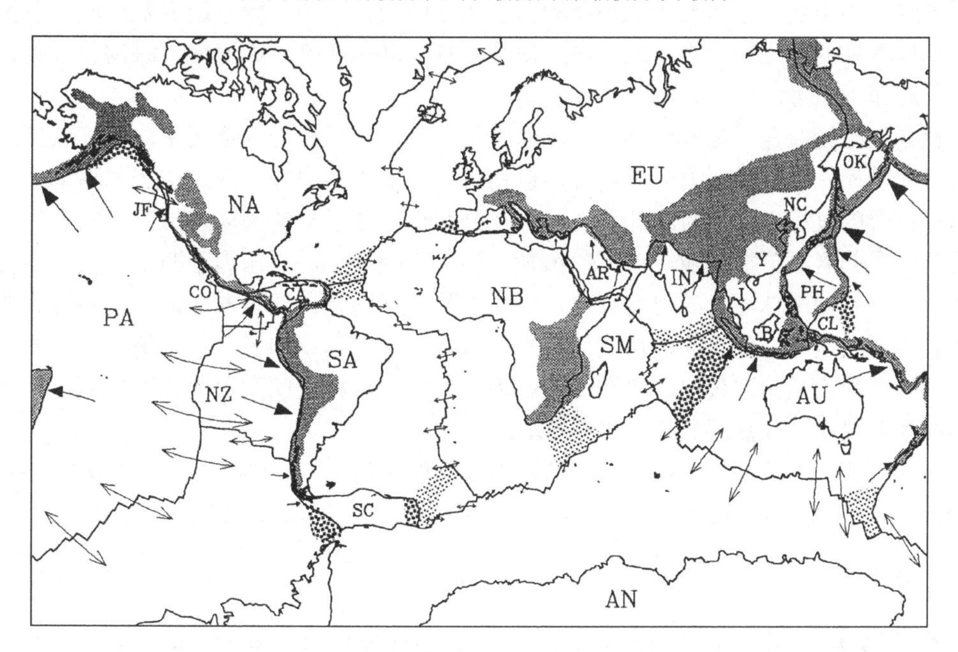

图 2.5　全球板块相对运动图(NUVEL-1 全球板块运动模型)

图中箭头的长度正比于假定板块相对运动保持现今速度 25 Ma 不变时的位移．在发散带(洋中脊)，两个板块的相对运动以互相背离的两个箭头表示．在汇聚带，向下俯冲的板块相对于上覆板块的运动以单箭头表示．在许多地方板块的边界是范围相当广阔的形变带．图中由细点绘出的区域表示由地震活动性、地形、断层活动等资料推知的陆地上的形变带；中粗点绘出的区域表示由形变及地震资料推知的海洋下面的形变带；粗的点绘出的区域表示主要是由地震资料推知的海洋下面的形变带

小板块是次一级的板块，其规模与作用均不及大板块．虽然如此，小板块相对于与其邻接的板块的运动还是相当显著的，在全球板块运动中具有不可忽视的作用．

第四节　板块的相对运动与相互作用

地球表面被如上所述的厚度 80～100 多千米，甚至厚达 150～200km 的二十几个大小不等的、准稳定的、接近刚性的岩石层板块所覆盖，这些板块以每年几厘米至十余厘米的速率在厚度达数百千米的、低黏滞性的软流层上运动(Dietz, 1961; Vine and Mathews, 1963; Vine and Wilson, 1965; Vine, 1966; Morgan, 1968; Willie, 1971, 1975; Wilson, 1965, 1972; Jacobs, 1974; Uyeda, 1978; Savage, 1980)．

岩石层板块的强度很大，主要的变形只发生在其边缘部分．作为一级近似，板块基本上像刚体一样地彼此相对运动(图 2.4 和图 2.5)．然而板块的边缘既然受力，这个力必然向板块内部传递而使板块内部处于应力状态．各种大地构造活动(造山运动、地壳变动乃至地震)便是这些岩石层板块相互作用的结果．

板块与板块相互接触的地方称为板块边界．板块边界的岩石由于受到板块之间相互作用力的巨大影响，不断地产生物理的甚至化学的变化，因而板块边界是地质上发生巨大的和根本性的变化的地方，这些地方便是各种活动构造带，如海岭、海沟、岛弧、平移大断层和山系等．

板块大地构造并不是永恒不变的，而是处于缓慢但持续的变化之中．由于软流层对流的带动，板块像一条巨大的传送带，以均匀的速率由洋中脊向两边扩张和移动，并在远离洋中脊的过程中，不断冷却和变化，在岛弧地区或活动的大陆边缘沉入软流层．下沉到软流层的岩石层板块随着深度的增加，温度不断地升高，压力不断地增大，从而逐渐变化，直至被地球深处的岩石吞并、完成对流循环为止．现今的非洲、南极洲、北美和南美等板块是正在生长的板块，而太平洋板块是正在缩小的板块．阿留申、日本和南美洲的安第斯山是俯冲板块边缘在地面的表现．因此，板块间发生的相对运动有三种方式：相互背离、相互靠近和相互平移(图 2.6)．

板块间的三种运动方式，产生了三种类型的板块边界，分别称为发散边界(divergent boundary)、汇聚边界(convergent boundary)和转换边界(transform boundary)．

1. 发散边界

发散边界可进一步分为海底扩张洋脊(seafloor spreading ridge)与大陆裂谷(continental rift valley)两类．

1)海底扩张洋脊

在板块的发散边界(图 2.7 左半部)，两块薄的板块以洋中脊(mid-ocean ridge)为界相互背离(图 2.6a)，因此，在其间产生空隙．来自软流层深部的炽热的熔岩上涌，缓慢地流经洋底，逐渐地冷却凝固，在洋中脊两边形成新的板块，填充了空隙并使洋中脊扩张．这就是海底扩张(seafloor spreading)．全球主要的海底扩张洋脊发散边界有：将大西洋一分为二的大西洋洋中脊、东太平洋洋中脊、印度洋洋中脊等．它们是位于水下约 2500m

的海底山脉.

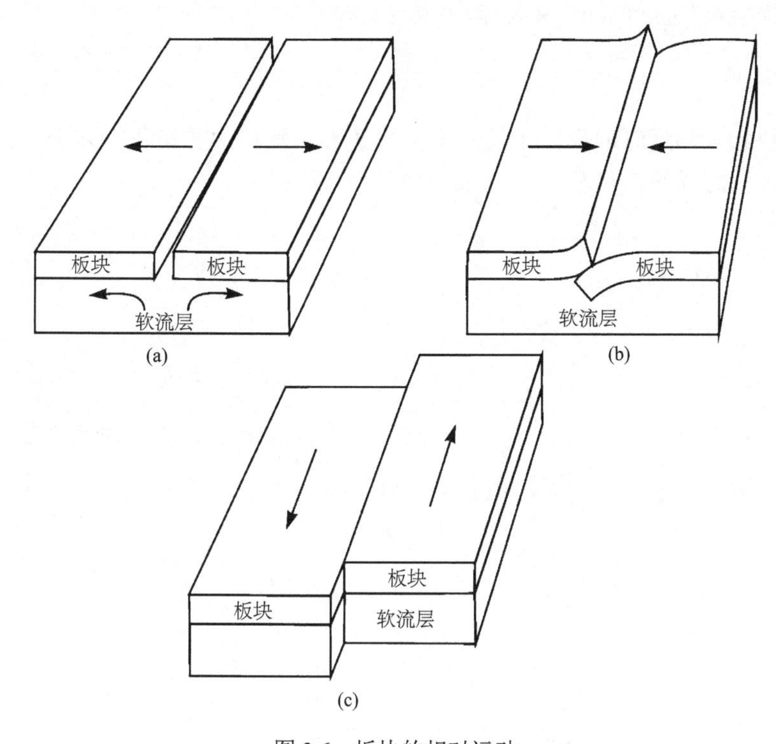

图 2.6　板块的相对运动

(a) 相互背离；(b) 相互靠近；(c) 相互平移

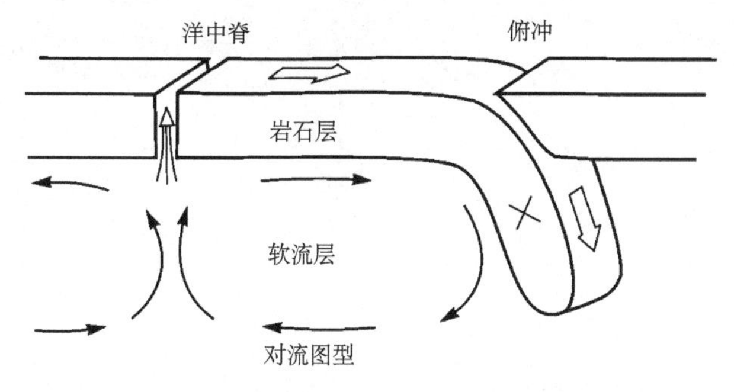

图 2.7　板块的发散边界(左半部)与汇聚边界(右半部)

叉号表示发生于向下俯冲的岩石层板块内的中深源地震

2) 大陆裂谷

大陆内的发散边界称为大陆裂谷. 在裂谷形成(rifting)时，熔融的岩石由软流层深部上涌到地表面，迫使大陆破裂和分开. 在大陆裂谷发散边界，受到由软流层深部上涌的熔融的岩石的作用，地壳伸展、地面向上翘曲. 地壳因受到拉伸，便发生破裂、下陷、形成裂谷，如现在的东非裂谷. 接着，海水侵入、淹没裂谷、形成长条形的海(线状海)，大陆裂谷便演化为海底扩张中心，形成如现在的亚丁湾或红海那样的新的海洋盆地. 最后，裂谷演化为洋中脊.

在发散带，两个相互背离运动的板块的相对运动速率，如在北大西洋，可小到 2cm/a，而在东太平洋隆起(East Pacific Rise)可高达 16cm/a.

2. 汇聚边界

两个板块相互靠近时便形成了板块的汇聚边界. 汇聚边界可进一步分为海洋－大陆消减带、海洋－海洋消减带与大陆－大陆碰撞带(图 2.8).

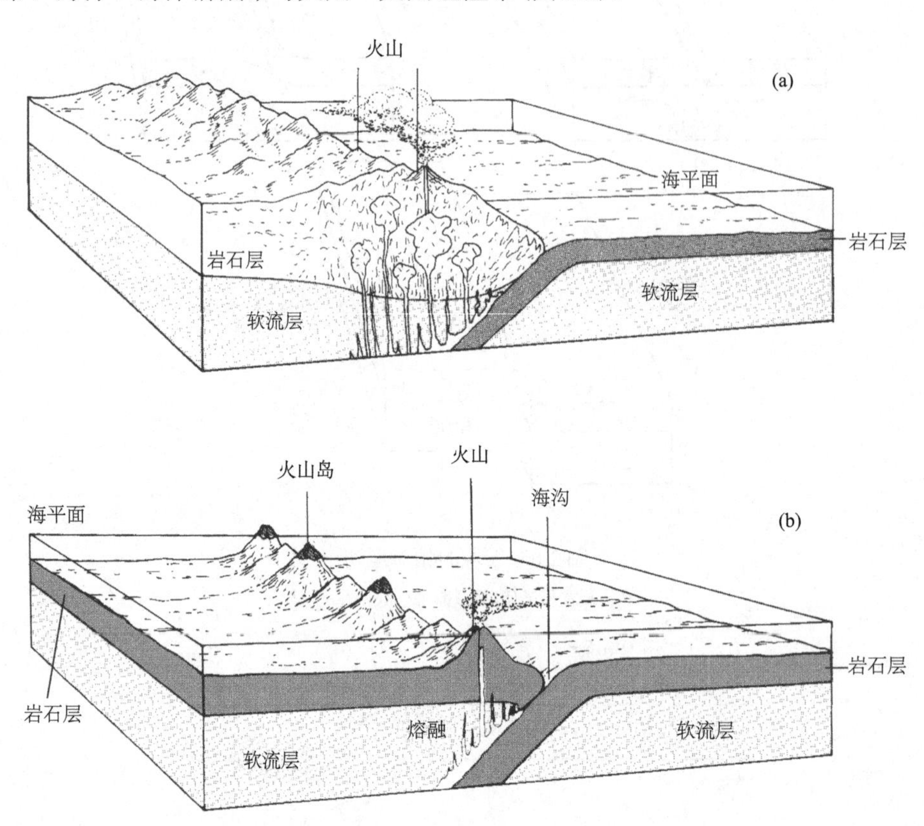

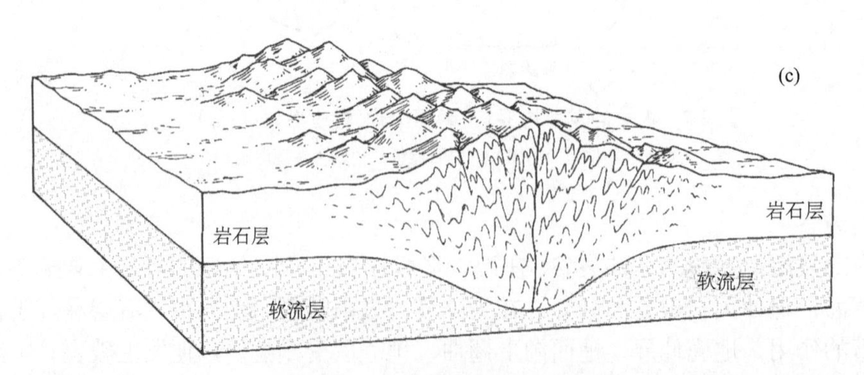

图 2.8　三种类型的板块汇聚边界

(a) 海洋－大陆消减带；(b) 海洋－海洋消减带；(c) 大陆－大陆碰撞带

1)海洋－大陆消减带

在板块的汇聚边界(图 2.7 右半部)，当厚度近似相等的两大板块汇聚时(图 2.6b)，一侧的板块俯冲到另一侧的板块下，这种现象称为俯冲．所以，汇聚带(convergent zone)又称为俯冲带．板块俯冲下去的那部分称为板片(slab)．当海洋板块与大陆板块汇聚时(图 2.8 a)，由于海洋板块较薄，其密度大且位置又低，而大陆板块较厚，密度小且位置又高，所以，一般总是海洋板块俯冲到大陆板块下面，并在海洋板块被压到大陆板块下面的地方形成深海沟．在俯冲的海洋板块到达约 100km 深度时，地壳熔融，部分岩浆被推到地面，形成火山．海洋－大陆消减带主要发生在太平洋周缘，如南美西海岸秘鲁－智利海沟、太平洋西部汤加－克马德克地区．因为这个缘故，俯冲边界也称为太平洋型汇聚边界．沿着汇聚边界，海洋板块下沉到软流层中．由于地球内部的温度和压强随深度的增加而升高和增大，使下沉到软流层中的海洋板块逐渐潜没消亡于软流层之中，所以俯冲带又称为消减带(subduction zone)．

2)海洋－海洋消减带

当两个海洋板块相互靠近时便形成海洋－海洋消减带(图 2.8b)．海洋－海洋消减带常导致岛弧系的形成．当海洋板块俯冲到软流层时，新产生的岩浆上升到地面，形成火山．火山逐渐生长，最后演化为岛弧(岛链)．阿留申岛弧便是海洋－海洋消减带的典型例子．

3)大陆－大陆碰撞带

第三种类型的汇聚边界是大陆－大陆碰撞带(图 2.8c)．这种情况发生于两个大陆板块相互靠近发生碰撞时．在大陆－大陆碰撞的情况下，因为两个板块都是密度较小、质量较轻、易于漂浮的大陆板块，不可能发生一个板块俯冲到另一个板块下面的消减，而是在板块内部发生大范围的变形，板块的相对运动绝大部分通过嵌入侧的板块内部的大范围挤压、褶皱、变形和向上逆冲得以调整，从而形成大规模的褶皱山脉和逆冲断层与走向滑动断层，这种现象称为碰撞(collision)，相应的边界称为大陆－大陆碰撞边界．

发生于喜马拉雅地区的印度板块与欧亚板块的碰撞及其所引起的大陆形变是碰撞边界的典型例子．地中海地区(从土耳其至西班牙)的阿尔卑斯山、伊朗西南部和伊拉克东北部的扎格罗斯地区，也是两个大陆板块的碰撞边界．

在板块的汇聚边界，两个相互靠近汇聚板块的相对运动速率(收敛速率)可小到 1cm/a(如非洲板块与欧亚板块的相互汇聚)，大到 8cm/a(如纳斯卡板块与南美板块的相互汇聚)．

3. 转换边界

在板块的走(向)滑(动)边界(图 2.9)，相邻的两个板块沿边界的走向滑动(图 2.6c)．由于这种走向滑动边界的存在，使板块边界发生从发散边界到发散边界、从发散边界到汇聚边界或从汇聚边界到汇聚边界的连接．这种类型的走滑断层不同于将洋脊错断的、通常意义上的走滑断层，所以称为转换断层(transform fault)；而相应的板块边界称为转换边界或走(向)滑(动)边界．转换边界发生于两个海洋板块之间或海洋板块与大陆板块之间．沿着大西洋的洋中脊，可以看到洋中脊并不是连成一线，而是在多处被断裂带沿横向错开(参见图 2.4 和图 2.5). 被两段洋中脊所夹着的断裂带就是作为转换边界的转换断层. 在北美西部，有一系列相当长的转换断层，它们是太平洋板块和北美板块的边界，沿着这些断层，太平洋板块相对于美洲板块向西北方向运动. 著名的美国加利福尼亚的圣安德烈斯断层就是这些断层中的一条. 在圣安德烈斯断层，相邻的板块以高达 15cm/a 的速率彼此相对移动.

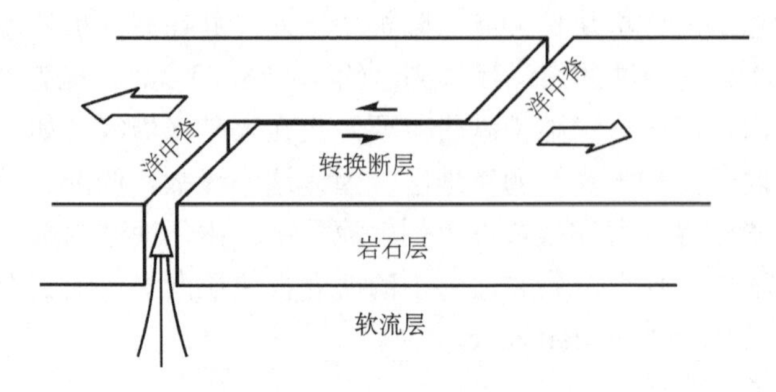

图 2.9 板块的转换边界

第五节 地幔对流—板块构造系统

(一) 驱使板块不息运动的力

究竟是什么力量驱使板块不息地运动呢? 现在我们知道，驱使板块运动的力主要有板片拖曳力(slab pull)、洋脊推力(ridge push)和板片吸力(slab suction)三种（图 2.10）.

1. 板片拖曳力

俯冲下沉到软流层的板块部分称为板片(slab). 当冷的、致密的、老的海洋板片俯冲沉入到炽热的、密度比其小的软流层，拖曳着板块运动的现象称为板片拖曳(slab pull)，板片拖曳着板块运动的力称为板片拖曳力(slab pull). 板片拖曳力是现在地球科学界已确认的、对驱使板块运动起主要作用的力(图 2.10b).

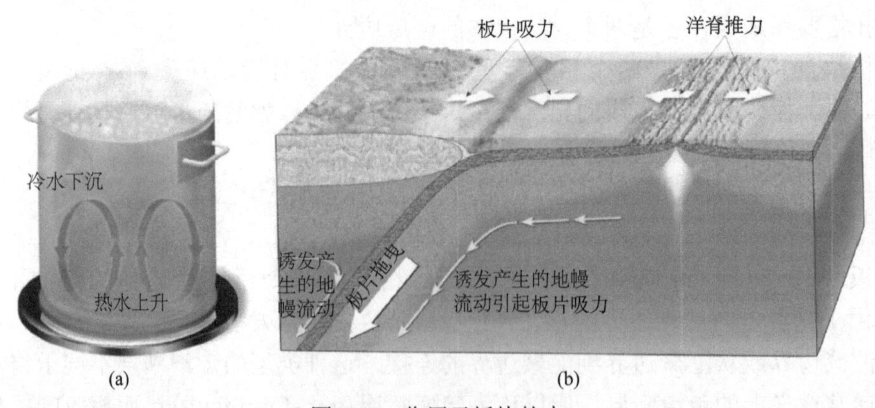

图 2.10 作用于板块的力

(a) 驱使板块不息地运动的机制犹如沸腾水中的对流循环；(b) 地球内部发生的对流比沸腾的水中的对流缓慢得多，但道理类似

2. 洋脊推力

另一种重要的驱使板块运动的力称为洋脊推力(ridge push). 洋脊推力是一种重力驱动力. 地幔中的炽热的岩石因体积膨胀、密度减小而缓慢地由洋中脊下方上涌，楔入两个板块之间，推挤着板块，到达洋中脊后冷却形成新的板块. 由于洋中脊的位置不断地抬升致使岩石层板片从洋中脊的侧面滑落，迫使它们分离(图 2.10b). 现在业已确认，洋中脊的推挤作用对板块运动的影响远不及板片的拖曳力作用对板块运动的影响大. 例如，尽管大西洋中脊(Mid-Atlantic Ridge, MAR)平均(距海底的)高度比东太平洋中隆(East Pacific Rise, EPR)平均(距海底的)高度大得多，但其扩张速率却比东太平洋中隆的扩张速率小得多. 这说明板片的拖曳作用对板块运动的影响比洋中脊推挤作用对板块运动的影响大. 事实上，当板块的周缘有 20%以上是俯冲带时，板块移动的速率就相当快. 例如，太平洋板块、纳斯卡板块、科科斯板块等板块均具有大于 10cm/a 的扩张速率.

3. 板片吸力

再一种驱使板块运动的力系由俯冲板片对邻近地幔的拖曳作用引起的，称为板片吸力(slab suction)或板块吸力(plate suction). 由俯冲板片对邻近地幔的拖曳作用引发的地幔流动拖曳着俯冲板块和上覆板块都朝向海沟运动. 由于地幔流动趋于吸入邻近的板块(犹如拔出盛水浴缸的塞子)，故称为板片吸力或板块吸力(图 2.10b). 即使俯冲板块从与上覆板块接触处滑脱，当它下沉时仍会继续在地幔引发流动从而继续驱使板块运动.

(二)地幔对流—板块构造系

板块构造学说成功地解释了板块运动及其在产生和(或)改变地壳主要特征中所起的作用. 不过，板块构造学说成立与否并不依赖于是否准确地知道是什么力量在驱使板块运动. 幸好如此！因为迄今为止，还没有哪一种模式能够解释板块构造运动的所有重要的方面. 尽管如此，在以下几个方面地球科学家现在已经确认.

1. 地幔对流

地幔对流即软流层里的热对流，是板块运动的基本驱动机制. 驱使板块不息运动的对流机制与沸腾水中的对流循环道理类似(图 2.10a)，不同的是，地球内部发生的对流比沸腾的水中的对流缓慢得多(图 2.10b). 软流层深部的局部加热作用使得软流层的温度增高，从而岩石发生缓慢的塑性形变. 炽热的岩石(岩浆)因体积膨胀、密度减小而缓慢地由洋中脊下方漂浮上升. 随着炽热岩石的上升，其周围较重的岩石流向下方. 软流层物质在岩石层板块下方作水平流动时逐渐失去热量而冷却，岩石层因变冷体积逐渐缩小、密度逐渐变大，在俯冲带向下俯冲沉落，在深部形成闭合的对流环. 大的、俯冲下沉到软流层的那部分板块(即大的岩石层板片)下沉到软流层，与深部地幔重新混合. 因为黏滞性，软流层内的热对流带动了岩石层的底部，驱使了板块的运动.

需要强调的是，在地幔中，维持对流运动的是从顶部开始变冷的作用而不是由下往上的加热的作用. 岩石层板片一旦开始下沉，炽热的岩石(岩浆)便由地球内部深处缓慢上升，以平衡向下的流动. 最后，上涌的炽热的岩石(岩浆)向两旁流动，冷却下沉. 上升的炽热的岩石(岩浆)及其向两边的流动引起洋中脊火山活动以及洋盆和大陆漂移.

2. 地幔对流—板块构造系统

究竟是地幔对流驱使着板块运动？还是板块拖曳带动着地幔对流循环？地球科学家现在已确认的是，地幔对流和板块构造同属一个系统，它们都是地幔对流—板块构造系统(mantle convection-plate tectonics system)的组成部分. 向下俯冲的海洋板块是这个系统驱使对流循环的、冷的、向下运动的一个分支或环节；在浅部沿着洋中脊上升的炽热的岩石(岩浆)以及上涌的地幔焰(mantle plume)则是这个系统驱使对流循环的、热的、向上运动的另一个分支或环节.

3. 板块和地幔的缓慢运动归根到底是由于地球内部存在温度差异造成的

板块和地幔缓慢运动以及驱使其运动的力归根到底是由于地球内部存在温度差异造成的，而地球内部的温度差异则是由于地球向空间辐射热量，同时又从岩石里的放射性物质发生衰变中获得热量形成的.

地幔对流的热源主要来自放射性衰变(radioactive decay)和地球形成时的“余热(residual heat)”. 铀、钍、钋等放射性元素自然发生的放射性衰变以热的形式释放能量. 余热指的是 46 亿年前宇宙尘聚集在一块、受到压缩形成地球时残存的重力能. 不过，地球内部的热为什么和如何逃逸并集中在某个区域形成对流以及地幔对流确切的具体情况迄今仍然是个谜或尚不十分肯定.

(三) 板块—地幔对流模式

任何一个板块—地幔模式都必须与观测到的地幔物理与化学特性相符合. 在20世纪60 年代海底扩张假说刚提出来直至 90 年代的时候，地球科学家曾认为，地幔对流是由洋中脊下方地幔深处的热的物质向上流动所引起的. 当这些物质流动到岩石层的底部时，便沿水平方向扩展，像传送带那样地拖曳着驮在它上方的板块分开. 按照这个说法，板块是被地幔中的物质流动被动地拉开的. 可是基于观测到的物理方面的证据，洋中脊下的热的物质上升只发生于浅部，并不与地幔深处的对流直接有关联. 事实上是板块离开洋中脊的水平运动导致地幔物质上升，而不是反过来，不是地幔物质上升引起板块离开洋中脊的水平运动. 1994 年，日本上田诚也(Seida Uyeda, 1930～)提出：“俯冲……对于改变地球表面的面貌和板块构造的运转比海底扩张起着更为基本的作用. ”现在地球科学界已确认，板块运动是引发地幔对流的主要力源，是板块构造运动的主要驱动力. 当板块运动时，它拖曳着邻近物质，从而引发地幔对流. 换句话说，板块构造运动与地幔对流是一个整体的两个组成部分；不仅如此，板块运动是这个整体的最为活跃、最为主动的一个组成部分.

板块—地幔对流目前最主要的模式有三种：层饼模式(layer cake model)、全地幔对流模式(whole-mantle convection model)以及深层模式(deep layer model).

1. 层饼模式

有些学者认为地幔是分层对流的，认为地幔犹如一块在深度可能是 660km，但不深于 1000km 处分开的“层饼(layer cake)”. 如图 2.11a 所示，层饼模式由两个大部分不连接的对流层组成，以深度约 660km 为界. 上层是较薄的、比较活跃的动态对流层，为较冷的海洋岩石层下沉的板片所驱动；下层是较厚的对流层，与上层没有明显的混合，其下方的流动是由冷的、致密的海洋岩石层的俯冲所驱动. 不过，这些俯冲板片穿透到不深于 1000km 的深度， 也就是没有到达下地幔. 如图 2.11a 所示，“层饼”模式的上层充斥着各种年代的再生的海洋岩石层碎片. 这些碎片的熔融是诸如夏威夷火山那样的、远离板块边界的火山活动岩浆的来源. 与活跃的上地幔不同，下地幔比较不活跃，它不提供物质支持地表的火山活动. 不过，在这一层内，很缓慢的对流携带着热量上升，在这两层之间几乎没有混合.

2. 全地幔对流模式

全地幔对流模式又称“热焰模式(plume model)”. 在全地幔模式中，冷的海洋岩石层下沉到深处，搅动了整个地幔(图 2.11b)；同时，热的、由邻近核幔边界的地幔焰输运热量和物质到地面. 最后，下沉的板片在核幔边界处消亡. 这个向下的流动为朝地表面传输热量的物质向上浮起的地幔焰所平衡. 根据全地幔对流模式，有两种类型的地幔焰. 一种是狭窄的、管状的、大规模上涌的、能产生与夏威夷、冰岛和黄石相联系的那种类型的“热点火山活动性(hot-spot volcanism)”地幔焰. 另一种则是如图 2.11c 所示的大型的、被认为是发生在太平洋盆地和南非的超级地幔焰. 南非地幔焰的构造被认为可说明南非具有比预期的稳定大陆块海拔大得多的海拔. 这两种类型的地幔焰的热量被认为主要是来自地核，而深部地幔则提供化学上与其他不同的独特的岩浆来源. 地幔对流的真实的具体状况是目前地球科学界所研究的热门问题，在地球科学家中争议很大. 可能将来会出现一种将“层饼(layer cake)”模式与全地幔模式结合在一起的模式.

3. 深层模式

深层模式认为分层对流发生在地幔深处. 所谓对流指的是热量经由流体或气体传输的现象. 有一种深层模式描述地幔对流犹如一盏置于低处的熔岩灯(lava lamp，图 2.11d). 熔岩灯中发生的对流是演示对流的一个很好的例子. 当温度增加时引起液体或气体膨胀，密度变小，从而上升，便发生对流. 灯的底部的光产生的热使其周围的混合物(油)中的彩色的蜡受热后发生膨胀、密度变小，以光怪陆离、形态各异的油滴或者是飘忽不定的、流动的火焰上升，离开底部的热源，当蜡上升到灯的顶部时释放热量给周围的油蜡，然后逐渐冷却、密度变大，开始下沉，回到灯的底部. 在灯的底部，蜡吸收热量，重复进行受热—膨胀—上升—冷却—收缩—下沉—再受热的过程. 地球内部的加热作用引起对流层的物质以复杂的图案缓慢地膨胀与收缩，但没有显著的混合. 由下层来的少量的物质以地幔焰的形式在地表面产生出热点火山活动(图 2.11c).

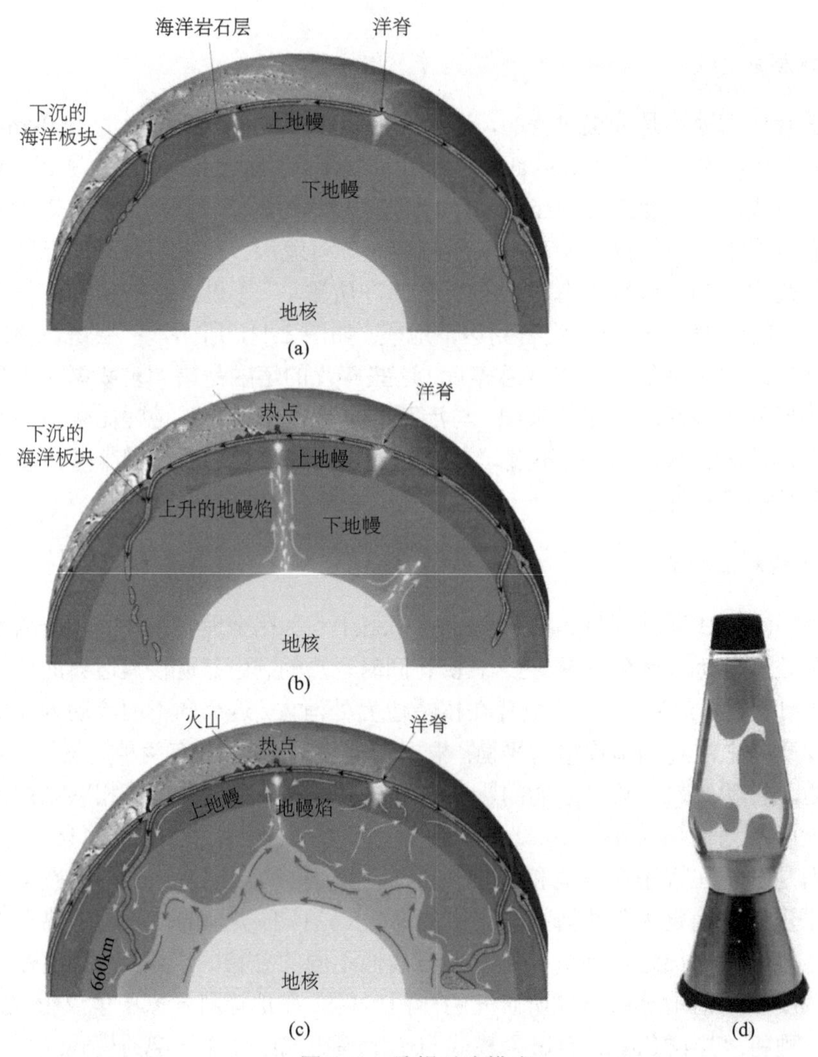

图 2.11　地幔对流模式

(a)层饼模式. 层饼模式由两个大部分不连接的对流层组成，以深度约 660km 为界. 上层是较薄的、活跃的动态对流层，为冷的海洋岩石层下沉的板片所驱动. 下层是较厚的对流层，与上层没有明显的混合。(b)全地幔对流模式. 在全地幔对流模式中，冷的岩石层板片是对流元胞下沉到地幔深处的一支，地幔焰则是对流元胞从核幔边界传输热的物质到地表面的另一支。(c)深层模式. 地幔对流犹如一盏置于低处的熔岩灯(lava lamp). 地球内部的加热作用引起这些对流层以复杂的图案缓慢地膨胀与收缩，但没有显著的混合. 有些物质以地幔焰的形式由下向上流动。(d)熔岩灯

这个模式为观测资料所要求的提供了两种化学成分上不同的玄武岩的地幔源. 再者，它与地震层析成像(seismic tomography，ST)显示出的冷的岩石层板块深深地俯冲入地幔是相一致的. 尽管这个模式很有吸引力，但是除了对于位于核幔边界的很薄的层外，几乎没有什么地震学方面的证据表明存在具有这一性质的深部地幔.

关于引起板块运动的机制虽然有许多待研究的问题(Forsyth and Uyeda, 1975)，但如前已述，有一些事实还是清楚的. 即：

(1)向下俯冲到地幔深处的海洋板块是这个系统驱使对流循环、传输冷的物质到地幔中的一个活跃的组成部分.

(2)最终驱使板块运动的某种类型的热对流是地球内部热的不均衡分布产生的，是地球内部温度存在差异的结果，而地球内部的温度差异则是由于地球向空间辐射热量，同时又从岩石里的放射性物质的衰变中获得热量所造成的.

(3)虽然驱动板块的机制的侧重点各不相同，但都有一个共同点，这就是岩石层板块在洋中脊处逐渐地产生，而在海沟处下沉到软流层中，其边缘部分逐渐被软流层所吸收. 整个过程是一个循环过程，洋底永葆“年轻”——其平均年龄以亿年(10^8a)计.

但是，具体地说，地幔对流是如何运作的？其确切的具体情况迄今仍不清楚.

第六节　地震的成因

板块的相互作用是地震的基本成因.

在中等深度或较深处，岩石层板块的相对滑动比较均匀和连续. 但是在浅处，例如，从地面至 20～30km 深的地方，就不是如此. 在浅处，岩石层板块的相对滑动是一种称为黏滑的过程，即局部地区在经过一段时间的弹性应变积累之后突然滑动. 这种突然滑动就是地震. 浅源地震(震源深度 0～70km 的地震)集中于板块的边缘，它们是板块相对运动的表现.

在发散边界(发散带)发生的地震是海底扩张或裂谷形成、板块增长的结果和表现. 由于发散边界是板块新增长的地方，板块较薄，所以地震较小，一般不超过 7 级；震源较浅；地震带较窄；地质构造也较简单；震源表现出与海底扩张有关的性质，即张性的构造应力作用造成的正断层.

在海洋－大陆消减带与海洋－海洋消减带汇聚边界，一个板块俯冲到另一个板块下面. 在这两类汇聚边界，由于板块较厚，所以地震较大；有时震源也较深；地震带较宽；地质构造较复杂；震源表现出与板块俯冲有关的性质，即：当岩石层处于俯冲板块的浅部时弯曲成弧形，张性的构造应力作用造成正断层；当岩石层俯冲到深部时，板块的下沉受到地幔岩石的阻挡，压性的构造应力作用造成逆断层.

在大陆－大陆碰撞带，两个大陆板块互相碰撞. 板块内部发生大范围的变形，不但造成巍峨的褶皱山脉(如喜马拉雅山和阿尔卑斯山)以及规模宏大的逆冲断层与走向滑动断层，还会因应力向板块内部传递而使板块内部处于应力状态，发生地震. 我国青藏高原及与青藏高原邻接的地区的地震就是碰撞带地震的典型例子.

在走滑边界(转换断层)，板块虽较薄，震源也较浅，但有时因破裂长度较大，地震可能很大；再加上震源较浅，有时又发生在陆地上，因此仍颇具破坏力. 转换断层上发生的地震表现出与板块相互平移有关的性质，即沿水平方向作用的构造应力造成的走滑断层.

上述地震都是发生在相互作用的板块之间而不是在板块之内，这些地震统称为板间地震(interplate earthquake). 如上已述，板间地震包括：发散带(洋中脊、裂谷带)地震；消减带地震；转换断层地震；碰撞带地震.

按照震源深度的不同，地震可分为浅源地震(shallow focus earthquake)、中源地震(intermediate focus earthquake)与深源地震(deep focus earthquake). 浅源地震指的是震源

深度 0～70km 的地震，中源地震指的是震源深度 70～300km 的地震，深源地震指的是震源深度 300～700km 的地震. 在全球地震所释放的地震能量中，85%是由浅源地震释放的，12%是中源地震释放的，3%是由深源地震释放的. 中源地震和深源地震主要发生于南美安第斯山、汤加群岛、萨摩亚、新赫布里底山脉、日本海、印度尼西亚和（与美国加州圣安德烈斯同名的）加勒比安德烈斯. 这类地区都与深海沟有关，地震频度在深度超过 200km 后急剧下降，但有时震源深度可达 700km. 在远离太平洋地区的兴都库什、罗马尼亚、爱琴海和西班牙，也有一些中源地震发生. 中源地震和深源地震也发生于岩石层中(Frohlich, 1989). 在俯冲带，岩石层板块从海沟附近向下弯曲，倾斜地延伸于岛弧之下. 在板块向下运动的过程中，又发生新的形变. 在岩石层板块俯冲入温度较高的软流层时，其内部的温度依然较低，仍然可以因形变而发生脆性的剪切破裂. 这就是中深源地震的成因(见图2.7右半部向下俯冲的岩石层板块内的表示中深源地震的叉号). 中源地震和深源地震发生于从海沟内侧向大陆侧倾斜、倾角约为 45°的层内，这个层下插到深度达几百千米的深处，但层的厚度只有几十千米，最薄的地方还不及 20km，称为深源地震层(带). 深源地震层也称为和达-贝尼奥夫带(Wadati-Benioff zone)(图 2.12). 多年来，在西方的文献中一直称之为贝尼奥夫带(Benioff zone). 事实上，日本的和达清夫(Wadati, Kiyoo，1902～1995)早在 20 世纪 20 年代末就发现了深源地震层(Wadati, 1928，1929，1931). 他发现，地震的震中越靠近亚洲大陆，其震源深度越大，即地震的震源分布在向大陆倾斜的层即深源地震层内. 1940 年代末后美国的贝尼奥夫(Benioff, Hugo，1899～1968)对这一现象做了大量的研究，并且对此做出了科学解释. 他指出，深源地震层是因为洋底俯冲到邻接的大陆下的结果. 这一大胆的假设比板块大地构造学说超前

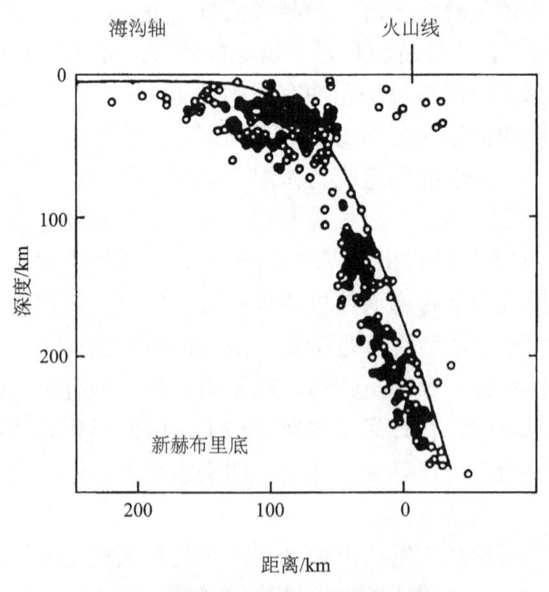

图 2.12　和达-贝尼奥夫带

由垂直于新赫布里底海沟的深源地震震源剖面分布图可以看到深源地震沿和达-贝尼奥夫带分布，图中向下倾斜分布的地震震源勾画出了俯冲板块的位置

了 20 多年. 因为直到 20 世纪 60 年代板块构造学说确立后人们才明白：和达-贝尼奥夫带是岩石层板块俯冲到软流层的结果(Isacks and Barazangi, 1977)；俯冲到 650～700km 深处的板块最终或者被地球内部的岩石所吸收，或者其性质发生变化以至再也释放不出地震能量. 为了纪念和达清夫与贝尼奥夫对深源地震层的发现与科学解释的贡献，现在称深源地震层(带)为和达-贝尼奥夫带.

地震不但发生在板块之间，也发生于远离板块边缘的板块内部. 发生于板块内部的地震称为板内地震(intraplate earthquake). 板内地震是在板块相互作用的影响下，由比较局部的力系或由表层岩石的温度、深度和强度的变化引起的.

全球的地震能量的绝大多数(99%)是由板间地震释放的，只有 1%的地震能量是由板内地震释放的. 板内地震释放的能量在全球地震释放的能量中所占比例虽极小，但并不意味着无足轻重. 许多重大的破坏性地震，如我国 1966 年邢台地震、1975 年海城地震、1976 年唐山地震，以及美国 1811 年新马德里地震、1812 年密苏里地震，就是重大的板内破坏性地震的著名的例子.

第七节 关于地震直接成因的弹性回跳理论

按照板块大地构造学说，大多数地震都发生在岩石层中. 当岩石层因构造运动而变形时，能量以弹性应变能的形式贮存在岩石中，直至在某一点累积的应变超过了岩石所能够承受的极限时就发生破裂，或者说产生了地震断层. 破裂时，断层面相对着的两侧各自回跳或者说反弹到其平衡位置，贮存在岩石中的弹性应变能便释放出来. 释放出来的应变能一部分用于克服断层面间的摩擦，然后转化为热能；一部分用于使岩石破裂；还有一部分则转化为使大地震动的弹性波能量. 这就是雷德(Reid, 1910,1911)根据他对 1906 年美国旧金山大地震的研究提出的关于地震的直接成因的弹性回跳理论的简要说法.

旧金山大地震发生于 1906 年 4 月 18 日当地时间上午 5 点 12 分. 地震时，在圣安德烈斯断层长约 430km 的地段上发生了突然的相对错动. 在一些地点，断层的西侧相对于东侧向北移动了 6.5m. 地震前，该地区曾经有过两期三角测量. 第一期在 1851～1866 年间，第二期在 1874～1892 年间. 地震后(1906～1907 年间)做了第三期三角测量. 根据这些测量可知在第一期至第二期测量期间远离断层的西侧的点相对于远离断层的东侧的点朝北移动了 1.4m；在第二期至第三期测量期间，移动了 1.8m. 这就是说，在 1851～1866 年至 1906～1907 年的大约 50 年间，断层的东、西两侧已经发生了 3.2m 的相对位移. 在地震时，断层的东、西两侧突然发生相对错动. 这些情况如图 2.13 所示(Reid, 1910; Howell, 1990).

图 2.13 中的 $A'O'C'$ 线在第一次测量时是直线. 地震后，这条直线断成两段，一段是 $A''B'$，另一段是 $D'C'$. 可以推断，地震之前，$A'O'C'$ 必定变到了 $A''Q'C'$ 所示的位置. 为了说明这些运动，雷德提出，断层区的物质是弹性的，所以从 $A'O'C'$ 变到 $A''Q'C'$ 时的缓慢形变使得弹性应变能密度以及未来的断层面上的剪切应力增加，直至达到某一破裂点时就发生破裂. 破裂时断层的两侧在其弹性应力的作用下回跳，或者说，反弹到无应变

的位置.

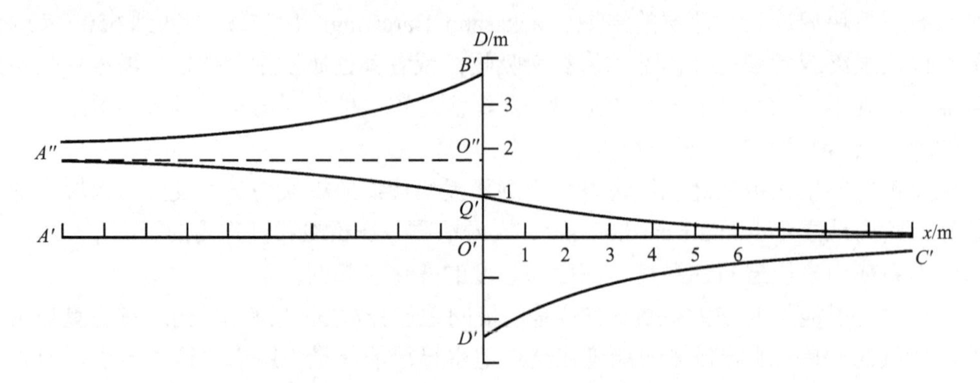

图 2.13　用以得出弹性回跳理论的 1906 年 4 月 18 日旧金山大地震前后的大地测量结果

雷德当时就已认识到，在整个断层面上，应力不可能同时达到破裂点．破裂先发生于某一个小区域，它使得邻近区域的应力增加，导致破裂过程以小于周围介质的纵波速度扩展.

这一破裂过程如图 2.14 所示．图 2.14a 上的粗线表示一个垂直于地面的断层面与地面的交线.地面上的一系列垂直于断层的平行的测线表示地震发生之前的无应力状态.临近发生地震时，这些测线变形到图 2.14b 所示的位置．图 2.14c 表示在小箭头所示的地方开始发生断层滑动，于是给断层面的邻近区域添加了额外的应力．结果，因形变而弯曲的测线迅速地、连续地回跳到图 2.13d 所示的平衡位置．这就是地震破裂过程．形变传播的速度就是纵波或横波速度．破裂面的扩展是在断层滑动引起的附加的应力作用下发生的．从因果关系考虑，可以断定，破裂扩展的速度应低于纵波速度.

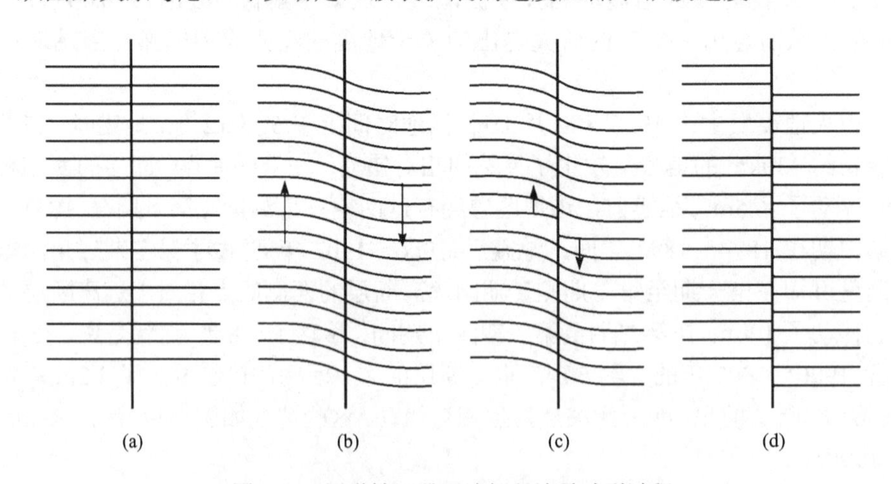

图 2.14　用弹性回跳理论解释地震破裂过程

(a) 地震发生之前的无应力状态；(b) 临近发生地震时；(c) 断层开始滑动；(d) 断层面两侧的岩石回跳到各自的平衡位置

破裂时产生的波或振动造成了地震时人们感受到的震动，而地震波则传播到比有感范围更远的地方．现代灵敏的地震仪，可以记录到地球上任何地方中等大小的地震.

既然地震是由断层引起的，那么破裂即断层的取向及地震断层的其他性质应当与引起这个破裂的、作用于地球内部的应力有关．所以通过分析记录到的地震波动，就有可能确定产生地震的断层的取向及其他有关性质，进而了解使地球介质变形，引起地震、火山，使山脉、裂谷、岛弧和海沟形成的力的性质．

第八节　断层面解

(一) P 波初动的压缩与膨胀的分布

图 2.15 在平面上表示在一个垂直于地面的断层 *FF'* 上的纯粹水平运动，箭头表示断层两盘彼此相对运动．直观地想象，地震波到达时，箭头前方的点最初应当是受到推动(push)，或者说受到了压缩(compression)；而箭头后方的点最初应当是被拉伸(pull)，或者说朝震源发生了膨胀(dilatation)；在竖直方向的运动则分别表现为向上(up)和向下(down)；而在水平方向的运动则分别是离源(anaseismic)和向源(kataseismic)(图 2.16)．通常以 *push*, *C*, *u*，*a* 或"+"号表示初动是推、压缩、向上或离源，而以 *pull*, *D*, *d*，*k* 或"－"号表示初动是拉、膨胀、向下或向源．在这种情况下，震源附近的区域被断层面 *FF'* 和与之正交的辅助面 *AA'* 分为四个象限．在这些象限里，纵波即 P 波的初动交替地是压缩(图 2.15 中以实心圆圈表示)或膨胀(以空心圆圈表示)．*FF'* 和 *AA'* 都是节平面，在这些面上，P 波初动为零(Stauder, 1962; Khattri, 1973; Herrmann, 1975; Brumbaugh, 1979)．

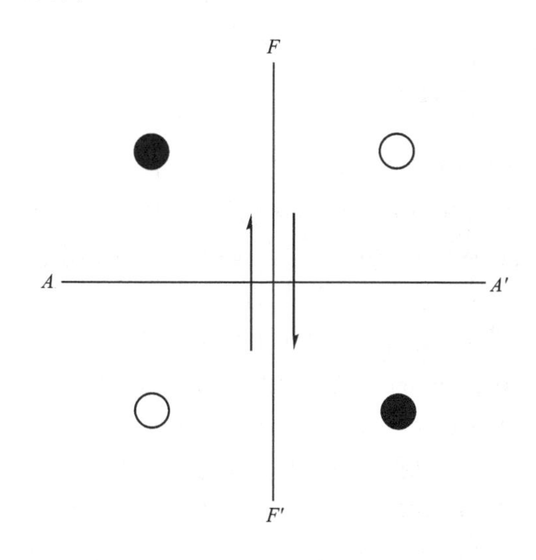

图 2.15　由一个垂直于地面的断层 *FF'* 的纯水平运动产生的地震 P 波初动的压缩(实心圆)与膨胀(空心圆)的分布

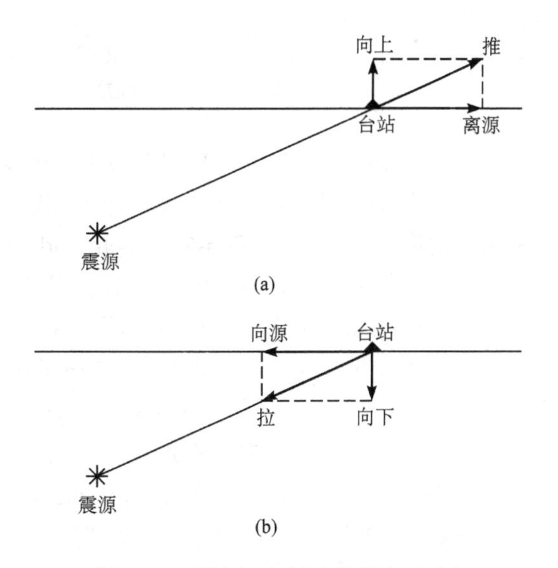

图 2.16　压缩初动(a)与膨胀初动(b)

(二) 震源球和离源角

由于地球不均匀，地震射线发生弯曲．射线弯曲导致离开断层时处于断层面一侧的地震射线最后可能到达断层面的另一侧．图 2.17a 中的 E 表示一个位于地面的震源，称为表面震源，其断层面为一个倾斜的平面 EF．在假定地球是均匀时预期沿直线 ES'到达 S'的射线将因地球不均匀、射线弯曲而到达断层面 EF 的另一侧．于是，在预期接收到压缩初动的地方可能会接收到膨胀；或者反过来，在预期接收到膨胀初动的地方可能会接收到压缩初动．这样一来就不再能用两个互相垂直的平面将压缩与膨胀隔开(Stauder, 1962)．

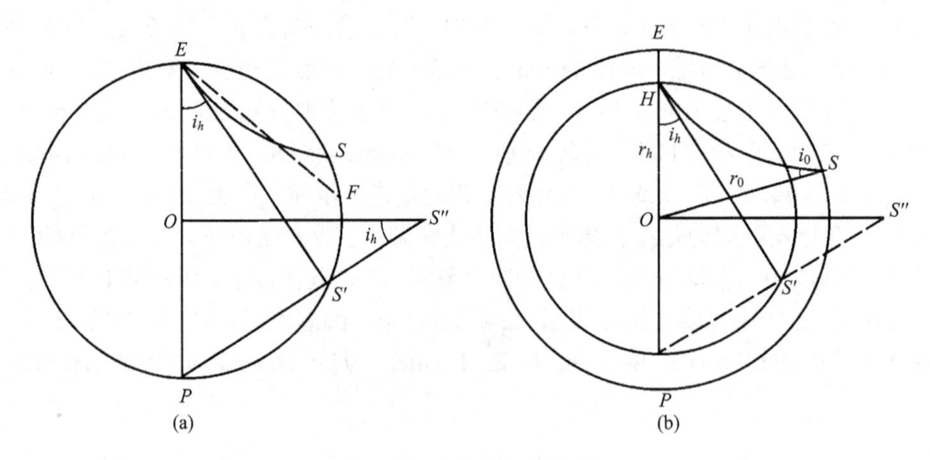

图 2.17　台站的延伸位置

(a) 表面震源；(b) 有一定深度的震源

但是，由射线弯曲所引起的上述困难可以用下述办法克服．图 2.18 中的 H 表示一个震源深度为 h 的震源，S 是台站，N 是北极，ϕ是由震中 E 指向台站 S 的方位角，ψ是由台站指向震中的方位角(Ben-Menahem and Singh, 1981)．由图可见，如果把在 S 的观测结果逆着射线回溯到以 H 为球心、以充分小的长度为半径的、均匀的小球的球面上，就可以在小球球面上把理论分析和观测结果加以对比，从而克服由于地球不均匀性引起的困难．这个理想化的、均匀的小球称为震源球(focal sphere)(图 2.19)．在震源球球面上，和台站 S 相对应的点 P 称为假想点(conventional point)，对于下行射线，它的位置可以用射线离开震源时的方向与沿地球半径指向地心的方向的夹角 i_h 和震中 E 指向台站 S 的方位角ϕ表示．i_h 称为离源角(take-off angle)，$0°\leqslant i_h\leqslant 90°$．对于上行射线，$i_h$ 定义为射线离开震源(在此情形下也即震中)E 时的方向与地球半径方向的夹角，$0°\leqslant i_h\leqslant 90°$．在历史上(Byerly, 1926;　Кейлис-Борок, 1957; Honda, 1957, 1961, 1962)，曾经采用过与震源球概念本质上一样的、称为台站的延伸位置(extended position)的概念以克服由射线弯曲引起的困难．如图 2.17a 所示，以离源角 i_h 离开震源的平直射线(straightened ray)，即假定地球是均匀球体时的地震射线 ES'与地球球面的交点 S'称为台站 S 的延伸位置．对于如图 2.17b 所示的震源深度为 h 的情形，平直射线 HS'与剥去厚度为 h 的壳层之后的地球（“剥壳地球”）球面的交点 S'称为台站 S 的延伸位置（Stauder, 1962）. 在球对称介质中，由斯内尔（Snell）定律，可以得出地震射线遵从以下定律：

$$\frac{r_h \sin i_h}{v_h} = \frac{r_0 \sin i_0}{v_0}, \tag{2.1}$$

式中，r_0 是地球半径，$r_h = r_0 - h$, v_0 和 v_h 分别是地面处和震源所在深度 h 的地震波速度，i_0 是入射角．入射角 i_0 可由地震波的时距曲线 $t(\Delta, h)$ 求得

$$\sin i_0 = v_0 \frac{\mathrm{d}t}{\mathrm{d}\Delta}, \tag{2.2}$$

式中，$t=t(\Delta, h)$ 是地震波的走时，Δ是震中距，在这里，Δ以长度（如 km）为单位．因此，作为震中距Δ和震源深度的函数的离源角 $i_h=i_h(\Delta, h)$ 可由下式求得

$$\sin i_h = \frac{r_0}{r_0 - h} v_h \frac{\mathrm{d}t}{\mathrm{d}\Delta}. \tag{2.3}$$

由地球半径 r_0，震源深度 h，震源所在深度的地震波速度 v_h 以及时距曲线 $t(\Delta, h)$ 的斜率便可计算出 $i_h(\Delta, h)$（Pho and Behe, 1972; Chandra, 1972）.

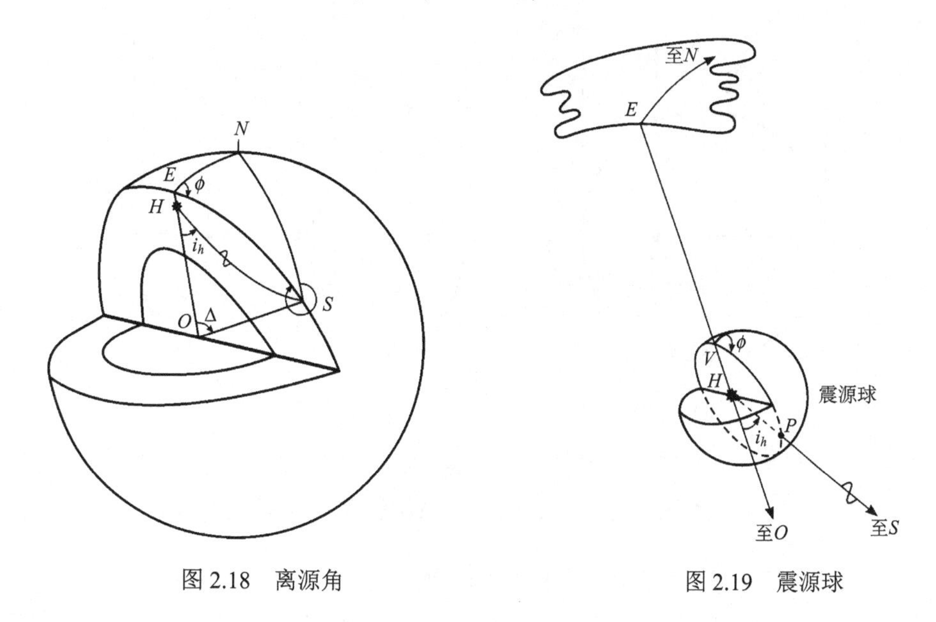

图 2.18　离源角　　　图 2.19　震源球

（三）投影方法的应用

1. 极射赤面投影

为了在平面上表示震源球，需要把它投影到某一平面上．有许多种方法可以做到这点，其中常用的一种方法是极射赤面投影法（stereographic projection）.

对于远震来说，射线离开震源朝下到达地震台，此时与台站 S 相应的假想点 P 在震源球下半球球面上．我们可以按极射赤面投影原理把它投影到水平面上．图 2.20a 表示了极射赤面投影原理. 图 2.20a 的上图表示一个过震源球球心 H 和假想点 P 的垂直平面，

而下图则为赤道面(投影平面)的平面图，AB 是这个面在 H 点的垂线，A 和 B 分别是这条垂线与上半球和下半球球面的交点．AB 称为极轴，A 点与 B 点称为极．连接 PA 交赤道面于 P'点，P'点便称为下半球球面上的 P 点在赤道面上的投影．设震源球半径为 R，按照这一投影方法，震源球下半球便投影到赤道面上半径也为 R 的圆内(Scheidegger, 1957; Stauder, 1962; Aki and Richards, 1980)．

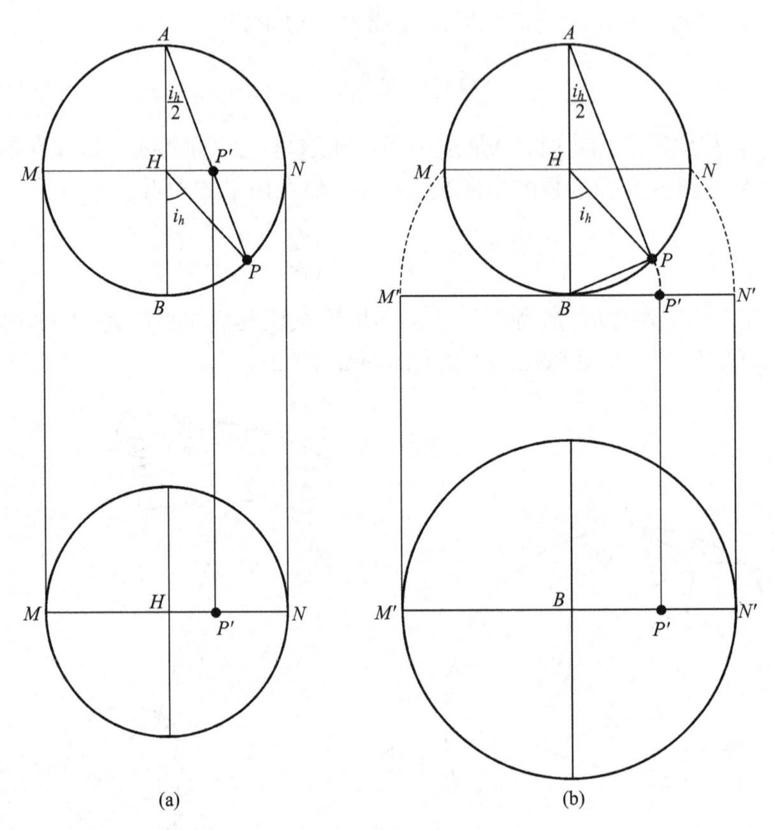

图 2.20　投影方法

(a)极射赤面投影(震源球下半球投影)；(b)等面积投影(震源球下半球投影)

图 2.20a 只表示出震源球下半球的投影．对于近震或地方震来说，射线离开震源朝上到达地震台．此时，与台站 S 相应的假想点 P_1 位于震源球上半球球面上(图 2.21)．设赤道面在 H 点的垂线与下半球球面交于 B 点．连接 P_1B 交赤道面于 P'_1 点，P'_1 点便是上半球球面上的 P_1 点在赤道面上的投影．这样，震源球上半球便投影到半径也为 R 的圆内．

在投影图上，P 点的投影 P'的位置由震中 E 指向台站 S 的方位角ϕ和 P'与 H 的距离 r 确定，易知

$$r = R\tan\left(\frac{i_h}{2}\right). \tag{2.4}$$

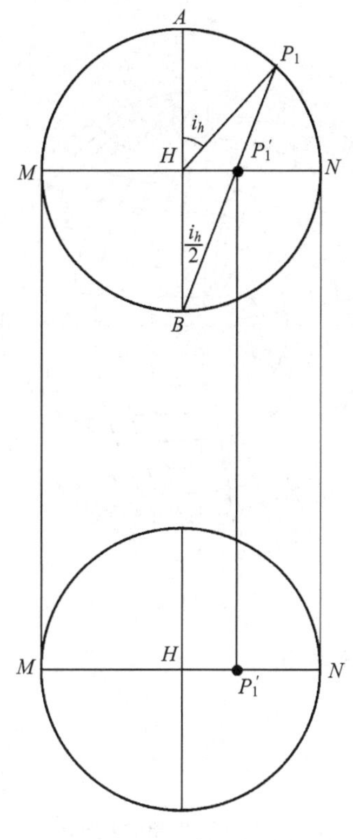

图 2.21　震源球上半球投影

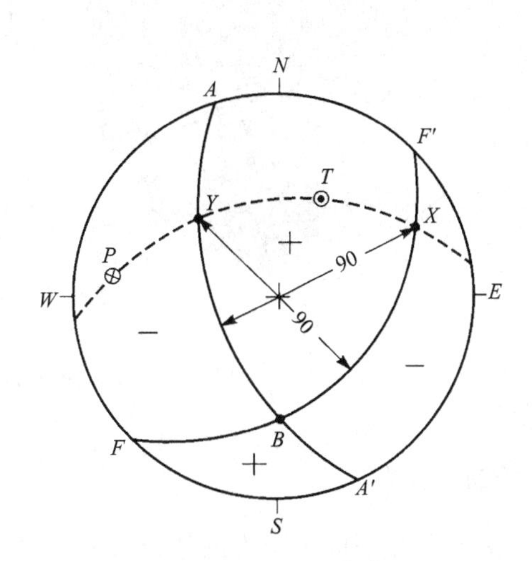

图 2.22　正交条件

这样，P'的位置(ϕ, r)便可由(ϕ, i_h)完全确定．把纵波初动符号交替地分开的两个节平面在投影图里是两段圆弧．断层面FF'和辅助面AA'是彼此正交的两个平面，所以在投影图上，断层面FF'的极Y位于辅助面AA'上；AA'的极X位于FF'上(图 2.22)．

这种情况称为正交条件．所得到的地震的断层面和与它垂直的辅助面的参量及其他有关的参量称为地震的断层面解(fault-plane solution)，也称为地震的震源机制解(focal mechanism solution)．

以各种不同角度跟赤道面斜交的平面(子午圈、经圈)在投影图中是一些圆弧，而与图 2.23 中的平面平行的一系列平面(卯酉圈、纬圈)在投影图中是与上述圆弧正交的曲线簇(图 2.23a)．这两组彼此正交的曲线簇构成了乌尔夫网(Wulff net)(Kasahara, 1981)．在实际应用中，利用乌尔夫网可以简便地在平面上确定出由(ϕ, i_h)所表示的假想点P在投影图上的位置(ϕ, r)以及把初动符号隔开的两个彼此正交的平面的位置．

极射赤面投影是一种保角变换：过P点的、夹角为α的两段圆弧元在赤道面上的投影是过其投影P'点的两段直线元，这两段直线元的夹角等于α．过P'点的直线元与过P点的相应圆弧元的比值与方向无关，恒等于$(1/2)\sin^2(i_h/2)$．所以在震源球球面上的P点的面积元经过投影后面积变成原面积的$(1/4)\sin^4(i_h/2)$倍．这说明，极射赤面投影相对地放大了离源角大的区域的面积；它相对地压缩了离源角小的区域的面积．一般说来，实际观测资料中多数是离源角小于45°的假想点，采用极射赤面投影将会相对地缩小实际资料中多数资料点分布的区域．因为这个缘故，用极射赤面投影方法(乌尔夫网)表示地震断层面解的人逐渐减少.

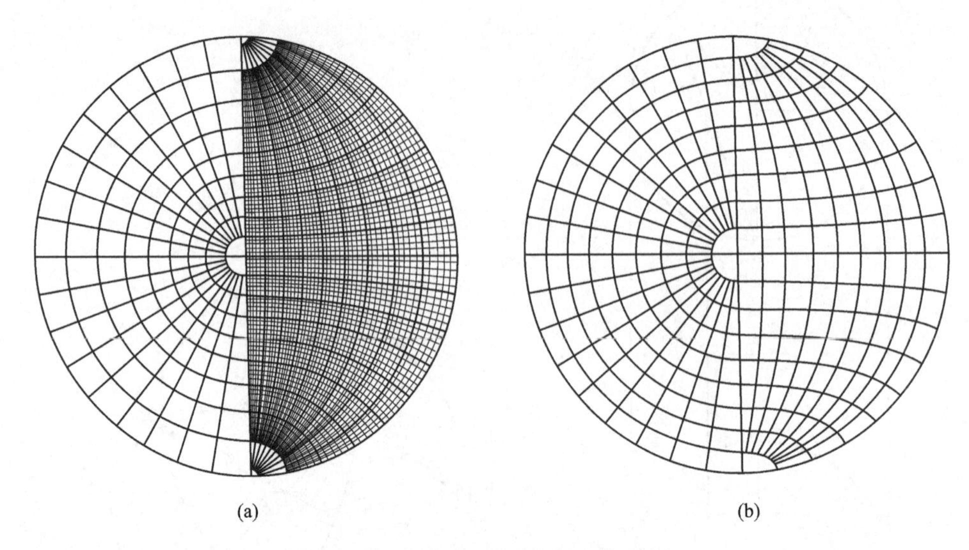

图 2.23　乌尔夫网(a)和斯密特网(b)

2. 等面积投影

另一种经常采用的投影方法是天顶等面积投影法(zenithal equal-area projection)，也称为施密特-兰伯特等面积投影法(Schmidt-Lambert equal-area projection)，简称等面积投影法(equal-area projection)．等面积投影法是按图 2.20b 所示的作图法，即取图中的 $\overline{BP'}=\overline{BP}$，把震源球球面上的 P 点投影到在 B 点与下半球球面相切的平面上的 P'点；投影时，方位角ϕ不变，而 P'与 B 的距离

$$r=2R\sin\left(\frac{i_h}{2}\right). \tag{2.5}$$

图 2.20b 的上图表示一个过震源球球心 H 和点 P 的垂直平面，下图为投影面的平面图．易知震源球下半球的投影是半径为$\sqrt{2}\,R$ 的圆；整个震源球（包括上、下半球）投影后变成半径是 $2R$ 的圆．

在 P 点的面积元 $R^2\sin i_h\,\mathrm{d}i_h\,\mathrm{d}\phi$ 经过投影后变成在 P'点的面积元，其面积与原来的面积元面积相等：

$$2R\sin\left(\frac{i_h}{2}\right)\mathrm{d}\phi\frac{\mathrm{d}}{\mathrm{d}i_h}\left[2R\sin\left(\frac{i_h}{2}\right)\right]\mathrm{d}i_h=R^2\sin i_h\mathrm{d}i_h\mathrm{d}\phi\,, \tag{2.6}$$

也即在震源球球面上原先面积相等的两个面积元经过投影后面积仍相等，所以称这种投影为等面积投影．与极射赤面投影不同，等面积投影并不保角，在震源球球面上过一点的两段圆弧元的夹角经过投影后其夹角的正切按 $\cos^2(i_h/2)$的比例变化．随着 i_h 增大，角度的畸变越来越大，特别是当假想点 P 在上半球时．为避免这一缺点，可将上半球和下半球分别投影．此时，每半个震源球(面积均为 $2\pi R^2$) 投影后都变成面积是 $2\pi R^2$ 的圆．

与极射赤面投影时的做法类似，可以把一系列经圈和纬圈按等面积投影原理投影到赤道面上，由此得到的两组曲线簇构成了如图 2.23b 所示的施密特网(Schmidt net)(Kasahara, 1981).

由于等面积投影具有保持面积元的面积不变从而台站的假想点相对分布不发生畸变的优点，并且如果上、下半个震源球分别投影的话又具有角度畸变小的优点，所以等面积投影现在越来越多地被用于表示地震的断层面解.

3. 其他投影方法

利用P波初动的压缩与膨胀的分布研究地震的震源机制是最早采用来研究地震震源机制的方法. 由于这个方法所使用的资料仅仅是P波初动资料，比较简单易行，所以至今仍在广泛使用.

在地震台上记录到的地震P波的初动方向有时是压缩、有时是膨胀，在地震学历史上早已被注意到的观测事实. 1909年，俄国的一位王子、物理学家伽利津(Галицын, Борис Б., 1862～1916)第一个肯定地指出了这一观测事实(Galitzin, 1909; Галицын, 1912). 他根据在地震仪上记录到的地动南-北与东-西分量构制矢量图，在确定震中时运用了这一观测事实(图 2.24). 合矢量(图 2.24 中的 OR)位于包含震中 C 和台站 O 的大圆 CC'中. 如果在垂直向地震仪上记录到的初动是朝上，则初动是压缩，合运动背离震源，因此可判定震源位于 C 方向；如果初动是朝下，则初动是膨胀，合运动指向震源，因此可判定震源位于 C'方向. 后来，虽然有一些地震学家注意到同一地区的地震在同一地震台上总是产生同一类型的初动，即或者是压缩，或者是膨胀，特别是在地震台网密集的日本以及欧洲的某些地区，地震学家也注意到同一地震在某一地区的许多地震台上记录到的P波初动是压缩，而在另一地区的许多地震台上记到的P波初动则是膨胀，但是最先注意到P波初动的压缩与膨胀的分布可能与地震震源机制有关联的则是地震学家沃尔科(Walker, George W, 1874～1921)(Walker, 1913). 根据河角廣(Kawasumi, Hiroshi, 1904～1972)的研究(Kawasumi, 1937)，日本志田顺(Shida, Toshi, 1876～1936)是最先确立P波初动的压缩与膨胀的四象限分布的地震学家.

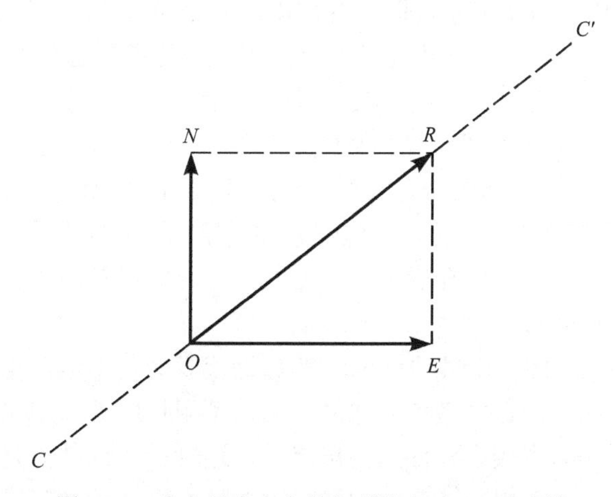

图 2.24　确定震中方向的伽利津(Галицын)方法

震源机制研究的近代发展始于 1926 年．拜尔利(Byerly, Perry, 1897～1978)在研究 1925 年发生于美国蒙大拿(Montana)州的一次地震时，在地震学历史上第一次把分布于全球的许多地震台记录的单个地震的 P 波初动方向用表格列出(Byerly, 1926)．拜尔利当时曾试图进一步划分出 P 波初动是压缩或膨胀的扇形区域，但没有能够据此进一步探讨震源的性质，部分原因是他对一个关键的地震台上的 P 波初动方向有怀疑．两年以后，拜尔利(Byerly, 1928)对 1922 年发生于智利的一次地震做了类似的研究．他接受了雷德(Reid, Harry Fielding, 1859～1944)的弹性回跳理论(Reid, 1910,1911)，运用了中野廣(Nakano, Hiroshi, 1894～1929)的理论结果(Nakano, 1923)，设想产生这样的 P 波初动分布的地震震源是一个脉冲地作用于震源处的单力．过了一年，他增添了智利地震的勒夫(Love)波资料，重新分析研究了这个问题(Byerly, 1930)．这回他设想震源是一对平行于断层作用的单力偶．在以后十年左右的时间里，拜尔利继续研究这个问题，逐渐地完善了今日地震学家称之为确定断层面解的拜尔利方法(Byerly, 1938, 1955; De Bremaecker, 1956)．拜尔利发现，如果我们能够求得围绕震源区域的 P 波初动方向，便能推出断层的取向与在断层上的运动方向．但这面临两个困难．第一，地球介质是不均匀的，这点与中野廣(Nakano, 1923)的理论结果所依据的均匀介质的假设不符；第二，难以从观测资料确定两个未知的正交的平面与球面的交线．为了克服这两个困难，拜尔利做出了两个意义重大的贡献．第一，他提出了台站的延伸位置的概念；第二，他运用了极射赤面投影方法．

图 2.25a 表示了拜尔利所提出并采用的台站的延伸位置概念与极射赤面投影方法．图中圆圈表示地球，C 表示地心，E 表示位于地球表面的震源，S 为地震台，$\overline{ES'}$ 是平直射线，i_h 是离源角，S'是台站 S 的延伸位置．拜尔利以震中的对跖点(anticenter)E'为投影点，连接 E'与 S'，$\overline{E'S'}$ 的延长线与以 $\overline{EE'}$ 为极轴的赤道面的交点 S''便是 S'在赤道面上的投影．按照拜尔利所采用的方法，通过 $\overline{ES'}$ 垂直于纸面(垂直截面)的平面与地球表面相交截出的圆的投影是水平截面上直径为 $\overline{CS''}$ 的圆．

诺波夫(Knopoff, Leon, 1925～2011)采用了与拜尔利相同的台站延伸位置的概念但不同的投影方法——中心投影方法(图 2.25b)(Knopoff, 1961a)．在图 2.25b 中，将台站的延伸位置 S'与 E 的连线 $\overline{ES'}$ 的延长线与过 E'平行于赤道面的平面的交点 S''便是 S'以 E 点为投影点的中心投影．通过 $\overline{ES'}$ 垂直于纸面(垂直截面)的平面经上述中心投影后是水平截面上过 E'的纵轴与过 S''平行于纵轴的直线之间的条带．

施陶德尔(Stauder, William, S. J., 1922～2002)采用了震源球的概念与以震源 H 为投影点的中心投影方法(图 2.25c)．若是按施陶德尔采用的中心投影方法，通过 $\overline{HP}$ 垂直于纸面(垂直截面)的平面经中心投影后是水平截面上过 B 的纵轴与过 P'平行于纵轴的直线之间的条带(Stauder, 1962)．

以本多弘吉(Honda, Hirokichi, 1906～1982)为代表的日本地震学家早期的工作与西方地震学家不同．他们依托日本密集的地震台网，不用投影法求节平面，而是在地图上标出 P 波初动符号，然后直接在地图上画出节线．这种做法的缺点是很容易夸大节平面的倾角，因为只有搜集、运用全球范围的资料才能较准确地确定三维空间中的节平面．

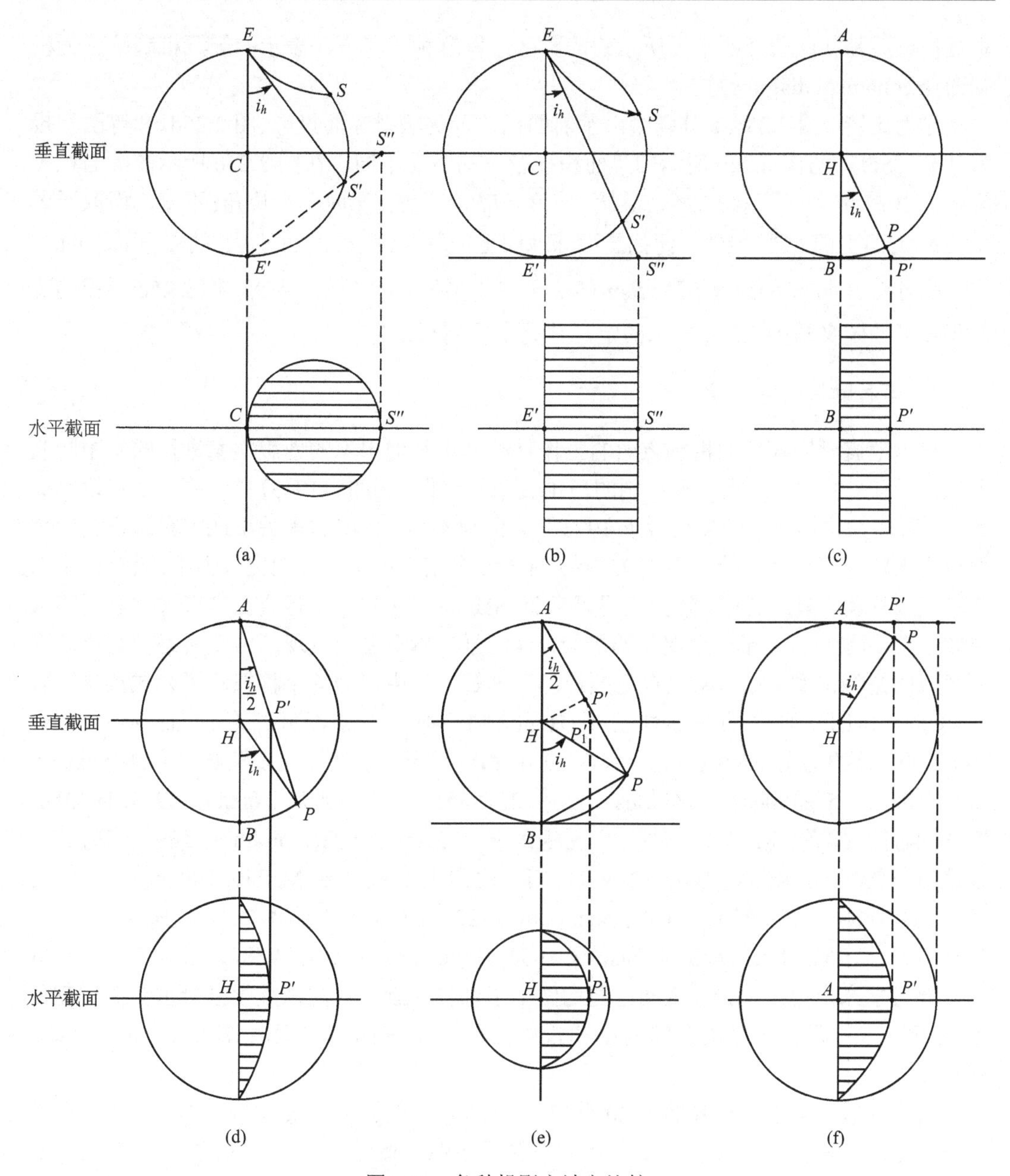

图 2.25　各种投影方法之比较

(a) 拜尔利(Byerly)所提出并采用的台站延伸位置概念与极射赤面投影方法；(b) 诺波夫(Knopoff)所采用的台站延伸位置概念与中心投影方法；(c) 施陶德尔(Stauder)所采用的震源球概念与中心投影方法；(d) 震源球概念与极射赤面投影；(e) 震源球概念与等面积投影；(f) 本多弘吉(Honda)所采用的机制图

尽管日本地震学家早期的工作是在地图上直接作图，没有使用投影方法确定断层面，但率先采用了把节线投影到他们称为模型球(model sphere)、现在称为震源球的方法(Honda, 1957, 1962)．如图 2.25f 所示，P 点表示节线上的一个点，P'是它在过 A 点的、平行于赤道面的水平面上的垂直投影．由通过 $\overline{HP}$ 垂直于纸面(垂直截面)的平面经上述垂直投影后是如图 2.25f 下图所示的阴影区．以这种投影方法表示的震源机制解称为机制图(mechanism diagram)．

作为比较，图 2.25d, e 分别给出了前面已述及的极射赤面投影(图 2.25d)和等面积投影(图 2.25e)．与图 2.22b 所示的等面积投影法的做法不同，在图 2.25e 所示的等面积投影中，由 H 向 $\overline{AP}$ 引垂线 $\overline{HP'}$．显然，$\overline{HP'}=\overline{BP}/2$．在投影时，方位角 ϕ 不变，而取通过 H 的赤道面上的 $\overline{HP_1'}=\overline{HP'}$，便把震源球球面上的 P 点投影到通过 H 的赤道面上的 P_1' 点．此时，P_1' 与 H 的距离 $\overline{HP_1'}=R\sin(i_h/2)=r/2$［参见式(2.5)］．显然，图 2.25e 所示的等面积投影的定义与图 2.20b 所示的定义并无本质差别．

4. 各种方法的等效性

日本地震学家在震源机制方面的工作是独立于其他国家的地震学家进行的．中野廣(Nakano, 1923)关于地震震源机制的理论文章是根据 Walker(1913)书中的一个建议写成的．中野廣的这篇重要论文出版于 1923 年，但很不幸，他的这篇关于地震震源机制的重要论文出版后不久就恰恰毁于 1923 年 9 月 1 日东京大地震引发的大火灾中，只有极少量侥幸流入欧美、澳大利亚、新西兰得以幸免(Stauder, 1962)．中野廣在东京大地震后不久(1929 年)即逝世．由于一个偶然的机会，他的学生本多弘吉发现了中野廣为撰写该论文而草拟的提纲．本多弘吉根据自己的记忆和理解，为中野廣的手稿补写了公式推导并著文向世人介绍中野廣的先驱性工作(Honda, 1938)．在松泽武雄(Matsuzawa, Takeo, 1902～1989)的论文(Matsuzawa, 1926, 1964)和中野廣的后续论文以及妹泽克惟(Sezawa, Katsutada, 1895～1944)的著作(Sezawa, 1932, 1935)中，对中野廣(Nakano, 1923, 1930)的方法均有简要的叙述．与此同时，中村森太郎(Nakamura, Saemon-Taro, 1891～1974)、和达清夫(Wadati, Kiyoo, 1902～1995)、石本巳四雄(Ishimoto, Mishio, 1893～1940)等对节平面的观测与解释均有所贡献(Nakamura, 1922)．1930 年代后，本多弘吉(Honda, 1931, 1954, 1957, 1962; Honda and Masatsuka, 1952; Honda and Emura, 1958)是日本在这一领域的主要科学家，他在理论与观测方面均做出了许多贡献．日本地震学家最重要的贡献便是“模型球”即震源球概念的提出和投影方法“机制图”的运用(Honda and Emura, 1958)．

荷兰地震学家的工作开始于 20 世纪 30 年代，也是独立于美国与日本的地震学家的工作进行的．科宁(Koning, 1942)最先注意到了震源球概念的运用，并且第一个在震源机制研究中运用了乌尔夫网．我们现在是用乌尔夫网作震源球的投影，而科宁当初则是用乌尔夫网作地球自身表面的投影．里策马(Ritsema, 1955, 1957, 1958a, b, 1959)则在科宁早期工作的基础上，极大地发展与完善了科宁的工作．他是第一个采用震源球概念与震源球极射赤面投影方法(乌尔夫网)完整地确定地震断层面解的地震学家．为便利于把资料画在乌尔夫网上的工作，里策马计算了许多种波的各种震源深度的离源角 $i_h(\Delta, h)$ 曲线．此外，里策马还把他的方法推广应用于 S 波资料(Ritsema and Veldkamp, 1960)．

以克依利斯-博洛克(Кейлис-Борок, Владимир И., 1921～2013)与维京斯卡娅(Введенскя, Анна Викторовна, 1923～1997)为代表的苏联地震学家在震源机制方面的工

作始于 1948 年(Введенскя, 1956; Кейлис-Борок, 1957; Keylis-Borok, 1957,1959,1961; Balakina *et al*., 1961a,b; Keylis-Borok *et al*., 1972). 1948 年 10 月 5 日土库曼斯坦阿什哈巴德 M_S 7.3 地震的发生推动了苏联在第二次世界大战后地震研究的发展. 1950 年代中期以后,他们开始采用震源球的极射赤面投影方法(乌尔夫网)来表示地震体波初动的极性. 与美国、日本、荷兰等国家的地震学家的工作不同，苏联地震学家先是研究近震的机制，而后再扩展至远震. Кейлис-Борок(1957) 的方法与 Byerly(1928), Koning(1942), Ritsema(1955) 等的方法类似，但有两点不同(Keylis-Borok, 1957,1959,1961; Кейлис-Борок, 1957; Balakina *et al*., 1961a,b). 第一，拜尔利只用了 P 波初动方向的信息，而克依利斯-博洛克等则试图最大限度地利用地震图中的信息，例如，P，SV 和 SH 波初动的极性及其节面、S 波与 P 波的振幅比、SH 波与 SV 波的振幅比. 第二，他们比其他国家的地震学家更全面地研究了点源理论及多层介质与倾斜界面的影响. 尽管这些研究结果在常规的分析工作中不常得到应用，但却有助于深化对所使用的方法本身及其局限性的理解. 与 Byerly(1928)所采用的台站的延伸位置概念类似，克依利斯-博洛克采用的是平直射线与假想点的概念(Кейлис-Борок, 1957). 克依利斯-博洛克也用乌尔夫网. 可能是因为研究近震的缘故，他们采用的是震源球上半球的投影(Кейлис-Борок, 1957).

由于战争(第二次世界大战)、语言文字(英语、日语、荷兰语、俄语)以及表示方法与投影方法不同形成的壁垒，上述 4 个国家的科学家的研究工作几乎是互不通气地独立发展的. 直至 1957 年，Scheidegger(1957)经过透彻的分析对比研究后指出，上述几种方法本质上是一样的，都是运用初动的观测资料求节面的位置，然后由节面推出震源处的运动方向或力的方向；它们的差别仅在于表示方法与投影方法的不同(Scheidegger, 1957). Scheidegger(1957)不仅指出了美国、日本、荷兰、苏联地震学家的震源机制研究本质上是等效的，而且促使各国地震学家关注其他国家同行专家的工作，增进了相互了解. 而在 Scheidegger(1957)发表这篇论文之前，由于上述原因，这些国家的地震学家彼此互不了解，缺乏交流. 他的论文对增进各国同行专家的相互了解做出了重大贡献，从而成为震源机制研究的一个转折点，震源机制研究进入了一个蓬勃发展的时期(Hodgson, 1957; Nuttli, 1958; Kasahara, 1958,1981; Scheidegger, 1958; Stauder, 1960a, b, c, 1962; Stauder and Adams, 1961; Ingram, 1961; Scholte, 1962; Scholte and Ritsema, 1962; Stauder and Bollinger, 1964,1966; Chandra, 1971; Dillinger *et al*., 1972; Khattri, 1973).

第九节　断层和破裂

(一) 破裂的最大剪切应力理论

1773 年，库仑(Coulomb, Charles Augustine, 1736～1806)提出了破裂的最大剪切应力理论(Coulomb, 1785; Jeffreys, 1942, 1976). 他假设，在应力作用下，当脆性物质(例如岩石)中某一点的最大剪切应力达到某一确定值时，就沿着最大剪切应力平面破裂. 通常把这个值称为该物质的剪切强度(shear strength).

1849 年，霍普金斯(Hopkins)根据库仑提出的准则，证明了破裂平面(即最大剪切应力平面)是通过中间主应力轴并平分最大与最小主应力轴之间的夹角的平面，而作用于此平面上的剪切应力(最大剪切应力)等于最大与最小主应力之差的一半．通常，把最大主应力与最小主应力之差称为应力差(stress-difference)．应力差总是正值．

以 p_1, p_2, p_3 代表脆性物质(例如岩石)中某一点的主应力(图 2.26a)．若使用以主应力的方向为直角坐标系 $x_i\,(i=1, 2, 3)$ 的坐标轴的方向，过某一点取一个 x_i 为常数的平面，按弹性理论与地震学通常的习惯(Bullen, 1953; Jeffreys, 1976)，那么应力分量 p_{ik} 表示的是作用于该平面两侧的物质之间单位面积上、并使 x_i 较小一侧的物质朝 x_k 增大方向位移的力．所以若是按照弹性理论与地震学通常的习惯，主应力以张应力为正．不过，在把理论分析结果应用于地学问题，特别是岩石力学、土力学、构造地质学时，考虑到所涉及的正应力以压应力为主，因此通常把符号的规定反过来，以压应力为正(Jaeger, 1962; Jaeger and Cook, 1979; Atkinson, 1987; Turcotte and Shubert, 2001)．在以下的分析中，为避免混淆，除非特别说明，均按弹性理论与地震学通常的习惯，以张应力为正．

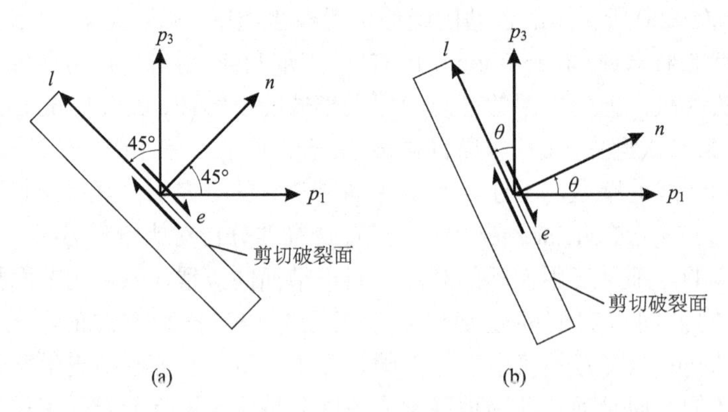

图 2.26　最小主压应力轴(p_1)、最大主压应力轴(p_3)、破裂面法线方向($\boldsymbol{n}$)、滑动方向($\boldsymbol{e}$)和剪切破裂面之间的几何关系

(a)破裂的最大剪切应力理论；(b)安德森理论

设 $p_1>p_2>p_3$，也就是说，p_1, p_2, p_3 依次是最大、中间、最小主(张)应力轴．与主应力 p_1, p_2, p_3 的方向相应的 x_1, x_2, x_3 轴的方向依次称为最大、中间、最小主(张)应力轴方向．若按岩石力学的规定，则 p_1, p_2, p_3 依次是最小、中间、最大主(压)应力轴．与 p_1, p_2, p_3 轴相应的方向依次称为最小、中间、最大主(压)应力轴方向．

今以 $n_i\,(i=1, 2, 3)$ 表示某一平面的法线 $\boldsymbol{n}$ 的方向余弦，以 l_i 和 m_i 分别表示该平面上两条互相垂直的直线 $\boldsymbol{l}$ 和 $\boldsymbol{m}$ 的方向余弦．以 $\boldsymbol{l}, \boldsymbol{n}, \boldsymbol{m}$ 构成一个右旋直角坐标系，即以朝外的法线方向 $\boldsymbol{n}$ 的左方为 $\boldsymbol{l}$ 的正方向，那么作用于该法线方向 $\boldsymbol{n}$ 的平面的应力矢量(stress-vector traction) $\boldsymbol{p}_n$ 为

$$\boldsymbol{p}_n = (p_1 n_1,\ p_2 n_2,\ p_3 n_3)\,, \tag{2.7}$$

$\boldsymbol{p}_n$ 的法向分量即作用在该平面上的法向应力

$$p_{nn} = \boldsymbol{p}_n \cdot \boldsymbol{n} = p_1 n_1^2 + p_2 n_2^2 + p_3 n_3^2\,; \tag{2.8}$$

而剪切应力在 $\boldsymbol{l}$ 和 $\boldsymbol{m}$ 方向的分量分别为

$$p_{nl}=\boldsymbol{p}_n\cdot\boldsymbol{l}=p_1n_1l_1+p_2n_2l_2+p_3n_3l_3\,, \tag{2.9}$$

$$p_{nm}=\boldsymbol{p}_n\cdot\boldsymbol{m}=p_1n_1m_1+p_2n_2m_2+p_3n_3m_3\,. \tag{2.10}$$

在该平面内与 $\boldsymbol{l}$ 和 $\boldsymbol{m}$ 的夹角分别为ϕ和$\phi-(\pi/2)$的方向上，剪切应力为

$$p_{nl}\cos\varphi+p_{nm}\sin\varphi\,. \tag{2.11}$$

该剪切应力在

$$\phi=\tan^{-1}\left(\frac{p_{nm}}{p_{nl}}\right) \tag{2.12}$$

时达到极大值，其数值 p 为

$$p=(p_{nl}^2+p_{nm}^2)^{1/2}\,. \tag{2.13}$$

由上式及(2.9)式与(2.10)式很容易求得作用于该平面的最大剪切应力的数值 p. 为书写简单起见，以下给出该数值 p 的平方：

$$\begin{aligned}p^2&=p_1^2n_1^2(l_1^2+m_1^2)+2p_1p_2n_1n_2(l_1l_2+m_1m_2)\\&+p_2^2n_2^2(l_2^2+m_2^2)+2p_2p_3n_2n_3(l_2l_3+m_2m_3)\\&+p_3^2n_3^2(l_3^2+m_3^2)+2p_3p_1n_3n_1(l_3l_1+m_3m_1).\end{aligned} \tag{2.14}$$

因为(l_1, n_1, m_1), (l_2, n_2, m_2), (l_3, n_3, m_3)分别为 p_1, p_2, p_3 轴在 $\boldsymbol{l}, \boldsymbol{n}, \boldsymbol{m}$ 坐标系中的方向余弦，所以

$$l_1^2+n_1^2+m_1^2=1,\quad l_2^2+n_2^2+m_2^2=1,\quad l_3^2+n_3^2+m_3^2=1\,; \tag{2.15}$$

$$l_1l_2+n_1n_2+m_1m_2=0,\quad l_2l_3+n_2n_3+m_2m_3=0,\quad l_3l_1+n_3n_1+m_3m_1=0\,. \tag{2.16}$$

利用这些关系式，可将 p^2 表示为

$$p^2=(p_1^2n_1^2+p_2^2n_2^2+p_3^2n_3^2)-(p_1n_1^2+p_2n_2^2+p_3n_3^2)^2\,, \tag{2.17}$$

即:

$$p^2=|p_n|^2-p_{nn}^2\,. \tag{2.18}$$

注意到

$$n_1^2+n_2^2+n_3^2=1\,. \tag{2.19}$$

很容易将 p^2 表示成

$$p^2=(p_1-p_2)^2n_1^2n_2^2+(p_2-p_3)^2n_2^2n_3^2+(p_3-p_1)^2n_3^2n_1^2\,. \tag{2.20}$$

欲求最大剪切应力所在平面的法线方向 $\boldsymbol{n}$，就是要求在

$$g=1-(n_1^2+n_2^2+n_3^2)\equiv 0 \tag{2.21}$$

所限制的条件下 p^2 的极大值. 我们用拉格朗日乘子法求 p^2 取极大值的必要条件. 为此，引进一个新的参量，即拉格朗日乘子λ，并定义一个新的函数 F:

$$F=p^2+\lambda g\,. \tag{2.22}$$

由于 $g\equiv 0$, 所以 F 取极值的条件也就是 p^2 取极值的条件，这些条件是

$$\frac{\partial F}{\partial n_1}=0,\quad \frac{\partial F}{\partial n_2}=0,\quad \frac{\partial F}{\partial n_3}=0,\quad \frac{\partial F}{\partial \lambda}=0\,. \tag{2.23}$$

由这些条件可以决定 n_1, n_2, n_3 和λ. 将(2.17)式代入(2.23)式，由上式的最后一个条件给

出(2.21)式，其余三个可以表示为

$$\begin{cases} n_1(p_1^2 - 2p_{nn}p_1 - \lambda) = 0, \\ n_2(p_2^2 - 2p_{nn}p_2 - \lambda) = 0, \\ n_3(p_3^2 - 2p_{nn}p_3 - \lambda) = 0. \end{cases} \tag{2.24}$$

上式中，n_1, n_2, n_3 至少有一个应当等于零，如其不然，则 p_1, p_2, p_3 应满足同一个二次方程

$$x^2 - 2p_{nn}x - \lambda = 0 . \tag{2.25}$$

然而二次方程至多只能有两个不等的根，而不可能有三个不等的根 p_1, p_2, p_3. 这就导致了与 $p_1>p_2>p_3$ 的假设矛盾的结论. 因此，n_1, n_2, n_3 中至少有一个等于零，也就是说，最大剪切应力平面应当通过某一主应力轴.

如果最大剪切应力平面通过 p_2 轴，即 $n_2=0$，而 n_1, $n_3\neq0$，那么由式(2.24)的第一与第三两式可得：

$$\lambda = p_3^2 - 2p_{nn}p_3 = p_1^2 - 2p_{nn}p_1 . \tag{2.26}$$

因此，

$$(p_3 - p_1)[(p_3 + p_1) - 2p_{nn}] = 0 . \tag{2.27}$$

既然 $p_3\neq p_1$, 所以

$$p_3 + p_1 - 2p_{nn} = 0 . \tag{2.28}$$

将上式中的 P_{nn} 用式(2.8)代入后可得

$$p_3(1 - 2n_3^2) + p_1(1 - 2n_1^2) = 0 . \tag{2.29}$$

由式(2.19)可知，当 $n_2=0$ 时，

$$(1 - 2n_3^2) + (1 - 2n_1^2) = 2 - 2(1 - 2n_2^2) = 0 . \tag{2.30}$$

于是式(2.29)便简化为

$$(p_3 - p_1)(1 - 2n_3^2) = 0 . \tag{2.31}$$

再一次运用 $p_3\neq p_1$ 的条件，我们就得到：

$$n_3^2 = n_1^2 = \frac{1}{2} . \tag{2.32}$$

把 $n_2=0$, $n_3^2 = n_1^2 = 1/2$ 代入式(2.19)就得到 p^2 的最大值：

$$n_2 = 0, \quad n_3^2 = n_1^2 = \frac{1}{2}, \quad p^2 = \frac{(p_3 - p_1)^2}{4} . \tag{2.33}$$

若依次设 $n_3=0$ 及 $n_1=0$，那么按照类似的步骤可以求得

$$n_3 = 0, \quad n_1^2 = n_2^2 = \frac{1}{2}, \quad p^2 = \frac{(p_1 - p_2)^2}{4} , \tag{2.34}$$

$$n_1 = 0, \quad n_2^2 = n_3^2 = \frac{1}{2}, \quad p^2 = \frac{(p_2 - p_3)^2}{4} . \tag{2.35}$$

既然 $p_1>p_2>p_3$，所以只有式(2.33)给出的 p 才是数值最大的剪切应力值. 最大剪切应力

平面的法向是

$$\boldsymbol{n}=(\pm 2^{-1/2}, 0, \pm 2^{-1/2}). \tag{2.36}$$

如式(2.17),(2.20),(2.32),(2.36)诸式所表示的，$\boldsymbol{n}$ 对于 p_1 和 p_3 轴都具有对称性，所以只需分析

$$\boldsymbol{n}=(2^{-1/2}, 0, 2^{-1/2}) \tag{2.37}$$

一种情形．此时，如果我们取

$$\boldsymbol{m}=(0,1,0), \tag{2.38}$$

$$\boldsymbol{l}=(-2^{-1/2}, 0, 2^{-1/2}), \tag{2.39}$$

则由式(2.8)～式(2.10)可得

$$p_{nl}=-\frac{p_1-p_3}{2},\quad p_{nm}=0,\quad p_{nn}=\frac{p_1+p_3}{2}. \tag{2.40}$$

这就是说，最大剪切应力平面通过中间主应力轴并平分最大与最小主应力轴之间的夹角．最大剪切应力的数值是最大与最小主应力之差的一半，其作用方向在垂直于中等主应力轴并且位于剪切平面内的 $-\boldsymbol{l}$ 方向(图 2.26a)．

既然 $\boldsymbol{n}$ 对于 p_1 和 p_3 轴有对称性，所以另一种情形(以 p_3 轴为对称轴的情形)是

$$\boldsymbol{n}=(2^{-1/2}, 0, -2^{-1/2}), \tag{2.41}$$

$$\boldsymbol{m}=(0,-1, 0), \tag{2.42}$$

$$\boldsymbol{l}=(2^{-1/2}, 0, 2^{-1/2}), \tag{2.43}$$

$$p_{nl}=\frac{p_1-p_3}{2},\quad p_{nm}=0,\quad p_{nn}=\frac{p_1+p_3}{2}. \tag{2.44}$$

上式所表示的结果即是与式(2.37)至式(2.40)所表示的结果共轭的情形.其他两种情形即 $\boldsymbol{n}=(-2^{-1/2}, 0, -2^{-1/2})$ 与 $\boldsymbol{n}=(-2^{-1/2}, 0, 2^{-1/2})$ 情形则分别与式(2.37)与式(2.41)给出的情形相同.

上述脆性破裂的最大剪切应力理论称为库仑-霍普金斯理论.

(二)安德森理论

实验证明，在单轴压力下，脆性物质的破裂与库仑-霍普金斯理论预期的结果相符，p_3 轴与破裂面之间的夹角约为 45°．地震是地表面下岩石的破裂，在地质条件下，地表面下的岩石承受着其上方的岩石的重量引起的沉重的载荷，即高围压，称为静岩压(lithostatic pressure)．许多证据表明，在高围压下，上述角度可减至 20°～30°．为解释这一现象，安德森(Anderson, 1905, 1942, 1951)将库仑-霍普金斯的理论加以修正，他运用了库仑关于岩石脆性破裂的准则(图 2.26b)．库仑准则亦称库仑-纳维(Navier)准则、纳维-库仑准则、库仑-莫尔(Mohr)准则，但后三者与前者所涉及的物理背景实际上并不相同，因此这里仍称之为库仑准则(Jaeger, 1962; Jaeger and Cook, 1979)．

按照库仑准则，岩石要发生破裂，产生滑移，除了要克服表征材料特征的内聚力以外，还要克服与法向压应力($|p_{nn}|$)成正比的固体摩擦力的阻碍．因此，只有当作用于岩石中某一个面上的剪切应力达到剪切强度，即内聚强度(cohesive strength) S 和摩擦阻

抗($\mu_i\,|\,p_{nn}\,|$)之和时，岩石才能沿着该平面发生脆性破裂：

$$|p| = S + \mu_i\,|p_{nn}|, \tag{2.45}$$

式中，μ_i是内摩擦系数(coefficient of internal friction). 地壳中大部分特别是地壳上部都有流体(主要是水)存在. 水和其他流体的存在影响断层的摩擦滑动. 在湿断层情况下，上式中的压应力$|\,p_{nn}\,|$应改为有效正应力(effective normal stress)，即破裂面上压应力$|\,p_{nn}\,|$与孔隙压(pore pressure)p_f的数值$|\,p_f\,|$之差. 孔隙压即孔隙中的流体对断层的压力. 因此，

$$|p| = S + \mu_i(|p_{nn}| - |p_f|). \tag{2.46}$$

以水为例，如果孔隙中的水与地表面是自由地连通的、并且又无流动耗损，则孔隙压即静水压

$$\left|p_f\right| = \rho_f g h, \tag{2.47}$$

式中，ρ_f是流体(水)的密度，g是重力加速度，h是断层所在的深度. 设岩石的平均密度是ρ，则岩石的重量引起的载荷即静岩压

$$\left|p_{nn}\right| = \rho g h. \tag{2.48}$$

因为水的密度比岩石的密度小得多，所以静水压一般只是静岩压的 35%～50%. 但是，在某些情况下，例如当水处于圈闭的状态时，孔隙压可能几乎等于甚而大于静岩压. 此时，阻止断层运动的剪切应力很小.

若p_{nn}是压力，$|\,p_{nn}\,| = -p_{nn}$; 若p_{nn}是张力，$|\,p_{nn}\,| = p_{nn}$; 所以在干摩擦情况下，

$$|p| = S \mp \mu_i p_{nn}. \tag{2.49}$$

在上式中，上、下方的符号(在上式中是$\mp$号)分别对应p_{nn}是压力或张力的情形. 在干摩擦情况下，为了求破裂平面的法向 $\boldsymbol{n}$，需要求在式(2.21)所限制的条件下$|\,p\,| \pm \mu_i p_{nn}$这个量的极大值，在这里以及以下的讨论中，±号分别对应p_{nn}是压力或张力的情形. 与上节类似，定义一个新的函数$\varPhi$：

$$\varPhi = |p| \pm \mu_i p_{nn} + \lambda g, \tag{2.50}$$

式中，λ是拉格朗日乘子，g仍如式(2.21)所示. 由于$g \equiv 0$，所以$\varPhi$取极值的条件也就是$|\,p\,| \pm \mu_i p_{nn}$取极值的条件，这些条件是

$$\frac{\partial \varPhi}{\partial n_1} = 0, \quad \frac{\partial \varPhi}{\partial n_2} = 0, \quad \frac{\partial \varPhi}{\partial n_3} = 0, \quad \frac{\partial \varPhi}{\partial \lambda} = 0. \tag{2.51}$$

上式表示的最后一个条件仍给出式(2.21)，其余三个条件可以表示为

$$\begin{cases} n_1\left[\dfrac{p_1^2 - 2p_{nn}p_1}{2|p|} \pm \mu p_1 - \lambda\right] = 0, \\ n_2\left[\dfrac{p_2^2 - 2p_{nn}p_2}{2|p|} \pm \mu p_2 - \lambda\right] = 0, \\ n_3\left[\dfrac{p_3^2 - 2p_{nn}p_3}{2|p|} \pm \mu p_3 - \lambda\right] = 0. \end{cases} \tag{2.52}$$

和前面讨论库仑-霍普金斯理论的情况类似，n_1，n_2，n_3应当至少有一个等于零. 若设 n_2=0

而 $n_3, n_1 \neq 0$，则由上式的第一与第三两式可得

$$\lambda = \frac{p_1^2 - 2p_{nn}p_1}{2|p|} \pm \mu_i p_1 = \frac{p_3^2 - 2p_{nn}p_3}{2|p|} \pm \mu_i p_3 . \tag{2.53}$$

因此，

$$(p_1 - p_3)[(p_1 + p_3) - 2p_{nn} \pm 2\mu_i |p|] = 0 . \tag{2.54}$$

因为 $p_1 \neq p_3$，所以

$$(p_1 + p_3) - 2p_{nn} \pm 2\mu_i |p| = 0 . \tag{2.55}$$

将(2.8)式和(2.19)式代入上式，我们便得到：

$$p_3(1 - 2n_3^2) + p_1(1 - 2n_1^2) \pm 2\mu_i |(p_3 - p_1)n_1 n_3| = 0 . \tag{2.56}$$

今以 θ 表示 $\boldsymbol{n}$ 与 p_1 轴的夹角，即 $\boldsymbol{n}$ 与最大主(张)应力轴(p_1 轴)的夹角(Scholz, 1990, 2002). 则

$$\begin{cases} n_1 = \cos\theta, \\ n_3 = \sin\theta. \end{cases} \tag{2.57}$$

按这里采用的定义，在式(2.45)～式(2.56)的分析中，只涉及剪切应力的数值 $|p|$，因此在式(2.56)中，改变 n_1 或(和) n_3 的符号，该式照样成立．换句话说，$\boldsymbol{n}$ 对于 p_1，p_3 轴都是对称的．由于 $\boldsymbol{n}$ 对于 p_1 和 p_3 轴的对称性，我们只需求 $0° \leqslant \theta \leqslant 90°$ 的解．因此，式(2.56)可以表示为

$$(p_1 - p_3)(\cos 2\theta \mp \mu_i \sin 2\theta) = 0 . \tag{2.58}$$

因为 $p_1 \neq p_3$，所以

$$\tan 2\theta = \pm \frac{1}{\mu_i} . \tag{2.59}$$

这就是说，当 p_{nn} 是压应力，即上式右边取正号时，

$$\theta = \frac{1}{2}\tan^{-1}\left(\frac{1}{\mu_i}\right), \tag{2.60}$$

而当 p_{nn} 是张应力，即式(2.59)右边取负号时，

$$\theta = \frac{\pi}{2} - \frac{1}{2}\tan^{-1}\left(\frac{1}{\mu_i}\right), \tag{2.61}$$

此时，$|p| \pm \mu_i p_{nn}$ 达到极大值：

$$|p| \pm \mu_i p_{nn} = \frac{1}{2}(p_1 - p_3)\sin 2\theta \pm \mu_i \left(\frac{p_1 + p_3}{2} + \frac{p_1 - p_3}{2}\cos 2\theta\right). \tag{2.62}$$

由式(2.59)可得

$$\begin{cases}\sin 2\theta = \dfrac{1}{\sqrt{1+\mu_i^2}}, \\ \cos 2\theta = \pm\dfrac{\mu_i}{\sqrt{1+\mu_i^2}}.\end{cases} \tag{2.63}$$

无论 p_{nn} 是压应力还是张应力，$\sin 2\theta$ 均由上式第一式表示，而上式第二式的±分别对应于 p_{nn} 是压应力与张应力情形. 所以

$$|p| + \mu_i p_{nn} = \pm\frac{1}{2}[p_1(\mu_i + \sqrt{1+\mu_i^2}) + p_3(\mu_i - \sqrt{1+\mu_i^2})], \quad (n_2 = 0). \tag{2.64}$$

对于 n_3=0 和 n_1=0 的情形，可以作类似的讨论. 在这两种情形下，若以θ依次表示 $\boldsymbol{n}$ 与 p_2 和 $\boldsymbol{n}$ 与 p_3 轴的夹角，可以求得

$$|p| + \mu_i p_{nn} = \pm\frac{1}{2}[p_2(\mu_i + \sqrt{1+\mu_i^2}) + p_1(\mu_i - \sqrt{1+\mu_i^2})], \quad (n_3 = 0). \tag{2.65}$$

$$|p| + \mu_i p_{nn} = \pm\frac{1}{2}[p_3(\mu_i + \sqrt{1+\mu_i^2}) + p_2(\mu_i - \sqrt{1+\mu_i^2})], \quad (n_1 = 0). \tag{2.66}$$

因为 $\mu_i + \sqrt{1+\mu_i^2}$ >0, $\mu_i - \sqrt{1+\mu_i^2}$ <0, 所以

$$p_1\left(\mu_i + \sqrt{1+\mu_i^2}\right) > p_2\left(\mu_i + \sqrt{1+\mu_i^2}\right) > p_3\left(\mu_i + \sqrt{1+\mu_i^2}\right), \tag{2.67}$$

$$p_3\left(\mu_i - \sqrt{1+\mu_i^2}\right) > p_2\left(\mu_i - \sqrt{1+\mu_i^2}\right) > p_1\left(\mu_i - \sqrt{1+\mu_i^2}\right). \tag{2.68}$$

这就证明了无论 p_{nn} 是压应力还是张应力情形，以

$$\boldsymbol{n} = (\cos\theta, 0, \sin\theta) \tag{2.69}$$

为法向的平面是欲求的剪切破裂面. θ由式(2.60)(当 p_{nn} 是压应力时)或式(2.61)(当 p_{nn} 是张应力时)给出. θ是破裂面法向 $\boldsymbol{n}$ 与最大主(张)应力轴(p_1 轴即最小主压应力轴)的夹角，也是剪切破裂面与最小主(张)应力轴(p_3 轴即最大主压应力轴)的夹角. 当μ_i=0 时，θ=π/4; 当μ_i =1 时，θ=π/8(p_{nn} 是压应力情形)或 3π/8(p_{nn} 是张应力情形); 当$\mu_i\to\infty$时，θ=0(p_{nn} 是压应力情形)或 π/2(p_{nn} 是张应力情形). 这就是说，随着μ_i 的增大，对于 p_{nn} 是压应力情形，剪切破裂面的法向趋向最大主(张)应力轴，剪切破裂面趋向最小主(张)应力轴(p_3 轴，即最大主压应力轴)与中间主应力轴(p_2 轴)构成的平面. 这是很自然的. 在 p_{nn} 是压应力情形，压应力起着增加对剪切破裂的阻抗作用，因此剪切破裂在主(压)应力轴与破裂面的夹角变小、剪切应力增加的情况下发生; 而在 p_{nn} 是张应力情形，张应力起着减小对剪切破裂的阻抗作用，因此剪切破裂在主(压)应力轴与破裂面的夹角变大、剪切应力减小的情况下发生.今取

$$\boldsymbol{m} = (0, 1, 0), \tag{2.70}$$

$$\boldsymbol{l} = (-\sin\theta, 0, \cos\theta), \tag{2.71}$$

则由式(2.8)～式(2.10)可得

$$p_{nl} = -\frac{p_1 - p_3}{2}\sin 2\theta, \quad p_{nm} = 0, \quad p_{nn} = \frac{p_1 + p_3}{2} + \frac{p_1 - p_3}{2}\cos 2\theta, \tag{2.72}$$

$$|p| + \mu_i p_{nn} = \frac{\mu_i}{2}(p_1 + p_3) + \frac{1}{2}(p_1 - p_3)(\sin 2\theta + \mu_i \cos 2\theta). \tag{2.73}$$

这就是说，剪切破裂面是通过中间主应力轴并与最小主(张)应力轴(p_3轴)成θ角的平面，在该平面上剪切应力的数值为(1/2) $(p_1-p_3)\sin2\theta$，其作用方向在$-\boldsymbol{l}$方向. 图2.26b表示了p_1，p_3轴，破裂面法线方向$\boldsymbol{n}$，滑动方向$\boldsymbol{e}$和破裂面之间的几何关系. 若以p_1，p_2和p_3表示主压应力，p_1轴便是最小主压应力轴，p_2轴是中间主压应力轴，p_3轴是最大主压应力轴. 由于$\boldsymbol{n}$对于p_1轴和p_3轴都有对称性，所以有两个可能的破裂面，它们都与p_3轴成θ的夹角.

破裂的安德森理论与地质条件下地表面下岩石的破裂是相符的. 这是因为：破裂一旦开始便是不连续的运动. 如果在张力的作用下发生破裂，岩石的块体彼此脱离分开，便无从发生摩擦. 如果岩石的块体不彼此脱离分开，只要岩石块体相对滑移继续进行，则摩擦力将成为岩石块体相对滑移的主要阻力. 因此，库仑-霍普金斯理论适用于滑移起始时，而安德森理论则可正确地决定滑移开始后的方向[杰弗里斯(Jeffreys, Harold, 1891～1989)].

有许多证据表明，深源地震也是岩石的破裂. 如果真是这样，式(2.49)中的内摩擦系数μ_i一定随深度急遽地减小. 而根据式(2.60)，θ就应趋于π/4，即破裂面与主应力方向成45°. 任何有关因体积变化而发生中源地震的假说都应符合极端应力近乎水平并且破裂面与竖直方向成45°的结果.

(三) 地震断层

在常温下，如果应力足够高的话，岩石将发生脆性破裂. 在地球表面的岩石中，可以看到许多类型的破裂. 如果沿破裂面上发生了侧向位移，那么这个破裂就称为断层. 在地壳中有着各种尺度的断层，尺度小的断层错距仅几毫米；尺度大的断层有着由破碎了的岩石构成的宽阔地带，称为断层泥带，断层泥带的宽度可达数千米，而断层的错距可达数百千米；规模较小的断层的断层泥带宽度只有几厘米. 地震与许多断层的错动有关，大地震的断层位错数量级为10m，最大可达数10m.

刚性板块的相对运动通过大断层得到调整. 在海沟，海洋岩石层板块沿下倾的断层面俯冲到邻接的海洋或大陆岩石层板块下，两大板块的汇聚导致了俯冲作用以及世界上频繁发生的绝大多数的大地震. 通过这些规则地发生的地震，连续的俯冲过程得到了调整. 但这些断层的地面形迹在海沟底部，比较难以进行详细的实地考察. 在发散带，在大洋中脊边缘，有许多正断层(normal fault). 因为在大洋中脊，岩石层很薄，所以由此导致的地震就比较小. 洋脊系中的分段的洋脊是通过转换断层连接起来的. 在转换断层上，发生了黏滑作用. 转换断层在陆地上常有出露，所以研究得比较多. 在大陆板块碰撞地带，上述三种情形的断层都会出现. 我国大陆内部的许多大地震与印度板块和欧亚板块的碰撞所发生的大范围的形变地带有关；土耳其强震活动也与这个碰撞带往西延续有关. 在大陆板块碰撞地带、俯冲带以及转换断层，地震的频度高、强度大. 在板块内部，也发生大地震，不过频度低一些.

由上述情况可知，有三种基本类型的断层：逆断层(reverse fault)、走滑断层(strike-slip fault)和正断层. 这三种断层的发生是由主应力轴在空间的取向决定的(Jaeger, 1962;

Jaeger and Cook, 1979; Turcotte and Schubert, 2001).

1. *逆断层*

如果 p_1 轴垂直于地面，p_2 和 p_3 轴平行于地面，则破裂面过 p_2 轴并与 p_3 轴成 θ 角，$0° < \theta < 45°$，这种断层称为逆断层(reverse fault)，也称为逆滑断层(reverse-slip fault)或压性断层(compressional fault). 如图 2.27a 所示. 有两个断层面共轭的逆断层，其断层面的倾角 δ 都等于 θ. 断层面的倾角的取值范围是 $0° \leqslant \delta \leqslant 45°$. 随着摩擦系数由零开始增加，$\delta$ 由 45°逐渐减小(图 2.28).

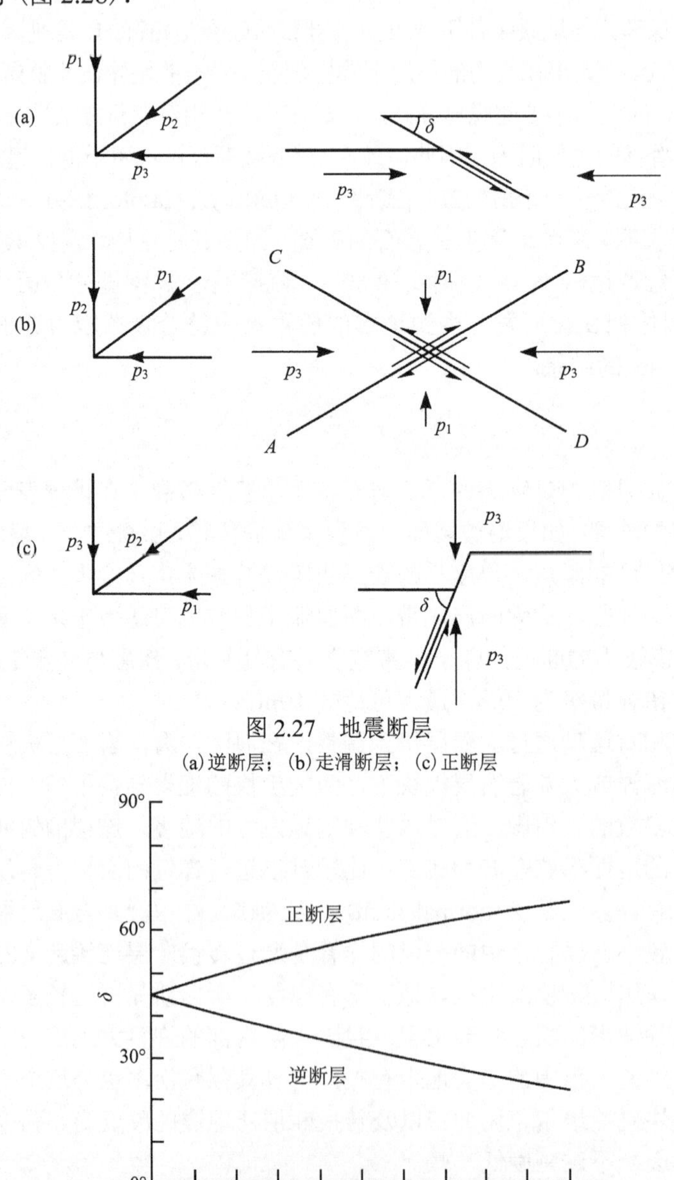

图 2.27 地震断层

(a)逆断层；(b)走滑断层；(c)正断层

图 2.28 正断层和逆断层的断层面倾角 δ 与摩擦系数 μ_i 的关系

为了确定内摩擦系数μ_i，不但在野外对地质断层做了许多观测，而且在实验室内对各种岩石做了测量(Byerlee, 1967, 1968, 1977, 1978)．结果表明，μ_i是数量级为1的量，通常介于0.5和1.0之间．图2.29是各种不同类型的岩石开始摩擦滑动时的最大剪切应力p与正应力$|p_{nn}|$的关系图，除了一些表示滑动面之间充塞着断层泥的岩石的数据点外，结果还比较集中：当正应力低于相当于地壳中部深度的正应力数值200 MPa(2 kbar)即$|p_{nn}|<200$ MPa时，

$$p = 0.85|p_{nn}|; \tag{2.74a}$$

当200 MPa$<|p_{nn}|<$1700 MPa时，

$$p = 50 + 0.6|p_{nn}|. \tag{2.74b}$$

上式称为拜尔里定律(Byerlee, 1978)．在这个公式中，最大剪切应力p和正应力的数值$|p_{nn}|$均以MPa为单位，1MPa=10bar．若以kbar为单位，则式(2.73b)右边第一项的常数应改为0.5．对于式(2.73a)所表示的μ_i=0.85的情形，逆断层的倾角δ=24.8；对于式(2.74b)所表示的μ_i=0.6的情形，逆断层的倾角δ=29.5°.

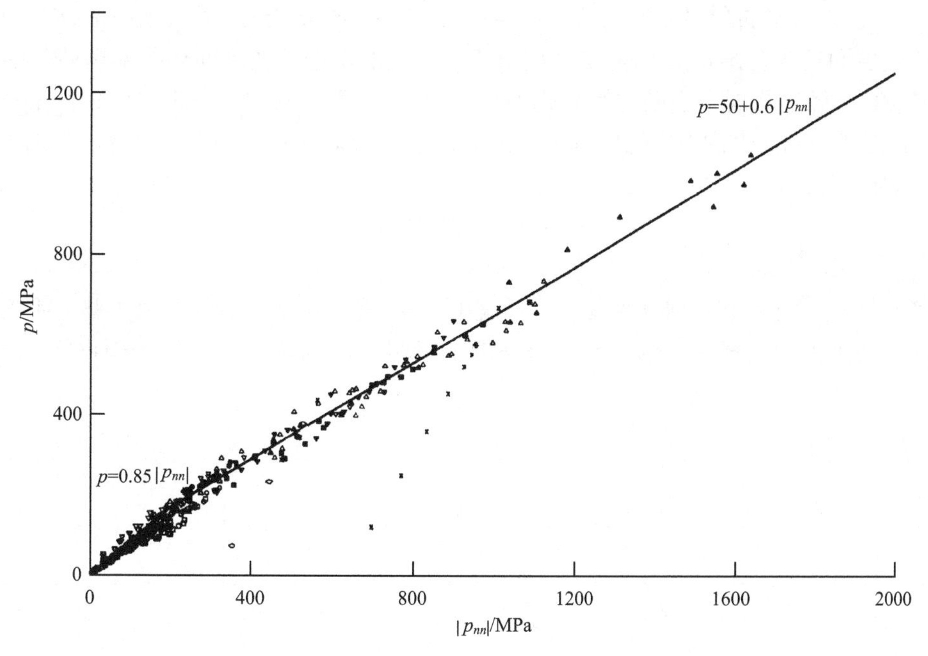

图2.29　各种不同类型的岩石开始摩擦滑动时的最大剪切应力(p)与正应力($|p_{nn}|$)的关系

2. *走滑断层*

如果p_2轴垂直于地面，p_3与p_1轴平行于地面，则图2.27b所示的两个共轭的断层面都与p_3轴成θ角．这种断层称为走滑断层(strike-slip fault)，也称为横推断层(transcurrent fault)、横断层(lateral fault)、捩断层(tear fault)或扭断层(wrench fault)．走滑断层的倾角δ常接近于90°．对于走滑断层情形，p_1可以是数值比p_2和p_3都小的压应力，也可以是

张应力.

走滑断层分为右旋走滑断层(dextral strike-slip fault, right-lateral slip fault)和左旋走滑断层(sinistral strike-slip fault, left-lateral slip fault). 走滑断层是右旋还是左旋可以用下述方法判别：站在断层的一盘沿着与断层走向垂直的方向观看另一盘的运动，若该盘向右运动则断层为右旋走滑断层(图 2.27b 右图中的断层 AB)，若该盘向左运动则断层为左旋走滑断层(图 2.27b 右图中的断层 CD).

3. 正断层

在地下某一深度处，竖直方向的主应力可能变成最大主压应力，即最小主(张)应力轴(p_3)垂直于地面. 此时，破裂面与垂线的夹角等于θ(图 2.27c). 这种断层称为正断层，也称为正滑断层(normal-slip fault)、张性断层(tensional fault)或重力断层(gravity fault). 如图 2.27c 所示，正断层的断层面的倾角δ=90°−θ，其取值范围为 45°<δ<90°. 随着内摩擦系数由零增加，δ由 45°逐渐增加. 若μ_i=0.85，正断层的倾角δ=65.2°；若μ_i=0.6，正断层的倾角δ=60.5°，逆断层的倾角δ=29.5°. 正断层和逆断层统称倾滑断层(dip-slip fault). 由于正断层的断层面的倾角δ=90°−θ，而因为 0°<θ<45°，所以 45°<δ<90°；而逆断层的断层面的倾角δ=θ，0°<δ<45°, 所以正断层的断层面要比逆断层的陡峭(图 2.27a,c 及图 2.28). 倾滑断层是正断层还是逆断层是由断层面上方的地块即上盘(hanging wall block)相对于下方的地块即下盘(foot wall block)的运动是向下(图 2.27c)还是向上(图 2.27a)确定.

4. 斜滑断层

实际情况要比上述三种情形复杂，一般的断层兼有走滑和倾滑两种分量(图 2.30). 如果断层面上的走向滑动和倾向滑动的分量都很明显，则称这种断层为斜向滑动断层

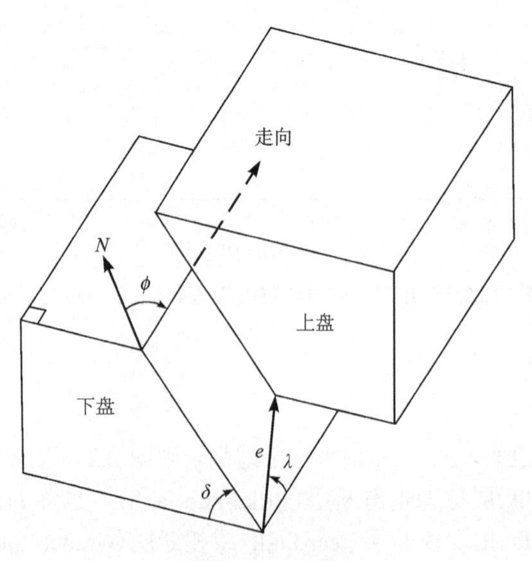

图 2.30 斜滑断层

图中表示断层面的走向ϕ，倾向ϕ+90°，倾角δ，断层的上盘、下盘，滑动矢量 $\boldsymbol{e}$，滑动角λ

(oblique fault)，简称斜滑断层，相应的滑动称为斜滑(oblique slip)．断层面两侧的地块的运动可以用滑动矢量 $\boldsymbol{e}$ 描述．滑动矢量是表示断层的上盘相对于下盘的运动方向的单位矢量．对于剪切滑动来说，滑动矢量可以位于断层面上的任何方向上．滑动矢量与断层面的走向的夹角λ称为滑动角(slip angle 或 rake angle，分别简称为 slip 或 rake)．断层面的走向(strike)是断层面与地面的交线，它有两个方向，相差 180°．为明确起见，规定选取站在上盘向右看的方向为断层面走向．这样一来，断层面的倾向(dip direction)比断层面的走向恒大 90°，一旦说明了断层面的走向ϕ，0°≤ϕ<360°，便意味着断层面的倾向是

表 2.1　剪切滑动断层的地质学术语

δ	λ							
	0°～90°	90°～180°	180°～270°	270°～360°	0°	90°	180°	270°
0°～45°	左旋-冲断层	右旋-冲断层	右旋-正断层	左旋-正断层	左旋走滑断层	冲断层	右旋走滑断层	正断层
45°～90°	左旋-逆断层	右旋-逆断层	右旋-正断层	左旋-正断层	左旋走滑断层	逆断层	右旋走滑断层	正断层

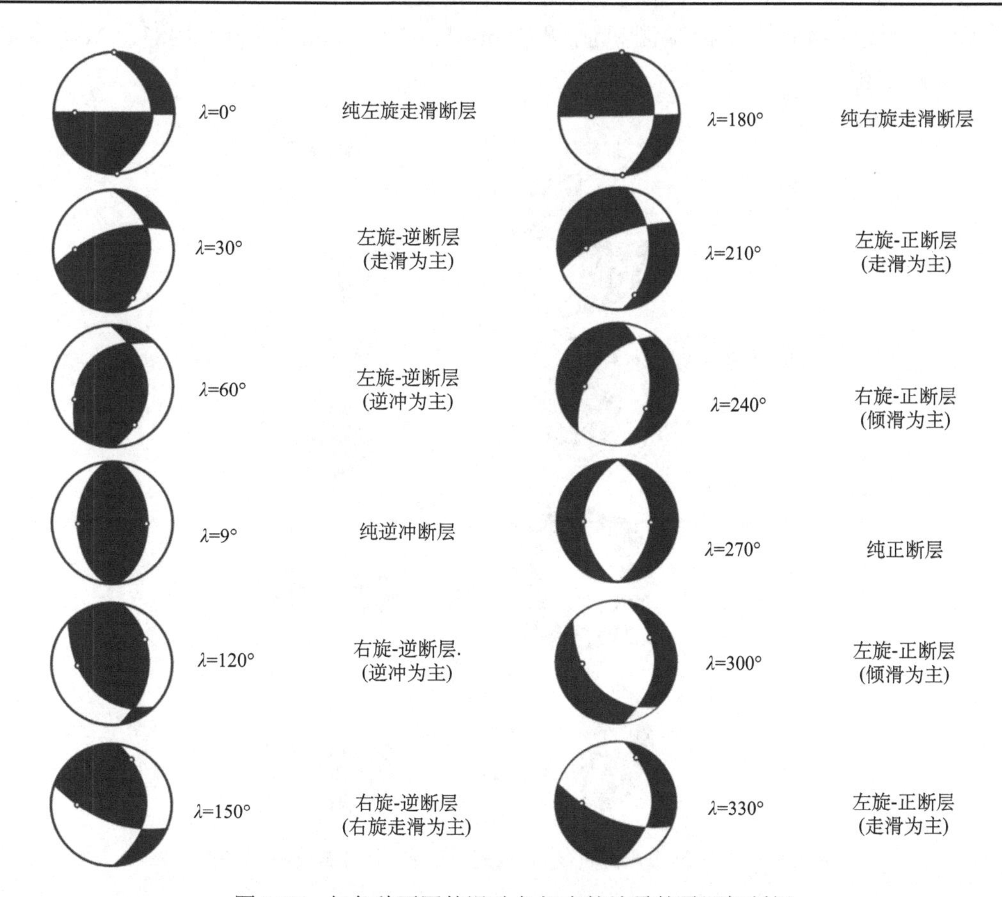

图 2.31　与各种不同的滑动角相应的地震的震源机制解

由上至下，先左后右，当λ=0°, 30°, 60°, 90°, 120°, 150°, 180°, 210°, 240°, 270°, 300°, 330°时，由 N-S 节面(ϕ=0°, δ=45°的节面)所表示的震源机制由纯左旋走滑断层(λ=0°)变至以走滑为主的左旋-正断层(λ=330°)

ϕ+90°. 当倾角δ=90°时，断层面的走向以及上盘与下盘的选取原则上是任意的. 但是，为明确起见，规定先任选两个方向中的一个方向为断层面的走向，一旦选定后，便以沿该方向朝前看时右手边的那一盘为“上盘”. 规定 0°≤λ<360°，逆时针为正(Ben-Menahem and Singh, 1981). 有的作者(Aki and Richards, 1980; Lay and Wallace, 1995)则规定−180°<λ≤180°，显然，这两种规定并无本质差别. 随着λ由 0°逆时针增至 360°，相应的剪切滑动断层的地质学术语如表 2.1 所示. 有时，又将倾角δ小于 45°的逆断层特别称为冲断层(thrust fault)，将δ小于 10°的逆断层特别称为上冲断层或逆冲断层(overthrust fault). 作为举例，图 2.31 以震源球下半球等面积投影表示走向为 *N-S* 方向(ϕ=0°)、倾角为 45°(δ=45°)的断层面，当滑动角λ由 0°增至 330°时震源机制解所示的断层滑动类型的变化. 图中，黑色区域表示初动为压缩(+)的区域，白色区域表示初动为膨胀(−)的区域. 以这种投影图的方式表示的震源机制解(断层面解)在西方形象地称为“海滩球(beach ball)”，在我国则形象地称为“西瓜皮”. 图 2.32 则以投影图即“海滩球”或“西瓜皮”(左图)和侧视图(右图)表示走向为 *N-S* 方向(但ϕ=180°)、倾角δ=45°的几种震源机制解(Ben-Menahem and Singh, 1981; Stein and Wysession, 2003).

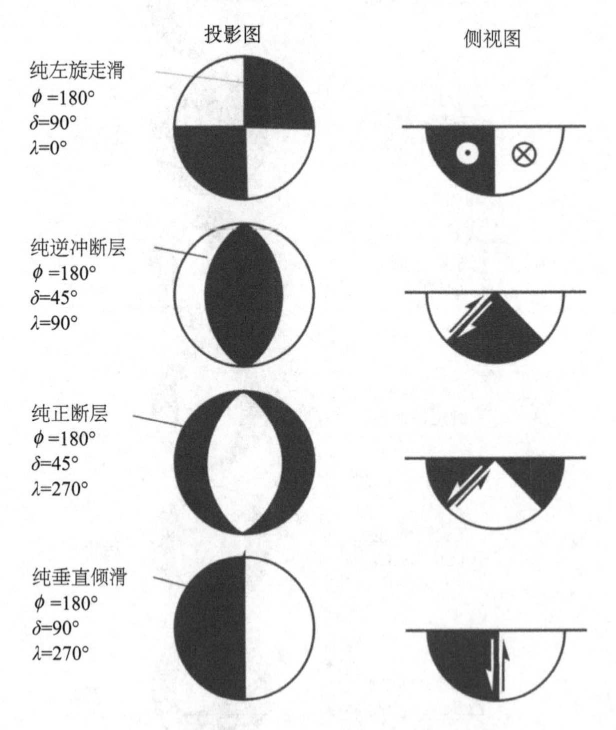

图 2.32　几种地震震源机制解的投影图(左图)与侧视图(右图)

第十节　震源区的应力状态

(一)压力轴、张力轴和零轴

以上分析表明，破裂面的取向与引起破裂的应力状态有关．在岩石层内，岩石处于高围压状态．如果以 p_1, p_2, p_3 轴分别表示震源区在破裂前一刻的主(张)应力轴，那么破裂面(即断层面)与最小主(张)应力轴(最大主压应力轴，也就是 p_3 轴)的夹角 θ(图 2.33)随内摩擦系数 μ_i 的增大而减小(Kirby, 1980)．

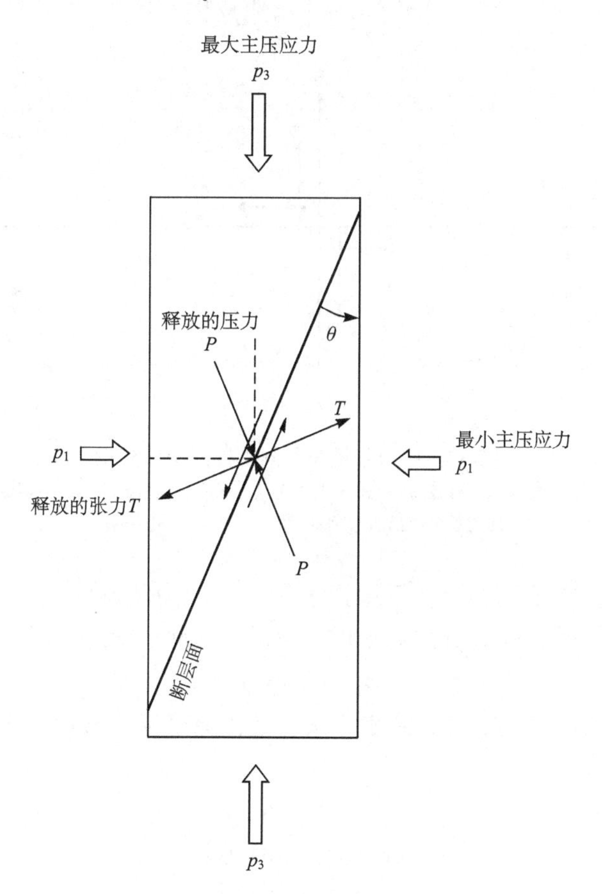

图 2.33　岩石破裂三轴应力实验示意图

地震时，沿断层面释放了一定大小(例如大小为 p)的剪切应力，这相当于在与断层面成 45°和 135°的方向上释放了数值上等于 p 的压应力(以 P 表示)和数值上也等于 p 的张应力(以 T 表示)(Stauder, 1962; Stein and Wysession, 2003)．这点可以从应力张量在不同坐标系中的坐标变换关系看出(图 2.34)．

设在基矢量为 $\boldsymbol{e}_k$ 的直角坐标系 x_k(k=1, 2, 3)中，应力张量 $\mathbf{S}$ 的分量为 σ_{kl}，即

$$\mathbf{S} = \sigma_{kl}\boldsymbol{e}_k\boldsymbol{e}_l, \tag{2.75}$$

而在基矢量为$\boldsymbol{e}'_i$的新的直角坐标系x'_i (i=1, 2, 3)中，应力张量$\mathbf{S}$可以表示为

$$\mathbf{S}=\sigma'_{ij}\boldsymbol{e}'_i\boldsymbol{e}'_j\,, \tag{2.76}$$

式中，σ'_{ij}是应力张量$\mathbf{S}$在新的坐标系中的分量. σ'_{ij}与σ_{kl}有以下坐标变换关系：

$$\sigma'_{ij}=\gamma_{ik}\sigma_{kl}\gamma_{jl}\,, \tag{2.77}$$

式中，γ_{ik}是x'_i轴与x_k轴的方向余弦：

$$\gamma_{ik}=\boldsymbol{e}'_i\cdot\boldsymbol{e}_k\,. \tag{2.78}$$

这表明在原点相同的两个直角坐标系中，应力张量通过矩阵变换相联系：

$$[\sigma'_{ij}]=[\gamma_{ik}][\sigma_{kl}][\gamma_{lj}]^{\mathrm{T}}\,. \tag{2.79}$$

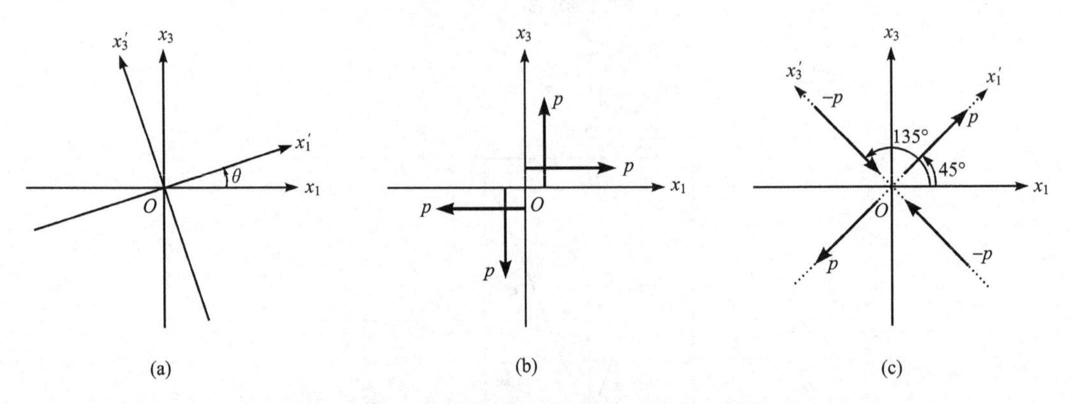

图 2.34　应力张量在不同坐标系中的分量

(a)坐标原点重合的两个不同的坐标系x_k(k=1, 2, 3)与x'_i (i=1, 2, 3)；(b)在原坐标系x_k中的纯剪切应力$\sigma_{13}=\sigma_{31}=p$；(c)与纯剪切应力状态相当的张应力$\sigma'_{11}=p$与压应力$\sigma'_{33}=-p$

式(2.76)表明，在不同的坐标系中，表示同一应力状态的应力张量的分量是不同的. 例如，设在坐标系x_k中，介质处于以下所示的纯剪切状态，即除了

$$\sigma_{13}=\sigma_{31}=p \tag{2.80}$$

外，σ_{kl}的其余分量都等于零；并设新坐标系x'_i是由原坐标系x_k绕x_2轴逆时针旋转θ后得到的(图 2.34a). 那么，

$$[\sigma_{kl}]=\begin{bmatrix}0&0&p\\0&0&0\\p&0&0\end{bmatrix}, \tag{2.81}$$

$$[\gamma_{ik}]=\begin{bmatrix}\cos\theta&0&\sin\theta\\0&1&0\\-\sin\theta&0&\cos\theta\end{bmatrix}. \tag{2.82}$$

从而［参见式(2.79)］

$$[\sigma'_{ij}]=\begin{bmatrix}\cos\theta&0&\sin\theta\\0&1&0\\-\sin\theta&0&\cos\theta\end{bmatrix}\begin{bmatrix}0&0&p\\0&0&0\\p&0&0\end{bmatrix}\begin{bmatrix}\cos\theta&0&-\sin\theta\\0&1&0\\\sin\theta&0&\cos\theta\end{bmatrix}$$

$$
=\begin{bmatrix} p\sin 2\theta & 0 & p\cos 2\theta \\ 0 & 0 & 0 \\ p\cos 2\theta & 0 & -p\sin 2\theta \end{bmatrix}. \tag{2.83}
$$

如果θ=45°，则

$$
\left[\sigma'_{ij}\right]=\begin{bmatrix} p & 0 & 0 \\ 0 & 0 & 0 \\ 0 & 0 & -p \end{bmatrix}. \tag{2.84}
$$

这就是说，在原坐标系 x_k 中由$\sigma_{13}=\sigma_{31}=p$ 表示的纯剪切应力状态(图 2.34b)相当于在由原坐标系绕 x_2 轴逆时针旋转 45°后得到的新坐标系 x'_i 中由 $\sigma'_{11}=p$，$\sigma'_{33}=-p$ 表示的应力状态. 也就是，在与 x_1 轴成 45°的方向上数值上等于 p 的张应力和在与 x_1 轴成 135°的方向上数值上也等于 p 的压应力. 并且，新坐标系是主轴坐标系，x'_1 轴是最大主(张)应力轴，x'_2 轴是中间主应力轴，x'_3 轴是最小主(张)应力轴(图 2.34c).

地震发生时，沿断层面释放了大小为 p 的剪切应力，即释放了$\sigma_{13}=\sigma_{31}=p$ 的剪切应力. 根据以上分析，这相当于在与 x_1 轴成 45°的方向上释放了数值上等于 p 的张应力即 $T=p$ 和在与 x_1 轴成 135°的方向上释放了数值上也等于 p 的压应力即 $P=-p$.

由断层面解容易求得压应力轴(简称压力轴，pressure axis，P 轴)、张应力轴(简称张力轴，tension axis，T 轴)与零轴(null axis). 为了避免与表示方向的北极(N)混淆，零轴简称为 B 轴. P 轴和 T 轴应当位于如图 2.22 所示的 XY 平面并且分别与 X 轴和 Y 轴成 45°. B 轴即 XY 平面的极轴，是断层面与辅助面的交线，也是中间主应力轴 p_2 轴. P 轴位于初动是膨胀(–)的象限，T 轴位于初动是压缩(+)的象限. 由以上分析可知，P 轴和 T 轴反映了地震前后震源区应力状态的变化，而不是震源区构造应力本身，它们和构造应力的最小主(张)应力轴(最大主压应力轴)p_3 的方向以及最大主(张)应力轴(最小主压应力轴)p_1 的方向都分别成(45°–θ)的角度. 换句话说，压力轴或张力轴指的是偏应力(deviatoric stresses)即实际的应力减去流体静应力(hydrostatic stress)之后的主应力轴.流体静应力亦称流体静压力，在现在讨论的问题中，也就是静岩压(Jeffreys, 1942, 1976).

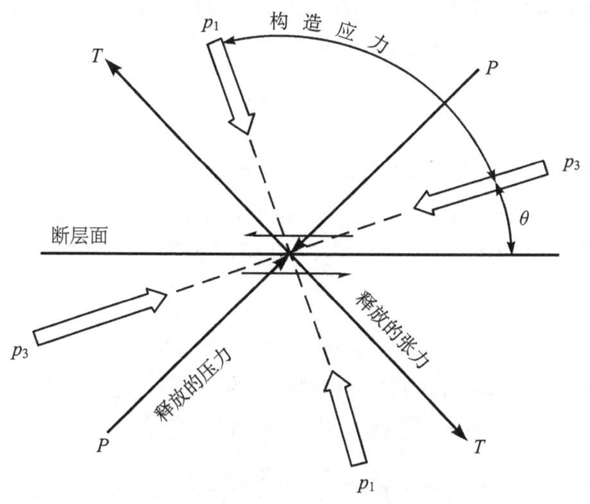

图 2.35　地震发生时释放的应力的主轴(P 轴，T 轴)与震源区构造应力的主轴(p_1 轴，p_3 轴)之间的关系

由破裂面的取向和θ角的大小，有可能推断破裂前震源区构造应力的主应力轴p_1, p_2, p_3的方向．P与p_3成$(45°-\theta)$的角，T与p_1也成同样角度(图 2.35)．尽管P与p_3，T与p_1都偏离了$(45°-\theta)$的角度．但是如图 2.36 所示，因为有两个可能的、共轭的断层面，它们都与p_3轴的方向成同样的角度．在一般的情况下，在每一个共轭面上发生破裂的概率是相同的，所以如果对一个地区许多地震的P轴方向和T轴方向分别作统计平均就有可能获得该地区构造应力p_3和p_1方向的图像(Yamakawa, 1971; Yamakawa and Takahashi, 1977)．

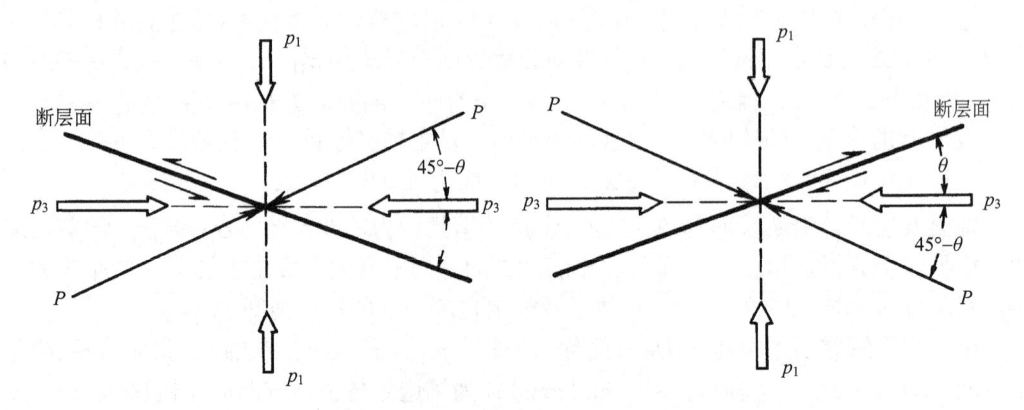

图 2.36　两个可能的、共轭的断层面

以上分析只适用于新断层产生的情形．它表明，在岩石中产生了新的断层的情形下，由地震波初动符号的分布可以求得压力轴P和张力轴T，它们分别是地震时释放的应力张量的主压应力轴和主张应力轴，与构造应力主轴p_3轴和p_1轴有联系，但不能简单地将P轴等同于p_3轴、将T轴等同于p_1轴．下面我们将进一步说明，在已经存在断层的情形下，因为在断层附近，介质的强度可能比其他地方低，因此可能沿着已经存在的断层摩擦滑动．因此，无论是在完整的岩石中发生新的破裂，还是沿着已有的断层发生摩擦滑动，虽然都可以由地震波初动求得释放的应力张量的主轴即P轴和T轴，但是都不能简单地将P轴与p_3轴、T轴与p_1轴混为一谈．

(二)岩石的破裂与摩擦

破裂的安德森理论表明，当主应力$p_1>p_2>p_3$时，在以主应力轴为坐标轴的坐标系(主轴坐标系)中，剪切破裂面是通过中间主应力轴并与最小主(张)应力轴(p_3)成θ角的平面(图 2.26b)．若是按照岩石力学习惯的规定，以压应力为正，以$\sigma_1>\sigma_2>\sigma_3$依次表示最大、中间与最小主(压)应力轴，即：

$$\sigma_1=-p_3,\ \sigma_2=-p_2,\ \sigma_3=-p_1, \tag{2.85}$$

以σ_n和τ分别表示作用于法向为$\boldsymbol{n}$的破裂平面上的正(压)应力与剪切应力，则与式(2.72)第 1 式相应的、作用于法向为$\boldsymbol{n}$的破裂平面上的剪切应力为

$$\tau = p = -p_{nl} = \frac{\sigma_1 - \sigma_3}{2}\sin 2\theta, \tag{2.86}$$

其作用方向是沿着$-\boldsymbol{l}$方向，$\boldsymbol{l}$如式(2.71)所示

$$\boldsymbol{l}=(-\sin\theta,0,\cos\theta).$$

与式(2.72)第3式相应的、作用于该平面的正(压)应力为[参阅式(2.72)]：

$$\sigma_n=|p_{nn}|=-p_{nn}=\frac{\sigma_1+\sigma_3}{2}-\frac{\sigma_1-\sigma_3}{2}\cos 2\theta. \tag{2.87}$$

正应力$\sigma_n=|p_{nn}|=-p_{nn}$和剪切应力$\tau=p=-p_{nl}$作为$\theta$的函数如图2.37所示．现在，我们用莫尔圆(Mohr's circle)来表示正应力和剪切应力(Jaeger, 1959，1962; Jaeger and Cook, 1979)．在图2.38中，以横坐标表示σ_n，以纵坐标表示τ．图中，A点的坐标为($(\sigma_1+\sigma_3)/2$, 0)．今以A点为圆心，以$(\sigma_1-\sigma_3)/2$为半径画一个圆．这个圆称为莫尔圆．若以2θ表示半径$\overline{AF}$与σ_n轴上的$\overline{OA}$的夹角，以顺时针为正，那么莫尔圆上的F点的坐标为(σ_n,τ)，它刚好表示了法线方向$\boldsymbol{n}$与σ_3轴方向的夹角为θ的平面上的正应力σ_n和剪切应力τ.

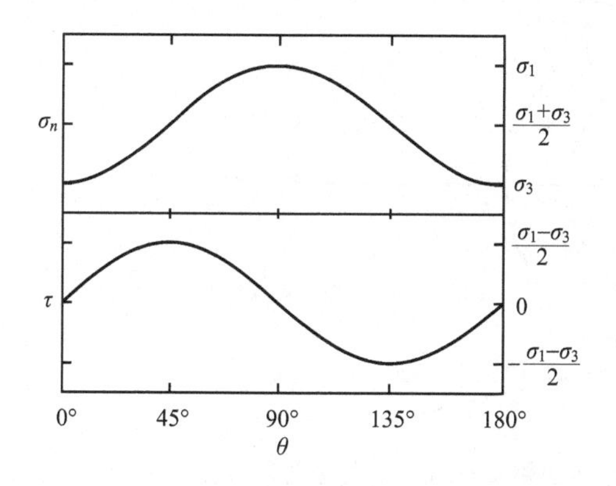

图2.37　作为角度θ的函数的正应力σ_n(上图)与剪切应力τ(下图)

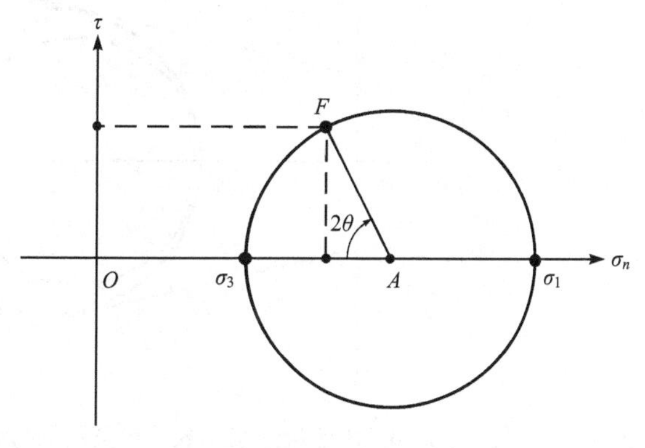

图2.38　用莫尔圆表示正应力σ_n与剪切应力τ

按压应力为正的规定，库仑破坏准则现在应改写为［参见式(2.44)或式(2.45)］

$$|\tau|=S+\mu_i\sigma_n, \tag{2.88}$$

在$(\sigma_n,\ \tau)$平面上库仑破坏准则是斜率为$\pm\mu_i$，截距为$\pm S$的直线，称为破坏线(failure line)．破坏线有两条，在图2.39及以下有关破坏线的图中，只绘出$\tau\geqslant 0$的破坏线．破坏线与p_{nn}轴的夹角ϕ称为内摩擦角(angle of internal friction)．ϕ以顺时针为正．显然

$$\tan\phi=\mu_i. \tag{2.89}$$

当莫尔圆与破坏线相切时便发生剪切破裂(图2.39与图2.40)．设图2.39中的F点是莫尔圆与破坏线相切的点．由图可见，内摩擦角ϕ与θ有如下所示的关系：

$$2\theta+\phi=90^\circ. \tag{2.90}$$

所以

$$\theta=45^\circ-\frac{\phi}{2}. \tag{2.91}$$

由此可以求得，当发生剪切破裂时，θ满足下列关系：

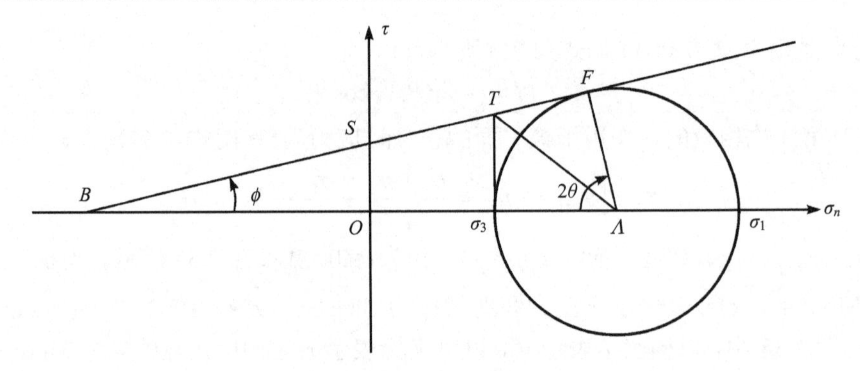

图 2.39　库仑破坏准则

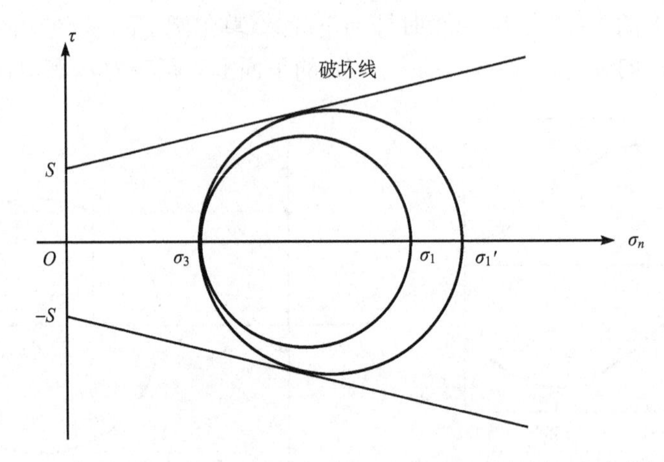

图 2.40　库仑破坏准则表示当莫尔圆与破坏线相交时材料便发生剪切破裂

图中表示当最小主压应力 σ_3 不变、最大主压应力 σ_1 的数值由 σ_1 增至 σ_1' 的情形

$$\tan 2\theta = \tan(90^\circ - \phi) = \cot\phi = \frac{1}{\mu_i}.$$

这正是前面已经得到的结果式(2.59).

库仑-霍普金斯破坏准则是库仑破坏准则的特殊情形，即无内摩擦的情形. 如图 2.41a 所示，当μ_i=0 时，破裂线与 σ_3 轴平行，破裂面的法向与 p_1 轴的夹角θ=45°. 作为举例，图 2.41b 表示当μ_i=1 时破裂面的法向更加靠近最小主压应力轴(最大主张应力轴，即 σ_3 轴)，θ=22.5°；或者说，破裂面(断层面)更加靠近最大主压应力轴(最小主张应力轴，即 σ_1 轴)，θ=22.5°.

当岩石沿着原先已存在的破裂面(断层面)滑动时，与库仑准则类似，岩石要滑动，需要克服摩擦力. 摩擦力与接触面(断层面)的面积大小无关. 这个定律称为阿蒙顿斯(Amontons, Guillaume, 1663～1705)第一定律(Amontons, 1699). 在滑动开始前，作用于断层面上的摩擦应力与正(压)应力 $\sigma_n=|p_{nn}|= -p_{nn}$ 成正比，比例系数称为静摩擦系数(static friction coefficient). 只有当作用于断层面上的剪切应力 τ 达到最大静摩擦应力 $\mu_s\sigma_n$ 时断层才开始滑动：

$$\tau = \mu_s\sigma_n\,, \tag{2.92}$$

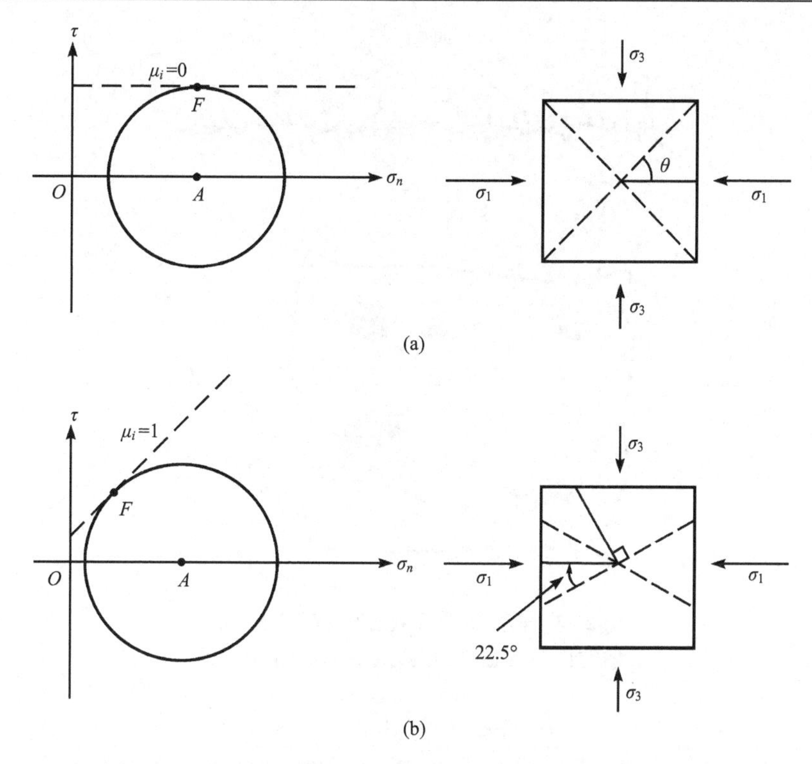

图 2.41　破裂的库仑-霍普金斯理论作为库仑理论的特殊情形

(a) μ_i=0, θ=45°；(b) 当内摩擦系数μ_i=1 时，破裂面的法向更加靠近最小主压应力轴(σ_3 轴)，破裂面更加靠近最大主压应力轴(σ_1 轴)，夹角均为θ=22.5°

式中，μ_s 是最大静摩擦系数．上式称为阿蒙顿斯第二定律．断层一旦开始滑动，摩擦系数变小，此时的摩擦系数称为动摩擦系数(dynamic friction coefficient 或 kinetic friction coefficient)．

按照近代的摩擦理论(Bowden and Tabor, 1950, 1964)——摩擦的黏合理论(adhesion theory of friction)，可对阿蒙顿斯定律作如下物理解释．

所有材料的表面实际上都是高低起伏、凹凸不平的(图 2.42)．如图 2.42 所示，当两个面合在一起时，这两个面只在一些散斑状突出物的小面积上才真正相互接触．这些突出物称为凹凸体(asperity)．所有这些相互接触的凹凸体的接触面积的总和 A_r 要比接触面的表观面积(apparent area)即几何面积(geometric area) A 小得多：$A_r/A \ll 1$．显而易见，真正对摩擦起作用的是 A_r．相互接触的凹凸体在接触面积总和 A_r 再也不能支撑法向荷载 N 时发生屈服，即

$$N = pA_r, \tag{2.93}$$

式中，p 是穿透硬度(penetration hardness)．穿透硬度是表征材料强度的一个物理量，它表示单位面积的凹凸体接触面承受法向荷载的能力．在凹凸体的这些接触面上，在很高的压应力作用下，便发生黏合作用，两个面便在这些接合部上连接在一起．若是要使这两个面沿着剪切方向滑动，沿剪切方向的作用力就得大到足以切断这些接合部．所以摩擦力 F 应当等于所有接合部的剪切阻抗的总和：

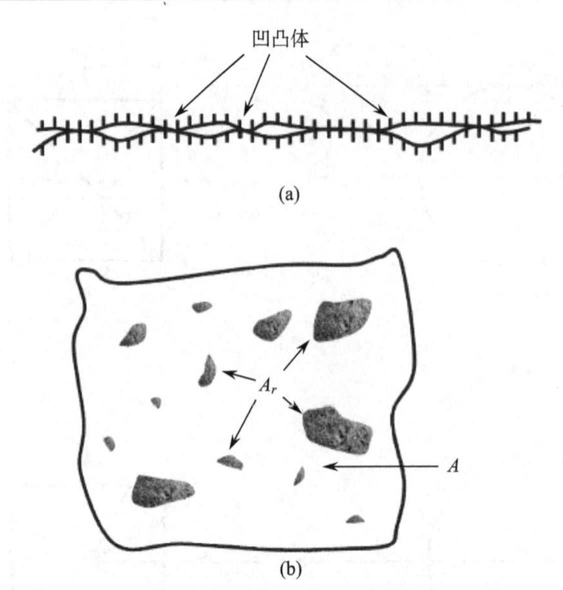

图 2.42　基于微观接触的摩擦模型示意图

(a) 截面图；(b) 平面图. 正应力增加时，接触的数目增加

$$F = sA_r\,, \tag{2.94}$$

式中，s 是材料的剪切强度(shear strength)，它表示单位面积的凹凸体接触面抗剪切滑动的能力. 将式(2.94)除以式(2.93)，便可得到静摩擦系数

$$\mu_s = \frac{F}{N} = \frac{s}{p}. \tag{2.95}$$

由式(2.90)可知，摩擦力 F 与 A_r 成正比；而由式(2.93)可知，A_r 受控于凹凸体对法向荷载的响应，与 N 成正比. 两个方程结合在一起，不但合理地解释了摩擦力与接触面的表观面积无关(阿蒙顿斯第一定律)，而且也合理地解释了摩擦应力与正(压)应力成正比(阿蒙顿斯第二定律).

摩擦系数是同一种材料的两种不同强度(剪切强度与穿透强度)之比. 如果相互接触的是两种不同的材料，那么摩擦系数便应当是较软弱的那种材料的两种不同强度之比. 因此，在一级近似下，μ_s 应与材料、温度以及滑动速度无关. 因为 s 和 p 虽然都强烈地依赖于这些参量，但它们之间的差别不大.

孔隙中流体的存在导致摩擦的有效应力定律. 若是两个表面受到压应力 σ_n 的作用相互接触，接触面的总面积为 A_r，接触面的表观面积为 A，在两个表面之间没有接触的孔隙内流体的压强为$|p_f|$，那么，与式(2.92)不同，此情形下的法向荷载

$$N = pA_r + |\,p_f\,|(A - A_r), \tag{2.96}$$

式中，pA_r 是在凹凸体接合部上的平均应力，p 即穿透硬度. 由式(2.94)与式(2.95)可知，$A_r = F / s$. 从而 $pA_r = pF / s = F / \mu_s$. 将式(2.96)两边均除以 A，注意到 $F / A = \tau$，$N / A = \sigma_n$，这里 σ_n 表示有效正应力，所以

$$\sigma_n = \frac{\tau}{\mu_s} + \left(1 - \frac{A_r}{A}\right) | p_f |,$$

或

$$\tau = \mu_s \left[\sigma_n - \left(1 - \frac{A_r}{A}\right) | p_f | \right]. \tag{2.97}$$

在大多数情形下，$A_r/A \ll 1$，所以上式可近似为简单的有效应力定律[参见式(2.92)]：

$$\tau = \mu_s \left(\sigma_n - | p_f | \right). \tag{2.98}$$

在表示剪切应力 τ 和正应力 σ_n 的关系图中(图 2.43)，表示阿蒙顿斯第二定律的直线称为摩擦滑动线(frictional sliding line)，摩擦滑动线与 σ_n 轴的夹角α称为滑动摩擦角(angle of sliding friction)，α以逆时针为正．显然，

$$\tan\alpha = \mu_s . \tag{2.99}$$

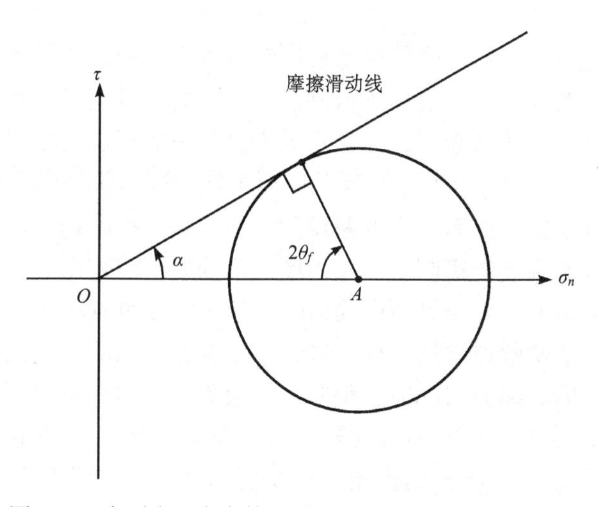

图 2.43　在原先已存在的断层面上的莫尔圆与摩擦滑动线

如果μ_s=μ_i，那么在 τ–σ_n 图中，摩擦滑动线是位于破坏线下方、与破裂线平行的直线(图 2.44)．

假定岩石中的应力足够高，以至莫尔圆刚好与破裂线相切，切点为 F，其辐角为 $2\theta_f$，此时岩石中的应力便高到足以发生新鲜的破裂．在这种情形下，莫尔圆与摩擦滑动线相交于 S_1 与 S_2 两点，其辐角分别为 $2\theta_{s_1}$ 与 $2\theta_{s_2}$．这表明，在已经有断层存在的情况下，岩石可以以多种方式破裂或滑动：如果原先已存在的断层，其断层面与 σ_1 轴的夹角介于 θ_{s_1} 与 θ_{s_2} 之间，就有可能在这些断层面上发生摩擦滑动，而不是在与 σ_1 轴夹角为θ_f的面上产生新的破裂．因为相应于θ_f角的新的破裂在较高的剪切应力下才能发生，所以可能性较大的是沿着原先已存在的断层发生滑动，而不是产生新的破裂．如果应力是逐渐地升高到这一水平，将有可能是沿预先存在的断层滑动占优势．

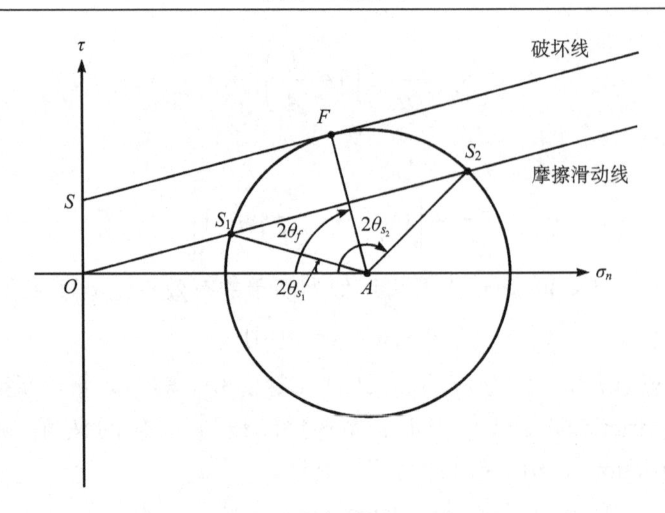

图 2.44　在原先已存在的断层面上的莫尔圆、摩擦滑动线与破坏线

综上所述，由地震波资料得到的震源机制解可以推断构造应力的取向，但这是在假定地震发生在新产生的断层面的前提下得到的．一旦岩石发生了破裂，以后再发生地震就有可能发生在原先已存在的断层上．如果原先已存在的断层其断层面与最大主压应力轴(σ_1 轴)的夹角介于θ_{s_1}与θ_{s_2}之间，在这些断层上就可能发生摩擦滑动而不是产生新的破裂．这样，按地震是发生在新产生的断层面上的假定来推断构造应力的取向就不准确了．在一些地区可以看到震源机制解显示出断层面的取向随着山脉或构造的走向发生变化，例如在喜马拉雅山前、东安第斯山的前陆地区，由震源机制解得出的 P 轴，以及在东非裂谷带，由震源机制解得出的 T 轴，都显示出其断层面的取向的确受控于原先已存在的断层(Stein and Wysession, 2003)．但是，一般而言，由一个地区的许多断层面解统计或综合分析推出的应力轴取向常常比较一致．这是因为在地壳中含有各种取向的、预先存在的断层，所以由震源机制推出的平均应力轴的取向没有因上述原因而被严重地畸变．

(三)地壳中的应力

由破裂的安德森理论可以得到当发生剪切破裂时的最大主压应力 p_3，最小主压应力 p_1 与内摩擦系数μ_i和剪切应力强度 S 之间的关系(Jaeger, 1962; Jaeger and Cook, 1979; Turcotte and Schubert, 1982, 2001; Stein and Wysession, 2003)．由式(2.49)和(2.73)两式我们得：

$$S=\frac{\mu_i}{2}(p_1+p_3)+\frac{1}{2}(p_1-p_3)(\sin 2\theta+\mu_i\cos 2\theta). \tag{2.100}$$

将表示 cos2θ和 sin2θ的关系的式(2.63)代入上式，即得以下三个等价的表示式：

$$-p_3\left(\sqrt{1+\mu_i^2}-\mu_i\right)+p_1\left(\sqrt{1+\mu_i^2}+\mu_i\right)=2S, \tag{2.101}$$

$$-p_3=\frac{2S}{\sqrt{1+\mu_i^2}-\mu_i}-p_1\left(\sqrt{1+\mu_i^2}+\mu_i\right)^2, \tag{2.102}$$

$$p_3 = -2S\cot\theta + p_1\cot^2\theta\,. \tag{2.103}$$

由拜尔利定律可知，当正应力$|p_{nn}|<200$ MPa 时，S=0, μ_i=0.85, 因此$\left(\sqrt{1+\mu_i^2}+\mu_i\right)^2\approx 5$, 由以上三式中的任何一式都可得到：

$$p_3 \approx 5\,p_1\,. \tag{2.104}$$

当$|p_{nn}|>200$ MPa 时，S=50 MPa, μ_i=0.6, 所以 $2S/\left(\sqrt{1+\mu_i^2}-\mu_i\right)\approx 177$, $\left(\sqrt{1+\mu_i^2}+\mu_i\right)^2\approx$ 3.1, 从而

$$p_3 \approx -177 + 3.1\,p_1\,. \tag{2.105}$$

地壳中存在许多断层和节理．在构造应力作用下，将沿着这些原先已存在的断层、节理或者说软弱地带发生摩擦滑动．通常把地壳中的岩石所能承受的水平方向的压应力（$|p_H|=-p_H$）和竖直方向的压应力（$|p_V|=-p_V$）之差的最大值称为地壳的强度(strength)，即(Chinnery, 1964)

$$\Delta p = |p_H| - |p_V| \tag{2.106}$$

当断层沿原先已存在的断裂面发生滑动时，可令式(2.101)中的S=0, 从而

$$p_3 = p_1\left(\sqrt{1+\mu_i^2}+\mu_i\right)^2. \tag{2.107}$$

在竖直方向的压应力是由静岩压和孔隙压p_f引起的，所以

$$-p_V = \rho g h - |p_f|, \tag{2.108}$$

$$p_f = -\rho_f g h\,, \tag{2.109}$$

式中，ρ是岩石的密度，ρ_f是流体的密度，g 是重力加速度，h 是岩石所处的深度．地壳岩石的平均密度ρ=2700 kg/m^3, 重力加速度 g=9.8 m/s^2，所以地壳岩石的静岩应力梯度(lithostatic stress gradient) ρg=26.5 MPa/km.

逆断层情形

对于逆断层，

$$\begin{aligned} p_H &= p_3 \\ &= p_1\left(\sqrt{1+\mu_i^2}+\mu_i\right)^2, \end{aligned} \tag{2.110}$$

$$\begin{aligned} p_V &= p_1 \\ &= -(\rho g h - |p_f|). \end{aligned} \tag{2.111}$$

将式(2.106)与式(2.107)代入式(2.102)即得

$$\Delta p = \frac{2\mu_i(\rho g h - |p_f|)}{\sqrt{1+\mu_i^2}-\mu_i} \qquad (\text{逆断层})\,. \tag{2.112}$$

对于逆断层，当μ_i=0.85 时，$2\mu_i/(\sqrt{1+\mu_i^2}-\mu_i)\approx 4$, 所以

$$\Delta p = 4(\rho g h - |p_f|) \qquad (\text{逆断层})\,. \tag{2.113}$$

正断层情形

对于正断层，

$$\begin{aligned} p_H &= p_1 \\ &= \frac{p_3}{(\sqrt{1+\mu_i^2}+\mu_i)^2}, \end{aligned} \tag{2.114}$$

$$\begin{aligned} p_V &= p_3 \\ &= -(\rho gh - |p_f|). \end{aligned} \tag{2.115}$$

将式(2.114)与式(2.115)代入式(2.106)即得

$$\Delta p = \frac{-2\mu_i(\rho gh - |p_f|)}{\sqrt{1+\mu_i^2}+\mu_i} \qquad (\text{正断层}). \tag{2.116}$$

对于正断层，当μ_i=0.85 时，$2\mu_i / \sqrt{1+\mu_i^2}+\mu_i \approx 0.8$，所以

$$\Delta p \approx -0.8(\rho gh - |p_f|) \qquad (\text{正断层}). \tag{2.117}$$

注意到在这里地壳的强度Δp 的定义是以压应力为正[参见式(2.106)]，由式(2.112)，式(2.115)或式(2.113)，式(2.117)诸式我们可以清楚地看到：对于逆断层情形，Δp 是正的，即是压应力；对于正断层情形，Δp 是负的，即是张应力；在深度 h 相同时，逆断层情形的Δp 数值比正断层的大(约为 4/0.8=5 倍)．这说明：在同一深度，地壳中的岩石承受压(性)差应力的能力(强度)要比承受张(性)差应力的能力(强度)大得多．图 2.45 给出

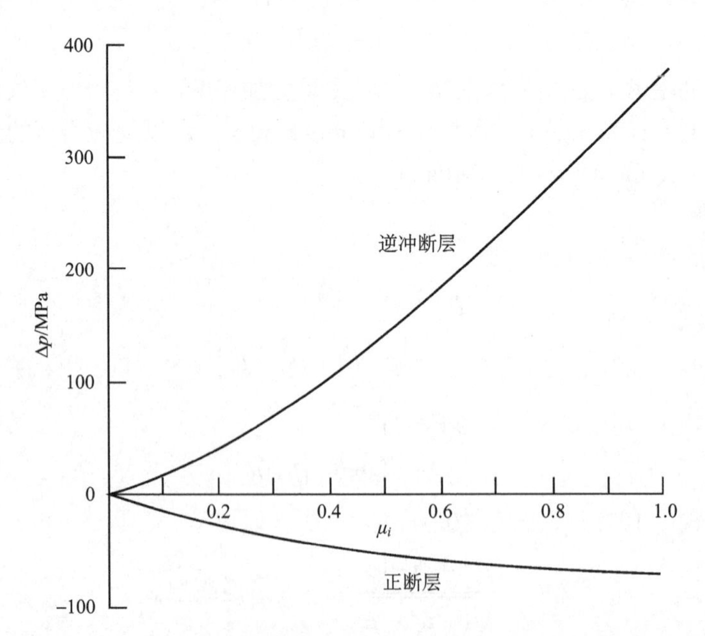

图 2.45　在逆断层和正断层情形下地壳中岩石的强度(偏应力)Δp 与最大静(内)摩擦系数μ_i的关系

图中，纵坐标表示Δp，横坐标表示μ_i, h=5 km, 孔隙压 $p_f = -\rho_f gh$, ρ_f=1000 kg/m^3, ρ=2700 kg/m^3, g=10 m/s^2

了地壳中岩石的强度与最大静(内)摩擦系数μ_i的关系图［式(2.111)和式(2.115)］. 图中，纵坐标表示Δp, 横坐标表示μ_i, 取ρ=2700 kg/m^3, ρ_f=1000 kg/m^3, g=10 m/s^2, h=5 km. 由图可见，当μ_i=0.85 时，对于逆断层，断层面的倾角δ=24.8°, Δp=340 MPa; 对于正断层，断层面的倾角δ=65.2°, Δp=−68 MPa.

第十一节　确定地震断层面解的图解法

为了从观测资料求得地震的断层面解即震源机制解，可以按下述步骤求得(Кейлис-Борок, 1957; Balakina *et al*., 1961a, b; Stauder, 1962; Bollinger, 1968; Herrmann, 1975; Brumbaugh, 1979; Udías *et al*., 1985; Udías and Buforn, 1988; Udías, 1991, 1999; Shearer, 1999; Bormann, 2002).

(一)准备工作

1)资料准备

首先要搜集准备有关资料. 包括：震中位置坐标及震源深度、地震台站坐标及海拔、发震时刻、震级、震中距、震中指向台站的方位角、主要震相的到时读数. 通常这些资料可由地震报告得到. 同时，由地震资料中心得到所研究的地震的记录(以前是模拟记录地震图，现在则是数字记录地震图).

2)确定 P 波初动符号

从每个地震台记录的短周期和长周期竖直向地震图中读取 P 波初动的极性(polarity)，也即初动符号. 最好是从长周期、竖直向(long period vertical，记作 LPZ)地震图中读取. 因为从长周期、竖直向地震图中一般比较容易确认 P 波初动的符号，特别是对于 1970 年代以前的地震图更是如此. 受到短周期噪声的干扰，从短周期、竖直向(short period vertical，记作 SPZ)地震图中有时较难确认 P 波初动的符号. 如前已述，地面运动向上(up)即压缩(compression, C)、离源(anaseismic, a)、推(push)，分别以 *u*, *C*, *a*, *push*, “+” 号或实心圆圈表示；地面运动向下(down)即膨胀(dilatation，D)、向源(kataseismic, k)、拉(pull)，分别以 *d*, *D*, *k*, *pull*, “−” 号或空心圆圈表示. P 波初动符号的极性有上述多种称谓与符号, 是因为从不同角度描述同一现象引起的, 反映了对地震震源机制认识的深化与发展. 现在, 已约定俗成以“+”号或实心圆圈表示初动向上, 以“−”号或空心圆圈表示初动向下；并且习惯上用阴影、黑色或其他颜色的区域表示初动向上的象限，只用白色或无色、但不用阴影、黑色或其他颜色的区域表示初动向下的象限.

P 波初动只能在震中距小于 90°～100°的距离上观测到. 当震中距大于上述距离时，P 波很微弱，因为或者是发生了反射，或者是不再是初至波. 当震中距落在 140°～167°的范围时，PKP 是初至波. PKP 是穿过地核的 P 波，这个震相在上述距离范围内很清晰，比较容易确认，因此可以用来确定地震的断层面解.

深源地震所特有的震相 pP 和穿过地核的 P 震相 PKP 也可用于确定地震的断层面解. 也有人用 PP 震相确定地震的断层面解. 不过对 PP 震相的运用一直有争议，因为使用 PP 震相求断层面解有时会导致错误的结果.

对于地方震即近震，$\bar{\mathrm{P}}$，Pg 和 Pn 震相都可用于确定地震的断层面解.

3) 求离源角

离源角 i_h 可以由下述方法求得. 对于远震，即震中距Δ>1000 km 的地震，离源角 i_h 作为震中距Δ和震源深度 h 的函数 $i_h=i_h(\Delta, h)$ 可以由时距曲线 $t(\Delta, h)$ 按式(2.3)求得

$$\sin i_h = \frac{r_0}{r_0 - h} v_h \frac{\mathrm{d}t}{\mathrm{d}\Delta}.$$

式中，r_0 为地球半径, 震中距Δ以长度(例如 km)为单位，v_h 为 P 波在震源处的传播速度. 为便于使用，可预先计算出离源角表，这样便可简便地由离源角表查得 i_h. 作为举例，表 2.2 给出表面震源(即 h=0)情况下的 P 波离源角表(Pho(黄同波[越南])and Behe, 1972).

表 2.2　表面震源情况下的 P 波离源角表

Δ/(°)	i_h/(°)	Δ/(°)	i_h/(°)	Δ/(°)	i_h/(°)
21	36	47	25	73	19
23	32	49	24	75	18
25	30	51	24	77	18
27	29	53	23	79	17
29	29	55	23	81	17
31	29	57	23	83	16
33	28	59	22	85	16
35	28	61	22	87	15
37	27	63	21	89	15
39	27	65	21	91	15
41	26	67	20	93	14
43	26	69	20	95	14
45	25	71	19	97	14

首波 Pn 的射线也是下行射线，其离源角 i_h 也就是 P 波在莫霍(Moho)界面发生全反射时的临界角(图 2.46)，所以其离源角 i_h 可由下式计算求得(Bormann, 2002)

$$\sin i_h = \frac{v_1}{v_2}, \tag{2.118}$$

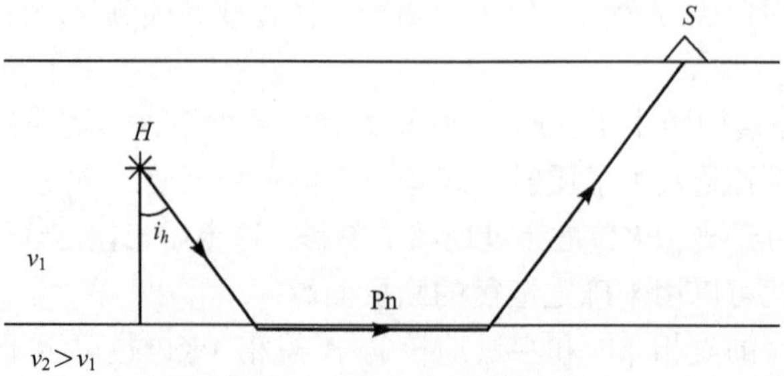

图 2.46　首波 Pn 的离源角

式中，v_1, v_2 分别为 P 波在地壳中与在上地幔最上部的传播速度．根据我国大陆地壳速度结构模型，可以求得 Pn 的离源角约为 53°.

对于地方震即近震，即Δ<1000 km 的地震，需要先知道所研究地区的地壳与上地幔速度结构，然后由地方震的走时曲线计算出相应的离源角表．地壳中的地震震源深度的测定误差会导致离源角的误差大到 10°左右，这一误差限制了确定断层面的精度.

4) 列表

将台站代码，震中距Δ，震中指向台站的方位角 ϕ，离源角 i_h，P 震相的名称(是 P, 还是 PKP, pP, pPKP, PP, $\bar{\mathrm{P}}$, Pg, Pn, 等等)及其符号列成表格(表 2.3).

表 2.3a　1975 年 2 月 4 日辽宁海城 M_S 7.3 地震直达波数据

序号	台站代码	震中距/(°)	方位角/(°)		离源角/(°)	震相
			原始值	校正后值		
1	营口	0.18	278	98	59	–P
2	河柽	0.54	50	230	79	–P
3	鸡冠山	1.91	42	222	87	–P

注：下半球投影校正

表 2.3b　1975 年 2 月 4 日辽宁海城 M_S 7.3 地震近震数据

序号	台站	震中距/(°)	方位角/(°)	离源角/(°)	震相	序号	台站	震中距/(°)	方位角/(°)	离源角/(°)	震相
1	丹东	1.25	115	53	+Pn	20	沙城	5.35	268	53	–Pn
2	沈阳	1.29	29	53	+Pn	21	周口店	5.43	261	53	–Pn
3	锦州	1.31	295	53	+Pn	22	河间	5.66	250	53	+Pn
4	抚顺	1.47	33	53	+Pn	23	灵邱	6.7	259	47.5	–P
5	阜新	1.66	333	53	+Pn	24	大同	7.0	266	47.5	+P
6	朝阳	1.98	302	53	+Pn	25	嘉祥	7.11	224	53	+Pn
7	铁岭	2.01	24	53	+Pn	26	VLA	7.34	67	53	–Pn
8	昌黎	2.90	249	53	–Pn	27	永年	7.49	242	53	–Pn
9	赤峰	3.33	301	53	+Pn	28	昔阳	7.6	249	47.4	–P
10	迁西	3.44	260	53	–Pn	29	定陶	7.72	228	53	+Pn
11	陡河	3.67	256	53	–Pn	30	宿迁	7.9	207	47.4	+P
12	长春	3.70	34.5	53	+Pn	31	呼和浩特	8.20	273	47	–P
13	宝坻	4.28	259	53	–Pn	32	泰安	8.60	218	53	–Pn
14	平谷	4.36	263	53	–Pn	33	太原	8.80	252	47	–P
15	武清	4.43	255	53	–Pn	34	南通	9.1	189	47.3	+P
16	喇叭沟	4.6	273	53	–Pn	35	介休	9.2	248	47.3	–P
17	桐柏	4.7	257	53	–Pn	36	百灵庙	9.25	277	53	–Pn
18	北京	5.10	264	53	–Pn	37	南京	9.30	199	47	–P
19	之安	5.13	250	53	–Pn	38	卫岗	9.3	199	47.3	–P

续表

序号	台站	震中距/(°)	方位角/(°)	离源角/(°)	震相	序号	台站	震中距/(°)	方位角/(°)	离源角/(°)	震相
39	佘山	9.69	186	47	+P	47	齐齐哈尔		0	53	+Pn
40	溧阳	9.9	195	47.2	–P	48	烟台		199	53	–Pn
41	旅大		200	53	–Pn	49	长岛		208	53	–Pn
42	北镇		319	53	+Pn	50	五图		218	53	–Pn
43	草河掌		67	53	–Pn	51	苍山		214	53	–Pn
44	通化		64	53	–Pn	52	荣城		185	53	+Pn
45	牡丹江		50	53	–Pn	53	莱阳		204	53	+Pn
46	哈尔滨		36	53	–Pn						

表 2.3c　1975 年 2 月 4 日辽宁海城 M_S 7.3 地震远震数据

序号	台站	震中距/(°)	方位角/(°)	离源角/(°)	震相	序号	台站	震中距/(°)	方位角/(°)	离源角/(°)	震相
1	SHK	10.05	124	47.2	–eP	21	PET	27.26	51	39	–P
2	绛县	10.2	243	47.2	+P	22	ELT	27.51	310	28.8	+P
3	兰州	15.50	258	29	–P	23	拉萨	28.00	257	32	–P
4	TSS	15.81	60	44.4	–P	24	TIK	31.20	4	28.5	+P
5	泉州	16.42	193	44	–P	25	CHA	32.32	256	28.3	+P
6	TCU	16.55	186	43	+P	26	PRZ	32.86	288	28.1	–eP
7	ZAK	16.64	312	43	+P	27	AAB	33.43	290	28.1	–P
8	IRK	17.09	319	43	+P	28	DAV	33.53	175	27.9	–P
9	BOD	18.04	345	41.5	+P	29	NRN	34.84	287	27.7	–P
10	MOY	18.53	314	39.5	+P	30	FRU	35.51	290	27.5	–eP
11	KUR	19.00	68	39.5	–P	31	VAR	36.26	257	27.5	+P
12	广州	19.50	206	37	–P	32	ANR	37.68	287	27	–P
13	HKC	19.65	204	37.5	–eP	33	NIL	39.54	276	26.6	–eP
14	廉江	21.56	211	35	–P	34	TAS	39.72	289	26.6	–P
15	YAK	21.81	9	33.6	+P	35	WRS	40.73	278	26.3	–iP
16	昆明	23.00	232	32	–P	36	DSH	41.00	285	26.3	–P
17	BAG	24.23	185	31	–P	37	ILT	41.37	29	26.3	+eP
18	SKR	25.24	55	30.1	–P	38	SAM	41.92	288	26.1	–P
19	乌鲁木齐	25.52	287	30	–P	39	MKS	45.59	184	25.1	–P
20	MAG	25.83	34	29.4	+P	40	QUE	45.88	275	25.1	–eP

续表

序号	台站	震中距/(°)	方位角/(°)	离源角/(°)	震相	序号	台站	震中距/(°)	方位角/(°)	离源角/(°)	震相
41	JAY	46.01	155	25.1	–P	80	SOF	69.64	309	19.4	–iP
42	KHE	46.06	348	25.1	+eP	81	BRG	69.65	320	19.4	–P
43	ASH	48.81	289	24.3	–P	82	BRA	69.76	317	19.4	–iP
44	DJA	48.82	201	24.3	+P	83	LZM	69.78	304	19.4	–iP
45	LEM	49.24	200	24.3	–P	84	CLL	69.82	321	19.4	+iP
46	KAT	49.79	291	24.1	+P	85	PRU	69.92	319	19.4	+iP
47	KOD	50.02	246	24.1	–P	86	VKA	70.11	317	19.4	–iP
48	KHI	50.26	284	24.1	+iP	87	LNR	70.32	133	19.4	+P
49	RAB	52.20	142	23.6	+P	88	SOP	70.36	316	19.4	–P
50	APA	52.92	331	23.4	–P	89	PHC	70.37	39	19.4	–iP
51	MOS	55.06	317	22.9	–P	90	LMP	70.59	134	19.1	+P
52	SRI	55.75	292	22.6	–iP	91	MOX	70.92	321	19.1	–eP
53	OBN	55.82	326	22.6	–P	92	BLC	71.02	17	19.1	+eP
54	KNA	56.41	173	22.6	+P	93	WIT	71.72	325	18.9	+eP
55	GRS	56.59	296	22.4	+P	94	PVC	71.94	134	18.9	+P
56	SHI	56.99	283	22.4	–iP	95	KZN	72.02	308	18.9	–iP
57	TAB	57.27	294	22.4	–iP	96	HLW	72.14	294	18.9	–iP
58	BKR	57.45	299	22.4	–P	97	KOU	72.18	139	18.9	+P
59	SOC	59.01	303	21.9	–P	98	FUR	72.74	319	18.6	–iP
60	DAG	60.35	350	21.7	+iP	99	EBH	73.25	332	18.6	+P
61	MBT	61.57	183	21.3	+P	100	EGL	73.27	331	18.6	+P
62	RES	62.26	11	21.3	+eP	101	HEE	73.37	325	18.6	+eP
63	KIS	63.95	311	20.8	–P	102	EBL	73.45	331	18.6	+P
64	KAS	63.98	303	20.8	–iP	103	EAU	73.55	332	18.4	+P
65	CTA	64.31	155	20.8	–P	104	KRL	73.56	321	18.4	+eP
66	ASP	64.87	169	20.6	–P	105	EAB	73.60	332	18.4	+P
67	LVV	65.11	315	20.6	+P	106	DUR	73.67	330	18.4	–iP
68	UZH	66.72	315	20.1	–P	107	VIC	73.77	39	18.4	+eP
69	MEK	67.04	184	20.1	+P	108	ESK	73.86	331	18.4	+eP
70	COP	67.28	325	20.1	+iP	109	UCC	74.16	324	18.4	+eP
71	PVL	68.28	309	19.9	–iP	110	BUB	74.34	320	18.4	+P
72	JER	68.34	294	19.9	+P	111	ZUL	74.63	320	18	+P
73	PSZ	68.44	315	19.9	+P	112	NOU	74.73	138	18	+P
74	DIM	68.68	307	19.7	–iP	113	EDM	74.77	31	18	+eP
75	ELL	69.04	301	19.7	–iP	114	FIR	75.72	316	17.9	–P
76	KDZ	69.06	307	19.7	–iP	115	LON	75.79	40	17.9	+iP
77	SRO	69.35	316	19.7	–iP	116	COO	75.89	154	17.9	–P
78	FSJ	69.38	35	19.7	–iP	117	COR	76.56	42	17.7	+iP
79	LUG	69.48	134	19.7	+P	118	NTI	76.69	36	17.7	–iP

续表

序号	台站	震中距/(°)	方位角/(°)	离源角/(°)	震相	序号	台站	震中距/(°)	方位角/(°)	离源角/(°)	震相
119	ADE	76.70	166	17.7	–P	130	TOL	86.28	322	15.3	–P
120	SES	77.86	32	17.4	–eP	131	WPM	88.36	21	14.9	+iP
121	CAN	79.41	158	17.1	+P	132	TAN	91.36	246	14.6	+iP
122	BFD	79.59	164	16.9	–P	133	BGO	94.93	20	14.3	+iP
123	WDC	79.79	45	16.9	–iP	134	CLE	95.34	18	14.3	–iP
124	TOO	80.63	162	16.7	–P	135	ROL	95.66	27	14.3	+eP
125	BKS	81.89	46	16.4	+eP	136	FVM	96.09	26	14.3	+eP
126	JAS	82.82	45	16.1	–iP	137	MRG	97.47	17	14.3	–iP
127	SAV	84.97	162	15.5	–iP	138	BNG	97.77	283	14.2	+iP
128	DUG	85.03	39	15.5	–iP	139	ARE	152.96	31	5.5	–iPKP
129	TAU	86.13	162	15.3	–P	140	LPB	154.22	24	5.5	+PKP

(二)在投影图上表示假想点及其初动符号

为了要在震源球的投影图上表示台站在震源球球面上的假想点的投影及其初动符号，首先要决定是采用震源球上半球投影还是下半球投影．对于远震来说，因为大多数初动符号的资料来自下行射线，即射线离开震源向下传播然后回折到地面的台站，所以宜采用震源球下半球的投影．对于地方震来说，因为大多数初动符号的资料来自上行射线，所以宜采用震源球上半球的投影．今以震源球下半球等面积投影为例，说明如何在投影图上表示假想点的投影及其初动符号．对于极射赤面投影，做法完全相同，只不过应采用相应的网(乌尔夫网)．

图 2.47 表示如何在震源球下半球的等面积投影图(施密特网)中表示$(\phi,i_h)=(33.0°, 53.0°)$的假想点(表 2.3b 中序号为 4 的抚顺台)．

以一张透明纸覆盖在施密特网上(图 2.47a)，描下圆周，在圆周东、西、南、北四个方向标上表示方向的短线并写上相应方向的字母 E, W, S, N. 此圆周便是震源球下半球的投影．为直观起见，在图 2.47，图 2.49 和图 2.50 中，以天蓝色线条表示为透明纸所覆盖的施密特网．图中的子午线(经圈)代表了倾角δ不同的平面，最靠边的子午线即东边或西边的两个半圆表示δ=0°的平面．随着倾角增大，δ=0°,10°,20°,⋯,90°, 相应地，代表这些不同倾角的平面的投影是图中所示的、越来越靠近连接 N 和 S 的直线的圆弧．连接 N 和 S 的直线是对应于δ=90°的平面的子午线．为明确起见，规定只用锐角表示断层面的倾角，所以 $0°\leqslant\delta\leqslant 90°$．反过来，由 H 朝 E 数，则表示离源角 i_h =0°,10°,20°,⋯,90°．在施密特网上，圆周边上的数字表示方位角ϕ．同样为了明确起见，规定用顺时针、从 0°至 360°的角度表示方位角，所以 $0°\leqslant\phi<360°$．

为了在投影图上表示$(\phi, i_h)=(33.0°, 53.0°)$的假想点，在透明纸上标上表示方位角$\phi$=33.0°的记号(图 2.47a)，然后将透明纸旋转，使ϕ=33.0°的记号与施密特网上的 E 重合(图 2.47b)．现在，透过透明纸看到的施密特网的中心 H 至 E 的直线上的每个点都表示ϕ=33.0°但离源角 i_h 不同的假想点．从网的中心 H 开始，沿着赤道往东移动，i_h 便从 0°

增加到 90°．在赤道上与 i_h=53.0°相应的点便是(ϕ, i_h)=(33.0°, 53.0°)的点(图 2.47b 中的小黑点)．将该点的初动符号标上．初动为压缩，以 *C*,“+”号或实心圆圈表示；初动为膨胀，以 *D*,“−”号或空心圆圈表示．在个别情况下，有的台站的初动表现为微弱的“+”或“−”，即表现出该台站的假想点可能位于节面附近，具有“节点特性”．在此情况下可以用“×”号表示该台站的假想点的极性具有“节点特性”．

将(ϕ, i_h)=(33.0°, 53.0°)的假想点及其极性绘于透明纸上，之后便可将透明纸转回原来位置(图 2.47c)，这样，我们便完成了在施密特网上表示方位角为ϕ，离源角为 i_h 的假想点及其极性的步骤．

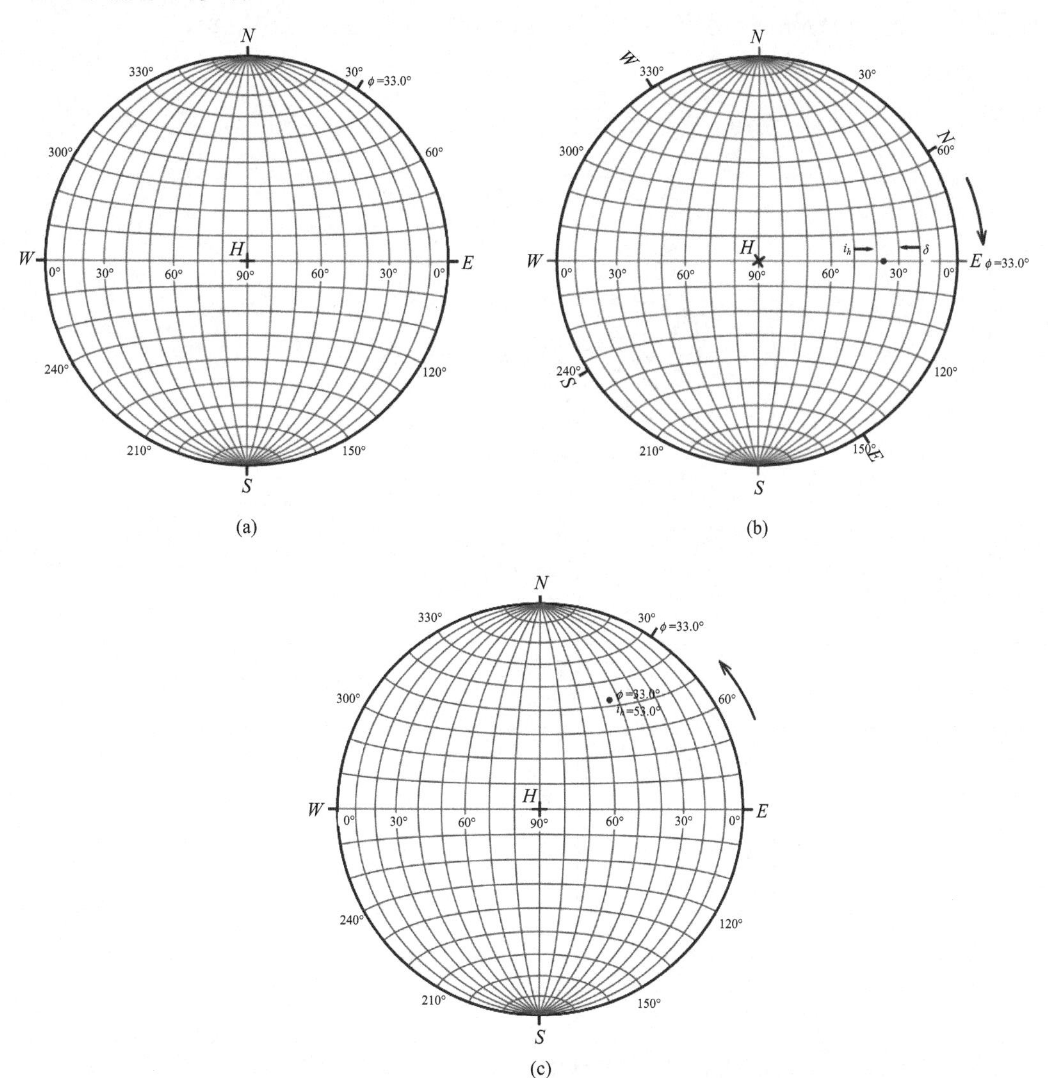

图 2.47　在震源球下半球的等面积投影图中表示方位角为ϕ，离源角为 i_h 的假想点

(a)在透明纸上画震源球下半球的投影，并标记方位ϕ；(b)旋转透明纸，标上表示(ϕ, i_h)的假想点；(c)将透明纸旋转回原来位置

(三)震源球另一半球资料的运用

地震的断层面解具有相对于震源的中心对称性，位于震源球上半球(ϕ, i_h)的台站(假想点)，其初动符号与位于震源球下半球(ϕ±180°, i_h)的台站(假想点)是相同的(如前已述，在震源球上半球和下半球中，i_h 分别定义为离源射线与由球心向外的半径方向和指向球心的半径方向的夹角，所以 i_h 不变；在ϕ±180°中，正负号的选择是要使得 $0°\leqslant\phi\pm180°<360°$)．所以如果像现在的做法一样采用的是震源球下半球投影，那么对于来自上行射线，即射线离开震源后径直向上传播至地面台站的初动符号资料，在震源球下半球的投影中，应将该台站的初动符号表示在(ϕ±180°, i_h)的位置上(图 2.48)．

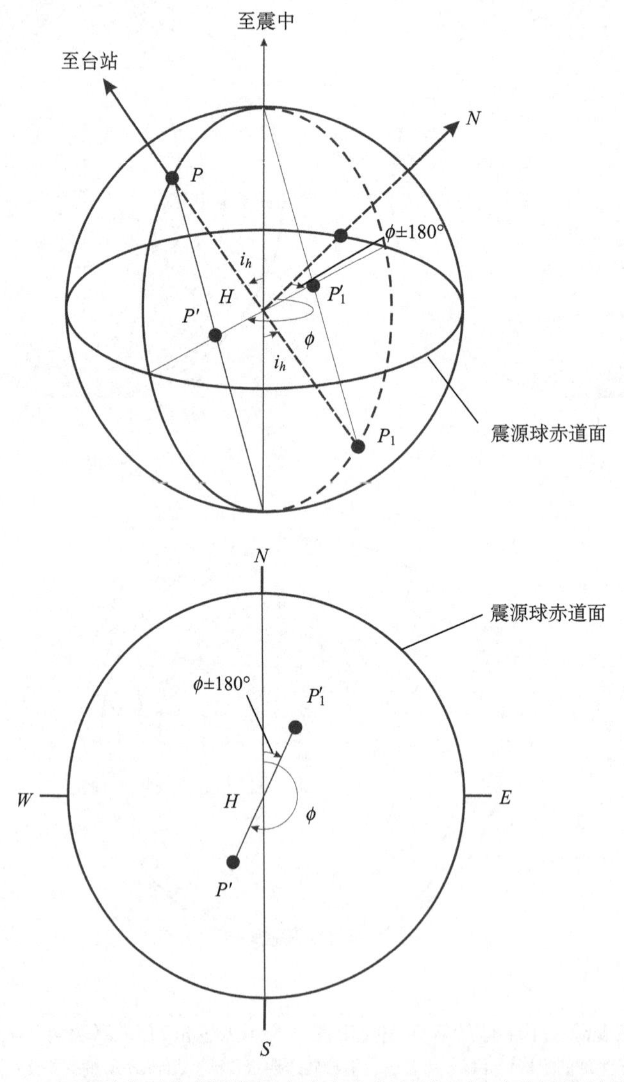

图 2.48　在震源球下半球投影图中来自上行射线的初动符号资料的应用

（四）确定节平面

将所有台站的位置(ϕ, i_h)及其初动符号都画在投影图(图 2.49)上之后，便可通过以下描述的步骤继续作图确定断层面解.

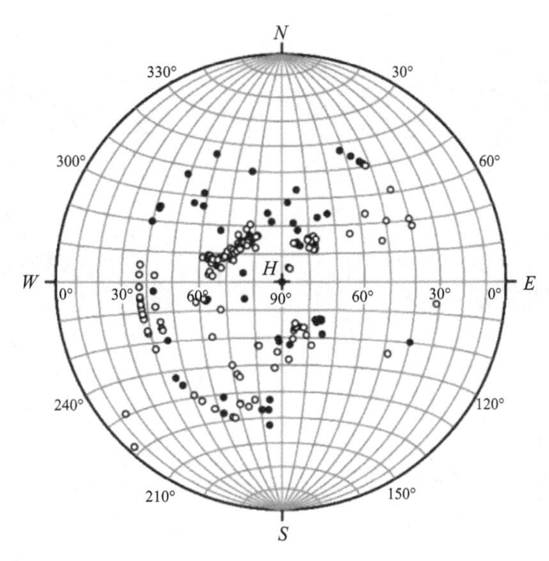

图 2.49　所有台站的位置(ϕ, i_h)及其初动符号都已画在投影图上

按上述步骤将所有观测资料(ϕ, i_h)标在震源球下半球的投影图上并标出其 P 波初动的符号（“+”，“−”，“×”或“●”，“○”，“×”）后便可开始画节(平)面. 节面是两个互相垂直的、把 P 波初动符号交替地分开成四个象限的平面. 在投影图上，它们是通过彼此的极的两段圆弧.

为了画出第一个节面，将透明纸逆时针旋转ϕ_1角，$0\leqslant\phi_1<360°$, 此时，透过透明纸看到的最东边的半圆(子午线)代表的是δ=0°的平面，如图 2.50a 中的数字所示，随着δ增加，即δ_1=0°, 10°, 20°, …, 90°，代表方位角为ϕ_1但倾角δ不同的平面的投影是透过透明纸看到的越来越靠近连接 N 和 S 的直线(子午线). 图中，以黑实线表示在透明纸上画出的表示ϕ_1=290.0°, δ_1=81.0°的节面 1(NP1)的圆弧.

画出节面 1 后，接着要确定它的极 X, 即通过震源球球心 H, 垂直于节面 1 的轴线与震源球下半球球面的交点. 该轴线的方位$\phi_x=\phi_1-90°$或$\phi_x=\phi_1+270°$, 使得$0\leqslant\phi_x<360°$; 倾角(plunge)即与水平面的夹角$\delta_x=90°-\delta_1$ (图 2.50a).

画完节面 1 并确定了它的极 X 后，将透明纸顺时针旋转ϕ_1角转回到原来的位置，我们便得到如图 2.50b 所示的图.

节面 2 是与节面 1 垂直的平面，因此，画节面 2 时，代表节面 2 的投影的弧线(子午线)一定要通过极 X=(ϕ_x, δ_x)(参见图 2.51). 为此，将透明纸逆时针旋转ϕ_2角，使得代表方位角为ϕ_2, 倾角为δ_2的平面的子午线(弧线)正好过 X, 并且与代表节面 1 的弧线交替地将初动符号分成四象限(图 2.51a). 既然节面 1 与节面 2 互相垂直(正交条件)，节面 2

通过节面 1 的极 X，那么节面 1 一定通过节面 2 的极 $Y=(\phi_y,\delta_y)$，$\phi_y=\phi_2-90°$或$\phi_y=\phi_2+270°$，使得 $0\leqslant\phi_y<360°$，$\phi_y=90°-\delta_2$. 自然地，为了作出两个互相垂直的平面，将 P 波初动符号交替地分成四个象限，通常要按上述步骤经过多次反复试验，直至不符合四象限分布的观测资料降到最低限度为止.

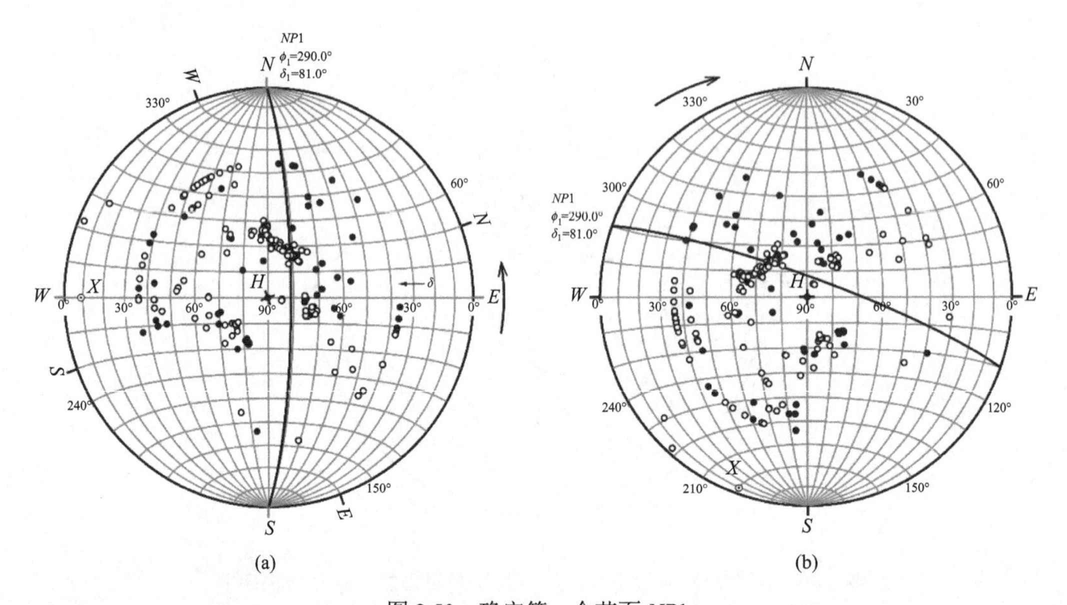

图 2.50　确定第一个节面 $NP1$

(a)　将透明纸逆时针旋转ϕ_1角，画出节面 1，确定 X 极；(b)将透明纸顺时针旋转ϕ_1角转回到原来位置

断层面解质量的优劣通常由符合四象限分布的观测资料的数目 N_1 与观测资料的总数目 N 的比值 S 的大小来衡量：

$$S=\frac{N_1}{N};\tag{2.119}$$

或者反过来，用不符合四象限分布的观测资料的数目 $N_0=N-N_1$ 与 N 的比值(矛盾比)R 来衡量：

$$R=\frac{N_0}{N}.\tag{2.120}$$

显然,

$$R=1-S.\tag{2.121}$$

经过多次反复试验，最后求得如图 2.51a 所示的节面 2($NP2$)及其极 Y. 在这个例子中，节面 2($NP2$)是表示ϕ_2=23.0°, δ_2=75.0°的节面的圆弧(图 2.51a). 现在将透明纸顺时针方向旋转ϕ_2度转回到原来位置，便得到了如图 2.51b 所示的两个互相垂直的节平面 $NP1$ 和 $NP2$ 及其极轴 X 和 Y. $NP1$ 的方位角和倾角分别为ϕ_1，δ_1；$NP2$ 的方位角和倾角分别为ϕ_2, δ_2. 极轴 X 的方位角和倾角分别为ϕ_x, δ_x；极轴 Y 的方位角和倾角分别为ϕ_y, δ_y.

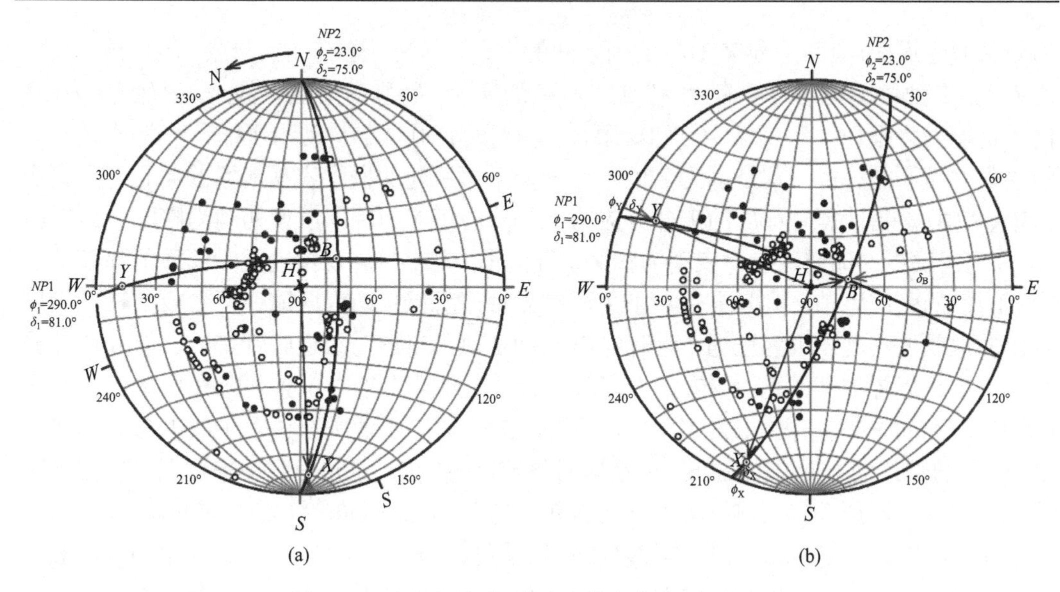

图 2.51　确定与节面 1(*NP*1) 垂直的节面 2(*NP*2)

(a) 将透明纸逆时针旋转ϕ_2角，画出方位角为ϕ_2,倾角为δ_2,过 X 的弧线即节面 *NP*2；(b) 将透明纸顺时针旋转ϕ_2角转回到原来位置

(五) 确定滑动角

如前已述，滑动角λ是断层上盘相对于下盘的运动方向(滑动方向)与断层走向的夹角，以顺时针为正，$0\leqslant\lambda<360°$. 如果节面 2 是断层面，那么极轴 X（也可能$-X$）是滑动方向；如果节面 1 是断层面，那么极轴 Y（也可能$-Y$）是滑动方向. 如果 H 点所在的象限是初动为“−”的象限，从而 X 轴与 Y 轴是滑动方向；如果 H 点所在的象限是初动为“+”的象限，从而$-X$轴与$-Y$轴是滑动方向. 如图 2.51a 所示，要确定位于节面 2 的极轴 X 或$-X$ 所代表的滑动角，只要将节面 2 逆时针旋转ϕ_2度，使其走向正好与施密特网上的 N 极相重合，此时节面 2 正好与表示倾角为δ_2的子午线相重合. 从施密特网的 N 极起算，沿着该子午线从北向南(即顺时针)量出 X 轴与节面 2 的走向的夹角为λ_2'，则$\lambda_2=360°-\lambda_2'$(如果 H 点所在的象限是初动为“−”的象限，从而 X 轴是滑动方向)或$\lambda_2=180°-\lambda_2'$(如果 H 点所在的象限是初动为“+”的象限，从而$-X$轴是滑动方向). 用同一步骤，可以确定如果节面 1 是断层面，Y 轴与节面 1 的走向的夹角为λ_1'，从而求出滑动角$\lambda_1=360°-\lambda_1'$(如果 H 点所在的象限是初动为“−”的象限，从而 Y 轴是滑动方向)或$\lambda_1=180°-\lambda_1'$(如果 H 点所在的象限是初动为“+”的象限，从而$-Y$轴是滑动方向). 在图 2.51 所示的例子中，因为 H 点所在的象限是初动为“−”的象限，所以 X 轴与 Y 轴是滑动方向. 由上述步骤可以求得 $\lambda_2'=171.0°$，所以$\lambda_2=189.0°$；$\lambda_1'=15.0°$，所以$\lambda_1=345.0°$.

(六) 确定应力轴

零轴(null axis, B 轴)即节面 1 与节面 2 相交的轴线，在投影图上如图 2.52ab 的 B 轴所示. 压力轴(pressure axis, P 轴)和张力轴(tension axis, T 轴)位于 XY 平面(也即以 B 轴

为极轴的赤道面)上并平分 X 轴与 Y 轴之间的夹角，P 轴位于初动为膨胀（“–”或“○”）的象限，T 轴位于初动为压缩（“+”或“●”）的象限．特别需要注意的是，P 轴(压力轴)位于初动为膨胀（“–”或“○”）的象限，T 轴(张力轴)位于初动为压缩（“+”或“●”）的象限，而不是相反．这是因为名词术语一词多用引起的概念容易混淆的问题．所谓压力轴(P 轴)是指地震时释放的那部分应力(张量)的压应力轴，所谓初动为膨胀（“–”或“○”）是指发出的地震波初动表现为膨胀．所谓张力轴(T 轴)是指地震时释放的那部分应力(张量)的张应力轴，实际上是最小主压应力轴．所谓初动为压缩（“+”或“●”）指所发出的地震波初动表现为压缩．为确定 P 轴和 T 轴，将透明纸逆时针旋转，使 B 落在施密特网上代表赤道面的直径 WE 的左半段 WH 上，此时 X 轴与 Y 轴便落在代表以 B 轴为极的赤道面的子午线(图 2.52a 中的虚线)上，P 轴与 T 轴便是在该子午线上与 X 轴和 Y 轴成45°的轴线的方向(图 2.52a)．现在顺时针旋转透明纸，使它回到原来位置(图 2.52b)，我们便得到了断层面解．P 轴，T 轴以及 B 轴的方位角(azimuth)与倾角(plunge)(ϕ_P, δ_P)，(ϕ_T, δ_T)以及(ϕ_B, δ_B)可以按照类似（二）所述的、表示方位角为 ϕ，离源角为 i_h 的假想点的步骤读得．所不同的是，这些轴线的倾角指的是它们与水平面的夹角，而离源角 i_h 则是离源射线与指向地心的地球半径方向(竖直方向)的夹角．以 P 轴为例．将透明纸逆时针旋转，使 P 轴落在 NH 上，此时，透明纸旋转的度数即 ϕ_P，由在透明纸上量得的由施密特网上的水平面至 P 轴的角度即 δ_P.

(七)断层面解

按照上述步骤，便可得到如表 2.3 所表示的地震的断层面解.

表 2.3 与图 2.53 以 1975 年 2 月 4 日辽宁省海城 M_S7.3 地震为例，给出了该地震的断层面解．图 2.53 以震源球等面积投影表示这次地震的断层面解，图 2.53a 为上半球投影，图 2.53b 为下半球投影.

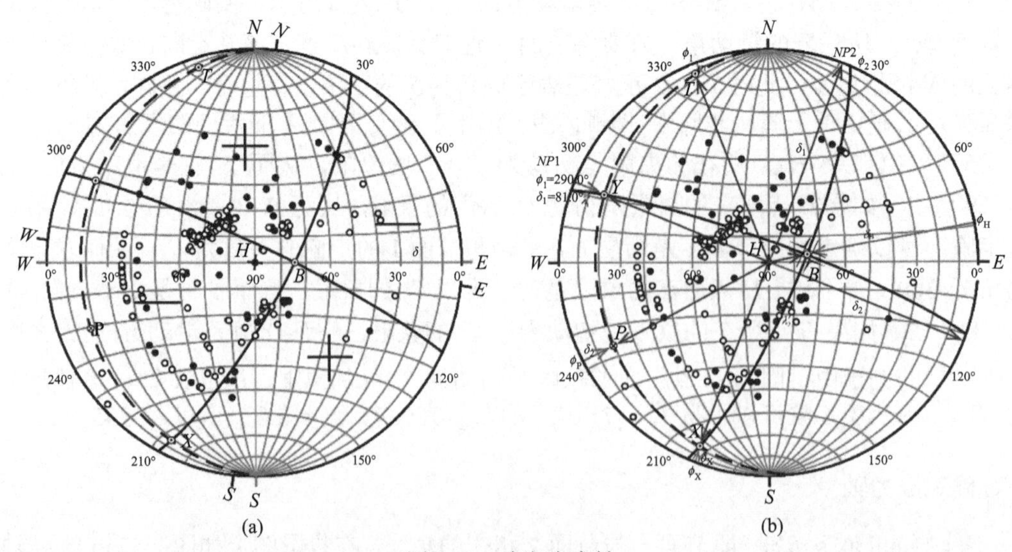

图 2.52　确定应力轴

(a)将透明纸逆时针旋转使 B 落在 WH 上，画出 P，T 轴；(b)将透明纸转回原来位置得到断层面解

作为比较，图 2.54a 与图 2.54b 分别给出了以震源球下半球与上半球极射赤面投影表示的海城地震的断层面解(顾浩鼎等，1976)．由图可见，同一个地震的断层面解，如果采用不同的震源球半球投影，那么由震源球上半球投影图旋转 180°便可得到该地震断层面解的震源球下半球投影图；反之亦然．在运用如同表 2.4 的表格表示断层面解时，节面 1 与节面 2 的走向、倾角、滑动角的数值不变；主应力轴(P, B, T 轴)的倾角数值也不变，但其方位角的数值则相差 180°．原则上，节面 1 与节面 2 的命名是任意的．习惯上，常把真正的断层面(如果能确认的话)称为节面 1，另一个称为节面 2．现在比较普遍的命名法是将走向角度小的节面称为节面 1，走向大的节面称为节面 2．

表 2.4　1975 年 2 月 4 日辽宁海城 M_S7.3 地震的断层面解

ϕ：40.7°N　　λ：122.8°E　　h=12 km

节面	走向	倾角	滑动角
节面 1	290°	81°	345°
节面 2	23°	75°	189°
主应力轴	方位角	倾角	
T 轴	337°	4°	
B 轴	80°	72.5°	
P 轴	246°	17.5°	

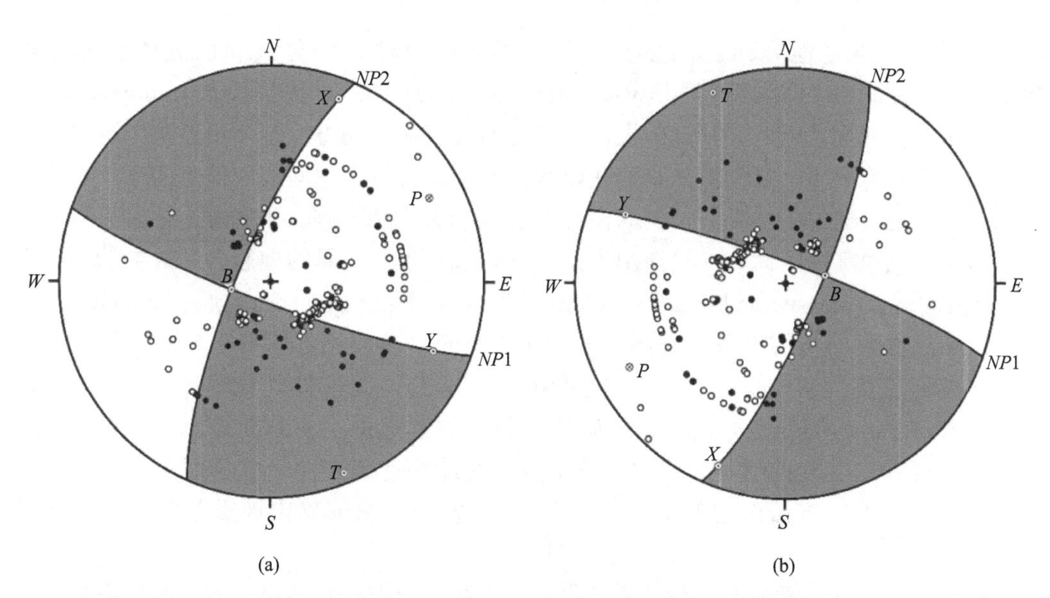

图 2.53　1975 年 2 月 4 日辽宁海城 M_S7.3 地震的断层面解

(a)震源球上半球等面积投影；(b)震源球下半球等面积投影

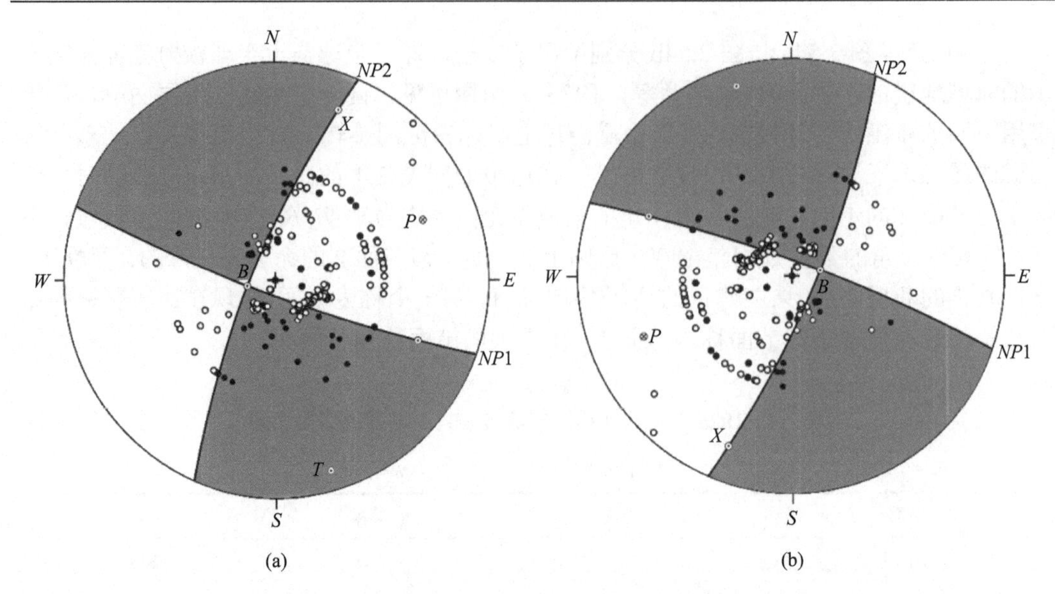

图 2.54 1975 年 2 月 4 日辽宁海城 M_S7.3 地震的断层面解

(a)震源球上半球极射赤面投影(顾浩鼎等，1976)；(b)震源球下半球极射赤面投影

第十二节 确定地震断层面解的数值方法

(一)确定地震断层面解的数值方法的发展概况

近年来，确定地震的震源参量有了许多新的方法，如体波和面波的波形分析(waveform analysis)即波形模拟(waveform modeling)法、矩张量反演(moment-tensor inversion)等，然而，由 P 波初动的极性确定地震断层面解的方法迄今仍然是广泛使用的方法．在许多情况下，它仍然是我们获取有关地震震源机制空间取向信息的唯一可行的方法．特别是，在许多情况下，例如在做微震或余震活动监测、研究时，常常只有为数不多的便携式地震台，此时，只能用大量的微震或余震、少量的地震台站的初动记录求综合断层面解(composite fault-plane solution)即联合断层面解(joint fault-plane solution)．确定地震断层面解的传统方法——图解法在单个地震、多台站的情况下，特别是在大量微小地震但地震台站较少的求综合断层面解的情况下，是一件既费时又费力、甚而是极其困难的工作．特别是，由图解法确定的断层面解是由主观判断得出的，对于结果的误差没有给出客观的估计．因此，需要研究既能快速确定图示断层面解，又能给出所得结果的误差的方法．这就是 1960 年代以来发展起来的确定地震断层面解的数值方法．

1960 年代以来，随着数字计算机的发展，用数值方法确定地震断层面解便提到了日程上．

Homma(1952)是第一位提出用最小二乘法拟合记录到的地震波振幅的地震学家，Knopoff(1961a, b)则是第一位处理在有噪声存在的情况下用描述初动极性的概率函数数值求解断层面解的地震学家．Knopoff 提出的方法的要点是，求两个互相正交的平面使得在每个台站上正确地观测到的极性的概率达到最大值．他采用了如图 2.25b 所示的中心投影方法．如前已述，节平面经中心投影后是直线．因此，确定两个互相正交的节平面的问题便转化为确定投影面上两条直线的问题，每条直线只需用两个参量便可完全描述，但因为两个节平面正交，所以实际上只需 2×2−1=3 个独立的参量便可确定投影面上代表两个互相正交的平面的两条直线．后来，笠原庆一(Kasahara, 1963)在 Knopoff(1961a, b)工作的基础上编写了一个程序，可用计算机做常规处理．考虑到中心投影倾向于夸大距离震中近的台站的作用，笠原庆一没有采用 Knopoff(1961a, b)运用的中心投影方法，只采用了 Knopoff 提出的概率函数，并且对于给每个台站的 P 波初动极性的读数加权问题给予了关注．笠原庆一还关注了对台站加权的问题．台站加权可以通过考虑用该台站的初动极性确定许多地震的断层面解时正确的初动极性的读数与总的观测数之比求得．笠原庆一的这个程序后来成为加拿大多米尼恩(Dominion)观象台测定地震震源机制的常规程序(Wickens and Hodgson, 1967)．

1972 年，在用数值方法确定地震断层面解方面有两个重要的进展．Keylis-Borok 等(1972)提出了一种用多种体波震相分别确定地震的震源机制的算法．他们也采用概率函数求极大值求得断层面参量，也就是求极轴的取向使理论与观测的初动符号的数目达到极大值．将多种模型理论与观测符号的符合数进行比较，从中选取出符合数目最大的模型．在 Keylis-Borok 等的算法中，不采用笠原庆一(Kasahara, 1963)以及 Wickens 和 Hodgson(1967)采用的加权方法．这是因为用正比于理论振幅的量加权不太合理．振幅受诸多因素影响，是许多参量的函数，它远比初动符号不稳定．认识到这点是十分重要的，因为如果是着眼于求节平面的走向与倾角，那么因为 P 波的振幅随距其最近的节面的距离单调地增大，从而近节面的点的权重必定很小．可是在用通常使用的图解法求断层面解时，将不同的初动符号交替地隔开的节面是在以理论振幅的量加权的数值方法中被赋于较小的权的观测的基础上确定的．

在 1972 年的另一个重要进展是 Dillinger 等(1972)对确定地震震源机制的最大似然解做了进一步的研究．Dillinger 等(1972)采用了 Pope(1972)导出的 P 波与 S 波的似然函数并把该方法推广到联合运用 P 波初动极性与 S 波偏振角，定量地估计某特定地震满足资料的解的数目、类型，以置信域定义解的空间，而不是仅仅估计地震断层的单个解答．Brillinger 等(1980)对地震震源机制问题做了更普遍的处理，不但可用于 P 波初动，还可用于 S 波偏振或两者联合使用；不但可用于处理单个地震，还可用于同时求得一个地区大量地震的断层面解．

(二)点源机制的表示

在下一章中，我们将指出，地震震源断层机制的点源模式相应于一无限小的剪切位错，剪切位错可以表示为无矩双力偶或作用于与位错面成 45°角的压力和张力的一个系统．如果没有内摩擦，那么这些合力的方向也就是最大与最小主应力轴的方向．

P 波初动的方向确定了两个正交的节平面，每个节平面都相应于可能的断层面，但这两个节平面却唯一地决定了主应力轴的方向．根据第三章中将要阐述的点源矩张量的概念和表示法，可知单用初动资料只能确定矩张量的本征矢量，但确定不了其本征值．

在确定震源机制中，不管是把力轴(force-axes) X 和 Y 的方向取作变量，还是把主应力轴(principal stress axes) T 轴与 P 轴取作变量，在统计上都是等效的．但是，把主应力轴取作变量，除了物理意义更为直接以外，还有其他一些优点．T 轴与 P 轴是根据资料的压缩与膨胀的四象限分布明确地定义的，而 X 轴与 Y 轴却并非如此．由于 T 轴与 P 轴位于 P 波振幅最大值的方向上，所以甚至在资料不足的情况下，对于 T 轴通过选取压缩的平均取向，对于 P 轴通过选取膨胀的平均取向，有时仍有可能估计出这些轴的近似取向．但是，因为在节平面附近信号很微弱，要通过这个区域确定出一个节面把初动符号的极性分隔开，通常是比较困难的．此外，对于大多数地区的研究工作来说，常常希望知道该区域应力的取向．所以如能用程序直接计算得到区域应力的取向，要比从 X 轴与 Y 轴的取向导出区域应力的取向会更好些．

利用震源球确定地震震源机制可使问题大大简化．通过逆着射线追踪，可将观测台站投影在震源球表面的相应的假想点上．对于远距离的台站，这种处理方法不存在任何严重的困难，但是对于近台，对地壳和上地幔中的速度-深度分布的详细了解对于恰当地逆着射线追踪、将观测台站投影回震源球表面，是非常需要的．若不加考虑结构的横向变化，有时会歪曲震源机制的正交性，甚至在求解成组的地震震源机制解时也是很难检测的．

在对称的震源机制情况下，仅需要采用半个震源球．因为除了那些靠近震源的台站以外，到达大多数台站的射线在离开震源时都是下行的，所以很自然地选用震源球的下半球．如前已述，记录到上行射线的观测台站的资料也可以投影到下半球上[参见上节(三)震源球另一半球资料的运用]．

在震源球下半球中(图 2.55)，定义直角坐标系($\overline{X}$，$\overline{Y}$，$\overline{Z}$)，$\overline{X}$ 指向北，$\overline{Y}$ 指向东，$\overline{Z}$ 竖直向下．若以($\overline{x}$，$\overline{y}$，$\overline{z}$)表示半径为 1 的震源球球面上的某一点在此直角坐标系中的坐标，则因震源球的半径取为 1，所以其坐标只与球极坐标的(θ, ϕ)角有关，θ是该点与 $\overline{Z}$ 轴的夹角，ϕ是该点与 $\overline{X}$ 轴的夹角(方位角)：

$$\begin{cases}\overline{x}=\sin\theta\cos\phi,\\ \overline{y}=\sin\theta\sin\phi,\\ \overline{z}=\cos\theta,\end{cases} \tag{2.122}$$

式中，

$$0^\circ \leqslant \theta \leqslant 90^\circ,$$

$$0^\circ \leqslant \phi < 360^\circ.$$

主应力轴的方向构成一组坐标轴 T, P 和 B 轴，而力的方向则构成另一组坐标轴 X, Y 和 B 轴．震源球球面上地理坐标为($\overline{x}$，$\overline{y}$，$\overline{z}$)的一个点可以通过下列公式变换到(T, P, B)坐标系或(X, Y, B)坐标系：

$$\begin{bmatrix}x'\\ y'\\ z'\end{bmatrix}=\mathbf{B}\begin{bmatrix}\overline{x}\\ \overline{y}\\ \overline{z}\end{bmatrix}, \tag{2.123}$$

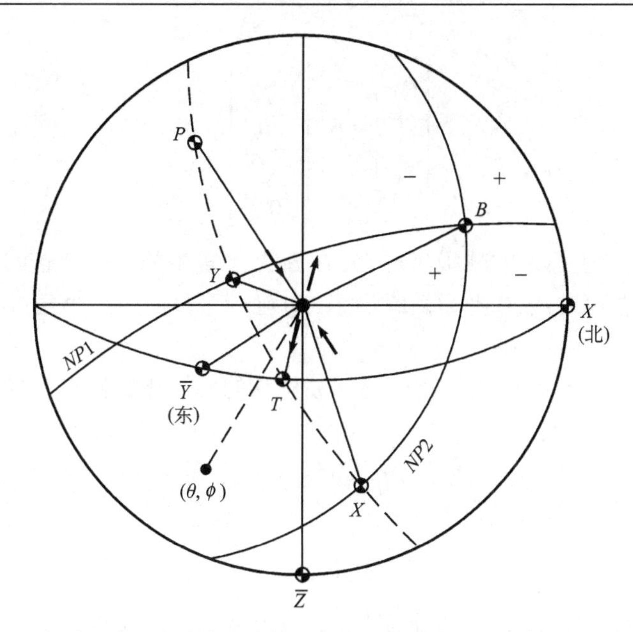

图 2.55　在震源球下半球中，力轴 X, Y 与主应力轴 P, T 等轴线方向的定义

$$\begin{bmatrix} x \\ y \\ z \end{bmatrix} = \mathbf{A} \begin{bmatrix} \overline{x} \\ \overline{y} \\ \overline{z} \end{bmatrix}, \tag{2.124}$$

式中，

$$\mathbf{B} = \begin{bmatrix} \alpha_T & \beta_T & \gamma_T \\ \alpha_P & \beta_P & \gamma_P \\ \alpha_B & \beta_B & \gamma_B \end{bmatrix}, \tag{2.125}$$

$$\mathbf{A} = \begin{bmatrix} \alpha_X & \beta_X & \gamma_X \\ \alpha_Y & \beta_Y & \gamma_Y \\ \alpha_B & \beta_B & \gamma_B \end{bmatrix}, \tag{2.126}$$

$(\alpha_g, \beta_g, \gamma_g)$表示 g 轴在地理坐标系$(\overline{x}，\overline{y}，\overline{z})$中的方向余弦：

$$\begin{cases} \alpha_g = \sin\theta_g \cos\phi_g, \\ \beta_g = \sin\theta_g \cos\phi_g, \\ \gamma_g = \cos\theta_g, \end{cases} \tag{2.127}$$

而 g 则分别表示 T, P, B, X 或 Y 轴．X 轴与 Y 轴的方向余弦很容易从 P 轴、T 轴和 B 轴的方向余弦求得

$$\begin{bmatrix} \alpha_x \\ \beta_x \\ \gamma_x \end{bmatrix} = \mathbf{B}^{\mathrm{T}} \begin{bmatrix} \dfrac{1}{\sqrt{2}} \\ \dfrac{1}{\sqrt{2}} \\ 0 \end{bmatrix}, \tag{2.128}$$

$$\begin{bmatrix} \alpha_y \\ \beta_y \\ \gamma_y \end{bmatrix} = \mathbf{B}^{\mathrm{T}} \begin{bmatrix} \dfrac{1}{\sqrt{2}} \\ -\dfrac{1}{\sqrt{2}} \\ 0 \end{bmatrix}. \tag{2.129}$$

对于相对于地理坐标系的球极坐标，T, P, B, X, Y 轴中的每一个轴的位置均由(θ_g, ϕ_g)确定. 由于正交条件，(T, P, B)坐标系或(X, Y, B)坐标系只需用 3 个角θ_T, ϕ_T, ϕ_P或θ_x, ϕ_x, ϕ_y就可唯一地确定.

在球极坐标为(θ, ϕ)的点上，其远场 P 波位移的归一化振幅 u_p 在主应力轴坐标系中的表示式为

$$u_p = x^2 - y^2, \tag{2.130}$$

而在力轴坐标系中的表示式为

$$u_p = 2xy. \tag{2.131}$$

节面 1(垂直于 X 轴)与节面 2(垂直于 Y 轴)这两个节面的取向与滑动方向都是由走向ϕ，倾角δ和滑动角λ等给出的，它们分别为

$$\begin{cases} \phi_1 = \phi_x + 90^\circ, \\ \delta_1 = \theta_x, \\ \lambda_1 = \sin^{-1}\left(\dfrac{\cos\theta_y}{\sin\theta_x}\right). \end{cases} \tag{2.132}$$

$$\begin{cases} \phi_2 = \phi_y + 90^\circ, \\ \delta_2 = \theta_y, \\ \lambda_2 = \sin^{-1}\left(\dfrac{\cos\theta_x}{\sin\theta_y}\right). \end{cases} \tag{2.133}$$

(三)概率模型与似然函数

现在简要叙述用所采取的概率模型和用对似然函数求极大值的方法确定单个地震乃至多个地震联合的断层面解及其震源参量方差估计的方法(Brillinger *et al.*, 1980; Udías and Buforn, 1988; Udías, 1991, 1999). 这个方法的要点是，定义所有的观测结果与所确定的震源取向给出的理论结果一致的概率为多个观测结果的概率的乘积，然后求使该总概率达到极大值时的震源的取向.

在一给定的地震台上观测到的地震图可以看作是受到噪声干扰的信号的记录：

$$Z(t) = s(t) + \varepsilon(t), \tag{2.134}$$

式中，$Z(t)$是地震仪在 t 时刻记录到的位移，$s(t)$是信号，$\varepsilon(t)$是附加的噪声序列. 我们现在关心的是 P 波初动的符号. 特别是，令 τ 表示视初动时刻，令

$$Y=\begin{cases}+1 & 如果初动记录为正(Z(\tau)>0),\\ -1 & 如果初动记录为负(Z(\tau)<0).\end{cases} \tag{2.135}$$

今以概率模型 $P\{\bullet\}$ 表示在地震台上记到初动为正(压缩)的概率:

$$P\{Y=1\}=\gamma+(1-2\gamma)P\{Z(\tau)>0\}, \tag{2.136}$$

式中，γ 是一用来表示读数器和记录器引起的误差的小量．信号的初动振幅可以看作是正比于该事件与该台站作为断层面参量的函数的理论振幅 A．令 $s(\tau)=\alpha A$, 并假设噪声 $\varepsilon(t)$ 的分布函数为 $G(\bullet)$，则

$$P\{Z(\tau)>0\}=P\{\varepsilon(\tau)>-\alpha A\}=1-G(-\alpha A). \tag{2.137}$$

特别是，如果假设噪声 $\varepsilon(\tau)$ 遵从均值为零、方差为 σ^2 的正态分布，则上式可写为

$$P\{Z(\tau)>0\}=\Phi(\rho A), \tag{2.138}$$

式中，$\Phi(\rho A)$ 是累积正态分布, $\rho=\alpha/\sigma$．总之，由以上分析我们可以得出以下统计模型，即对于一个观测得到的初动 Y，有

$$\begin{cases}P\{Y=1\}=\gamma+(1-2\gamma)\Phi(\rho A),\\ P\{Y=-1\}=1-P\{Y=1\}.\end{cases} \tag{2.139}$$

式中，$1/2>\gamma>0$.

精确的资料对应于 γ 很小、σ 很小因而 ρ 很大的情形．不精确的资料对应于 γ 接近于 1/2 即 ρ 接近于 0 的情形．若 $\rho=\infty$，那么上式仅涉及 A 的符号而不涉及其振幅．这个概率模型具有的性质是，A 的振幅越大，就越有可能正确地观测到初动的符号．

对于震源近乎相同的许多地震为许多地震台站记录到的情形，观测结果随事件而变化．令 $i=1, 2, \cdots, I$ 表示所研究的事件，$j=1, 2,\cdots, J_i$ 表示记录到第 i 个事件的地震台站，那么可用的基本量便是在第 j 台观测到的第 i 个事件的初动符号 Y_{ij}，以及作为断层面参量 θ_T, Φ_T, θ_P 函数的相应的、考虑了其符号的理论振幅 $A_{ij}(\theta_T, \Phi_T, \theta_P)$.

下面按所涉及的复杂程度增加的顺序列举各种概率模型．令

$$\pi_{ij}=P\{Y_{ij}=1\}.$$

则对于第 i 个地震与第 j 个台站，

$$\pi_{ij}=\Phi(\rho A_{ij}), \tag{2.140}$$

$$\pi_{ij}=\gamma+(1-2\gamma)\Phi(\rho A_{ij}), \tag{2.141}$$

$$\pi_{ij}=\Phi(pA_{ij}), \tag{2.142}$$

$$\pi_{ij}=\gamma+(1-2\gamma)\Phi(\rho_i A_{ij}), \tag{2.143}$$

$$\pi_{ij}=\gamma_i+(1-2\gamma_i)\Phi(\rho_i A_{ij}), \tag{2.144}$$

$$\pi_{ij}=\gamma_j+(1-2\gamma_j)\Phi(\rho_i A_{ij}). \tag{2.145}$$

由式(2.140)与式(2.141)所表示的模型求得的是对权重正比于其观测台站数 J_i 的各个地震平均的解．其他公式所表示的模型则考虑到了对地震事件加权，地震事件的权重在某种意义上取决于其合适的程度．式(2.145)表示的模型是式(2.144)表示的模型的变种，式中的 γ_j 表示第 j 台的数据的可靠程度．

(四)参量估计

统计模型的参量可以通过规定一个包含资料和参量的数值准则然后选择最符合该准则的参量值作为估计值来予以估计．经典的准则是最小二乘准则，即与最佳值之差的平方和达到极小值的准则．这里采用的是其他作者也使用过的函数：

$$\sum_{i,j} H(A_{ij}, Y_{ij}) = \frac{1}{2}\sum (1 + Y_{ij}\operatorname{sgn} A_{ij}), \tag{2.146}$$

式中，$H(x)=1$, 若 $x>0$; $H(x)=0$, 若 $x<0$．这里采用的是计算观测与理论的初动极性一致的数目．这个数目达到极大时的断层面参量即为所求的断层面解．

所使用的与最大似然法相应的似然函数为

$$L = \frac{1}{2}\sum_{i,j}\{(1+Y_{ij})\ln \pi_{ij} + (1-Y_{ij})\ln(1-\pi_{ij})\}. \tag{2.147}$$

对于上述式(2.137)至式(2.142)所表示的每个模型，这个准则是一个参量可微的函数，所以有许多有效的最优化计算程序可供选择使用．此外，由于处理这一问题的方法是最大似然法，对于所估计值的标准误差有现成的表达式可用，对于检验有关参量值的假设有现成的方法可用．

运用π_{ij}作为 A 的函数的对称性，并令$\psi=2\pi(|A|-1)$，可将上式改写为

$$L = \sum_{i,j}\ln\frac{1}{2}[1 + (2\pi_{ij} - 1)Y_{ij}] = \sum_{i,j}\ln\frac{1}{2}(1 + \psi_{ij} Y_{ij}\operatorname{sgn} A_{ij}). \tag{2.148}$$

这个表示式的优点是，它表示了 L 与 $Y\mathrm{sgn}A$ 的关系：若观测到正确的初动极性，$Y\mathrm{sgn}A$ 等于 1；若不是观测到正确的初动极性，则 $Y\mathrm{sgn}A$ 等于−1．由式(2.140)所表示的模型其最后的表示式(2.148)是 Knopoff(1961a, b)和笠原庆一(Kasahara, 1963)用过的准则．不过，Knopoff(1961a)中所用的函数 erf(•)现在已改正为 erf(|•|)，因为 erf 是一奇函数(Brillinger *et al.*, 1980)．

(五)应用举例

上述数值方法已应用于许多震例．作为举例，这里介绍该方法应用于 1964 年 3 月阿拉斯加地震序列的主震及其 25 个余震共 26 个地震所得的结果．这一地震序列的大多数地震的机制是由低角度的平面上的逆冲断层或近于竖直的平面上的逆断层所组成的．从已有的远震资料看，只有近于竖直的平面比较明确．由图解法得到的 P 轴和 T 轴的取向，除了 8 个地震取向比较离散外，T 轴集中在$(\theta_T, \Phi_T)=(45°, 315°)$上，$P$ 轴集中在$(\theta_P, \Phi_P)=(50°, 135°)$上．由图解法得到的各个地震的断层面解表明，2/3 以上的地震有相似的主应力轴取向并且来源于图像共同的区域应力场．

采用 3 个独立的角度$(\theta_T, \Phi_T, \Phi_P)=(45°, 315°, 135°)$为初始值并对所有的事件采用$\rho_i=5$．由式(2.147)给出的似然函数的对数的初始值为$-L=1322$．经 30 次迭代后，由该程序得$(\theta_T, \Phi_T, \Phi_P)=(39.0°, 318.3°, 138.9°)$，$-L=407$，最后的解如表 2.5 所示．

表 2.5　1964 年 3 月阿拉斯加地震序列的震源机制解

节面	走向	倾角	滑动角	主应力轴	方位角	倾角
节面 1	232°	6°	87°	T 轴	318°±15°	39°±1°
节面 2	49°	84°	90°	P 轴	139°±14°	51°±1°

计算中用了 1239 个初动符号，最后得到的解正确地预测了其中的 984 个初动符号，即正确读数的比例为 0.79. 值得注意的是倾角 $90°-\theta$与方位角Φ的标准误差之间的差别. Φ的标准误差较大是这些事件的特定的震源机制的几何情况的结果，因为在震源球的球面上资料点的分布仅覆盖了 4 个象限中的两个象限.

该程序在每次迭代中对 26 个地震的精度参量ρ_i的数值都作调整，而每一事件的ρ值与一致性比值p的最后相关情况都清楚地反映在图 2.56 中. 负的ρ值相应于这些事件所具有的一致性比值p小于 0.5. 在这些事件中，成组的解要求各个P轴和T轴的取向与区域性应力场的取向相反的极性. 理论上，理想的比值为p=1, 此时ρ为无限大；若概率为 0.5, 则权重为零；若p<0.5，ρ值为负使极性相反并再次给出大于 0.5 的概率. 对于具有正确极性的观测数据的高比值的事件(p接近 1)的ρ值，依赖于给定的初始值.

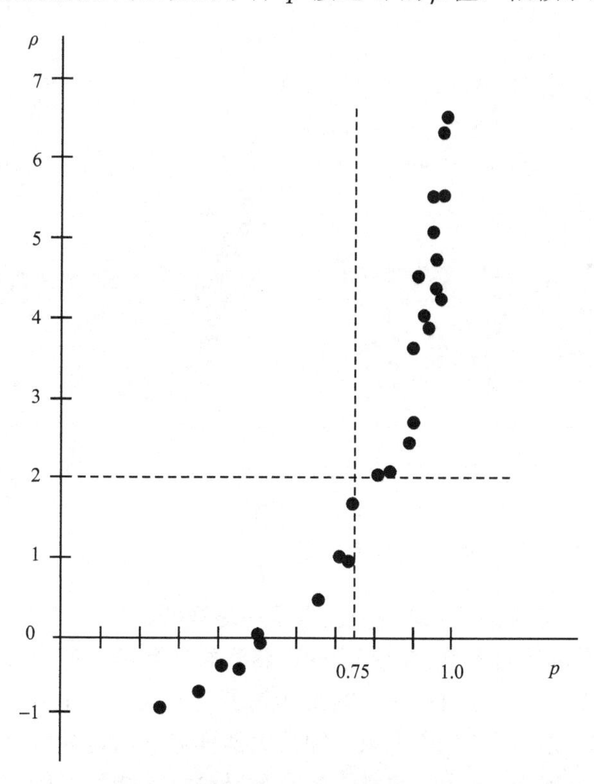

图 2.56　对于 26 个阿拉斯加地震，事件的精度参量ρ与一致性比值p的关系图

第十三节　震源机制解在板块大地构造学说中的应用

在板块大地构造学说创立过程中，地震震源机制解的应用曾经起到重要的作用(Isacks *et al*., 1969; Brumbaugh, 1979; Lay and Wallace, 1995; Udías, 1999; Turcotte and Schubert, 1982, 2001; Stein and Klosko, 2003)．

如前已述，在大洋盆地的底部，主要是在大洋盆地的中部，绵亘着长达 8 万 km 的海底山脉，称为大洋中脊．此外，又有许多海沟．在 1960 年代中期以前，地球科学家就已了解大洋盆地的这些大地构造现象，但是对其作用与成因并不清楚．

根据板块大地构造学说，地球的最外层是平均厚度约为 100km 的岩石层，岩石层分为若干大、小板块．在大洋中脊，新的洋底岩石层板块形成，并从大洋中脊处向外扩张．在消减带，一个板块俯冲到另一个板块下面，潜没销融于地球内部．这一过程有如传送带的传送过程，板块有如传送带，在发生于地球内部的热对流的带动下运动．大陆被动地驮在板块上，就像被放置在传送带上一样．海沟、洋脊、平移大断层是相邻接的板块发生相对运动的边界．板块的相互作用是发生地震的基本原因，而板块边界，正是大多数地震发生的场所．

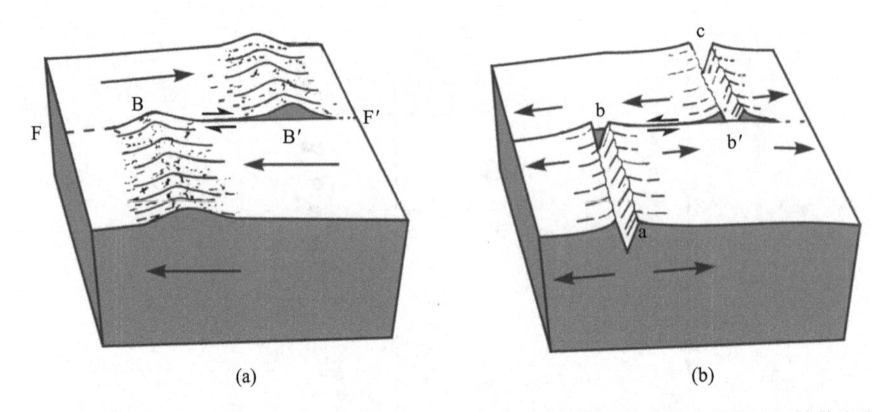

图 2.57　与洋脊错开相联系的走滑断层错动方向(a)和与海底扩张相联系的走滑断层(转换断层)错动方向(b)之比较

图中箭头表示块体错动方向(a)或海底扩张方向(b)，半箭头表示断层错动方向

在大洋中脊，有许多断裂带，这些断裂带早在对洋脊进行研究的初期就已被发现．但过去认为，这类断裂带是如图 2.57a 所示的、将洋脊错断的、通常意义上的走滑断层错动的结果(在图 2.57a 的示意图中是一右旋走滑断层)．到了 1960 年代中期，威尔逊(Wilson, 1965, 1972)注意到了一个现象，即在大西洋赤道附近的洋脊与非洲和南美洲的大陆的轮廓线是平行的．他认为，洋脊－断裂带乃是大陆漂移开始时大陆最初分开的地方．因此，洋脊－断裂带是一种特有的图像，它们并非是将洋脊错开成一段一段的、通常意义上的走滑断层，而是由一段洋脊过渡到另一段洋脊的走滑断层．威尔逊称这种断层为转换断层．威尔逊最先引进了转换断层的概念并且预测转换断层沿走向错动的方向(图 2.57b)与假定这些断层是将洋脊错开的走滑断层的错动方向(图 2.57a)正好相反(在

图 2.57b 的示意图中的转换断层为一左旋走滑断层). 如果按照这些断层是将洋脊错开的走滑断层的假定，该断层则应是一右旋走滑断层.

由震源机制解得到的结果完全证实了威尔逊的预测. 图 2.58 是一个典型的例子，说明在大西洋洋中脊的一段的地震震源机制解是如何证实海底扩张、转换断层的概念的. 图中有两种不同类型的断层. 位于大洋中脊的地震(图 2.58 中的地震 E)，其震源机制是与海底扩张的概念一致的正断层. 因为海底在洋中脊处分开，所以洋中脊应当是处于近乎水平的张应力作用的地带，张力轴应当是沿着与洋中脊走向垂直的、近水平的方向. 沿着断裂带发生的地震(图 2.58 中的地震 A)，其震源机制是以沿水平方向滑动为主的走滑断层. 图中所示的地震 A 的水平走滑断层有两个可能的断层面. 一个是走向为东-西向的、平行于断裂带方向的节面 $NP1$，另一个是走向为南-北向的、垂直于断裂带方向的节面 $NP2$. 节面 $NP1$ 的走向与断裂带方向以及沿断裂带的地震震中分布的走向一致，表明 $NP1$ 是真正的断层面. $NP1$ 所表示的断层错动在这个例子中是左旋走滑，与海底扩张、转换断层的概念是完全一致的.

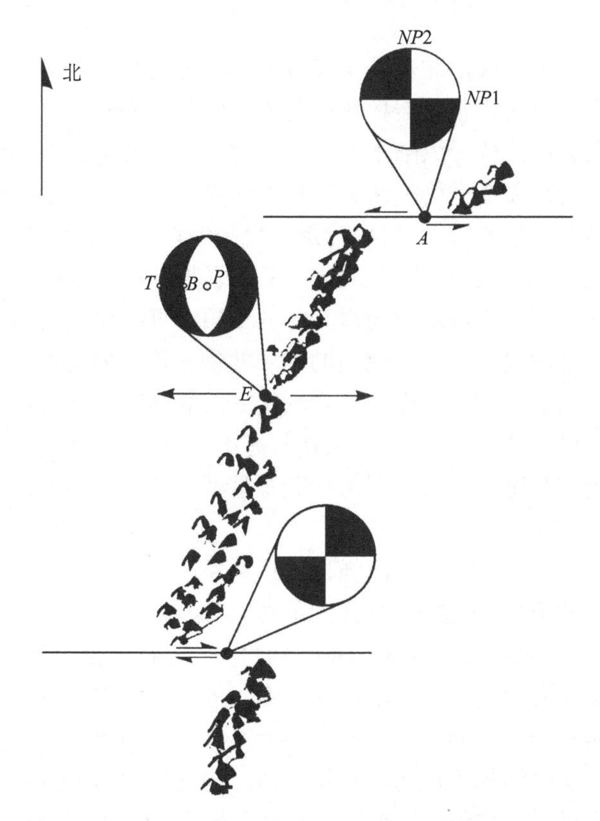

图 2.58　大洋中脊的地震震源机制解

箭头表示海底从大洋中脊处向外扩张的方向，半箭头表示断裂带两侧的海底沿水平方向错动(转换断层)的方向

转换断层起着连接板块的走滑边界与发散边界及汇聚边界的作用. 由于转换断层的存在，板块边界发生从发散边界向发散边界(图 2.59a)、从发散边界向汇聚边界(图 2.59b, c)或从汇聚边界向汇聚边界(图 2.59d, e, f)的过渡.

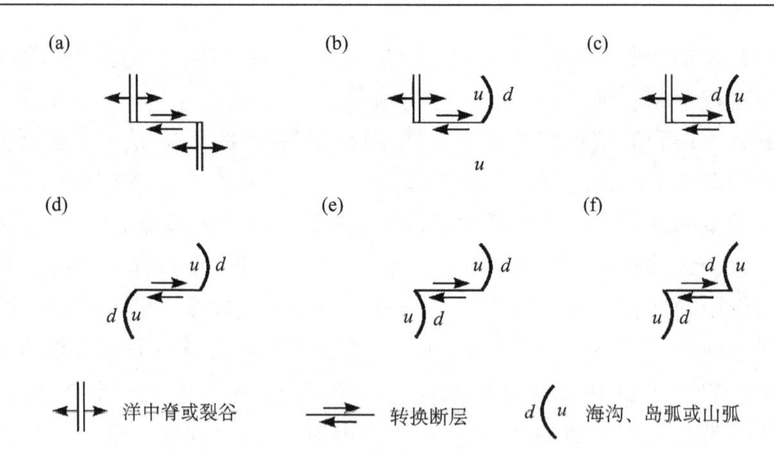

图 2.59　几种类型的转换断层

图中表示转换断层将下列边界相连：(a) 发散边界(洋中脊、裂谷)与发散边界相连；(b) 发散边界与(凹弧)汇聚边界(海沟、岛弧或山弧，*u* 表示上覆板块，*d* 表示向下俯冲板块)相连；(c) 发散边界与(凸弧)汇聚边界相连；(d) (凹弧)汇聚边界与(凹弧)汇聚边界相连；(e) (凸弧)汇聚边界与(凹弧)汇聚边界相连；(f) (凸弧)汇聚边界与(凸弧)汇聚边界相连

转换断层并不全位于洋底，北美的圣安德烈斯断层就是一个例子．北美西部的一系列长的转换断层是太平洋板块和北美板块的边界，沿着这些断层，太平洋板块相对于北美板块朝着西北方向运动．位于大陆上的、将洋脊分开的转换断层为验证震源机制解的方法与结果以及以此为重要依据的板块大地构造学说提供了一个很好的机会．通过直接观测位于大陆上的转换断层的运动，可以对震源机制解以及板块大地构造学说加以验证．

圣安德烈斯断层系是东太平洋隆起的洋脊系的转换断层．如图 2.60 所示，圣安德烈斯断层系的大多数断层面解是以右旋走滑为主的断层．这些地震的断层面解与在圣安德烈斯断层实地考察和观测得到的断层错动的性质非常一致．如果说，圣安德烈斯断层是连接位于加利福尼亚湾的东太平洋隆起至俄勒冈近海处的转换断层，那么由观测得到的右旋走滑断层错动正好支持了洋脊-断裂系是与海底扩张相联系的解释．圣安德烈斯断层系的错动方式与由地震震源机制解求得的加利福尼亚湾断裂带的断层错动方式是完全一致的．

按照板块大地构造学说，海沟是海洋岩石层板块向下俯冲并被销融的场所，是俯冲板块与覆盖在其上方的板块(上覆板块)之间的边界(Isacks *et al*., 1968,1969; Isacks and Molnar, 1969, 1971; Isacks and Barazangi, 1977; Chapple and Forsyth, 1979; Isacks, 1989)．图 2.61 以汤加海沟为例，说明发生于海沟的地震的震源机制解与板块大地构造学说的力学模型非常符合．在靠近海沟的地方有几个关键地点，在这些地点所发生的地震的震源机制与发生于海沟的板块运动密切关联．当海洋岩石层板块在海沟发生俯冲时有两点重要的逻辑上必然的推论．一是向下俯冲的岩石层板片(downgoing slab)在快要俯冲下去时要发生弯曲(如图 2.61 中的 *B* 所示)．板片在快要俯冲下去时发生的弯曲势必导致这一部分板片发生引张，因而发生如图 2.61 中的 *B* 所示的正断层性质的地震．现在已有大量海沟附近的洋底的地震的断层面解，表明在海沟，地震震源较浅的地震的确具有断层面走向与海沟方向一致的正断层性质．这些地震的断层面解有力地支持了上述推论．二是向下俯冲的岩石层板块必定在俯冲板块与上覆板块之间发生剪切作用，从而在该处发生的地震应当具有逆断层性质．地震的震源机制解表明，在海沟下方较浅的地方发生的地震，其断层面解的确具有逆断层错动的性质(图 2.61 中的 *A*)．这些地震的断层面解是对上述推论的有力支持．在海沟的端部，例如在图 2.61 中的 *C* 所示的太平洋汤加海沟的北端，当向下俯冲的板块向着海沟移动时，好比一把正在张开的剪刀，在海沟的端部发生“撕裂”．所以当这部分板块移动到海沟下方、在这个地方发生地震时，其断层面的走向应与板块水平移动的方向一致，其震源机制解则应具有张力轴与海沟方向一致的正断层性质；而对于上覆板块来说，在海沟端部的那部分仍然留在地面上，其地震的震源机制解就应当具有如图 2.61 中的 *D* 所示的走滑断层的性质．图 2.61 中四个关键地点 *A*，*B*，*C*，*D* 的地震震源机制解，完全符合发生于汤加海沟的岩石层板块俯冲的力学模型，是地震震源机制解对板块大地构造学说有力支持的很好的例证．

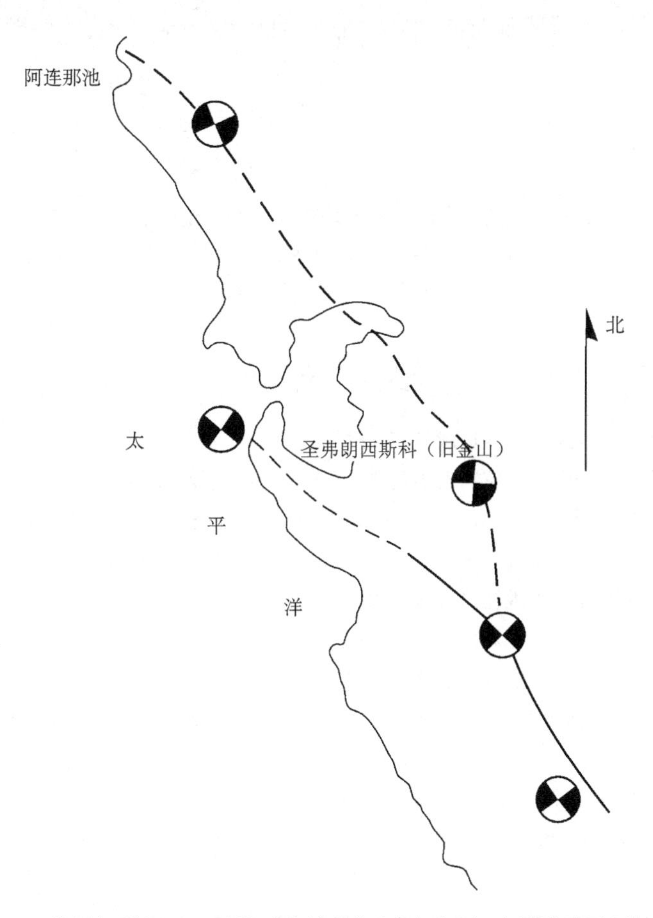

图 2.60 美国加利福尼亚州的圣安德烈斯断层系及相应的地震震源机制解

虚线表示圣安德烈斯断层系．由图可见圣安德烈斯断层右旋走滑断层错动方式与由地震震源机制解得出的结果以及板块大地构造学说的概念相符

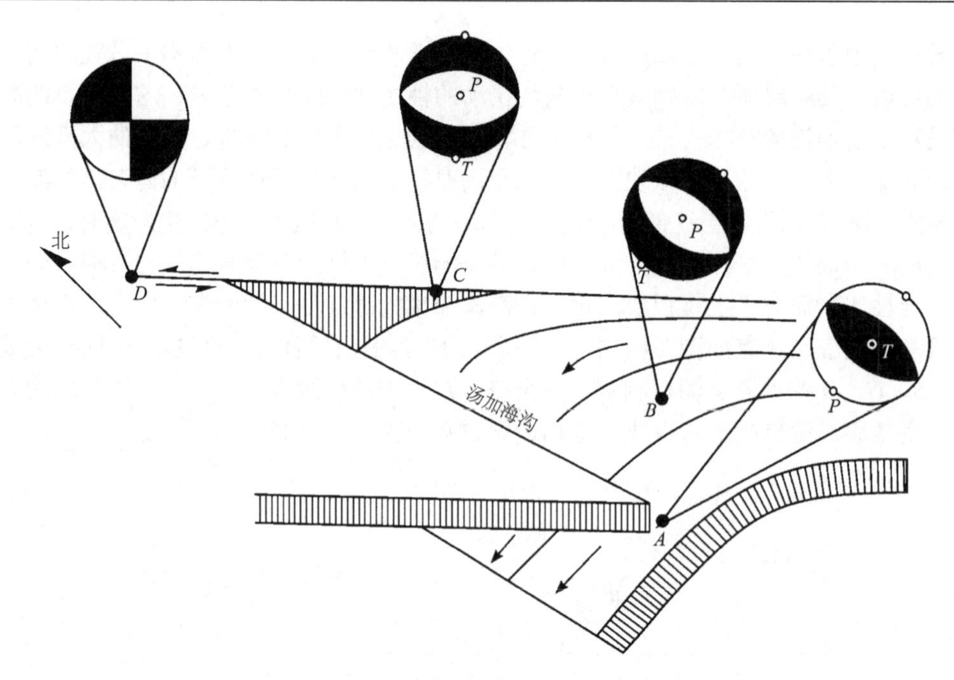

图 2.61　在汤加海沟俯冲的岩石层板块的地震震源机制解

箭头表示板块俯冲的方向，半箭头表示板块相对平移的方向，*A*, *B*, *C*, *D* 表示与板块俯冲和平移相联系的 4 个具有代表性的地点的地震的震源机制解

参 考 文 献

傅承义, 1976. 地球十讲. 北京: 科学出版社. 1-181.

傅承义, 陈运泰, 祁贵仲, 1985. 地球物理学基础. 北京: 科学出版社. 1-447.

顾浩鼎, 陈运泰, 高祥林, 赵毅, 1976. 1975 年 2 月 4 日辽宁省海城地震的震源机制. 地球物理学报, **19**(4): 270-285.

孔丘, 2006. 诗经. 北京: 北京出版社. 1-383.

李善邦, 1981. 中国地震. 北京: 地震出版社. 1-612.

周锡韨, 1984. 诗经选. 广州: 广东人民出版社. 1-307.

Ahrens, T. J. (ed.), 1995. *Global Earth Physics: A Handbook of Physical Constants*. Washington, DC: Am. Geophys. Union. 1-376.

Aki, K. and Richards, P. G., 1980. *Quantitative Seismology: Theory and Methods.* **1** & **2**. San Francisco: W. H. Freeman. 1-932. 安芸敬一, P. G. 理查兹, 1986. 定量地震学. 第**1, 2**卷. 李钦祖, 邹其嘉等译. 北京: 地震出版社. 1-620, 1-406.

Amontons, G., 1699. Histoire de l'Académie Royale des Sciences. *Mémorires de Mathématique et de Physique*. 1-206.

Anderson, D. L., 2007. *New Theory of the Earth*. 2nd edition. Cambridge: Cambridge University Press. 1-400.

Anderson, E. M., 1905. Dynamics of faulting. *Trans. Geol. Soc. Edinburgh* **8**: 387-402.

Anderson, E. M., 1942. *The Dynamics of Faulting*. London: Oliver and Boyd. 1-183.

Anderson, E. M., 1951. *The Dynamics of Faulting and Dyke Formation with Application to Britain*. 2nd edition. Edinburgh: Oliver and Boyd. 1-206.

Atkinson, B. K., 1987. *Fracture Mechanics of Rock*. London: Academic Press. 1-534.

Balakina, L. M., Savarensky, E. F. and Vvedenskaya, A. V., 1961a. On determination of earthquake mechanism. In: Ahrens, L. M., *et al*. (eds.), *Physics and Chemistry of the Earth* **4:** 211-238.

Balakina, L. M., Shirokova, H. I. and Vvedenskaya, A. V., 1961b. Study of stresses and ruptures in earthquake foci with the aid of dislocation theory. *Publ. Dom. Obs. Ottawa* **24**: 321-327.

Barazangi, M. and Dorman, J., 1969. World seismicity maps compiled from ESSA, Coast and Geodetic Survey, epicenter data, 1961-1967. *Bull. Seismol. Soc. Am*. **59**: 369-380.

Båth, M., 1973. Introduction to seismology. 1st ed. Basel: Birkhäuser Verlag. 1-395.

Båth, M., 1979. *Introduction to Seismology*. 2nd revi. ed. Basel: Birkhäuser Verlag. 1-428.

Ben-Menahem, A. and Singh, S. J., 1981. *Seismic Waves and Sources*. New York: Springer-Verlag. 1-1108.

Birch, 1952. Elasticity and constitution of the Earth's interior. *J. Geophys. Res*. **57**: 27-86.

Birch, 1954. The Earth's mantle: Elasticity and constitution. *Trans. Am. Geophys. Un*. **35**: 79-85.

Bollinger, G. A., 1968. Determination of earthquake fault parameters from long-period P waves. *J. Geophys Res*. **73**: 785-807.

Bolt, B. A., 1978. *Earthquake—A Primer.* San Francisco: W. H. Freeman. 1-241.

Bolt, B. A., 1982. *Inside the Earth: Evidence from Earthquakes*. San Francisco: W. H. Freeman. 1-191.

Bolt, B. A., 1993. *Earthquake and Geological Discovery*. Scientific American Library. New York: W. H. Freeman and Company. 1-229.

Bolt, B. A. 著, 2000. 地球九讲. 马杏垣, 吴刚, 余家傲, 石芄译, 石耀霖, 马丽, 谭先锋校. 北京: 地震出版社. 1-167.

Bolt, B. A., 1999. *Earthquakes*. 4th edition. New York: W. H. Freeman. 1-366.

Bormann, P., (ed.), 2002. *IASPEI New Manual of Seismological Observatory Practice*. **1** & **2**. Potsdam: GeoForschungs Zentrum Potsdam. 1-737, 738-1109. 彼德·鲍曼主编, 2006. 新地震观测实践手册. 第 **1, 2** 卷. 中国地震局监测预报司译, 金严、陈培善、许忠淮等校. 北京: 地震出版社. 1-572, 573-1003.

Bott, M. H. P., 1982. *The Interior of the Earth: Its Structure, Constitution and Evolution*. 2nd edition. London: Edward Arnord. 1-403.

Bowden, F. P. and Tabor, D., 1950. *The Friction and Lubrication of Solids*. Part I. Oxford: Clarendon. 1-372.

Bowden, F. P. and Tabor, D., 1964. *The Friction and Lubrication of Solids*. Part II. Oxford: Clarendon. 1-544.

Brillinger, D. R., Udías, A. and Bolt, B. A., 1980, A probability model for regional focal mechanism solutions. *Bull. Seismol. Soc. Am*. **70:** 149-170.

Brumbaugh, D. S., 1979. Classical focal mechanism techniques for body waves. *Geological Surveys* **3**: 297-329.

Bullen, K. E. 1953. *An Introduction to the Theory of Seismology*. 2nd edition. Cambridge: Cambridge University Press, 1-296. K. E. 布伦著, 1965. 地震学引论. 朱传镇, 李钦祖译, 傅承义校. 北京: 科学出版社. 1-336.

Bullen, K. E. 1975. *The Earth's Density.* London: Chapman and Hall. 1-420.

Bullen, K. E. and Bolt, B. A., 1985. *An Introduction to the Theory of Seismology*. 4th edition. Cambridge: Cambridge University Press. 1-500. K. E. 布伦, B. A. 博尔特著, 1988. 地震学引论. 李钦祖, 邹其嘉译校. 北京: 地震出版社. 1-543.

Burridge, B., 1976. *Some Mathematical Topics in Seismology.* Courant Institution of Mathematical Sciences. New York: New York University. 1-317.

Byerlee, J. D., 1967. Frictional characteristics of granite under high confining pressure. *J. Geophys. Res.* **72**: 3639-3648.

Byerlee, J. D., 1968. Brittle-ductile transition in rocks. *J. Geophys. Res.* **73**: 4741-4750.

Byerlee, J. D., 1977. Friction of rocks. *Proc. Conf. II Experimental Studies of Rock Friction with Application to Earthquake Prediction, USGS.* 55-77.

Byerlee, J. D., 1978. Friction of rocks. *Pure Appl. Geophys.* **116**: 615-626.

Byerly, P., 1926. The Montana earthquake of June 28, 1925. *Bull. Seismol. Soc. Am.* **16**: 209-263.

Byerly, P., 1928. The nature of the first motion in the Chilean earthquake of November 11, 1922. *Am. J. Sci.* **16**: 232-236.

Byerly, P., 1930. Love waves and the nature of the motion at the origin of the Chilean earthquake of November 11, 1922. *Am. J. Sci.* **19**: 274-282.

Byerly, P., 1938. The earthquake of July 6, 1934: Amplitudes and first motion. *Bull. Seismol. Soc. Am.* **28**: 1-22.

Byerly, P., 1955. Nature of faulting as deduced from seismograms. *Crust of the Earth.* Geol. Soc. Am. Sp. Paper **62**: 75-85.

Chandra, U., 1971. Combination of P and S data for the determination of earthquake focal mechanism. *Bull. Seismol. Soc. Am.* **61**: 1655-1673.

Chandra, U., 1972. Angles of incidence of S-waves. *Bull. Seismol. Soc. Am.* **62**: 903-915.

Chapple, W. M. and Forsyth, D. W., 1979. Earthquakes and bending of plates at trenches. *J. Geophys. Res.* **84**: 6729-6749.

Chinnery, M. A., 1964. The strength of the earth's crust under horizontal shear stress. *J. Geophys. Res.* **69**: 2085-2089.

Cook, A. H., 1973. *Physics of the Earth and Planets.* New York: Wiley. 1-316.

Coulomb, C. A., 1785. Theorie des Machines Simples. *Memoires de Mathématique et de Physique de l'Académie Royale des Sciences.* 161.

Cox, A. V., 1973. *Plate Tectonics and Geomagnetic Reversals.* San Francisco: W. H. Freeman. 1-702.

Cox, A. V., 1982. Magnetostratigraphyic time scale. In: Harland, W. B., Cox, A. V., Llewellyn, P. G., Pickton, C. A. G., Smith, A. G. and Walters, R. (eds.), *A Geologic Time Scale.* Cambridge: Cambridge University Press. 63-84.

Cox, A. V. and Hart, R., 1986. *Plate Tectonics: How It Works.* Palo Alto, Ca.: Blackwell Scientific Publications. 1-392.

Davies, G. F., 1999. *Dynamic Earth: Plates, Plumes and Mantle Convection.* Cambridge: Cambridge University Press. 1-458.

De Bremaecker, J. Cl., 1956. Remark on Byerly's fault-plane method. *Bull. Seismol. Soc. Am.* **46:** 215-216.

DeMets, C., Gordon, R. G., Argus, D. F. and Stein, S., 1990. Current plate motions. *Geophys. J. Int.* **101**: 425-478.

Dietz, R. S., 1961. Continental and ocean basins evolution by spreading of the sea floor. *Nature* **190**: 854-857.

Dillinger, W. H., Harding, S. T. and Pope, A. J., 1972. Determining maximum likelihood body wave focal plane solutions. *Geophys. J. R. astr. Soc.* **30**: 315-329.

Doyle, H., 1995. *Seismology*. Chichester: John Wiley & Sons. 1-234.

Dziewonski, A. M. and Anderson, D. L., 1981. Preliminary Reference Earth Model. *Phys. Earth Planet. Inter.* **25**: 297-356.

Fitch, T. J. and Scholz, C. H., 1971. Mechanism of underthrusting in southwest Japan: a model of convergent plate interactions. *J. Geophys. Res.* **76**: 7260-7292.

Forsyth, D. W. and Uyeda, S., 1975. On the relative importance of the driving forces of plate motion. *Geophys. J. R. astr. Soc.* **43**: 163-200.

Frohlich, C., 1989. The nature of deep focus earthquakes. *Ann. Rev. Earth Planet. Phys.* **17**: 227-254.

Galitzin, B. B., 1909. Zur Frage der Bestimmung des Azimuts des Epizentruns eines Bebens. *Assoc. Intern. de Seismologie*. 132-141.

Gordon, R. G., 1991. Plate motion. *Rev. Geophys.* (Suppl.): 748-758.

Gordon, R. G., 1995. Present plate motions and plate boundaries. In: Ahrens, T. J. (ed.), *Global Earth Physics: A Handbook of Physical Constants*. AUG Reference Shelf **1**. Washington, DC: Am. Geophys. Un. 66-87.

Gordon, R. G., 1998. The plate tectonic approximation: Plate non-rigidity, diffuse plate boundaries, and global reconstructions. *Ann. Rev. Earth Planet. Sci.* **26**: 615-642.

Gordon, R. G. and Stein, S., 1992. Global tectonics and space geodesy. *Science* **256**: 333-342.

Griggs, D. T. and Hardin, J. (eds.), 1960. *Rock Deformation*. Geol. Soc. Am. Mem. **79**. Boulder, Colo. : GSA. 1-382.

Gubbins, D., 1990. *Seismology and Plate Tectonics*. Cambridge: Cambridge University Press. 1-339.

Gutenberg, B., 1959. *Physics of the Earth's Interior.* London: Academic Press. 1-240. [美] B. 古登堡著, 1965. 地球内部物理学. 王子昌译, 傅承义校. 北京: 科学出版社. 1-226.

Gutenberg, B. and Richter, C. F., 1954. *Seismicity of the Earth and Associated Phenomena*. 2nd edition. Princeton, New Jersey: Princeton University Press. 1-310.

Heezen, B. C., 1960. The rift in the ocean floor. *Scientific American* **203**: 98-110.

Herrmann, R. B., 1975. A student's guide to the use of P and S wave data for focal mechanism determination. *Earthquake Notes* **46**: 29-39.

Hess, H. H., 1962. History of ocean basins. In: Engle, A. E., James, H. L. and Leonard, B. F. (eds.), *Petrologic Studies: A Volume in Honor of A. F. Buddington*. Geological Soc. Am. 599-620.

Hodgson, J. H., 1957. Nature of faulting in large earthquakes. *Bull. Geol. Soc. Am.* **68**: 1611-643.

Homma, H., 1952. Initial value problem in the theory of elastic waves. *Geophys. Mag.* **23**: 145-182.

Honda, H., 1931. On the initial motion and the types of the seismograms of the north Idu and the Ito earthquakes. *Geophys. Mag.* **4**: 185-213.

Honda, H., 1938. The Late Dr. Nakano's manuscript on generation of seismic waves. *Kenshin Ziho* **10**: 315-326. (in Japanese)

Honda, H., 1954. *The Seismic Waves*. Tohoku: Tohoku University. 1-230. (in Japanese)

Honda, H., 1957. The mechanism of the earthquakes. *Sci. Repts. Tohoku Univ., Ser.* **9**, *Geophys.* (Suppl.): 1-46. *Pub. Dom. Obs. Ottawa*. **20**: 295-340.

Honda, H., 1961. The generation of seismic waves. *Pub. Dom. Obs. Ottawa*. **24**: 329-334.

Honda, H., 1962. Earthquake mechanism and seismic waves. *J. Phys. Earth* **10**(suppl.): 1-98.

Honda, H. and Masatsuka, A., 1952. On the mechanisms of the earthquakes and the stresses producing them in Japan and its vicinity. *Sci. Repts. Tohoku Univ., Ser.* **5**, *Geophys.* **4**: 42-59.

Honda, H., and Emura, K., 1958. Some charts for studying the mechanism of earthquakes. *Sci. Repts. Tohoku Univ., Ser.* **5**, *Geophys.* Suppl. **9**: 113-119.

Howell, B. F. Jr., 1990. *An Introduction to Seismological Research: History and Development.* Cambridge: Cambridge University Press. 1-193. [美]小本杰明·富兰克林·豪厄尔著, 1988. 地震学史. 柳百琪译, 赵仲和, 孙其政校. 北京: 地震出版社. 1-188.

Ingram, R. E., S. J., 1961. Generalized focal mechanism. *Publ. Dom. Obs. Ottawa* **24**, 305-308.

Isacks, B. L., 1989. Seismicity and plate tectonics. In: James, D. (ed.), *Encyclopedia of Solid Earth Geophysics*. New York: Van Nostrand-Reinhold. 1061-1071.

Isacks, B. L. and Molnar, P., 1969. Mantle earthquake mechanisms and the sinking of the lithosphere. *Nature* **223**: 1121-1124.

Isacks, B. L. and Molnar, P., 1971. Distribution of stresses in the descending lithosphere from a global survey of focal-mechanism solutions of mantle earthquakes. *Rev. Geophys. Space Phys.* **9**: 103-174.

Isacks, B. and Barazangi, M., 1977. Geometry of Benioff zones: Lateral segmentation and downwards bending of the subducted lithosphere. In: Talwani, M. and Pitman III, W. C. (eds.), *Island Arcs, Deep Sea Trenches and Back Arc Basins*. Maurice Ewing Ser. **1**. Washington, DC: Am. Geophys. Un. 99-114.

Isacks, B. L., Oliver, J. and Sykes, L. R., 1968. Seismology and the new global tectonics. *J. Geophys. Res.* **73**: 5855-5899.

Isacks, B. L., Sykes, L. R. and Oliver, J., 1969. Focal mechanisms of deep and shallow earthquakes in the Tonga-Kermadec region and the tectonics of island arcs. *Geol. Soc. Am. Bull.* **80**: 1443-1470.

Jacobs, J. A., 1974. *Textbook on Geonomy*. London: Adam Hilger. 1-328. [英] J. A. 雅可布斯著, 1979. 地球学教程. 吴佳翼, 陈养正等译, 郑治真, 孟桂芝等校. 北京: 地震出版社. 1-231.

Jacobs, J. A., 1987. *The Earth's Core*. 2nd edition. London: Academic Press. 1-416.

Jacobs, J. A., 1991. *The Deep Interior of the Earth.* London: Chapman and Hall. 1-167.

Jaeger, J. C., 1959. The frictional properties of joints in rocks. *Geofisic Pura Appl*. **43**: 148-159.

Jaeger, J. C., 1962. *Elasticity, Fracture and Flow, with Engineering and Geological Applications*. 2nd edition. London: Methuen. 1-212.

Jaeger, J. C. and Cook, N. G. W., 1979. *Fundamentals of Rock Mechanics.* 3rd edition. London: Chapman and Hall. 1-593.

Jeffreys, H., 1942. On the mechanics of faulting. *Geol. Mag.* **79**: 291-295.

Jeffreys, H., 1976. *The Earth*: *Its Origin, History, and Physical Constitution*. 6th edition. Cambridge: Cambridge University Press. 1-574. H. 杰弗里斯, 1985. 地球: 它的起源、历史和物理组成. 张焕志, 李致森译. 北京: 科学出版社. 1-437.

Kasahara, K., 1958. The nature of seismic origins. *Bull. Earthquake Res. Inst.* **36**: 21-33.

Kasahara, K., 1963. Computer program for fault-plane solutions. *Bull. Seismol. Soc. Am.* **53**: 1-13.

Kasahara, K., 1981. *Earthquake Mechanics*. Cambridge: Cambridge University Press. 1-248. 笠原庆一, 1986. 地震力学. 赵仲和译. 北京: 地震出版社. 1-248.

Kawasumi, H., 1937. A historical sketch of the development of knowledge concerning the initial motion of an earthquake. *Publ. Bur. Cent. Sismol. Int., Ser. A, Trav. Sci.* **15**. 1-76.

Kearey, P., Klepeis, K. A., Vine, F. J, 2009. *Global Tectonics*. 3rd edition. New Jersey: Wiley–Blackwell, Hoboken. 1-482.

Keylis-Borok, V. I., 1957. The determination of earthquake mechanisms using both longitudinal and transverse waves. *Ann. di Geofis.* **10**: 105-128.

Keylis-Borok, V. I., 1959. The study of earthquake mechanisms. *Pub. Dom. Obs. Ottawa* **20**: 279-294.

Keylis-Borok, V. I., 1961. Some new investigations of earthquake mechanisms. *Pub. Dom. Obs. Ottawa* **24**: 335-341.

Keylis-Borok, V. I., Pistetkiik-Shapiroi, I., Pisarenko, V. F. and Zhelan Kuia, T. S., 1972. Computer determination of earthquake mechanism. In: Keylis-Borok, V. I. (ed.), *Computational Seismology*. New York: Plenum. Pub. Co., 32-45.

Khattri, K., 1973. Earthquake focal mechanism studies—A review. *Earth Sci. Rev.* **9**: 19-63.

Kirby, S. H., 1980. Tectonic stresses in the lithosphere: Constraints provided by the experimental deformation of rocks. *J. Geophys. Res.* **85**: 6353-6363.

Knopoff, L., 1961a. Analytical calculation of the fault plane problem. *Publ. Dom. Obs. Ottawa* **24**: 309-315.

Knopoff, L., 1961b. Statistical accuracy of the fault plane problem. *Publ. Dom. Obs. Ottawa* **24**: 317-319.

Koning, L. P. G., 1942. On the mechanism of deep-focus earthquakes. *Gerl. Beitr. Geophys.* **58**: 159-197.

Lay, T. and Wallace, T. C., 1995. *Modern Global Seismology*. New York: Academic Press. 1-521.

Le Pichon, X., 1968. Sea-floor spreading and continental drift. *J. Geophys. Res.* **73**: 3661-3697.

Le Pichon, X., Francheteau, J. and Bonnin, J., 1973. *Plate Tectonics*. Elsevier. 1-300.

Lomnitz, C., 1974. *Global Tectonics and Earthquake Risk*. Developments in Geotectonics Series **5**. Amsterdam: Elsevier Sci. 1-320.

Lowrie, W., 2007. *Fundamentals of Geophysics*. 2nd edition. Cambridge: Cambridge University Press. 1-381.

Matsuzawa, T., 1926. On the relative magnitude of the preliminary and principal portion of an earthquake. *Jap. J. Ast. Geophys.* **4**: 1-23.

Matuzawa, T., 1964. *Study of Earthquakes*. Tokyo: Uno Shoten. 1-213.

McKenzie, D. P., 1969. Speculations on the causes and consequences of plate motions. *Geophys. J. R. astr. Soc.* **18**: 1-32.

McKenzie, D. P. and Parker R. L., 1967. The North Pacific—An example of tectonics on a sphere. *Nature* **216**: 1276-1280

McKenzie, D. P. and Richter, F. M., 1967. Simple plate model of mantle convection. *J. Geophys.* **44:** 441-471.

Menard, H. W., 1986. *The Ocean of Truth*. Princeton: Princeton University Press. 1-353.

Minster, J. B. and Jordan, T. H., 1978. Present-day plate motions. *J. Geophys. Res.* **83**: 5331-5354.

Molnar, P., 1988. Continental tectonics in the aftermath of plate tectonics. *Nature* **335**: 131-137.

Morgan, W. J., 1968. Rises, trenches, great faults, and crustal blocks. *J. Geophys. Res.* **73**: 1959-1982.

Nakamura, S., 1922. On the direction of the first movement of the earthquake. *J. Meteorol. Soc. Japan* **41**(**2**): 1-10.

Nakano, H., 1923. Notes on the nature of the forces which give rise to the earthquake motions. *Seismol. Bull., Central Meteor. Obs. Japan* **1**: 92-120.

Nakano, H., 1930. Some problems concerning the propagation of the disturbances in and on a semi-infinite elastic solid. *Geophys. Mag.* **2**: 189-348.

Nuttli, O., 1958. A method, using S wave data, of determining the direction of horizontal forces which produce an earthquake. *Earthquake Notes* **29**: 12-14.

Oliver, J. and Isacks, B. L., 1967. Deep earthquake zones, anomalous structures in the upper mantle, and the lithosphere. *J. Geophys. Res.* **72**: 4259-4275.

Pho, H. -T. (黄同波[越南]) and Behe, L., 1972. Extended distances and angles of incidence of P waves. *Bull. Seismol. Soc. Am.* **62**: 885-902.

Pope, A. J., 1972. Fiducial regions for body wave focal plane solutions. *Geophys. J. R. astr. Soc.* **30**: 331-342.

Reid, H. F., 1910. *The Mechanism of the Earthquake*. In: Andrew C. Lawson (Chairman), *Report of the State Earthquake Investigation Commission*. Publication **87**, *The California Earthquake of April 18, 1906*. Vol. **2**. Washington, DC: Carnegie Institution of Washington. 1-192.

Reid, H. F., 1911. The elastic-rebound theory of earthquakes. *Univ. Calif. Bull. Dep. Geol. Sci.* **6**: 413-444.

Richter, C. F., 1958. *Elementary Seismology*. San Francisco: W. H. Freeman. 1-768.

Ritsema, A. R., 1955. The fault technique and the mechanism in the focus of the Hindo-Kush earthquakes. *Indian. J. Metero. Geophys*. **6**: 41-50.

Ritsema, A. R., 1957. On the use of transverse waves in earthquake mechanism studies. *Verhand Meteorol. Geofisk. Inst. (Djakarta)* No. **52**.

Ritsema, A. R., 1958a. Over diepe Aarabevingen in de Indische Archipelago. Dissertation, Utrecht. Univ., Netherlands.

Ritsema, A. R., 1958b. (i_h, Δ) curves for bodily seismic waves of any focal depth. *Verhand. Meteorol. Geofisik. Inst. (Djakarta)* No. **54**.

Ritsema, A. R., 1959. On the focal mechanism of southeast Asian earthquakes. *Publ. Dom. Obs. Ottawa* **20**: 341-368.

Ritsema, A. R. and Veldkamp, J., 1960. Fault plane mechanisms of southeast Asian earthquakes. Mededelingen en Verhand. Koninklijk Nederlands Meteorologisch Institut. **76**: 7-63.

Savage, J. C., 1980. Dislocation in seismology. In: Nabarro, F. R. N. (ed.), *Dislocations in Solids* **3**. *Moving Dislocations*. Amsterdam: North Holland Publ. Co. 251-339.

Scheidegger, A. E., 1957. The geometrical representation of fault plane solutions of earthquakes. *Bull. Seismol. Soc. Am.* **47**: 89-110.

Scheidegger, A. E., 1958. On the fault plane solution of earthquakes. *Geofis. Pura Appl.* **39**: 13-18.

Scheidegger, A. E., 1976. *Foundations of Geophysics*. Amsterdam: Elsevier. 1-238.

Scholte, J. G. J., 1962. The mechanism at the focus of an earthquake. *Bull. Seismol. Soc. Am.* **5**: 711-721.

Scholte, J. G. J. and Ritsema, A. R., 1962. Generation of earthquake by a volume source with moment. *Bull. Seismol. Soc. Am.* **52**: 747-765.

Scholz, C. H., 1989. Mechanics of faulting. *Annu. Rev. Earth Planet. Sci.* **17**: 309-334.

Scholz, C. H., 1990. *The Mechanics of Earthquakes and Faulting*. 1st edition. New York: Cambridge University Press. 1-439.

Scholz, C. H., 2002. *The Mechanics of Earthquakes and Faulting*. 2nd edition. Cambridge: Cambridge University Press. 1-471.

Sezawa, K., 1932. Amplitude of P and S waves at different focal distances. *Bull. Earthq. Res. Inst.* **10**:

299-334.

Sezawa, K., 1935. Elastic waves produced by applying statical force to a body or by releasing it from a body. *Bull. Earthq. Res. Inst.* **13:** 740-749; **14**: 10-17.

Shearer, P. M., 1999. *Introduction to Seismology*. Cambridge: Cambridge University Press, 1-260. [美]P. M. Shearer 著, 2008. 地震学引论. 陈章立译, 赵翠萍, 王勤彩, 华卫校. 北京: 地震出版社. 1-208.

Stacey, F. D., 1969. *Physics of the Earth*. 1st edition. New York: John Wiley and Sons Inc. 1-324.

Stacey, F. D., 1977. *Physics of the Earth*. 2nd edition. New York: John Wiley and Sons Inc. 1-324.

Stacey, F. D. and Davis, P., 2008. *Physics of the Earth*. 4th edition. Cambridge: Cambridge University Press. 1-532.

Stauder, S. J. W., 1960a. S waves and focal mechanisms: The state of the question. *Bull. Seismol. Soc. Am.* **50**: 333-356.

Stauder, S. J. W., 1960b. Three Kamchatka earthquakes. *Bull. Seismol. Soc. Am.* **50:** 347-388.

Stauder, S. J. W., 1960c. S-waves: Alaska and other earthquakes. *Bull. Seismol. Soc. Am.* **50:** 581-597.

Stauder, S. J. W., 1962. The focal mechanism of earthquakes. In: Landsberg, H. E. and Mieghem, J. V. (eds.), *Advances in Geophysics* **9**. New York: Academic Press. 1-76.

Stauder, S. J. W. and Adams, W. M., 1961. A comparison of some S-wave studies of earthquake mechanisms. *Bull. Seismol. Soc. Am.* **51**: 277-292.

Stauder, S. J. W. and Bollinger, G. A., 1964. The S wave project for focal mechanism studies: Earthquakes of 1962. *Bull. Seismol. Soc. Am.* **54:** 2199-2208.

Stauder, S. J. W. and Bollinger, G. A., 1966. The S wave project for focal mechanism studies: Earthquakes of 1963. *Bull. Seismol. Soc. Am.* **56:** 1363-1371.

Stein, S. and Klosko, E. R., 2003. Earthquake mechanism and plate tectonics. In: Meyers, R. A. (ed.), *The Encyclopedia of Physical Science and Technology*. San Diego: Academic Press. 731-742.

Stein, S. and Wysession, M., 2003. *An Introduction to Seismology, Earthquakes, and Earth Structure*. Malden, MA: Blackwell Publishing. 1-498.

Sykes, L. R., 1967. Mechanism of earthquakes and nature of faulting on the mid-ridges. *J. Geophys. Res.* **72**: 2131-2153.

Sykes, L. R. and Sbar, M. L., 1973. Intraplate earthquakes, lithospheric stresses and the driving mechanism of plate tectonics. *Nature* **245**: 298-302.

Takeuchi, H., Uyeda, S. and Kanamori, H., 1970. *Debate about the Earth*. Revised edition. San Francisco: Freeman, Cooper and Co. 1-281.

Turcotte, D. L. and Schubert, G., 1982. *Geodynamics: Applications of Continuum Physics to Geological Problems*. New York: John Wiley & sons. 1-450. [美] D. L. 特科特, G. 舒伯特著, 1986. 地球动力学——连续介质物理在地质问题上的应用. 韩贝传, 詹贤鋆等译, 李断亮, 李文范校. 北京: 地震出版社. 1-421.

Turcotte, D. L. and Schubert, G., 2001. *Geodynamics*. 4th edition. Cambridge: Cambridge University Press. 1-456.

Udías, A. and Buforn, E., 1988. Single and joint fault-plane solutions from first motion data. In: Doornbos, D. J. (ed.), *Seismological Algorithms —Computational Methods and Computer Programs*. New York: Academic Press. 443-453.

Udías, A., 1991. Source mechanism of earthquakes. *Adv. Geophys.* **33**: 81-140.

Udías, A., 1999. *Principles of Seismology.* Cambridge: Cambridge University Press. 1-475.

Udías, A., Munoz, D. and Buforn, E.（eds.）, 1985. *Mecanismo De Los Terremotos y Tectonia*. Madrid: Facultad De Ciencias Fisicas, Universidad Complutense. 1-232.

Uyeda, S., 1978. *The New View of the Earth*. San Francisco, CA: W. H. Freeman. 1-217.

Vine, F. J., 1966. Spreading of the ocean floor: New evidence. *Science* **154**: 1405-1415.

Vine, F. J. and Matthews, D. H., 1963. Magnetic anomalies over oceanic ridges. *Nature* **199**: 947-949.

Vine, F. J. and Wilson, J. T., 1965. Magnetic anomalies over a young ocean ridges. *Science* **150**: 485-489.

Wadati, K., 1928. On shallow and deep earthquakes. *Geophys. Mag.*（Tokyo）**1**: 162-202.

Wadati, K., 1929. On shallow and deep earthquakes. *Geophys. Mag.*（Tokyo）**1**: 1-36.

Wadati, K., 1931. On shallow and deep earthquakes. *Geophys. Mag.*（Tokyo）**4**: 231-283.

Walker, G. W., 1913. *Modern Seismology*. London: Longmans, Green and Co. 1-88.

Wickens, A. J. and Hodgson, J. H., 1967. Computer re-evaluation of earthquake mechanism solutions（1922-1962）. *Publ. Dom. Obs. Ottawa* **33**: 1-560.

Willie, P. J., 1971. *The Dynamic Earth: Textbook in Geosciences*. New York: John Wiley. 1-416.

Willie, P. J., 1975. *The Way the Earth Works*: *An Introduction to the New Global Geology and Its Revolutionary Development.* New York: John Wiley. 1-296. P. J. 怀利著, 1980. 地球是怎样活动的——新全球地质学导论及其变革性的发展. 张崇寿等译, 吴佳翼校. 北京: 地质出版社. 1-243.

Wilson, J. T., 1965. A new class of faults and their bearing on continental drift. *Nature* **207**: 343-347.

Wilson, J. T., 1972. *Continental Drift.* Readings from *Scientific America* 1952-1972. San Francisco: W. H. Freeman. 1-172.

Yamakawa, N. and Takahashi, M., 1977. Stress field in focal regions with reference to the Matsushiro earthquake swarm. *Papers Meteor. Geophys.* **28**: 125-138.

Yamakawa, N., 1971. Stress field in focal region. *J. Phys. Earth* **19**: 347-355.

Введенская, А. В., 1956. Определение полей смещений при землетрясениях с помощью теории дислокаций. *Изв АН СССР, сер. Геофиз.*（3）: 277-284.

Галицын, Б. Б., 1912. Работы по сейсмология. *Б. Б. Галицын Избранные Труды*, Том **2**: 231-465. Москва: Издательство Академии Наук СССР. 1960.

Кейлис-Борок, В. И., 1957. *Исследование Механизма Землетрясений*. Тр. Геофиз. Ин-та АН СССР **40**. Москва: Изд. АН СССР. 1-166. В. И. 克依利斯一博洛克, 1961. 地震机制的研究. 李宗元译, 傅承义校. 北京: 科学出版社. 1-130.

第三章　地 震 位 错

第一节　位　　错

由地震纵波初动符号的分布可以求得两个互相垂直的节平面，但是，单用这个方法，无法知道哪一个节平面是真正的断层面．为了判断哪一个节平面是断层面并对震源得到更多的了解，就需要借助理论，深入地研究地震震源的性质(Bullen, 1953; Bullen and Bolt, 1985; Honda, 1957, 1962; Введенская, 1956; Кейлис-Борок, 1957; Steketee, 1958a, b; Bessonova *et al.*, 1960; Balakina *et al.*, 1961; Stauder, 1962; Maruyama, 1963, 1964; Burridge and Knopoff, 1964; Bolt, 1972; Костров, 1975; Aki and Richards, 1980; Hudson, 1980; Rice, 1980; Savage, 1980; Ben-Menahem and Singh, 1981; Kasahara, 1981; Madariaga, 1981,1983,1989,2007,2011; Kanamori and Boschi, 1983; Bullen and Bolt, 1985; Kostrov and Das, 1988; Pujol and Herrmann,1990; Udías,1991,1999; Kanamori, 1994; Lay and Wallace, 1995; Dahlen and Tromp, 1998; Shearer, 1999; Pujol, 2003; Chapman, 2004; 金森博雄，1991；理論地震動研究会，1994；傅承义，1963)．

地震是由地下岩石的突然错断引起的(Reid, 1910, 1911)．基于这一认识，可以用地球内部的一个位移间断面来表示地震的震源(Steketee, 1958a, b)．这个位移间断面称为位错面(图 3.1)．更一般地，我们以法向为 $\boldsymbol{n}$ 的外表面 S 所包围的有限的弹性体 V 内的一个位移与应力都不连续的内曲面 Σ 表示地震的震源，曲面 Σ 的两边分别记为 Σ^+与 Σ^-. 以 $Q(\boldsymbol{r}_0)$ 表示这个间断面上的一个变点；以 $\boldsymbol{\nu}(\boldsymbol{r}_0)$ 表示 $Q(\boldsymbol{r}_0)$ 点在 Σ 上的法向，以从 Σ^-指向 Σ^+的方向为 $\boldsymbol{\nu}$ 的正方向，以 $\boldsymbol{\nu}^+(\boldsymbol{r}_0)$ 与 $\boldsymbol{\nu}^-(\boldsymbol{r}_0)$ 分别表示该点在 Σ^+与 Σ^-上的法向，显然 $\boldsymbol{\nu}(\boldsymbol{r}_0)=\boldsymbol{\nu}^-(\boldsymbol{r}_0)= -\boldsymbol{\nu}^+(\boldsymbol{r}_0)$；以 $[\boldsymbol{u}(\boldsymbol{r}_0)]=\boldsymbol{u}^+(\boldsymbol{r}_0)-\boldsymbol{u}^-(\boldsymbol{r}_0)$ 表示位移矢量的间断，称为位错(displacement dislocation)矢量，以 $[\mathbf{T}(\boldsymbol{u}(\boldsymbol{r}_0))]=\mathbf{T}^+(\boldsymbol{u}(\boldsymbol{r}_0))-\mathbf{T}^-(\boldsymbol{u}(\boldsymbol{r}_0))$ 表示应力张量的间断，称为应力错(stress dislocation)张量，$\boldsymbol{\nu}(\boldsymbol{r}_0)$，$[\boldsymbol{u}(\boldsymbol{r}_0)]$ 和 $[\mathbf{T}(\boldsymbol{u}(\boldsymbol{r}_0))]$ 这三个量的分布完全表示了位错源与应力错源的情况．

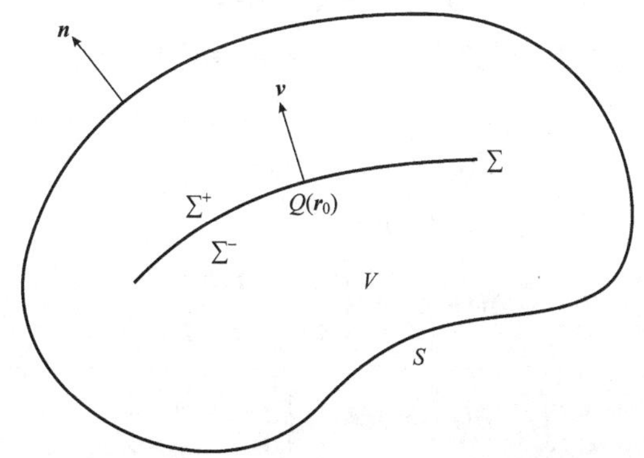

图 3.1　外表面 S 所包围的有限的弹性体 V 内的一个位移与应力都不连续的内曲面 Σ
外表面 S 的法向为 $\boldsymbol{n}$，内曲面 Σ 的法向为 $\boldsymbol{\nu}$，它的两边分别为 Σ^+与 Σ^-

第二节 集中力引起的位移

(一) 集中力

为了求得地震位错引起的位移场，需要知道集中力引起的位移(Love, 1944).

以 $P(\boldsymbol{r})$, $\boldsymbol{r}=x_i\boldsymbol{e}_i$ 表示直角坐标系 $x_i(i=1, 2, 3)$ 中的一个点，$\boldsymbol{e}_i$ 是基矢量，t 表示时间. 设 $\boldsymbol{f}(\boldsymbol{r}, t)$ 是 t 时刻作用于介质中 $P(\boldsymbol{r})$ 点的单位体积内的质点的体力的合力(图 3.2). 如果 $\boldsymbol{f}(\boldsymbol{r}, t)$ 在包含坐标原点 O 在内的小体积 V 内不为零，而在 V 外为零，并且当 V 的线性尺度趋于零时 $\boldsymbol{f}(\boldsymbol{r}, t)$ 趋于无穷大而积分

$$\lim_{V\to 0}\iiint_V \boldsymbol{f}(\boldsymbol{r},t)\mathrm{d}V=\boldsymbol{g}(t) \tag{3.1}$$

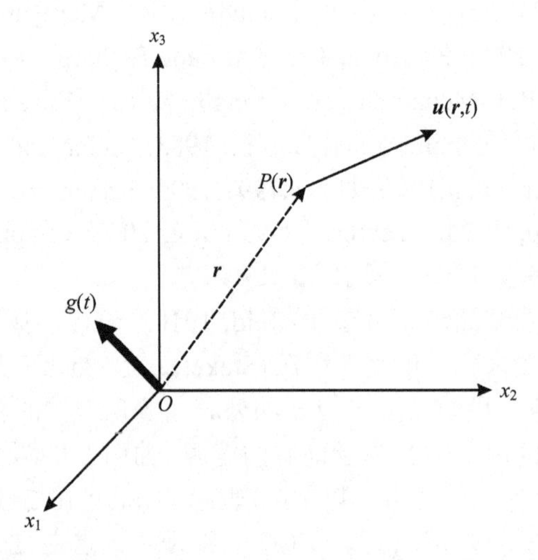

图 3.2 作用于坐标原点的集中力 $\boldsymbol{g}(t)$ 及其在 $P(\boldsymbol{r})$ 点、t 时刻引起的位移 $\boldsymbol{u}(\boldsymbol{r}, t)$

保持有限，则函数 $\boldsymbol{f}(\boldsymbol{r}, t)$ 就称为作用于坐标原点的集中力. 用狄拉克(Dirac) δ-函数，可以把作用于坐标原点的集中力表示为

$$\boldsymbol{f}(\boldsymbol{r},t)=\boldsymbol{g}(t)\delta(\boldsymbol{r}), \tag{3.2}$$

式中，$\boldsymbol{g}(t)$ 是作为矢量的集中力的时间函数，$\delta(\boldsymbol{r})$ 是作用于坐标原点的三维的狄拉克 δ-函数：

$$\delta(\boldsymbol{r})=\delta(x_1)\delta(x_2)\delta(x_3). \tag{3.3}$$

作用于 $\boldsymbol{r}_0=x_{0i}\boldsymbol{e}_i$ 的三维狄拉克 δ-函数 $\delta(\boldsymbol{r}-\boldsymbol{r}_0)$ 定义为

$$\delta(\boldsymbol{r}-\boldsymbol{r}_0)=\begin{cases}0, & \boldsymbol{r}\neq\boldsymbol{r}_0,\\ \infty, & \boldsymbol{r}=\boldsymbol{r}_0,\end{cases} \tag{3.4}$$

$$\iiint_V \delta(\boldsymbol{r}-\boldsymbol{r}_0)\mathrm{d}V=\begin{cases}1, & \boldsymbol{r}_0\in V,\\ 0, & \boldsymbol{r}_0\notin V,\end{cases} \tag{3.5}$$

符号 $\boldsymbol{r}_0\in V$ 表示 $\boldsymbol{r}_0$ 属于 V(即 $\boldsymbol{r}_0$ 点在体积 V 内). 对于任一连续函数 $F(\boldsymbol{r})$,

$$\iiint_V F(\boldsymbol{r})\delta(\boldsymbol{r}-\boldsymbol{r}_0)\mathrm{d}V = \begin{cases} F(\boldsymbol{r}_0), & \boldsymbol{r}_0 \in V, \\ 0, & \boldsymbol{r}_0 \notin V. \end{cases} \tag{3.6}$$

(二)矢量的分解

1.亥姆霍兹矢量分解定理

按照斯托克斯(Stokes, 1849a, b)的研究，任一在无穷远处收敛的矢量$\boldsymbol{f}$都可以表示为(Love, 1944)

$$\boldsymbol{f} = \nabla\boldsymbol{\Phi} + \nabla\times\boldsymbol{\Psi}, \tag{3.7}$$

式中,

$$\nabla\cdot\boldsymbol{\Psi} = 0. \tag{3.8}$$

在以上两式及以下的计算中，算子

$$\nabla \equiv \boldsymbol{e}_i \frac{\partial}{\partial x_i}, \tag{3.9}$$

$\boldsymbol{e}_i$是直角坐标系x_i(i=1, 2, 3)的基矢量；并且，如无特别说明，都采用哑指标下的求和规定. 哑指标下的求和规定也称为爱因斯坦(Einstein)求和规定，即当一个指标重复出现两次时意味着该指标要取 1，2，3 的值然后求和：

$$a_i b_i = \sum_{i=1}^{3} a_i b_i . \tag{3.10}$$

如果式(3.7)成立，那么分别对其两边求散度与旋度可得

$$\nabla^2\boldsymbol{\Phi} = \nabla\cdot\boldsymbol{f}, \tag{3.11}$$

$$\nabla\times\nabla\times\boldsymbol{\Psi} = \nabla\times\boldsymbol{f}, \tag{3.12}$$

式中，∇^2表示拉普拉斯(Laplace)算子：

$$\nabla^2 \equiv \frac{\partial^2}{\partial x_i^2}. \tag{3.13}$$

考虑到任一矢量$\boldsymbol{A}$满足下列恒等式：

$$\nabla\times\nabla\times\boldsymbol{A} = \nabla(\nabla\cdot\boldsymbol{A}) - \nabla^2\boldsymbol{A}, \tag{3.14}$$

以及$\boldsymbol{\Psi}$满足式(3.8)，由式(3.12)可以求得$\boldsymbol{\Psi}$满足下列方程：

$$\nabla^2\boldsymbol{\Psi} = -\nabla\times\boldsymbol{f}. \tag{3.15}$$

式(3.11)与式(3.15)都是泊松(Poisson)方程.

形式如

$$\nabla^2 U(\boldsymbol{r}) = -4\pi\rho(\boldsymbol{r}) \tag{3.16}$$

的泊松方程的特解可以通过下述方法求得，先求下式所表示的泊松方程的特解：

$$\nabla^2 G(\boldsymbol{r}) = -4\pi\delta(\boldsymbol{r}), \tag{3.17}$$

式中，

$$\delta(\boldsymbol{r}) = \delta(x_1)\delta(x_2)\delta(x_3)$$

是三维狄拉克δ–函数[参见式(3.3)]．在球极坐标系(r, θ, ϕ)中，三维狄拉克δ–函数$\delta(\boldsymbol{r})$可表示为

$$\delta(\boldsymbol{r}-\boldsymbol{r}_0) = \frac{1}{r^2\sin\theta}\delta(r-r_0)\delta(\theta-\theta_0)\delta(\phi-\phi_0)\,. \tag{3.18}$$

在方程(3.17)中，由于源$\delta(\boldsymbol{r})$具有球对称性，所以在球极坐标系(r, θ, ϕ)中，函数$G(\boldsymbol{r})$实际上只与标量r有关，而与θ, ϕ无关．

对式(3.17)两边做体积分，可得

$$\iiint\limits_V \nabla^2 G(\boldsymbol{r})\mathrm{d}V = -4\pi\iiint\limits_V \delta(\boldsymbol{r})\mathrm{d}V\,. \tag{3.19}$$

设V为以坐标原点为心、半径为r的球体，则上式右边的含δ–函数的积分为 1：

$$\iiint\limits_V \delta(\boldsymbol{r})\mathrm{d}V = 1.$$

而左边的体积分可以运用高斯定理化为面积分并积出：

$$\begin{aligned}\iiint\limits_V \nabla^2 G(\boldsymbol{r})\mathrm{d}V &= \oiint\limits_S \nabla G(\boldsymbol{r})\cdot\boldsymbol{n}\mathrm{d}S \\ &= \oiint\limits_S \nabla G(\boldsymbol{r})\cdot\boldsymbol{e}_r\mathrm{d}S \\ &= \int_0^{2\pi}\int_0^{\pi}\frac{\partial G(\boldsymbol{r})}{\partial r}r^2\sin\theta\mathrm{d}\theta\mathrm{d}\phi \\ &= 4\pi r^2\frac{\partial G(\boldsymbol{r})}{\partial r},\end{aligned} \tag{3.20}$$

式中，S是体积V的表面即半径为r的球面，$\boldsymbol{n}$是面积元$\mathrm{d}S$的外法线方向，也就是$\boldsymbol{e}_r$方向．由于$G(\boldsymbol{r})$只与r有关，所以$\partial G(\boldsymbol{r})/\partial r$可改写为$\mathrm{d}G(\boldsymbol{r})/\mathrm{d}r$，从而

$$\frac{\mathrm{d}G(\boldsymbol{r})}{\mathrm{d}r} = -\frac{1}{r^2} \tag{3.21}$$

对上式积分后可得当$r\to\infty$时$G(\boldsymbol{r})=0$的解：

$$G(\boldsymbol{r}) = \frac{1}{r} \tag{3.22}$$

将式(3.16)右边的$\rho(\boldsymbol{r})$表示为

$$\rho(\boldsymbol{r}) = \iiint\limits_V \rho(\boldsymbol{r}')\delta(\boldsymbol{r}-\boldsymbol{r}')\mathrm{d}V' \tag{3.23}$$

便可求得式(3.16)所示的泊松方程的特解：

$$U(\boldsymbol{r}) = \iiint\limits_V \rho(\boldsymbol{r}')G(\boldsymbol{r}-\boldsymbol{r}')\mathrm{d}V' \tag{3.24}$$

也就是

$$U(\boldsymbol{r})=\iiint_V \frac{\rho(\boldsymbol{r}')}{r^*}\mathrm{d}V', \tag{3.25}$$

式中，

$$r^*=|\boldsymbol{r}^*|, \tag{3.26}$$

$$\boldsymbol{r}^*=\boldsymbol{r}-\boldsymbol{r}', \tag{3.27}$$

$$\boldsymbol{r}'=x_i'\boldsymbol{e}_i. \tag{3.28}$$

在式(3.23)至式(3.25)中，对体积 V 的积分遍及全空间.

由式(3.24)所表示的泊松方程(3.16)的特解，可将式(3.11)和式(3.15)的特解表示成：

$$\varPhi(\boldsymbol{r},t)=-\iiint_V \frac{\nabla'\cdot \boldsymbol{f}(\boldsymbol{r}',t)}{4\pi r^*}\mathrm{d}V', \tag{3.29}$$

$$\boldsymbol{\varPsi}(\boldsymbol{r},t)=\iiint_V \frac{\nabla'\times \boldsymbol{f}(\boldsymbol{r}',t)}{4\pi r^*}\mathrm{d}V', \tag{3.30}$$

式中，

$$\nabla'\equiv \boldsymbol{e}_i\frac{\partial}{\partial x_i'}. \tag{3.31}$$

在式(3.29)与式(3.30)中，对体积 V的积分遍及全空间.

式(3.30)所表示的$\boldsymbol{\varPsi}$ 并不一定满足式(3.8)，即不一定是一个无散场. 为了求得满足式(3.7)和式(3.8)的$\varPhi$和$\boldsymbol{\varPsi}$，需要交换式(3.29)与式(3.30)右边的体积分与微商(算子∇')的顺序. 今以$\varPhi$为例，将式(3.29)右边体积分中的被积函数表示为

$$\frac{\nabla'\cdot \boldsymbol{f}(\boldsymbol{r}',t)}{r^*}=\nabla'\cdot\left[\frac{\boldsymbol{f}(\boldsymbol{r}',t)}{r^*}\right]-\boldsymbol{f}(\boldsymbol{r}',t)\cdot\left(\nabla'\frac{1}{r^*}\right), \tag{3.32}$$

然后将上式代入式(3.29)可得

$$\varPhi(\boldsymbol{r},t)=-\frac{1}{4\pi}\iiint_V \nabla'\cdot\left[\frac{\boldsymbol{f}(\boldsymbol{r}',t)}{r^*}\right]\mathrm{d}V'+\frac{1}{4\pi}\iiint_V \boldsymbol{f}(\boldsymbol{r}',t)\cdot\left(\nabla'\frac{1}{r^*}\right)\mathrm{d}V'. \tag{3.33}$$

利用关系式

$$\nabla'\frac{1}{r^*}=-\nabla\frac{1}{r^*}, \tag{3.34}$$

及高斯定理，便可求得

$$\varPhi(\boldsymbol{r},t)=-\frac{1}{4\pi}\oiint_S \frac{1}{r^*}\boldsymbol{f}(\boldsymbol{r}',t)\cdot\boldsymbol{n}\mathrm{d}S'-\frac{1}{4\pi}\iiint_V \boldsymbol{f}(\boldsymbol{r}',t)\cdot\left(\nabla\frac{1}{r^*}\right)\mathrm{d}V', \tag{3.35}$$

式中，$\boldsymbol{n}$ 是面积元 $\mathrm{d}S'$的外法向矢量. 若当 $r^*\to\infty$时 $|\boldsymbol{f}|=O(r^*)^{-1-\varepsilon}$, $\varepsilon>0$, 则当 V 无限增大时，上式右边第一项的面积分趋于零. 在此情形下，

$$\varPhi(\boldsymbol{r},t)=-\frac{1}{4\pi}\iiint_V \boldsymbol{f}(\boldsymbol{r}',t)\cdot\left(\nabla\frac{1}{r^*}\right)\mathrm{d}V'. \tag{3.36}$$

因为微商算子∇是对 $\boldsymbol{r}$ 的运算，所以上式右边的被积函数

$$\boldsymbol{f}(\boldsymbol{r}',t)\cdot\nabla\frac{1}{r^*}=\nabla\cdot\left[\frac{\boldsymbol{f}(\boldsymbol{r}',t)}{r^*}\right], \tag{3.37}$$

从而

$$\Phi(\boldsymbol{r},t)=-\frac{1}{4\pi}\nabla\cdot\iiint_V\frac{\boldsymbol{f}(\boldsymbol{r}',t)}{r^*}\mathrm{d}V'. \tag{3.38}$$

类似地，

$$\boldsymbol{\Psi}(\boldsymbol{r},t)=-\frac{1}{4\pi}\iiint_V\boldsymbol{f}(\boldsymbol{r}',t)\times\left(\nabla\frac{1}{r^*}\right)\mathrm{d}V', \tag{3.39}$$

$$\boldsymbol{\Psi}(\boldsymbol{r},t)=\frac{1}{4\pi}\nabla\times\iiint_V\frac{\boldsymbol{f}(\boldsymbol{r}',t)}{r^*}\mathrm{d}V'. \tag{3.40}$$

如果将式(3.38)与式(3.40)代入式(3.7)右边并把式(3.40)代入式(3.8)左边，运用恒等式(3.14)以及泊松方程(3.16)的特解的表示式(3.25)，我们便得到：

$$\begin{aligned}&\nabla\Phi+\nabla\times\boldsymbol{\Psi}\\&=-\frac{1}{4\pi}\nabla\nabla\cdot\left[\iiint_V\frac{\boldsymbol{f}(\boldsymbol{r}',t)}{r^*}\mathrm{d}V'\right]+\frac{1}{4\pi}\nabla\times\nabla\times\left[\iiint_V\frac{\boldsymbol{f}(\boldsymbol{r}',t)}{r^*}\mathrm{d}V'\right]\\&=-\frac{1}{4\pi}\nabla^2\left[\iiint_V\frac{\boldsymbol{f}(\boldsymbol{r}',t)}{r^*}\mathrm{d}V'\right]=\boldsymbol{f}(\boldsymbol{r},t),\end{aligned}$$

并且

$$\nabla\cdot\boldsymbol{\Psi}=0.$$

这样，我们便证明了关于矢量分解的亥姆霍兹分解定理(Helmholtz decomposition theorem)：任一矢量场$\boldsymbol{f}$，如果它在无限远处按$|\boldsymbol{f}|=O(r^*)^{-1-\varepsilon}$, $\varepsilon>0$的规律收敛，那么总可以将它分解成一个无旋场$\nabla\Phi$和一个无散场$\nabla\times\boldsymbol{\Psi}$的叠加，并且$\boldsymbol{\Psi}$本身也是一个无散场.

满足式(3.7)与式(3.8)所表示条件的标量场Φ与矢量场$\boldsymbol{\Psi}$称为矢量场$\boldsymbol{f}$的亥姆霍兹(Helmholtz)势．按式(3.7)与式(3.8)分解矢量场$\boldsymbol{f}$称为亥姆霍兹分解(Helmholtz decomposition)．

2. 亥姆霍兹矢量分解定理的简化推导

通过下述步骤可以简化矢量的亥姆霍兹分解定理的推导．为此引进一矢量势$\boldsymbol{W}$，$\boldsymbol{W}$是下列矢量泊松方程的解：

$$\nabla^2\boldsymbol{W}=\boldsymbol{f}. \tag{3.41}$$

由恒等式(3.14)可将$\nabla^2\boldsymbol{W}$表示式为

$$\nabla^2\boldsymbol{W}=\nabla(\nabla\cdot\boldsymbol{W})-\nabla\times\nabla\times\boldsymbol{W}.$$

由上式可知，若取

$$\Phi=\nabla\cdot\boldsymbol{W}, \tag{3.42}$$

$$\boldsymbol{\Psi} = -\nabla \times \boldsymbol{W}, \tag{3.43}$$

则

$$\boldsymbol{f} = \nabla \boldsymbol{\Phi} + \nabla \times \boldsymbol{\Psi},$$

且

$$\nabla \cdot \boldsymbol{\Psi} = 0.$$

式(3.42)与式(3.43)中，$\boldsymbol{W}$是矢量泊松方程(3.41)的解：

$$\boldsymbol{W} = -\frac{1}{4\pi}\iiint_V \frac{\boldsymbol{f}(\boldsymbol{r}', t)}{r^*}\mathrm{d}V'. \tag{3.44}$$

不过上述简化推导只限于体积 V 有限的情形，也未考虑 $\boldsymbol{f}$ 必须满足的连续性与可微性条件(Achenbach, 1973; Miklowitz, 1984).

(三)均匀、各向同性和完全弹性介质的运动方程的解

1. 拉梅定理

在均匀、各向同性和完全弹性的无限介质中，质点 $P(\boldsymbol{r})$ 的位移 $\boldsymbol{u}(\boldsymbol{r}, t)$ 满足运动方程：

$$\rho\frac{\partial^2 \boldsymbol{u}}{\partial t^2} = (\lambda + 2\mu)\nabla(\nabla \cdot \boldsymbol{u}) - \mu\nabla \times \nabla \times \boldsymbol{u} + \boldsymbol{f}. \tag{3.45}$$

上列运动方程也称为弹性动力学运动方程或纳维(Navier)方程.

引进标量势ϕ与矢量势$\boldsymbol{\psi}$，用它们来表示位移：

$$\boldsymbol{u} = \nabla\phi + \nabla \times \boldsymbol{\psi}, \tag{3.46}$$

并且运用亥姆霍兹定理，将体力$\boldsymbol{f}$分解为如式(3.7)与式(3.8)所示的标量势$\boldsymbol{\Phi}$与矢量势$\boldsymbol{\Psi}$，那么式(3.45)可化为

$$\nabla\left[(\lambda + 2\mu)\nabla^2\phi + \boldsymbol{\Phi} - \rho\frac{\partial^2\phi}{\partial t^2}\right] + \nabla \times \left[-\mu\nabla \times \nabla \times \boldsymbol{\psi} + \boldsymbol{\Psi} - \rho\frac{\partial^2 \boldsymbol{\psi}}{\partial t^2}\right] = 0. \tag{3.47}$$

既然$\boldsymbol{\psi}$满足下列恒等式[参见式(3.14)]：

$$\nabla \times \nabla \times \boldsymbol{\psi} = \nabla(\nabla \cdot \boldsymbol{\psi}) - \nabla^2\boldsymbol{\psi},$$

又因为梯度的旋度等于零，所以对上式两边求旋度即得

$$-\nabla \times \nabla \times \nabla \times \boldsymbol{\psi} = \nabla \times (\nabla^2\boldsymbol{\psi}).$$

将上式代入式(3.47)左边第二项的方括号内即得

$$\nabla\left[(\lambda + 2\mu)\nabla^2\phi + \boldsymbol{\Phi} - \rho\frac{\partial^2\phi}{\partial t^2}\right] + \nabla \times \left[\mu\nabla^2\boldsymbol{\psi} + \boldsymbol{\Psi} - \rho\frac{\partial^2 \boldsymbol{\psi}}{\partial t^2}\right] = 0. \tag{3.48}$$

也就是，如果ϕ和$\boldsymbol{\psi}$分别满足下列非齐次波动方程：

$$\rho\frac{\partial^2\phi}{\partial t^2} = (\lambda + 2\mu)\nabla^2\phi + \boldsymbol{\Phi}, \tag{3.49}$$

$$\rho\frac{\partial^2\boldsymbol{\psi}}{\partial t^2} = \mu\nabla^2\boldsymbol{\psi} + \boldsymbol{\Psi}, \tag{3.50}$$

则由式(3.46)所表示的位移 $\boldsymbol{u}$ 就满足运动方程(3.45).

以式(3.46)表示的 $\boldsymbol{u}$ 称为运动方程(3.45)的拉梅(Lamé)解. Lamé(1852)最先给出：在式(3.45)的右边 $\boldsymbol{f}=0$ 情形下，如果ϕ和$\boldsymbol{\psi}$分别满足齐次波动方程[式(3.49)与式(3.50)中的$\Phi=0$, $\boldsymbol{\Psi}=0$的情形],那么由式(3.46)给出的$\boldsymbol{u}$就满足$\boldsymbol{f}=0$情形下的运动方程(3.45). 拉梅解亦称为拉梅定理. 虽然 Lamé(1852)最初提出这个定理只是个猜想，但作为猜想的拉梅定理却沿用了 100 多年，直到 20 世纪 70 年代才得到严格的证明(Achenbach, 1973; Aki and Richards, 1980; Miklowitz, 1984).

以下给出拉梅定理的证明.

如果位移场 $\boldsymbol{u}(\boldsymbol{r}, t)$ 满足式(3.45)所示的弹性动力学运动方程

$$\rho\frac{\partial^2\boldsymbol{u}}{\partial t^2}=(\lambda+2\mu)\nabla(\nabla\cdot\boldsymbol{u})-\mu\nabla\times\nabla\times\boldsymbol{u}+\boldsymbol{f},$$

并且如果上式中体力$\boldsymbol{f}$, 速度的初值 $\dot{\boldsymbol{u}}(\boldsymbol{r}, 0)$ 以及位移的初值 $\boldsymbol{u}(\boldsymbol{r}, 0)$ 可按亥姆霍兹矢量分解定理分解为

$$\boldsymbol{f}=\nabla\Phi+\nabla\times\boldsymbol{\Psi},\qquad \nabla\cdot\boldsymbol{\Psi}=0,\tag{3.51}$$

$$\dot{\boldsymbol{u}}(\boldsymbol{r},0)=\nabla A+\nabla\times\boldsymbol{B},\qquad \nabla\cdot\boldsymbol{B}=0,\tag{3.52}$$

$$\boldsymbol{u}(\boldsymbol{r},0)=\nabla C+\nabla\times\boldsymbol{D},\qquad \nabla\cdot\boldsymbol{D}=0,\tag{3.53}$$

以ρ除式(3.45)两边，可得弹性动力学方程的另一表示式：

$$\frac{\partial^2\boldsymbol{u}}{\partial t^2}=\alpha^2\nabla(\nabla\cdot\boldsymbol{u})-\beta^2\nabla\times\nabla\times\boldsymbol{u}+\frac{\boldsymbol{f}}{\rho},\tag{3.54}$$

式中，

$$\alpha=\left(\frac{\lambda+2\mu}{\rho}\right)^{1/2},\tag{3.55}$$

$$\beta=\left(\frac{\mu}{\rho}\right)^{1/2},\tag{3.56}$$

分别为 P 波与 S 波的速度. 将式(3.54)对时间积分两次，得

$$\boldsymbol{u}=\alpha^2\nabla\int_0^t\mathrm{d}s\int_0^s(\nabla\cdot\boldsymbol{u})\mathrm{d}\tau-\beta^2\nabla\times\int_0^t\mathrm{d}s\int_0^s(\nabla\times\boldsymbol{u})\mathrm{d}\tau+\int_0^t\frac{\boldsymbol{f}}{\rho}\mathrm{d}s+t\dot{\boldsymbol{u}}(\boldsymbol{r},0)+\boldsymbol{u}(\boldsymbol{r},0).\tag{3.57}$$

将$\boldsymbol{f}$, $\dot{\boldsymbol{u}}(\boldsymbol{r}, 0)$, $\boldsymbol{u}(\boldsymbol{r}, 0)$的表示式[式(3.51)—式(3.53)]代入上式，得

$$\boldsymbol{u}=\nabla\phi+\nabla\times\boldsymbol{\psi},\tag{3.58}$$

式中，

$$\phi=\alpha^2\int_0^t\mathrm{d}s\int_0^s\left(\nabla\cdot u+\frac{\Phi}{\rho\alpha^2}\right)\mathrm{d}\tau+At+C,\tag{3.59}$$

$$\boldsymbol{\psi}=-\beta^2\int_0^t\mathrm{d}s\int_0^s\left(\nabla\times u+\frac{\Psi}{\rho\beta^2}\right)\mathrm{d}\tau+\boldsymbol{B}t+\boldsymbol{D}.\tag{3.60}$$

注意到若某一时间函数 $H(t)$ 的二次微商 $H''(t)$ 等于 $K(t)$：

$$H''(t)=K(t),$$

则对上式两边作时间的二次积分可得

$$H(t)=\int_0^t \mathrm{d}s\int_0^s K(\tau)\mathrm{d}\tau.$$

交换积分顺序可得

$$H(t)=\int_0^t \mathrm{d}\tau\int_\tau^t K(\tau)\mathrm{d}s.$$

$K(\tau)$ 与 s 无关，所以上式左边对 s 的积分等于 $(t-\tau)$，从而

$$H(t)=\int_0^t (t-\tau)K(\tau)\mathrm{d}\tau.$$

根据上式所示结果，可将式(3.59)与式(3.60)所表示的 ϕ 与 $\boldsymbol{\psi}$ 改写为

$$\phi=\alpha^2\int_0^t (t-\tau)\left(\nabla\cdot u+\frac{\Phi}{\rho\alpha^2}\right)\mathrm{d}\tau+At+C, \tag{3.61}$$

$$\boldsymbol{\psi}=-\beta^2\int_0^t (t-\tau)\left(\nabla\times\boldsymbol{u}-\frac{\boldsymbol{\Psi}}{\rho\beta^2}\right)\mathrm{d}\tau+\boldsymbol{B}t+\boldsymbol{D}. \tag{3.62}$$

①将式(3.61)与式(3.62)代入式(3.58)，然后代入式(3.54)，便直接验证了式(3.46)

$$\boldsymbol{u}=\nabla\phi+\nabla\times\boldsymbol{\psi}$$

是弹性动力学运动方程的解．式中，ϕ 与 $\boldsymbol{\psi}$ 分别由式(3.61)与式(3.62)表示．

②对式(3.62)两边求散度，因 $\nabla\cdot(\nabla\times\boldsymbol{u})=0$，$\nabla\cdot\boldsymbol{\Psi}=0$，$\nabla\cdot\boldsymbol{B}=0$，$\nabla\cdot\boldsymbol{D}=0$，所以便证明了 $\boldsymbol{\psi}$ 是无散场：

$$\nabla\cdot\boldsymbol{\psi}=0.$$

③对式(3.61)两边求时间的二次微商，得

$$\frac{\partial^2\phi}{\partial t^2}=\alpha^2\nabla\cdot\boldsymbol{u}+\frac{\Phi}{\rho}. \tag{3.63}$$

对式(3.58)两边求散度，得

$$\nabla\cdot\boldsymbol{u}=\nabla^2\phi. \tag{3.64}$$

将上式代入式(3.63)，便证明了 ϕ 满足下列波动方程或与其等效的式(3.49)：

$$\frac{\partial^2\phi}{\partial t^2}=\alpha^2\nabla^2\phi+\frac{\Phi}{\rho}. \tag{3.65}$$

④类似地，对式(3.62)两边求时间的二次微商．得

$$\frac{\partial^2\boldsymbol{\psi}}{\partial t^2}=-\beta^2\nabla\times\boldsymbol{u}+\frac{\boldsymbol{\Psi}}{\rho}. \tag{3.66}$$

对式(3.58)两边求旋度，得

$$\nabla \times \boldsymbol{u} = -\nabla^2 \boldsymbol{\psi} . \tag{3.67}$$

然后，将上式代入式(3.66)，便证明了$\boldsymbol{\psi}$满足下列波动方程或与其等效的式(3.50)：

$$\frac{\partial^2 \boldsymbol{\psi}}{\partial t^2} = \beta^2 \nabla^2 \boldsymbol{\psi} + \frac{\boldsymbol{\Psi}}{\rho}. \tag{3.68}$$

拉梅定理的严格证明避免了定义ϕ与$\boldsymbol{\psi}$为 $\boldsymbol{u}$ 的亥姆霍兹势，否则，如果定义 $\boldsymbol{u}$ 为ϕ与$\boldsymbol{\psi}$的亥姆霍兹势：①$\boldsymbol{u}=\nabla\phi+\nabla\times\boldsymbol{\psi}$；②$\nabla\cdot\boldsymbol{\psi}=0$，然后将其代入弹性动力学运动方程(3.45)，便会得到如式(3.47)所示的ϕ与$\boldsymbol{\psi}$的三阶偏微合方程．为了把ϕ与$\boldsymbol{\psi}$劈开，就得对式(3.48)分别求散度与旋度，从而得到ϕ与$\boldsymbol{\psi}$的四阶波动方程：

$$\nabla^2 \left[(\lambda + 2\mu) \nabla^2 \phi + \Phi - \rho \frac{\partial^2 \phi}{\partial t^2} \right] = 0,$$

$$\nabla^2 \left[\mu \nabla^2 \boldsymbol{\psi} + \boldsymbol{\Psi} - \rho \frac{\partial^2 \boldsymbol{\psi}}{\partial t^2} \right] = 0.$$

两相比较即可看出：拉梅定理的严格证明使我们得以避免解上列四阶波动方程，而只需解式(3.65)与式(3.68)所示的二阶波动方程．

最后，顺便指出，拉梅定理对于与时间无关的静态位移场 $\boldsymbol{u}=\boldsymbol{u}(r)$ 仍然成立．证明过程中的假定ϕ与$\boldsymbol{\psi}$是$(\boldsymbol{r}, t)$的函数，它们仍满足波动方程，但到了最后计算$\nabla\phi+\nabla\times\boldsymbol{\psi}$时，与时间有关的项便自动抵消掉．

不言而喻，将作为矢量的位移运动方程劈开为式(3.49)与式(3.50)所表示的波动方程，其优点是很明显的，因为已有许多有关波动方程的研究结果可资利用．不过，由于拉姆解使用的是涉及更高阶导数的势函数，所以在有的情形下，不如直接使用涉及较低阶导数的位移方便．例如，由式(3.46)可得体膨胀Θ和旋转$\boldsymbol{\Omega}$分别为

$$\Theta = \nabla \cdot \boldsymbol{u} = \nabla^2 \phi , \tag{3.69}$$

$$\boldsymbol{\Omega} = \frac{1}{2} \nabla \times \boldsymbol{u} = \frac{1}{2} \nabla \times \nabla \times \boldsymbol{\psi}. \tag{3.70}$$

可见 Θ 与 $\boldsymbol{\Omega}$ 与位移矢量的一阶导数相联系，但与势函数ϕ，$\boldsymbol{\psi}$的二阶导数相联系．

2. 规范条件

在导出式(3.49)与式(3.50)两式时，我们对位移 $\boldsymbol{u}$ 运用了与对体力 $\boldsymbol{f}$ 的分解式(3.7)类似的分解式(3.46)．但是，在 $\boldsymbol{u}$ 的分解中，与$\boldsymbol{\Psi}$不同，不要求$\boldsymbol{\psi}$一定要是无散场，$\boldsymbol{\psi}$可以任意选取．换句话说，不论$\nabla\cdot\boldsymbol{\psi}=0$ 成立与否，由(3.46)式所表示的 $\boldsymbol{u}$ 恒满足运动方程(3.45)．但是，换一个角度看，给式(3.45)添上一个附加条件也是很自然的．因为，在式(3.46)的左边，位移矢量 $\boldsymbol{u}$ 有 3 个分量，而在式(3.46)的右边，位移势ϕ和$\boldsymbol{\psi}$共有 4 个标量函数，即ϕ与$\boldsymbol{\psi}$的 3 个分量．在最一般的情形下，矢量场由表示位置的 3 个标量函数表示，每个标量函数表示矢量的一个分量．添加附加条件$\nabla\cdot\boldsymbol{\psi}=0$ 后，式(3.46)中的 4 个标量函数便减少到 3 个互相独立的标量函数．

附加条件$\nabla\cdot\boldsymbol{\psi}=0$亦称为规范条件(gauge condition)．像位移$\boldsymbol{u}$这样的量，是物理上可测量的量，它的大小不应随表示它的(非唯一的)势函数的变化而变化，这种场的不变性称为规范不变性(gauge invariance)(Morse and Feshbach, 1953)．例如，若$\boldsymbol{\psi}$满足$\nabla\cdot\boldsymbol{\psi}=0$，令$\boldsymbol{\psi}'=\boldsymbol{\psi}+\nabla g$，这里$g$表示一标量势，则$\nabla\times\boldsymbol{\psi}'=\nabla\times\boldsymbol{\psi}+\nabla\times(\nabla g)=\nabla\times\boldsymbol{\psi}$. 由此可知，$\boldsymbol{u}$是对于$\boldsymbol{\psi}$这个矢量势的不变量．但是，如果我们计算$\boldsymbol{\psi}'$的散度，则可得$\nabla\cdot\boldsymbol{\psi}'=\nabla\cdot\boldsymbol{\psi}+\nabla\cdot(\nabla g)=\nabla^2 g=F$，这里$F$是一个不为零的标量函数．因此，当我们假定$\boldsymbol{\psi}$满足式(3.46)时，无论是哪个条件，是$\nabla\cdot\boldsymbol{\psi}=0$还是$\nabla\cdot\boldsymbol{\psi}=F\neq 0$，都可以用作规范条件，都可将表示$\boldsymbol{u}$的式(3.45)中的4个标量函数减少为所必需的3个互相独立的标量函数．如果对式(3.50)两边求散度，则可得

$$\left(\rho\frac{\partial^2}{\partial t^2}-\mu\nabla^2\right)\nabla\cdot\boldsymbol{\psi}=0\,. \tag{3.71}$$

由此可得上面讨论过的2个规范条件，即$\nabla\cdot\boldsymbol{\psi}=0$或$\nabla\cdot\boldsymbol{\psi}$的非零解．只不过为方便起见，通常、但不一定总是选取无散的$\boldsymbol{\psi}$, 即$\nabla\cdot\boldsymbol{\psi}=0$. 选取$\nabla\cdot\boldsymbol{\psi}=0$作为规范条件其优点是正好与式(3.7)与式(3.8)所表示的矢量分解式一致．

3. *波动方程的解*

位函数ϕ与$\boldsymbol{\psi}$满足波动方程，为了求势函数ϕ和$\boldsymbol{\psi}$所满足的非齐次波动方程(3.65)与(3.68)两式的特解，我们先来求由下式所表示的波动方程

$$\nabla^2\phi(\boldsymbol{r},t)-\frac{1}{c^2}\frac{\partial^2\phi(\boldsymbol{r},t)}{\partial t^2}=-4\pi\delta(\boldsymbol{r})\delta(t) \tag{3.72}$$

在无穷远处趋于零并且向外传播的特解．为此，引进$\phi(\boldsymbol{r},t)$的傅里叶(Fourier)变换$\hat{\phi}(\boldsymbol{r},\omega)$：

$$\hat{\phi}(\boldsymbol{r},\omega)=\int_{-\infty}^{\infty}\phi(\boldsymbol{r},t)\mathrm{e}^{-\mathrm{i}\omega t}\mathrm{d}t\,, \tag{3.73}$$

$$\phi(\boldsymbol{r},t)=\frac{1}{2\pi}\int_{-\infty}^{\infty}\hat{\phi}(\boldsymbol{r},\omega)\mathrm{e}^{\mathrm{i}\omega t}\mathrm{d}\omega\,. \tag{3.74}$$

将上式代入式(3.72)可得$\hat{\phi}$满足下列的非齐次亥姆霍兹(Helmholtz)方程：

$$\nabla^2\hat{\phi}+k_c^2\hat{\phi}=-4\pi\delta(\boldsymbol{r})\,, \tag{3.75}$$

式中，

$$k_c=\frac{\omega}{c}\,. \tag{3.76}$$

注意到

$$\nabla^2\frac{1}{r}=-4\pi\delta(\boldsymbol{r}),$$

若令

$$\hat{\phi}=\frac{\hat{F}+1}{r},$$

将以上两式代入式(3.75)，即得 $\hat{F}$ 满足下列方程：

$$\hat{F}''+k_c^2\hat{F}=-k_c^2.$$

上式满足向外传播条件的通解为

$$\hat{F}=C\mathrm{e}^{-\mathrm{i}k_c r}-1,$$

从而方程(3.75)满足在无穷远处趋于零并且向外传播条件的特解为

$$\hat{\phi}=C\frac{\mathrm{e}^{-\mathrm{i}k_c r}}{r}.$$

由式(3.75)可知，当 k_c=0，$\hat{\phi}=1/r$ 时，据此可确定 C=1，从而式(3.75)满足在无穷远处趋于零并且向外传播条件的特解为

$$\hat{\phi}=\frac{\mathrm{e}^{-\mathrm{i}k_c r}}{r}. \tag{3.77}$$

将上式代入式(3.74)，作傅里叶反变换，即得

$$\phi(\boldsymbol{r},t)=\frac{\delta\left(t-\dfrac{r}{c}\right)}{r}. \tag{3.78}$$

对于由下式所表示的波动方程

$$\nabla^2\phi(\boldsymbol{r},t)-\frac{1}{c^2}\frac{\partial^2\phi(\boldsymbol{r},t)}{\partial t^2}=-4\pi F(\boldsymbol{r},t), \tag{3.79}$$

其满足在无穷远处趋于零并且向外传播条件的特解则为

$$\phi(\boldsymbol{r},t)=\iiint\limits_V\frac{F\left(\boldsymbol{r}',t-\dfrac{r^*}{c}\right)}{r^*}\mathrm{d}V'. \tag{3.80}$$

由式(3.80)所示的波动方程(3.79)在无穷远处趋于零并且向外传播的特解，可得式(3.65)与式(3.68)所表示的波动方程的特解：

$$\phi(\boldsymbol{r},t)=\frac{1}{4\pi\rho\alpha^2}\iiint\limits_V\frac{\Phi\left(\boldsymbol{r}',t-\dfrac{r^*}{\alpha}\right)}{r^*}\mathrm{d}V', \tag{3.81}$$

$$\boldsymbol{\psi}(\boldsymbol{r},t)=\frac{1}{4\pi\rho\beta^2}\iiint\limits_V\frac{\boldsymbol{\Psi}\left(\boldsymbol{r}',t-\dfrac{r^*}{\beta}\right)}{r^*}\mathrm{d}V', \tag{3.82}$$

式中，α与β分别是纵波与横波的速度：

$$\alpha=\left(\frac{\lambda+2\mu}{\rho}\right)^{1/2},$$

$$\beta=\left(\frac{\mu}{\rho}\right)^{1/2}.$$

(四)均匀、各向同性和完全弹性的无限介质中的集中力引起的位移

为了求在均匀、各向同性和完全弹性的无限介质中作用于坐标原点 O 的集中力引起的位移，我们将式(3.2)代入式(3.38)与式(3.40)两式中，利用δ-函数的性质[参见式(3.6)]求得

$$\boldsymbol{\Phi}(\boldsymbol{r},t)=-\frac{1}{4\pi}\boldsymbol{g}(t)\cdot\left(\nabla\frac{1}{r}\right),\tag{3.83}$$

$$\boldsymbol{\Psi}(\boldsymbol{r},t)=-\frac{1}{4\pi}\boldsymbol{g}(t)\times\left(\nabla\frac{1}{r}\right).\tag{3.84}$$

将以上两式分别代入式(3.81)与式(3.82)两式，即得

$$\phi(\boldsymbol{r},t)=-\frac{1}{4\pi\rho\alpha^2}\iiint\limits_V\left(-\frac{1}{4\pi r^*}\right)\boldsymbol{g}\left(t-\frac{r^*}{\alpha}\right)\cdot\left(\nabla'\frac{1}{r'}\right)\mathrm{d}V',\tag{3.85}$$

$$\boldsymbol{\psi}(\boldsymbol{r},t)=\frac{1}{4\pi\rho\beta^2}\iiint\limits_V\left(-\frac{1}{4\pi r^*}\right)\boldsymbol{g}\left(t-\frac{r^*}{\beta}\right)\times\left(\nabla'\frac{1}{r'}\right)\mathrm{d}V'.\tag{3.86}$$

以上两式右边的体积分可用下述方法积出. 以式(3.85)为例. 先将空间分成以观测点 $P(\boldsymbol{r})$ 为球心、半径为 r^*的同心球层(图 3.3)，把式(3.85)右边的体积分写成：

$$\begin{aligned}\boldsymbol{I}&=\iiint\limits_V\left(\frac{1}{r^*}\right)\boldsymbol{g}\left(t-\frac{r^*}{\alpha}\right)\cdot\left(\nabla'\frac{1}{r'}\right)\mathrm{d}V'\\&=\int_0^\infty\frac{\mathrm{d}r^*}{r^*}\boldsymbol{g}\left(t-\frac{r^*}{\alpha}\right)\cdot\oiint\limits_S\left(\nabla'\frac{1}{r'}\right)\mathrm{d}S',\end{aligned}$$

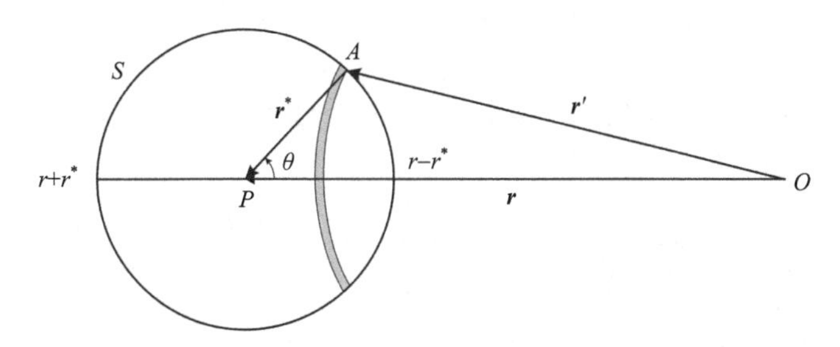

图 3.3　将空间分成以观测点 $P(r)$ 为球心、半径为 r^*的同心球层
图中表示了 $r^*<r$ 即 O 点在球面 S 外的情形

上式中，O 是半径为 r^*的球面. 因为 $\boldsymbol{r}'=\boldsymbol{r}-\boldsymbol{r}^*$，所以当 r^*保持恒定时，

$$\nabla'\frac{1}{r'}=\nabla\frac{1}{r'}.$$

从而在闭合曲面 S 上的积分

$$\boldsymbol{h}=\oiint_S\left(\nabla'\frac{1}{r'}\right)\mathrm{d}S'=\oiint_S\left(\nabla\frac{1}{r'}\right)\mathrm{d}S'=\nabla\left(\oiint_S\frac{1}{r'}\mathrm{d}S'\right).$$

上式右边的面积元可以表示成：

$$\mathrm{d}S'=2\pi r^{*2}\sin\theta\mathrm{d}\theta,$$

式中，θ是 $\boldsymbol{r}^*$与 $\boldsymbol{r}$ 的夹角．而被积函数中的 r'可以表示成：

$$r'^2=r^2+r^{*2}-2rr^*\cos\theta.$$

两边求微分：

$$r'\mathrm{d}r'=rr^*\sin\theta\mathrm{d}\theta,$$

从而面积分

$$\begin{aligned}\oiint_S\frac{1}{r'}\mathrm{d}S'&=\int_0^{\pi}\frac{2\pi r^{*2}}{r'}\sin\theta\mathrm{d}\theta=\frac{2\pi r^*}{r}\int_{r'(\theta=0)}^{r'(\theta=\pi)}\mathrm{d}r'\\&=\frac{2\pi r^*}{r}(|r+r^*|-|r-r^*|).\end{aligned}$$

也就是

$$\begin{aligned}\oiint_S\frac{1}{r'}\mathrm{d}S'&=\frac{4\pi r^{*2}}{r},\qquad r^*<r\quad\text{即}O\text{点在}S\text{外时},\\&=4\pi r^*,\qquad r^*>r\quad\text{即}O\text{点在}S\text{内时}.\end{aligned}$$

所以

$$\begin{aligned}\boldsymbol{h}&=\nabla\left(\frac{4\pi r^{*2}}{r}\right)=4\pi r^{*2}\,\nabla\frac{1}{r},\qquad r^*<r,\\&=\nabla(4\pi r^*)=0,\qquad r^*>r.\end{aligned}$$

由此我们得到

$$\boldsymbol{I}=4\pi\left(\nabla\frac{1}{r}\right)\cdot\int_0^r\boldsymbol{g}\left(t-\frac{r^*}{\alpha}\right)r^*\mathrm{d}r^*,$$

$$\phi=-\frac{1}{4\pi\rho\alpha^2}\left(\nabla\frac{1}{r}\right)\cdot\int_0^r\boldsymbol{g}\left(t-\frac{r^*}{\alpha}\right)r^*\mathrm{d}r^*,$$

或

$$\phi=-\frac{1}{4\pi\rho}\left(\nabla\frac{1}{r}\right)\cdot\int_0^{r/\alpha}\boldsymbol{g}(t-\tau)\tau\mathrm{d}\tau.\tag{3.87}$$

类似地，

$$\boldsymbol{\psi}=\frac{1}{4\pi\rho}\left(\nabla\frac{1}{r}\right)\times\int_0^{r/\beta}\boldsymbol{g}(t-\tau)\tau\mathrm{d}\tau.\tag{3.88}$$

将以上两式代到式(3.46)中，就得到作用于坐标原点的集中力引起的位移：

$$4\pi\rho\boldsymbol{u}(\boldsymbol{r},t)=\nabla\times\left[\left(\nabla\frac{1}{r}\right)\times\int_{0}^{r/\beta}\boldsymbol{g}(t-\tau)\tau\mathrm{d}\tau\right]-\nabla\left[\left(\nabla\frac{1}{r}\right)\cdot\int_{0}^{r/\alpha}\boldsymbol{g}(t-\tau)\tau\mathrm{d}\tau\right],$$

也就是

$$\begin{aligned}4\pi\rho\boldsymbol{u}(\boldsymbol{r},t)&=\left(\nabla\nabla\frac{1}{r}\right)\cdot\int_{r/\alpha}^{r/\beta}\boldsymbol{g}(t-\tau)\tau\mathrm{d}\tau\\&+\frac{1}{\alpha^2 r}(\nabla r)(\nabla r)\cdot\boldsymbol{g}\left(t-\frac{r}{\alpha}\right)-\frac{1}{\beta^2 r}[(\nabla r)(\nabla r)-\mathbf{I}]\cdot\boldsymbol{g}\left(t-\frac{r}{\beta}\right),\end{aligned}\tag{3.89}$$

式中，$\mathbf{I}$ 是单位张量：

$$\mathbf{I}=\delta_{ij}\boldsymbol{e}_i\boldsymbol{e}_j,\tag{3.90}$$

δ_{ij} 是克朗内克(Kronecker) δ：

$$\delta_{ij}=\begin{cases}1, & i=j,\\0, & i\neq j.\end{cases}\tag{3.91}$$

如果集中力不是作用于坐标原点，而是作用于 $Q(\boldsymbol{r}')$ 点，那么它在 $P(\boldsymbol{r})$ 点引起的位移就是

$$4\pi\rho\boldsymbol{u}(\boldsymbol{r},t)=\nabla\times\left[\left(\nabla\frac{1}{R}\right)\times\int_{0}^{R/\beta}\boldsymbol{g}(t-\tau)\tau\mathrm{d}\tau\right]-\nabla\times\left[\left(\nabla\frac{1}{R}\right)\cdot\int_{0}^{R/\alpha}\boldsymbol{g}(t-\tau)\tau\mathrm{d}\tau\right],\tag{3.92}$$

或

$$\begin{aligned}4\pi\rho\boldsymbol{u}(\boldsymbol{r},t)&=\left(\nabla\nabla\frac{1}{R}\right)\cdot\int_{R/\alpha}^{R/\beta}\boldsymbol{g}(t-\tau)\tau\mathrm{d}\tau\\&+\frac{1}{\alpha^2 R}(\nabla R)(\nabla R)\cdot\boldsymbol{g}\left(t-\frac{R}{\alpha}\right)-\frac{1}{\beta^2 R}[(\nabla R)(\nabla R)-\mathbf{I}]\cdot\boldsymbol{g}\left(t-\frac{R}{\beta}\right),\end{aligned}\tag{3.93}$$

式中，$\boldsymbol{R}$ 是力的作用点 $Q(\boldsymbol{r}')$ 至观测点 $P(\boldsymbol{r})$ 的矢径：

$$\boldsymbol{R}=\boldsymbol{r}-\boldsymbol{r}'=R_i\boldsymbol{e}_i,\tag{3.94}$$

$$R=|\boldsymbol{R}|.\tag{3.95}$$

注意到

$$\nabla R=\boldsymbol{e}_R,\tag{3.96}$$

$$\nabla\frac{1}{R}=-\frac{1}{R^2}\boldsymbol{e}_R,\tag{3.97}$$

$$\nabla\nabla\frac{1}{R}=\frac{1}{R^3}(3\boldsymbol{e}_R\boldsymbol{e}_R-\mathbf{I}),\tag{3.98}$$

式中，$\boldsymbol{e}_R$ 是矢径 $\boldsymbol{R}$ 的单位矢量：

$$\boldsymbol{e}_R=\frac{\boldsymbol{R}}{R}.\tag{3.99}$$

则可将集中力引起的位移表示为

$$4\pi\rho\boldsymbol{u}(\boldsymbol{r},t)=\frac{1}{R^3}(3\boldsymbol{e}_R\boldsymbol{e}_R-\mathbf{I})\cdot\int_{R/\alpha}^{R/\beta}\boldsymbol{g}(t-\tau)\tau\mathrm{d}\tau$$
$$+\frac{1}{\alpha^2 R}\boldsymbol{e}_R\boldsymbol{e}_R\cdot\boldsymbol{g}\left(t-\frac{R}{\alpha}\right)-\frac{1}{\beta^2 R}(\boldsymbol{e}_R\boldsymbol{e}_R-\mathbf{I})\cdot\boldsymbol{g}\left(t-\frac{R}{\beta}\right). \tag{3.100}$$

若以γ_i表示$\boldsymbol{e}_R$的方向余弦，即：

$$\boldsymbol{e}_R=\gamma_i\boldsymbol{e}_i, \tag{3.101}$$

$$\gamma_i=\frac{R_i}{R}, \tag{3.102}$$

则可将集中力引起的位移表示为分量形式：

$$4\pi\rho u_i(\boldsymbol{r},t)=\frac{1}{R^3}(3\gamma_i\gamma_j-\delta_{ij})\int_{R/\alpha}^{R/\beta}g_j(t-\tau)\tau\mathrm{d}\tau$$
$$+\frac{1}{\alpha^2 R}\gamma_i\gamma_j g_j\left(t-\frac{R}{\alpha}\right)-\frac{1}{\beta^2 R}(\gamma_i\gamma_j-\delta_{ij})g_j\left(t-\frac{R}{\beta}\right). \tag{3.103}$$

（五）集中力引起的位移的特征

1. 近场项与远场项

由集中力引起的位移的表示式(3.100)或其分量形式(3.103)可以看出，集中力引起的位移由两部分组成．第一部分由上述两式右边的第一项所表示，第二部分由上述两式右边的第二项与第三项所表示．下面我们将指出，在远场(far-field)，也即当距离R远大于所涉及的波长λ，$R\gg\lambda$时，第一项比第二、三项小得多，从而可以忽略．因此，把上述两式右边的第二项与第三项称为远场项，把第一项称为近场(near-field)项．以式(3.103)为例，可将集中力引起的位移的表示式改写为：

$$u_i(\boldsymbol{r},t)=u_i^{\mathrm{N}}(\boldsymbol{r},t)+u_i^{\mathrm{FP}}(\boldsymbol{r},t)+u_i^{\mathrm{FS}}(\boldsymbol{r},t), \tag{3.104}$$

式中，$u_i^{\mathrm{N}}(\boldsymbol{r},t)$称为近场位移，$u_i^{\mathrm{FP}}(\boldsymbol{r},t)$称为远场P波位移，$u_i^{\mathrm{FS}}(\boldsymbol{r},t)$称为远场S波位移，它们分别由以下三式表示：

$$4\pi\rho u_i^{\mathrm{N}}(\boldsymbol{r},t)=\frac{1}{R^3}(3\gamma_i\gamma_j-\delta_{ij})\int_{R/\alpha}^{R/\beta}g_j(t-\tau)\tau\mathrm{d}\tau, \tag{3.105}$$

$$4\pi\rho u_i^{\mathrm{FP}}(\boldsymbol{r},t)=\frac{1}{\alpha^2 R}\gamma_i\gamma_j g_j\left(t-\frac{R}{\alpha}\right), \tag{3.106}$$

$$4\pi\rho u_i^{\mathrm{FS}}(\boldsymbol{r},t)=-\frac{1}{\beta^2 R}(\gamma_i\gamma_j-\delta_{ij})g_j\left(t-\frac{R}{\beta}\right). \tag{3.107}$$

2. 远场 P 波位移的特征

$\boldsymbol{u}^{\mathrm{FP}}(\boldsymbol{r}, t)=u_i^{\mathrm{FP}}(\boldsymbol{r}, t)\boldsymbol{e}_i$表示远场 P 波的位移，它具有以下性质：

(1)几何扩散. 远场 P 波位移以R^{-1}作几何扩散. 因子R^{-1}称为几何扩散因子(geometric spreading factor).

(2)波传播速度与到时. 远场 P 波以速度α传播，若以t=0 表示$g_j(t)$开始不为零的时刻(“发震时刻”)，则远场 P 波到时为R/α，是初至波(拉丁语为*prima*, 英语为 primary wave)，所以称为(远场)P 波.

(3)波形. 远场 P 波位移的波形由$g_j(t-R/\alpha)$表示，也就是其波形与集中力的时间函数$g_j(t)$一样，只是时间延迟了R/α.

(4)振幅. 远场 P 波位移的振幅与$A/4\pi\rho\alpha^2R$成正比，A表示集中力的振幅.

(5)质点运动方向. 以θ表示$\boldsymbol{e}_R$与集中力的作用方向$\boldsymbol{e}$的夹角，以$g(t)$表示$\boldsymbol{g}(t)$的模：$\boldsymbol{g}(t)=g(t)\boldsymbol{e}$，那么还可以将远场 P 波位移表示式(3.106)表示为

$$\boldsymbol{u}^{\mathrm{FP}}(\boldsymbol{r},t)=u_R^{\mathrm{FP}}(\boldsymbol{r},t)\boldsymbol{e}_R, \tag{3.108}$$

$$4\pi\rho u_R^{\mathrm{FP}}(\boldsymbol{r},t)=\frac{1}{\alpha^2R}(\boldsymbol{e}\cdot\boldsymbol{e}_R)g\left(t-\frac{R}{\alpha}\right), \tag{3.109}$$

$$4\pi\rho u_R^{\mathrm{FP}}(\boldsymbol{r},t)=\frac{1}{\alpha^2R}\cos\theta g\left(t-\frac{R}{\alpha}\right). \tag{3.110}$$

远场 P 波位移质点运动方向与由集中力的作用点$Q(\boldsymbol{r}_0)$至观测点$P(\boldsymbol{r})$的矢径$\boldsymbol{R}$的方向$\boldsymbol{e}_R$一致(图 3.4a)，即$\boldsymbol{u}^{\mathrm{FP}}(\boldsymbol{r}, t)\times\boldsymbol{e}_R=0$. 远场 P 波位移质点的运动方向与波传播方向一致，是纵向的运动，所以也称为(远场)纵波(longitudinal wave).

(6)辐射图型. 式(3.109)和式(3.110)表明，远场 P 波位移随方位的变化即辐射图型(radiation pattern)由因子$(\boldsymbol{e}\cdot\boldsymbol{e}_R)=\cos\theta$表示. 我们称它为辐射图型因子(radiation pattern factor)或辐射图型系数(radiation pattern coefficient). 今以$\mathscr{F}^{\mathrm{FP}}$表示远场 P 波位移的辐射图型因子，则：

$$\mathscr{F}^{\mathrm{FP}}=\mathbf{e}\cdot\mathbf{e}_{\mathrm{R}}=\cos\theta. \tag{3.111}$$

设$\boldsymbol{g}(t)$沿x_3方向作用，则在过x_3轴的平面上远场 P 波位移的辐射图型与位移矢量分别如图 3.4a 与图 3.4c 所示. 可以看出，$\boldsymbol{u}^{\mathrm{FP}}(\boldsymbol{r}, t)$对于集中力的作用方向($x_3$轴)具有轴对称性.

3. 远场 S 波位移的特征

$\boldsymbol{u}^{\mathrm{FS}}(\boldsymbol{r}, t)=u_i^{\mathrm{FS}}(\boldsymbol{r}, t)\boldsymbol{e}_i$表示集中力引起的远场 S 波的位移，它具有与远场 P 波类似的性质，也有与远场 P 波不同的性质：

(1)几何扩散. 与远场 P 波一样，远场 S 波位移以R^{-1}作几何扩散.

(2)波传播速度与到时. 远场 S 波以速度β传播，到时为R/β，是续至波(拉丁语为*secunda*, 英语为 secondary wave)，所以称为(远场)S 波.

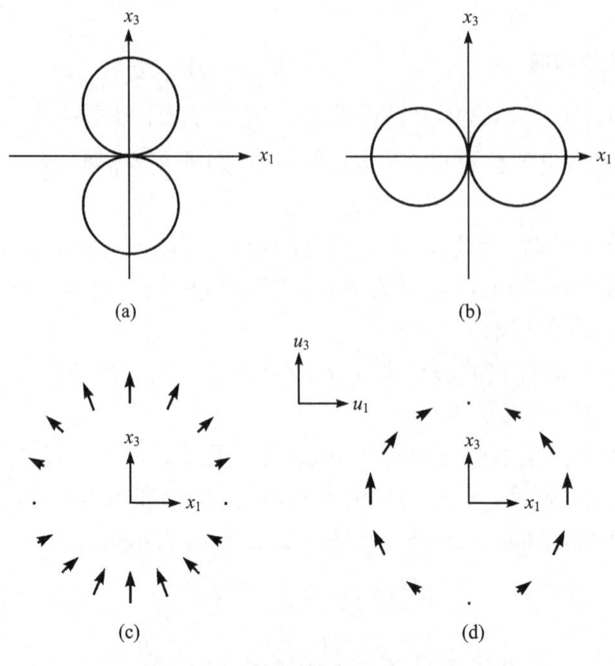

图 3.4　集中力引起的远场位移

(a) 远场 P 波位移的辐射图型；(b) 远场 S 波位移的辐射图型；(c) 远场 P 波位移矢量随方位的变化；(d) 远场 S 波位移矢量随方位的变化

(3) 波形．远场 S 波位移的波形由 $g_j(t\text{–}R/\beta)$ 表示，也就是其波形与集中力的时间函数 $g_j(t)$ 一样，只是时间延迟了 R/β.

(4) 振幅．远场 S 波位移的振幅与 $A/4\pi\rho\beta^2R$ 成正比．远场 S 波位移的振幅与远场 P 波位移的振幅之比为 $(\alpha/\beta)^2$. 对于泊松体，即$\lambda=\mu$的介质，$\alpha/\beta=\sqrt{3}$. 所以，对于泊松体，集中力所引起的远场 S 波与远场 P 波位移振幅之比等于 3.

(5) 质点运动方向．远场 S 波位移表示式 (3.107) 可以表示为

$$\boldsymbol{u}^{\mathrm{FS}}(\boldsymbol{r},t)=u_\theta^{\mathrm{FS}}(\boldsymbol{r},t)\boldsymbol{e}_\theta, \tag{3.112}$$

$$4\pi\rho u_\theta^{\mathrm{FS}}(\boldsymbol{r},t)=\frac{1}{\beta^2R}(\boldsymbol{e}\cdot\boldsymbol{e}_\theta)g\left(t-\frac{R}{\beta}\right), \tag{3.113}$$

$$4\pi\rho u_\theta^{\mathrm{FS}}(\boldsymbol{r},t)=-\frac{\sin\theta}{\beta^2R}g\left(t-\frac{R}{\beta}\right). \tag{3.114}$$

$\boldsymbol{e}_\theta$是θ方向的单位矢量．远场 S 波位移质点运动方向是与 $\boldsymbol{e}_R$ 垂直的 $\boldsymbol{e}_\theta$方向 (图 3.4d)，所以 $\boldsymbol{u}^{\mathrm{FS}}(\boldsymbol{r},t)\cdot\boldsymbol{e}_R=0$. 这就是说，远场 S 波位移质点的运动方向与波传播方向互相垂直，是横向的运动，所以也称为 (远场) 横波 (transverse wave).

(6) 辐射图型．式 (3.113) 和式 (3.114) 表明，远场 S 波位移随着方位的变化即辐射图型因子由 $(\boldsymbol{e}\cdot\boldsymbol{e}_\theta)=-\sin\theta$表示．所以远场 S 波位移的辐射图型因子$\mathscr{F}^{\mathrm{FS}}$为

$$\mathscr{F}^{\mathrm{FS}}=(\boldsymbol{e}\cdot\boldsymbol{e}_\theta)=-\sin\theta. \tag{3.115}$$

设 $\boldsymbol{g}(t)$ 沿 x_3 方向作用，则在过 x_3 轴的平面上远场 S 波位移的辐射图型与位移矢量分别如

图 3.4b 与图 3.4d 所示．可以看出，与 $\boldsymbol{u}^{\mathrm{FP}}(\boldsymbol{r}, t)$ 一样，$\boldsymbol{u}^{\mathrm{FS}}(\boldsymbol{r}, t)$ 对于集中力的作用方向(x_3 轴)也具有轴对称性．

4. 近场位移的特征

与集中力引起的远场位移不同，在集中力引起的近场位移中，既有 P 波，也有 S 波，P 波与 S 波是耦合在一起的．这些特征从上述推导过程可以得到理解：集中力引起的近场位移是由对ϕ求散度及对$\boldsymbol{\psi}$求旋度得来的，所以它既包含 P 波，也包含 S 波；它既不是纯无旋场，也不是纯无散场；它既有纵向的运动，也有横向的运动．后一特征可由将式(3.105)改写为矢量形式看得更加清楚：

$$4\pi\rho\boldsymbol{u}^{\mathrm{N}}(\boldsymbol{r},t)=\frac{1}{R^3}[2(\boldsymbol{e}\cdot\boldsymbol{e}_R)\boldsymbol{e}_R-(\boldsymbol{e}\cdot\boldsymbol{e}_\theta)\boldsymbol{e}_\theta]\int_{R/\alpha}^{R/\beta}g(t-\tau)\tau\mathrm{d}\tau\,. \tag{3.116}$$

上式右边方括号内第一项表示纵向的运动，第二项则为横向的运动．

为便于分析近场位移波形的特征，并与远场位移波形作比较，我们将式(3.105)—(3.107)表示为

$$u_i^{\mathrm{N}}(\boldsymbol{r},t)=G_{ij}^{\mathrm{N}}(\boldsymbol{r},t;\boldsymbol{r}_0,0)*g_j(t), \tag{3.117}$$

$$u_i^{\mathrm{FP}}(\boldsymbol{r},t)=G_{ij}^{\mathrm{FP}}(\boldsymbol{r},t;\boldsymbol{r}_0,0)*g_j(t), \tag{3.118}$$

$$u_i^{\mathrm{FS}}(\boldsymbol{r},t)=G_{ij}^{\mathrm{FS}}(\boldsymbol{r},t;\boldsymbol{r}_0,0)*g_j(t), \tag{3.119}$$

式中，$G_{ij}^{\mathrm{N}}(\boldsymbol{r},t;\boldsymbol{r}_0,0)$，$G_{ij}^{\mathrm{FP}}(\boldsymbol{r},t;\boldsymbol{r}_0,0)$，$G_{ij}^{\mathrm{FS}}(\boldsymbol{r},t;\boldsymbol{r}_0,0)$ 分别由下列三式表示：

$$4\pi\rho G_{ij}^{\mathrm{N}}(\boldsymbol{r},t;\boldsymbol{r}_0,0)=\frac{1}{R^3}(3\gamma_i\gamma_j-\delta_{ij})\int_{R/\alpha}^{R/\beta}\delta(t-\tau)\tau\mathrm{d}\tau\,, \tag{3.120}$$

$$4\pi\rho G_{ij}^{\mathrm{FP}}(\boldsymbol{r},t;\boldsymbol{r}_0,0)=\frac{1}{\alpha^2R}\gamma_i\gamma_j\delta\left(t-\frac{R}{\alpha}\right), \tag{3.121}$$

$$4\pi\rho G_{ij}^{\mathrm{FS}}(\boldsymbol{r},t;\boldsymbol{r}_0,0)=-\frac{1}{\beta^2R}(\gamma_i\gamma_j-\delta_{ij})\delta\left(t-\frac{R}{\beta}\right), \tag{3.122}$$

式中，“*”表示时间域中的卷积；$G_{ij}^{\mathrm{N}}(\boldsymbol{r}, t; \boldsymbol{r}_0, 0)$ 表示在 t=0 时刻沿 x_j 方向作用于 $Q(\boldsymbol{r}_0)$ 的单位脉冲集中力在 $P(\boldsymbol{r})$ 点所引起的近场位移．它可以进一步表示为

$$4\pi\rho G_{ij}^{N}(\boldsymbol{r},t;\boldsymbol{r}_0,0)=\frac{1}{R^3}(3\gamma_i\gamma_j-\delta_{ij})\int_{-\infty}^{\infty}\delta(t-\tau)\tau\left[H\left(\tau-\frac{R}{\alpha}\right)-H\left(\tau-\frac{R}{\beta}\right)\right]\mathrm{d}\tau\,, \tag{3.123}$$

式中，$H(t)$ 是亥维赛单位阶跃函数(Heaviside unit–step function)：

$$H(t)=\begin{cases}0, & t<0,\\ 1, & t>0.\end{cases} \tag{3.124}$$

从而

$$4\pi\rho G_{ij}^{N}(\boldsymbol{r},t;\boldsymbol{r}_0,0)=\frac{1}{R^3}(3\gamma_i\gamma_j-\delta_{ij})\left[tH\left(\tau-\frac{R}{\alpha}\right)-tH\left(\tau-\frac{R}{\beta}\right)\right]. \tag{3.125}$$

G_{ij}^{N} 的波形如图 3.5 所示．当 $t<R/\alpha$时，G_{ij}^{N}=0；当 $R/\alpha<t<R/\beta$时，G_{ij}^{N} 的振幅由正比

于 $1/4\pi\rho\alpha R^2$ 线性地增至 $1/4\pi\rho\beta R^2$；当 $t>R/\beta$ 时，$G_{ij}^{\mathrm{N}}=0$．全部持续时间为 $R(\beta^{-1}-\alpha^{-1})$．作为对比，图中还表示了远场 P 波位移与 S 波位移的振幅 G_{ij}^{FP} 与 G_{ij}^{FS}，它们分别为振幅正比于 $1/4\pi\rho\alpha^2R$ 与 $1/4\pi\rho\beta^2R$，作用于 $t=R/\alpha$ 和 R/β 时刻的脉冲．

设 $g_j(t)$ 是如图 3.6a 所示的在 $0\leqslant t\leqslant T_{\mathrm{s}}$ 不为零、振幅为 A 的时间函数：

$$
\begin{aligned}
g_i(t) &\neq 0, && 0\leqslant t\leqslant T_{\mathrm{s}},\\
&=0, && t<0,\ t>T_{\mathrm{s}},
\end{aligned}
\tag{3.126}
$$

式中，T_{s} 为集中力的时间函数 $g_j(t)$ 的持续时间．那么它所引起的近场位移便可由式(3.69)，式(3.125)与式(3.120)求得．为求 $g_j(t)$ 与 $G_{ij}^{\mathrm{N}}(\boldsymbol{r},t;\boldsymbol{r}_0,0)$ 的卷积，先将 $g_j(t)$（图 3.6a）翻转并将 t 换成 τ 求得 $g_j(t-\tau)$（图 3.6b），然后沿时间轴（τ 轴）平移 t，求得 $g_j(t-\tau)$（图 3.6c）．将 $g_j(t-\tau)$ 与 $G_{ij}^{\mathrm{N}}(\boldsymbol{r},t;\boldsymbol{r}_0,0)$（图 3.6c, d）相乘（图 3.6e）再对 τ 作积分，就得到 $G_{ij}^{\mathrm{N}}(\boldsymbol{r},t;$

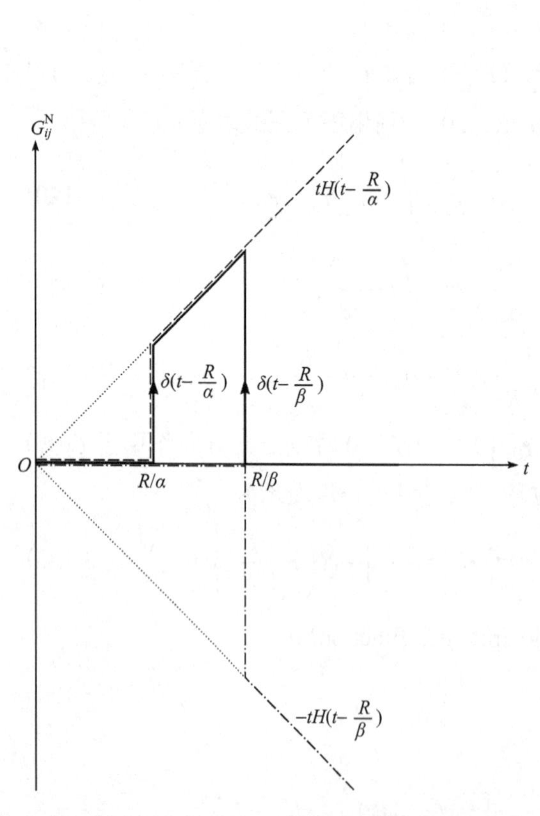

图 3.5　单位脉冲集中力在距离为 $\boldsymbol{R}$ 处引起的近场位移的波形 G_{ij}^{N} 及远场 P 波位移 G_{ij}^{FP} 与远场 S 波位移 G_{ij}^{FS} 的波形

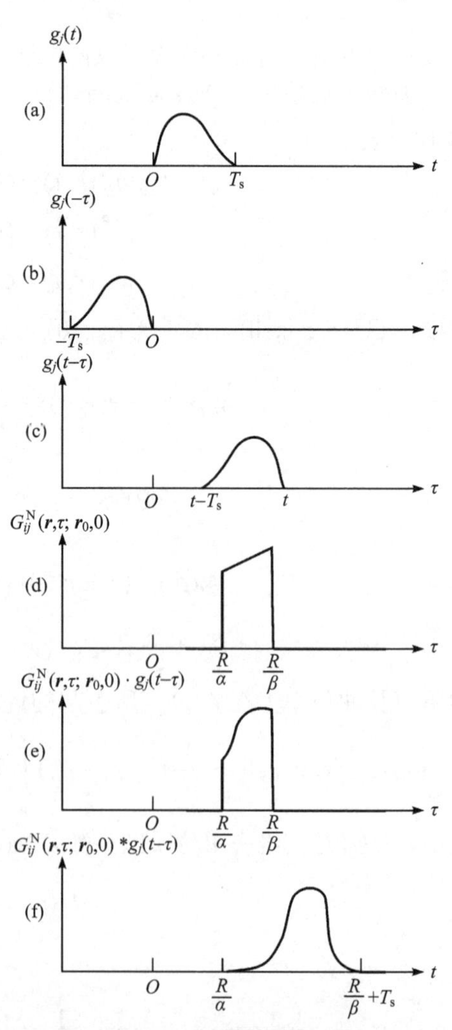

图 3.6　集中力引起的近场位移特征的分析

(a) $g_j(t)$；(b) $g_j(-\tau)$；(c) $g_j(t-\tau)$；(d) $G_{ij}^{\mathrm{N}}(\boldsymbol{r},\tau;\boldsymbol{r}_0,0)$；(e) $G_{ij}^{\mathrm{N}}(\boldsymbol{r},\tau;\boldsymbol{r}_0,0)\cdot g_j(t-\tau)$；(f) $u_i^{\mathrm{N}}(\boldsymbol{r},t)=G_{ij}^{\mathrm{N}}(\boldsymbol{r},t;\boldsymbol{r}_0,0)*g_j(t)$

$\boldsymbol{r}_0, 0)*g_j(t)$(图 3.6f). 如图 3.6f 所示，$G_{ij}^{\mathrm{N}}(\boldsymbol{r}, t; \boldsymbol{r}_0, 0)*g_j(t)$ 持续时间为 $T_s+R(\beta^{-1}-\alpha^{-1})$. 若 $R>>\alpha T_s$，则 $G_{ij}^{\mathrm{N}}(\boldsymbol{r}, t; \boldsymbol{r}_0, 0)*g_j(t)$ 的振幅正比于 $AT_s/4\pi\rho\alpha R^2$. 而远场 P 波或 S 波的位移的振幅则正比于 $A/4\pi\rho\alpha^2R$ 或 $A/4\pi\rho\beta^2R$. 由于α与β是同一数量级的量，所以当 $R>>\alpha T_s$ 时近场项可以忽略. 今以$\lambda=\alpha T_s$表示所涉及的波的波长，所以 $R>>\alpha T_s$ 的条件也就是 $R>>\lambda$ 的条件，在此条件下，远场近似成立. 需要说明的是，近场项的上述特征是在假定集中力 $g_j(t)$ 作用的持续时间 T_s 有限［式(3.126)］并且远场近似($R>>\lambda$)成立的条件下得出的. 如果 T_s 不是有限的，也就是说，如果随着时间的增加 $g_j(t)$ 不返回到零，那么近场项也将不返回到零.

第三节 弹性动力学位错理论

(一)非均匀、各向异性弹性固体中的弹性动力学运动方程

在非均匀、各向异性的弹性固体中，质点的位移满足运动方程：

$$\nabla\cdot\mathbf{T}(\boldsymbol{u}(\boldsymbol{r},t))+\boldsymbol{f}(\boldsymbol{r},t)=\rho(\boldsymbol{r})\frac{\partial^2}{\partial t^2}\boldsymbol{u}(\boldsymbol{r},t),\tag{3.127}$$

式中，$\boldsymbol{u}(\boldsymbol{r}, t)$ 是在 $P(\boldsymbol{r})$ 点和 t 时刻的位移矢量，$\boldsymbol{f}(\boldsymbol{r}, t)$ 是作用于单位体积内的质点的体力的合力，$\rho(\boldsymbol{r})$ 是介质在 $P(\boldsymbol{r})$ 点的密度，$\mathbf{T}(\boldsymbol{u}(\boldsymbol{r}, t))$ 是在 $P(\boldsymbol{r})$ 点和 t 时刻的应力张量：

$$\mathbf{T}(\boldsymbol{u}(\boldsymbol{r},t))=\mathbf{C}:\mathbf{E}(\boldsymbol{u}),\tag{3.128}$$

$\mathbf{C}$ 是由弹性系数 C_{jkpq} 构成的四阶张量，称为弹性模量张量(tensor of elastic moduli)：

$$\mathbf{C}=C_{jkpq}\boldsymbol{e}_j\boldsymbol{e}_k\boldsymbol{e}_p\boldsymbol{e}_q,\tag{3.129}$$

$\mathbf{E}(\boldsymbol{u})$ 是应变张量：

$$\begin{aligned}\mathbf{E}(\boldsymbol{u})&=\frac{1}{2}(\nabla\boldsymbol{u}+\boldsymbol{u}\nabla)\\&=\frac{1}{2}\left(\frac{\partial u_k}{\partial x_j}+\frac{\partial u_j}{\partial x_k}\right)\boldsymbol{e}_j\boldsymbol{e}_k\\&=\varepsilon_{jk}\boldsymbol{e}_j\boldsymbol{e}_k,\end{aligned}\tag{3.130}$$

式中，ε_{jk} 是应变张量 $\mathbf{E}(\boldsymbol{u})$ 的分量：

$$\varepsilon_{jk}=\frac{1}{2}\left(\frac{\partial u_k}{\partial x_j}+\frac{\partial u_j}{\partial x_k}\right),\tag{3.131}$$

$$\nabla\boldsymbol{u}=\frac{\partial u_k}{\partial x_j}\boldsymbol{e}_j\boldsymbol{e}_k,\tag{3.132}$$

$\boldsymbol{u}\nabla$是$\nabla\boldsymbol{u}$ 的转置：

$$\boldsymbol{u}\nabla=(\nabla\boldsymbol{u})^{\mathrm{T}}=\frac{\partial u_k}{\partial x_j}\boldsymbol{e}_j\boldsymbol{e}_k.\tag{3.133}$$

对于最一般的各向异性弹性固体，因为应力张量是对称的，所以 $C_{jkpq}=C_{kjpq}$；因为应变张

量是对称的，所以 $C_{jkpq}=C_{jkqp}$；又因为应变能密度函数 $W=(1/2)C_{jkpq}\varepsilon_{jk}\varepsilon_{pq}$，所以 $C_{jkpq}=C_{pqjk}$. 弹性模量张量的上述对称性可以归纳为

$$C_{jkpq}=C_{kjpq}=C_{pqjk}\,. \tag{3.134}$$

由此可以证明，对于最一般的各向异性弹性固体，独立的弹性系数实际上只有 21 个(傅承义等，1985).

将式(3.128)代入式(3.127)即得

$$\mathbf{T}(\boldsymbol{u}(\boldsymbol{r},t))=\frac{1}{2}\mathbf{C}:(\nabla\boldsymbol{u}+\boldsymbol{u}\nabla). \tag{3.135}$$

利用式(3.134)所表示的性质，可将上式表示成：

$$\mathbf{T}(\boldsymbol{u}(\boldsymbol{r},t))=\mathbf{C}:\nabla\boldsymbol{u}\,, \tag{3.136}$$

或

$$\mathbf{T}(\boldsymbol{u}(\boldsymbol{r},t))=\mathbf{C}:(\boldsymbol{u}\nabla)\,. \tag{3.137}$$

写出其分量形式，就是

$$\mathbf{T}(\boldsymbol{u})=\tau_{jk}\boldsymbol{e}_j\boldsymbol{e}_k\,, \tag{3.138}$$

$$\tau_{jk}=C_{jkpq}\frac{\partial u_q}{\partial x_p}, \tag{3.139}$$

或

$$\tau_{jk}=C_{jkpq}\frac{\partial u_p}{\partial x_q}. \tag{3.140}$$

引进另一个算子 **L**：

$$\mathbf{L}(\boldsymbol{u})\equiv\nabla\cdot\mathbf{T}(\boldsymbol{u})\,, \tag{3.141}$$

则可将运动方程(3.127)表示成：

$$\mathbf{L}(\boldsymbol{u})-\rho\frac{\partial^2\boldsymbol{u}}{\partial t^2}=-\boldsymbol{f}\,. \tag{3.142}$$

(二) 贝蒂第一公式

设 **W** 是任一张量，$\boldsymbol{u}$ 是任一矢量，则

$$\nabla\cdot(\mathbf{W}\cdot\boldsymbol{u})=\boldsymbol{u}\cdot(\nabla\cdot\mathbf{W})+\mathbf{W}:(\boldsymbol{u}\nabla)\,. \tag{3.143}$$

如果 **W** 是对称张量，则可得另一表示式：

$$\nabla\cdot(\mathbf{W}\cdot\boldsymbol{u})=\boldsymbol{u}\cdot(\nabla\cdot\mathbf{W})+\mathbf{W}:(\nabla\boldsymbol{u}). \tag{3.144}$$

将以上两式相加然后除以 2，即得对称张量 **W** 满足下列恒等式：

$$\nabla\cdot(\mathbf{W}\cdot\boldsymbol{u})=\boldsymbol{u}\cdot(\nabla\cdot\mathbf{W})+\mathbf{W}:\mathbf{E}(\boldsymbol{u})\,, \tag{3.145}$$

式中，

$$\mathbf{E}(\boldsymbol{u})=\frac{1}{2}(\nabla\boldsymbol{u}+\boldsymbol{u}\nabla)\,. \tag{3.146}$$

应力张量 $\mathbf{T}$ 是对称张量，今以 $\mathbf{W}$ 表示算子 $\mathbf{T}$［参见式(3.136)与(3.137)］作用于另一矢量 $\boldsymbol{v}$ 得到的应力张量 $\mathbf{T}(\boldsymbol{v})$，则

$$\nabla\cdot\{\mathbf{T}(\boldsymbol{v})\cdot\boldsymbol{u}\}=\boldsymbol{u}\cdot\{\nabla\cdot\mathbf{T}(\boldsymbol{v})\}+\mathbf{T}(\boldsymbol{v}):\mathbf{E}(\boldsymbol{u}),\tag{3.147}$$

式中，$\mathbf{E}(\boldsymbol{u})$ 是由式(3.130)所表示的应变张量．类似地，我们有

$$\nabla\cdot\{\mathbf{T}(\boldsymbol{u})\cdot\boldsymbol{v}\}=\boldsymbol{v}\cdot\{\nabla\cdot\mathbf{T}(\boldsymbol{u})\}+\mathbf{T}(\boldsymbol{u}):\mathbf{E}(\boldsymbol{v}),\tag{3.148}$$

式中，$\mathbf{T}(\boldsymbol{u})$ 表示算子 $\mathbf{T}$ 作用于矢量 $\boldsymbol{u}$ 得到的应力张量［参见式(3.136)与(3.137)]，$\mathbf{E}(\boldsymbol{v})$ 是与矢量场 $\boldsymbol{v}$ 相应的应变张量[参见式(3.130)]．应力张量和应变张量都是对称张量，所以

$$\mathbf{T}(\boldsymbol{u}):\mathbf{E}(\boldsymbol{v})=C_{jkpq}\frac{\partial u_q}{\partial x_p}\frac{\partial \upsilon_j}{\partial x_k},$$

$$\begin{aligned}\mathbf{T}(\boldsymbol{u}):\mathbf{E}(\boldsymbol{v})&=C_{jkpq}\frac{\partial u_q}{\partial x_p}\frac{\partial u_j}{\partial x_k}\\&=C_{pqjk}\frac{\partial u_q}{\partial x_p}\frac{\partial \upsilon_j}{\partial x_k},\end{aligned}$$

因为［式(3.134)］

$$C_{jkpq}=C_{pqjk},$$

从而

$$\mathbf{T}(\boldsymbol{u}):\mathbf{E}(\boldsymbol{v})=\mathbf{T}(\boldsymbol{v}):\mathbf{E}(\boldsymbol{u}).\tag{3.149}$$

将式(3.148)减式(3.137)，运用上式，即得

$$\nabla\cdot\{\mathbf{T}(\boldsymbol{u})\cdot\boldsymbol{v}-\mathbf{T}(\boldsymbol{v})\cdot\boldsymbol{u}\}=\boldsymbol{v}\cdot\mathbf{L}(\boldsymbol{u})-\boldsymbol{u}\cdot\mathbf{L}(\boldsymbol{v}),\tag{3.150}$$

在体积 V 内对上式积分，并对上式左边运用高斯定理，我们得到

$$\oiint_S\boldsymbol{n}\cdot\{\mathbf{T}(\boldsymbol{u})\cdot\boldsymbol{v}-\mathbf{T}(\boldsymbol{v})\cdot\boldsymbol{u}\}\mathrm{d}S=\iiint_V\{\boldsymbol{v}\cdot\mathbf{L}(\boldsymbol{u})-\boldsymbol{u}\cdot\mathbf{L}(\boldsymbol{v})\mathrm{d}V\}.\tag{3.151}$$

式中，$\boldsymbol{n}$ 为面积元 $\mathrm{d}S$ 的外法向矢量．这个公式称为贝蒂(Betti)第一公式，也称为贝蒂互易定理(Betti′s reciprocity theorem)或贝蒂关系式(Betti′s relation)．

贝蒂互易定理不涉及 $\boldsymbol{u}(\boldsymbol{r},t)$ 或 $\boldsymbol{v}(\boldsymbol{r},t)$ 的初始条件，与 $\boldsymbol{u}(\boldsymbol{r},t)$ 和 $\boldsymbol{v}(\boldsymbol{r},t)$ 中的时间 t 是否同一时刻 t 没有关系．所以，在上式中，$\boldsymbol{u}$, $\mathbf{T}(\boldsymbol{u})$ 和与 $\boldsymbol{u}$ 相应的隐含的 $\boldsymbol{f}$ 可以取某一时刻 t_1 的值，而 $\boldsymbol{v}$, $\mathbf{T}(\boldsymbol{v})$ 和与 $\boldsymbol{v}$ 相应的隐含的体力 $\boldsymbol{g}$ 则可以取另一时刻 t_2 的值．

(三) 贝蒂第二公式

1. 互易定理

设 $\boldsymbol{u}=\boldsymbol{u}(\boldsymbol{r},t)$ 是在体积 V 内由体力 $\boldsymbol{f}(\boldsymbol{r},t)$ 引起的、满足方程(3.142)和在 S 上的边界条件以及在 $t=-T$ 时刻的初始条件的位移场，T 是常数．如果以 $\boldsymbol{v}=\boldsymbol{v}(\boldsymbol{r},t)$ 表示由另一个体力 $\boldsymbol{g}(\boldsymbol{r},t)$ 引起的、满足与式(3.142)类似的方程和在 S 上的边界条件以及在 $t=-T$ 时刻的初始条件的位移场：

$$\mathbf{L}(\boldsymbol{v})-\rho\frac{\partial^2\boldsymbol{v}}{\partial t^2}=-\boldsymbol{g}\,. \tag{3.152}$$

一般而言，$\boldsymbol{v}$ 所满足的边界条件与 $\boldsymbol{u}$ 所满足的不一定一样．方程(3.142)和(3.152)在曲面 S 所包围的体积 V 内和 $t\geqslant -T$ 时都成立．既然 $\boldsymbol{f}$ 和 $\boldsymbol{g}$ 在 $t<-T$ 时等于零，那么从因果关系考虑可知 $\boldsymbol{u}$，$\dot{\boldsymbol{u}}$ 和 $\boldsymbol{v}$，$\dot{\boldsymbol{v}}$ 在 $t<-T$ 时也应等于零．

如果以 $-t$ 代替式(3.152)中的 t，并令

$$\boldsymbol{g}'(\boldsymbol{r},t)=\boldsymbol{g}(\boldsymbol{r},-t)\,, \tag{3.153}$$

$$\boldsymbol{v}'(\boldsymbol{r},t)=\boldsymbol{v}(\boldsymbol{r},-t)\,, \tag{3.154}$$

则 $\boldsymbol{v}'(\boldsymbol{r},t)$ 满足下列方程：

$$\mathbf{L}(\boldsymbol{v}')-\rho\frac{\partial^2\boldsymbol{v}'}{\partial t^2}=-\boldsymbol{g}'\,. \tag{3.155}$$

显然，当 $t>T$ 时 $\boldsymbol{g}'(\boldsymbol{r},t)$ 和 $\boldsymbol{v}'(\boldsymbol{r},t)$，$\dot{\boldsymbol{v}}'(\boldsymbol{r},t)$ 都等于零．

以 $\boldsymbol{v}'$ 点乘式(3.142)，以 $\boldsymbol{u}$ 点乘上式，然后将点乘后得的两式相减，再对体积 V 积分，对时间 t 从 $-\infty$ 到 ∞ 积分，遂得：

$$\int_{-\infty}^{\infty}\mathrm{d}t\iiint_V\left\{(\boldsymbol{v}'\cdot\mathbf{L}(\boldsymbol{u})-\boldsymbol{u}\cdot\mathbf{L}(\boldsymbol{v}'))-\rho\left(\boldsymbol{v}'\cdot\frac{\partial^2\boldsymbol{u}}{\partial t^2}-\boldsymbol{u}\cdot\frac{\partial^2\boldsymbol{v}'}{\partial t^2}\right)\right\}\mathrm{d}V=\int_{-\infty}^{\infty}\mathrm{d}t\iiint_V(\boldsymbol{u}\cdot\boldsymbol{g}'-\boldsymbol{v}'\cdot\boldsymbol{f})\mathrm{d}V. \tag{3.156}$$

上式左边积分号内第二项的积分由于质量守恒，$\rho\mathrm{d}V$ 与 t 无关，所以可以表示为

$$\begin{aligned}-\int_{-\infty}^{\infty}\mathrm{d}t\iiint_V\rho(\boldsymbol{v}'\cdot\ddot{\boldsymbol{u}}-\boldsymbol{u}\cdot\ddot{\boldsymbol{v}}')\,\mathrm{d}V&=-\int_{-\infty}^{\infty}\mathrm{d}t\iiint_V\rho\frac{\partial}{\partial t}(\boldsymbol{v}'\cdot\dot{\boldsymbol{u}}-\boldsymbol{u}\cdot\dot{\boldsymbol{v}}')\mathrm{d}V\\&=-\int_{-\infty}^{\infty}\iiint_V\frac{\partial}{\partial t}(\boldsymbol{v}'\cdot\dot{\boldsymbol{u}}-\boldsymbol{u}\cdot\dot{\boldsymbol{v}}')\rho\mathrm{d}V\mathrm{d}t\\&=-\iiint_V\rho\mathrm{d}V\int_{-\infty}^{\infty}\frac{\partial}{\partial t}(\boldsymbol{v}'\cdot\dot{\boldsymbol{u}}-\boldsymbol{u}\cdot\dot{\boldsymbol{v}}')\,\mathrm{d}t.\end{aligned} \tag{3.157}$$

上式右边对时间 t 的积分的上、下限实际上是有限的，因为被积函数在 $-T\leqslant t\leqslant T$ 之外为零．所以

$$\int_{-\infty}^{\infty}\frac{\partial}{\partial t}(\boldsymbol{v}'\cdot\dot{\boldsymbol{u}}-\boldsymbol{u}\cdot\dot{\boldsymbol{v}}')\mathrm{d}t=\int_{-T}^{T}\frac{\partial}{\partial t}(\boldsymbol{v}'\cdot\dot{\boldsymbol{u}}-\boldsymbol{u}\cdot\dot{\boldsymbol{v}}')\mathrm{d}t=(\boldsymbol{v}'\cdot\dot{\boldsymbol{u}}-\boldsymbol{u}\cdot\dot{\boldsymbol{v}}')\Big|_{-T}^{T}. \tag{3.158}$$

如果进一步假定 $\boldsymbol{u}$，$\dot{\boldsymbol{u}}$ 和 $\boldsymbol{v}$，$\dot{\boldsymbol{v}}$ 在 $t=-T$ 时为零，则 $\boldsymbol{v}'$，$\dot{\boldsymbol{v}}'$ 在 $t=T$ 时为零．将这些条件代入上式右边的 $\boldsymbol{u}$，$\dot{\boldsymbol{u}}$ 及 $\boldsymbol{v}$，$\dot{\boldsymbol{v}}$，即可得到上式等于零．现在，对式(3.156)左边花括号的第一项运用贝蒂第一公式［式(3.161)］即得下列互易公式：

$$\int_{-\infty}^{\infty}\mathrm{d}t\iiint_V(\boldsymbol{u}\cdot\boldsymbol{g}'-\boldsymbol{v}'\cdot\boldsymbol{f})\mathrm{d}V=\int_{-\infty}^{\infty}\mathrm{d}t\oiint_S\boldsymbol{n}\cdot\{\mathbf{T}(\boldsymbol{u})\cdot\boldsymbol{v}'-\mathbf{T}(\boldsymbol{v}')\cdot\boldsymbol{u}\}\mathrm{d}S \tag{3.159}$$

2. 格林函数

现在，我们以 $\boldsymbol{g}(\boldsymbol{r}, t)$ 表示在 $t=-t_0$ 时刻沿 x_j 方向作用于 $Q(\boldsymbol{r}_0)$ 点的单位脉冲集中力：

$$\boldsymbol{g}(\boldsymbol{r}, t)=\boldsymbol{e}_j\delta(\boldsymbol{r}, t; \boldsymbol{r}_0, -t_0), \tag{3.160}$$

式中，

$$\begin{aligned}\delta(\boldsymbol{r}, t; \boldsymbol{r}_0, -t_0) &= \delta(\boldsymbol{r}-\boldsymbol{r}_0)\delta(t+t_0)\\ &= \delta(x_1-x_{01})\delta(x_2-x_{02})\delta(x_3-x_{03})\delta(t+t_0).\end{aligned} \tag{3.161}$$

按照 $\boldsymbol{g}'(\boldsymbol{r}, t)$ 的定义［式(3.153)］，可得

$$\boldsymbol{g}'(\boldsymbol{r}, t)=\boldsymbol{e}_j\delta(\boldsymbol{r}, -t; \boldsymbol{r}_0, -t_0). \tag{3.162}$$

它表示在 $-t=-t_0$ 时刻沿 x_j 方向作用于 $Q(\boldsymbol{r}_0)$ 点的单位脉冲力. 现在把由 $\boldsymbol{g}'(\boldsymbol{r}, t)$ 引起的 $P(\boldsymbol{r})$ 点在 $-t$ 时刻的位移 $\boldsymbol{v}'(\boldsymbol{r}, t)$ 记作

$$\boldsymbol{v}'(\boldsymbol{r}, t)=G_{ij}(\boldsymbol{r}, -t; \boldsymbol{r}_0, -t_0)\boldsymbol{e}_i, \tag{3.163}$$

则张量

$$\mathbf{G}(\boldsymbol{r}, -t; \boldsymbol{r}_0, -t_0)=G_{ij}(\boldsymbol{r}, -t; \boldsymbol{r}_0, -t_0)\boldsymbol{e}_i\boldsymbol{e}_j \tag{3.164}$$

称为格林(Green)函数，它满足方程

$$\mathbf{L}(\mathbf{G}(\boldsymbol{r}, -t; \boldsymbol{r}_0, -t_0))-\rho\frac{\partial^2}{\partial t^2}\mathbf{G}(\boldsymbol{r}, -t; \boldsymbol{r}_0, -t_0)=-\mathbf{I}\delta(\boldsymbol{r}, -t; \boldsymbol{r}_0, -t_0). \tag{3.165}$$

将式(3.162)和式(3.163)代入式(3.159)，利用狄拉克 δ-函数的性质[参见式(3.6)]：

$$\int_{-\infty}^{\infty} f(x)\delta(x-x_0)\mathrm{d}x=f(x_0). \tag{3.166}$$

可得式(3.159)左边积分内的第一项为

$$\begin{aligned}&\int_{-\infty}^{\infty}\mathrm{d}t\iiint_V \boldsymbol{u}(\boldsymbol{r}, t)\cdot\boldsymbol{g}'(\boldsymbol{r}, t)\mathrm{d}V\\ &=\int_{-\infty}^{\infty}\int_{-\infty}^{\infty}\mathrm{d}t\iiint_V \boldsymbol{u}(\boldsymbol{r}, t)\cdot\boldsymbol{e}_j\delta(\boldsymbol{r}, -t; \boldsymbol{r}_0, -t_0)\mathrm{d}V=\boldsymbol{u}(\boldsymbol{r}_0, t_0)\cdot\boldsymbol{e}_j,\end{aligned}$$

从而

$$\begin{aligned}\boldsymbol{u}(\boldsymbol{r}_0, t_0)=&\int_{-\infty}^{\infty}\mathrm{d}t\oiint_S \boldsymbol{n}(\boldsymbol{r})\cdot\{\mathbf{T}(\boldsymbol{u}(\boldsymbol{r}, t))\cdot\mathbf{G}(\boldsymbol{r}, -t; \boldsymbol{r}_0, -t_0)-\boldsymbol{u}(\boldsymbol{r}, t)\cdot\mathbf{T}(\mathbf{G}(\boldsymbol{r}, -t; \boldsymbol{r}_0, -t_0))\}\mathrm{d}S\\ &+\int_{-\infty}^{\infty}\mathrm{d}t\iiint_V \boldsymbol{f}(\boldsymbol{r}, t)\cdot\mathbf{G}(\boldsymbol{r}, -t; \boldsymbol{r}_0, -t_0)\mathrm{d}V.\end{aligned} \tag{3.167}$$

如果上式中的 $\boldsymbol{u}(\boldsymbol{r}, t)$ 满足与 $\boldsymbol{v}'(\boldsymbol{r}, t)$ 同样的齐次边界条件，即在边界面 S 上的所有的点或者位移都等于零，或者应力都等于零，则上式右边第一项内的面积分就应当等于零. 现在，如果进一步令 $\boldsymbol{f}(\boldsymbol{r}, t)$ 表示在 t' 时刻沿 x_i 方向作用于 $Q(\boldsymbol{r}')$ 点的单位脉冲集中力：

$$\boldsymbol{f}(\boldsymbol{r},t)=\boldsymbol{e}_i\delta(\boldsymbol{r},t;\boldsymbol{r}',t'), \tag{3.168}$$

那么$\boldsymbol{f}(\boldsymbol{r},t)$在$P(\boldsymbol{r})$点引起的、在$t$时刻的位移就应当记作

$$\boldsymbol{u}(\boldsymbol{r},t)=G_{ji}(\boldsymbol{r},t;\boldsymbol{r}',t')\boldsymbol{e}_j, \tag{3.169}$$

并且张量

$$\mathbf{G}(\boldsymbol{r},t;\boldsymbol{r}',t')=G_{ji}(\boldsymbol{r},t;\boldsymbol{r}',t')\boldsymbol{e}_j\boldsymbol{e}_i \tag{3.170}$$

应满足方程

$$\mathbf{L}(\mathbf{G}(\boldsymbol{r},t;\boldsymbol{r}',t'))-\rho\frac{\partial^2}{\partial t^2}\mathbf{G}(\boldsymbol{r},t;\boldsymbol{r}',t')=-\mathbf{I}\delta(\boldsymbol{r},t;\boldsymbol{r}',t'). \tag{3.171}$$

如图3.7所示，格林函数$G_{ji}(\boldsymbol{r},t;\boldsymbol{r}',t')$表示在$t'$时刻沿$x_i$方向作用于$Q(\boldsymbol{r}')$点的单位脉冲集中力在$P(\boldsymbol{r})$点、$t$时刻引起的沿$x_j$方向的位移.

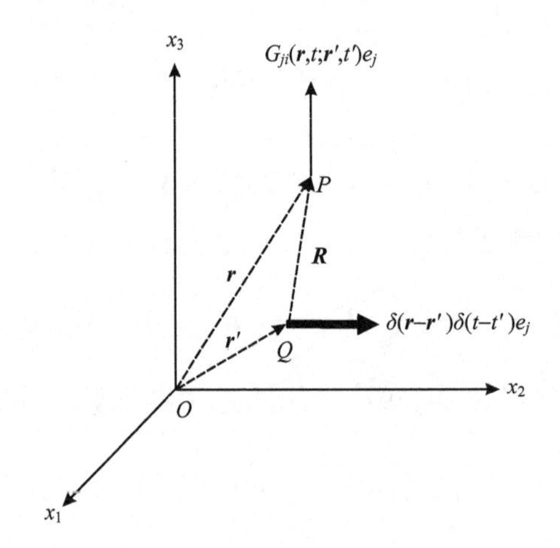

图3.7　格林函数的意义

图中以i=2, j=3为例，表示格林函数$G_{ji}(\boldsymbol{r},t;\boldsymbol{r}',t')$的意义

3. 格林函数的互易性

如果边界条件不依赖于时间，例如边界面S是刚性边界或自由边界，则时间原点可随意挪动. 由上式可见，在此条件下，$\mathbf{G}$只通过$(t-t')$这一组合形式依赖于t和t'，所以

$$\begin{aligned}\mathbf{G}(\boldsymbol{r},t;\boldsymbol{r}',t')&=\mathbf{G}(\boldsymbol{r},t-t';\boldsymbol{r}',0)\\&=\mathbf{G}(\boldsymbol{r},-t';\boldsymbol{r}',-t).\end{aligned} \tag{3.172}$$

这个关系式表示了在边界条件不依赖于时间的条件下，源点和接收点在时间方面的互易性.

根据前面已做的假设，在式(3.167)中由式(3.169)所表示的$\boldsymbol{u}$和由式(3.163)所表示的$\boldsymbol{v}'$满足同样的齐次边界条件，即$\mathbf{G}(\boldsymbol{r},t;\boldsymbol{r}',t')$和$\mathbf{G}(\boldsymbol{r},-t;\boldsymbol{r}_0,-t_0)$满足同样的齐次边界条件［参见式(3.167)］. 现在，将式(3.168)代入式(3.167)右边第二项，再一次利用上述狄拉克δ-函数的性质，并把式(3.169)代入式(3.167)左边，我们便得到

$$G_{ji}(\boldsymbol{r}_0,t_0;\boldsymbol{r}',t')=G_{ij}(\boldsymbol{r}',-t';\boldsymbol{r}_0,-t_0). \tag{3.173}$$

将上式中的$(\boldsymbol{r}_0,t_0)$换成$(\boldsymbol{r},t)$，写成张量形式，也就是

$$\mathbf{G}^{\mathrm{T}}(\boldsymbol{r},t;\boldsymbol{r}',t')=\mathbf{G}(\boldsymbol{r}',-t';\boldsymbol{r},-t)\,. \tag{3.174}$$

式(3.173)或式(3.174)表示在 $\mathbf{G}(\boldsymbol{r},t;\boldsymbol{r}',t')$ 满足齐次边界条件情况下，源点和接收点在空间–时间方面的互易性．将式(3.172)运用于上式两边，可得

$$\mathbf{G}^{\mathrm{T}}(\boldsymbol{r},t-t';\boldsymbol{r}',0)=\mathbf{G}(\boldsymbol{r}',t-t';\boldsymbol{r},0)\,. \tag{3.175}$$

上式表示了在 $\mathbf{G}(\boldsymbol{r},t;\boldsymbol{r}',t')$ 满足齐次边界条件情况下，源点与接收点单纯在空间方面的互易性．式(3.172)，(3.174)和(3.175)都称为互易关系式(reciprocity relation)．如图 3.8 所示，互易关系式［式(3.174)］表示的是，在 t'时刻沿 x_i 方向作用于 $\boldsymbol{r}'$的单位脉冲集中力在 t 时刻、$\boldsymbol{r}$ 点产生的沿 x_j 方向的位移(图 3.8 左半部)等于在$-t$ 时刻沿 x_j 方向作用于 $\boldsymbol{r}$ 的单位脉冲集中力在$-t'$时刻、$\boldsymbol{r}'$点产生的沿 x_i 方向的位移(图 3.8 右半部)．

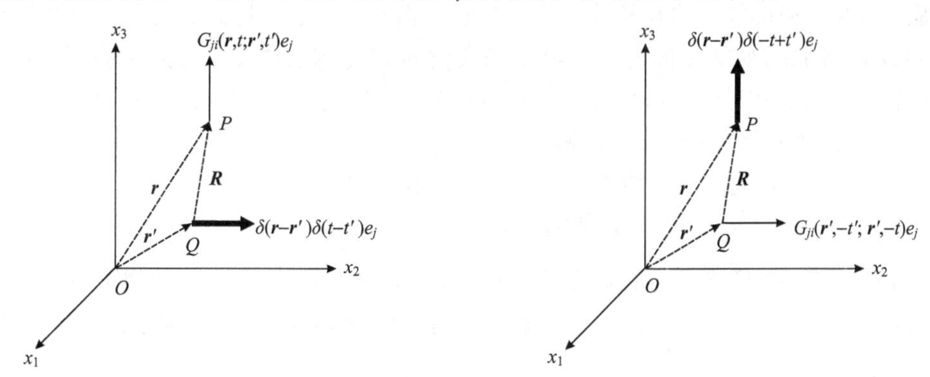

图 3.8 源点和接收点在空间–时间方面的互易性

图中以 i=2, j=3 为例，说明 $G_{ji}(\boldsymbol{r},t;\boldsymbol{r}',t')=G_{ij}(\boldsymbol{r}',-t';\boldsymbol{r},-t)$ 的意义

4. 表示定理

将式(3.167)中的$(\boldsymbol{r},t)$换成$(\boldsymbol{r}',t')$，然后将$(\boldsymbol{r}_0,t_0)$换成$(\boldsymbol{r},t)$，即得

$$\begin{aligned}\boldsymbol{u}(\boldsymbol{r},t)=&\int_{-\infty}^{\infty}\mathrm{d}t'\oint\!\!\!\oint_S \boldsymbol{n}(\boldsymbol{r}')\cdot\{\mathbf{T}(\boldsymbol{u}(\boldsymbol{r}',t'))\cdot\mathbf{G}(\boldsymbol{r}',-t';\boldsymbol{r},-t)-\boldsymbol{u}(\boldsymbol{r}',t')\cdot\mathbf{T}(\mathbf{G}(\boldsymbol{r}',-t';\boldsymbol{r},-t))\}\mathrm{d}S'\\&+\int_{-\infty}^{\infty}\mathrm{d}t'\iiint_V \boldsymbol{f}(\boldsymbol{r}',t')\cdot\mathbf{G}(\boldsymbol{r}',-t';\boldsymbol{r},-t)\mathrm{d}V',\end{aligned} \tag{3.176a}$$

写成分量形式：

$$\begin{aligned}u_i(\boldsymbol{r},t)=&\int_{-\infty}^{\infty}\mathrm{d}t'\oint\!\!\!\oint_S\left\{n_k(\boldsymbol{r}')C_{kjpg}\frac{\partial u_q(\boldsymbol{r}',t')}{\partial x_p'}G_{ji}(\boldsymbol{r}',-t';\boldsymbol{r},-t)\right.\\&\left.-n_j(\boldsymbol{r}')u_k(\boldsymbol{r}',t')C_{kjpg}\frac{\partial G_{qi}(\boldsymbol{r}',-t';\boldsymbol{r},-t)}{\partial x_p'}\right\}\mathrm{d}S'\\&+\int_{-\infty}^{\infty}\mathrm{d}t'\iiint_V f_j(\boldsymbol{r}',t')G_{ji}(\boldsymbol{r}',-t';\boldsymbol{r},-t)\mathrm{d}V'.\end{aligned} \tag{3.176b}$$

上式是非均匀、各向异性弹性固体运动方程解的积分表示式，通常称为贝蒂第二公式，

也称为弹性动力学表示定理(elastodynamic representation theorem)，简称表示定理(representation theorem)．它把体积 V 内的体力分布以及包围 V 的曲面 S 上的应力分布和位移分布跟体积 V 内任一点 $P(\boldsymbol{r})$ 的位移联系起来．格林函数即张量 $\mathbf{G}$ 称为索米亚那(Somigliana)张量，它的分量 $G_{ij}(\boldsymbol{r}', -t'; \boldsymbol{r}, -t)$ 表示在 $-t$ 时刻沿 x_j 方向作用于 $\boldsymbol{r}$ 处的单位脉冲集中力引起的 $-t'$ 时刻、$\boldsymbol{r}'$ 处沿 x_i 方向的位移[参见式(3.163)]．也就是说，这个表示式中的 $\mathbf{G}(\boldsymbol{r}', -t'; \boldsymbol{r}, -t)$ 表示的是作用于接收点 $\boldsymbol{r}$，时刻为 $-t$ 的单位脉冲集中力在 $\boldsymbol{r}'$ 点，$-t'$ 时刻引起的位移．这在概念上不是太顺．我们希望这个表示式中的格林函数 $\mathbf{G}$ 是作用于源点 $(\boldsymbol{r}', t')$ 的单位脉冲集中力在接收点 $(\boldsymbol{r}, t)$ 引起的位移 $\mathbf{G}(\boldsymbol{r}, t; \boldsymbol{r}', t')$．这样，在接收点的位移便可以表示为所有的源点(体积源与面积源)所引起的位移之和．为此，需要用到上面已经提及的源点和接收点的互易性．但是，必须指出，上面刚提到的关于源点和接收点在空间–时间方面的互易关系式(3.174)是在假设 $\mathbf{G}$ 满足齐次边界条件的前提下得到的，而贝蒂第二公式则是对任一格林函数 $\mathbf{G}(\boldsymbol{r}', -t'; \boldsymbol{r}, -t)$ 成立的，对 $\mathbf{G}(\boldsymbol{r}', -t'; \boldsymbol{r}, -t)$ 和 $\mathbf{T}(\mathbf{G}(\boldsymbol{r}', -t'; \boldsymbol{r}, -t))$ 在边界 S 上的值未作任何假定．

如果 $\mathbf{G}=\mathbf{G}^{\text{rigid}}$ 是满足刚性边界条件的格林函数，即

$$\mathbf{G}^{\text{rigid}}(\boldsymbol{r}', -t'; \boldsymbol{r}, -t)\big|_S = 0\,, \tag{3.177}$$

则在这种情形下，$\mathbf{G}$ 具有式(3.174)所表示的空间–时间互易性．利用关系式(3.174)可得：

$$\boldsymbol{f}(\boldsymbol{r}', t')\cdot\mathbf{G}(\boldsymbol{r}', -t'; \boldsymbol{r}, -t) = \boldsymbol{f}(\boldsymbol{r}', t')\cdot\mathbf{G}^{\mathrm{T}}(\boldsymbol{r}, t; \boldsymbol{r}', t') = \mathbf{G}(\boldsymbol{r}, t; \boldsymbol{r}', t')\cdot\boldsymbol{f}(\boldsymbol{r}', t')\,, \tag{3.178}$$

从而：

$$\boldsymbol{u}(\boldsymbol{r}, t) = \int_{-\infty}^{\infty}\mathrm{d}t'\iiint_V \mathbf{G}\cdot\boldsymbol{f}\,\mathrm{d}V' - \int_{-\infty}^{\infty}\mathrm{d}t'\oint\!\!\!\oint_S \boldsymbol{n}\cdot(\boldsymbol{u}\cdot\mathbf{T}(\mathbf{G}^{\mathrm{T}}))\,\mathrm{d}S'\,. \tag{3.179a}$$

写成分量形式：

$$\begin{aligned} u_i(\boldsymbol{r}, t) = &\int_{-\infty}^{\infty}\mathrm{d}t'\iiint_V G_{ij}(\boldsymbol{r}, t; \boldsymbol{r}', t')f_j(\boldsymbol{r}', t')\mathrm{d}V' \\ &- \int_{-\infty}^{\infty}\mathrm{d}t'\oint\!\!\!\oint_S n_j(\boldsymbol{r}')u_k(\boldsymbol{r}', t')C_{kjpg}\frac{\partial G_{iq}(\boldsymbol{r}, t; \boldsymbol{r}', t')}{\partial x_p'}, \end{aligned} \tag{3.179b}$$

式中，

$$\mathbf{G} = \mathbf{G}^{\text{rigid}}(\boldsymbol{r}, t; \boldsymbol{r}', t')\,. \tag{3.180}$$

如果 $\mathbf{G}=\mathbf{G}^{\text{free}}$ 是满足自由边界条件的格林函数，即

$$\mathbf{T}(\mathbf{G}^{\text{free}}(\boldsymbol{r}', -t'; \boldsymbol{r}, -t))\big|_S = 0\,, \tag{3.181}$$

则在这种情形下，$\mathbf{G}$ 也具有式(3.174)所表示的空间–时间互易性．利用关系式

$$\boldsymbol{f}\cdot\mathbf{G}^{\mathrm{T}} = \mathbf{G}\cdot\boldsymbol{f}\,, \tag{3.182}$$

$$\boldsymbol{n}\cdot(\mathbf{T}(\boldsymbol{u})\cdot\mathbf{G}^{\mathrm{T}}) = (\boldsymbol{n}\cdot\mathbf{T})\cdot\mathbf{G}^{\mathrm{T}} = \mathbf{G}\cdot(\boldsymbol{n}\cdot\mathbf{T})\,, \tag{3.183}$$

可得

$$\boldsymbol{u}(\boldsymbol{r},t)=\int_{-\infty}^{\infty}\mathrm{d}t'\iiint_V \mathbf{G}\cdot\boldsymbol{f}\mathrm{d}V'+\int_{-\infty}^{\infty}\mathrm{d}t'\oiint_S \mathbf{G}\cdot(\boldsymbol{n}\cdot\mathbf{T}(\boldsymbol{u}))\mathrm{d}S\,, \tag{3.184a}$$

写成分量形式：

$$u_i(\boldsymbol{r},t)=\int_{-\infty}^{\infty}\mathrm{d}t'\iiint_V G_{ij}(\boldsymbol{r},t;\boldsymbol{r}',t')f_j(\boldsymbol{r}',t')\mathrm{d}V'$$

$$+\int_{-\infty}^{\infty}\mathrm{d}t'\oiint_S G_{ij}(\boldsymbol{r},t;\boldsymbol{r}',t')n_k(\boldsymbol{r}')C_{kjpg}\frac{\partial u_q(\boldsymbol{r}',t')}{\partial x_p'}\mathrm{d}S', \tag{3.184b}$$

式中，

$$\mathbf{G}=\mathbf{G}^{\text{free}}(\boldsymbol{r},t;\boldsymbol{r}',t')\,. \tag{3.185}$$

式(3.176)，(3.179)和(3.184)都称为表示定理，不过，它们是在不同条件下成立的、不同形式的表示定理．式(3.176)是一般情形下的表示定理，对格林函数没有任何限制，也即对任何一个格林函数都成立，但格林函数是 $\mathbf{G}(\boldsymbol{r}',-t';\boldsymbol{r},-t)$．式(3.179)则适用于格林函数在边界面上为零的情形，格林函数是 $\mathbf{G}^{\text{rigid}}(\boldsymbol{r},t;\boldsymbol{r}',t')$，具有互易性．式(3.184)对于满足自由边界条件的格林函数成立，格林函数是 $\mathbf{G}^{\text{free}}(\boldsymbol{r},t;\boldsymbol{r}',t')$，也具有互易性．

式(3.176)，(3.179)与(3.184)等三个不同形式的表示定理引出一个疑问，即 $\boldsymbol{u}(\boldsymbol{r},t)$ 究竟是取决于边界面 S 上的位移[式(3.179)]，还是取决于 S 上的应力[式(3.184)]，还是既取决于位移，也取决于应力[式(3.176)]？不过，由于在弹性介质的表面上的位移与应力是不能独立地给定的，所以实际上并无矛盾．

现在让我们回到式(3.159)，假定式(3.163)所表示的 $\boldsymbol{v}'(\boldsymbol{r},t)$ 是无限介质中如式(3.162)所示的单位脉冲集中力 $\boldsymbol{g}(\boldsymbol{r},t)$ 产生的位移场．无限介质在体积 V 内的特性与式(3.159)所示的有限体积 V 内的特性完全一样．而在体积 V 外的无限介质的特性则可随意选定．如果集中力的作用点 $\boldsymbol{r}$ 位于 V 内，我们可以得到与式(3.167)类似的表示式：

$$\boldsymbol{u}(\boldsymbol{r}_0,t_0)=\int_{-\infty}^{\infty}\mathrm{d}t\oiint_S \boldsymbol{n}(\boldsymbol{r})\cdot\{\mathbf{T}(\boldsymbol{u}(\boldsymbol{r},t))\cdot\mathbf{G}_\infty(\boldsymbol{r},-t;\boldsymbol{r}_0,-t_0)-\boldsymbol{u}(\boldsymbol{r},t)\cdot\mathbf{T}(\mathbf{G}_\infty(\boldsymbol{r},-t;\boldsymbol{r}_0,-t_0)\}\mathrm{d}S$$

$$+\int_{-\infty}^{\infty}\mathrm{d}t\iiint_V \boldsymbol{f}(\boldsymbol{r},t)\cdot\mathbf{G}_\infty(\boldsymbol{r},-t;\boldsymbol{r}_0,-t_0)\mathrm{d}V, \tag{3.186}$$

式中，$\mathbf{G}_\infty(\boldsymbol{r},-t;\boldsymbol{r}_0,-t_0)$ 表示无限介质中满足非齐次运动方程(3.165)的格林函数．

如果 $\boldsymbol{r}_0$ 落在 V 外，上式左边的 $\boldsymbol{u}(\boldsymbol{r}_0,t_0)$ 就应当换成零．

其次，让我们令式(3.159)的 $\boldsymbol{g}'(\boldsymbol{r},t)=0$，以 $\hat{\mathbf{G}}(\boldsymbol{r},-t;\boldsymbol{r}_0,-t_0)$ 表示与式(3.165)相应的齐次运动方程的格林函数，重复与推导上式类似的步骤，可得与上式相应的表示式：

$$0=\int_{-\infty}^{\infty}\mathrm{d}t\oiint_{S}\boldsymbol{n}(\boldsymbol{r})\cdot\{\mathbf{T}(\boldsymbol{u}(\boldsymbol{r},t))\cdot\hat{\mathbf{G}}(\boldsymbol{r},-t;\boldsymbol{r}_0,-t_0)-\boldsymbol{u}(\boldsymbol{r},t)\cdot\mathbf{T}(\hat{\mathbf{G}}(\boldsymbol{r},-t;\boldsymbol{r}_0,-t_0))\}\mathrm{d}S$$

$$+\int_{-\infty}^{\infty}\mathrm{d}t\iiint_{V}\boldsymbol{f}(\boldsymbol{r},t)\cdot\hat{\mathbf{G}}(\boldsymbol{r},-t;\boldsymbol{r}_0,-t_0)\mathrm{d}V. \tag{3.187}$$

将以上两式相加，我们便得到与式(3.167)形式完全相同的表示式：

$$\boldsymbol{u}(\boldsymbol{r}_0,t_0)=\int_{-\infty}^{\infty}\mathrm{d}t\oiint_{S}\boldsymbol{n}(\boldsymbol{r})\cdot\{\mathbf{T}(\boldsymbol{u}(\boldsymbol{r},t))\cdot\mathbf{G}(\boldsymbol{r},-t;\boldsymbol{r}_0,-t_0)-\boldsymbol{u}(\boldsymbol{r},t)\cdot\mathbf{T}(\mathbf{G}(\boldsymbol{r},-t;\boldsymbol{r}_0,-t_0))\}\mathrm{d}S$$

$$+\int_{-\infty}^{\infty}\mathrm{d}t\iiint_{V}\boldsymbol{f}(\boldsymbol{r},t)\cdot\mathbf{G}(\boldsymbol{r},-t;\boldsymbol{r}_0,-t_0)\mathrm{d}V, \tag{3.188}$$

但现在式中的 $\mathbf{G}$ 是：

$$\mathbf{G}=\mathbf{G}_\infty+\hat{\mathbf{G}}. \tag{3.189}$$

也就是说，式(3.188)中的 $\mathbf{G}$ 所包含的 $\mathbf{G}_\infty$ 是无限介质中的非齐次运动方程(3.165)的格林函数，而 $\hat{\mathbf{G}}$ 则是与式(3.165)相应的齐次运动方程的格林函数．由式(3.189)可以看出，我们可以通过选取一个适当的 $\hat{\mathbf{G}}$，使得 $\mathbf{G}_\infty+\hat{\mathbf{G}}$ 所表示的在 V 中的 $\mathbf{G}$ 满足所要求的在 S 上的边界条件．

将式(3.188)中的 $(\boldsymbol{r},t)$ 换成 $(\boldsymbol{r}',t')$，然后把 $(\boldsymbol{r}_0,t_0)$ 换成 $(\boldsymbol{r},t)$，我们便得到与式(3.176)形式完全相同的表示式：

$$\boldsymbol{u}(\boldsymbol{r},t)=\int_{-\infty}^{\infty}\mathrm{d}t'\oiint_{S}\boldsymbol{n}(\boldsymbol{r}')\cdot(\mathbf{T}(\boldsymbol{u}(\boldsymbol{r}',t'))\cdot\mathbf{G}(\boldsymbol{r}',-t';\boldsymbol{r},-t))-\boldsymbol{u}(\boldsymbol{r}',t')\cdot\mathbf{T}(\mathbf{G}(\boldsymbol{r}',-t';\boldsymbol{r},-t))\mathrm{d}S'$$

$$+\int_{-\infty}^{\infty}\mathrm{d}t'\iiint_{V}\boldsymbol{f}(\boldsymbol{r}',t')\cdot\mathbf{G}(\boldsymbol{r}',-t';\boldsymbol{r},-t)\mathrm{d}V', \tag{3.190}$$

但是式中的格林函数 $\mathbf{G}$ 表示的是可以通过上述步骤得到的、满足所要求的边界条件的格林函数．

(四)弹性动力学位错理论

现在来求闭合曲面 S 所包围的体积 V 内的曲面 Σ 预先存在的位移及应力的间断所引起的位移场(Burridge and Knopoff, 1964)．以 $\boldsymbol{\nu}$ 代表 Σ 上的单位法向，以 $[\boldsymbol{u}(\boldsymbol{r},t)]$ 和 $[\mathbf{T}(\boldsymbol{u}(\boldsymbol{r},t))]$ 分别代表位移 $\boldsymbol{u}(\boldsymbol{r},t)$ 和应力 $\mathbf{T}(\boldsymbol{u}(\boldsymbol{r},t))$ 沿 $\boldsymbol{\nu}$ 的正方向即从 Σ^- 指向 Σ^- 的方向通过 Σ 时的间断(图 3.1)．

假定在 S 上，$\boldsymbol{u}$ 和 $\mathbf{G}$ 满足同样的齐次边界条件，并且假定，对于 $\mathbf{G}$ 来说，Σ 是"透明"的，也即假定对于 $\mathbf{G}$ 来说，Σ 是一个人为的曲面，通过这个曲面，不但位移，而且位移的导数都连续．现在将贝蒂第二公式运用于 Σ 和 S 之间的区域．既然在 S 上，或者是 $\mathbf{G}$ 和 $\boldsymbol{u}$ 都等于零，或者是 $\mathbf{T}(\mathbf{G}^{\mathrm{T}})$ 和 $\mathbf{T}(\boldsymbol{u})$ 都等于零，所以对 S 的积分为零，只剩下对 Σ^+ 和 Σ^- 的积分，从而

$$\boldsymbol{u}(\boldsymbol{r},t)=\int_{-\infty}^{\infty}\mathrm{d}t'\iiint_V \mathbf{G}\cdot\boldsymbol{f}\mathrm{d}V'-\int_{-\infty}^{\infty}\mathrm{d}t'\iint_\Sigma \mathbf{G}\cdot(\boldsymbol{\nu}\cdot[\mathbf{T}(\boldsymbol{u})])\mathrm{d}\Sigma'$$
$$+\int_{-\infty}^{\infty}\mathrm{d}t'\iint_\Sigma \boldsymbol{\nu}\cdot\{[\boldsymbol{u}]\cdot\mathbf{T}(\mathbf{G}^{\mathrm{T}})\}\mathrm{d}\Sigma'. \tag{3.191}$$

上式中的 $\mathbf{G}$ 现在是 $\mathbf{G}(\boldsymbol{r},t;\boldsymbol{r}',t')$ 的简写．而 $\mathbf{T}(\boldsymbol{G}^{\mathrm{T}}(\boldsymbol{r},t;\boldsymbol{r}',t'))$ 是一个三阶张量：

$$\mathbf{T}(\mathbf{G}^{\mathrm{T}}(\boldsymbol{r},t;\boldsymbol{r}',t'))=T^i_{jk}\boldsymbol{e}_j\boldsymbol{e}_k\boldsymbol{e}_i\,, \tag{3.192}$$

$$T^i_{jk}(\boldsymbol{r},t;\boldsymbol{r}',t')=C_{jkpq}\frac{\partial G_{ip}(\boldsymbol{r},t;\boldsymbol{r}',t')}{\partial x'_q}\,. \tag{3.193}$$

上式右边第一项表示体力引起的位移场，第二项表示曲面Σ上的应力间断（应力错）$[\mathbf{T}(\boldsymbol{u})]$ 引起的位移场，第三项表示位移间断（位错）$[\boldsymbol{u}]$ 引起的位移场．通常将这个公式称为位移表示定理，其分量形式为

$$u_i(\boldsymbol{r},t)=\int_{-\infty}^{\infty}\mathrm{d}t'\iiint_V G_{ij}f_j\mathrm{d}V'-\int_{-\infty}^{\infty}\mathrm{d}t'\iint_\Sigma G_{ij}[\tau_{jk}]\nu_k\mathrm{d}\Sigma'+\int_{-\infty}^{\infty}\mathrm{d}t'\iint_\Sigma [u_j]T^i_{jk}\nu_k\mathrm{d}\Sigma', \tag{3.194}$$

式中，τ_{jk} 是应力张量 $\mathbf{T}(\boldsymbol{u})$ 的分量[参见式(3.138)]，T^i_{jk} 是三阶张量 $\mathbf{T}(\mathbf{G}^{\mathrm{T}})$ 的分量[参见式(3.192)与式(3.193)]．所以上式又可表示为另一有用的形式：

$$u_i(\boldsymbol{r},t)=\int_{-\infty}^{\infty}\mathrm{d}t'\iiint_V G_{ij}f_j\mathrm{d}V'-\int_{-\infty}^{\infty}\mathrm{d}t'\iint_\Sigma G_{ij}C_{jkpq}\left[\frac{\partial u_p}{\partial x_q}\right]\nu_k\mathrm{d}\Sigma'$$
$$+\int_{-\infty}^{\infty}\mathrm{d}t'\iint_\Sigma [u_j]C_{jkpq}\frac{\partial G_{ip}}{\partial x_q}\nu_k\mathrm{d}\Sigma'. \tag{3.195}$$

一般形式的位错$[\boldsymbol{u}]$亦称为索米亚那位错．但是如果可以将位错表示为

$$[\boldsymbol{u}]=\boldsymbol{u}_0+\boldsymbol{\Omega}\times\boldsymbol{r}\,, \tag{3.196}$$

式中，$\boldsymbol{u}_0$ 和$\boldsymbol{\Omega}$均为常量，那么这种位错就称为伏尔特拉(Volterra)位错．显然，伏尔特拉位错表示位错面两侧的相对错动有如刚体的运动，即平动 $\boldsymbol{u}_0$ 加转动$\boldsymbol{\Omega}$.

（五）等效体力

1. 与位错和应力错等效的体力

位移表示定理式(3.191)，式(3.194)或式(3.195)将在$(\boldsymbol{r},t)$的位移 $\boldsymbol{u}(\boldsymbol{r},t)$ 表示为体力、位错和应力错三者引起的位移之和．由这些表示式可以看出，体力、位错和应力错对位移的贡献是通过对体力、应力错乘以格林函数、对位错乘以格林函数的一阶导数然后积分求得的．这意味着，位错和应力错可以视为体力的某种分布(Burridge and Knopoff, 1964)，也就是说位错和应力错与体力是等效的．为了把位错和应力错表示为与其等效的体力，我们首先把式(3.195)中位于位错面Σ上的点的坐标用 $\boldsymbol{r}_0$ 来表示，即

$$r_0 = r'|_{\Sigma}$$

这样，式(3.195)可改写为

$$\begin{aligned}u_i(\boldsymbol{r},t)=&\int_{-\infty}^{\infty}\mathrm{d}t'\iiint_V G_{ij}(\boldsymbol{r},t;\boldsymbol{r}',t')f_j(\boldsymbol{r}',t')\mathrm{d}V'\\&-\int_{-\infty}^{\infty}\mathrm{d}t'\iint_{\Sigma} G_{ij}(\boldsymbol{r},t;\boldsymbol{r}_0,t')C_{jkpq}(\boldsymbol{r}_0)\left[\frac{\partial u_p(\boldsymbol{r}_0,t')}{\partial x_{0q}}\right]\nu_k(\boldsymbol{r}_0)\mathrm{d}\Sigma_0\\&+\int_{-\infty}^{\infty}\mathrm{d}t'\iint_{\Sigma}[u_j(\boldsymbol{r}_0,t')]C_{jkpq}(\boldsymbol{r}_0)\frac{\partial G_{ip}(\boldsymbol{r},t;\boldsymbol{r}_0,t')}{\partial x_{0q}}\nu_k(\boldsymbol{r}_0)\mathrm{d}\Sigma_0.\end{aligned} \tag{3.197}$$

利用狄拉克δ-函数及其导数的性质，可以将上式中的$G_{ij}(\boldsymbol{r},t;\boldsymbol{r}_0,t')$及$\partial G_{ip}(\boldsymbol{r},t;\boldsymbol{r}_0,t')/\partial x_{0q}$表示为

$$G_{ij}(\boldsymbol{r},t;\boldsymbol{r}_0,t')=\iiint_V \delta(\boldsymbol{r}'-\boldsymbol{r}_0)G_{ij}(\boldsymbol{r},t;\boldsymbol{r}',t')\mathrm{d}V', \tag{3.198}$$

$$-\frac{\partial G_{ip}(\boldsymbol{r},t;\boldsymbol{r}_0,t')}{\partial x_{0q}}=\iiint_V \frac{\partial\delta(\boldsymbol{r}'-\boldsymbol{r}_0)}{\partial x_q}G_{ip}(\boldsymbol{r},t;\boldsymbol{r}',t')\mathrm{d}V', \tag{3.199}$$

式中，$\delta(\boldsymbol{r}'-\boldsymbol{r}_0)$是三维的狄拉克$\delta$-函数：

$$\delta(\boldsymbol{r}'-\boldsymbol{r}_0)=\delta(x_1'-x_{01})\delta(x_2'-x_{02})\delta(x_3'-x_{03}). \tag{3.200}$$

将式(3.198)和式(3.199)代入式(3.197)即得

$$\begin{aligned}u_i(\boldsymbol{r},t)=&\int_{-\infty}^{\infty}\mathrm{d}t'\iiint_V G_{ij}(\boldsymbol{r},t;\boldsymbol{r}',t')f_j(\boldsymbol{r}',t')\mathrm{d}V'\\&-\int_{-\infty}^{\infty}\mathrm{d}t'\iint_{\Sigma}\left[\iiint_V\delta(\boldsymbol{r}'-\boldsymbol{r}_0)G_{ij}(\boldsymbol{r},t;\boldsymbol{r}',t')\mathrm{d}V'\right]C_{jkpq}(\boldsymbol{r}_0)\left[\frac{\partial u_p(\boldsymbol{r}_0,t')}{\partial x_{0q}}\right]\nu_k(\boldsymbol{r}_0)\mathrm{d}\Sigma_0\\&-\int_{-\infty}^{\infty}\mathrm{d}t'\iint_{\Sigma}[u_j(\boldsymbol{r}_0,t')]C_{jkpq}(\boldsymbol{r}_0)\left\{\iiint_V\frac{\partial\delta(\boldsymbol{r}'-\boldsymbol{r}_0)}{\partial x_q'}G_{ip}(\boldsymbol{r},t;\boldsymbol{r}',t')\mathrm{d}V'\right\}\nu_k(\boldsymbol{r}_0)\mathrm{d}\Sigma_0,\end{aligned}$$

$$\begin{aligned}u_i(\boldsymbol{r},t)=&\int_{-\infty}^{\infty}\mathrm{d}t'\iiint_V G_{ij}(\boldsymbol{r},t;\boldsymbol{r}',t')\left\{f_j(\boldsymbol{r}',t')-\iint_{\Sigma}\left(C_{jkpq}(\boldsymbol{r}_0)\left[\frac{\partial u_p(\boldsymbol{r}_0,t')}{\partial x_{0q}}\right]\delta(\boldsymbol{r}'-\boldsymbol{r}_0)\right.\right.\\&\left.\left.+C_{pkjq}(\boldsymbol{r}_0)[u_p(\boldsymbol{r}_0,t')]\frac{\partial\delta(\boldsymbol{r}'-\boldsymbol{r}_0)}{\partial x_q'}\right)\nu_k(\boldsymbol{r}_0)\mathrm{d}\Sigma_0\right\}\mathrm{d}V'.\end{aligned} \tag{3.201}$$

上式表明，位移$u_i(\boldsymbol{r},t)$可以表示为

$$u_i(\boldsymbol{r},t)=\int_{-\infty}^{\infty}\mathrm{d}t'\iiint_V G_{ij}(\boldsymbol{r},t;\boldsymbol{r}',t')F_j(\boldsymbol{r}',t')\mathrm{d}V', \tag{3.202}$$

式中，F_j是真实的体力f_j以及与位错、应力错等效的体力$\overline{f}_j$之和，而

$$\overline{f}_j(\boldsymbol{r}',t') = -\iint_{\Sigma}\left\{C_{jkpq}(\boldsymbol{r}_0)\left[\frac{\partial u_p(\boldsymbol{r}_0,t')}{\partial x_{0q}}\right]\delta(\boldsymbol{r}'-\boldsymbol{r}_0) + C_{pkjq}(\boldsymbol{r}_0)[u_p(\boldsymbol{r}_0,t')]\frac{\partial\delta(\boldsymbol{r}'-\boldsymbol{r}_0)}{\partial x'_q}\right\}\nu_k(\boldsymbol{r}_0)\mathrm{d}\Sigma_0. \tag{3.203}$$

与位错和应力错等效的体力 $\overline{f}_j$ 的表示式(3.203)对于任何非均匀、各向异性与完全弹性介质成立．也就是说，只要运动方程(3.127)成立，并且式(3.134)成立，也就是弹性系数张量 $C_{jkpq}=C_{kjpq}C_{pqjk}$ 成立，位错和应力错与体力便是完全等效的．并且，位错和应力错与体力的等效性只与断层面Σ附近的弹性介质的局部的性质有关．

2. 作为内源的位错源

式(3.203)右边第二项表示了与位错$[\boldsymbol{u}]$等效的体力 $\overline{\boldsymbol{f}}^{[\boldsymbol{u}]}(\boldsymbol{r}',t')$：

$$\overline{\boldsymbol{f}}^{[\boldsymbol{u}]}(\boldsymbol{r}',t') = \overline{f}_j^{[\boldsymbol{u}]}(\boldsymbol{r}',t')\boldsymbol{e}_j, \tag{3.204}$$

$$\overline{f}_j^{[\boldsymbol{u}]}(\boldsymbol{r}',t') = -\iint_{\Sigma} C_{pkjq}(\boldsymbol{r}_0)[u_p(\boldsymbol{r}_0,t')]\frac{\partial\delta(\boldsymbol{r}'-\boldsymbol{r}_0)}{\partial x'_q}\nu_k(\boldsymbol{r}_0)\mathrm{d}\Sigma_0. \tag{3.205}$$

地震是发生于地球内部岩石中的破裂过程，地震的震源是一种内源．作为内源，在体积 V 内的总动量和总角动量应当都是守恒的，也就是与位错等效的力的净力 $\overline{\boldsymbol{F}}$ 以及与位错等效的力相对于任一固定点的净力矩 $\overline{\boldsymbol{M}}$ 应当都等于零，即对所有的时间 t'，

$$\overline{\boldsymbol{F}} = \iiint_V \overline{f}^{[\boldsymbol{u}]}(\boldsymbol{r}',t')\mathrm{d}V' = 0, \tag{3.206}$$

对所有的时间 t'和任一固定点 $\boldsymbol{r}'_0$，

$$\overline{\boldsymbol{M}} = \iiint_V (\boldsymbol{r}'-\boldsymbol{r}'_0)\times\overline{\boldsymbol{f}}^{[\boldsymbol{u}]}(\boldsymbol{r}',t')\mathrm{d}V' = 0. \tag{3.207}$$

这是因为

$$\begin{aligned}\overline{\boldsymbol{F}} &= \iiint_V \overline{f}^{[\boldsymbol{u}]}(\boldsymbol{r}',t')\mathrm{d}V' \\ &= -\boldsymbol{e}_j\iiint_V\left\{\iint_{\Sigma} C_{pkjq}(\boldsymbol{r}_0)[u_p(\boldsymbol{r}_0,t')]\frac{\partial\delta(\boldsymbol{r}'-\boldsymbol{r}_0)}{\partial x'_q}\nu_k(\boldsymbol{r}_0)\mathrm{d}\Sigma_0\right\}\mathrm{d}V' \\ &= -\boldsymbol{e}_j\iint_{\Sigma} C_{pkjq}(\boldsymbol{r}_0)[u_p(\boldsymbol{r}_0,t')]\nu_k(\boldsymbol{r}_0)\left\{\iiint_V\frac{\partial\delta(\boldsymbol{r}'-\boldsymbol{r}_0)}{\partial x'_q}\mathrm{d}V'\right\}\mathrm{d}\Sigma_0.\end{aligned} \tag{3.208}$$

在上式右边的花括号内的体积分可以借助高斯定理化为面积分：

$$\iiint_V \frac{\partial\delta(\boldsymbol{r}'-\boldsymbol{r}_0)}{\partial x'_q}\mathrm{d}V' = \oiint_S n_q(\boldsymbol{r}')\delta(\boldsymbol{r}'-\boldsymbol{r}_0)\mathrm{d}S'. \tag{3.209}$$

在上式右边的面积分中，$\boldsymbol{r}'$是曲面 S 上的点，$\boldsymbol{r}_0$ 是位错面Σ上的点，$\boldsymbol{r}'$与 $\boldsymbol{r}_0$ 没有共同点．既然在狄拉克δ–函数$\delta(\boldsymbol{r}'-\boldsymbol{r}_0)$中，$\boldsymbol{r}'$与 $\boldsymbol{r}_0$ 没有共同点，所以上式右边的面积分等于零，从而

$$\bar{\boldsymbol{F}} = 0 . \tag{3.210}$$

运用置换符号(permutation symbol) ε_{ijk}:

$$\varepsilon_{ijk} = \begin{cases} 0, & \text{若任何两个指标相同}, \\ 1, & \text{若} i, j, k \text{顺序, 即} (1,2,3), (2,3,1), (3,1,2), \\ -1, & \text{若} i, j, k \text{逆序, 即} (2,1,3), (3,2,1), (1,3,2), \end{cases} \tag{3.211}$$

可将 $\bar{\boldsymbol{M}}$ 表示为

$$\begin{aligned} \bar{\boldsymbol{M}} &= \iiint_V (\boldsymbol{r}' - \boldsymbol{r}_0') \times \bar{\boldsymbol{f}}^{[\boldsymbol{u}]}(\boldsymbol{r}', t') \mathrm{d}V', \\ &= \boldsymbol{e}_n \iiint_V \varepsilon_{nij} (x_i' - x_{0i}') \bar{f}_j^{[\boldsymbol{u}]}(\boldsymbol{r}', t') \mathrm{d}V', \\ &= -\boldsymbol{e}_n \iiint_V \varepsilon_{nij} (x_i' - x_{0i}') \left\{ \iint_\Sigma C_{pkjq}(\boldsymbol{r}_0)[u_p(\boldsymbol{r}_0, t')] \frac{\partial \delta(\boldsymbol{r}' - \boldsymbol{r}_0)}{\partial x_q'} v_k(\boldsymbol{r}_0) \mathrm{d}\Sigma_0 \right\} \mathrm{d}V', \\ &= -\boldsymbol{e}_n \iint_\Sigma C_{pkjq}(\boldsymbol{r}_0)[u_p(\boldsymbol{r}_0, t')] v_k(\boldsymbol{r}_0) \left\{ \iiint_V \varepsilon_{nij} (x_i' - x_{0i}') \frac{\partial \delta(\boldsymbol{r}' - \boldsymbol{r}_0)}{\partial x_q'} \mathrm{d}V' \right\} \mathrm{d}\Sigma_0, \\ &= -\boldsymbol{e}_n \iint_\Sigma C_{pkjq}(\boldsymbol{r}_0)[u_p(\boldsymbol{r}_0, t')] v_k(\boldsymbol{r}_0) \left\{ \iiint_V \varepsilon_{nij} \frac{\partial}{\partial x_q'} ((x_i' - x_{0i}') \delta(\boldsymbol{r}' - \boldsymbol{r}_0)) \mathrm{d}V' \right. \\ &\quad \left. - \iiint_V \varepsilon_{nij} \delta(\boldsymbol{r}' - \boldsymbol{r}_0) \frac{\partial (x_i' - x_{0i}')}{\partial x_q'} \right\} \mathrm{d}\Sigma_0. \end{aligned} \tag{3.212}$$

与对 $\bar{\boldsymbol{F}}$ 的分析类似，上式右边花括号内的第一项的体积分可以借助高斯定理化为面积分：

$$\iiint_V \varepsilon_{nij} \frac{\partial}{\partial x_q'} ((x_i' - x_{0i}') \delta(\boldsymbol{r}' - \boldsymbol{r}_0)) \mathrm{d}V' = \varepsilon_{nij} \oiint_S n_q(\boldsymbol{r}') (x_i' - x_{0i}') \delta(\boldsymbol{r}' - \boldsymbol{r}_0) \mathrm{d}S', \tag{3.213}$$

从而

$$\begin{aligned} \bar{\boldsymbol{M}} = -\boldsymbol{e}_n \iint_\Sigma C_{pkjq}(\boldsymbol{r}_0)[u_p(\boldsymbol{r}_0, t')] v_k(\boldsymbol{r}_0) &\left\{ \varepsilon_{nij} \oiint_S n_q(\boldsymbol{r}') (x_i' - x_{0i}') \delta(\boldsymbol{r}' - \boldsymbol{r}_0) \mathrm{d}S' \right. \\ &\left. - \varepsilon_{nij} \iiint_V \delta(\boldsymbol{r}' - \boldsymbol{r}_0) \delta_{iq} \mathrm{d}V' \right\} \mathrm{d}\Sigma_0. \end{aligned} \tag{3.214}$$

与对 $\bar{\boldsymbol{F}}$ 的分析类似，上式右边花括号内的第一项面积分因为 $\boldsymbol{r}'$是曲面 S 上的点，$\boldsymbol{r}_0$是位错面Σ上的点，它们没有共同点，因而等于零．第二项体积分则由于$-\varepsilon_{nij}\delta_{iq} = -\varepsilon_{nqj}$，所以

$$\bar{\boldsymbol{M}} = \boldsymbol{e}_n \iint_\Sigma C_{pkjq}(\boldsymbol{r}_0)[u_p(\boldsymbol{r}_0, t')] v_k(\boldsymbol{r}_0) \varepsilon_{nqj} \mathrm{d}\Sigma_0 . \tag{3.215}$$

现在来考察上式右边中的因子 $C_{pkjq}\varepsilon_{nqj}$．当 $j=j_1$, $q=q_1$ 时，这个因子中的相应的项为 $C_{pkj_1q_1}\varepsilon_{nq_1j_1}$，它与 $j=q_1$，$q=j_1$ 时该因子中的相应的项 $C_{pkq_1j_1}\varepsilon_{nj_1q_1}$ 的和为 $C_{pkj_1q_1}\varepsilon_{nq_1j_1} +$

$C_{pkq_1j_1}\varepsilon_{nj_1q_1}$. 因为$C_{pkj_1q_1}=C_{pkq_1j_1}$，以及$\varepsilon_{nq_1j_1}+\varepsilon_{nj_1q_1}=0$（若$j_1=q_1$，$\varepsilon_{nq_1j_1}=\varepsilon_{nj_1q_1}=0$；若$j_1\neq q_1$，$\varepsilon_{nq_1j_1}=-\varepsilon_{nj_1q_1}$），所以这个和等于零. 概括地说，因为弹性系数的对称性以及置换符号ε_{nqj}的性质[参见式(3.211)]：

$$C_{pkjq}=C_{pkqj}, \tag{3.216}$$

所以因子

$$C_{pkjq}\varepsilon_{nqj}=0, \tag{3.217}$$

从而

$$\bar{\boldsymbol{M}}=0. \tag{3.218}$$

3. 与位错等效的基本的力偶或偶极

以上分析表明，位错与体力的分布是等效的. 通过分析式(3.195)右边的第三项，我们将进一步看到，为了表示在非均匀、各向异性与完全弹性介质中的最一般情形的位错，需要 9 个最基本的力偶(couple)或力的偶极(dipole). 为此，我们将式(3.195)右边第三项改写为

$$u_i(\boldsymbol{r},t)=\iint\limits_{\Sigma}[u_j]C_{jkpq}\nu_k*\frac{\partial G_{ip}}{\partial x_q}\mathrm{d}\Sigma', \tag{3.219}$$

式中，星号"*"表示时间域中的卷积. 如前已述，$G_{ip}(\boldsymbol{r}, t; \boldsymbol{r}', t')$表示沿$x_p$方向作用于$(\boldsymbol{r}', t')$点的单位脉冲集中力在$(\boldsymbol{r}, t)$点引起的沿$x_i$方向的位移(参见图 3.7). $\partial G_{ip}(\boldsymbol{r}, t; \boldsymbol{r}', t')/\partial x_q'$是力沿$\pm x_p$方向、力臂沿$x_q$方向的单力偶或偶极［记为$(p, q)$］引起的沿$x_i$方向的位移，［$u_j$］$C_{jkpq}\nu_k\mathrm{d}\Sigma'$是$(p, q)$力偶的矩或偶极的强度，［$u_j$］$C_{jkpq}\nu_k$则是单位面积的$(p, q)$力偶$(p\neq q)$的矩或偶极$(p=q)$的强度，即单位面积的矩(参见图 3.9). 与位错等效的 9 个最基本的力偶或偶极(p, q)如图 3.10 所示.

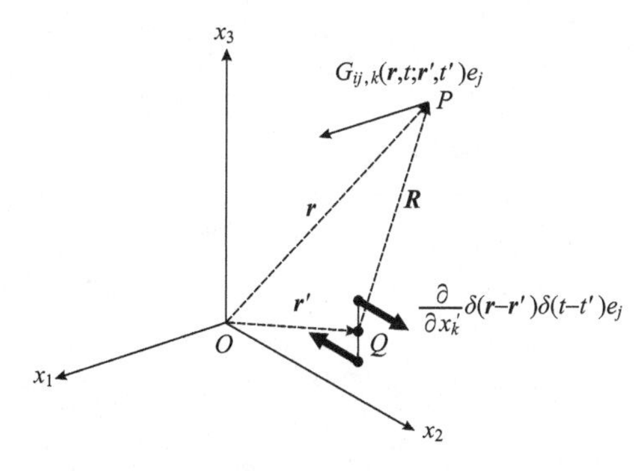

图 3.9　格林函数的空间一阶导数的意义

图中以 i=1, j=2, k=3 为例，说明格林函数 $G_{ij}(\boldsymbol{r}, t; \boldsymbol{r}', t')$ 的空间一阶导数 $G_{ij,k}(\boldsymbol{r}, t; \boldsymbol{r}', t')=G_{ij}(\boldsymbol{r}, t; \boldsymbol{r}', t')/\partial x_k'$ 的意义

定义

$$\mathbf{m}=m_{pq}\boldsymbol{e}_p\boldsymbol{e}_q, \tag{3.220}$$

$$m_{pq} = [u_j]C_{jkpq}\nu_k\,, \tag{3.221}$$

m 称为矩密度张量(moment density tensor)，m_{pq} 是其分量．量

$$\mathbf{M} = \iint_{\Sigma} \mathbf{m}\mathrm{d}\Sigma'\,, \tag{3.222}$$

$$\mathbf{M} = M_{pq}\boldsymbol{e}_p\boldsymbol{e}_q \tag{3.223}$$

是矩密度张量对整个位错面Σ的积分，称为矩张量(moment tensor)．矩密度张量(亦称矩张量密度)**m** 也就是单位面积的矩张量，

$$\mathbf{m} = \frac{\mathrm{d}\boldsymbol{M}}{\mathrm{d}S}. \tag{3.224}$$

因此，式(3.219)可写为

$$u_i(\boldsymbol{r},t) = \iint_{\Sigma} m_{pq} * \frac{\partial G_{ip}}{\partial x'_q}\mathrm{d}\Sigma'\,. \tag{3.225}$$

在点源近似成立的条件下，它可以写为

$$u_i(\boldsymbol{r},t) = M_{pq} * \frac{\partial G_{ip}}{\partial x'_q}\,, \tag{3.226}$$

式中，$G_{ip}(\boldsymbol{r}, t; \boldsymbol{r}', 0)/\partial x'_q$ 取Σ上的某个点 $\boldsymbol{r}_0$ 作为参考点时的值，$\boldsymbol{r}'=\boldsymbol{r}_0$.

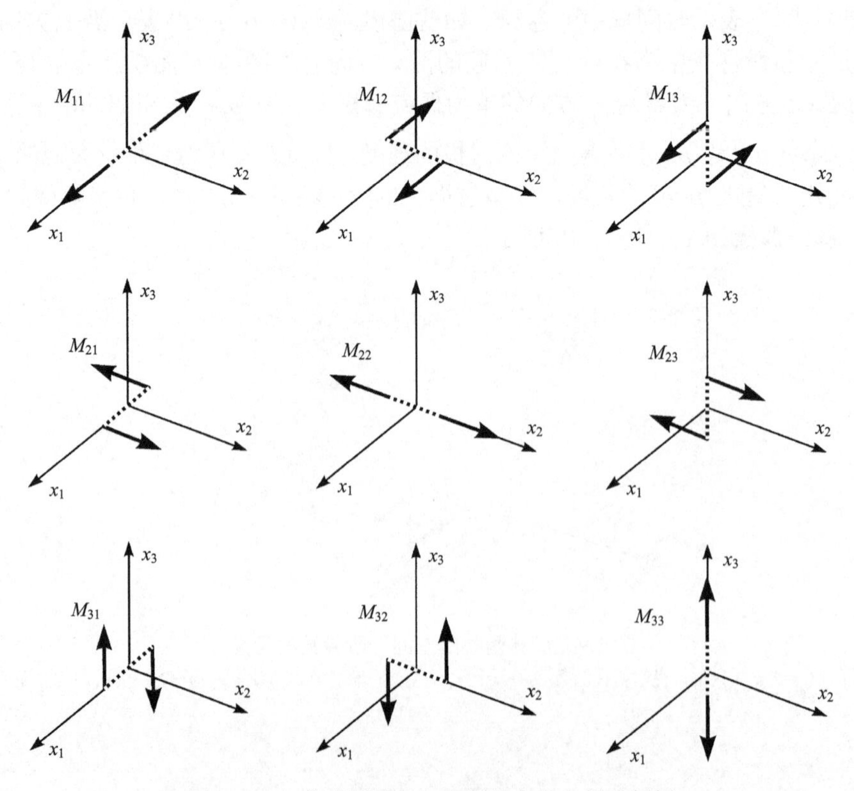

图 3.10　与位错等效的 9 个最基本的力偶或偶极

(六)均匀、各向同性和完全弹性的无限介质中的弹性位错理论

1. 均匀、各向同性和完全弹性的无限介质中的位移表示式

均匀、各向同性和完全弹性的无限介质中的索米亚那张量很容易由集中力引起的位移表示式求得. 把式(3.100)中的集中力 $\boldsymbol{g}(t)$ 表示为 t'时刻沿 x_j 方向作用于 $Q(\boldsymbol{r}')$ 点的单位脉冲集中力

$$\boldsymbol{g}(t)=\delta(t-t')\boldsymbol{e}_j, \tag{3.227}$$

并把由这个力引起的位移表示为

$$\boldsymbol{u}(\boldsymbol{r},t)=G_{ij}(\boldsymbol{r},t;\boldsymbol{r}',t')\boldsymbol{e}_i, \tag{3.228}$$

那么由式(3.100)可得

$$\begin{aligned}4\pi\rho\mathbf{G}(\boldsymbol{r},t;\boldsymbol{r}',t')=&\frac{1}{\boldsymbol{R}^3}(3\boldsymbol{e}_R\boldsymbol{e}_R-\mathbf{I})\int_{R/\alpha}^{R/\beta}\delta(t-t'-\tau)\tau\mathrm{d}\tau\\&+\frac{1}{\alpha^2\boldsymbol{R}}\boldsymbol{e}_R\boldsymbol{e}_R\delta\left(t-t'-\frac{R}{\alpha}\right)-\frac{1}{\beta^2\boldsymbol{R}}(\boldsymbol{e}_R\boldsymbol{e}_R-\mathbf{I})\delta\left(t-t'-\frac{\boldsymbol{R}}{\beta}\right),\end{aligned} \tag{3.229}$$

式中，$\boldsymbol{R}$ 现在表示力的作用点 $Q(\boldsymbol{r}')$ 至观测点 $P(\boldsymbol{r})$ 的矢径：

$$\boldsymbol{R}=\boldsymbol{r}-\boldsymbol{r}'.$$

用分量形式表示式(3.229)，就是

$$\begin{aligned}4\pi\rho G_{ij}(\boldsymbol{r},t;\boldsymbol{r}',t')=&\frac{1}{R^3}(3\gamma_i\gamma_j-\delta_{ij})\int_{R/\alpha}^{R/\beta}\delta(t-t'-\tau)\tau\mathrm{d}\tau\\&+\frac{1}{\alpha^2 R}\gamma_i\gamma_j\delta\left(t-t'-\frac{R}{\alpha}\right)-\frac{1}{\beta^2 R}(\gamma_i\gamma_j-\delta_{ij})\delta\left(t-t'-\frac{R}{\beta}\right).\end{aligned} \tag{3.230}$$

由以上两式不难看出，索米亚那张量是对称张量：

$$\mathbf{G}^{\mathrm{T}}(\boldsymbol{r},t;\boldsymbol{r}',t')=\mathbf{G}(\boldsymbol{r},t;\boldsymbol{r}',t'), \tag{3.231}$$

或以分量形式表示：

$$G_{ji}(\boldsymbol{r},t;\boldsymbol{r}',t')=G_{ij}(\boldsymbol{r},t;\boldsymbol{r}',t'). \tag{3.232}$$

对于均匀、各向同性和完全弹性介质，弹性系数张量

$$C_{jkpq}=\lambda\delta_{jk}\delta_{pq}+\mu(\delta_{jp}\delta_{kq}+\delta_{jq}\delta_{kp}), \tag{3.233}$$

即

$$\begin{cases}C_{1111}=C_{2222}=C_{3333}=\lambda+2\mu,\\C_{1122}=C_{1133}=C_{2211}=C_{2233}=C_{3311}=C_{3322}=\lambda,\\C_{2323}=C_{3223}=C_{3232}=C_{3131}=C_{1331}=C_{1313}\\\qquad=C_{3113}=C_{1212}=C_{2112}=C_{2121}=C_{1221}=\mu.\end{cases} \tag{3.234}$$

所以

$$\tau_{jk}=\lambda\delta_{jk}\frac{\partial u_m}{\partial x'_m}+\mu\left(\frac{\partial u_k}{\partial x'_j}+\frac{\partial u_j}{\partial x'_k}\right),\tag{3.235}$$

$$T^i_{jk}=\lambda\delta_{jk}\frac{\partial G_{im}}{\partial x'_m}+\mu\left(\frac{\partial G_{ik}}{\partial x'_j}+\frac{\partial G_{ij}}{\partial x'_k}\right),\tag{3.236}$$

式中，x'_j 是 $\boldsymbol{r}'=x'_j\boldsymbol{e}_j$ 的分量.

对于均匀、各向同性和完全弹性的情形，可以利用上式将式(3.194)右边最后一项的被积函数化为

$$[u_j]T^i_{jk}\nu_k=\{\lambda\delta_{jk}\nu_m[u_m]+\mu(\nu_j[u_k]+\nu_k[u_j])\}\frac{\partial G_{ij}}{\partial x'_k}.\tag{3.237}$$

所以如果令

$$[\sigma_{jk}]=\lambda\delta_{jk}\nu_m[u_m]+\mu(\nu_j[u_k]+\nu_k[u_j]),\tag{3.238}$$

则在均匀、各向同性和完全弹性的无限介质情形下式(3.194)可以表示成另一种形式：

$$u_i(\boldsymbol{r},t)=\int_{-\infty}^{\infty}\mathrm{d}t'\iiint_V G_{ij}f_j\mathrm{d}V'-\int_{-\infty}^{\infty}\mathrm{d}t'\iint_\Sigma G_{ij}[\tau_{jk}]\nu_k\mathrm{d}\Sigma'+\int_{-\infty}^{\infty}\mathrm{d}t'\iint_\Sigma[\sigma_{jk}]\frac{\partial G_{ij}}{\partial x'_k}\mathrm{d}\Sigma',\tag{3.239}$$

式中的$[\sigma_{jk}]$是在均匀、各向同性和完全弹性的无限介质情形下矩密度张量 **m** 的分量，通常以 m_{jk} 表示之：

$$\mathbf{m}=m_{jk}\boldsymbol{e}_j\boldsymbol{e}_k,\tag{3.240}$$

$$m_{jk}=[\sigma_{jk}].\tag{3.241}$$

式(3.240)和式(3.241)实际上是式(3.220)和式(3.221)在均匀、各向同性和完全弹性的无限介质这种简单的特殊情形下的表示式.

2. 剪切位错与无矩双力偶的等效性

以 $\boldsymbol{e}$ 表示位错矢量的方向，以Δu 表示位错的幅值，则：

$$[\boldsymbol{u}]=\Delta u\boldsymbol{e}.\tag{3.242}$$

剪切位错即位错矢量的方向与位错面平行的位错，也就是位错矢量的方向与位错面法线方向垂直的位错，即 $\boldsymbol{e}\perp\boldsymbol{\nu}$, 所以$\boldsymbol{\nu}\cdot\boldsymbol{e}=0$ 也就是$\nu_m e_m=0$. 在这种情形下，式(3.239)右边第三项所表示的位错引起的位移表示式

$$u_i(\boldsymbol{r},t)=\int_{-\infty}^{\infty}\mathrm{d}t'\iint_\Sigma[\sigma_{jk}]\frac{\partial G_{ij}}{\partial x'_k}\mathrm{d}\Sigma'\tag{3.243}$$

中的$[\sigma_{jk}]$简化为[参见式(3.238)]

$$[\sigma_{jk}]=\mu(\nu_j e_k+\nu_k e_j)\Delta u.\tag{3.244}$$

将上式代入式(3.243)即得

$$u_i(\boldsymbol{r},t)=\int_{-\infty}^{\infty}\mathrm{d}t'\iint_\Sigma\mu\nu_j e_k\Delta u\left(\frac{\partial G_{ij}}{\partial x'_k}+\frac{\partial G_{ik}}{\partial x'_j}\right)\mathrm{d}\Sigma'.\tag{3.245}$$

若剪切位错面是法线方向为$\boldsymbol{\nu}$=(0, 0, 1)的平面，剪切位错方向沿 x_1 方向：$\boldsymbol{e}$=(1, 0, 0)，那么上式右边被积函数中的

$$\frac{\partial G_{ij}}{\partial x_k'}+\frac{\partial G_{ik}}{\partial x_j'}=\frac{\partial G_{i3}}{\partial x_1'}+\frac{\partial G_{i1}}{\partial x_3'}, \tag{3.246}$$

$$\mu\nu_j e_k\Delta u=\mu\nu_3 e_1\Delta u=\mu\Delta u. \tag{3.247}$$

在上式中，$\mu\Delta u$ 是矩密度张量不为零的分量，它表征单位面积的地震矩；而量$\Delta u d\Sigma'$则表征震源(剪切位错源)的强度，因此称为位错源的潜势(potency) (Ben-Menahem and Singh, 1981).

以上两式表明，法线方向为$\boldsymbol{\nu}$=(0, 0, 1)、剪切位错方向为$\boldsymbol{e}$=(1, 0, 0)的剪切位错与互相垂直的、净力矩为零的两个力偶(无矩双力偶)是等效的，这两个力偶中的一个是$\partial G_{i3}/\partial x_1'$，表示力的作用方向沿$\pm x_3$方向、力臂沿$+x_1$方向、力偶矩沿$-x_2$方向、力偶矩的幅值等于$\mu\Delta u d\Sigma'$的力偶．另一对是$\partial G_{i1}/x_3'$，表示力的作用方向沿$\pm x_1$方向、力臂沿$+x_3$方向、力偶矩沿$+x_2$方向、力偶矩的幅值也等于$\mu\Delta u d\Sigma'$的力偶．这两个力偶矩的幅值都等于$\mu\Delta u d\Sigma'$，但方向正好相反，构成了“无矩双力偶”.

对于$\boldsymbol{\nu}$与 $\boldsymbol{e}$ 取其他方向(但互相垂直)的情形可作类似的分析．所以一般地，对于$\boldsymbol{\nu}$与 $\boldsymbol{e}$ 垂直的位错即剪切位错，它所引起的位移与互相垂直的无矩双力偶是等效的，这两对力偶的力的作用方向和力臂的方向分别与$\boldsymbol{\nu}$和 $\boldsymbol{e}$(或与 $\boldsymbol{e}$ 和$\boldsymbol{\nu}$)一致，每对力偶矩的幅值都等于$\mu\Delta u d\Sigma'$，但力偶矩的方向相反．$M_0=\mu\Delta u d\Sigma'$称为地震矩．这就是剪切位错与无矩双力偶的等效性(图 3.11).

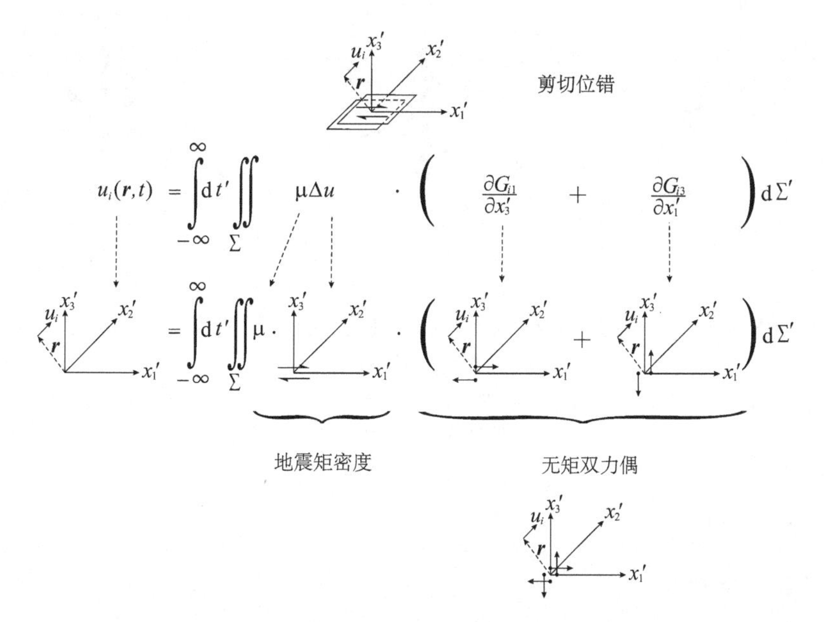

图 3.11 剪切位错与无矩双力偶的等效性

图中以$\boldsymbol{\nu}$=(0, 0, 1), $\boldsymbol{e}$=(1, 0, 0)的剪切位错为例，说明剪切位错与无矩双力偶的等效性

由式(3.245)可见，对于剪切位错情形，若位错方向与剪切位错面的法线方向互易，它所引起的位移不变：

$$\mu\nu_k e_j\Delta u\left(\frac{\partial G_{ik}}{\partial x_j'}+\frac{\partial G_{ij}}{\partial x_k'}\right)\mathrm{d}\Sigma'=\mu\nu_j e_k\Delta u\left(\frac{\partial G_{ij}}{\partial x_k'}+\frac{\partial G_{ik}}{\partial x_j'}\right)\mathrm{d}\Sigma'. \tag{3.248}$$

这说明由面积元 $\mathrm{d}\Sigma'$上的剪切位错引起的位移是无法区分断层面(位错面)(其法线方向为$\boldsymbol{\nu}$的方向)与辅助面(其法线方向为 $\boldsymbol{e}$ 的方向)的.

3. 张裂位错与膨胀中心加无矩偶极的等效性

张裂位错即位错方向与位错面法线方向一致的位错，这就是 $\boldsymbol{e}/\!/\boldsymbol{\nu}$或 $\boldsymbol{e}=\boldsymbol{\nu}$. 以$\boldsymbol{\nu}=(0, 0, 1)$, $\boldsymbol{e}=(0, 0, 1)$为例，由式(3.238)与式(3.239)右边第三项可得在这种情形下，

$$u_i(\boldsymbol{r},t)=\iint\limits_{\Sigma}\left\{\lambda\left(\frac{\partial G_{i1}}{\partial x_1'}+\frac{\partial G_{i2}}{\partial x_2'}+\frac{\partial G_{i3}}{\partial x_3'}\right)+2\mu\frac{\partial G_{i3}}{\partial x_3'}\right\}\Delta u\mathrm{d}\Sigma'. \tag{3.249}$$

上式表明，张裂位错(图 3.12a)与强度为$\lambda\Delta u\mathrm{d}\Sigma'$的膨胀中心加强度为 $2\mu\Delta u\mathrm{d}\Sigma'$，沿位错方向(在此情形下也是位错面的法线方向)的无矩偶极是等效的(图 3.12b)；它与沿位错方向(在这个例子中是 x_3 轴方向)、强度为$(\lambda+2\mu)\Delta u\mathrm{d}\Sigma'$的无矩偶极加沿其他两个坐标轴方向(在这个例子中是 x_1 轴与 x_2 轴方向)、强度均为$\lambda\Delta u\mathrm{d}\Sigma'$的无矩偶极也是等效的(图 3.12c).

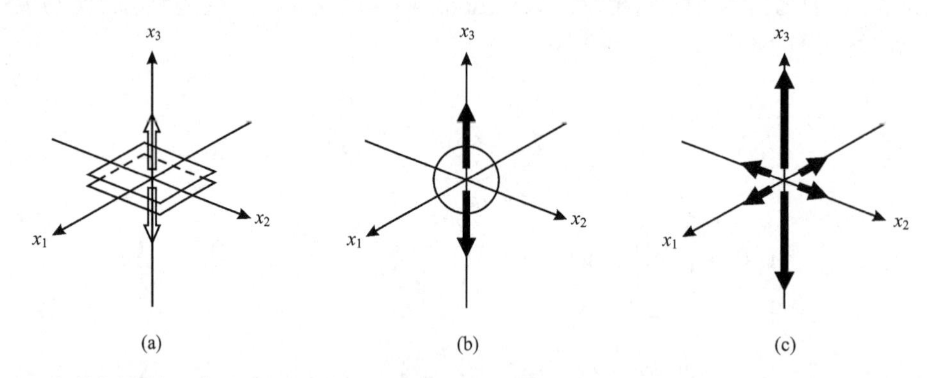

图3.12　张裂位错(空心箭头)与膨胀中心(圆球)加无矩偶极(粗黑箭头)或三个互相垂直的无矩偶极(粗黑箭头)的等效性

(a)张裂位错；(b)膨胀中心加无矩偶极；(c)沿张裂位错方向、强度为$(\lambda+2\mu)\Delta u\mathrm{d}\Sigma'$的无矩偶极加沿其他两个坐标轴方向、强度为$\lambda\Delta u\mathrm{d}\Sigma'$的无矩偶极

(七)德·胡普表示式

由式(3.230)可得

$$\frac{\partial G_{ij}}{\partial x_k'}=-\frac{\partial G_{ij}}{\partial x_k}. \tag{3.250}$$

再注意到在式(3.239)中，$[\sigma_{jk}]$是 $\boldsymbol{r}'$的函数并且与 $\boldsymbol{r}=x_k\boldsymbol{e}_k$ 无关，所以可以将式(3.239)化为：

$$u_i(\boldsymbol{r},t)=\int_{-\infty}^{\infty}\mathrm{d}t'\iiint_V G_{ij}f_j\mathrm{d}V'-\int_{-\infty}^{\infty}\mathrm{d}t'\iint_\Sigma G_{ij}[\tau_{jk}]\nu_k\mathrm{d}\Sigma'$$
$$-\int_{-\infty}^{\infty}\mathrm{d}t'\frac{\partial}{\partial x_k}\iint_\Sigma G_{ij}[\sigma_{jk}]\mathrm{d}\Sigma',\tag{3.251}$$

式中，$G_{ij}=G_{ij}(\boldsymbol{r},t;\boldsymbol{r}',t')$由式(3.230)表示．今引进由下式定义的算子$G_{ij}(\phi)$：

$$4\pi\rho G_{ij}(\phi)=\frac{1}{R^3}(3\gamma_i\gamma_j-\delta_{ij})\int_{R/\alpha}^{R/\beta}\phi(t-\tau)\tau\mathrm{d}\tau$$
$$+\frac{1}{\alpha^2R}\gamma_i\gamma_j\phi\left(t-\frac{R}{\alpha}\right)-\frac{1}{\beta^2R}(\gamma_i\gamma_j-\delta_{ij})\phi\left(t-\frac{R}{\beta}\right),\tag{3.252}$$

利用狄拉克δ–函数的性质不难证明：

$$u_i(\boldsymbol{r},t)=\iiint_V G_{ij}(f_j)\mathrm{d}V'-\iint_\Sigma G_{ij}([\tau_{jk}])\nu_k\mathrm{d}\Sigma'-\frac{\partial}{\partial x_k}\iint_\Sigma G_{ij}([\sigma_{jk}])\mathrm{d}\Sigma'.\tag{3.253}$$

这个位移表示式很便于实际应用，称为德·胡普(De Hoop)表示式(De Hoop, 1958)．

(八)频率域

以上分析都是在时间域进行的．有时需要在频率域里分析问题，因此需要知道上面得到的关系式在频率域里的表达式．为此，可按类似步骤重复前面的推导．在频率域里的情形，也就是相当于简谐源的情形．若以$\hat{f}(\omega)$表示任一时间函数$f(t)$的频谱[参见式(3.73)与式(3.74)]：

$$\hat{f}(\omega)=\int_{-\infty}^{\infty}f(t)\mathrm{e}^{-\mathrm{i}\omega t}\mathrm{d}t,\tag{3.254}$$

$$f(t)=\frac{1}{2\pi}\int_{-\infty}^{\infty}\hat{f}(\omega)\mathrm{e}^{\mathrm{i}\omega t}\mathrm{d}\omega,\tag{3.255}$$

则可将贝蒂第一公式表示成

$$\oiint_S \boldsymbol{n}\cdot[\mathbf{T}(\hat{\boldsymbol{u}})\cdot\hat{\boldsymbol{v}}-\mathbf{T}(\hat{\boldsymbol{v}})\cdot\hat{\boldsymbol{u}}]\mathrm{d}S=\iiint_V[\hat{\boldsymbol{v}}\cdot\mathbf{L}(\hat{\boldsymbol{u}})-\hat{\boldsymbol{u}}\cdot\mathbf{L}(\hat{\boldsymbol{v}})]\mathrm{d}V.\tag{3.256}$$

这个公式与式(3.151)形式完全相同．

不难证明，互易关系式［参见式(3.174)］可以表示为

$$\hat{\mathbf{G}}^{\mathrm{T}}(\boldsymbol{r},t';\omega)=\hat{\mathbf{G}}(\boldsymbol{r}',\boldsymbol{r};\omega).\tag{3.257}$$

在频率域，贝蒂第二公式表示成[参见式(3.176a)]：

$$\hat{\boldsymbol{u}}(\boldsymbol{r},\omega)=\iiint_V\hat{\mathbf{G}}\cdot\hat{\boldsymbol{f}}\mathrm{d}V'+\oiint_S\boldsymbol{n}\cdot\mathbf{T}(\hat{\boldsymbol{u}})\cdot\hat{\mathbf{G}}\mathrm{d}S'-\oiint_S\boldsymbol{n}\cdot(\hat{\boldsymbol{u}}\cdot\mathbf{T}(\hat{\mathbf{G}}))\mathrm{d}S'.\tag{3.258}$$

而位移表示定理则为[参见式(3.191)]

$$\hat{\boldsymbol{u}}(\boldsymbol{r},\omega)=\iiint\limits_V \hat{\mathbf{G}}\cdot\hat{\boldsymbol{f}}\mathrm{d}V'-\iint\limits_\Sigma \hat{\mathbf{G}}\cdot\boldsymbol{\nu}\cdot[\mathbf{T}(\boldsymbol{u})]\cdot\mathrm{d}\Sigma'+\iint\limits_\Sigma \boldsymbol{\nu}\cdot\{[\hat{\boldsymbol{u}}]\cdot\mathbf{T}(\hat{\mathbf{G}}^{\mathrm{T}})\}\mathrm{d}\Sigma'. \tag{3.259}$$

在均匀、各向同性和完全弹性的无限介质中，索米亚那张量的频谱表示式可以由式(3.92)求得. 在频率域，式(3.92)变为

$$4\pi\rho\hat{\boldsymbol{u}}(\boldsymbol{r},\boldsymbol{r}';\omega)=\nabla\times\left[\left(\nabla\frac{1}{R}\right)\times\int_0^{R/\beta}\hat{\boldsymbol{g}}(\omega)\mathrm{e}^{-\mathrm{i}\omega t}\tau\mathrm{d}\tau\right]-\nabla\times\left[\left(\nabla\frac{1}{R}\right)\cdot\int_0^{R/\alpha}\hat{\boldsymbol{g}}(\omega)\mathrm{e}^{-\mathrm{i}\omega t}\tau\mathrm{d}\tau\right]. \tag{3.260}$$

若以 $\hat{\boldsymbol{g}}(\omega)$ 表示沿 x_j 方向作用的单位脉冲集中力的频谱：

$$\hat{\boldsymbol{g}}(\omega)=\boldsymbol{e}_j, \tag{3.261}$$

把由此引起的位移的频谱 $\hat{\boldsymbol{u}}(\boldsymbol{r},\boldsymbol{r}';\omega)$ 表示为

$$\hat{\boldsymbol{u}}(\boldsymbol{r},\boldsymbol{r}';\omega)=\hat{G}_{ij}(\boldsymbol{r},\boldsymbol{r}';\omega)\boldsymbol{e}_i, \tag{3.262}$$

则张量

$$\hat{\mathbf{G}}(\boldsymbol{r},\boldsymbol{r}';\omega)=\hat{G}_{ij}(\boldsymbol{r},\boldsymbol{r}';\omega)\boldsymbol{e}_i\boldsymbol{e}_j \tag{3.263}$$

可表示为

$$4\pi\rho\hat{\mathbf{G}}(\boldsymbol{r},\boldsymbol{r}';\omega)=\frac{\mathrm{e}^{-\mathrm{i}k_\beta R}}{R}\mathbf{I}+\nabla\nabla\cdot\left[\frac{\mathrm{e}^{-\mathrm{i}k_\beta R}-\mathrm{e}^{-\mathrm{i}k_\alpha R}}{k_\beta^2 R}\mathbf{I}\right]. \tag{3.264}$$

不难看出，$\hat{\mathbf{G}}$ 是对称张量：

$$\hat{\mathbf{G}}^{\mathrm{T}}(\boldsymbol{r},\boldsymbol{r}';\omega)=\hat{\mathbf{G}}(\boldsymbol{r},\boldsymbol{r}';\omega). \tag{3.265}$$

式(3.260)也可以由下述步骤求得. 在频率域，运动方程[式(3.45)]可以表示为

$$\rho\alpha^2\nabla(\nabla\cdot\hat{\boldsymbol{u}})-\rho\beta^2\nabla\times\nabla\times\hat{\boldsymbol{u}}+\rho\omega^2\hat{\boldsymbol{u}}=-\hat{\boldsymbol{f}}, \tag{3.266}$$

所以，如果 $\boldsymbol{f}(\boldsymbol{r},t)$ 是作用于 $Q(\boldsymbol{r}')$ 点的集中力

$$\boldsymbol{f}(\boldsymbol{r},t)=\boldsymbol{g}(t)\delta(\boldsymbol{r}-\boldsymbol{r}'), \tag{3.267}$$

则

$$\hat{\boldsymbol{f}}(\boldsymbol{r},\omega)=\hat{\boldsymbol{g}}(\omega)\delta(\boldsymbol{r}-\boldsymbol{r}'). \tag{3.268}$$

方程(3.266)就可以表示为

$$\alpha^2\nabla(\nabla\cdot\hat{\boldsymbol{u}})-\beta^2\nabla\times\nabla\times\hat{\boldsymbol{u}}+\omega^2\hat{\boldsymbol{u}}=-\frac{\hat{\boldsymbol{g}}(\omega)}{\rho}\delta(\boldsymbol{r}-\boldsymbol{r}'). \tag{3.269}$$

注意到

$$\nabla^2\frac{1}{R}=-4\pi\delta(\boldsymbol{r}-\boldsymbol{r}'), \tag{3.270}$$

可得

$$-\hat{\boldsymbol{g}}(\omega)\delta(\boldsymbol{r}-\boldsymbol{r}')=\frac{\hat{\boldsymbol{g}}(\omega)}{4\pi}\nabla^2\frac{1}{R}=\frac{1}{4\pi}\nabla^2\left[\frac{\hat{\boldsymbol{g}}(\omega)}{R}\right]$$
$$=\frac{1}{4\pi}\left[\nabla\nabla\cdot\left(\frac{\hat{\boldsymbol{g}}(\omega)}{R}\right)-\nabla\times\nabla\times\left(\frac{\hat{\boldsymbol{g}}(\omega)}{R}\right)\right]. \tag{3.271}$$

令

$$\hat{\boldsymbol{u}}=\nabla\nabla\cdot[\hat{\boldsymbol{g}}(\omega)\hat{S}_\alpha]-\nabla\times\nabla\times[\hat{\boldsymbol{g}}(\omega)\hat{S}_\beta], \tag{3.272}$$

则如果 $\hat{S}_\alpha(R,\omega)$ 和 $\hat{S}_\beta(R,\omega)$ 分别满足下列方程：

$$\nabla^2\hat{S}_\alpha+k_\alpha^2\hat{S}_\alpha=\frac{1}{4\pi\rho\alpha^2 R}, \tag{3.273}$$

$$\nabla^2\hat{S}_\beta+k_\beta^2\hat{S}_\beta=\frac{1}{4\pi\rho\beta^2 R}, \tag{3.274}$$

式中，

$$k_\alpha=\frac{\omega}{\alpha}, \tag{3.275}$$

$$k_\beta=\frac{\omega}{\beta}, \tag{3.276}$$

$$R=|\boldsymbol{R}|, \tag{3.277}$$

$$\boldsymbol{R}=\boldsymbol{r}-\boldsymbol{r}'. \tag{3.278}$$

则由式(3.272)表示的 $\hat{\boldsymbol{u}}$ 就满足方程(3.269)．方程(3.273)和(3.274)满足 $\hat{S}_\alpha(0,\omega)=0$ 和 $\hat{S}_\beta(0,\omega)=0$ 的特解分别是

$$\hat{S}_\alpha(R,\omega)=\frac{1}{4\pi\rho\omega^2}\left(\frac{1-\mathrm{e}^{-\mathrm{i}k_\alpha R}}{R}\right), \tag{3.279}$$

$$\hat{S}_\beta(R,\omega)=\frac{1}{4\pi\rho\omega^2}\left(\frac{1-\mathrm{e}^{-\mathrm{i}k_\beta R}}{R}\right). \tag{3.280}$$

将以上两式代入式(3.272)并运用恒等式

$$(\nabla^2+k_c^2)\frac{\mathrm{e}^{-\mathrm{i}k_c R}}{R}=-4\pi\delta(\boldsymbol{r}-\boldsymbol{r}'),\qquad c=\alpha\text{或}\beta, \tag{3.281}$$

我们得到以下四个很有用的表示式：

$$4\pi\mu\hat{\boldsymbol{u}}(\boldsymbol{r},\omega)=\frac{\mathrm{e}^{-\mathrm{i}k_\beta R}}{R}\hat{\boldsymbol{g}}(\omega)+\nabla\nabla\cdot\left[\frac{\mathrm{e}^{-\mathrm{i}k_\beta R}-\mathrm{e}^{-\mathrm{i}k_\alpha R}}{k_\beta^2 R}\hat{\boldsymbol{g}}(\omega)\right], \tag{3.282}$$

$$4\pi\mu\hat{\boldsymbol{u}}(\boldsymbol{r},\omega)=\left[\frac{\mathrm{e}^{-\mathrm{i}k_\beta R}}{R}\mathbf{I}+\nabla\nabla\left(\frac{\mathrm{e}^{-\mathrm{i}k_\beta R}-\mathrm{e}^{-\mathrm{i}k_\alpha R}}{k_\beta^2 R}\right)\right]\cdot\hat{\boldsymbol{g}}(\omega), \tag{3.283}$$

$$4\pi\mu\hat{\boldsymbol{u}}(\boldsymbol{r},\omega)=\left[\frac{\mathrm{e}^{-\mathrm{i}k_\beta R}}{R}\mathbf{I}+\nabla\nabla\cdot\left(\frac{\mathrm{e}^{-\mathrm{i}k_\beta R}-\mathrm{e}^{-\mathrm{i}k_\alpha R}}{k_\beta^2 R}\right)\mathbf{I}\right]\cdot\hat{\boldsymbol{g}}(\omega), \tag{3.284}$$

$$4\pi\rho\omega^2\hat{\boldsymbol{u}}(\boldsymbol{r},\omega)=\left[\nabla\times\nabla\times\left(\frac{\mathrm{e}^{-\mathrm{i}k_\beta R}}{R}\mathbf{I}\right)-\nabla\nabla\cdot\left(\frac{\mathrm{e}^{-\mathrm{i}k_\alpha R}}{R}\mathbf{I}\right)\right]\cdot\hat{\boldsymbol{g}}(\omega).\tag{3.285}$$

相应地，索米亚那张量 $\hat{\mathbf{G}}\ (\boldsymbol{r},\boldsymbol{r}';\ \omega)$ 可以表示为以下三个等效的表示式：

$$\hat{\mathbf{G}}(\boldsymbol{r},\boldsymbol{r}',\omega)=\frac{1}{4\pi\mu}\left[\frac{\mathrm{e}^{-\mathrm{i}k_\beta R}}{R}\mathbf{I}+\nabla\nabla\left(\frac{\mathrm{e}^{-\mathrm{i}k_\beta R}-\mathrm{e}^{-\mathrm{i}k_\alpha R}}{k_\beta^2 R}\right)\right],\tag{3.286}$$

$$\hat{\mathbf{G}}(\boldsymbol{r},\boldsymbol{r}',\omega)=\frac{1}{4\pi\mu}\left[\frac{\mathrm{e}^{-\mathrm{i}k_\beta R}}{R}\mathbf{I}+\nabla\nabla\cdot\left(\frac{\mathrm{e}^{-\mathrm{i}k_\beta R}-\mathrm{e}^{-\mathrm{i}k_\alpha R}}{k_\beta^2 R}\mathbf{I}\right)\right],\tag{3.287}$$

$$\hat{\mathbf{G}}(\boldsymbol{r},\boldsymbol{r}',\omega)=\frac{1}{4\pi\rho\omega^2}\left[\nabla\times\nabla\times\left(\frac{\mathrm{e}^{-\mathrm{i}k_\beta R}}{R}\mathbf{I}\right)-\nabla\nabla\cdot\left(\frac{\mathrm{e}^{-\mathrm{i}k_\alpha R}}{R}\mathbf{I}\right)\right].\tag{3.288}$$

它满足方程

$$\mathbf{L}(\hat{\mathbf{G}}(\boldsymbol{r},\boldsymbol{r}',\omega))+\rho\omega^2\hat{\mathbf{G}}(\boldsymbol{r},\boldsymbol{r}',\omega)=-\mathbf{I}\delta(\boldsymbol{r}-\boldsymbol{r}').\tag{3.289}$$

第四节　位错点源辐射的地震波

（一）均匀、各向同性和完全弹性介质中位错点源辐射的地震波

由式(3.239)右边第三项可得出在均匀、各向同性和完全弹性介质中一般类型的位错源辐射的地震波位移表示式［即式(3.243)］：

$$u_i(\boldsymbol{r},t)=\int_{-\infty}^{\infty}\mathrm{d}t'\iint_{\Sigma}[\sigma_{jk}]\frac{\partial G_{ij}}{\partial x_k'}\mathrm{d}\Sigma'.$$

我们在后面将证明，如果位错面的线性尺度比位错源至观测点的距离以及所涉及的地震波的波长小得多，便可以将它看作是一个点，称为位错点源或点位错．这个位错点源辐射的地震波位移

$$u_i(\boldsymbol{r},t)=\int_{-\infty}^{\infty}M_{jk}\frac{\partial G_{ij}}{\partial x_k'}\mathrm{d}t',\tag{3.290}$$

或

$$u_i(\boldsymbol{r},t)=M_{jk}*\frac{\partial G_{ij}}{\partial x_k'},\tag{3.291}$$

式中，$\partial G_{ij}(\boldsymbol{r},t;\boldsymbol{r}',0)/\partial x_k'$ 的 $\boldsymbol{r}'$ 取 Σ 上的某个点 $\boldsymbol{r}_0$ 作为参考点时的值，$\boldsymbol{r}'=\boldsymbol{r}_0$, M_{jk} 是地震矩张量 $\mathbf{M}$ 的分量：

$$\mathbf{M}=M_{jk}\boldsymbol{e}_j\boldsymbol{e}_k,\tag{3.292}$$

$$M_{jk}(t)=\{\lambda\delta_{jk}\nu_m e_m+\mu(\nu_j e_k+\nu_k e_j)\}\overline{\Delta u}(t)A.\tag{3.293}$$

在推导上式时，把位错 $[\boldsymbol{u}(\boldsymbol{r},t)]$ 的幅值 $\Delta u(\boldsymbol{r},t)$ 与方向(滑动矢量) $\boldsymbol{e}$ 分开来表示成：

$$[\boldsymbol{u}(\boldsymbol{r},t)]=\Delta u(\boldsymbol{r},t)\boldsymbol{e},\tag{3.294}$$

$$\boldsymbol{e} = e_m \boldsymbol{e}_m \tag{3.295}$$

是滑动矢量，而 $\overline{\Delta u}(t)$ 是对总面积为 A 的、破裂过程所涉及的全部位错面Σ进行平均得到的 t 时刻的平均位错：

$$\overline{\Delta u}(t) = \frac{1}{A}\iint_{\Sigma} \Delta u(\boldsymbol{r}', t)\mathrm{d}\Sigma'. \tag{3.296}$$

由式(3.230)可以计算格林函数 $G_{ij}(\boldsymbol{r}, t; \boldsymbol{r}', t')$ 对源点 $\boldsymbol{r}'$ 的空间微商：

$$\begin{aligned}
4\pi\rho\frac{\partial G_{ij}}{\partial x_k'} &= (15\gamma_i\gamma_j\gamma_k - 3\gamma_j\delta_{ik} - 3\gamma_k\delta_{ij})\frac{1}{R^4}\int_{R/\alpha}^{R/\beta}\delta(t-t'-\tau)\tau\mathrm{d}\tau \\
&\quad + (6\gamma_i\gamma_j\gamma_k - \gamma_i\delta_{jk} - \gamma_j\delta_{ik} - \gamma_k\delta_{ij})\frac{1}{\alpha^2R^2}\delta\left(t-t'-\frac{R}{\alpha}\right) \\
&\quad - (6\gamma_i\gamma_j\gamma_k - \gamma_i\delta_{jk} - \gamma_j\delta_{ik} - 2\gamma_k\delta_{ij})\frac{1}{\beta^2R^2}\delta\left(t-t'-\frac{R}{\beta}\right) \\
&\quad + \frac{\gamma_i\gamma_j\gamma_k}{\alpha^3R}\delta'\left(t-t'-\frac{R}{\alpha}\right) - \frac{(\gamma_i\gamma_j-\delta_{ij})\gamma_k}{\beta^3R}\delta'\left(t-t'-\frac{R}{\beta}\right),
\end{aligned} \tag{3.297}$$

从而

$$\begin{aligned}
u_i(\boldsymbol{r}, t) &= \frac{(15\gamma_i\gamma_j\gamma_k - 3\gamma_i\delta_{jk} - 3\gamma_j\delta_{ik} - 3\gamma_k\delta_{ij})}{4\pi\rho R^4}\int_{R/\alpha}^{R/\beta} M_{jk}(t-\tau)\tau\mathrm{d}\tau \\
&\quad + \frac{(6\gamma_i\gamma_j\gamma_k - \gamma_i\delta_{jk} - \gamma_j\delta_{ik} - \gamma_k\delta_{ij})}{4\pi\rho\alpha^2R^2}M_{jk}\left(t-\frac{R}{\alpha}\right) \\
&\quad - \frac{(6\gamma_i\gamma_j\gamma_k - \gamma_i\delta_{jk} - \gamma_j\delta_{ik} - 2\gamma_k\delta_{ij})}{4\pi\rho\beta^2R^2}M_{jk}\left(t-\frac{R}{\beta}\right) \\
&\quad + \frac{\gamma_i\gamma_j\gamma_k}{4\pi\rho\alpha^3R}\dot{M}_{jk}\left(t-\frac{R}{\alpha}\right) - \frac{(\gamma_i\gamma_j-\delta_{ij})\gamma_k}{4\pi\rho\beta^3R}\dot{M}_{jk}\left(t--\frac{R}{\beta}\right),
\end{aligned} \tag{3.298}$$

式中，$M_{jk}(t)$ 是地震矩张量[参见式(3.293)].

若设

$$M_{jk}(t) = \begin{cases} 0, & t<0, \\ M_{0jk}\dfrac{t}{T_s}, & 0 \leqslant t \leqslant T_\mathrm{s}, \\ M_{0jk}, & t>T_\mathrm{s}, \end{cases} \tag{3.299}$$

则上式右边第一项与 $(4\pi\rho)^{-1}R^{-4}\int_{R/\alpha}^{R/\beta} M_{jk}(t-\tau)\tau\mathrm{d}\tau$，即与 $(M_{0jk}/8\pi\rho R^2)(\beta^{-2}-\alpha^{-2})$ 成正比，称为近场项；第四、五两项分别与 $(4\pi\rho\alpha^3R)^{-1}\dot{M}_{jk}(t-R/\alpha)$ 和 $(4\pi\rho\beta^3R)^{-1}\dot{M}_{jk}(t-R/\beta)$ 即与 $M_{0jk}/4\pi\rho\alpha^3RT_s$ 和 $M_{0jk}/4\pi\rho\beta^3RT_s$ 成正比，称为远场项；第二、三两项分别与 $(1/4\pi\rho\alpha^2R^2)M_{jk}(t-R/\alpha)$ 和 $(1/4\pi\rho\beta^2R^2)M_{jk}(t-R/\beta)$ 即与 $M_{0jk}/4\pi\rho\alpha^2R^2$ 和 $M_{0jk}/4\pi\rho\beta^2R^2$ 成正

比，因其渐近性质介于近场项和远场项之间，所以称为中场(intermediate-field)项．然而，实际上并不存在中场项占优势的、介于近场和远场距离范围的中场距离范围．在远场，即当 $R>>\lambda$, $\lambda=\alpha T_s$ 时，中场项和近场项都很小，可予以忽略；在近场，即远场近似不成立的距离范围，中场项，乃至远场项可以与近场项不相上下，因此要做具体分析，不能轻易予以忽略．在实际应用中，视实际需要的精度而定，常以距离 R 为波长λ的数倍时为远场，以 R 为λ的分数时的距离为近场．

(二) 位错点源辐射的远场地震波

1. 位错点源辐射的远场地震波位移的表示式

一般形式的位错点源(不限于剪切位错点源)辐射的地震波远场位移可由式(3.298)右边的第四、五两项表示：

$$u_i(\boldsymbol{r},t)=\frac{\gamma_i\gamma_j\gamma_k}{4\pi\rho\alpha^3 R}\dot{M}_{jk}\left(t-\frac{R}{\alpha}\right)-\frac{(\gamma_i\gamma_j-\delta_{ij})\gamma_k}{4\pi\rho\beta^3 R}\dot{M}_{jk}\left(t-\frac{R}{\beta}\right). \tag{3.300}$$

上式可以改写为一个比较简单的矢量形式：

$$\boldsymbol{u}(\boldsymbol{r},t)=\boldsymbol{u}^{\mathrm{P}}(\boldsymbol{r},t)+\boldsymbol{u}^{\mathrm{S}}(\boldsymbol{r},t), \tag{3.301}$$

$$\boldsymbol{u}^{\mathrm{P}}(\boldsymbol{r},t)=\frac{1}{4\pi\rho\alpha^3 R}\left[\boldsymbol{e}_R\cdot\dot{\mathbf{M}}\left(t-\frac{R}{\alpha}\right)\cdot\boldsymbol{e}_R\right]\boldsymbol{e}_R, \tag{3.302}$$

$$\boldsymbol{u}^{\mathrm{S}}(\boldsymbol{r},t)=\frac{1}{4\pi\rho\beta^3 R}\left\{\dot{\mathbf{M}}\left(t-\frac{R}{\beta}\right)\cdot\boldsymbol{e}_R-\left[\boldsymbol{e}_R\cdot\dot{\mathbf{M}}\left(t-\frac{R}{\beta}\right)\cdot\boldsymbol{e}_R\right]\boldsymbol{e}_R\right\}, \tag{3.303}$$

式中，$\mathbf{M}(t)$ 是矩张量[参见式(3.292)与式(3.293)]．

2. 位错点源辐射的远场 P 波位移的特征

$\boldsymbol{u}^P(\boldsymbol{r},t)$ 表示位错点源辐射的远场 P 波的位移，它具有以下性质：

(1) 几何扩散．远场 P 波位移以 R^{-1} 作几何扩散．

(2) 波传播速度与到时．远场 P 波位移以速度α传播，若以 t=0 表示 $\overline{\Delta u}(t)$ 或者说 $\mathbf{M}(t)$ 开始不为零的时刻(“发震时刻”)，则到时为 R/α，是初至波，故称(远场)P 波．

(3) 波形．远场 P 波的波形由矩张量(位错)的时间函数的微商表示，也就是其波形与矩张量(位错)的时间函数的微商一样，只是时间延迟了 R/α．

(4) 振幅．远场 P 波位移的振幅与 $M_0/4\pi\rho\alpha^3RT_s$ 成正比，M_0 是地震矩，T_s 是上升时间．

(5) 质点运动方向．远场 P 波位移质点运动方向与位错点源所在地点 $\boldsymbol{r}_0$ 至观测点 $\boldsymbol{r}$ 的矢径 $\boldsymbol{R}$ 的方向 $\boldsymbol{e}_R$ 一致，即 $\boldsymbol{u}^{\mathrm{P}}(\boldsymbol{r},t)\times\boldsymbol{e}_R=0$．远场 P 波位移质点的运动方向与波传播方向一致，是纵向的运动，所以也称为(远场)纵波．

(6) 辐射图型．式(3.302)表明，位错点源辐射的远场 P 波的辐射图型由因子 $\boldsymbol{e}_R\cdot\dot{\mathbf{M}}\cdot\boldsymbol{e}_R$ 表示．

3. 位错点源辐射的远场 S 波位移的特征

(1)几何扩散. 远场 S 波位移以 R^{-1} 作几何扩散.

(2)波传播速度与到时. 远场 S 波位移以速度β传播，到时为 R/β，是续至波，故称(远场)S 波.

(3)波形. 远场 S 波位移的波形与矩张量(位错)的时间函数的微商一样，只是时间延迟了 R/β.

(4)振幅. 远场 S 波位移的振幅与 $M_0/4\pi\rho\beta^3 RT_s$ 成正比. 因此远场 S 波位移的振幅与远场 P 波位移的振幅之比为$(\alpha/\beta)^3$. 对于泊松体，$\alpha/\beta=\sqrt{3}$，所以对于泊松体，远场 S 波与远场 P 波位移振幅比为 $3\sqrt{3}$，即大约等于 5.

(5)质点运动方向. 由式(3.303)可得 $\boldsymbol{u}^{\mathrm{S}}(\boldsymbol{r}, t)\cdot\boldsymbol{e}_R=0$. 即远场 S 波位移质点运动方向与 $\boldsymbol{e}_R$ 垂直，是横向的运动，所以也称为(远场)横波.

(6)辐射图型. 式(3.303)表明，位错点源辐射的远场 SV 波与 SH 波的辐射图型因子分别由 $\boldsymbol{e}_\theta\cdot\dot{\mathbf{M}}\cdot\boldsymbol{e}_R$ 与 $\boldsymbol{e}_\phi\cdot\dot{\mathbf{M}}\cdot\boldsymbol{e}_R$ 表示.

4. 位错点源辐射的远场地震波位移在球极坐标系中的表示式

在以震源为原点的球极坐标系(R, θ, ϕ)中(参见图 3.13)，可以将位错点源辐射的远场体波表示为一个很简洁优美的形式：

$$\boldsymbol{u}(\boldsymbol{r}, t)=u_R^{\mathrm{P}}(\boldsymbol{r}, t)\boldsymbol{e}_R+u_\theta^{\mathrm{S}}(\boldsymbol{r}, t)\boldsymbol{e}_\theta+u_\phi^{\mathrm{S}}(\boldsymbol{r}, t)\boldsymbol{e}_\phi, \tag{3.304}$$

$$u_R^{\mathrm{P}}(\boldsymbol{r}, t)=\frac{1}{4\pi\rho a^3 R}\dot{M}_{RR}\left(t-\frac{R}{\alpha}\right), \tag{3.305}$$

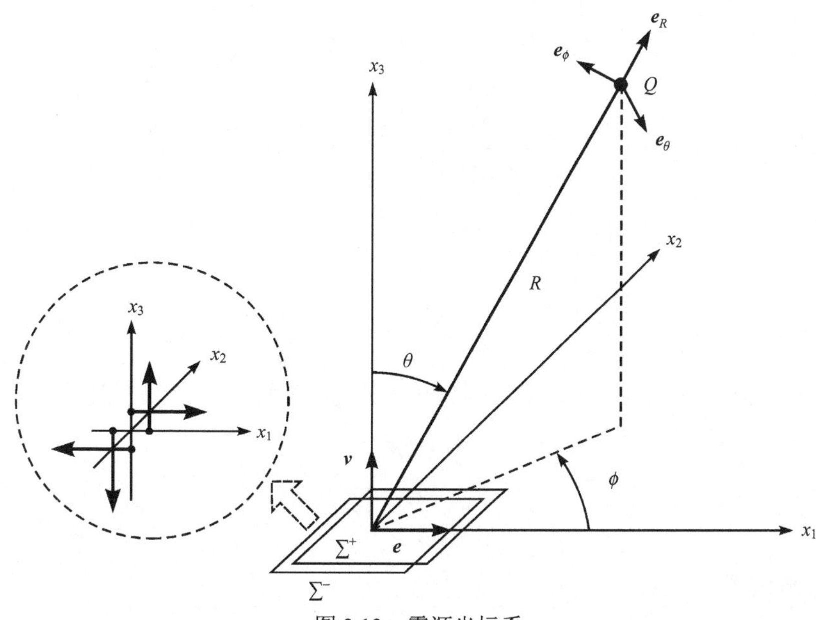

图 3.13　震源坐标系

$$u_{\theta}^{\mathrm{S}}(\boldsymbol{r}, t)=\frac{1}{4\pi\rho\beta^{3}R}\dot{M}_{\theta R}\left(t-\frac{R}{\beta}\right), \tag{3.306}$$

$$u_{\phi}^{\mathrm{S}}(\boldsymbol{r}, t)=\frac{1}{4\pi\rho\beta^{3}R}\dot{M}_{\phi R}\left(t-\frac{R}{\beta}\right), \tag{3.307}$$

式中，$\dot{M}_{RR}$，$\dot{M}_{\theta R}$，$\dot{M}_{\phi R}$ 分别为 $M_{RR}, M_{\theta R}, M_{\phi R}$ 的时间微商，而 $M_{RR}, M_{\theta R}, M_{\phi R}$ 是地震矩张量 $\mathbf{M}$ 在球极坐标 (R, θ, ϕ) 中的三个分量，$(\boldsymbol{e}_R, \boldsymbol{e}_\theta, \boldsymbol{e}_\phi)$ 是 (R, θ, ϕ) 方向的基矢量，即：

$$M_{RR}=\boldsymbol{e}_R\cdot\mathbf{M}\cdot\boldsymbol{e}_R, \tag{3.308}$$

$$M_{\theta R}=\boldsymbol{e}_\theta\cdot\mathbf{M}\cdot\boldsymbol{e}_R, \tag{3.309}$$

$$M_{\phi R}=\boldsymbol{e}_\phi\cdot\mathbf{M}\cdot\boldsymbol{e}_R. \tag{3.310}$$

正如式(3.305)至(3.307)诸式所表示的，位错点源的体波远场辐射正比于地震矩张量随时间的变化率(矩率)也即位错的时间微商．这意味着如果位错随时间变化很缓慢，就不会辐射地震波；只有位错随时间快速变化才会产生强烈的地震波．

(三) 剪切位错点源辐射的地震波

对于剪切位错点源，平均位错的方向平行于断层面(位错面)，即 $\boldsymbol{e}\perp\boldsymbol{\nu}$，所以 $\boldsymbol{\nu}\cdot\boldsymbol{e}=0$，也就是 $\nu_m e_m=0$，从而［参见式(3.293)］

$$M_{jk}(t)=\mu(\nu_j e_k+\nu_k e_j)\overline{\Delta u}(t)A. \tag{3.311}$$

将上式代入式(3.298)便得

$$\begin{aligned}u_i(\boldsymbol{r}, t)=&\frac{(30\gamma_i\gamma_j\gamma_k\nu_k-6\gamma_i\nu_j-6\delta_{ij}\gamma_k\nu_k)e_j}{4\pi\rho R^4}\mu A\int_{R/\alpha}^{R/\beta}\overline{\Delta u}(t-\tau)\tau\mathrm{d}\tau\\&+\frac{(12\gamma_i\gamma_j\gamma_k\nu_k-2\gamma_j\nu_i-2\delta_{ij}\gamma_k\nu_k)e_j}{4\pi\rho\alpha^2R^2}\mu A\overline{\Delta u}\left(t-\frac{R}{\alpha}\right)\\&-\frac{(12\gamma_i\gamma_j\gamma_k\nu_k-3\gamma_j\nu_i-3\delta_{ij}\gamma_k\nu_k)e_j}{4\pi\rho\beta^2R^2}\mu A\overline{\Delta u}\left(t-\frac{R}{\beta}\right)\\&+\frac{2\gamma_i\gamma_j\gamma_k\nu_k e_j}{4\pi\rho\alpha^3R}\mu A\overline{\Delta u}\left(t-\frac{R}{\alpha}\right)\\&-\frac{(2\gamma_i\gamma_j\gamma_k\nu_k-\gamma_j\nu_i-\delta_{ij}\gamma_k\nu_k)e_j}{4\pi\rho\beta^2R}\mu A\overline{\Delta u}\left(t-\frac{R}{\beta}\right).\end{aligned} \tag{3.312}$$

在上式右边诸项中，含有 $\gamma_i\gamma_j\gamma_k\nu_k e_j$，$\gamma_j\nu_i e_j$ 和 $\delta_{ij}\gamma_k\nu_k e_j$ 三种因子．注意到

$$\boldsymbol{e}_R=\gamma_i\boldsymbol{e}_i, \tag{3.313}$$

$$\boldsymbol{e}=e_i\boldsymbol{e}_i, \tag{3.314}$$

$$\boldsymbol{\nu}=\nu_i\boldsymbol{e}_i, \tag{3.315}$$

可以将这三种因子表示成

$$\gamma_i\gamma_j\gamma_k\nu_k e_j\boldsymbol{e}_i=(\boldsymbol{e}_R\cdot\boldsymbol{\nu})(\boldsymbol{e}\cdot\boldsymbol{e}_R)\boldsymbol{e}_R, \tag{3.316}$$

$$\gamma_j \nu_i e_j \boldsymbol{e}_i = (\boldsymbol{e}\cdot\boldsymbol{e}_R)\boldsymbol{\nu}, \tag{3.317}$$

$$\delta_{ij}\gamma_k \nu_k e_j \boldsymbol{e}_i = (\boldsymbol{e}_R\cdot\boldsymbol{\nu})\boldsymbol{e}, \tag{3.318}$$

从而剪切点源辐射的地震波位移矢量

$$\begin{aligned}
\boldsymbol{u}(\boldsymbol{r},t) =& \frac{[30(\boldsymbol{e}_R\cdot\boldsymbol{\nu})(\boldsymbol{e}\cdot\boldsymbol{e}_R)\boldsymbol{e}_R - 6(\boldsymbol{e}\cdot\boldsymbol{e}_R)\boldsymbol{\nu} - 6(\boldsymbol{e}_R\cdot\boldsymbol{\nu})\boldsymbol{e}]}{4\pi\rho R^4}\int_{R/\alpha}^{R/\alpha} M_0(t-\tau)\tau\mathrm{d}\tau \\
&+ \frac{[12(\boldsymbol{e}_R\cdot\boldsymbol{\nu})(\boldsymbol{e}\cdot\boldsymbol{e}_R)\boldsymbol{e}_R - 2(\boldsymbol{e}\cdot\boldsymbol{e}_R)\boldsymbol{\nu} - 2(\boldsymbol{e}_R\cdot\boldsymbol{\nu})\boldsymbol{e}]}{4\pi\rho\alpha^2R^2} M_0\left(t-\frac{R}{\alpha}\right) \\
&- \frac{[12(\boldsymbol{e}_R\cdot\boldsymbol{\nu})(\boldsymbol{e}\cdot\boldsymbol{e}_R)\boldsymbol{e}_R - 3(\boldsymbol{e}\cdot\boldsymbol{e}_R)\boldsymbol{\nu} - 3(\boldsymbol{e}_R\cdot\boldsymbol{\nu})\boldsymbol{e}]}{4\pi\rho\beta^2R^2} M_0\left(t-\frac{R}{\beta}\right) \\
&+ \frac{[2(\boldsymbol{e}_R\cdot\boldsymbol{\nu})(\boldsymbol{e}\cdot\boldsymbol{e}_R)\boldsymbol{e}_R]}{4\pi\rho\alpha^3R} \dot{M}_0\left(t-\frac{R}{\alpha}\right) \\
&- \frac{[2(\boldsymbol{e}_R\cdot\boldsymbol{\nu})(\boldsymbol{e}\cdot\boldsymbol{e}_R)\boldsymbol{e}_R - (\boldsymbol{e}\cdot\boldsymbol{e}_R)\boldsymbol{\nu} - (\boldsymbol{e}_R\cdot\boldsymbol{\nu})\boldsymbol{e}]}{4\pi\rho\beta^3R} \dot{M}_0\left(t-\frac{R}{\beta}\right),
\end{aligned} \tag{3.319}$$

式中，$M_0(t)$是作为时间函数的地震矩：

$$M_0(t) = \mu\overline{\Delta u}(t)A\,. \tag{3.320}$$

式(3.319)还可以进一步表示成：

$$\begin{aligned}
\boldsymbol{u}(\boldsymbol{r},t) =& \frac{\boldsymbol{A}^{\mathrm{N}}}{4\pi\rho R^4}\int_{R/\alpha}^{R/\beta} M_0(t-\tau)\tau\mathrm{d}\tau \\
&+ \frac{\boldsymbol{A}^{\mathrm{IP}}}{4\pi\rho\alpha^2R^2} M_0\left(t-\frac{R}{\alpha}\right) + \frac{\boldsymbol{A}^{\mathrm{IS}}}{4\pi\rho\beta^2R^2} M_0\left(t-\frac{R}{\beta}\right) \\
&+ \frac{\boldsymbol{A}^{\mathrm{FP}}}{4\pi\rho\alpha^3R} \dot{M}_0\left(t-\frac{R}{\alpha}\right) + \frac{\boldsymbol{A}^{\mathrm{FS}}}{4\pi\rho\beta^3R} \dot{M}_0\left(t-\frac{R}{\beta}\right).
\end{aligned} \tag{3.321}$$

式中，$\boldsymbol{A}^{\mathrm{N}}$是近场辐射图型因子，$\boldsymbol{A}^{\mathrm{IP}}$与$\boldsymbol{A}^{\mathrm{IS}}$分别为中间场 P 波与 S 波辐射图型因子，$\boldsymbol{A}^{\mathrm{FP}}$与$\boldsymbol{A}^{\mathrm{FS}}$分别为远场 P 波与 S 波辐射图型因子，它们依次由式(3.319)右边诸项分子中的方括号(计及其前面的正负号)所表示：

$$\boldsymbol{A}^{\mathrm{N}} = 30(\boldsymbol{e}_R\cdot\boldsymbol{\nu})(\boldsymbol{e}\cdot\boldsymbol{e}_R)\boldsymbol{e}_R - 6(\boldsymbol{e}\cdot\boldsymbol{e}_R)\boldsymbol{\nu} - 6(\boldsymbol{e}_R\cdot\boldsymbol{\nu})\boldsymbol{e}, \tag{3.322}$$

$$\boldsymbol{A}^{\mathrm{IP}} = 12(\boldsymbol{e}_R\cdot\boldsymbol{\nu})(\boldsymbol{e}\cdot\boldsymbol{e}_R)\boldsymbol{e}_R - 2(\boldsymbol{e}\cdot\boldsymbol{e}_R)\boldsymbol{\nu} - 2(\boldsymbol{e}_R\cdot\boldsymbol{\nu})\boldsymbol{e}, \tag{3.323}$$

$$\boldsymbol{A}^{\mathrm{IS}} = -[12(\boldsymbol{e}_R\cdot\boldsymbol{\nu})(\boldsymbol{e}\cdot\boldsymbol{e}_R)\boldsymbol{e}_R - 3(\boldsymbol{e}\cdot\boldsymbol{e}_R)\boldsymbol{\nu} - 3(\boldsymbol{e}_R\cdot\boldsymbol{\nu})\boldsymbol{e}], \tag{3.324}$$

$$\boldsymbol{A}^{\mathrm{FP}} = 2(\boldsymbol{e}_R\cdot\boldsymbol{\nu})(\boldsymbol{e}\cdot\boldsymbol{e}_R)\boldsymbol{e}_R, \tag{3.325}$$

$$\boldsymbol{A}^{\mathrm{FS}} = -[2(\boldsymbol{e}_R\cdot\boldsymbol{\nu})(\boldsymbol{e}\cdot\boldsymbol{e}_R)\boldsymbol{e}_R - (\boldsymbol{e}\cdot\boldsymbol{e}_R)\boldsymbol{\nu} - (\boldsymbol{e}_R\cdot\boldsymbol{\nu})\boldsymbol{e}]. \tag{3.326}$$

与式(3.111)和式(3.115)两式不同，这里定义的辐射图型因子还计及了质点的运动方向，是以矢量形式表示的辐射图型因子. 如果我们选择一个坐标系使其 x_1 轴与 $\boldsymbol{e}$ 重合，x_3 轴与$\boldsymbol{\nu}$重合，x_2 轴与 x_1，x_3 轴构成右旋坐标系，这样选取的坐标系称为震源坐标系(图3.13). 在震源坐标系中，可以将辐射图型因子表示为球极坐标的函数. 因为

$$\boldsymbol{e}=(1,0,0)\,, \tag{3.327}$$

$$\boldsymbol{\nu}=(0,0,1)\,, \tag{3.328}$$

$$\boldsymbol{e}_R=(\sin\theta\cos\phi,\sin\theta\sin\phi,\cos\theta), \tag{3.329}$$

$$\boldsymbol{e}_\theta=(\cos\theta\cos\phi,\cos\theta\sin\phi,-\sin\theta)\,, \tag{3.330}$$

$$\boldsymbol{e}_\phi=(-\sin\phi,\cos\phi,0)\,. \tag{3.331}$$

所以

$$\boldsymbol{A}^{\mathrm{N}}=9\sin2\theta\cos\phi\boldsymbol{e}_R-6(\cos2\theta\cos\phi\boldsymbol{e}_\theta-\cos\theta\sin\phi\boldsymbol{e}_\phi)\,, \tag{3.332}$$

$$\boldsymbol{A}^{\mathrm{IP}}=4\sin2\theta\cos\phi\boldsymbol{e}_R-2(\cos2\theta\cos\phi\boldsymbol{e}_\theta-\cos\theta\sin\phi\boldsymbol{e}_\phi)\,, \tag{3.333}$$

$$\boldsymbol{A}^{\mathrm{IS}}=-3\sin2\theta\cos\phi\boldsymbol{e}_R+3(\cos2\theta\cos\phi\boldsymbol{e}_\theta-\cos\theta\sin\phi\boldsymbol{e}_\phi)\,, \tag{3.334}$$

$$\boldsymbol{A}^{\mathrm{FP}}=\sin2\theta\cos\phi\boldsymbol{e}_R, \tag{3.335}$$

$$\boldsymbol{A}^{\mathrm{FS}}=\cos2\theta\cos\phi\boldsymbol{e}_\theta-\cos\theta\sin\phi\boldsymbol{e}_\phi. \tag{3.336}$$

以上五个公式表明，尽管对剪切位错源的地震体波辐射的影响因素很多，但只要求得 $\boldsymbol{A}^{\mathrm{FP}}$ 和 $\boldsymbol{A}^{\mathrm{FS}}$，其余三个因子都可由这两个因子的线性组合求得.

设 $t\to\infty$ 时 $M_0(t)\to M_0(\infty)$，从而当 $t\to\infty$ 时 $\dot{M}_0(t)\to0$，则由式(3.321)以及式(3.332)至式(3.334)容易求得

$$\begin{aligned}\boldsymbol{u}(\boldsymbol{r},\infty)&=\frac{M_0(\infty)}{4\pi\rho R^2}\left[\boldsymbol{A}^{\mathrm{N}}\left(\frac{1}{2\beta^2}-\frac{1}{2\alpha^2}\right)+\frac{\boldsymbol{A}^{\mathrm{IP}}}{\alpha^2}+\frac{\boldsymbol{A}^{\mathrm{IS}}}{\beta^2}\right]\\&=\frac{M_0(\infty)}{4\pi\rho R^2}\left[\frac{1}{2}\left(\frac{3}{\beta^2}-\frac{1}{\alpha^2}\right)\sin2\theta\cos\phi\boldsymbol{e}_R+\frac{1}{\alpha^2}(\cos2\theta\cos\phi\boldsymbol{e}_\theta-\cos\theta\sin\phi\boldsymbol{e}_\phi)\right].\end{aligned} \tag{3.337}$$

这说明：沿着任一方向(θ,ϕ)，强度为 M_0 的剪切位错源引起的最终的静态位移[称为持久位移(permament displacement)]都随距离的平方成反比(R^{-2})衰减.

(四)剪切位错点源辐射的远场地震波

今以 $S(t)$ 表示平均位错 $\overline{\Delta u}(t)$ 随时间变化的函数关系，这个函数称为震源时间函数(source-time function)，即：

$$\overline{\Delta u}(t)=DS(t)\,, \tag{3.338}$$

式中，D 表示最终的平均位错，即：

$$D=\overline{\Delta u}(\infty)\,. \tag{3.339}$$

所以震源时间函数具有如下一般性质(图 3.14)：

$$S(t)=\begin{cases}0, & t<0,\\1, & t\to\infty.\end{cases} \tag{3.340}$$

于是作为时间函数的地震矩[参见式(3.320)]可以表示为

$$M_0(t)=M_0S(t)\,, \tag{3.341}$$

式中，

$$M_0 = M_0(\infty) = \mu DA, \tag{3.342}$$

称为标量地震矩(scalar seismic moment)，在不至于引起混淆的情形下，简称地震矩．由式(3.341)可见，震源时间函数表示的是地震矩随时间变化的函数关系．需要说明的是，标量地震矩 M_0 采用与作为时间函数的地震矩 $M_0(t)$ 相同的符号，沿用已久，这里不再变动．此外，在不致引起混淆的情况下，常将 $\dot{S}(t)$，$M_0(t)$，$\dot{M}_0(t)$ 也称为震源时间函数．

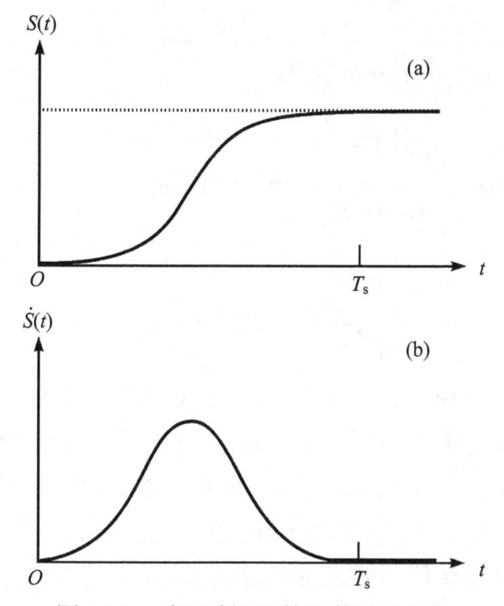

图 3.14 震源时间函数及其时间导数

(a) 震源时间函数 $S(t)$；(b) 震源时间函数的时间导数 $\dot{S}(t)$

不失一般性，设震源时间函数 $S(t)$ 是如下所示的斜坡函数(ramp function) $R(t)$：

$$S(t) \equiv R(t) = \begin{cases} 0, & t < 0, \\ \dfrac{t}{T_s}, & 0 \leqslant t \leqslant T_s, \\ 1, & t > T_s. \end{cases} \tag{3.343}$$

那么震源时间函数的时间导数 $\dot{S}(t)$ 便是振幅为 $1/T_s$ 的箱车函数(box-car function) $B(t)$：

$$\dot{S}(t) \equiv B(t) = \begin{cases} 0, & t < 0, \\ \dfrac{1}{T_s}, & 0 \leqslant t \leqslant T_s, \\ 0, & t > T_s. \end{cases} \tag{3.344}$$

在这种情形下，地震矩率函数(seismic moment-rate function)

$$\dot{M}_0(t) = M_0 \dot{S}(t) \tag{3.345}$$

便是 $0 \leqslant t \leqslant T_s$ 之间不为零的函数，其幅度正比于 M_0/T_s．而式(3.321)右边第一项的积分 $\int_{R/\alpha}^{R/\beta} M_0(t-\tau)\tau \mathrm{d}\tau$ 的幅度则正比于 $(M_0R^2/2)(\beta^{-2}-\alpha^{-2})$．由此可见，式(3.321)中的近场项与

$(M_0/8\pi\rho R^2)(\beta^{-2}-\alpha^{-2})$成正比；中场项与$M_0/4\pi\rho\alpha^2R^2$成正比；而远场项则与$M_0/4\pi\rho\alpha^3RT_s$成正比．在$R>>\alpha T_s$即距离远大于所涉及的波长$R>>\lambda$, $\lambda=\alpha T_s$时，近场项与中场项均可忽略，此时剪切位错点源辐射的地震波远场位移便为

$$\boldsymbol{u}(\boldsymbol{r},t)=\frac{\boldsymbol{A}^{\mathrm{FP}}}{4\pi\rho\alpha^3R}\dot{M}_0\left(t-\frac{R}{\alpha}\right)+\frac{\boldsymbol{A}^{\mathrm{FS}}}{4\pi\rho\beta^3R}\dot{M}_0\left(t-\frac{R}{\beta}\right), \tag{3.346}$$

或者

$$\boldsymbol{u}(\boldsymbol{r},t)=\boldsymbol{u}^{\mathrm{P}}(\boldsymbol{r},t)+\boldsymbol{u}^{\mathrm{S}}(\boldsymbol{r},t), \tag{3.347}$$

$$\boldsymbol{u}^{\mathrm{P}}(\boldsymbol{r},t)=\frac{M_0\dot{S}\left(t-\dfrac{R}{\alpha}\right)}{4\pi\rho\alpha^3R}\sin 2\theta\cos\phi\boldsymbol{e}_R, \tag{3.348}$$

$$\boldsymbol{u}^{\mathrm{S}}(\boldsymbol{r},t)=\frac{M_0\dot{S}\left(t-\dfrac{R}{\beta}\right)}{4\pi\rho\beta^3R}(\cos 2\theta\cos\phi\boldsymbol{e}_\theta-\cos\theta\sin\phi\boldsymbol{e}_\phi). \tag{3.349}$$

对比式(3.348)，式(3.349)与式(3.302)，式(3.303)，可知剪切位错点源远场位移具有上述位错点源远场位移的所有性质(1)—(6)，特别是，在震源坐标系中其P波辐射图型因子和S波辐射图型因子分别由式(3.335)和式(3.336)所示．从式(3.322)至式(3.326)所表示的近场、中场及远场P波与S波的辐射图型因子容易看出，若将$\boldsymbol{e}$和$\boldsymbol{\nu}$互易，结果不变．这就是说，单由剪切位错点源辐射的地震波，无论是远场P波或S波、中场P波或S波，还是近场位移，都是不能区分断层面和辅助面的．

图3.15和图3.16分别表示剪切位错点源辐射的远场P波和S波的辐射图型．由远场体波辐射图型$\boldsymbol{e}$和$\boldsymbol{\nu}$的互易性，可知图3.15和图3.16所表示的辐射图型既是$\boldsymbol{\nu}=(0,0,1)$，$\boldsymbol{e}=(1,0,0)$点源的辐射图型，也是$\boldsymbol{\nu}=(1,0,0)$，$\boldsymbol{e}=(0,0,1)$点源的辐射图型．由图3.15可见，剪切位错点源辐射的远场P波辐射图型在x_1x_3平面上呈四花瓣的象限分布(图3.15a)，滑动矢量所在的平面$x_3=0$是断层面，$x_1=0$平面是辅助面，它们都是P波的节平面．由图3.16可见，剪切位错点源辐射的远场S波辐射图型在x_1x_3平面上也是呈四花瓣象限分布(图3.16a)，但与P波辐射图型不同，在x_1轴和x_3轴方向上，S波振幅最大(图3.16a, b)；在震源球球面上，表示S波质点横向运动方向(偏振方向)的箭头呈现从P轴(“源”)发散出、然后汇聚T轴(“汇”)的图像(图3.16c)．

(五)剪切位错点源辐射的体波远场位移在地理坐标系中的表示式

以上分析是在震源坐标系中进行的，但我们经常还需要知道在地理坐标系中上述剪切位错点源辐射的体波的远场位移．为此采用如图3.17所示的地理坐标系．设剪切位错点源位于图中的Q点，Q点在地面的投影为O点．为方便计，引进一个原点在O点的直角坐标系$x_i(i=1,2,3)$，其基矢量为$\boldsymbol{e}_i$, x_1轴指向正北，x_2轴指向正东，x_3轴通过震源向下指向地心．

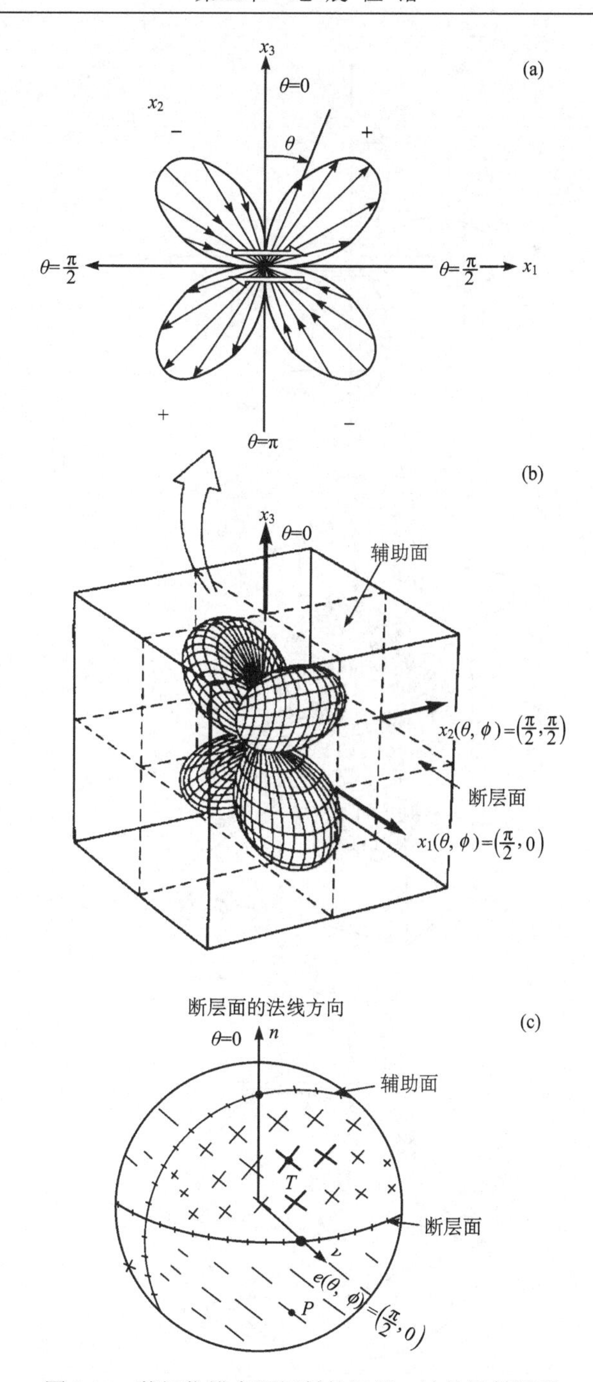

图 3.15 剪切位错点源辐射的远场 P 波的辐射图型

位错面的法向沿 x_3 轴方向，$\boldsymbol{\nu}$=(0, 0, 1)，滑动矢量沿 x_1 轴方向，$\boldsymbol{e}$=(1, 0, 0)．(a)在 x_1x_3 平面上(即ϕ=0°, 0≤θ≤180°及ϕ=180°, 0≤θ≤180°)的辐射图型. 空心箭头表示剪切位错. (b)辐射图型的三维图示. (c)辐射图型在震源球球面上的图示. 图中的“+”号表示初动为压缩，“−”号表示初动为膨胀，符号的大小正比于振幅

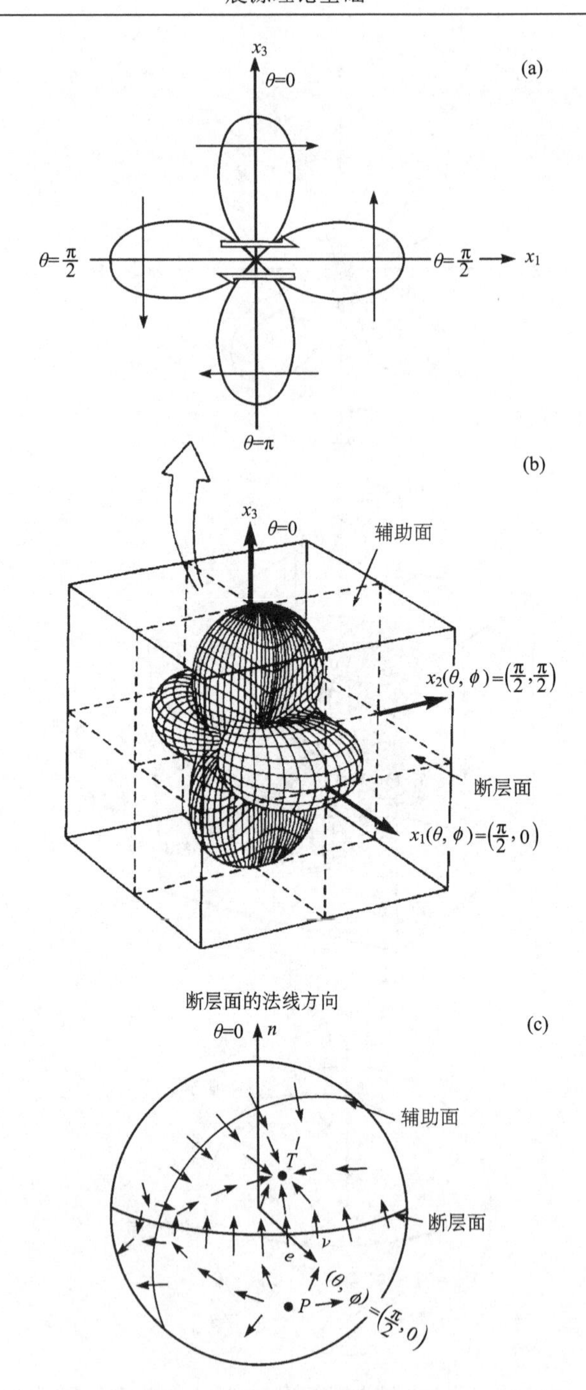

图 3.16　剪切位错点源辐射的远场 S 波的辐射图型

位错面的法向沿 x_3 轴方向，$\boldsymbol{\nu}=(0, 0, 1)$，滑动矢量沿 x_1 轴方向，$\boldsymbol{e}=(1, 0, 0)$．(a) 在 x_1x_3 平面(即 $\phi=0°$, $0≤\theta≤180°$ 及 $\phi=180°$, $0≤\theta≤180°$) 的辐射图型．空心箭头表示剪切位错，细实线箭头表示 S 波初动的质点横向振动方向．(b) 辐射图型的三维图示．(c) 辐射图型在震源球球面上的图示．图中的小箭头的方向表示 S 波初动的质点横向振动的方向，箭头的长度正比于振幅

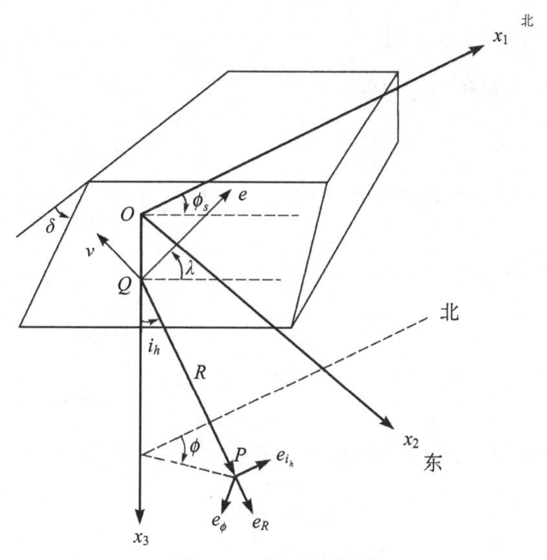

图 3.17 地理坐标系

这个坐标系便是地理坐标系. 以ϕ_s表示断层面的走向，ϕ表示震源指向观测点 P 的方位角，它们都从正北方向(x_1轴)量起，顺时针为正，$0° \le \phi_s < 360°$, $0° \le \phi < 360°$. 以i_h表示离源角，$0° \le i_h \le 90°$. 所以在以 Q 点为原点的球极坐标系中，观测点 P 的坐标为(R, i_h, ϕ). 以δ表示断层面和水平面的夹角(断层面的倾角)，$0 \le \delta \le 90°$. 以λ表示滑动矢量 $\boldsymbol{e}$ 和断层面走向的夹角(滑动角)，逆时针为正, $0° \le \lambda < 360°$(或$-180° < \lambda < 180°$). 显然，ϕ_s, λ和δ这三个量便完全确定了矢量$\boldsymbol{\nu}$和 $\boldsymbol{e}$ 在震源坐标系中的取向.

由图 3.17 可以求得

$$\begin{aligned}\boldsymbol{e} = &(\cos\lambda\cos\phi_s + \cos\delta\sin\lambda\sin\phi_s)\boldsymbol{e}_1 \\ &+ (\cos\lambda\sin\phi_s - \cos\delta\sin\lambda\cos\phi_s)\boldsymbol{e}_2 - \sin\lambda\sin\delta\boldsymbol{e}_3,\end{aligned} \tag{3.350}$$

$$\boldsymbol{\nu} = -\sin\delta\sin\phi_s\boldsymbol{e}_1 + \sin\delta\cos\phi_s\boldsymbol{e}_2 - \cos\delta\boldsymbol{e}_3, \tag{3.351}$$

$$\boldsymbol{e}_R = \sin i_h\cos\phi\boldsymbol{e}_1 + \sin i_h\sin\phi\boldsymbol{e}_2 + \cos i_h\boldsymbol{e}_3, \tag{3.352}$$

$$\boldsymbol{e}_{i_h} = \cos i_h\cos\phi\boldsymbol{e}_1 + \cos i_h\sin\phi\boldsymbol{e}_2 - \sin i_h\boldsymbol{e}_3, \tag{3.353}$$

$$\boldsymbol{e}_\phi = -\sin\phi\boldsymbol{e}_1 + \cos\phi\boldsymbol{e}_2. \tag{3.354}$$

将它们代入式(3.319)右边的第四、五项即可得出剪切位错点源辐射的体波远场位移:

$$\boldsymbol{u}(\boldsymbol{r},t) = \boldsymbol{u}^{\mathrm{P}}(\boldsymbol{r},t) + \boldsymbol{u}^{\mathrm{S}}(\boldsymbol{r},t), \tag{3.355}$$

$$\boldsymbol{u}^{\mathrm{P}}(\boldsymbol{r},t) = 2(\boldsymbol{e}_R\cdot\boldsymbol{\nu})(\boldsymbol{e}\cdot\boldsymbol{e}_R)\frac{M_0\dot{S}\left(t-\dfrac{R}{\alpha}\right)}{4\pi\rho\alpha^3 R}\boldsymbol{e}_R, \tag{3.356}$$

$$\boldsymbol{u}^{\mathrm{S}}(\boldsymbol{r},t) = [(\boldsymbol{e}\cdot\boldsymbol{e}_R)\boldsymbol{\nu} + (\boldsymbol{e}_R\cdot\boldsymbol{\nu})\boldsymbol{e} - 2(\boldsymbol{e}_R\cdot\boldsymbol{\nu})(\boldsymbol{e}\cdot\boldsymbol{e}_R)\boldsymbol{e}_R]\frac{M_0\dot{S}\left(t-\dfrac{R}{\beta}\right)}{4\pi\rho\beta^3 R}. \tag{3.357}$$

S 波可进一步分解为 SV 波和 SH 波. 因此

$$\boldsymbol{u}(\boldsymbol{r},t) = \boldsymbol{u}^{\mathrm{P}}(\boldsymbol{r},t) + \boldsymbol{u}^{\mathrm{SV}}(\boldsymbol{r},t) + \boldsymbol{u}^{\mathrm{SH}}(\boldsymbol{r},t), \tag{3.358}$$

式中，$\boldsymbol{u}^{\mathrm{P}}(\boldsymbol{r},t)$ 由式(3.356)所示，而

$$\boldsymbol{u}^{\mathrm{SV}}(\boldsymbol{r},t)=(\boldsymbol{u}^{\mathrm{S}}\cdot\boldsymbol{e}_{i_h})\boldsymbol{e}_{i_h},$$

$$\boldsymbol{u}^{\mathrm{SV}}(\boldsymbol{r},t)=[(\boldsymbol{e}\cdot\boldsymbol{e}_R)(\boldsymbol{\nu}\cdot\boldsymbol{e}_{i_h})+(\boldsymbol{e}_R\cdot\boldsymbol{\nu})(\boldsymbol{e}\cdot\boldsymbol{e}_{i_h})]\frac{M_0\dot{S}\left(t-\dfrac{R}{\beta}\right)}{4\pi\rho\beta^3R}\boldsymbol{e}_{i_h};\tag{3.359}$$

$$\boldsymbol{u}^{\mathrm{SH}}(\boldsymbol{r},t)=(\boldsymbol{u}^{\mathrm{S}}\cdot\boldsymbol{e}_{\phi})\boldsymbol{e}_{\phi},$$

$$\boldsymbol{u}^{\mathrm{SH}}(\boldsymbol{r},t)=[(\boldsymbol{e}\cdot\boldsymbol{e}_R)(\boldsymbol{\nu}\cdot\boldsymbol{e}_{\phi})+(\boldsymbol{e}_R\cdot\boldsymbol{\nu})(\boldsymbol{e}\cdot\boldsymbol{e}_{\phi})]\frac{M_0\dot{S}\left(t-\dfrac{R}{\beta}\right)}{4\pi\rho\beta^3R}\boldsymbol{e}_{\phi}.\tag{3.360}$$

注意到球极坐标系(R, i_h, ϕ)的基矢量 $\boldsymbol{e}_R$，$\boldsymbol{e}_{i_h}$，$\boldsymbol{e}_{\phi}$有如下关系：

$$\boldsymbol{e}_{i_h}=\frac{\partial\boldsymbol{e}_R}{\partial i_h},\tag{3.361}$$

$$\boldsymbol{e}_{\phi}=\frac{1}{\sin i_h}\frac{\partial\boldsymbol{e}_R}{\partial\phi}.\tag{3.362}$$

上述关系也可直接由式(3.352)—式(3.354)求得．所以

$$\boldsymbol{u}^{\mathrm{P}}(\boldsymbol{r},t)=\frac{\mathscr{F}^{\mathrm{P}}M_0\dot{S}\left(t-\dfrac{R}{\alpha}\right)}{4\pi\rho\alpha^3R}\boldsymbol{e}_R,\tag{3.363}$$

$$\boldsymbol{u}^{\mathrm{SV}}(\boldsymbol{r},t)=\frac{\mathscr{F}^{\mathrm{SV}}M_0\dot{S}\left(t-\dfrac{R}{\beta}\right)}{4\pi\rho\beta^3R}\boldsymbol{e}_{i_h},\tag{3.364}$$

$$\boldsymbol{u}^{\mathrm{SH}}(\boldsymbol{r},t)=\frac{\mathscr{F}^{\mathrm{SH}}M_0\dot{S}\left(t-\dfrac{R}{\beta}\right)}{4\pi\rho\beta^3R}\boldsymbol{e}_{\phi},\tag{3.365}$$

式中，P，SV 和 SH 波的辐射图型因子$\mathscr{F}^{\mathrm{P}}$，$\mathscr{F}^{\mathrm{SV}}$和$\mathscr{F}^{\mathrm{SH}}$分别为

$$\begin{aligned}\mathscr{F}^{\mathrm{P}}&=2(\boldsymbol{e}_R\cdot\boldsymbol{\nu})(\boldsymbol{e}\cdot\boldsymbol{e}_R),\\&=\cos\lambda\sin\delta\sin^2 i_h\sin 2(\phi-\phi_s)-\cos\lambda\cos\delta\sin 2i_h\cos(\phi-\phi_s)\\&\quad+\sin\lambda\sin 2\delta[\cos^2 i_h-\sin^2 i_h\sin^2(\phi-\phi_s)]\\&\quad+\sin\lambda\cos 2\delta\sin 2i_h\sin(\phi-\phi_s),\end{aligned}\tag{3.366}$$

$$\begin{aligned}\mathscr{F}^{\mathrm{SV}}&=(\boldsymbol{e}\cdot\boldsymbol{e}_R)(\boldsymbol{\nu}\cdot\boldsymbol{e}_{i_h})+(\boldsymbol{e}_R\cdot\boldsymbol{\nu})(\boldsymbol{e}\cdot\boldsymbol{e}_R),\\&=\frac{1}{2}\frac{\partial\mathscr{F}^{\mathrm{P}}}{\partial i_h},\\&=\sin\lambda\cos 2\delta\cos 2i_h\sin(\phi-\phi_s)-\cos\lambda\cos\delta\cos 2i_h\cos(\phi-\phi_s)\\&\quad+\frac{1}{2}\cos\lambda\sin\delta\sin 2i_h\sin 2(\phi-\phi_s)\\&\quad-\frac{1}{2}\sin\lambda\sin 2\delta\sin 2i_h[1+\sin^2(\phi-\phi_s)],\end{aligned}\tag{3.367}$$

$$\begin{aligned}\mathscr{F}^{\mathrm{SH}} &= (\boldsymbol{e}\cdot\boldsymbol{e}_R)(\boldsymbol{\nu}\cdot\boldsymbol{e}_\phi)+(\boldsymbol{e}_R\cdot\boldsymbol{\nu})(\boldsymbol{e}\cdot\boldsymbol{e}_\phi),\\ &= \frac{1}{2}\frac{\partial\mathscr{F}^{\mathrm{P}}}{\sin i_h\partial\phi},\\ &= \cos\lambda\cos\delta\cos i_h\sin(\phi-\phi_s)+\cos\lambda\sin\delta\sin i_h\cos 2(\phi-\phi_s)\\ &\quad+\sin\lambda\cos 2\delta\cos i_h\cos(\phi-\phi_s)-\frac{1}{2}\sin\lambda\sin 2\delta\sin i_h\sin 2(\phi-\phi_s).\end{aligned} \tag{3.368}$$

与式(3.111)和式(3.115)两式类似，这里定义的远场体波位移的辐射图型因子$\mathscr{F}^{\mathrm{P}}$, $\mathscr{F}^{\mathrm{SV}}$和$\mathscr{F}^{\mathrm{SH}}$是在质点运动方向已明确分别为$\boldsymbol{e}_R$, $\boldsymbol{e}_{i_h}$和$\boldsymbol{e}_\phi$的情形下以标量形式表示的辐射图型因子.

参考文献

傅承义(编著), 1963. 地壳物理讲义. 合肥: 中国科学技术大学地球物理系. 1-134.(讲义)

傅承义, 陈运泰, 祁贵仲, 1985. 地球物理学基础. 北京: 科学出版社. 1-447.

[日]金森博雄(編著), 1991. 地震の物理. 東京: 岩波書店. 1-279.

[日]理論地震動研究会(編著), 1994. 地震動. その合成と 波形处理. 東京: 鹿島出版会. 1-256.

Achenbach, J. D., 1973. *Wave Propagation in Elastic Solids*. Amsterdam: North-Holland Publ. Co. 1- 440.

Aki, K. and Richards, P. G., 1980. *Quantitative Seismology. Theory and Methods.* **1** & **2**. San Francisco: W. H. Freeman. 1-932. 安芸敬一, P. G. 理查兹, 1986. 定量地震学. 第**1, 2**卷. 李钦祖, 邹其嘉等译. 北京: 地震出版社. 1-620, 1-406.

Balakina, L. M., Savarensky, E. F. and Vvedenskaya, A. V., 1961. On determination of earthquake mechanism. In: Ahrens, L. H., *et al.* (eds.), *Physics and Chemistry of the Earth* **4:** 211-238.

Ben-Menahem, A. and Singh, S. J., 1981. *Seismic Waves and Sources.* New York: Springer-Verlag. 1-1108.

Bessonova, E. N., Gotsadze, O. D., Keylis-Borok, V. I., *et al.,* 1960. Investigation of the Mechanism of Earthquakes. *Soviet Res. Geophys* **4**: 1-201. English translation, New York: American Geophysical Union, Consultants Bureau.

Bolt, B. A. (ed.), 1972. *Seismology: Body Waves and Sources. Methods in Computational Physics* **12**. San Diego: Academic Press. 1-391.

Bullen, K. E., 1953. *An Introduction to the Theory of Seismology*. 2nd edition. Cambridge: Cambridge University Press. 1-296.

Bullen, K. E. and Bolt, B. A., 1985. *An Introduction to the Theory of Seismology*. 4th edition. Cambridge: Cambridge University Press. 1-499. K. E. 布伦, B. A. 博尔特, 1988. 地震学引论. 李钦祖, 邹其嘉译校. 北京: 地震出版社. 1-543.

Burridge, R. and Knopoff, L., 1964. Body force equivalence for seismic dislocations. *Bull. Seismol. Soc. Am.* **54**: 1875-1888.

Chapman, C., 2004. *Fundamantals of Seismic Wave Propagation*. Cambridge: Cambridge University Press. 1-608.

Dahlen, F. and Tromp, J., 1998. *Theoretical Global Seismology*. Princeton, N. J. : Princeton University Press. 1-1025.

De Hoop, A. T., 1958. *Representation Theorems for the Displacement in An Elastic Solid and Their*

Application to Elastodynamic Diffraction Theory. Doctorial Thesis, Technische Hogeschool. The Netherland: Delft. 1-84.

Honda, H., 1957. The mechanism of the earthquakes. *Sci. Rep. Tohoku Univ., Ser.* **5**, *Geophys.* **9:** 1-46.

Honda, H., 1962. Earthquake mechanism and seismic waves. *J. Phys. Earth* **10**: 1-98.

Hudson, J. A., 1980. *The Excitation and Propagation of Elastic Waves*. Cambridge: Cambridge University Press. 1- 226.

Kanamori, H., 1994. Mechanics of earthquakes. *Ann. Rev. Earth Planet. Sci.* **22**: 207-237.

Kanamori, H. and Boschi, E. (eds.), 1983. *Earthquakes: Observation, Theory and Interpretation*. Amsterdam: North-Holland Publ. Co. 1-608.

Kasahara, K., 1981. *Earthquake Mechanics*. Cambridge: Cambridge University Press, 1-261. 笠原庆一, 1986. 地震力学. 赵仲和译. 北京: 地震出版社: 1-248.

Kostrov, B. V. and Das, S., 1988. *Principles of Earthquake Source Mechanics*. Cambridge: Cambridge University Press. 1-475.

Lamé, M. G., 1852. *Leçons sur la Théorie Mathématique de l'Elasticité des Corps Solides*. Paris: Bachelier. 1-335.

Lay, T. and Wallace, T. C., 1995. *Modern Global Seismology.* San Diego: Academic Press. 1-521.

Love, A. E. H., 1944. *A Treatise on the Mathematical Theory of Elasticity*. 4th edition. New York: Dover. 1-643.

Madariaga, R., 1981. Dislocations and earthquakes. In: Balian, R., Kléman, M. and Poirier, J. -P. (eds.), *Physics of Defects*. Amsterdam: North-Holland Publ. Co. 569-615.

Madariaga, R., 1983. Earthquake source theory: A review. In: Kanamori, H. and Boschi, E. (eds.), *Earthquakes: Observation, Theory and Interpretation.* Amsterdam: North-Holland Publ. Co. 1-44.

Madariaga, R., 1989. Seismic source: Theory. In: James, D. E. (ed.), *Encyclopedia of Solid Earth Geophysics*. New York: Van Nostrand Reinhold Co., 1129-1133.

Madariaga, R., 2007. Seismic source theory. In: Kanamori, H. (ed.), *Earthquake Seismology.* Amsterdam: Elsevier. 59-82.

Madariaga, R., 2011. Earthquakes, source theory. In: Gupta, H. K. (ed.), *Encyclopedia of Solid Earth Geophysics*. Dordrecht: Springer. 248-252.

Maruyama, T., 1963. On the force equivalents of dynamical elastic dislocations with reference to the earthquake mechanism. *Bull. Earthq. Res. Inst., Tokyo Univ.* **41**: 467-486.

Maruyama, T., 1964. Statical elastic dislocation in an infinite and semi-infinite medium. *Bull. Earthq. Res. Inst., Tokyo Univ.* **42** (2): 289-368.

Miklowitz, J., 1984. *The Theory of Elastic Waves and Wave Guides*. Amsterdam: North-Holland Publ. Co. 1-618.

Morse, P. M. and Feshbach, H., 1953. *Methods of Theoretical Physics*. Parts I and II. New York: McGraw-Hill. 1-997, 1-1041 .

Pujol, J., 2003. *Elastic Wave Propagation and Generation in Seismology*. Cambridge: Cambridge University Press. 1-444.

Pujol, J. and Herrmann, R., 1990. A student's guide to point sources in homogeneous media. *Seismol. Res. Lett.* **61**: 209-224.

Reid, H. F., 1910. Mechanics of the earthquake. In: Lawson, A. C. (ed.), *The California Earthquake of April 18, 1906*. Report of the State Investigation Commission, Publication **87**, Vol. **2**. Washington, DC: Carnegie Institution of Washington. Reprinted 1969. 1-192.

Reid, H. F., 1911. The elastic-rebound theory of earthquakes. *University of California Publ. Geol. Sci.* **6:** 413-433.

Rice, J. R., 1980. The mechanics of earthquake rupture. In: Dziewonski, A. M. and Boschi, E. (eds.), *Physics of the Earth's Interior*. Amsterdam: North-Holland Publ. Co. 555-649.

Savage, J. C., 1980. Dislocation in seismology. In: Nabarro, F. R. N. (ed.), *Dislocations in Solids* **3**. *Moving Dislocations*. Amsterdam: North Holland Publ. Co. 251-339.

Shearer, P. M., 1999. *Introduction to Seismology*. Cambridge: Cambridge University Press, 1-260. [美]P. M. Shearer 著, 2008. 地震学引论. 陈章立译, 赵翠萍, 王勤彩, 华卫校. 北京: 地震出版社. 1-208.

Stauder, S. J. W., 1962. The focal mechanism of earthquakes. In: Landsberg, H. E. and Mieghem, J. V. (eds.), *Advances in Geophysics*, **9.** San Diego: Academic Press. 1-76.

Steketee, J. A., 1958a. On Volterra's dislocations in a semi-infinite elastic medium. *Can. J. Phys.* **36**: 192-205.

Steketee, J. A., 1958b. Some geophysical applications of the elasticity theory of dislocations. *Can. J. Phys*. **36:** 1168-1198.

Stokes, G. G., 1849a. On the theories of internal friction of fluids in motion and of the equilibrium and motion of elastic solids. *Trans. Camb. Phil. Soc.* **8**: 287-319.

Stokes, G. G., 1849b. On the dynamical theory of diffraction. *Trans. Camb. Phil. Soc.,* **9**: 1(Reprinted in *Stokes' Math Phys. Papers*, **2**: 243-328, Cambridge, 1883).

Udías, A., 1991. Source mechanism of earthquakes. *Adv. Geophys*. **33**: 81-140.

Udías, A., 1999. *Principles of Seismology.* Cambridge: Cambridge University Press. 1-474.

Введенская, А. В., 1956. Определение полей смещений при землетрясениях с помощью теории дислокаций. *Изв АН СССР, сер. Геофиз.* (3): 277-284

Кейлис-Борок, В. И., 1957. *Исследование Механизма Землетрясений*. Тр. Геофиз. Ин-та АН СССР **40**. Москва: Изд. АН СССР. 1-166. В. И. 克依利斯-博洛克, 1961. 地震机制的研究. 李宗元译, 傅承义校, 北京: 科学出版社. 1-130.

Костров, Б. В., 1975. *Механика Очага Тектонического Землетрясения*. Москва: Издателвство《Наука》, АН СССР. 1-176. Б. В. 科斯特罗夫, 1979. 构造地震震源力学. 冯德益, 刘建华, 汤泉译. 北京: 地震出版社. 1-204.

第四章　地震破裂运动学

在上一章中，我们研究了地震位错理论. 在各种能激发地震波的震源(如爆炸源、地震位错源、快速相变源，等等)中，我们着重研究了地震位错源，即以地球内部的一个位移间断面(又称位错面、断层面)表示的震源. 我们得到：如果已知位错面上的位移间断(位错)作为位错面(断层面)位置与时间的函数，那么就完全决定了介质中的运动. 这就是地震震源破裂的运动学理论. 运用震源破裂运动学理论，即可由作为震源的断层面上的质点运动辐射的地震波解释观测到的地震动. 在本章中，我们将研究如何由远场与近场地震动观测资料阐明地震震源破裂的运动学特性.

为了透彻地了解发生于震源区的实际物理过程，阐明产生震源破裂运动的来源，我们还必须研究与应力有关的地球介质的特性，即研究地球介质如何发生破坏直至破裂，在断层面上的应力达到或超过震源区地球介质的强度时地震破裂如何起始(nucleation, initiation)、扩展(propagation, extension)与终止(stopping, cessation)，如何迅速地释放由于长期的板块构造运动缓慢地积累起来的应力. 这就是地震震源破裂的动力学理论. 我们将在第九章中专门叙述.

在力学中，“动力学(dynamics)”一词及与其相应的形容词“动力学的(dynamical)”有两种含义. 一种是与“运动学(kinematic)”相对应，另一种则是与“静力学(static)”相对应(Костров, 1975; Kostrov and Das, 1988). 因为“动力学”一词有上述两种含义，在实际应用中便会导致诸如“对于动力学描述的断裂的静力学问题(static problems for dynamically described fracture)”那样的措辞. 为避免混淆，本书在运用“动力学”一词时对其含义将会予以明确，或者在上下文中予以体现.

第一节　平 面 断 层

在研究震源辐射的地震波时，如果震源距 R 与地震波的波长λ均远大于震源的线性尺度 L，即 $R>>L$ 与$\lambda>>L$，便可将它视为点源. 换句话说，在涉及长周期地震波时，采用点源模式是适宜的. 在点源模式的基础上，通过观测资料可以测定剪切位错点源的标量地震矩 M_0 或反演地震震源的多极子展开式的最低阶项. 地震震源的多极展开中的高阶项包含有关震源尺度、地震破裂持续时间等讯息. 通过地震观测资料测定这些高阶项无疑是很有意义的. 然而应当指出，也是相当困难的. 这方面的工作一直在探索中. 目前采用的做法是建立在上述地震震源过程位错模式基础上的反演方法. 位错模式得到了浅源地壳地震时地表断裂的直接观测证据的支持. 在关于地震的直接成因的断层模式中，我们假定在地震时所有的非弹性应变变化只局限于表面为Σ的、非常狭窄的、几乎是扁平的体积内. 正是基于这个假定，我们才能用通过断层表面的位移间断即位错来表示震源. 在断层模式中我们还假定：断裂发生于高围压下，因此在断层面上只发生剪切位错即滑动．在断层模式中我们还常常假定断层面是平面．这个假定大体上符合在野外观察到的许多浅源地壳地震的地表断裂的观测事实．对于发生于深部的、地表见不到断裂的地震来说，我们常常也不得不假定断层面是平面．在这种情形下，由断层面解可以得到中、小地震（地震矩 $M_0 \lesssim 10^{19}$ N·m 即矩震级 $M_W \lesssim 7.0$ 的地震）断层面的平均取向或者是较大地震破裂的初始取向．在没有获得更多的有关断层的讯息之前，通常还只得假定断层面是平面并且假定它与由断层面解求得的两个节面中的某个互相重合．上述假定得到许多观测事实的支持．譬如我们常看到实际断层的地表断裂通常呈线性排列，大地震的余震通常分布在包含主震震源在内的狭长的、大体上是椭圆形的区域中．大地震余震分布的这种特征可以用余震发生于主震的断层面上、由于主破裂留下的小障碍体发生破裂的假设来解释. 对于发生于上地幔的地震（震源深度 50—700 km），也作了上述的点源、剪切位错、平面断层三个假定．在上地幔所处的深度范围内，由重力引起的压应力数量级达 1.5—12 GPa（15—120 kbar）．很难想象在这么高的压应力下、在薄薄的一层断层带上长达数米的滑动是如何发生的．应当说，对于发生于上地幔的地震来说，平面断层模式仅仅是一种极其简化的假定（Madariaga, 1977, 1978, 1981, 1983, 1989, 2007, 2011）．

下面，我们将在上述假定成立的基础上，把地震震源当作断层面两边发生纯剪切位错的平面断层．纯剪切位错的平面断层辐射的地震波可由式（3.238）右边第一项 $\nu_m[u_m]=0$ 后代入式（3.243）求得（Aki and Richards, 1980, 2002）

$$u_i(\boldsymbol{r},t)=\int_{-\infty}^{\infty}\mathrm{d}t'\iint_{\Sigma}\mu(\nu_j[u_k]+\nu_k[u_j])\frac{\partial G_{ij}}{\partial x_k}\mathrm{d}\Sigma', \tag{4.1}$$

或者等效地[参见式（3.144）]：

$$u_i(\boldsymbol{r},t)=\int_{-\infty}^{\infty}\mathrm{d}t'\iint_{\Sigma}\mu\nu_j[u_k]\left(\frac{\partial G_{ij}}{\partial x_k'}+\frac{\partial G_{ij}}{\partial x_k'}\right)\mathrm{d}\Sigma'. \tag{4.2}$$

有关震源的讯息大多来自体波．面波的周期较长，一般不能携带有关破裂过程细节的讯息，除非地震较大（$M_0 \gtrsim 10^{21}$ N·m 即矩震级 $M_W \gtrsim 8.0$ 的地震）．在近场，源的效应与传播路径效应之间有相当强的耦合，所以近场体波很难模拟，一般要运用数值计算方法模拟近场体波．但是，单用数值计算方法不易考察观测结果与震源参量的关系．近场强地面运动的模拟正是当前相当活跃的研究领域，我们将专门叙述．这里，先分析平面断层辐射的远场地震体波，因为迄今为止，我们对地震破裂过程的了解大多数来自远场地震体波．

现在来分析平面断层辐射的体波远场位移．由以上的分析可知，这个位移可由式（3.363）—（3.365）对断层面积分求得．现将坐标原点 O 置于平面断层（位错面）Σ上，以 $Q(\boldsymbol{r}')$ 表示Σ上的位错元 $\mathrm{d}\Sigma'$的位置，那么 $Q(\boldsymbol{r}')$ 点至 $P(\boldsymbol{R})$ 点的矢径（图 4.1）

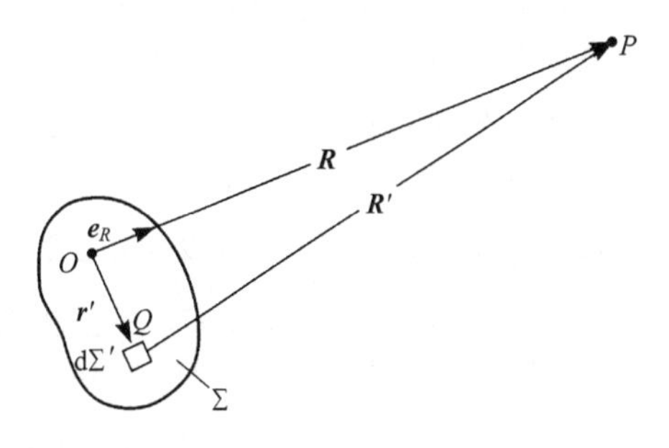

图 4.1　平面断层的远场辐射

$$\boldsymbol{R}' = \boldsymbol{R} - \boldsymbol{r}',$$

则平面断层辐射的体波远场位移为

$$u(\boldsymbol{R}, t) = u^{\mathrm{P}}(\boldsymbol{R}, t)\boldsymbol{e}_R + u^{\mathrm{SV}}(\boldsymbol{R}, t)\boldsymbol{e}_{i_h} + u^{\mathrm{SH}}(\boldsymbol{R}, t)\boldsymbol{e}_\phi, \tag{4.3}$$

$$u^{\mathrm{P}}(\boldsymbol{R}, t) = \iint_{\Sigma} \frac{\mathscr{F}^{\mathrm{P}} \mu \Delta \dot{u}\left(\boldsymbol{r}', t - \dfrac{R'}{\alpha}\right)}{4\pi\rho\alpha^3 R'} \mathrm{d}\Sigma', \tag{4.4}$$

$$u^{\mathrm{SV}}(\boldsymbol{R}, t) = \iint_{\Sigma} \frac{\mathscr{F}^{\mathrm{SV}} \mu \Delta \dot{u}\left(\boldsymbol{r}', t - \dfrac{R'}{\beta}\right)}{4\pi\rho\beta^3 R'} \mathrm{d}\Sigma', \tag{4.5}$$

$$u^{\mathrm{SH}}(\boldsymbol{R}, t) = \iint_{\Sigma} \frac{\mathscr{F}^{\mathrm{SH}} \mu \Delta \dot{u}\left(\boldsymbol{r}', t - \dfrac{R'}{\beta}\right)}{4\pi\rho\beta^3 R'} \mathrm{d}\Sigma', \tag{4.6}$$

式中，

$$R' = |\boldsymbol{R}'|.$$

在运用式(3.363)—式(3.365)这些公式时已将公式中的 $M_0 \dot{S}(t)$ 改写为 $\mu\Delta\dot{u}(\boldsymbol{r}', t)\mathrm{d}\Sigma'$，这里，$\Delta\dot{u}(\boldsymbol{r}', t)$ 是位于Σ上 $Q(\boldsymbol{r}')$ 点的位错元 $\mathrm{d}\Sigma'$的位错$\Delta u(\boldsymbol{r}', t)$随时间的变化率．现在，以坐标原点 O 为参考点，对 R'作泰勒(Tayler)展开：

$$R' = (R^2 + r'^2 - 2\boldsymbol{r}' \cdot \boldsymbol{R})^{1/2}, \tag{4.7}$$

$$= R\left[1 + \frac{r'^2}{R^2} - \frac{2(\boldsymbol{r}' \cdot \boldsymbol{e}_R)}{R}\right]^{1/2},$$

$$= R\left\{1 + \frac{1}{2}\left[\frac{r'^2}{R^2} - \frac{2(\boldsymbol{r}' \cdot \boldsymbol{e}_R)}{R}\right] - \frac{1}{8}\left[\frac{r'^2}{R^2} - \frac{2(\boldsymbol{r}' \cdot \boldsymbol{e}_R)}{R}\right]^2 + \cdots - \cdots\right\},$$

$$= R - (\boldsymbol{r}' \cdot \boldsymbol{e}_R) + \frac{r'^2}{2R} - \frac{(\boldsymbol{r}' \cdot \boldsymbol{e}_R)^2}{R^2} + \cdots. \tag{4.8}$$

如果震源距 R 不但远大于所涉及的波长即 $R>>\lambda$，而且还远大于断层面的线性尺度 L 即 $R>>L$，则在式(4.4)—式(4.6)中 $1/R'$随 $\boldsymbol{r}'$的变化可予以忽略，即 $1/R' \sim 1/R$；并且因为在辐射图型因子的表示式(3.366)—式(3.368)中，由于 $\boldsymbol{r}'$的变化引起的 $\sin i_h$, $\cos i_h$, $\sin\phi$, $\cos\phi$等三角函数的变化在 $R>>L$ 时均可予以忽略，所以在断层面上$\mathscr{F}^{\mathrm{P}}$, $\mathscr{F}^{\mathrm{SV}}$和$\mathscr{F}^{\mathrm{SH}}$随 $\boldsymbol{r}'$的变化均可予以忽略．在这种情况下，震源有限性效应就完全是由滑动速率 $\Delta\dot{u}$ 宗量中的时间延迟因子 R'/α或 R'/β所引起的．因此，

$$u^{\mathrm{P}}(\boldsymbol{R}, t) = \frac{\mu}{4\pi\rho\alpha^3 R} \mathscr{F}^{\mathrm{P}} \iint_{\Sigma} \Delta\dot{u}\left(\boldsymbol{r}', t - \frac{R'}{\alpha}\right) \mathrm{d}\Sigma', \tag{4.9}$$

$$u^{\mathrm{SV}}(\boldsymbol{R}, t) = \frac{\mu}{4\pi\rho\beta^3 R} \mathscr{F}^{\mathrm{SV}} \iint_{\Sigma} \Delta\dot{u}\left(\boldsymbol{r}', t - \frac{R'}{\beta}\right) \mathrm{d}\Sigma', \tag{4.10}$$

$$u^{\mathrm{SH}}(\boldsymbol{R},t)=\frac{\mu}{4\pi\rho\beta^3 R}\mathscr{F}^{\mathrm{SH}}\iint_{\Sigma}\Delta\dot{u}\left(\boldsymbol{r}',t-\frac{R'}{\beta}\right)\mathrm{d}\Sigma'. \tag{4.11}$$

这样，在地震波远场位移的上述表示式中，都有一个共同的、表示其波形的因子：

$$\Omega_c(\boldsymbol{R},t)=\iint_{\Sigma}\Delta\dot{u}\left(\boldsymbol{r}',t-\frac{R'}{c}\right)\mathrm{d}\Sigma',\qquad c=\alpha,\beta, \tag{4.12}$$

c 表示α(P 波)或β(SV 波和 SH 波)．如果在式(4.8)中，由

$$\delta r=\frac{1}{2R}[r'^2-(\boldsymbol{r}'\cdot\boldsymbol{e}_R)^2] \tag{4.13}$$

引起的行程差远小于四分之一波长$\lambda/4$，这里，$\lambda=cT$, T 是波的周期：

$$\frac{1}{2R}[r'^2-(\boldsymbol{r}'\cdot\boldsymbol{e}_R)^2]<<\frac{\lambda}{4}, \tag{4.14}$$

即

$$\frac{\lambda R}{2}>>L^2, \tag{4.15}$$

则在式(4.9)—式(4.11)三式所共同的、表示远场位移波形的因子[式(4.12)]中的时间延迟因子 R'/c 中的 R'可以近似为

$$R'\approx R-(\boldsymbol{r}'\cdot\boldsymbol{e}_R), \tag{4.16}$$

而不会引起表示位移波形的面积分严重的误差．在光学中，上式称为夫琅和费(Fraunhoffer)近似，式(4.15)即是光学中夫琅和费衍射需要满足的条件．在夫琅和费近似成立的条件下，表示地震波远场位移波形的因子可以表示为下列面积分：

$$\Omega_c(\boldsymbol{R},t)=\iint_{\Sigma}\Delta\dot{u}\left(\boldsymbol{r}',t-\frac{R-(\boldsymbol{r}'\cdot\boldsymbol{e}_R)}{c}\right)\mathrm{d}\Sigma',\quad c=\alpha,\beta. \tag{4.17}$$

如果我们引进断层面上位错随时间的变化率也即断层面两侧质点的相对滑动速率 $\Delta\dot{u}(\boldsymbol{r}',t')$的时–空傅里叶变换：

$$\Delta\bar{\hat{\dot{u}}}(\boldsymbol{k},\omega)=\int_{-\infty}^{\infty}\iint_{\Sigma}\Delta\dot{u}(\boldsymbol{r}',t')\mathrm{e}^{-\mathrm{i}(\boldsymbol{k}\cdot\boldsymbol{r}'+\omega t')}\mathrm{d}\Sigma'\mathrm{d}t', \tag{4.18}$$

$$=\iint_{\Sigma}\Delta\hat{\dot{u}}(\boldsymbol{r}',\omega)\mathrm{e}^{-\mathrm{i}\boldsymbol{k}\cdot\boldsymbol{r}'}\mathrm{d}\Sigma', \tag{4.19}$$

并对式(4.17)两边作时间傅里叶变换：

$$\hat{\Omega}_c(\boldsymbol{R},\omega)=\int_{-\infty}^{\infty}\iint_{\Sigma}\Delta\dot{u}\left(\boldsymbol{r}',t-\frac{R-(\boldsymbol{r}'\cdot\boldsymbol{e}_R)}{c}\right)\mathrm{e}^{-\mathrm{i}\omega t}\mathrm{d}\Sigma'\mathrm{d}t, \tag{4.20a}$$

$$=\int_{-\infty}^{\infty}\iint_{\Sigma}\Delta\dot{u}(\boldsymbol{r}',t')\mathrm{e}^{-\mathrm{i}\omega t'-\mathrm{i}\frac{\omega}{c}[R-(\boldsymbol{r}'\cdot\boldsymbol{e}_R)]}\mathrm{d}\Sigma'\mathrm{d}t', \tag{4.20b}$$

$$= \iint_{\Sigma} \Delta\hat{\dot{u}}(\boldsymbol{r}', \omega) \mathrm{e}^{-\mathrm{i}\frac{\omega}{c}R + \mathrm{i}\frac{\omega}{c}(\boldsymbol{r}' \cdot \boldsymbol{e}_R)} \mathrm{d}\Sigma', \tag{4.20c}$$

$$= \mathrm{e}^{-\mathrm{i}\frac{\omega}{c}R} \iint_{\Sigma} \Delta\hat{\dot{u}}(\boldsymbol{r}', \omega) \mathrm{e}^{\mathrm{i}\frac{\omega}{c}(\boldsymbol{r}' \cdot \boldsymbol{e}_R)} \mathrm{d}\Sigma'. \tag{4.20d}$$

对比上式与式(4.19)，可得

$$\mathrm{e}^{\mathrm{i}\frac{\omega}{c}R} \hat{\Omega}_c(\boldsymbol{R}, \omega) = \Delta\overline{\hat{\dot{u}}}(\boldsymbol{k}, \omega) \Big|_{\boldsymbol{k} = -\frac{\omega}{c}\hat{e}}, \tag{4.21}$$

式中，$\hat{\boldsymbol{e}}$ 是 $\boldsymbol{e}_R$ 在断层面上的投影：

$$\hat{\boldsymbol{e}} = \boldsymbol{e}_R - (\boldsymbol{e}_R \cdot \boldsymbol{\nu})\boldsymbol{\nu}. \tag{4.22}$$

式(4.20d)表明，观测的远场位移波形的频谱经过因传播延迟$\omega R/c$ 而引起的相位改正之后可以表示为一系列平面波的叠加，这些平面波的波矢量 $\boldsymbol{k}=-(\omega/c)\hat{\boldsymbol{e}}$．式(4.21)则进一步表明，观测的远场位移波形的频谱经过因传播延迟而引起的相位改正之后等于滑动速率 $\Delta\dot{u}$ 的时-空傅里叶变换 $\Delta\overline{\hat{\dot{u}}}(k,\omega)$，但是波矢量 $\boldsymbol{k}=-(\omega/c)\hat{\boldsymbol{e}}$．不难看出[参见式(4.18)]，如果对于所有的波矢量 $\boldsymbol{k}$ 与频率ω，已知作为$(\boldsymbol{k},\omega)$函数的 $\Delta\overline{\hat{\dot{u}}}(k,\omega)$，则由 $\Delta\overline{\hat{\dot{u}}}(k,\omega)$ 经时-空傅里叶反变换后便可求得 $\Delta\dot{u}(\boldsymbol{r}', t)$．然而，对于某一辐射方向 $\boldsymbol{e}_R$，相应的远场位移的频谱是$(\boldsymbol{k}, \omega)$空间中的直线$\boldsymbol{k}=-(\omega/c)\hat{\boldsymbol{e}}$．因为$\hat{\boldsymbol{e}}$ 是$\boldsymbol{e}_R$在断层面上的投影，所以 $|\boldsymbol{k}| \leqslant \omega/c$．如果我们考虑全空间中所有的辐射方向的话，便会发现，远场 P 波只采集$(\boldsymbol{k}, \omega)$空间中孔径$|\boldsymbol{k}| \le \omega/\alpha$的锥体内的 $\Delta\overline{\hat{\dot{u}}}(k,\omega)$，远场 S 波在$(\boldsymbol{k},\omega)$空间中则采集孔径大一些(为$|\boldsymbol{k}| \le \omega/\beta$)的锥体内的 $\Delta\overline{\hat{\dot{u}}}(k,\omega)$．在上述锥体内的$(\boldsymbol{k},\omega)$所表示的平面波为相速度大于、等于 c 的均匀平面波，而在锥体外的$(\boldsymbol{k},\omega)$所表示的则为相速度小于 c 的非均匀平面波．在震源附近，后者很快地就衰减掉，在远场是记录不到的．这表明，纵使人们能够测得整个震源球球面上的体波远场位移的频谱 $\hat{\Omega}_c(\boldsymbol{R}, \omega)$，也无法单由式(4.21)计算得到的 $\Delta\overline{\hat{\dot{u}}}(k,\omega)$ 完全复原 $\Delta\dot{u}(r',t)$．换句话说，在断层面上，空间波数$|\boldsymbol{k}| \leqslant \omega/c$ 或者说空间波长大于、等于 $2\pi c/\omega$ 的情况原则上是可以通过远场体波的观测复原的，但$|\boldsymbol{k}| > \omega/c$ 即空间波长小于 $2\pi c/\omega$的情况则无法通过远场体波的观测求得．因为这个缘故，从远场反演断层面上的滑动量作为时间与空间的函数时需要其他条件．以上分析从另一个角度说明了，为了由 $\Delta\overline{\hat{\dot{u}}}(\boldsymbol{k}, \omega)$ 完全复原 $\Delta\dot{u}(\boldsymbol{r}', t)$ 还需要近场观测资料．

第二节　远场辐射的一些性质

(一) 零频极限

对于所有真实的地震震源，令(4.20b)中的$\omega \to 0$ 即可得位移波形频谱的零频极限：

$$\hat{\Omega}_c(\boldsymbol{R}, 0) = \int_{-\infty}^{\infty} \iint_{\Sigma} \Delta\dot{u}(\boldsymbol{r}', t) \mathrm{d}\Sigma' \mathrm{d}t' = \iint_{\Sigma} \Delta u(\boldsymbol{r}', \infty) \mathrm{d}\Sigma', \quad c = \alpha, \beta. \tag{4.23}$$

从而体波远场辐射的频谱的零频极限为

$$\hat{u}^{\mathrm{P}}(\boldsymbol{R},0)=\int_{-\infty}^{\infty}u^{\mathrm{P}}(\boldsymbol{R},t)\mathrm{d}t=\frac{M_0}{4\pi\rho\alpha^3R}\mathscr{F}^{\mathrm{P}},\tag{4.24}$$

$$\hat{u}^{\mathrm{SV}}(\boldsymbol{R},0)=\int_{-\infty}^{\infty}u^{\mathrm{SV}}(\boldsymbol{R},t)\mathrm{d}t=\frac{M_0}{4\pi\rho\beta^3R}\mathscr{F}^{\mathrm{SV}},\tag{4.25}$$

$$\hat{u}^{\mathrm{SH}}(\boldsymbol{R},0)=\int_{-\infty}^{\infty}u^{\mathrm{SH}}(\boldsymbol{R},t)\mathrm{d}t=\frac{M_0}{4\pi\rho\beta^3R}\mathscr{F}^{\mathrm{SH}},\tag{4.26}$$

式中，M_0 是地震矩：

$$M_0=\mu\iint_{\Sigma}\Delta u(\boldsymbol{r}',\infty)\mathrm{d}\Sigma'=\mu DA,\tag{4.27}$$

D 是平均错距：

$$D=\overline{\Delta u}(\infty)=\frac{1}{A}\iint_{\Sigma}\Delta u(\boldsymbol{r}',\infty)\mathrm{d}\Sigma'.\tag{4.28}$$

平均错距 D 是对所涉及的破裂过程完成之后整个断层面上各点的最终滑动量 $\Delta u(\boldsymbol{r}',\infty)$ 的平均[参见式(3.296)]，它与断层面上破裂过程的细节无关，只与 $\Delta u(\boldsymbol{r}',\infty)$ 有关．式(4.24)—式(4.26)表明，地震体波远场位移的振幅谱在低频时是平的，与频率无关，其零频极限等于远场位移曲线下的面积，它们都正比于地震矩．而地震矩是刚性系数、平均错距与断层面面积三者的乘积．在体波观测中，这个性质常用来在频率域或时间域中确定地震矩．

(二)黏滑

地震震源的远场辐射的第二个特性与断层错动是否会反向有关．断层错动是在阻碍断层反向滑动的高围压的摩擦下发生的．通常认为，一旦断层面上某一点开始破裂，破裂面两侧质点的相对滑动将只继续到滑动速度试图反向之时．到了滑动速度即将反向之时，滑动因受到摩擦阻碍而终止，断层面就“愈合”起来，直至下一次地震时．这种受到摩擦的阻碍而不能发生反向滑动的过程称为黏滑(stick slip)．

由式(4.12)可得体波远场位移波形的频谱为

$$\hat{\Omega}_c(\boldsymbol{R},\omega)=\int_{-\infty}^{\infty}\iint_{\Sigma}\Delta\dot{u}\left(\boldsymbol{r}',t-\frac{R'}{c}\right)\mathrm{e}^{-\mathrm{i}\omega t}\mathrm{d}\Sigma'\mathrm{d}t,$$

所以其振幅谱

$$\begin{aligned}\left|\hat{\Omega}_c(\boldsymbol{R},\omega)\right|&=\left|\int_{-\infty}^{\infty}\iint_{\Sigma}\Delta\dot{u}\left(\boldsymbol{r}',t-\frac{R'}{c}\right)\mathrm{e}^{-\mathrm{i}\omega t}\mathrm{d}\Sigma'\mathrm{d}t\right|\\&\leqslant\int_{-\infty}^{\infty}\iint_{\Sigma}\left|\Delta\dot{u}\left(\boldsymbol{r}',t-\frac{R'}{c}\right)\mathrm{e}^{-\mathrm{i}\omega t}\right|\mathrm{d}\Sigma'\mathrm{d}t=\int_{-\infty}^{\infty}\iint_{\Sigma}\left|\Delta\dot{u}\left(\boldsymbol{r}',t-\frac{R'}{c}\right)\right|\mathrm{d}\Sigma'\mathrm{d}t.\end{aligned}\tag{4.29}$$

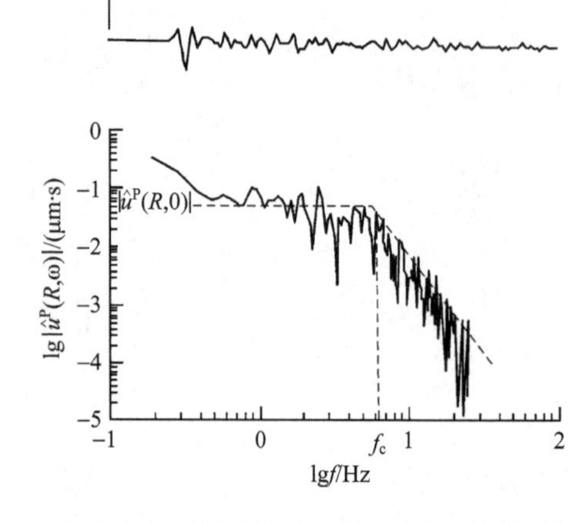

图 4.2　地震体波波形及其远场位移振幅谱

上半部是 EHOR 台记录的一次地震的地震图，下半部是该地震 P 波远场位移的振幅谱．图中 $f=\omega/2\pi$, $f_c=\omega_c/2\pi$

如果滑动速度不反向，则

$$\left|\Delta\dot{u}\left(\boldsymbol{r}',t-\frac{R'}{c}\right)\right|=\pm\Delta\dot{u}\left(\boldsymbol{r}',t-\frac{R'}{c}\right)$$

式中，±号分别对应 $\Delta\dot{u}>0$ 和 $\Delta\dot{u}<0$ 的情形．不论 $\Delta\dot{u}$ 是正是负，只要它不反向，即恒为正或恒为负，式(4.29)右端都等于 $\left|\hat{\Omega}_c(\boldsymbol{R},0)\right|$，从而

$$\left|\hat{\Omega}_c(\boldsymbol{R},\omega)\right|\leqslant\left|\hat{\Omega}_c(\boldsymbol{R},0)\right|. \tag{4.30}$$

这就是说，如果滑动速度不反向，那么地震体波远场位移的波形即为单边的脉冲，称为单极脉冲；与此相应，在频率域中，其振幅谱在 $\omega=0$ 时达到极大值(图 4.2)．

不言而喻，滑动不会反向的条件是运动学条件而不是动力学条件．地震体波远场位移脉冲的单极性，或者说振幅谱在 $\omega=0$ 时达到极大值的特性，实际上是滑动不会反向这个运动学条件的一个推论．

(三) 拐角频率

地震破裂过程所产生的远场辐射发生于有限的持续期中；相应地，在频率域中，远场位移谱的带宽是有限的．远场脉冲的持续时间 Δt 与频谱的宽度 $\Delta\omega$ 有如下关系：

$$\Delta t\Delta\omega\approx\pi. \tag{4.31}$$

在高频时，振幅谱按频率的某次方即 $\omega^{-\varepsilon}$ 渐近地衰减，$0<\varepsilon\leqslant3$．当 $\varepsilon=2$ 时，称为 ω^2 模式；当 $\varepsilon=3$ 时，称为 ω^3 模式．通常把振幅谱高频渐近趋势(包络线)和低频趋势(零频水平)的交点称为拐角(corner)，与拐角相应的频率 f_c 称为拐角频率(corner frequency)，相应的圆频率称为拐角(圆)频率(corner circular frequency)，相应的周期 $T_c=2\pi/\omega_c$ 称为拐角周期(corner period)．拐角频率是远场位移谱宽度的一种估计(图 4.2)．下面将指出，震源尺度越大，其频谱的低频成分越丰富，拐角频率越低；并且，尽管拐角频率与震源尺度有关，它与震源尺度的关系却是与模式有关的．

第三节　地震震源破裂运动学模式

(一) 哈斯克尔单侧破裂矩形断层模式

1. 单侧破裂矩形断层辐射的体波远场位移

现在来分析单侧破裂(unilateral rupture)的有限移动源辐射的体波远场位移及其频谱(Ben-Menahem, 1961, 1962; Hirasawa and Stauder, 1965; Ben-Menahem and Singh, 1981; Aki and Richards, 1980, 2002; Kasahara, 1981; 金森博雄, 1991; 理論地震動研究会, 1994; Lay and Wallace, 1995; Udías, 1991, 1999; Bormann, 2002; Stein and Wysession, 2003)．为

此选取如图 4.3 所示的震源坐标系．设从时间 t=0 开始，一个宽度为 W 的有限的位错线沿 x_1 轴以恒定的破裂速度(rupture velocity) v 扫过矩形面积，矩形断层面的长度为 L；假设与断层面的长度 L 相比，断层面的宽度 W 很窄，以至可以忽略不计，即 $L>>W$; 并设断层面上每一点 x_1' 的错距都为 D，且震源时间函数的形状都一样，只是时间上延迟了 x_1'/v：

$$\Delta u(\boldsymbol{r}', t) = DS\left(t - \frac{x_1'}{v}\right). \tag{4.32}$$

由式(4.9)可得，对于 P 波：

$$u^{\mathrm{P}}(\boldsymbol{R}, t) = \frac{\mu DW}{4\pi\rho\alpha^3 R} \mathscr{F}^{\mathrm{P}} \int_0^L \dot{S}\left(t - \frac{x_1'}{v} - \frac{R'}{\alpha}\right) \mathrm{d}x_1', \tag{4.33}$$

对于 SV 波与 SH 波，由式(4.10)与式(4.11)可得到类似的公式，只不过应将$\mathscr{F}^{\mathrm{P}}$，α换成相应的量．式中，R'是位错元 $\mathrm{d}x_1'$ 至观测点 P 的距离．如前已述，当$\lambda R/2>>L^2$ 时，R'可用式(4.16)近似，所以

$$u^{\mathrm{P}}(\boldsymbol{R}, t) = \frac{M_0}{4\pi\rho\alpha^3 R} \mathscr{F}^{\mathrm{P}} F(\alpha)\Omega_\alpha\left(t - \frac{R}{\alpha}\right), \tag{4.34}$$

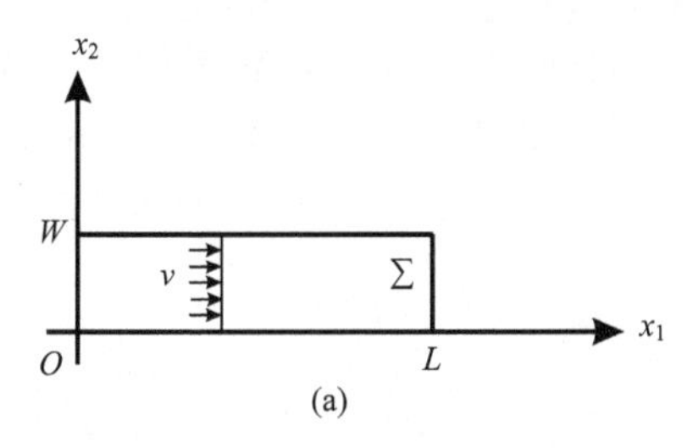

(a)

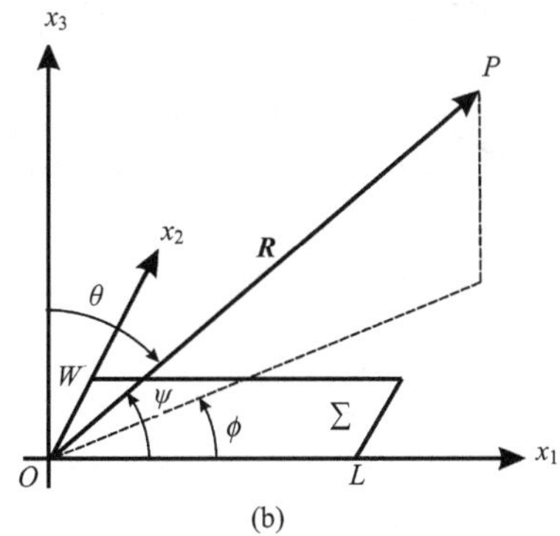

(b)

图 4.3　单侧破裂矩形断层模型

(a)长度为 L，宽度为 W 的矩形断层面∑．破裂沿 x_2 方向(宽度方向)同时发生，但是沿 x_1 方向(长度方向)即 ψ=0 方向以有限的速度 v 扩展；(b)在直角坐标系 (x_1, x_2, x_3) 中，球极坐标系 (R, θ, ϕ) 的 θ=0 的方向(x_3 轴方向)为断层面的法线方向，ψ为观测点 P 的矢径 $\boldsymbol{R}$ 与 x_1 轴的夹角

式中，M_0 是地震矩：

$$M_0 = \mu DWL, \tag{4.35}$$

$\Omega_\alpha(t)$ 是 P 波远场位移波形因子：

$$\Omega_\alpha(t) = \frac{v}{L}\int_0^L \dot{S}\left(t - \frac{x_1'}{v}\left(1 - \frac{v}{\alpha}\cos\psi\right)\right)\mathrm{d}x_1',$$
$$= \frac{v}{L}\left[S(t) - S\left(t - \frac{L}{vF(\alpha)}\right)\right], \tag{4.36}$$

而函数

$$F(\alpha) = \frac{1}{1 - \dfrac{v}{\alpha}\cos\psi}, \tag{4.37}$$

ψ是 $\boldsymbol{R}$ 与破裂扩展方向即 x_1 轴的夹角．对于 SV 波和 SH 波，亦有类似的结果，只不过应将$\mathscr{F}^{\mathrm{P}}, \Omega_\alpha, \alpha$换成相应的量．函数 $F(c)$ $(c=\alpha, \beta)$ 表明，因为破裂扩展效应，波的振幅受了调制(modulation)．在破裂扩展方向上，振幅增大；在其反方向上，振幅减小．调制效应的大小受到破裂速度与波扩展速度的比值即地震马赫数(seismic Mach number)

$$M = \frac{v}{c} \tag{4.38}$$

的控制(Ben-Menahem and Singh, 1981)．函数 $F(c)$ 称为调制因子．因为调制效应，由$\mathscr{F}^{\mathrm{P}}F(\alpha)$与$\mathscr{F}^{\mathrm{S}}F(\beta)$所分别表示的 P 波与 S 波的辐射图型被调制成如图 4.4 所示的样子(Sato and Hirasawa, 1973)．单侧破裂情形下的远场位移辐射图型对于断层面 $x_3=0$ 是对称的，而对于其余两个平面则不对称．可以利用这一性质从两个节平面中选择出真正的断层面．

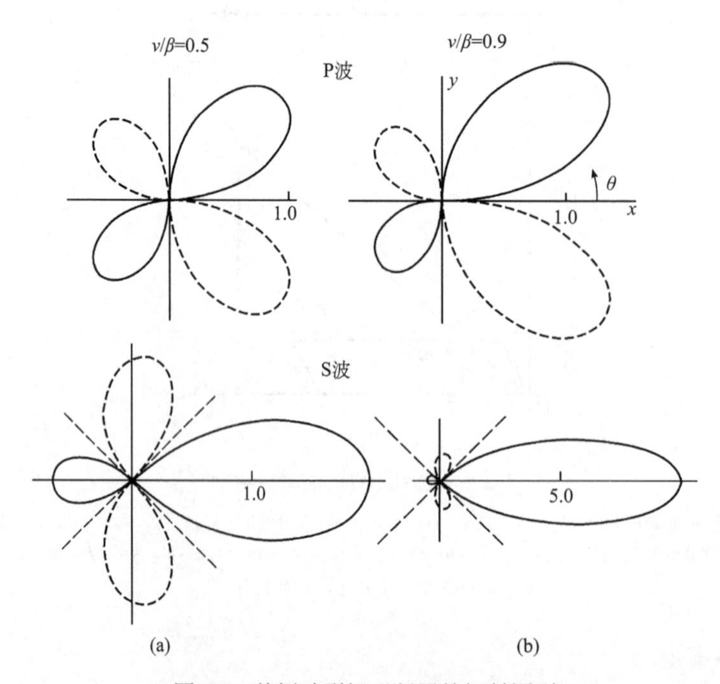

图 4.4　单侧破裂矩形断层的辐射图型

若震源时间函数是亥维赛单位阶跃函数(Heaviside unit step function)$H(t)$：

$$S(t) \equiv H(t) = \begin{cases} 0, & t<0, \\ 1, & t>0, \end{cases} \tag{4.39}$$

那么，由式(4.34)可得此情形的远场位移为

$$u^{\mathrm{P}}(\boldsymbol{R},t) = \frac{M_0}{4\pi\rho\alpha^3 R}\mathscr{F}^{\mathrm{P}}\frac{1}{T_r}\left[H\left(t-\frac{R}{\alpha}\right)-H\left(t-\frac{R}{\alpha}-T_r\right)\right], \tag{4.40}$$

其波形是持续时间为

$$T_r = \frac{L}{vF(\alpha)} = \frac{L}{v}\left(1-\frac{v}{\alpha}\cos\psi\right) \tag{4.41}$$

的箱车函数(boxcar function)[参见式(3.344)]. T_r是在不同方位观测到的破裂时间(rupture time)即地震波初动的半周期，也称为视破裂持续时间(apparent duration of rupture)(图4.5). 由于破裂扩展产生的方位依赖性称为方向性(directivity). 因为破裂扩展效应，在破裂扩展方向上，由断层面上的每个小破裂发出的信号或者说辐射出的能量在较短的时间间隔内到达，因而视破裂持续时间即地震波的初动半周期变小，振幅则变大；在相反方向上，由断层面上的每个小破裂发出的信号或者说辐射出的能量在较长的时间间隔内到达，因而视破裂持续时间即地震波初动半周期变大，振幅则变小. 破裂扩展效应包括两方面，即半周期缩短和振幅加大；或都反过来. 但在任何一个方向上，位移波形曲线下的面积与破裂过程无关，都等于$M_0\mathscr{F}^{\mathrm{P}}/4\pi\rho\alpha^3R$. 这种情况类似于声学中的多普勒效应(图4.6a)，所以称为地震多普勒效应(seismic Doppler effect)(Ben-Menahem, 1961, 1962; Ben-Menahem and Singh, 1981).

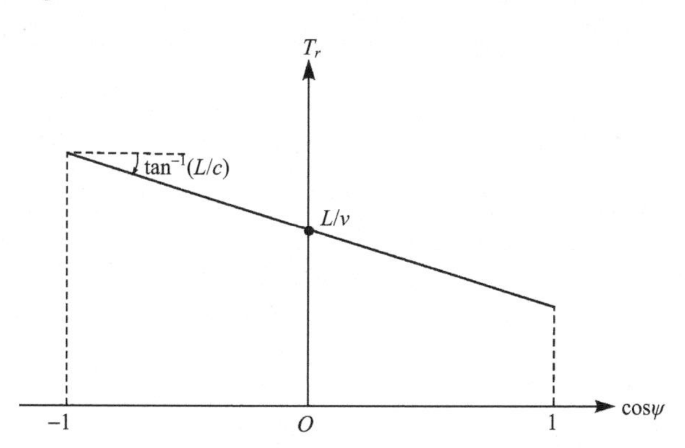

图 4.5　单侧破裂矩形断层辐射的远场体波的初动半周期随方位的变化

地震破裂时间的表示式(4.41)可以用来分析在什么情况下需要考虑震源的有限性，或者反过来说，在什么情况下可以把震源看作是一个点. 由式(4.41)可知，实际的破裂持续时间为L/v. 显然，如果破裂时间T_r比所涉及的地震波的周期T小得多，即

$$\frac{T_r}{T} \ll 1 \tag{4.42}$$

时，可以忽略震源的有限性，将震源视为一个点源. 由于$T_r \approx L/v$, $T=\lambda/c$, v与c同数量级，

所以 $T_r/T<<1$ 的条件，也就是

$$\frac{T_r}{T}\approx\frac{L/v}{\lambda/c}\approx\frac{L}{\lambda}<<1, \tag{4.43}$$

即断层长度 L 比地震波波长λ小得多的条件．这就是说，用长波是“看”不清破裂过程的细节的．对于现在讨论的体波，因为破裂速度 v 和波速 c 同数量级，所以会出现下述情况：一个 M6.0 地震，其断层长度约 10 km，与周期 1 s，波速约 8 km/s 的体波的波长 8 km 差别不大，因而应考虑其震源的有限性．但是与周期为 50 s，波速约 4 km/s 的面波的波长 200 km 比，则小得多，可视其为点源．可是，对于 M8.0 大地震，其断层长度可达 300 km，对上述体波和面波而言，其断层的有限性均不能忽略．

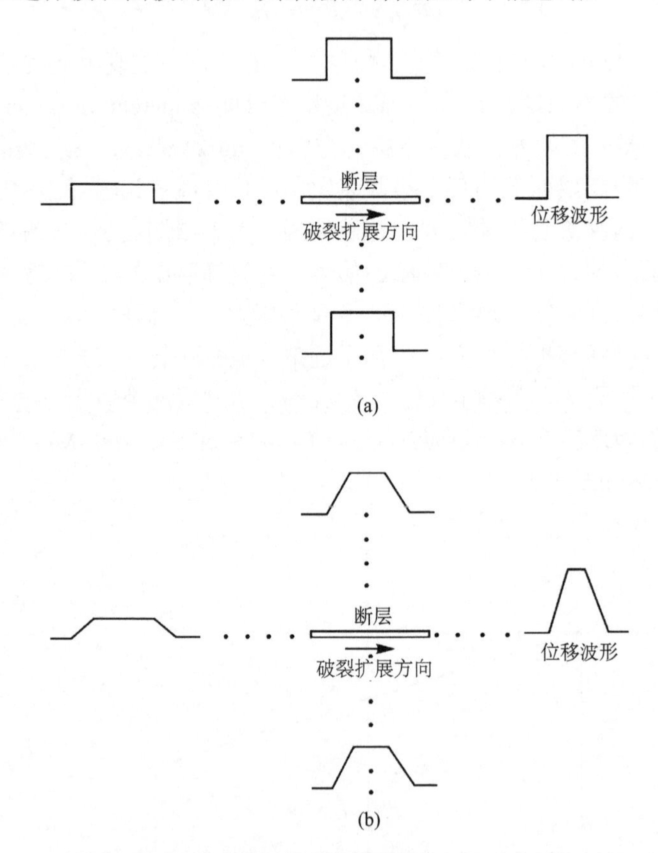

图 4.6　地震多普勒效应

(a) 震源时间函数是亥维赛单位阶跃函数；(b) 震源时间函数是斜坡函数

如果震源时间函数是上升时间(rise time)为 T_s 的斜坡函数(ramp function)(图 4.7a)：

$$S(t)\equiv R(t)=\begin{cases}0, & t<0,\\ \dfrac{t}{T_s}, & 0\leqslant t\leqslant T_s,\\ 1, & t>T_s,\end{cases} \tag{4.44}$$

那么它的导数便是持续时间为 T_s，振幅为 $1/T_s$ 的箱车函数(图 4.7b)：

$$\dot{S}(t) \equiv B(t) = \begin{cases} 0, & t < 0, \\ \dfrac{1}{T_s}, & 0 \leqslant t \leqslant T_s, \\ 1, & t > T_s, \end{cases} \tag{4.45}$$

而式(4.36)所表示的远场位移的波形便是持续时间为 T_r+T_s 的梯形波．若 $T_r>T_s$，其上升时间与下降时间均为 T_s(图 4.7c)；若 $T_r<T_s$，则其上升时间与下降时间均为 T_r(图 4.7d)．相应地，地震多普勒效应如图 4.6b 所示．

这个具有代表性的单侧破裂矩形断层模式是哈斯克尔(Haskell, 1964a,b)提出的，称为哈斯克尔断层模式．表征哈斯克尔模式的震源参量共有 5 个，包括 3 个运动学参量：断层长度 L，宽度 W，断层面上的平均错距 D；2 个动力学参量：破裂扩展速度 v 以及断层面上质点滑动的持续时间，即震源时间函数的上升时间 T_s，或等价地，断层面上质点滑动的平均速度 $\langle \dot{u} \rangle$．

利用这个模式，哈斯克尔详尽地研究了地震辐射能、谱密度及近场效应等问题(Haskell, 1966, 1969)．在 1960 年代末至 1970 年代期间，哈斯克尔模式被广泛地运用于解释观测得到的体波、面波、地球自由振荡和近场地震图，较可靠地测量得到了许多地震的 L，W 与 D 等参量．与 W 或 D 相比，L 的测量比较容易，因为较长周期的地震波受复杂的传播路径影响较小，比较容易用它来研究断层长度的效应．要可靠地测定 D 和 T_s，则需要有较难获取的近场观测资料．

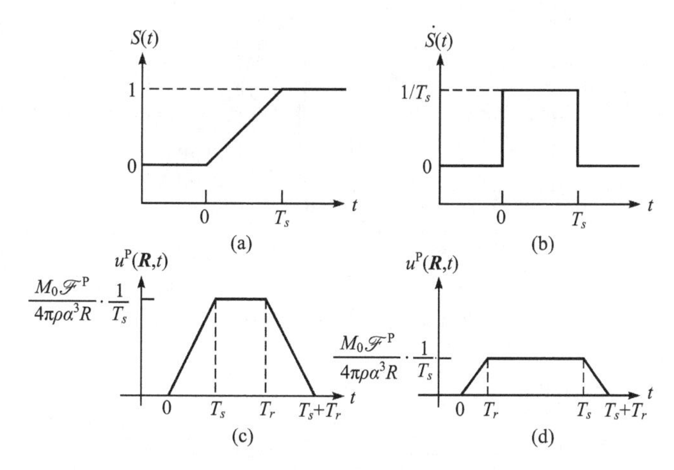

图 4.7　单侧破裂矩形断层辐射的远场体波的波形(以 P 波为例)

(a)震源时间函数是上升时间为 T_s 的斜坡函数；(b)震源时间函数的导数是持续时间为 T_s，振幅为 $1/T_s$ 的箱车函数；(c)当破裂时间 $T_r>T_s$ 时的波形；(d)当 $T_r<T_s$ 时的波形

2. 单侧破裂矩形断层辐射的体波远场位移谱

在频率域，与式(4.34)相应的表示式是

$$\hat{u}^{\mathrm{P}}(\boldsymbol{R}, \omega) = \frac{M_0}{4\pi\rho\alpha^3 R} \mathscr{F}^{\mathrm{P}} \mathrm{e}^{-\mathrm{i}\frac{\omega}{\alpha}R} \left(\mathrm{e}^{-\mathrm{i}X_s} \frac{\sin X_s}{X_s} \right) \left(\mathrm{e}^{-\mathrm{i}X} \frac{\sin X}{X} \right), \tag{4.46}$$

式中，

$$X_s = \frac{\omega T_s}{2}, \tag{4.47}$$

$$X = \frac{\omega L}{2}\left(\frac{1}{v} - \frac{\cos\psi}{\alpha}\right), \tag{4.48}$$

函数 $\exp(-iX_s)\ X_s^{-1}\sin X_s$ 表示震源时间函数（通过 T_s 体现）对频谱的效应；函数 $\exp(-iX)X^{-1}\sin X$ 表示断层的有限性(L)及破裂的扩展(v)对频谱的影响，称为有限性因子(finiteness factor)(Ben-Menahem, 1961, 1962)．由于地震多普勒效应，在某方位的观测点上观测到的体波发生相消干涉(destructive interference)，其振幅谱上出现了一系列的称为“洞”(hole)的节点(图 4.8)．这些节点或洞的位置由下式决定(理論地震動研究会，1994)：

$$X = n\pi, \qquad n = 1, 2, 3, \cdots. \tag{4.49}$$

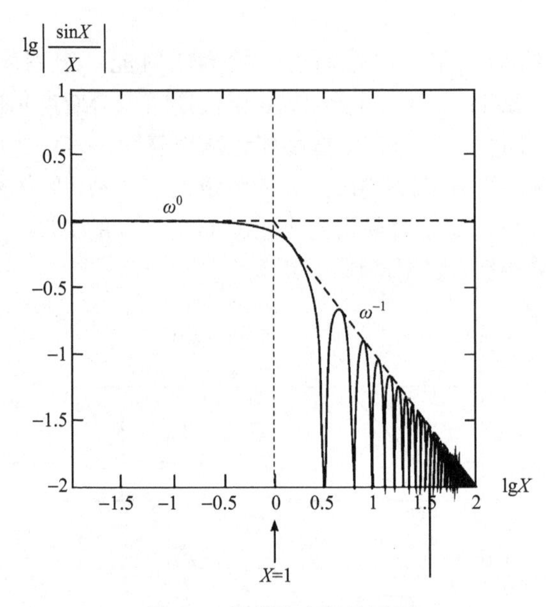

图 4.8　断层的有限性因子

与节点相应的频率 f_n 由下式决定：

$$f_n = \frac{n}{\dfrac{L}{v}\left(1 - \dfrac{v}{\alpha}\cos\psi\right)}, \qquad n = 1, 2, 3, \cdots. \tag{4.50}$$

对比式(4.41)与上式，不难发现第一个节点的频率 f_1 的倒数 $1/f_1$ 正是初动半周期 T_r(图 4.5)：

$$\frac{1}{f_1} = T_r = \frac{L}{v}\left(1 - \frac{v}{\alpha}\cos\psi\right). \tag{4.51}$$

f_1 与 T_r 之间的这种联系毫不足怪，因为两者是同一个效应(地震多普勒效应)分别在频率域和时间域中的表现．因为这个缘故，由上式所表示的体波初动半周期或其振幅谱的节点的频率与方位角的关系，可以用来鉴别断层、确定破裂扩展速度与断层长度．考虑到破裂速度一般更接近于 S 波速度，S 波的地震马赫数 M 更接近于 1，因此，对于 S 波，上述效应尤为明显．换句话说，S 波更宜用于确定上述参量．

由式(4.46)可见，当$\omega\to 0$ 时，该式右边的因子 $\exp(-\mathrm{i}X_s)\ X_s^{-1}\sin X_s$ 与 $\exp(-\mathrm{i}X)X^{-1}\sin X$ 都趋于 1，所以 $\hat{u}^{\mathrm{P}}\ (\boldsymbol{R},\omega)$ 趋于与地震矩 M_0 成正比的极限：

$$\hat{u}^{\mathrm{P}}(\boldsymbol{R},0)=\frac{M_0}{4\pi\rho\alpha^3 R}\mathscr{F}^{\mathrm{P}}. \tag{4.52}$$

这实际上是前面已经得到的结果[参见式(4.24)]，说明了震源时间函数与有限性因子对位移频谱的零频水平没有影响．

当$\omega\to\infty$时，因子$\left|X_s^{-1}\sin X_s\right|$与$\left|X^{-1}\sin X\right|$均与$\omega^{-1}$成正比．以有限性因子$\left|X^{-1}\sin X\right|$为例(图 4.8)，其高频趋势也即其高频包络线由 X^{-1} 表示．该有限性因子在零频时的包络线即在$\omega\to 0$(从而 $X\to 0$)时趋于 1，称为零频趋势，以 X^0 表示．X^0 与 X^{-1} 的交点确定了相应的拐角频率ω_L，即

$$X^{-1}\Big|_{\omega=\omega_L}=1, \tag{4.53}$$

也就是

$$\omega_L=\frac{2v}{L\left(1-\dfrac{v}{\alpha}\cos\psi\right)}=\frac{2}{T_r}. \tag{4.54}$$

如图 4.9 中的虚线所示，震源的有限性(L)及破裂的扩展(v)导致了在破裂扩展方向的前方，拐角频率增高，在波的频谱中高频成分增强，例如当ψ=0 时，ω_L= $2v/L(1-v/\alpha)$；在破裂扩展方向的后方，拐角频率降低，在波的频谱中高频成分减弱，例如当ψ=π时，ω_L=$2v/L(1+v/\alpha)$(图 4.9 中的实线)．

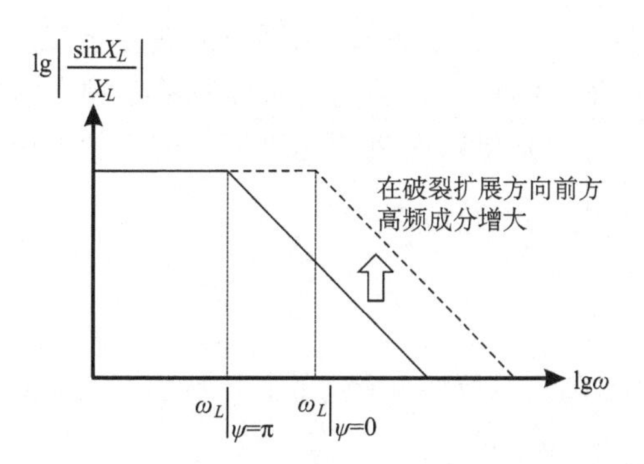

图 4.9　震源的有限性及破裂的扩展对体波远场位移频谱的影响

体波远场位移波形因子[式(4.36)]实质上是长度为 $\mathrm{d}x_1'$ 的无限小断层远场位移波形 $\dot{S}\ (t-R/\alpha)$ 在视破裂时间段(L/v)/内的滑动平均．发生于长度为 L 的有限断层上的破裂扩展实质上起着光滑运动位移波形$\Omega_\alpha(t-R/\alpha)$的作用．

在频率域，破裂扩展的光滑作用(或者说效应)在破裂扩展方向的前方(ψ=0 方向)最小，而在破裂扩展方向的后方(ψ=π方向)最大．因此，在ψ=0 方向上，高频成分增强；

在$\psi=\pi$方向上，高频成分减弱.

地震多普勒效应与声波多普勒效应虽然类似，但两者之间又有本质区别. 声波多普勒效应是指一个激发出频率为ω的声波的振动源，当它以速度 v 运动时，波的频率将会发生变化，变为$\omega/\left(1-\dfrac{v}{a}\cos\psi\right)$. 若以这里使用的符号，声波多普勒效应相当于式(4.33)中的$\dot{S}\left(t-\dfrac{x_1'}{v}-\dfrac{R'}{\alpha}\right)$应代之以$\mathrm{e}^{\mathrm{i}\omega(t-R'/\alpha)}\delta\left(t-\dfrac{x_1'}{v}-\dfrac{R'}{\alpha}\right)$. 也就是式(4.33)变为

$$
\begin{aligned}
u^{\mathrm{P}}(\boldsymbol{R},t)&=\frac{\mu DW}{4\pi\rho\alpha^3R}\mathscr{F}^{\mathrm{P}}\int_0^L \mathrm{e}^{\mathrm{i}\omega\left(t-\frac{R'}{\alpha}\right)}\delta\left(t-\frac{R'}{\alpha}-\frac{x_1'}{v}\right)\mathrm{d}x_1' \\
&=\frac{\mu DW}{4\pi\rho\alpha^3R}\mathscr{F}^{\mathrm{P}}\int_0^L \mathrm{e}^{\mathrm{i}\omega\left(t-\frac{R}{\alpha}+\frac{x_1'\cos\psi}{\alpha}\right)}\delta\left(t-\frac{R'}{\alpha}+\frac{x_1'\cos\psi}{\alpha}-\frac{x_1'}{v}\right)\mathrm{d}x_1',
\end{aligned}
\tag{4.55}
$$

$$
u^{\mathrm{P}}(\boldsymbol{R},t)=\frac{\mu DW}{4\pi\rho\alpha^3R}\mathscr{F}^{\mathrm{P}}\frac{v}{\left(1-\frac{v}{\alpha}\cos\psi\right)}\mathrm{e}^{\mathrm{i}\frac{\omega}{\left(1-\frac{v}{\alpha}\cos\psi\right)}\left(t-\frac{R}{\alpha}\right)}\left[H\left(t-\frac{R}{\alpha}\right)-H\left(t-\frac{R}{\alpha}-\frac{L}{\alpha}\left(1-\frac{v}{\alpha}\cos\psi\right)\right)\right].
\tag{4.56}
$$

如上式所示，波的频率由ω变为$\omega/\left(1-\dfrac{v}{a}\cos\psi\right)$；相应地，振动的持续时间变为$(L/\alpha)\left(1-\dfrac{v}{a}\cos\psi\right)$. 前者反比于因子$\left(1-\dfrac{v}{a}\cos\psi\right)$，后者则正比于因子$\left(1-\dfrac{v}{a}\cos\psi\right)$. 地震多普勒效应则是由于断层面上的破裂先后不同，由断层面上不同部位发出的地震波的相消干涉，使得限性因子 $X^{-1}\sin X$ 的节点的频率 $\omega_n=2\pi f_n$ 发生变化，变为：$\omega_n=2\pi n(v/L)/[1-(v/c)\cos\psi]$，$n=1, 2, 3, \cdots$. 相消干涉效应起着光滑掉高频成分的作用，而声波多普勒效应则无相消干涉效应，因为它只涉及单个频率的声波振动源.

表征断层面两边质点相对运动时间进程的震源时间函数频谱的振幅$\left|X_s^{-1}\sin X_s\right|$也有与$|X^{-1}\sin X|$类似的性质，相应的拐角频率

$$
\omega_s=\frac{2}{T_s},
\tag{4.57}
$$

所以单侧破裂矩形断层的P波远场位移振幅谱的总体特征可以由下式所示的包络线表示：

$$
\left|\hat{u}^{\mathrm{P}}(\boldsymbol{R},\omega)\right|=\begin{cases}
\dfrac{M_0\mathscr{F}^{\mathrm{P}}}{4\pi\rho\alpha^3R}, & \omega<\omega_L, \\
\dfrac{M_0\mathscr{F}^{\mathrm{P}}}{4\pi\rho\alpha^3R}\cdot\dfrac{1}{(\omega/\omega_L)}, & \omega_L\leqslant\omega<\omega_s, \\
\dfrac{M_0\mathscr{F}^{\mathrm{P}}}{4\pi\rho\alpha^3R}\cdot\dfrac{1}{(\omega/\omega_L)}\cdot\dfrac{1}{(\omega/\omega_s)}, & \omega>\omega_s.
\end{cases}
\tag{4.58}
$$

振幅谱的高频趋势为ω^{-2}，对应的拐角频率ω_c为

$$\omega_c = \sqrt{\omega_L \omega_s} \ . \tag{4.59}$$

图 4.10 表示了单侧破裂矩形断层远场位移振幅谱及其包络线．在双对数图上它是由 $\lg(M_0 \mathscr{F}^{\,\mathrm{P}}/4\pi\rho\alpha^3 R)$，$\lg(M_0 \mathscr{F}^{\,\mathrm{P}}/4\pi\rho\alpha^3 R)+\lg(\omega/\omega_L)^{-1}$ 及 $\lg(M_0 \mathscr{F}^{\,\mathrm{P}}/4\pi\rho\alpha^3 R)+\lg(\omega/\omega_L)^{-1}+\lg(\omega/\omega_s)^{-1}$ 三条直线相交而成的，对应于 ω_L 与 ω_s 两个拐角频率．当 ω_L 与 ω_s 相距较近以至不易区分时，与 $(\omega/\omega_L)^{-1}$ 相应的高频趋势不容易看出，因此总体上振幅谱的高频趋势按 ω^{-2} 变化，此时只能看到如式(4.59)所示的拐角频率．

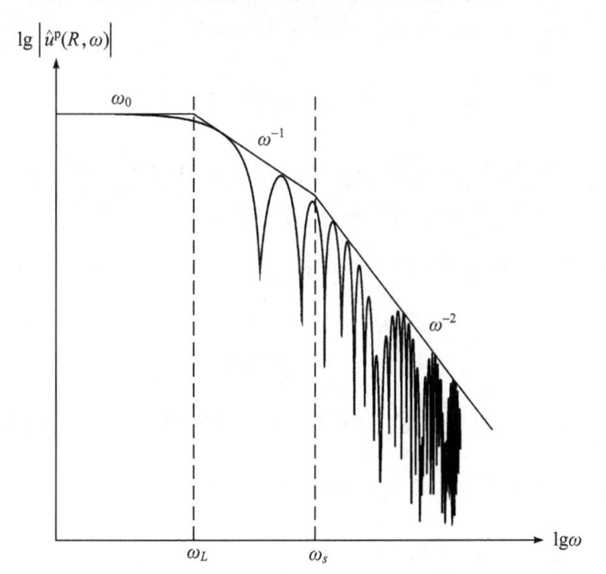

图 4.10　单侧破裂矩形断层远场位移振幅谱及其包络线

(二) 对称双侧破裂矩形断层模式

1. 对称双侧破裂矩形断层辐射的体波远场位移

以上分析的是破裂朝一侧扩展的简单情形．实际的地震破裂过程是很复杂的，其中一种可能的情形是破裂从一点开始，朝相反方向扩展．这种情形称为双侧破裂(bilateral rupture)．如果破裂以相同的速率朝相反方向扩展，则称为对称的双侧破裂(图 4.11)．仍以 P 波为例．对于这种情形的远场位移 $u^{\mathrm{P}}(\boldsymbol{R}, t)$ 可由式(4.34)—式(4.37)求得．朝 $+x_1$ 方向扩展的一侧对 $u^{\mathrm{P}}(\boldsymbol{R}, t)$ 的贡献由式(4.34)表示；朝 $-x_1$ 方向扩展的一侧对 $u^{\mathrm{P}}(\boldsymbol{R}, t)$ 的贡献也由式(4.34)表示，只是其中的 ψ 应当换成表示矢径 $\boldsymbol{R}$ 与 $-x_1$ 方向的夹角 $\pi-\psi$，于是对于对称的双侧破裂矩形断层，我们得到：

$$u^{\mathrm{P}}(\boldsymbol{R}, t) = \frac{M_0}{4\pi\rho\alpha^3 R} \mathscr{F}^{\,\mathrm{P}} \left\{ \frac{vF(\alpha)}{2L} \left[S\left(t-\frac{R}{\alpha}\right) - S\left(t-\frac{R}{\alpha}-\frac{L}{vF(\alpha)}\right) \right] + \frac{vF_1(\alpha)}{2L} \left[S\left(t-\frac{R}{\alpha}\right) - S\left(t-\frac{R}{\alpha}-\frac{L}{vF_1(\alpha)}\right) \right] \right\}. \tag{4.60}$$

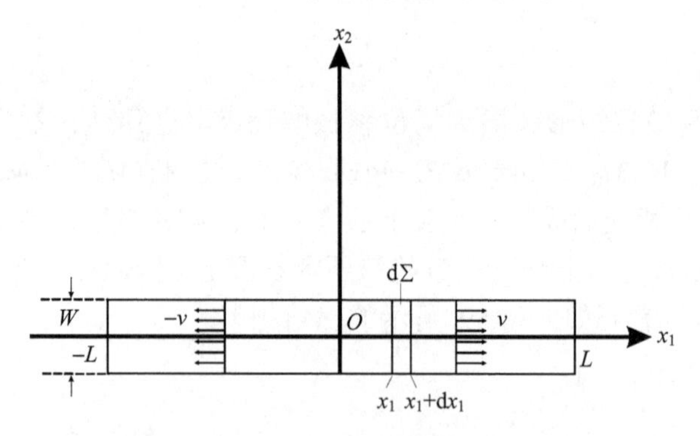

图 4.11　对称的双侧破裂矩形断层模式

在现在讨论的问题中，断层的长度是 $2L$，所以式(4.60)中的地震矩

$$M_0 = \mu DW \cdot 2L\,, \tag{4.61}$$

而 $F_1(\alpha)$ 则由将式(4.37)中的 ψ 换成 $\pi-\psi$ 求得

$$F_1(\alpha) = \frac{1}{1+\dfrac{v}{\alpha}\cos\psi}\,. \tag{4.62}$$

对于 SV 波和 SH 波亦有类似的结果. 这种情形下的 P 波和 S 波辐射图型如图 4.12 所示.

2. 对称的双侧破裂矩形断层辐射的体波远场位移谱

在频率域，与式(4.60)相应的表示式是

$$\hat{u}^{\mathrm{P}}(\boldsymbol{R},\omega) = \frac{M_0}{4\pi\rho\alpha^3 R}\mathscr{F}^{\mathrm{P}}\mathrm{e}^{-\mathrm{i}\frac{\omega}{\alpha}R}\frac{\mathrm{i}\omega\hat{S}(\omega)}{2}\left(\frac{\mathrm{e}^{-\mathrm{i}X}\sin X}{X}+\frac{\mathrm{e}^{-\mathrm{i}X_1}\sin X_1}{X_1}\right). \tag{4.63}$$

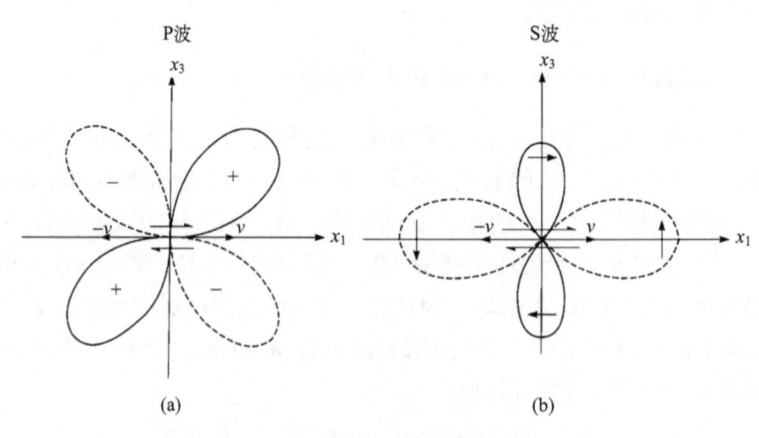

图 4.12　对称的双侧破裂矩形断层的辐射图型因子

式中，X 如式(4.49)所表示，而

$$X_1 = \frac{\omega L}{2}\left(\frac{1}{v}+\frac{\cos\psi}{\alpha}\right). \tag{4.64}$$

这种情形下的 P 波远场位移谱如图 4.13 所示(Khattri, 1969a, b, 1973).

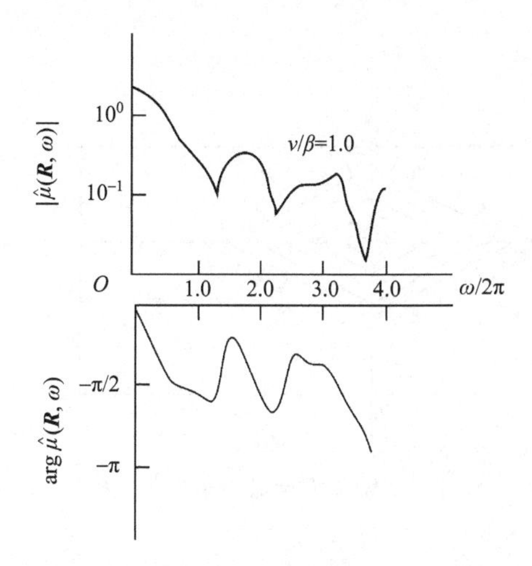

图 4.13　双侧破裂矩形断层辐射 P 波远场位移谱

若震源时间函数是亥维赛单位阶跃函数，那么不难求得初动半周期即破裂持续时间

$$T_b = \frac{L}{v}\left(1+\frac{v}{c}|\cos\psi|\right). \tag{4.65}$$

图 4.14 表示了对称的双侧破裂矩形断层远场体波的初动半周期与 $\cos\psi$的关系.

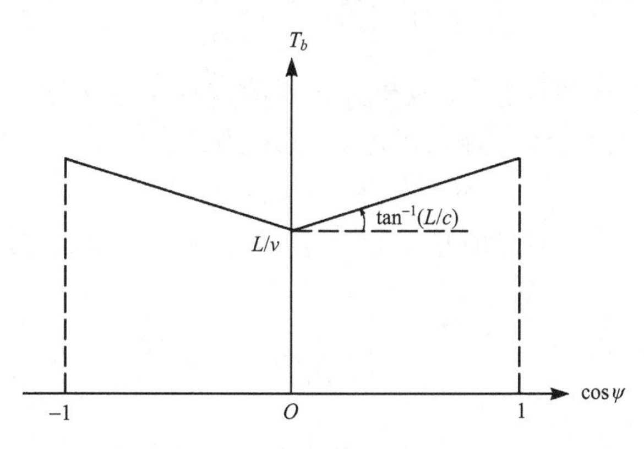

图 4.14　对称的双侧破裂矩形断层辐射的远场体波的初动半周期随方位的变化

(三) 双侧双向破裂矩形断层模式

单侧或双侧破裂都是实际地震破裂过程的近似的表示. 实际破裂过程当比这种情况复杂得多. 破裂可能是引发自某个点，然后由这个初始破裂点出发向各个方向扩展的. 当破裂从初始破裂点开始后，如果沿$+x_1$与$-x_1$，$+x_2$与$-x_2$方向分别以恒定的速率 v_1 和 v_2 扩展、断层面最后的形状为矩形(图 4.15)时，这种破裂方式称为双侧双向破裂(Khattri, 1969a, b, 1973). 这种情形下的地震波远场位移的频谱可以由式(4.9)—式(4.11)求得. 仍以 P 波为例. 如果假定在双侧双向破裂过程中各点的错距和震源时间函数都相同，则对

于朝$(+x_1, +x_2)$方向扩展的断层面，它辐射的地震波的频谱

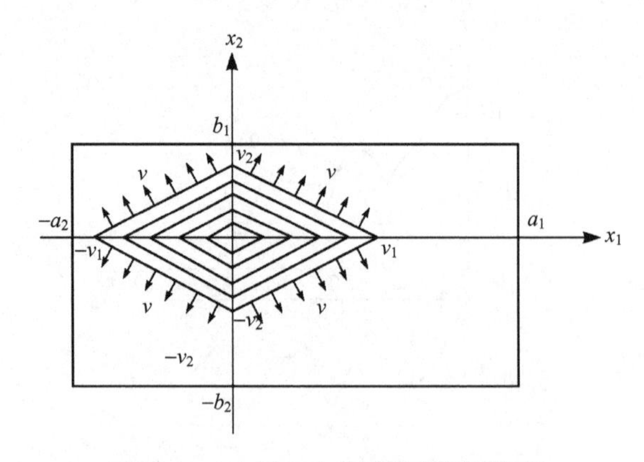

图 4.15　双侧双向破裂矩形断层模型

$$\hat{u}^{(1,1)}(\boldsymbol{R}, \omega) = \mathrm{i}\omega\hat{S}(\omega)\frac{\mu D}{4\pi\rho\alpha^3 R}\mathscr{F}^{\mathrm{P}}\cdot\iint_{\Sigma}\exp\left\{-\mathrm{i}\frac{\omega}{\alpha}R' - \mathrm{i}\frac{\omega}{v}(x_1'\cos\alpha_1 + x_2'\cos\alpha_2)\right\}\mathrm{d}\Sigma', \tag{4.66}$$

式中，D 是错距，$\hat{S}(\omega)$是震源时间函数 $S(t)$的谱：

$$\Delta u(0, t) = DS(t), \tag{4.67}$$

$$S(t) = \begin{cases} 0, & t < 0, \\ 1, & t \to \infty, \end{cases} \tag{4.68}$$

v 是破裂面前缘沿法向的扩展速度，α_1 和α_2 分别是破裂面前缘沿法向与 x_1 轴和 x_2 轴的夹角，R'是断层面上的面积元到观测点距离．由式(4.16)可得

$$R' \approx R - (x_1'\gamma_1 + x_2'\gamma_2), \tag{4.69}$$

式中，γ_1, γ_2 分别是 $\boldsymbol{R}$ 与 x_1, x_2 轴的方向余弦．若以 v_1 与 v_2 分别表示破裂面前缘沿 x_1 轴与 x_2 轴的视扩展速度，则

$$v_1 = \frac{v}{\cos\alpha_1}, \tag{4.70}$$

$$v_2 = \frac{v}{\cos\alpha_2}, \tag{4.71}$$

从而，

$$\hat{u}^{(1,1)}(\boldsymbol{R}, \omega) = \mathrm{i}\omega\hat{S}(\omega)\frac{M_0}{4\pi\rho\alpha^3 R}\mathscr{F}^{\mathrm{P}}\mathrm{e}^{-\mathrm{i}\frac{\omega}{\alpha}R}\cdot\frac{1}{A}\iint_{\Sigma}\exp\left\{\frac{\mathrm{i}\omega}{\alpha}(x_1'\gamma_1 + x_2'\gamma_2) - \mathrm{i}\omega\left(\frac{x_1'}{v_1} + \frac{x_2'}{v_2}\right)\right\}\mathrm{d}\Sigma', \tag{4.72}$$

$$\hat{u}^{(1,1)}(\boldsymbol{R}, \omega) = \mathrm{i}\omega\hat{S}(\omega)\frac{M_0}{4\pi\rho\alpha^3 R}\mathscr{F}^{\mathrm{P}}\mathrm{e}^{-\mathrm{i}\frac{\omega}{\alpha}R}\frac{A_1}{A}\frac{\mathrm{e}^{-\mathrm{i}X_1}\sin X_1}{X_1}\frac{\mathrm{e}^{-\mathrm{i}Y_1}\sin Y_1}{Y_1}, \tag{4.73}$$

式中，

$$A_1 = a_1 b_1 , \tag{4.74}$$

$$A = \sum_{j=1}^{2}\sum_{k=1}^{2} a_j b_k , \tag{4.75}$$

$$X_1 = \frac{\omega a_1}{2}\left(\frac{1}{v_1} - \frac{\gamma_1}{\alpha}\right), \tag{4.76}$$

$$Y_1 = \frac{\omega b_1}{2}\left(\frac{1}{v_2} - \frac{\gamma_2}{\alpha}\right). \tag{4.77}$$

对于朝$(+x_1, -x_2)$,$(-x_1, +x_2)$和$(-x_1, -x_2)$方向扩展的断层面也有与式(4.73)类似的结果，因而

$$\begin{aligned}\hat{u}^{\mathrm{P}}(\boldsymbol{R}, \omega) &= \sum_{j=1}^{2}\sum_{k=1}^{2} \hat{u}^{(j,k)}(\boldsymbol{R}, \omega) \\ &= \sum_{j=1}^{2}\sum_{k=1}^{2} \mathrm{i}\omega \hat{S}(\omega) \frac{M_0}{4\pi\rho\alpha^3 R} \mathscr{F}^{\mathrm{P}} \mathrm{e}^{-\mathrm{i}\frac{\omega}{\alpha}R} \frac{a_j b_k}{A} \frac{\mathrm{e}^{-\mathrm{i}X_j} \sin X_j}{X_j} \frac{\mathrm{e}^{-\mathrm{i}Y_k} \sin Y_k}{Y_k},\end{aligned} \tag{4.78}$$

式中，j=1, 2 分别表示朝$+x_1$, $-x_1$方向扩展，k=1, 2 分别表示朝$+x_2$, $-x_2$方向扩展；而X_2, Y_2分别由下列二式表示：

$$X_2 = \frac{\omega a_2}{2}\left(\frac{1}{v_1} + \frac{\gamma_1}{\alpha}\right), \tag{4.79}$$

$$Y_2 = \frac{\omega b_2}{2}\left(\frac{1}{v_2} + \frac{\gamma_2}{\alpha}\right). \tag{4.80}$$

今以θ表示$\boldsymbol{R}$与x_3轴的夹角，以ϕ表示$\boldsymbol{R}$在x_1x_2平面上的投影与x_1轴的夹角，则：

$$\gamma_1 = \sin\theta\cos\phi , \tag{4.81}$$

$$\gamma_2 = \sin\theta\sin\phi , \tag{4.82}$$

从而式(4.79)中的X_j, Y_k(j, k=1, 2)可表示为

$$X_1 = \frac{\omega a_1}{2}\left(\frac{1}{v_1} - \frac{\sin\theta\cos\phi}{\alpha}\right), \tag{4.83}$$

$$X_2 = \frac{\omega a_2}{2}\left(\frac{1}{v_1} + \frac{\sin\theta\cos\phi}{\alpha}\right), \tag{4.84}$$

$$Y_1 = \frac{\omega b_1}{2}\left(\frac{1}{v_2} - \frac{\sin\theta\sin\phi}{\alpha}\right), \tag{4.85}$$

$$Y_2 = \frac{\omega b_2}{2}\left(\frac{1}{v_2} + \frac{\sin\theta\sin\phi}{\alpha}\right). \tag{4.86}$$

(四) 单侧双向破裂矩形断层模式

(一)、(二)讨论的单侧与双侧破裂矩形断层实际上是断层面的宽度W与长度L相比可以忽略不计的单侧单向(图 4.16a, b)与双侧单向(图 4.16d)破裂矩形断层情形．作为双

侧双向破裂(图 4.16e)矩形断层的特殊情形,以上得到的一般结果可以用来分析讨论计及宽度效应的一般的单侧破裂即单侧双向破裂(图 4.16c)矩形断层的远场辐射的地震波的频谱. 仍以 P 波为例. 上节式(4.73)所表示的结果便是计及宽度效应的、单侧双向破裂矩形断层辐射的远场地震波的频谱表示式,a_1 即断层的长度 L,b_1 即断层的宽度 W,γ_1 即 $\boldsymbol{e}_R\cdot\boldsymbol{e}_1=\cos\psi$,$\psi$是 $\boldsymbol{e}_R$ 与 x_1 轴的夹角,γ_2 即 $\boldsymbol{e}_R\cdot\boldsymbol{e}_2=\cos\psi'$,$\psi'$是 $\boldsymbol{e}_R$ 与 x_2 轴的夹角,所以对于单侧双向破裂矩形断层,其远场位移的频谱:

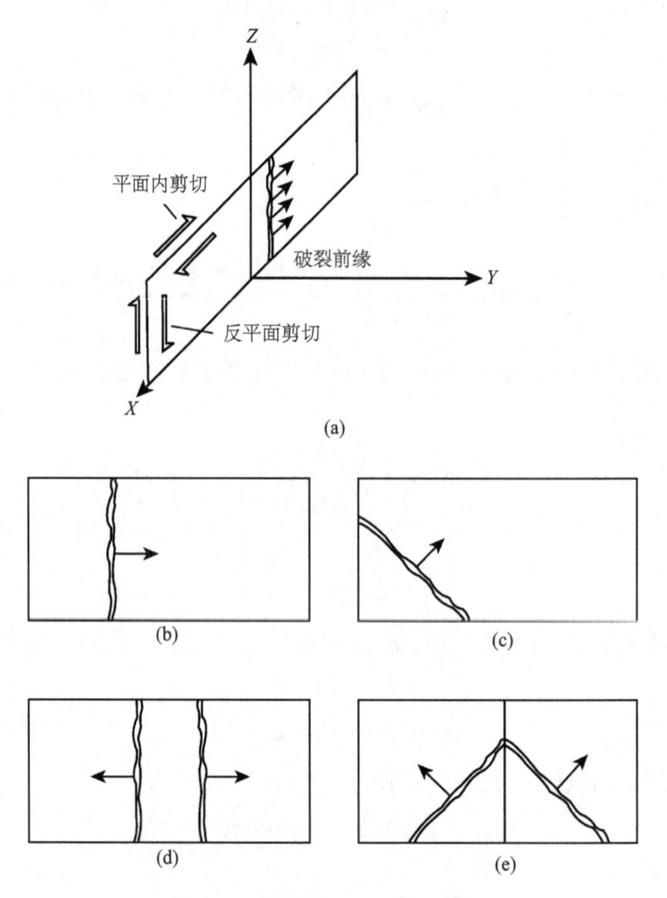

图 4.16 几种矩形断层破裂模式

(a) 平面内剪切或反平面剪切单侧单向破裂;(b) 单侧单向破裂;(c) 单侧双向破裂;(d) 双侧单向破裂;(e) 双侧双向破裂

$$\hat{u}^{\mathrm{P}}(\boldsymbol{R},\omega)=\mathrm{i}\omega\hat{S}(\omega)\frac{M_0}{4\pi\rho\alpha^3R}\mathscr{F}^{\mathrm{P}}\mathrm{e}^{-\mathrm{i}\frac{\omega}{\alpha}R}\left(\frac{\mathrm{e}^{-\mathrm{i}X}\sin X}{X}\right)\left(\frac{\mathrm{e}^{-\mathrm{i}Y}\sin Y}{Y}\right), \tag{4.87}$$

式中,

$$X=\frac{\omega L}{2}\left(\frac{1}{v_1}-\frac{\cos\psi}{\alpha}\right), \tag{4.88}$$

$$Y=\frac{\omega W}{2}\left(\frac{1}{v_2}-\frac{\cos\psi'}{\alpha}\right), \tag{4.89}$$

v_1, v_2 如式(4.70)，式(4.71)所示．如果仍以式(4.44)所示的、上升时间为 T_s 的斜坡函数 $R(t)$ 表示震源时间函数 $S(t)$，那么

$$\hat{u}^{\mathrm{P}}(\boldsymbol{R},\omega)=\frac{M_0}{4\pi\rho\alpha^3 R}\mathscr{F}^{\mathrm{P}}\mathrm{e}^{-\mathrm{i}\frac{\omega}{\alpha}R}\left(\frac{\mathrm{e}^{-\mathrm{i}X_s}\sin X_s}{X_s}\right)\left(\frac{\mathrm{e}^{-\mathrm{i}X}\sin X}{X}\right)\left(\frac{\mathrm{e}^{-\mathrm{i}Y}\sin Y}{Y}\right). \tag{4.90}$$

与忽略不计宽度效应的单侧单向破裂矩形断层的远场位移的频谱[参见式(4.46)与图 4.10]相比，单侧双向破裂矩形断层的远场位移的频谱增加了一项反映断层宽度效应的因子 $\exp(-\mathrm{i}Y)Y^{-1}\sin Y$. 由上式可见，如果 $\omega_L \leqslant \omega_W \leqslant \omega_s$，其振幅谱的包络线(图 4.17)在 $\omega\to 0$ 时平行于横轴，$\left|\hat{u}^{\mathrm{P}}(\boldsymbol{R},\omega)\right| \to M_0\mathscr{F}^{\mathrm{P}}/4\pi\rho\alpha^3 R$; 在 $\omega_L \leqslant \omega \leqslant \omega_W$ 段，$\left|\hat{u}^{\mathrm{P}}(\boldsymbol{R},\omega)\right| \propto \omega^{-1}$; 在 $\omega_W \leqslant \omega \leqslant \omega_s$ 段，$\left|\hat{u}(\boldsymbol{R},\omega)\right| \propto \omega^{-2}$; 当 $\omega \geqslant \omega_s$, $\left|\hat{u}(\boldsymbol{R},\omega)\right| \propto \omega^{-3}$. 频率 ω_L, ω_W, ω_s 分别为与断层的长度 L，宽度 W 以及震源时间函数的上升时间 T_s 相联系的拐角频率：

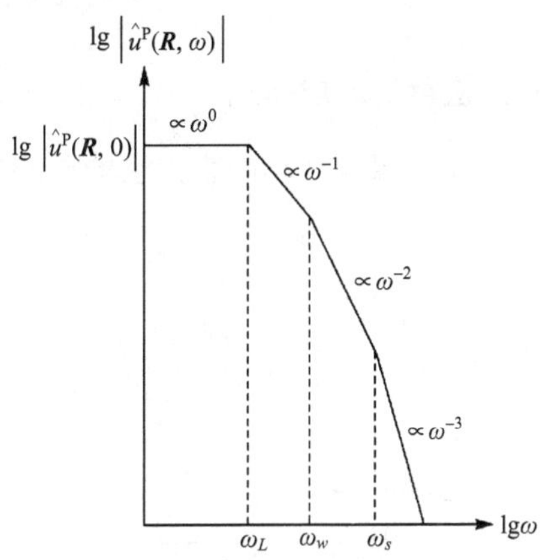

图 4.17　单侧双向破裂矩形断层的远场位移振幅谱的包络线

$$\omega_L = \frac{2v_1}{L}\cdot\frac{1}{\left|1-\dfrac{v_1}{\alpha}\cos\psi\right|} = \frac{2v_1}{L}\cdot\frac{1}{\left|1-\dfrac{v_1}{\alpha}\sin\theta\cos\phi\right|}, \tag{4.91}$$

$$\omega_W = \frac{2v_2}{W}\cdot\frac{1}{\left|1-\dfrac{v_2}{\alpha}\cos\psi'\right|} = \frac{2v_2}{W}\cdot\frac{1}{\left|1-\dfrac{v_2}{\alpha}\sin\theta\sin\phi\right|}, \tag{4.92}$$

$$\omega_s = \frac{2}{T_s}. \tag{4.93}$$

在以上三式中，拐角频率 ω_L, ω_W 和 ω_s 是由令 $|X|$, $|Y|$, $|X_s|$ 分别等于 1 求得的，所以都应该是取正值．特别是，当破裂只朝 x_1 轴方向扩展时，$\alpha_1=0$, $\alpha_2=\pi/2$, 由式(4.70)和式(4.71)可得 $v_1=v$, $v_2\to\infty$, 从而上述结果简化为计及了断层宽度、但破裂沿长度方向扩展的单侧单向破裂(图 4.16b)矩形断层的情形，结果仍由式(4.90)表示，但式中的

$$X = \frac{\omega L}{2}\left(\frac{1}{v}-\frac{\cos\psi}{\alpha}\right), \tag{4.94}$$

$$Y = -\frac{\omega W}{2}\cdot\frac{\cos\psi'}{\alpha}. \tag{4.95}$$

相应地，拐角频率为

$$\omega_L = \frac{2v}{L} \cdot \frac{1}{\left(1 - \dfrac{v}{\alpha}\cos\psi\right)} = \frac{2v}{L} \cdot \frac{1}{\left(1 - \dfrac{v}{\alpha}\sin\theta\cos\psi\right)}, \tag{4.96}$$

$$\omega_W = \frac{2\alpha}{W} \cdot \frac{1}{|\cos\psi'|} = \frac{2\alpha}{W} \cdot \frac{1}{|\sin\theta\cos\psi|}. \tag{4.97}$$

(五) 圆盘形断层模式

就浅源大地震而言，它的破裂面(断层面)的上界为地表面所限制，下界因为随深度而增加的摩擦应力，即因脆性破裂层(schizosphere，简称脆裂层)所能达到的深度也受到限制，所以用长度和宽度不一样的位错面(例如矩形或椭圆形位错面)模拟它是合适的．但是，对于中、小地震来说，上述限制不那么显著；因此，以相等尺度的位错面(例如圆盘形或正方形位错面)模拟它则更合适一些．通常以圆盘形位错面作为中、小地震震源的理论模式．图 4.18 表示完全弹性的无限介质中一个半径为 a 的圆盘形断层．断层面Σ的两侧分别以Σ^+, Σ^-表示，以Σ^-指向Σ^+的方向为其法线方向$\boldsymbol{\nu}$. 采用直角坐标系(x_1, x_2, x_3)，原点与圆盘中心重合，x_3 轴与位错面的法向一致，x_1 轴与Σ^+相对于Σ^-的错动方向一致(陈运泰等，1976)．

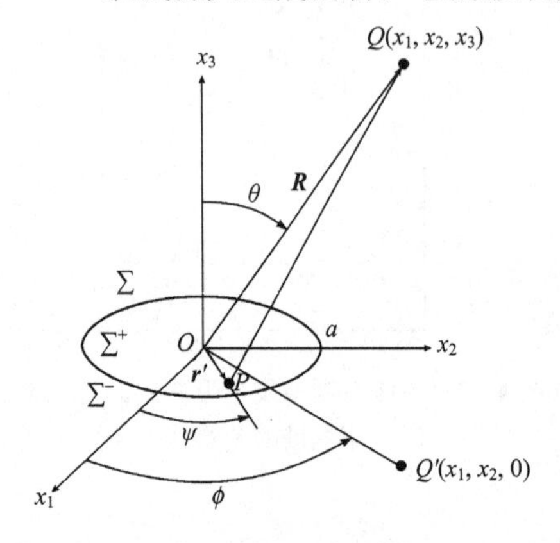

图 4.18　圆盘形断层

在均匀、各向同性和完全弹性的无限介质中，圆盘形位错面Σ引起的地震体波远场位移的频谱 $\hat{\boldsymbol{u}}(\boldsymbol{R}, \omega)$ 可由式(4.3)—式(4.6)求得

$$\hat{\boldsymbol{u}}(\boldsymbol{R}, \omega) = \hat{u}^{\mathrm{P}}(\boldsymbol{R}, \omega)\boldsymbol{e}_R + \hat{u}^{\mathrm{SV}}(\boldsymbol{R}, \omega)\boldsymbol{e}_{i_h} + \hat{u}^{\mathrm{SH}}(\boldsymbol{R}, \omega)\boldsymbol{e}_\phi, \tag{4.98}$$

$$\hat{u}^{\mathrm{P}}(\boldsymbol{R}, \omega) = \frac{M_0}{4\pi\rho\alpha^3 R}\mathscr{F}^{\mathrm{P}}\mathrm{i}\omega\hat{S}(\omega)\mathrm{e}^{-\mathrm{i}\frac{\omega}{\alpha}R}\hat{f}_\alpha(\omega), \tag{4.99}$$

$$\hat{u}^{\mathrm{SV}}(\boldsymbol{R}, \omega) = \frac{M_0}{4\pi\rho\beta^3 R}\mathscr{F}^{\mathrm{SV}}\mathrm{i}\omega\hat{S}(\omega)\mathrm{e}^{-\mathrm{i}\frac{\omega}{\beta}R}\hat{f}_\beta(\omega), \tag{4.100}$$

$$\hat{u}^{\mathrm{SH}}(\boldsymbol{R}, \omega) = \frac{M_0}{4\pi\rho\beta^3 R}\mathscr{F}^{\mathrm{SH}}\mathrm{i}\omega\hat{S}(\omega)\mathrm{e}^{-\mathrm{i}\frac{\omega}{\beta}R}\hat{f}_\beta(\omega), \tag{4.101}$$

式中，地震矩

$$M_0 = \mu DA, \tag{4.102}$$

μ是刚性系数，D 是平均错距，A 是断层面面积；$\hat{S}(\omega)$ 是震源时间函数 $S(t)$ 的频谱，$\hat{f}_c(\omega)$ ($c=\alpha,\ \beta$) 是和断层面的几何形状、错距的分布以及破裂扩展方式有关的函数[参见式(4.12)及式(4.20)]．在错距均匀分布的情况下，当破裂从圆心开始，以有限的速度 v 向四周扩展时，它由以下的面积分表示：

$$\hat{f}_c(\omega) = \frac{1}{A}\iint_\Sigma \mathrm{e}^{-\mathrm{i}\frac{\omega}{v}r' + \mathrm{i}\frac{\omega}{c}r'\sin\theta\cos\psi} r'\mathrm{d}r'\mathrm{d}\psi, \qquad c = \alpha, \beta, \tag{4.103}$$

(r', ψ)是位于 P 点的位错元的平面极坐标(参见图 4.18). 在 $\hat{f}_c(\omega)$ 的表示式中, 对 r'的积分容易作出, 结果是:

$$\hat{f}_c(\omega) = \frac{\mathrm{i}v}{\omega A}\int_0^{2\pi}\left[\frac{a}{q_c(\psi)}\exp\left\{-\mathrm{i}\frac{\omega q_c(\psi)a}{v}\right\} + \frac{v}{\mathrm{i}\omega q_c^2(\psi)}\left(\exp\left\{-\mathrm{i}\frac{\omega q_c(\psi)a}{v}\right\} - 1\right)\right]\mathrm{d}\psi, \tag{4.104}$$

式中,

$$q_c(\psi) = 1 - \varepsilon_c\cos\psi, \tag{4.105}$$

$$\varepsilon_c = \frac{v}{c}\sin\theta. \tag{4.106}$$

返回时间域, 可得 $\hat{f}_c(\omega)$ 的傅里叶反变换 $f_c(t)$:

$$f_c(t) = \frac{v^2 t}{\omega A}\int_0^{2\pi}\frac{1}{q_c^2(\psi)}\left[H(t) - H\left(t - \frac{q_c(\psi)a}{v}\right)\right]\mathrm{d}\psi. \tag{4.107}$$

由于函数 $q_c(\psi)$ 对于 $\psi=0$ 具有对称性, 上式积分可化为

$$f_c(t) = \frac{2v^2 t}{A}\int_0^{\pi}\frac{1}{q_c^2(\psi)}\left[H(t) - H\left(t - \frac{q_c(\psi)a}{v}\right)\right]\mathrm{d}\psi, \tag{4.108}$$

也就是说,

$$f_c(t) = \begin{cases} 0, & t < 0, \\ \dfrac{2v^2 t}{A}\displaystyle\int_0^{\pi}\frac{1}{q_c^2(\psi)}\mathrm{d}\psi, & 0 < t < t_{1c}, \\ \dfrac{2v^2 t}{A}\displaystyle\int_{\psi_0}^{\pi}\frac{1}{q_c^2(\psi)}\mathrm{d}\psi, & t_{1c} < t < t_{2c}, \\ 0, & t > t_{2c}, \end{cases} \tag{4.109}$$

式中, ψ_0 由下式确定:

$$t - \frac{q_c(\psi_0)a}{v} = 0, \tag{4.110}$$

用亥维赛单位阶跃函数表示, 即:

$$f_c(t) = \frac{2v^2 t}{\omega A}\left\{\left[\int_0^{\pi}\frac{1}{q_c^2(\psi)}\mathrm{d}\psi\right][H(t) - H(t - t_{2c})] - \left[\int_0^{\psi_0}\frac{1}{q_c^2(\psi)}\mathrm{d}\psi\right][H(t - t_{1c}) - H(t - t_{2c})]\right\}, \tag{4.111}$$

上式中的不定积分可以积出(参见 Gradshteyn and Ryzhik, 1980):

$$\begin{aligned} \int\frac{1}{q_c^2(\psi)}\mathrm{d}\psi &= \int\frac{1}{(1 - \varepsilon_c\cos\psi)^2}\mathrm{d}\psi, \\ &= \frac{1}{(1 - \varepsilon_c^2)}\left\{\frac{\varepsilon_c\sin\psi}{(1 - \varepsilon_c\cos\psi)} + \frac{2}{\sqrt{1 - \varepsilon_c^2}}\tan^{-1}\left[\sqrt{\frac{1 + \varepsilon_c}{1 - \varepsilon_c}}\tan\left(\frac{\psi}{2}\right)\right]\right\}. \end{aligned} \tag{4.112}$$

将相应的积分上、下限代入上式，然后代入式(4.111)，即得：

$$f_c(t)=\frac{v^2t}{A}\left\{\frac{2\pi}{(1-\varepsilon_c^2)^{3/2}}[H(t)-H(t-t_{2c})]-\left[\frac{2[(t-t_{1c})(t_{2c}-t)]^{1/2}}{(1-\varepsilon_c^2)t}\right.\right.$$
$$\left.\left.+\frac{4}{(1-\varepsilon_c^2)^{3/2}}\tan^{-1}\left[\left(\frac{1+\varepsilon_c}{1-\varepsilon_c}\right)\left(\frac{t-t_{1c}}{t_{2c}-t}\right)\right]^{1/2}\right]\cdot[H(t-t_{1c})-H(t-t_{2c})]\right\}, \tag{4.113}$$

$H(t)$是亥维赛单位阶跃函数[参见式(4.39)]，而

$$t_{1c}=\frac{a}{v}(1-\varepsilon_c), \tag{4.114}$$

$$t_{2c}=\frac{a}{v}(1+\varepsilon_c). \tag{4.115}$$

从而得到圆盘形位错面引起的地震波远场位移$\boldsymbol{u}(\boldsymbol{R},t)$的表示式：

$$\boldsymbol{u}(\boldsymbol{R},t)=u^{\mathrm{P}}(\boldsymbol{R},t)\boldsymbol{e}_R+u^{\mathrm{SV}}(\boldsymbol{R},t)\boldsymbol{e}_{i_h}+u^{\mathrm{SH}}(\boldsymbol{R},t)\boldsymbol{e}_\phi, \tag{4.116}$$

$$u^{\mathrm{P}}(\boldsymbol{R},t)=\frac{M_0}{4\pi\rho\alpha^3R}\mathscr{F}^{\mathrm{P}}\dot{S}(t)*f_\alpha\left(t-\frac{R}{\alpha}\right), \tag{4.117}$$

$$u^{\mathrm{SV}}(\boldsymbol{R},t)=\frac{M_0}{4\pi\rho\beta^3R}\mathscr{F}^{\mathrm{SV}}\dot{S}(t)*f_\beta\left(t-\frac{R}{\beta}\right), \tag{4.118}$$

$$u^{\mathrm{SH}}(\boldsymbol{R},t)=\frac{M_0}{4\pi\rho\beta^3R}\mathscr{F}^{\mathrm{SH}}\dot{S}(t)*f_\beta\left(t-\frac{R}{\beta}\right), \tag{4.119}$$

式中，“·”表示对时间的微商，“∗”表示卷积．若震源函数是亥维赛单位阶跃函数，那么$f_c(t)$就表示了体波远场位移的波形(图 4.19)．当$t<0$时，位移为零；当$0<t<t_{1c}$时，位移随t线性地增加；当$t_{1c}<t<t_{2c}$时，它随t单调下降；最后，当$t>t_{2c}$时，位移等于零．t_{2c}即破裂持续时间．

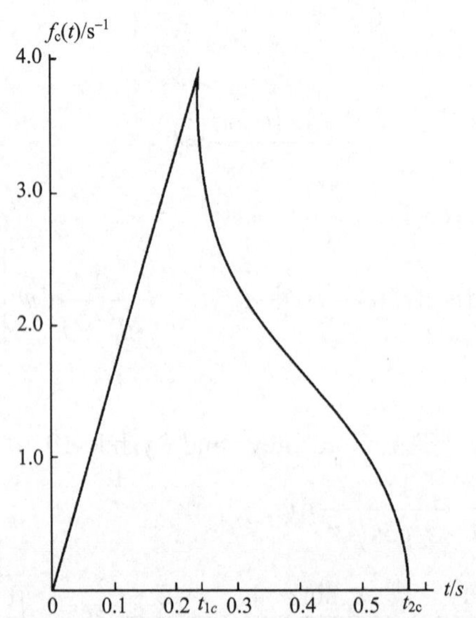

图 4.19　圆盘形断层辐射的远场体波位移波形

(六)萨维奇非均匀位错分布的任意形状平面断层模式

在哈斯克尔单侧破裂断层模式中，我们简单地假定破裂起始于宽度为 W 的一段线，然后以恒定的破裂速度沿长度方向扩展．当我们仔细考察地震破裂起始问题时，就会发现破裂同时起始于宽度为 W 的一段线是过于简单的、不符合实际的假定．为使地震破裂的运动学模式更接近实际，我们采用圆盘形断层模式，假定破裂从断层面上某一点起始，然后以恒定的破裂速度沿径向扩展；假定断层面上矢径为 $\boldsymbol{r}'$ 的各点的位错量为常量，只是因破裂扩展效应延缓了 r'/v 的时间才开始滑动；并且还简单地假定震源时间函数是亥维赛单位阶跃函数．不难理解，均匀位错圆盘形断层模式仍然存在不切合实际之处，例如,均匀位错分布的假定与由克依利斯-博罗克应力释放模式得到的最终(静态)位错量分布不一致，也与 Burridge 和 Willis(1969)得到的自相似椭圆形裂纹面上的位错量分布不一致．为使地震破裂的运动学模式更加接近实际，萨维奇(Savage, 1966, 1972, 1980)研究了更一般的模式，假定地震破裂自断层面上某一点起始，然后以恒定的速度沿径向扩展，最后遍及断层上一个周边的任意形状的二维平面，当破裂扩展到该二维平面的周边便停止下来．如图 4.20 所示，在坐标原点为 O 的直角坐标系(x_1, x_2, x_3)中，设断层面Σ位于 $x_3=0$ 平面，设地震破裂自 O 点起始，以恒定的破裂速度 v 沿径向扩展，破裂面的前缘为 $r'=vt$ 的圆周，$\boldsymbol{r}'$为 x_1x_2 平面上的自原点至 $P(r', \phi')$ 的矢径，$r'=|\boldsymbol{r}'|$．最终断层面则假定是以闭合曲线 $r'=\rho_b(\phi')$为周边的任意形状的平面，这里(r', ϕ')是断层面上以 O 点为原点的平面极坐标．假定断层面上位错量分布$\Delta U(r', \phi')$是非均匀的．由式(4.9)—式(4.11)，式(4.12)与式(4.17)可知，这一任意形状的平面断层辐射的地震体波远场位移为：

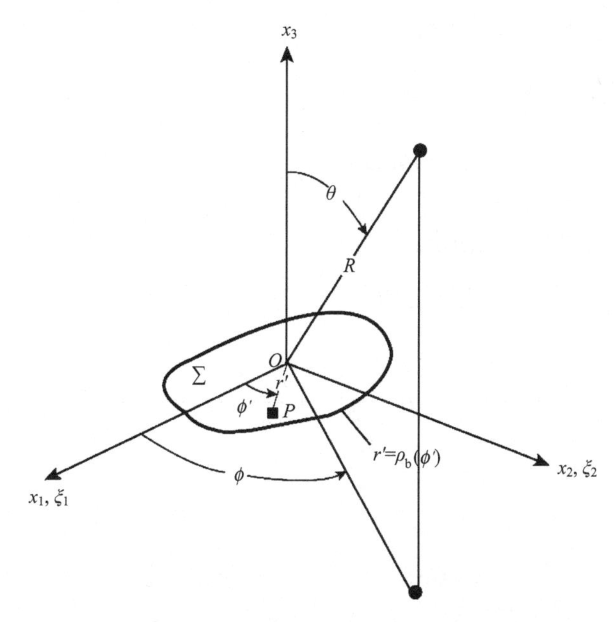

图 4.20　任意形状的平面断层模式

假定地震破裂起始于位于 $x_3=0$ 平面上的 O 点，以恒定的破裂速度 v 沿径向扩展，破裂面的前缘为 $r'=vt$ 的圆周，最终断层面是以闭合曲线 $r'=\rho_b(\phi')$ 为周边的任意形状的断层面

$$u^{\mathrm{P}}(\boldsymbol{R},t)=\frac{\mu}{4\pi\rho\alpha^3 R}\mathscr{F}^{\mathrm{P}}\Omega_\alpha(\boldsymbol{R},t)\,, \tag{4.120}$$

$$u^{\mathrm{SV}}(\boldsymbol{R},t)=\frac{\mu}{4\pi\rho\beta^3 R}\mathscr{F}^{\mathrm{SV}}\Omega_\beta(\boldsymbol{R},t)\,, \tag{4.121}$$

$$u^{\mathrm{SH}}(\boldsymbol{R},t)=\frac{\mu}{4\pi\rho\beta^3 R}\mathscr{F}^{\mathrm{SH}}\Omega_\beta(\boldsymbol{R},t)\,, \tag{4.122}$$

式中，$\Omega_c(\boldsymbol{R},t)$，$c=\alpha$，$\beta$，是表示远场体波波形的因子：

$$\Omega_c(\boldsymbol{R},t)=\iint\limits_{\Sigma}\Delta u\left(\boldsymbol{r}',t-\frac{R-(\boldsymbol{r}'\cdot\boldsymbol{e}_R)}{c}\right)\mathrm{d}\Sigma'\,. \tag{4.123}$$

作为位置 $\boldsymbol{r}'$ 与时间 t' 函数的断层面上的位错量 $\Delta u(\boldsymbol{r}',t)$ 为

$$\Delta u(\boldsymbol{r}',t)=\Delta U(r',\phi')H\left(t-\frac{r'}{v}\right)[1-H(r'-\rho_{\mathrm{b}}(\phi')]\,. \tag{4.124}$$

注意到：

$$\boldsymbol{r}'=(r'\cos\phi',r'\sin\phi',0)\,, \tag{4.125}$$

$$\boldsymbol{e}_R=(\sin\theta\cos\phi,\sin\theta\sin\phi,\cos\theta)\,, \tag{4.126}$$

$$\boldsymbol{r}'\cdot\boldsymbol{e}_R=r'\sin\theta\cos(\phi'-\phi)\,. \tag{4.127}$$

将式(4.124)代入式(4.123)，即得

$$\Omega_c(\boldsymbol{R},t)=\int_0^{2\pi}\int_0^{\rho_{\mathrm{b}}(\phi')}\delta\left(t-\frac{R}{c}+\frac{r'\sin\theta\cos(\phi'-\phi)}{c}-\frac{r'}{v}\right)\Delta U(r',\phi')[1-H(r'-\rho_{\mathrm{b}}(\phi'))]r'\mathrm{d}r'\mathrm{d}\phi'. \tag{4.128}$$

利用狄拉克 δ-函数的性质：

$$\int_{-\infty}^{\infty}f(x)\delta(ax-b)\mathrm{d}x=\frac{1}{a}f\left(\frac{b}{a}\right), \tag{4.129}$$

可以将式(4.128)中对 r' 的积分做出：

$$\begin{aligned}&\int_0^{\rho_{\mathrm{b}}(\phi')}\delta\left(t-\frac{R}{c}+\frac{r'\sin\theta\cos(\phi'-\phi)}{c}-\frac{r'}{v}\right)\Delta U(r',\phi')[1-H(r'-\rho_{\mathrm{b}}(\phi'))]r'\mathrm{d}r'\\&=(t-R/c)\Delta U\left(\frac{t-R/c}{q_c/v},\phi'\right)\frac{v^2}{q_c^2}\left[H\left(\frac{t-R/c}{q_c/v}\right)-H\left(\frac{t-R/c}{q_c/v}-\rho_b(\phi')\right)\right],\end{aligned} \tag{4.130}$$

式中，

$$q_c=1-\varepsilon_c\cos(\phi'-\phi),\qquad c=\alpha,\beta\,, \tag{4.131}$$

$$\varepsilon_c=\frac{v}{c}\sin\theta,\qquad c=\alpha,\beta\,. \tag{4.132}$$

为简单起见，以下仅限于讨论亚波速(低于波速)的破裂扩展问题，即 $v<c$，$c=\alpha$, β 情形．在此情形下，q_c 是正的．但若 $v>c$，则会出现在某个方向$(\theta,\ \phi)$上 q_c 为负的情形，

此时当$t-R/c<0$时，$\Delta U\left(\frac{t-R/c}{q_c/v},\phi'\right)$中的$\frac{t-R/c}{q_c/v}$不再为负，$\Delta U$不再等于零.

将式(4.129)代入式(4.128)右边，即得

$$\Omega_c(\boldsymbol{R},t)=v^2(t-R/c)\int_0^{2\pi}\frac{1}{q_c^2}\Delta U\left(\frac{t-R/c}{q_c/v},\phi'\right)\cdot\left[H\left(\frac{t-R/c}{q_c/v}\right)-H\left(\frac{t-R/c}{q_c/v}-\rho_{\mathrm{b}}(\phi')\right)\right]\mathrm{d}\phi',\tag{4.133}$$

从而，在式(4.133)中，只限于对$(t-R/c)/(q_c/v)\leqslant\rho_{\mathrm{b}}(\phi')$成立的角度$\phi'$的范围积分：

$$\Omega_c(\boldsymbol{R},t)=\begin{cases}v^2(t-R/c)H(t-R/c)\int\frac{1}{q_c^2}\Delta U\left(\frac{t-R/c}{q_c/v},\phi'\right)\mathrm{d}\phi', & 0<\frac{t-R/c}{q_c/v}\leqslant\rho_{\mathrm{b}}(\phi'),\\ 0, & \frac{t-R/c}{q_c/v}>\rho_{\mathrm{b}}(\phi').\end{cases}\tag{4.134}$$

上式表明，体波远场位移是断层面上位错(速率)贡献的总和．上式右边积分被积函数中ΔU的宗量$(t-R/c)/(q_c/v)$说明，位于(R,θ,ϕ)的观测点在t时刻的位移是断层面上位于$\boldsymbol{r}'$的元位错发出的讯号所做的贡献的总和，

$$r'=\frac{t-R/c}{q_c/v},\tag{4.135}$$

也即位于r'的位错元在$t-R/c-r'q_c/v$时刻发出的讯号所做贡献的总和．因此，上式便是对观测点(R,θ,ϕ)在t时刻的位移有贡献的点的轨迹(以下简称有效轨迹)，即：

$$r'=\frac{v(t-R/c)}{1-\varepsilon_c\cos\phi'}.\tag{4.136}$$

若将原坐标系$(x_1,\ x_2,\ x_3)$绕x_3轴逆时针旋转ϕ角，得出以观测点方向为新的坐标系(x_1',x_2',x_3')的x_1'轴(图 4.21a)，那么，式(4.136)便化为

$$r'=\frac{v(t-R/c)}{1-\varepsilon_c\cos\psi},\tag{4.137}$$

式中，

$$\psi=\phi'-\phi\tag{4.138}$$

是$P(r',\phi')$点相对于观测点方向(x_1'轴方向)的方位角.

方程(4.132)表明，在t时刻的有效轨迹是一个椭圆(以下简称有效椭圆)，有效椭圆的方程为

$$\frac{(x_1'-x_t)^2}{a_t^2}+\frac{x_2'^2}{b_t^2}=1,\tag{4.139}$$

式中，x_t，a_t与b_t分别为上述有效椭圆的中心位置、半长轴与半短轴：

$$x_t=\frac{v(t-R/c)\varepsilon_{\mathrm{c}}}{1-\varepsilon_{\mathrm{c}}^2},\tag{4.140}$$

$$a_t = \frac{v(t - R/c)}{1 - \varepsilon_c^2}, \tag{4.141}$$

$$b_t = \frac{v(t - R/c)}{(1 - \varepsilon_c^2)^{1/2}}. \tag{4.142}$$

式(4.140)—式(4.142)表明，有效椭圆的中心点 x_t 位于 x_1' 轴上，长轴方向位于 x_1' 轴上，短轴方向平行于 x_2' 轴方向．在 t 时刻的有效椭圆的中心、半长轴与半短轴均依赖于时间，它们都含有因子 $(t - R/c)$，都随着时间线性地增大．

(七)非均匀位错分布的圆盘形断层模式

以上讨论假定地震断层具有任意形状，其最终断层面的周边以闭合曲线 $\rho_b(\phi')$ 表示．还假定断层面上的位错量分布 $\Delta U(r', \phi')$ 是非均匀的．现在，为简单计，放松第一个假定所做的限制，假定最终断层面是简单的圆形位错面，即 $\rho_b(\phi')=a$，式中，a 为圆盘形位错面半径(图 4.21a)．

由图 4.21b 可见，随着时间的增大，有效椭圆的中心以亚波速(即低于波速) c ($c=\alpha, \beta$) 的速度 v 沿着 x_1' 轴的方向匀速移动，椭圆的长轴 $2a_t$，短轴 $2b_t$ 也以速度 v 随着时间线性地增长，椭圆的最前端 H 点的坐标 x_H 为

$$x_H = x_t + a_t, \tag{4.143}$$

$$x_H = \frac{v(t - R/c)}{1 - \varepsilon_c}. \tag{4.144}$$

当有效椭圆完全位于破裂面的周边 $\rho_b(\phi')$ 以内时，

$$0 < r' = \frac{v(t - R/c)}{1 - \varepsilon_c \cos\psi} < \frac{v(t - R/c)}{1 - \varepsilon_c} = x_H \leqslant a = x_F. \tag{4.145}$$

这表明，有效椭圆上的所有的点当 $0 \leqslant \psi \leqslant 2\pi$ (或 $\phi \leqslant \phi' < \phi + 2\pi$) 时对远场体波位移均有贡献，因此，

$$\Omega_c(\boldsymbol{R}, t) = v^2 (t - R/c) H(t - R/c) \int_0^{2\pi} \frac{1}{q_c^2} \Delta U\left(\frac{t - R/c}{q_c/v}, \phi'\right) \mathrm{d}\phi', \qquad 0 < \frac{v(t - R/c)}{1 - \varepsilon_c}. \tag{4.146}$$

在这个阶段，$\Omega_c(\boldsymbol{R}, t)$ 随着时间线性地增大，波形是一条随着 $(t - R/c)$ 线性增大的直线．这种情况将一直持续到有效椭圆上的 H 点与断层面周边的 $\psi=0$ (或 $\phi'=\phi$) 上的点 F 相遇时(图 4.21c)．若将 H 点与 F 点相遇时的 $(t - R/c)$ 记为 t_{1c}，由式(4.139)可得

$$t_{1c} = \frac{a}{v}(1 - \varepsilon_c), \tag{4.147}$$

则式(4.146)右边的条件可改写为

$$0 < t - R/c \leqslant t_{1c}. \tag{4.148}$$

随着时间的推移，有效椭圆的中心与长轴和短轴都不断地线性增大，此时，该椭圆

与破裂区的周边$\rho_{\mathrm{b}}(\phi')=a$ 便有了两个交点，这两个交点 F_1 与 F_2 的位置由下式决定(图 4.21d)：

$$r'=\frac{v(t-R/c)}{1-\varepsilon_{\mathrm{c}}\cos(\phi_i'-\phi)},\qquad i=1,\ 2\ . \tag{4.149}$$

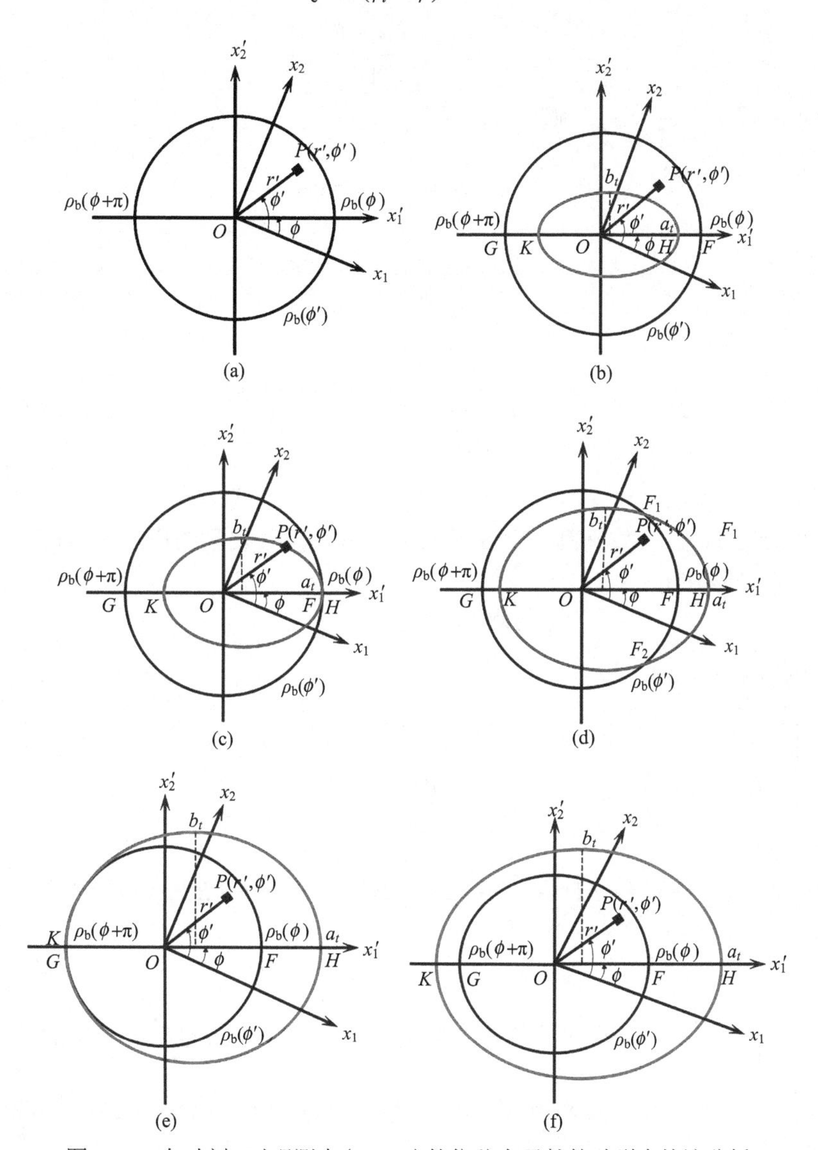

图 4.21　在时刻 t 对观测点(R,θ,ϕ)的位移有贡献的破裂点轨迹分析

(a)将坐标系(x_1, x_2, x_3)绕 x_3 轴逆时针旋转角度ϕ，使新坐标系（x_1', x_2', x_3'）的 x_1' 轴指向观测点，$x_3'=x_3$．(b)当 $t-R/c<t_1$ 时，t 时刻对观测点(R,θ,ϕ)的位移有贡献的破裂点的轨迹是椭圆，称为有效椭圆．此时，有效椭圆完全位于破裂区的周边 $p_{\mathrm{b}}(\phi')=a$ 以内．(c)有效椭圆与破裂区的周边 $p_{\mathrm{b}}(\phi')=a$ 相遇，此时，有效椭圆仍完全位于破裂区的周边 $p_{\mathrm{b}}(\phi')=a$ 以内，有效椭圆达到最大，相应地，波形振幅线性地增大到最大值．(d)当 $t_{1c}<t-R/c<t_{2c}$ 时，有效轨迹是椭圆从 $\phi'=\phi_1'$ 至 ϕ_2' 的一段，相应地，波形振幅逐渐减小，直到 $t-R/c=t_{2c}$ 时．(e)当 $t-R/c=t_{2c}$ 时，有效椭圆完全在破裂区之外，波形振幅等于零．(f)当 $t-R/c>t_{2c}$ 时，有效椭圆完全落在破裂区外，它们没有共同点(有效破裂点)，全部运动等于零

在此情形下，只有$\phi_1' < \phi_i' < \phi_2'$角度范围内的椭圆的周缘对积分有贡献.

这种情况一直持续到有效椭圆左端K点与破裂区周边左端的G点重合、整个有效椭圆将破裂面包围住时(图 4.21e). 此时，K点的坐标x_K为

$$x_K = x_t + a_t\,, \tag{4.150}$$

$$x_K = -\frac{v(t - R/c)}{1+\varepsilon_c}\,. \tag{4.151}$$

若将此时的$(t - R/c)$记为t_{2c}，则

$$-x_K = \frac{vt_{2c}}{1+\varepsilon_c} = a\,, \tag{4.152}$$

$$t_{2c} = \frac{a}{v}(1+\varepsilon_c)\,, \tag{4.153}$$

于是，

$$\Omega_c(\boldsymbol{R}, t) = v^2(t - R/c)H(t - R/c)\int_{\phi_1'}^{\phi_2'}\frac{1}{q_c^2}\Delta U\left(\frac{t - R/c}{q_c/v}, \phi'\right)\mathrm{d}\phi', \qquad t_{1c} < t - R/c \leqslant t_{2c}. \tag{4.154}$$

当t–R/c>t_{2c}时，该有效椭圆完全在破裂区之外，与破裂区的周边$\rho_b(\phi)=a$没有任何共同点，于是(图 4.21f)：

$$\Omega_c(\boldsymbol{R}, t) = 0, \qquad t > t_{2c}\,. \tag{4.155}$$

综合以上所得结果，我们便得到：

$$\Omega_c(\boldsymbol{R}, t) = \begin{cases} 0, & t - R/c < 0, \\ v^2(t - R/c)\displaystyle\int_0^{2\pi}\frac{1}{q_c^2}\Delta U\left(\frac{t - R/c}{q_c/v}, \phi'\right)\mathrm{d}\phi', & 0 < t - R/c \leqslant t_{1c}, \\ v^2(t - R/c)\displaystyle\int_{\phi_1'}^{\phi_2'}\frac{1}{q_c^2}\Delta U\left(\frac{t - R/c}{q_c/v}, \phi'\right)\mathrm{d}\phi', & t_{1c} < t - R/c \leqslant t_{2c}, \\ 0, & t > t_{2c}. \end{cases} \tag{4.156}$$

当$\Delta U\left(\dfrac{t - R/c}{q_c/v}, \phi'\right) = D$时($D$ 是常量)，上式退化均匀位错的圆盘形断层的相应结果[参见式(4.11)]. 在此情况下，对极角(ϕ或ψ)的积分可以积出，这样，便可得出相应问题的闭合形式的解.

(八)地震震源破裂的起始、扩展和终止

以上讨论了任意形状的平面断层模式，假定地震破裂自断层面上某一点起始，然后以恒定的速率沿径向扩展，最后遍及断层面上一个周边为任意形状的二维平面，当破裂扩展到该二维平面的周边时便停止下来(Savage, 1966). 我们得到，当位错面上位错量的分布$\Delta U(r', \phi')$是非均匀但每个点上位错随时间的变化是单位阶跃函数时，对于破裂速度

低于波传播速度即“亚声速”(subsonic)情形，表示体波远场位移[参见式(4.120)—式(4.122)]波形的因子$\Omega_c(\boldsymbol{R}, t)$由式(4.134)所示：

$$\Omega_c(\boldsymbol{R}, t)=\begin{cases} v^2(t-R/c)H(t-R/c)\int \dfrac{1}{q_c^2}\Delta U\left(\dfrac{t-R/c}{q_c/v}\phi'\right)\mathrm{d}\phi', & 0<\dfrac{t-R/c}{q_c/v}<\rho_{\mathrm{b}}(\phi'), \\ 0, & \dfrac{t-R/c}{q_c/v}>\rho_{\mathrm{b}}(\phi'), \end{cases} \tag{4.157}$$

式中，对ϕ'的积分只限于$(t-R/c)/(q_c/v)\leqslant\rho_{\mathrm{b}}(\phi')$成立的角度$\phi'$的范围.

由以上结果可知，当$\Delta U(r', \phi')$非均匀时，在$0<\dfrac{t-R/c}{q_c/v}<\rho_{\mathrm{b}}(\phi'), 0\leqslant\phi'<2\pi$情况下，对$\Omega_c(\boldsymbol{R}, t)$有贡献的点的轨迹(“有效轨迹”)是一个椭圆(“有效椭圆”). 有效椭圆的中心位于观测点所在的方位上，其位置(x_t)以及半长轴(a_t)与半短轴(b_t)的长度均随时间t线性地增大[参见式(4.140)—式(4.142)]. 在此情况下，如果$\Delta U(r', \phi')$是一常量$\Delta U(r', \phi')=D$，那么远场位移波形便是一条直线[参见式(4.115)与图4.19]. 这一情况一直持续到“有效椭圆”与断层面的周缘接触上为止[参见式(4.144)]. 特别是，如果位错面是半径为a的圆盘形位错面，不论位错分布均匀与否，“有效椭圆”与断层面的周缘(半径为a的圆)相切的时间便是t_{1c}[参见式(4.114)与式(4.147)]. 这意味着，在远场，在$t=R/c$至$t=R/c+t_{1c}$时，位移曲线是单调上升的曲线，速度曲线是亥维赛单位阶跃函数，加速度曲线是狄拉克δ–函数；相应地，位移谱、速度谱、加速度将分别正比于ω^{-2}，ω^{-1}，ω^{0}(即常量).

如图4.21c与图4.19所示. 当“有效椭圆”扩展到破裂面(现在是半径为a的圆)的周缘(现在是圆周)即$t=t_{1c}$时刻时，远场位移达到最大值. 过了t_{1c}时刻，随着“有效轨迹”从完整的“有效椭圆”到不完整的、缺失了一段的椭圆的周缘、直至消失时，远场位移便从$t=t_{1c}$时的最大值下降至$t=t_{2c}$时的零. 与此相应，速度与加速度发生跃变，理论上说，变为无限大. 位移在$t=t_{1c}$附近正比于$\sqrt{t-t_{1c}}$[参见式(4.113)右边花括号内的第二项]，因此，位移谱包含正比于$\omega^{-3/2}$的成分. 在破裂扩展过程不再继续进行$(t=t_{1c})$直至完全停止$(t=t_{2c})$时，上述与地震破裂终止过程(从t_{1c}至t_{2c})相联系的地震讯号称为“终止相(stopping phase)”(Savage, 1966). 相应地，与地震破裂过程的起始(nucleation, initiation)相联系的地震讯号或者说震相则称为“起始相(nucleation phase)”.

由以上分析可以看出，就均匀位错分布的圆盘形断层而言，地震体波远场位移频谱为“终止相”(频谱的高频渐近行为正比于$\omega^{-3/2}$)要比“起始相”(频谱的高频渐近行为正比于ω^{-2})强.

(九)佐藤–平泽模式

为使地震破裂运动学模式尽量真实地模拟真实地震的破裂过程，佐藤魂夫与平泽朋郎(Sato and Hirasawa, 1973)提出了非均匀位错分布的圆盘形断层模式. 佐藤–平田模式假定：地震破裂从半径为a的圆盘形断层面上的中心点(圆心)起始，然后以恒定的速率沿径向扩展，直至破裂扩展到圆盘形断层面的周缘停止下来．当破裂面的前缘到达半径为 $\boldsymbol{r}'$ 点时，断层面两盘的相对位移即位错量由圆盘形裂纹面的静力学解表示．按照 Eshelby(1957)的推导，在均匀、各向同性和完全弹性的无限介质中，对于泊松(Poisson)介质，即泊松比等于 1/4 的介质，当断层面上的剪切应力降为均匀应力降$\Delta\sigma$时，静态(最终)位错量的分布 $D(r')$ 为

$$D(r') = K(a^2 - r'^2)^{1/2}, \qquad r' \leqslant a\,, \tag{4.158}$$

式中，

$$K = \frac{24}{7\pi} \cdot \frac{\Delta\sigma}{\mu}\,, \tag{4.159}$$

μ为刚性系数．

据此佐藤与平泽(Sato and Hirasawa, 1973)假定断层面上位错量分布$\Delta u(\boldsymbol{r}', t)$为

$$\Delta u(\boldsymbol{r}', t) = \begin{cases} K[(vt)^2 - r'^2]^{1/2} H\left(t - \dfrac{r'}{v}\right)[1 - H(r' - a)], & vt < a\,, \\ K(a^2 - r'^2)^{1/2}[1 - H(r' - a)], & vt > a\,. \end{cases} \tag{4.160}$$

诚然，上式并非是动力学应力松弛问题的解，但上式所示的位错量分布当 $vt>a$ 时即为静力学应力松弛问题的解，因此可以视为相应的动力学应力松弛问题的一级近似．

需要特别指出的是，与许多习惯采用的位错模式不同，在断层面上作为时间函数的位错量分布$\Delta u(\boldsymbol{r}', t)$中，空间坐标 r' 与时间坐标 t 是以$[(vt)^2 - r'^2]^{1/2}$的形式耦合在一起的，而不是简单地假定断层面上每一点的震源时间函数都一样(例如都是如图 4.22a 所示的亥维赛单位阶跃函数，等等)．因此在佐藤–平泽模式中，上升时间在 $r'=0$ 时为 a/v，随着 r' 由 a 变到 0，上升时间由 a/v 减小到 0(参见图 4.22b)

将上式代入式(4.123)，积分后便得到下列闭合形式的解：

$$\Omega_c(\boldsymbol{R}, t) = \begin{cases} 2Kva^2[\pi / (1 - \varepsilon_c^2)]x^2, & 0 < x < 1 - \varepsilon_c, \\ 2Kva^2\left(\dfrac{\pi}{4}\right)\left[\dfrac{1}{\varepsilon_c} - \left(\dfrac{x^2}{\varepsilon_c}\right)(1 + \varepsilon_c)^{-2}\right], & 1 - \varepsilon_c < x < 1 + \varepsilon_c, \end{cases} \tag{4.161}$$

式中，

$$x = \frac{v}{a}\left(t - R / c\right). \tag{4.162}$$

如图 4.23 所示，地震体波远场位移的波形在 $0<t<t_{1c}$ 阶段随着时间平方的增大而增大，而不是前面讨论过的均匀位错分布那样，随时间线性地增大．与位移波形随时间平方变化的情况相应的，在频率域，与起始相对应的位移谱在高频时正比于ω^{-3}．

对$\Omega_c(\boldsymbol{R}, t)$作傅里叶变换，便得到远场体波波形因子$\Omega_c(\boldsymbol{R}, t)$的频谱$\hat{\Omega}_c(\boldsymbol{R}, \omega)$：

$$\hat{\Omega}_c(\boldsymbol{R}, \omega) = \frac{M_0}{\mu}\hat{B}_c(\omega), \qquad c = \alpha, \beta\,, \tag{4.163}$$

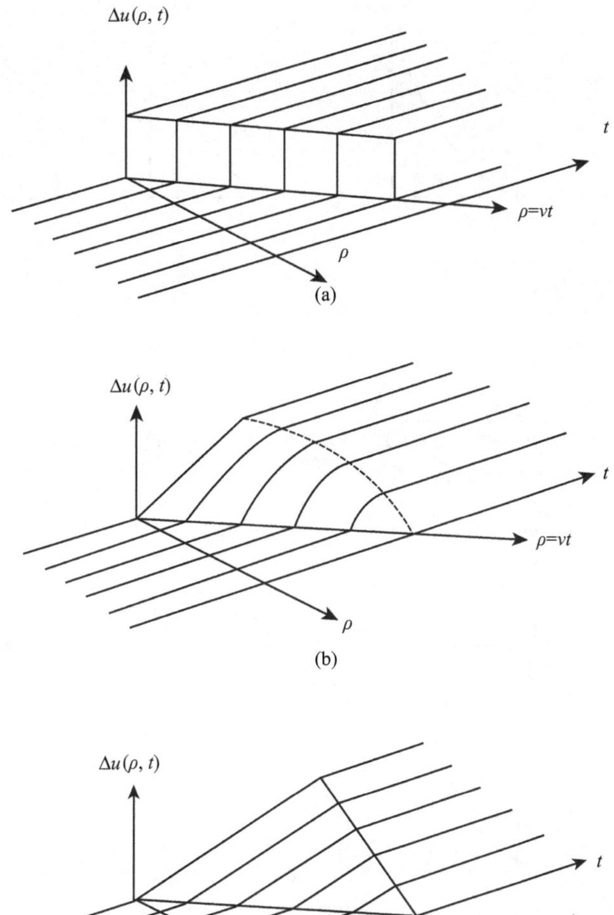

图 4.22　圆盘形断层模式的震源时间函数

(a) 均匀位错模式；(b) 均匀剪切应力释放模式（佐藤–平泽模式）；(c) 破裂终止触发愈合的模式（莫尔纳等的模式）

$$\begin{aligned}\hat{B}_c(\omega)=&\frac{3}{\omega_a^2\varepsilon_c(1-\varepsilon_c^2)}\left\{\varepsilon_c\cos(\omega_a\varepsilon_c)\cos\omega_a+\sin(\omega_a\varepsilon_c)\sin\omega_a-\right.\\&\left.+\frac{1}{\omega_a(1-\varepsilon_c^2)}[(1+\varepsilon_c^2)\sin(\omega_a\varepsilon_c)\cos\omega_a-2\varepsilon_c\cos(\omega_a\varepsilon_c)\sin\omega_a]\right\}\\&+i\frac{3}{\omega_a^2\varepsilon_c(1-\varepsilon_c^2)}\left\{\sin(\omega_a\varepsilon_c)\cos\omega_a-\varepsilon_c\cos(\omega_a\varepsilon_c)\sin\omega_a-\right.\\&\left.+\frac{1}{\omega_a(1-\varepsilon_c^2)}[2\varepsilon_c-(1+\varepsilon_c^2)\sin(\omega_a\varepsilon_c)\sin\omega_a-2\varepsilon_c\cos(\omega_a\varepsilon_c)\cos\omega_a]\right\},\end{aligned}\tag{4.164}$$

式中，

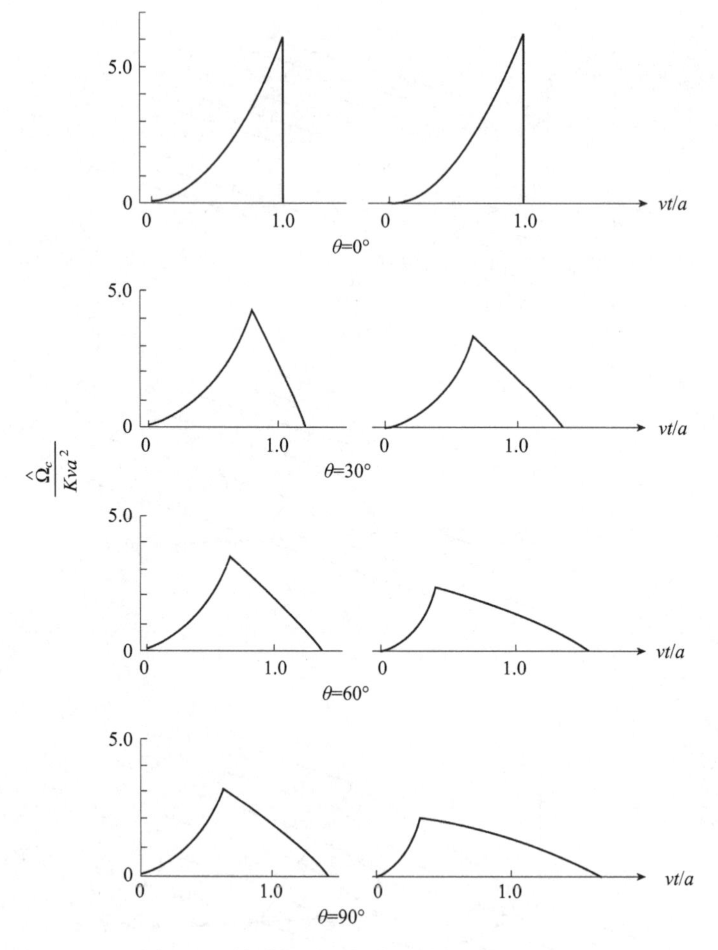

图 4.23　地震体波远场位移波形随时间变化

左图表示 P 波，右图表示 S 波，时间以 a/v 为单位．这个时间单位即破裂由破裂面中心扩展到圆周的时间

$$\omega_a = \frac{a}{v}\omega \, . \tag{4.165}$$

由式(4.164)可见，当$\omega\to\infty$时，$B_c(\omega)\propto\omega^{-2}$．也就是说，按照佐藤–平泽模式(图 4.24)，在高频时，终止相(振幅谱正比于ω^{-2})超过起始相(振幅谱正比于ω^{-3})．

对于观测点在震源球球面上均匀分布的情形，由于上述结果与方位角ϕ无关，只与天顶角θ有关，所以拐角频率f_c在震源球球面上的平均值(数学期望)为

$$\langle f_c \rangle = \frac{\int_0^{\pi/2} f_c(\theta)\sin\theta \mathrm{d}\theta}{\int_0^{\pi/2} \sin\theta \mathrm{d}\theta}, \qquad c=\alpha, \beta \, . \tag{4.166}$$

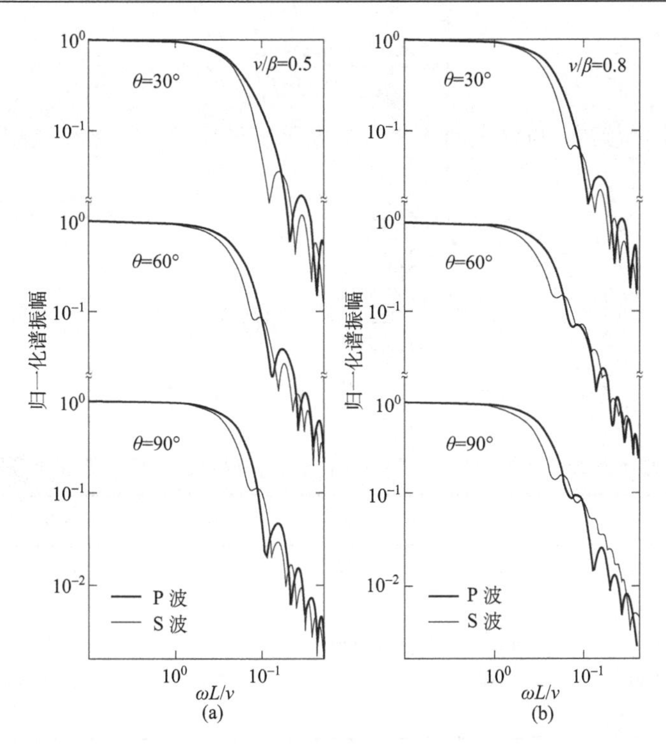

图 4.24　佐藤–平泽模式 P 波(粗实线)与 S 波(细实线)远场位移谱振幅

(a) v/β=0.5 情形；(b) v/β=0.8 情形

表 4.1 给出了佐藤–平泽根据他们提出的模式通过数值计算得出的 P 波与 S 波的拐角频率 f_α与 f_β，以及优势频率 $f_\alpha^{\rm P}$ 与 $f_\beta^{\rm P}$. 计算时，假定 v/β=0.9.

表 4.1　由佐藤–平泽模式计算得出的 P 波与 S 波的拐角频率 f_α与 f_β，以及优势频率 $f_\alpha^{\rm P}$ 与 $f_\beta^{\rm P}$ (v/β=0.9)

θ/(°)	$(2a/v)f_\alpha$	$(2a/v)f_\beta$	$(2a/v)\ f_\alpha^{\rm P}$	$(2a/v)\ f_\beta^{\rm P}$
15	4.80	3.82	5.00	4.50
30	3.71	2.95	4.30	3.40
45	3.21	2.34	3.80	2.70
60	2.95	2.05	3.40	2.40
75	2.75	1.86	3.20	2.20
90	2.68	1.80	3.10	2.10

按照布龙(Brune, 1970, 1971)的研究，S 波拐角频率 $f_\beta(=\omega_\beta/2\pi$，$\omega_\beta$是 S 波拐角圆频率)与震源半径 a 有如下关系[参见式(4.217)]：

$$a=\frac{2.34\beta}{\omega_\beta}=\frac{2.34\beta}{2\pi f_\beta}\,. \tag{4.167}$$

汉克斯(Hanks)与怀斯(Wyss)则提出 P 波拐角频率 $f_\alpha(=\omega_\alpha/2\pi$，$\omega_\alpha$是 P 波拐角圆频率)与震源半径 a 也有类似关系(Hanks and Wyss, 1972)：

$$a = \frac{2.34\alpha}{\omega_\alpha} = \frac{2.34\alpha}{2\pi f_\alpha}. \tag{4.168}$$

根据佐藤–平泽模式，与以上两式相应的表示震源尺度(圆盘形破裂面的半径 a)与拐角频率的关系为

$$a = \frac{C_P\alpha}{2\pi f_\alpha}, \quad (\text{P波}), \tag{4.169}$$

$$a = \frac{C_S\beta}{2\pi f_\beta}, \quad (\text{S波}), \tag{4.170}$$

式中，系数 C_P 与 C_S 是破裂速度的函数，其数值列于表 4.2.

表 4.2　作为破裂速度 v 的函数的系数 C_P 与 C_S 和 D_P 与 D_S，以及 P 波与 S 波拐角频率和优势频率之比

v/β	C_P	C_S	D_P	D_S	$\langle f_\alpha\rangle/\langle f_\beta\rangle$	$\langle f_\alpha^P\rangle/\langle f_\beta^P\rangle$
0.5	1.14	1.57	1.29	1.81	1.26	1.23
0.6	1.24	1.70	1.45	1.97	1.27	1.28
0.7	1.41	1.81	1.60	2.10	1.35	1.32
0.8	1.50	1.90	1.73	2.33	1.37	1.34
0.9	1.60	1.99	1.84	2.32	1.39	1.38

由表 4.2 可见，P 波的拐角频率平均比 S 波的大，大约是其 1.3 倍. 纵横波拐角频率之比与破裂速度有关，当 v/β从 0.5 变到 0.9 时，$\langle f_\alpha\rangle/\langle f_\beta\rangle$从 1.26 变到 1.39. 从观测角度看，与式(4.169)与式(4.130)类似的 P 波优势频率与 S 波优势频率之比也是很有用的，对于 P 波与 S 波的优势频率 f_α^P 与 f_β^P，类似的关系式为

$$a = \frac{D_P\alpha}{2\pi f_\alpha^P}, \quad (\text{P波}), \tag{4.171}$$

$$a = \frac{D_S\beta}{2\pi f_\beta^P}, \quad (\text{S波}). \tag{4.172}$$

相应的 $D_P, D_S, \langle f_\alpha^P\rangle/\langle f_\beta^P\rangle$ 的数值列于表 4.2 的第 4，5，7 列. 与拐角频率的情形作比较，可以看到，P 波优势频率与 S 波优势频率之比的平均值也约为 1.3，两者完全一致.

(十) 莫尔纳–图克尔–布龙模式

佐藤–平泽模式是相当接近实际的模式，但是这个模式有一个明显的缺点，这就是它假定当破裂扩展到圆盘形破裂面的周缘时，不但破裂停止扩展，而且在同一时刻断层面上所有地点的质点运动全都停止下来(参见图 4.22b).

为了克服这个缺点，莫尔纳(Molnar)、图克尔(Tucker)和布龙(Brune)提出了另外一种圆盘形破裂运动学模式(Molnar *et al*., 1973). 按照莫尔纳等的模式，假定圆盘形位错面上质点滑动速度的函数由下式表示：

$$\Delta\dot{u}(r',t)=\Delta V\left[H\left(t-\frac{r'}{v}\right)-H\left(t+\frac{r'}{v}-\frac{2a}{v}\right)\right]H(a-r'),\tag{4.173}$$

式中，a 是圆盘形位错面的半径，ΔV 是位错面两盘质点的相对滑动速度，假定在整个位错面上，ΔV 都是常量．按照这个模式(图 4.22c)，如因子 $H(t-r'/v)$ 所表示，破裂从圆盘中心起始，以恒定的破裂速率 v 在各个方向上扩展，直至到达圆周．在破裂扩展到了圆周之后，不再继续扩展[如因子 $H(a-r')$ 所示]，从圆周开始滑动停止，由外至里(由圆周至圆心)以同样的速度停止滑动[如因子 $H(t+r'/v-2a/v)$ 所示]．

将上式代入式(4.124)即可得到莫尔纳等的模式的远场位移波形的频谱．与佐藤–平田模式类似，因远场位移随时间平方增大，所以初始相的谱振幅应与ω^{-3} 成正比．高频渐近衰减应当在ω^{-2} 与ω^{-3} 之间．在此情况下，与均匀圆盘形位错的情形类似，在终止相处，位移曲线与 $\sqrt{t-t_{1c}}$ 成正比，相应的频谱为$\omega^{-5/2}$．因为在此情形中，$\Delta u(\boldsymbol{r}', t)$随时间线性增长，$u(\boldsymbol{R},t)$随时间的平方增大，频谱的高频渐近衰减为$\omega^{-3}$．

(十一)达伦模式

达伦(Dahlen, 1974)推广了莫尔纳等人的模式，将圆盘形位错面的破裂运动学模式推广为椭圆形位错面的破裂运动学模式．他采用 Burridge 和 Willis(1969)推导得出的自相似扩展的椭圆裂纹的精确解，即：

$$\Delta\dot{u}(\boldsymbol{r}',t)=\Delta V\left(t^2-\frac{x_1'^2}{u^2}-\frac{x_1'^2}{v^2}\right)^{1/2}H\left[t-\left(\frac{x_1'^2}{u^2}+\frac{x_1'^2}{v^2}\right)^{1/2}\right],\tag{4.174}$$

式中，ΔV 表示裂纹面两边质点的相对运动速率，u 与 v 分别表示沿 x_1' 方向与 x_2' 方向的破裂扩展速率．显然，当 u=v 时，上式便退化为式(4.161)即退化为佐藤–平田模式．这个公式是由假定裂纹面上的应力降为均匀应力降、裂纹自相似地扩展得出的精确解．只要裂纹保持自相似地扩展不停止下来，那么上式就成立．结果是，体波远场位移的波形最初的位移随时间呈抛物线规律增大，相应地高频渐近衰减正比于ω^{-3}．与前面讨论的模式不同，达伦的模式假设，当裂纹前缘扩展到摩擦应力增大或构造应力降低的区域时，裂纹便慢慢停止下来．因此，按照这个模式，在高频时，起始相应当强于终止相．

如果忽略终止相的贡献，远场位移谱的高频渐近极限可以由对上式作傅里叶变换求得．结果是

$$\left|\hat{\Omega}_c(\boldsymbol{R},\omega)\right|=\frac{4\pi uv\Delta V\omega^{-3}}{\left(1-\dfrac{u^2}{c^2}\sin^{-2}\theta\cos^2\phi-\dfrac{v^2}{c^2}\sin^2\theta\sin^2\phi\right)^2},\tag{4.175}$$

式中，θ与ϕ如图 4.18 所示．上式是自相似裂纹的远场位移谱，不涉及破裂过程的终止，自然不涉及、不包含有关裂纹最终大小的信息，因此上式给出的高频趋势与地震的大小无关．换句话说，倘若终止相在高频占优势的话，那么在上式中就应当包含地震大小的信息，地震愈大，$\left|\hat{\Omega}_c(\boldsymbol{R},\omega)\right|$ 的高频值就愈大．

(十二) 拐角频率与高频渐近趋势

如上已述，地震体波远场位移谱具有下述三个特征：①当频率趋于零时，体波远场位移谱趋于正比于地震矩的零频水平；②当频率很大时，位移谱随着频率的增加具有以ω的幂次渐近趋势的交点称为拐角频率，拐角频率与震源尺度有关.

Savage (1972) 运用双侧破裂矩形断层模式，计算了 P 波与 S 波的拐角频率. 假定在长为 L，宽为 W 的矩形断层上，位错量的分布为

$$\Delta u(\boldsymbol{r}', t) = \begin{cases} D_0 G\left(t - \dfrac{x_1'}{v}\right), & 0 < x_1' < \dfrac{L}{2}, \\ D_0 G\left(t + \dfrac{x_1'}{v}\right), & -\dfrac{L}{2} < x_1' < 0, \\ 0, & \text{其他}, \end{cases} \tag{4.176}$$

式中，$G(t)$ 是震源时间函数：

$$G(t) = \begin{cases} 0, & t < 0, \\ 1 - \mathrm{e}^{-t/T_s}, & t > 0, \end{cases} \tag{4.177}$$

计算中，假定上升时间 T_s 是由破裂前缘的中点到达其端点即破裂扩展断层半宽度 $W/2$ 距离的走时：

$$T = \frac{W}{2v}, \tag{4.178}$$

式中，v 是破裂扩展速度(率). 体波频谱的高频趋势的渐近线与ω^{-2} 正比，分别与有限的断层长度和上升时间有关. 假定 v/β=0.9，Savage (1972) 对与上述两个因素有关的拐角频率作几何平均，并对所有方向的拐角频作算术平均，得出 P 波与 S 波的拐角频率$\langle f_P \rangle$与$\langle f_S \rangle$分别为

$$2\pi\langle f_\mathrm{P}\rangle = \sqrt{2.9}\alpha\sqrt{LW}, \tag{4.179}$$

$$2\pi\langle f_\mathrm{S}\rangle = \sqrt{14.8}\beta\sqrt{LW}. \tag{4.180}$$

如果假定介质为泊松体，则$\alpha = \sqrt{3}\beta$，表明$\langle f_S \rangle$高于$\langle f_P \rangle$，即 S 波的拐角频率比 P 波的高.

按照佐藤–平泽模式，体波频谱的高频趋势的渐近线与ω^{-2} 成正比，

$$2\pi\langle f_\mathrm{P}\rangle = \frac{C_\mathrm{P}\alpha}{a}, \tag{4.181}$$

$$2\pi\langle f_\mathrm{S}\rangle = \frac{C_\mathrm{P}\beta}{a}. \tag{4.182}$$

C_P 与 C_S 的数值如表 4.2 所示. 在表 4.2 中，$\langle f_P \rangle$高于$\langle f_S \rangle$，当α/β由 0.5 变化至 0.9 时，纵横波拐角频率之比$\langle f_P \rangle/\langle f_S \rangle$由 1.23 变至 1.38.

由莫尔纳等人的模式得出的$\langle f_P \rangle$也同样高于$\langle f_S \rangle$结论. 这个结论得到观测事实的支

持．古屋逸夫(Furuya, 1969)通过观测得到：对于给定震级的地震，其 S 波的优势周期为 P 波的优势周期的 1.3 至 1.5 倍．他指出用简单的破裂扩展模式不能解释这一观测事实．佐藤与平泽(Sato and Hirasawa, 1973)则将其归之于破裂扩展断层模式过于简单，不能很好地解释观测事实，例如，假定整个断层面上的滑动随时间的变化都一样．他们认为，这一假设适用于窄长矩形断层，但对破裂起始于某一点，然后沿径向在断层面上所有的方向上扩展的圆盘形位错面模式就无此限制．莫尔纳等人(Molnar *et al*., 1973)的模式也无此限制．他们也都得到 $\langle f_P \rangle$ 比 $\langle f_S \rangle$ 高的结论．

对于如式(4.124)所示的自相似椭圆裂纹，$\langle f_P \rangle$ 低于 $\langle f_S \rangle$．自相似椭圆模式只考虑破裂的起始，假定破裂的起始相在高频时比终止相强．这一假设与观测不符合．

式(4.175)所示自相似椭圆裂纹的高频渐近特征是由破裂速度与质点运动速度决定的．破裂速度是物质常量，而质点运动速度则取决于破裂速度与初始应力，因此高频渐近特性便与最终破裂的大小无关．倘若这个公式正确的话，在给定的距离上，远场地震体波对于比拐角频率高的频率将会有与地震震级无关的相同的绝对谱．

(十三)布龙圆盘形应力脉冲模式

布龙(Brune, 1970, 1971, 1976)把地震看作是圆盘形断层面上剪切应力的突然释放，并由此出发，计算了该圆盘形断层面所辐射的地震横波的频谱．通常把这一震源模式称作布龙模式(Brune′s model)．既然布龙模式研究的是由断层面上的应力突然释放所辐射的地震波的频谱问题，所以这一模式并非严格意义上的运动学模式．

1. 近场位移谱

把地震模拟为弹性介质内部某一位错面(断层面)上的剪切应力的突然释放．设该位错面上的剪切应力在地震发生之前为 σ^0，在地震发生时突然降至 σ_f．这一情形等效于在地震时在断层面 Σ 上突然施加了 $-\Delta\sigma$ 的应力，$\Delta\sigma=\sigma^0-\sigma_f$．具体地说，如图 4.25 所示，这一情形等效于在地震时在位于 $x=0$ 的断层面的 Σ^- 上突然施加了 $-\Delta\sigma$ 的应力，在 Σ^+ 上突然施加了 $\Delta\sigma$ 的应力．为简单起见，暂且忽略破裂扩展效应，假设在整个断层面上破裂是同时发生的．破裂扩展效应放在后面再作讨论．我们还假设，在发生破裂时，断层面有如横波不能穿透的面，即横波在断层面上发生全反射．在断层面边缘的影响尚未传播到位于断层面中心部位的点时，该点的运动便有如在无限介质中的运动．

由于问题对于 $x=0$ 具有中心对称性，我们只需讨论 $x>0$ 的情形．这样一来，上述问题便转化为地震时在断层面的 Σ^+ 一侧突然施加了大小为 $\Delta\sigma$ 的应力的地震波辐射问题．这个附加的应力使位错面 Σ^+ 的质点发生了平行于位错面的横向的运动，并且激发出一个沿着垂直于位错面的法线方向($+x$ 方向)、以横波速度 β 传播的、纯剪切的应力波．这个沿 $+x$ 方向传播的纯剪切应力脉冲的时间函数可以由边界条件得出：

$$\sigma(x,t)=\Delta\sigma H\left(t-\frac{x}{\beta}\right), \tag{4.183}$$

式中，$H(t)$ 是亥维赛单位阶跃函数：

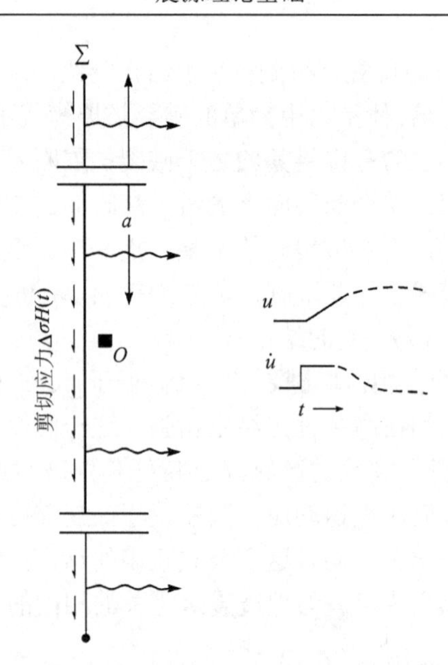

图 4.25 布龙(Brune)的圆盘形应力脉冲模式

图的左半部表示在 t=0 时在断层面∑上突然施加了 $\Delta\sigma H(t)$ 的剪切应力，右半部表示在断层面上的质点(实心方块)的位移 $u(0, t)=(\Delta\sigma\beta/\mu)t$ 和速度 $\dot{u}(0, t)=\Delta\sigma\beta/\mu$

$$H(t)=\begin{cases}0, & t<0, \\ 1, & t>0.\end{cases} \tag{4.184}$$

$\Delta\sigma=\sigma^0-\sigma_f$ 即动态应力降 $\Delta\sigma_d$. 在现在讨论的问题中，忽略了破裂扩展效应，即假定破裂同时发生于整个断层面. 这意味着初始应力等于剪切强度 σ_p 即 $\sigma^0=\sigma_p$. 所以在这种情况下 $\Delta\sigma$ 也是推动断层面上质点运动的有效应力 σ_{eff}[参见第六章式(6.23)—式(6.25)].

设由式(4.183)所表示的附加应力 $\sigma(x, t)$ 所产生的位移为 $u(x, t)$, 那么在断层面上质点的位移 $u(0, t)$ 可由应力–应变关系求得. 这就是

$$u(0,t)=0, \qquad t<0. \tag{4.185}$$

当 t>0 时，在断层面上，应力 $\sigma(0, t)=\Delta\sigma$, 应力–应变关系为

$$\Delta\sigma=\mu\left.\frac{\partial u(x,t)}{\partial x}\right|_{x=0}. \tag{4.186}$$

考虑到经过时间 t 后，横波沿+x 方向传播到了 $x=\beta t$ 的地点，此时，断层面上的质点发生了幅度为 $u(0, t)$ 的位移，所以在断层面上，应变

$$\left.\frac{\partial u(x,t)}{\partial x}\right|_{x=0}=\frac{u(0,t)}{\beta t}. \tag{4.187}$$

从而，

$$\Delta\sigma=\mu\frac{u(0,t)}{\beta t}, \qquad t>0, \tag{4.188}$$

即在断层面上质点的位移为

$$u(0,t)=\begin{cases}0, & t<0,\\ \dfrac{\Delta\sigma\beta}{\mu}t, & t>0.\end{cases} \tag{4.189}$$

如式(4.183)所示，应力脉冲以横波速度β沿着垂直于位错面的方向传播．如式(4.189)所示，断层面上质点的运动在位错面边缘的影响尚未到达之前随着时间t线性地增大，所以式(4.189)是断层面上位于断层面中心部位的质点初动的表示式．

对式(4.189)作傅里叶变换可以求得断层面上质点位移初动的频谱

$$\hat{u}(0,\omega)=\int_0^{\infty}\frac{\Delta\sigma\beta}{\mu}t\mathrm{e}^{-\mathrm{i}\omega t}\mathrm{d}t=-\frac{1}{\omega^2}\frac{\Delta\sigma\beta}{\mu}. \tag{4.190}$$

由式(4.189)可以求得断层面上质点运动的初始速度

$$\dot{u}(0,t)=\begin{cases}0, & t<0,\\ \dfrac{\Delta\sigma\beta}{\mu}, & t>0.\end{cases} \tag{4.191}$$

断层面上的质点运动不会无限地持续下去，或者说，质点运动速度不会一直保持常量．由于断层面的有限性，当断层面边缘的影响传到断层面上的观测点时，将使该质点的运动减速，并且最终将停止下来(图 4.26)．因此，断层面上质点运动的持续时间τ是与扰动由断层面的边缘传播到该点的时间a/β同数量级的量：

$$\tau=O\left(\frac{a}{\beta}\right). \tag{4.192}$$

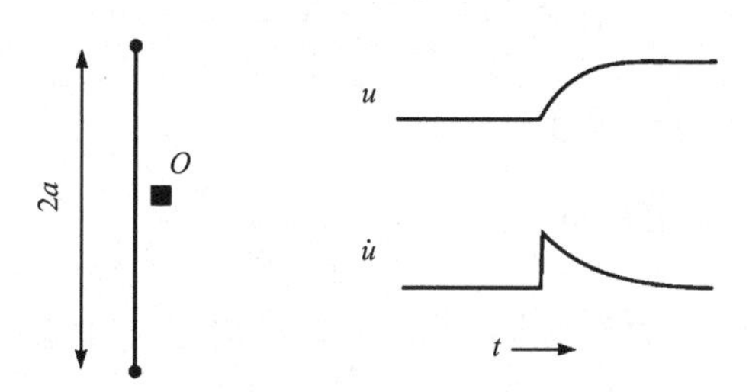

图 4.26　震源尺度的有限性对近场位移的影响

图的左半部表示半径为a的圆盘形断层面，右半部表示在断层面上的质点(实心方块)的位移$u(0,t)=\dfrac{\Delta\sigma}{\mu}\beta\tau\left(1-\mathrm{e}^{-t/\tau}\right)$和速度$\dot{u}(0,t)=\dfrac{\Delta\sigma}{\mu}\beta\mathrm{e}^{-t/\tau}$

考虑到断层面边缘的效应，可以将式(4.189)的第二式改写为

$$u(0,t)=\frac{\Delta\sigma}{\mu}\beta\tau\left(1-\mathrm{e}^{-t/\tau}\right), \tag{4.193}$$

从而，

$$\dot{u}(0,t)=\frac{\Delta\sigma}{\mu}\beta\mathrm{e}^{-t/\tau}. \tag{4.194}$$

以上两式分别是计及了断层面边缘效应的横波近场位移与速度．当 $t \ll \tau$ 时，它们分别退化为式(4.189)的第二式与式(4.191)的第二式．

对式(4.193)作傅里叶变换，即得横波近场位移谱：

$$\hat{u}(0,\omega)=\frac{\Delta\sigma\beta}{\mu}\cdot\frac{1}{\omega(\omega^2+\tau^{-2})^{1/2}}. \tag{4.195}$$

当 $\omega\to 0$ 时，或者说，当 $\omega\tau \ll 1$ 时，$\hat{u}(0,\omega)\to\Delta\sigma\beta/\mu\omega$，横波近场的位移谱与 ω^{-1} 成正比．

2. 远场位移谱

以 $\boldsymbol{R}$ 表示圆盘形断层面的中心至观测点的矢径，$R=|\boldsymbol{R}|$ 即为震源距．在远场，即当震源距 R 远大于所涉及的波长 λ 时，如果震源可以视为点源，即 R 与 λ 都远大于断层的线性尺度 $2a$ 时，则由于衍射，断层面两侧的效应将几乎同时到达观测点，因此，观测点上的远场位移相当于受到一对双力偶的作用引起的位移，也就是，远场位移相当于近场位移的微商．为了表示这一效应，将远场位移表示为

$$u(\boldsymbol{R},t)=\mathscr{F}^{\mathrm{S}} f\frac{a}{R}\frac{\Delta\sigma\beta}{\mu}t'\mathrm{e}^{-\omega t'}, \tag{4.196}$$

式中，$\mathscr{F}^{\mathrm{S}}$ 是横波远场位移的辐射图型因子，

$$t'=t-\frac{R}{\beta}, \tag{4.197}$$

因子 fa/R 表示几何扩散效应．由式(4.196)可得，当 $t'=0$ 时，远场速度

$$\dot{u}\left(\boldsymbol{R},\frac{R}{\beta}\right)=\mathscr{F}^{\mathrm{S}} f\frac{a}{R}\frac{\Delta\sigma\beta}{\mu}. \tag{4.198}$$

由式(4.196)可得，远场位移的频谱

$$\hat{u}(\boldsymbol{R},\omega)=\mathscr{F}^{\mathrm{S}} f\frac{a}{R}\frac{\Delta\sigma\beta}{\mu}\frac{1}{\omega^2+\omega_c^2}. \tag{4.199}$$

当一剪切应力 $\Delta\sigma$ 突然施加于一半径为 a 的球形空腔的内壁时，它所引起的切向位移 u_ϕ 为(Jeffreys, 1931; Bullen, 1953; Bullen and Bolt, 1985)：

$$u_\phi=\frac{2\Delta\sigma a^2}{\sqrt{3}\mu R}\sin\left(\frac{\sqrt{3}\beta t'}{2a}\right)\mathrm{e}^{-\frac{3\beta t'}{2a}}. \tag{4.200}$$

对上式中的正弦函数泰勒展开，可以求得 u_ϕ 的初动近似表示式：

$$u_\phi\approx\frac{\Delta\sigma\beta}{\mu}\frac{a}{R}t'\mathrm{e}^{-\frac{3\beta t'}{2a}}. \tag{4.201}$$

在形式上，上式与式(4.196)是一样的．

对比圆盘形断层面的远场位移表示式(4.196)与剪切应力突然释放的球形空腔所引起的远场位移近似表示式(4.201)，可以确定系数 f 与参量 ω_c．

为了确定 f 与 ω_c，我们运用两个条件．第一个条件是，在高频极限，当震源距很大时，能流密度守恒．第二个条件是，该远场位移频谱的零频极限应与剪切位错源引起的

远场位移谱的零频极限相等.

当应力$\Delta\sigma$作用于面积为 A 的断层面时，通过断层面向外流出的能量的谱密度为$2A(\Delta\sigma/\mathrm{i}\omega)(\Delta\sigma\beta/\mathrm{i}\omega\mu)$. 在高频极限，当震源距 R 很大时，这个能量的谱密度应当等于从半径为 R 的球面流出的地震波能量的谱密度 $4\pi R^2\rho(\mathrm{i}\omega)^2\left\langle\hat{u}^2\right\rangle\beta$，所以

$$S\cdot 2A\Delta\sigma\left(-\frac{\Delta\sigma\beta}{\omega^2\mu}\right)=4\pi R^2\rho\left\langle\hat{u}^2\right\rangle(-\omega^2)\beta\,, \tag{4.202}$$

式中，量 S 是考虑到从震源发出的地震波能量中有一部分转换为纵波而引进的校正因子，$\left\langle\hat{u}^2\right\rangle$ 是在球面上作平均的横波的均方谱密度. 因此，横波的均方根谱密度

$$\left\langle\hat{u}^2\right\rangle^{1/2}=\sqrt{\frac{S}{2}}\frac{a}{R}\frac{\Delta\sigma\beta}{\mu\omega^2}\,. \tag{4.203}$$

因为横波的辐射图型因子$\mathscr{F}^{\mathrm{S}}$在震源球球面上的均方根为$\sqrt{0.4}$ (Wu, 1966)：

$$\left\langle(\mathscr{F}^{\mathrm{S}})^2\right\rangle^{1/2}=\sqrt{0.4}\,, \tag{4.204}$$

所以式(4.163)中的

$$\left\langle\hat{u}^2\right\rangle^{1/2}=\sqrt{0.4}\hat{u}_{\max}\,, \tag{4.205}$$

式中，$\hat{u}_{\max}$ 是 $\hat{u}$ 在震源球球面上的最大值. 所以，由式(4.199)可以得出在高频极限

$$\left\langle\hat{u}^2\right\rangle^{1/2}=\sqrt{0.4}f\frac{a}{R}\frac{\Delta\sigma\beta}{\mu\omega^2}\,. \tag{4.206}$$

对比式(4.203)与式(4.205)，可以求得

$$f=\sqrt{\frac{S}{0.8}}\,. \tag{4.207}$$

在零频极限，即当$\omega\to 0$时，

$$\hat{u}(\boldsymbol{R},0)=\mathscr{F}\frac{M_0}{4\pi\rho\beta^3R}\,, \tag{4.208}$$

式中，M_0 是地震矩. 由式(4.195)得到的零频极限与上式可得

$$f=\frac{M_0\omega_c^2}{4\pi a\Delta\sigma\beta^2}\,. \tag{4.209}$$

对于泊松体($\lambda=\mu$)中的圆盘形位错面，地震矩

$$M_0=\mu DA\,, \tag{4.210}$$

式中，A 是断层面面积，

$$A=\pi a^2\,, \tag{4.211}$$

D 是平均位错，它与最大位错 D_m 有如下关系(Keylis-Borok, 1959)：

$$D=\frac{2}{3}D_m=\frac{\Delta\sigma a}{\mu}\frac{16}{7\pi}\,. \tag{4.212}$$

在布龙的论文(Brune, 1970)中，上式中的系数 2/3 误用为 3/4，后已改正(Brune, 1971). 这

一改正使得以下叙述的许多相应的结果与布龙最初的结果(Brune, 1970)在具体数值上略有不同.

将式(4.211)与(4.212)两式代入式(4.209)，得

$$M_0 = \frac{16}{7}\Delta\sigma a^3, \tag{4.213}$$

从而系数

$$f = \frac{4}{7\pi}\left(\frac{a\omega_c}{\beta}\right)^2, \tag{4.214}$$

也就是

$$\frac{\omega_c a}{\beta} = \left(\frac{S}{0.8}\right)^{1/4}\left(\frac{7\pi}{4}\right)^{1/2}. \tag{4.215}$$

若 S=0.9, ω_c=2.41β/a, f=1.06; 若 S=0.8, ω_c=2.34β/a, f=1.00. 可见，ω_c 与 f 对 S 的上述变化并不是很敏感，因此作为一种近似，可取

$$f = 1, \tag{4.216}$$

从而拐角圆频率

$$\omega_c = \frac{\sqrt{7\pi}}{2}\cdot\frac{\beta}{a} = \frac{2.34\beta}{a}. \tag{4.217}$$

现在把上述结果代回式(4.207)与式(4.199)，便得到应力降为$\Delta\sigma$时圆盘形断层面所引起的横波远场位移 $u(\boldsymbol{R}, t)$ 与远场位移谱 $\hat{u}(\boldsymbol{R}, \omega)$ 的近似表示式(Brune, 1970, 1971)：

$$u(\boldsymbol{R}, t) = \mathscr{F}^{\mathrm{S}}\cdot\frac{a}{R}\cdot\frac{\Delta\sigma\beta}{\mu}t'\mathrm{e}^{-\omega_c t'}, \tag{4.218}$$

$$\hat{u}(\boldsymbol{R}, \omega) = \mathscr{F}^{\mathrm{S}}\cdot\frac{a}{R}\cdot\frac{\Delta\sigma\beta}{\mu}\cdot\frac{1}{\omega^2+\omega_c^2}\cdot\mathrm{e}^{-\mathrm{i}2\tan^{-1}(\omega/\omega_c)}. \tag{4.219}$$

不难验证：

$$\frac{a}{R}\cdot\frac{\Delta\sigma\beta}{\mu\omega_c^2} = \frac{M_0}{4\pi\rho\beta^3 R}, \tag{4.220}$$

因此，

$$\hat{u}(\boldsymbol{R}, \omega) = \mathscr{F}^{\mathrm{S}}\frac{M_0}{4\pi\rho\beta^3 R}\cdot\frac{1}{1+(\omega/\omega_c)^2}\cdot\mathrm{e}^{-\mathrm{i}2\tan^{-1}(\omega/\omega_c)}. \tag{4.221}$$

图 4.27 中的虚线表示了应力降为$\Delta\sigma$的圆盘形位错面引起的横波的远场位移. 作为比较，图中以实线表示了作用于半径为 a 的球形空腔壁上的剪切应力为$\Delta\sigma$时该球形空腔震源所引起的横波远场位移(Jeffreys, 1931; Bullen, 1953; Bullen and Bolt, 1985). 由图可见，由布龙模式给出的横波远场位移的震源时间函数的持续时间比杰弗里斯球形空腔模式的短，曲线下的面积也较小. 这表明，布龙模式给出的断层错动的时间较短，地震矩也较小.

图 4.28 给出了布龙模式的远场横波位移振幅谱的均方根曲线. 由图可见，当$\omega\to 0$时，该振幅谱是平的，即与ω^0 成正比；当$\omega\to\infty$时，该振幅谱与ω^{-2} 成反比，高频趋势与

低频趋势的交点(拐角)的圆频率ω_c由式(4.216)表示.

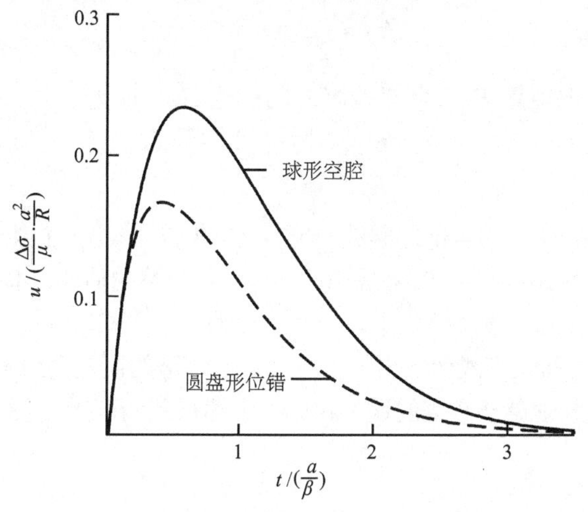

图 4.27　理论计算的圆盘形应力脉冲模式的远场位移脉冲的形状(虚线)与杰弗里斯球形空腔模式所引起的横波远场位移(实线)的比较

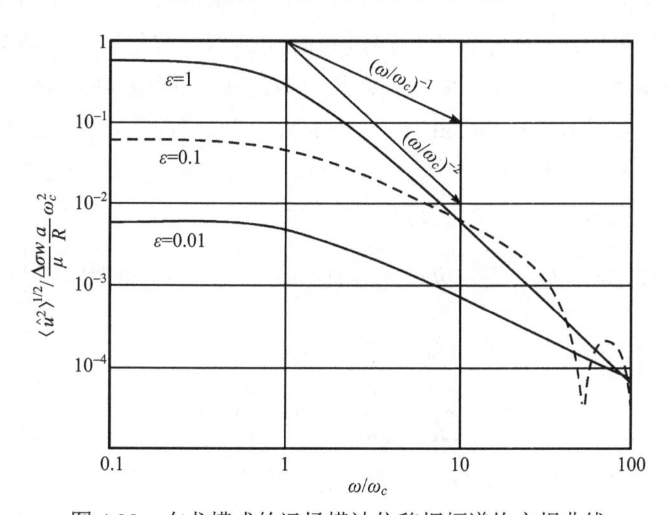

图 4.28　布龙模式的远场横波位移振幅谱均方根曲线

3. 震源辐射的横波的全部能量

从半径为R的球面流出的地震横波的全部能量E_β为

$$
\begin{aligned}
E_\beta &= \int 4\pi R^2 \rho \hat{u}^2 \omega^2 \beta \mathrm{d}\left(\frac{\omega}{2\pi}\right) \\
&= 2\int_{-\infty}^{\infty} 4\pi R^2 \rho \left(\left\langle (\mathscr{F}^{\mathrm{S}})^2 \right\rangle^{1/2} f \frac{a}{R} \frac{\Delta\sigma\beta}{\mu} \frac{1}{\omega^2+\omega_c^2} \right) \omega^2 \beta \mathrm{d}\left(\frac{\omega}{2\pi}\right) \\
&= \frac{0.4\Delta\sigma^2 \beta\pi a^2 f^2}{\mu\omega_c}.
\end{aligned} \tag{4.222}
$$

如果不考虑破裂能，并且假定震后应力$\sigma_1=\sigma_f$，则全部地震波的能量

$$E_S=\frac{1}{2}\Delta\sigma AD\,, \tag{4.223}$$

从而震源辐射的横波的能量E_β与全部地震波的能量E_S之比为

$$\frac{E_\beta}{E_S}=\frac{\sqrt{7\pi}}{10}f^2\,. \tag{4.224}$$

当$f=1$时，横波的能量E_β约占全部地震波的能量E_S的47%．纵波的能量的数值要小于横波的能量．布龙(Brune, 1970, 1971, 1976)提出，作为一种粗略的估计，不妨以横波能量作为纵波能量上限的估计．因此，布龙模式作为一个近似的震源模式，计及了上限大约为94%的地震波能量．换言之，布龙模式所给出的地震横波震源谱的误差大约是10%．布龙曾指出，与当时(1970年代)测量地震波频谱的误差相比，上述误差尚可接受(Brune, 1970)．

4. 黏滑与分数应力降

在许多地震中，有效应力似乎是全部有效应力的一个分数．类似的效应在实验室内也曾观测到过，通常称为黏滑(参阅第二章第二节)．黏滑效应可以用下述简单模式加以描述，即假设剪切应力由σ^0降至σ_f之后经过短时间t_d后，突然有一相反方向的剪切应力$(1-\varepsilon)\Delta\sigma$作用于断层面上．这样一来，应力降只有$\varepsilon\Delta\sigma$，即应力降是100%应力降$\Delta\sigma$的一个分数$\varepsilon$，称为分数应力降(fractional stress drop)．在此情况下，频谱的低频部分即长周期部分只是100%应力降情形的一个分数$\varepsilon(\varepsilon<1)$，而高频部分却不受太大影响．在这种情形下，式(4.218)右边的因子$(\Delta\sigma\beta/\mu)\,t'\,\mathrm{e}^{-\omega_c t'}$应改为

$$u(\boldsymbol{R},t)=\mathscr{F}f\frac{a}{R}\left\{\frac{\Delta\sigma}{\mu}\beta t'\mathrm{e}^{-\omega_c t'}-(1-\varepsilon)\frac{\Delta\sigma}{\mu}\beta(t'-t_\mathrm{d})\mathrm{e}^{-\omega_c(t'-t_d)}\right\}, \tag{4.225}$$

t_d可以用ε乘以平均位错除以质点运动速度的2倍予以估计：

$$t_d=\frac{\varepsilon D}{2\dot{u}}=\frac{6}{\sqrt{7\pi}}\frac{\varepsilon}{\omega_c}=1.28\frac{\varepsilon}{\omega_c}\,. \tag{4.226}$$

t_d的变化会引起高频时发生干涉的谱的节点的具体位置发生变化，但不会显著地改变振幅谱的平均值．对式(4.225)作傅里叶变换，即可得在发生分数应力降时的振幅谱．分数应力降情况下的振幅谱是100%应力降时的振幅谱与函数$F(\varepsilon)$的乘积，而函数$F(\varepsilon)$为

$$F(\varepsilon)=\left|1-(1-\varepsilon)\mathrm{e}^{-\mathrm{i}\omega t_d}\right|, \tag{4.227}$$

$$=[\varepsilon^2+2(1-\varepsilon)(1-\cos\omega t_d)]^{1/2}, \tag{4.228}$$

$$=\left\{\varepsilon^2+2(1-\varepsilon)\left[1-\cos\left(1.28\varepsilon\omega/\omega_c\right)\right]\right\}^{1/2}. \tag{4.229}$$

当$\omega\to0$时，$F(\varepsilon)\to\varepsilon$；当$\omega$很大时，$F(\varepsilon)$在$\varepsilon$与$2-\varepsilon$之间振荡，$\varepsilon\leqslant F(\varepsilon)\leqslant2-\varepsilon$，其包络线与均方根曲线分别为

$$F(\varepsilon)=2-\varepsilon\,, \tag{4.230}$$

$$\left\langle F(\varepsilon)^2\right\rangle^{1/2}=\sqrt{\varepsilon^2+2(1-\varepsilon)}\,. \tag{4.231}$$

这说明，分数应力降使得振幅谱的零频极限为 100%应力降的一个分数ε, 而高频趋势则为 100%应力降时的 $2-\varepsilon$. 地震位错实际上可能并不如上述假设那样突然停止，而是可能逐渐减速. 如果是这样的话，高频谱将减小. 不过，如果ε很小，t_d将很小[参见式(4.226)]，因此位错必定很突然地停止[参见式(4.225)].

5. 复杂的破裂扩展效应

实际地震破裂过程是一种复杂的破裂过程，因此，在布龙模式所讨论的问题中，实际上有效应力并不是同时施加于位错面上，而是一般而言是以很复杂的方式施加于位错面上的. 其结果将是在远场产生复杂的干涉图型. 如前已述，如果破裂过程是一种光滑的破裂扩展过程，即有限移动源(Ben-Menahem, 1961)，那么在频率域，破裂扩展效应可以用有限性因子［参见式(4.46)］$\exp(-iX)X^{-1}\sin X$表示，式中X由与式(4.48)类似的公式表示：

$$X=\frac{\omega L}{2}\left(\frac{1}{v}-\frac{\cos\psi}{c}\right),\qquad c=\alpha,\beta, \tag{4.232}$$

L 是断层长度，c 是波传播的速度，v 是破裂扩展速度，ψ是破裂扩展方向与观测方向之间的夹角. 如已指出，光滑的破裂扩展效应导致在破裂扩展方向前方高频能量强烈地聚焦，但辐射的总能量不变，与同时破裂的震源一样. 所以，如果我们求平均，即在整个震源球球面对辐射图型求均方根谱密度，结果将与同时破裂的震源一样. 当然在任一特定方向上，频谱可能与同时破裂的震源不一样. 因此，在运用布龙模式时，应对辐射图型与破裂扩展效应作相应的改正.

6. 平均横波远场位移振幅谱

综上所述，横波远场位移振幅谱的均方根为

$$\left\langle \hat{u}(\boldsymbol{R},\omega)^2\right\rangle^{1/2}=\langle(\mathscr{F}^{\mathrm{S}})^2\rangle^{1/2}\frac{\Delta\sigma\beta}{\mu}\frac{a}{R}F(\varepsilon)\frac{1}{\omega^2+\omega_c^2}, \tag{4.233}$$

式中，$\langle(\mathscr{F}^{\mathrm{S}})^2\rangle^{1/2}$是横波辐射图型的均方根(Wu, 1966)[参见式(4.204)]：

$$\langle(\mathscr{F}^{\mathrm{S}})^2\rangle^{1/2}=\sqrt{0.4}\ . \tag{4.234}$$

图 4.28 表示当分数应力降ε取不同数值时横波远场位移谱的均方根曲线. 可以看出，当ω很小时，破裂传播效应可以忽略，$F(\varepsilon)\to\varepsilon$, $(\omega^2+\omega_c^2)^{-1}\to\omega_c^{-2}$，因此，当$\omega\to 0$ 时，

$$\left\langle \hat{u}(\boldsymbol{R},0)^2\right\rangle^{1/2}\to\langle(\mathscr{F}^{\mathrm{S}})^2\rangle^{1/2}\frac{\Delta\sigma\beta}{\mu}\frac{a}{R}\frac{\varepsilon}{\omega_c^2}; \tag{4.235}$$

或者，运用式(4.213)与式(4.218)可得

$$\left\langle \hat{u}(\boldsymbol{R},0)^2\right\rangle^{1/2}\to\langle(\mathscr{F}^{\mathrm{S}})^2\rangle^{1/2}\frac{\varepsilon M_0}{4\pi\rho\beta^3 R}. \tag{4.236}$$

这就是说，当分数应力降为ε时，横波远场位移谱的零频极限为 100%应力降乘ε[式(4.208)]，即有效地震矩为εM_0.

当ω很大时，$F(\varepsilon)$在ε与 $2-\varepsilon$之间振荡，而$(\omega^2+\omega_c^2)^{-1}\to\omega^{-2}$. 因此，当$\omega\to\infty$，横波远场位移谱的均方根为：

$$\left\langle \hat{u}(\boldsymbol{R},\omega)^2 \right\rangle^{1/2} \to \left\langle \mathscr{F}^2 \right\rangle^{1/2} \frac{\Delta\sigma\beta}{\mu}\frac{a}{R}[\varepsilon^2+2(1-\varepsilon)]^{1/2}\omega_c^{-2}\left(\frac{\omega}{\omega_c}\right)^{-2} . \tag{4.237}$$

也就是，当ω/ω_c>>1 时，均方根谱按$(\omega/\omega_c)^{-2}$的幂次减小，与安芸敬一(Aki, 1967)的ω^2模式一致．当ε=1 时，随着ω的增加，均方根谱在$\omega/\omega_c\approx1$ 处开始下降，大致与$(\omega/\omega_c)^{-1}$成正比；在过了$\omega/\omega_c\approx1$ 后开始与$(\omega/\omega_c)^{-2}$成正比．对于分数应力降情形，由于$F(\varepsilon)$函数的性质，分数应力降使得振幅谱在过了$\varepsilon\omega/\omega_c\approx1$ 后才开始与$(\omega/\omega_c)^{-2}$成正比．因此，当ε=0.1 时，振幅谱在$\omega/\omega_c\approx$1—10 时与$(\omega/\omega_c)^{-1}$成正比，在过了$\omega/\omega_c\approx10$ 后才开始与$(\omega/\omega_c)^{-2}$成正比；当ε=0.01 时，振幅谱在$\omega/\omega_c\approx$1—100 时与$(\omega/\omega_c)^{-1}$成正比，在过了$\omega/\omega_c\approx100$ 后才开始与$(\omega/\omega_c)^{-2}$成正比．因此，粗略地说，安芸敬一的ω^2模式相应于布龙模式的ε较大的情形；与ω^{-1}成正比的模式则相应于ε较小的情形．特别需要强调的是，在任一特定方向，因为破裂扩展效应观测到的横波振幅谱与式(4.199)不尽相同．为了与式(4.199)进行比较，或者说，为了正确地运用式(4.199)于震源参量的实际测定工作，必须计及破裂扩展效应或在已知破裂扩展方向后作相应的校正．就任一特定的观测方向而言，拐角频率以及振幅谱随频率变化的曲线的斜率都是随方位而变化的．

第四节　近场地震破裂运动学

(一)均匀、各向同性与完全弹性无限介质中有限位错源近场地震图的合成

以上研究了远场地震破裂运动学问题．由远场观测到的波形研究发生于震源处的破裂过程所依据的基本原理是远场波形与断层面上的滑动函数之间存在一个简单的关系，即远场波形是断层面上各点的滑动函数随时间的变化率的贡献的叠加．但是，我们也看到，单由远场观测资料来研究震源有两个重大的缺点．其一，如式(4.21)所示，远场体波只携带断层面上的滑动函数的随时间变化率(滑动速度)的时空谱中$|k|<\omega/c$ 的信息，式中，k是空间波数，ω是频率，c是波传播速度，无法单由远场观测得到的信息完全复原滑动速度$\Delta\dot{u}(\boldsymbol{r}', t)$．为完全确定断层面上滑动的时空分布，还需要近震源的观测得到的信息．其二，地震波在由震源发出、到达远处的台站被记录下来时，中间经过了相当长的传播途径．在波传播过程中，经历了衰减、散射、扩散、聚焦、各种路径相互干涉，以及其他复杂的传播路径效应．减小路径效应的方法之一就是在距震源尽量短的距离上进行观测．这从另一个角度再一次强调近场观测资料对于更为全面地研究震源机制的必要性．

最理想的做法应当是在断层面上有直接测量各个点的滑动函数$\Delta u(\boldsymbol{r}', t)$．但是，直接测量$\Delta u(\boldsymbol{r}', t)$实际上是不可能的．既然如此，我们就必须知道非常接近震源、但还有一段距离的地震动与断层面上滑动量的关系．这个关系相当复杂，因为近震源的地震是各断层面上每个小面积元发出的近场、中场和远场 P 波和 S 波叠加而成．这些项不能单独由记录图上隔离出来，因此，必须计算全部地震图以便能与观测作对比．这种计算对于预测建筑物、结构物所在场地由于近处的断层面上的破裂运动已预先给定的地震断层产生的地震动等地震效应是十分有用的．

在均匀、各向同性和完全弹性的无限介质中，有限大小的剪切位错源产生的近场地

震动可以通过对式(3.312)积分求得．将式(3.312)中的面积 A 改为面积元 $\mathrm{d}\Sigma'$，将平均位错 $\Delta\bar{u}(t)$ 改为 $\Delta u(\boldsymbol{r}', t)$，即得

$$
\begin{aligned}
u_i(\boldsymbol{r},t) = \iint\limits_{\Sigma} \mu \Bigg[& \frac{(30\gamma_i\gamma_j\gamma_k\nu_k - 6\gamma_i\nu_j - 6\delta_{ij}\gamma_k\nu_k)e_j}{4\pi\rho R^4} \int_{R/\alpha}^{R/\beta} \Delta u(\boldsymbol{r}', t-\tau)\tau \mathrm{d}\tau \\
& + \frac{(12\gamma_i\gamma_j\gamma_k\nu_k - 2\gamma_j\nu_i - 2\delta_{ij}\gamma_k\nu_k)e_j}{4\pi\rho\alpha^2R^2} \Delta u\left(\boldsymbol{r}', t-\frac{R}{\alpha}\right) \\
& - \frac{(12\gamma_i\gamma_j\gamma_k\nu_k - 3\gamma_j\nu_i - 3\delta_{ij}\gamma_k\nu_k)e_j}{4\pi\rho\beta^2R^2} \Delta u\left(\boldsymbol{r}', t-\frac{R}{\beta}\right) \\
& + \frac{2\gamma_i\gamma_j\gamma_k\nu_k e_j}{4\pi\rho\alpha^3 R} \Delta\dot{u}\left(\boldsymbol{r}', t-\frac{R}{\alpha}\right) \\
& - \frac{(2\gamma_i\gamma_j\gamma_k\nu_k - \gamma_j\nu_i - \delta_{ij}\gamma_k\nu_k)e_j}{4\pi\rho\beta^2 R} \Delta\dot{u}\left(\boldsymbol{r}', t-\frac{R}{\beta}\right)\Bigg] \mathrm{d}\Sigma',
\end{aligned} \tag{4.238}
$$

式中，$\Delta\boldsymbol{u}=\Delta u\boldsymbol{e}$，$R=|\boldsymbol{R}|$，$\boldsymbol{R}=R\boldsymbol{e}_R$；$\boldsymbol{R}=\boldsymbol{r}-\boldsymbol{r}'$，$\boldsymbol{e}_R=\boldsymbol{R}/R$，$\boldsymbol{\nu}=\nu_i\boldsymbol{e}_i$，$\boldsymbol{e}_R=\gamma_i\boldsymbol{e}_i$，$\boldsymbol{e}=e_i\boldsymbol{e}_i$.

今令

$$
F(\boldsymbol{r}', t) = \int_0^t \mathrm{d}t' \int_0^{t'} \Delta u(\boldsymbol{r}', t'')\mathrm{d}t'', \tag{4.239}
$$

则

$$
\begin{aligned}
\int_{R/\alpha}^{R/\beta} \Delta u(\boldsymbol{r}', t-\tau)\tau\mathrm{d}\tau &= \int_{R/\alpha}^{R/\beta} \ddot{F}(\boldsymbol{r}', t-\tau)\tau\mathrm{d}\tau \\
&= F\left(\boldsymbol{r}', t-\frac{R}{\alpha}\right) - F\left(\boldsymbol{r}', t-\frac{R}{\beta}\right) + \frac{R}{\alpha}\dot{F}\left(\boldsymbol{r}', t-\frac{R}{\alpha}\right) - \frac{R}{\beta}\dot{F}\left(\boldsymbol{r}', t-\frac{R}{\beta}\right).
\end{aligned} \tag{4.240}
$$

将上式代入式(4.238)即得

$$
\begin{aligned}
u_i(\boldsymbol{r},t) = \iint\limits_{\Sigma} \mu \Bigg\{ & \left[\frac{(30\gamma_i\gamma_j\gamma_k\nu_k - 6\gamma_i\nu_j - 6\delta_{ij}\gamma_k\nu_k)e_j}{4\pi\rho R^4}\right] \Bigg[F\left(\boldsymbol{r}', t-\frac{R}{\alpha}\right) \\
& - F\left(\boldsymbol{r}', t-\frac{R}{\beta}\right) + \frac{R}{\alpha}\dot{F}\left(\boldsymbol{r}', t-\frac{R}{\alpha}\right) - \frac{R}{\beta}\dot{F}\left(\boldsymbol{r}', t-\frac{R}{\beta}\right)\Bigg] \\
& + \left[\frac{(12\gamma_i\gamma_j\gamma_k\nu_k - 2\gamma_j\nu_i - 2\delta_{ij}\gamma_k\nu_k)e_j}{4\pi\rho\alpha^2R^2}\right] \Delta u\left(\boldsymbol{r}', t-\frac{R}{\alpha}\right) \\
& - \left[\frac{(12\gamma_i\gamma_j\gamma_k\nu_k - 3\gamma_j\nu_i - 3\delta_{ij}\gamma_k\nu_k)e_j}{4\pi\rho\beta^2R^2}\right] \Delta u\left(\boldsymbol{r}', t-\frac{R}{\beta}\right) \\
& + \frac{2\gamma_i\gamma_j\gamma_k\nu_k e_j}{4\pi\rho\alpha^3 R} \Delta\dot{u}\left(\boldsymbol{r}', t-\frac{R}{\alpha}\right) \\
& - \frac{(2\gamma_i\gamma_j\gamma_k\nu_k - \gamma_j\nu_i - \delta_{ij}\gamma_k\nu_k)e_j}{4\pi\rho\beta^2 R} \Delta\dot{u}\left(\boldsymbol{r}', t-\frac{R}{\beta}\right)\Bigg\} \mathrm{d}\Sigma'.
\end{aligned} \tag{4.241}
$$

上式便是在均匀、各向同性和完全弹性的无限介质中，剪切位错源产生的地震波位

移表示式，式中每一项都是对断层面上位错量作为位置函数的积分，对于近场项，中场项及远场项，其产生的位移分别与$\Delta u(\boldsymbol{r}', t)$的一次和二次积分$F(\boldsymbol{r}', t)$和$\dot{F}(\boldsymbol{r}', t)$，$\Delta u(\boldsymbol{r}', t)$及$\Delta\dot{u}(\boldsymbol{r}', t)$成正比，延迟时间分别为$R/\alpha$与$R/\beta$，分别代表了P波与S波．在几何扩散方面，近场P波与S波的几何扩散因子是R^{-4}，中场P波与S波为R^{-2}，而远场P波与S波则为R^{-1}．每一项产生的波形都很容易由已知的滑动函数$\Delta u(\boldsymbol{r}', t)$计算．困难之处在于：很难由上述表示式对距离震源很近的地点的总位移的特征给出一般的表述．因为在这么短的震源距离上，上式所列的各项所产生的波几乎同时到达观测点，常常彼此抵消掉，所有这些项对某一观测点位移的贡献的总和的特征十分难于由分别对每个项各自的特征的分析综合分析得出．特别是，对于很接近于断层的地点的地震动的特征很难通过对每一项引起的地震动的特征的综合分析得出，因为当$R\to 0$时，上式中的每一项都趋于无限大，虽然从物理上考虑，最终所有这些都趋于无限大的项的总和理应趋于有限大小的量．

1970年代中期以前，近场地震动的计算大多是通过对上式作数值积分求得．为了对上式作数值积分，我们将上式中的对Σ的积分化为对格点求和．这意味着我们将断层面划分为长度为$l\times$宽度为l的面积元，忽略在面积$l\times l$的范围内被积函数的差别，以小面积元$l\times l$的中心点的值表示$l\times l$范围内的相应的值．这也就是说，我们假定在格点长度l的区间内，被积函数是光滑的，在l长度的范围内被积函数的变化可以忽略不计．

考察式(4.241)的右边即可发现，为了用$l\times l$的面积元的贡献求和代替积分，式中的R^{-n}必须是光滑的函数，也即相邻两个格点$(R, R+l)$由l的变化引起的R^{-n}的相对变化可以忽略，即$\delta(R^{-n})=-nR^{-n-1}l$，相对变化为$(\delta R^{-n})/R^{-n}\sim nl/R$．因此，格点的长度$l$必须足够小，即$l<<R_{\min}/n$，式中$R_{\min}$是观测点$r$至断层面上的点$r'$的最短距离．

另一个必须满足光滑性条件的因子是滑动–时间函数$\Delta u(r', t-R/c)$．这就是，由$(R, R+l)$的变化$\Delta u(r', t-R/c)$的时间因子$(t-R/c)$中的R的变化引起的$\Delta u(\boldsymbol{r}', t-R/c)$的相对变化可以忽略不计．若假定$\Delta u(\boldsymbol{r}', t)$作为时间$t$的函数按$\mathrm{e}^{\mathrm{i}\omega t}=\mathrm{e}^{\mathrm{i}2\pi t/T}$的规律变化，那么相邻两格点$(R, R+l)$引起的$\Delta u(\boldsymbol{r}', t-R/c)$的相对变化为$\delta(\Delta u)/\Delta u\sim l/cT$．因此，当$l<<\lambda_{\min}$，$\lambda_{\min}=cT_{\min}$时，由于离散化引起的$\Delta u(\boldsymbol{r}', t-R/c)$的相对变化可以忽略不计．式中$T_{\min}$是包含在滑动函数中的最小周期，例如，如果滑动函数是以上升时间T_s所表示的斜波函数，$T_{\min}=T_s$，$\lambda_{\min}$是$T_{\min}$相应的波长．

综合以上分析可知，在均匀、各向同性和完全弹性的无限介质中，剪切位错源所产生的近场地震动波形可以用式(4.241)计算．如果以离散化的、面积为长$l\times$宽$l=l^2$的面积元贡献求和取代对断层面Σ的积分，那么l要取得足够小满足光滑性条件$l<<R_{\min}/n$以及$l<<\lambda_{\min}$．式中，l是相邻的面积元的中心点的间距，也即格点间距，$R_{\min}$是距离断层最近的观测点至断层的距离，$T_{\min}$是包含在滑动函数中的最小周期(例如上升时间)，$\lambda_{\min}$是$T_{\min}$相应的波长，n是位移表示式各项的几何扩散系数R^{-n}中的幂次(在这里分别是n=1, 2, 4)．若令$l=\varepsilon' R_{\min}$，$l=\varepsilon\lambda_{\min}$，式中$\varepsilon'$与$\varepsilon$是小的分数，那么，满足上述光滑性条件的$l$可以从图4.29a l–$R_{\min}$关系图中直线$l=\varepsilon' R_{\min}$小的区域$l\leqslant\varepsilon' R_{\min}$与平行于$R_{\min}$轴的直线$l=\varepsilon\lambda_{\min}$下的区域$l\leqslant\varepsilon\lambda_{\min}$的交集，即由图中所示的阴影区选择确定．

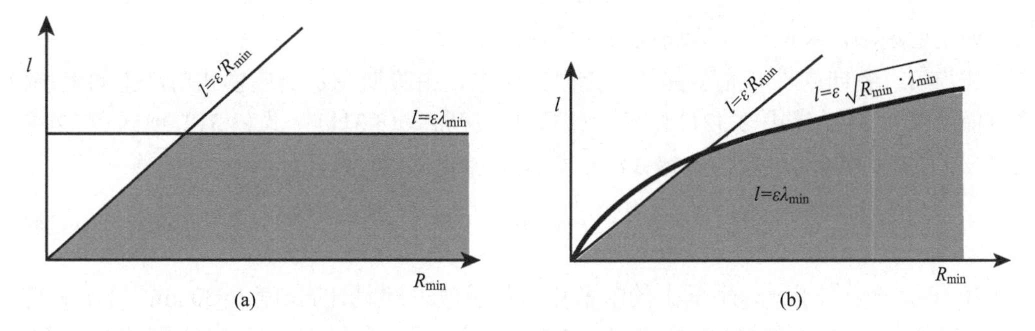

图 4.29　满足光滑性条件的格点间距可由图中阴影区(灰度区)选择确定

(a) $l<<R_{min}$，$l<<\lambda_{min}$；(b) $l<<R_{min}$，$l<<\sqrt{R_{min}\cdot\lambda_{min}}$

如果 R_{min} 比较大，我们可以适当放宽对 l 取值的限制．注意到在计算有限大小的平面断层辐射的远场地震波中(参见本章第一节)，在夫琅和费(Fraunhoffer)近似[式(4.16)]成立的条件[参见式(4.15)]下，

$$\frac{\lambda R}{2}>> L^2, \tag{4.242}$$

滑动函数变化率 $\Delta u(\boldsymbol{r}', t-R'/c)$ 的时间延迟因子 R'/c 中的 R' 可以近似为[参见式(4.16)]：

$$R'\approx R-(\boldsymbol{r}'\cdot\boldsymbol{e}_R). \tag{4.243}$$

我们可将第二个光滑性条件放宽为

$$l^2<<\frac{\lambda_{min}R_{min}}{2}, \tag{4.244}$$

而将 $\Delta u(\boldsymbol{r}', t-R'/c)$ 近似为

$$\Delta u\left(\boldsymbol{r}', t-\frac{R}{c}+\frac{(\boldsymbol{r}'\cdot\boldsymbol{e}_R)}{c}\right). \tag{4.245}$$

在 $(R,\ R+l)$ 格点间隔内 R^{-n} 是常量(或者说其相对变化在 $l<<R_{min}$ 时可予以忽略)，如果 $\Delta u\left(\boldsymbol{r}', t-R/c+(\boldsymbol{r}'\cdot\boldsymbol{e}_R)/c\right)$ 随时间变化的因子为 $\mathrm{e}^{\mathrm{i}\omega t}$，那么在一个格点间隔内，将变为 $\mathrm{e}^{\mathrm{i}\omega(t-R/c)}\mathrm{e}^{-\mathrm{i}X}X^{-1}\sin X$，式中，$X=\frac{\omega l}{2}\left(v^{-1}-c^{-1}\cos\psi\right)$ [参见式(4.48)]．

将上述已积分出来的项对所有格点的贡献求和，便得出满足式(4.244)所示光滑性条件的近震源地震动位移．

在 l–R_{min} 关系图中，满足光滑性条件的 $l=\varepsilon' R_{min}$ 直线下的区域($l\leqslant\varepsilon' R_{min}$)以及 $l=\varepsilon\sqrt{R_{min}\cdot\lambda_{min}}$ 曲线下的区域($l\leqslant\varepsilon\sqrt{R_{min}\cdot\lambda_{min}}$)的交集，即由图 4.29b 中所示的阴影区(灰度区)选择确定．对比图 4.29a 与图 4.29b，可以看出，当 R_{min} 很小时，光滑性条件由 $l=\varepsilon' R_{min}$ 决定；但当 R_{min} 较大时，l 由 $l=\varepsilon\sqrt{R_{min}\cdot\lambda_{min}}$ 决定，对 l 的限制有所放宽．

(二)哈斯克尔断层模式辐射的体波近场位移

以上分析了哈斯克尔断层模式辐射的体波远场位移及其频谱．如前已述，在近场，也就是在远场近似不成立的距离范围内，由单侧破裂哈斯克尔断层模式辐射的地震波不

仅应计及近场项，还应计及远场项与中场项．

在均匀、各向同性和完全弹性的无限介质中，由哈斯克尔断层模式所产生的近场位移可借助式(3.312)或式(3.321)计算．计算时，应将式(3.311)，式(3.312)或式(3.320)，式(3.321)中作为时间函数的位错$\overline{\Delta u}\ (t)$表示为[参见式(4.44)]

$$\Delta u(\boldsymbol{r}', t) = DR\left(t - \frac{x_1'}{v}\right). \tag{4.246}$$

图 4.30 表示一个位于x_1x_2平面上的哈斯克尔断层模式．断层的长度L=30 km，沿x_1方向；宽度W=10 km，沿x_2方向；破裂速度v=2.3 km/s；上升时间T_s=3.0 s；最终位错D=2.5 m；滑动矢量沿x_1方向；破裂扩展方式为单侧破裂扩展方式；P 波速度α=6.0 km/s, S 波速度β= 3.5 km/s．作为举例，图 4.31 与图 4.32 分别表示位于震中距R=100 km, ϕ=0°, θ=60°即破裂扩展方向前方的A点与R=100 km, ϕ=180°, θ=60°即破裂扩展方向后方的B点的理论位移波形的u_1分量．在这两幅图中，a 图是总的位移，b 图表示近场项的位移波形，c 图与 d 图分别表示中场项的 P 波与 S 波位移的波形，e 图和 f 图分别表示远场项的 P 波与 S 波位移的波形. 近场项(b)，中场 P 波(c)，中场 S 波(d)，远场 P 波(e)，远场 S 波(f)五项的总和，也就是总的位移(a)．由图可见，位于破裂扩展方向前方的观测点，由于破裂扩展效应，理论位移波形各项(图 4.31a—f)的周期或持续时间缩短，振幅或幅度增大；而位于破裂扩展方向后方的观测点，位移理论波形各项(图 4.32a—f)的周期或持续时间变长，振幅或幅度减小．结果，在A点的位移在大约 23 s 时就达到最终状态(图 4.31a)，而在B点的位移则在大约 35 s 时才达到最终状态(图 4.32a)．

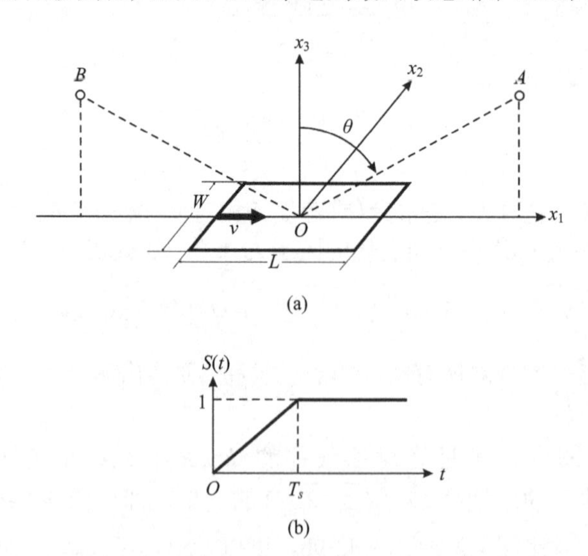

图 4.30　用以计算哈斯克尔断层模式辐射的体波近场位移的示意图

(a)哈斯克尔断层模式；(b)震源时间函数

在图 4.31 与图 4.32 所示的例子中，没有考虑地表面的影响．实际上，当体波在地球内部传播入射到地表面时要发生反射，地面运动的振幅是入射波与反射波引起的运动的叠加．在垂直入射的情形下，反射波的振幅与入射波的振幅相等，因而总的地面运动是无限介质情形的2倍．为了计及地表面的效应，有必要计算分析半无限介质中的理论波形．

在垂直于破裂扩展方向的方向上，靠近地震断层的位移是脉冲型的，振幅是滑动量的分数，持续时间接近上升时间．在1966年6月28日帕克菲尔德(Parkfield)地震中观测到了这种脉冲型的近场位移.图4.33a是在垂直于圣安德烈斯断层方向上、距断层80 m的强地面运动地震仪记录到的脉冲型加速度以及经积分后得到的速度和位移．这个脉冲型的位移可以用一个右旋走滑断层沿断层方向以2.2 km/s的破裂速度扩展予以解释(Aki, 1968)．理论位移波形表明(图4.33b)，这次地震破裂的上升时间为0.4～0.9s，平均大约为0.7s，滑动量大约为60～00cm.

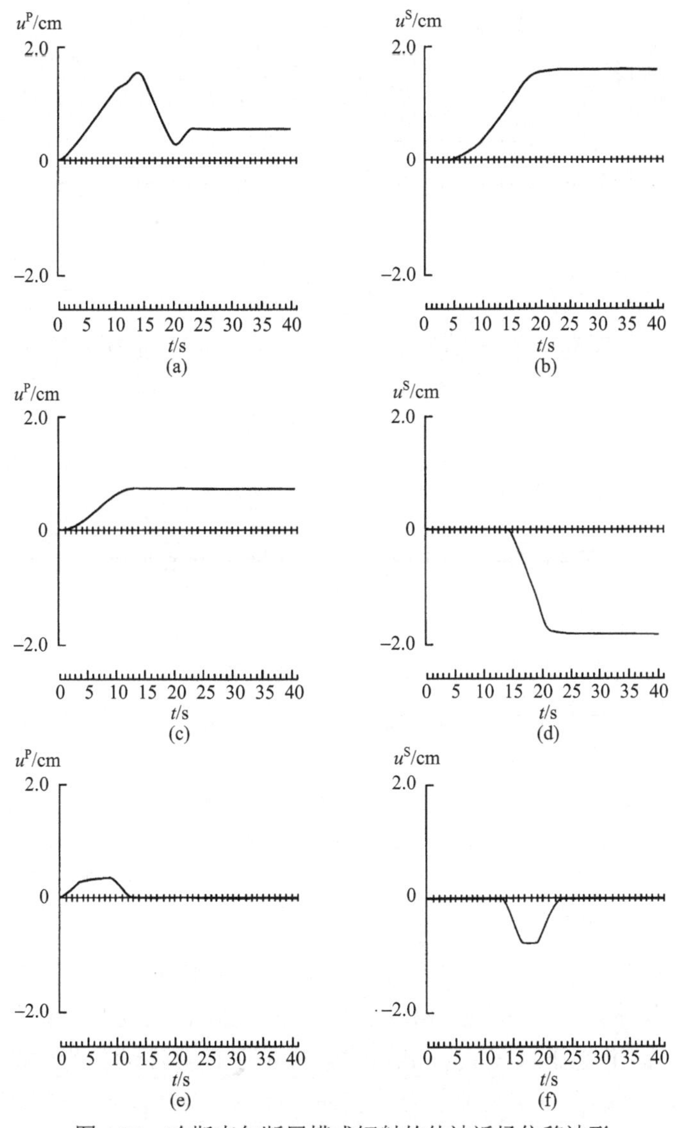

图4.31 哈斯克尔断层模式辐射的体波近场位移波形

观测点A的理论位移波形：(a)A点的理论位移波形由(b)～(f)叠加而成；(b)由近场项计算得到的A点的位移波形；(c)由中场P波项计算得到的A点的位移波形；(d)由中场S波项计算得到的A点的位移波形；(e)由远场P波项计算得到的A点的位移波形；(f)由远场S波项计算得到的A点的位移波形

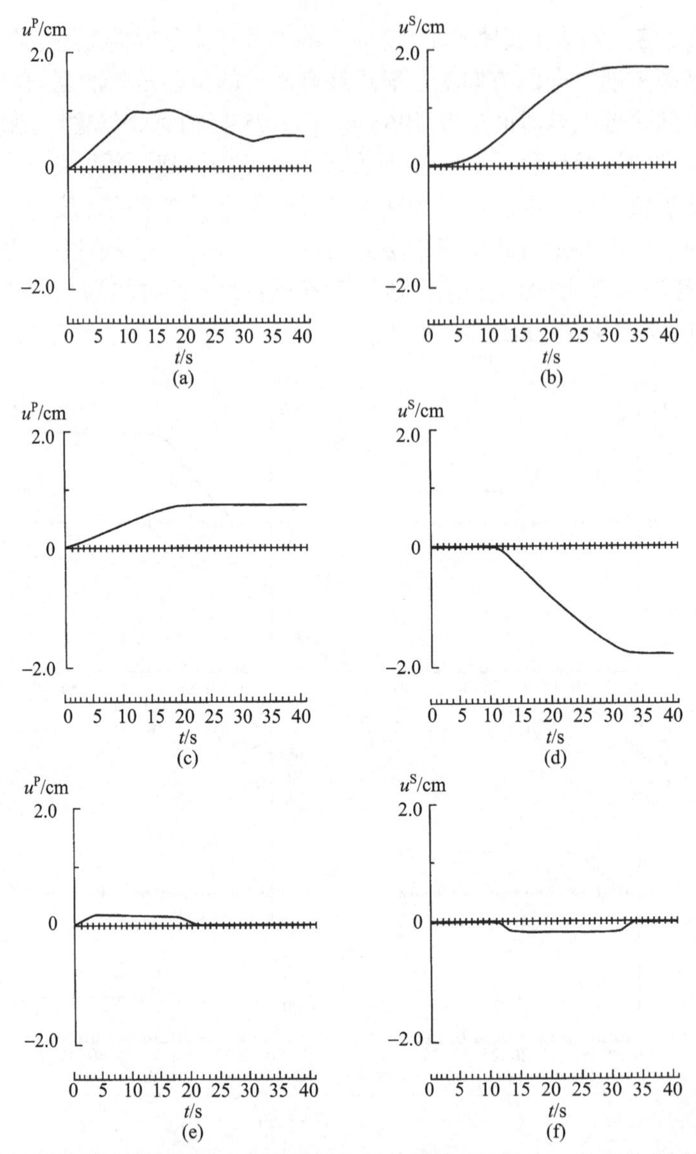

图 4.32 哈斯克尔断层模式辐射的体波近场位移波形观测点 B 的理论位移波形.
说明参见图 4.31a 至图 4.31f

(三) 卡尼亚尔–德 · 胡普方法

在以下近场地震动特征的分析中，需要计算距震源很近、甚至是零距离的地点的地震动. 在此情形下，卡尼亚尔(Cagniard)–德·胡普(De Hoop)方法是一种有效的计算方法.

1939 年，法国卡尼亚尔(Cagniard, 1939)提出了计算波动方程解的有效方法(Dix, 1954; Cagniard, 1962). 尽管卡尼亚尔方法有许多优点，但涉及多次回路积分的变换，计算步骤繁复. 针对这一缺点，荷兰德·胡普做了重大改进(De Hoop, 1960). 改进后的卡尼亚尔方法现在称为卡尼亚尔–德·胡普方法(Cagniard–De Hoop method). 以下依次以二维及三维波动方程为例，概要介绍卡尼亚尔–德·胡普方法.

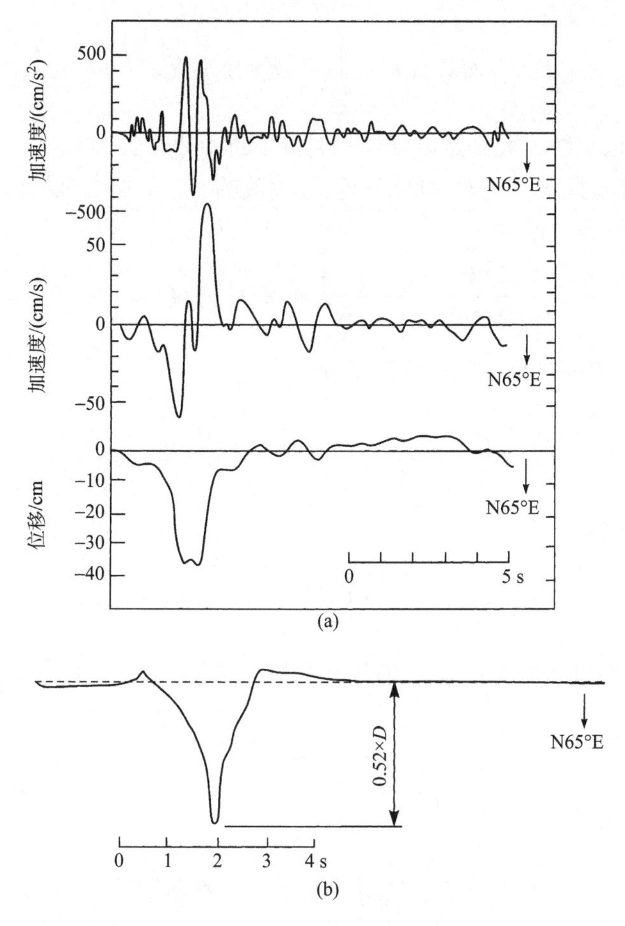

图 4.33　在 1966 年 6 月 28 日帕克菲尔德 M6.4 地震时在与断层线垂直的方向上距圣安德烈斯断层 80 m 的地点上的波形

(a) 观测波形；(b) 理论位移波形．D 是最终位错

1. 二维问题

考虑脉冲线源产生的标量波．若设在 x=0，y=0 处有一个二维线源存在，那么二维波函数 $\phi(x, y, t)$ 满足下列二维标量波动方程：

$$\frac{\partial^2\phi}{\partial x^2}+\frac{\partial^2\phi}{\partial y^2}-\frac{1}{c^2}\frac{\partial^2\phi}{\partial t^2}=-\delta(x,y)f(t)\,, \tag{4.247}$$

式中，$\delta(x, y)$ 表示二维狄拉克 δ-函数，c 表示波速，$f(t)$ 表示线源的强度随时间的变化．假定 t<0 时 $f(t)$=0；假定 t<0 时介质是静止的即 t<0 时 $\phi=\phi(x, y, t)=0$；还假定除了震源所在处以外，$\phi=\phi(x, y, t)$ 到处都是连续的，并且有连续的一阶与二阶偏导数．

对上式两边所有时间函数作单边拉普拉斯变换：

$$\hat{f}(p)=\int_0^\infty \mathrm{e}^{-pt}f(t)\mathrm{d}t\,, \tag{4.248}$$

$$\hat{\phi}(x, y, p) = \int_0^\infty \mathrm{e}^{-pt} \phi(x, y, t) \mathrm{d}t \,. \tag{4.249}$$

p 是一个足够大的正实数，大到足以保证对时间 t 的积分收敛[假定当 $t \to \infty$时，对于 $f(t)$ 或$\phi(x, y, t)$，总是可以找到保证对时间 t 的积分收敛的 p]. 于是二维标量波动方程(4.247)化为

$$\frac{\partial^2 \hat{\phi}}{\partial x^2} + \frac{\partial^2 \hat{\phi}}{\partial y^2} - \frac{p^2}{c^2} \hat{\phi} = -\delta(x, y) \hat{f}(p) \,. \tag{4.250}$$

对函数 $\hat{\phi}(x, y, p)$ 的空间坐标 x 作傅里叶变换：

$$\bar{\hat{\phi}}(k_x, y, p) = \int_{-\infty}^\infty \mathrm{e}^{\mathrm{i}k_x x} \hat{\phi}(x, y, p) \mathrm{d}x \,, \tag{4.251}$$

与上式相应的傅里叶反变换为

$$\hat{\phi}(k_x, y, p) = \frac{1}{2\pi} \int_{-\infty}^\infty \mathrm{e}^{-\mathrm{i}k_x x} \bar{\hat{\phi}}(k_x, y, p) \mathrm{d}k_x \,. \tag{4.252}$$

在上式中，k_x 为哑变量，即无论 k_x 采用什么符号，只要它们不与其他符号重复，结果不变. 因此，可令

$$k_x = pu \,, \tag{4.253}$$

将上式代入式(4.252)右边，即可得

$$\hat{\phi}(k_x, y, p) = \frac{1}{2\pi} \int_{-\infty}^\infty \mathrm{e}^{-\mathrm{i}pux} \bar{\hat{\phi}}(pu, y, p) p \mathrm{d}u \,. \tag{4.254}$$

将上式代入式(4.250)即可得到 $\bar{\hat{\phi}}(pu, y, p)$ 满足的方程：

$$\frac{\mathrm{d}^2 \bar{\hat{\phi}}}{\mathrm{d}y^2} + (-\mathrm{i}pu)^2 \bar{\hat{\phi}} - \frac{p^2}{c^2} \bar{\hat{\phi}} = -\delta(y) \hat{f}(p) \,, \tag{4.255}$$

式中，$\delta(y)$ 是一维狄拉克δ函数.

函数 $\bar{\hat{\phi}} = \bar{\hat{\phi}}(pu, y, p)$ 作为 y 的函数，满足下列方程：

$$\frac{\mathrm{d}^2 \bar{\hat{\phi}}}{\mathrm{d}y^2} - p^2 a^2 \bar{\hat{\phi}} = -\delta(y) \hat{f}(p) \,, \tag{4.256}$$

式中，

$$a = \left(u^2 + \frac{1}{c^2} \right)^{1/2}, \qquad \mathrm{Re}\, a \geqslant 0 \,. \tag{4.257}$$

如上式所示，a 定义为上式右边的平方根的实部为正的分支. 通过对 $\bar{\hat{\phi}}$ 所满足的方程(4.256)的参量 y 作傅里叶变换，可以求得当$|y| \to \infty$时方程(4.256)的有界的解：

$$\bar{\bar{\hat{\phi}}}(pu,k_y,p)=\int_{-\infty}^{\infty}\mathrm{e}^{\mathrm{i}k_y y}\bar{\hat{\phi}}(pu,y,p)\mathrm{d}y\,, \tag{4.258}$$

相应的反变换为

$$\bar{\hat{\phi}}(pu,y,p)=\frac{1}{2\pi}\int_{-\infty}^{\infty}\mathrm{e}^{-\mathrm{i}k_y y}\bar{\bar{\hat{\phi}}}(pu,k_y,p)\mathrm{d}k_y. \tag{4.259}$$

在上式中，k_y为哑变数，因此可令

$$k_y=pv\,. \tag{4.260}$$

将上式代入式(4.258)与式(4.259)得

$$\bar{\bar{\hat{\phi}}}(pu,pv,p)=\int_{-\infty}^{\infty}\mathrm{e}^{\mathrm{i}pvy}\bar{\hat{\phi}}(pu,y,p)\mathrm{d}y\,, \tag{4.261}$$

$$\bar{\hat{\phi}}(pu,y,p)=\frac{1}{2\pi}\int_{-\infty}^{\infty}\mathrm{e}^{-\mathrm{i}pvy}\bar{\bar{\hat{\phi}}}(pu,pv,p)p\mathrm{d}v\,. \tag{4.262}$$

将上式代入式(4.256)，我们得到

$$(-\mathrm{i}pv)^2\bar{\bar{\hat{\phi}}}-p^2a^2\bar{\bar{\hat{\phi}}}=-\hat{f}(p)\,, \tag{4.263}$$

$$\bar{\bar{\hat{\phi}}}=\frac{\hat{f}(p)}{p^2(a^2+v^2)}\,. \tag{4.264}$$

所以，

$$\bar{\hat{\phi}}(pu,y,p)=\frac{1}{2\pi}\int_{-\infty}^{\infty}\mathrm{e}^{-\mathrm{i}pvy}\frac{\hat{f}(p)}{p^2(a^2+v^2)}p\mathrm{d}v\,, \tag{4.265}$$

$$\bar{\hat{\phi}}(pu,y,p)=\frac{1}{2\pi}\frac{\hat{f}(p)}{p}\int_{-\infty}^{\infty}\frac{\mathrm{e}^{-\mathrm{i}pvy}}{(a^2+v^2)}\mathrm{d}v\,. \tag{4.266}$$

在复数v–平面，上式右边积分中被积函数的奇点是极点$v=\pm\mathrm{i}a$．分别就$y\gtrless 0$计算上式右边的积分，可以得到方程(4.256)在$|y|\to\infty$有界的解．

$$\bar{\hat{\phi}}(pu,y,p)=\frac{1}{2\pi}\frac{\hat{f}(p)}{p}\int_{-\infty}^{\infty}\mathrm{e}^{-\mathrm{i}pvy}\frac{1}{(v-\mathrm{i}a)(v+\mathrm{i}a)}\mathrm{d}v \tag{4.267}$$

$$=\frac{\hat{f}(p)}{2pa}\mathrm{e}^{-pv|y|}\,. \tag{4.268}$$

将上式代入式(4.254)即得

$$\hat{\phi}(x,y,p)=\frac{1}{2\pi}\int_{-\infty}^{\infty}\mathrm{e}^{-\mathrm{i}pux-pa|y|}\frac{\hat{f}(p)}{2pa}p\mathrm{d}u,$$

$$\hat{\phi}(x,y,p)=\frac{\hat{f}(p)}{2\pi}\int_{-\infty}^{\infty}\mathrm{e}^{-\mathrm{i}pux-pa|y|}\frac{1}{2a}\mathrm{d}u\,. \tag{4.269}$$

上式即二维标量波动方程的解$\phi(x, y, t)$的拉普拉斯变换式. 为求得$\phi(x, y, t)$，最直接的方法即对上式右边作拉普拉斯反变换，从而须在上式右边对u积分的基础上再对p积分. 与直接对u与p积分的做法不同，卡尼亚尔–德·胡普方法通过采用适当的参量变换，将上式右边的积分化为形式如同拉普拉斯正变换的积分：

$$\hat{\phi}(x, y, p) = \int_0^\infty \mathrm{e}^{-p\tau} F(\tau)\mathrm{d}\tau . \tag{4.270}$$

对比式(4.249)与上式，立即可以得出：

$$\phi(x, y, t) = F(t) , \tag{4.271}$$

从而避免了计算通常可能是十分繁复的双重积分. 为此，令

$$u = -\mathrm{i}s , \tag{4.272}$$

将沿复数u–平面实轴的积分转化为沿复数s–平面虚轴的积分：

$$\hat{\phi}(x, y, p) = \frac{\hat{f}(p)}{2\pi i}\int_{-\mathrm{i}\infty}^{\mathrm{i}\infty} \mathrm{e}^{-p(sx+a|y|)}\frac{1}{2a}\mathrm{d}s , \tag{4.273}$$

式中的a现在通过参量s表示：

$$a = \left(\frac{1}{c^2} - s^2\right)^{1/2} , \qquad \operatorname{Re} a \geqslant 0 . \tag{4.274}$$

由式(4.273)与式(4.274)可见，在复数s–平面，被积函数的奇点是分支点$s=\pm 1/c$. 注意到式(4.273)被积函数中的因子$\mathrm{e}^{-pa|y|}$，在以下的运算中，始终取复数s–平面上$\operatorname{Re} a \geqslant 0$的分支以保证积分收敛. 这意味着，应在复数$s$–平面上作割线$\operatorname{Im} s=0$，$1/c<|\operatorname{Re} s|<\infty$，规定在割线$(1/c, \infty)$的上岸，$a = -\mathrm{i}\sqrt{s^2 - 1/c^2}$；在割线$(1/c, \infty)$的下岸，$a = \mathrm{i}\sqrt{s^2 - 1/c^2}$（图4.34）.

下一步要做的即是将式(4.273)右边沿s–平面上虚轴的积分变换为形式如式(4.270)所示的某个时间函数$F(\tau)$的拉普拉斯变换式. 为此，令

$$sx + a|y| = \tau , \tag{4.275}$$

式中，τ是正实数. 解出s作为τ的函数，得

$$s = \frac{\tau x}{r^2} \pm \frac{\mathrm{i}|y|}{r^2}\left(\tau^2 - \frac{r^2}{c^2}\right)^{1/2} . \tag{4.276}$$

可见，式(4.275)表示的是在s–平面上以τ为参变量的双曲线Γ. 由式(4.276)可见，当$\tau=r/c$时，$s=x/cr$；当$\tau\to\infty$时，$s\to\frac{\tau}{r^2}(x\pm i|y|)$，即该双曲线趋于斜率为$\pm|y|/x$的直线(图4.34).

将上式代入式(4.274)，即得以τ为参量表示的a：

$$a = \frac{\tau|y|}{r^2} \mp \frac{\mathrm{i}x}{r^2}\left(\tau^2 - \frac{r^2}{c^2}\right)^{1/2} , \qquad \frac{r}{c} < \tau < \infty . \tag{4.277}$$

将式(4.273)所表示的s–平面上沿虚轴的积分化为沿式(4.276)所表示的、沿s–平面上Γ路径的积分. 根据哥西(Cauchy)定理，沿虚轴的积分等于沿Γ路径的积分与沿两个大

圆弧 C 和 C'的积分．按照约当(Jordan)引理，当圆弧半径趋于无限大时，沿大圆弧 C 和 C'的积分趋于零．从而，式(4.273)化为

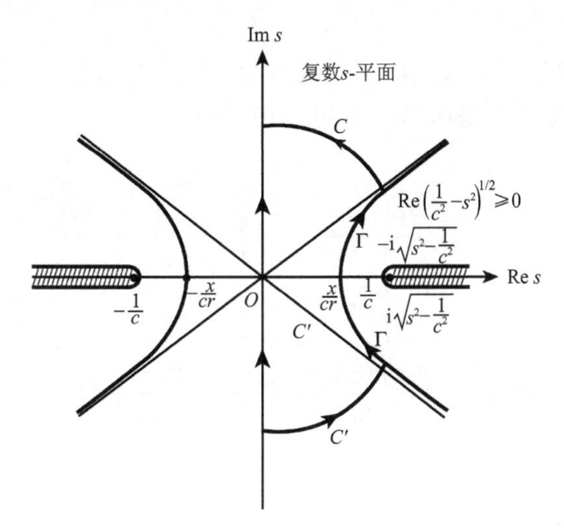

图 4.34　卡尼亚尔–德·胡普方法中复数 s–平面上积分路径的变换

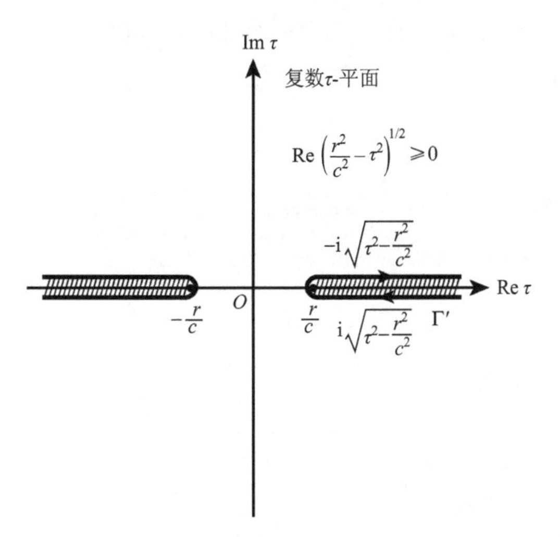

图 4.35 卡尼亚尔–德·胡普方法中将 s–平面上沿积分路径Γ的积分转化为τ–平面上沿实轴上的Γ′的积分

$$\hat{\phi}(x, y, p) = \frac{\hat{f}(p)}{2\pi \mathrm{i}} \int_{\Gamma} \mathrm{e}^{-p(sx+a|y|)} \frac{1}{2a} \mathrm{d}s \,. \tag{4.278}$$

此时，与 s–平面积分路径Γ相对应的、在τ–平面上的积分路径为Γ′，$r/c<\tau<\infty$(图 4.35)．在τ–平面上，

$$\hat{\phi}(x, y, p) = \frac{\hat{f}(p)}{2\pi i} \int_{\Gamma'} \mathrm{e}^{-p\tau} \frac{1}{2a} \frac{\partial s}{\partial \tau} \mathrm{d}\tau \,, \tag{4.279}$$

式中，$\partial s/\partial \tau$可由式(4.276)求得

$$\frac{\partial s}{\partial \tau}=\pm\frac{\mathrm{i}a}{\left(\tau^2-\frac{r^2}{c^2}\right)^{1/2}}. \tag{4.280}$$

在式(4.276)，式(4.277)与式(4.280)诸式的右边，在上方的正、负符号与在下方的正、负符号彼此相对应．将式(4.280)代入式(4.279)即得

$$\hat{\phi}(x,y,p)=\frac{\hat{f}(p)}{2\pi i}\left[\int_{\infty}^{r/c}\mathrm{e}^{-p\tau}\frac{1}{2a}\cdot\frac{(-\mathrm{i}a)}{\left(\tau^2-\frac{r^2}{c^2}\right)^{1/2}}\mathrm{d}\tau+\int_{r/c}^{\infty}\mathrm{e}^{-p\tau}\frac{1}{2a}\cdot\frac{(\mathrm{i}a)}{\left(\tau^2-\frac{r^2}{c^2}\right)^{1/2}}\mathrm{d}\tau\right], \tag{4.281}$$

$$\hat{\phi}(x,y,p)=\frac{\hat{f}(p)}{2\pi}\int_{r/c}^{\infty}\mathrm{e}^{-p\tau}\frac{1}{\left(\tau^2-\frac{r^2}{c^2}\right)^{1/2}}\mathrm{d}\tau. \tag{4.282}$$

对比上式与式(4.271)，即得

$$\phi(x,y,t)=\int_0^t f(t-\tau)g(x,y,\tau)\mathrm{d}\tau, \tag{4.283}$$

$$g(x,y,\tau)=\begin{cases}0, & 0<\tau<\dfrac{r}{c},\\ \dfrac{1}{2\pi}\dfrac{1}{\sqrt{\tau^2-\dfrac{r^2}{c^2}}}, & \dfrac{r}{c}<\tau<\infty.\end{cases} \tag{4.284}$$

也就是，

$$\phi(x,y,t)=\begin{cases}0, & 0<\tau<\dfrac{r}{c},\\ \dfrac{1}{2\pi}\displaystyle\int_{r/c}^{t}f(t-\tau)\frac{1}{\sqrt{\tau^2-\dfrac{r^2}{c^2}}}\mathrm{d}\tau, & \dfrac{r}{c}<\tau<\infty.\end{cases} \tag{4.285}$$

由以上结果可知，$g(x, y, \tau)$可以看作是与时间函数$f(t)$为狄拉克δ-函数相应的波函数；或者说，$g(x,y,\tau)$是二维标量波动方程中的脉冲响应．

2. 三维问题

设在x=0，y=0，z=0有一点源作用，那么三维波函数$\phi(x, y, z, t)$满足三维标量波动方程：

$$\frac{\partial^2\phi}{\partial x^2}+\frac{\partial^2\phi}{\partial y^2}+\frac{\partial^2\phi}{\partial z^2}-\frac{1}{c^2}\frac{\partial^2\phi}{\partial t^2}=-\delta(x,y,z)f(t), \tag{4.286}$$

式中，$\delta(x,y,z)$表示三维狄拉克δ-函数．我们再一次假定在源以外，ϕ连续并且有连续的

一阶与二阶偏导数．我们还假定，$t<0$ 时，$f(t)=0$，$t<0$ 时，$\phi(x, y, z, t)\equiv 0$.

对式(4.286)两边的时间函数作单边拉普拉斯变换：

$$\hat{f}(p)=\int_0^\infty \mathrm{e}^{-pt} f(t)\mathrm{d}t , \tag{4.287}$$

$$\hat{\phi}(x, y, z, p)=\int_0^\infty \mathrm{e}^{-pt} \phi(x, y, z, t)\mathrm{d}t . \tag{4.288}$$

可将式(4.286)化为

$$\frac{\partial^2 \hat{\phi}}{\partial x^2}+\frac{\partial^2 \hat{\phi}}{\partial y^2}+\frac{\partial^2 \hat{\phi}}{\partial z^2}-\frac{p^2}{c^2}\hat{\phi}=-\delta(x, y, z)\hat{f}(p) . \tag{4.289}$$

为了解方程(4.289)，我们对其两边的空间坐标(x, y)作二维傅里叶变换：

$$\overline{\overline{\hat{\phi}}}(k_x, k_y, z, p)=\int_{-\infty}^{\infty}\int_{-\infty}^{\infty} \mathrm{e}^{ik_x x+ik_y y}\hat{\phi}(x, y, z, \phi)\mathrm{d}x\mathrm{d}y , \tag{4.290}$$

$$\hat{\phi}(x, y, z, p)=\frac{1}{(2\pi)^2}\int_{-\infty}^{\infty}\int_{-\infty}^{\infty} \mathrm{e}^{-ik_x x-ik_y y}\overline{\overline{\hat{\phi}}}(k_x, k_y, z, p)\mathrm{d}k_x\mathrm{d}k_y . \tag{4.291}$$

上式中，k_x, k_y 均为哑变量，故可令

$$k_x = pu , \tag{4.292}$$

$$k_y = pv . \tag{4.293}$$

将式(4.291)化为

$$\hat{\phi}(x, y, z, p)=\frac{1}{(2\pi)^2}\int_{-\infty}^{\infty}\int_{-\infty}^{\infty} \mathrm{e}^{-ip(ux+vy)}p^2\overline{\overline{\hat{\phi}}}(pu, pv, z, p)\mathrm{d}u\mathrm{d}v . \tag{4.294}$$

将上式代入式(4.289)，可得 $\overline{\overline{\hat{\phi}}}(pu, pv, z, p)$ 满足下列方程：

$$\frac{\mathrm{d}^2\overline{\overline{\hat{\phi}}}}{\mathrm{d}z^2}-p^2a^2\overline{\overline{\hat{\phi}}}=-\delta(z)\hat{f}(p) , \tag{4.295}$$

式中，

$$a=\left(u^2+v^2+\frac{1}{c^2}\right)^{1/2}, \qquad \operatorname{Re} a \geqslant 0 . \tag{4.296}$$

式(4.295)当$|z|\to\infty$时有界的解[参阅式(4.256)，式(4.257)]为

$$\overline{\overline{\hat{\phi}}}(pu, pv, z, p)=\frac{\hat{f}(p)}{2pa}\mathrm{e}^{-pa|z|} . \tag{4.297}$$

借助二维傅里叶反变换表示式(4.294)，即可得到$\hat{\phi}(x, y, z, p)$的表示式：

$$\hat{\phi}(x, y, z, p)=\frac{p\hat{f}(p)}{4\pi^2}\int_{-\infty}^{\infty}\mathrm{d}v\int_{-\infty}^{\infty}\mathrm{e}^{-\mathrm{i}p(ux+vy)-pa|y|}\frac{1}{2a}\mathrm{d}u . \tag{4.298}$$

与二维问题类似，以下将通过适当的坐标变换，将上式右边的积分化为拉普拉斯正变换的定义式，从而避免烦琐的拉普拉斯反变换的运算，直接写出结果．借助表示各个积分变量意义的图 4.36，可以很容易将式(4.298)对变量(u,v)的积分化为对变量(ξ,q)的积分．注意到：

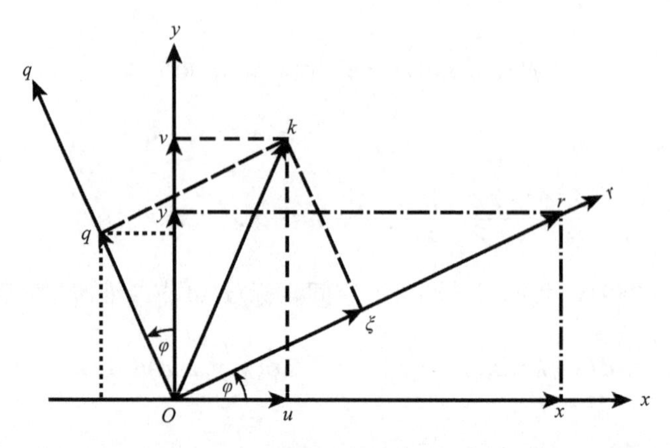

图 4.36　卡尼亚尔–德·胡普方法中各个积分变量意义图示

$$\boldsymbol{k}=(u,v)\,,\tag{4.299}$$

$$\boldsymbol{r}=(x,y)\,,\tag{4.300}$$

可得

$$ux+vy=\boldsymbol{k}\cdot\boldsymbol{r}=\xi r\,,\tag{4.301}$$

$$u=\xi\cos\varphi-q\sin\varphi\,,\tag{4.302}$$

$$v=\xi\sin\varphi+q\cos\varphi\,,\tag{4.303}$$

$$\mathrm{d}u\mathrm{d}v=\mathrm{d}\xi\mathrm{d}q\,.\tag{4.304}$$

从而，

$$\hat{\phi}(x,y,z,p)=\frac{p\hat{f}(p)}{4\pi^2}\int_{-\infty}^{\infty}\mathrm{d}q\int_{-\infty}^{\infty}\mathrm{e}^{-\mathrm{i}p\xi r-pa|z|}\frac{1}{2a}\mathrm{d}\xi\,,\tag{4.305}$$

式中的a现在是(ξ,q)的函数：

$$a=\left(\xi^2+q^2+\frac{1}{c^2}\right)^{1/2},\qquad \mathrm{Re}\,a\geqslant 0\,,\tag{4.306}$$

$$u^2+v^2=\xi^2+q^2\,.\tag{4.307}$$

令

$$\xi=-\mathrm{i}s\,,\tag{4.308}$$

将式(4.305)右边ξ沿实轴自$-\infty$至∞的积分化为在s–平面沿虚轴自$-\mathrm{i}\infty$至$\mathrm{i}\infty$的积分：

$$\hat{\phi}(x,y,z,p)=\frac{p\hat{f}(p)}{4\pi^2\mathrm{i}}\int_{-\infty}^{\infty}\mathrm{d}q\int_{-\mathrm{i}\infty}^{\mathrm{i}\infty}\mathrm{e}^{-p(sr+a|z|)}\frac{1}{2a}\mathrm{d}s\,,\tag{4.309}$$

式中的 a 现在是 (s, q) 的函数：

$$a = \left(q^2 + \frac{1}{c^2} - s^2\right)^{1/2}, \qquad \mathrm{Re}\, a \geqslant 0 . \tag{4.310}$$

至此，以下的推导便类似于二维问题自式(4.273)至式(4.285)的推导．在式(4.309)中，始终取复数 s–平面上 a 的实部处处大于、等于 0 的分支($\mathrm{Re}\, a \geqslant 0$)．这意味着，应在复数 s–平面上作割线 $\mathrm{Im}\, s=0$，$(q^2 + c^{-2})^{1/2} < |\mathrm{Re}\, s| < \infty$.

令

$$sr + a|z| = \tau , \tag{4.311}$$

则由上式可以解出 s 作为τ的函数：

$$s = \frac{r\tau}{R^2} \pm \frac{\mathrm{i}|z|}{R^2}\sqrt{\tau^2 - R^2(q^2 + c^{-2})}, \qquad R(q^2 + c^{-2})^{1/2} < \tau < \infty , \tag{4.312}$$

式中，

$$R = \sqrt{r^2 + z^2} . \tag{4.313}$$

式(4.312)表明，当 $\tau = R(q^2 + c^{-2})^{1/2}$ ，$s = \tau r/R$ ；当$\tau\to\infty$，$s\to \dfrac{\tau r}{R^2} \pm \dfrac{\mathrm{i}|z|}{R^2}\tau$ ，即趋于斜率为$\pm|z|/r$ 的直线．

与二维问题类似，式(4.309)所示的沿复数 s-平面虚轴自$-\mathrm{i}\infty$至 $\mathrm{i}\infty$的积分，根据哥西定理与约当引理，可以化为沿复数 s-平面双曲线的分支Γ的积分．由式(4.311)与式(4.312)可得，沿着Γ，

$$a = \frac{|z|}{R^2}\tau \mp \mathrm{i}\frac{r}{R^2}\sqrt{\tau^2 - R^2(q^2 + c^{-2})} , \tag{4.314}$$

以及

$$\frac{\partial s}{\partial \tau} = \pm \frac{\mathrm{i}a}{\sqrt{\tau^2 - R^2(q^2 + c^{-2})}} . \tag{4.315}$$

在式(4.312)，式(4.314)与式(4.315)诸式的右边，在上方的正、负号与在下方的正、负符号彼此相对应．于是

$$\hat{\phi}(x, y, z, p) = \frac{p\hat{f}(p)}{4\pi^2}\int_{-\infty}^{\infty}\mathrm{d}q\int_{R}^{\mathrm{i}\infty}\mathrm{e}^{-p\tau}\frac{\partial s}{\partial \tau}\frac{1}{2a}\mathrm{d}\tau , \tag{4.316}$$

$$\hat{\phi}(x, y, z, p) = \frac{p\hat{f}(p)}{4\pi^2}\int_{-\infty}^{\infty}\mathrm{d}q\int_{\Gamma'}\mathrm{e}^{-p\tau}\frac{1}{\left[\tau^2 - R^2(q^2 + c^{-2})\right]^{1/2}}\mathrm{d}\tau . \tag{4.317}$$

改变积分顺序，即可得

$$\hat{\phi}(x, y, z, p) = \frac{p\hat{f}(p)}{4\pi^2}\int_{R/c}^{\infty}\mathrm{d}\tau\int_{-(\tau^2R^{-2}-c^{-2})^{1/2}}^{(\tau^2R^{-2}-c^{-2})^{1/2}}\mathrm{e}^{-p\tau}\frac{1}{\left[\tau^2 - R^2(q^2 + c^{-2})\right]^{1/2}}\mathrm{d}q . \tag{4.318}$$

由于

$$\int_{-(\tau^2R^{-2}-c^{-2})^{1/2}}^{(\tau^2R^{-2}-c^{-2})^{1/2}} \mathrm{e}^{-p\tau} \frac{1}{\left[\tau^2 - R^2(q^2+c^{-2})\right]^{1/2}} \mathrm{d}q = \frac{\pi}{R}, \tag{4.319}$$

所以

$$\hat{\phi}(x,y,z,p) = \frac{p\hat{f}(p)}{4\pi R}\int_{R/c}^{\infty} \mathrm{e}^{-p\tau}\mathrm{d}\tau, \tag{4.320}$$

$$= \frac{p\hat{f}(p)}{4\pi R}\int_{0}^{\infty} \mathrm{e}^{-p\tau} H\left(\tau - \frac{R}{c}\right)\mathrm{d}\tau, \tag{4.321}$$

$$= \frac{\hat{f}(p)}{4\pi R}\mathrm{e}^{-pR/c}. \tag{4.322}$$

从而得到三维波动方程熟知的结果：

$$\phi(x,y,z,t) = \frac{f\left(t-\dfrac{R}{c}\right)}{4\pi R}. \tag{4.323}$$

以上以求解二维与三维标量波动方程为例，概要叙述了卡尼亚尔–德·胡普方法．作为对卡尼亚尔方法的重大改进，卡尼亚尔–德·胡普方法简单明了，易于操作．因此，运用这个方法可以解决许多混合初–边值问题．卡尼亚尔–德·胡普方法具有其他许多方法所没有的优点，即运用这个方法，可以求解出弹性波传播问题的物理意义清晰的闭合形式的解答，从而得到精确的数值计算结果，而不同于其他需要对震中距要足够大、频率要足够高作假定的方法．因此，该方法对于近场地面运动特征的研究以及反射地震勘探十分有用，因为近场地震学与反射地震学最关心的正好是距震源很近甚至零距离的地区．

(四) 扩展中的地震断层的近场高频运动

现在来研究正在扩展中的地震断层的近场高频运动的特征．为此，我们来分析几个高度简化的模式．设断层面位于 xz 平面，设破裂面的前缘与 z 轴平行、沿 x 轴方向扩展(图 4.37)．考虑位于 xy 平面的观测点 P，可以证明，在高频近似条件满足的情况下，沿 z 轴方向断层宽度方向的端部对 P 点的高频运动的影响可予以忽略．为此，我们以分布于 z 轴的标量球面波源的简单情形为例，将沿 z 轴方向的一段无限小的线段 $\mathrm{d}z$ 的标量球面波源表示为

$$\frac{1}{R}\mathrm{e}^{\mathrm{i}\omega\left(t-\frac{R}{c}\right)}\mathrm{d}z, \tag{4.324}$$

并且假定沿着 z 轴方向震源时间函数是同步的，从而由 z 轴方向的球面波源自 $(-z_0, z_0)$ 线段发出的波为

$$\phi(P) = \int_{-z_0}^{z_0} \frac{1}{R}\mathrm{e}^{-\mathrm{i}\omega\left(t-\frac{R}{c}\right)}\mathrm{d}z \tag{4.325}$$

作变量变换将上式的积分限变为 $(-\infty, \infty)$

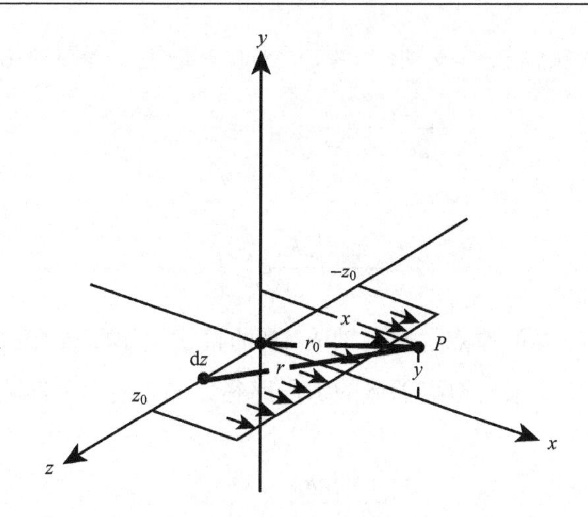

图 4.37　计算扩展中的地震断层的近场高频运动特征时所采用的二维地震断层模式

$$\zeta = \tan\left(\frac{\pi z}{2z_0}\right), \tag{4.326}$$

从而，

$$\phi(P) = \frac{2z_0}{\pi}\mathrm{e}^{-\mathrm{i}\omega t}\int_{-\infty}^{\infty}\frac{1}{R}\mathrm{e}^{\mathrm{i}\omega\frac{R}{c}}\frac{\mathrm{d}\zeta}{1+\zeta^2}. \tag{4.327}$$

上式的积分可以用最陡下降法积出．为此，先计算上式被积函数中的指数因子

$$f(\zeta) = \frac{\mathrm{i}R}{c} = \frac{\mathrm{i}}{c}\sqrt{R_0^2 + z^2} \tag{4.328}$$

的鞍点(稳相点)：

$$\frac{\mathrm{d}f}{\mathrm{d}\zeta} = \frac{\mathrm{i}}{c}\frac{\mathrm{d}R}{\mathrm{d}\zeta} = \frac{\mathrm{i}}{c}\frac{z}{R}\frac{1}{1+\zeta^2}\cdot\frac{2z_0}{\pi} = 0. \tag{4.329}$$

也即

$$z = 0, \tag{4.330}$$

或者说，

$$\zeta = 0 \tag{4.331}$$

是鞍点．将 z=0，ζ=0，R=R_0 代入 $f(\zeta)$ 的泰勒(Taylor)展开式中，我们得到：

$$f(\zeta) = \frac{\mathrm{i}R_0}{c} + \frac{\mathrm{i}}{2cR_0}\left(\frac{2z_0}{\pi}\right)^2\zeta^2 + \cdots. \tag{4.332}$$

在ζ平面，最陡下降路径由下式给定：

$$\omega f(\zeta) = \frac{\mathrm{i}\omega R_0}{c} + \frac{\mathrm{i}\omega}{2cR_0}\left(\frac{2z_0}{\pi}\right)^2\zeta^2, \tag{4.333}$$

$$\omega f(\zeta) = \frac{\mathrm{i}\omega R_0}{c} - \frac{s^2}{2}, \tag{4.334}$$

式中，s 由沿 s 平面的实轴从$-\infty$变到∞．当ζ很小时，最陡下降路径由下式决定：

$$-\frac{\mathrm{i}\omega}{2cR_0}\left(\frac{2z_0}{\pi}\right)^2\zeta^2=\frac{s^2}{2}, \tag{4.335}$$

也即

$$\zeta=\frac{\pi}{2z_0}\sqrt{\frac{cR_0}{\omega}}\mathrm{e}^{\mathrm{i}\pi/4}s. \tag{4.336}$$

这是一条经过复数 s–平面的原点、与实轴成45°的直线．如果$(\pi/2z_0)\sqrt{cR_0/\omega}$很小，那么对被积函数的贡献主要来自原点邻域的那段路径，与$|\zeta|$很大时最陡下降路径的具体细节无关．因此，只要

$$\frac{\pi}{2z_0}\sqrt{\frac{cR_0}{\omega}}\ll 1, \tag{4.337}$$

则

$$\begin{aligned}\phi(P)&\approx\frac{2z_0}{\pi}\mathrm{e}^{-\mathrm{i}\omega t}\frac{\pi}{2z_0}\sqrt{\frac{cR_0}{\omega}}\frac{1}{R_0}\mathrm{e}^{\mathrm{i}\omega\frac{R_0}{c}+\mathrm{i}\frac{\pi}{4}}\int_{-\infty}^{\infty}\mathrm{e}^{-\frac{s^2}{2}}\mathrm{d}s,\\&=\sqrt{2\pi}\sqrt{\frac{c}{\omega R_0}}\mathrm{e}^{-\mathrm{i}\omega\left(t-\frac{R_0}{c}\right)+\mathrm{i}\frac{\pi}{4}}.\end{aligned} \tag{4.338}$$

上式不包括z_0，表明长度为$2z_0$的线源，当观测点 P 的距离 R_0 及所涉及的波的波长$\lambda=cT$，$T=2\pi/\omega$满足式(4.337)所示的近似条件时，该线源的端部对该观测点的近场运动没有影响．上式表明，这是一个柱面波，振幅随距离 R_0 的平方根成反比衰减，高频率衰减随$\omega^{-1/2}$ 衰减，并且相对于自原点发出的球面波，相位滞后$\pi/4$．按照式(4.333)，当$R_0\lambda\ll(8/\pi)z_0^2$时，上式即成立．数值试验结果表明，若$R_0\lambda\approx z_0^2/5$，即可满足式(4.338)成立所要求的条件式(4.337)．

以上分析表明，在研究靠近断层的高频运动时，如果式(4.337)所示的条件成立，便可以采用与 z 方向无关的二维问题的解，此时，把 z 轴方向视为断层宽度方向．下面，我们将分析研究两种基本类型的正在扩展中的断层的近场高频运动的特性，一种是反平面(anti-plane)问题，另一种是平面内(in-plane)问题．反平面类型的问题，指的是滑动沿 z 方向的问题(图 4.38)，相应的位移只有沿 z 方向的分量．在晶体位错理论中，这种类型的位错为螺型位错(screw dislocation)，即滑动矢量的方向[在晶体位错理论中称为伯格斯矢量(Berger's vector)]平行于位错线．平面内类型问题，指的是滑动沿 x 方向，相应的位移既具有 x 方向分量也具有 y 方向的分量．在晶体位错理论中，这种类型的位错称为刃型位错(edge dislocation)，即滑动矢量的方向垂直于位错线．当刃型位错线沿平行于滑动矢量的方向移动时，这种运动称为位错滑移(gliding)．

(五) 反平面问题

我们从最简单的问题——反平面问题入手．考察一个以恒定的速度 v 沿 x 轴方向扩展的半无限大的断层面：$-\infty<x-vt<0$，$y=0$．引进一个以恒定的速度 v 沿 x 轴方向运动的

坐标系：

$$\begin{cases} x' = x - vt, \\ y' = y, \\ t' = t, \end{cases} \tag{4.339}$$

那么，在这个运动坐标系中，上述半无限大的断层面是"静止"的：$-\infty<x'<0$，$y=0$．在此断层面上，唯一不为零的位移分量是沿 z 同方向的分量 $w(x, y, t)$．在越过断层面时，

$$w(x, 0^+, t) - w(x, 0^-, t) = \Delta w H(-x'), \tag{4.340}$$

式中，Δw 是位错量，$H(x)$ 表示亥维赛单位阶跃函数．在断层面上，应力 τ_{yz} 连续，即

$$\mu \frac{\partial w(x, y, t)}{\partial y}\bigg|_{y=0^+} = \mu \frac{\partial w(x, y, t)}{\partial y}\bigg|_{y=0^-}. \tag{4.341}$$

在均匀、各向同性和完全弹性的无限介质中，$w(x, y, t)$ 满足波动方程：

$$\frac{1}{\beta^2}\frac{\partial^2 w}{\partial t^2} = \frac{\partial^2 w}{\partial x^2} + \frac{\partial^2 w}{\partial y^2}. \tag{4.342}$$

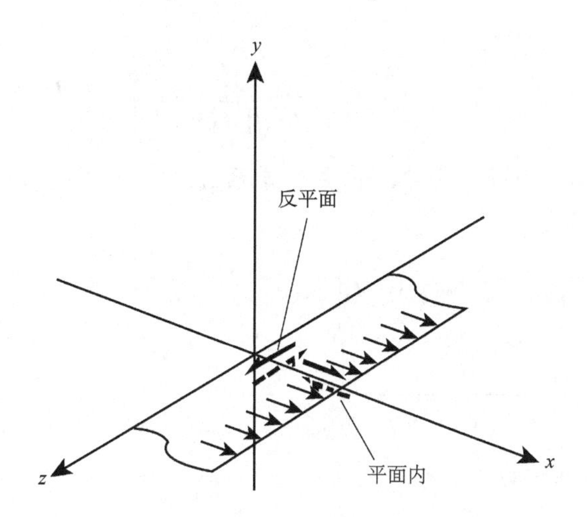

图 4.38　反平面问题与平面内问题

在运动坐标系 (x', y', t') 中，由于断层面是"静止不动"的，所以 $\partial/\partial t'=0$，从而，

$$\begin{cases} \dfrac{\partial}{\partial t} = \dfrac{\partial}{\partial t'} - v\dfrac{\partial}{\partial x'} = -v\dfrac{\partial}{\partial x'}, \\ \dfrac{\partial}{\partial x} = \dfrac{\partial}{\partial x'}, \\ \dfrac{\partial}{\partial y} = \dfrac{\partial}{\partial y'}. \end{cases} \tag{4.343}$$

因此波动方程 (4.342) 化为

$$\left(1 - \frac{v^2}{\beta^2}\right)\frac{\partial^2 w}{\partial x'^2} + \frac{\partial^2 w}{\partial y'^2} = 0. \tag{4.344}$$

当 v=0 时，上式退化为拉普拉斯方程．上式也可视为宗量为$(x'/\sqrt{1-v^2/\beta^2}, y', t')$的拉普拉斯方程：

$$\frac{\partial^2 w}{\partial\left(x'/\sqrt{1-v^2/\beta^2}\right)^2}+\frac{\partial^2 w}{\partial y'^2}=0\ . \tag{4.345}$$

不难验证，解析函数

$$w=\ln(x'+\mathrm{i}y') \tag{4.346}$$

的虚部，即

$$w=\mathrm{Im}[\ln(x'+\mathrm{i}y')]=\tan^{-1}\left(\frac{y'}{x'}\right) \tag{4.347}$$

是下列拉普拉斯方程的解：

$$\frac{\partial^2 w}{\partial x'^2}+\frac{\partial^2 w}{\partial y'^2}=0\ . \tag{4.348}$$

所以，

$$w=w_0\tan^{-1}\left(\frac{y'}{x'/\sqrt{1-v^2/\beta^2}}\right) \tag{4.349}$$

是式(4.344)或式(4.345)的解．式中，w_0是待定系数．由式(4.340)与上式，可以确定待定系数 w_0：

$$\begin{aligned}\Delta w - w(x,0^+,t)\Big|_{x<vt} &- w(x,0^-,t)\Big|_{x<vt}\ ,\\ &= w_0\tan^{-1}\left(\frac{y'}{x'/\sqrt{1-v^2/\beta^2}}\right)\Bigg|_{\substack{x'<0\\ y'=0^+}} - w_0\tan^{-1}\left(\frac{y'}{x'/\sqrt{1-v^2/\beta^2}}\right)\Bigg|_{\substack{x'<0\\ y'=0^-}}\ ,\\ &= w_0\pi - w_0(-\pi),\\ &= 2\pi w_0\ ,\end{aligned}$$

$$w_0=\frac{\Delta w}{2\pi}\ . \tag{4.350}$$

假定破裂扩展速度 v 低于波速β，即亚波速情形，则式(4.345)所表示的拉普拉斯方程的解为(Frank, 1949; Liebfried and Dietze, 1949; Eshelby, 1949)：

$$w(x,y,t)=\frac{\Delta w}{2\pi}\tan^{-1}\frac{y\sqrt{1-v^2/\beta^2}}{x-vt}\ . \tag{4.351}$$

上式便是满足式(4.340)所示的边界条件、式(4.341)所示的应力连续的解．

由上式直接可得出：

$$w(x,y,t)=\begin{cases}0, & y=0, \quad x>vt, \\ \dfrac{\Delta w}{2}, & y=0^{+}, \quad x<vt, \\ -\dfrac{\Delta w}{2}, & y=0^{-}, \quad x<vt.\end{cases} \tag{4.352}$$

由式(4.351)，容易求得应力分量τ_{xz}与τ_{yz}：

$$\tau_{xz}=\mu\frac{\partial w}{\partial x}=-\frac{\mu\Delta w}{2\pi}\frac{\sqrt{1-v^2/\beta^2}\cdot y}{(x-vt)^2+\left(1-v^2/\beta^2\right)y^2}, \tag{4.353}$$

$$\tau_{yz}=\mu\frac{\partial w}{\partial y}=\frac{\mu\Delta w}{2\pi}\frac{\sqrt{1-v^2/\beta^2}(x-vt)}{(x-vt)^2+\left(1-v^2/\beta^2\right)y^2}. \tag{4.354}$$

当y=0，τ_{xz}=0，而τ_{yz}满足式(4.341)所示条件：

$$\tau_{yz}=\mu\frac{\Delta w}{2\pi}\frac{\sqrt{1-v^2/\beta^2}}{x-vt}. \tag{4.355}$$

应力分量τ_{yz}在y=0平面对于$x-vt$来说，是奇函数，在断层端部后方，$x-vt=0^-$，$\tau_{yz}\to-\infty$；在断层端部前方，$x-vt=0^+$，$\tau_{yz}\to+\infty$．当破裂扩展速度$v=\beta$时，$\tau_{yz}=0$.

由式(4.351)还可求得质点运动速度$\partial w/\partial t$：

$$\frac{\partial w}{\partial t}=\frac{\Delta w}{2\pi}\frac{yv\sqrt{1-v^2/\beta^2}}{(x-vt)^2+y^2\left(1-v^2/\beta^2\right)}. \tag{4.356}$$

峰值速度发生在$x=vt$处，其值为

$$\left.\frac{\partial w}{\partial t}\right|_{\text{峰值}}=\frac{\Delta w}{2\pi}\frac{v}{y\sqrt{1-v^2/\beta^2}}. \tag{4.357}$$

由上式可见，当 $v\to\beta$时，对于现在研究的这个半无限裂纹来说，峰值速度发生在 $x=vt$处，其数值趋于无限大．峰值速度随距断层的距离y成反比衰减.

质点运动的加速度可由上式求得

$$\frac{\partial^2 w}{\partial t^2}=\frac{\Delta w}{2\pi}\frac{2y(x-vt)v^2\sqrt{1-v^2/\beta^2}}{[(x-vt)^2+y^2(1-v^2/\beta^2)]^2}. \tag{4.358}$$

由上式可以求得，峰值加速度发生在

$$x-vt=\frac{y}{\sqrt{3}}\sqrt{1-v^2/\beta^2} \tag{4.359}$$

处，峰值加速度为

$$\left.\frac{\partial^2 w}{\partial t^2}\right|_{\text{峰值}}=\frac{\Delta w}{2\pi}\cdot\frac{3\sqrt{3}}{8}\cdot\frac{v^2}{y^2(1-v^2/\beta^2)}. \tag{4.360}$$

当$v\to\beta$时，峰值加速度趋于无限大．峰值加速度随距断层的距离y的平方成反比衰减.

通过分析速度谱可以对以速度 v 向前方扩展的断层近场运动的特性得到更进一步的认识．对式(4.356)作傅里叶变换，即得近场速度 $v(x, y, t)=\partial w(x, y, t)/\partial t$ 的频谱：

$$\hat{v}(x, y, \omega)=\int_{-\infty}^{\infty}\frac{\Delta w}{2\pi}\frac{yv\sqrt{1-v^2\beta^2}}{(x-vt)^2+y^2(1-v^2/\beta^2)}\mathrm{e}^{-\mathrm{i}\omega t}\mathrm{d}t\ . \tag{4.361}$$

上式所示的积分可以通过计算残数积分求得．由

$$(x-vt)^2+y^2(1-v^2/\beta^2)=0\ , \tag{4.362}$$

可以求得极点：

$$t=\frac{x}{v}\pm\mathrm{i}\frac{y}{v}(1-v^2/\beta^2)^{1/2}\ , \tag{4.363}$$

从而，

$$\hat{v}(x, y, \omega)=\frac{\Delta w}{2}\exp\left(-\mathrm{i}\omega\frac{x}{v}-\frac{|w|\cdot|y|}{v}\sqrt{1-v^2/\beta^2}\right), \tag{4.364}$$

$$\hat{v}(x, y, \omega)\mathrm{e}^{\mathrm{i}\omega t}=\frac{\Delta w}{2}\exp\left\{\mathrm{i}\omega\left(t-\frac{x}{v}\right)-\frac{|w|\cdot|y|}{v}\sqrt{1-v^2/\beta^2}\right\}. \tag{4.365}$$

当 $x'=0$ 即 $x=vt$ 时，

$$\hat{v}(x, y, \omega)\mathrm{e}^{\mathrm{i}\omega t}=\frac{\Delta w}{2}\exp\left(-\frac{|\omega|\cdot|y|}{v}\sqrt{1-v^2/\beta^2}\right). \tag{4.366}$$

这说明以速度 v 向前扩展的半无限断层的速度谱随频率$|\omega|$与距断层的距离$|y|$指数衰减，表明它们是由陷落于断层面附近的非均匀平面波组成的．因此，以亚波速从$-\infty$朝$+\infty$匀速扩展的断层，它所引起的近场地面运动随着距断层的距离很快衰减，峰值速度以 y^{-1} 衰减，峰值加速度以 y^{-2} 衰减，速度谱则跟非均匀平面波一样，随着频率的增高而指数衰减．

(六)断层扩展的起始与终止的近场效应

在近场，断层扩展的起始与终止的效应可以借助下述二维模式加以研究．为此，假定在 $x=0$，$t=0$，在 $y=0$ 平面上沿$-\infty<y<\infty$突然发生时间函数以亥维赛单位阶跃函数表示的、沿 z 方向的剪切滑动 $w(x, y, t)$，然后以恒定的速度 v 沿$+x$ 方向扩展，即：

$$w(x, 0^+, t)-w(x, 0^-, t)=\Delta wH\left(t-\frac{x}{v}\right)H(x')\ , \tag{4.367}$$

式中，Δw 是位错量，$H(\cdot)$是亥维赛单位阶跃函数．在现在讨论的问题中，所涉及的断层扩展运动不再是如同前面刚研究过的以恒定的速度 v 沿$+x$ 方向扩展的、在运动坐标系中二维断层的稳态运动，因此前面得到的结果不适用于现在研究的情形．

先对运动方程(4.342)作单边拉普拉斯变换：

$$\frac{p^2}{\beta^2}\hat{w}=\frac{\partial^2\hat{w}}{\partial x^2}+\frac{\partial^2\hat{w}}{\partial y^2}\ , \tag{4.368}$$

式中，$\hat{w}(x, y, p)$是 $w(x, y, t)$的拉普拉斯变换式：

$$\hat{w}(x,y,p)=\int_0^\infty \mathrm{e}^{-pt}w(x,y,t)\mathrm{d}t\,,\tag{4.369}$$

$$w(x,y,t)=\frac{1}{2\pi}\int_{c-\mathrm{i}\infty}^{c+\mathrm{i}\infty}\mathrm{e}^{pt}\hat{w}(x,y,p)\mathrm{d}p\,.\tag{4.370}$$

对式(4.367)所示的边界条件作拉普拉斯变换：

$$\hat{w}(x,0^+,p)-\hat{w}(x,0^-,p)=\frac{\Delta w}{p}\mathrm{e}^{-px/v}H(x)\,.\tag{4.371}$$

为求解方程(4.368)，可对其两边作傅里叶变换：

$$\bar{\hat{w}}(k,y,p)=\int_{-\infty}^{\infty}\mathrm{e}^{\mathrm{i}kx}\hat{w}(x,y,p)\mathrm{d}x\,,\tag{4.372}$$

$$\hat{w}(x,y,p)=\frac{1}{2\pi}\int_{-\infty}^{\infty}\mathrm{e}^{-\mathrm{i}kx}\bar{\hat{w}}(k,y,p)\mathrm{d}k\,.\tag{4.373}$$

我们得到：

$$\frac{\partial^2\bar{\hat{w}}}{\partial y^2}-a^2\bar{\hat{w}}=0\,,\tag{4.374}$$

式中，

$$a=(k^2+p^2/\beta^2)^{1/2},\qquad \mathrm{Re}\,a\geqslant 0\,.\tag{4.375}$$

满足方程(4.374)在$|y|\to\infty$时收敛的解为

$$\bar{\hat{w}}(k,y,p)=\begin{cases}Q^+(k)\mathrm{e}^{-ay}, & y>0,\\ Q^-(k)\mathrm{e}^{+ay}, & y<0.\end{cases}\tag{4.376}$$

将上式代入式(4.373)即得

$$\hat{w}(x,y,p)=\frac{1}{2\pi}\int_{-\infty}^{\infty}\mathrm{e}^{-\mathrm{i}kx-a|y|}Q^\pm(k)\mathrm{d}k,\qquad y\gtrless 0,\tag{4.377}$$

式中，待定系数$Q^\pm(k)$可以由式(4.371)所表示的位移边界条件及应力在y=0界面上连续的边界条件确定．为此，对式(4.371)两边作傅里叶变换：

$$\bar{\hat{w}}(k,0^+,p)-\bar{\hat{w}}(k,0^+,p)=\int_{-\infty}^{\infty}\mathrm{e}^{\mathrm{i}kx}\frac{\Delta w}{p}\mathrm{e}^{-p^x/v}H(x)\mathrm{d}x\,,\tag{4.378}$$

$$\bar{\hat{w}}(k,0^+,p)-\bar{\hat{w}}(k,0^-,p)=\frac{\Delta w}{p(\mathrm{i}k+p/v)}\,.\tag{4.379}$$

对上式作傅里叶反变换，可得

$$\hat{w}(x,0^+,p)-\hat{w}(x,0^-,p)=\frac{1}{2\pi}\int_{-\infty}^{\infty}\mathrm{e}^{-\mathrm{i}kx}\frac{\Delta w}{p(\mathrm{i}k+p/v)}\mathrm{d}k\,.\tag{4.380}$$

将式(4.377)代入上式左边，即可得到：

$$\frac{1}{2\pi}\int_{-\infty}^{\infty}\mathrm{e}^{-\mathrm{i}kx}[Q^{+}(k)-Q^{-}(k)]\mathrm{d}k=\frac{1}{2\pi}\int_{-\infty}^{\infty}\mathrm{e}^{-\mathrm{i}kx}\frac{\Delta w}{p(\mathrm{i}k+p/v)}\mathrm{d}k\,, \tag{4.381}$$

从而，

$$Q^{+}(k)-Q^{-}(k)=\frac{\Delta w}{p(\mathrm{i}k+p/v)}\,. \tag{4.382}$$

在现在讨论的问题里，应力$\tau_{yz}(x, y, t)$为

$$\tau_{yz}(x,y,t)=\mu\frac{\partial w(x,y,t)}{\partial y}\,, \tag{4.383}$$

式中，μ是刚性系数．在y=0 平面上，应力连续：

$$\tau_{yz}(x,0^{+},t)=\tau_{yz}(x,0^{-},t)\,. \tag{4.384}$$

由式(4.383)与式(4.377)可以求得$\tau_{yz}(x, y, t)$的拉普拉斯变换式：

$$\hat{\tau}_{yz}(x,y,p)=\mp\frac{\mu}{2\pi}\int_{-\infty}^{\infty}\mathrm{e}^{-\mathrm{i}kx}vQ^{\pm}(k)\mathrm{e}^{-a|y|}\mathrm{d}k,\qquad y\gtrless 0\,. \tag{4.385}$$

将上式代入在y=0 平面上应力连续条件[式(4.384)]的拉普拉斯变换式

$$\hat{\tau}_{yz}(x,0^{+},p)=\hat{\tau}_{yz}(x,0^{-},p)\,, \tag{4.386}$$

即可得出待定系数$Q^{+}(k)$与$Q^{-}(k)$的关系式：

$$-Q^{+}(k)=Q^{-}(k)\,. \tag{4.387}$$

将上式代入式(4.382)，即得

$$Q^{+}(k)=-Q^{-}(k)=Q(k)=\frac{\Delta w}{2p(\mathrm{i}k+p/v)}\,. \tag{4.388}$$

上式亦可由位移$w(x, y, t)$对于y=0 平面的反对称性得出[参见式(4.377)与式(4.369)]．

将式(4.388)代入式(4.377)，我们便得到：

$$\hat{w}(x,y,p)=\pm\frac{\Delta w}{4\pi p}\int_{-\infty}^{\infty}\frac{\mathrm{e}^{-\mathrm{i}kx-a|y|}}{\mathrm{i}(k-\mathrm{i}p/v)}\mathrm{d}k,\qquad y\gtrless 0\,. \tag{4.389}$$

上式即为满足波动方程(4.368)与位移边界条件(4.367)以及应力连续边界条件(4.383)的解的拉普拉斯变换式．对其作拉普拉斯反变换，即可得出位移$w(x, y, t)$．但是，我们亦可借助卡尼亚尔–德·胡普方法求解上式得出$w(x, y, t)$，而无须进行繁复的对参量k与p的两次积分．为此，作参量变换：

$$k=-\mathrm{i}ps\,. \tag{4.390}$$

将式(4.389)转换为对新变量s沿着复数s–平面虚轴从$-\mathrm{i}\infty$至$\mathrm{i}\infty$的积分：

$$\hat{w}(x,y,p)=\pm\frac{\Delta w}{4\pi p}\int_{-\mathrm{i}\infty}^{\mathrm{i}\infty}\mathrm{e}^{-p\tau}\frac{\mathrm{i}}{(s-1/v)}\mathrm{d}s,\qquad y\gtrless 0, \tag{4.391}$$

式中，τ是正实数：

$$\tau = sx + a|y|. \tag{4.392}$$

解出 s 作为τ的函数，我们得到：

$$s = \frac{\tau x}{r^2} \pm \mathrm{i}\frac{|y|}{r^2}(\tau^2 - r^2/\beta^2)^{1/2}, \qquad r/\beta < \tau < \infty, \tag{4.393}$$

式中，根式$(\tau^2-r^2/\beta^2)^{1/2}$取正实根．上式表明，若 $r/\beta<\tau<\infty$，它表示复数 s–平面上的双曲线的一支Γ．在复数τ–平面，奇点$\tau=\pm r/\beta$是分支点．若是作割线 $\mathrm{Im}\tau=0$，$r/\beta<\tau<\infty$，规定在割线上岸，根式$(\tau^2-r^2/\beta^2)^{1/2}$取负值：$(\tau^2-r^2/\beta^2)^{1/2}=-|(\tau^2-r^2/\beta^2)^{1/2}|$；在割线下岸，根式$(\tau^2-r^2/\beta^2)^{1/2}$取正值：$(\tau^2-r^2/\beta^2)^{1/2}=|(\tau^2-r^2/\beta^2)^{1/2}|$．这意味着式(4.393)右边的“+”号对应割线下岸，“–”号对应割线上岸．

根据哥西定理与约当引理，式(4.393)所表示的沿复数 s–平面虚轴从$-\mathrm{i}\infty$到 $\mathrm{i}\infty$的积分可以转换为沿Γ的积分：

$$\hat{w}(x,y,p) = \frac{\Delta w}{4\pi p}\int_{\Gamma} \mathrm{e}^{-p\tau}\frac{\mathrm{i}}{(s-1/v)}\mathrm{d}s. \tag{4.394}$$

这个积分也等于沿着复数τ–平面上包围割线 $\mathrm{Im}\tau=0$，$r/\beta\leqslant\tau<\infty$的路径$\Gamma'$的积分：

$$\hat{w}(x,y,p) = \frac{\Delta w}{4\pi p}\int_{\Gamma'} \mathrm{e}^{-p\tau}\frac{\mathrm{i}}{(s-1/v)}\frac{\partial s}{\partial \tau}\mathrm{d}\tau.$$

由式(4.393)可以求得

$$\frac{\partial s}{\partial \tau} = \frac{x}{r^2} \pm \mathrm{i}\frac{|y|}{r^2}\frac{\tau}{(\tau^2 - r^2/\beta^2)^{1/2}}. \tag{4.395}$$

而由式(4.392)可以求得

$$a = \frac{(\tau - sx)}{|y|}, \tag{4.396}$$

将式(4.393)代入上式，即得

$$a = \frac{\tau|y|}{r^2} \mp \mathrm{i}\frac{x}{r^2}(\tau^2 - r^2/\beta^2)^{1/2}. \tag{4.397}$$

从而，由式(4.395)与上式得到：

$$\frac{\partial s}{\partial \tau} = \pm\frac{\mathrm{i}a}{(\tau^2 - r^2/\beta^2)^{1/2}}. \tag{4.398}$$

在式(4.393)，式(4.395)，式(4.397)以及式(4.398)右边的上面的正、负号对应于割线 $\mathrm{Im}\tau=0$，$r/\beta\leqslant\tau<\infty$的下岸(以 L 表示)，下面的正、负号对应于割线的上岸(以 U 表示)．从而，式(4.394)可以转换为

$$\begin{aligned}\hat{w}(x,y,p) &= \frac{\Delta w}{4\pi}\left\{\int_{\infty}^{r/\beta}\frac{\mathrm{e}^{-p\tau}}{p}\left[\frac{\mathrm{i}}{(s-1/v)}\frac{\partial s}{\partial \tau}\right]_{\mathrm{U}}\mathrm{d}\tau + \int_{r/\beta}^{\infty}\frac{\mathrm{e}^{-p\tau}}{p}\left[\frac{\mathrm{i}}{(s-1/v)}\frac{\partial s}{\partial \tau}\right]_{\mathrm{L}}\mathrm{d}\tau\right\},\\ &= \frac{\Delta w}{4\pi}\left\{\int_{r/\beta}^{\infty}\frac{\mathrm{e}^{-p\tau}}{p}\left[\frac{-\mathrm{i}}{(s-1/\pi)}\frac{\partial s}{\partial \tau}\right]_{\mathrm{U}}\mathrm{d}\tau + \int_{r/\beta}^{\infty}\frac{\mathrm{e}^{-p\tau}}{p}\left[\frac{\mathrm{i}}{(s-1/v)}\frac{\partial s}{\partial \tau}\right]_{\mathrm{L}}\mathrm{d}\tau\right\},\end{aligned}$$

$$= \frac{\Delta w}{4\pi} \int_{r/\beta}^{\infty} \frac{\mathrm{e}^{-p\tau}}{p} 2\,\mathrm{Re}\left[\frac{-\mathrm{i}}{(s-1/\pi)} \cdot \frac{\partial s}{\partial \tau}\right]_{\mathrm{L}} \mathrm{d}\tau$$

$$= \frac{\Delta w}{2\pi} \int_{r/\beta}^{\infty} \frac{\mathrm{e}^{-p\tau}}{p} \mathrm{Re}\left[\frac{\mathrm{i}\left(\frac{x}{r^2} + \mathrm{i}\frac{|y|}{r^2} \cdot \frac{\tau}{(\tau^2 - r^2/\beta^2)^{1/2}}\right)}{\left(\frac{\tau x}{r^2} + \mathrm{i}\frac{|y|}{r^2}(\tau^2 - r^2/\beta^2)^{1/2} - 1/v\right)}\right] \mathrm{d}\tau$$

$$= \frac{\Delta w}{2\pi} \int_{0}^{\infty} \frac{\mathrm{e}^{-p\tau}}{p} \mathrm{Re}\left[\frac{\frac{x}{r}(\tau^2 - r^2/\beta^2)^{1/2} + \mathrm{i}\tau\frac{|y|}{r^2}}{\frac{|y|}{r}(\tau^2 - r^2/\beta^2)^{1/2} - \mathrm{i}\left(\frac{\tau x}{r} - \frac{r}{v}\right)}\right] \frac{H(\tau - r/\beta)}{(\tau^2 - r^2/\beta^2)^{1/2}} \mathrm{d}\tau, \tag{4.399}$$

$$\hat{w}(x, y, p) = \frac{\Delta w}{2\pi} \int_{0}^{\infty} \frac{\mathrm{e}^{-p\tau}}{p} \mathrm{Re}\left[\frac{(\tau^2 - r^2/\beta^2)^{1/2}\cos\theta + \mathrm{i}\tau\sin\theta}{(\tau^2 - r^2/\beta^2)^{1/2}\sin\theta - \mathrm{i}(\tau\cos\theta - r/v)}\right] \cdot \frac{H(\tau - r/\beta)}{(\tau^2 - r^2/\beta^2)^{1/2}} \mathrm{d}\tau, \tag{4.400}$$

$$\hat{w}(x, y, p) = \frac{\Delta w}{2\pi} \int_{0}^{\infty} \frac{\mathrm{e}^{-p\tau}}{p} \frac{(\tau^2 - r^2/\beta^2)\sin\theta\cos\theta - \tau\sin\theta(\tau\cos\theta - r/v)}{(\tau^2 - r^2/\beta^2)\sin^2\theta + (\tau\cos\theta - r/v)^2} \cdot \frac{H(\tau - r/\beta)}{(\tau^2 - r^2/\beta^2)^{1/2}} \mathrm{d}\tau. \tag{4.401}$$

式中，

$$\cos\theta = \frac{x}{r}, \tag{4.402}$$

$$\sin\theta = \frac{|y|}{r}. \tag{4.403}$$

注意到

$$p\hat{w}(x, y, p) = \int_{0}^{\infty} \mathrm{e}^{-pt} \frac{\partial w(x, y, t)}{\partial t} \mathrm{d}p, \tag{4.404}$$

立即可以得出：

$$\frac{\partial w(x, y, t)}{\partial t} = \frac{\Delta w}{2\pi} \cdot \frac{(t^2 - r^2/\beta^2)\sin\theta\cos\theta - t\sin\theta(t\cos\theta - r/v)}{(t^2 - r^2/\beta^2)\sin^2\theta + (t\cos\theta - r/v)^2} \cdot \frac{H(t - r/\beta)}{(t^2 - r^2/\beta^2)^{1/2}}. \tag{4.405}$$

由上式可以求得：距离破裂起始时刻已很长时间，也即自 $t = -\infty$起破裂已开始扩展，如果观测点 x 距离断层的前缘 vt 很近，即$\theta \to 0$，$x \to vt$，那么上式便退化为式(4.356)．换句话说，当破裂自 $t = -\infty$起已开始扩展且当扩展中的断层前缘距离观测点很近时，该点的近场运动可以由比较简单的、由上式退化得到的近似公式(4.356)描述．

尽管当破裂自 $t = -\infty$起已开始扩展且断层前缘距观测点很近时，上述结果可以简化为式(4.356)表示的结果，但是如果仔细分析对比上式所表示的结果与式(4.356)，便可发现，上式包含了由于断层破裂在 t=0 起始所发生的以β传播的尖锐波形．这点可以通过计算当 $t \to r/\beta$时扩展中的断层前缘的质点运动速度看出：

$$\frac{\partial w(x,y,t)}{\partial t}=\frac{\Delta w}{2\pi}\cdot\frac{\sin\theta}{(\beta/v-\cos\theta)}\cdot\frac{1}{2(r/\beta)^{1/2}}\cdot\frac{H(t-r/\beta)}{(t-r/\beta)^{1/2}}. \tag{4.406}$$

当 $t\to r/\beta$时，质点运动速度趋于无限大，具有平方根奇异性：$\partial w/\partial t\sim(t-r/\beta)^{1/2}$；$\partial w/\partial t$ 随着距离 r 以 $r^{-1/2}$ 的规律衰减，表明它是自断层扩展的起始点发出的柱面波；质点运动速度的辐射图型因子为 $\sin\theta/(\beta/v-\cos\theta)$，它表明，在断层扩展方向即 x-方向上，或者说，在$\theta=0$ 的方向上，辐射图型因子等于零，也就是说，$\theta=0$ 的平面是节平面．由上式还可推知，质点运动速度$\partial w/\partial t$ 的频谱在高频时的渐近线与$\omega^{-1/2}$ 成正比．

如果对式(4.406)再作一次对时间的微商，便可得到质点运动加速度$\partial^2 w(x,y,t)/\partial t^2$．当 $t\to r/\beta$时，质点运动加速度也有一个与“起始震相”相联系的奇点，$\partial^2 w(x,y,t)/\partial t^2\sim(t-r/\beta)^{-3/2}H(t-r/\beta)$，当 $t\to r/\beta$时，$\partial^2 w/\partial t^2$ 趋于无限大，具有$-3/2$ 次方的奇异性．相应地，质点运动加速度$\partial^2 w/\partial t^2$ 的频谱的高频渐近线与$\omega^{1/2}$ 成正比．

如果滑动量作为时间的函数不是如式(4.367)所假定的亥维赛单位阶跃函数，而是如式(4.30b)所表示的斜坡函数，那么峰值质点运动速度将是有限值，而峰值加速度当 $t\to r/\beta$ 时将会具有平方根奇异性．

(七) 断层扩展终止的近场效应

断层扩展终止的近场效应可以通过在前面已获得的结果的基础上叠加一个在 $x=L$ 处，$t=L/v$ 时刻开始扩展，扩展速度也为 v，但滑动方向正好相反的二维剪切滑动断层求得．这样一来，在 $x=L$ 前方不复有断层扩展，我们便得到由 $x=0$ 处起始，扩展到 $x=L$ 处终止的有限断层的解．从而便得到另一个由于断层扩展终止、以柱面波形式向外传播的奇异点．这个与断层扩展终止震相相联系的奇异点不是别的，本质上即是与叠加在前述断层上的第二个断层的起始震相．

上述分析涉及的结论仅是就单侧破裂断层的起始与终止震相而言的，起始震相与终止震相的等效性也是只在单侧破裂扩展的情况下成立．实际情形通常要比以上涉及的情形复杂得多．例如，破裂自一点起始，然后扩展到一个有限大小的面积，最后停止扩展．在这种情况下，如同在本章第三节(八)中就远场所做的讨论那样，断层起始的近场效应与终止的近场效应将会大不相同．

必须指出，本章第三节(五)、(六)、(七)讨论的二维反平面断层只产生 SH 波。

(八) 平面内问题

最简单的平面内(in-plane)问题，即从时间$-\infty$开始，半无限断层面以恒定的速度 v 向前扩展的问题．设断层滑动时间函数是亥维赛单位阶跃函数，与前述反平面问题相类似，边界条件为

$$u(x,0^+,t)-u(x,0^-,t)=\Delta u\cdot H(-x), \tag{4.407}$$

式中，$x'=x-vt$，$u(x,y,t)$是位移的 x-分量，Δu 是 x-方向的位错量．在 $y=0$ 平面，位移在 y-方向的分量 $v(x,y,t)$连续以及应力连续．

对于平面内问题，满足运动方程的位移的 x-分量 $u(x,y,t)$与 y-分量 $v(x,y,t)$可以用

标量势函数$\phi(x,y,t)$与$\psi(x,y,t)$表示为

$$\begin{cases} u(x,y,t)=\dfrac{\partial\phi}{\partial x}-\dfrac{\partial\psi}{\partial y}, \\ v(x,y,t)=\dfrac{\partial\phi}{\partial y}+\dfrac{\partial\psi}{\partial x}. \end{cases} \tag{4.408}$$

标量势函数ϕ与ψ满足下列波动方程：

$$\begin{cases} \dfrac{1}{\alpha^2}\dfrac{\partial^2\psi}{\partial t^2}=\dfrac{\partial^2\phi}{\partial x^2}+\dfrac{\partial^2\phi}{\partial y^2}, \\ \dfrac{1}{\beta^2}\dfrac{\partial^2\psi}{\partial t^2}=\dfrac{\partial^2\psi}{\partial x^2}+\dfrac{\partial^2\psi}{\partial y^2}. \end{cases} \tag{4.409}$$

式中，α与β分别是 P 波与 S 波传播速度：

$$\begin{cases} \alpha=\dfrac{\lambda+2\mu}{\rho}, \\ \beta=\sqrt{\dfrac{\mu}{\rho}}. \end{cases} \tag{4.410}$$

λ与μ是拉梅(Lamé)系数，ρ是密度．运用以v沿x-方向扩展的运动坐标系，可将ϕ与ψ所满足的方程改写为

$$\begin{cases} \left(1-\dfrac{v^2}{\alpha^2}\right)\dfrac{\partial^2\phi}{\partial x'^2}+\dfrac{\partial^2\phi}{\partial y^2}=0, \\ \left(1-\dfrac{v^2}{\beta^2}\right)\dfrac{\partial^2\psi}{\partial x'^2}+\dfrac{\partial^2\psi}{\partial y^2}=0. \end{cases} \tag{4.411}$$

为简单起见，以下只讨论$v<\alpha$，$v<\beta$的亚波速问题．

以上所示的方程的解为

$$\begin{cases} \phi=\mathrm{e}^{\mathrm{i}kx'\pm\sqrt{1-v^2/\alpha^2}\,ky}, \\ \psi=\mathrm{e}^{\mathrm{i}kx'\pm\sqrt{1-v^2/\beta^2}\,ky}. \end{cases} \tag{4.412}$$

因为在无限远处没有波源，我们欲求的解是从$y=0$向外传播的ϕ与ψ．当$y>0$时，我们有

$$\begin{cases} \phi=\phi^{+}\mathrm{e}^{\mathrm{i}kx'-\sqrt{1-v^2/\alpha^2}|k|y}, \\ \psi=\psi^{+}\mathrm{e}^{\mathrm{i}kx'-\sqrt{1-v^2/\beta^2}|k|y}. \end{cases} \tag{4.413}$$

类似地，当$y<0$时，

$$\begin{cases} \phi=\phi^{-}\mathrm{e}^{\mathrm{i}kx'+\sqrt{1-v^2/\alpha^2}|k|y}, \\ \psi=\psi^{-}\mathrm{e}^{\mathrm{i}kx'+\sqrt{1-v^2/\beta^2}|k|y}. \end{cases} \tag{4.414}$$

由u满足的间断面条件[参见式(4.407)]以及v，τ_{xy}，τ_{yy}的连续条件可以得到 4 个确定未知待定系数ϕ^{+}，ψ^{+}，ϕ^{-}，ψ^{-}．由v与τ_{xy}连续可以得出对$(\phi^{+}+\phi^{-})$与$(\psi^{+}+\psi^{-})$的约束条件：

$$\begin{cases}-\sqrt{1-v^2/\alpha^2}(\phi^+ + \phi^-) + \mathrm{i}(\psi^+ - \psi^-) = 0, \\ 2\mathrm{i}\sqrt{1-v^2/\alpha^2}(\phi^+ + \phi^-) + (2 - v^2/\beta^2)(\psi^+ - \psi^-) = 0.\end{cases} \tag{4.415}$$

上列方程组的系数行列式

$$\begin{vmatrix}-\sqrt{1-v^2/\alpha^2} & \mathrm{i} \\ 2\mathrm{i}\sqrt{1-v^2/\alpha^2} & (2-v^2/\beta^2)\end{vmatrix} = \sqrt{1-v^2/\alpha^2}\cdot v^2/\beta^2. \tag{4.416}$$

只要 $v\neq\alpha$，式(4.416)表示的式(4.415)的系数行列式便不为零，所以

$$\begin{cases}\phi^+ + \phi^- = 0, \\ \psi^+ - \psi^- = 0.\end{cases} \tag{4.417}$$

由此可得，$u(x, y, t)$ 与 $\tau_{yy}(x, y, t)$ 是 y 的奇函数，$v(x, y, t)$ 与 $\tau_{xy}(x, y, t)$ 是 y 的偶函数. 进一步，既然 y=0 时 τ_{yy} 连续，因此，τ_{yy} 在 y=0 时为零：

$$\tau_{yy}(x, y, t) = 0, \qquad y = 0. \tag{4.418}$$

既然 u 是 y 的奇函数，所以式(4.407)所示的间断面条件可以表示为

$$\begin{aligned} u(x, 0^+, t) &= -u(x, 0^-, t), \\ &= \frac{\Delta u}{2}H(-x'), \\ &= -\frac{\Delta u}{4\pi}\int_{-\infty+\mathrm{i}\varepsilon}^{\infty+\mathrm{i}\varepsilon}\frac{\mathrm{e}^{\mathrm{i}kx'}}{\mathrm{i}k}\mathrm{d}k, \end{aligned} \tag{4.419}$$

式中，ε是一个小的正数.

由式(4.418)与式(4.419)，可以确定作为 k 的函数的待定系数ϕ^+与ψ^+，然后将 u 与 v 表示为对 k 的积分. 结果是，对于 y>0，

$$\begin{cases} u(x, y, t) = -\dfrac{\Delta u}{2\pi}\displaystyle\int_{-\infty+\mathrm{i}\varepsilon}^{+\infty+\mathrm{i}\varepsilon}\left[\frac{\beta^2}{v^2}\mathrm{e}^{-\sqrt{1-v^2/\alpha^2}|k|y} - \frac{(\beta^2 - v^2/2)}{v^2}\mathrm{e}^{-\sqrt{1-v^2/\beta^2}|k|y}\right]\mathrm{e}^{\mathrm{i}kx'}\frac{\mathrm{d}k}{\mathrm{i}k}, & (4.420) \\ v(x, y, t) = -\dfrac{\Delta u}{2\pi}\displaystyle\int_{-\infty+\mathrm{i}\varepsilon}^{+\infty+\mathrm{i}\varepsilon}\left[\frac{\beta^2}{v^2}\sqrt{1-v^2/\alpha^2}\,\mathrm{e}^{-\sqrt{1-v^2/\alpha^2}|k|y} - \frac{(\beta^2 - v^2/2)}{v^2\sqrt{1-v^2/\beta^2}}\mathrm{e}^{-\sqrt{1-v^2/\beta^2}|k|y}\right] & \\ \qquad\cdot\mathrm{i}\cdot\mathrm{sign}(\mathrm{Re}\,k)\,\mathrm{e}^{\mathrm{i}kx'}\dfrac{\mathrm{d}k}{\mathrm{i}k}. & (4.421) \end{cases}$$

式中，sign(Re k)表示 k 的实部的正、负号. 若令 y=0^+，由上式第一式可得 $u(x, 0^+, t)$= $(\Delta u/2)\cdot H(-x')$. 在上式中，被积函数随 k 与 y 指数衰减，说明与反平面问题类似，平面内问题的位移的解也是非均匀平面波的叠加. 因此，可以预料，这些非均匀平面波在断层面附近就“陷落”了，即随距断层的距离迅速衰减. 由上式可见，u 分量的振幅谱与 v 分量的振幅谱相似，但位相差π/2，这由 v 分量被积函数多了一个因子 i 即可看出. 如果 $u(x, y, t)$ 对于 x'=0 是反对称的，那么 $v(x, y, t)$ 就应当是对称的. 下面我们将看到，如果断层滑动量是阶跃函数，那么，横向位移分量 $v(x, y, t)$ 就应当是在 x'=0 具有对数奇异性

的脉冲.

为避免在 k=0 的奇异性，我们先来计算质点运动速度$\partial u/\partial t$ 与$\partial v/\partial t$. 既然作$\partial/\partial t$ 运算会在被积函数中引入因子$-\mathrm{i}kv$ 从而消除奇异性,我们可令ε=0. 于是积分将具有以下形式:

$$\begin{aligned}\int_{-\infty}^{\infty}\mathrm{e}^{\mathrm{i}kx'-\sqrt{1-v^2/\alpha^2}|k|y}\mathrm{d}k&=\int_{0}^{\infty}\mathrm{e}^{\mathrm{i}kx'-\sqrt{1-v^2/\alpha^2}ky}\mathrm{d}k+\int_{-\infty}^{0}\mathrm{e}^{\mathrm{i}kx'+\sqrt{1-v^2/\alpha^2}ky}\mathrm{d}k\\&=\frac{2\sqrt{1-v^2/\alpha^2}\,y}{x'^2+(1-v^2/\alpha^2)y^2},\end{aligned}\tag{4.422}$$

或者是

$$\begin{aligned}\int_{-\infty}^{\infty}\mathrm{i}\cdot\mathrm{sign}(k)k\mathrm{e}^{\mathrm{i}kx'-\sqrt{1-v^2/\alpha^2}|k|y}\mathrm{d}k&=\int_{0}^{\infty}\mathrm{i}\cdot\mathrm{e}^{\mathrm{i}kx'-\sqrt{1-v^2/\alpha^2}ky}\mathrm{d}k-\int_{-\infty}^{\infty}\mathrm{i}\cdot\mathrm{e}^{\mathrm{i}kx'+\sqrt{1-v^2/\alpha^2}ky}\mathrm{d}k,\\&=\frac{-2x'}{x'^2+(1-v^2/\alpha^2)y^2}.\end{aligned}\tag{4.423}$$

不难发现，式(4.422)右边是下列公式左边方括号内的函数对 x'的导数：

$$\frac{\partial}{\partial x'}[-2\tan^{-1}(1-v^2/\alpha^2)y/x']=\frac{2(1-v^2/\alpha^2)y}{x'^2+(1-v^2/\alpha^2)y^2},\tag{4.424}$$

以及类似地，式(4.423)右边是下列公式左边方括号内的函数对 x'的导数：

$$\frac{\partial}{\partial x'}[-\ln\{x'^2+(1-v^2/\alpha^2)y^2\}]=\frac{-2x'}{x'^2+(1-v^2/\alpha^2)y^2}.\tag{4.425}$$

运用这些关系式，可以得到对于 y>0 情形的质点速度：

$$\begin{aligned}\frac{\partial u(x,y,t)}{\partial t}&=-v\frac{\partial u(x,y,t)}{\partial x'}\\&=\frac{v\Delta u}{\pi}\left[\frac{\beta^2}{v^2}\cdot\frac{\sqrt{1-v^2/\alpha^2}\cdot y}{x'^2+(1-v^2/\alpha^2)y^2}-\frac{(\beta^2-v^2/2)}{v^2}\frac{\sqrt{1-v^2/\beta^2}\cdot y}{x'^2+(1-v^2/\beta^2)y^2}\right],\end{aligned}\tag{4.426}$$

$$\begin{aligned}\frac{\partial v(x,y,t)}{\partial t}&=-v\frac{\partial v(x,y,t)}{\partial x'}\\&=-\frac{v\Delta u}{\pi}\left[\frac{\beta^2}{v^2}\sqrt{1-v^2/\alpha^2}\cdot\frac{x'}{x'^2+(1-v^2/\alpha^2)y^2}-\frac{(\beta^2-v^2/2)}{v^2\sqrt{1-v^2/\beta^2}}\cdot\frac{x'}{x'^2+(1-v^2/\beta^2)y^2}\right];\end{aligned}\tag{4.427}$$

以及 y>0 情形的位移：

$$u(x,y,t)=\frac{\Delta u}{\pi}\left[\frac{\beta^2}{v^2}\tan^{-1}\frac{\sqrt{1-v^2/\alpha^2}\cdot y}{x'}-\frac{(\beta^2-v^2/2)}{v^2}\tan^{-1}\frac{\sqrt{1-v^2/\beta^2}\cdot y}{x'}\right],\tag{4.428}$$

$$v(x,y,t)=\frac{\Delta u}{\pi}\left[\frac{\beta^2}{v^2}\sqrt{1-v^2/\alpha^2}\ln[x'^2+(1-v^2/\alpha^2)y^2]^{1/2}\right.$$
$$\left.-\frac{(\beta^2-v^2/2)}{v^2\sqrt{1-v^2/\beta^2}}\ln[x'^2+(1-v^2/\beta^2)y^2]^{1/2}\right]. \tag{4.429}$$

以上公式是 Eshelby(1959)最先得到的．事实上，这个公式不但当 $y>0$ 时成立，而且当 $y<0$ 时也成立．式中 $\tan^{-1}$ 的值介于 $(-\pi,\pi)$，所以 u 在 $x'<0$，通过 $y=0$ 时，在 u 有一大小为 Δu 的阶跃间断．这就是断层面，而上式正确地复制出了式(4.419)所示的阶跃间断．而对于横向分量 $v(x,y,t)$，则显示出一个对称脉冲，在 $x'=0$ 即 $x=vt$ 处具有对数奇异性奇点 $\ln|x'|$．这个结果与本章第四节(二)讨论过的数值计算解的结果定性一致．

由式(4.426)与式(4.427)可以得到应力分量 τ_{xx}，τ_{yy}，τ_{yz}．它们是

$$\tau_{xx}=\frac{2\mu\Delta u\beta^2}{\pi v^2}\left[\frac{(1-v^2/\alpha^2)^{1/2}(v^2/\alpha^2-v^2/2\beta^2)y}{x'^2+(1-v^2/\alpha^2)y^2}+\frac{(1-v^2/2\beta^2)(1-v^2/\beta^2)^{1/2}y}{x'^2+(1-v^2/\beta^2)y^2}\right], \tag{4.430}$$

$$\tau_{yy}=\frac{2\mu\Delta u\beta^2}{\pi v^2}\left[\frac{(1-v^2/\beta^2)^{1/2}(1-v^2/2\alpha^2)^{1/2}y}{x'^2+(1-v^2/\alpha^2)y^2}-\frac{(1-v^2/2\beta^2)(1-v^2/\beta^2)^{1/2}y}{x'^2+(1-v^2/\beta^2)y^2}\right], \tag{4.431}$$

$$\tau_{yz}=\frac{2\mu\Delta u\beta^2}{\pi v^2}\left[\frac{(1-v^2/\alpha^2)^{1/2}x'}{x'^2+(1-v^2/\alpha^2)y^2}-\frac{(1-v^2/2\beta^2)x'}{(1-v^2/\beta^2)^{1/2}[x'^2+(1-v^2/\beta^2)y^2]}\right]. \tag{4.432}$$

由式(4.431)可得，当 $y=0$，$\tau_{yy}=0$ 时，与边界条件式(4.418)要求一致，而

$$\tau_{xy}=\frac{2\mu\Delta u\beta^2}{\pi v^2x'}[(1-v^2/\alpha^2)^{1/2}-(1-v^2/2\beta^2)^2(1-v^2/\beta^2)^{-1/2}]. \tag{4.433}$$

由上式可见，τ_{xy} 在断层面的前缘具有 $(x')^{-1}$ 的奇异性，在前缘的后面，τ_{xy} 趋于 $-\infty$；在前缘的前方，τ_{xy} 趋于 ∞．在方括号内的函数是熟知的确定在均匀半空间中瑞利(Rayleigh)波速度的函数．当 v 等于瑞利波速度时，$\tau_{xy}=0$．这样，当破裂扩展速度 v 等于瑞利波速度时，平面问题的剪切应力在断层面上等于零．

所得的平面问题的质点运动速度与前述反平面问题的质点运动速度的结果在频谱与随距离衰减等方面十分相像．例如，两个分量的峰值速度均随距断层的距离成反比衰减；在断层上，就平行分量而言，质点运动速度是狄拉克 δ-函数，而就横向分量而言，则正比于 $(x-vt)^{-1}$；两个函数都有相同的恒定的谱密度，但对所有频率而言，相位差 $\pi/2$；在离开断层的地点，高频渐近线呈指数衰减，正是预计的非均匀平面波．

(九)平面断层的破裂起始效应

现在通过求解类似于前述反平面断层那样的问题，分析平面内地震断层破裂起始效应．如图 4.37 所示，设断层于 $x=0$ 开始破裂，然后以破裂扩展速度 v 沿 x-方向匀速地向前扩展．以边界条件表示，为

$$u(x,0^+,t)-u(x,0^-,t)=\Delta u\cdot H(t-x/v)H(x). \tag{4.434}$$

与前述问题一样，v，τ_{xy} 与 τ_{yy} 连续．在现在讨论的问题中，u 与 τ_{yy} 是 y 的奇函数，v 与 τ_{xy} 是 y 的偶函数．由此可得，与断层自 $t=-\infty$ 开始扩展的问题一样，在 $y=0$ 时，$\tau_{yy}=0$．

作 $\phi(x, y, t)$ 与 $\psi(x, y, t)$ 的拉普拉斯变换，可以求得下列波动方程：

$$\frac{\partial^2\hat{\phi}}{\partial x^2}+\frac{\partial^2\hat{\phi}}{\partial y^2}=\frac{p^2}{\alpha^2}\hat{\phi}, \tag{4.435}$$

$$\frac{\partial^2\hat{\psi}}{\partial x^2}+\frac{\partial^2\hat{\psi}}{\partial y^2}=\frac{p^2}{\beta^2}\hat{\psi}. \tag{4.436}$$

方程(4.435)与(4.436)的解具有 $e^{ikx\pm\gamma y}$ 与 $e^{ikx\pm\nu y}$ 的形式，其中，

$$\gamma^2=k^2+p^2/\alpha^2, \tag{4.437}$$

$$\nu^2=k^2+p^2/\beta^2. \tag{4.438}$$

$\hat{u}(x, 0^+, p)$ 的边界条件可以通过对式(4.434)作拉普拉斯变换求得

$$\begin{aligned}\hat{u}(x, 0^+, p)&=-\hat{u}(x, 0^-, p),\\&=\frac{\Delta u}{2}\frac{e^{-px/v}}{\rho}H(x),\\&=\frac{\Delta u}{4\pi p}\int_{-\infty}^{\infty}\frac{e^{ikx}}{i(k-ip/v)}dk.\end{aligned} \tag{4.439}$$

由这个条件以及在 $y=0$ 应力 $\tau_{yy}=0$ 的条件可以得到问题的解：

$$\hat{u}(x, y, p)=-\frac{\Delta u}{2}\int_{-\infty}^{\infty}\left[\frac{\beta^2k^2}{p^2}e^{-\gamma y}-\frac{(2\beta^2k^2+p^2)}{2p^2}e^{-\nu y}\right]\frac{e^{ikx}}{i(k-ip/v)}dk, \tag{4.440}$$

$$\hat{v}(x, y, p)=-\frac{\Delta u}{2}\int_{-\infty}^{\infty}\left[\frac{\beta^2}{p^2}ik\gamma e^{-\gamma y}-\frac{(2\beta^2k^2+p^2)}{2\nu p^2}ike^{-\nu y}\right]\frac{e^{ikx}}{i(k-ip/v)}dk. \tag{4.441}$$

对式(4.440)与式(4.441)右边逐项运用卡尼亚尔–德·胡普方法，将式中的参量 k 转换成

$$\tau=\frac{1}{p}(-ikx+\gamma y), \tag{4.442}$$

或

$$\tau=\frac{1}{p}(-ikx+\nu y). \tag{4.443}$$

最后从变换的拉普拉斯变换式中确定出质点运动速度 $\partial u(x, y, t)/\partial t$ 与 $\partial v(x, y, t)/\partial t$：

$$\begin{aligned}\frac{\partial u(x, y, t)}{\partial t}=\frac{\beta^2\Delta u}{\pi}&\left\{\mathrm{Im}\left[\frac{p_1^2[t\sin\theta+i\cos\theta(t^2-r^2/\alpha^2)^{1/2}]}{i/v-p_1}\right]\cdot\frac{H(t-r/\alpha)}{r(t^2-r^2/\alpha^2)^{1/2}}\right.\\&\left.-\mathrm{Im}\left[\frac{\left(1/2\beta^2+p_2^2\right)[t\sin\theta+i\cos\theta(t^2-r^2/\beta^2)^{1/2}]}{i/v-p_2}\right]\cdot\frac{H(t-r/\beta)}{r(t^2-r^2/\beta^2)^{1/2}}\right\},\end{aligned} \tag{4.444}$$

$$\frac{\partial v(x,y,t)}{\partial t}=\frac{\beta^2\Delta u}{\pi}\left\{\mathrm{Re}\left[\frac{(1/\alpha^2+p_1^2)p_1}{\mathrm{i}/v-p_1}\right]\cdot\frac{H(t-r/\alpha)}{(t^2-r^2/\alpha^2)^{1/2}}\right.$$
$$\left.-\mathrm{Re}\left[\frac{(1/2\beta^2+p_2^2)}{\mathrm{i}/v-p_2}\right]\cdot\frac{H(t-r/\beta)}{(t^2-r^2/\beta^2)^{1/2}}\right\}, \tag{4.445}$$

式中，

$$\begin{cases}\cos\theta=\dfrac{x}{r},\\ \sin\theta=\dfrac{y}{r},\\ p_1=\dfrac{1}{r}(t^2-r^2/\alpha^2)^{1/2}\sin\theta+i\dfrac{t}{r}\cos\theta,\\ p_2=\dfrac{1}{r}(t^2-r^2/\beta^2)^{1/2}\sin\theta+i\dfrac{t}{r}\cos\theta.\end{cases} \tag{4.446}$$

以上公式系越南 Ang(邓廷盎)和 Williams 于 1959 年所得结果(Ang and Williams, 1959)，并被 Boore 和 Zoback 于 1974 上运用于解释在帕科伊玛(Pacoima)水坝记录到的 1971 圣费尔南多(San Fernando)地震的加速度记录(Boore and Zoback, 1974)．

当观测点距离震源起始破裂点很远时，近断层的运动应当接近于式(4.426)与式(4.427)所表示的结果．事实上，如果令 $y/r=\sin\theta$ 以及 $r-vt$ 均很小，式(4.444)与式(4.445)将分别简化为式(4.426)与式(4.427)．这就是说，当破裂面的前缘到达时，近场地面运动可近似地以式(4.444)与式(4.445)的简化形式式(4.426)与式(4.427)予以解释．

式(4.444)与式(4.445)包含了自破裂起始点发出的、以 P 波与 S 波传播的附加的震相．若分别令 $t-r/\alpha$ 与 $t-r/\beta$ 很小，则由式(4.444)与式(4.445)分别可得

当 $t\to r/\alpha$:

$$\left.\begin{matrix}\dfrac{\partial u}{\partial t}\\ \dfrac{\partial v}{\partial t}\end{matrix}\right\}=\left\{\begin{matrix}\cos\theta\\ \\ \sin\theta\end{matrix}\right.\times\frac{\Delta u}{\pi}\cdot\frac{\beta^2}{\alpha^2}\cdot\frac{\sin 2\theta}{2(\alpha/v-\cos\theta)}\cdot\frac{H(t-r/\alpha)}{(t-r/\alpha)^{1/2}(2r/\alpha)^{1/2}}; \tag{4.447}$$

当 $t\to r/\beta$:

$$\left.\begin{matrix}\dfrac{\partial u}{\partial t}\\ \dfrac{\partial v}{\partial t}\end{matrix}\right\}=\left\{\begin{matrix}-\sin\theta\\ \\ \cos\theta\end{matrix}\right.\times\frac{\Delta u}{\pi}\cdot\frac{\cos 2\theta}{2(\beta/v-\cos\theta)}\cdot\frac{H(t-r/\beta)}{(t-r/\beta)^{1/2}(2r/\beta)^{1/2}}. \tag{4.448}$$

如图 4.39 所示，这些波的辐射图型因子是双力偶型的辐射图型因子 $\sin2\theta$(P 波)与 $\cos2\theta$(S 波)，但是分别受到由 $(\alpha/v-\cos\theta)^{-1}$(P 波)与 $(\beta/v-\cos\theta)^{-1}$(S 波)表示的调制因子的调制．它们是柱面波，按 $r^{-1/2}$ 的规律随距离衰减．与反平面问题的结果一样，质点运动速度在开始时具有平方根奇异性．与这些起始震相相联系的加速度在破裂起始时也趋于无限大，但具有 3/2 次方的奇异性．如果滑动量作为时间的函数是斜坡函数，那么峰值速度将趋于有限大小的量，但峰值加速度在破裂起始时将具有平方根奇异性．

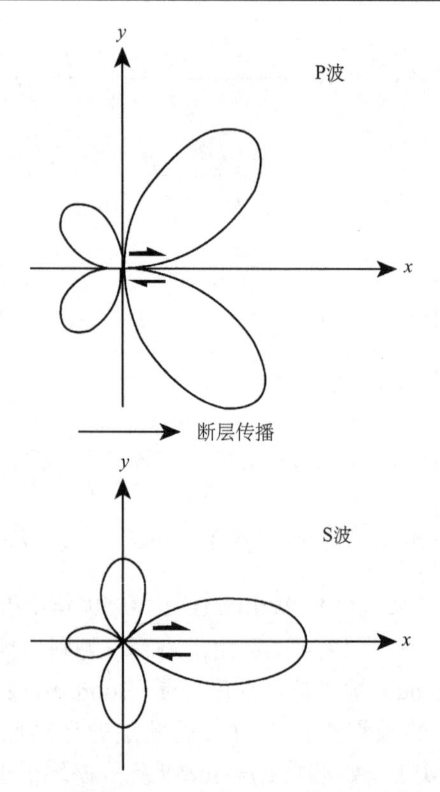

图 4.39　正在扩展的平面剪切断层自破裂起始点辐射的地震体波的辐射图型

与通常的双力偶型震源的辐射图型(参见图 3.16 与图 3.17)不同，此情形下的辐射图型受到形式如 $(\alpha/v-\cos\theta)^{-1}$ (P 波)与 $(\beta/v-\cos\theta)^{-1}$ (S 波)表示的调制因子的调制

如同前面对反平面问题的分析一样，在平面内问题中，断层扩展的终止效应就现在讨论的单侧破裂扩展断层而言，与断层破裂的起始效应是相似的.

对于在一个矩形断层面上具有均匀滑动量函数的哈斯克尔模式，Madariaga (1978)获得了在均匀、各向同性、完全弹性的无限介质中任意点的运动的精确的解析解. 结果表明: ①由长度为 W 的初始位错线源突然发生错动发出的波以及破裂突然终止发出的波是柱面波；②由矩形断层的 4 个角发出的波是球面波. 在垂直于包含断层面的位错线的一个片区，柱面波占优势，并且具有式(4.406)，式(4.447)以及式(4.448)给出的移动位错发出的柱面波相同的特征.

参 考 文 献

陈运泰, 林邦慧, 李兴才, 王妙月, 夏大德, 王兴辉, 刘万琴, 李志勇, 1976. 巧家、石棉的小震震源参数的测定及其地震危险性的估计. 地球物理学报, **19** (3): 206-233.

[日]金森博雄(編著), 1991. 地震の物理. 東京: 岩波書店. 1-279.

[日]理論地震動研究会(編著), 1994. 地震動. その合成と波形处理. 東京: 鹿島出版会. 1-256.

Aki, K., 1967. Scaling law of seismic spectrum. *J. Geophys. Res.* **72**: 1217-1231.

Aki, K., 1968. Seismic displacement near a fault. *J. Geophys. Res.* **73**: 5359-5376.

Aki, K. and Richards, P. G., 1980. *Quantitative Seismology: Theory and Methods*. **1** & **2**. San Francisco: W. H.

Freeman. 1-932. 安芸敬一, P. G. 理查兹, 1986. 定量地震学. 第**1**, **2**卷. 李钦祖, 邹其嘉等译. 北京: 地震出版社. 1-620, 1-406.

Aki, K. and Richards, P. G., 2002. *Quantitative Seismology*. 2nd edition. Sausalito, CA: University Science Books. 1-700.

Ang, D. D. and Williams, M. I., 1959. The dynamic stress field due to an extensional dislocation. *Proceadings of the Fourth Midwestern Conference on Solid Mechanics*. Austin: Univ. Texas Press.

Ben-Menahem, A., 1961. Radiation of seismic surface waves from finite moving sources. *Bull. Seismol. Soc. Am*. **51**: 401-435.

Ben-Menahem, A., 1962. Radiation of seismic body waves from finite moving sources in the earth. *J. Geophys. Res*. **67**: 396-474.

Ben-Menahem, A. and Singh, S. J., 1981. *Seismic Waves and Sources*. New York: Springer-Verlag. 1-1108.

Boore, D. M. and Zoback M.D, 1974. Near-field motions from kinematic models of propagating faults. *Bull. Seimol. Soc Am*. 64: 321-342.

Bormann, P. (ed.), 2002. *IASPEI New Manual of Seismological Observatory Practice*. **1** & **2**. Potsdam: GeoForschungs Zentrum Potsdam. 1-737, 738-1109. 彼德·鲍曼主编, 2006. 新地震观测实践手册. 第**1**, **2** 卷. 中国地震局监测预报司译, 金严, 陈培善, 许忠淮等校. 北京: 地震出版社. 1-572, 573-1003.

Brune, J. N., 1970. Tectonic stress and spectra of seismic shear waves from earthquakes. *J. Geophys. Res*. **75**: 4997-5009.

Brune, J. N., 1971. Correction. *J. Geophys. Res*. **76**: 5002.

Brune, J. N., 1976. The physics of earthquake strong motion. In: Lomnitz, C. and Rosenblueth, E. (eds.), *Seismic Risk and Engineering Decisions*. New York: Elsevier. 141-171.

Bullen, K. E., 1953. *An Introduction to the Theory of Seismology*. 2nd edition. Cambridge: Cambridge University Press, 1-296. K. E. 布伦著, 1965. 地震学引论. 朱传镇, 李钦祖译, 傅承义校. 北京: 科学出版社. 1-336.

Bullen, K. E. and Bolt, B. A., 1985. *An Introduction to the Theory of Seismology*. 4th edition. Cambridge: Cambridge University Press. 1-500. K. E. 布伦, B. A. 博尔特著, 1988. 地震学引论. 李钦祖, 邹其嘉译校. 北京: 地震出版社. 1-543.

Burridge, R. and Willis, J., 1969. The self-similar problem of the expanding elliptical crack in an anisotropic solid. *Proc. Camb. Phil. Soc*. **66**: 443-468.

Cagniard, L., 1939. Réflecxion et Réfraction des Ondes Séismiques Progressives. Paris: Gauthier-Villars Cie.

Cagniard, L., 1962. Reflection and Refraction of Progressive Seismic Waves. Translated and revised by Flinn, E. A. and Dix, C. H., New York: McGraw-Hill. 1-282.

Dahlen, F. A., 1974. On the ratio of P-wave to S-wave corner frequencies for shallow earthquake sources. *Bull. Seismol. Soc. Am*. **64**: 1159-1180.

De Hoop, A. T., 1960. A modification of Cagniard's method for solving seismic pulse problems. *Appl. Sci. Res*. **38**: 349-356.

Dix, C. H., 1954. The method of Cagniard in seismic pulse problem. *Geophysics* **19**: 722-738.

Eshelby, J. D., 1957. The determination of elastic field of an ellipsoid inclusion and related problems. *Proc. Roy. Soc. London* **A241**: 376-396.

Frank, F. C., 1949. On the equations of motion of crustal dislocations. *Proceedings of the Physical Society* **A62**: 131-134.

Furuya, I., 1969. Predominant period and magnitude. *J. Phys. Earth* **17**: 119-126.

Gradshteyn, I. S. and Ryzhik, I. M., 1980. *Table of Integrals, Series, and Products*. Corrected and Enlarged Edition. New-York: Academic Press. 1-1160.

Hanks, T. C. and Wyss, M., 1972. The use of body wave spectra in the determination of seismic source parameters. *Bull. Seismol. Soc. Am.* **62**: 561-589.

Haskell, N. A., 1964a. Radiation patterns of surface waves from point sources in a multi-layered medium. *Bull. Seismol. Soc. Am.* **54**: 377-394.

Haskell, N. A., 1964b. Total energy and energy spectral density of elastic wave radiation from propagating fault. *Bull. Seismol. Soc. Am.* **54**: 1811-1842.

Haskell, N. A, 1966. Total energy and energy spectral density of elastic wave radiation from propagating fault. Part II. *Bull. Seismol. Soc. Am.* **56**: 125-140.

Haskell, N. A, 1969. Elastic displacements in the near-field of a propagating fault. *Bull. Seismol. Soc. Am.* **59**: 865-908.

Hirasawa, T. and Stauder, W., 1965. On the seismic body waves from a finite moving source. *Bull. Seismol. Soc. Am.* **55**: 237-262.

Honda, H., 1962. Earthquake mechanism and seismic waves. *J. Phys. Earth* **10** (suppl.): 1-98.

Jeffreys, H., 1931. In the case of oscillatory movement in seismograms. *M. N. G. S.* **2**: 407-416.

Kasahara, K., 1981. *Earthquake Mechanics*. Cambridge: Cambridge University Press. 1-261. 笠原庆一, 1986. 地震力学. 赵仲和译, 北京: 地震出版社., 1-248.

Keylis-Borok, V. I., 1959. On estimation of the displacement in an earthquake source and source dimensions. *Ann. Geofisica*. **12**: 205-214.

Khattri, K. N., 1969a. Determination of earthquake fault plane, fault area, and rupture velocity from the spectia of long period P waves and the amplitude of SH waves. *Bull. Seismol. Soc. Amer.* **59**(2): 615-630.

Khattri, K. N., 1969b. Focal mechanism of the Brazil deep focus earthquake of November 3, 1965, from the amplitude spectra of isolated P waves. *Bull. Seismol. Soc. Amer.* **59**(2): 691-704.

Khattri, K. N., 1973. Earthquake focal mechanisms studies—A review. *Earth. Sci. Rev.* **9**: 19-63.

Kostrov, B. V. and Das, S., 1988. *Principles of Earthquake Source Mechanics*. Cambridge: Cambridge University Press. 1-475.

Lay, T. and Wallace, T. C., 1995. *Modern Global Seismology*. San Diego: Academic Press. 1-521.

Liebfried, G. and Dietze, H. D., 1949. Zür theorie der Schraufen versetzung. *Zeitschrift für Geophyik* **126**: 790-808.

Madariaga, R., 1977. High frequency radiation from crack (stress drop) models of earthquake faulting. *Geophys. J. R. astr. Soc.* **51**: 625-651.

Madariaga, R., 1978. The dynamic field of Haskell's rectangular dislocation fault model. *Bull. Seismol. Soc. Am.* **68**: 869-887.

Madariaga, R., 1981. Dislocations and earthquakes. In: Balian, R., Kléman, M. and Poirier, J. -P. (eds.), *Physics of Defects*. Amsterdam: North-Holland Publ. Co. 569-615.

Madariaga, R., 1983. Earthquake source theory: A review. In: Kanamori, H. and Boschi, E.（eds.）, *Earthquakes*: *Observation*, *Theory and Interpretation*. Amsterdam: North-Holland Publ. Co. 1-44.

Madariaga, R., 1989. Seismic source: Theory. In: James, D. E.（ed.）, *Encyclopedia of Solid Earth Geophysics*. New York: Van Nostrand Reinhold Co. 1129-1133.

Madariaga, R., 2007. Seismic source theory. In: Kanamori, H.（ed.）, *Earthquake Seismology*. Amsterdam: Elsevier. 59-82.

Madariaga, R., 2011. Earthquakes, source theory. In: Gupta, H. K.（eds.）, *Encyclopedia of Solid Earth Geophysics*. Dordrecht: Springer. 248-252.

Molnar, P., Tucker, B. E. and Brune, J. N., 1973. Corner frequency of P and S waves and model of earthquake sources. *Bull*. *Seismol*. *Soc*. *Am*. **63**: 2091-2104.

Sato, T. and Hirasawa, T., 1973. Body wave spectra from propagating shear cracks. *J*. *Phys*. *Earth* **21**: 415-431.

Savage, J. C., 1966. Radiation from a realistic model of faulting. *Bull*. *Seismol*. *Soc*. *Am*. **56**: 577-592.

Savage, J. C., 1972. Relation of corner frequency to fault dimensions. *J*. *Geophys*. *Res*. **77**: 3788-3795.

Savage, J. C., 1980. Dislocation in seismology. In: Nabarro, F. R. N.（ed. ）, *Dislocations in Solids* **3**. *Moving Dislocations*. Amsterdam: North Holland Publ. Co. 251-339.

Stein, S. and Wysession, M., 2003. *An Introduction to Seismology*, *Earthquakes*, *and Earth Structure*. Malden: Blackwell Publishing, 1-498.

Udías, A., 1991. Source mechanism of earthquakes. *Adv*. *Geophys*. **33**: 81-140.

Udías, A., 1999. *Principles of Seismology*. Cambridge: Cambridge University Press. 1-475.

Wu, F. T., 1966. Lower limit of the total energy of earthquakes and partitioning of energy among seismic waves. Ph. D. Thesis, California Institute of Technology.

Костров, Б. В., 1975. *Механика Очага Тектонического Землетрясения*. Москва: Издателвство《Наука》, АН СССР. 1-176. Б. В. 科斯特罗夫, 1979. 构造地震震源力学. 冯德益, 刘建华, 汤泉译. 北京: 地震出版社. 1-204.

第五章　震源物理参量

第一节　震源物理参量

通过分析由地震震源辐射出的地震波的记录，可以提取有关震源的讯息．尽管存在着一定的局限性，例如，从远场体波的观测不可能复原空间波长小于 $2\pi c/\omega$的断层运动的细节[参见第四章第一节式(4.21)]．但是，如果对实际震源过程的表示作适当简化，就有可能在相对而言比较简单的震源模型的基础上对震源的特性作一些估计，测定震源的参量，定量地描述震源的性质．这里概述用地震波研究地震震源过程、测定震源参量的原理和方法(Aki and Richards, 1980; 傅承义等, 1985; 金森博雄, 1991; 理論地震動研究会, 1994; Kanamori, 1994; Lay and Wallace, 1995; Udías, 1999; Stein and Wysession, 2003; Utsu, 2002)．

(一)震级概述

震级是衡量地震本身大小的一个量．在地震学家知道如何对地震定位之后，紧接着研究的问题就是如何衡量地震的大小．无论是从科学的角度，还是从社会需求的角度，衡量地震的大小都是一件意义重大的基础性工作(傅承义等，1985)．

衡量一个地震的大小最好的办法是确定其地震矩及其震源谱的总体特征．但是，测定地震矩和震源谱需要对地震体波或面波的波形作模拟或反演．从实用的角度看，需要有一种测定地震大小的简便易行的方法，例如用某个震相如体波(P 波或 S 波)的振幅来测定地震的大小．可是，用体波的振幅和波形的特征来衡量地震的大小是有缺点的，因为远场体波的波形与地震矩随时间的变化率即地震矩率(seismic moment rate)成正比(Aki and Richards, 1980)，所以即使是地震矩相同的地震，如果其震源时间函数不同，所产生的远场体波的波形、振幅也会很不相同．并且，不同型号的地震仪，其频带各不相同，它们记录下来的同一震相的波形、振幅也各不相同．尽管如此，迄今仍然普遍采用通过对振幅的测量来确定地震的大小——震级，这是因为：①测定震级的方法简便易行；②震级是在比较狭窄的、频率较高的频段测定地震的大小，例如下面将提及的地方性震级是在 1 Hz 左右的频段测定地震的大小，而这个频段正好常是(虽然不一定总是)造成大多数建筑物与结构物破坏的频段．

地震的震级是通过测量地震波中的某个震相的振幅来衡量地震的相对大小的一个量，它是在日本和达清夫(Wadati，Kiyoo, 1902—1995)与美国古登堡(Gutenberg，Beno, 1889—1960)的建议下，由和达清夫与里克特(Richter，Charles Francis, 1900—1985)在 20 世纪20年代后期至30年代中期提出与发展起来的(Wadati, 1928,1931; Richter, 1935)．至于震级(magnitude)这个术语，则是美国伍德(Wood, Harry Oscar, 1879—1958)建议里克特采用的(Richter, 1935)，以区别于表示地震在不同地点的影响或破坏大小的量——烈度

(intensity). 从测定震级发展到安芸敬一(Aki, Ketti, 1930—2005)提出并测定地震矩(Aki, 1966)以及金森博雄(Kanamori, Hiro, 1936—)引进矩震级(Kanamori, 1977)，其间经历了40余年.

震级标度基于两个基本假设(Richter, 1935，1958；傅承义，1963；傅承义等，1985). 第一个假设是，已知震源与观测点，两个大小不同的地震，平均而言，较大的地震引起的地面震动的振幅也较大. 第二个假设是，从震源至观测点的地震波的几何扩散和衰减，统计地看，是已知的，因此可以据此预知在观测点的地面震动的振幅. 根据这两个基本假设，可以定义所有震级标度的一般形式为：

$$M = \lg\left(\frac{A}{T}\right) + f(\Delta, h) + C_s + C_r, \tag{5.1}$$

式中，M 是震级，A 是用于测定震级的震相的地动位移振幅，T 是其周期；$f(\Delta, h)$ 是用于对振幅随震中距 Δ 和震源深度 h 的变化作校正的因子；C_s 是台站校正因子，与地壳结构、近地表岩石的性质、地表覆盖层如土壤的疏松程度、地形等因素引起的放大效应有关，与方位无关；C_r 是区域性震源校正因子，简称震源校正因子，是对震源区所在处的岩性不同所引起的差异作校正的因子. 对振幅取对数是考虑到地震所产生的地震波振幅变化范围很大：地震仪记录的、由地震所引起的地面位移的振幅，其数量级小可到纳米(1 nm=10^{-9} m)，大可到数十米(～10^{1}m)，跨越 11 个数量级，取对数之后便得到以数量级为 1 的数表示的震级，使用相当方便. 此外，为了克服因为震源辐射地震波的辐射图型、破裂扩展的方向性以及异常的传播路径效应造成的偏差，要对方位覆盖尽量宽广和震中距分布尽量均匀的多台测定结果作平均. 当前最基本的、国际上普遍使用的震级标度有 4 种：地方性震级 M_{L}，体波震级 m_{b}，面波震级 M_{S} 和矩震级 M_{W}. 此外，还有一些震级标度，虽然不是国际上推荐使用的标度，但在实际工作中也很有用，如：能量震级 M_{e}，持续时间震级 M_{d}，地幔震级 M_{m}，宽带和 P 波谱震级，短周期 P 波震级，短周期 PKP 波震级，Lg 波震级 m_{bLg}，宏观地震震级 M_{ms}，高频矩震级，海啸震级 M_{t}，等等(Richter, 1935, 1958; Båth, 1954, 1955, 1966, 1973, 1979, 1981; Kanamori, 1972; Chinnery and North, 1975; Duda, 1989; Lay and Wallace, 1995; Shearer, 1999; Udías, 1999; Utsu, 1982, 2002; Bormann, 2002, 2011; Choy *et al.*, 2000, 2001, 2006; Choy and Kirby, 2004; Di Giacomo *et al.*, 2008, 2010a,b; Di Giacomo and Bormann, 2011; Bormann and Saul, 2009a, b).

(二) 地方性震级 M_{L}

如前已述，第一个震级标度是里克特根据和达清夫与古登堡建议在 20 世纪 20 年代后期至 30 年代中期提出与发展起来的(Wadati, 1928, 1931; Richter, 1935). 促使里克特提出震级标度的动机是当时他正在编纂美国加州的第一份地震目录. 该目录包括数百个地震，地震的大小变化范围很大，从几乎是无感地震直至大地震. 里克特意识到，要表示地震的大小一定得用某种客观的、测定其大小的方法. 在研究南加州浅源地方性地震时，里克特注意到这样一个事实：若将一个地震在各不同距离的台站上所产生的地震记录的

最大振幅 A 的对数 $\lg A$ 与相应的震中距 Δ 作图，则不同大小的地震所给出的 $\lg A-\Delta$ 关系曲线都相似，并且近似地是平行的. 如图 5.1 所示，对于 A_0 与 A_1 两个地震，若设 $A_0(\Delta)$ 与 $A_1(\Delta)$ 分别是其产生的地震记录的最大振幅，则有：$\lg A_1(\Delta)-\lg A_0(\Delta)=$ 与 Δ 无关的常数. 若取 A_0 为一标准地震即参考事件(reference event)的最大振幅，则任一地震的地方性震级(local magnitude) M_L 可以定义为：

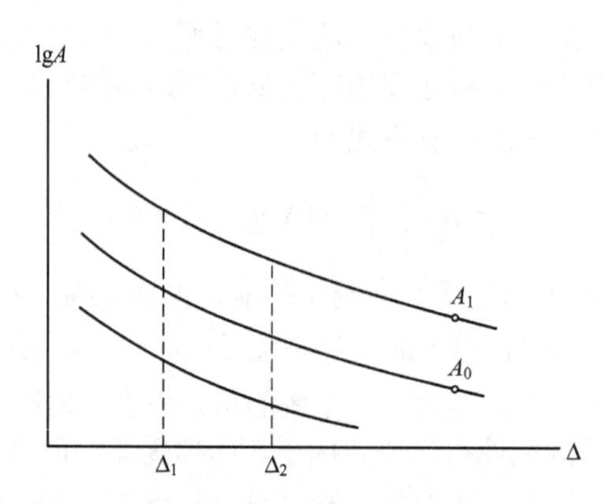

图 5.1　地方性震级 M_L 的定义

$$M_L=\lg A(\Delta)-\lg A_0(\Delta), \tag{5.2}$$

式中，$A(\Delta)$ 是任一地震的最大振幅，$A(\Delta)$ 与 $A_0(\Delta)$ 必须在同一距离用同样的地震仪测得. 标准地震的选取原则上是任意的，但最好是能使一般的地震震级都是正值，因而 $A_0(\Delta)$ 不宜太大. 里克特所选的标准地震是在 $\Delta=100\text{km}$ 处记录到的地震波水平分量最大记录振幅（即直接从地震图上测量得到的振幅）$A_0(\Delta)=1\mu\text{m}$ 时 $M_L=0$ 的地震($1\mu\text{m}=10^{-6}\text{m}$) [或等价地，如图 5.2 所示的 $A_0(\Delta)=1\text{mm}$ 时 $M_L=3.0$ 的地震($1\text{mm}=10^{-3}\text{m}$)]. 所用的地震仪是当时在美国南加州普遍使用、但现在早已不再使用的著名的短周期地震仪——伍德-安德森地震仪[Wood Anderson seismograph，亦称伍德–安德森扭力地震计(Wood-Anderson torsion seismometer)]. 伍德–安德森地震仪的常量为：摆的固有周期 $T_0=0.8\text{s}$，放大率 $V=2800$，阻尼常数 $h=0.8$ (Anderson and Wood, 1925). 不过这只是长期沿用的说法. 20 世纪末，通过对伍德-安德森地震仪重新标定(Uhrhammer and Collins，1990)，得出的结果是：放大率 $V=2080\pm 60$，阻尼常数 $h=0.69$. 这就是说，长期沿用放大率 V=2800 导致低估震级达 lg(2800/2080)=0.13 震级单位! 若以 μm 为测量单位，则在 $\Delta=100\text{km}$ 处，因 $\lg A_0(\Delta)=0$，所以 $M_L=\lg A(\Delta)$. 于是，M_L 也可以定义为：用上述标准仪器在 $\Delta=100\text{km}$ 处所测得的最大记录振幅(以μm 计)的常用对数. 若不是在 $\Delta=100\text{km}$ 处测定，那么须根据量规曲线来测定. 量规曲线也称作量规函数(calibration function)，即式(5.2)右边的 $-\lg A_0(\Delta)$. 量规函数是根据实测数据整理出来的. 图 5.2 是 1935 年里克特用以提出地方性震级 M_L 的实测数据，显示出地震波水平分量的最大值 $A(\Delta)$ 随震中距 Δ 的增加而系统地减小. 图右边的纵坐标表示 $\lg A_0(\Delta)$ (图中的虚线). 量规函数 $[-\lg A_0(\Delta)]$ 作为震中距 Δ 的函数，其数值也可在表 5.1 中查到.

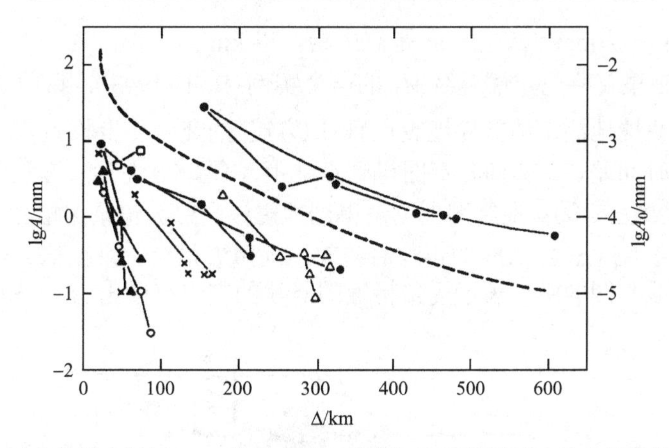

图 5.2　地震波水平分量最大振幅 $A(\Delta)$ 随震中距 Δ 的增加而系统地减小的实测数据及地方性震级 M_L 的量规函数

地方性震级 M_L 是根据 $A(\Delta)$ 随 Δ 的系统地减小定义的．图中实心圆圈、空心圆圈、实心三角形、空心三角形、叉号、空心方块等是发生于 1932 年 1 月的 11 个南加州地震的 $A(\Delta)$ 的实测资料，根据这些资料，里克特(Richter, 1935)于 1935 年提出了地方性震级 M_L 的标度．图左边的纵坐标表示 $\lg A(\Delta)$，右边的纵坐标表示图中的虚线所示的曲线 $\lg A_0(\Delta)$，$A(\Delta)$ 与 $A_0(\Delta)$ 均以 mm 为单位

在应用式(5.2)和表 5.1 的量规函数测定 M_L 时，$A(\Delta)$ 与 $A_0(\Delta)$ 均以 mm 为单位，所用的波的优势周期是 0.1—3 s．采用图 5.2 和表 5.1 所示的参考事件，可把式(5.2)改写为

$$M_L = \lg A + 2.76\lg\Delta - 2.48, \qquad 30\text{km} \leqslant \Delta \leqslant 600\text{km}, \tag{5.3}$$

表 5.1　里克特地方性震级 M_L 的量规函数$[-\lg A_0(\Delta)]$

Δ/km	−lg[$A_0(\Delta)$/mm]	Δ/km	−lg[$A_0(\Delta)$/mm]	Δ/km	−lg[$A_0(\Delta)$/mm]	Δ/km	−lg[$A_0(\Delta)$/mm]
0	1.4	90	3.0	260	3.8	440	4.6
5	1.4	95	3.0	270	3.9	450	4.6
10	1.5	100	3.0	280	3.9	460	4.6
15	1.6	110	3.1	290	4.0	470	4.7
20	1.7	120	3.1	300	4.0	480	4.7
25	1.9	130	3.2	310	4.1	490	4.7
30	2.1	140	3.2	320	4.1	500	4.7
35	2.3	150	3.3	330	4.2	510	4.8
40	2.4	160	3.3	340	4.2	520	4.8
45	2.5	170	3.4	350	4.3	530	4.8
50	2.6	180	3.4	360	4.3	540	4.8
55	2.7	190	3.5	370	4.3	550	4.8
60	2.8	200	3.5	380	4.4	560	4.9
65	2.8	210	3.6	390	4.4	570	4.9
70	2.8	220	3.65	400	4.5	580	4.9
75	2.85	230	3.7	410	4.5	590	4.9
80	2.9	240	3.7	420	4.5	600	4.9
85	2.9	250	3.8	430	4.6		

式中，A 即 $A(\Delta)$，以 mm 为单位；Δ 是震中距，以 km 为单位．

图 5.3 是测定里克特地方性震级 M_L 的一个实例(Bolt, 1993)．运用该图可以用查图代替计算，简便快捷地测定地方性地震(简称地方震)的震级．步骤如下：①用 S 波与 P 波到达地震台的时间差(S–P 时间)查图得到震中距 Δ (图 5.3 左边)．在这个实例中，S–P=24s，查图得 Δ=220km．②从地震图上测量得到地震波的最大记录振幅 A=23mm. ③连接图 5.3 左边表示震中距 Δ=220km 的点与右边表示地震波最大记录振幅 A=23mm 的点，得一直线，由该直线与图的中部表示震级标度的竖线的交点可读出 $M_L = 5.0$．

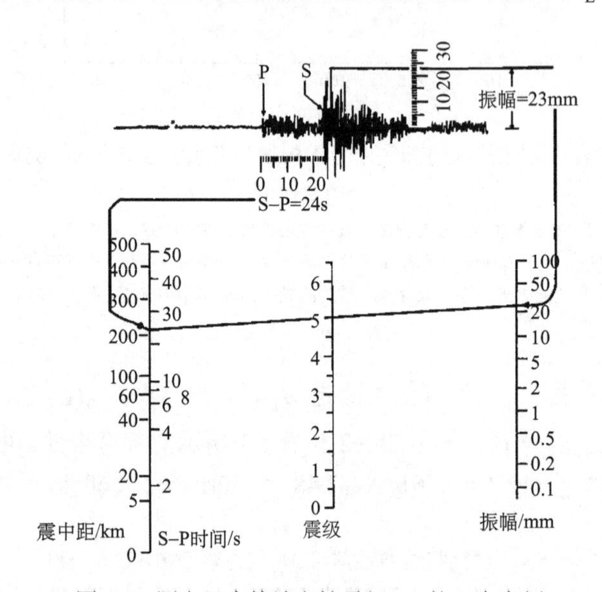

图 5.3　测定里克特地方性震级 M_L 的一个实例

对式(5.3)的定义须要作几点说明：①地震波的振幅与震源深度有关．不过，因为在南加州地震震源深度一般都比 15km 浅，变化不大，所以可以把震源深度近似地看成是一个常量．②地震的振幅与观测点的方位有关．为了取得一致的结果，应当取方位覆盖尽量宽广和震中距分布尽量均匀的台站所测得结果的平均值．③各台站下面的地质情况不同也影响地震记录的振幅．所以应根据许多地震的观测，给出每个台站的校正值(台站校正因子)．④地方震的最大振幅并不总是对应于某一震相，它可能是 S 波，也可能是面波，因震中距而异．由于以上这些原因，地方性震级 M_L 只是表征震中距 $30\text{km} \leqslant \Delta \leqslant 600\text{km}$ 的地震相对大小的一个粗略的经验数值，并不很精确．不过，多年实践证明，用震级来划分地震的大小还是相当一致的，这是因为震级是一种对数标度，地震波振幅测量的误差对于 M_L 数值的影响不大．即使如此，天然地震的大小是如此悬殊，以致最大的地震，震级可高达 9.5；而最小的地震，震级可以小到–3 以下．

里克特于 1935 年最先提出的地方性震级即原始形式的地方性震级，也称作里氏震级(Richter magnitude)或里氏(震级)标度(Richter scale)，通常用 M_L 表示．不过现在也有用 M_l 表示里氏震级的. M_l 的下角标 l 与 M_L 的下角标 L 都是表示地方性(local)的意思，只是由于在地震学中已用符号 L 表示长周期面波，为了避免与特指的面波震级相混淆，才改

用 M_1. 顾名思义，里氏震级是地方性的，只适合于地方性至近区域性距离（震中距 $\Delta \leqslant 1000\text{km}$）记录到的地震[严格地说，即式(5.3)所示的 $30\text{km} \leqslant \Delta \leqslant 600\text{km}$ 的地震]. 无论是在其发源地美国加州，还是在世界各地，早已不再使用原始形式的地方性震级——里氏震级. 因为世界上大多数地震并不发生于加州，而世界各地的地壳结构（厚度、速度、衰减等结构）与加州的地壳结构不同，有的甚至差别很大，所以原始形式的地方性震级的量规函数不是唯一的、可用作国际统一标准的量规函数. 此外，伍德–安德森地震仪也几乎早已绝迹（不过由于近年来数字记录的宽频带地震仪的布设和仿真技术的发展，这一因素并非是致命的）. 尽管如此，地方性震级 M_L（但并非原始形式的地方性震级——里氏震级）仍然被换算成里氏震级，并被用于报告地方性地震的大小，因为许多（低于大约 20 层的中、低层）建筑物、结构物的共振频率在 1—10Hz（固有周期 0.1—10s）范围内，十分接近于伍德–安德森地震仪的自由振动的频率（1/0.8s=1.25Hz），因此 M_L 常常能较好地反映地震引起的建筑物、结构物破坏的程度.

（三）体波震级 m_b

虽然地方性震级 M_L 很有用，但受到所采用的地震仪的类型及所适用的震中距范围的限制，无法用它来测定全球范围的远震的震级. 在远震距离上，P 波是清晰的震相；同时，对于深源地震，面波不发育. 所以古登堡和里克特（Gutenberg，1945a, b, c；Gutenberg and Richter，1942，1944，1954，1956a, b）采用体波（P，PP，S），通常是 P 波来确定震级，称为体波震级（body wave magnitude）m_b. 有时也将体波震级写成 m 并称之为统一震级（unified magnitude）. 体波震级的定义是

$$m_b = \lg\left(\frac{A}{T}\right) - \lg\left(\frac{A_0}{T_0}\right), \tag{5.4}$$

也可以写为

$$m_b = \lg\left(\frac{A}{T}\right) + Q(\Delta, h), \tag{5.5}$$

式中，A 是 P 波的前几个周期的实际地动位移振幅，以μm 计；T 是其周期，以 s 计；A_0 和 T_0 分别为零级地震的实际地动位移振幅和周期；$Q(\Delta,h) = -\lg(A_0 / T_0)$ 即量规函数，是震中距 Δ 和震源深度 h 的校正因子，它是按体波的振幅随深度的变化作理论计算并根据实测数据计算得到的. 震中距 Δ 以度（°）计，1° =111.22km. 图 5.4 是确定体波震级 m_b 的量规函数 $Q(\Delta,h)$. 由图可见，震中距 $\Delta \geqslant 30^\circ$ 即远震距离（teleseismic distance）时，校正值随 Δ 和 h 的变化相当均匀. 但是，在所谓的上地幔距离（upper mantle distance）即 $13^\circ \leqslant \Delta \leqslant 30^\circ$ 时，校正值随 Δ 和 h 的变化相当复杂. 特别是在震中距减小到 $\Delta = 20^\circ$ 时，校正值大幅度下降. 这是因为地震波走时曲线在 $\Delta = 20^\circ$ 的地方出现了所谓的上地幔三分支（upper mantle triplications）现象，导致波的振幅急剧增大.

测定体波震级 m_b 时，由于震源辐射地震波的方位依赖性（辐射图型和破裂扩展的方向性）以及深度震相（由具有一定深度的震源产生的震相）等因素使得波形变得很复杂，因此通常须要测量头 5s 的 P 波记录，以包括周期小于 3s（一般是 1s）的体波记录. 即使如

此，因为全球地震台网和许多区域性地震台网的地震仪的峰值响应大多数在 1s 左右，许多大地震的最大振幅在初至波到达 5s 之后才出现，所以对一个地震而言，各个地震台对 m_b 的测定结果差别可达±0.3 震级单位．因此，必须对方位覆盖尽量宽广和震中距分布尽量均匀的大量台站的测定结果进行平均才能得到该地震的震级．

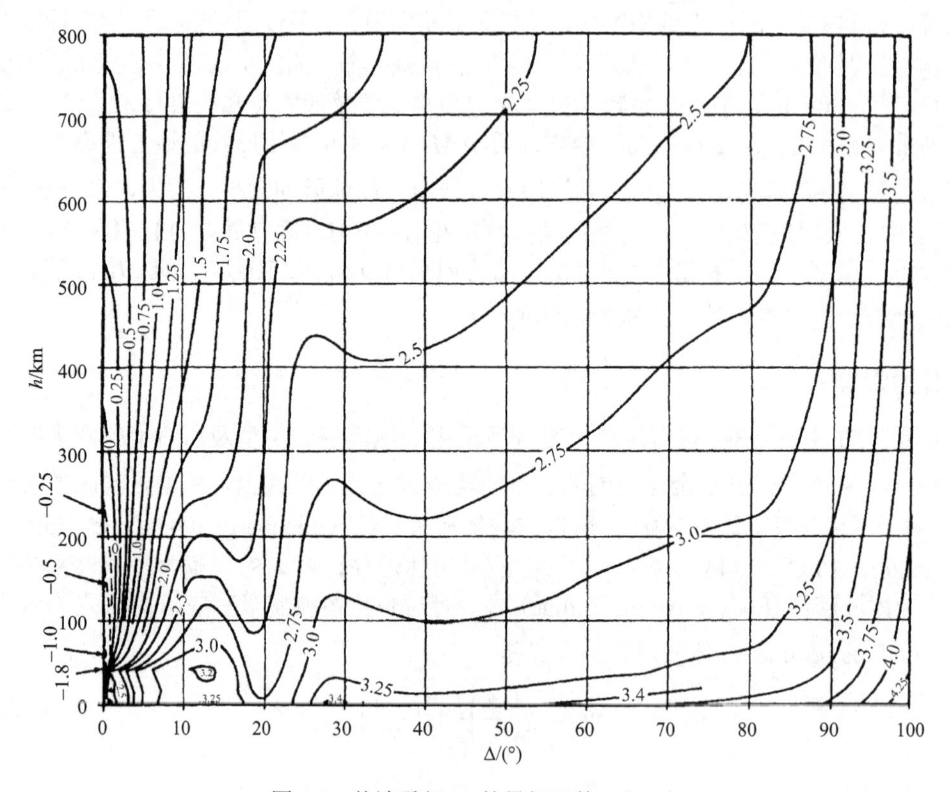

图 5.4　体波震级 m_b 的量规函数 $Q(\Delta, h)$

有时候，中周期一长周期(宽频带)地震仪记录的、周期 4s 至 20s 的中、长周期体波记录也用来确定体波震级，称为长周期体波震级或中一长周期体波震级，记为 m_B．通常 m_B 测的是最大的体波，如 P，PP，S 波等震相(Abe and Kanamori, 1979)．

测定长周期体波震级 m_B 与体波震级 m_b 所用的波(震相)的周期不同，所测量的最大振幅的方法也不同．因此，m_B 和 m_b 是截然不同的，虽同属体波震级，但并非同一震级标度．

(四) 面波震级 M_S

1936 年，古登堡和里克特提出将测定地方性震级 M_L 的方法推广到远震(Gutenberg and Richter，1936a)．在远震的地震记录图上，最大的振幅是面波．对于 $\Delta > 2000$km 的浅源地震，面波水平振幅最大值的周期一般都在 20s 左右，这个周期 20s 左右的面波是与瑞利(Rayleigh)波群速度频散曲线极小值相联系的艾里(Airy)震相(Ewing *et al*., 1957; Bullen, 1953; Bullen and Bolt, 1985; 傅承义等，1985)．因此，古登堡(Gutenberg，1945a)

采用下列公式测定面波震级(surface wave magnitude) M_S：

$$M_S = \lg A + 1.656\lg\Delta + 1.818, \quad 15^\circ \leqslant \Delta < 130^\circ, \tag{5.6}$$

式中，A 是面波(一般是瑞利波)的水平向最大地动位移振幅(自零点至波峰)，$A=\sqrt{A_N^2+A_E^2}$，A_N 与 A_E 分别是 N–S 向与 E–W 向的地动位移，均以μm 计；Δ 是震中距，以度(°)计．上式虽不显含波的周期 T，但实际意味着周期 T 必须在 20s 左右：$T=(20\pm2)$s．古登堡(Gutenberg，1945a)当初用的是 (20 ± 2)s 左右，现在用的周期范围略大一点，为 $T=(20\pm3)$s 左右(Duda，1989)．

式(5.6)适合于以海洋传播路径为主的面波震级的测定．捷克斯洛伐克与苏联的地震学家运用基尔诺斯(Кирнос)地震仪(简称基式地震仪，英文缩写为 SK, 该仪器的记录在很宽的周期范围内与地动位移成正比)的记录(Саваренснкий and Кирнос, 1955)，研究了以大陆传播路径为主的面波震级的测定问题(Соловьев, 1955)．他们发现，在很宽的周期范围(3—30s)内，面波有最大振幅；并且，在很大的震中距范围(2°—160°)内 $(A/T)_{max}$ (地动位移振幅 A 除以周期 T 后即 A/T 的最大值，而不是最大地动位移振幅 A_{max})的结果很稳定．由于最大地动速度振幅 $V_{max}=2\pi(A/T)_{max}$，所以 $(A/T)_{max}$ 是表征波群能量的一个量．他们得到的测定面波震级的公式与式(5.6)有所不同(Ванек *et al.*，1962)：

$$M_S = \lg A_{20} + 1.66\lg\Delta + 2.0 \tag{5.7}$$

式中，A_{20} 表示周期为 20s 的面波(一般是瑞利波)的水平向的最大地动位移振幅，以μm 计；Δ 是震中距，以度(°)计．

为了便于应用其他周期的波，现在多采用以下的公式(称为莫斯科-布拉格公式或布拉格公式)来测定面波震级(Ванек и тру，1962；Kárník，1969，1971，1972，1973)：

$$M_S = \lg\left(\frac{A}{T}\right)_{max} + 1.66\lg\Delta + 3.3, \quad 20^\circ \leqslant \Delta \leqslant 160^\circ,\ h \leqslant 50\text{km}, \tag{5.8}$$

式中，$(A/T)_{max}$ 是 A/T 的最大值，A 是周期为 T 的面波的水平向分量的地动位移振幅，以μm 计(注意：在测定 M_L 时，A 是由地震图上直接测量得到的地动位移记录振幅，这里测的是地动位移振幅)；Δ 是震中距，以度(°)计；T 是面波的周期，以 s 计；T=10—30s．当 $T=20$s 时，上式退化为式(5.7)．

莫斯科-布拉格公式或布拉格公式[式(5.8)]是 1967 年于瑞士苏黎世(Zürich)举行的国际地震学与地球内部物理学协会(IASPEI)大会推荐使用的公式，也称为 IASPEI 公式．需要特别指出的是，IASPEI 推荐使用这个公式测定面波震级时，限制用周期 $T=(20\pm3)$ s 的瑞利波，且 $20^\circ \leqslant \Delta \leqslant 160^\circ$；然而，原始的布拉格公式对此并无限制．美国地质调查局(USGS)的“地震初步测定”(Preliminary Determination of Earthquakes, PDE)报告从 1968 年起开始用面波震级测定较大地震的震级，记作 M_S (PDE)．设在英国的国际地震中心(International Seismological Centre, ISC)，从 1978 年起也开始用面波震级测定较大地震的震级，记作 M_S (ISC)．在 1975 年之前，M_S (PDE)用 $T=(20\pm2)$ s 的面波(不限于瑞利波)水平分量的 $(A/T)_{max}$ 测定震级；在 1975 年之后也用面波垂直分量测定较大地震的震级．M_S (ISC)则用 $10\text{s}\leqslant T\leqslant 60\text{s}$，$5^\circ\leqslant\Delta\leqslant160^\circ$的面波测定震级，既用水平分量也用垂直分量．所以就面波震级而言，尽管原始的莫斯科-布拉格公式、IASPEI 公式以及 USGS/PDE 与 ISC 所用的公式形式上都一样，但所测定的物理量的内涵(波型、波的周期范围、分量、适用的震中距范围等)不尽相同，所以用这三个公式对同一地震测得的 M_S 便可能会有一些不同．

(五)我国使用的震级公式

我国地震学的先驱者之一李善邦先生(1902—1980)根据里克特地方性震级的定义和公式，结合我国地震台网短周期地震仪和中长周期地震仪的频率特性，建立了适合我国的量规函数(刘瑞丰，2003)．但该项研究成果在他生前一直都没有正式发表，在他去世后出版的专著《中国地震》中对这方面的工作做了描述(李善邦，1981)，其计算公式如下：

$$M_L = \lg A_\mu + R(\Delta) + S(\Delta), \tag{5.9}$$

式中，A_μ 是以 μm 为单位的地动位移，是两水平向最大地动位移的算术平均值；Δ 是震中距，以 km 为单位；$R(\Delta)$ 是量规函数；$S(\Delta)$ 是台站校正值，规定以北京白家疃地震台基式地震仪的记录为计算 M_L 的标准，即 $S(\Delta)=0$，对于其他地震台站和仪器须要另求 S 值．

1956 年以前，我国的地震报告都不测定震级．自 1957 年至 1965 年年底，我国的地震报告采用索洛维也夫(Соловьев, Сергеи Лионидович, 1930—1994)和谢巴林(Шебалин, Николай Виссарионович, 1927—1996)提出的面波震级计算公式测定震级(Соловьев, 1955; Соловьев и Шебалин, 1957; Ванек и тру, 1962；陈培善，1989)．1966 年 1 月以后，采用郭履灿(1971)提出的、以北京白家疃地震台为基准的面波震级计算公式测定面波震级(郭履灿和庞明虎，1981)：

$$M_S = \lg\left(\frac{A}{T}\right)_{\max} + 1.66\lg\Delta + 3.5, \qquad 1^\circ < \Delta < 130^\circ, \tag{5.10}$$

式中，$(A/T)_{\max}$ 是 A/T 的最大值，A 是周期 $T \geqslant 3$s 的面波地动位移矢量和的振幅，$A = \sqrt{A_N^2 + A_E^2}$，A_N 与 A_E 分别是 N-S 向与 E-W 向地动位移，均以μm 为单位；T 是相应的周期，以 s 为单位；震中距为 $1^\circ < \Delta < 130^\circ$，地震面波周期为 $3\text{s} \leqslant T \leqslant 25\text{s}$；$\Delta$ 是震中距，以度(°)为单位．公式(5.10)沿用至今．

1985 年以后，我国 763 型长周期地震台网建成并投入使用，并选用垂直向瑞利波的振幅与周期之比的最大值测定面波震级 M_{S7}(陈培善等，1988)：

$$M_{S7} = \lg\left(\frac{A}{T}\right)_{\max} + \sigma(\Delta)_{763}, \qquad 3^\circ < \Delta < 177^\circ. \tag{5.11}$$

在体波震级计算上，我国采用 P 或 PP 波垂直向质点运动最大速度计算 m_b 和 m_B，使用的计算公式都是 Gutenberg(1945b)提出的体波震级计算公式，即式(5.5)．测定 m_b 使用的是短周期 DD-1 型地震仪的记录，测定 m_B 使用的是中长周期基式地震仪(SK)或 DK-1 型地震仪的记录(刘瑞丰等，2005)．

式(5.10)与式(5.8)相比较，除了震中距范围不完全相同外，其右边的数值因子也不同：式(5.10)与式(5.8)右边第三项的数值因子分别为 3.5 与 3.3．须要特别指出的是，式(5.10)是作为与古登堡(Gutenberg，1945a)面波震级 M_S 衔接提出的．从原理上讲，用我国地震资料、采用以白家疃地震台为基准的面波震级计算公式(5.10)计算面波震级理当得出与用全球地震资料、采用式(5.8)计算得出的面波震级一致的震级．但是，研究表明，按式(5.10)测定的 M_S 与 ISC 测定的 M_S(ISC)有高 0.2 级的系统偏差，而在 10°—20°范围内却又偏小(陈培善等，1984；陈培善和叶文华，1987；陈培善，1990)．

以上介绍了我国地震台网日常资料分析处理中常用的3种震级，即地方性震级(M_L)、面波震级(M_S 和 M_{S7})以及体波震级(m_b 和 m_B)(刘瑞丰，2003)．考虑到不同震级测量的方法不同，使用的仪器也不同，因此在我国地震台网的震级测定中，不同的震级之间一律不进行换算．但是在地震活动性分析、特别是在地震预测探索研究中，通常需要使用经验公式将不同的震级换算成"统一"的一种震级．然而，不同的研究者使用的经验公式常不相同，给分析与研究工作带来诸多不便．为了得出我国地震台网测定的 M_L，M_S，M_{S7}，m_b 和 m_B 之间比较可靠的经验关系式，刘瑞丰等(2005, 2006, 2007)，Bormann 等(2009)采用线性回归和正交回归方法，利用中国地震台网 1983—2004 年的观测资料，对中国地震局地球物理研究所测定的地方性震级 M_L，面波震级 M_S 与 M_{S7}，长周期体波震级 m_B 以及短周期体波震级 m_b，计算了中国地震台网不同震级之间的经验关系式．结果表明：① 由于不同的震级标度反映的是地震波在不同周期范围内辐射地震波能量的大小，因此对于不同大小的地震，使用不同的震级标度才能较客观地描述地震的大小．当震中距小于 1000 km 时，用地方性震级 M_L 可以较好地测定地方震的震级；当地震的震级 $M \leqslant 4.5$ 时，各种震级标度之间相差不大；当 $4.5<M<6.0$ 时，$m_B>M_S$，即 M_S 标度低估了较小地震的震级，因此用 m_B 可以较好地测定较小地震的震级；当 $M \geqslant 6.0$ 时，$M_S>m_B>m_b$，即 m_B 与 m_b 标度低估了较大地震的震级，用 M_S 可以较好地测定出较大地震($6.0 \leqslant M \leqslant 8.5$)的震级；当 $M>8.5$ 时，M_S 出现饱和现象，不能正确地反映大地震的大小．② 在我国境内，当震中距<1000km 时，地方性震级 M_L 与区域性面波震级 M_S 基本一致，在实际应用中无须对它们进行震级的换算．③ 虽然 M_S 与 M_{S7} 同为面波震级，但由于所使用的仪器和计算公式不同，M_S 比 M_{S7} 系统地偏高 0.2—0.3 级．④对于长周期体波震级 m_B 和短周期体波震级 m_b，虽然使用的计算公式形式相同，但由于使用的地震波周期不同，对于 $m_B=4.0$ 左右的地震，m_B 和 m_b 几乎相等；而对于 $m_B \geqslant 4.5$ 的地震，$m_B>m_b$.

(六)震级的饱和

作为地震相对大小的一种量度，震级有两大优点：① 简便易行．它是直接由地震图测量得到的，无须进行烦琐的地震信号处理和计算．② 通俗实用．它采用数量级为 1 的无量纲的数来表示地震的大小，于是：$M<1$，称为极微震(ultra microearthquake)；$1 \leqslant M<3$，微震(microearthquake)；$3 \leqslant M<5$，小震(small earthquake)；$5 \leqslant M<7$，中震(moderate earthquake)；$M \geqslant 7$，大震(large earthquake)；$M \geqslant 8$ 的大地震又称为特大地震(great earthquake)；等等．简单明了，贴近公众．不过，地震"大"、"小"的称谓有一定的随意性，例如，$M \leqslant 3$ 的地震一般是无感地震，于是有人称之为微震；也有人称 $5 \leqslant M<6$ 为中震(moderate earthquake)；$6 \leqslant M<7$ 为强震(strong earthquake)；

$7 \leqslant M < 8$ 为大震(major earthquake)； $M \geqslant 8$ 为特大地震(great earthquake)；等等.

但是，作为对地震大小的一种量度，震级也有其缺点. 其主要缺点也可概括为两点：① 震级标度完全是经验性的，与地震发生的物理过程并没有直接的联系，物理意义不清楚. 最突出的例证就是在震级的定义中连量纲都是不对的. 在式(5.1)—式(5.11)诸式中，震级是通过对振幅 A 或 A 与周期 T 的比值 A/T 取对数求得的. 然而，众所周知，只能对无量纲的量求对数. ② 测定结果的一致性存在问题. 这个问题包括两方面. 一方面是，由于上文已提及的辐射图型的方向性以及震源破裂扩展的方向性，震级的测定结果随台站方位的不同而有显著的差别，虽然这个差别可通过对大量台站的测定结果求平均得以减小. 另一方面是，M_S 和 m_b 标度原本是作为适用范围不同、但与 M_L 衔接的震级标度提出的，所以对同一地震如果三种震级标度都能使用时，理当给出同样的测定结果. 不幸的是，情况常常不是这样. 更有甚者，体波震级与面波震级并不能正确地反映大地震的大小(Aki, 1967; Geller, 1976).

1945 年，古登堡(Gutenberg, 1945b, c)试图统一震级，他将上面提到的 M_L, M_S 和 m_b 三者加权求和，简单地用 m 表示，因为他当时认为这三种震级标度是等价的，并且试图将 m 用作“统一”震级. 但是，随后他很快便发现事实并非如此，各种震级标度之间存在下列经验关系(Gutenberg and Richter, 1956b)：

$$m_b = 1.7 + 0.8M_L - 0.01M_L^2, \tag{5.12}$$

$$m_b = 0.63M_S + 2.5, \tag{5.13}$$

或者等价地，

$$M_S = 1.59m_b - 3.97, \tag{5.14}$$

$$M_S = 1.27(M_L - 1) - 0.016M_L^2. \tag{5.15}$$

由式(5.13)可以看出，m_b 与 M_S 只有在震级 m 大约等于 6.75 时才是一致的. 当 $m<6.75$ 时，$m_b > M_S$，用 m_b 可以较好地测定地震的震级；当 $m>6.75$ 时，$m_b < M_S$，用 M_S 可以较好地测定地震的震级. M_S 标度在 $m<6.75$ 时低估了较小的地震的震级，但在 $6.75 < m < 8$ 的震级范围内可以较好地测定出较大地震的震级. 不过，当 $m>8$ 时，M_S 便不能正确地反映大地震的大小.

表 5.2 以 6 次地震为例，进一步说明不同的震级标度给出的同一地震的震级会有多大的差别. 由表 5.2 可见，对于同一个地震，m_b 与 M_S 差别相当大. 1971 年美国圣费尔南多(San Fernando)地震、1989 年美国洛马普列塔(Loma Prieta)地震以及 1964 年美国阿拉斯加(Alaska)地震，其地震矩分别为 1966 年特鲁基(Truckee) m_b 5.4 地震的地震矩的大约 14 倍、36 倍与 60000 倍，但三者的 m_b 都等于 6.2. 1964 年美国阿拉斯加地震与 1960 年智利(Chile)地震的地震矩分别为 1906 年美国旧金山(San Francisco)地震的地震矩的大约 100 倍与 400 倍，但其面波震级 M_S 却相近，分别为 8.4 与 8.3. 当体波震级 m_b 达到 6.2 左右、面波震级 M_S 达到 8.3 左右时，所测定的震级不再能正确地反映地震大小的情况是一种普遍的现象，这种现象称为震级饱和(magnitude saturation) (Chinnery and North, 1975).

表 5.2　若干地震的震源参量

时间/年	地震	体波震级 m_b	面波震级 M_S	断层面面积/km² 长度/km×宽度/km	平均位错 /m	地震矩 /N·m	矩震级 M_W
1966	特鲁基	5.4	5.9	10×10	0.3	8.3×10^{17}	5.9
1971	圣费尔南多	6.2	6.6	20×14	1.4	1.2×10^{19}	6.7
1989	洛马普列塔	6.2	7.1	40×15	1.7	3.0×10^{19}	6.9
1906	旧金山		7.8	450×10	4	5.4×10^{20}	7.8
1964	阿拉斯加	6.2	8.4	500×300	7	5.2×10^{22}	9.1
1960	智利		8.3	800×200	21	2.4×10^{23}	9.5

从图 5.5 可以进一步看到震级饱和现象．图中以纵坐标表示 M_L，以横坐标表示 M_S 或下面即将提及的矩震级(moment magnitude) M_W．地方性震级 M_L 是由测量周期为0.8s的地震波的振幅得到的，是从高频的频段得出的震级，不妨称为高频震级．面波震级 M_S 是由测量周期为 20s 的面波的振幅得出的震级，因而可称为低频震级．从图 5.5 可以清楚地看到，M_L 在大约 6.5 级时开始出现饱和，到 $M_L = 7.0$ 时达到完全饱和．不过也有例外．图 5.5 中编号为 6 的 1977 年 3 月 4 日 19h21m55.6sUTC(协调世界时)罗马尼亚弗朗恰(Vrancea)地震（$M_S = 7.2$, $M_W = 7.5$）以及编号为 5 的 1976 年 7 月 27 日 19h42m55.9sUTC(即 1976 年 7 月 28 日北京时间 03h42m55.9s)我国唐山地震（$M_S = 7.8$, $M_W = 7.6$）似乎就没有震级饱和的问题．

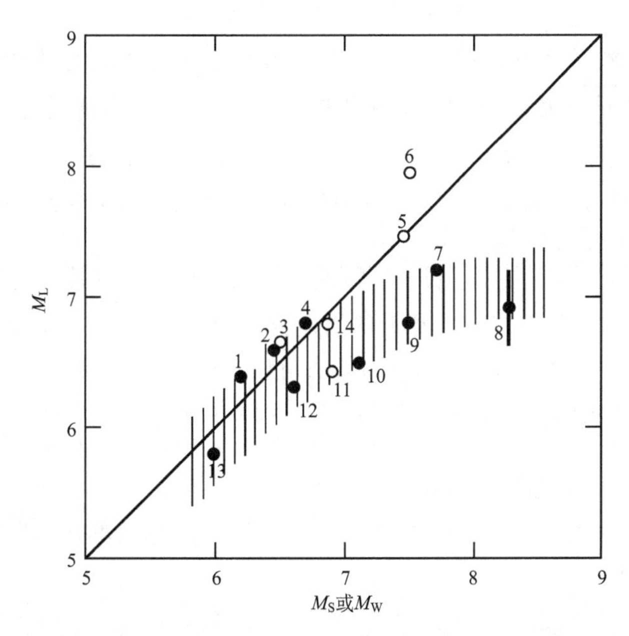

图 5.5　高频震级 M_L 与低频震级 M_S 或 M_W 关系图

由图可以看出震级饱和效应．1—长滩地震；2—帝王谷地震(1979)；3—弗留利(Friuli)地震；4—博雷戈(Borrego)山地震；5—唐山地震；6—弗朗恰(Vrancea)地震；7—克恩郡(Kern County)地震；8—旧金山地震；9—危地马拉地震；10—帝王谷地震(1940)；11—伽兹利(Gazli)地震；12—圣费尔南多(San Fernando)地震；13—帕克菲尔德(Parkfield)地震；14—黑山(Monte Negro)地震

宇津德治(Utsu, 1982, 2002)系统地总结了各种震级标度的测定结果(图 5.6). 图 5.6 上方的横坐标是以对数表示的地震矩 M_0，以 dyn·cm 为单位；下方的横坐标是矩震级 M_W，纵坐标是各种震级 M 与 M_W 之差. 在图 5.6 所表示的 $M-M_W$ 与 M_W 的关系图中，$M-M_W=0$ 表示两种震级标度给出一致的结果；$M-M_W<0$ 表示该标度给出低于 M_W 的测定结果即震级饱和；当曲线的斜率为–1 时，则表明该震级标度达到完全饱和. 图中 M_J 是日本气象厅(JMA)震级，定义为(Tsuboi, 1954)

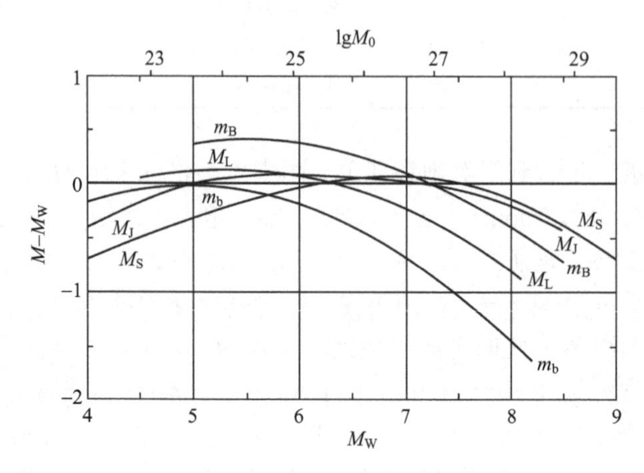

图 5.6 平均震级之差的 $M–M_W$ 与 M_W(或 lgM_0)的关系曲线

$$M_J = \lg A + 1.73\lg\Delta - 0.83, \tag{5.16}$$

式中，A 是日本气象厅所用的周期 $T \leqslant 5$ s 的地震仪记录的最大水平地动位移振幅(自零点至波峰)，$A=\sqrt{A_N^2+A_E^2}$，A_N 与 A_E 分别是 N-S 向与 E-W 向地动位移，均以μm 为单位. 震级饱和现象可以从不同大小的地震的震源谱(source spectra)及其与用于测定震级的频率的关系图(图 5.7)得到解释(Aki, 1967; Geller, 1976; Aki and Richards, 1980; Lay and Wallace, 1995; Udías, 1999).

在 M_L，m_b 和 M_S 的测定中，我们所测量的振幅是与频率有关的波的最大地动振幅，其频率分别为 1.25, 1.0 和 0.05Hz，相应的周期分别为 0.8, 1.0 和 20s. 如果我们考察一个地震的震源谱，那么很容易看出，只有当其拐角频率高于 1.25Hz 时，三种震级标度才有可能给出一致的测定结果. 若拐角频率低于这个频率，那么在 1.25Hz 处测定的振幅谱将是其高频趋势上的同一点的数值，因而得出同样大小的 m_b. 由图 5.7 可以清楚地看出，体波震级在 $m_b=5.5$ 时开始出现饱和现象，致使图(b)中出现 3 个相同的数字 6.0. 在 m_b =6.0—6.5 时达到完全饱和. 而面波震级在 $M_S=7.25$ 时开始出现饱和现象，在 M_S=8.0—8.5 时达到完全饱和.

(七)矩震级 M_W

震级饱和现象是震级标度与频率有关的反映. 为了客观地衡量地震的大小，需要有一种震级标度，它不会像上述三种震级那样出现饱和的情况.

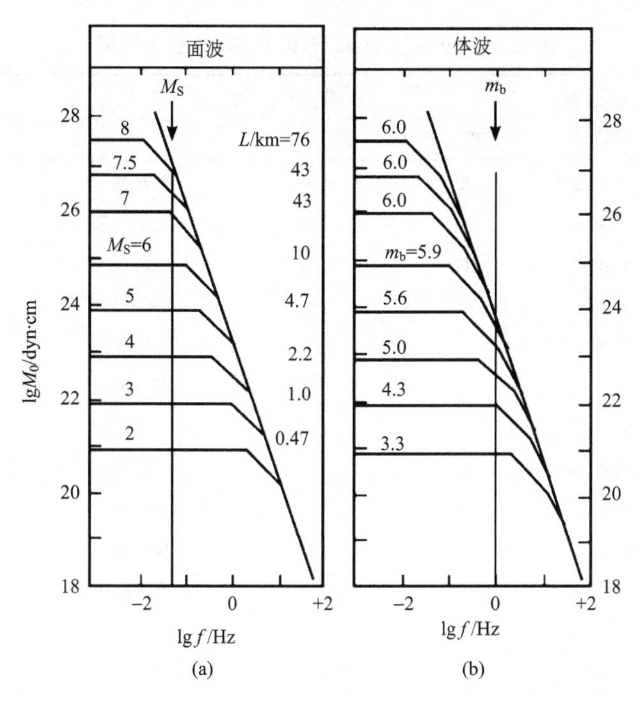

图 5.7　理论震源谱

(a)面波的理论震源谱；(b)体波的理论震源谱

矩震级就是一种不会饱和的震级标度. 注意到地震矩 M_0 与面波震级 M_S 有如下经验关系(Kanamori, 1977, 1983, 1994; Purcaru and Berckhemer, 1978, 1982; Hanks and Kanamori, 1979)：

$$\lg M_0 = 1.5M_S + 9.1, \tag{5.17}$$

式中，M_0 以 N·m(牛顿·米)计(1 N·m=10^7 dyn·cm). 由上式可得

$$M_S = \frac{2}{3}\lg M_0 - 6.06. \tag{5.18}$$

因此，可以定义一个完全由地震矩决定的、新的震级标度 M_W (Kanamori, 1977; Purcaru and Berckhemer, 1978; Hanks and Kanamori, 1979)：

$$M_W = \frac{2}{3}\lg M_0 - 6.06, \tag{5.19}$$

式中，M_W 称为矩震级(moment magnitude). 矩震级不会饱和，因为它是由地震矩 M_0 通过上式计算出来的，而地震矩不会饱和. 作为参考，表 5.3 列出了 1904 至 1992 年间 $M_S \geqslant 8.0$ 的大地震的面波震级 M_S 及矩震级 M_W (Kanamori, 1983). 理论上讲，震级值没有上限或下限. 但是，作为发生于有限的、非均匀的岩石层板块内部的脆性破裂，构造地震的最大尺度自然应当小于岩石层板块的尺度. 实际上，的确还没有超过 9.5 级的地震；迄今仪器记录到的最大地震当推 1960 年 5 月 22 日智利 $M_W = 9.5$ 地震. 震级−1 级的地震相当于用槌子敲击地面发出的震动.

表 5.3a　1904 至 1992 年间 $M_S \geq 8.0$ 的大地震

日期 年-月-日	发震时刻 时-分-秒	震中位置			M_S	M_W
		纬度/(°N)	经度/(°E)	地区		
1904-06-25	21-00-5	52	159	堪察加		
1905-04-04	00-50-0	33	76	克什米尔东	8.1	
1905-07-09	09-40-4	49	99	蒙古	8.4	8.4
1905-07-23	02-46-2	49	98	蒙古	8.4	8.4
1906-01-31	15-36-0	1	−81.5	厄瓜多尔	8.7	8.8
1906-04-18	13-12-0	38	−123	加利福尼亚	8.3	7.9
1906-08-17	00-10-7	51	179	阿留申群岛	8.2	
1906-08-17	00-40-0	−33	−72	智利	8.4	8.2
1906-09-14	16-04-3	−7	149	新不列颠	8.1	
1907-04-15	06-08-1	17	−100	墨西哥	8.0	
1911-01-03	23-25-8	43.5	77.5	土耳其斯坦	8.4	
1912-05-23	02-24-1	21	97	缅甸	8.0	
1914-05-26	14-22-7	−2	137	新几内亚西	8.0	
1915-05-01	05-00-0	47	155	千岛群岛	8.0	
1917-06-26	05-49-7	−15.5	−173	萨摩亚群岛	8.4	
1918-08-15	12-18-2	5.5	123	棉兰老岛	8.0	
1918-09-07	17-16-2	45.5	151.5	千岛群岛	8.2	
1919-04-30	07-17-1	−19	−172.5	汤加群岛	8.2	
1920-06-05	04-21-28	23.5	122.7	台湾花莲东	8.0	
1920-12-16	12-05-53	36.8	104.9	甘肃靖远东	8.6	
1922-11-11	04-32-45	−28.5	−70	智利	8.3	8.5
1923-02-03	16-01-41	54	161	堪察加	8.3	8.5
1923-09-01	02-58-36	35.25	139.5	日本关东	8.2	7.9
1924-04-14	16-20-23	6.5	126.5	棉兰老岛	8.3	
1928-12-01	04-06-10	−35	−72	智利	8.0	
1932-05-14	13-11-00	0.5	126	马鲁古海峡	8.0	
1932-06-03	10-36-50	19.5	−104.25	墨西哥	8.2	
1933-03-02	17-30-54	39.25	144.5	三陆海岸	8.5	8.4
1934-01-15	08-43-18	26.5	86.5	尼泊尔-印度	8.3	
1934-07-18	19-40-15	−11.75	166.5	圣克鲁斯群岛	8.1	
1938-02-01	19-04-18	−5.25	130.5	班达海	8.2	8.5
1938-11-10	20-18-43	55.5	−158.0	阿拉斯加	8.3	8.2
1939-04-30	02-55-30	−10.5	158.5	所罗门群岛	8.0	
1941-11-25	18-03-55	37.5	−18.5	北大西洋	8.2	

续表

日期 年-月-日	发震时刻 时-分-秒	震中位置			M_S	M_W
		纬度/(°N)	经度/(°E)	地区		
1942-08-24	22-50-27	−15.0	−76.0	秘鲁	8.2	
1944-12-07	04-35-42	33.75	136.0	日本东南海	8.0	8.1
1945-11-27	21-56-50	24.5	63.0	西巴基斯坦	8.0	
1946-08-04	17-51-05	19.25	−69.0	多米尼加共和国	8.0	
1946-12-20	19-19-05	32.5	134.5	南海道	8.2	8.1
1949-08-22	04-01-11	53.75	−133.25	夏洛特皇后群岛	8.1	8.1
1950-08-15	14-09-34	28.4	96.7	西藏察隅西南	8.6	8.6
1946-08-04	17-51-05	19.25	−69.0	多米尼加共和国	8.0	
1946-12-20	19-19-05	32.5	134.5	南海道	8.2	8.1
1951-11-18	09-35-50	31.1	91.4	西藏那曲县当雄	8.0	7.5
1952-03-04	01-22-43	42.5	143.0	日本十胜-隐岐	8.3	8.1
1952-11-04	16-58-26	52.75	159.5	堪察加	8.2	9.0
1957-03-09	14-22-28	51.3	−175.8	阿留申群岛	8.1	9.1
1957-12-04	03-37-48	45.2	99.2	蒙古	8.0	8.1
1958-11-06	22-58-06	44.4	148.6	千岛群岛	8.1	8.3
1960-05-22	19-11-14	−38.2	−72.6	智利	8.5	9.5
1963-10-13	05-17-51	44.9	149.6	千岛群岛	8.1	8.5
1964-03-28	03-36-14	61.1	−147.5	阿拉斯加	8.4	9.2
1965-02-04	05-01-22	51.3	178.6	阿留申群岛	8.2	8.7
1968-05-16	00-48-57	40.9	143.4	日本十胜-隐岐	8.1	8.2
1977-07-19	06-08-55	−11.2	118.4	松巴哇	8.1	8.3
1985-09-19	13-17-38	18.2	−102.6	墨西哥	8.1	8.0
1989-05-23	10-54-46	−52.3	160.6	麦夸尔群岛	8.2	8.2

表 5.3b　$M_W \approx 8.0$ 的一些大地震

日期 年-月-日	发震时刻 时-分-秒	震中位置			M_S	M_W
		纬度/(°N)	经度/(°E)	地区		
1958-07-10	06-15-56	58.3	−136.5	阿拉斯加	7.9	7.7
1966-10-17	21-41-57	−10.7	−78.6	秘鲁	7.8	8.1
1969-08-11	21-27-36	43.4	147.8	千岛群岛	7.8	8.2
1970-05-31	20-23-28	−9.2	−78.8	秘鲁	7.6	7.9
1974-10-03	14-21-29	−12.2	−77.6	秘鲁	7.6	8.1
1975-05-26	09-11-52	36.0	−17.6	亚速尔	7.8	7.7

续表

日期 年-月-日	发震时刻 时-分-秒	震中位置			M_S	M_W
		纬度/(°N)	经度/(°E)	地区		
1976-08-16	16-11-05	6.2	124.1	棉兰老岛	7.8	8.1
1978-11-29	19-52-49	16.1	−96.6	墨西哥	7.6	7.6
1979-12-12	07-59-03	1.6	−79.4	哥伦比亚	7.6	8.2
1980-07-17	19-42-23	−12.5	165.9	圣克鲁斯群岛	7.7	7.9

在式(5.17)—式(5.19)中，如果M_0以 dyn·cm 为单位，则与这三个公式相应的公式分别为

$$\lg M_0 = 1.5 M_S + 16.1, \tag{5.20}$$

$$M_S = \frac{2}{3}\lg M_0 - 10.73, \tag{5.21}$$

$$M_W = \frac{2}{3}\lg M_0 - 10.73. \tag{5.22}$$

须要注意的是，Hanks 和 Kanamori(1979)对矩震级的定义式与上式略有不同：

$$M_W = \frac{2}{3}\lg M_0 - 10.7, \tag{5.23}$$

从而，与上式相应的M_0与M_S的关系式便与式(5.20)略有不同：

$$\lg M_0 = 1.5 M_S + 16.05. \tag{5.24}$$

这一微小差别导致在计算矩震级时，如果采用略有不同的公式(5.22)或式(5.23)计算，在精确到小数点以下一位时，便可能差 0.1 震级单位. 大量实例表明，大约有 10%的地震会因采用略有不同的公式(5.22)或式(5.23)计算而相差 0.1 震级单位. 我们还要指出，还有的作者用基于下式

$$\lg M_0 = 1.5 M_S + 16.00 \tag{5.25}$$

的定义式

$$M_W = \frac{2}{3}\lg M_0 - 10.66 \tag{5.26}$$

计算M_W. 在精确到小数点以下一位时，若采用上式计算矩震级，在一些情况下也会导致震级相差 0.1 级(Utsu, 2002).

(八)能量震级

1. 地震波能量与震级的关系

地震波能量 E_S 与体波震级 m_b 有如下半经验关系(Gutenberg, 1956; Båth, 1966; Gutenberg and Richter, 1956b; Hanks and Boore, 1984)：

$$\lg E_S = 2.4 m_b - 1.2. \tag{5.27}$$

将m_b与M_S的经验关系式(5.13)代入上式即得地震波能量E_S与面波震级M_S的关系式：

$$\lg E_S = 1.5M_S + 4.8\,. \tag{5.28}$$

这一关系式表明，地震震级增加 1 级，辐射的地震波能量 E_S 增加 $10^{1.5}$ 倍，即增加大约 32 倍；或者说，地震震级增加 2 级，辐射的地震波能量增加 1000 倍．例如，1 个 $M_S7.0$ 地震所辐射的地震波能量是 1 个 $M_S5.0$ 地震所辐射的地震波能量的大约 1000 倍．

在以上两式中，E_S 均以焦耳(J)为单位($1J=10^7erg$)．在式(5.12)与上式中，震级 M_S 均用周期 20s 的面波测定．但是，由于 20s 周期的地动位移振幅对于地震波能量而言，并非很具有代表性，特别是对于小地震辐射的地震波能量更是如此．所以，对于美国南加州地区的地震，当 $1.5<M_L<6.0$ 时，地震波能量 E_S 与地方震级 M_L 有不同于式(5.28)的如下关系(Kanamori *et al*., 1993)：

$$\lg E_S = 1.96M_L + 2.05\,. \tag{5.29}$$

在式(5.27)与式(5.28)中，E_S 若是以尔格(erg)为单位，则相应的震级-能量关系式应写为(Gutenberg and Richter, 1956b)

$$\lg E_S = 2.4m_b + 5.8\,, \tag{5.30}$$

$$\lg E_S = 1.5M_S + 11.8\,. \tag{5.31}$$

震级-能量关系式(5.31)中的系数在古登堡和里克特的论著中曾经过多次修订．考虑到对于给定的周期的地震波能量应当正比于振幅的平方，里克特最初得出的震级-能量关系式是(Richter, 1935)

$$\lg E_S = 2M_S + 6, \tag{5.32}$$

第二年便改进为(Gutenberg and Richter, 1936b)

$$\lg E_S = 2M_S + 8\,, \tag{5.33}$$

1940 年代初改进为(Gutenberg and Richter, 1942)

$$\lg E_S = 1.8M_S + 11.3\,, \tag{5.34}$$

1940 年代末改进为(Gutenberg and Richter, 1949：

$$\lg E_S = 1.8M_S + 12\,, \tag{5.35}$$

到了 1950 年代，又改进为(Gutenberg and Richter, 1954)

$$\lg E_S = 1.6M_S + 11\,. \tag{5.36}$$

这些结果都是通过对近震中的短震中距的能量辐射的理论研究得到的．1956 年，他们得到了由式(5.13)所示的体波震级 m_h 与面波震级 M_S 之间的经验关系式(Gutenberg and Richter, 1956b)以及地震波能量 E_S 与体波震级 m_b 之间的经验关系式(5.30)，从而可以得到式(5.31)所表示的面波震级 M_S-能量 E_S 关系式．但是，在里克特的书中，式(5.31)右边的因子 11.8 被误印为 11.4(Richter, 1958)．

以上诸式[式(5.29)—式(5.31)]均为对地震波能量 E_S 的粗略估计，误差可高达 1 个数量级．近年来，运用高信噪比的高质量数字地震观测资料，通过对地动速度谱的平方做积分可直接测定地震波能量，从而将对地震波能量的估计的误差大大减少，不过误差仍然很大，通常是其估计值的 3—5 倍．

2. 地震波能量与地震矩的关系

如果简单地假定地震时破裂能可予以忽略，并且假定动摩擦应力与震后应力相等，则地震波能量

$$E_{\mathrm{S}}=\frac{\Delta\sigma}{2\mu}M_0, \tag{5.37}$$

即折合能(标度能)

$$\tilde{e}=\frac{E_{\mathrm{S}}}{M_0}=\frac{\Delta\sigma}{2\mu}, \tag{5.38}$$

式中，M_0 是地震矩，$\Delta\sigma$是应力降，μ是刚性系数.

对于板间地震，应力降$\Delta\sigma\approx$3MPa；对于板内地震，$\Delta\sigma\approx$10MPa；对于所有地震，$\Delta\sigma\approx$6MPa；此外，在地壳与上地幔，刚性系数$\mu\approx(3\sim6)\times10^4$MPa．由这些数据可得

$$\frac{E_{\mathrm{S}}}{M_0}\approx5\times10^{-5}, \tag{5.39}$$

于是

$$\lg E_{\mathrm{S}}=\lg M_0-4.3. \tag{5.40}$$

若将地震矩 M_0 与面波震级 M_{S} 的经验关系式(5.17)代入上式，即得地震波能量与面波震级的半经验关系式(5.28)．这表明，只要式(5.39)所示的条件 $E_{\mathrm{S}}/M_0\approx5\times10^{-5}$ 成立，地震波能量与面波震级的关系式(5.28)便严格地成立. 关系式(5.39)所示的条件称作金森博雄(Kanamori)条件，简称博雄条件(Hiroo′s condition)．由于临界应变$\varepsilon=\Delta\sigma/\mu$，所以金森博雄条件实质上相当于临界应变$\varepsilon\approx10^{-4}$(Tsuboi, 1933, 1956)的条件.

金森博雄条件表明，虽然地震时所辐射的地震波能量(单位：J)与释放的地震矩(单位：N·m)单位完全相等：1J=1 N·m，但地震波能量的数值仅为地震矩的数值的 5×10^{-5}，即 0.00005．这并不奇怪，因为地震时释放的地震矩并非是地震时所辐射的地震波能量，而是全部震源区体积(单位：m^3)内的应力变化(单位：$\mathrm{N/m}^2$)的积分[单位：$(\mathrm{N/m}^2)\times\mathrm{m}^3$，即 N·m]．$\tilde{e}$ 为地震波能量 E_{S} 与地震矩 M_0 之比，称为折合能(reduced energy)，亦称为标度能(scaled energy)．折合能或标度能具有应变的量纲，是一个无量纲量，它表示单位地震矩辐射的地震波能量(Kanamori and Heaton, 2000; Kanamori and Rivera, 2006)．折合能或标度能乘以震源区介质的刚性系数μ即为视应力σ_{a}.

式(5.37)可以看作是释放的地震矩 M_0 与辐射的地震波能量的转换关系式．定义

$$P_0=\frac{M_0}{\mu}, \tag{5.41}$$

代入地震矩 M_0 的定义式可得

$$P_0=DA. \tag{5.42}$$

它表明 P_0 是衡量剪切位错强度的一个物理量，因此称为剪切位错源的标量潜势(scalar potency)，简称潜势(potency)(Ben-Menahem and Singh, 1981)．P_0 是全部震源区体积内的应变的积分，将 P_0 乘以地震过程中作用于断层面上的平均应力$\Delta\sigma/2$，便得到地震时辐射

的地震波能量．为了明确地表示地震矩与地震波能量是性质不同的两个物理量，我们始终用 N·m（或 dyn·cm）表示地震矩，而用 J（或 erg）表示地震波能量，虽然这两个单位是相等的．

3. 能量震级 M_e

Choy 和 Boatwright（1995）通过对宽频带地震仪记录的地面运动速度谱的平方、围绕着速度谱的峰值在很宽的频率范围内做积分，并对传播路径做校正，测定了 378 个 $5.5<M_S<8.5$ 的地震的辐射能量 E_S，得到了比以往更为精确的地震波能量-震级关系式（图 5.8a）：

$$\lg E_S = 1.5M_S + 4.4 \tag{5.43}$$

这一关系式后来得到更多（多达 1754 个）震源深度<70km 浅源地震的观测资料（图 5.8b）的证实（Choy *et al.*, 2006）．如果将上式与式（5.28）做比较，可见上式与式（5.28）仅在于常数不同，它右边的数值因子为 4.4，比式（5.28）右边的数值因子（4.8）小 0.4，即古登堡–里克特关系式（5.28）高估地震波能量 E_S 达 2.5 倍．不过，由图 5.8a 与图 5.8b 都可以看到，式（5.43）表示的回归直线这一结果是非常分散的，有大量的实测数据点落在图 5.8a 与图 5.8b 的回归直线[式（5.43）]上下两方，能量差别可达一个数量级，实测结果有大量数据点位于古登堡–里克特关系式直线的上方，说明古登堡–里克特关系式也很容易低估地震的能量．由上式可得

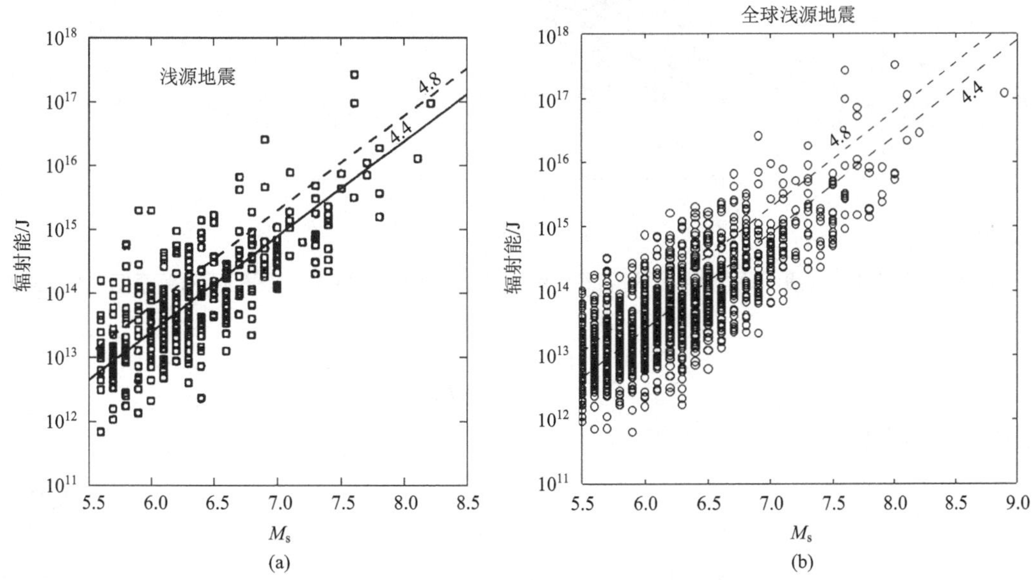

图 5.8　利用全球浅源地震（震源深度<70km）的观测资料统计的地震波辐射能 E_S 与面波震级 M_S 关系图

（a）全球 378 次浅源地震资料（Choy and Boatwright, 1995）；（b）全球 1754 次浅源地震资料（Choy *et al.*, 2000）

$$M_S = \frac{2}{3}(\lg E_S - 4.4) \tag{5.44}$$

将上式左边的 M_S 换为 M_e，可以定义一个由地震波能量 E_S 确定的新的震级标度 M_e（Choy and Boatwright, 1995)：

$$M_e = \frac{2}{3}(\lg E_S - 4.4) = \frac{2}{3}\lg E_S - 2.93, \tag{5.45}$$

式中，M_e称作能量震级(energy magnitude)．能量震级不会饱和，因为它是由地震波能量E_S通过上式计算出来的，而地震波能量不会饱和．

4. 地震波能量与视应力的关系

利用 394 次浅源地震辐射的地震波能量 E_S 与地震矩 M_0 的资料，Choy 和 Boatwright(1995)得到了如下的统计关系(图 5.9)：

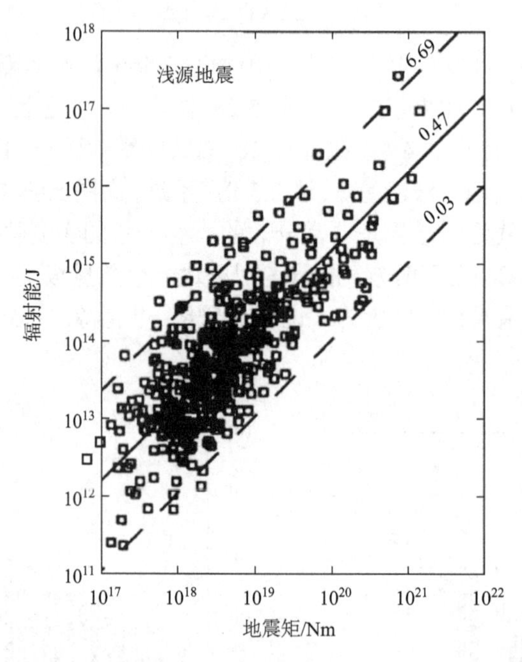

图 5.9　利用全球 394 次浅源地震的观测资料统计得出的地震波能量 E_S 与地震矩 M_0 的关系图(Choy and Boatwright, 1995)

$$E_S = 1.6\times10^{-5} M_0. \tag{5.46}$$

由视应力σ_a的定义

$$\sigma_{app} = \frac{\mu E_S}{M_0}, \tag{5.47}$$

可得

$$\frac{E_S}{M_0} = \frac{\sigma_{app}}{\mu} = 1.6\times10^{-5}. \tag{5.48}$$

由于$\mu\approx3\times10^4$ MPa，所以$\sigma_{app}\approx0.48$ MPa．这表明全球范围的视应力平均值大约是 0.48 MPa．不过如图 5.9 所示，E_S–M_0 的回归直线的离散范围相当大(0.03—6.69 MPa)，表明这么大的离散不是随机的，它是地震波能量和视应力的系统变化与断层的类型、岩石层的强度以及构造背景有关的表现.高视应力地震发生于强烈形变与破裂的强岩石层地区,在海洋构造环境中,发生于板内或转换断层的正在演化的端部的光滑断层,σ_a 可高达 27MPa,在俯冲带和大陆内部构造环境中,走滑断层的σ_a 可高达 7MPa. 正断层地震情况更复杂,在深度 35—70km,发生于诸如板片强烈弯曲或正在冷却的板片接合部的强烈形变区的板内地震,σ_a 可高达 5MPa. 发生于外隆与外海沟壁或平的温暖板片的深部的正断层地震,σ_a较低(<1MPa),俯冲带的逆冲断层的平均σ_a最低,低达 0.3MPa.

5. 能量震级与矩震级的关系

能量震级M_e的定义式(5.43)与作为矩震级M_W定义式[式(5.19)]基础的式(5.28)在概念上是相反的. 式(5.45)定义的震级(能量震级)是通过直接测量地震波能量E_S后代入式(5.28)计算求得的;而式(5.31)则是反过来,是由震级M_S估算地震波能量E_S,而计算地震波能量E_S与M_S的古登堡–里克特关系式则是由半经验的方法求得的.

由M_W的定义式(5.19)和地震波能量E_S与地震矩M_0的经验关系式(5.40)可得

$$M_W = \frac{2}{3}(\lg E_S - 4.8) = \frac{2}{3}\lg E_S - 3.20. \tag{5.49}$$

与式(5.45)比较,我们看到

$$M_e = M_W + 0.27, \tag{5.50}$$

这表明,能量震级M_e比矩震级系统地大 0.27 级.

虽然M_e和M_W都是描述地震大小的量,但它们的物理意义不同,没有理由要求它们在数值上相等. 即使如上式所示,能量震级M_e系统地比矩震级M_W大 0.27 级,但很分散,其差别既可高出 0.27 很多,也可以低于 0.27 很多. M_e是由速度功率谱计算得到的,是地震辐射的地震波能量的一种量度,从而也是对建筑物、结构物等人工工程潜在危险性的一种量度. M_W是由位移谱低频趋势(低频渐近线)的幅值求得的,与地震的最终(静态)位移有关,与地震过程的长期构造效应密切相关;而M_e则与地震时的能量释放即与断层类型、岩石层强度、构造背景等因素有关. 所以在描述地震的大小,特别是在估算地震与海啸的潜势时,能量震级M_e是矩震级M_W的一个必要的补充.

作为举例,表 5.4 列出了 1997 年发生于智利的两次地震,两次地震的震中相距小于 1°,其M_W和M_S的值相近,但m_b和M_e与M_W和M_S相差甚大,地震 2 比地震 1 高达 1—1.4 震级单位. 表 5.4 所列出的 1997 年 10 月 15 日地震(地震 2)的宏观效应及所造成的破坏与损失比 1997 年 7 月 6 日地震(地震 1)大得多,相当充分地显示了第 2 个地震的高频能量比第 1 个地震大得多,表明m_b与M_e是M_W的一个重要的、不可或缺的补充.

表 5.4　矩震级 M_W 和面波震级 M_S 都相近的两次智利地震的体波震级 m_b 和能量震级 M_e

地震编号	日期	纬度/(°)	经度/(°)	震源深度/km	M_e	M_W	m_b	M_S	σ_a/MPa	断层类型
1	1997.07.06	−30.06	−71.87	23.0	6.1	6.9	5.8	6.5	0.1	板间逆断层
2	1997.10.15	−30.93	−71.22	58.0	7.5	7.1	6.8	6.8	4.4	板内正断层

综上所述，震级是衡量地震大小的一个量，它是地震的一个基本参量. 1935 年里克特在研究美国南加州的地震时引入了地方性地震的震级标度 M_L，1945 年古登堡提出了面波震级标度 M_S 和体波震级标度 m_b. 尽管震级的定义有相当的任意性，但用震级来衡量地震的大小却很方便；更重要的是震级概念的提出为以后地震的定量及其发展奠定了基础. 各国地震台网与国际地震机构，根据各自的观测数据和研究成果，建立了适合于不同区域的经验公式. 多年来计算震级的方法不断得到改进(Båth, 1973, 1979; 傅承义等, 1985; Choy and Cormier, 1986; Duda, 1989; Abe, 1995; Lay and Wallace, 1995; Udías, 1999; Utsu, 2002; Bormann, 2002, 2011；Bormann *et al*., 2009).

震级的优点主要有以下两点(刘瑞丰，2003; 陈运泰和刘瑞丰，2004). 一是简便易行. 它是直接由地震图上测量得到的，无须进行烦琐的地震信号处理和计算，在任何给定的情况下，只要运用合理的计算公式，就能很容易地测定震级. 二是通俗实用. 它采用数量级为 1 的无量纲的数来表示地震的大小，简单明了，易为公众理解和应用. 根据震级可以近似地了解其他震源参量，如地震波能量、标量地震矩、断层长度等. 震级的缺点主要有以下两点. 一是震级标度完全是经验性的，与地震发生的物理过程并没有直接的联系，物理意义不清楚. 任何一种震级标度都只涉及某一周期，也就是说它是“单色的”，单用一个数值来描述复杂的地震现象确实过于简单. 二是震级测定结果的一致性存在问题，特别是，存在地震震级饱和效应；此外，由于世界各国、各地区地震台网根据本国、本地区的地震台网的记录发展了各自的震级计算公式，他们用于测定震级的量规函数的衔接不尽理想，使得各国、各地区地震台网对同一地震测定的震级不可避免存在一定的差别.

矩震级是一个描述地震绝对大小的力学量，它是目前量度地震大小最理想的一个物理量. 与传统上使用的震级标度相比，矩震级具有明显的优点：它是一个绝对的力学标度，不存在饱和问题. 无论是对大震还是对小震、微震甚至极微震，无论是对浅震还是对深震，均可测量地震矩，从而计算得出相应的矩震级；并能与已熟悉的震级标度如面波震级 M_S 衔接起来；它是一个均匀的震级标度，适于震级范围很宽的统计. 由于矩震级具有以上优点，所以国际地震学界推荐它为优先使用的震级标度. 事实上，目前矩震级已成为在世界上大多数地震台网和地震观测机构优先使用的震级标度(USGS, 2002; Bormann, 2002, 2009, 2011).

尽管矩震级是量度地震大小的最理想的一个物理量，我们也看到，单用一种震级标度——即使是具有诸多优点的矩震级——是不可能全面地描述一个地震震源大小的特性的. 在估算地震的潜势和地震产生的海啸的潜势等方面(Kanamori, 1972)，能量震级 M_e 是矩震级 M_W 的一个重要的、不可或缺的补充. 矩震级与地震过程的长期构造效应密切相关，而能量震级则与地震时的能量释放即与断层的类型、岩石层的强度乃至构造背景等因素有关(Choy and Boatwright, 1995; Choy et al., 2006). 从中、长期地震灾害评估的角度看，多种不同震级的测定及深入地研究其物理本质是非常有必要的(Bormann, 2002, 2011).

第二节　震源谱与标度律

(一)震源谱

各种震级与地震矩之间的关系、震级的饱和，与从震源辐射出的地震波的频谱有关(Aki, 1967; Geller, 1976)．采用如第四章图4.3所示的哈斯克尔(Haskell)模式，则由式(4.87)可知，当计及断层宽度，但破裂沿长度方向扩展时，震源辐射的地震体波远场位移的频谱 $\hat{u}^c(\boldsymbol{R},\omega)$ 可以表示为

$$\hat{u}^c(\boldsymbol{R},\omega)=M_0\frac{\mathscr{F}^c}{4\pi\rho c^3 R}\mathrm{e}^{-\mathrm{i}\frac{\omega}{c}R}\left(\mathrm{e}^{-\mathrm{i}X_s}\frac{\sin X_s}{X_s}\right)\left(\mathrm{e}^{-\mathrm{i}X}\frac{\sin X}{X}\right)\left(\mathrm{e}^{-\mathrm{i}Y}\frac{\sin Y}{Y}\right),\tag{5.51}$$

式中，角标 c 表示与P波或S波有关的量，

$$X_s=\frac{\omega}{\omega_s},\tag{5.52}$$

$$X=\frac{\omega}{\omega_L},\tag{5.53}$$

$$Y=\frac{\omega}{\omega_W},\tag{5.54}$$

$$\omega_s=\frac{2}{T_s},\tag{5.55}$$

$$\omega_L=\frac{2}{T_r}=\frac{2v}{L}\cdot\frac{1}{\left(1-\frac{v}{c}\cos\psi\right)}=\frac{2v}{L}\cdot\frac{1}{\left(1-\frac{v}{c}\sin\theta\cos\phi\right)},\tag{5.56}$$

$$\omega_W=\frac{2}{T_W}=\frac{2c}{W}\cdot\frac{1}{|\sin\theta\sin\phi|}=\frac{2c}{W}\cdot\frac{1}{|\sin\psi\cos\phi'|},\tag{5.57}$$

式中，ψ是矢径 $\boldsymbol{R}$ 与 x_1 轴的夹角，ϕ'是 $\boldsymbol{R}$ 在 x_2x_3 平面上的投影与 x_2 轴的夹角(图4.3)．今以 $\hat{\Omega}^c(\omega)$ 表示地震P波远场位移频谱中表征震源特征的因子：

$$\hat{\Omega}^c(\omega)=M_0\left(\mathrm{e}^{-\mathrm{i}X_s}\frac{\sin X_s}{X_s}\right)\left(\mathrm{e}^{-\mathrm{i}X}\frac{\sin X}{X}\right)\left(\mathrm{e}^{-\mathrm{i}Y}\frac{\sin Y}{Y}\right),\tag{5.58}$$

式中，$\hat{\Omega}^c(\omega)$ 称为震源谱(source spectra)．$\hat{\Omega}^c(\omega)$ 比表示地震波远场位移波形的因子$\Omega_c(\boldsymbol{R},t)$[参见式(4.12)]的谱 $\hat{\Omega}^c(\boldsymbol{R},\omega)$［参见式(4.20d)］多一个因子$\mu$．跟 $\hat{\Omega}^c(\boldsymbol{R},\omega)$一样，震源谱表示的是地震波远场位移波形的谱与震源的关系．震源谱的振幅为

$$\left|\hat{\Omega}^c(\omega)\right|=M_0\left|\frac{\sin X_s}{X_s}\right|\cdot\left|\frac{\sin X}{X}\right|\cdot\left|\frac{\sin Y}{Y}\right|,\tag{5.59}$$

震源谱振幅的包络线，即震源谱振幅的趋势，在双对数图上是如第四章图4.17所表示的4段直线：

$$
\lg\left|\hat{\Omega}^c(\omega)\right| = \begin{cases} \lg M_0, & \omega \leqslant \omega_L, \\ \lg M_0 + \lg\omega_L - \lg\omega, & \omega_L < \omega \leqslant \omega_s, \\ \lg M_0 + \lg(\omega_L\omega_s) - 2\lg\omega, & \omega_s < \omega \leqslant \omega_W, \\ \lg M_0 + \lg(\omega_L\omega_s\omega_W) - 3\lg\omega, & \omega > \omega_W. \end{cases} \tag{5.60}
$$

当角频率ω小于第一个拐角频率ω_L时，震源谱的振幅是平的，与频率无关，即其零频趋势与ω^0成正比：$\hat{\Omega}^c(\omega) \propto \omega^0$，当$\omega \to 0$．当$\omega$介于$\omega_L$与$\omega_s$之间时，$\hat{\Omega}^c(\omega) \propto \omega^{-1}$．当$\omega$介于$\omega_W$与$\omega_s$之间时，$\hat{\Omega}^c(\omega) \propto \omega^{-2}$．当$\omega$大于$\omega_s$时，$\hat{\Omega}^c(\omega) \propto \omega^{-3}$．换句话说，震源谱由 4 个参量便可完全确定，它们是：地震矩M_0，沿断层长度方向的破裂时间T_r，表征断层宽度的时间T_W以及断层面上质点运动的上升时间T_s．

(二) 地震的自相似性

表示震源谱的参量并非相互独立的，它们互有联系．震源参量之间的关系称作标度关系(scaling relation)，也称标度律(scaling law)．标度关系与地震的自相似性(earthquake self-similarity)有关．地震的自相似性可以分为静力学相似性(static similarity)与动力学相似性(dynamic similarity)两类(Lay and Wallace, 1995)．

今以L表示断层的特征长度，以W表示断层的特征宽度，令

$$
\frac{W}{L} = k_1, \tag{5.61}
$$

因此，断层面的面积可以表示为

$$
A = k_1 L^2, \tag{5.62}
$$

式中，k_1是表征断层几何形状的因子，称作形状因子(shape factor)．若震源是长为L，宽为W的矩形断层，则形状因子k_1表示的是断层的宽度与长度之比；若震源是正方形的断层，则$k_1=1$; 若震源是半径为L的圆盘形断层，则$k_1=\pi$，等等．

如果地震不论大小，其断层的纵横比(fault aspect ratio)为常数，也即如式(5.61)所定义的形状因子k_1为常数，则称地震震源具有断层的宽度与断层长度成正比的自相似性．从而断层面面积便与断层长度平方成正比，即地震的震源具有断层面面积与断层长度的平方成正比的自相似性．这种自相似性是地震所具有的一种静力学相似性．

地震矩M_0定义为刚性系数μ，平均错距D与断层面面积A三者的乘积：

$$
M_0 = \mu D A. \tag{5.63}
$$

在本章最后一节，我们将指出，地震矩与应力降$\Delta\sigma$及断层面面积A有下列关系［参见式(5.161)］：

$$
M_0 = C\Delta\sigma A^{3/2}, \tag{5.64}
$$

式中，C也是一个表征断层面几何形状的数值因子，例如对于圆盘形断层［参见式(5.162)］，

$$
C = \frac{16}{7\pi^{3/2}}, \tag{5.65}
$$

因此，

$$D=\frac{C\Delta\sigma A^{1/2}}{\mu}, \tag{5.66}$$

即

$$D=\frac{C\sqrt{k_1}\Delta\sigma}{\mu}L. \tag{5.67}$$

在上式中，$\Delta\sigma/\mu=\varepsilon$，这里$\varepsilon$是与地震相联系的临界应变．大量观测事实表明，$\varepsilon$几乎为常量［参见式(5.37)至式(5.39)，式(5.164)］．在此条件下，上式可进一步写为

$$\frac{D}{L}=k_2, \tag{5.68}$$

式中，$k_2=c\sqrt{k_1}\,\Delta\sigma/\mu$，是数量级为 10^{-5}～10^{-4} 的常量．上式表示了地震的平均位错 D 与断层的长度成正比的自相似性，是地震所具有的又一种静力学自相似性．

上升时间 T_s 与震源动态破裂过程有关，它可以表示为［参见式(5.119)］

$$T_s=\frac{c_1\mu D}{2\Delta\sigma_d\beta}, \tag{5.69}$$

式中，c_1 是一个约为 2 的常数：$c_1\approx2$；$\Delta\sigma_d$ 是动态应力降(dynamic stress drop)，即初始摩擦应力(initial friction stress) σ^0 与动摩擦应力(dynamic friction stress) σ_d 之差：

$$\Delta\sigma_f=\sigma^0-\sigma_d. \tag{5.70}$$

如果假定$\sigma_d\approx\sigma^1$，σ^1 是最终摩擦应力(final friction stress)，则动态应力降近似等于静态应力降：$\Delta\sigma_d\approx\Delta\sigma$，从而

$$T_s\approx\frac{\mu D}{\Delta\sigma\beta}. \tag{5.71}$$

将式(5.67)代入上式，即得

$$T_s\approx\frac{\mu}{\Delta\sigma}k_2\frac{L}{\beta}=\frac{\mu v}{\Delta\sigma\beta}k_2T_r, \tag{5.72}$$

式中，$\Delta\sigma/\mu=\varepsilon$与 k_2 均为常量，$v/\beta=0.7$～0.8，也几乎是常量，所以

$$T_s=k_3T_r=k_3\frac{L}{v}, \tag{5.73}$$

式中，$k_3=\mu vk_2/\Delta\sigma\beta$为一常量．所以上升时间与断层长度成正比，或者说，地震具有其上升时间与断层长度成正比的自相似性．地震的这一自相似性与震源动态破裂过程有关，所以这是地震震源的动力学自相似性．

(三) 平均谱

由上面求得的定标关系，可以得到表征震源总体特征的平均谱(average spectra)．下面依次给出远震体波及面波的平均谱．

1. 远震体波

由式(5.56)与(5.57)两式可得

$$T_r = \frac{L}{v}\left(1 - \frac{v}{c}\cos\psi\right), \tag{5.74}$$

$$T_W = \frac{W}{c}\left|\sin\psi\cos\phi'\right|, \tag{5.75}$$

上式右边取绝对值是因为 T_s, T_r, T_W 等应取正值．由于 $\sin\psi\cos\phi'$ 有可能是负的，所以 T_W 的右边特别加上绝对值符号．对于远震体波来说，离源射线几乎都是竖直向下，即 $i_h\approx 0$, $\psi\approx\pi/2$, $\phi'\approx(\pi/2)-\delta$, T_r 与 T_W 的平均值 $\langle T_r\rangle_b$ 与 $\langle T_W\rangle_b$ 分别为(下角标 b 表示远震体波)：

$$\langle T_r\rangle_{\rm b} = \frac{L}{v}, \tag{5.76}$$

$$\langle T_W\rangle_{\rm b} = \frac{W}{c}\sin\delta = \frac{k_1\sin\delta}{c}L, \tag{5.77}$$

T_s 可由式(5.71)与式(5.64)，式(5.65)求得

$$T_s \approx \frac{M_0}{\Delta\sigma\beta A} = \frac{C\Delta\sigma A^{3/2}}{\Delta\sigma\beta A} = \frac{CA^{1/2}}{\beta} = \frac{16k_1^{1/2}}{7\pi^{3/2}}\frac{L}{\beta}. \tag{5.78}$$

地震矩 M_0 与 L 的关系可由式(5.62)，式(5.63)与式(5.66)求得

$$M_0 = \frac{16k_1^{3/2}}{7\pi^{3/2}}\Delta\sigma L^3. \tag{5.79}$$

今取 k_1−1/2, δ−π/ 4 , v−2.88km/s, α−14km/s, β=4.0km/s, 则

$$\langle T_r\rangle_b = 0.347L = 2C_L L, \qquad C_L = 0.174, \tag{5.80}$$

$$\langle T_W\rangle_b = 0.0253L = 2C_{W_b}L, \qquad C_{W_b} = 0.0126, \tag{5.81}$$

$$T_s = 0.0726L = 2C_s L, \qquad C_s = 0.0363, \tag{5.82}$$

$$M_0 = 1.45\times10^{20}\Delta\sigma\cdot L^3\,\text{dyn}\cdot\text{cm}, \tag{5.83}$$

式中，L 以 km 为单位，$\Delta\sigma$以 bar 为单位．将以上 $\langle T_r\rangle_b$, $\langle T_W\rangle_b$, T_s 及 M_0 代入式(5.60)即得 P 波的震源平均谱｜$\Omega^c(\omega)$｜：

$$\lg\left(\left|\Omega^c(\omega)\right|/1.45\times10^{20}\Delta\sigma\right) = \begin{cases} 3\lg L, & \omega \leqslant \dfrac{1}{C_L L}, \\ 2\lg\omega - \lg C_L, & \dfrac{1}{C_L L} \leqslant \omega \leqslant \dfrac{1}{C_s L}, \\ \lg L - 2\lg\omega - \lg(C_L C_s), & \dfrac{1}{C_L L} \leqslant \omega \leqslant \dfrac{1}{C_{W_b}L}, \\ -3\lg\omega - \lg(C_L C_s C_{W_b}), & \dfrac{1}{C_{W_b}L} \leqslant \omega. \end{cases} \tag{5.84}$$

2. 面波

对于面波的震源谱，只要注意到其破裂时间 T_r 和 T_W 与体波具有不同的表示式，就可得到与远震体波的震源谱相应的结果．对于 T_r 来说，表示式仍与式(5.74)一样：

$$T_r=\frac{L}{v}\left(1-\frac{v}{c}\cos\psi\right),$$

但式中的 c 现在表示的是面波相速度．对 $\phi'=\delta$ 及 $\phi'=\pi+\delta$，ψ 由 0 至 π 求平均，即得对于面波的破裂时间的平均值 $\langle T_r\rangle_s$(下角标 s 表示面波)：

$$\langle T_r\rangle_s=\frac{L}{v} \tag{5.85}$$

$\langle T_r\rangle_s$ 与体波的破裂时间的平均值 $\langle T_r\rangle_b$ 是一样的［参见式(5.76)］．对于 T_W 来说，表示式为

$$T_W=\begin{cases}\left|\dfrac{W}{c}\sin\psi\cos\delta\right|, & \phi'=\delta,\ \ 0\leqslant\psi\leqslant\pi,\\ \left|-\dfrac{W}{c}\sin\psi\cos\delta\right|, & \phi'=\pi+\delta,\ \ 0\leqslant\psi\leqslant\pi,\end{cases} \tag{5.86}$$

即

$$T_W=\left|\frac{W}{c}\sin\psi\cos\delta\right|,\qquad \phi'=\delta\text{或}\pi+\delta,\quad 0\leqslant\psi\leqslant\pi. \tag{5.87}$$

从而 T_W 在 $\phi'=\delta$ 及 $\phi'=\pi+\delta$ 时，ψ 由 0 至 π 的平均值为

$$\langle T_W\rangle_s=\frac{2W\cos\delta}{\pi c}=\frac{2k_1\cos\delta L}{\pi c}. \tag{5.88}$$

因此，对于面波来说，其震源谱中的各个参量除了 $\langle T_W\rangle_s$ 以外，与体波震源谱的参量都是一样的．今取面波的相速度 c=3.9km/s, 则

$$\langle T_W\rangle_s=0.0577L=2C_{W_s}L,\qquad C_{W_s}=0.0289. \tag{5.89}$$

应力降 $\Delta\sigma$ 与地震的大小(地震矩)关系不大．由式(5.84)，我们可以计算给定应力降 $\Delta\sigma$ 时，对应于各种断层长度 L 的 M_0, T_L, T_s, T_W 得到体波与面波的理论震源谱(图 5.7)．图 5.7a 表示面波的震源谱，图 5.7b 表示体波的震源谱．地震波的震源谱也就是震源谱的定标律．由图可以看出，体波震源谱中的第三个拐角频率($\omega_W=1/C_{W_b}L$)与第二个拐角频率($\omega_s=1/C_sL$)拉得比较开(因为 C_{W_b}=0.0126, C_s=0.0363 差别较大)，而面波震源谱中的第三个拐角频率($\omega_W=1/C_{W_s}L$)与第二个拐角频率($\omega_s=1/C_sL$)靠得非常近(C_{W_s}=0.0289, C_s=0.0363，二者差别不大)．这就使得体波的拐角频率 $\omega_{c_b}=1/(C_LC_sC_{W_b})^{1/3}L$ 大于面波的拐角频率 $\omega_{c_S}=1/(C_LC_sC_{W_s})^{1/3}L$；同时，也使得面波的第二与第三个拐角频率在图中几乎不可区分，其振幅谱中的 ω^{-2} 段几乎看不出来；而体波的第二与第三个拐角频率则可清楚地看出，其振幅谱中的 ω^{-2} 段也比较长，可以清楚地看出来．

(四)震级饱和与震源谱

震级是由测定某一特定周期的地震波的振幅得出的，所以震级的饱和与震源谱密切关联. 震级的饱和可以由震源谱的特征及测定震级的特定频率的相互关系得到解释. 由图 5.7 可见，随着断层长度 L 增加，地震矩、破裂时间、上升时间都增大，所以拐角频率向左移动，即频率降低. 地震矩 M_0 是由零频的谱的水平确定的，随着地震增大(在这里是 L 增大)，地震矩也增大，不会饱和. 可是，M_S 是根据周期为 20s 的振幅测定的，所以测定的结果取决于在周期为 20s 时测量的是谱振幅的哪一段. 由图可见，当地震矩小于约 10^{26} dyn·cm 时，周期 20s 对应于震源谱的 ω^0 段，所以测出的 M_S 随着 M_0 的增加而均匀地增加. 但是当地震矩 M_0 大于上述数值时，20s 周期落在第一个拐角频率的右边，对应于震源谱的 ω^{-1} 段. 这样一来，随着 M_0 的增加，M_S 的增长率变小，震级开始出现饱和. 在三个拐角频率(第二与第三个拐角频率靠得很近)的右边，对应于震源谱的 ω^{-3} 段，此时，不论地震矩如何再增大，测得的 M_S 不再增大，震级完全饱和. M_S 在约 8.2 级时达到完全饱和.

类似的情况也发生在测量体波震级 m_b 时. 如前已述，体波震级是通过测定周期为 1s 的地震动振幅得到的. 由于这个周期(1s)小于测定面波震级的周期(20s)，所以 m_b 在地震矩低于面波的相应值(10^{26} dyn·cm)的地方，即在 $M_0 \approx 10^{25}$ dyn·cm 处完全饱和，这个数值对应于 $m_b \approx 6.0$. 不论地震矩如何再增大，m_b 总是保持在 6.0 级左右.

对于其他震级标度，也可以看到类似的震级饱和效应，因为它们测定的都是某一特定的频率的振幅.

震级饱和现象还可以通过地震矩 M_0 与面波震级 M_S 以及断层面面积 A 与面波震级 M_S 的关系清楚地看出(图 5.10). 由图 5.10 可以看到，尽管观测资料有一定的不确定性，

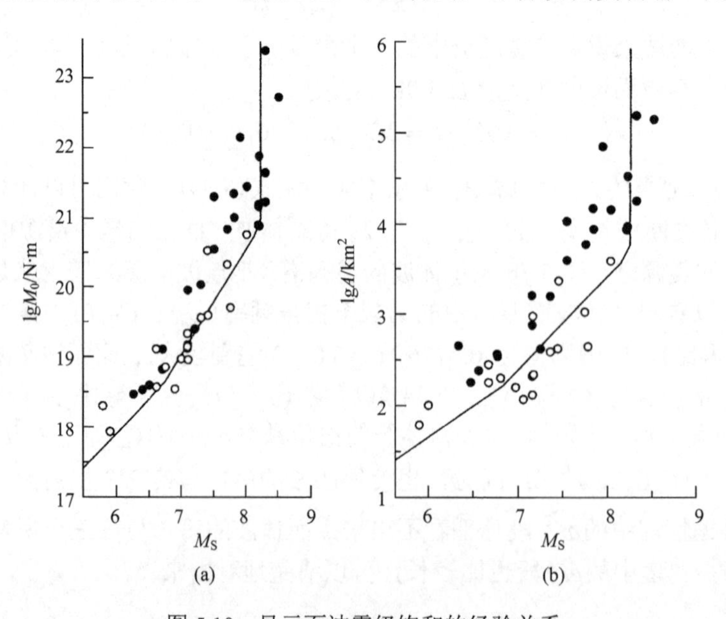

图 5.10　显示面波震级饱和的经验关系

(a)地震矩(M_0)与面波震级(M_S)的关系；(b)断层面面积(A)与面波震级(M_S)的关系

但是总的趋势还是很清楚的，这就是：$\lg M_0$–M_S, $\lg A$–M_S 在不同的震级范围遵从不同的关系(表 5.5)，m_b 在 6.0 级左右完全饱和，M_S 在 8.2 级左右完全饱和．表 5.5 列出了 $\lg M_0$ 与 M_S, $\lg A$ 与 M_S 以及 m_b 与 M_S 的经验关系．由这些经验关系，按照前面叙述的方法，才得出了图 5.7 所示的面波和体波的理论震源谱即标度律．

除了上述标度关系外，由许多地震的地表破裂的长度(surface rupture length) L，地表破裂的平均错距 D 以及矩震级 M_W，可以得到以下经验关系(图 5.11 和图 5.12)：

表 5.5　地震标度关系

m_b 和 M_S 的关系	震级范围
$m_b=M_S+1.33$	$M_S<2.86$
$m_b=0.67M_S+2.28$	$2.86\leqslant M_S<4.90$
$m_b=0.33M_S+3.91$	$4.90\leqslant M_S<6.27$
$m_b=6.00$	$6.27\leqslant M_S$
A 和 M_S 的关系	**震级范围**
$\lg A=0.67M_S-2.28$	$M_S<6.76$
$\lg A=M_S-4.53$	$6.76\leqslant M_S<8.12$
$\lg A=2M_S-12.65$	$8.12\leqslant M_S<8.22$
$A>6080\ \text{km}^2$	$M_S=8.22$
注：设 $L=2W$, A 以 km^2 为单位	
M_0 和 M_S 的关系	**震级范围**
$\lg M_0=M_S+18.89$	$M_S<6.76$
$\lg M_0=1.5M_S+15.51$	$6.76\leqslant M_S<8.12$
$\lg M_0=3M_S+3.33$	$8.12\leqslant M_S<8.22$
$\lg M_0>28$	$M_S=8.22$
注：设 $\Delta\sigma=50\text{bar}$, M_0 以 dyn·cm 为单位	

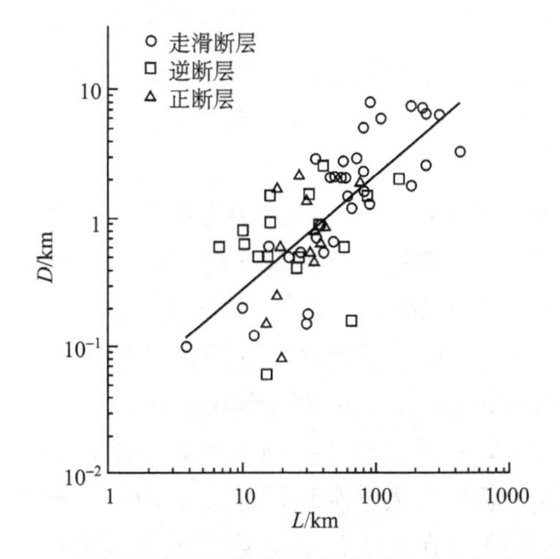

图 5.11　平均错距(D)与地震地表破裂长度(L)的经验关系

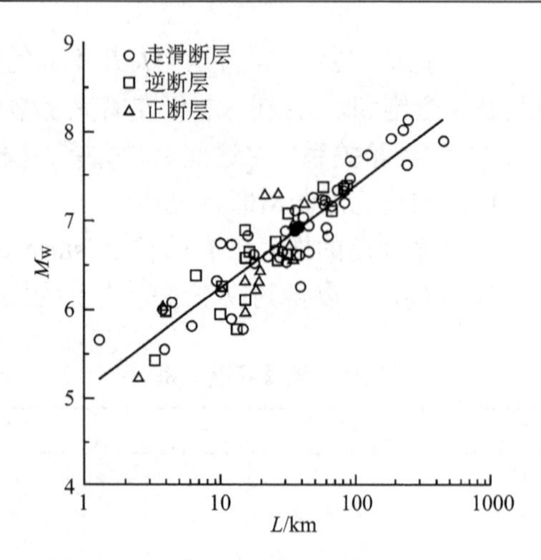

图 5.12　地震矩震级(M_W)与地震地表破裂长度(L)的经验关系

$$\lg D = -1.43 + 0.88 \lg L, \tag{5.90}$$

$$M_W = 5.08 + 1.16 \lg L, \tag{5.91}$$

式中，D 以 m 为单位，L 以 km 为单位．以上两个经验关系式是由大量地震，包括走滑断层、逆断层、正断层类型的地震的实测结果回归分析得到的(Wells and Coppersmith, 1994)．由图可见，虽然有相当大的不确定性，但是趋势还是很清楚的．这两个不确定性相当大的关系式虽然不适宜用以作进一步理论探讨的基础，但是在实际应用上仍然很有用．例如，可以用来估计已发生的地震或潜在的地震的断层长度、平均错距．像一个 M_W=7.4 的地震，其断层长度 L≈100 km, 平均错距 D≈2 m; 而一个 M_W=6.2 的地震，其断层长度 L≈10 km，平均错距 D≈0.3 m; 等等．诚然，鉴于不确定性相当大，估计值可能会与实测值有相当大的差别．

(五) 分段自相似性

自相似性是地震的一个重要性质．利用地震破裂过程的自相似性，可以准确地预测震源参量．但是，试图比较大、小地震的震源特征时便会发现，小地震与大地震之间并不存在相同的、单一的自相似性．地震的自相似性是分段的，小地震的自相似性与大地震的自相似性不同．

岩石层是由两部分组成的(图 5.13)．其上部是易于发生地震的、脆性的层，称作脆性破裂层(schizosphere)，简称脆裂层，其下部是延展性的塑性层(plastosphere)(Scholz, 1990, 2002)．在圣安德烈斯断层这一走滑类型的板块边界地区，脆裂层的厚度大约是 15 km．在消减带地区，由于板块向下俯冲，脆裂层的厚度要大一些．脆裂层也就是易震层、发震层、孕震层(seismogenic zone 或 seismogenic layer)．以脆裂层的厚度为界，可以将地震分为小地震与大地震两大类．按照这种划分法，小地震指震源尺度小于易震层厚度的地震，大地震指震源尺度大于易震层厚度的地震．与人为地按震级大小划分地震的大小不同［参见第五章第一节(一)］，按易震层的厚度来区分“小地震”与“大地震”是基于物理基础的一种分法．当发生小地震时，破裂局限于易震层内，整个破裂过程就

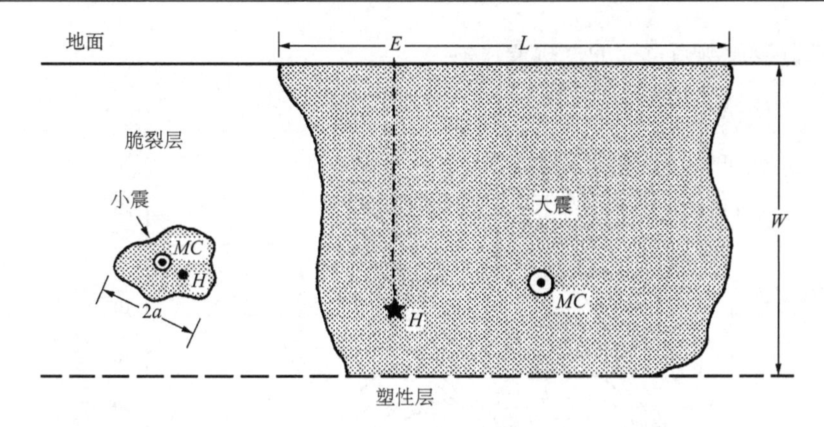

图 5.13　脆裂层(易震层)与塑性层及小地震、大地震、震源(H)、震中(E)、矩心(MC)、破裂长度(L)、宽度(W)、直径($2a$)示意图

好比发生于无限大的、弹性的、脆性固体中，其破裂长度与宽度都不受限制，因此小地震的断层面的形状是长度与宽度大体相当的面，宜于用形状因子 $k_1=1$ 的正方形或 $k_1=\pi$ 的圆盘形断层来表示它．小地震应当具有其地震破裂面的面积 A 与断层长度 L 的平方成正比的自相似性．与小地震不同，当发生大地震时，其破裂面的上界受地球自由表面的限制，下界受易震层厚度 W 的限制，所以大地震的破裂面只能沿水平方向扩展．从而大地震应当具有其地震破裂面的面积 $A=WL$ 与断层长度 L 一次方成正比的自相似性．图 5.14 表示小地震与大地震遵从不同的标度关系．如图所示，当地震矩小于 7.5×10^{18} N·m(相当于 $M_W=6.6$)时，地震(“小地震”)的地震矩 $M_0\propto L^3$；但当地震矩高于上述数值时，地震(“大地震”)的地震矩 $M_0\propto L^2$．地震的自相似性分段之处相应于易震层的厚度．在圣安德烈斯断层，$W\approx15$km, 自相似性在 $M_W\approx6.0\sim6.5$ 处分段．在俯冲带，如前已述，易震层较厚，自相似性可在 $M_W\approx7.5$ 处分段．

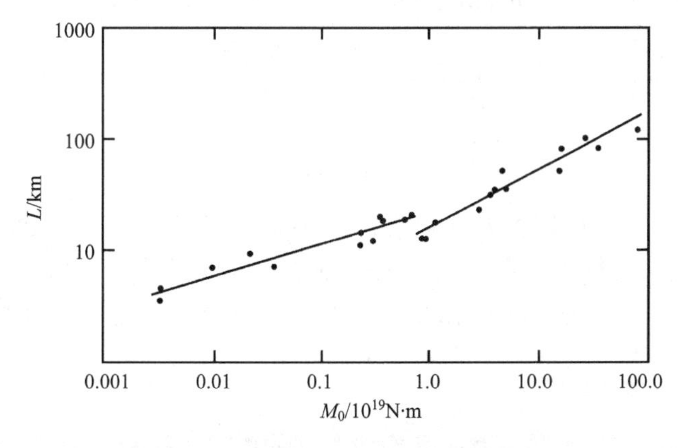

图 5.14　小地震与大地震标度关系的不同

考虑到大、小地震的自相似性分段，将分段的自相似性标度关系与 ω^2 模式的震源谱相结合，即可得到如图 5.15 所示的远震位移、速度与加速度的震源谱．该震源谱的拐角频率与断层长度($L\propto M_0^{1/3}$)成反比．它表示了在体波频段从小地震至大地震由于地震震

源自相似性分段震源谱特征的系统变化.

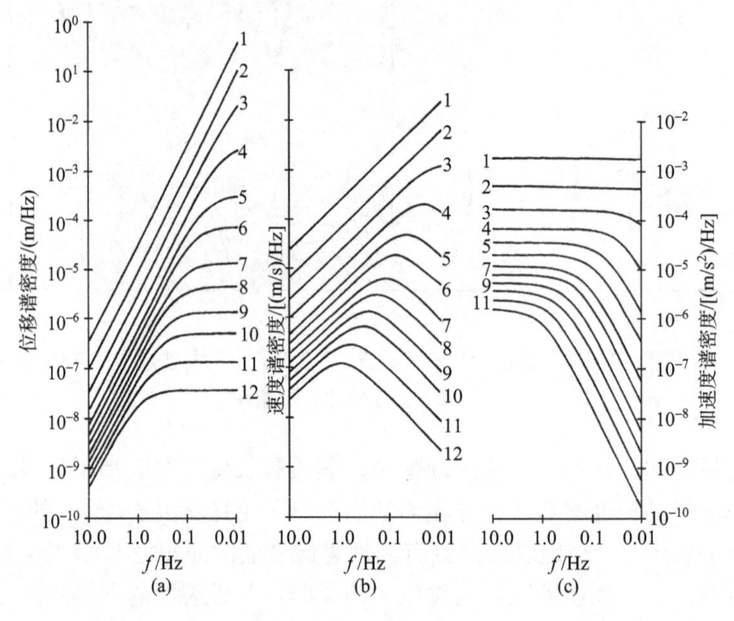

图 5.15　ω^2 模式的位错源在震中距为 1 km 处的谱密度

(a) 位移谱密度; (b) 速度谱密度; (c) 加速度谱密度

第三节　地　震　矩

标量地震矩 M_0 是表征地震强度的一个物理量. 通常用以测定地震矩的方法有三种, 即野外测量法、远场地动位移测量法和远场地动位移频谱测量法.

(一) 野外测量法

地震矩 M_0 定义为

$$M_0 = \mu DA. \tag{5.92}$$

从这个定义式出发, 根据野外测量数据可直接估算地震矩. 以 1906 年旧金山大地震为例. 旧金山大地震的断层长度 L=450 km, 断层延展深度即断层宽度 W=10 km, 断层的平均错距 D=4 m. 若取 μ=3×10^4 MPa, 可以求得其地震矩 M_0=5.4×10^{20} N·m.

(二) 远场地动位移测量法

体波远场位移的波形是震源时间函数对时间的微商. 在断层滑动不发生反向的情况下, 这个波形是一个单边脉冲(单极脉冲), 脉冲曲线下的面积与地震矩成正比 [第四章式(4.24)—式(4.26)]. 根据这一关系可以由下式计算地震矩:

$$M_0 = \frac{4\pi\rho\alpha^3 RA_\alpha}{\mathscr{F}^{\mathrm{P}}}, \tag{5.93}$$

式中，A_α是 P 波远场位移波形曲线下的面积：

$$A_\alpha = \int_0^\infty u^{\mathrm{P}}(\boldsymbol{R}, t)\mathrm{d}t \,. \tag{5.94}$$

对于 SV 和 SH 波，亦有类似的结果．实际测定地震矩时必须考虑自由表面的效应．对于 SH 波，因为地动位移是入射位移的两倍，S 波远场位移波形曲线下的面积 A_β可由 SH 波远场地动位移观测曲线下的面积除以因子 2 求得；对于 P 波和 SV 波，表示自由表面效应的因子与入射角有关．

在式(5.93)中，$\mathscr{F}^{\mathrm{P}}$是辐射图型因子．在实际测定地震矩时，如果已知地震的震源机制，便可根据第四章式(4.24)作辐射图型因子校正．如果没有断层面解可资利用，作为一种估计，可以考虑用$\mathscr{F}^{\mathrm{P}}$在震源球球面上的均方根$\langle(\mathscr{F}^{\mathrm{P}})^2\rangle^{1/2}$代替$\mathscr{F}^{\mathrm{P}}$．对于在震源球球面上均匀分布的观测点，$\mathscr{F}^{\mathrm{P}}$在震源球球面上的均方根为(Wu, 1968)

$$\left\langle(\mathscr{F}^{\mathrm{P}})^2\right\rangle^{1/2} = \left(\frac{4}{15}\right)^{1/2}, \tag{5.95}$$

对于 S 波，其辐射图型因子

$$\mathscr{F}^{\mathrm{S}} = \left[(\mathscr{F}^{\mathrm{SV}})^2 + (\mathscr{F}^{\mathrm{SH}})^2\right]^{1/2}. \tag{5.96}$$

它在震源球球面上的均方根为(Wu, 1968)

$$\left\langle(\mathscr{F}^{\mathrm{S}})^2\right\rangle^{1/2} = \left(\frac{2}{5}\right)^{1/2}. \tag{5.97}$$

(三) 远场地动位移频谱测量法

因为地震体波远场位移频谱的零频极限的水平等于位移曲线下的面积［第四章式(4.24)—式(4.26)］，所以由体波远场位移振幅谱的零频极限的水平，运用式(5.93)同样可以估算地震矩．以 P 波为例，在式(5.93)的右边，A_α现在表示 P 波远场位移谱的零频极限的值

$$A_\alpha = \hat{u}^{\mathrm{P}}(\boldsymbol{R}, 0)\,. \tag{5.98}$$

与时间域中测定地震矩的方法一样，在频率域中测定地震矩同样需要进行自由表面效应的校正和辐射图型因子的校正．

第四节　断 层 长 度

(一) 初动半周期测量法

对于单侧破裂和双侧破裂断层，地震波远场位移的初动半周期随方位的变化［第四章式(4.45)和式(4.65)］提供了在时间域中测定断层长度的方法．与此相应，在频率域中，振幅谱的节点的频率 f_n［第四章式(4.50)］同样可用来测定断层长度．

对于圆盘形断层，前面得到的第四章式(4.115)表明，体波初动半周期 t_{2c} 除了和震源尺度(震源半径)、体波速度及破裂速度有关外，还和观测点在震源球球面上的位置有关．

对于在震源球球面上均匀分布的观测点，初动半周期在震源球球面上的平均值 $\langle t_{2c}\rangle$ 为

$$\langle t_{2c}\rangle = \frac{a}{v}\left(1+\frac{\pi v}{4c}\right). \tag{5.99}$$

上式表明，体波初动半周期与 a/v 成正比，比例系数与地震马赫数 $M=v/c$ 有关．如果破裂速度已知，由体波初动半周期便可估算震源半径．

（二）拐角频率测量法

拐角频率与震源的线性尺度成正比，这个性质可以用来测定断层的长度和宽度．对于对称的双侧破裂矩形断层模式（也称哈斯克尔模式），若设破裂速度 $v=0.9\beta$，式中，β 是横波速度；并设震源时间函数是如下式所表示的指数函数：

$$S(t)=\begin{cases}0, & t<0,\\ 1-\mathrm{e}^{-t/T_s}, & t\geqslant 0.\end{cases} \tag{5.100}$$

那么，相应的震源时间函数的频谱

$$\hat{S}(\omega)=\frac{1}{\mathrm{i}\omega}\left(\frac{1}{1+\mathrm{i}\omega T_s}\right). \tag{5.101}$$

这种形式的震源时间函数是本·梅纳赫姆和托克索兹（Ben-Menahem and Toksöz, 1963）提出的，通常称为本·梅纳赫姆和托克索兹模式．利用这个模式，萨维季（Savage, 1972）计算了体波的拐角频率，得出：

对于 P 波，

$$\omega_L^{\mathrm{P}}=\frac{\alpha}{2L}, \tag{5.102}$$

$$\omega_W^{\mathrm{P}}=\frac{24\alpha}{W}, \tag{5.103}$$

$$\omega_c^{\mathrm{P}}=\left(\frac{2.9}{LW}\right)^{1/2}\alpha. \tag{5.104}$$

对于 S 波，

$$\omega_L^{\mathrm{S}}=\frac{3.6\beta}{L}, \tag{5.105}$$

$$\omega_W^{\mathrm{S}}=\frac{4.1\beta}{W}, \tag{5.106}$$

$$\omega_c^{\mathrm{S}}=\left(\frac{14.8}{LW}\right)^{1/2}\beta. \tag{5.107}$$

萨维季（Savage, 1972）的计算结果表明，P 波的拐角频率低于 S 波的拐角频率．通常观测到的拐角频率是 ω_c．由式（5.104）和（5.107）两式可得

$$(LW)^{1/2}=\frac{1.7\alpha}{\omega_c^{\mathrm{P}}}=\frac{3.8\beta}{\omega_c^{\mathrm{S}}}. \tag{5.108}$$

如果 $W<<L$, 也就是断层是窄长矩形，那么上面所列的三个拐角频率 ω_L, ω_W, ω_c 差别显著；但是，若 $L\approx W$, 三者实际上重合在一起.

对于布龙(Brune, 1970, 1971)提出的圆盘形断层模式，在 100%应力降情形下，其理论横波远场位移振幅谱的均方根是［参见第四章式(4.233)］

$$\left\langle \hat{u}(\boldsymbol{R},\omega)^2 \right\rangle^{1/2} = \left\langle \mathscr{F}^2 \right\rangle^{1/2} \frac{\Delta\sigma\beta}{\mu}\frac{a}{R}\frac{1}{\omega^2+\omega_c^2}, \tag{5.109}$$

式中，ω_c 是横波频谱的拐角频率［参见第四章式(4.217)]：

$$\omega_c = \frac{2.34\beta}{a}. \tag{5.110}$$

这个公式常用来在频率域中通过求拐角频率 ω_c 来计算圆盘形断层的震源半径 a.

第五节　上升时间与质点滑动速度

上升时间 T_s 是断层面上的任一点完成滑动所需要的时间. 如果以 D 表示平均错距，以 $\langle\Delta\dot{u}\rangle$ 表示断层面两盘上质点相对滑动的平均速度，则上升时间 T_s 为

$$T_s = \frac{D}{\langle\Delta\dot{u}\rangle}. \tag{5.111}$$

$\langle\Delta\dot{u}\rangle$ 等于断层面质点滑动的平均速度 $\langle\dot{u}\rangle$ 的二倍，所以

$$T_s = \frac{D}{2\langle\dot{u}\rangle}. \tag{5.112}$$

断层面上质点滑动的平均速度 $\langle\dot{u}\rangle$ 可通过下述分析求得(Brune, 1976; Kanamori, 1994).

在地震破裂过程中，动态的应力变化可能是很复杂的，但是宏观上看，可以设想，在时间 t=0 时，断层在初始的构造应力 σ^0 的作用下突然发生破裂，于是，在断层面上某一点就发生了位移 $u(t)$. 断层的错动受到了断层面两侧的动态摩擦应力(dynamic friction stress 或 kinetic friction stress) σ_d 的阻碍，所以断层的错动是在

$$\Delta\sigma_d = \sigma^0 - \sigma_d \tag{5.113}$$

作用下进行的. $\Delta\sigma_d$ 称为动态应力降(dynamic stress drop). 一般而言，$\Delta\sigma_d$ 是随时间变化的. 断层开始错动后，剪切扰动就以横波速度 β 沿着垂直于断层面的方向传播(图 5.16a), 在 t 时刻，扰动传到远处. 显然，在 t 时刻，在断层面上的应变为 $u(t)/\beta t$. 这个应变是由 $\Delta\sigma_d$ 引起的，所以由应力-应变关系可得

$$\Delta\sigma_d = \mu\frac{u(t)}{\beta t}. \tag{5.114}$$

由此，我们求得

$$u(t) = \frac{\Delta\sigma_d\beta t}{\mu}. \tag{5.115}$$

所以断层面上质点滑动的速度

$$\dot{u}(t)=\left(\frac{\Delta\sigma_d}{\mu}\right)\beta . \tag{5.116}$$

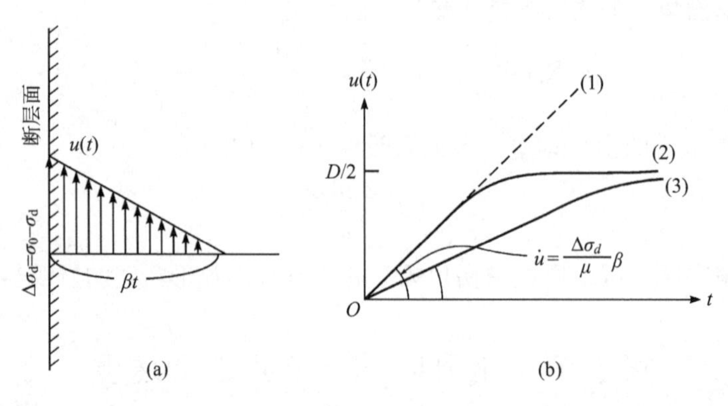

图 5.16　在动态应力降的作用下，沿着垂直于断层面方向的位移随时间的变化(a)和断层面上质点的滑动随时间的变化(b)

这种情形如图 5.16b 中的曲线(1)所示．式(5.114)至式(5.115)是在假定断层破裂过程未遇任何障碍并且破裂过程是瞬时地完成的前提下得出的．破裂遇到了障碍，比如说达到了断层的端部，断层面上质点的滑动便逐渐减速并最后停止下来．因此，$u(t)$作为时间 t 的函数应当如图 5.16b 中的曲线(2)所示．由于在断层面上各点的破裂并不是同时发生的，而是以有限的破裂速度 v 扩展的，$v/\beta\approx 0.7—0.8$，所以实际上宏观的质点运动速度要低于上式给出的速度．今以 $\langle\dot{u}\rangle$ 表示断层面上质点运动的平均速度，则：

$$\langle\dot{u}\rangle=\frac{1}{c_1}\left(\frac{\Delta\sigma_d}{\mu}\right)\beta, \tag{5.117}$$

式中，c_1 是一个大约为 2 的因子：$c_1\approx 2$．这种情形如图 5.16b 中的曲线(3)所示．所以动态应力降

$$\Delta\sigma_d=c_1\mu\left(\frac{\langle\dot{u}\rangle}{\beta}\right), \tag{5.118}$$

上升时间

$$T_s=\frac{c_1}{2}\frac{\mu}{\Delta\sigma_d}\frac{D}{\beta}\approx\frac{\mu}{\Delta\sigma_d}\frac{D}{\beta}. \tag{5.119}$$

在分析震源谱与标度律时，我们运用了上式所表示的结果［参见式(5.69)］．

上升时间与宽度方向的破裂时间有关,因此上升时间也可以用下式粗略地予以估算：

$$T_s=\frac{qW}{v}, \tag{5.120}$$

式中，W 是断层的宽度，v 是破裂扩展速度,q 是一常数．对于俯冲带的地震，$q\approx 1/2$．

从很靠近震源的地面运动记录可以测定上升时间．如前已述，1966 年 6 月 28 日美国加利福尼亚帕克菲尔德 6.4 级地震时，从很靠近断层的一个地震台的一个分向的记录

测得了该地震的上升时间为0.4—0.9s，平均大约为0.7s．这种机会是十分罕见的，但是随着越来越多的数字化强震台网的设置，情况可望得到改善．

如果测得上升时间和错距，则由上面提到的式(5.112)就可估算平均质点滑动速度$\langle \dot{u} \rangle$．$\langle \dot{u} \rangle$的数量级大约为1m/s．例如，对于上述帕克菲尔德地震，记录到的质点滑动速度为0.76m/s．

上升时间和质点滑动速度对于地震物理机制的研究是很有意义的，因为它们携带了有关地壳应力状态的信息．在地震工程中，它们对于准确地预测重要场地的未来的振动也是很有用的．

如果以式(5.100)所示的指数函数表示震源时间函数，那么，相应的震源时间函数的频谱便由式(5.101)所表示(本·梅纳赫姆和托克索兹模式)．如果以上升时间为T_s的斜坡函数表示震源时间函数［参见第四章式(4.44)与第四章图4.7a]：

$$S(t) \equiv R(t) = \begin{cases} 0, & t < 0, \\ \dfrac{t}{T_s}, & 0 \leqslant t \leqslant T_s, \\ 1, & t > T_s. \end{cases} \tag{5.121}$$

则相应的震源时间函数的频谱

$$\hat{S}(\omega) = \frac{1}{\omega^2 T_s} \cdot (\mathrm{e}^{-\mathrm{i}\omega T_s} - 1). \tag{5.122}$$

这种形式的震源时间函数是哈斯克尔(Haskell, 1964)最先提出的，通常称为哈斯克尔模式．

仍以P波为例．对于上述两种震源时间函数的模式，相应的单侧破裂断层的体波远场位移波形的频谱分别为

对于哈斯克尔模式，

$$\hat{u}^c(\boldsymbol{R}, \omega) = \frac{M_0}{4\pi\rho\alpha^3 R} \mathscr{F}^c \mathrm{e}^{-\mathrm{i}\frac{\omega}{\alpha}R} \left(\mathrm{e}^{-\mathrm{i}X_s} \frac{\sin X_s}{X_s} \right) \left(\mathrm{e}^{-\mathrm{i}X} \frac{\sin X}{X} \right), \tag{5.123}$$

对于本·梅纳赫姆和托克索兹模式，

$$\hat{u}^c(\boldsymbol{R}, \omega) = \frac{M_0}{4\pi\rho\alpha^3 R} \mathscr{F}^c \mathrm{e}^{-\mathrm{i}\frac{\omega}{\alpha}R} \left(\frac{1}{1 + \mathrm{i}\omega T_s} \right) \left(\mathrm{e}^{-\mathrm{i}X} \frac{\sin X}{X} \right), \tag{5.124}$$

式(5.123)即第四章式(4.46)．由以上两式可以看到，不论是哪一种模式，上升时间的有限性在频率域中都起到减少位移谱中的高频成分的作用；相应地，在时间域中则表现为对波形产生平滑作用．表示上升时间有限性效应的因子在高频($\omega_s \gg 1$)时随ω^{-1}变化．表示断层长度有限性效应的因子在高频(ωT_r>>1)时随ω^{-1}变化，这里，

$$T_r = \frac{L}{v} \left(1 - \frac{v}{a} \cos\psi \right), \tag{5.125}$$

是视破裂持续时间［参见第四章式(4.41)］．所以，断层长度的有限性和完成滑动所需时间的有限性使得位移振幅谱在高频时随ω^{-2}变化．

第六节　断层宽度

体波远场位移谱由式(5.123)或式(5.124)所示.当$\omega=0$时振幅谱是平的,与频率无关,其水平正比于地震矩;当频率高于视破裂持续时间T_r和上升时间T_s的倒数时,振幅谱随ω^{-2}变化.由以上对双侧双向破裂和单侧双向破裂矩形断层的分析可见,如果进一步考虑到断层宽度的效应,那么在高频时振幅谱将随ω^{-3}变化.因此,从理论上讲,通过确定体波远场位移谱中与断层宽度有关的拐角频率,可以估计断层宽度.迄今为止,已经对许多地震的断层长度、宽度和上升时间作了测定.但是应当指出,测定宽度和上升时间要比测定长度困难得多,因为它们受到的复杂的传播路径的影响要比长度受到的影响大.有鉴于此,应当通过近震源的观测来测定断层宽度和上升时间.

第七节　破裂速度

在视破裂持续时间,即单侧破裂断层初动半周期T_r的表示式(5.125)中,右边第一项(L/v)是真正的破裂持续时间,而第二项$(L\cos\psi/\alpha)$则表示破裂起始点与终止点到观测点的地震波走时差.由这个表示式可以看出,如果已知体波速度$(c=\alpha, \beta)$的话,破裂速度v就可由T_r–$\cos\psi/c$和截距L/v求得.对于双侧破裂断层,v也可由T_b–$\cos\psi$直线的斜率$-L/c$和截距L/v求得,不过此时L是断层的半长度.破裂速度v通常在0.7β至0.8β之间.

第八节　错　　距

错距是断层面两盘的最终位错量.若以$[\boldsymbol{u}(\boldsymbol{r}, t)]$表示断层面上某一点$\boldsymbol{r}$处的位错,以$\Delta u(\boldsymbol{r}, t)$表示其位错的幅值,$\boldsymbol{e}$表示滑动矢量,则:

$$[\boldsymbol{u}(\boldsymbol{r}, t)] = \boldsymbol{u}^{+}(\boldsymbol{r}, t) - \boldsymbol{u}^{-}(\boldsymbol{r}, t) = \Delta u(\boldsymbol{r}, t)\boldsymbol{e}, \tag{5.126}$$

则$\boldsymbol{r}$处的最终位错量为$\Delta u(\boldsymbol{r}, \infty)$.以$\overline{\Delta u}(t)$表示$\overline{\Delta u}(\boldsymbol{r}, t)$对面积为$A$的整个断层面的平均[参见第三章式(3.296)]:

$$\overline{\Delta u}(t) = \frac{1}{A}\iint_{\Sigma} \Delta u(\boldsymbol{r}', t)\mathrm{d}\Sigma', \tag{5.127}$$

则$\overline{\Delta u}(t)$便是作为时间函数的平均错距,而$D=\overline{\Delta u}(\infty)$则为平均最终错距,简称平均错距或平均滑动量.

平均错距可以由野外直接测量求得;如果地震矩、断层面面积和刚性系数已知的话,也可以由地震矩的定义式计算得到.例如,1964年6月16日日本新潟地震的地震矩由面波资料得到,为$M_0=3\times10^{20}$ N·m,如果取断层面面积A=100km(长)×20km(宽),$\mu=3.7\times10^4$ MPa的话,则可以利用式(5.92)求得该地震的平均错距D=4m.这个估计值与由海底升高和下沉量分别为5m和4m的重复回声探测结果十分一致.

第九节　应　力　降

地震矩的测定和断层尺度的测定是基本的测定. 在这些测定的基础上，可以计算伴随着地震断层的形成而发生的应力变化——应力降(stress drop). 应力降定义为地震时断层面上所释放的应力：

$$\Delta\sigma = \sigma^0 - \sigma^1, \tag{5.128}$$

式中，$\Delta\sigma$为应力降，σ^0为地震前断层面上的应力［初始应力(initial stress)］, σ^1为地震后断层面上的应力［最终应力(final stress)，也称剩余应力(residual stress)］. 很明显，$\Delta\sigma$是静态应力降(static stress drop).

(一)诺波夫模式

如果上述的在完全弹性无限介质中的无限长的二维地震断层$-a<x_1<a$, $-\infty<x_3<\infty$(图 5.17b)，断层面上的应力$\sigma=\sigma_{23}$在地震前为σ^0, 地震后为σ^1，则断层面上的位移将只平行于x_3轴，$u=u_3$(图 5.18)为

$$u(x_1) = \frac{\Delta\sigma a}{\mu}\left(1-\frac{x_1^2}{a^2}\right), \qquad |x| \leqslant a. \tag{5.129}$$

在此情况下，断层面上的应力σ和应力变化τ将分别是σ_{23}和τ_{23}，它们在形式上分别与表示σ_{12}和τ_{12}的式(5.135)和式(5.136)一样. 而最大错距、平均错距、应力降为[参见式(6.115), 式(6.117), 式(6.121)]

$$D_m = 2u(0) = \frac{2\Delta\sigma a}{\mu}, \tag{5.130}$$

$$D = \frac{\pi}{4}D_m = \frac{\pi\Delta\sigma a}{2\mu}, \tag{5.131}$$

$$\Delta\sigma = \frac{D_m\mu}{2a}, \tag{5.132}$$

$$\Delta\sigma = \frac{2D\mu}{\pi a}. \tag{5.133}$$

这个断层模式称为诺波夫(Knopoff, 1958)模式.

因为在$x=0$处，$\tau_{12}=0$，所以上述分析可以应用于无限长的、出露于地面的、垂直走向滑动断层(图 5.19). 此时，a表示出露于地面的这种情形的断层的宽度W. 对于下面马上就要提到的斯达尔模式，因为在$x=0$处，τ_{12}在所有的点上不一定是等于零，所以不能将它应用于无限长的、出露于地面的、垂直倾向滑动断层，只能在忽略不计地面效应的情况下将它近似地应用于埋藏于地下的、无限长的、垂直倾向滑动断层. 此时a表示埋藏于地下的断层的半宽度$W/2$.

(二)斯达尔模式

对于在完全弹性无限介质中无限长的二维地震断层(图 5.17a):$-a<x_1<a$, $-\infty<x_3<\infty$. 若断层面上的应力$\sigma=\sigma_{12}$在地震前为σ^0,地震后为σ^1,若以 u 表示断层面上平行于 x_1 轴的位移 u_1, 则在地震后,

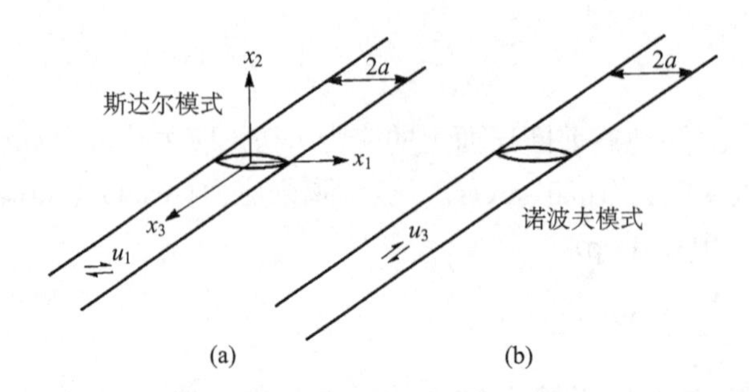

图 5.17 无限介质中的二维地震断层

(a)斯达尔倾滑断层模式;(b)诺波夫走滑断层模式

$$u(x_1)=\frac{\Delta\sigma a}{2}\frac{(\lambda+2\mu)}{\mu(\lambda+\mu)}\left(1-\frac{x_1^2}{a^2}\right)^{1/2},\qquad |x_1|<a. \tag{5.134}$$

在断层所在的平面$(x_2=0)$上,地震后的应力σ

$$\sigma(x_1)=\begin{cases}\sigma^1, & |x_1|\leqslant a,\\ \sigma^1+\Delta\sigma\dfrac{x_1}{(x_1^2-a^2)^{1/2}}, & |x_1|>a.\end{cases} \tag{5.135}$$

若以τ表示断层面上的应力变化,在这种情况下,$\tau=\tau_{12}$:

$$\tau(x_1)=\sigma(x_1)-\sigma^0, \tag{5.136}$$

则[参见第六章式(6.137)]:

$$\tau(x_1)=\begin{cases}-\Delta\sigma, & |x_1|\leqslant a,\\ \Delta\sigma\left[\dfrac{x_1}{(x_1^2-a^2)^{1/2}}-1\right], & |x_1|>a.\end{cases} \tag{5.137}$$

位移和应力沿 x_1 轴的分布如图 5.18 所示. 在 $x_1=0$ 处,位移最大,所以最大错距[参见第六章式(6.138)]

$$D_m=2u(0)=\frac{\lambda+2\mu}{\mu(\lambda+\mu)}\Delta\sigma a, \tag{5.138}$$

而平均错距

$$D=2\bar{u}(x_1)=\frac{2}{2a}\int_{-a}^{a}u(x_1)\mathrm{d}x_1=\frac{\pi}{4}D_m, \tag{5.139}$$

$$D=\frac{\pi(\lambda+2\mu)}{4\mu(\lambda+\mu)}\Delta\sigma a. \tag{5.140}$$

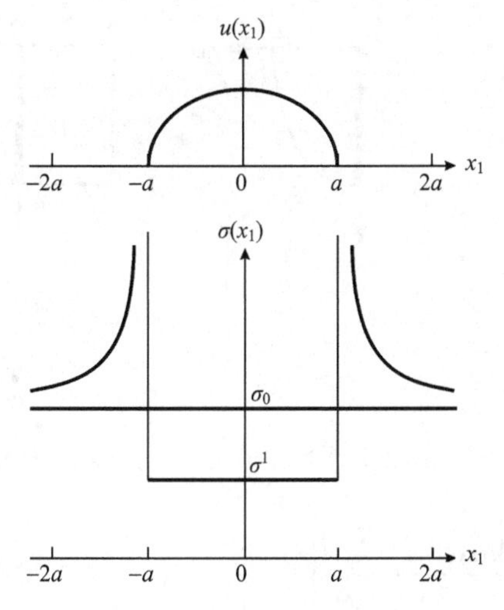

图 5.18 在完全弹性介质中无限长的地震断层的断层面上的应力和位移的分布

所以应力降

$$\Delta\sigma=\frac{D_m\mu(\lambda+\mu)}{a(\lambda+2\mu)},\tag{5.141}$$

$$\Delta\sigma=\frac{4D\mu(\lambda+\mu)}{\pi a(\lambda+2\mu)}.\tag{5.142}$$

这个断层模式称为斯达尔(Starr, 1928)模式.

对于$\lambda=\mu$(泊松体)情形，以上式(5.134)、(5.138)、(5.140)至(5.142)诸式简化为

$$u(x_1)=\frac{3\Delta\sigma a}{4\mu}\left(1-\frac{x_1^2}{a^2}\right)^{1/2},\qquad |x_1|<a,\tag{5.143}$$

$$D_m=\frac{3\Delta\sigma a}{2\mu},\tag{5.144}$$

$$D=\frac{3\pi\Delta\sigma a}{8\mu},\tag{5.145}$$

$$\Delta\sigma=\frac{2\mu D_m}{3a},\tag{5.146}$$

$$\Delta\sigma=\frac{8\mu D}{3\pi a}.\tag{5.147}$$

(三)克依利斯-博罗克模式

如果在完全弹性的无限介质中有一半径为 a 的圆盘形断层位于平面 $x_2=0$，断层面上的剪切应力$\sigma=\sigma_{12}$在地震前为σ^0，地震后为σ^1，则断层面上沿 x_1 轴方向的位移 $u=u_1$ 为[参见第六章式(6.158)]

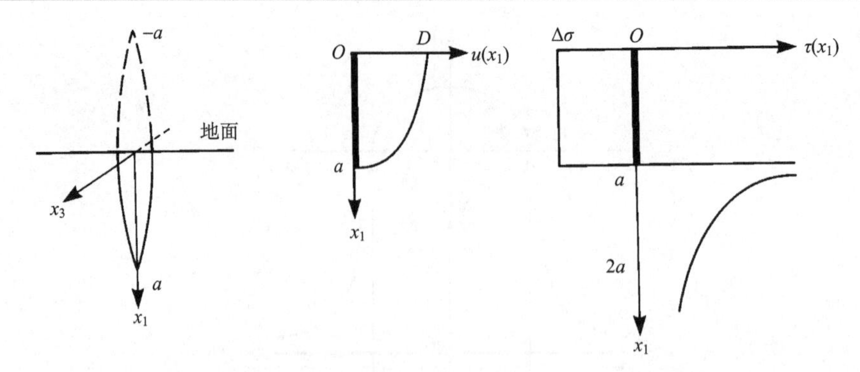

图 5.19　半无限介质中出露于地面的走滑断层(诺波夫走滑断层模式)

$$u(r)=\frac{4a\Delta\sigma(\lambda+2\mu)}{\pi\mu(3\lambda+4\mu)}\left(1-\frac{r^2}{a^2}\right)^{1/2},\qquad 0\leqslant r\leqslant a \tag{5.148}$$

式中，r 是圆盘上任一点至圆盘中心的距离：

$$r=(x_1^2+x_3^2)^{1/2}. \tag{5.149}$$

最大错距位于圆盘中心 r=0 处:

$$D_m=2u(0)=\frac{8a\Delta\sigma(\lambda+2\mu)}{\pi\mu(3\lambda+4\mu)}, \tag{5.150}$$

平均错距

$$D=\frac{2}{3}D_m=\frac{16a\Delta\sigma(\lambda+2\mu)}{3\pi\mu(3\lambda+4\mu)}. \tag{5.151}$$

从而应力降

$$\Delta\sigma=\frac{\pi(3\lambda+4\mu)}{8(\lambda+2\mu)}\frac{\mu D_m}{a}, \tag{5.152}$$

$$\Delta\sigma=\frac{3\pi(3\lambda+4\mu)}{16(\lambda+2\mu)}\frac{\mu D}{a}. \tag{5.153}$$

对于泊松体情形，$\lambda=\mu$，以上式(5.148)，式(5.150)至式(5.153)简化为

$$u(r)=\frac{12a\Delta\sigma}{7\pi\mu}\left(1-\frac{r^2}{a^2}\right)^{1/2},\qquad 0\leqslant|r|\leqslant a, \tag{5.154}$$

$$D_m=\frac{24a\Delta\sigma}{7\pi\mu}, \tag{5.155}$$

$$D=\frac{16}{7\pi}\frac{a\Delta\sigma}{\mu}, \tag{5.156}$$

$$\Delta\sigma=\frac{7\pi}{24}\frac{D_m\mu}{a}, \tag{5.157}$$

$$\Delta\sigma=\frac{7\pi}{16}\frac{\mu D}{a}. \tag{5.158}$$

这个断层模式称为克依利斯-博罗克(Keylis-Borok, 1959)模式.

(四)地震断层的几何因子

由以上分析可以得到，地震断层的应力降与错距和震源尺度的关系可以用以下简单的关系式概括表示(Kasahara, 1981)：

$$\Delta\sigma=\eta\frac{\mu D_m}{a}. \tag{5.159}$$

或

$$\Delta\sigma=\eta'\frac{\mu D}{a}. \tag{5.160}$$

式中，η和η'是表征断层面几何形状的数值因子，a 表示断层的线性尺度. 对于上述三种断层模式，其几何因子的表示式和断层尺度的意义如表 5.6 所示.

表 5.6　几种断层模式的几何因子

模式名	模式	a	η	η'	说明
斯达尔	无限介质中的二维断层，位移平行于宽度(图 5.17a)	断层半宽度 $W/2$	$\frac{\lambda+\mu}{\lambda+2\mu}$ $\frac{2}{3}$	$\frac{4}{\pi}\frac{\lambda+\mu}{\lambda+2\mu}$ $\frac{8}{3\pi}$	泊松体
诺波夫	无限介质中的二维断层，位移平行于长度(图 5.17b)	断层半宽度 $W/2$	$\frac{1}{2}$	$\frac{2}{\pi}$	
诺波夫	半无限介质中出露于地面的垂直走滑断层(图 5.19)	断层宽度 W	$\frac{1}{2}$	$\frac{2}{\pi}$	
克依利斯-博罗克	无限介质中的圆盘形断层	圆盘形断层的半径 a	$\frac{\pi(3\lambda+4\mu)}{8(\lambda+2\mu)}$ $\frac{7\pi}{24}$	$\frac{3\pi(3\lambda+4\mu)}{16(\lambda+2\mu)}$ $\frac{7\pi}{16}$	泊松体

(五)测定地震应力降的方法

如以上两式所示，应力降取决于地震错距与断层的线性尺度之比、介质的刚性系数和地震断层的几何因子. 在断层附近，应力和介质的强度分布都是不均匀的，错距和应力降一般而言也是空间的复杂的函数. 所以在大多数情况下，应力降是指某一面积上的应力降的平均值. 在个别地点，应力降可能比平均应力降高，甚至高得多. 用地震学方法测定得到的位错仅仅是整个断层面上的位错的空间平均值，其空间分辨度极为有限. 由这样得到的位错用以上两式计算得出的应力降自然也是整个断层面上的应力降的空间平均值，其空间分辨度也极为有限. 测定地震应力降的方法可归纳如下(Kanamori, 1994)：

(1) 由大地测量资料估计得到 D 和 a.

(2) 由地震宏观调查得到地表破裂的错距估计 D，由余震区的面积作为断层面面积 A 的一种估计，由 A 估计 a.

(3) 由地震矩 M_0 和断层面面积 A 计算 $\Delta\sigma$. A 由余震区面积、地表破裂或大地测量资料估计.

(4) 由地震波资料(零频趋势的水平或位移曲线下的面积)估计 M_0，由拐角频率 ω_c 或震源脉冲的宽度估计 a.

(5) 由高分辨度的地震资料确定的断层面上的位错量的分布确定.

(6) 由上述方法的组合确定.

(六) 断层面面积与地震矩的关系

由式(5.92)和式(5.149)可知(Kanamori and Anderson, 1975)

$$M_0 = C\Delta\sigma A^{3/2}, \tag{5.161}$$

式中, C 也是一个表示断层面几何形状的数值因子. 对于圆盘形断层

$$C = \frac{16}{7\pi^{3/2}}. \tag{5.162}$$

由式(5.161)可得表示断层面面积 A 和地震矩 M_0 之间的对数线性关系

$$\lg A = \frac{2}{3}(\lg M_0 - \lg\Delta\sigma - \lg C). \tag{5.163}$$

在 A 与 M_0 的双对数关系图上，$\Delta\sigma$ 等于常量的 $\lg A$–$\lg M_0$ 线是斜率为 2/3 的直线(图 5.20 和图 5.21).

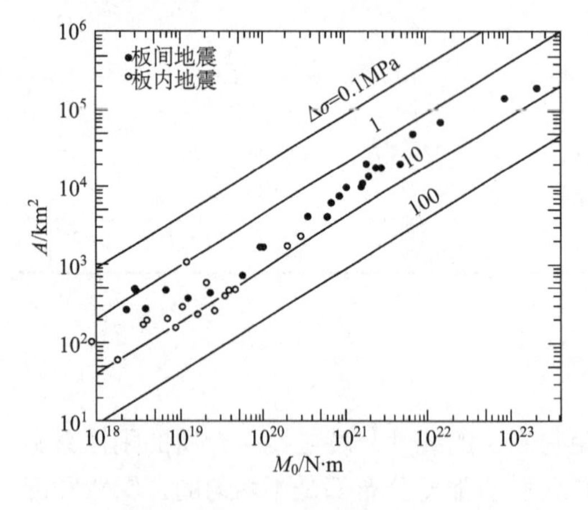

图 5.20　中震至特大地震的断层面面积(A)与地震矩(M_0)的关系

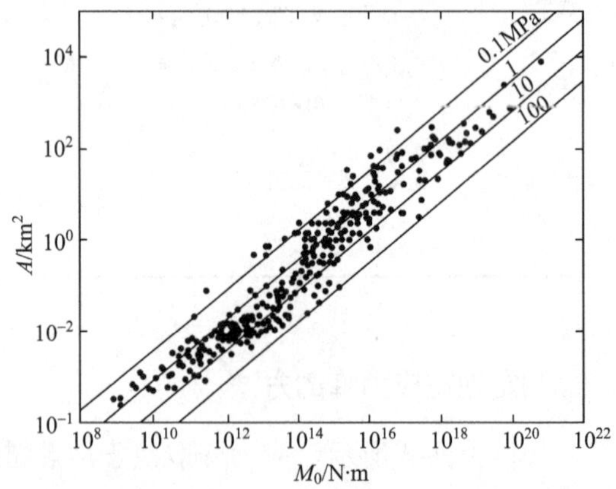

图 5.21　小地震至大地震的断层面面积与地震矩的关系

图 5.20 与图 5.21 表示了断层面面积与地震矩的关系(Kanamori, 1994; Kanamori and Heaton, 2000). 图 5.20 表示中震至特大地震(地震矩从 10^{18} N·m 至 10^{23} N·m)的断层面面积与地震矩的关系，图 5.21 表示小地震至大地震(地震矩从 10^9 N·m 至 10^{22} N·m)的断层面与地震矩的关系. 由图可见，在很宽的地震矩范围内［从 10^9 N·m 至 10^{23} N·m(即从 10^{16} dyn·cm 至 10^{30} dyn·cm)］，断层面面积与地震矩遵从上式所示的关系，而应力降为 0.1 MPa 至 100 MPa(即 1bar 至 1000bar)之间，与地震的大小几乎没有什么关系. 特别是，

对于如图 5.21 所示的大多数中等以上地震来说(M>5.5, 即 M_0>2.2×10^{17}N·m)的地震，应力降为 1MPa 至 10MPa(即 10bar 至 100bar 之间)，平均约 6MPa(60bar)．作用于断层面上的总应力即绝对应力可能比应力降大得多，不过地震波辐射只受断层面上的应力变化影响，而不是受绝对应力影响．地震应力降为什么在很宽的震级范围内几乎是常量？这一问题，至今仍在研究中．可能这是因为应力降是由断层带内的物质特性和驱动板块的力决定的．由应力降$\Delta\sigma$和临界应变ε的下列关系可以估算临界应变ε的数值：

$$\Delta\sigma = \mu\varepsilon , \tag{5.164}$$

式中，μ是刚性系数．今取$\Delta\sigma \approx$3MPa, μ=3×10^4MPa(1MPa=10bar=10^7 dyn/cm^2)，可得$\varepsilon \approx 10^{-4}$．这个数值与早在 1933 年坪井忠二(Tsuboi, 1933, 1956)对 1927 年 3 月 7 日日本丹后(Tango)M_S =7.3 地震地形变研究得出的结果完全一致．

在图 5.20 中同时表示了板间地震和板内地震的断层面面积与地震矩的关系．板间地震和板内地震应力降之间的差异清楚可见．一般地说，板间地震的应力降比板内地震的应力降低，板间地震的应力降平均约为 3MPa(30bar)，而板内地震的应力降平均约为 10 MPa(100bar)．这表明，在俯冲带和转换断层带，其地震断层面上的摩擦性质与板内地震的断层面上的摩擦性质有基本的差别．但是，由这幅图所显示出的结果表明：无论是板间地震还是板内地震，在很宽的地震矩和震级范围内，其应力降几乎是常数．这说明，就应力降而言，大地震时的断层滑动对于局部条件并不是很敏感.

参 考 文 献

陈培善, 1989. 面波震级测定的发展过程概述. 地震地磁观测与研究, **10**(6): 1-9.

陈培善, 1990. 地震定量的国际现状. 地震地磁观测与研究, **11**(3): 33-38.

陈培善, 胡瑞华, 周坤根, 李文香, 1984. 用 763 长周期地震仪台网测定面波震级. 地震学报, **10**(1): 11-24.

陈培善, 叶文华, 1987. 论中国地震台网测得的面波震级. 地球物理学报, **30**(1): 39-51.

陈培善, 左兆荣, 肖洪才, 1988. 面波震级的量规函数和台基校正值. 地震学报, **6**(增刊): 510-524.

陈运泰, 刘瑞丰, 2004. 地震的震级. 地震地磁观测与研究, **25**(6): 1-11.

傅承义(编著), 1963. 地壳物理讲义. 合肥: 中国科学技术大学地球物理系. 1-134.

傅承义, 陈运泰, 祁贵仲, 1985. 地球物理学基础. 北京: 科学出版社. 1-447.

郭履灿, 1971. 华北地区的地方性震级 M_L 和面波震级 M_S 经验关系. 河北三河: 全国地震工作会议资料. 1-10.

郭履灿, 庞明虎, 1981. 面波震级和它的台基校正值. 地震学报, **3**(3): 312-320.

李善邦, 1981. 中国地震. 北京: 地震出版社. 1-612.

刘瑞丰, 2003. 震级. 中国地震局监测预报司(编), 地震参量——数字地震学在地震预报中的应用. 北京: 地震出版社. 7-15.

刘瑞丰, 陈运泰, Peter Bormann, 任枭, 侯建民, 邹立晔, 2005. 中国地震台网与美国地震台网测定震级的对比—Ⅰ体波震级. 地震学报, **27**(6): 1-5.

刘瑞丰, 陈运泰, Peter Bormann, 任枭, 侯建民, 邹立晔, 2006. 中国地震台网与美国地震台网测定震级的对比—Ⅱ面波震级. 地震学报, **28**(1): 1-7.

刘瑞丰, 陈运泰, 任枭, 徐志国, 孙丽, 杨辉, 梁建宏, 任克新, 2007. 中国地震台网震级的对比. 地震学报, **29**(5): 467-476.

[日]金森博雄(編著), 1991. 地震の物理. 東京: 岩波書店. 1-279.

[日]理論地震動研究会(編著), 1994. 地震動. その合成と波形处理. 東京: 鹿島出版会. 1-256.

Abe, K., 1995. Magnitudes and moments of earthquakes. In: Ahrens, T. J. (ed), *Global Earth Physics*: *A Handbook of Physical Constants*. Washington, DC: AGU. 206-213.

Abe, K. and Kanamori, H., 1979. Temporal variation of the activity of intermediate and deep focus earthquakes. *J. Geophys. Res.* **84**: 3589-3595.

Aki, K., 1966. Generation and propagation of G waves from Niigata earthquake of June 16, 1964. Estimation of earthquake movement, released energy and stress-strain drop from G wave spectrum. *Bull. Earthq. Res. Inst., Tokyo Univ.* **44**: 73-88.

Aki, K., 1967. Scaling law of seismic spectrum. *J. Geophys. Res.* **72**: 1217-1231.

Aki, K. and Richards, P. G., 1980. *Quantitative Seismology*: *Theory and Methods.* **1** & **2**. San Francisco: W. H. Freeman. 1-932. 安芸敬一, P. G. 理查兹, 1986. 定量地震学. 第**1**, **2**卷. 李钦祖, 邹其嘉等译. 北京: 地震出版社. 1-620, 1-406.

Anderson, J. A. and Wood, H. O., 1925. Description and theory of the torsion seismometer. *Bull. Seismol. Soc. Am.* **15**: 1-72.

Båth, M., 1954. The problem of earthquake magnitude determination. *Publ. Bureau Central Seismologique International* **A19**: 1-93.

Båth, M., 1955. The relation between magnitude and energy of earthquakes. *Trans. Am. Geophys. Union* **36**: 861-865.

Båth, M., 1966. Earthquake energy and magnitude. In: Ahrens, L. H.(ed.), *Physics and Chemistry af the Earth*. New York: Pergamon Press, 7: 115-165.

Båth, M., 1973. *Introduction to Seismology*. Basel: Birkhäuser Verlag. 1-395.

Båth, M., 1979. *Introduction to Seismology.* 2nd, revised edition. Basel: Birkhäuser Verlag. 1-428.

Båth, M., 1981. Earthquake magnitude－Recent research and current trend. *Earth-Science Review* . 1-241.

Ben-Menahem, A., and Toksöz, 1963. Source mechanism from spectra of long period surface waves. *J. Geophys. Res.* **68**: 5207-5222.

Ben-Menahem, A. and Singh, S. J., 1981. *Seismic Waves and Sources*. New York: Springer-Verlag. 1-1108.

Bolt, B. A., 1993. *Earthquake and Geological Discovery*. Scientific American Library. [美] B. A. 博尔特著, 2000. 地震九讲. 马杏垣, 吴刚, 余家傲, 石芃译, 石耀霖, 马丽, 谭先锋校, 北京: 地震出版社, 1-167.

Bormann, P., (ed.), 2002. *IASPEI New Manual of Seismological Observatory Practice*. **1** & **2**. Potsdam: GeoForschungs Zentrum. 1-1250. 彼德·鲍曼主编, 2006. 新地震观测实践手册. 第**1**, **2**卷. 中国地震局监测预报司译, 金严, 陈培善, 许忠淮等校. 北京: 地震出版社. 1-572, 573-1003.

Bormann, P. (ed.), 2009. *IASPEI New Manual of Seismological Observatory Practice (NMSOP-1*; electronic edition). Potsdam: GeoForschungs Zentrum. **1** & **2**, 1-1250. http: //www. iaspei. org/projects/NMSOP. html.

Bormann, P. and Saul, J., 2009a. Earthquake magnitude. In: Meyers, A. (ed.), *Encyclopedia of Complexity and Systems Science,* Vol. **3**. New York: Springer. 2473-2496.

Bormann, P. and Saul, J., 2009b. A fast, non-saturating magnitude estimator for great earthquakes. *Seism. Res. Lett.* **80:** 808-816.

Bormann, P., 2011. Earthquake: Magnitude. In: Gupta, H. K. (ed.), *Encyclopedia of Solid Earth Geophysics*. Dordrecht: Springer. 207-218.

Bormann, P., Liu, R. F., Xu, Z. G., Ren, K. X., Zhang, L. W. and Wendt, S., 2009. First application of the new IASPEI teleseismic magnitude standards to data of the China National Seismographic Network. *Bull. Seismol. Soc. Am.* **99**: 1868-1891.

Brune, J. N., 1970. Tectonic stress and spectra of seismic shear waves from earthquakes. *J. Geophys. Res.* **75**: 4997-5009.

Brune, J. N., 1971. Correction. *J. Geophys. Res.* **76**: 5002.

Brune, J. N., 1976. The physics of earthquake strong motion. In: Lomnitz, C. and Rosenblueth, E. (eds.), *Seismic Risk and Engineering Decision*. New York: Elsevier. 141-147.

Bullen, K. E. 1953. *An Introduction to the Theory of Seismology*. 2nd edition. Cambridge: Cambridge University Press. 1-296. K. E. 布伦著, 1965. 地震学引论. 朱传镇, 李钦祖译, 傅承义校. 北京: 科学出版社. 1-336.

Bullen, K. E. and Bolt, B. A., 1985. *An Introduction to the Theory of Seismology*. 4th edition. Cambridge: Cambridge University Press. 1-500. K. E. 布伦, B. A. 博尔特著, 1988. 地震学引论. 李钦祖, 邹其嘉译校. 北京: 地震出版社. 1-543.

Chinnery, M. A. and North, R. G., 1975. The frequency of very large earthquake. *Science* **190**: 1197-1198.

Choy, G. L. and Boatwright, J. L., 1995. Global patterns of radiated seismic energy and apparent stress. *J. Geophys. Res.* **100**(B9): 18205-18228.

Choy, G. L. and Cormier, V. F., 1986. Direct measurements of the mantle attenuation operator from broadband P and S waveforms. *J. Geophys. Res.* **91**(B7): 7326-7342.

Choy, G. L. and Kirby, S., 2004. Apparent stress, fault maturity and seismic hazard for normal-fault earthquakes at subduction zones. *Geophys. J. Int.* **159**: 991-1012.

Choy, G. L., Boatwright, J. L. and Kirby, S., 2001. The radiated seismic energy and apparent stress of interpolate and intraslab earthquakes at subduction zone environments for seismic hazard estimation. U. S. Geological Survey Open-File Report 01-0005, 1-18.

Choy, G. L., McGarr, A., Boatwright, J. L. and Beroza, G. C., 2006. An overview of the global variability in radiated energy and apparent stress. In: Abercrombie, R., McGarr, A., Toro, G. D. and Kanamori, H. (eds.), *Earthquakes: Radiated Energy and the Physics of Faulting*. AGU Geophysical Monograph **170**, Washington, DC: AGU. 43-57.

Choy, G. L., McGarr, A., Kirby, S. H. and Boatwright, J. L., 2000. An overview of the global variability in radiated energy and apparent stress. In: Rundle, J. B., Turcotte, D. L. and Klein, W. (eds.), 2000. *GeoComplexity and the Physics of Earthquakes*. AGU Geophysical Monograph **170**, Washington, DC: AGU, 43-57.

Di Giacomo, D. and Bormann, P., 2011. Earthquakes, Energy. In: Gupta, H. K. (ed.), *Encyclopedia of Solid Earth Geophysics*. Dordrecht: Springer. 233-236.

Di Giacomo, D., Grosser, H., Parolai, S., Bormann, P. and Wang, R., 2008. Rapid determination of Me for strong to great shallow earthquakes. *Geophys. Res. Lett.* **35**, L10308.

Di Giacomo, D., Parolai, S., Bormann, P., Grosser, H., Saul, J., Wang, R. and Zschau, J., 2010a. Suitability of rapid energy magnitude determinations for rapid response purposes. *Geophys. J. Int.* **180**: 361-374.

Di Giacomo, D., Parolai, S., Bormann, P., Grosser, H., Saul, J., Wang, R. and Zschau, J., 2010b. Erratum. *Geophys. J. Int.* **181**: 17251-17256.

Duda, S. J., 1989. Earthquakes: Magnitude, energy, and intensity. In: James, D. (ed.), *Encyclopedia of Solid Earth Geophysics*. New York: Van Nostrand-Reinhold. 272-288.

Ewing, M. M., Jardetzky, W. S. and Press, F., 1957. *Elastic Waves in Layered Media.* New York, Toronto, London: McGraw Hill. 1-380 . W. M. 伊文, W. S. 贾戴茨基, F. 普瑞斯著, 1966. 层状介质中的弹性波. 刘光鼎译, 王耀文校. 北京: 科学出版社. 1-400.

Geller, R. J., 1976. Scaling relations for earthquake source parameters and magnitudes. *Bull. Seismol. Soc. Am.* **66**: 1501-1523.

Gutenberg, B., 1945a. Amplitudes of surface waves and magnitudes of shallow earthquakes. *Bull. Seismol. Soc. Am.* **35**: 3-12.

Gutenberg, B., 1945b. Amplitudes of P, PP and S and magnitude of shallow earthquakes. *Bull. Seismol. Soc. Am.* **35**: 57-69.

Gutenberg, B., 1945c. Magnitude determination for deep-focus earthquakes. *Bull. Seismol. Soc. Am.* **35**: 117-130.

Gutenberg, B., 1956. The energy of earthquakes. *Quart. J. Geol. Soc. London* **112**: 1-14.

Gutenberg, B. and Richter, C. F., 1936a. Magnitude and energy of earthquakes. *Science* (New Series) **83**: 183-185.

Gutenberg, B. and Richter, C. F., 1936b. On seismic waves (Third paper). *Gerlands Beitr. z. Geophysik* **47**: 73-131.

Gutenberg, B. and Richter, C. F., 1942. Earthquake magnitude, intensity, energy and acceleration. *Bull. Seismol. Soc. Am.* **32**: 163-191.

Gutenberg, B. and Richter, C. F., 1944. Frequency of earthquakes in California. *Bull. Seismol. Soc. Am.* **34**: 185-188.

Gutenberg, B. and Richter, C. F., 1949. *Seismicity of the Earth and Associated Phenomena*. 1st edition. Princeton: Princeton University Press. 1-273.

Gutenberg, B. and Richter, C. F., 1954. *Seismicity of the Earth and Associated Phenomena*. 2nd edition. Princeton, N. J. : Princeton University Press. 1-310.

Gutenberg, B. and Richter, C. F., 1956a. Earthquake magnitude, intensity, energy and acceleration (Second paper). *Bull. Seismol. Soc. Am.* **46**: 105-145.

Gutenberg, B. and Richter, C. F., 1956b. Magnitude and energy of earthquakes. *Ann. Geofisica* **9**: 1-15.

Hanks, T. C. and Boore, D. M., 1984. Moment-magnitude relations in theory and practice. *J. Geophys. Res.* **89**: 6229-6235.

Hanks, T. C. and Kanamori, H., 1979. A moment magnitude scale. *J. Geophys. Res.* **84** (B5): 2348-2350.

Kanamori, H., 1972. Mechanism of tsunami earthquakes. *Phys. Earth Planet. Interi.* **6**: 346-359.

Kanamori, H., 1977. The energy release in great earthquakes. *J. Geophys. Res.* **82**: 2981-2987.

Kanamori, H., 1983. Magnitude scale and quantification of earthquakes. *Tectonophysics* **93**: 185-200.

Kanamori, H., 1994. Mechanics of earthquakes. *Ann. Rev. Earth Planet Sci.* **22**: 207-237.

Kanamori, H., Mori, J., Hauksson, E., Heaton, T. H., Hutton, L. K. and Jones, L. M., 1993. Determination of earthquake energy release and M_L using TERRASCOPE. *Bull. Seismol. Soc. Am.* **83**: 330-346.

Kanamori, H., 1983. Global seismicity. In: Kanamori, H. and Boschi, E. (eds.), *Earthquakes: Observation, Theory and Interpretation*. Amsterdam: North Holland Publishing CoMPany. 596-608.

Kanamori, H. and Anderson, D. L., 1975. Theoretical basis of some empirical relarions in seismology. *Bull. Seismo. Soc. Amer.* **65**: 1073-1095.

Kanamori, H. and Heaton, T. H., 2000. Microscopic and macroscopic physics of earthquakes. In: Rundle, J. B., Turcotte, D. L. and Klein, W. (eds.), *GeoComplexity and the Physics of Earthquakes*. AGU Monograph **120**. Washington, DC: AGU. 147-163.

Kanamori, H. and Rivera, L., 2006. Energy partitioning during an earthquake. In: Abercrombie, R., McGarr, A., Toro, G. D. and Kanamori, H. (eds.), *Earthquakes: Radiated Energy and the Physics of Faulting*. AGU Geophysical Monograph **170**, Washington, DC: AGU. 3-13.

Kárník, V., 1969. *Seismicity of European Area*. Part 1. Dordrecht, Holland: D. Reidel.

Kárník, V., 1971. *Seismicity of European Area*. Part 2. Dordrecht, Holland: D. Reidel.

Kárník, V., 1972. Differences in magnitudes. *Vorträge des Sopronер Symposiums der 4 Subkommission von KAPG 1970, Budapest*. 69-80.

Kárník, V., 1973. Magnitude differences. *Pure Appl. Geophys.* **103**: 362-369.

Kasahara, K., 1981. *Earthquake Mechanics*. Cambridge: Cambridge University Press. 1-261. 笠原庆一, 1986. 地震力学. 赵仲和译. 北京: 地震出版社. 1-248.

Keylis-Borok, V. I., 1959. On estimation of the displacement in an earthquake source and source dimension. *Ann. Geofisica*. **12**: 205-214.

Kikuchi, M. and Fukao, Y., 1988. Seismic wave energy inferred from long-period body wave inversion. *Bull. Seismol. Soc. Am.* **78**: 1707-1724.

Knopoff, L., 1958. Energy release in earthquakes. *Geophys. J. MNRAS* **1:** 44-52.

Lay, T. and Wallace, T. C., 1995. *Modern Global Seismology.* San Diego: Academic Press. 1-521.

Purcaru, G. and Berckhemer, H., 1978. A magnitude scale for very large earthquakes. *Tectonophysics* **49**: 189-198.

Purcaru, G. and Berckhemer, H., 1982. Quantitative relations of seismic source parameters and a classification of earthquakes. *Tectonophysics* **84**: 57-128.

Richter, C. F., 1935. An instrumental earthquake magnitude scale. *Bull. Seismol. Soc. Am.* **25**: 1-32.

Richter, C. F., 1958. *Elementary Seismology*. San Francisco: W. H. Freeman. 1-768.

Savage, J. C., 1972. Relation of corner frequency to fault dimensions. *J. Geophys. Res.* **77**: 3788-3795.

Scholz, C. H., 1990. The Mechanics of Earthquakes and Faulting. 1st edition. New York: Cambridge University Press. 1-439.

Scholz, C. H., 2002. The Mechanics of Earthquakes and Faulting. 2nd edition. Cambridge: Cambridge University Press. 1-471.

Shearer, P. M., 1999. *Introduction to Seismology*. Cambridge: Cambridge University Press. 1-260.

Starr, A. T., 1928. Slip in a crystal and rupture in a solid due to shear. *Proc. Camb. Phil. Soc.* **24**: 489-500.

Stein, S. and Wysession, M., 2003. *An Introduction to Seismology, Earthquakes, and Earth Structure.* Malden: Blackwell Publishing. 1-498.

Tsuboi, C., 1933. Investigation on the deformation of the earth's crust found by precise geodetic means. *Jap. J. Astron. Geophys.* **10**: 93-248.

Tsuboi, C, 1954. Determination of the Gutenberg-Richter's magnitude of earthquakes occuring in and near Japan. Zisin (*J. Seism. Soc. Japan*) Ser. II **7**: 185-193.

Tsuboi, C., 1956. Earthquake, energy, earthquake volume, aftershock area and strength of the earth's crust. *J. Phys. Earth* **40**: 63-66.

Udías, A., 1999. *Principles of Seismology.* Cambridge: Cambridge University Press. 1-475.

Uhrhammer, R. A. and Collins, E. R., 1990. Synthesis of Wood-Anderson seismograms from broadband digital records. *Bull. Seismol. Soc. Am.* **80**: 702-717.

USGS, 2002. New USGS earthquake magnitude policy. *MCEER Information Service News*. 1-3.

Utsu, T., 1982. Relationships between magnitude scales. *Bull. Earthq. Res. Inst., Tokyo Univ.* **57**: 465-497.

Utsu, T., 2002. Relationships between magnitude scales. In: Lee, W. H. K., Kanamori, H., Jennings, P. C. and Kisslinger, C. (eds.), *International Handbook of Earthquake and Engineering Seismology.* Part **A**. San Diego: Academic Press. 733-746.

Wadati, K., 1928. Shallow and deep earthquakes. *Geophysical Magazine* (Tokyo) **1**: 162-202.

Wadati, K., 1931. Shallow and deep earthquakes (3rd paper). *Geophysical Magazine* (Tokyo) **4**: 231-283.

Wells, D. L. and Coppersmith, K. J., 1994. New empirical relations among magnitude, rupture length, rupture width, rupture area and surface displacement. *Bull. Seismol. Soc. Am.* **84**: 974-1002.

Wu, F. T., 1968. Lower limit of the total energy of earthquakes and partitioning of energy among seismic waves. Ph. D. Thesis, California Institute of Technology. Pasadena.

Ванек, И., Затопек, А., Карник, В., Кондорская, Н. В., Ризниченко, Ю. В., Саваренский, Е. Ф., Соловьев, С. Л. и Шебалин, Н. В., 1962. Стандартизация шкалы магнитуд. *Изв. АН СССР Сер. Геофиз.* (2): 153-158.

Саваренский, Е. Ф. и Кирнос, Д. П., 1955. *Элемены Сейсмологии и Сейсмометрии*. Москова: Гос. Иэд. Технико-Теоретиеской Литературы. 1-543. Е. Ф. 萨瓦连斯基, Д. П. 基尔诺斯, 1958. 地震学与测震学. 中国科学院地球物理研究所地震组译. 北京: 地质出版社. 1-552.

Соловьев, С. Л. и Шебалин, Н. В., 1957. Определение интенсивности землетрясения по смещению пошви поверхностих. *Изв. АН СССР Сер. Геофиз.* (7): 926-930.

Соловьев, С. Л., 1955. Оклассификатсий землетрясений по велицине их енерии. *Труди Геофиз. Инст. АН СССР* **30** (157): 3-31.

第六章　地震辐射能

第一节　能量和应力

地震是地下岩石的快速破裂过程. 地震前，发震断层两边的地壳块体发生相对运动，发震断层处于闭锁状态或未破裂状态. 当地壳块体相对运动继续进行时，断层附近的介质逐渐发生形变，以弹性应变能(elastic strain energy)与重力能(gravitational energy)等形式贮存能量. 地震时，断层周围的介质通过断层错动释放出所贮存的应变能(主要是弹性应变能与重力能)，把它转化为地震辐射能(seismic radiated energy)、热能(thermal energy)和破裂能(rupture energy). 地震时所释放的能量是由推动断层运动的动态应力引起的，而上述几种形式的能量的收支(energy budget)情况则取决于断层周围介质的弹性性质和发生破裂的岩石的弹性与流变性质，因此，研究地震时的能量收支情况可为了解地震时的应力变化情况以及断层周围介质的性质提供一些线索(Костров, 1974, 1975; McCowan and Dziewonski; 1977; Savage and Walsh, 1978; Aki and Richards, 1980; Savage, 1980; Kasahara, 1981; Gibowicz, 1986; Kozák and Wanick, 1987; Kostrov and Das, 1988; Lay and Wallace, 1995; Shearer, 1999; Udías, 1999; Rundle *et al*., 2000; Kanamori, 2001; Lee *et al*., 2002; Rivera and Kanamori, 2005; Abercrombie *et al*., 2006; Kanamori and Rivera, 2006).

(一)作用于断层面上的应力分析

为简单起见，设断层面面积为 A，地震前作用于断层面上的正应力为σ_n，剪切应力为σ^0，震后为σ^1，因而断层面上的应力降(stress drop)

$$\Delta\sigma = \sigma^0 - \sigma^1, \tag{6.1}$$

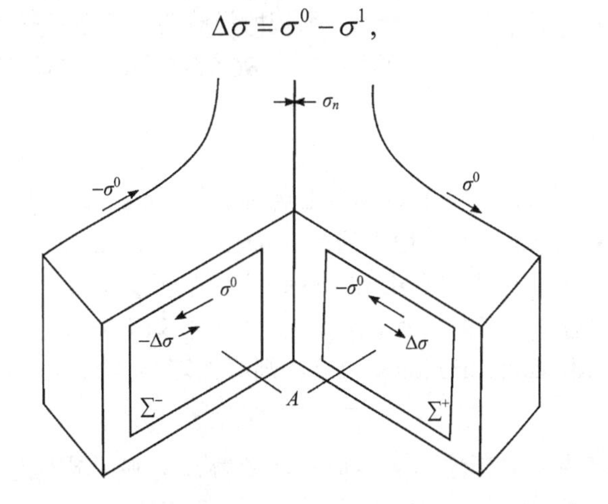

图 6.1　作用于断层面上的应力分析(据 Husseini, 1977)

σ^0 与 σ^1 分别称为初始应力(initial stress)与最终应力(final stress)．断层在地震之前处于闭锁状态即未破裂状态．设想沿断层面把介质切开(图 6.1)，并分别施加一对大小相等、方向相反的应力 $-\sigma^0$ 和 σ^0 于断层面两盘 Σ^+ 和 Σ^- 上以保持破裂前的平衡状态，然后缓慢地放松这对应力，使断层面两盘 Σ^+ 和 Σ^- 上应力分别由 $-\sigma^0$ 和 σ^0 准静态地、线性地变化到 $-\sigma^1$ 和 σ^1：

$$\sigma=\sigma^0+(\sigma^1-\sigma^0)\frac{\Delta u}{D}, \qquad 0\leqslant \Delta u\leqslant D. \tag{6.2}$$

或者说，在断层面两盘 Σ^+ 和 Σ^- 上缓慢地分别施加一对大小相等、方向相反的应力 $(\sigma^0-\sigma)$ 和 $-(\sigma^0-\sigma)$，使断层面两盘的位移 Δu 由 0 准静态地滑动到最终位移(final slip) D．在这种情况下，地球介质对外界做的功

$$W=\frac{1}{2}(\sigma^0+\sigma^1)DA, \tag{6.3}$$

式中，A 是断层面面积．设地球介质是一个孤立系统，即没有能量从这个系统内输出，也没有能量从外界输入到这个系统内．在这个假设下，功 W 就等于地震时地球介质系统所释放的总势能．如果暂不考虑重力效应，那么这个总势能也就是地震前后整个地球介质系统所释放的总弹性应变能 $E_{\rm P}$：

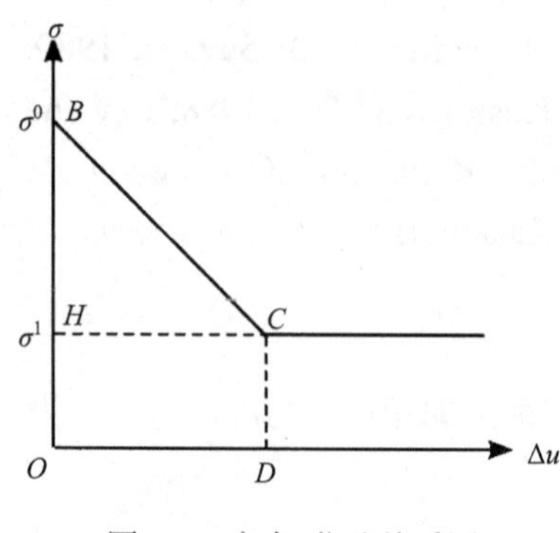

图 6.2　应力–位移关系图

$$E_{\rm P}=W=\frac{1}{2}(\sigma^0+\sigma^1)DA. \tag{6.4}$$

我们称

$$\bar{\sigma}=\frac{1}{2}(\sigma^0+\sigma^1) \tag{6.5}$$

为平均应力(average stress)，所以

$$E_{\rm P}=\bar{\sigma}DA. \tag{6.6}$$

在应力(σ)–位移(Δu)的关系图($\sigma-\Delta u$ 图)中，整个地球介质系统所释放的总弹性应变能由图中直线 $\overline{BC}$ 下的面积即梯形 $BCDO$ 的面积(省略因子 A)表示(图 6.2)．

(二)地震时的能量收支

地震时以地震波形式传播的能量称为地震辐射能(seismic radiated energy)，又称辐射地震能(radiated seismic energy)，地震波能(seismic wave energy)，简称辐射能(radiated energy, radiation energy)，地震能(seismic energy)．在断层从滑动到停止的过程中，地球介质系统要克服摩擦做功．系统克服摩擦所做的功 $E_{\rm F}$ 称为摩擦能(friction energy)．若以 σ_d 表示动摩擦应力(dynamic friction stress)，则摩擦能为(Kanamori, 1994)：

$$E_{\rm F}=\sigma_d DA. \tag{6.7}$$

设地震破裂过程中产生新的断层面所消耗的能量为 $E_{\rm G}$，则地震辐射能 $E_{\rm S}$ 由下式表示：

$$E_{\rm S}=E_{\rm P}-E_{\rm F}-E_{\rm G}, \tag{6.8}$$

式中，$E_{\rm G}$ 称为破裂能(rupture energy)，即表面能(surface energy) (Kanamori and Rivera,

2006)．在地震学中，将除了断层面之间的摩擦引起的能量耗散 E_F 以外的、所有与断层相关联的能量称为破裂能 E_G．破裂能包括由于各种不同的耗散机制引起的能量耗散，不同于断裂力学(fracture mechanics)中的断裂能(fracture energy)．破裂能与破裂速度 v 有关．若 v/β=0.7—0.8，β 为横波速度，破裂能约为 (E_P-E_F) 的 1/4(Husseini *et al.*，1975; Husseini，1977)．这样一来，地震辐射能 E_S 就约为 (E_P-E_F) 的 3/4．比值 $E_S/(E_P-E_F)$ 也与地震断层的纵横比(aspect ratio)有关，在极端情况下，可小至 0.1(Kikuchi and Fukao，1988)．迄今为止，对地震辐射能的估计仍十分粗略，因此在许多研究工作中都暂时忽略不计破裂能．但是，在一些情况下，破裂能可能变得十分重要以至不能予以忽略．

若暂不考虑破裂能，则地震辐射能为

$$E_S = E_P - E_F = (\bar{\sigma} - \sigma_d)DA = \frac{(\sigma^0 + \sigma^1 - 2\sigma_d)}{2}DA. \tag{6.9}$$

今以 ΔE 表示当 $\sigma_d=\sigma^1$ 时的地震辐射能：

$$\Delta E = \frac{\Delta\sigma}{2}DA, \tag{6.10}$$

ΔE 称为可用于地震辐射的能量，简称可用能(available energy)．

地震辐射能 E_S 与震级有如下半经验关系(Gutenberg and Richter，1942，1956；Richter，1958；Båth，1979)[参见第五章式(5.27)与式(5.28)]：

$$\lg E_S = 2.4m_b - 1.2, \tag{6.11}$$

$$\lg E_S = 1.5M_S + 4.8. \tag{6.12}$$

在以上两式中，E_S 以焦耳(J)为单位，m_b 与 M_S 分别是体波震级与面波震级．

由上式可知，一次 M_S=8.0 地震，其地震辐射能约为 6.3×10^{16}J．在核爆炸地震学中，通常用产生相等的能量释放的三硝基甲苯(TNT)炸药(俗称黄色炸药)的重量千吨(kt)或百万吨(Mt)为单位表示核爆炸所释放的能量，称为当量．一次 1kt TNT 炸药爆炸所释放的能量为 4.2×10^{12}J，或者说，一次当量为 1Mt(1 百万吨)的核爆炸所释放的能量为 4.2×10^{15}J．作为比较，一次当量为 5 Mt 级的核爆炸［如 1971 年阿拉斯加(Alaska)阿姆契特加(Amchitka)的核爆炸］，所释放的能量为 2.1×10^{16} J，相当于一次 M_S=7.7 地震．1906 年旧金山大地震的地震辐射能约为 3×10^{16} J，这个能量相当于一次当量为 7.1 Mt 的核爆炸，远远大于 1945 年投掷在广岛的原子弹(0.012 Mt 即 12 kt)的地震辐射能．迄今记录到的最大地震是 1960 年智利大地震(矩震级 M_W9.6，过去认为是 M_W9.5)，其地震辐射能约为 10^{19} J，相当于一次 2400 Mt 的核爆炸．这个数字比迄今为止全世界做过的所有核爆炸所释放能量的总和(其中最大的一次达到大约 58Mt)也大得多．大约 90%的地震辐射能是由 $M_S\geqslant7.0$ 大地震释放出来的．全球在一年内发生的地震的地震辐射能约为 10^{18}—10^{19}J．作为比较，人类在一年内所消耗的能量增长很快，其最新估计值约为 3×10^{20} J，已经超过全球在一年内发生的地震辐射能的总和．

(三) 地震效率

地震辐射能 E_S 只是地震时释放的总位能 E_P 的一部分，通常把 E_S 与 E_P 通过下式联系起来：

$$E_{\mathrm{S}} = \eta E_{\mathrm{P}}, \tag{6.13}$$

η 称为地震效率(seismic efficiency)．按照定义，$\eta \leqslant 1$．将式(6.4)和式(6.9)代入式(6.12)，可以求得在不考虑破裂能情况下的地震效率：

$$\eta = \frac{\sigma^0 + \sigma^1 - 2\sigma_d}{\sigma^0 + \sigma^1} = 1 - \frac{\sigma_d}{\bar{\sigma}}. \tag{6.14}$$

由上式可见，地震效率与动摩擦应力 σ_d 和平均应力 $\bar{\sigma}$ 有关．由于 σ_d 和 $\bar{\sigma}$ 都是不易测量的物理量，因此地震效率也是一个不易测量的物理量．

(四)视应力、标度能与地震潜势

将式(6.6)代入式(6.13)即得

$$\eta\bar{\sigma} = \frac{\mu E_{\mathrm{S}}}{M_0}, \tag{6.15}$$

式中，M_0 是标量地震矩(scalar seismic moment)，简称地震矩(seismic moment)：

$$M_0 = \mu D A, \tag{6.16}$$

μ 是介质的刚性系数(rigidity)．定义

$$\sigma_{\mathrm{a}} = \eta\bar{\sigma}, \tag{6.17}$$

σ_{a} 称为视应力(apparent stress)．由上式与式(6.15)两式可得视应力(Wyss and Brune，1968，1971)：

$$\sigma_{\mathrm{a}} = \frac{\mu E_{\mathrm{S}}}{M_0}. \tag{6.18}$$

由式(6.17)可知，既然 $\eta \leqslant 1$，所以视应力是平均应力的下限：

$$\sigma_{\mathrm{a}} \leqslant \bar{\sigma}. \tag{6.19}$$

以上分析表明，尽管平均应力 $\bar{\sigma}$ 是一个不易测量的物理量，但是，作为平均应力下限的视应力 σ_{a}，可以通过 μ，E_{S} 和 M_0 的测量求得[参见式(6.17)]，而 μ，E_{S} 和 M_0 都是可以通过适当的方法测量得到的物理量．虽然由式(6.18)测得的不是平均应力，但能够通过测量得到作为平均应力下限的视应力仍然是很有参考价值的．

视应力具有“应力”的量纲，常常容易与其他应力相混淆．为了避免混淆，可以定义一个无量纲的参数[参见式(6.18)] $\tilde{e}$：

$$\tilde{e} = \frac{\sigma_{\mathrm{a}}}{\mu} = \frac{E_{\mathrm{S}}}{M_0}, \tag{6.20}$$

$\tilde{e}$ 称为标度能(scaled energy)．标度能具有应变的量纲，或者说，是一个无量纲量，它表示单位地震矩的地震辐射能(Kanamori and Rivera，2006)．

由标量潜势(scalar potency) P_0 的定义式(Ben-Menahem and Singh，1981，p.179)[参见第五章式(5.41)]

$$P_0=\frac{M_0}{\mu},\tag{6.21}$$

以及式(6.18)，可以得到视应力σ_{a}与地震辐射能E_{S}和地震潜势P_0的关系式：

$$\sigma_{\mathrm{a}}=\frac{E_{\mathrm{S}}}{P_0}.\tag{6.22}$$

(五)断层面上的应力随时间的变化

现在来分析断层面上位于断层面端部前方的某一点的应力自破裂前至破裂后的变化(图 6.3)．设在这个点上，其剪切应力起初为初始应力σ^0．当破裂开始扩展后，该点的应力逐渐增加，应力增加的具体情况与破裂扩展过程有关．当该点的应力增加到岩石所能承受的极限水平即峰值应力(peak stress) σ_p时，岩石就在该点发生破裂．如果破裂发生于原先未破裂的岩石内，那么σ_p代表的是材料的剪切破裂强度(shear strength)，亦称为屈服应力(yield stress)；如果滑动是发生在先前已破裂、但靠着静摩擦应力维系在一起的断层两盘的话，那么σ_p代表的是最大静摩擦应力(maximum static frictional stress)．通常说的断层的强度(strength of fault)系指σ^0，即在大约 1km 尺度上平均的、宏观的静态初始应力，而不是断层面上的某个点临近破裂时的微观的剪切破裂强度或最大静摩擦应力σ_p (Kanamori，1994; Kanamori and Heaton，2000)．当这个点的应力达到σ_p后就发生破裂，在这个点的应力便从σ_p下降到动摩擦应力σ_d的水平．这个过程可能是瞬时完成的，也可能是经过一段有限的时间．如图 6.3 所示，σ_d从发生破裂(即开始滑动)至破裂停止(即停止滑动)是随时间变化的．当这个点的滑动过程终止后，在这个点的应力变化并没有结束．随着整个断层面上破裂过程的结束，在这个点的应力便由σ_d过渡到最终应力即震后应力σ^1 (Yamashita，1976)．σ^1可能大于σ_d，也可能等于或小于σ_d．在图 6.3 中，为简单起见，只表示$\sigma^1>\sigma_d$一种情形．

剪切破裂强度(最大静摩擦应力) σ_p与动摩擦应力σ_d之差

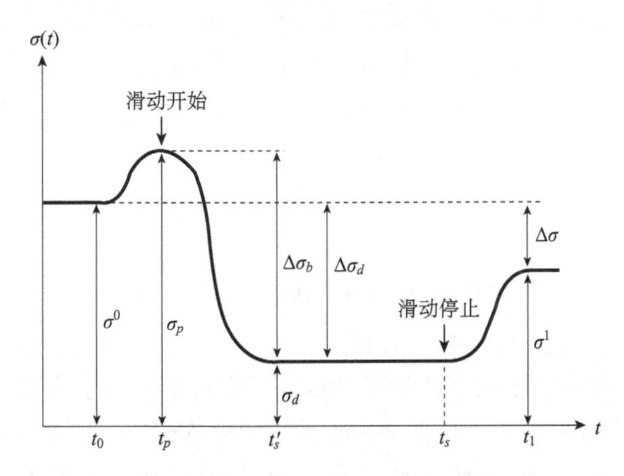

图 6.3　断层面上某一点的应力自破裂前至破裂后的变化(据 Yamashita，1976)

$$\sigma_{eff} = \sigma_p - \sigma_d, \tag{6.23}$$

称为有效应力(effective stress). 有效应力是对断层面上的质点运动起加速作用的应力. 式(6.1)所示的应力降 $\Delta\sigma = \sigma^0 - \sigma^1$ 亦称为静态应力降(static stress drop), 因此很自然地,

$$\Delta\sigma_d = \sigma^0 - \sigma_d, \tag{6.24}$$

便称为动态应力降(dynamic stress drop)(Brune, 1970, 1971). 在布龙(Brune, 1970, 1971)的圆盘形应力脉冲模式中[参见第四章第三节(十三)], 假定剪切破裂同时发生于位错面上, 也即假定破裂扩展速度无限大并且假定 $\sigma_p = \sigma^0$. 所以布龙模式中的有效应力 σ_{eff} 为

$$\sigma_{eff}\Big|_{\sigma_p=\sigma^0} = \sigma^0 - \sigma_d = \Delta\sigma_d, \tag{6.25}$$

即布龙模式中的有效应力 σ_{eff} 是在该模式所假定的条件($\sigma_p = \sigma^0$)下的有效应力, 是有效应力的一种特殊情况, 实际上是动态应力降 $\Delta\sigma_d$.

峰值应力(剪切破裂强度或最大静摩擦应力) σ_p 与初始应力之差

$$\sigma_{frs} = \sigma_p - \sigma^0, \tag{6.26}$$

称为断裂强度(fracture strength)(Yamashita, 1976). 断裂强度 σ_{frs} 是位置的函数. 在破裂起始点(rupture initiation point), σ_{frs} 为零; 但在其他地点, σ_{frs} 不为零, 而是等于一个有限的值. 图 6.3 表示的是 $\sigma_{frs} \neq 0$ 的情形. 当岩石中的某个点的初始应力 σ^0 率先达到 σ_p 即 $\sigma_{frs} = 0$ 时, 该点即开始破裂, 这个最先破裂的点称为破裂起始点. 破裂起始后, 在破裂面端部的应力集中使其前方的应力从 σ^0 升至 σ_p, 破裂遂扩展至下一点. 可见, σ_{frs} 对破裂的扩展起着阻碍即减速的作用.

随着破裂愈来愈远离破裂起始点, 当破裂面端部的应力集中不足以使端部的应力从 σ^0 升至 σ_p 时, 破裂便停止下来(Yamashita, 1976).

金森博雄(Kanamori, 1980, 1994)在布龙模式基础上运用观测资料求得了有效应力. 如上已述[参见式(6.25)], 他所说的有效应力实际上是式(6.24)所示的动态应力降 $\Delta\sigma_d$. 峰值应力 σ_p 与初始应力 σ^0 的意义不同, 除了在破裂的起始点 σ_{frs} 为零也即 $\sigma_p = \sigma^0$ 外, 在其他点都是如图 6.3 所示的那样, $\sigma^0 < \sigma_p$, 即 σ_{frs} 不为零. 如上已述, 对位错运动(断层面上的质点运动)起加速作用的是有效应力 σ_{eff}, 而不是动态应力降 $\Delta\sigma_d$ (Yamashita, 1976).

(六)断层错动模式

奥罗万(Orowan, 1960)和布龙(Brune, 1970, 1971)认为 $\sigma^1 = \sigma_d$ (图 6.4a). 麦肯齐和布龙(McKenzie and Brune, 1972)则认为, 地震时, 由于摩擦产生大量的热量使断层面发生了熔融, 导致在断层面上流体静压力很高而剪切应力几乎为零, 即 $\sigma_d = \sigma^1 \approx 0$. 这样一来, 介质所释放的所有能量几乎都用于地震辐射 $\Delta\sigma/2 \approx \bar{\sigma}$ (图 6.4a 中的 $E_F \approx 0$ 的情形). 断层作准静态滑动的情形是如图 6.4b 直线 $\overline{BC}$ 所示的断层面上的动摩擦应力 σ_d 由 σ^0 线性地减少到 σ^1 的情形. 在这种情形下, 介质所释放的所有能量全部消耗于克服动摩擦所做的功, 没有能量可用于地震辐射. 豪斯纳(Housner, 1955)和布龙(Brune, 1970,

1971)认为地震时断层错动可能会发生因突然受阻而被锁住的情况,在此情况下, $\sigma^1 \geqslant \sigma_d$ (图 6.4c). 萨维季和伍德(Savage and Wood, 1971)认为, 地震时断层错动可能会发生错动过头的情况, 在此情况下, $\sigma^1 < \sigma_d$, $\Delta\sigma_d < \Delta\sigma$, 应力下降到低于动摩擦应力的水平(图 6.4d). 目前尚未肯定实际地震发生时应力变化究竟是上述四种模式中的哪一种, 混杂模式(hybrid model) (图 6.4e)是概括了上述四种模式的最普遍的一种模式. 有证据表明许多地震可以用奥罗万模式表示, 但可能有突然闭锁的情形, 也可能有错动过头的情形. 根据萨维季和伍德(Savage and Wood, 1971)的测定结果可知, 大多数地震更适合于用错动过头的模式(萨维季–伍德模式)来表示. 运用二维和三维有限元模拟, 迪特里希(Dieterich, 1973, 1974)则认为, 平均应力降小于平均动态应力降.

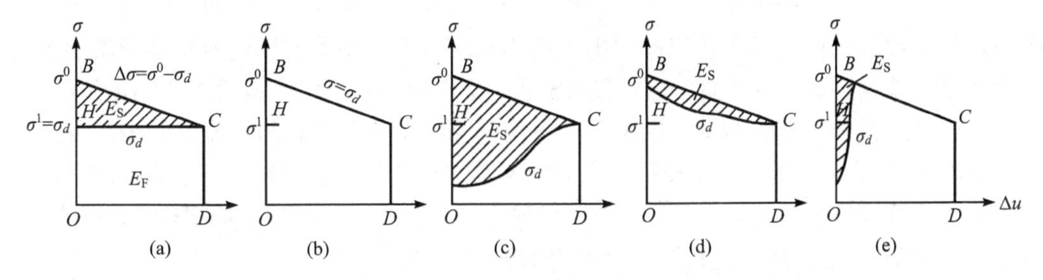

图 6.4　几种可能的断层错动模式

(a)奥罗万模式($\sigma^1=\sigma_d$)与麦肯齐–布龙模式($\sigma^1=\sigma_d\approx 0$); (b)准静态模式($\sigma\approx\sigma_d$); (c)豪斯纳–布龙模式($\sigma^1\geqslant\sigma_d$); (d)萨维季–伍德模式($\sigma^1\leqslant\sigma_d$); (e)混杂模式(据 Kanamori, 1994)

了解断层面上的应力是如何变化的对于强地面运动地震学是至关重要的, 因为它决定了高频能量辐射的相对数量, 从而决定了给定某应力降值之后地面运动的峰值加速度(Brune, 1976). 从震源参量的测量中可以求得应力降, 而应力降几乎是迄今所能测量得到的唯一的一个应力参量. 从以上分析可以看到, 即使应力降相同, 不同的地震所辐射的高频能量也是不同的. 例如, 对于突然锁住的模式, 所辐射的高频能量就比奥罗万模式大得多.

(七)热流悖论

对动摩擦应力目前也不十分了解. 布龙等(Brune *et al.*, 1969)曾经指出, 在圣安德烈斯断层没有观测到热流异常表明在地震带中对地质年代里发生的断层滑动作长期平均得出的摩擦应力应小于数十兆帕(MPa, 1 MPa＝10 bar). 杰弗里斯(Jeffreys, 1942, 1976)、阿姆布拉塞斯和扎托佩克(Ambraseys and Zatopek, 1968)、麦肯齐和布龙(McKenzie and Brune, 1972)则指出, 若是大地震时摩擦应力大于某个数值, 则断层面上将发生熔融. 可能断层面上的确发生了熔融, 但在文献中见不到有关这一现象的充足的参考资料的原因则表明断层面上的摩擦应力应当是相当低(低于数十兆帕)的. 这是一个需要进一步研究的重要问题(Henyey and Wasserburg, 1971; Lachenbruch and Sass, 1973, 1980, 1988; Lachenbruch, 1980; Sibson, 1982). 了解地震断层的应力状态是十分重要的. 由地震学观测可以估计地震时的应力降(Kanamori and Anderson, 1975; Kanamori, 1977, 1980;

Kanamori and Heaton，2000）［参见第五章第九节(六)］. 地震的应力降约 1—10 MPa，平均约 6 MPa. 板间地震的应力降低一些，平均约 3MPa；板内地震的应力降高一些，平均约 10 MPa. 地震的平均应力降为 6 MPa，这个结果与坪井忠二(Tsuboi，1933，1956)所估算的地震的临界应变数量级为 10^{-4} 十分一致. 地震应力降的数值比数十兆帕小，然而岩石层的强度估计高达数百兆帕(Brace and Byerlee, 1966; Byerlee, 1978). 根据实验室的实验结果和对摩擦的理论模拟，可以认为这个差别是由于地震时每次地震事件的应力降仅仅是全部应力的一小部分，或者说，应力降是全部应力的一个分数，称为分数应力降(fractional stress drop).

当一个断层在剪切应力(动摩擦应力) σ_d 作用下以速率 v 滑动时，由于克服摩擦做功，在单位时间内、单位面积上因摩擦产生的热为 $\sigma_d v$. 如果在断层面上的剪切应力值很高，例如数百兆帕，那么就应产生出大量的热. 然而，在圣安德烈斯断层所做的热流测量并没有观测到热流异常(图 6.5). 图 6.5 是在圣安德烈斯断层所做的热流测量的结果，图中实线表示在 50 MPa 的剪切应力作用下由于摩擦生热所引起的热流值的增加量. 只有在卡洪(Cajon)山口的、未经校正的点 CJON 落在理论计算的实线上，但关于这个点为什么会落在理论计算的实线上，则又另有解释，应予舍弃. 这说明，动摩擦应力 σ_d 不高，应小于 10 MPa，也就是地震断层要比预想的软弱得多.

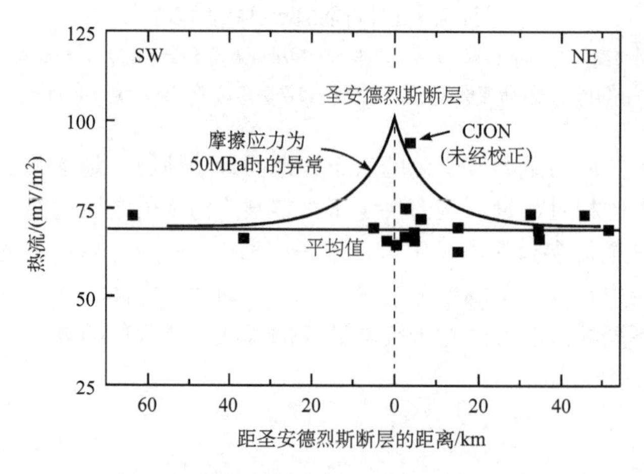

图 6.5 横穿圣安德烈斯断层观测的热流

图中实线表示在 50 MPa 的剪切应力作用下由于摩擦生热所引起的热流值增加量(据 Henyey and Wasserburg，1971；Lachenbruch and Sass，1988)

从圣安德烈斯断层地壳应力的取向也导致类似的结论. 根据前面所做的分析[参见第二章第十节(二)]，可知最大主压应力轴的方向与断层面应当成大约 22.5°. 然而由地震震源机制解、地质资料与钻孔应力测量等得到的观测结果表明，沿圣安德烈斯断层带的最大主压应力轴的方向却是基本上垂直于断层的(Zoback *et al.*，1987). 这表明，断层面有如自由表面.

上述相互矛盾的观测结果称为热流悖论(heat flow paradox)，也称为断层强度悖论(fault strength paradox)或圣安德烈斯(断层)悖论[San Andreas (fault) paradox)]. 迄今对这些看上去相互矛盾的观测结果尚无普遍接受的、令人信服的合理解释. 有一种解释认为，断层上的有效应力因为高孔隙压而降低. 但是，断层带是否能维持比流体静压力高得多的压力则是个问题. 另一种解释认为，断层带充塞着低强度的富含黏土的断层泥，所以断层带是低强度的. 然而这种解释却遇到一个困难，即：对断层泥所做的实验结果表明，断层泥也是有正常大小的强度的，除非孔隙压很高(Lachenbruch and Sass，1973，1980，1988; Lachenbruch，1980). 也有人认为，可能有相当大的一部分地震能量用于被忽略的沿断层面上的化学变化或相变等过程；没有观测到热流异常是因为地下水的输运作用致使热流被“冲走”；还有人认为，需要修订黏滑机制以计及诸如分离相(separation phase)那样的、能降低断层面上的正应力，从而降低摩擦生热的非线性现象；等等.

(八)辐射效率

在不考虑破裂能的情况下，由式(6.14)与式(6.17)两式可以求得

$$\sigma_{\mathrm{a}}=\bar{\sigma}-\sigma_d=\frac{\Delta\sigma}{2}-(\sigma_d-\sigma^1). \tag{6.27}$$

上式表明，如果$\sigma_d>\sigma^1$，则

$$0<\sigma_{\mathrm{a}}<\frac{\Delta\sigma}{2}, \tag{6.28}$$

即视应力应当小于应力降的一半；反之，若$\sigma_d<\sigma^1$，则视应力应当大于应力降的一半：

$$\sigma_{\mathrm{a}}>\frac{\Delta\sigma}{2}. \tag{6.29}$$

定义地震波能量E_{S}与$(\Delta\sigma/2)DA$的比值为辐射效率(radiation efficiency) ξ：

$$\xi=\frac{E_S}{(\Delta\sigma/2)DA}, \tag{6.30}$$

那么，辐射效率ξ是视应力σ_{a}与应力降的一半$\Delta\sigma/2$之比：

$$\xi=\frac{2\sigma_{\mathrm{a}}}{\Delta\sigma}=\frac{\sigma_{\mathrm{a}}}{(\Delta\sigma/2)}. \tag{6.31}$$

按照定义，辐射效率ξ不一定非要小于 1. 由上面已经提及的关系式，立即可以看出，$\xi<1$相当于$\sigma_d>\sigma^1$的情形(图 6.4d 所示的萨维季–伍德模式和图 6.4e 所示的混杂模式)；$\xi>1$相当于$\sigma_d<\sigma^1$的情形(图 6.4c 所示的豪斯纳–布龙模式).

由式(6.9)可得

$$\frac{E_{\mathrm{S}}}{DA}=\bar{\sigma}-\sigma_d. \tag{6.32}$$

令

$$\sigma_s=\frac{E_{\mathrm{S}}}{DA}, \tag{6.33}$$

则

$$\sigma_s=\bar{\sigma}-\sigma_d \tag{6.34}$$

是与地震辐射相联系的应力，即平均应力中用于产生地震辐射的那部分应力，所以σ_s称为地震辐射应力(seismic radiation stress)，辐射阻抗应力(radiation resistance stress)，或辐射阻抗(radiation resistance)．动摩擦应力σ_d则是平均应力中用于克服摩擦产生热的那部分应力，所以动摩擦应力σ_d亦称为摩擦阻抗应力(frictional resistance stress)，简称摩擦阻抗(frictional resistance)．

对比式(6.18)和式(6.33)，或者是对比式(6.27)和式(6.34)，可得

$$\sigma_{\mathrm{a}} = \sigma_s . \tag{6.35}$$

这就是说，视应力即是与地震辐射相联系的应力． 而由地震效率的定义式(6.13)，式(6.17)与上式可得，地震效率

$$\eta = \frac{E_{\mathrm{S}}}{E} = \frac{\sigma_{\mathrm{a}}}{\bar{\sigma}} = \frac{\sigma_s}{\bar{\sigma}} . \tag{6.36}$$

萨维季和伍德(Savage and Wood，1971)计算过许多地震的辐射效率ξ值．他们得到，大多数地震$\xi<1$，但也有$\xi>1$的地震．这就是说，大多数地震的动摩擦应力σ_d高于最终应力σ^1(图 6.4d)，但也有σ_d低于σ^1的地震(图 6.4c)．

在以上分析中，应力$\sigma^0,\sigma^1,\bar{\sigma},\sigma_d,\sigma_{\mathrm{a}},\sigma_s$和应力降$\Delta\sigma,\Delta\sigma_d$等应力参量都是类似于下式所示的、按最终位错量和面积加权的平均，如σ^0指的是

$$\frac{1}{DA}\iint_{\Sigma} \sigma^0(\boldsymbol{r}')\Delta u(\boldsymbol{r}',\infty)\mathrm{d}S(\boldsymbol{r}') , \tag{6.37}$$

等等．式中，$\Delta u(\boldsymbol{r}',\infty)$是位于断层面$\sum$上的$\boldsymbol{r}'$点的静态位错(最终位错)：

$$\Delta u(\boldsymbol{r}',\infty) = \Delta u(\boldsymbol{r}',t)\big|_{t\to\infty} , \tag{6.38}$$

D是静态位错$\Delta u(\boldsymbol{r}',\infty)$在面积为$A$的断层面$\sum$上的平均值：

$$D = \frac{1}{A}\iint_{\Sigma} \Delta u(\boldsymbol{r}',\infty)\mathrm{d}S(\boldsymbol{r}') . \tag{6.39}$$

对于这里采用的简单的断层模式来说，因为假设σ^0等参数都是常量，所以断层面的滑动只有当其上的应力小于σ_d时才能停下来，从而σ_d必定要大于σ^1．但是因为断层面上某一点的应力可能在该点的滑动停下来之后因为别处的滑动而增大，因而在该点的σ_d还是有可能小于σ^1．此外，如果断层滑动因动摩擦应力σ_d随着滑动量急剧增大而迅速停止的话，则有可能出现最终应力σ^1大于按位错量和面积加权平均的动摩擦应力σ_d的情况．断层滑动由于某种偶然的闭锁机制而迅速停止(例如大尺度的凹凸体致使断层迅速停止滑动)时，便有可能使得$\sigma_d<\sigma^1$．

(九)地震效率的估计

迄今地震效率η的精确测定仍有困难，这个困难是由精确地测定地震所释放的全部能量的困难所致．核爆炸的情况与此不同，核爆炸的当量是已知的，因而可以测得其地震效率．即使如此，核爆炸的地震效率也因进行核爆炸的介质条件不同而差别很大．况且核爆炸的机制与地震的机制很不一样，不宜简单地将二者的结果进行比较．

忽略重力的效应，可得

$$\sigma^0 = \mu_s \sigma_n, \tag{6.40}$$

式中，μ_s 是静摩擦系数，σ_n 是断层面上的正应力．动摩擦应力

$$\sigma_d = \mu_k \sigma_n, \tag{6.41}$$

式中，μ_k 是动摩擦系数．由式(6.27)和式(6.31)可得

$$\xi = 1 - \frac{2(\sigma_d - \sigma^1)}{\sigma^0 - \sigma^1}. \tag{6.42}$$

由以上三式，即得

$$\sigma^1 = \frac{2}{(1+\xi)}\left[\frac{\mu_k}{\mu_s} - \frac{(1-\xi)}{2}\right]\sigma^0 . \tag{6.43}$$

将式(6.41)和上式代入式(6.14)，即得

$$\eta = \xi\frac{(\mu_s - \mu_k)}{(\xi\mu_s + \mu_k)} = \xi\frac{\left(\dfrac{\mu_s}{\mu_k} - 1\right)}{\left(\xi\dfrac{\mu_s}{\mu_k} + 1\right)} . \tag{6.44}$$

现在对断层面上的静摩擦系数与动摩擦系数的比值 μ_s/μ_k 还不十分清楚．根据拜尔理(Byerlee，1978)的实验结果，可知花岗岩样品当正应力在 200MPa(2kbar)和1200MPa(12kbar)之间时，$\mu_s/\mu_k \approx 4/3$．将此结果代入上式得

$$\eta \approx \frac{\xi}{4\xi + 3} . \tag{6.45}$$

辐射效率 ξ 可以由式(6.30)计算．如前所述，在许多情况下，$\xi<1$，这意味着 η 应小于0.15．例如，如果 $\xi=0.3$，则 $\eta\approx0.07$．这些数值可以使我们对地震效率的数量级有一个概念．

由式(6.14)可知，在忽略破裂能的情况下，

$$\eta = \frac{\sigma^0 - \sigma^1 + 2(\sigma^1 - \sigma_d)}{\sigma^0 + \sigma^1} . \tag{6.46}$$

如果进一步假定 $\sigma^1 = \sigma_d$，则

$$\eta = \frac{\Delta\sigma}{2\bar{\sigma}} . \tag{6.47}$$

因此，如果已知应力降和平均应力，便可由上式计算在忽略破裂能和假定 $\sigma^1 = \sigma_d$ 的情况下的地震效率．例如，如果 $\Delta\sigma/\bar{\sigma} = 0.1$，则 $\eta = 0.05$.

斯博提斯伍德和麦克伽尔(Spottiswoode and McGarr，1975)及斯博提斯伍德(Spottiswoode，1984)测定了一个深约 3 km 的南非金矿矿震的应力降，并根据该矿的绝对应力测量结果，运用上式计算了地震效率．他们得出，该金矿矿震的应力降仅为绝对应力的一个很小的分数，并进而得出地震效率小于 0.01 的结论．由于矿震与天然地震并无多少区别，所以没有理由认为上述测量结果不适用于天然地震．历史上曾有人认为应

力降在数值上与绝对应力是几乎相等的．如果是这样，按照式(6.46)，应力降就应当大约等于平均应力，即$\Delta\sigma \approx \bar{\sigma}$，于是，$\eta \approx 0.5$，而不可能是如上面估计的 0.15，0.07，0.05 甚而是小于 0.01．η很小，即地震效率很低，这一测定结果对于认为应力降在数值上并非与绝对应力几乎相等的观点是一个有力的支持(Scholz，1990，2002；McGarr，1999)．

第二节　地震前后的能量变化

以上是对地震能量问题的简化分析．在分析中，忽略了重力的效应．事实上，发生地震时，在断层中，特别是在倾滑断层中，反抗重力所做的功(逆断层情形)或重力所做的功(正断层情形)通常要比地震辐射能大得多．这意味着，通常对地震能量的估计只是一个很粗略的估计．下面，我们将指出，在地震破裂过程中，地球介质弹性应变能的变化量可能很大，但它几乎被可能也是同样很大的重力势能(以下简称重力能)的变化所抵消，而实际上用于地震辐射能、克服摩擦所做的功、形成新的破裂面所需要消耗的破裂能可能只是上述两种势能(弹性应变能和重力能)变化的一个较小的差额(Savage，1969；Dahlen，1972，1977；Dahlen and Tromp，1998；Savage and Walsh，1978)．

(一)地震前后总位能的变化

设地球的表面为S，地球内的断层面为Σ，S和Σ之间的体积为V．以$\boldsymbol{n} = n_i\boldsymbol{e}_i$表示$S$和$\Sigma$的外法线方向(图 6.6)，以$\sigma_{ij}$与$\varepsilon_{ij}$分别表示地球内的应力和应变张量，以$\tau_{ij}^1$与$e_{ij}^1$分别表示地震前后应力张量与应变张量的改变量；以上角标“^{0}”表示地震前的量，“^{1}”表示地震后的量，则：

$$\sigma_{ij}^1 = \sigma_{ij}^0 + \tau_{ij}^1, \tag{6.48}$$

$$\varepsilon_{ij}^1 = \varepsilon_{ij}^0 + e_{ij}^1. \tag{6.49}$$

设地球介质是线性弹性介质，即应力张量σ_{ij}与应变张量ε_{pq}遵从下式所示的线性关系[广义虎克(Hooke)定律]：

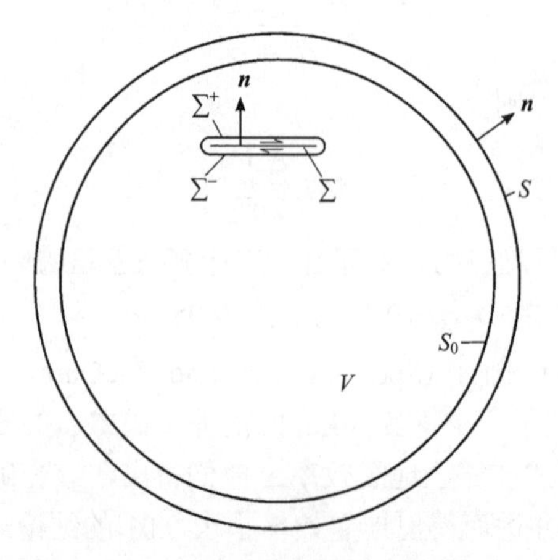

图 6.6　计算地震前后的能量变化的示意图(据 Savage，1969；Savage and Walsh，1978)

$$\sigma_{ij} = C_{ijpq}\varepsilon_{pq}, \tag{6.50}$$

式中，C_{ijpq}是弹性系数张量．对于震前、震后的应力与应变$(\sigma_{ij}^0,\varepsilon_{ij}^0),(\sigma_{ij}^1,\varepsilon_{ij}^1)$以及地震前后应力与应变的改变量$(\tau_{ij}^1,e_{ij}^1)$均有类似的关系．若以$W^0$和$W^1$分别表示震前和震后地球介质中的弹性应变能，则：

$$W^0 = \frac{1}{2}\iiint_V \sigma_{ij}^0\varepsilon_{ij}^0 \mathrm{d}V, \tag{6.51}$$

$$W^1 = \frac{1}{2}\iiint_V \sigma_{ij}^1\varepsilon_{ij}^1 \mathrm{d}V. \tag{6.52}$$

将式(6.48)—式(6.50)代入上式，可将上式表示为

$$W^1 = W^0 + W + W_{\text{int}}, \tag{6.53}$$

式中，

$$W = \frac{1}{2}\iiint_V \tau_{ij}^1 e_{ij}^1 \mathrm{d}V, \tag{6.54}$$

$$W_{\text{int}} = \frac{1}{2}\iiint_V (\sigma_{ij}^0 e_{ij}^1 + \tau_{ij}^1\varepsilon_{ij}^0)\mathrm{d}V. \tag{6.55}$$

W的物理意义可以解释为在原先没有应力的地球介质中产生一个位错所增加的弹性能，因而总是正的：$W \geqslant 0$；W_{int}表示相互作用能．因为$C_{ijpq} = C_{pqij}$，所以

$$\sigma_{ij}^0 e_{ij}^1 = C_{ijpq}\varepsilon_{pq}^0 e_{ij}^1 = C_{pqij}\varepsilon_{ij}^0 e_{pq}^1 = C_{ijpq}\varepsilon_{ij}^0 e_{pq}^1 = \tau_{ij}^1\varepsilon_{ij}^0. \tag{6.56}$$

于是相互作用能W_{int}可以表示为

$$W_{\text{int}} = \iiint_V \sigma_{ij}^0 e_{ij}^1 \mathrm{d}V. \tag{6.57}$$

把式(6.54)和上式代入式(6.53)，就得到地震前后地球介质中的弹性应变能的变化

$$\Delta E_{\text{el}} = W^1 - W^0 = W + W_{\text{int}} = \iiint_V (\sigma_{ij}^0 + \frac{1}{2}\tau_{ij}^1)e_{ij}^1 \mathrm{d}V. \tag{6.58}$$

由于[参见式(6.48)]

$$\sigma_{ij}^0 + \frac{1}{2}\tau_{ij}^1 = \frac{1}{2}(\sigma_{ij}^0 + \sigma_{ij}^1), \tag{6.59}$$

式(6.58)亦可表示为

$$\Delta E_{\text{el}} = \iiint_V \frac{1}{2}(\sigma_{ij}^0 + \sigma_{ij}^1)e_{ij}^1 \mathrm{d}V. \tag{6.60}$$

在无内应变情形下，应变e_{ij}^1与位移u_i^1有如下关系：

$$e_{ij}^1 = \frac{1}{2}\left(\frac{\partial u_i^1}{\partial x_j} + \frac{\partial u_j^1}{\partial x_i}\right). \tag{6.61}$$

这个关系式只是在无内应变的区域内成立，在存在内应变源的区域内(例如发生塑性流动或热膨胀的区域内)不成立．由上式我们有

$$\sigma_{ij}^0 e_{ij}^1 = \sigma_{ij}^0 \frac{1}{2}\left(\frac{\partial u_i^1}{\partial x_j} + \frac{\partial u_j^1}{\partial x_i}\right),$$

$$= \sigma_{ij}^0 \frac{\partial u_i^1}{\partial x_j},$$

$$\sigma_{ij}^0 e_{ij}^1 = \frac{\partial}{\partial x_j}(\sigma_{ij}^0 u_i^1) - \frac{\partial \sigma_{ij}^0}{\partial x_j} u_i^1. \tag{6.62}$$

在地震之前，平衡方程可以写成：

$$\frac{\partial \sigma_{ij}^0}{\partial x_j} + f_i^0 = 0, \tag{6.63}$$

式中，f_i^0 表示作用于单位体积的体力. 在现在讨论的问题里，重力是唯一的体力，所以 f_i^0 在这里表示的就是作用于单位体积的重力. 将上式代入式(6.62)右边第二项， 然后再代入式(6.57)，运用高斯定理后得

$$W_{\text{int}} = \oiint\limits_{\Sigma+S} \sigma_{ij}^0 u_i^1 n_j \mathrm{d}S + \iiint\limits_V f_i^0 u_i^1 \mathrm{d}V . \tag{6.64}$$

忽略大气压，可以认为地球表面 S 是应力为零的曲面：

$$\sigma_{ij}^0\Big|_S = 0 . \tag{6.65}$$

从而相互作用能

$$W_{\text{int}} = \oiint\limits_{\Sigma} \sigma_{ij}^0 u_i^1 n_j \mathrm{d}S + \iiint\limits_V f_i^0 u_i^1 \mathrm{d}V . \tag{6.66}$$

对 W 的表示式(6.54)也进行与对 W_{int} 的表示式(6.55)类似的推导，但把 σ_{ij}^0 换成 τ_{ij}^1 可得

$$\tau_{ij}^1 e_{ij}^1 = \tau_{ij}^1 \frac{1}{2}\left(\frac{\partial u_i^1}{\partial x_j} + \frac{\partial u_j^1}{\partial x_i}\right),$$

$$= \tau_{ij}^1 \frac{\partial u_i^1}{\partial x_j},$$

$$\tau_{ij}^1 e_{ij}^1 = \frac{\partial}{\partial x_j}(\tau_{ij}^1 u_i^1) - \frac{\partial \tau_{ij}^1}{\partial x_j} u_i^1. \tag{6.67}$$

注意到在地震之后平衡方程为

$$\frac{\partial \sigma_{ij}^1}{\partial x_j} + f_i^0 = 0 . \tag{6.68}$$

由式(6.48)，式(6.63)和上式可得应力的改变量 τ_{ij}^1 满足方程

$$\frac{\partial \tau_{ij}^1}{\partial x_j} = 0 , \tag{6.69}$$

从而式(6.67)可化为：

$$\tau_{ij}^1 e_{ij}^1 = \frac{\partial}{\partial x_j}(\tau_{ij}^1 u_i^1). \tag{6.70}$$

将上式代入式(6.54)，运用高斯定理，即得

$$W = \oiint_{\Sigma+S} \frac{1}{2}\tau_{ij}^1 u_i^1 n_j \mathrm{d}S. \tag{6.71}$$

由于地球表面 S 是应力为零的曲面，所以在 S 上应力增量 τ_{ij}^1 也为零：

$$\tau_{ij}^1\Big|_S = 0. \tag{6.72}$$

因此，式(6.71)化为

$$W = \oiint_{\Sigma} \frac{1}{2}\tau_{ij}^1 u_i^1 n_j \mathrm{d}S, \tag{6.73}$$

或

$$W = -\iint_{\Sigma} \frac{1}{2}\tau_{ij}^1 \Delta u_i^1 n_j \mathrm{d}S, \tag{6.74}$$

式中，

$$\Delta u_i^1 = u_i^{1+} - u_i^{1-} \tag{6.75}$$

是断层面上的最终位错(final dislocation)，亦称为最终滑动量(final slip)；在此处以及以下类似情况下，在由式(6.71)所示的闭合曲面 $\Sigma = \Sigma^+ + \Sigma^-$ 的积分化为式(6.73)所示的单曲面的积分时，单曲面的积分式中的 Σ 表示 Σ^-，n_j 表示 n_j^-，即 n_j 表示由 Σ^- 指向 Σ^+ 的法向.

将式(6.66)和式(6.73)两式都代入式(6.53)，便可将地震前后地球介质中的弹性应变能的变化 ΔE_{el} 表示为

$$\Delta E_{\mathrm{el}} = \oiint_{\Sigma}(\sigma_{ij}^0 + \frac{\tau_{ij}^1}{2}) u_i^1 n_j \mathrm{d}S + \iiint_V f_i^0 u_i^1 \mathrm{d}V. \tag{6.76}$$

地震时，除了弹性应变能发生变化以外，重力能也发生变化. 重力能的变化 ΔE_{g} 等于反抗重力所做的功：

$$\Delta E_{\mathrm{g}} = -\iiint_V f_i^0 u_i^1 \mathrm{d}V. \tag{6.77}$$

ΔE_{el} 和 ΔE_{g} 的总和就是地震前后地球介质总势能的变化 E'：

$$E' = \Delta E_{\mathrm{el}} + \Delta E_{\mathrm{g}}. \tag{6.78}$$

将式(6.76)和式(6.77)两式代入上式即得

$$E' = \oiint_{\Sigma}(\sigma_{ij}^0 + \frac{\tau_{ij}^1}{2}) u_i^1 n_j \mathrm{d}S, \tag{6.79}$$

或

$$E' = -\iint_{\Sigma} (\sigma_{ij}^0 + \frac{\tau_{ij}^1}{2}) \Delta u_i^1 n_j \mathrm{d}S . \tag{6.80}$$

由式(6.59)，可将式(6.79)和式(6.80)分别表示为

$$E' = \oiint_{\Sigma} \frac{1}{2} (\sigma_{ij}^0 + \sigma_{ij}^1) u_i^1 n_j \mathrm{d}S , \tag{6.81}$$

或

$$E' = -\iint_{\Sigma} \frac{1}{2} (\sigma_{ij}^0 + \sigma_{ij}^1) \Delta u_i^1 n_j \mathrm{d}S . \tag{6.82}$$

上式称为伏尔特拉(Volterra)关系式(Steketee，1958a，b；Savage，1969)．

显然，地震时释放的总势能 E_{P} 即地震前后地球介质总势能变化 E' 的反号 $-E'$：

$$E_{\mathrm{P}} = -E' , \tag{6.83}$$

所以

$$E_{\mathrm{P}} = -\oiint_{\Sigma} \frac{1}{2} (\sigma_{ij}^0 + \sigma_{ij}^1) u_i^1 n_j \mathrm{d}S , \tag{6.84}$$

或

$$E_{\mathrm{P}} = \iint_{\Sigma} \frac{1}{2} (\sigma_{ij}^0 + \sigma_{ij}^1) \Delta u_i^1 n_j \mathrm{d}S. \tag{6.85}$$

与前面提到的式(6.74)的情况一样，式(6.80)，式(6.82)和式(6.85)诸式中的 Σ 表示的是 Σ^-，n_j 表示的是 n_j^-．

必须指出，在地震前后总势能变化的表示式[参见式(6.79)或式(6.82)及式(6.84)与式(6.85)]中并没有显含重力能变化的项，重力的效应是通过 σ_{ij}^0 和 $\tau_{ij}^1 = \sigma_{ij}^1 - \sigma_{ij}^0$ 隐含在上述 E' 的表示式中．另一点必须指出的是，在式(6.79)，式(6.80)中，$\tau_{ij}^1 n_j \mathrm{d}S$ 的符号应当与 $\sigma_{ij}^0 n_j \mathrm{d}S$ 的符号相反以表示相对于地震前，断层面上的应力在地震后是松弛的．

实际上，不能简单地把震前的地球介质当作线性弹性介质来处理．如果去掉这一限制，式(6.48)仍然成立，但代替式(6.49)和式(6.50)两式的是

$$\tau_{ij}^1 = C_{ijpq} e_{pq}^1 . \tag{6.86}$$

由式(6.48)和上式出发，重复上述推导，同样可以求得仍然由式(6.58)所表示的地震前后地球介质中弹性应变能的变化 ΔE_{el} 的表示式．这就是说，即使不能将震前的地球介质视为线性弹性介质，地震前后整个系统总势能的变化仍然由式(6.79)—式(6.82)所表示．重要的是，在地震前后弹性势能变化的表示式(6.76)中，其右边的最后一项即 $-\Delta E_{\mathrm{g}}$[参见式(6.77)]．在计算地球介质系统总势能变化 E' 时，该项与式(6.77)所表示的 ΔE_{g} 正好抵消．特别是，如果 ΔE_{g} 很大，那么地球介质总势能变化(弹性应变能变化 ΔE_{el} 和重力能变化 ΔE_{g} 的总和) E' 将有可能只不过是 ΔE_{el} 和 ΔE_{g} 这两个数值都很大的量的一个较小的差额．

(二)斯提克蒂悖论

设断层面上的应力分量由 σ_{ij}^0 下降到 σ_{ij}^1：

$$\sigma_{ij}^1 = m\sigma_{ij}^0, \qquad 0 < m < 1. \tag{6.87}$$

因为

$$\sigma_{ij}^0 + \tau_{ij}^1 = m\sigma_{ij}^0, \tag{6.88}$$

所以

$$\tau_{ij}^1 = -(1-m)\sigma_{ij}^0, \tag{6.89}$$

$$\sigma_{ij}^0 = -\frac{1}{(1-m)}\tau_{ij}^1, \tag{6.90}$$

$$\sigma_{ij}^0 + \sigma_{ij}^1 = -\left(\frac{1+m}{1-m}\right)\tau_{ij}^1. \tag{6.91}$$

将上式代入式(6.85)即得

$$E' = \left(\frac{1+m}{1-m}\right)\iint\limits_{\Sigma}\frac{1}{2}\tau_{ij}^1\Delta u_i^1 n_j \mathrm{d}S = -\left(\frac{1+m}{1-m}\right)W. \tag{6.92}$$

在上式中，W 由式(6.54)，式(6.73)或式(6.74)表示．前已述及，W 表示的是在原先没有应力的地球介质中产生一个位错(断层)时外界对系统所做的功，即系统所增加的弹性应变能[参见式(6.54)]，这个量总是正的．因为地震是断层面上的应力降，所以 $0 < m < 1$，从而 $\left(\frac{1+m}{1-m}\right) > 0$．因此，地震时地球介质能量的变化 $E' < 0$；换句话说，地球介质内部的破裂总是导致整个系统能量减少，而不是增加．

不过，如果我们考虑的问题不是整个系统能量的变化，而是如图 6.6 所示的闭合曲面 S_0 内的能量的变化，则应当在式(6.79)或式(6.80)的右边增加一项．从而

$$E' = \oiint\limits_{\Sigma}(\sigma_{ij}^0 + \frac{\tau_{ij}^1}{2})u_i^1 n_j \mathrm{d}S + \oiint\limits_{S_0}(\sigma_{ij}^0 + \frac{\tau_{ij}^1}{2})u_i^1 n_j \mathrm{d}S, \tag{6.93}$$

或

$$E' = -\iint\limits_{\Sigma}(\sigma_{ij}^0 + \frac{\tau_{ij}^1}{2})\Delta u_i^1 n_j \mathrm{d}S + \oiint\limits_{S_0}(\sigma_{ij}^0 + \frac{\tau_{ij}^1}{2})u_i^1 n_j \mathrm{d}S. \tag{6.94}$$

地震前，地球处于预应力状态，σ_{ij}^0 一般不为零．如果我们假定在地震破裂前后，S_0 上的应力保持不变，即 $\tau_{ij}^1\big|_{S_0} = 0$．那么因为地震有使 S_0 上的应力松弛的趋向，所以为了维持 S_0 上的应力不变，外界应当对系统作功．这样一来，上两式右边第二项对 S_0 的面积分就有可能为正，从而可能出现 E' 大于零，即系统(此时是 Σ_1 和 S_0 之间的体积)内的总势能不是减少，而可能是增加的情况．

斯提克蒂(Steketee，1958a，b)研究了边界上的应力张量保持不变的情况下在弹性介

质中引入一个位错(断层)时系统的能量变化问题．他指出[“斯提克蒂悖论”(Steketee's paradox)]：“如果考虑地球物理学中的破裂问题的话，科隆内蒂(Colonnetti)定理似乎很令人困惑．因为根据直觉，破裂应当使系统的应力松弛，可是产生一个位错时应变能却是增加的．”

斯提克蒂的话是正确的，可是历史上却曾被误解为引入位错(断层)一定导致系统应变能增加，进而误认为不能用位错表示地震的震源．事实上，引入位错(断层)一定导致应变能增加的说法是不正确的，斯提克蒂也不是这么说的．斯提克蒂仅仅是论及：如果假定边界上应力恒定的边界条件，那么系统的应变能是会增加的．但是，如同上一节所分析的，如果我们考虑的是整个地球介质系统总势能的变化，那么引入位错(断层)就一定会引起整个地球介质系统总位能的减少．斯提克蒂说的仅仅是引入位错(断层)并不一定会使局部区域的应变能减少．因为这个缘故，在地球物理学中的破裂问题里，不能把介质当作是边界受到不为零的恒定应力作用的系统(Savage，1969)．

第三节　地震时释放的能量

以上分析表明，在考虑了重力效应之后，地震时释放的能量，也就是地震时释放的总势能(弹性应变能与重力能的总和)E_{P}可以用地球介质系统通过断层面上的应力释放对外界所做的功表示[参见式(6.85)]．以下以几个简单的、具有代表性的理论断层模式为例，计算地震时释放的能量．

(一)诺波夫模式

今以宽度有限但长度无限延伸的剪切裂纹表示地震断层，我们来计算当裂纹表面上的应力释放时该地震断层所释放的能量．

设该地震断层是在均匀、各向同性和完全弹性的无限介质中宽度为$2a$，长度无限长的一个剪切破裂面S(参见第五章图5.17b)，$|x|<a$，$y=0$，$-\infty<z<\infty$．

假定在地震破裂发生前，地震断层处于纯剪切应力场中，即应力张量的分量除了$\sigma_{yz}=\sigma_{zy}$不为零外，其余分量均为零；并且假定地震破裂发生前$\sigma_{yz}=\sigma$，地震破裂发生后，剪切破裂面也即断层面上的应力完全释放，σ_{yz}由σ降为0．在此情况下，位移只沿z方向发生，位移矢量$\boldsymbol{U}=\boldsymbol{U}(\boldsymbol{r},\ t)$只有沿$z$方向的分量$w$，并且$w$只与$(x,\ y)$有关，与$z$和时间$t$无关：

$$\boldsymbol{U}=(0,0,w), \tag{6.95}$$

$$w=w(x,y). \tag{6.96}$$

这个二维反平面剪切裂纹模式是诺波夫(Knopoff, 1958)为计算地震时释放的能量而提出的理论断层模式，现在称为诺波夫模式．由第五章图5.17b可见，诺波夫模式表示的是隐伏于地下的、宽度为$2a$、长条形的走滑断层．

在均匀、各向同性和完全弹性的无限介质中，位移矢量$\boldsymbol{U}$满足下列运动方程[参见第三章式(3.45)，令$\boldsymbol{f}=0$，$\boldsymbol{u}\rightarrow\boldsymbol{U}$]：

$$\rho \frac{\partial^2 \boldsymbol{U}}{\partial t^2} = (\lambda + 2u)\nabla(\nabla \cdot \boldsymbol{U}) - \mu \nabla \times \nabla \times \boldsymbol{U}. \tag{6.97}$$

由于现在涉及的是地震破裂发生后的静态位移场，所以

$$\frac{\partial^2 \boldsymbol{U}}{\partial t^2} = 0. \tag{6.98}$$

并且，由于位移矢量是纯剪切滑动，不存在膨胀：

$$\nabla \cdot \boldsymbol{U} = 0, \tag{6.99}$$

所以由式(6.97)可以得出 w 满足拉普拉斯(Laplace)方程：

$$\frac{\partial^2 w}{\partial x^2} + \frac{\partial^2 w}{\partial y^2} = 0. \tag{6.100}$$

在地震破裂发生前，应力张量不为零的分量

$$\sigma_{yz} = \sigma. \tag{6.101}$$

由

$$\sigma_{yz} = \mu \frac{\partial w}{\partial y}, \tag{6.102}$$

可以求得在地震破裂发生前，y 方向的位移

$$w = \frac{\sigma}{\mu} y. \tag{6.103}$$

在地震破裂发生后，在断层面 S 上，应力 σ_{yz} 由 σ 降至 0，从而

$$\frac{\partial w}{\partial y} = 0, \qquad |x| < a, \quad y = 0, \quad -\infty < z < \infty. \tag{6.104}$$

而在无限远处，在地震破裂发生后，位移

$$w \to \frac{\sigma}{\mu} y, \qquad x, y \to \infty. \tag{6.105}$$

满足式(6.100)所示的拉普拉斯方程、式(6.104)所示的边界条件以及式(6.105)所示的无限远处的条件的解可以通过映射变换求得．由复变函数论可知，复数

$$\zeta = x + \mathrm{i}y \tag{6.106}$$

的解析函数 $f(\zeta)$ 的实部和虚部均为满足式(6.100)所示的拉普拉斯方程的解，式中 $\mathrm{i}=\sqrt{-1}$ 为单位虚数．容易验证，解析函数

$$f(\zeta) = \frac{\sigma}{\mu}(\zeta - a)^{1/2}(\zeta + a)^{1/2} \tag{6.107}$$

的虚部便是满足拉普拉斯方程(6.100)及式(6.104)和式(6.105)所示条件的解：

$$w = \operatorname{Im} f(\zeta), \tag{6.108}$$

$$w = \frac{\sigma}{\mu} \operatorname{Im}[(\zeta - a)^{1/2}(\zeta + a)^{1/2}]. \tag{6.109}$$

也即：

$$w=\begin{cases}\pm\dfrac{\sigma}{\mu}(a^2-x^2)^{1/2}, & |x|<a,\ y=0^{\pm},\\ 0, & |x|>a,\ y=0.\end{cases} \tag{6.110}$$

将式(6.109)代入式(6.102)可以求得地震破裂发生后的应力σ_{yz}:

$$\sigma_{yz}=\sigma\,\mathrm{Re}\left[\frac{\zeta}{(\zeta-a)^{1/2}(\zeta+a)^{1/2}}\right]. \tag{6.111}$$

因此,

$$\sigma_{yz}=\begin{cases}0, & |x|<a,\ y=0,\\ \sigma\dfrac{x}{(x^2-a^2)^{1/2}}, & |x|>a,\ y=0.\end{cases} \tag{6.112}$$

地震破裂前后的应力变化则为

$$\Delta\sigma_{yz}=\sigma_{yz}-\sigma=\begin{cases}-\sigma, & |x|<a,\ y=0,\\ \sigma\left[\dfrac{x}{(x^2-a^2)^{1/2}}-1\right], & |x|>a,\ y=0.\end{cases} \tag{6.113}$$

由式(6.110)可以求得在地震断层面上位错量Δw的分布:

$$\Delta w=\frac{2\sigma}{\mu}(a^2-x^2)^{1/2},\qquad |x|<a. \tag{6.114}$$

当x=0时,位错量Δw达到最大值D_m:

$$D_m=\frac{2\sigma a}{\mu}. \tag{6.115}$$

由式(6.114)可以求得在地震断层面上位错量的平均值D:

$$D=\frac{1}{2a}\int_{-a}^{a}\frac{2\sigma a}{\mu}(a^2-x^2)\mathrm{d}x=\frac{\pi\sigma a}{2\mu}. \tag{6.116}$$

所以,平均位错D与最大位错D_m有如下简单关系:

$$D=\frac{\pi}{4}D_m. \tag{6.117}$$

地震破裂发生后,在x=0平面上,位移w随y的变化可由式(6.109)求得

$$w(0,y)=\pm\frac{\sigma}{\mu}(y^2+a^2)^{1/2},\qquad y\gtrless 0. \tag{6.118}$$

因此,在地震发生前后,在x=0平面上,位移w的改变量即同震位移为

$$\Delta w(0,y)=w(0,y)-\frac{\sigma}{\mu}y, \tag{6.119}$$

也就是

$$\Delta w(0,y)=\frac{\sigma}{\mu}[\pm(y^2+a^2)^{1/2}-y],\qquad y\gtrless 0, \tag{6.120}$$

上式表明，在 x=0 平面上，当 y=0$^{\pm}$时，同震位移

$$\Delta w(0, 0^{\pm}) = \pm\frac{\sigma a}{\mu} = \frac{D_m}{2}. \tag{6.121}$$

当 $y\to\infty$时，$\Delta w(0, y)\to 0$.

由式(6.120)可以求得，当 $y=y_0$ 时，同震位移减小为断层面上的同震位移(最大同震位移)的 1/2：

$$\frac{\sigma}{\mu}\left[(y_0^2 + a^2)^{1/2} - y_0\right] = \frac{1}{2}\frac{D_m}{2}, \tag{6.122}$$

或

$$\left[\left(\frac{y_0}{a}\right)^2 + 1\right]^{1/2} - \frac{y_0}{a} = \frac{1}{2}. \tag{6.123}$$

由上式可以解出 $y_0=3a/4$．也就是说，在 $y_0=3a/4$ 处的同震位移减小为最大同震位移的 1/2．$y=y_0$ 点称为半位移点．

将式(6.114)代入式(6.84)即得地震断层释放的能量的形式表示式：

$$E_{\rm P} = \int_{-\infty}^{\infty}\int_{-a}^{a}\frac{\sigma^2}{\mu}(a^2 - x^2)^{1/2}{\rm d}x{\rm d}z. \tag{6.124}$$

上式涉及的是二维地震断层的能量释放问题，所以其右边的积分是发散的．因为这个缘故，我们转而求单位长度的地震断层释放的能量$\Delta E_{\rm P}$：

$$\Delta E_{\rm P} = \int_{-a}^{a}\frac{\sigma^2}{\mu}(a^2 - x^2)^{1/2}{\rm d}x, \tag{6.125}$$

从而

$$\Delta E_{\rm P} = \frac{\pi}{2}\frac{a^2\sigma^2}{\mu}. \tag{6.126}$$

通过断层面上最大位错 D_m 与释放的应力σ的关系式(6.115)，可以将上式化为

$$\Delta E_{\rm P} = \frac{\pi}{8}\mu D_m^2, \tag{6.127}$$

从而长度为 L 的地震断层释放的能量

$$E_{\rm P} = \frac{\pi}{8}\mu D_m^2 L. \tag{6.128}$$

上述结果是在简单的假定地震应力降是百分之百应力降的情形下得到的．如果震前应力为σ^0，震后应力为σ^1，那么上述结果中的σ均应改写为应力降$\Delta\sigma$：

$$\Delta\sigma = \sigma^0 - \sigma^1,$$

而式(6.124)—(6.126)中的σ^2则应改写为

$$(\sigma^0)^2 - (\sigma^1)^2 = 2\bar{\sigma}\Delta\sigma,$$

式中，$\bar{\sigma} = (\sigma^0 + \sigma^1)/2$ 为平均应力．

从而，

$$E_{\mathrm{P}}=\int_{-\infty}^{\infty}\int_{-\infty}^{\infty}\frac{2\bar{\sigma}\Delta\sigma}{\mu}(a^2-x^2)^{1/2}\mathrm{d}x\mathrm{d}y, \tag{6.129}$$

单位长度断层释放的能量：

$$\Delta E_{\mathrm{P}}=\int_{-\infty}^{\infty}\frac{2\bar{\sigma}\Delta\sigma}{\mu}(a^2-x^2)^{1/2}\mathrm{d}x\,, \tag{6.130}$$

$$\Delta E_{\mathrm{P}}=\frac{\pi a^2\bar{\sigma}\Delta\sigma}{\mu}, \tag{6.131}$$

$$\Delta E_{\mathrm{P}}=\frac{\pi}{2}a\bar{\sigma}D_m. \tag{6.132}$$

长度为 L 的断层释放的能量：

$$E_{\mathrm{P}}=\frac{\pi}{2}a\bar{\sigma}D_mL. \tag{6.133}$$

上述结果是诺波夫(Knopoff, 1958)得到的作为走滑地震断层模式的二维反平面剪切裂纹释放的能量表示式．如上已述，诺波夫模式适用于埋藏于均匀、各向同性和完全弹性的无限介质中的宽度有限($2a$)、但长度无限延伸的、垂直于地面的走向滑动断层(参见第五章图 5.17b)．不仅如此，因为在 x=0 平面上，应力分量σ_{yz}=σ_{xy}=0，所以 x=0 平面是自由表面，由无限介质中宽度为 $2a$ 的无限长断层得到的解也是半无限介质中宽度为 a 的、出露到地面的、垂直于地面的走滑断层的解(参见第五章图 5.19)，所不同的是ΔE_{P}和 E_{P} 应当是宽度为 $2a$ 的隐伏断层的相应量的 1/2. 例如长度为 L 的地震断层释放的能量在百分之百应力降情形下为

$$E_{\mathrm{P}}=\frac{\pi}{16}\mu D_m^2L\,, \tag{6.134}$$

在应力由σ^0 降为σ^1 的情形下则为

$$E_{\mathrm{P}}=\frac{\pi}{4}a\bar{\sigma}D_mL. \tag{6.135}$$

这说明，地震时释放的能量不仅与应力降有关，而且与绝对应力水平有关.

(二) 斯达尔模式

在研究金属中的缺陷生长问题时，斯达尔(Starr，1928)得到了二维平面剪切裂纹问题的解．与诺波夫模式类似，斯达尔模式也是在均匀、各向同性和完全弹性的无限介质中宽度有限但长度无限延伸的剪切破裂面 S：$|x|<a,\quad y=0,\quad -\infty<z>\infty$．不同的是，在该剪切破裂面上，当地震破裂发生时，应力张量的分量σ_{yx}=σ_{xy} 由破裂前的σ降为 0. 因此，斯达尔模式对应于倾滑断层，适用于隐伏于地下的、宽度有限的、长条形正断层或逆断层情形．结果与诺波夫模式的结果类似，在地震破裂面上位错量Δu 的分布为：

$$\Delta u=\frac{(\lambda+2\mu)\sigma}{\mu(\lambda+\mu)}(a^2-x^2)^{1/2},\qquad |x|<a. \tag{6.136}$$

而地震破裂发生前后的应力变化为

$$\Delta\sigma_{yx}=\sigma_{yx}-\sigma=\begin{cases}-\sigma, & |x|<a,\ y=0,\\ \sigma\left[\dfrac{x}{(x^2-a^2)^{1/2}}-1\right], & |x|>a,\ y=0.\end{cases} \tag{6.137}$$

当 x=0 时，最大位错 D_m 与应力降σ的关系式：

$$D_m=\frac{(\lambda+2\mu)}{\mu(\lambda+\mu)}\sigma a. \tag{6.138}$$

如果和前面一样，简单地假定地震应力降是百分之百的应力降，则单位长度的地震断层释放的能量以及长度为 L 的地震断层释放的能量分别为

$$\Delta E_{\rm P}=\frac{\pi}{4}\mu D_m^2\frac{(\lambda+\mu)}{(\lambda+2\mu)}, \tag{6.139}$$

$$E_{\rm P}=\frac{\pi}{4}\mu D_m^2\frac{(\lambda+\mu)}{(\lambda+2\mu)}L. \tag{6.140}$$

(三) 克依利斯–博罗克模式

诺波夫模式与斯塔尔模式涉及的分别是二维反平面与二维平面剪切裂纹能量释放问题，它们分别适用于隐伏于地下的、宽度有限的、垂直于地面的长条形地震断层，前者适用于走向滑动断层，后者适用于倾向滑动断层．不仅如此，前者还适用于出露到地面的、垂直于地面的走滑断层．但是，无论是诺波夫模式，还是斯塔尔模式，都是二维模式，都忽略了断层长度方向两端的端部效应，其理论结果比较适合于距离断层两端较远的大地震断层中部．为了阐明尺度有限的地震断层的能量释放问题，便需要研究与上述二维问题相应的三维问题，即有限大小的剪切裂纹的能量释放问题．

在诺波夫(Knopoff，1958)所提出的思路的基础上，克依利斯–博罗克(Keylis-Borok，1959)研究了圆盘形剪切裂纹的能量释放问题，即假定地震震源是处于均匀剪切应力场 $\sigma_{xy}=\sigma$的圆盘剪切裂纹，$x^2+z^2\leqslant a^2$，y=0，计算当圆盘形裂纹上的剪切应力由震前的$\sigma_{xy}=\sigma$降到震后的 0 时圆盘形裂纹上的位错分布及裂纹所释放的能量．

为此，设想上述圆盘形剪切裂纹是由下列扁椭球面当 $b\to 0$ 时退化而来：

$$\frac{x^2+z^2}{a^2}+\frac{y^2}{b^2}=1,\qquad 0\leqslant b\leqslant a. \tag{6.141}$$

采用椭球坐标系(u，v，w)可将问题化为易处理的形式：

$$\begin{cases}x={\rm ch}u\sin v\cos w,\\ y={\rm sh}u\cos v,\\ z={\rm ch}u\sin v\cos w.\end{cases} \tag{6.142}$$

在上式及以下的公式中，sh，ch，th 分别表示双曲正弦，双曲余弦，双曲正切等函数．

在椭球坐标系中，正应力σ_u，σ_v，σ_w 和切应力τ_{uv}，τ_{vw}，τ_{uw} 可表示为

$$\sigma_u = \frac{\sigma}{h^2}\text{sh}2u\sin v\cos v\cos w + \sigma\frac{C}{h^2}\left[q(T\text{sh}u - 2\text{ch}u) + \left(\text{ch}^2u_0 + 1 + \frac{a}{2}\right)\frac{2}{\text{ch}u}\right.$$
$$\left. - \frac{2\text{ch}^2u_0}{\text{ch}u} - \frac{2\text{ch}^2u_0}{\text{ch}^3u} + \frac{2}{h^2}\left(\text{ch}u - \frac{\text{ch}^2u_0}{\text{ch}u}\right)\right]\sin v\cos v\cos w, \tag{6.143}$$

$$\sigma_v = \frac{\sigma}{h^2}\text{sh}2u\sin v\cos v\cos w + \sigma\frac{C}{h^2}\left[-q(T\text{sh}u - 2\text{ch}u) + \left(1 - \text{sh}^2u_0 - \frac{a}{2}\right)\frac{2}{\text{ch}u}\right.$$
$$\left. + \frac{2}{\text{ch}u} + \frac{2}{h^2}\left(\frac{\text{ch}^2u_0}{\text{ch}u} - \text{ch}u\right)\right]\sin v\cos v\cos w, \tag{6.144}$$

$$\sigma_w = \frac{2\sigma C}{h^2}\left[\frac{1-a}{\text{ch}u} + \frac{\text{ch}^2u_0}{\text{ch}^3u}\right]\sin v\cos v\cos w, \tag{6.145}$$

$$\tau_{uv} = \frac{\sigma}{h^2}\left(\text{ch}^2u - \frac{\text{ch}2u\sin^2 v}{h^2}\right)\cos w + \frac{\sigma}{h^2}C\left[q(\text{sh}2u - T\text{sh}^2u) - 2\text{sh}u - qT\right.$$
$$+ \left(\text{ch}^2u_0 - \frac{a}{2}\right)\frac{\text{sh}u}{\text{ch}^2u} + \cos^2 v(T\text{ch}2u - 2\text{sh}u)q - \cos^2 v\left(\text{ch}^2u_0 - \frac{a}{2}\right)\frac{\text{sh}u}{\text{ch}^2u}$$
$$\left. + \frac{2\text{sh}u}{h^2}(\text{ch}^2u - \text{ch}^2u_0)\right]\cos w, \tag{6.146}$$

$$\tau_{vw} = \frac{\sigma}{h}\text{sh}u\sin v\sin w + \frac{\sigma}{h}C\left[qs + \left(\text{ch}^2u_0 - \frac{a}{2}\right)\frac{1}{\text{ch}^2u}\right]\sin v\sin w, \tag{6.147}$$

$$\tau_{uw} = -\frac{\sigma}{h}\text{ch}u\cos v\sin w + \frac{\sigma}{h}C\left[q(\text{th}u - T\text{ch}u) + 2\text{sh}u\frac{\text{ch}^2u_0}{\text{ch}^2u}\right]. \tag{6.148}$$

在椭球坐标系中，位移 $\boldsymbol{U}=(U_u, U_v, U_w)$ 可表示为

$$U_u = \frac{\sigma}{2\mu}\frac{C}{h}A_u\sin v\cos v\cos w, \tag{6.149}$$

$$U_v = \frac{\sigma}{2\mu}\frac{C}{h}(A_v + \tilde{A}_v\cos^2 v), \tag{6.150}$$

$$U_w = \frac{\sigma}{2\mu}CA_w\cos v\sin w. \tag{6.151}$$

结果是，地震释放的能量

$$E_{\text{P}} = \frac{\sigma^2}{\mu}a^3R\left(\frac{b}{a}, \alpha\right), \tag{6.152}$$

式中，

$$R = \left\{\left[-A_u\text{sh}2u\left(\frac{1}{3} + s\text{ch}^2u_0\right) - A_vT\text{sh}u_0 + s(\tilde{A}_v\text{sh}^2u_0 - A_v\text{ch}2u)\right.\right.$$
$$\left.\left. + \tilde{A}_v\text{ch}2u\left(\frac{1}{3} + s\text{sh}^2u_0\right) - \frac{1}{3}A_w\text{ch}u\right]\frac{\pi}{(-2N)} + \frac{2\pi}{3}\text{th}u_0\right\}_{u=u_0}. \tag{6.153}$$

以上诸式中，

$$\left.\begin{aligned}
&\alpha=\frac{\lambda+2\mu}{\lambda+\mu},\\
&T=\cot^{-1}(\mathrm{sh}u),\\
&h=\sqrt{\mathrm{sh}^2u+\cos^2v},\\
&s=T\mathrm{sh}u-1,\\
&\mathrm{th}u_0=\frac{b}{a},\\
&q=3\mathrm{sh}^2u_0+1+\frac{\alpha}{2},\\
&C=-\frac{\mathrm{ch}^2u_0}{N(u_0)},\\
&N=q(s\,\mathrm{sh}u+T)-2\mathrm{sh}u_0,\\
&A_u=(3\mathrm{sh}^2u+1)(2s\,\mathrm{sh}u+T)-\mathrm{sh}u\frac{\mathrm{ch}^2u_0}{\mathrm{ch}^2u}+\alpha(s\,\mathrm{sh}u-T),\\
&A_v=\left[-k+\alpha\left(s+\frac{1}{\mathrm{ch}^2u}\right)\right]\mathrm{ch}u,\\
&\tilde{A}_v=\left[2k+\alpha\left(s-\frac{1}{\mathrm{ch}^2u}\right)\right]\mathrm{ch}u,\\
&A_w=-k-2\alpha\mathrm{s}.
\end{aligned}\right\}\tag{6.154}$$

令 b=0，如式(6.141)所示的扁椭球面退化为 $x^2+y^2\leqslant a^2$，$y=0^{\pm}$的圆盘形裂纹面，在直角坐标系(x，y，z)中，即可得半径为 a 的圆盘形裂纹面上的位移 $\boldsymbol{U}=(U_x，U_y，U_z)$为

$$U_x=\pm\frac{\sigma}{\mu}\frac{4\alpha}{\pi(2+\alpha)}\sqrt{a^2-r^2},\qquad y=0^{\pm},\tag{6.155}$$

$$U_y=\frac{\sigma}{\mu}\frac{(\alpha-1)}{(2+\alpha)}x,\tag{6.156}$$

$$U_z=0.\tag{6.157}$$

式中，“+”号与“−”号分别对应于断层面“上盘”($y=0^+$)与“下盘”($y=0^-$)的位移.

值得注意的是，剪切裂纹面上应力$\tau_{xy}=\sigma$的释放，不但产生了沿 x 轴方向的位错，而且，如式(6.156)所示，由于 $U_y\neq0$，还产生了旋转.

由式(6.155)可得，圆盘形剪切裂纹面上 x 方向位移的分布为

$$U_x=\pm\frac{4\sigma a}{\pi\mu}\frac{(\lambda+2\mu)}{(3\lambda+4\mu)}\left(1-\frac{r^2}{a^2}\right)^{1/2},\qquad y=0^{\pm}.\tag{6.158}$$

从而在 x 方向的位错量$\Delta u(r)=U_x^+-U_x^-$的分布为

$$\Delta u(r)=\frac{8\sigma}{\pi\mu}\frac{(\lambda+2\mu)}{(3\lambda+4\mu)}(a^2-r^2)^{1/2},\qquad |r|<a.\tag{6.159}$$

式中，r 是圆盘上任一点至圆盘中心的距离：

$$r=(x^2+z^2)^{1/2}. \tag{6.160}$$

最大错距 D_m 位于圆盘中心 r=0 处：

$$D_m=\Delta u(0)=\frac{8\sigma a}{\pi\mu}\frac{(\lambda+2\mu)}{(3\lambda+4\mu)}, \tag{6.161}$$

平均错距

$$D=\frac{1}{\pi a^2}\int_0^a \Delta u(r)2\pi r\mathrm{d}r=\frac{2}{3}D_m, \tag{6.162}$$

从而在此情况(百分之百应力降情况)下的应力降$\Delta\sigma=\sigma$.

$$\sigma=\frac{\pi}{8}\frac{(3\lambda+4\mu)}{(\lambda+2\mu)}\frac{\mu D_m}{a}, \tag{6.163}$$

$$\sigma=\frac{3\pi}{16}\frac{(3\lambda+4\mu)}{(\lambda+2\mu)}\frac{\mu D}{a}. \tag{6.164}$$

若将式(6.159)代入式(6.85)，即可得出圆盘形剪切裂纹(断层)释放的能量的表示式：

$$E_{\mathrm{P}}=\int_0^a\int_0^{2\pi}\frac{4}{\pi}\frac{\sigma^2}{\mu}\frac{(\lambda+2\mu)}{(3\lambda+4\mu)}r\mathrm{d}r\mathrm{d}\theta. \tag{6.165}$$

结果是

$$E_{\mathrm{P}}=\frac{8}{3}\frac{\sigma^2a^3}{\mu}\frac{(\lambda+2\mu)}{(3\lambda+4\mu)}, \tag{6.166}$$

或者，代入式(6.161)，得到以最大错距表示的公式：

$$E_{\mathrm{P}}=\frac{\pi^2}{24}\frac{(3\lambda+4\mu)}{(\lambda+2\mu)}\mu D_m^2a. \tag{6.167}$$

与前两节类似，以上结果是在假定应力降百分之百的情形下得到的. 如果震前应力为σ^0，震后应力为σ^1，那么所得结果中的σ应改为应力降$\Delta\sigma$，而式(6.165)与式(6.166)中的σ^2则应相应地代之以 $2\bar{\sigma}\Delta\sigma$,

$$E_{\mathrm{P}}=\int_0^a\int_0^{2\pi}\frac{8}{\pi\mu}\bar{\sigma}\Delta\sigma\frac{(\lambda+3\mu)}{(3\lambda+4\mu)}r\mathrm{d}r\mathrm{d}\theta, \tag{6.168}$$

$$E_{\mathrm{P}}=\frac{16}{3\mu}\bar{\sigma}\Delta\sigma a^3\frac{(\lambda+3\mu)}{(3\lambda+4\mu)}, \tag{6.169}$$

式(6.167)则简化为

$$E_{\mathrm{P}}=\frac{2\pi}{3}a^2\bar{\sigma}D_m. \tag{6.170}$$

第四节　地震辐射能

在考虑了重力的效应之后，我们得到了如式(6.85)所表示的地震释放的能量(地震释放的总势能，即弹性应变能与重力能的总和)的表示式. 不难看出，这个表示式和式(6.4)是相当的，只不过式(6.4)是在暂不考虑重力效应的情况下得出的. 为了求得地震效率 η，我们还需要计算地震辐射能(Haskell，1964；Костров *et al.*，1969; Костров，1974，1975; Dahlen，1977；Rudnick and Freund，1981；Kostrov and Das，1988；Dahlen and Tromp，1998；Kanamori，2001；Fukuyama，2005；Rivera and Kanamori，2005；Cocco *et al.*，2006).

(一) 地震辐射能的定义

地震辐射能是指在无限大的、无衰减的介质中，在包围震源(由 Σ^+ 与 Σ^- 组成的断层面 Σ)的闭合曲面 S_0 内，在地震持续时间(即从震前某一参考时刻，例如自发震时刻 t_0 起至全部地震动结束的时间 t_1 内通过 S_0 的地震波的全部能量(图 6.7)，即：

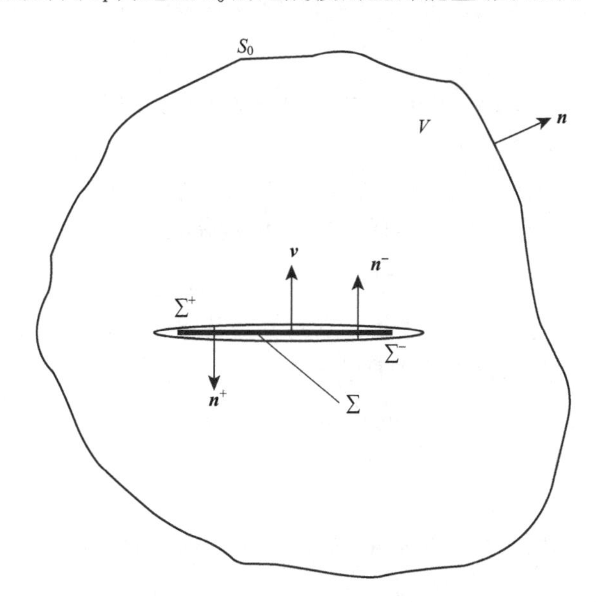

图 6.7　包围震源(由 Σ^+ 与 Σ^- 组成的断层面 Σ)的闭合曲面 S_0，体积 V 示意图

$$E_{\mathrm{S}}=-\int_{t_0}^{t_1}\mathrm{d}t\oiint_{S_0}\tau_{ij}\dot{u}_i n_j\mathrm{d}S\,, \tag{6.171}$$

式中，dS 是闭合曲面 S_0 上的面积元，以外法向 $\boldsymbol{n}=\boldsymbol{n}_i\boldsymbol{e}_i$ 为其正方向；$u_i=u_i(\boldsymbol{R},\ t)$ 是位于矢径为 $\boldsymbol{R}$ 的、自震源至观测点在 t 时刻的位移，$\dot{u}_i$ 是其时间微商，即质点运动速度；$\tau_{ij}=\tau_{ij}(R,\ t)$ 是在地震过程中与位移 u_i 相联系的应力张量，即应力张量的改变量. 上式右边的被积函数$-\tau_{ij}n_j$ 表示的是在单位时间内、通过闭合曲面 S_0 上的单位面积，S_0 内的物质对 S_0 外的物质所做的功. 实际上，上式就是能流(energy flux)的基本定义，它表示地震辐射能是在地震持续时间内，通过包围震源的曲面 S_0 流出的全部能量. 不失一般性，t_0 可置为 0 或$-\infty$；t_1 可置为∞.

由上式可见，当 S_0 趋于无限远时，应力改变量 τ_{ij} 按 R^{-2} 规律趋于零，质点运动速度 $\dot{u}_i$

按 R^{-1} 的规律趋于零，而 S_0 按 R^2 趋于无限大，地震持续时间按 R 趋于无限大．因此，上式右边的积分在 S_0 趋于无限远时最终趋于有限的、不为零的极限．

在均匀、各向同性和完全弹性的无限介质中，如果 S_0 是球心位于震源的、半径为 R 的球面，并且 $R \gg L$，L 是震源的线性尺度，此情况下，在 S_0 上，

$$-\tau_{ij}n_j = \rho\dot{u}_j n_j n_i \alpha + \rho\dot{u}_j m_j m_i \beta, \tag{6.172}$$

式中，$-\tau_{ij}n_j$ 是通过闭合曲面 S_0 上法线方向为 n_i 的单位面积、S_0 内的物质对 S_0 外的物质的作用力，$\rho\dot{u}_j n_j \alpha$ 是在单位时间内，在法线方向为 n_i 方向的动量，即 P 波的动量，$\rho\dot{u}_j n_j \beta$ 则是在单位时间内，在法线方向为 n_i 的单位面积上，由 S_0 内流到 S_0 外的、垂直于 n_i 方向的 S 波偏振方向 m_i 方向的动量，即 S 波的动量，将上式代入式(6.171)．即得

$$E_{\mathrm{S}} = \int_{t_0}^{t_1} \mathrm{d}t \oiint_{S_0} (\rho\dot{u}_j n_j n_i \alpha + \rho\dot{u}_j m_j m_i \beta)\,\dot{u}_j \mathrm{d}S,$$

$$E_{\mathrm{S}} = \int_{t_0}^{t_1} \mathrm{d}t \oiint_{S_0} \rho[\alpha(\dot{u}_i n_i)^2 + \beta(\dot{u}_i m_i)^2]\,\mathrm{d}S. \tag{6.173}$$

因为

$$\dot{\boldsymbol{u}} = (\dot{\boldsymbol{u}} \cdot \boldsymbol{n})\boldsymbol{n} + (\dot{\boldsymbol{u}} \cdot \boldsymbol{m})\boldsymbol{m}, \tag{6.174}$$

$$\dot{u}_i = \dot{u}_j n_j n_i + \dot{u}_j m_j m_i, \tag{6.175}$$

式中，n_j 是面积元的法线方向，在这里，它与 P 波传播方向 $\boldsymbol{e}_R=\gamma_i \boldsymbol{e}_i$ 是一致的；$\boldsymbol{m} = \boldsymbol{m}_i \boldsymbol{e}_i$ 是 S 波振动方向，在这里它是位于垂直于 $\boldsymbol{n}$ 的切平面上的矢量．所以，

$$(\dot{u}_i \cdot m_i)^2 = (\dot{u}_i - \dot{u}_j n_j n_i)^2, \tag{6.176}$$

从而，

$$E_{\mathrm{S}} = \int_{t_0}^{t_1} \mathrm{d}t \oiint_{S_0} \rho[\alpha(\dot{u}_i n_i)^2 + \beta(\dot{u}_i - \dot{u}_j n_j n_i)^2]\,\mathrm{d}S. \tag{6.177}$$

注意到 P 波与 S 波质点运动速度分别为

$$\dot{u}^{\mathrm{P}} = \dot{u}_i n_i, \tag{6.178}$$

$$\dot{u}^{\mathrm{S}} = \dot{u}_i - \dot{u}_i n_j n_i, \tag{6.179}$$

所以式(6.177)又可以改写为

$$E_{\mathrm{S}} = \int_{t_0}^{t_1} \mathrm{d}t \oiint_{S_0} \rho[\alpha(\dot{u}^{\mathrm{P}})^2 + \beta(\dot{u}^{\mathrm{S}})^2]\,\mathrm{d}S. \tag{6.180}$$

式(6.173)，式(6.177)以及式(6.180)即与地震辐射能的原始定义式(6.171)等价的地震辐射能远场表示式(Haskell，1964；Rudnicki and Freund，1981)．将地震能量称为“辐射能(radiated energy)”系因在所讨论的问题中，能量是通过地震波经由无限介质中的闭合曲面 S_0 辐射到无限远处．然而，地球介质是有限大小的，将其视为无限介质只是为了处理问题方便而作的一种高度简化．因此，在处理像地球这样一种有限介质时，不能以

上述方式定义地震能，因为弹性波在地球内部，会在地球自由表面和界面上来回反射，产生面波、反射波，等等，直至衰减殆尽．所以“地震能(seismic energy)”应当定义为地震发生后，由于地球介质的非弹性、耗散于整个地球内部的全部能量(McCowan and Dzienonski，1977；Dahlen，1977；Dahlen and Tromp，1998)．

在地震学历史上，运用上述与地震辐射能等价的公式测定地震辐射能已逾一个世纪(Galizin，1915；Jeffreys，1923；Sagisaka，1954；Båth，1966；Singh and Orday，1994；Choy and Boatwzight，1995；Venkataraman and Kanamori，2004)．为了精确地测定地震辐射能，一种做法是从观测资料中扣除自由表面效应与衰减效应，然后代入上述公式进行计算．另一种做法是(Vassiliou and Kanamoei，1982；Kikuchi and Fukao，1988)先求解地震震源模型；然后计算在无限介质中由同一模型在远场产生的弹性波场；最后运用上述公式计算 E_S．这两种方法虽然都存在如何恰当地扣除自由表面效应与衰减效应等实际问题，测定的误差可能会很大，但在基本概念上，所采用的计算公式与原始定义是等价的，在原理上是正确的，所测的地震波与对发生在震源处的复杂破裂过程的认知程度无涉．

(二)点矩张量震源辐射的地震能

在均匀、各向同性和完全弹性的无限介质中，点矩张量震源 $M_{jk}(t)$ 辐射的地震能 E_S 可以由上式求得．为此，由点矩张量震源产生的 P 波远场位移 $u^{\mathrm{P}}(\boldsymbol{R},\ t)$ 与 S 波远场位移 $u^{\mathrm{S}}(\boldsymbol{R},\ t)$ 出发，

$$u^{\mathrm{P}}(\boldsymbol{R},t)=\frac{\gamma_j\gamma_k}{4\pi\rho\alpha^3 R}\dot{M}_{jk}\left(t-\frac{R}{\alpha}\right),\tag{6.181}$$

$$u^{\mathrm{S}}(\boldsymbol{R},t)=\frac{m_j\gamma_k}{4\pi\rho\beta^3 R}\dot{M}_{jk}\left(t-\frac{R}{\beta}\right),\tag{6.182}$$

式中，γ_j 与 m_j 分别表示 P 波与 S 波位移矢量的方向．

对位移求微商即得到 P 波与 S 波远场速度 $\dot{u}^{\mathrm{P}}$ 与 $\dot{u}^{\mathrm{S}}$ 的表达式：

$$\dot{u}^{\mathrm{P}}(\boldsymbol{R},t)=\frac{\gamma_j\gamma_k}{4\pi\rho\alpha^3 R}\ddot{M}_{jk}\left(t-\frac{R}{\alpha}\right),\tag{6.183}$$

$$\dot{u}^{\mathrm{S}}(\boldsymbol{R},t)=\frac{m_j\gamma_k}{4\pi\rho\beta^3 R}\ddot{M}_{jk}\left(t-\frac{R}{\beta}\right).\tag{6.184}$$

将 $\dot{u}^{\mathrm{P}}$ 与 $\dot{u}^{\mathrm{S}}$ 的表达式代入式(6.180)，就可求得点矩张量震源 $M_{jk}(t)$ 辐射的地震能．

特别是，如果进一步假定点矩张量震源是法线方向为 v_i，滑动矢量为 $\boldsymbol{e}_i$ 的纯剪切位错源，则[参见第三章式(3.348)与式(3.349)]

$$\dot{u}^{\mathrm{P}}(\boldsymbol{R},t)=\frac{M_0}{4\pi\rho\alpha^3 R}\mathscr{F}^{\mathrm{P}}\ddot{S}\left(t-\frac{R}{\alpha}\right),\tag{6.185}$$

$$\dot{u}^{\mathrm{S}}(\boldsymbol{R},t)=\frac{M_0}{4\pi\rho\beta^3 R}\mathscr{F}^{\mathrm{S}}\ddot{S}\left(t-\frac{R}{\beta}\right),\tag{6.186}$$

式中，$\ddot{S}(t)$ 是震源时间函数 $S(t)$ 的二次时间微商；M_0 是地震矩[参见第三章式(3.342)]：

$$M_0 = \mu DA. \tag{6.187}$$

$\mathscr{F}^{\mathrm{P}}$ 与 $\mathscr{F}^{\mathrm{S}}$ 分别是 P 波与 S 波的辐射图型因子[参见第三章式(3.348)与式(3.349)]：

$$\mathscr{F}^{\mathrm{P}} = \sin 2\theta \sin\phi, \tag{6.188}$$

$$\mathscr{F}^{\mathrm{S}} = (\cos^2\theta\sin^2\phi + \cos^2 2\theta\cos^2\phi)^{1/2}. \tag{6.189}$$

$\mathscr{F}^{\mathrm{P}}$ 与 $\mathscr{F}^{\mathrm{S}}$ 表达式与第三章式(3.348)与式(3.349)所示不同，系因在同样的震源坐标系中，选用了定义不同的球极坐标所致[参见第三章图 3.13 与图 3.17]．从而，

$$E_{\mathrm{S}} = E_\alpha + E_\beta, \tag{6.190}$$

$$E_\alpha = \frac{M_0^2}{16\pi^2\rho\alpha^5}\left\langle(\mathscr{F}^{\mathrm{P}})^2\right\rangle 4\pi\int_{-\infty}^{\infty}[\ddot{S}(t)]^2\mathrm{d}t, \tag{6.191}$$

$$E_\alpha = \frac{M_0^2}{4\pi\rho\alpha^5}\left\langle(\mathscr{F}^{\mathrm{P}})^2\right\rangle\int_{-\infty}^{\infty}[\ddot{S}(t)]^2\mathrm{d}t. \tag{6.192}$$

根据帕什瓦定理[参见式(6.304)]：

$$\int_{-\infty}^{\infty}[\ddot{S}(t)]^2\mathrm{d}t = \frac{1}{\pi}\int_0^{\infty}|\hat{\dot{S}}(\omega)|^2\,\mathrm{d}\omega, \tag{6.193}$$

又因

$$\hat{\dot{S}}(\omega) = \mathrm{i}\omega\hat{S}(\omega), \tag{6.194}$$

所以

$$E_\alpha = \frac{M_0^2}{4\pi^2\rho\alpha^5}\left\langle(\mathscr{F}^{\mathrm{P}})^2\right\rangle\int_0^{\infty}\omega^2|\hat{\dot{S}}(\omega)|^2\mathrm{d}\omega. \tag{6.195}$$

如果假设该点源的震源时间函数由应力降为$\Delta\sigma$的圆盘形断层模型(布龙模型)表示：

$$S(t) = \begin{cases} 0, & t<0, \\ 1-(1+\omega_c t)\mathrm{e}^{-\omega_c t}, & t>0, \end{cases} \tag{6.196}$$

$$\dot{S}(t) = \begin{cases} 0, & t<0, \\ \omega_c^2 t\mathrm{e}^{-\omega_c t}, & t>0, \end{cases} \tag{6.197}$$

式中，ω_c 是拐角频率：

$$\omega_c = \frac{\sqrt{7\pi}}{2}\cdot\frac{\beta}{a} = \frac{2.34\beta}{a}, \tag{6.198}$$

a 是圆盘半径．则

$$\left|\hat{\dot{S}}(\omega)\right| = \frac{1}{1+\left(\dfrac{\omega}{\omega_c}\right)^2}. \tag{6.199}$$

$$\int_0^\infty \omega^2 \left|\hat{\dot{S}}(\omega)\right|^2 \mathrm{d}\omega = \int_0^\infty \frac{\omega^2}{\left[1+\left(\dfrac{\omega}{\omega_c}\right)^2\right]^2} \mathrm{d}\omega = \frac{\pi}{4}\omega_c^3, \tag{6.200}$$

从而，

$$E_\alpha = \frac{1}{16\pi\rho\alpha^5}\left\langle(\mathscr{F}^{\mathrm{P}})^2\right\rangle M_0^2\omega_c^3. \tag{6.201}$$

类似地，

$$E_\beta = \frac{M_0^2}{4\pi^2\rho\beta^5}\left\langle(\mathscr{F}^{\mathrm{S}})^2\right\rangle \int_0^\infty \omega^2 \left|\hat{\dot{S}}(\omega)\right|^2 \mathrm{d}\omega, \tag{6.202}$$

$$E_\beta = \frac{1}{16\pi\rho\beta^5}\left\langle(\mathscr{F}^{\mathrm{S}})^2\right\rangle M_0^2\omega_c^3. \tag{6.203}$$

从而，

$$E_{\mathrm{S}} = \frac{M_0^2\omega_c^3}{16\pi\rho\beta^5}\left[\left(\frac{\beta}{\alpha}\right)^5 \left\langle(\mathscr{F}^{\mathrm{P}})^2\right\rangle + \left\langle(\mathscr{F}^{\mathrm{S}})^2\right\rangle\right], \tag{6.204}$$

式中，$\langle(\mathscr{F}^{\mathrm{P}})^2\rangle$与$\langle(\mathscr{F}^{\mathrm{S}})^2\rangle$可由式(6.188)与式(6.189)得出：

$$\left\langle(\mathscr{F}^{\mathrm{P}})^2\right\rangle = \frac{4}{15}, \tag{6.205}$$

$$\left\langle(\mathscr{F}^{\mathrm{S}})^2\right\rangle = \frac{2}{5}. \tag{6.206}$$

式(6.201)，式(6.203)与式(6.204)提供了由地震矩 M_0 与拐角频率 ω_c 测定 P 波能量，S 波能量以及总地震波能量的简单公式. 已知 M_0 与 ω_c 便可在ρ，α，β也假定已知的条件下测定 E_α，E_β，E_{S}.

需要特别指出的是(Kanamori and Rivera，2006，p.62)，若假定介质是泊松体，那么，$\lambda=\mu$，P 波能量只是 S 波能量的$\left(\beta/\alpha\right)^5 \left\langle(\mathscr{F}^{\mathrm{P}})^2\right\rangle \Big/ \left\langle(\mathscr{F}^{\mathrm{S}})^2\right\rangle \approx 3^{-5/2}(2/3) = 2\sqrt{3}/81 = 0.043 \approx 1/23.4$；或者说只占全部地震波能量的约 0.041. 对地震波能量贡献最大的是 S 波，约占总地震波能量的约 0.96.

由式(6.204)还可得出由 M_0 与 ω_c 计算标度能即折合能量 $\tilde{e}$ 的公式：

$$\tilde{e} = \frac{E_{\mathrm{S}}}{M_0} = \frac{M_0\omega_c^3}{16\pi\rho\beta^5}\left[\left(\frac{\beta}{\alpha}\right)^5 \left\langle(\mathscr{F}^{\mathrm{P}})^2\right\rangle + \left\langle(\mathscr{F}^{\mathrm{S}})^2\right\rangle\right]. \tag{6.207}$$

(三) 地震辐射能的面积分表示式

今以 σ_{ij}^1 与 ε_{ij}^1 表示地震过程中作为时间函数的应力与应变张量，以 τ_{ij} 与 e_{ij} 表示地震过程中作为时间函数的应力与应变张量的改变量，则(σ_{ij}，ε_{ij})，(σ_{ij}^0，ε_{ij}^0)，(τ_{ij}，e_{ij})有如下关系：

$$\sigma_{ij} = \sigma_{ij}^0 + \tau_{ij}, \tag{6.208}$$

$$\varepsilon_{ij} = \varepsilon_{ij}^0 + e_{ij}, \tag{6.209}$$

那么，在全部地震动停止后，也就是在 $t > t_1$ 后的应力与应变张量如式(6.48)与式(6.49)所示：

$$\sigma_{ij}^1 = \sigma_{ij}^0 + \tau_{ij}^1,$$

$$\varepsilon_{ij}^1 = \varepsilon_{ij}^0 + e_{ij}^1,$$

式中，带有上角标“^{1}”的量表示地震停止后的相应的量．由式(6.60)立即可以求出作为时间函数的整个系统的弹性应变能 E_{el} 及其随时间的变化率 $\dot{E}_{\text{el}}$：

$$E_{\text{el}} = \iiint\limits_V \frac{1}{2}(\sigma_{ij}^0 + \sigma_{ij})e_{ij}\text{d}V, \tag{6.210}$$

$$\dot{E}_{\text{el}} = \frac{\text{d}}{\text{d}t}\iiint\limits_V \frac{1}{2}(\sigma_{ij}^0 + \sigma_{ij})e_{ij}\text{d}V, \tag{6.211}$$

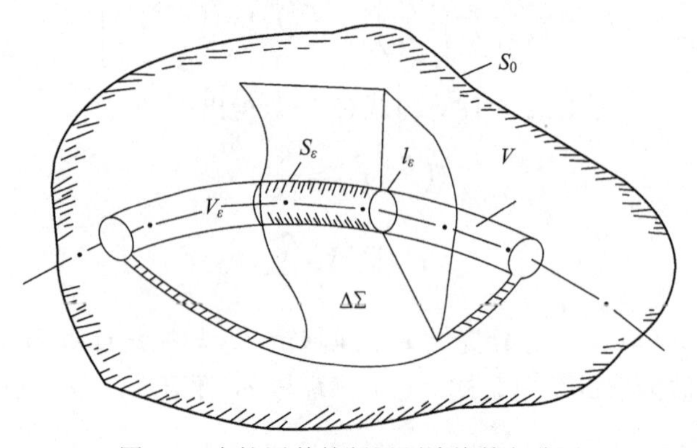

图 6.8　在扩展着的断层面边缘的积分区

式中，$V=V(t)$ 是地震过程中随时间扩展着的断层面 $\Sigma = \Sigma(t)$ 和 S_0 之间的区域(图 6.8)．断层面的端部是奇异点，其端部的应力与质点运动速度都具有 1/2 阶的奇异性，因此不能把上式中的 $\text{d}/\text{d}t$ 与积分号互换．为了使它们能够互换，我们在断层面的端部分出一个半径为 ε 的、包围断层面端部的圆管状的小体积 $V_\varepsilon = V_\varepsilon(t)$，把上式写成：

$$\dot{E}_{\text{el}} = \lim_{\varepsilon\to 0}\frac{\text{d}}{\text{d}t}\iiint\limits_{V-V_\varepsilon} \frac{1}{2}(\sigma_{ij}^0 + \sigma_{ij})e_{ij}\text{d}V. \tag{6.212}$$

为书写简明起见，在以下的推导中暂时省略 $\lim\limits_{\varepsilon\to 0}$，必要时再恢复它．

体积 V_ε 随着断层端部一起运动，所以体积 $V - V_\varepsilon$ 是由固定的闭合曲面 S_0 和移动的闭合曲面[断层面 $\Sigma = \Sigma(t)$ 及包围断层面端部的圆管状小体积 $V_\varepsilon = V_\varepsilon(t)$ 的表面 $S_\varepsilon = S_\varepsilon(t)$]所包围的体积．因此，上式表示的是移动的闭合曲面包围的体积分的变化率．

由积分变化率定理可知，如果 $V(t)$ 是一个以速度 v 移动的简单的闭合曲面 $S(t)$ 包围的体积，f 是定义于该体积 $V(t)$ 的位置与时间 t 的标量函数，则 f 的体积分的变化率为

$$\frac{\mathrm{D}}{\mathrm{D}t}\iiint\limits_{V(t)} f\mathrm{d}V = \iiint\limits_{V(t)} \frac{\partial f}{\partial t}\mathrm{d}V + \oiint\limits_{S(t)} f\boldsymbol{v}\cdot\boldsymbol{n}\mathrm{d}S\,, \tag{6.213}$$

式中，$\boldsymbol{n}$ 是面积元 dS 的外法向矢量，而算子 D/Dt 为随体微商算子：

$$\frac{\mathrm{D}}{\mathrm{D}t} \equiv \frac{\partial}{\partial t} + \boldsymbol{v}\cdot \mathrm{grad}\,. \tag{6.214}$$

注意到式(6.212)右边的算子 d/dt 就其意义实际上就是上式所示的随体微商算子 D/Dt，式(6.212) 的 $V-V_\varepsilon(t)$ 相当于式(6.213) 的 $V(t)$ ，包围 $V-V_\varepsilon(t)$ 的所有闭合曲面 $\Sigma(t)+S_0+S_\varepsilon(t)$ 相当于式(6.213)的 $S(t)$. 因此可以运用式(6.190)将式(6.189)表示为(省略 $\lim\limits_{\varepsilon\to 0}$)

$$\begin{aligned}
\dot{E}_{\mathrm{el}} &= \iiint\limits_{V-V_\varepsilon} \frac{\partial}{\partial t}\left[\frac{1}{2}(\sigma_{ij}^0+\sigma_{ij})e_{ij}\right]\mathrm{d}V + \oiint\limits_{S_\varepsilon}\frac{1}{2}(\sigma_{ij}^0+\sigma_{ij})e_{ij}v_k n_k\mathrm{d}S \\
&= \iiint\limits_{V-V_\varepsilon} \frac{\partial}{\partial t}\left[(\sigma_{ij}^0+\frac{\tau_{ij}}{2})e_{ij}\right]\mathrm{d}V + \oiint\limits_{S_\varepsilon}\frac{1}{2}(\sigma_{ij}^0+\sigma_{ij})e_{ij}v_k n_k\mathrm{d}S \\
&= \iiint\limits_{V-V_\varepsilon} (\sigma_{ij}^0\dot{e}_{ij}+\tau_{ij}\dot{e}_{ij})\mathrm{d}V + \oiint\limits_{S_\varepsilon}\frac{1}{2}(\sigma_{ij}^0+\sigma_{ij})e_{ij}v_k n_k\mathrm{d}S \\
&= \iiint\limits_{V-V_\varepsilon} \sigma_{ij}\dot{e}_{ij}\mathrm{d}V + \oiint\limits_{S_\varepsilon}\frac{1}{2}(\sigma_{ij}^0+\sigma_{ij})e_{ij}v_k n_k\mathrm{d}S \\
&= \iiint\limits_{V-V_\varepsilon} \sigma_{ij}\frac{\partial \dot{u}_i}{\partial x_j}\mathrm{d}V + \oiint\limits_{S_\varepsilon}\frac{1}{2}(\sigma_{ij}^0+\sigma_{ij})e_{ij}v_k n_k\mathrm{d}S
\end{aligned}$$

$$\dot{E}_{\mathrm{el}} = \iiint\limits_{V-V_\varepsilon}\left[\frac{\partial}{\partial x_j}\left(\sigma_{ij}\dot{u}_i\right)-\dot{u}_i\frac{\partial\sigma_{ij}}{\partial x_j}\right]\mathrm{d}V + \oiint\limits_{S_\varepsilon}\frac{1}{2}(\sigma_{ij}^0+\sigma_{ij})e_{ij}v_k n_k\mathrm{d}S. \tag{6.215}$$

对上式右边体积分的方括号中的第一项运用高斯定理，可得

$$\dot{E}_{\mathrm{el}} = \oiint\limits_{\Sigma(t)+S_0+S_\varepsilon} \sigma_{ij}\dot{u}_i n_j\mathrm{d}S + \oiint\limits_{S_\varepsilon}\frac{1}{2}(\sigma_{ij}^0+\sigma_{ij})e_{ij}v_k n_k\mathrm{d}S - \iiint\limits_{V-V_\varepsilon}(\rho\ddot{u}_i\dot{u}_i - f_i^0\dot{u}_i)\mathrm{d}V\,, \tag{6.216}$$

式中，$\boldsymbol{v}=v_i\boldsymbol{e}_i$ 是断层面端部的扩展速度即破裂速度.

类似地，由式(6.77)可以求得在 t 时刻、体积 $V-V_\varepsilon$ 内的重力能 E_{g} 的变化率：

$$\dot{E}_{\mathrm{g}} = -\frac{\mathrm{d}}{\mathrm{d}t}\iiint\limits_{V-V_\varepsilon} f_i^0 u_i\mathrm{d}V, \tag{6.217}$$

$$\dot{E}_{\mathrm{g}} = -\iiint\limits_{V-V_\varepsilon} f_i^0\dot{u}_i\mathrm{d}V - \oiint\limits_{S_\varepsilon} f_i^0 u_i v_j n_j\mathrm{d}S, \tag{6.218}$$

以及动能 K 的变化率：

$$\dot{K} = \frac{\mathrm{d}}{\mathrm{d}t}\iiint\limits_{V-V_\varepsilon}\frac{1}{2}\rho\dot{u}_i\dot{u}_i\mathrm{d}V, \tag{6.219}$$

$$\dot{K}=\iiint\limits_{V-V_\varepsilon}\rho\dot{u}_i\dot{u}_i\mathrm{d}V+\oiint\limits_{S_\varepsilon}\frac{1}{2}\rho\dot{u}_i\dot{u}_i v_j n_j\mathrm{d}S. \tag{6.220}$$

将式(6.216)，式(6.218)和式(6.220)三式相加，即得

$$\dot{E}_{\mathrm{el}}+\dot{E}_{\mathrm{g}}+\dot{K}=\oiint\limits_{\Sigma(t)}\sigma_{ij}\dot{u}_i n_j\mathrm{d}S+\oiint\limits_{S_0}\sigma_{ij}\dot{u}_i n_j\mathrm{d}S-\dot{E}_{\mathrm{G}}, \tag{6.221}$$

式中，$\dot{E}_{\mathrm{G}}$ 是单位时间内为形成新的破裂面所做的功(Костров，1974)：

$$\dot{E}_{\mathrm{G}}=-\lim_{\varepsilon\to 0}\oiint\limits_{S_\varepsilon}\left[\sigma_{ij}\dot{u}_i+(w+\tfrac{1}{2}\rho\dot{u}_i\dot{u}_i)v_j\right]n_j\mathrm{d}S, \tag{6.222}$$

$$w=-f_i^0 u_i+\frac{1}{2}(\sigma_{ij}^0+\sigma_{ij})e_{ij}, \tag{6.223}$$

式中， w 是势能密度，包括重力能密度 $-f_i^0 u_i$ 和弹性应变能密度 $\frac{1}{2}(\sigma_{ij}^0+\sigma_{ij})e_{ij}$；$\frac{1}{2}\rho\dot{u}_i\dot{u}_i$ 是动能密度. 由式(6.222)可见，$\dot{E}_{\mathrm{G}}$ 是单位时间内在曲面 S_ε 上系统对 S_ε 内的物质所做的功($-\sigma_{ij}\dot{u}_i$ 项)与通过 S_ε 流入 S_ε 内的势能 w (重力能和弹性应变能)与动能($\frac{1}{2}\rho\dot{u}_i\dot{u}_i$ 项)的总和，也即在单位时间内流入以 $\boldsymbol{v}=v_i\boldsymbol{e}_i$ 的速度运动的曲面 S_ε 内的所有能量. 通常把 $\dot{E}_{\mathrm{G}}$ 表示为

$$\dot{E}_{\mathrm{G}}=\frac{\mathrm{d}}{\mathrm{d}t}\iint\limits_{\Sigma(t)}2\gamma_{\mathrm{eff}}\mathrm{d}S, \tag{6.224}$$

式中， $\Sigma(t)$ 表示的是 $\Sigma^-(t)$；γ_{eff} 称作有效破裂能(effective fracture energy)、有效表面能系数(effective surface energy coefficient)或表面能(surface energy)，它表示为了造成单位面积新的断层面所需要做的功；因子 2 是因为断层面 $\Sigma(t)$ 有 $\Sigma^+(t)$ 与 $\Sigma^-(t)$ 两面.

对上式做时间积分，即得

$$E_{\mathrm{G}}=\iint\limits_{\Sigma}2\gamma_{\mathrm{eff}}\mathrm{d}S, \tag{6.225}$$

式中，Σ 表示的是 $\Sigma^-=\Sigma^-(t)\big|_{t\geqslant t_1}$ ，即全部地震动停止后的位错面(最终位错面). 若设 γ_{eff} 是常量，则

$$E_{\mathrm{G}}=2\gamma_{\mathrm{eff}}A, \tag{6.226}$$

式中，A 是全部地震动停止后的位错面(最终位错面) Σ 的面积.

如图 6.9 所示，式(6.219)右边对 S_ε 的面积分可以表示为对沿断层面在 t 时刻的前缘 $L(t)$ 与对 S_ε 的圆周 l_ε 的积分. 图 6.9 表示与正在扩展着的破裂面边缘相联系的、t 时刻的运动坐标系 (ξ_1,ξ_2,ξ_3)，取破裂面的法线方向为 ξ_1 方向，取破裂扩展方向为 ξ_2 方向，破裂面前缘的切线方向为 ξ_3 方向. 因此，式(6.222)可化为

$$\dot{E}_{\mathrm{G}}=-\lim_{\varepsilon\to 0}\int\limits_{L(t)}\mathrm{d}\xi_3\int\limits_{l_\varepsilon}\left[\sigma_{ij}\dot{u}_i+(\omega+\frac{1}{2}\rho\dot{u}_i\dot{u}_i)v_j\right]n_j\mathrm{d}l, \tag{6.227}$$

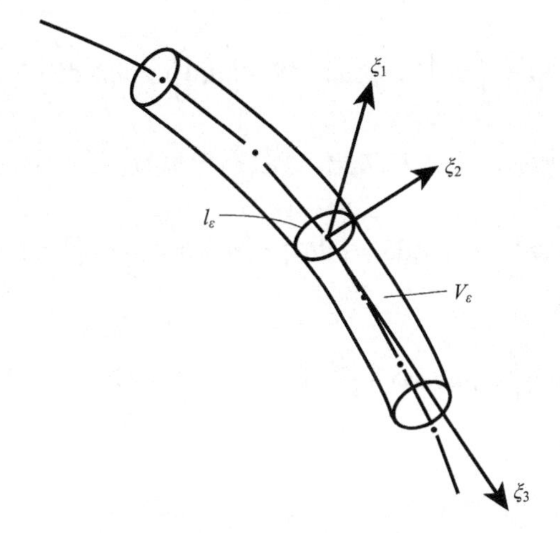

图 6.9　与正在扩展着的破裂面边缘相联系的、t 时刻的运动坐标系 (ξ_1, ξ_2, ξ_3)

式中，$L(t)$ 是断层面 $\Sigma(t)$ 在 t 时刻的前缘，l_ε 是 S_ε 在 (ξ_1, ξ_2) 平面上的横截面的圆周，dl 是该圆周的弧元(图 6.9).

类似地，式(6.224)可表示为

$$\dot{E}_{\mathrm{G}} = \int\limits_{L(t)} 2\gamma_{\mathrm{eff}} v \mathrm{d}\xi_3. \tag{6.228}$$

对比式(6.207)与式(6.208)，可将有效破裂能 γ_{eff} 表示为

$$\gamma_{\mathrm{eff}} = -\frac{1}{2v}\lim_{\varepsilon\to 0}\int\limits_{l_\varepsilon}\left[\sigma_{ij}\dot{u}_i + (\omega + \tfrac{1}{2}\rho\dot{u}_i\dot{u}_i)v_j\right]n_j \mathrm{d}l. \tag{6.229}$$

由式(6.221)得

$$\dot{E}_{\mathrm{el}} + \dot{E}_{\mathrm{g}} + \dot{K} + \dot{E}_{\mathrm{G}} = -\iint\limits_{\Sigma(t)} \sigma_{ij}\Delta\dot{u}_i n_j \mathrm{d}S + \oiint\limits_{S_0} \sigma_{ij}\dot{u}_i n_j \mathrm{d}S, \tag{6.230}$$

式中，$\Delta\dot{u}_i$ 是断层面 $\Sigma(t)$ 上的位错量 Δu_i 随时间的变化率，即断层面两盘的质点相对滑动的速率；右边第一项的 $\Sigma(t)$ 表示 $\Sigma^-(t)$，n_j 表示 n_j^-，即由 $\Sigma^-(t)$ 指向 $\Sigma^+(t)$ 的法向. 上式表示了体积 V 的能量守恒定律：弹性应变能、重力能、动能和破裂能变化率之和等于沿体积 V 的全部表面 S_0 与 $\Sigma(t)$ 作用的外力在单位时间内所做的功. 注意到 $E_{\mathrm{el}} + E_{\mathrm{g}}$ 的总和是地震前后地球介质总势能的变化 E' 以及地震时释放的总势能 E_{P} 是 E' 的反号$-E'$[参见式(6.78)与式(6.83)]：

$$E' = E_{\mathrm{el}} + E_{\mathrm{g}},$$

$$E_{\mathrm{P}} = -E',$$

可以将式(6.230)改写为

$$-\dot{E}_{\mathrm{P}} + \dot{K} + \dot{E}_{\mathrm{G}} = -\iint\limits_{\Sigma(t)} \sigma_{ij}\Delta\dot{u}_i n_j \mathrm{d}S + \oiint\limits_{S_0} \sigma_{ij}\dot{u}_i n_j \mathrm{d}S, \tag{6.231}$$

现在对 t 从 t_0 到 t_1 积分，考虑到震前和震后的动能都等于零并且运用式(6.224)，可得

$$E_{\mathrm{P}}=\int_{t_0}^{t_1}\mathrm{d}t\iint_{\Sigma(t)}\sigma_{ij}\Delta\dot{u}_i n_j\mathrm{d}S-\int_{t_0}^{t_1}\mathrm{d}t\oiint_{S_0}\sigma_{ij}\dot{u}_i n_j\mathrm{d}S+E_{\mathrm{G}},\tag{6.232}$$

式中，E_{G} 由式(6.225)所示. 上式右边第二项(不带负号)可表示为

$$\int_{t_0}^{t_1}\mathrm{d}t\oiint_{S_0}\sigma_{ij}\dot{u}_i n_j\mathrm{d}S=\int_{t_0}^{t_1}\mathrm{d}t\oiint_{S_0}\sigma_{ij}^0\dot{u}_i n_j\mathrm{d}S+\int_{t_0}^{t_1}\mathrm{d}t\oiint_{S}\tau_{ij}\dot{u}_i n_j\mathrm{d}S,$$

$$\int_{t_0}^{t_1}\mathrm{d}t\oiint_{S_0}\sigma_{ij}\dot{u}_i n_j\mathrm{d}S=\oiint_{S_0}\sigma_{ij}^0 u_i^1 n_j\mathrm{d}S+\int_{t_0}^{t_1}\mathrm{d}t\oiint_{S_0}\tau_{ij}\dot{u}_i n_j\mathrm{d}S,\tag{6.233}$$

从而，

$$E_{\mathrm{P}}=\int_{t_0}^{t_1}\mathrm{d}t\iint_{\Sigma(t)}\sigma_{ij}\Delta\dot{u}_i n_j\mathrm{d}S-\oiint_{S_0}\sigma_{ij}^0 u_i^1 n_j\mathrm{d}S-\int_{t_0}^{t_1}\mathrm{d}t\oiint_{S_0}\tau_{ij}\dot{u}_i n_j\mathrm{d}S+E_{\mathrm{G}}.\tag{6.234}$$

在式(6.233)与式(6.234)中，u_i^1 表示地震停止后的位移即持久位移(permanent displacement). 由地震辐射能的定义式(6.171)可知，上式右边的第三项即地震辐射能 E_{S}，所以

$$E_{\mathrm{S}}=E_{\mathrm{P}}+\oiint_{S_0}\sigma_{ij}^0 u_i^1 n_j\mathrm{d}S-\int_{t_0}^{t_1}\mathrm{d}t\iint_{\Sigma(t)}\sigma_{ij}\Delta\dot{u}_i n_j\mathrm{d}S-E_{\mathrm{G}},\tag{6.235}$$

上式右边第一项为地震时释放的总势能 E_{P}，第三项(不带负号)为在断层面上克服摩擦所做的功：

$$E_{\mathrm{F}}=\int_{t_0}^{t_1}\mathrm{d}t\iint_{\Sigma(t)}\sigma_{ij}\Delta\dot{u}_i n_j\mathrm{d}S.\tag{6.236}$$

式(6.232)把地震辐射能 E_{S} 和地震时释放的总势能 E_{P}，震前应力 σ_{ij}^0，地震过程中断层面上的摩擦应力 σ_{ij}，断层面的位错速率 $\Delta\dot{u}_i$ 及地震停止后的位移(持久位移) u_i^1 联系起来. 但是，这些量大都是不容易测量的量. 此外，这个表示式容易给人造成地震辐射能与“绝对应力”(震前应力 σ_{ij}^0、震时应力即断层面上的摩擦应力 σ_{ij})有关的错觉. 实际上，由于理论是线性的，地震辐射能只与应力的变化有关，而与“绝对应力”无关. 为看清这一点，只需将式(6.94)反号[参见式(6.85)]便得到地震时释放的总势能 E_{P} 的表示式：

$$E_{\mathrm{P}}=\iint_{\Sigma}\left(\sigma_{ij}^0+\frac{\tau_{ij}^1}{2}\right)\Delta u_i^1 n_j\mathrm{d}S-\oiint_{S_0}\left(\sigma_{ij}^0+\frac{\tau_{ij}^1}{2}\right)u_i^1 n_j\mathrm{d}S,\tag{6.237}$$

然后代入式(6.235)的右边第一项，整理后得到：

$$E_{\mathrm{S}}=-\frac{1}{2}\oiint_{S_0}\tau_{ij}^1 u_i^1 n_j\mathrm{d}S+\iint_{\Sigma}\left(\sigma_{ij}^0+\frac{\tau_{ij}^1}{2}\right)\Delta u_i^1 n_j\mathrm{d}S-\int_{t_0}^{t_1}\mathrm{d}t\iint_{\Sigma(t)}\sigma_{ij}\Delta\dot{u}_i n_j\mathrm{d}S-E_{\mathrm{G}}.\tag{6.238}$$

通过交换积分顺序，可以求得

$$\int_{t_0}^{t_1} \mathrm{d}t \iint_{\Sigma(t)} \sigma_{ij}^0 \Delta\dot{u}_i n_j \mathrm{d}S = \iint_{\Sigma} \mathrm{d}S \int_{t_r(\boldsymbol{r}')}^{t_1} \sigma_{ij}^0 \Delta\dot{u}_i n_j \mathrm{d}t, \tag{6.239}$$

$$\int_{t_0}^{t_1} \mathrm{d}t \iint_{\Sigma(t)} \sigma_{ij}^0 \Delta\dot{u}_i n_j \mathrm{d}S = \iint_{\Sigma} \mathrm{d}S \int_{0}^{\Delta u_i^1} \sigma_{ij}^0 n_j \mathrm{d}(\Delta u_i), \tag{6.240}$$

$$\int_{t_0}^{t_1} \mathrm{d}t \iint_{\Sigma(t)} \sigma_{ij}^0 \Delta\dot{u}_i n_j \mathrm{d}S = \iint_{\Sigma} \sigma_{ij}^0 \Delta u_i^1 n_j \mathrm{d}S. \tag{6.241}$$

式(6.239)中，$t_r(\boldsymbol{r}')$ 是 Σ_1 上的 $\boldsymbol{r}'$ 点开始破裂的时间. 利用上述关系式可将式(6.238)改写成：

$$E_{\mathrm{S}} = -\frac{1}{2}\oiint_{S_0} \tau_{ij}^1 u_i^1 n_j \mathrm{d}S + \frac{1}{2}\iint_{\Sigma} \tau_{ij}^1 \Delta u_i^1 n_j \mathrm{d}S - \int_{t_0}^{t_1} \mathrm{d}t \iint_{\Sigma(t)} \tau_{ij} \Delta\dot{u}_i n_j \mathrm{d}S - E_{\mathrm{G}}. \tag{6.242}$$

由上式可以看出，地震辐射能 E_{S} 只与应力的改变量（τ_{ij}^1 和 τ_{ij}）有关，而不单独与“绝对应力”（σ_{ij}^0 或 σ_{ij}^1）有关. 上式右边第二项只与断层面上松弛的应力 τ_{ij}^1 和最终位错 Δu_i^1 有关，与具体的破坏和破裂过程无关. 上式右边第三项包含了断层面上的动态应力降 $-\tau_{ij}$ 和断层面上的位错速率 $\Delta\dot{u}_i$，与断层面两盘相互作用的特性、断裂如何发展以及断层面两盘如何滑动有关. 上式右边第四项是破裂能.

上式右边第一项是为造成曲面 S_0 上的持久位移 u_i^1，应力的改变量即附加的应力 τ_{ij}^1 所做的功. 从这一项我们可以看到：通过所选取的曲面 S_0 的地震辐射能 E_{S} 与 S_0 的选取有关. 这是因为，地震时释放的能量除了用于克服摩擦和供给为造成破裂所需要的能量外，还要用于造成 S_0 上的持久位移 u_i^1 所需要做的功，而后者与 S_0 的选取有关. 但是，该项只含有 S_0 上的地震前后的应力变化(应力的改变量) τ_{ij}^1 和持久位移 u_i^1 的值. 持久位移 u_i^1 随着离震源的距离 R 按比 L/R 快的规律减小，这里，L 是震源的尺度；而应力变化 τ_{ij}^1 可用 u_i^1 的一次导数表示，因而 τ_{ij}^1 随着离震源的距离 R 按比 $(L/R)^2$ 还要快的规律减小. 因此，如果选取 S_0 离震源足够远，即 $L/R \ll 1$，则 S_0 按 $(R/L)^2$ 的规律增大，以致由地震引起的应力变化 τ_{ij}^1 以及持久位移 u_i^1 都很小，按比 $(L/R)^3$ 还要快的规律减小，使得上式右边第一项对 S_0 的面积分按比 L/R 还要快的规律减小，以至它对 E_{S} 的贡献与后几项的代数和相比可予以忽略时，我们便得到：

$$E_{\mathrm{S}} = \tfrac{1}{2}\iint_{\Sigma} \tau_{ij}^1 \Delta u_i^1 n_j \mathrm{d}S - \int_{t_0}^{t_1} \mathrm{d}t \iint_{\Sigma(t)} \tau_{ij} \Delta\dot{u}_i n_j \mathrm{d}S - E_{\mathrm{G}}, \tag{6.243}$$

这时，E_{S} 便是反映震源所辐射的地震波能量的特征量.

将上式右边的第二项对时间求分部积分：

$$-\int_{t_0}^{t_1}\mathrm{d}t\iint_{\Sigma(t)}\tau_{ij}\Delta\dot{u}_i n_j\mathrm{d}S=-\int_{t_0}^{t_1}\mathrm{d}t\iint_{\Sigma(t)}\frac{\mathrm{d}\left(\tau_{ij}\Delta u_i n_j\right)}{\mathrm{d}t}\mathrm{d}S+\int_{t_0}^{t_1}\mathrm{d}t\iint_{\Sigma(t)}\dot{\tau}_{ij}\Delta u_i n_j\mathrm{d}S,$$

$$=-\iint_{\Sigma}\mathrm{d}S(\boldsymbol{r}')\int_{t_\mathrm{r}(\boldsymbol{r}')}^{t_1}\frac{\mathrm{d}\left(\tau_{ij}\Delta u_i n_j\right)}{\mathrm{d}t}\mathrm{d}t+\int_{t_0}^{t_1}\mathrm{d}t\iint_{\Sigma(t)}\dot{\tau}_{ij}\Delta u_i n_j\mathrm{d}S,$$

$$-\int_{t_0}^{t_1}\mathrm{d}t\iint_{\Sigma(t)}\tau_{ij}\Delta\dot{u}_i n_j\mathrm{d}S=-\iint_{\Sigma}\tau_{ij}^1\Delta u_i^1 n_j\mathrm{d}S+\int_{t_0}^{t_1}\mathrm{d}t\iint_{\Sigma(t)}\dot{\sigma}_{ij}\Delta u_i n_j\mathrm{d}S,\tag{6.244}$$

可以将式(6.243)表示成另一种形式:

$$E_\mathrm{S}=-\frac{1}{2}\iint_{\Sigma}\tau_{ij}^1\Delta u_i^1 n_j\mathrm{d}S+\int_{t_0}^{t_1}\mathrm{d}t\iint_{\Sigma(t)}\dot{\sigma}_{ij}\Delta u_i n_j\mathrm{d}S-E_\mathrm{G}.\tag{6.245}$$

式(6.245)右边第二项称作柯斯特罗夫项(Kostrov term)，它可以表示为

$$\int_{t_0}^{t_1}\mathrm{d}t\iint_{\Sigma(t)}\dot{\sigma}_{ij}\Delta u_i n_j\mathrm{d}S=\iint_{\Sigma}\mathrm{d}S\int_{t_\mathrm{r}(\boldsymbol{r}')}^{t_1}\dot{\sigma}_{ij}\Delta u_i n_j\mathrm{d}t,$$

$$=\iint_{\Sigma}\mathrm{d}S\int_{t_\mathrm{r}(\boldsymbol{r}')}^{t_1}\left[\frac{\mathrm{d}(\sigma_{ij}\Delta u_i n_j)}{\mathrm{d}t}-\sigma_{ij}n_j\frac{\mathrm{d}(\Delta u_i)}{\mathrm{d}t}\right]\mathrm{d}t,$$

$$\int_{t_0}^{t_1}\mathrm{d}t\iint_{\Sigma(t)}\dot{\sigma}_{ij}\Delta u_i n_j\mathrm{d}S=-\iint_{\Sigma}\mathrm{d}S\int_0^{\Delta u_i^1}\left(\sigma_{ij}-\sigma_{ij}^1\right)n_j\mathrm{d}\left(\Delta u_i\right),\tag{6.246}$$

从而式(6.243)可化为

$$E_\mathrm{S}=-\frac{1}{2}\iint_{\Sigma}\tau_{ij}^1\Delta u_i^1 n_j\mathrm{d}S-\iint_{\Sigma}\mathrm{d}S\int_0^{\Delta u_i^1}\left(\sigma_{ij}-\sigma_{ij}^1\right)n_j\mathrm{d}\left(\Delta u_i\right)-E_\mathrm{G}.\tag{6.247}$$

式(6.243)还可表示成:

$$E_\mathrm{S}=\frac{1}{2}\iint_{\Sigma}\tau_{ij}^1\Delta u_i^1 n_j\mathrm{d}S-\int_{t_0}^{t_1}\mathrm{d}t\iint_{\Sigma(t)}(\sigma_{ij}-\sigma_{ij}^0)\Delta\dot{u}_i n_j\mathrm{d}S-E_\mathrm{G},$$

$$=\frac{1}{2}\iint_{\Sigma}\tau_{ij}^1\Delta u_i^1 n_j\mathrm{d}S-\int_{t_0}^{t_1}\mathrm{d}t\iint_{\Sigma(t)}\sigma_{ij}\Delta\dot{u}_i n_j\mathrm{d}S+\int_{t_0}^{t_1}\mathrm{d}t\iint_{\Sigma(t)}\sigma_{ij}^0\Delta\dot{u}_i n_j\mathrm{d}S-E_\mathrm{G},$$

$$=\iint_{\Sigma}(\sigma_{ij}^0+\frac{\tau_{ij}^1}{2})\Delta u_i^1 n_j\mathrm{d}S-\int_{t_0}^{t_1}\mathrm{d}t\iint_{\Sigma(t)}\sigma_{ij}\Delta\dot{u}_i n_j\mathrm{d}S-E_\mathrm{G},$$

$$E_\mathrm{S}=\tfrac{1}{2}\iint_{\Sigma}(\sigma_{ij}^0+\sigma_{ij}^1)\Delta u_i^1 n_j\mathrm{d}S-\iint_{\Sigma}\mathrm{d}S\int_0^{\Delta u_i^1}\sigma_{ij}n_j\mathrm{d}(\Delta u_i)-E_\mathrm{G}.\tag{6.248}$$

式(6.243)，式(6.245)，式(6.247)和式(6.248)四式都是地震辐射能的表示式. 式(6.243)与式(6.245)都表明，地震辐射能与最终位错(静态位错) Δu_{ij}^1 和动态位错 Δu_i 有关，也与

应力的改变量（τ_{ij}^1和τ_{ij}）和变化率（$\dot{\sigma}_{ij}$）有关，但不单独与“绝对应力”（初始应力σ_{ij}^0或最终应力σ_{ij}^1）有关．式(6.222)表明，地震辐射能不但与断层面上松弛的应力(静态应力降)$-\tau_{ij}^1$及最终位错(静态位错)Δu_{ij}^1有关(参见该式右边第一项)，而且与震时应力即断层面$\Sigma(t)$上的动摩擦应力的变化率$\dot{\sigma}_{ij}$和动态位错Δu_i有关，也即与断层面两盘相互作用的特性、断裂如何发展以及断层面两盘如何滑动有关(参见该式右边第二项)．它们提供了由断层面上的应力变化(τ_{ij}^1,τ_{ij})，应力变化率$\dot{\sigma}_{ij}$，位错[最终位错Δu_i^1，动态位错Δu_i与位错变化率$(\Delta\dot{u}_i)$]计算地震辐射能的方法，而无须知道断层面上的绝对应力．式(6.248)右边第一项即地震时释放的总势能$E_{\rm P}$[参见式(6.84)和式(6.85)]，第二项(不带负号)即克服摩擦所做的功也就是摩擦能$E_{\rm F}$[参见式(6.236)]，第三项(不带负号)$E_{\rm G}$是破裂能．

若设断层滑动过程中上式右边中的初始应力σ_{ij}^0，最终应力σ_{ij}^1与动摩擦应力σ_{ij}的加权平均值恒为σ^0，σ^1，σ_d，则可将式(6.247)与式(6.248)分别简化为

$$E_{\rm S}=\frac{\Delta\sigma}{2}DA-A\int_0^D\left[\sigma_d(\Delta u)-\sigma^1\right]{\rm d}(\Delta u)-E_{\rm G}, \tag{6.249}$$

$$E_{\rm S}=\bar{\sigma}DA-A\int_0^D\sigma_d(\Delta u){\rm d}(\Delta u)-E_{\rm G}. \tag{6.250}$$

若设在滑动过程中$\sigma_d(\Delta u)$为常量σ_d，则

$$E_{\rm S}=\left[\frac{\Delta\sigma}{2}-(\sigma_d-\sigma^1)\right]DA-E_{\rm G}, \tag{6.251}$$

$$E_{\rm S}=(\bar{\sigma}-\sigma_d)DA-E_{\rm G}=\frac{(\sigma^0+\sigma^1-2\sigma_d)}{2}DA-E_{\rm G}. \tag{6.252}$$

若进一步忽略破裂能$E_{\rm G}$，则式(6.252)与式(6.9)完全一样，不过它是在考虑了重力的效应之后得到的．

(四)柯斯特罗夫项

现在以地震辐射能表示式(6.248)的简化形式(6.250)来分析地震能量收支情况．

图6.10表示暂不考虑破裂能情况下的地震能量收支情况．如图6.10a所示，式(6.250)右边第一项为释放的总势能($\bar{\sigma}DA$)，在应力–位移关系图中，由直线$\overline{BC}$下的面积表示(差一个因子A，下同)；第二项为摩擦能，由曲线$\sigma_d(\Delta u)$下的面积表示，地震辐射能则由曲线$\sigma_d(\Delta u)$与直线$\overline{BC}$之间的面积表示(图 6.10a 中的阴影区)．显然，在滑动过程中$\sigma_d(\Delta u)$为常量且$\sigma_d=\sigma^1$的情形即式(6.9)与图6.2所表示的简单情形．

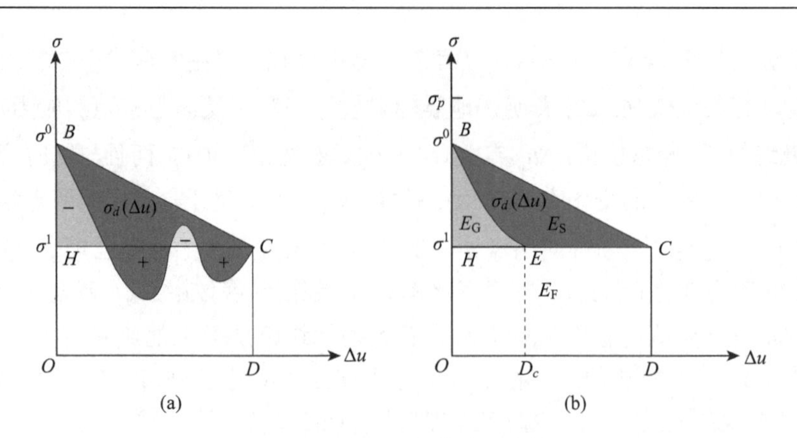

图 6.10　地震能量收支示意图

(a)一般情形；(b)滑动弱化模式(据 Rivera and Kanamori，2005)

若按与式(6.247)相应的式(6.249)，可知式(6.249)右边第一项为$(\Delta\sigma/2)DA$，由图6.10a 三角形$\triangle BHC$的面积表示；而第二项$-A\int_0^D\left[\sigma_d(\Delta u)-\sigma^1\right]\mathrm{d}(\Delta u)$为曲线$\sigma_d(\Delta u)$与直线$\sigma=\sigma^1$(即直线$\overline{HC}$)之间的面积. 若$\sigma_d(\Delta u)<\sigma^1$，面积为正(图 6.10b 中标有“+”号的深灰色阴影区)；若$\sigma_d(\Delta u)>\sigma^1$，则面积为负(图 6.10b 中标有“−”号的浅灰色区域). 三角形$\triangle BHC$的面积与曲线$\sigma_d(\Delta u)$与直线$\overline{HC}$之间计及“+”，“−”号的面积的代数和等于曲线$\sigma_d(\Delta u)$与直线$\overline{BC}$之间的面积(深灰色阴影区的面积)，即地震辐射能E_S.

柯斯特罗夫(Костров，1974，1975；Kostrov and Das，1988)将

$$\sigma_r=\sigma_d(\Delta u)-\sigma^1 \tag{6.253}$$

称作辐射摩擦应力(radiation friction stress). 由图 6.10a 可见，在计算地震辐射能时，如果忽略辐射摩擦应力，就意味着假定$\sigma_r=0$也即假定$\sigma_d(\Delta u)-\sigma^1=0$，从而地震辐射能由三角形$\triangle ABC$的面积表示. 在此情况下，会导致低估(当辐射摩擦应力$\sigma_r=\sigma_d(\Delta u)-\sigma^1<0$)或高估(当$\sigma_r=\sigma_d(\Delta u)-\sigma^1>0$)地震辐射能.

在许多具体工作中，地震辐射能是按定义式(6.171)计算的，或者是按照与定义式等价的式(6.173)，式(6.177)或式(6.180)由远场位移计算得到的. 尽管具体做计算时很难计算得很精确，但就其原理而言，这些计算公式均已正确地自动包含了所有的贡献.

图 6.10b 表示对于滑动弱化模式科斯特罗夫项的物理意义. 为简单起见，忽略σ^0与σ_p的差别. 在此情形下，直线$\overline{BC}$下的面积表示地震时释放的总势能(弹性应变能与重力能的总和). 假定$\sigma_d(\Delta u)$由两段组成. $\widehat{BE}$段表示滑动弱化曲线，假定随着Δu由 0 增加到临界滑动距离D_c，动摩擦应力$\sigma_d(\Delta u)$由σ^0下降到σ^1；在达到σ^1后，$\sigma_d(\Delta u)$保持σ^1不变，于是摩擦能如该图中的矩形$HCDO$所示，与滑动弱化相联系的能量G如该图中“三角形”BHE(浅阴影区)所示，而辐射能则如该图中的“三角形”BEC所示. 特别需要指出的是，与滑动弱化相联系的能量G有别于破裂能E_G，它原本是包括在摩擦能E_F项中的.

(五)地震辐射能

由式(6.248)可得

$$E_S = E_P - E_F - E_G, \tag{6.254}$$

式中,E_S是地震辐射能,E_P是以断层面上的面积分表示的地震时释放的总势能[式(6.167)与式(6.85)],E_F是摩擦能[式(6.236)],E_G是破裂能[式(6.225)]:

$$E_P = \iint_{\Sigma} \frac{1}{2}(\sigma_{ij}^0 + \sigma_{ij}^1)\Delta u_i^1 n_j \mathrm{d}S,$$

$$\begin{aligned} E_F &= \int_{t_0}^{t_1} \mathrm{d}t \iint_{\Sigma(t)} \sigma_{ij}\Delta \dot{u}_i n_j \mathrm{d}S, \\ &= \iint_{\Sigma} \mathrm{d}S \int_{t_r(\boldsymbol{r}')}^{t_1} \sigma_{ij}\Delta \dot{u}_i n_j \mathrm{d}t, \\ &= \iint_{\Sigma} \mathrm{d}S \int_0^{\Delta u_i^1} \sigma_{ij} n_j \mathrm{d}(\Delta u_i), \end{aligned}$$

$$E_G = \iint_{\Sigma} 2\gamma_{\text{eff}} \mathrm{d}S,$$

所以E_P,E_F,E_G可以表示为

$$E_P = \iint_{\Sigma} F_P(\boldsymbol{r}')\mathrm{d}S, \tag{6.255}$$

$$E_F = \iint_{\Sigma} F_F(\boldsymbol{r}')\mathrm{d}S, \tag{6.256}$$

$$E_G = \iint_{\Sigma} F_G(\boldsymbol{r}')\mathrm{d}S, \tag{6.257}$$

式中,

$$F_P(\boldsymbol{r}') = \frac{1}{2}(\sigma_{ij}^0 + \sigma_{ij}^1)\Delta u_i^1 n_j, \tag{6.258}$$

$$F_F(\boldsymbol{r}') = \int_0^{\Delta u_i^1} \sigma_{ij} n_j \mathrm{d}(\Delta u_i), \tag{6.259}$$

$$F_G(\boldsymbol{r}') = 2\gamma_{\text{eff}}, \tag{6.260}$$

从而,

$$E_S = \iint_{\Sigma} F_S(\boldsymbol{r}')\mathrm{d}S, \tag{6.261}$$

式中,

$$F_S(\boldsymbol{r}') = F_P(\boldsymbol{r}') - F_F(\boldsymbol{r}') - F_G(\boldsymbol{r}'). \tag{6.262}$$

$F_S(\boldsymbol{r}')$是地震辐射能E_S面积分表示式(6.261)中的被积函数,通常称为断层面上的辐射能

密度．但是，必须指出，将 $F_{\mathrm{S}}(\boldsymbol{r}')$ 称为断层面上的辐射能密度并没有能够正确地表达清楚 $F_{\mathrm{S}}(\boldsymbol{r}')$ 的物理意义．在式(6.262)右边三项中，$F_{\mathrm{F}}(\boldsymbol{r}')$ 和 $F_{\mathrm{G}}(\boldsymbol{r}')$ 分别是断层面上点 $\boldsymbol{r}'$ 上的局地的摩擦能与破裂能，它们是点 $\boldsymbol{r}'$ 的函数，表示的是发生于断层面上的物理过程，因此可以由断层面∑上的面积元 $\mathrm{d}S(\boldsymbol{r}')$ 逐点计算积分求得．与 $F_{\mathrm{F}}(\boldsymbol{r}')$ 和 $F_{\mathrm{G}}(\boldsymbol{r}')$ 不同，虽然 $F_{\mathrm{P}}(\boldsymbol{r}')$ 由 Σ 上的应力 σ_{ij}^{0}，σ_{ij}^{1} 和位错 Δu_i^1 表示，但是它们并不是表示断层面上∑的局地的过程．只有当我们对其在∑上积分，积分后的结果表示的是整个体积 V 内释放的总势能 E_{P}．所以，尽管式(6.261)与式(6.258)和式(6.259)类似，但不能简单地将其视为地震辐射能是从∑上的 $\mathrm{d}S(\boldsymbol{r}')$ 局地地释放出来的．

这点可以从以下分析进一步得到理解．

将式(6.258)代入式(6.255)，运用高斯定理，可将 E_{P} 表示为

$$E_{\mathrm{P}} = \iiint_V \frac{\partial F_j}{\partial x_j} \mathrm{d}V, \tag{6.263}$$

式中，

$$F_j = -\frac{1}{2}(\sigma_{ij}^0 + \sigma_{ij}^1) u_i^1. \tag{6.264}$$

定义“积分线”(“力线”)Γ为其上每一点的切线均为与 F_j 一致的曲线(图 6.11)．今取∑上的面积元 $\mathrm{d}S$，令积分线过 $\mathrm{d}S$．令 V_Γ表示过 $\mathrm{d}S$ 的积分线构成的管状体积，S_Γ表示垂直于Γ的横剖面．V_Γ由位于断层面∑上方与∑下方的两部分组成．今分别运用高斯定理于∑上方与∑下方的管状体积 V_Γ，则

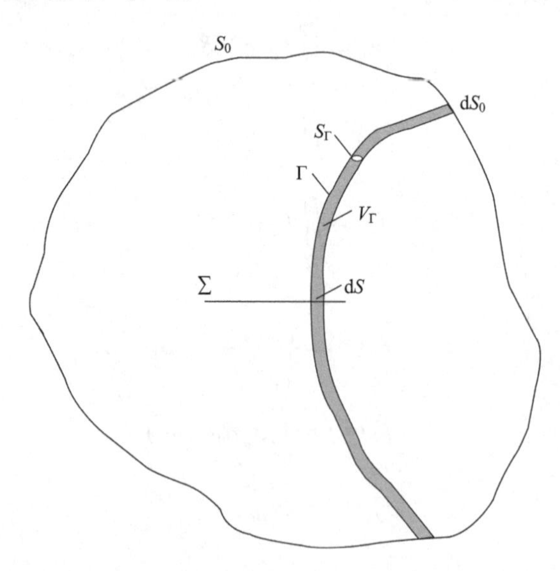

图 6.11　由经过断层面上的面积元 $\mathrm{d}S$ 的“积分线”构成的管状体积 V_Γ

$$\begin{aligned}\iiint_{V_\Gamma} \frac{\partial F_j}{\partial x_j} \mathrm{d}V &= \oiint_{S_\Gamma} \int_\Gamma \frac{\partial F_j}{\partial x_j} \mathrm{d}\Gamma \mathrm{d}S = \oiint_{S_\Gamma + \mathrm{d}\Sigma + \mathrm{d}S_0} F_j n_j \mathrm{d}S, \\ &= F_j n_j \mathrm{d}S\big|_{S_\Gamma} + F_j n_j \mathrm{d}S\big|_{S_0} + F_j n_j \mathrm{d}S\big|_{\Sigma}.\end{aligned} \tag{6.265}$$

在 S_Γ 上，$F_j \perp n_j$，$F_j n_j\big|_{S_\Gamma}=0$；在 S_0 上，由于 S_0 是自由表面，$F_j\big|_{S_0}=0$；在$\sum$上，

$$
\begin{aligned}
F_j n_j \mathrm{d}S\big|_\Sigma &= F_j^+ n_j^+ \,\mathrm{d}S\big|_{\Sigma^+} + F_j^- n_j^- \mathrm{d}S\big|_{\Sigma^-},\\
&= -(F_j^+ - F_j^-) n_j^- \mathrm{d}S\big|_{\Sigma^-},\\
&= \tfrac{1}{2}(\sigma_{ij}^0 + \sigma_{ij}^1)\Delta u_i^1 n_i^- \,\mathrm{d}S\big|_{\Sigma^-},\\
&= F_\mathrm{P}(\boldsymbol{r}')\,\mathrm{d}S\big|_{\Sigma^-},
\end{aligned}
\tag{6.266}
$$

所以，

$$
\iiint_{V_\Gamma} \frac{\partial F_j}{\partial x_j}\mathrm{d}V = F_\mathrm{P}(\boldsymbol{r}')\,\mathrm{d}S\big|_\Sigma, \tag{6.267}
$$

式中，Σ 表示 Σ^-，n_j 表示 n_j^-.

上式是运用高斯定理于管状体积 V_Γ 的结果. 由于 $\partial F_j/\partial x_i$ 是释放的能量的体积密度，所以上式左边表示的是由管状体积 V_Γ 释放的位能，而右边 $F_\mathrm{P}(\boldsymbol{r}')\,\mathrm{d}S\big|_\Sigma$ 则表示由管状体积 V_Γ 释放的全部势能是经由 Σ 上的 $\mathrm{d}S$ 释放出来的. 这就是说，地震时释放的能量归根到底是来自整个体积，而不是如表面上看到的那样来自断层面.

(六) 总地震辐射能

1. 总地震辐射能表示式

式(6.180)提供了在均匀、各向同性和完全弹性的无限介质中在远场计算地震辐射能的方法. 注意到在远场，即震源距 R 远大于所涉及的波长λ即 $R\gg\lambda$时，如果 R 还远大于断层面的线性尺度 L 即 $R\gg L$，那么在 $1/R$ 中及在辐射图型因子的表示式中的三角函数 $\sin i_h$，$\cos i_h$，$\sin\phi$，$\cos\phi$由 $\boldsymbol{r}'$的变化所引起的变化可予以忽略. 在这种情况下，震源的有限性效应完全是由滑动速度$\Delta\dot{u}$ 宗量中的时间延迟因子 R'/α或 R'/β所引起的. 因此[参见第四章式(4.4)—式(4.6)]：

$$
u^\mathrm{P}(\boldsymbol{R},t)=\frac{\mu}{4\pi\rho\alpha^3 R}\mathscr{F}^\mathrm{P}\iint_\Sigma \Delta\dot{u}\left(\boldsymbol{r}',t-\frac{R'}{\alpha}\right)\mathrm{d}\Sigma', \tag{6.268}
$$

$$
u^\mathrm{SV}(\boldsymbol{R},t)=\frac{\mu}{4\pi\rho\beta^3 R}\mathscr{F}^\mathrm{SV}\iint_\Sigma \Delta\dot{u}\left(\boldsymbol{r}',t-\frac{R'}{\beta}\right)\mathrm{d}\Sigma', \tag{6.269}
$$

$$
u^\mathrm{SH}(\boldsymbol{R},t)=\frac{\mu}{4\pi\rho\beta^3 R}\mathscr{F}^\mathrm{SH}\iint_\Sigma \Delta\dot{u}\left(\boldsymbol{r}',t-\frac{R'}{\beta}\right)\mathrm{d}\Sigma', \tag{6.270}
$$

式中，辐射图型因子$\mathscr{F}^\mathrm{P}$，$\mathscr{F}^\mathrm{SV}$，$\mathscr{F}^\mathrm{SH}$为[参见第三章式(3.366)式(3.368)]

$$
\mathscr{F}^\mathrm{P}=2(\boldsymbol{e}_{R_h}\cdot\boldsymbol{v})(\boldsymbol{e}\cdot\boldsymbol{e}_R), \tag{6.271}
$$

$$
\mathscr{F}^\mathrm{SV}=(\boldsymbol{e}\cdot\boldsymbol{e}_R)(\boldsymbol{v}\cdot\boldsymbol{e}_{i_h})+(\boldsymbol{e}_R\cdot\boldsymbol{v})(\boldsymbol{e}\cdot\boldsymbol{e}_{R_h}), \tag{6.272}
$$

$$
\mathscr{F}^\mathrm{SH}=(\boldsymbol{e}\cdot\boldsymbol{e}_R)(\boldsymbol{v}\cdot\boldsymbol{e}_\phi)+(\boldsymbol{e}_R\cdot\boldsymbol{v})(\boldsymbol{e}\cdot\boldsymbol{e}_\phi). \tag{6.273}
$$

从而，

$$u^{\mathrm{P}}(\boldsymbol{R},t)=\frac{\mu}{4\pi\rho^2 R}\boldsymbol{A}^{\mathrm{FP}}\iint_{\Sigma}\Delta\dot{u}\left(\boldsymbol{r}',t-\frac{R'}{\alpha}\right)\mathrm{d}\Sigma', \tag{6.274}$$

$$u^{\mathrm{S}}(\boldsymbol{R},t)=\frac{\mu}{4\pi\beta^3 R}\boldsymbol{A}^{\mathrm{FS}}\iint_{\Sigma}\Delta\dot{u}\left(\boldsymbol{r}',t-\frac{R'}{\beta}\right)\mathrm{d}\Sigma', \tag{6.275}$$

式中，$\boldsymbol{A}^{\mathrm{FP}}$ 与 $\boldsymbol{A}^{\mathrm{FS}}$ 分别是 P 波与 S 波的辐射图型因子[参见第三章式(3.325)与式(3.326)]：

$$\boldsymbol{A}^{\mathrm{FP}}=2(\boldsymbol{e}_R\cdot\boldsymbol{\nu})(\boldsymbol{e}\cdot\boldsymbol{e}_R)\boldsymbol{e}_R, \tag{6.276}$$

$$\boldsymbol{A}^{\mathrm{FS}}=(\boldsymbol{e}\cdot\boldsymbol{e}_R)\boldsymbol{\nu}+(\boldsymbol{e}_R\cdot\boldsymbol{\nu})\boldsymbol{e}-2(\boldsymbol{e}_R\cdot\boldsymbol{\nu})(\boldsymbol{e}\cdot\boldsymbol{e}_R)\boldsymbol{e}_R. \tag{6.277}$$

今研究一纵向剪切断层的弹性波辐射能问题．令(x_1, x_2)平面为断层所在平面，x_3 轴垂直于断层面，令 x_1 轴平行于断层位移(滑动矢量)方向与破裂扩展方向共同的方向(图 6.12)．

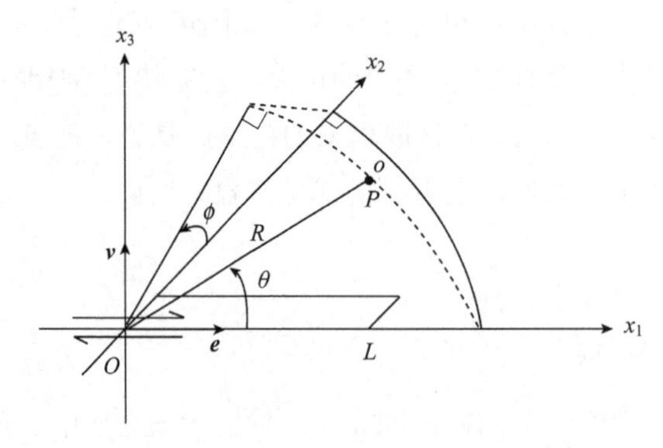

图 6.12　哈斯克尔(Haskell)矩形断层模型

若选择与第三章图 3.13 和第四章图 4.3 不同的、如图 6.12 所示的球极坐标系(R, θ, ϕ)，在此坐标系中[参见第三章式(3.327)至式(3.331)]，

$$\boldsymbol{e}=(1,0,0), \tag{6.278}$$

$$\boldsymbol{\nu}=(0,0,1), \tag{6.279}$$

$$\boldsymbol{e}_R=(\cos\theta,\sin\theta\cos\phi,\sin\theta\sin\phi), \tag{6.280}$$

$$\boldsymbol{e}_\theta=(-\sin\theta,\cos\theta\cos\phi,\cos\theta\sin\phi), \tag{6.281}$$

$$\boldsymbol{e}_\phi=(0,-\sin\phi,\cos\phi), \tag{6.282}$$

从而 $\boldsymbol{A}^{\mathrm{FP}}$，$\boldsymbol{A}^{\mathrm{FS}}$ 可表示为

$$\boldsymbol{A}^{\mathrm{FP}}=\sin 2\theta\sin\phi\boldsymbol{e}_R, \tag{6.283}$$

$$\boldsymbol{A}^{\mathrm{FS}}=(\cos 2\theta\sin\phi)\boldsymbol{e}_\theta+\cos\theta\cos\phi\boldsymbol{e}_\phi, \tag{6.284}$$

$$\boldsymbol{u}^{\mathrm{P}}(\boldsymbol{R},t)=\frac{\mu}{4\pi\rho\alpha^3 R}\boldsymbol{A}^{\mathrm{FP}}\iint_{\Sigma}\Delta\dot{u}\left(\boldsymbol{r}',t-\frac{R'}{\alpha}\right)\mathrm{d}\Sigma', \tag{6.285}$$

$$\boldsymbol{u}^{\mathrm{S}}(\boldsymbol{R},t)=\frac{\mu}{4\pi\rho\beta^3 R}\boldsymbol{A}^{\mathrm{FS}}\iint_{\Sigma}\Delta\dot{u}\left(\boldsymbol{r}',t-\frac{R'}{\beta}\right)\mathrm{d}\Sigma', \tag{6.286}$$

$$u^{\mathrm{P}}(\boldsymbol{R},t)=\frac{\mu}{4\pi\rho\alpha^3 R}\mathscr{F}^{\mathrm{P}}\iint_{\Sigma}\Delta\dot{u}\left(\boldsymbol{r}',t-\frac{R'}{\alpha}\right)\mathrm{d}\Sigma', \tag{6.287}$$

$$u^{\mathrm{S}}(\boldsymbol{R},t)=\frac{\mu}{4\pi\rho\beta^3 R}\mathscr{F}^{\mathrm{S}}\iint_{\Sigma}\Delta\dot{u}\left(\boldsymbol{r}',t-\frac{R'}{\beta}\right)\mathrm{d}\Sigma', \tag{6.288}$$

式中，$\mathscr{F}^{\mathrm{P}}$，$\mathscr{F}^{\mathrm{S}}$分别为P波，S波的辐射图型因子：

$$\mathscr{F}^{\mathrm{P}}=\sin 2\theta\sin\phi, \tag{6.289}$$

$$\mathscr{F}^{\mathrm{S}}=(\cos^2 2\theta\sin^2\phi+\cos^2\theta\cos^2\phi)^{1/2}. \tag{6.290}$$

式(6.285)—式(6.288)中，都有一个共同的表示其波形的因子：

$$\Omega_c(\boldsymbol{R},t)=\iint_{\Sigma}\Delta\dot{u}\left(\boldsymbol{r}',t-\frac{R'}{c}\right)\mathrm{d}\Sigma',\qquad c=\alpha,\beta. \tag{6.291}$$

如第四章第一节已述，当[参见式(6.4.15)]

$$\frac{\lambda R}{2}\gg L^2, \tag{6.292}$$

时，上式中的时间延迟因子R'/c中的R'可以近似为

$$R'\approx R-(\boldsymbol{r}'\cdot\boldsymbol{e}_R), \tag{6.293}$$

而不会引起表示位移波形的面积分严重的误差，从而

$$\Omega_c(\boldsymbol{R},t)=\iint_{\Sigma}\Delta\dot{u}\left(\boldsymbol{r}',t-\frac{R}{c}+\frac{(\boldsymbol{r}'\cdot\boldsymbol{e}_R)}{c}\right)\mathrm{d}\Sigma',\qquad c=\alpha,\beta. \tag{6.294}$$

将上式代入式(6.287)可得

$$\dot{u}^{\mathrm{P}}(\boldsymbol{R},t)=\left(\frac{\beta}{\alpha}\right)^3\frac{\mathscr{F}^{\mathrm{P}}}{4\pi\beta R}I_\alpha(\boldsymbol{R},t), \tag{6.295}$$

式中，

$$I_\alpha(\boldsymbol{R},t)=\iint_{\Sigma}\Delta\ddot{u}\left(\boldsymbol{r}',t-\frac{R}{\alpha}+\frac{(\boldsymbol{r}'\cdot\boldsymbol{e}_R)}{\alpha}\right)\mathrm{d}\Sigma'. \tag{6.296}$$

类似地，可以求得对于S波，

$$\dot{u}^{\mathrm{S}}(\boldsymbol{R},t)=\frac{\mathscr{F}^{\mathrm{S}}}{4\pi\beta R}I_\beta(\boldsymbol{R},t), \tag{6.297}$$

式中，

$$I_\beta(\boldsymbol{R},t)=\iint_{\Sigma}\Delta\ddot{u}\left(\boldsymbol{r}',t-\frac{R}{\beta}+\frac{(\boldsymbol{r}'\cdot\boldsymbol{e}_R)}{\beta}\right)\mathrm{d}\Sigma'. \tag{6.298}$$

将式(6.296)与式(6.297)代入式(6.180)，我们便得到在均匀、各向同性和完全弹性的无限介质中地震波辐射能的远场表示式(Haskell，1964；Rivera and Kanamori，2005)：

$$E_{\mathrm{S}}=\frac{\rho}{16\pi^2\beta}\oiint_{S_0}\int_{t_0}^{t_1}\left[\left(\frac{\beta}{\alpha}\right)^5\left(\mathscr{F}^{\mathrm{P}}\right)^2F_\alpha(\boldsymbol{R},t)+\left(\mathscr{F}^{\mathrm{S}}\right)^2F_\beta(\boldsymbol{R},t)\right]\mathrm{d}t\mathrm{d}\Omega, \tag{6.299}$$

式中，$\mathrm{d}\Omega=\mathrm{d}S/R^2$是立体角，函数

$$F_c(\boldsymbol{R},t)=[I_c(\boldsymbol{R},t)]^2,\qquad c=\alpha,\beta. \tag{6.300}$$

式(6.299)便是总地震辐射能的表示式(Haskell，1964)；Rivera and Kanamori，2005).

将$\mathscr{F}^{\mathrm{P}}$和$\mathscr{F}^{\mathrm{S}}$的表示式[式(6.289)与式(6.290)]代入式(6.299)，注意到$\mathrm{d}\Omega=\sin\theta\mathrm{d}\theta\mathrm{d}\phi$，对$\phi$从0到$2\pi$积分后便可得到总辐射地震波能的另一表示式：

$$E_S=E_\alpha+E_\beta, \tag{6.301}$$

$$E_\alpha=\frac{\rho}{16\pi\beta}\left(\frac{\beta}{\alpha}\right)^5\int_0^\pi\sin^2 2\theta\sin\theta\int_{t_0}^{t_1}I_\alpha^2\mathrm{d}t\mathrm{d}\theta, \tag{6.302}$$

$$E_\beta=\frac{\rho}{16\pi\beta}\int_0^\pi(\cos^2 2\theta+\cos^2\theta)\sin\theta\int_{t_0}^{t_1}I_\beta^2\mathrm{d}t\mathrm{d}\theta. \tag{6.303}$$

式(6.299)或式(6.301)—式(6.303)是在时间域里计算总地震辐射能的表示式．运用帕什瓦(Parseval)定理，可将其化为在频率域计算总地震辐射能的表示式．

时间函数$s(t)$与它的频谱$\hat{s}(\omega)$有如下关系(帕什瓦定理)：

$$\int_{-\infty}^{\infty}|s(t)|^2\,\mathrm{d}t=\frac{1}{2\pi}\int_{-\infty}^{\infty}|\hat{s}(\omega)|^2\,\mathrm{d}\omega, \tag{6.304}$$

通常称$|s(t)|^2$为瞬时功率密度．如果$s(t)$是实函数，那么它的频谱$\hat{s}(\omega)$便是偶函数：

$$\hat{s}(-\omega)=\hat{s}(\omega). \tag{6.305}$$

在此情况下，帕什瓦定理可改写为

$$\int_{-\infty}^{\infty}|s(t)|^2\,\mathrm{d}t=\int_0^{\infty}2|\hat{s}(\omega)|^2\,\mathrm{d}\left(\frac{\omega}{2\pi}\right), \tag{6.306}$$

式中，$2|\hat{s}(\omega)|^2$称为能谱密度．据此，可将式(6.302)与式(6.303)对中时间的积分化为频率域的积分：

$$\int_{t_0}^{t_1}I_c^2\mathrm{d}t=\int_{-\infty}^{\infty}I_c^2\mathrm{d}t=\int_0^\infty 2|\hat{I}_c|\mathrm{d}\left(\frac{\omega}{2\pi}\right), \tag{6.307}$$

从而，

$$E_c=\int_0^\infty\hat{\varepsilon}_c\mathrm{d}\left(\frac{\omega}{2\pi}\right),\qquad c=\alpha,\beta, \tag{6.308}$$

$$\hat{\varepsilon}_\alpha=\frac{\rho}{8\pi\beta}\left(\frac{\beta}{\alpha}\right)^5\int_0^\pi\sin^2 2\theta\sin\theta\left|\hat{I}_\alpha\right|^2\mathrm{d}\theta, \tag{6.309}$$

$$\hat{\varepsilon}_\beta = \frac{\rho}{8\pi\beta}\int_0^\pi (\cos^2 2\theta + \cos^2\theta)\left|\hat{I}_\beta\right|^2 \mathrm{d}\theta. \tag{6.310}$$

式(6.308)—式(6.310)是在频率域计算总地震辐射能的表示式.

2. 由哈斯克尔断层模型计算总地震辐射能

现在根据前面得到的结果，计算哈斯克尔(Haskell)矩形断层模型的总地震辐射能．哈斯克尔断层模型是单侧破裂矩形断层模型，假定地震断层是长度为 L，宽度是 W 的矩形，假定断层面的宽度 W 很窄小，以至与长度 L 相比，可以忽略不计，即 $L>>W$. 如图 6.12 所示，在直角坐标系 (x_1,x_2,x_3) 中，(x_1,x_2) 平面为断层所在平面，断层长度方向为 x_1 轴方向，宽度方向为 x_2 轴方向，x_3 轴垂直于断层面．设从时间 t=0 开始，宽度方向为 W 的、有限的位错线沿 x_1 轴以恒定的破裂速度 v 扫过矩形面积；并设断层面上每一点 x_1' 的错距都为 D，且震源时间函数的形状都一样，只是时间上延迟了 x_1'/v：

$$\Delta u(\boldsymbol{r}',t) = DS\left(t - \frac{x_1'}{v}\right). \tag{6.311}$$

由式(6.296)与式(2.698)可知，

$$I_c(\boldsymbol{R},t) = WD\int_0^L \ddot{S}\left(t - \frac{R}{c} - \frac{x_1'}{v}\left(1 - \frac{v\cos\theta}{c}\right)\right)\mathrm{d}x_1', \qquad c=\alpha,\beta, \tag{6.312}$$

$$I_c(\boldsymbol{R},t) = WD\int_0^L \ddot{S}\left(t - \frac{R}{c} - \frac{x_1'}{vF(c)}\right)\mathrm{d}x_1', \qquad c=\alpha,\beta, \tag{6.313}$$

式中，$F(c)$ 在现在选用的球极坐标系 (R,θ,ϕ) 中为

$$F(c) = \frac{1}{1 - \dfrac{v}{c}\cos\theta}, \qquad c=\alpha,\beta. \tag{6.314}$$

式(6.312)的积分可以作出，结果是

$$I_c(\boldsymbol{R},t) = WDvF(c)\left[\dot{S}\left(t - \frac{R}{c}\right) - \dot{S}\left(t - \frac{R}{c} - T_c\right)\right], \qquad c=\alpha,\beta, \tag{6.315}$$

式中，

$$T_c = \frac{L}{vF(c)} = \frac{L}{v}\left(1 - \frac{v}{c}\cos\theta\right), \qquad c=\alpha,\beta. \tag{6.316}$$

T_c 是在不同方位观测到的破裂时间(rupture time)，即地震波初动半周期，也称为视破裂持续时间(apparent duration of rupture).

如果震源时间函数是上升时间(rise time)为 T_s 的斜坡函数(如第四章图 4.7a 所示)：

$$S(t) \equiv R(t) = \begin{cases} 0, & t < 0, \\ \dfrac{t}{T_s}, & 0 \leqslant t \leqslant T_s, \\ 1, & t > T_s. \end{cases} \tag{6.317}$$

那么，它的导数 $\dot{S}(t)$ 便是持续时间为 T_s，振幅为 $1/T_s$ 的箱车函数 $B(t)$（参见第四章图 4.7b）：

$$\dot{S}(t) \equiv B(t) = \begin{cases} 0, & t < 0, \\ \dfrac{1}{T_s}, & 0 \leqslant t \leqslant T_s, \\ 0, & t > T_s. \end{cases} \tag{6.318}$$

从而，

$$\begin{aligned} I_c(\boldsymbol{R}, t) = WDvF(c)\frac{1}{T_s}\Bigg\{&\left[H\left(t - \frac{R}{c}\right) - H\left(t - \frac{R}{c} - T_s\right)\right] \\ &-\left[H\left(t - \frac{R}{c} - T_s\right) - H\left(t - \frac{R}{c} - T_s - T\right)\right]\Bigg\}, \qquad c = \alpha, \beta, \end{aligned} \tag{6.319}$$

$$\int_{-\infty}^{\infty} I_c^2(\boldsymbol{R}, t)\mathrm{d}t = \begin{cases} W^2D^2v^2F^2(c)\dfrac{1}{T_s^2}\cdot 2T_c, & T_c < T_s, \\ W^2D^2v^2F^2(c)\dfrac{1}{T_s^2}\cdot 2T_s, & T_c > T_s. \end{cases} \tag{6.320}$$

如果 $T_s < \dfrac{L}{v}\left(1 - \dfrac{v}{c}\right)$ 即 $\dfrac{vT_s}{L} < 1 - \dfrac{v}{c}$，则 $T_s < T_c$，$0 < \theta < \pi$，从而，

$$E_c = \frac{\rho W^2 D^2 L}{8\pi T_s^2}\left(\frac{\beta}{c}\right)^4\left(\frac{cT_s}{L}\right)\int_0^{\pi}\frac{\sin^2 2\theta\sin\theta}{\left(\dfrac{c}{v} - \cos\theta\right)}\mathrm{d}\theta, \qquad c = \alpha, \beta. \tag{6.321}$$

如果 $\dfrac{L}{v}\left(1 - \dfrac{v}{c}\right) < T_s < \dfrac{L}{v}\left(1 + \dfrac{v}{c}\right)$，令 θ_c 为满足下式的角度：

$$T_c\big|_{\theta=\theta_c} = \frac{L}{v}\left(1 - \frac{v}{c}\cos\theta_c\right) = T_s, \qquad c = \alpha, \beta, \tag{6.322}$$

$$\theta_c = \cos^{-1}\left(\frac{c}{v} - \frac{cT_s}{L}\right), \tag{6.323}$$

则

$$0 < \theta < \theta_c, \qquad T_c < T_s, \tag{6.324}$$

$$\theta_c < \theta < \pi, \qquad T_c > T_s, \tag{6.325}$$

从而，

$$E_{\alpha}=\frac{\rho W^{2}D^{2}L}{8\pi T_{s}^{2}}\left(\frac{\beta}{\alpha}\right)^{4}\left[\int_{0}^{\theta_{1}}\frac{\sin^{2}2\theta\sin\theta}{\left(\frac{\alpha}{v}-\cos\theta\right)}\mathrm{d}\theta+\frac{\alpha T_{s}}{L}\int_{0}^{\pi}\frac{\sin^{2}2\theta\sin\theta}{\left(\frac{\alpha}{v}-\cos\theta\right)^{2}}\mathrm{d}\theta\right]. \tag{6.326}$$

如果$T_{s}>\frac{L}{v}\left(1+\frac{v}{\alpha}\right)$，则$T_{\alpha}<T_{s}$，$0<\theta<\pi$，从而，

$$E_{\alpha}=\frac{\rho W^{2}D^{2}L}{8\pi T_{s}^{2}}\left(\frac{\beta}{\alpha}\right)^{4}\int_{0}^{\pi}\frac{\sin^{2}2\theta\sin\theta}{\left(\frac{\alpha}{v}-\cos\theta\right)}\mathrm{d}\theta. \tag{6.327}$$

这些结果可以归纳为

$$E_{\alpha}=\frac{\rho W^{2}D^{2}L}{8\pi T_{s}^{2}}\left(\frac{\beta}{\alpha}\right)^{4}\Theta_{1}\left(\frac{\alpha}{v},\frac{\alpha T_{s}}{L}\right), \tag{6.328}$$

式中，

$$\Theta_{1}\left(\frac{\alpha}{v},\frac{\alpha T_{s}}{L}\right)=\int_{0}^{\theta_{\alpha}}\frac{\sin^{2}2\theta\sin\theta}{\left(\frac{\alpha}{v}-\cos\theta\right)}\mathrm{d}\theta+\frac{\alpha T_{s}}{L}\int_{\theta_{\alpha}}^{\pi}\frac{\sin^{2}2\theta\sin\theta}{\left(\frac{\alpha}{v}-\cos\theta\right)^{2}}\mathrm{d}\theta, \tag{6.329}$$

$$\theta_{\alpha}=\begin{cases}0, & \frac{\alpha T_{s}}{L}<\frac{\alpha}{v}-1,\\ \cos^{-1}\left(\frac{\alpha}{v}-\frac{\alpha T_{s}}{L}\right), & \frac{\alpha}{v}-1<\frac{\alpha T_{s}}{L}<\frac{\alpha}{v}+1,\\ \pi, & \frac{\alpha T_{s}}{L}>\frac{\alpha}{v}+1.\end{cases} \tag{6.330}$$

类似地，对于S波，我们有

$$E_{\beta}=\frac{\rho W^{2}D^{2}L}{8\pi T_{s}^{2}}\Theta_{2}\left(\frac{\beta}{v},\frac{\beta T_{s}}{L}\right), \tag{6.331}$$

$$\Theta_{2}\left(\frac{\beta}{v},\frac{\beta T_{s}}{L}\right)=\int_{0}^{\theta_{\beta}}\frac{(\cos^{2}2\theta+\cos^{2}\theta)\sin\theta}{\left(\frac{\beta}{v}-\cos\theta\right)}\mathrm{d}\theta+\frac{\beta T_{s}}{L}\int_{\theta_{\beta}}^{\pi}\frac{(\cos^{2}2\theta+\cos^{2}\theta)\sin\theta}{\left(\frac{\beta}{v}-\cos\theta\right)^{2}}\mathrm{d}\theta, \tag{6.332}$$

$$\theta_{\beta}=\begin{cases}0, & \frac{\beta T_{s}}{L}<\frac{\beta}{v}-1,\\ \cos^{-1}\left(\frac{\beta}{v}-\frac{\beta T_{s}}{L}\right), & \frac{\beta}{v}-1<\frac{\beta T_{s}}{L}<\frac{\beta}{v}+1,\\ \pi, & \frac{\beta T_{s}}{L}>\frac{\beta}{v}+1.\end{cases} \tag{6.333}$$

以上计算中，为简单起见，没有考虑破裂速度v超过波传播速度的情况，即假定

$$\frac{\alpha}{v} > \frac{\beta}{v} > 1. \tag{6.334}$$

在均匀介质中，无论是这里讨论的剪切裂纹，还是张性裂纹，在一般情况下，其破裂扩展速度 v 通常小于剪切波速度β. 例如，对于泊松体，即泊松比=1/4 的介质，Manshin 于 1964 年得出剪切破裂的最大扩展速度 v=0.775β. 相应地，β/v=1.290，α/β=2.234. 不过，在非均匀介质中，如果一个裂纹从高速层扩展到与其邻接的低速层，其沿边界面的视破裂速度便有可能超过低速层的剪切波速度β. 在这里仅限于讨论剪切破裂扩展速度小于剪切波速度β(从而更小于纵波速度α)的情形，即$\alpha/v>\beta/v>1$ 情形. 在这种情况下，式(6.329)与式(6.332)的积分被积函数没有奇点.

若对积分变量作下列变换：

$$y = \frac{c}{v} - \cos\theta, \qquad c = \alpha, \beta, \tag{6.335}$$

则式(6.329)与式(6.332)可化为下列初等积分的形式：

$$\Theta_1\left(\frac{\alpha}{v}, \frac{\alpha T_s}{L}\right) = 4\int_{\frac{\alpha}{v}-1}^{c_1} y^{-1}[(a-y)^2 - (a-y)^4]\,\mathrm{d}y$$

$$+4\left(\frac{\alpha T_s}{L}\right)\int_{c_1}^{\frac{\alpha}{v}+1} y^{-2}[(a-y)^2 - (a-y)^4]\mathrm{d}y, \tag{6.336}$$

$$\Theta_2\left(\frac{\beta}{v}, \frac{\alpha T_s}{L}\right) = \int_{\frac{\beta}{v}-1}^{c_1} y^{-1}\left[4(b-y)^4 - 3\left(\frac{\beta}{v} - y\right)^2 + 1\right]\mathrm{d}y$$

$$+\frac{\beta T_s}{L}\int_{c_2}^{\frac{\beta}{v}+1} y^{-2}[4(b-y)^4 - 3(b-y)^2 + 1]\mathrm{d}y, \tag{6.337}$$

式中，

$$c_1 = \begin{cases} \dfrac{\alpha}{v} - 1, & \dfrac{\alpha T_s}{L} < \dfrac{\alpha}{v} - 1, \\ \dfrac{\alpha T_s}{v}, & \dfrac{\alpha}{v} - 1 < \dfrac{\alpha T_s}{L} < \dfrac{\alpha}{v} + 1, \\ \dfrac{\alpha}{\beta} + 1, & \dfrac{\alpha T_s}{L} > \dfrac{\alpha}{v} + 1, \end{cases} \tag{6.338}$$

$$c_2 = \begin{cases} \dfrac{\beta}{v} - 1, & \dfrac{\beta T_s}{L} < \dfrac{\beta}{v} - 1, \\ \dfrac{\beta T_s}{L}, & \dfrac{\beta}{v} - 1 < \dfrac{\beta T_s}{L} < \dfrac{\beta}{v} + 1, \\ \dfrac{\beta}{v} + 1, & \dfrac{\beta T_s}{L} > \dfrac{\beta}{v} + 1. \end{cases} \tag{6.339}$$

从而，总地震辐射能

$$E_S=\frac{\rho W^2D^2L}{8\pi T_s^2}\Theta\left(\frac{\alpha}{v},\frac{\beta}{v},L,T_s\right),\tag{6.340}$$

$$\Theta\left(\frac{\alpha}{v},\frac{\beta}{v},L,T_s\right)=\left(\frac{\beta}{\alpha}\right)^4\Theta_1\left(\frac{\alpha}{v},\frac{\alpha T_s}{L}\right)+\Theta_2\left(\frac{\beta}{v},\frac{\beta T_s}{L}\right).\tag{6.341}$$

对于无限介质中宽度方向为 x 轴方向、宽度为 $W=2a$，在 z 轴方向无限长的二维剪切断层，地震时释放的总应变能为(诺波夫模式)[参见式(6.128)]

$$E_P=\frac{\pi}{8}\mu D_m^2L,$$

式中，D_m 是断层面上的最大位错．平均位错 D 与最大位错 D_m 有如下简单关系：

$$D=\frac{\pi}{4}D_m,$$

所以，

$$E_P=\frac{2}{\pi}\mu D^2L.$$

由式(6.340)除以上式，可得上升时间 T_s 的最小值 $T_{\min}$：

$$(T_{\min})^2=\frac{W^2\Theta}{16\beta^2}.\tag{6.342}$$

根据上述结果，可对地震时释放的能量作一估计．以 1952 年 11 月 4 日堪察加地震为例(Ben-Menahem and Toksöz，1963)．该地震的断层长度 L=700 km；震源深度为 60 km(Hutchinson，1954)，与余震的深度分布(0—60 km)一致(Båth and Benioff，1958)，因此取 $W\approx60$ km；平均位错量为 D=5 m．如果设断层破裂扩展主要系由地幔顶部弹性波速度所控制，那么可取 α=8.0 km/s，$\beta=3\sqrt{\alpha}$ =4.619 km/s，ρ=3.0 g/cm^3.

由上式与式(6.249)以及 Θ_1 与 Θ_2 的数值，可得 $T_{\min}$=0.2097 s．不过，Ben-Menahem 和 Toksöz(1963)由震相资料得到 T_s=30 s．由 $T_{\min}$=0.2097 s 以及 T_s=30 s，可以求得

$$E_P=\begin{cases}7.13\times10^{24}\,\text{ergs}, & \text{如果}T_s=T_{\min}=0.2097\text{ s},\\ 4.98\times10^{22}\,\text{ergs}, & \text{如果}T_s=30\text{ s}.\end{cases}\tag{6.343}$$

由各种震级–能量关系，按堪察加地震的震级为 M=8.25 计算，可估计其地震波能量 $E_S=6\times10^{23}$ — 1.3×10^{24} ergs．DeNoyer(1959)用在伯克莱(Berkeley)的伍德–安德森(Wood-Anderson)地震仪的地震记录计算了堪察加地震的能量，得出总能量为 5.9×10^{23} ergs．由以上各种结果可见，结果分歧很大，若 T_s=0.2097 s，得到的能量估计值似乎比较合理，但这个时间常数与在大震的震中区观测到的强地震动持续时间相比似乎太短．若 T_s=30 s，得出的总能量似乎偏小．这是一个需要进一步深入研究的问题．

3. 总地震辐射能谱

在频率域，总地震辐射能可以由式(6.301)，式(6.302)和式(6.303)求得．其中式

(6.309)与式(6.310)所分别表示的 P 波与 S 波能谱密度 $\hat{\varepsilon}_\alpha$ 与 $\hat{\varepsilon}_\beta$ 表示式中的 $\hat{I}_\alpha$ 与 $\hat{I}_\beta$ 可以由式(6.296)与式(6.298)的傅里叶变换求得.

对于哈斯克尔断层模式，$I_\alpha(\boldsymbol{R}, t)$ 由式(6.319)所表示，从而，

$$\hat{I}_\alpha(R, \omega) = WDvF(\alpha)\mathrm{e}^{-\mathrm{i}\frac{R}{\alpha}}\mathrm{i}\omega\hat{S}(\omega)(1-\mathrm{e}^{-\mathrm{i}\omega T\alpha}),$$

$$\hat{I}_\alpha(R, \omega) = LWD\mathrm{e}^{-\mathrm{i}\left(\frac{R}{\alpha}+X_\alpha\right)}\hat{\dot{S}}(\omega)\frac{\sin X_\alpha}{X_\alpha}. \tag{6.344}$$

式中，$\hat{\ddot{S}}(\omega)$ 是震源时间函数 $S(t)$ 的二次微商（“加速度”）$\ddot{S}(t)$ 的谱，

$$\hat{\ddot{S}}(\omega) = -\omega^2\hat{S}(\omega), \tag{6.345}$$

$$X_\alpha = \frac{\omega T_\alpha}{2} = \frac{\omega L}{2\alpha}\left(\frac{\alpha}{v} - \cos\theta\right). \tag{6.346}$$

将式(6.344)代入式(6.309)，即得 P 波能谱密度

$$\hat{\varepsilon}_\alpha = \left(\frac{\rho W^2 L^2 D^2}{2\pi\beta}\right)\left(\frac{\beta}{\alpha}\right)^5\left|\hat{\ddot{S}}\right|^2\hat{B}_1(\omega), \tag{6.347}$$

式中，

$$\hat{B}_1(\omega) = \int_0^\pi \sin^3\theta\cos^2\theta\frac{\sin^2 X_\alpha}{X_\alpha^2}\mathrm{d}\theta. \tag{6.348}$$

类似地，可以求得 S 波能谱密度

$$\hat{\varepsilon}_\beta = \left(\frac{\rho W^2 L^2 D^2}{2\pi\beta}\right)\left|\hat{\ddot{S}}\right|^2\hat{B}_2(\omega), \tag{6.349}$$

式中，

$$\hat{B}_2(\omega) = \frac{1}{4}\int_0^\pi (\cos^2 2\theta + \cos^2\theta)\sin\theta\frac{\sin^2 X_\beta}{X_\beta^2}\mathrm{d}\theta, \tag{6.350}$$

$$X_\beta = \frac{\omega T_\beta}{2} = \frac{\omega L}{2\beta}\left(\frac{\beta}{v} - \cos\theta\right). \tag{6.351}$$

如果震源时间函数 $S(t)$ 是如式(6.317)所示的上升时间为 T_s 的斜坡函数，则

$$\hat{S}(\omega) = \frac{1}{\omega^2 T_s}(\mathrm{e}^{-\mathrm{i}\omega T_s} - 1), \tag{6.352}$$

$$\hat{\ddot{S}}(\omega) = \frac{1}{T_s} = (1 - \mathrm{e}^{-\mathrm{i}\omega T_s}). \tag{6.353}$$

作参数代换，令

$$y = a - \cos\theta, \tag{6.354}$$

$$a = \frac{\alpha}{v}, \tag{6.355}$$

可将式(6.348)化为

$$\hat{B}_1(\omega) = \left(\frac{2}{p_\alpha^2}\right)\int_{a-1}^{a+1}[(a-y)^2-(a-y)^4]y^{-2}(1-\cos p_\alpha y)\mathrm{d}y, \tag{6.356}$$

式中，

$$p_\alpha = \frac{\omega L}{\alpha}. \tag{6.357}$$

类似地，令

$$y = b - \cos\theta, \tag{6.358}$$

$$b = \frac{\beta}{v}, \tag{6.359}$$

可将式(6.350)化为

$$\hat{B}_2(\omega) = \left(\frac{1}{2p_\beta^2}\right)\int_{b-1}^{b+1}[4(b-y)^4-3(b-y)^2+1]y^{-2}(1-\cos p_\beta y)\mathrm{d}y, \tag{6.360}$$

式中，

$$p_\beta = \frac{\omega L}{\beta}. \tag{6.361}$$

函数因子 $\hat{B}_1(\omega)$ 作为 $p_\alpha=\omega L/\alpha$的函数，$\hat{B}_2(\omega)$ 作为 $p_\beta=\omega L/\beta$的函数，分别如图 6.13 与图 6.14 所示．由式(6.353)，可得

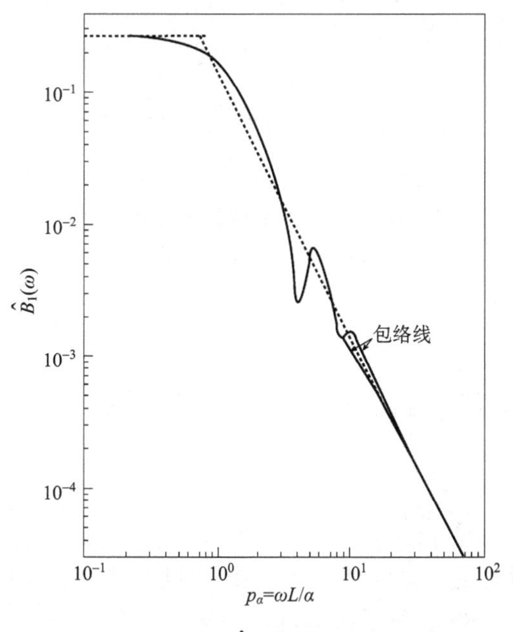

图 6.13　函数 $\hat{B}_1(\omega)$ 与 $p_\alpha=\omega L/\alpha$关系图

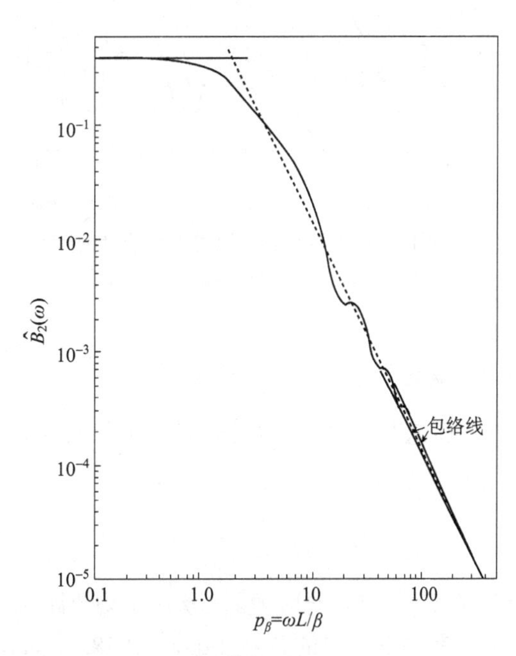

图 6.14　函数 $\hat{B}_2(\omega)$ 与 $p_\beta=\omega L/\beta$关系图

$$\left|\hat{\dot{S}}(\omega)\right|^2 = \frac{4\sin^2\left(\frac{\omega T_s}{2}\right)}{T_s^2}. \tag{6.362}$$

若取$\beta T_s/2L=0.1$，$\alpha T_s/2L=0.1732$，这相应于堪察加地震 $T_s=30.31$ s，可以计算地震 P 波与 S 波地震辐射能谱密度 $\hat{\varepsilon}_\alpha$ 与 $\hat{\varepsilon}_\beta$ (图 6.15) 以及总地震辐射能谱密度(图 6.16)．图 6.15 中，$\hat{\varepsilon}_\alpha$ 与 $\hat{\varepsilon}_\beta$ 均以 $2\rho(WLD)^2/\pi\beta T_s^2$ 为单位，以双对数坐标表示 $\hat{\varepsilon}_\alpha$ 与 $\hat{\varepsilon}_\beta$．总地震辐射能谱密度 $\hat{\varepsilon}$ 在图 6.16 中则以线性坐标表示，也以 $2\rho(WLD)^2/\pi\beta T_s^2$ 为单位，在图 6.15 与图 6.16 中，横坐标为 $p_\beta=\omega L/\beta$，表示频率 ω，以β/L 为单位．

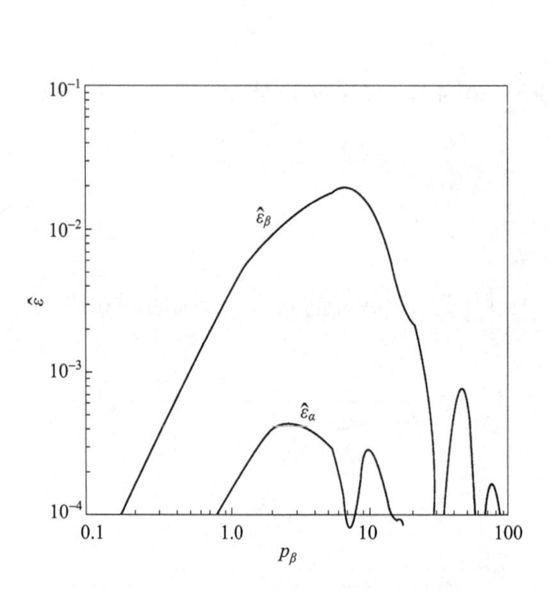

图 6.15　P 波与 S 波的地震辐射能谱密度

假定震源时间函数为斜坡函数$\beta T_s/L=0.2$

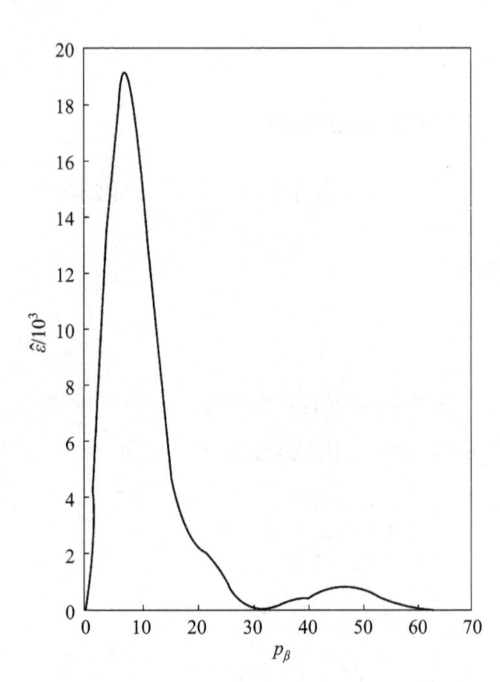

图 6.16　总地震辐射能谱密度

假定震源时间函数为斜坡函数$\beta T_s/L=0.2$

(七) 蠕动

由式(6.4)和式(6.7)可得，如果不考虑破裂能并且 $\sigma_{\mathrm{f}}=\sigma^1$时，则可用于地震辐射的能量[式(6.10)]

$$\Delta E = E_{\mathrm{P}} - E_{\mathrm{F}} = \frac{\Delta\sigma}{2}DA.$$

上式表明，ΔE 与应力降$\Delta\sigma$，平均错距 D 和断层面面积 A 有关．注意到应力降与平均错距有如下简单的关系(Starr，1928; Knopoff，1958; Keylis-Borok，1959)：

$$\Delta\sigma = \mu\left(\frac{\lambda+\mu}{\lambda+2\mu}\right)\frac{4}{\pi}\frac{D}{W}, \qquad \text{(倾滑断层)}, \tag{6.363}$$

$$\Delta\sigma=\frac{\mu}{\pi}\frac{2D}{W},\qquad (走滑断层),\tag{6.364}$$

$$\Delta\sigma=\frac{3\pi}{16}\mu\left(\frac{3\lambda+4\mu}{\lambda+2\mu}\right)\frac{D}{a},\qquad (圆盘形断层).\tag{6.365}$$

在式(6.363)中，W 是在均匀、各向同性和完全弹性的无限介质中的倾滑断层的半宽度(Starr，1928)；在式(6.364)中，W 是无限介质中的走滑断层的半宽度或半无限介质中的出露到地面的走滑断层的宽度(Knopoff，1958)；在式(6.365)中，a 是圆盘形断层的震源半径(Keylis-Borok，1959)．由以上三式可见，可以用一个简单的关系式概括平均错距 D 和应力降 $\Delta\sigma$ 之间的关系：

$$D=C\frac{\Delta\sigma}{\mu}A^{1/2},\tag{6.366}$$

式中，C 是与断层面的形状和错动性质有关的几何因子．将上式代入式(6.10)即得

$$\Delta E=\frac{C\Delta\sigma^{2}}{2\mu}A^{3/2}.\tag{6.367}$$

上式表明，当应力降 $\Delta\sigma$ 与断层面面积 A 无关时，可用于地震辐射的能量 $\Delta E\propto A^{3/2}$．式(6.226)告诉我们，破裂能 $E_{\mathrm{G}}\propto A$．所以由式(6.226)与上式可得

$$\frac{E_{\mathrm{G}}}{\Delta E}\propto A^{-1/2}.\tag{6.368}$$

在地震较大的情形下，因为相应的断层面面积 A 也较大，所以 E_{G} 与 ΔE 相比可以忽略．但是，当 A 相当小时，E_{G} 的贡献就不能忽略，它的大小将显著地影响 E_{S} 的大小．对于足够小的断裂，E_{G} 可以大到足以使 $E_{\mathrm{S}}\approx 0$，此时，岩石的破坏将不伴随着弹性波的辐射，只有“平静的”破坏——蠕动．

参 考 文 献

Abercrombie, R., McGarr, A., Toro, G. D. and Kanamori, H. (eds.), 2006. *Earthquakes: Radiated Energy and the Physics of Faulting.* AGU Geophysical Monograph **170**, Washington, DC: AGU. 1-327.

Aki, K. and Richards, P. G., 1980. *Quantitative Seismology. Theory and Methods.* **1** & **2**. San Francisco: W. H. Freeman. 1-932. 安芸敬一, P. G. 理查兹, 1986. 定量地震学. 第**1, 2**卷. 李钦祖, 邹其嘉等译. 北京: 地震出版社. 1-406, 1-620.

Ambraseys, N. N. and Zatopek, A., 1968. The Varto Ustukran (Anatolia) earthquake of 19 August, 1966. *Bull. Seismol. Soc. Am.* **58:** 47-102.

Båth, M., 1979. *Introduction to Seismology.* Basel: Birkhauser Verlag. 1-428.

Båth, M., 1966. Earthquake energy and magnitude In: Ahrens, L. H. (ed.), *Physics and Chemistry of the Earth*. New York: Pergamon Press. 117-165.

Båth, M. and Benioff, H., 1958. The aftershock sequence of the Kamchatka earthquake of November 4, 1952. *Bull Seismol. Soc. Am.* **48**: 1-15.

Benioff, H., 1951. Earthquakes and rock creep. I. Creep characteristics of rocks and the origin of aftershocks. *Bull. Seismol. Soc. Am.* **41**: 31-62.

Ben-Menahem, A., and Toksöz, 1963. Source mechanism from spectra of long period surface waves. *J. Geophys. Res.* **68**: 5207-5222.

Ben-Menahem, A. and Singh, S. J., 1981. *Seismic Waves and Sources*. New York, Heidelberg, Berlin: Springer-Verlag. 1-1108.

Brace, W. F. and Byerlee, J. D., 1966. Stick-slip as a mechanism for earthquakes. *Science* **153**: 990-992.

Brune, J. N., 1970. Tectonic stress and spectra of seismic shear waves from earthquakes. *J. Geophys. Res.* **75**: 4997-5009.

Brune, J. N., 1971. Correction. *J. Geophys. Res.* **76**: 5002.

Brune, J. N., 1976. The physics of earthquake strong motion. In: Lomnitz, C. and Rosenblueth, E. (eds.), *Seismic Risk and Engineering Decisions*. New York: Elsevier. 141-171.

Brune, J. N., Henyey, T. L. and Roy, R. F., 1969. Heat flow, stress, and the rate of slip along the San Andreas fault, California. *J. Geophys. Res.* **74**: 3821-3827.

Byerlee, J. D., 1978. Friction of rocks. *Pure Appl. Geophys.* **116**: 615-626.

Choy, G. I. and Boatwright, I. L., 1995. Global patterns of radiated seismic energy and apparent stress. *J. Geophys. Res.* **100**: 18205-18228.

Cocco, M., Spudich, P. and Tinti, E., 2006. On the mechanical work absorbed on faults during earthquake ruptures. In: Abercrombie, R., McGarr, A., Toro, G. D. and Kanamori, H. (eds.), *Earthquakes: Radiated Energy and the Physics of Faulting*. AGU Geophysical Monograph **170**, Washington, DC: AGU. 237-254.

Dahlen, F. A., 1972. Elastic dislocation theory for a self-gravitating elastic configuration with an initial static stress field. *Geophys. J.* **8**: 357-383.

Dahlen, F. A., 1977. The balance of energy in earthquake faulting. *Geophys. J. R. astr. Soc.* **48**: 239-260.

Dahlen, F. A. and Tromp, J., 1998. *Theoretical Global Seismology*. Princeton N J: Princeton University Press, 1-1025.

DeNoyer, J., 1959. Determination of the energy in body and surface waves, Pt. II. *Bull. Seismol Soc. Am.* 49: 1-10.

Dieterich, J. H., 1973. A deterministic near-field source model. *Proceedings of the 5th World Conference of Earthquake Engineering, Rome*. 2385-2396.

Dieterich, J. H., 1974. Earthquake mechanisms and modeling. *Ann. Rev. Earth Planet. Sci.* **2**: 275-301.

Fukuyama, E., 2005. Radiation energy measured at earthquake source. *Geophys. Res. Lett.* **32**: L13308.

Galitzin, B., 1915. Sur letremblement de terre du 18 février, 1911. *Comptes Rendus*. **160**: 810-813.

Gibowicz, S. J., 1986. Physics of fracturing and seismic energy release: A review. *Pure Appl. Geophys.* **124**: 612-658.

Gutenberg, B. and Richter, C. F., 1942. Earthquake magnitude, intensity, energy and acceleration. *Bull. Seismol. Soc. Am.* **32**: 163-191.

Gutenberg, B. and Richter, C. F., 1956. Magnitude and energy of earthquakes. *Ann. Geofisica* **9**: 1-15.

Haskell, N. A., 1964. Total energy and energy spectral density of elastic wave radiation from propagating fault. Part II. *Bull. Seismol. Soc. Am.* **54**: 1811-1842.

Henyey, T. L. and Wasserburg, G. J., 1971. Heat-flow near major strike-slip faults in California. *J. Geophys. Res.* **76**: 7924-7946.

Housner, G. W., 1955. Properties of strong ground motion earthquakes. *Bull. Seismol. Soc. Am.* **45**: 197-218.

Husseini, M. I., 1977. Energy balance for motion along a fault. *Geophys. J. R. astr. Soc.* **49**: 699-714.

Husseini, M. I., Jovanovich, D. B., Randall, M. J. and Freund, L. B., 1975. The fracture energy of earthquakes. *Geophys. J. R. astr. Soc.* **43**: 367-385.

Hutchinson, R. O., 1954. The Kamchatha earthquakes of November 1952. *Earthquake Notes* **25**(3-4): 37-41.

Jeffreys, H., 1923, The Parnir earthquake of 1911 February 18, in relation to the depth of earthquake foci. *Mon. Not. R. Astr. Soc., Geophys. Suppl.* **1**: 22-31.

Jeffreys, H., 1942. On the mechanics of faulting. *Geol. Mag.* **79**: 291-295.

Jeffreys, H., 1976. *The Earth: Its Origin, History, and Physical Constitution*. 6th edition. Cambridge: Cambridge University Press. 1-574. H. 杰弗里斯, 1985. 地球: 它的起源、历史和物理组成. 张焕志, 李致森译. 北京: 科学出版社. 1-437.

Kanamori, H., 1977. The energy release in great earthquakes. *J. Geophys. Res.* **82**: 2981-2987.

Kanamori, H. 1980. The state of stress in the Earth's lithosphere. In: Dziewonski, A. M. and Boschi, E. (eds.), *Physics of the Earth's Interior*. Amsterdam: North Holland Publishing Company. 531-554.

Kanamori, H., 1994. Mechanics of earthquakes. *Ann. Rev. Earth Planet. Sci.* **22:** 207-237.

Kanamori, H., 2001. Energy budget of earthquakes and seismic efficiency. In: Teisseyre, R. and Majewski, E. (eds.), *Thermodynamics and Phase Transformations in the Earth's Interior*. Chapter 11. Academic Press: New York. 293-305.

Kanamori, H. and Anderson, D. L., 1975. Theoretical basis of some empirical relations in seismology. *Bull. Seismol. Soc. Am.* **65**: 1073-1095.

Kanamori, H. and Heaton, T. H., 2000. Microscopic and macroscopic physics of earthquakes. In: Rundle, J. B., Turcotte, D. L. and Klein, W. (eds.), *GeoComplexity and the Physics of Earthquakes*. AGU Monograph **120**, Washington, DC: AGU. 147-163.

Kanamori, H. and Rivera, L., 2006. Energy partitioning during an earthquake. In: Abercrombie, R., McGarr, A., Toro, G. D. and Kanamori, H. (eds.), *Earthquakes: Radiated Energy and the Physics of Faulting.* AGU Geophysical Monograph **170**, Washington, DC: AGU. 3-13.

Kasahara, K., 1981. *Earthquake Mechanics*. Cambridge: Cambridge University Press. 1-261. 笠原庆一, 1986. 地震力学. 赵仲和译. 北京: 地震出版社. 1-248.

Keylis-Borok, V. I., 1959. On estimation of the displacement in an earthquake source and source dimension. *Ann. Geofisica*. **12**: 205-214.

Kikuchi, M. and Fukao, Y., 1988. Seismic wave energy inferred from long-period body wave inversion. *Bull. Seismol. Soc. Am.* **78**: 1707-1724.

Knopoff, L., 1958. Energy release in earthquakes. *Geophys. J. MNRAS* **1**: 44-52.

Kostrov, B. V. and Das, S., 1988. *Principles of Earthquake Source Mechanics*. Cambridge: Cambridge University Press. 1-286.

Kozák, J. and Wanick, I. (eds.), 1987. *Physics of Fracturing and Seismic Energy Release*. Basel: Birkhäuser.

Lachenbruch, A. H., 1980. Frictional heating, fluid pressure, and the resistance to fault motion. *J. Geophys. Res.* **85**: 6097-6112.

Lachenbruch, A. H. and Sass, J. H., 1973. Thermo-mechanical aspects of the San Andreas fault system. In: Nur, A. (ed.), *Proc. Conf. Tectonic Problems of the San Andreas Fault System*. Stanford: Stanford

University Press. 192-205.

Lachenbruch, A. H. and Sass, J. H., 1980. Heat flow and energetics of the San Andreas fault zone. *J. Geophys. Res.* **85**: 6185-6223.

Lachenbruch, A. H. and Sass, J. H., 1988. The stress-heat flow paradox and thermal results from Cajon Pass. *Geophys. Res. Lett.* **15**: 981-984.

Lay, T. and Wallace, T. C., 1995. *Modern Global Seismology.* San Diego: Academic Press. 1-521.

Lee, W. H. K., Kanamori, H., Jennings, P. C. and Kisslinger, C. (eds.), 2002. *International Handbook of Earthquake and Engineering Seismology*. Part **A.** San Diego: Academic Press. 1-1933.

McCowan, D. W. and Dziewonski, A. M., 1977. An application of the energy-moment tensor relation to estimation of seismic energy by point and line source. *Geophys. J. R. astr. Soc.* **51**: 531-544.

McGarr, A., 1999. On relating apparent stress to the stress causing earthquake fault slip. *J. Geophys. Res.* **104**: 3003-3011.

McKenzie, D. P. and Brune, J. N., 1972. Melting on fault planes during large earthquakes. *Geophys. J. R. astr. Soc.* **29**: 65-78.

Orowan, E., 1960. Mechanism of seismic faulting. In: Griggs, D. and Hardin, J. (eds.), *Rock Deformation.* Geol. Soc. Am. Mem. **79**, Baltimore, MD: GSA. 323-345.

Richter, C. F., 1958. *Elementary Seismology.* San Francisco: W. H. Freeman. 1-768.

Rivera, L. and Kanamori, H., 2005. Representations of the radiated energy in earthquakes. *Geophys. J. Int.* **162**: 148-155.

Rudnicki, J. W. and Freund, L. B. 1981. On energy radiation from seismic sources. *Bull. Seismol. Soc. Am.* **71**: 583-595.

Rundle, J. B., Turcotte, D. L. and Klein, W. (eds.), 2000. *GeoComplexity and the Physics of Earthquakes.* AGU Monograph **120**, Washington, DC: AGU. 1-284.

Sagisaka, K., 1954. On the energy of earthquakes. *Geophys Mag.* **26**: 53-82.

Savage, J. C., 1969. Steketee's paradox. *Bull. Seismol. Soc. Am.* **59**: 381-384.

Savage, J. C., 1980. Dislocations in seismology. In: Nabarro, F. R. N. (ed.), *Dislocations in Solids*, Vol. **3**, *Moving Dislocations.* Amsterdam: North-Holland Publishing Company. 251-340.

Savage, J. C. and Walsh, J. B., 1978. Gravitational energy and faulting. *Bull. Seismol. Soc. Am.* **68**: 1613-1622.

Savage, J. C. and Wood, M. D., 1971. The relation between apparent stress and stress drop. *Bull. Seismol. Soc. Am.* **61**: 1381-1388.

Scholz, C. H., 1990. The Mechanics of Earthquakes and Faulting 1st edition. New York: Cambridge University Press. 1-439.

Scholz, C. H., 2002. *The Mechanics of Earthquakes and Faulting.* 2nd edition. Cambridge: Cambridge University Press. 1-471.

Shearer, P. M., 1999. *Introduction to Seismology*. Cambridge: Cambridge University Press. 1-260.

Sibson, R. H. 1982. Fault zone models, heat flow, and the depth distribution of earthquakes in the continental crust of the United States. *Bull. Seismol. Soc. Am.* **72**: 151-163.

Singh, S. K. and Ordaz, M., 1994. Seismic energy release in Mexican subduction zone earthquakes. *Bull. Seismol. Soc. Am.* **84**: 1533-1550.

Spottiswoode, S. M. and McGarr, A., 1975. Source parameters of tremors in a deep-level gold mine. *Bull.*

Seismol. Soc. Am. **65**: 93-112.

Spottiswoode, S. M., 1984. Seismic deformation around Blyvooruitzicht Gold Mine. In: Gay, N. C. and Wainwright, E. H. (eds.), *Proc. 1st Int. Cong. Rockbursts and Seismicity in Mines.* Johannesburg: South Africa Ins. Min. Met. 29-37.

Starr, A. T., 1928. Slip in a crystal and rupture in a solid due to shear. *Proc. Camb. Phil. Soc.* **24**: 489-500.

Steketee, J. A., 1958a. On Volterra's dislocations in a semi-infinite elastic medium. *Can. J. Phys.* **6**: 192-205.

Steketee, J. A., 1958b. Some geophysical applications of the elasticity theory of dislocations. *Can. J. Phys.* **36**: 1168-1198.

Tsuboi, C., 1933. Investigation on the deformation of the earth's crust found by precise geodetic means. *Jap. J. Astron. Geophys.* **10**: 93-248.

Tsuboi, C., 1956. Earthquake energy, earthquake volume, aftershock area and strength of the earth's crust. *J. Phys. Earth* **40**: 63-66.

Udías, A., 1999. *Principles of Seismology.* Cambridge: Cambridge University Press. 1-475.

Vassiliou, M. S. and Kanamori, H., 1982. The energy release in earthquakes. *Bull. Seismol. Soc. Am.* **72**: 371-387.

Venkataraman, A. and Knamari, H., 2004. Effect of directivity on estimates of radiated seismic energy. *J. Geophys. Res.* **109**: B04301.

Wyss, M. and Brune, J. N., 1968. Seismic moment, stress and source dimensions for earthquakes in the California-Nevada region. *J. Geophys. Res.* **73**: 4681-4694.

Wyss, M. and Brune, J. N., 1971. Regional variations of source properties in Southern California estimated from the ratio of short- to long-period amplitudes. *Bull. Seismol. Soc. Am.*, **61**: 1153-1167.

Yamashita, T., 1976. On the dynamical process of fault motion in the presence of friction and inhomogeneous initial stress. Part I. Rupture propagation. *J. Phys. Earth* **24**: 417-444.

Yoshiyama, R., 1963. Note on earthquake energy. *Bull Earthq. Res. Inst., Tokyo Univ.* **41**: 687-697.

Zoback, M. D., Zoback, M. L., Mount, V. S., Suppe, J., Eaton, J. P., Healy, J. H., Oppenheimer, D., Reasenberg, P., Jones, L., Raleigh, C. B., Wong, I. G., Scotti, O. and Wentworth, C., 1987. New evidence on the state of stress of the San Andreas fault system. *Science* **238**: 1105-1111.

Костров, Б. В., 1974. Сейсмический момент, энергия землетрясения и сейсмическое течение горных масс. *Изв. АН СССР, Физика Земли* (1): 23-40.

Костров, Б. В., 1975. *Механика Очага Тектонического Землетрясения*. Москва: Издателвство《Наука》, АН СССР. 1-176. Б. В. 科斯特罗夫, 1979. 构造地震震源力学. 冯德益, 刘建华, 汤泉译. 北京: 地震出版社. 1-204.

Костров, Б. В., Никитин, Л. В. и Флитман, Л. М. 1969. Механка хрупкого расзрушения. *Изв АН СССР, Механика Твердого Тела* (3): 112-125.

第七章　地震矩张量

第一节　地震的震源：从双力偶到地震矩张量

震源物理是当代地震学的一个重要的前沿领域．自 20 世纪 70 年代后期以来，随着微电子技术的发展，各国地震观测台网相继使用了宽频带、大动态范围、数字记录地震仪，地震记录资料的质量明显改进；同时，计算合成(理论)地震图的水平亦有所提高．观测技术的进步和解释能力的提高，极大地推动了对震源物理过程研究的进展．

地球物理学、大地测量学和地质学研究都表明浅源地震是由快速扩展的断层错动，即地球介质内部的破裂面上的滑动产生的．震源区内发生的物理过程并非线弹性过程，但在涉及地震波的辐射问题时，如果以适当的方式将震源区运动的非线性加以考虑，仍可应用线性的波传播理论．引进等效力，即在地球表面产生的位移与由震源区内的实际物理过程在地球表面产生的位移相同的力，便可做到这点(Aki and Richards, 1980; Ben-Menahem and Singh, 1981)．天然地震是由于地球介质承受应力的能力骤然降低而自发地发生于地球介质内部的一种快速破裂现象，是一种内源(indigenous source)．既然如此，就不宜用单力表示它，也不宜用单力偶表示它．在地震学历史上曾以单力偶或无矩双力偶表示地震的震源(Byerly, 1926, 1930; Кейлис-Борок, 1957; Keylis-Borok, 1957; Honda, 1957, 1961, 1962)，或以位错表示作为地震震源的地球介质内部的面上的滑动——断层错动(Введенская, 1956; Steketee, 1958a, b, 1975; Balakina *et al*., 1961)．从力学观点看，无矩双力偶是一种可以接受的最简单形式的震源，因为这种形式的震源满足作为内源的力学条件，即净力和净力矩都等于零．丸山卓男(Maruyama, 1963, 1964)最先指出，各向同性介质中有限尺度的平面断层的滑动在力学上与分布于断层面上的双力偶是严格地等效的．几乎同时，Burridge 和 Knopoff(1964)也得出，对于更一般的情形，即非均匀、各向异性介质中有限尺度的、不一定是平面的断层的滑动，上述等效性依然成立．

地下核爆炸或化学爆炸引起的体积突然膨胀，以及发生于地球内部的快速扩展的亚稳相变或由相变引起的崩塌(体积突然收缩)，都可激发地震．从最一般的观点出发，各种地震震源可以统一地用弹性多极子表示(Gilbert, 1970, 1973; Backus and Mulcahy, 1976, 1977; Backus, 1977a, b)．在震源物理研究中，迄今主要涉及的是在点源近似的条件下，作为时间函数的二阶地震矩张量(Randall, 1973; Костров, 1975; Knopoff, 1981; Kostrov and Das, 1988)．二阶地震矩张量在一级近似上客观地、完整地表示了最一般类型的地震震源的等效力．例如，断层错动(剪切位错)等效于双力偶；在轴向应变存在的情况下，剪切模量的突然变化等效于线性矢量偶极子(Knopoff and Randall, 1970)．总之，地震矩张量是一个普遍概念，它描述了各种类型的震源，剪切位错源(双力偶源)只是其中的一种．用矩张量可以客观地表示震源，无须对地震破裂过程的细节作任何先验的假定，也不必预先假定断层的存在．

从观测得到的地震图包含震源、传播路径和地震仪引起的波形畸变(即仪器响应)的信息，是这三种效应的综合结果．无论是研究震源物理过程，还是探测地球介质结构，除了需要对仪器记录产生的畸变进行校正外，还希望能把震源效应和传播路径的效应区分开．用矩张量表示地震震源的特性时，就能将震源效应和传播路径的效应分开，而将资料(即记录到的地面运动)、震源和传播路径三者之间的关系归结为一种线性关系．矩张量的引进，可以使确定震源参数的问题线性化：如果已知震源位置和地球介质的结构，由给定的地震矩张量就可线性地正演出位移场的分布；反之，如果已知震源位置和相应的介质模型下的格林函数，那么由记录资料就可线性地反演出表征震源特性的地震矩张量(Gilbert, 1970, 1973; Stump and Johnson, 1977)．

地震矩张量反演的一般方法已被成功地运用于许多不同形式的观测资料，如简正振型资料(Mueller and Murphy, 1971; Murphy and Mueller, 1971; Dziewonski and Gilbert, 1974; Gilbert and Dziewonski, 1975; Gilbert and Buland, 1976; Lay *et al*., 1982; Dziewonski and Woodhouse, 1983a, b; Dziewonski *et al*., 1983; Woodhouse and Dziewonski, 1984; Eissler *et al*., 1986; Eissler and Kanamori, 1987, 1988)、面波资料(McCowan, 1976; Mendiguren, 1977; Aki and Patton, 1978; Patton and Aki, 1979; Patton, 1980; Romanowicz, 1981, 1982; Michael and Geller, 1984; Velasco *et al*., 1993, 1994)、远震体波资料(Burdick and Mellman, 1976; Geller, 1976; Stump and Johnson, 1977; Stretitz, 1978, 1980; Ward, 1980, 1983; Fitch *et al*., 1980, 1981; Dziewonski *et al*., 1981, 1991; Fitch, 1981; Nakanishi and Kanamori, 1982, 1984; Lay *et al*., 1982; Vassiliou, 1984; 李旭和陈运泰, 1996a, b; 刘瑞丰等, 1999; Mozaffari *et al*., 1999)、地下核爆炸的近场宽频带观测资料以及天然地震的近震源宽频带观测资料(Stump and Johnson, 1984; 倪江川, 1987; Wallace *et al*., 1983; Takeo, 1987, 1988, 1992; Hartzell and Mendoza, 1991; Šilený and Panza, 1991; 倪江川等，1991a, b, 1997；Chen *et al*., 1991；周家玉等, 1993; Frohlich, 1995; 周荣茂等, 1999a, b; 刘超等, 2008, 2010a, b, c, d, 2011; Liu *et al*., 2009, 2011; Ford *et al*., 2010)．对于天然地震而言，通过地震矩张量反演，不但可以得出它的主要成分——剪切位错源，同时还可得出它所含的其他成分，如膨胀源和补偿线性矢量偶极(Langston, 1981; Barker and Langston, 1982)．对于地下核爆炸而言，通过地震矩张量反演，不但可以得出它的主要成分——膨胀源，还可得出它所含的非各向同性分量(Sipkin, 1982, 1986a, b)．

在对地震矩张量的研究中，一些工作试图揭示非最佳双力偶成分的起因和特点(Julian *et al*., 1998; Miller *et al*., 1998)．对于部分火山地震，补偿线性矢量偶极分量(CLVD)居主要地位(Chouet, 2003)．发震断层构造的复杂性也会导致较大的补偿线性矢量偶极分量(CLVD)(Kuge and Kawakatsu, 1990, 1992, 1993; Kawakatsu, 1991)．震源过程中的非弹性破碎变形也会产生较大的各向同性分量(ISO 分量)，甚至比最佳双力偶分量(DC 分量)还大(Ben-Zion and Ampuero, 2009)．

震源的矩张量表示以及矩张量反演方法是一种具有广阔应用前景的方法．对于高阶矩张量的研究，在方法和技术上也日臻成熟．如通过有限矩张量反演(Chen, 2005)和破裂过程反演(张勇, 2008)，已可以获取更为丰富的震源信息．随着对地球介质结构了解的不断增进，计算合成(理论)地震图能力的提高，以及高质量的数字化地震记录的大量获取，可望通过矩张量的反演进一步阐明地震的震源物理过程.

第二节　弹性波场的多极子展开

弹性动力学方程的解包括体力、边界值和初值的贡献. 可以证明，边界值和初值与体力是等效的(Burridge and Knopoff, 1964; Knopoff, 1981). 所以，不失一般性，可以将弹性动力学方程的解表示为［参见式(3.202)］

$$u_i(\boldsymbol{r},t)=\int_{-\infty}^{\infty}\mathrm{d}t'\iiint_V G_{ij}(\boldsymbol{r},t;\boldsymbol{r}',t')f_j(\boldsymbol{r}',t')\mathrm{d}V', \tag{7.1}$$

式中，$u_i(\boldsymbol{r},t)$是t时刻、$\boldsymbol{r}$处的位移在x_i方向的分量；$G_{ij}(\boldsymbol{r},t;\boldsymbol{r}',t')$是格林函数，它表示$t'$时刻作用于$\boldsymbol{r}'$处的$x_j$方向的单位脉冲集中力在$t$时刻、$\boldsymbol{r}$处产生的位移在$x_i$方向的分量；在式(7.1)中，$f_j(\boldsymbol{r}',t')$是物理上真实的体力和等效的体力的总和，其意义与式(3.202)的$F_j(\boldsymbol{r}',t')$相同；它与式(3.195)右边第一项中的f_j形式上完全一样，但意义不同.

我们可以把从上述体积V内的有限的震源体积V_0辐射出的弹性波场围绕震源体内的某一参考点作泰勒展开，级数展开式中的每一项的系数都依赖于时间，它等于震源对该参考点的空间矩. 这种级数展开称作弹性波场的多极子展开，展开式中的相应的系数称作多极矩.

弹性动力学波场的多极子展开类似于电动力学中的多极子展开(Stratton, 1941). 弹性动力学波场可在球极坐标下按球谐函数作展开；亦可在直角坐标下作多极子展开(Archambeau, 1968; Backus and Mulcahy, 1976, 1977; Backus, 1977a, b; Stump and Johnson, 1977; Aki and Richards, 1980; Ben-Menahem and Singh, 1968, 1981; Kennett, 1983; Dziewonski and Woodhouse, 1983a, b; Michaels and Geller, 1984). 在直角坐标下，弹性波场的多极子展开既可通过将格林函数展开成泰勒级数求得，也可通过将体力展开成广义函数的级数求得. 我们将证明，这两种展开是完全等效的.

(一)体源的多极子展开

若体力不为零的区域只限于V内的一个有限的区域V_0，那么式(7.1)的空间积分区域仅限于V_0. 如果我们仅讨论边界条件不依赖于时间的情形，那么在这种情形下，格林函数中的时间原点是可以随意移动的，从而式(7.1)可改写为

$$u_i(\boldsymbol{r},t)=\int_{-\infty}^{\infty}\mathrm{d}t'\iiint_{V_0} G_{ij}(\boldsymbol{r},t-t';\boldsymbol{r}',0)f_i(\boldsymbol{r}',t')\mathrm{d}V'. \tag{7.2}$$

如果V_0的线性尺度很小，则可将$G_{ij}(\boldsymbol{r},t-t';\boldsymbol{r}',0)$或$f_j(\boldsymbol{r}',t')$围绕着$V_0$内的某一参考点［亦称作基准点(fiducial point)］$\boldsymbol{r}^0$展开. 这样，在计算$u_i(\boldsymbol{r},t)$时，就无须知道V_0内各点的G_{ij}，而只需知道$\boldsymbol{r}'=\boldsymbol{r}^0$处的$G_{ij}$及其各阶导数.

1. 格林函数的泰勒级数展开

将式(7.2)右边的格林函数在$\boldsymbol{r}'=\boldsymbol{r}^0$点展开成泰勒级数:

$$
\begin{aligned}
G_{ij}(\boldsymbol{r},t-t';\boldsymbol{r}',0) = G_{ij}(\boldsymbol{r},t-t';\boldsymbol{r}^0,0) + (x'_k - x^0_k)\frac{\partial G_{ij}(\boldsymbol{r},t-t';\boldsymbol{r}^0,0)}{\partial x^0_k} \rightarrow \\
+\frac{1}{2!}(x'_{k_1}-x^0_{k_1})(x'_{k_2}-x^0_{k_2})\frac{\partial^2 G_{ij}(\boldsymbol{r},t-t';\boldsymbol{r}^0,0)}{\partial x^0_{k_1}\partial x^0_{k_2}}+\cdots \\
+\frac{1}{n!}(x'_{k_1}-x^0_{k_1})(x'_{k_2}-x^0_{k_2})\cdots(x'_{k_n}-x^0_{k_n})\frac{\partial^n G_{ij}(\boldsymbol{r},t-t';\boldsymbol{r}^0,0)}{\partial x^0_{k_1}\partial x^0_{k_2}\cdots\partial x^0_{k_n}} \\
+\cdots.
\end{aligned}
\tag{7.3}
$$

将上式代入式(7.2)可得

$$
\begin{aligned}
u_i(\boldsymbol{r},t) = \int_{-\infty}^{\infty}\mathrm{d}t'\iiint_{V_0}\Bigg\{G_{ij}(\boldsymbol{r},t-t';\boldsymbol{r}^0,0) + (x'_k - x^0_k)\frac{\partial G_{ij}(\boldsymbol{r},t-t';\boldsymbol{r}^0,0)}{\partial x^0_k} \\
+\frac{1}{2!}(x'_{k_1}-x^0_{k_1})(x'_{k_2}-x^0_{k_2})\frac{\partial^2 G_{ij}(\boldsymbol{r},t-t';\boldsymbol{r}^0,0)}{\partial x^0_{k_1}\partial x^0_{k_2}}+\cdots \\
+\frac{1}{n!}(x'_{k_1}-x^0_{k_1})(x'_{k_2}-x^0_{k_2})\cdots(x'_{k_n}-x^0_{k_n})\frac{\partial^n G_{ij}(\boldsymbol{r},t-t';\boldsymbol{r}^0,0)}{\partial x^0_{k_1}\partial x^0_{k_2}\cdots\partial x^0_{k_n}} \\
+\cdots\Bigg\}f_j(\boldsymbol{r}',t')\mathrm{d}V'.
\end{aligned}
\tag{7.4}
$$

在上式中，$G_{ij}(\boldsymbol{r}, t\text{–}t'; \boldsymbol{r}^0, 0)$ 及其各阶导数与积分变量 $\boldsymbol{r}'$ 无关，因此可将它们移至体积分号之外：

$$
\begin{aligned}
u_i(\boldsymbol{r},t) = \int_{-\infty}^{\infty}\mathrm{d}t' G_{ij}(\boldsymbol{r},t-t';\boldsymbol{r}^0,0)\iiint_{V_0} f_j(\boldsymbol{r}',t')\mathrm{d}V' \\
+\int_{-\infty}^{\infty}\mathrm{d}t'\frac{\partial G_{ij}(\boldsymbol{r},t-t';\boldsymbol{r}^0,0)}{\partial x^0_k}\iiint_{V_0}(x'_k-x^0_k)f_j(\boldsymbol{r}',t')\mathrm{d}V' \\
+\int_{-\infty}^{\infty}\mathrm{d}t'\frac{1}{2!}\frac{\partial^2 G_{ij}(\boldsymbol{r},t-t';\boldsymbol{r}^0,0)}{\partial x^0_{k_1}\partial x^0_{k_2}}\iiint_{V_0}(x'_{k_1}-x^0_{k_1})(x'_{k_2}-x^0_{k_2})f_j(\boldsymbol{r}',t')\mathrm{d}V' \\
+\cdots \\
+\int_{-\infty}^{\infty}\mathrm{d}t'\frac{1}{n!}\frac{\partial^n G_{ij}(\boldsymbol{r},t-t';\boldsymbol{r}^0,0)}{\partial x^0_{k_1}\partial x^0_{k_2}\cdots\partial x^0_{k_n}}\iiint_{V_0}(x'_{k_1}-x^0_{k_1})(x'_{k_2}-x^0_{k_2})\cdots(x'_{k_n}-x^0_{k_n})f_j(\boldsymbol{r}',t')\mathrm{d}V' \\
+\cdots.
\end{aligned}
\tag{7.5}
$$

上式中的体积分是体力 f_j 的各个阶的空间矩，我们把这些体积分称作震源(体力) f_j 的多极矩，把上式称作弹性动力学波场 $u_i(\boldsymbol{r}, t)$ 的多极子展开(式)．

在多极子展开式中的第一项、即最低阶项是体力 f_j 的零阶矩，它表示的是作用于体积 V_0 内的总的体力：

$$F_j(\boldsymbol{r}^0, t') = \iiint\limits_{V_0} f_j(\boldsymbol{r}', t')\mathrm{d}V'. \tag{7.6}$$

零阶矩与参考点 $\boldsymbol{r}^0$ 的选取无关．零阶矩是矢量(一阶张量)．

多极子展开式中的第二项是体力 f_j 的一阶矩，称为地震矩张量，简称矩张量：

$$M_{jk}(\boldsymbol{r}^0, t') = \iiint\limits_{V_0} (x'_k - x^0_k) f_j(\boldsymbol{r}', t')\mathrm{d}V'. \tag{7.7}$$

一阶矩是张量(二阶张量)．

类似地，可以定义体力 f_j 的高阶矩．一般形式的 n 阶矩定义为

$$P_{jk_1k_2\cdots k_n}(\boldsymbol{r}^0, t) = \iiint\limits_{V_0} (x'_{k_1} - x^0_{k_1})(x'_{k_2} - x^0_{k_2})\cdots(x'_{k_n} - x^0_{k_n}) f_j(\boldsymbol{r}', t')\mathrm{d}V'. \tag{7.8}$$

n 阶矩是 n+1 阶张量．

基于体力 f_j 的各阶矩［式(7.6)至式(7.8)］，可将 $u_i(\boldsymbol{r}, t)$ 展开为

$$\begin{aligned} u_i(\boldsymbol{r}, t) = \int_{-\infty}^{\infty} \mathrm{d}t' \Bigg\{ & G_{ij}(\boldsymbol{r}, t-t'; \boldsymbol{r}^0, 0) F_j(\boldsymbol{r}^0, t') \\ & + \frac{\partial G_{ij}(\boldsymbol{r}, t-t'; \boldsymbol{r}^0, 0)}{\partial x^0_k} M_{jk}(\boldsymbol{r}^0, t') + \cdots \\ & + \frac{1}{n!} \frac{\partial^n G_{ij}(\boldsymbol{r}, t-t'; \boldsymbol{r}^0, 0)}{\partial x^0_{k_1} \partial x^0_{k_2} \cdots \partial x^0_{k_n}} P_{jk_1k_2\cdots k_n}(\boldsymbol{r}^0, t') + \cdots \Bigg\}. \end{aligned} \tag{7.9}$$

2. 多极矩的物理意义

多极矩的物理意义可以通过考虑各种形式的点源予以理解．例如，考虑一作用于 $\boldsymbol{r}'=\boldsymbol{r}^0$ 点的集中力

$$f_j(\boldsymbol{r}', t') = F_j(\boldsymbol{r}^0, t')\delta(\boldsymbol{r}' - \boldsymbol{r}^0), \tag{7.10}$$

式中，$\delta(\boldsymbol{r}'-\boldsymbol{r}^0)$ 为三维的狄拉克(Dirac) δ-函数．这个集中力所产生的位移可由上式代入式(7.2)求得

$$u_i(\boldsymbol{r}, t) = \int_{-\infty}^{\infty} G_{ij}(\boldsymbol{r}, t-t'; \boldsymbol{r}^0, 0) F_j(\boldsymbol{r}^0, t')\mathrm{d}t'. \tag{7.11}$$

上式与弹性波场的多极子展开式(7.9)中的零阶矩的项完全一样．这说明，零阶矩引起的弹性波场与如式(7.10)所示的、作用于 $\boldsymbol{r}^0$ 点的集中力完全等效．

对于一阶矩的物理意义可做类似的解释．为此考虑一个作用于 $\boldsymbol{r}'=\boldsymbol{r}^0$ 点的集中力，其空间函数关系由 δ-函数的导数表示：

$$f_j(\boldsymbol{r}', t') = -M_{jk}(\boldsymbol{r}^0, t') \frac{\partial \delta(\boldsymbol{r}' - \boldsymbol{r}^0)}{\partial x'_k}. \tag{7.12}$$

将上式代入式(7.2)可得这个集中力产生的位移：

$$u_i(\boldsymbol{r},t)=-\int_{-\infty}^{\infty}\mathrm{d}t'M_{jk}(\boldsymbol{r}^0,t')\iiint_{V_0}G_{ij}(\boldsymbol{r},t-t';\boldsymbol{r}^0,0)\frac{\partial\delta(\boldsymbol{r}'-\boldsymbol{r}^0)}{\partial x_k'}\mathrm{d}V'$$

$$=\int_{-\infty}^{\infty}M_{jk}(\boldsymbol{r}^0,t')\frac{\partial G_{ij}(\boldsymbol{r},t-t';\boldsymbol{r}^0,0)}{\partial x_k^0}\mathrm{d}t'. \tag{7.13}$$

上式与弹性波场的多极子展开式(7.9)中的一阶矩的项完全一样．这就是说，一阶矩或者说矩张量引起的弹性波场与如式(7.12)所示作用于 $\boldsymbol{r}^0$ 点的、空间函数关系是δ–函数的一阶导数的集中力是完全等效的．

与零阶矩和一阶矩类似，高阶的多极矩相应于作用于 $\boldsymbol{r}^0$ 点的、空间函数关系是δ–函数的高阶导数的集中力．如式(7.13)所示，一阶矩(矩张量)当 $j=k$ 时的矩张量震源是沿$\pm x_j$ 方向作用而力臂沿 x_j 方向伸展的一个无矩的矢量偶极(vector dipole)；当 $j\neq k$ 时则为沿$\pm x_j$ 方向作用、但力臂沿 x_k 方向伸展的一个单力偶．$\partial G_{ij}/\partial x_k^0$ 的 9 个分量称作应变核(Maruyama, 1963, 1964)，它是体力的一阶矩，是一个二阶张量．$\partial G_{ij}/\partial x_k^0$ 的每个分量即等效力如图 3.10 所示．矩张量 M_{jk} 即矢量偶极($\partial G_{ij}/\partial x_k^0$，$k=j$)的强度(偶极矩)或单力偶($\partial G_{ij}/\partial x_k^0$, $k\neq j$)的强度(力偶矩)．

3. 体力的奇异展开

现在换另一种展开法，不对格林函数展开，而对体力展开，也就是把体力展开成作用于 $\boldsymbol{r}'=\boldsymbol{r}^0$ 的集中力及其各阶导数．体力 $f_j(\boldsymbol{r}',t')$ 可以表示成δ–函数的积分：

$$f_j(\boldsymbol{r}',t')=\iiint_{V_0}f_j(\boldsymbol{r},t')\delta(\boldsymbol{r}'-\boldsymbol{r})\mathrm{d}V, \tag{7.14}$$

$$f_j(\boldsymbol{r}',t')=\iiint_{V_0}f_j(\boldsymbol{r},t')\delta(x_1'-x_1)\delta(x_2'-x_2)\delta(x_3'-x_3)\mathrm{d}V. \tag{7.15}$$

将$\delta(\boldsymbol{r}'-\boldsymbol{r})$在 $\boldsymbol{r}=\boldsymbol{r}^0$ 点作泰勒展开：

$$\begin{aligned}\delta(\boldsymbol{r}'-\boldsymbol{r})&=\delta(\boldsymbol{r}'-\boldsymbol{r}^0)+(x_k-x_k^0)\frac{\partial\delta(\boldsymbol{r}'-\boldsymbol{r}^0)}{\partial x_k^0}\\&+\frac{1}{2!}(x_{k_1}-x_{k_1}^0)(x_{k_2}-x_{k_2}^0)\frac{\partial^2\delta(\boldsymbol{r}'-\boldsymbol{r}^0)}{\partial x_{k_1}^0\partial x_{k2}^0}+\cdots\\&+\frac{1}{n!}(x_{k_1}-x_{k_1}^0)(x_{k_2}-x_{k_2}^0)\cdots(x_{k_n}-x_{k_n}^0)\frac{\partial^n\delta(\boldsymbol{r}'-\boldsymbol{r}^0)}{\partial x_{k_1}^0\partial x_{k2}^0\cdots\partial x_{kn}^0}+\cdots.\end{aligned} \tag{7.16}$$

不难看出，

$$\frac{\partial^n\delta(\boldsymbol{r}'-\boldsymbol{r}^0)}{\partial x_{k_1}^0\partial x_{k_2}^0\cdots\partial x_{k_n}^0}=(-1)^n\frac{\partial^n\delta(\boldsymbol{r}'-\boldsymbol{r}^0)}{\partial x_{k_1}'\partial x_{k_2}'\cdots\partial x_{k_n}'}. \tag{7.17}$$

将上式代入式(7.16)可得

$$
\begin{aligned}
\delta(\boldsymbol{r}'-\boldsymbol{r}) = {} & \delta(\boldsymbol{r}'-\boldsymbol{r}^0) - (x_k - x_k^0)\frac{\partial \delta(\boldsymbol{r}'-\boldsymbol{r}^0)}{\partial x_k'} \\
& + \frac{1}{2!}(x_{k_1} - x_{k_1}^0)(x_{k_2} - x_{k_2}^0)\frac{\partial^2 \delta(\boldsymbol{r}'-\boldsymbol{r}^0)}{\partial x_{k_1}' \partial x_{k_2}'} - \cdots + \cdots \\
& + (-1)^n \frac{1}{n!}(x_{k_1} - x_{k_1}^0)(x_{k_2} - x_{k_2}^0)\cdots(x_{k_n} - x_{k_n}^0)\frac{\partial^n \delta(\boldsymbol{r}'-\boldsymbol{r}^0)}{\partial x_{k_1}' \partial x_{k_2}' \cdots \partial x_{k_n}'} + \cdots.
\end{aligned} \tag{7.18}
$$

将上式代入式(7.15)，我们得到：

$$
\begin{aligned}
f_j(\boldsymbol{r}', t') = {} & \delta(\boldsymbol{r}'-\boldsymbol{r}^0)\iiint_{V_0} f_j(\boldsymbol{r}, t')\mathrm{d}V \\
& - \frac{\partial \delta(\boldsymbol{r}'-\boldsymbol{r}^0)}{\partial x_k'}\iiint_{V_0}(x_k - x_k^0) f_j(\boldsymbol{r}, t')\mathrm{d}V \\
& + \frac{1}{2!}\frac{\partial^2 \delta(\boldsymbol{r}'-\boldsymbol{r}^0)}{\partial x_{k_1}' \partial x_{k_2}'}\iiint_{V_0}(x_{k_1} - x_{k_1}^0)(x_{k_2} - x_{k_2}^0) f_j(\boldsymbol{r}, t')\mathrm{d}V \\
& - \cdots + \cdots \\
& + (-1)^n \frac{1}{n!}\frac{\partial^n \delta(\boldsymbol{r}'-\boldsymbol{r}^0)}{\partial x_{k_1}' \partial x_{k_2}' \cdots \partial x_{k_n}'}\iiint_{V_0}(x_{k_1} - x_{k_1}^0)(x_{k_2} - x_{k_2}^0)\cdots(x_{k_n} - x_{k_n}^0) f_j(\boldsymbol{r}, t')\mathrm{d}V \\
& + \cdots.
\end{aligned} \tag{7.19}
$$

把上式代入式(7.2)后便可得到如式(7.5)所示的多极子展开式. 这就是说，若把体力按上式作奇异展开，亦可得到与按式(7.3)对格林函数作泰勒展开得到的同样的结果.

(二)多极矩在坐标系旋转情况下的变换

在某一直角坐标系中的多极矩与经旋转后的坐标系中的多极矩通过矩阵变换相联系. 下面将指出，在这种情形下，n 阶多极矩的坐标变换如同直角坐标系中的 n+1 阶张量的坐标变换.

令 x_p, p=1, 2, 3 为某一直角坐标系，$\boldsymbol{e}_p$ 是沿 x_p 轴的单位矢量，设 x_j', j=1, 2, 3 为与 x_p 坐标系同一个原点的另一直角坐标系(图 7.1)，$\boldsymbol{e}_j'$ 是沿 x_j' 轴的单位矢量，则在 x_p 坐标系中任一矢量 $\boldsymbol{a}$=(a_1, a_2, a_3)的坐标通过下式变换到 x_j' 坐标系中的坐标 $\boldsymbol{a}$=(a_1', a_2', a_3')：

$$
a_j' = \gamma_{jp} a_p, \tag{7.20}
$$

式中，γ_{jp} 是变换后的坐标系的坐标轴相对于原坐标系的坐标轴的方向余弦：

$$
\gamma_{jp} = \boldsymbol{e}_j' \cdot \boldsymbol{e}_p. \tag{7.21}
$$

在新的坐标系中，零阶矩(总的合力)为［参见式(7.6)］

$$
F_j'(\boldsymbol{r}^0, t') = \iiint_{V_0} f_j'(\boldsymbol{r}', t')\mathrm{d}V'.
$$

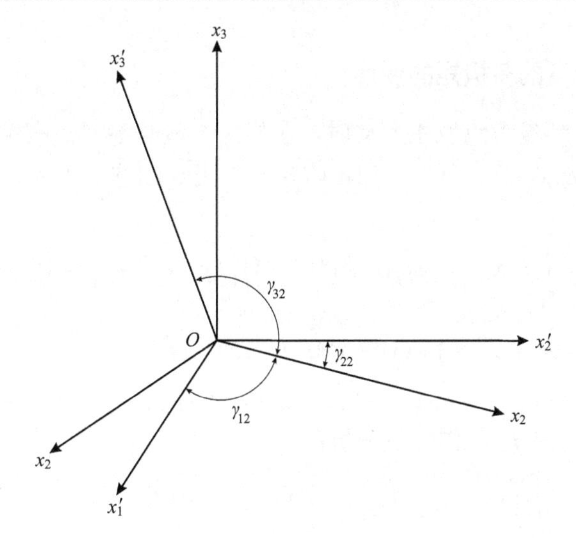

图 7.1　直角坐标系 x_p, p=1, 2, 3 与同一个原点的另一直角坐标系 x_j', j=1, 2, 3

运用式(7.20)，将上式中的 f_j' 以原坐标系表示：

$$F_j'(\boldsymbol{r}^0,t') = \iiint\limits_{V_0} \gamma_{jp} f_p(\boldsymbol{r}',t')\mathrm{d}V'. \tag{7.22}$$

坐标系旋转并不涉及体积元的形变，故上式的积分变量 $\boldsymbol{r}'$可换为 $\boldsymbol{r}$，$\mathrm{d}V'$可换为 $\mathrm{d}V$，于是

$$F_j'(\boldsymbol{r}^0,t') = \gamma_{jp} \iiint\limits_{V_0} f_p(\boldsymbol{r},t')\mathrm{d}V = \gamma_{jp} F_p(\boldsymbol{r}^0,t'). \tag{7.23}$$

所以，任一时刻 t'的零阶矩的变换如同矢量(一阶张量)的变换［参见式(7.20)］一样.

在新的坐标系中，矩张量(即一阶矩)为［参见式(7.7)］

$$\begin{aligned}
M'_{jk}(\boldsymbol{r}^0,t') &= \iiint\limits_{V_0} (x_k' - x_k^{0'}) f_j'(\boldsymbol{r}',t')\mathrm{d}V' = \iiint\limits_{V_0} (x_k' - x_k^{0'})\gamma_{jp} f_p(\boldsymbol{r}',t')\mathrm{d}V' \\
&= \iiint\limits_{V_0} (\gamma_{kq}x_q - \gamma_{kq}x_q^0)\gamma_{jp} f_p(\boldsymbol{r},t')\mathrm{d}V = \gamma_{jp}\gamma_{kq} \iiint\limits_{V_0} (x_q - x_q^0) f_p(\boldsymbol{r},t')\mathrm{d}V \\
&= \gamma_{jp} M_{pq}(\boldsymbol{r}^0,t')\gamma_{kq}
\end{aligned} \tag{7.24}$$

所以，在每一时刻 t'的矩张量(即一阶矩)的变换如同二阶张量的变换一样，矩张量通过矩阵变换相联系：

$$[M'_{jk}] = [\gamma_{jp}][M_{pq}][\gamma_{qk}]^{\mathrm{T}}, \tag{7.25}$$

式中，上角 T 表示矩阵转置.

对于高阶的多极矩，不难得出其变换关系为

$$P'_{jk_1k_2\cdots k_n}(\boldsymbol{r}^0,t') = \gamma_{jp}\gamma_{k_1q_1}\gamma_{k_2q_2}\cdots\gamma_{k_nq_n} P_{pq_1q_2\cdots q_n}(\boldsymbol{r}^0,t'). \tag{7.26}$$

所以在坐标系旋转情况下 n 阶多极矩的变换有如(n+1)阶张量的变换.

(三)参考点变动情况下的多极矩的变换

除了零阶矩外，当参考点发生变动时，多极矩一般与参考点有关．设参考点原先位于 $\boldsymbol{r}^0$，后变更至 $\boldsymbol{r}^1$．从式(7.6)可以看出零阶矩与参考点的选取无关，而从式(7.7)可以看出：

$$\begin{aligned}M_{jk}(\boldsymbol{r}^1,t')&=\iiint\limits_{V_0}(x_k'-x_k^1)f_j(\boldsymbol{r},t')\mathrm{d}V'=\iiint\limits_{V_0}(x_k'-x_k^0+x_k^0-x_k^1)f_j(\boldsymbol{r},t')\mathrm{d}V'\\&=M_{jk}(\boldsymbol{r}^0,t')+(x_k^0-x_k^1)F_j(\boldsymbol{r}^0,t').\end{aligned}\tag{7.27}$$

上式表明，只有当零阶矩 $F_j(\boldsymbol{r}^0,t')=0$ 时，一阶矩 $M_{jk}(\boldsymbol{r}^0,t')$ 才与参考点的选取无关．

对于二阶矩 $P_{jk_1k_2}(\boldsymbol{r}',t')$ 可作类似分析：

$$\begin{aligned}P_{jk_1k_2}(\boldsymbol{r}^1,t')&=\iiint\limits_{V_0}(x_{k_1}'-x_{k_1}^1)(x_{k_2}'-x_{k_2}^1)f_j(\boldsymbol{r}',t')\mathrm{d}V',\\&=\iiint\limits_{V_0}(x_{k_1}'-x_{k_1}^0+x_{k_1}^0-x_{k_1}^1)(x_{k_2}'-x_{k_2}^0+x_{k_2}^0-x_{k_2}^1)f_j(\boldsymbol{r}',t')\mathrm{d}V',\\&=P_{jk_1k_2}(\boldsymbol{r}^0,t')+(x_{k_2}^0-x_{k_2}^1)M_{jk_1}(\boldsymbol{r}^0,t')+(x_{k_1}^0-x_{k_1}^1)M_{jk_2}(\boldsymbol{r}^0,t')\\&\quad+(x_{k_1}^0-x_{k_1}^1)(x_{k_2}^0-x_{k_2}^1)F_j(\boldsymbol{r}^0,t').\end{aligned}\tag{7.28}$$

只有当零阶矩和一阶矩全为零时，二阶矩 $P_{jk_1k_2}(\boldsymbol{r}^0,t')$ 才与参考点的选取无关．

对于高阶的多极矩可作类似的推导，结果是

$$\begin{aligned}&P_{jk_1k_2\cdots k_n}(\boldsymbol{r}^1,t')=P_{jk_1k_2\cdots k_n}(\boldsymbol{r}^0,t'),\\&\text{若}P_{jk_1k_2\cdots k_m}(\boldsymbol{r}^0,t')=0,\qquad m=1,2,\cdots,n-1.\end{aligned}\tag{7.29}$$

根据以上分析，可以得出下述结论：最低阶的非零多极矩与参考点的选取无关，但阶数高于此阶数的多极矩则与参考点的选取有关．

(四)多极矩的相对幅度

在对弹性波场进行多极子展开时最关注的一个问题是在什么条件下可以截断多极子展开．由式(7.9)可以看出，n 阶多极矩对位移的贡献

$$\sim\frac{1}{n!}|G_{ij}|\left(\frac{2\pi}{\lambda}\right)^n\cdot 3^n\cdot L^n\cdot|f_j|=\frac{1}{n!}\left(\frac{6\pi L}{\lambda}\right)^n|G_{ij}|\cdot|f_j|,\tag{7.30}$$

在上式左边中，因子 $(2\pi/\lambda)^n$ 是由对 x_{k_1}，x_{k_2}，$\cdots$，x_{k_n} 求偏导数得出的，λ是所涉及的最小波长；因子 3^n 是由于 $k_1, k_2, \cdots, k_n$ 每一个都要取 1, 2, 3; L 是参考点至 V_0 内任一点的最大距离，即震源体的线性尺度．由上式可见，当$\lambda\gg L$ 时，也即震源体的线性尺度比波长小得多时，只需保留多极子展开式中最低阶的非零项．特别是对于地震震源来说，由于必须满足内源的条件，所以零阶矩即净力 $F_j=0$，从而在展开式中只需保留一阶矩即矩张量的项．如式(7.27)所示，由于 $F_j=0$，一阶矩即矩张量 $M_{jk}(\boldsymbol{r}^0,t')$ 与参考点 $\boldsymbol{r}^0$ 的选取无关，是一个表征震源固有性质的特征量．此外，对于地震震源来说，还必须满足作为内源的

另一个条件即净力矩为零(角动量守恒)的条件(Backus and Mulcahy, 1976; Takei and Kumazawa, 1994, 1995)：

$$\iiint_{V_0}(x_j'-x_j^0)f_k(\boldsymbol{r}',t')\mathrm{d}V'-\iiint_{V_0}(x_k'-x_k^0)f_j(\boldsymbol{r}',t')\mathrm{d}V'=0. \tag{7.31}$$

注意到［参见式(7.7)］上式左边第一个积分即 M_{kj}，第二个积分即 M_{jk}，因此：

$$M_{jk}=M_{kj}. \tag{7.32}$$

即矩张量 M_{jk} 是一个对称的二阶张量(Gilbert, 1970)．

第三节　地震矩张量

如上所述，天然地震是由于地球介质承受应力的能力骤然降低而产生的，它是自然地发生于地球介质内的一种快速破裂现象．所以，天然地震的震源是一种内源．既然如此，就不宜用单力表示它，也不宜用单力偶表示它．传统上，在地震学中是以无矩双力偶即剪切位错来表示地震的震源的．位错元与无矩双力偶在力学上是严格地等效的．从力学观点看，剪切位错源或与之等效的无矩双力偶是一种可以接受的最简单形式的震源，因为这种形式的震源满足作为内源的力学条件，即净力和净力矩都等于零．地震也可以是由地下核爆炸或化学爆炸所激发的，并且还可以是由快速相变所产生的．从最一般的观点看，可以把地震的震源表示为偏离了弹性应变的体积源．地球介质内发生的热膨胀、相变以及塑性形变等都可以导致在某一体积 V_0 内出现无应力的应变(stress-free strain)，也就是“假的”、转换应变(transformation strain)(Rice, 1980; Madariaga, 1981, 1983, 1989, 2011)．我们把这个偏离弹性应变的体积定义为地震的震源体，也就是地震体源．若以 $\mathbf{E}^{\mathrm{T}}=\varepsilon_{pq}^{\mathrm{T}}\boldsymbol{e}_p\boldsymbol{e}_q$ 表示体积 V_0 内的无应力的应变(即与无应力状态瞬时地相对应的应变)，以 $\mathbf{E}=\varepsilon_{pq}\boldsymbol{e}_p\boldsymbol{e}_q$ 表示总应变，那么介质中的弹性应变就是$(\mathbf{E}-\mathbf{E}^{\mathrm{T}})$，而弹性应力 $\mathbf{T}=\tau_{jk}\boldsymbol{e}_j\boldsymbol{e}_k$ 与应变的关系遵从广义虎克定律(图 7.2)：

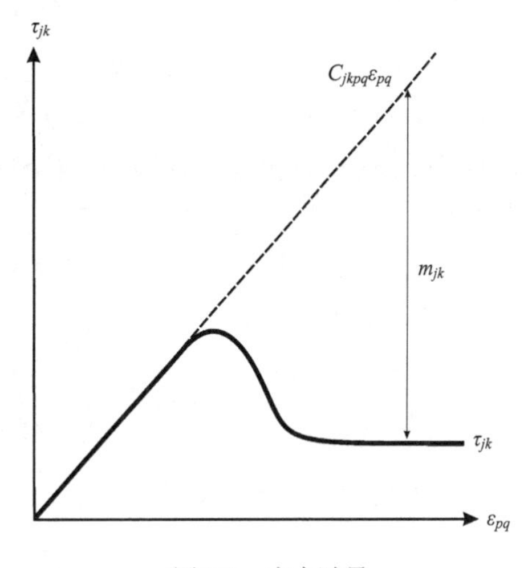

图 7.2　应力过量

图中横坐标表示应变，纵坐标表示应力，m_{jk} 表示与非弹性应变 $\varepsilon_{pq}^{\mathrm{T}}$ 通过线弹性本构关系联系起来的非弹性应力张量，即应力过量

$$\mathbf{T}=\mathbf{C}:(\mathbf{E}-\mathbf{E}^{\mathrm{T}}), \tag{7.33}$$

式中，$\mathbf{C}=C_{jkpq}\boldsymbol{e}_j\boldsymbol{e}_k\boldsymbol{e}_p\boldsymbol{e}_q$ 是弹性模量张量．以分量形式表示，则为

$$\tau_{jk}=C_{jkpq}(\varepsilon_{pq}-\varepsilon_{pq}^{\mathrm{T}}). \tag{7.34}$$

将式(7.33)代入体力 $\boldsymbol{f}$=0 的弹性动力学运动方程［参见第三章式(3.127)与式(3.128)］可

得

$$\nabla\cdot[\mathbf{C}:\mathbf{E}(\boldsymbol{u})]+\boldsymbol{f}^{\mathrm{T}}(\boldsymbol{r},t)=\rho(\boldsymbol{r})\frac{\partial^2\boldsymbol{u}(\boldsymbol{r},t)}{\partial t^2},\tag{7.35}$$

式中，

$$\boldsymbol{f}^{\mathrm{T}}(\boldsymbol{r},t)=-\nabla\cdot(\mathbf{C}:\mathbf{E}^{\mathrm{T}}).\tag{7.36}$$

这说明，分布于体积 V_0 内的无应力应变 $\mathbf{E}^{\mathrm{T}}$ 在力学上与上式所表示的体力 $\boldsymbol{f}^{\mathrm{T}}$ 是等效的. 若以 $\mathbf{m}=m_{jk}\boldsymbol{e}_j\boldsymbol{e}_k$ 表示与非弹性应变 $\mathbf{E}^{\mathrm{T}}$ 通过线弹性的本构关系联系起来的非弹性应力张量，

$$\mathbf{m}=\mathbf{C}:\mathbf{E}^{\mathrm{T}},\tag{7.37}$$

以分量形式表示，则为

$$m_{jk}=C_{jkpq}\varepsilon_{pq}^{\mathrm{T}},\tag{7.38}$$

那么与上式所定义的非弹性应力张量在体积 V_0 内的分布等效的体力分布便是

$$\boldsymbol{f}^{\mathrm{T}}(\boldsymbol{r},t)=-\nabla\cdot\mathbf{m}(\boldsymbol{r},t),\tag{7.39}$$

$\mathbf{m}(\boldsymbol{r},t)$ 称作地震矩密度张量，也称作应力过量(stress glut)张量(Backus and Mulcahy, 1976, 1977; Backus, 1977a, b). 由式(7.33)与式(7.37)可知，应力过量张量 m_{jk} 是按物理上真实的应变 ε_{pq} 通过线弹性的本构关系计算出的应力［称作模式应力(model stress)］$C_{jkpq}\varepsilon_{pq}$ 与物理上真实的应力 τ_{jk} 之差(图 7.2).

由表示定理可得，当初始位移 $\boldsymbol{u}(\boldsymbol{r},0)=0$ 和初始速度 $\dot{\boldsymbol{u}}(\boldsymbol{r},0)=0$ 时，由非弹性应力张量 $\mathbf{m}$ 所引起的位移是

$$\boldsymbol{u}(\boldsymbol{r},t)=\int_0^t\mathrm{d}t'\iiint_{V_0}\mathbf{G}(\boldsymbol{r},t;\boldsymbol{r}',t')\cdot\boldsymbol{f}^{\mathrm{T}}(\boldsymbol{r}',t')\mathrm{d}V'.\tag{7.40}$$

对上式右边分部积分，即得

$$\begin{aligned}\boldsymbol{u}(\boldsymbol{r},t)=&\int_0^t\mathrm{d}t'\iiint_{V_0}\mathbf{m}(\boldsymbol{r}',t'):\nabla\mathbf{G}^{\mathrm{T}}(\boldsymbol{r},t;\boldsymbol{r}',t')\mathrm{d}V'\\&-\int_0^t\mathrm{d}t'\iiint_{V_0}\nabla\cdot\{\mathbf{G}(\boldsymbol{r},t;\boldsymbol{r}',t')\cdot\mathbf{m}(\boldsymbol{r}',t')\}\mathrm{d}V'.\end{aligned}\tag{7.41}$$

运用高斯定理于上式右边的第二项，可得

$$\begin{aligned}\boldsymbol{u}(\boldsymbol{r},t)=&\int_0^t\mathrm{d}t'\iiint_{V_0}\mathbf{m}(\boldsymbol{r}',t'):\nabla\mathbf{G}^{\mathrm{T}}(\boldsymbol{r},t;\boldsymbol{r}',t')\mathrm{d}V'\\&-\int_0^t\mathrm{d}t'\oiint_{S_0}\mathbf{G}(\boldsymbol{r},t;\boldsymbol{r}',t')\cdot\{\mathbf{m}(\boldsymbol{r}',t')\cdot\boldsymbol{\nu}(\boldsymbol{r}')\}\mathrm{d}S',\end{aligned}\tag{7.42}$$

式中，$\boldsymbol{\nu}(\boldsymbol{r}')$ 是震源体 V_0 的表面 S_0 上的外法线方向. 由于在震源体 V_0 的表面 S_0 上，$\mathbf{m}=0$，所以

$$\boldsymbol{u}(\boldsymbol{r},t)=\int_0^t \mathrm{d}t'\iiint_{V_0}\mathbf{m}(\boldsymbol{r}',t'):\nabla\mathbf{G}^{\mathrm{T}}(\boldsymbol{r},t;\boldsymbol{r}',t')\mathrm{d}V'. \tag{7.43}$$

上式对于任何一种具有内源性质的震源都成立；并且，对于任何一种地球介质的模型，只要能得出相应的格林函数张量 **G**，都可由上式计算 $\boldsymbol{u}$. 用分量形式表示，就是

$$u_i(\boldsymbol{r},t)=\int_0^t \mathrm{d}t'\iiint_{V_0}\frac{\partial G_{ij}(\boldsymbol{r},t;\boldsymbol{r}',t')}{\partial x_k}m_{jk}(\boldsymbol{r}',t')\mathrm{d}V'. \tag{7.44}$$

由角动量守恒定理可以证明，**m** 是一个对称的二阶张量；也就是说，**m** 具有应力张量所具有的一切性质.

地震矩密度张量是震源的位置和时间的广义函数. 例如，下面将会提到，剪切错动断层可以表示为断层面上的地震矩密度张量的一种分布.

第四节　点 矩 张 量

当震源距和所论及的波长远大于震源的尺度时，可以把震源视为点源. 在更一般的情况下，与质心的概念类似，点源表示了一种“矩心”. 点矩张量震源的地震矩密度张量可以表示为

$$\mathbf{m}(\boldsymbol{r},t)=\mathbf{M}(t)\delta(\boldsymbol{r}-\boldsymbol{r}^0), \tag{7.45}$$

式中，$\delta(\boldsymbol{r}-\boldsymbol{r}^0)$ 是狄拉克 δ-函数，$\mathbf{M}(t)$ 是这个点矩张量震源（点源）的地震矩张量：

$$\mathbf{M}(t)=\iiint_{V_0}\mathbf{m}(\boldsymbol{r},t)\mathrm{d}V. \tag{7.46}$$

和 **m** 一样，**M** 也具有应力张量所具有的一切性质，如对称性，等等.

将式(7.45)代入式(7.43)，可得

$$\boldsymbol{u}(\boldsymbol{r},t)=\int_0^t \mathbf{M}(t'):\nabla\mathbf{G}^{\mathrm{T}}(\boldsymbol{r},t;\boldsymbol{r}^0,t')\mathrm{d}t', \tag{7.47}$$

以分量形式表示，则为［参见式(3.127)］

$$u_i(\boldsymbol{r},t)=\int_0^t \frac{\partial G_{ij}(\boldsymbol{r},t;\boldsymbol{r}^0,t')}{\partial x_k^0}M_{jk}(t')\mathrm{d}t'. \tag{7.48}$$

在均匀、各向同性和完全弹性的无限介质中，点矩张量震源所辐射的远场体波的表示式与位错点源所辐射的远场体波表示式在形式上完全一样，即［参见第三章式(3.300)］：

$$u_i(\boldsymbol{r},t)=\frac{\gamma_i\gamma_j\gamma_k}{4\pi\rho\alpha^3R}\dot{M}_{jk}\left(t-\frac{R}{\alpha}\right)-\frac{(\gamma_i\gamma_j-\delta_{ij})\gamma_k}{4\pi\rho\beta^3R}\dot{M}_{jk}\left(t-\frac{R}{\beta}\right), \tag{7.49}$$

只不过上式中的 $M_{jk}(t)$ 表示的是一般形式的点源的地震矩张量. 不言而喻，位错点源的相应的公式可以视为上式的特殊情形［参见第三章式(3.300)至式(3.303)］.

在以震源为原点的球极坐标$(R,\ \theta,\ \phi)$中，一般形式的点矩张量震源辐射的远场体波可以表示为一种优美简洁的形式［参见第三章式(3.304)至式(3.307)］：

$$\boldsymbol{u}(\boldsymbol{r},t)=u_R^{\mathrm{P}}(\boldsymbol{r},t)\boldsymbol{e}_R+u_\theta^{\mathrm{S}}(\boldsymbol{r},t)\boldsymbol{e}_\theta+u_\phi^{\mathrm{S}}(\boldsymbol{r},t)\boldsymbol{e}_\phi, \tag{7.50}$$

$$u_R^{\mathrm{P}}(\boldsymbol{r},t)=\frac{1}{4\pi\rho\alpha^3R}\dot{M}_{RR}\left(t-\frac{R}{\alpha}\right), \tag{7.51}$$

$$u_\theta^{\mathrm{S}}(\boldsymbol{r},t)=\frac{1}{4\pi\rho\beta^3R}\dot{M}_{\theta R}\left(t-\frac{R}{\beta}\right), \tag{7.52}$$

$$u_\phi^{\mathrm{S}}(\boldsymbol{r},t)=\frac{1}{4\pi\rho\beta^3R}\dot{M}_{\phi R}\left(t-\frac{R}{\beta}\right), \tag{7.53}$$

式中，$\dot{M}_{RR},\dot{M}_{\theta R},\dot{M}_{\phi R}$分别是地震矩张量$\mathbf{M}(t)$在球极坐标系$(R,\ \theta,\ \phi)$中的三个分量$M_{RR},M_{\theta R},M_{\phi R}$的时间微商，$\boldsymbol{e}_R, \boldsymbol{e}_\theta, \boldsymbol{e}_\phi$分别是$R, \theta, \phi$方向的单位矢量；也可以说，矢量$(M_{RR}, M_{\theta R}, M_{\phi R})$是球极坐标中的地震矩张量的径向分量．这是因为，$(\mathbf{M}\cdot\boldsymbol{e}_R)$是$\mathbf{M}$的径向分量，因而$M_{RR}$是矢量$(\mathbf{M}\cdot\boldsymbol{e}_R)$在径向的分量，且以P波速度$\alpha$传播；$M_{\theta R}$和$M_{\phi R}$表示矢量$(\mathbf{M}\cdot\boldsymbol{e}_R)$在切向的两个互相垂直的分量，它们均以S波速度$\beta$传播．于是[参见第三章式(3.308)至式(3.310)]

$$M_{RR}=\boldsymbol{e}_R\cdot\mathbf{M}\cdot\boldsymbol{e}_R, \tag{7.54}$$

$$M_{\theta R}=\boldsymbol{e}_\theta\cdot\mathbf{M}\cdot\boldsymbol{e}_R, \tag{7.55}$$

$$M_{\phi R}=\boldsymbol{e}_\phi\cdot\mathbf{M}\cdot\boldsymbol{e}_R. \tag{7.56}$$

正如式(7.49)和式(7.51)至式(7.53)所表示的，点矩张量震源所辐射的远场体波正比于矩张量的时间微商即矩张量的变化率．这意味着，如果矩张量表示的是一种很缓慢的局部性的非弹性应力的话，那么该矩张量实际上不会辐射出地震波．只有矩张量的快速变化才会辐射出强烈的地震波．大多数地震是矩张量在几秒至几十秒或百余秒钟之内急速地释放的过程；换句话说，大多数地震是上升时间仅有几秒至几十秒或百余秒钟的快速变化过程．所以，如果所论及的地震波周期远大于矩张量的上升时间，那么可以用

$$\mathbf{M}(t)=\mathbf{M}H(t) \tag{7.57}$$

近似地表示矩张量．从而矩张量的变化率

$$\dot{\mathbf{M}}(t)=\mathbf{M}\delta(t). \tag{7.58}$$

在以上两式中，$H(t)$与$\delta(t)$分别是亥维赛(Heaviside)单位阶跃函数与狄拉克δ-函数．这就是说，除了特别大的地震以外，对于周期很长的地震波而言，大多数的地震犹如持续时间很短暂的脉冲源．用数字化的长周期地震波资料确定地震的矩张量，正是基于这个前提．要确定对称的矩张量的六个独立的分量，需要有足够多的观测资料．为了减少求解的非唯一性，需要引进另外一些假设．最常用的假设是地震是由平面断层上的剪切错动引起的．对于平面剪切位错源，矩张量的独立的分量减少为4个．

如果我们将矩张量的对称部分(亦称各向同性部分)$P\mathbf{I}$和偏量部分$\mathbf{M}'$分开表示：

$$\mathbf{M}=P\mathbf{I}+\mathbf{M}', \tag{7.59}$$

式中，$\mathbf{I}$ 是单位张量，那么将上式代入式(7.54)至式(7.56)就可发现，只有 P 波才能携带有关矩张量对称部分的信息；S 波只传播有关矩张量偏量部分的信息．换句话说，在均匀、各向同性介质中，爆炸源或内向爆炸源只激发 P 波．

第五节　地震矩张量的简单物理解释

前面已经提到，地震矩张量表示的是对弹性形变的偏离，或者说是非弹性的应力张量(应力过量)．这里，从弹性动力学场论的角度对地震矩张量作一简单的物理解释(Eshelby, 1957, 1973; Rice, 1980; Madariaga, 1983)．

首先，我们注意到，如式(7.37)和式(7.38)所示，地震矩密度张量 $\mathbf{m}$ 是通过线弹性的本构关系与非弹性应变 $\mathbf{E}^{\mathrm{T}}$ 相联系的．用分量形式表示，就是［参阅式(7.38)］

$$m_{jk}=C_{jkpq}\varepsilon_{pq}^{\mathrm{T}}.$$

非弹性应变 $\mathbf{E}^{\mathrm{T}}$ 的意义可借助图 7.3 所示的理想实验得到理解．设想从震源区中切割出一个无限小的体积(图 7.3 左上图)，假设由于出现了内部位错，这个小体积自然地发生了某种非弹性应变 $\varepsilon_{pq}^{\mathrm{T}}$，比如说如图 7.3 所示的纯剪切的非弹性应变 $\varepsilon_{12}^{\mathrm{T}}$．如果不是有周围的介质在支撑的话，这个小体积将发生如图 7.3 右上图所示的变形．现在我们对这个小体积的表面施加面力$-m_{jk}\nu_k$，使之恢复到其初始(矩形)状态(图 7.3 右下图)，ν_k 是小体积的表面的外法向．如果震源区的弹性系数不变的话，所施加的应力将是$-m_{jk}=-C_{jkpq}\varepsilon_{pq}^{\mathrm{T}}$．由此可见，所谓地震矩密度张量(非弹性应力、应力过量)乃是为了抵消由于内部的非线性过程所引起的应变所需的内部的应力，或者说，是使该小体积恢复到其初始状

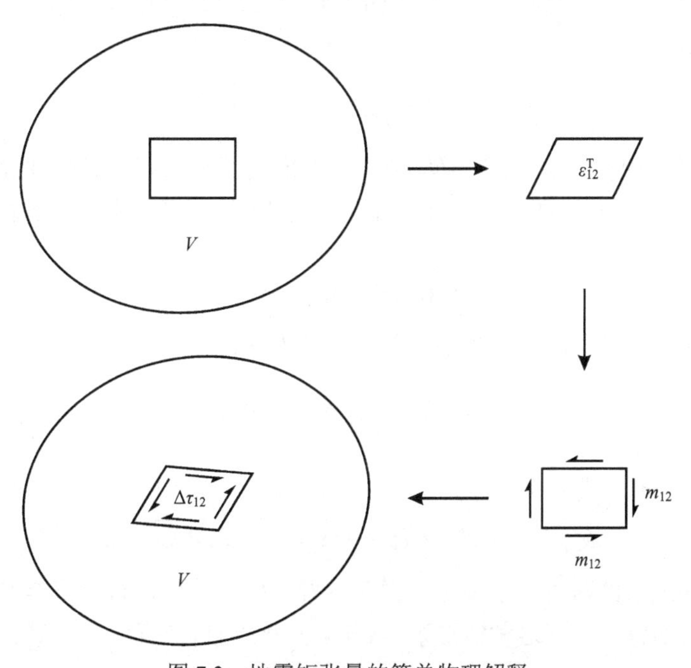

图 7.3　地震矩张量的简单物理解释

态所需的内部的应力．最后，如果我们将这个小体积仍旧放回原处，并松开所施加的应力，则该小体积周围的弹性介质好像受到一个新引进的面力 $m_{jk}\nu_k$ 作用一样，结果，其应力状态将发生调整，达到最终的应力状态．这个应力调整或者说应力变化 (m_{jk}) 便是由非弹性应变所产生的应力变化 $(\Delta\tau_{jk})$，即 $\Delta\tau_{jk}=m_{jk}$．如果所发生的非弹性应变(内应变)起到减小弹性应力的作用，则上述应力变化就是应力降；反之，则为应力增加．

第六节　与位错等效的矩张量

对于均匀、各向同性和完全弹性的无限介质，式(7.45)所表示的点矩张量震源的地震矩密度张量可以表示为

$$m_{jk}(\boldsymbol{r},t)=(\lambda\delta_{jk}\varepsilon_{mm}^{\mathrm{T}}+2\mu\varepsilon_{jk}^{\mathrm{T}})V_0\delta(\boldsymbol{r}-\boldsymbol{r}^0), \tag{7.60}$$

式中，δ_{jk} 为克罗内克尔(Kronecker) δ，即：当 $j=k$ 时，$\delta_{jk}=1$；当 $j\neq k$ 时，$\delta_{jk}=0$．V_0 是震源的体积．所以，点矩张量 $\mathbf{M}(t)$ 便可表示为［参见式(7.46)］

$$\begin{aligned}M_{jk}(t)&=\iiint_{V_0}m_{jk}(\boldsymbol{r},t)\delta(\boldsymbol{r}-\boldsymbol{r}^0)\mathrm{d}V,\\&=\iiint_{V_0}(\lambda\delta_{jk}\varepsilon_{mm}^{\mathrm{T}}+2\mu\varepsilon_{jk}^{\mathrm{T}})V_0\delta(\boldsymbol{r}-\boldsymbol{r}^0)\mathrm{d}V,\\&=(\lambda\delta_{jk}\varepsilon_{mm}^{\mathrm{T}}+2\mu\varepsilon_{jk}^{\mathrm{T}})V_0.\end{aligned} \tag{7.61}$$

若震源是一个法向为 $\boldsymbol{\nu}$，面积为 A，厚度为 h 的很薄的体积，即：

$$V_0=Ah. \tag{7.62}$$

令 h 趋于零，则

$$\lim_{h\to 0}\varepsilon_{jk}^{\mathrm{T}}h=\frac{1}{2}([u_j]\nu_k+[u_k]\nu_j), \tag{7.63}$$

式中，$[u_j]$ 是通过面积为 A 的断层面的位移间断(位错)，ν_k 是断层面的法向 $\boldsymbol{\nu}$ 的方向余弦．若以 $\Delta u(\boldsymbol{r},t)$ 表示断层面上某一点 $\boldsymbol{r}$ 处的位错 $[\boldsymbol{u}(\boldsymbol{r},t)]$ 的幅值，$\boldsymbol{e}$ 表示滑动矢量，则：

$$[\boldsymbol{u}(\boldsymbol{r},t)]=\Delta u(\boldsymbol{r},t)\boldsymbol{e}. \tag{7.64}$$

以 $\overline{\Delta u}(t)$ 表示 $\Delta u(\boldsymbol{r},t)$ 对面积为 A 的整个断层面的平均：

$$\overline{\Delta u}(t)=\frac{1}{A}\iint_{\Sigma}\Delta u(\boldsymbol{r},t)\mathrm{d}\Sigma. \tag{7.65}$$

于是与位错等效的点矩张量为

$$M_{jk}(t)=\{\lambda\delta_{jk}\nu_m e_m+\mu(\nu_j e_k+\nu_k e_j)\}\overline{\Delta u}(t)A. \tag{7.66}$$

包括地震在内的地下的断层错动是在高围压下发生的，一般而言，不会发生法向的位移间断，而是纯剪切错动．在这种情形下，$\boldsymbol{\nu}$ 与 $\boldsymbol{e}$ 互相垂直，从而

$$\boldsymbol{\nu}\cdot\boldsymbol{e}=\nu_m e_m=0. \tag{7.67}$$

所以对于纯剪切错动

$$M_{jk}(t)=M_0(t)(\nu_j e_k+\nu_k e_j), \tag{7.68}$$

式中，

$$M_0(t)=\mu\overline{\Delta u}(t)A. \tag{7.69}$$

将 $\overline{\Delta u}(t)$ 表示成

$$\overline{\Delta u}(t)=DS(t), \tag{7.70}$$

式中，$D=\overline{\Delta u}(\infty)$ 是平均最终错距，$S(t)$ 是归一化的震源时间函数，则

$$M_0(t)=M_0 S(t), \tag{7.71}$$

$$M_0=\mu DA. \tag{7.72}$$

M_0 即标量地震矩(scalar seismic moment)，也称最终地震矩(final seismic moment)或静态地震矩(static seismic moment).

由式(7.68)可以看出，若将$\boldsymbol{\nu}$与 $\boldsymbol{e}$ 互换，结果不变. 也就是说，对于纯剪切错动而言，矩张量 $\mathbf{M}$ 对于$\boldsymbol{\nu}$与 $\boldsymbol{e}$ 是对称的，$\boldsymbol{\nu}$与 $\boldsymbol{e}$ 互换，不影响 $\mathbf{M}$，从而也就不影响位移场［参见式(7.47)或式(7.48)］. $\boldsymbol{\nu}$和 $\boldsymbol{e}$ 的互易性也就是前面已经述及的、由纯剪切错动点源辐射的地震波不能区分两个节平面中哪一个是真正的断层面、哪一个是辅助面(Ampuero and Dahlen, 2005).

对于纯剪切错动而言，地震矩张量仅有 4 个独立的分量. 如式(7.68)所示，这 4 个分量是地震矩 M_0，法向$\boldsymbol{\nu}$的 2 个独立分量，滑动矢量 $\boldsymbol{e}$ 的一个独立的分量. 这是因为，$\boldsymbol{e}$ 和$\boldsymbol{\nu}$各有 3 个分量，共 6 个量，但因它们都是单位矢量，$|\boldsymbol{e}|=1$ 和 $|\boldsymbol{\nu}|=1$，又因它们互相垂直，$\boldsymbol{e}\cdot\boldsymbol{\nu}=0$，故独立的分量减为 3 个. 这 3 个独立的分量和 M_0 合在一起，共有 4 个独立分量. 当然，也可以说，纯剪切错动的地震矩张量的 4 个独立的分量是地震矩 M_0，滑动矢量 $\boldsymbol{e}$ 的两个独立分量，法向$\boldsymbol{\nu}$的 1 个独立的分量.

由于$\boldsymbol{\nu}$与 $\boldsymbol{e}$ 互相垂直，所以由式(7.67)可以求得纯剪切错动的矩张量的迹为零：

$$M_{mm}=0. \tag{7.73}$$

换句话说，纯剪切错动的矩张量的对称部分(各向同性部分)为零. 此外，还可以证明，对于纯剪切错动的矩张量，

$$\begin{vmatrix} M_{11} & M_{12} & M_{13} \\ M_{21} & M_{22} & M_{23} \\ M_{31} & M_{32} & M_{33} \end{vmatrix}=0. \tag{7.74}$$

因为在纯剪切位错源的情况下，上式左边行列式的列矢量是 $\boldsymbol{e}$ 和$\boldsymbol{\nu}$的线性组合.

将纯剪切错动的滑动矢量与断层面法向在地理坐标系(参见第三章图 3.17)中的表示式［参见第三章式(3.350)与式(3.351)］代入式(7.68)，即可得到以断层面的走向ϕ_s，倾角δ，滑动矢量 $\boldsymbol{e}$ 与断层面的走向的夹角(滑动角)λ和标量地震距 M_0 表示的、与纯剪切错动相联系的地震矩张量的分量的表示式：

$$M_{11}=-M_0(\sin\delta\cos\lambda\sin 2\phi_s+\sin 2\delta\sin\lambda\sin^2\phi_s), \tag{7.75}$$

$$M_{22}=M_0(\sin\delta\cos\lambda\sin 2\phi_s-\sin 2\delta\sin\lambda\cos^2\phi_s),\tag{7.76}$$

$$M_{33}=M_0\sin 2\delta\sin\lambda,\tag{7.77}$$

$$M_{12}=M_0(\sin\delta\cos\lambda\cos 2\phi_s+\frac{1}{2}\sin 2\delta\sin\lambda\sin 2\phi_s)=M_{21},\tag{7.78}$$

$$M_{13}=-M_0(\cos\delta\cos\lambda\cos\phi_s+\cos 2\delta\sin\lambda\sin\phi_s)=M_{31},\tag{7.79}$$

$$M_{23}=-M_0(\cos\delta\cos\lambda\sin\phi_s-\cos 2\delta\sin\lambda\cos\phi_s)=M_{32},\tag{7.80}$$

容易通过直接验证再一次证明，对于纯剪切错动的矩张量，M_{jk}满足式(7.73)和式(7.74)两式所示条件.

因此，在纯剪切错动的矩张量的 6 个分量中，只有 4 个是独立的. 这一事实等价于用 4 个独立的断层参量($\phi_s, \delta, \lambda, M_0$)就足以表示纯剪切位错源.

在直角坐标系 x_i, i=1, 2, 3 中，与纯剪切位错相联系的矩张量 **M** 可以表示为

$$\mathbf{M}=\cos\delta\cos\lambda\mathbf{M}^{(1)}+\sin\delta\cos\lambda\mathbf{M}^{(2)}-\cos 2\delta\sin\lambda\mathbf{M}^{(3)}+\sin 2\delta\sin\lambda\mathbf{M}^{(4)},\tag{7.81}$$

式中，

$$\mathbf{M}^{(1)}=M_0\begin{bmatrix}0 & 0 & -\cos\phi_s\\ 0 & 0 & -\sin\phi_s\\ -\cos\phi_s & -\sin\phi_s & 0\end{bmatrix},\tag{7.82}$$

$$\mathbf{M}^{(2)}=M_0\begin{bmatrix}-\sin 2\phi_s & \cos 2\phi_s & 0\\ \cos 2\phi_s & \sin 2\phi_s & 0\\ 0 & 0 & 0\end{bmatrix},\tag{7.83}$$

$$\mathbf{M}^{(3)}=M_0\begin{bmatrix}0 & 0 & \sin\phi_s\\ 0 & 0 & -\cos\phi_s\\ \sin\phi_s & -\cos\phi_s & 0\end{bmatrix},\tag{7.84}$$

$$\mathbf{M}^{(4)}=M_0\begin{bmatrix}-\sin^2\phi_s & \frac{1}{2}\sin 2\phi_s & 0\\ \frac{1}{2}\sin 2\phi_s & -\cos^2\phi_s & 0\\ 0 & 0 & 1\end{bmatrix}.\tag{7.85}$$

每一个 $\mathbf{M}^{(i)}$, i=1, 2, 3, 4 的本征值都是 $M_0, 0, -M_0$，也就是说，每一个 $\mathbf{M}^{(i)}$ 都是纯剪切位错的矩张量. 其实，由式(7.81)可知，$\mathbf{M}^{(1)}$是δ=0，λ=0 时的 **M**，即走向为ϕ_s 的断层面平行于水平面、滑动矢量沿走向的纯左旋走滑断层；$\mathbf{M}^{(2)}$是$\delta=\pi/2$，λ=0 时的 **M**，即走向为ϕ_s 的、直立的、纯左旋走滑断层；$\mathbf{M}^{(3)}$是$\delta=\pi/2$，$\lambda=\pi/2$ 时的 **M**，即走向为ϕ_s 的、直立的、纯倾滑逆断层；$\mathbf{M}^{(4)}$是$\delta=\pi/4$，$\lambda=\pi/2$ 时的 **M**，即走向为ϕ_s 的、倾角为$\pi/4$ 的、纯倾滑逆断层.

图 7.4 以震源球下半球投影的海滩球表示方法表示式(7.82)至式(7.85)所表示的、与纯剪切位错相联系的 4 种基本的纯剪切位错在ϕ_s=0 情况下的矩张量.

式(7.81)表明，与纯剪切位错相联系的倾角δ与滑动角λ都任意的矩张量 **M** 总是可以

表示为 4 种走向相同(都是ϕ_s)的基本的纯剪切位错的矩张量的和．由于矩张量$\mathbf{M}^{(1)}(\phi_s+\pi/2)=\mathbf{M}^{(3)}(\phi_s)$，所以上述结论可以表述为上述矩张量$\mathbf{M}$可以表示为 3 种基本的但走向不限制都相同(即不限制都是ϕ_s)的纯剪切位错的矩张量$\mathbf{M}^{(1)},\mathbf{M}^{(2)},\mathbf{M}^{(4)}$的和．

式(7.75)至式(7.80)是以断层面走向ϕ_s，倾角δ，滑动角λ和标量地震矩 M_0 表示的、与纯剪切错动相联系的地震矩张量的表示式．这些表示式是以如图 3.17 所示的相对于地心(C)的地理坐标系为参考系给出的，是以震源(E)为坐标原点，以 x_1 轴指向正北方向，x_2 轴指向正东方向，x_3 轴沿竖直方向，向下为正(图 7.5a)．这个规定是许多有关体波矩张量工作所采用的规定(Aki and Richards, 1980; Udías, 1999; Kennett, 1983)．有的作者(Kanamori and Given, 1981; Lay and Wallace, 1995)则习惯采用向北、向西、向上分别为地理坐标系的正方向，在这里，分别以(x_1'，x_2'，x_3')表示(图 7.5b)．在这种情况下，后一规定的 x_1' 轴与前者的 x_1 轴一致，而 x_2'，x_3' 轴则与前者的 x_2, x_3 轴反向；相应地，M_{11}, M_{22}, M_{33}, M_{23} 不变，而 M_{12}'，M_{13}' 与前者的反号：

$$\begin{cases} \boldsymbol{e}_1' = \boldsymbol{e}_1, \\ \boldsymbol{e}_2' = -\boldsymbol{e}_2, \\ \boldsymbol{e}_3' = -\boldsymbol{e}_3. \end{cases} \tag{7.86}$$

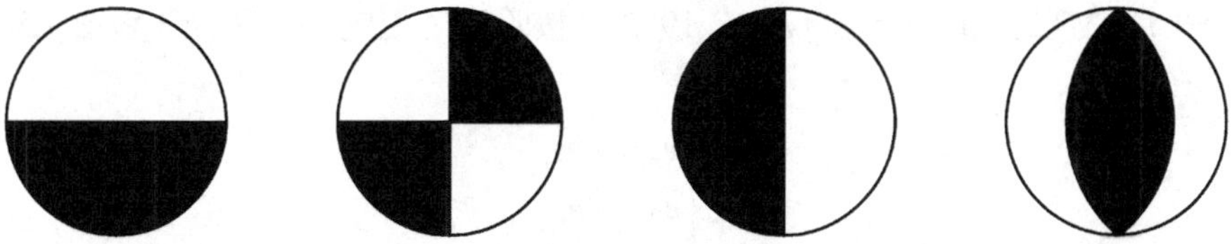

$\mathbf{M}^{(1)}$　　$\mathbf{M}^{(2)}$　　$\mathbf{M}^{(3)}$　　$\mathbf{M}^{(4)}$

图 7.4　以震源球下半球投影的海滩球表示方法表示与纯剪切位错相联系的矩张量的 4 种基本的纯剪切位错的矩张量

图中假定走向$\phi_s=0$

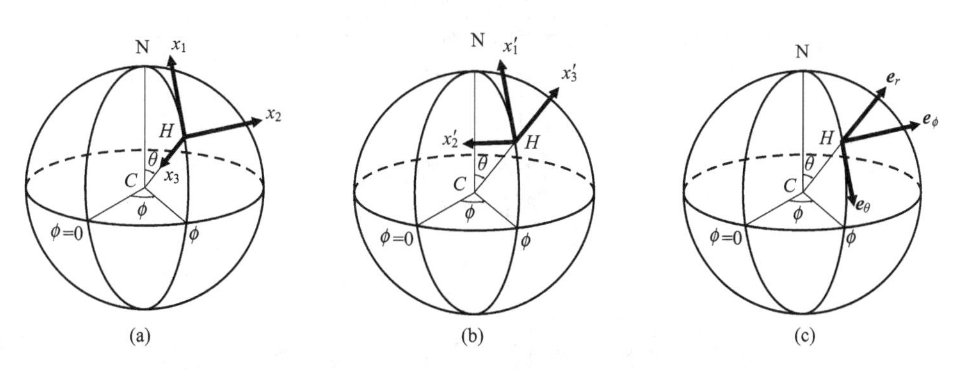

图 7.5　用以表示地震矩张量的、震源(H)相对于地心(C)的地理坐标系

(a)以向北—向东—向下为正方向的地理坐标系(x_1, x_2, x_3)；(b)以向北—向西—向上为正方向的地理坐标系(x_1', x_2', x_3')；(c)以球极坐标系(r, θ, ϕ)的单位矢量($\boldsymbol{e}_r$, $\boldsymbol{e}_\theta$, $\boldsymbol{e}_\phi$)，即以向上—向南—向东为正方向的地理坐标系

$$\begin{cases} M'_{11} = M_{11}, \\ M'_{12} = -M_{12}, \\ M'_{13} = -M_{13}, \\ M'_{22} = M_{22}, \\ M'_{23} = M_{23}, \\ M'_{33} = M_{33}. \end{cases} \tag{7.87}$$

也就是，

$$\begin{bmatrix} M'_{11} & M'_{12} & M'_{13} \\ M'_{12} & M'_{22} & M'_{23} \\ M'_{13} & M'_{23} & M'_{33} \end{bmatrix} = \begin{bmatrix} M_{11} & -M_{12} & -M_{13} \\ -M_{12} & M_{22} & M_{23} \\ -M_{13} & M_{23} & M_{33} \end{bmatrix}. \tag{7.88}$$

另一种常用的表示方法也是采用相对于地心的地理坐标系，但是采用的是球极坐标系(图 7.5c)．这个坐标系是以地心为球极坐标系的坐标原点，震源的球极坐标为(r,θ,ϕ)，r 是地心(C)至震源(H)的距离，以 r 增大的方向为 $\boldsymbol{e}_r$ 方向；θ是余纬，以θ增大的方向为 $\boldsymbol{e}_\theta$方向；ϕ是经度，以经度增大的方向为 $\boldsymbol{e}_\phi$方向．换句话说，震源的球极坐标系(r,θ,ϕ)实际上就是以向上—向南—向东为正方向的右旋坐标系．这个规定是许多有关面波矩张量工作所采用的规定(Dziewonski *et al.*, 1983)．按照这个规定，如图 7.5a 和图 7.5c 所示，在震源所在处，

$$\begin{cases} \boldsymbol{e}_r = -\boldsymbol{e}_3, \\ \boldsymbol{e}_\theta = -\boldsymbol{e}_1, \\ \boldsymbol{e}_\phi = \boldsymbol{e}_2. \end{cases} \tag{7.89}$$

所以，用图 7.5c 所示的球极坐标系(r, θ, ϕ)表示的矩张量的 6 个分量与用图 7.5a 所示的直角坐标系(x_1, x_2, x_3)表示的矩张量的 6 个分量有如下的关系式：

$$\begin{cases} M_{rr} = M_{33}, \\ M_{r\theta} = M_{13}, \\ M_{r\phi} = -M_{23}, \\ M_{\theta\theta} = M_{11}, \\ M_{\theta\phi} = -M_{12}, \\ M_{\phi\phi} = M_{22}. \end{cases} \tag{7.90}$$

也就是，

$$\begin{bmatrix} M_{rr} & M_{r\theta} & M_{r\phi} \\ M_{r\theta} & M_{\theta\theta} & M_{\theta\phi} \\ M_{r\phi} & M_{\theta\phi} & M_{\phi\phi} \end{bmatrix} = \begin{bmatrix} M_{33} & M_{13} & -M_{23} \\ M_{13} & M_{11} & -M_{12} \\ -M_{23} & -M_{12} & M_{22} \end{bmatrix}. \tag{7.91}$$

鉴于不同的作者在他们各自的工作中采用各不相同的坐标系表示矩张量，因此在表示与应用矩张量解时，对于究竟是选取哪种坐标系表示矩张量的问题应予以注意与说明，特别是要注意保持前后一致．

第七节　矩张量的本征值

矩张量是一个二阶张量，它具有应力张量所具有的全部性质，如对称性，等等．和应力张量一样，我们可以用矩张量的本征值来表征它．

若以 $\boldsymbol{a}$ 表示某一平面的法向，以 a_k，k=1, 2, 3 表示 $\boldsymbol{a}$ 的方向余弦，则矩张量 $\mathbf{M}$ 在 $\boldsymbol{a}$ 的投影

$$\mathbf{M}\cdot\boldsymbol{a}=M_{jk}a_k\boldsymbol{e}_j. \tag{7.92}$$

如果矢量 $\mathbf{M}\cdot\boldsymbol{a}//\boldsymbol{a}$，也就是 $\mathbf{M}$ 在该平面的法向 $\boldsymbol{a}$ 上的投影(矢量 $\mathbf{M}\cdot\boldsymbol{a}$)与 $\boldsymbol{a}$ 平行，则称 $\boldsymbol{a}$ 为 $\mathbf{M}$ 的主轴方向，此时

$$\mathbf{M}\cdot\boldsymbol{a}=M\boldsymbol{a}, \tag{7.93}$$

M 即矢量 $\mathbf{M}\cdot\boldsymbol{a}$ 的模．将式(7.92)代入上式可得

$$(M_{jk}-M\delta_{jk})a_k=0. \tag{7.94}$$

方程(7.94)是一组关于 a_k, k=1, 2, 3 的线性齐次方程，只有当这个方程的系数行列式等于零时，a_k 才有非零解．因此

$$\begin{vmatrix} M_{11}-M & M_{12} & M_{13} \\ M_{21} & M_{22}-M & M_{23} \\ M_{31} & M_{32} & M_{33}-M \end{vmatrix}=0. \tag{7.95}$$

上式是一个关于 M 的三次方程：

$$M^3-I_1M^2+I_2M-I_3=0, \tag{7.96}$$

式中，

$$I_1=M_{11}+M_{22}+M_{33}, \tag{7.97}$$

$$\begin{aligned} I_2&=\begin{vmatrix} M_{11} & M_{12} \\ M_{21} & M_{22} \end{vmatrix}+\begin{vmatrix} M_{11} & M_{13} \\ M_{31} & M_{33} \end{vmatrix}+\begin{vmatrix} M_{22} & M_{23} \\ M_{32} & M_{33} \end{vmatrix}, \\ &=(M_{11}M_{22}+M_{22}M_{33}+M_{33}M_{11})-(M_{12}^2+M_{23}^2+M_{13}^2), \end{aligned} \tag{7.98}$$

$$\begin{aligned} I_3&=\begin{vmatrix} M_{11} & M_{12} & M_{13} \\ M_{21} & M_{22} & M_{23} \\ M_{31} & M_{32} & M_{33} \end{vmatrix}, \\ &=(M_{11}M_{22}M_{33}+2M_{12}M_{23}M_{13})-(M_{11}M_{23}^2+M_{22}M_{13}^2+M_{33}M_{12}^2). \end{aligned} \tag{7.99}$$

在写出式(7.98)和式(7.99)两式时，我们运用了 $\mathbf{M}$ 是对称张量的性质[参见式(7.32)]. 今以 $M_1>M_2>M_3$ 表示式(7.96)［或与其相当的式(7.95)］的三个实根，以单位矢量 $\boldsymbol{t}, \boldsymbol{b}, \boldsymbol{p}$ 依次表示与 M_1, M_2, M_3 相应的矩张量的主轴方向．可以证明这三个主轴方向是互相垂直的．为证明这一点，我们以 $\boldsymbol{t}, \boldsymbol{b}$ 两个主轴方向为例．由式(7.93)可以得到：

$$\mathbf{M}\cdot\boldsymbol{t}=M_1\boldsymbol{t}, \tag{7.100}$$

$$\mathbf{M}\cdot\boldsymbol{b}=M_2\boldsymbol{b}. \tag{7.101}$$

以 $\boldsymbol{b}$ 点乘式(7.100)，以 $\boldsymbol{t}$ 点乘式(7.101)，相减后得：

$$(M_1 - M_2)\boldsymbol{t} \cdot \boldsymbol{b} = 0. \tag{7.102}$$

所以如果 $M_1 \neq M_2$, 则 $\boldsymbol{t} \cdot \boldsymbol{b} = 0$, 即 $\boldsymbol{t}$ 与 $\boldsymbol{b}$ 互相垂直. 类似地，可以证明 $\boldsymbol{b}$ 与 $\boldsymbol{p}$, $\boldsymbol{p}$ 与 $\boldsymbol{t}$ 互相垂直.

以上分析表明，地震矩张量的三个主轴方向是三个互相垂直的方向，矩张量在这三个方向的分量完全平行于主轴方向，其模分别为 M_1, M_2, M_3. 我们把 M_1, M_2, M_3 称作地震矩张量的本征值，并且总是采用 $M_1>M_2>M_3$ 的约定，而单位矢量 $\boldsymbol{t}, \boldsymbol{b}, \boldsymbol{p}$ 则分别表示与矩张量的本征值 M_1, M_2, M_3 相应的本征矢量.

把地震矩张量从原坐标系转换到以主轴方向 $\boldsymbol{t}, \boldsymbol{b}, \boldsymbol{p}$ 为坐标轴的坐标系，则可把地震矩张量写成对角线形式：

$$M_{jk} = M_j \delta_{jk}. \tag{7.103}$$

对于最一般形式的地震矩张量，其本征值各不相同；而对于纯剪切错动断层，将式(7.73)和式(7.74)两式分别代入式(7.97)和式(7.99)两式，可得 $I_1=I_3=0$，从而得到其本征值为：

$$M_1 = M_0 = \sqrt{-I_2}, \quad M_2 = 0, \quad M_3 = -M_0. \tag{7.104}$$

例如，对于 $\boldsymbol{\nu}=(1, 0, 0)$, $\boldsymbol{e}=(0, 0, 1)$ 的纯剪切滑动断层，在原坐标系中，其地震矩张量可表示为

$$\mathbf{M} = \begin{bmatrix} 0 & 0 & M_0 \\ 0 & 0 & 0 \\ M_0 & 0 & 0 \end{bmatrix}. \tag{7.105}$$

不难求得，其本征值为：

$$M_1 = M_0, \quad M_2 = 0, \quad M_3 = -M_0, \tag{7.106}$$

在主轴坐标系中，

$$\mathbf{M} = \begin{bmatrix} M_0 & 0 & 0 \\ 0 & 0 & 0 \\ 0 & 0 & -M_0 \end{bmatrix}. \tag{7.107}$$

有许多证据表明，大多数地震可以用纯偏矩张量表示，也就是式(7.59)中的 P=0 的情形：

$$\mathbf{M}=\mathbf{M}'. \tag{7.108}$$

对于纯偏矩张量来说，其迹为零：

$$M_1+M_2+M_3=0. \tag{7.109}$$

如式(7.73)，式(7.74)和式(7.104)诸式所表示的，纯剪切错动断层不但满足上式，而且 M_2=0. 这就是说，满足上式的(迹为零的)一般形式的纯偏矩张量不一定就是纯剪切错动断层；但纯剪切错动断层的矩张量一定是纯偏矩张量.

对于纯张裂位错来说，不失一般性，例如对于 $\boldsymbol{e}=\boldsymbol{\nu}=(0, 0, 1)$ 的纯张裂位错，在原坐标系中，

$$\mathbf{M}=\begin{bmatrix}\lambda DA & 0 & 0\\ 0 & \lambda DA & 0\\ 0 & 0 & (\lambda+2\mu)DA\end{bmatrix}, \tag{7.110}$$

其本征值为：

$$M_1=(\lambda+2\mu)DA,\qquad M_2=M_3=\lambda DA. \tag{7.111}$$

对于纯爆炸源或纯内向爆炸源，可以用纯膨胀的非弹性应变表示：

$$\varepsilon_{jk}^{\mathrm{T}}=\frac{1}{3}\theta^{\mathrm{T}}\delta_{jk}, \tag{7.112}$$

式中，θ^{T}是非弹性体积应变：

$$\theta^{\mathrm{T}}=\varepsilon_{mm}^{\mathrm{T}}, \tag{7.113}$$

于是，

$$M_{jk}=\left(\lambda+\frac{2}{3}\mu\right)\theta^{\mathrm{T}}V_0\delta_{jk}. \tag{7.114}$$

其本征值为

$$M_1=M_2=M_3=\left(\lambda+\frac{2}{3}\mu\right)\theta^{\mathrm{T}}V_0, \tag{7.115}$$

所以在主轴坐标系中，

$$\mathbf{M}=\begin{bmatrix}P & 0 & 0\\ 0 & P & 0\\ 0 & 0 & P\end{bmatrix}, \tag{7.116}$$

式中，

$$P=\left(\lambda+\frac{2}{3}\mu\right)\theta^{\mathrm{T}}V_0. \tag{7.117}$$

对于式(7.110)所示的纯张裂位错的矩张量，在原坐标系中，其偏量部分可表示为

$$\mathbf{M}'=\begin{bmatrix}-\frac{2}{3}\mu DA & 0 & 0\\ 0 & -\frac{2}{3}\mu DA & 0\\ 0 & 0 & \frac{4}{3}\mu DA\end{bmatrix}, \tag{7.118}$$

其本征值为

$$M_1'=\frac{4}{3}\mu DA,\quad M_2'=M_3'=-\frac{2}{3}\mu DA, \tag{7.119}$$

这种形式的震源(Knopoff and Randall, 1970)称作补偿线性矢量偶极(compensated linear vector dipole, 缩写为 CLVD). 在主轴坐标系中，

$$\mathbf{M}' = \frac{2}{3}\mu DA\begin{bmatrix} 2 & 0 & 0 \\ 0 & -1 & 0 \\ 0 & 0 & -1 \end{bmatrix}, \tag{7.120}$$

由式(7.118)和上式都可以清楚地看出，补偿线性矢量偶极是一种纯偏的矩张量，因为它的迹为零[满足式(7.73)所示的条件，从而 $I_1 = 0$]；但是它有别于纯剪切位错源，因为它不满足纯剪切位错源应满足的另一个条件，即 $I_3 = 0$, 从而 $M_1 = M_0$，$M_2 = 0$，$M_3 = -M_0$ [式(7.74)]的条件.

第八节　矩张量的分解

(一) 直角坐标系中矩张量的分解

一般形式的矩张量可以表示成

$$\mathbf{M} = M_{jk}\boldsymbol{e}_j\boldsymbol{e}_k. \tag{7.121}$$

因为上式可以改写成

$$\begin{aligned}
\mathbf{M} &= \begin{bmatrix} M_{11} & M_{12} & M_{13} \\ M_{21} & M_{22} & M_{23} \\ M_{31} & M_{32} & M_{33} \end{bmatrix}, \\
&= \frac{1}{3}(M_{11}+M_{22}+M_{33})\begin{bmatrix} 1 & 0 & 0 \\ 0 & 1 & 0 \\ 0 & 0 & 1 \end{bmatrix} \\
&+ \begin{bmatrix} \frac{1}{3}(2M_{11}-M_{22}-M_{33}) & M_{12} & M_{13} \\ M_{21} & \frac{1}{3}(2M_{22}-M_{33}-M_{11}) & M_{23} \\ M_{31} & M_{32} & \frac{1}{3}(2M_{33}-M_{11}-M_{22}) \end{bmatrix}, \\
&= \frac{1}{3}(M_{11}+M_{22}+M_{33})\begin{bmatrix} 1 & 0 & 0 \\ 0 & 1 & 0 \\ 0 & 0 & 1 \end{bmatrix} \\
&+ \frac{1}{2}(M_{12}+M_{21})\begin{bmatrix} 0 & 1 & 0 \\ 1 & 0 & 0 \\ 0 & 0 & 0 \end{bmatrix} + \frac{1}{2}(M_{12}-M_{21})\begin{bmatrix} 0 & 1 & 0 \\ -1 & 0 & 0 \\ 0 & 0 & 0 \end{bmatrix} \\
&+ \frac{1}{2}(M_{13}+M_{31})\begin{bmatrix} 0 & 0 & 1 \\ 0 & 0 & 0 \\ 1 & 0 & 0 \end{bmatrix} + \frac{1}{2}(M_{13}-M_{31})\begin{bmatrix} 0 & 0 & 1 \\ 0 & 0 & 0 \\ -1 & 0 & 0 \end{bmatrix}
\end{aligned}$$

$$
+\frac{1}{2}(M_{23}+M_{32})\begin{bmatrix}0&0&0\\0&0&1\\0&1&0\end{bmatrix}+\frac{1}{2}(M_{23}-M_{32})\begin{bmatrix}0&0&0\\0&0&1\\0&-1&0\end{bmatrix}
$$

$$
+\begin{bmatrix}\frac{1}{3}(2M_{11}-M_{22}-M_{33})&0&0\\0&\frac{1}{3}(2M_{22}-M_{33}-M_{11})&0\\0&0&\frac{1}{3}(2M_{33}-M_{11}-M_{22})\end{bmatrix}. \tag{7.122}
$$

所以可以说，一般形式的矩张量可以解释为一个膨胀中心、三个无矩双力偶、三个相对于坐标轴的扭力矩(旋转中心)和三个沿坐标轴的无矩偶极叠加.

上式右边的最后一项可以进一步表示为

$$
\begin{bmatrix}\frac{1}{3}(2M_{11}-M_{22}-M_{33})&0&0\\0&\frac{1}{3}(2M_{22}-M_{33}-M_{11})&0\\0&0&\frac{1}{3}(2M_{33}-M_{11}-M_{22})\end{bmatrix}
$$

$$
=\frac{1}{9}(2M_{11}-M_{22}-M_{33})\begin{bmatrix}2&0&0\\0&-1&0\\0&0&-1\end{bmatrix}+\frac{1}{9}(2M_{22}-M_{33}-M_{11})\begin{bmatrix}-1&0&0\\0&2&0\\0&0&-1\end{bmatrix}
$$

$$
+\frac{1}{9}(2M_{33}-M_{11}-M_{22})\begin{bmatrix}-1&0&0\\0&-1&0\\0&0&2\end{bmatrix} \tag{7.123}
$$

$$
=\frac{1}{6}(2M_{33}-M_{11}-M_{22})\begin{bmatrix}-1&0&0\\0&-1&0\\0&0&2\end{bmatrix}+\frac{(M_{11}-M_{22})}{2}\begin{bmatrix}1&0&0\\0&-1&0\\0&0&0\end{bmatrix}. \tag{7.124}
$$

所以一般形式的矩张量可以表示为

$$
\mathbf{M}=\frac{1}{3}(2M_{11}+M_{22}+M_{33})\begin{bmatrix}1&0&0\\0&1&0\\0&0&1\end{bmatrix}+\frac{1}{9}(2M_{11}-M_{22}-M_{33})\begin{bmatrix}2&0&0\\0&-1&0\\0&0&-1\end{bmatrix}
$$

$$
+\frac{1}{9}(2M_{22}-M_{33}-M_{11})\begin{bmatrix}-1&0&0\\0&2&0\\0&0&-1\end{bmatrix}+\frac{1}{9}(2M_{33}-M_{11}-M_{22})\begin{bmatrix}-1&0&0\\0&-1&0\\0&0&2\end{bmatrix}
$$

$$+\frac{1}{2}(M_{32}+M_{23})\begin{bmatrix}0&0&0\\0&0&1\\0&1&0\end{bmatrix}+\frac{1}{2}(M_{32}-M_{23})\begin{bmatrix}0&0&0\\0&0&-1\\0&1&0\end{bmatrix}$$

$$+\frac{1}{2}(M_{13}+M_{31})\begin{bmatrix}0&0&1\\0&0&0\\1&0&0\end{bmatrix}+\frac{1}{2}(M_{13}-M_{31})\begin{bmatrix}0&0&1\\0&0&0\\-1&0&0\end{bmatrix}$$

$$+\frac{1}{2}(M_{21}+M_{12})\begin{bmatrix}0&1&0\\1&0&0\\0&0&0\end{bmatrix}+\frac{1}{2}(M_{21}-M_{12})\begin{bmatrix}0&-1&0\\1&0&0\\0&0&0\end{bmatrix}. \tag{7.125}$$

或者，

$$\mathbf{M}=\frac{1}{3}(M_{11}+M_{22}+M_{33})\begin{bmatrix}1&0&0\\0&1&0\\0&0&1\end{bmatrix}+\frac{1}{6}(2M_{33}-M_{11}-M_{22})\begin{bmatrix}-1&0&0\\0&-1&0\\0&0&2\end{bmatrix}$$

$$+\frac{1}{2}(M_{11}-M_{22})\begin{bmatrix}1&0&0\\0&-1&0\\0&0&0\end{bmatrix}+\frac{1}{2}(M_{32}+M_{23})\begin{bmatrix}0&0&0\\0&0&1\\0&1&0\end{bmatrix}$$

$$+\frac{1}{2}(M_{32}-M_{23})\begin{bmatrix}0&0&0\\0&0&-1\\0&1&0\end{bmatrix}+\frac{1}{2}(M_{13}+M_{31})\begin{bmatrix}0&0&1\\0&0&0\\1&0&0\end{bmatrix}$$

$$+\frac{1}{2}(M_{13}-M_{31})\begin{bmatrix}0&0&1\\0&0&0\\-1&0&0\end{bmatrix}+\frac{1}{2}(M_{21}+M_{12})\begin{bmatrix}0&1&0\\1&0&0\\0&0&0\end{bmatrix}$$

$$+\frac{1}{2}(M_{21}-M_{12})\begin{bmatrix}0&-1&0\\1&0&0\\0&0&0\end{bmatrix}. \tag{7.126}$$

以上三式中，$(2\boldsymbol{e}_3\boldsymbol{e}_3-\boldsymbol{e}_1\boldsymbol{e}_1-\boldsymbol{e}_2\boldsymbol{e}_2)$表示沿$x_3$轴、强度为2的偶极加两对分别沿$x_1$轴和$x_2$轴、强度都为$-1$的矢量偶极．这种形式的源即补偿线性矢量偶极［参见式(7.120)］．对于式(7.125)右边第2与第3两项中的$(2\boldsymbol{e}_1\boldsymbol{e}_1-\boldsymbol{e}_2\boldsymbol{e}_2-\boldsymbol{e}_3\boldsymbol{e}_3)$和$(2\boldsymbol{e}_2\boldsymbol{e}_2-\boldsymbol{e}_3\boldsymbol{e}_3-\boldsymbol{e}_1\boldsymbol{e}_1)$亦可作类似的解释．这就是说，一般形式的矩张量可以分解为一个膨胀中心、三个互相垂直的补偿线性矢量偶极、三个无矩双力偶和三个相对于坐标轴的扭力矩［参见式(7.125)］，或者是一个膨胀中心、一个补偿线性矢量偶极、一个互相垂直的双矢量偶极、三个无矩双力偶和三个相对于坐标轴的扭力矩［式(7.126)］.

因为地震矩张量是对称张量，$M_{jk}=M_{kj}$，所以式(7.122)，式(7.125)与式(7.126)三式中的三个相对于坐标轴的扭力矩为零.这样一来，式(7.122)的右边只剩下5项，式(7.125)的右边只剩下7项，式(7.126)的右边只剩下6项.

(二)主轴坐标系中矩张量的分解

我们已经知道，作为一种对称的二阶张量，地震矩张量的三个本征值均为实数并且相应的本征矢量(主轴方向)是互相垂直的.仍设 $M_1>M_2>M_3$ 是地震矩张量的三个本征值，$\boldsymbol{t}, \boldsymbol{b}, \boldsymbol{p}$ 是相应的本征矢量，则在主轴坐标系中地震矩张量

$$\mathbf{M}=\begin{bmatrix} M_1 & 0 & 0 \\ 0 & M_2 & 0 \\ 0 & 0 & M_3 \end{bmatrix}+\frac{1}{3}(M_1+M_2+M_3)\begin{bmatrix} 1 & 0 & 0 \\ 0 & 1 & 0 \\ 0 & 0 & 1 \end{bmatrix}+\frac{1}{3}(2M_1-M_2-M_3)\begin{bmatrix} 1 & 0 & 0 \\ 0 & 0 & 0 \\ 0 & 0 & 0 \end{bmatrix}$$

$$+\frac{1}{3}(2M_2-M_3-M_1)\begin{bmatrix} 0 & 0 & 0 \\ 0 & 1 & 0 \\ 0 & 0 & 0 \end{bmatrix}+\frac{1}{3}(2M_3-M_1-M_2)\begin{bmatrix} 0 & 0 & 0 \\ 0 & 0 & 0 \\ 0 & 0 & 1 \end{bmatrix}. \tag{7.127}$$

换句话说，一般形式的地震矩张量可以表示为一个膨胀中心和沿互相正交的三个方向(主轴方向)的三个矢量偶极的叠加.

由式(7.125)可得在主轴坐标系中，

$$\mathbf{M}=\frac{1}{3}(M_1+M_2+M_3)\begin{bmatrix} 1 & 0 & 0 \\ 0 & 1 & 0 \\ 0 & 0 & 1 \end{bmatrix}+\frac{1}{9}(2M_1-M_2-M_3)\begin{bmatrix} 2 & 0 & 0 \\ 0 & -1 & 0 \\ 0 & 0 & -1 \end{bmatrix}$$

$$+\frac{1}{9}(2M_2-M_3-M_1)\begin{bmatrix} -1 & 0 & 0 \\ 0 & 2 & 0 \\ 0 & 0 & -1 \end{bmatrix}+\frac{1}{9}(2M_3-M_1-M_2)\begin{bmatrix} -1 & 0 & 0 \\ 0 & -1 & 0 \\ 0 & 0 & 2 \end{bmatrix}, \tag{7.128}$$

或者，

$$\mathbf{M}=\frac{1}{3}(M_1+M_2+M_3)\begin{bmatrix} 1 & 0 & 0 \\ 0 & 1 & 0 \\ 0 & 0 & 1 \end{bmatrix}+\frac{1}{3}M_1\begin{bmatrix} 2 & 0 & 0 \\ 0 & -1 & 0 \\ 0 & 0 & -1 \end{bmatrix}$$

$$+\frac{1}{3}M_2\begin{bmatrix} -1 & 0 & 0 \\ 0 & 2 & 0 \\ 0 & 0 & -1 \end{bmatrix}+\frac{1}{3}M_3\begin{bmatrix} -1 & 0 & 0 \\ 0 & -1 & 0 \\ 0 & 0 & 2 \end{bmatrix}. \tag{7.129}$$

以上两式表明，一般形式的地震矩张量等效于一个膨胀中心加三个互相垂直的补偿线性矢量偶极.

因为补偿线性矢量偶极等效于两个矢量偶极：

$$\begin{bmatrix} 2 & 0 & 0 \\ 0 & -1 & 0 \\ 0 & 0 & -1 \end{bmatrix}=\begin{bmatrix} 1 & 0 & 0 \\ 0 & -1 & 0 \\ 0 & 0 & 0 \end{bmatrix}+\begin{bmatrix} 1 & 0 & 0 \\ 0 & 0 & 0 \\ 0 & 0 & -1 \end{bmatrix}, \tag{7.130}$$

所以式(7.129)可表示为

$$\mathbf{M}=\frac{1}{3}(M_1+M_2+M_3)\begin{bmatrix}1&0&0\\0&1&0\\0&0&1\end{bmatrix}+\frac{1}{3}(M_1-M_2)\begin{bmatrix}1&0&0\\0&-1&0\\0&0&0\end{bmatrix}$$

$$+\frac{1}{3}(M_2-M_3)\begin{bmatrix}0&0&0\\0&1&0\\0&0&-1\end{bmatrix}+\frac{1}{3}(M_3-M_1)\begin{bmatrix}-1&0&0\\0&0&0\\0&0&1\end{bmatrix},\tag{7.131}$$

即一般形式的地震矩张量可以表示为一个膨胀中心和三个矢量偶极之和.

由式(7.126)可得，在主轴坐标系中，

$$\mathbf{M}=\frac{1}{3}(M_1+M_2+M_3)\begin{bmatrix}1&0&0\\0&1&0\\0&0&1\end{bmatrix}+\frac{1}{6}(2M_3-M_1-M_2)\begin{bmatrix}-1&0&0\\0&-1&0\\0&0&2\end{bmatrix}$$

$$+\frac{1}{2}(M_1-M_2)\begin{bmatrix}1&0&0\\0&-1&0\\0&0&0\end{bmatrix},\tag{7.132}$$

或者，

$$\mathbf{M}=\frac{1}{3}(M_1+M_2+M_3)\begin{bmatrix}1&0&0\\0&1&0\\0&0&1\end{bmatrix}+\frac{1}{6}(2M_2-M_3-M_1)\begin{bmatrix}-1&0&0\\0&2&0\\0&0&-1\end{bmatrix}$$

$$+\frac{1}{2}(M_1-M_3)\begin{bmatrix}1&0&0\\0&0&0\\0&0&-1\end{bmatrix},\tag{7.133}$$

即

$$\mathbf{M}=\mathbf{M}^{\mathrm{EP}}+\mathbf{M}^{\mathrm{DC}}+\mathbf{M}^{\mathrm{CLVD}},\tag{7.134}$$

$$\mathbf{M}^{\mathrm{EP}}=\frac{1}{3}(M_1+M_2+M_3)\begin{bmatrix}1&0&0\\0&1&0\\0&0&1\end{bmatrix},\tag{7.135}$$

$$\mathbf{M}^{\mathrm{DC}}=\frac{1}{2}(M_1-M_3)\begin{bmatrix}1&0&0\\0&0&0\\0&0&-1\end{bmatrix},\tag{7.136}$$

$$\mathbf{M}^{\mathrm{CLVD}}=\frac{1}{6}(2M_2-M_3-M_1)\begin{bmatrix}-1&0&0\\0&2&0\\0&0&-1\end{bmatrix}.\tag{7.137}$$

式(7.133)至式(7.137)诸式表明，地震矩张量可以分解为一个强度为$(M_1+M_2+M_3)/3$的膨胀中心，一个标量地震矩为$(M_1-M_3)/2$的无矩双力偶，以及一个强度为$(2M_2-M_3-M_1)/6$的补偿线性矢量偶极(图 7.6)．对于式(7.132)可以做出类似的解释．

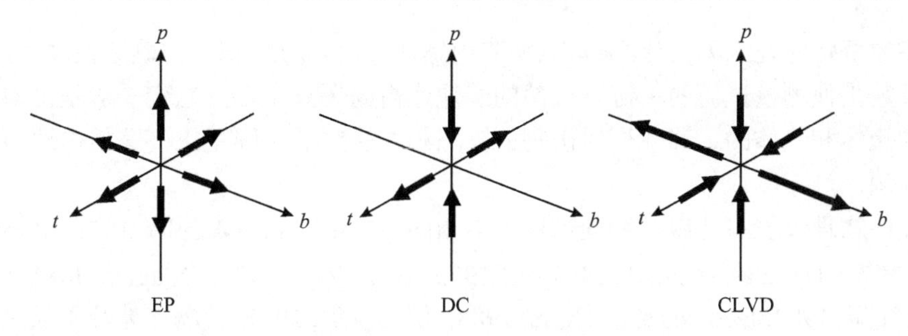

图 7.6　在主轴坐标系中，可以将矩张量分解为膨胀中心($\mathbf{M}^{EP}$)、无矩双力偶($\mathbf{M}^{DC}$)和补偿线性矢量偶极($\mathbf{M}^{CLVD}$)

如果地震矩张量的各向同性部分(对称部分)为零，那么式(7.131)右边就剩下沿互相正交的平面作用的三个矢量偶极.

如果 $M_2=M_3$，那么式(7.131)就化为

$$\mathbf{M}=\frac{1}{3}(M_1+2M_2)\begin{bmatrix}1&0&0\\0&1&0\\0&0&1\end{bmatrix}+\frac{1}{3}(M_1-M_2)\begin{bmatrix}2&0&0\\0&-1&0\\0&0&-1\end{bmatrix}. \tag{7.138}$$

在此情况下，地震矩张量是一个膨胀中心和一个补偿线性矢量偶极之和.

由以上分析可知，可以用不同的方式分解矩张量，并且给予不同的解释. 也就是，矩张量的分解并不是唯一的(Knopoff and Randall, 1970; Randall and Knopoff, 1970; Ampuero and Dahlen, 2005). 这是因为地震矩张量表示的是等效体力的系统，所以用不同方式分解矩张量反映的仍然是同一个力系，从而给出的地震波辐射是相同的.

(三)各向同性矩张量

如式(7.135)所示，$\mathbf{M}^{EP}$ 的所有三个对角线元素都不等于零并且大小相等，其震源机制解的初动符号在所有方向上都相同(离源或向源). 由这样一种三对强度相等的、互相垂直的矢量偶极构成的矩张量即各向同性矩张量也就是爆炸(explosion)或内向爆炸(implosion)的等效体力(图 7.7). 通常用各向同性矩张量来表示体积变化[参见式(7.116)与式(7.117)].

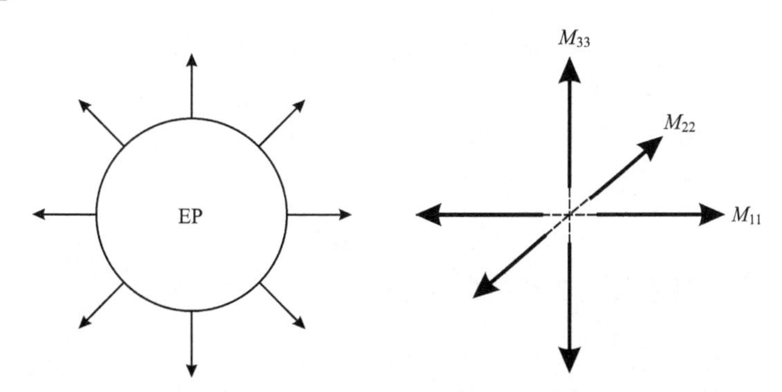

图 7.7　沿所有方向都辐射均等的能量的爆炸源(EP)可以用三对强度相等的、互相垂直的矢量偶极模拟

大多数爆炸源是人为的化学爆炸(如矿山爆炸)或核爆炸. 识别与确定核爆炸的地点、大小等参数是侦测核试验的关键. 天然的爆炸或内向爆炸不多，它们一般是由与岩浆活动有关的流体和气体的运移或变质矿物的突然相变引起的. 陨星以高速撞击地面也可模拟为爆炸源.

爆炸的物理过程与地震的物理过程大不相同(Mueller and Murphy, 1971; Murphy and Mueller, 1971; Douglas *et al*., 1974; Bolt, 1976; Blandford, 1977; Douglas, 1981; Rodean, 1981; 倪江川, 1987; Douglas and Rivers, 1988; 倪江川等, 1997). 爆炸涉及压强突增. 压强突增会引起围岩非线性形变，使岩石熔融甚而汽化. 但随着高压冲击波向外扩展，压强的幅度将减小，直至形变量小到弹性形变的程度，激发产生向外传播的球面 P 波. 这个向外传播的球面 P 波在地球内部与各种界面，包括地表面相互作用，产生 SV 波、瑞利波. 上述震相均可从核爆炸地震记录图上看到. 除上述震相外，在核爆炸地震图上还可看到 SH 波、勒夫波这些在球对称、各向同性地球介质中单由各向同性的矩张量震源不会产生的波，因为在这种情况下，P 波、SV 波与 SH 波是解耦的. 爆炸能激发出 SH 型的波可能是因为爆炸触发了地震，释放了近地表处的构造偏应力，使得震源既包含各向同性分量也包含双力偶分量.

(四) 最佳双力偶

前面已经指出，矩张量可以表示为对称部分 $P\mathbf{I}$ 和偏量部分 $\mathbf{M}'$的叠加［参见式(7.59)］，并且在一般的直角坐标系中，

$$P=\frac{1}{3}(M_{11}+M_{22}+M_{33}), \tag{7.139}$$

在主轴坐标系中，

$$P=\frac{1}{3}(M_1+M_2+M_3). \tag{7.140}$$

对于纯偏矩张量来说，其迹为零［参见式(7.109)］. 对于纯爆炸源或内向爆炸源来说，在均匀各向同性介质中，由式(7.114)可以求得［参见式(7.117)］

$$P=\left(\lambda+\frac{2}{3}\mu\right)\theta^{\mathrm{T}}V_0,$$

式中，θ^{T} 是非弹性体积应变，V_0 是发生非弹性体积应变的体积. 这一关系式表明，迹为零的性质是与非弹性体积应变相联系的；不过，这一结论仅对各向同性介质成立. 对于各向异性介质，矩张量的迹不仅与非弹性体积应变有关，而且还与非弹性应变的偏量部分有关. 由式(7.38)和式(7.46)，我们有

$$M_{jk}=C_{jkpq}\varepsilon_{pq}^{\mathrm{T}}V_0. \tag{7.141}$$

引进由下式定义的弹性系数张量 $\mathbf{C}$ 的偏量部分：

$$C'_{jkpq}=\left(C_{jkpq}-\frac{1}{3}C_{jknn}\delta_{pq}\right)-\frac{1}{3}\left(C_{mmpq}-\frac{1}{3}C_{mmnn}\delta_{pq}\right)\delta_{jk}$$
$$=C_{jkpq}-\frac{1}{3}C_{jknn}\delta_{pq}-\frac{1}{3}C_{mmpq}\delta_{jk}+\frac{1}{9}C_{mmnn}\delta_{pq}\delta_{jk}. \tag{7.142}$$

注意到非弹性应变 $\varepsilon'^{\mathrm{T}}$ 和地震矩张量的偏量部分 $\mathbf{M}'$可表示为

$$\varepsilon'^{\mathrm{T}}_{pq}=\varepsilon^{\mathrm{T}}_{pq}-\frac{1}{3}\varepsilon^{\mathrm{T}}_{nn}\delta_{pq}, \tag{7.143}$$

$$M'_{jk}=M_{jk}-\frac{1}{3}M_{mm}\delta_{jk}, \tag{7.144}$$

以及弹性系数张量、非弹性应变张量以及地震矩张量三者的偏量的迹都为零：

$$C'_{jjpq}=C'_{jkpp}=0,\quad \varepsilon'^{\mathrm{T}}_{nn}=0,\quad M'_{mm}=0. \tag{7.145}$$

可以求得

$$M'_{jk}=\left[C_{jkpq}\varepsilon^{\mathrm{T}}_{pq}-\frac{1}{3}C_{mmpq}\varepsilon^{\mathrm{T}}_{pq}\delta_{jk}\right]V_0,$$
$$=\left[\left(C'_{jkpq}+\frac{1}{3}C_{jknn}\delta_{pq}+\frac{1}{3}C_{mmpq}\delta_{jk}-\frac{1}{9}C_{mmnn}\delta_{pq}\delta_{jk}\right)\left(\varepsilon'^{\mathrm{T}}_{pq}+\frac{1}{3}\varepsilon^{\mathrm{T}}_{nn}\delta_{pq}\right)\right.$$
$$\left.-\frac{1}{3}C_{mmpq}\left(\varepsilon'^{\mathrm{T}}_{pq}+\frac{1}{3}\varepsilon^{\mathrm{T}}_{nn}\delta_{pq}\right)\delta_{jk}\right]V_0,$$
$$M'_{jk}=(C'_{jkpq}\varepsilon'^{\mathrm{T}}_{pq}+c'_{jk}\varepsilon^{\mathrm{T}}_{nn})V_0, \tag{7.146}$$

式中，

$$c'_{jk}=\frac{1}{3}\left(C_{jknn}-\frac{1}{3}C_{mmnn}\delta_{jk}\right), \tag{7.147}$$

从而，

$$M_{jj}=C_{jjpq}\varepsilon^{\mathrm{T}}_{pq}V_0=\left[C_{jjpq}\left(\varepsilon'^{\mathrm{T}}_{pq}+\frac{1}{3}\varepsilon^{\mathrm{T}}_{nn}\delta_{pq}\right)\right]V_0=\left[C_{jjpq}\varepsilon'^{\mathrm{T}}_{pq}+\frac{1}{3}C_{jjpp}\varepsilon^{\mathrm{T}}_{nn}\right]V_0$$
$$=\left[C_{pqnn}\varepsilon'^{\mathrm{T}}_{pq}+\frac{1}{3}C_{jjpp}\varepsilon^{\mathrm{T}}_{nn}\right]V_0=\left[\left(3c'_{pq}+\frac{1}{3}C_{mmnn}\delta_{pq}\right)\varepsilon'^{\mathrm{T}}_{pq}+\frac{1}{3}C_{jjpp}\varepsilon^{\mathrm{T}}_{nn}\right]V_0$$
$$=\left[3c'_{pq}\varepsilon'^{\mathrm{T}}_{pq}+\frac{1}{3}C_{mmnn}\varepsilon'^{\mathrm{T}}_{pq}+\frac{1}{3}C_{jjpq}\varepsilon^{\mathrm{T}}_{nn}\right]V_0,$$
$$M_{jj}=3(c'_{pq}\varepsilon'^{\mathrm{T}}_{pq}+c\varepsilon^{\mathrm{T}}_{nn})V_0, \tag{7.148}$$

式中，

$$c=\frac{1}{9}C_{jjpp}. \tag{7.149}$$

式(7.148)表明，在各向异性介质中，矩张量的迹不仅与非弹性体积应变 $\varepsilon^{\mathrm{T}}_{nn}$ 有关，而且还与非弹性应变的偏量部分 $\varepsilon'^{\mathrm{T}}_{jk}$ 有关．只有当介质为各向同性时，才有：

$$M'_{jk} = 2\mu\varepsilon'^{\mathrm{T}}_{jk}V_0, \tag{7.150}$$

$$M_{jj} = (3\lambda + 2\mu)\varepsilon^{\mathrm{T}}_{jj}V_0. \tag{7.151}$$

以上分析说明，即使震源区不发生非弹性体积应变，在各向异性介质中，矩张量的迹也不一定为零. 所以，观测得到的地震矩张量不完全是纯剪切错动的矩张量，矩张量的迹一般不为零，除了震源机制不是纯剪切错动、震源区的非均匀性以及观测误差等三个原因外，震源区的各向异性也是一个可能的原因. 因此，最好用一般形式的矩张量、而不是只用纯剪切位错(双力偶)表示震源.

鉴于矩张量的分解不是唯一的，我们定义一个最接近于矩张量偏量部分的双力偶为最佳拟合双力偶(best-fitting double couple)，简称最佳双力偶(best double couple)，也就是矩张量的偏量与双力偶之差(Stretity, 1989)

$$d_{jk} = M'_{jk} - M_0(\nu_j e_k + \nu_k e_j), \tag{7.152}$$

的范数 $d_{jk}d_{jk}$ 取极小值的双力偶. 式中，M_0 为欲求之最佳双力偶的标量地震矩，e_j 为滑动矢量 $\boldsymbol{e}$ 的方向余弦，ν_j 为位错面的法线 $\boldsymbol{\nu}$ 的方向余弦，

$$\boldsymbol{e}\cdot\boldsymbol{\nu} = 0, \tag{7.153}$$

$$\boldsymbol{e}\cdot\boldsymbol{e} = 1, \tag{7.154}$$

$$\boldsymbol{\nu}\cdot\boldsymbol{\nu} = 1. \tag{7.155}$$

$$M'_{jk} = M_{jk} - \frac{1}{3}M_{mm}\delta_{jk}. \tag{7.156}$$

设矩张量偏量 $\mathbf{M}'$ 的主值为 $M'_1 > M'_2 > M'_3$，那么

$$M'_1 + M'_2 + M'_3 = M'_{11} + M'_{22} + M'_{33} = 0, \tag{7.157}$$

由式(7.153)可得

$$\begin{aligned} d_{jk}d_{jk} &= M'_{jk}M'_{jk} - 2M_0M'_{jk}(\nu_j e_k + \nu_k e_j) + 2M_0^2 \\ &= 2\left[M_0 - \frac{1}{2}M'_{jk}(\nu_j e_k + \nu_k e_j)\right]^2 + M'_{jk}M'_{jk} - \frac{1}{2}\left[M'_{jk}(\nu_j e_k + \nu_k e_j)\right]^2. \end{aligned} \tag{7.158}$$

由上式可见，只有当上式右边第一项为零即

$$M_0 = \frac{1}{2}M'_{jk}(\nu_j e_k + \nu_k e_j), \tag{7.159}$$

且其最后一项取极大值即

$$M'_{jk}(\nu_j e_k + \nu_k e_j) = \max \tag{7.160}$$

时，$d_{jk}d_{jk}$ 才取极小值.

综合以上两式可得，在主轴坐标系中 $d_{jk}d_{jk}$ 取极小值的条件为

$$M_0 = M'_1\nu_1 e_1 + M'_2\nu_2 e_2 + M'_3\nu_3 e_3 = \max \tag{7.161}$$

由拉格朗日乘子法，可以求得函数

$$F = 2(M'_1\nu_1 e_1 + M'_2\nu_2 e_2 + M'_3\nu_3 e_3) - 2\lambda\nu_j e_j - \sigma(\nu_j\nu_j - 1) - \delta(e_j e_j - 1) = 0, \tag{7.162}$$

在式(7.153)至式(7.155)所表示的 3 个约束条件下的极大值，式中，λ，σ 和 δ 是拉格朗日

乘子．由这些条件得到：

$$\frac{1}{2}\frac{\partial F}{\partial \nu_j}=M'_j e_j-\lambda e_j-\sigma\nu_j=0,\qquad j=1,2,3, \tag{7.163}$$

$$\frac{1}{2}\frac{\partial F}{\partial e_j}=M'_j\nu_j-\lambda\nu_j-\delta e_j=0,\qquad j=1,2,3, \tag{7.164}$$

$$\frac{1}{2}\frac{\partial F}{\partial \lambda}=\nu_j e_j=0, \tag{7.165}$$

$$\frac{1}{2}\frac{\partial F}{\partial \sigma}=\nu_j\nu_j-1=0, \tag{7.166}$$

$$\frac{1}{2}\frac{\partial F}{\partial \delta}=e_j e_j-1=0. \tag{7.167}$$

式(7.165)至式(7.167)自动给出了约束条件式(7.153)至式(7.155)．由式(7.163)和式(7.164)可得

$$\lambda=M'_1e_1^2+M'_2e_2^2+M'_3e_3^2=M'_1\nu_1^2+M'_2\nu_2^2+M'_3\nu_3^2, \tag{7.168}$$

$$\sigma=\delta=M'_1\nu_1e_1+M'_2\nu_2e_2+M'_3\nu_3e_3. \tag{7.169}$$

由上式与式(7.163)和式(7.164)可得

$$(M'_j-\lambda)e_j-\sigma\nu_j=0,\qquad j=1,2,3, \tag{7.170}$$

$$-\sigma e_j+(M'_j-\lambda)\nu_j=0,\qquad j=1,2,3, \tag{7.171}$$

e_j 和 ν_j, j=1, 2, 3 不全为零的条件是式(7.170)和式(7.171)所表示的方程组的系数行列式为零：

$$(M'_j-\lambda)^2-\sigma^2=0,\qquad j=1,2,3, \tag{7.172}$$

上式是一个关于 $y=M'_j$ 的二次方程：

$$y^2-2\lambda y+\lambda^2-\sigma^2=0. \tag{7.173}$$

它最多只能有两个不同的根．因此，每个 e_j 和 ν_j, j=1, 2, 3 中至少有一个等于零．假设 $e_2=\nu_2=0$，则由式(7.172)得

$$M_1'^2-2M'_1\lambda+\lambda^2-\sigma^2=0, \tag{7.174}$$

$$M_3'^2-2M'_3\lambda+\lambda^2-\sigma^2=0. \tag{7.175}$$

将以上两式相减，即得

$$\lambda=\frac{1}{2}(M'_1+M'_3). \tag{7.176}$$

将上式代回到式(7.168)，可得

$$e_1^2=\nu_1^2=\frac{1}{2}, \tag{7.177}$$

进而，

$$e_3^2=\nu_3^2=\frac{1}{2}. \tag{7.178}$$

我们取满足式(7.165)条件的解：

$$\boldsymbol{v}=\left(\frac{1}{\sqrt{2}},0,\frac{1}{\sqrt{2}}\right), \tag{7.179}$$

$$\boldsymbol{e}=\left(\frac{1}{\sqrt{2}},0,-\frac{1}{\sqrt{2}}\right). \tag{7.180}$$

相应的 M_0 可由式(7.161)求得

$$M=\frac{1}{2}(M_1'-M_3'). \tag{7.181}$$

若设 $e_3=v_3=0$ 或 $e_1=v_1=0$，重复自式(7.174)至式(7.181)的推导，便可得到与 $e_3=v_3=0$ 或 $e_1=v_1=0$ 相应的结果．这些结果也可由对式(7.174)至式(7.181)作相应的循环变换 $1\to2\to3\to1$ 求得．由于 $M'_1>M'_2>M'_3$，所以只有这里列出的 $e_2=v_2=0$ 的结果才是欲求的最佳双力偶．

对比上式与式(7.136)，可知式(7.134)所表示的地震矩张量的分解式中的右边第二项表示的正是最佳双力偶，与最大本征值 M_1(或 M'_1)相联系的方向 $\boldsymbol{t}$ 也就是张力轴(T 轴)的方向，与最小本征值 M_3(或 M'_3)相联系的方向 $\boldsymbol{p}$ 也就是压力轴(P 轴)的方向，而与中间本征值 M_2(或 M'_2)相联系的方向 $\boldsymbol{b}$ 则是零轴(B 轴)方向．容易看出，式(7.133)还可以表示为

$$\mathbf{M}=\frac{1}{3}(M_1+M_2+M_3)\begin{bmatrix}1&0&0\\0&1&0\\0&0&1\end{bmatrix}+\frac{1}{6}(2M_2'-M_3'-M_1')\begin{bmatrix}-1&0&0\\0&2&0\\0&0&-1\end{bmatrix}$$
$$+\frac{1}{2}(M_1'-M_3')\begin{bmatrix}1&0&0\\0&0&0\\0&0&-1\end{bmatrix}, \tag{7.182}$$

并且，由于式(7.157)，还可以表示为

$$\mathbf{M}=\frac{1}{3}(M_1+M_2+M_3)\begin{bmatrix}1&0&0\\0&1&0\\0&0&1\end{bmatrix}+\frac{M_2'}{2}\begin{bmatrix}-1&0&0\\0&2&0\\0&0&-1\end{bmatrix}+\frac{1}{2}(M_1'-M_3')\begin{bmatrix}1&0&0\\0&0&0\\0&0&-1\end{bmatrix}. \tag{7.183}$$

(五)补偿线性矢量偶极

补偿线性矢量偶极 $\mathbf{M}^{\mathrm{CLVD}}$ 系由三个互相垂直的矢量偶极互相补偿而成的，其中的一个矢量偶极的强度是其余两个矢量偶极的 2 倍，但其极性与其余两个矢量偶极的极性相反．由式(7.137)可见，补偿线性矢量偶极的迹为零．在地震震源的矩张量解中，大的补偿线性矢量偶极尚属罕见，不过，在一些复杂的构造环境下已发现大的补偿线性矢量偶极(Rodean, 1981; Kuge and Kawakatsu, 1990, 1992, 1993, 1994; Frohlich, 1995; Julian *et al.*, 1998; Nettles and Ekström, 1998; Miller *et al.*, 1998)．

迄今已知补偿线性矢量偶极的产生有两种可能的物理机制．第一种可能的物理机制是在火山地区由于膨胀的岩浆岩脉可以模拟为在张力作用下裂纹的张裂，因此，其矩张

量便可表示为式(7.110)所示的纯张裂位错的矩张量，而纯张裂位错矩张量可以分解为两项：

$$\mathbf{M}=\begin{bmatrix}\lambda DA & 0 & 0\\ 0 & \lambda DA & 0\\ 0 & 0 & (\lambda+2\mu)DA\end{bmatrix}$$
$$=(\lambda+\frac{2}{3}\mu)DA\begin{bmatrix}1 & 0 & 0\\ 0 & 1 & 0\\ 0 & 0 & 1\end{bmatrix}+\frac{2}{3}\mu DA\begin{bmatrix}-1 & 0 & 0\\ 0 & -1 & 0\\ 0 & 0 & 2\end{bmatrix}. \tag{7.184}$$

上式右边第一项即强度为$(\lambda+2\mu/3)DA$的各向同性矩张量，第二项即为式(7.118)所示的补偿线性矢量偶极.

另一种可能的物理机制是，补偿线性矢量偶极是由于相距很近的、几乎同时发生的震源机制不同的两个地震叠加而成的．例如，在主轴坐标系中，若有两个地震，其标量地震矩分别为M_0与$2M_0$，它们的矩张量在主轴坐标系中分别由下式的左边所示，两者叠加的结果便如下式右边所示：

$$\begin{bmatrix}M_0 & 0 & 0\\ 0 & 0 & 0\\ 0 & 0 & -M_0\end{bmatrix}+\begin{bmatrix}0 & 0 & 0\\ 0 & -2M_0 & 0\\ 0 & 0 & 2M_0\end{bmatrix}=\begin{bmatrix}M_0 & 0 & 0\\ 0 & -2M_0 & 0\\ 0 & 0 & M_0\end{bmatrix}, \tag{7.185}$$

而上式右边便是一个补偿线性矢量偶极．在上述例子中，左边的两个双力偶矩张量都已对角线化，所以它们的本征矢量的方向是重合的，只不过是，头一个双力偶矩张量的T，B，P轴依照顺序分别是后一个双力偶矩张量的B，P，T轴．如果头一个双力偶矩张量表示的是一个在垂直于地面的断层面上的走向滑动断层的话，那么后一个双力偶矩张量则表示一个倾角为45°的正断层.

图7.8以火山地区的地震为例，说明由相距很近的、几乎同时发生的不同震源机制的矩张量的叠加是如何产生出“视”补偿线性矢量偶极的．如图所示，在冰岛巴达班加(Bardarbunga)火山地区(图7.8左半部)，观测到的矩张量解如同张裂位错的矩张量解(参见第三章图3.12)，其震源球下半球的海滩球投影如同眼球(参见图7.9右半部最后一行)一样．这是因为在该火山地区浅部的岩浆囊中的岩浆经由侧向侵入，引起侧翼喷溢，造成浅部的岩浆囊泄气收缩，从而减小了竖直方向的压应力、也即相对地增大了水平方向的压应力，致使浅部岩浆囊上方的岩块相对于周围的岩石下陷，发生了正断层错动性质的地震．而由位于较深处的岩浆源区经由岩浆通道输送到浅部岩浆囊的岩浆又使浅部的岩浆囊膨胀，使其下方的岩石中的压应力增大，引发了火山口下方环状的圆锥面上的逆断层错动性质的地震．如图7.8右下方的示意图所表示的相继发生于环状的圆锥面上的逆断层地震矩张量的叠加便产生出张应力轴方向在竖直方向的视补偿线性矢量偶极．火山喷发的机制不同．对于火山地震(Kanamori *et al*., 1984; Eissler and Kanamori, 1987; Ukawa and Ohtake, 1987)和大规模低倾角滑坡引发的地震(Takei and Kumazawa, 1995)，单力可能居主要地位．如圣海伦斯(St．Helens)火山的震源机制则有如一个单力的作用．其他地区如夏威夷火山、加州长谷(Long Valley)火山口等地区的地震的机制亦有不

同的解释(Eissler and Kanamori, 1987; Ukawa and Ohtake, 1987; Frohlich, 1989, 1990, 2007; Dahm and Brandsdottir, 1997; Frohlich and Davis, 1999; Panza and Saran, 2000; Saran *et al*., 2001; Chouet, 2003)．一般而言，火山地区的地震是断层错动与岩浆活动相互作用的结果，即使综合运用地质资料及各种地球物理资料，还是不太容易将断层错动与岩浆活动的作用区分开．

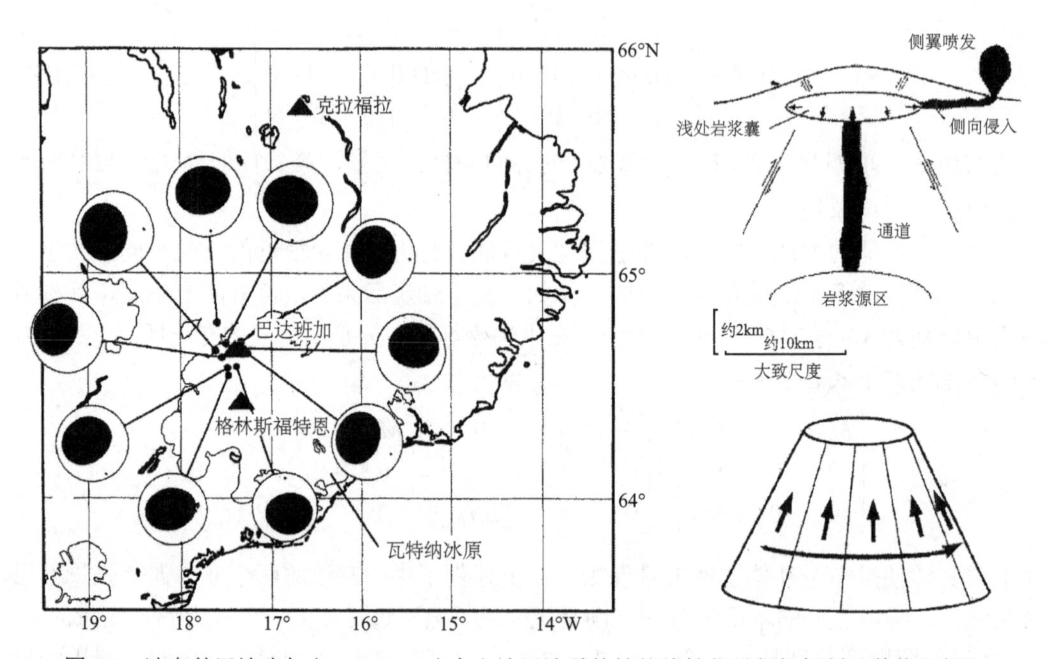

图 7.8 冰岛的巴达班加(Bardarbunga)火山地区地震的补偿线性矢量偶极机制及其物理解释

(六) 大双力偶和小双力偶

由于矩张量的分解并不是唯一的，所以除了上式所表示的方法外，还可以用许多其他方法来表示它，其中一个方法就是用大双力偶(major double couple)和小双力偶(minor double couple)表示矩张量的偏量部分(Kanamori and Given, 1981)．由式(7.183)，我们得到：

$$\mathbf{M}'=\frac{M_2'}{2}\begin{bmatrix}-1&0&0\\0&2&0\\0&0&-1\end{bmatrix}+\frac{(M_1'-M_3')}{2}\begin{bmatrix}1&0&0\\0&0&0\\0&0&-1\end{bmatrix}$$

$$=-\frac{(M_1'+M_3')}{2}\begin{bmatrix}-1&0&0\\0&2&0\\0&0&-1\end{bmatrix}+\frac{(M_1'-M_3')}{2}\begin{bmatrix}1&0&0\\0&0&0\\0&0&-1\end{bmatrix}$$

$$=M_1'\begin{bmatrix}1&0&0\\0&-1&0\\0&0&0\end{bmatrix}+M_3'\begin{bmatrix}0&0&0\\0&-1&0\\0&0&1\end{bmatrix},\tag{7.186}$$

$$=M_2'\begin{bmatrix}0&0&0\\0&1&0\\0&0&-1\end{bmatrix}+M_1'\begin{bmatrix}1&0&0\\0&0&0\\0&0&-1\end{bmatrix}, \tag{7.187}$$

$$=M_3'\begin{bmatrix}-1&0&0\\0&0&0\\0&0&1\end{bmatrix}+M_2'\begin{bmatrix}-1&0&0\\0&1&0\\0&0&0\end{bmatrix}, \tag{7.188}$$

从而［由式(7.187)］,

$$\mathbf{M}=\frac{1}{3}(M_1+M_2+M_3)\begin{bmatrix}1&0&0\\0&1&0\\0&0&1\end{bmatrix}+M_1'\begin{bmatrix}1&0&0\\0&0&0\\0&0&-1\end{bmatrix}+M_2'\begin{bmatrix}0&0&0\\0&1&0\\0&0&-1\end{bmatrix}, \tag{7.189}$$

或者［由式(7.188)］,

$$\mathbf{M}=\frac{1}{3}(M_1+M_2+M_3)\begin{bmatrix}1&0&0\\0&1&0\\0&0&1\end{bmatrix}+M_3'\begin{bmatrix}-1&0&0\\0&0&0\\0&0&1\end{bmatrix}+M_2'\begin{bmatrix}-1&0&0\\0&1&0\\0&0&0\end{bmatrix}. \tag{7.190}$$

由于 $M'_1>M'_2>M'_3$，且 $M'_1+M'_2+M'_3=0$，所以就绝对值而言，绝对值最大的主值非 $|M'_1|$ 即 $|M'_3|$，而 M'_2 总是绝对值最小的主值．这样，我们便可用与绝对值最大的主值(M'_1 或 M'_3)相联系的双力偶［$M'_1(\boldsymbol{tt}-\boldsymbol{pp})$ 或 $M'_3(\boldsymbol{pp}-\boldsymbol{tt})$］与绝对值最小的主值($M'_2$)相联系的双力偶［$M'_2(\boldsymbol{bb}-\boldsymbol{pp})$ 或 $M'_2(\boldsymbol{bb}-\boldsymbol{tt})$］来表示矩张量．前者称作大双力偶，后者称作小双力偶．式(7.189)表示的就是 $|M'_1|$ 是绝对值最大的主值的情形，而式(7.190)则表示 $|M'_3|$ 是绝对值最大的主值的情形．显然，与大双力偶相联系的主轴的方向是 T 轴或 P 轴的方向，而与小双力偶相联系的主轴方向是零轴(B 轴)的方向．

(七)纯双力偶与补偿线性矢量偶极

引进一个表示绝对值最小的主值与绝对值最大的主值之比的因子

$$F=\frac{|M'_{\min}|}{|M'_{\max}|}. \tag{7.191}$$

不失一般性，若除了设 $M'_1>M'_2>M'_3$ 外，还设 M'_1 也是绝对值最大的主值，则 M'_2 与 M'_3 必定均与 M'_1 反号并且 M'_2 必定是绝对值最小的主值，因此

$$F=-\frac{M_2'}{M_1'},\qquad 0\leqslant F\leqslant\frac{1}{2}, \tag{7.192}$$

从而，

$$M_2'=-FM_1', \tag{7.193}$$

$$M_3'=(F-1)M_1', \tag{7.194}$$

$$\mathbf{M}'=\begin{bmatrix}M_1' & 0 & 0\\ 0 & M_2' & 0\\ 0 & 0 & M_3'\end{bmatrix}=M_1'\begin{bmatrix}1 & 0 & 0\\ 0 & -F & 0\\ 0 & 0 & F-1\end{bmatrix}$$

$$=M_1'\begin{bmatrix}1-2F+2F & 0 & 0\\ 0 & -F & 0\\ 0 & 0 & 2F-1-F\end{bmatrix}$$

$$=M_1'(1-2F)\begin{bmatrix}1 & 0 & 0\\ 0 & 0 & 0\\ 0 & 0 & -1\end{bmatrix}+M_1'F\begin{bmatrix}2 & 0 & 0\\ 0 & -1 & 0\\ 0 & 0 & -1\end{bmatrix}. \tag{7.195}$$

或者，

$$\mathbf{M}'=M_1'\begin{bmatrix}1-\dfrac{F}{2}+\dfrac{F}{2} & 0 & 0\\ 0 & -F & 0\\ 0 & 0 & \dfrac{F}{2}-1+\dfrac{F}{2}\end{bmatrix}$$

$$=M_1'\left(1-\frac{F}{2}\right)\begin{bmatrix}1 & 0 & 0\\ 0 & 0 & 0\\ 0 & 0 & -1\end{bmatrix}-M_1'\frac{F}{2}\begin{bmatrix}-1 & 0 & 0\\ 0 & 2 & 0\\ 0 & 0 & -1\end{bmatrix}. \tag{7.196}$$

所以，

$$\mathbf{M}-\frac{1}{3}(M_1+M_2+M_3)\begin{bmatrix}1 & 0 & 0\\ 0 & 1 & 0\\ 0 & 0 & 1\end{bmatrix}+M_1'(1-2F)\begin{bmatrix}1 & 0 & 0\\ 0 & 0 & 0\\ 0 & 0 & -1\end{bmatrix}+M_1'F\begin{bmatrix}2 & 0 & 0\\ 0 & -1 & 0\\ 0 & 0 & -1\end{bmatrix}. \tag{7.197}$$

或者，

$$\mathbf{M}=\frac{1}{3}(M_1+M_2+M_3)\begin{bmatrix}1 & 0 & 0\\ 0 & 1 & 0\\ 0 & 0 & 1\end{bmatrix}+M_1'(1-\frac{F}{2})\begin{bmatrix}1 & 0 & 0\\ 0 & 0 & 0\\ 0 & 0 & -1\end{bmatrix}-M_1'\frac{F}{2}\begin{bmatrix}-1 & 0 & 0\\ 0 & 2 & 0\\ 0 & 0 & -1\end{bmatrix}. \tag{7.198}$$

或者，

$$\mathbf{M}=\frac{1}{3}(M_1+M_2+M_3)\begin{bmatrix}1 & 0 & 0\\ 0 & 1 & 0\\ 0 & 0 & 1\end{bmatrix}+M_1'(1+F)\begin{bmatrix}1 & 0 & 0\\ 0 & 1 & 0\\ 0 & 0 & -1\end{bmatrix}+M_1'F\begin{bmatrix}-1 & 0 & 0\\ 0 & -1 & 0\\ 0 & 0 & 2\end{bmatrix}$$

上式右边第三项是与式(7.183)右边第 2 项相应的补偿线性矢量偶极的表示式.

由式(7.197)可见，因子 F 表示了补偿线性矢量偶极与纯双力偶源的比例关系．当 $F=0$ 时，偏量部分仅包含双力偶，此时 $M_2'=0$，$M_3'=-M_1'$；当 $F=1/2$ 时，偏量部分仅包含补偿线性矢量偶极，此时 $M_2'=M_3'=-M_1'/2$.

由于 $0\leqslant F\leqslant 1/2$，所以习惯上常用 $2F$ 的百分数即 $200\times F\%$来表示补偿线性矢量偶极的相对强度，用$(1-2F)$的百分数即 $100\times(1-2F)\%$来表示纯双力偶的相对强度，两者之和为 100%.

(八)矩张量解与断层面解

以上结果[参见式(7.133),式(7.134),式(7.136),式(7.182)及(7.183)诸式]表明,矩张量分解式中的无矩双力偶

$$\mathbf{M}^{\mathrm{DC}}=\frac{1}{2}(M_1-M_3)\begin{bmatrix}1&0&0\\0&0&0\\0&0&-1\end{bmatrix}\tag{7.199}$$

是最佳双力偶,与矩张量最大本征值 M_1(或者说与偏矩张量最大本征值 M'_1)相联系的本征矢量 $\boldsymbol{t}$ 的方向即 T 轴的方向;与最小本征值 M_3(或者说与偏矩张量最小本征值 M'_3)相联系的本征矢量 $\boldsymbol{p}$ 的方向即 P 轴的方向;而与中间本征值 M_2(或者说与偏矩张量中间本征值 M'_2)相联系的本征矢量 $\boldsymbol{b}$ 的方向即 B 轴的方向. 为了进一步理解矩张量解与断层面解或者说与剪切位错源的关系,今引进一由 $\boldsymbol{v}, \boldsymbol{b}, \boldsymbol{e}$ 三个单位矢量组成的新的坐标系:

$$\begin{cases}\boldsymbol{v}=\dfrac{1}{\sqrt{2}}(\boldsymbol{t}+\boldsymbol{p}),\\ \boldsymbol{b}=\boldsymbol{p}\times\boldsymbol{t},\\ \boldsymbol{e}=\dfrac{1}{\sqrt{2}}(\boldsymbol{t}-\boldsymbol{p}).\end{cases}\tag{7.200}$$

由上式可得

$$\begin{cases}\boldsymbol{t}=\dfrac{1}{\sqrt{2}}(\boldsymbol{v}+\boldsymbol{e}),\\ \boldsymbol{b}=\boldsymbol{v}\times\boldsymbol{e},\\ \boldsymbol{p}=\dfrac{1}{\sqrt{2}}(\boldsymbol{v}-\boldsymbol{e}).\end{cases}\tag{7.201}$$

将上式代入式(7.199)得

$$\mathbf{M}^{\mathrm{DC}}=\frac{1}{2}(M_1-M_3)(\boldsymbol{tt}-\boldsymbol{pp})=\frac{1}{2}(M_1-M_3)(\boldsymbol{ev}+\boldsymbol{ve}).\tag{7.202}$$

这说明,最佳双力偶也就是剪切位错面的法向为式(7.200)所定义的$\boldsymbol{v}$,滑动矢量为该式所定义的 $\boldsymbol{e}$,标量地震矩

$$M_0=\frac{1}{2}(M_1-M_3)\tag{7.203}$$

的剪切位错源,单位矢量 $\boldsymbol{t}$ 即断层面解中的 T 轴,单位矢量 $\boldsymbol{p}$ 即 P 轴,单位矢量 $\boldsymbol{b}$ 即 B 轴,式(7.200)的第一式即断层面解中的一个节面[法向为$\boldsymbol{v}=(\boldsymbol{t}+\boldsymbol{p})/\sqrt{2}$ 的节面]的定义式.

如式(7.202)右边所示,$\boldsymbol{e}$ 和$\boldsymbol{v}$是可以互易的. 将式(7.200)的第一式左边的$\boldsymbol{v}$与第三式左边的 $\boldsymbol{e}$ 互易,即得断层面解中的另一个节面[法向为 $\boldsymbol{e}=(\boldsymbol{t}+\boldsymbol{p})/\sqrt{2}$ 的节面]的定义式:

$$\begin{cases}\boldsymbol{e}=\dfrac{1}{\sqrt{2}}(\boldsymbol{t}+\boldsymbol{p}),\\ \boldsymbol{b}=\boldsymbol{p}\times\boldsymbol{t},\\ \boldsymbol{v}=\dfrac{1}{\sqrt{2}}(\boldsymbol{t}-\boldsymbol{p}).\end{cases}\tag{7.204}$$

相应地，$\boldsymbol{t}, \boldsymbol{b}, \boldsymbol{p}$ 轴可由上式所定义的节面解出：

$$\begin{cases} \boldsymbol{t} = \dfrac{1}{\sqrt{2}}(\boldsymbol{e} + \boldsymbol{v}), \\ \boldsymbol{b} = \boldsymbol{e} \times \boldsymbol{v}, \\ \boldsymbol{p} = \dfrac{1}{\sqrt{2}}(\boldsymbol{e} - \boldsymbol{v}). \end{cases} \tag{7.205}$$

第九节 地震矩张量的几何表示

由式(7.51)可知，点矩张量辐射的 P 波远场位移

$$\boldsymbol{u}^{\mathrm{P}}(\boldsymbol{r},t) = \frac{1}{4\pi\rho\alpha^3 R}\dot{M}_{RR}\left(t - \frac{R}{\alpha}\right)\boldsymbol{e}_R, \tag{7.206}$$

式中，$\dot{M}_{RR}$ 是 M_{RR} 的时间微商，而 M_{RR} 如式(7.54)所定义：

$$M_{RR}(t) = \boldsymbol{e}_R \cdot \mathbf{M}(t) \cdot \boldsymbol{e}_R. \tag{7.207}$$

假定矩张量的所有分量随时间变化的函数是可以分离的，并且所有分量都具有相同的时间函数 $S(t)$，也就是同步震源(synchronous source)，那么(Silver and Jordan, 1982)

$$\mathbf{M}(t) = \mathbf{M}S(t), \tag{7.208}$$

式中，$S(t)$ 是归一化了的震源时间函数：

$$S(t) = \begin{cases} 0, & t < 0, \\ 1, & t \to \infty. \end{cases} \tag{7.209}$$

那么点矩张量辐射的 P 波远场位移便可表示为

$$\boldsymbol{u}^{\mathrm{P}}(\boldsymbol{r},t) = \frac{1}{4\pi\rho\alpha^3 R}(\boldsymbol{e}_R \cdot \mathbf{M} \cdot \boldsymbol{e}_R)S\left(t - \frac{R}{\alpha}\right)\boldsymbol{e}_R. \tag{7.210}$$

显然，

$$\boldsymbol{e}_R \cdot \mathbf{M} \cdot \boldsymbol{e}_R \gtreqless 0 \tag{7.211}$$

分别对应 P 波初动为压缩(+)与膨胀(–)，而

$$\boldsymbol{e}_R \cdot \mathbf{M} \cdot \boldsymbol{e}_R = 0 \tag{7.212}$$

则为确定 P 波初动节面的方程.

图 7.9 以震源球下半球的海滩球表示方法表示若干具有代表性的地震矩张量，图中的黑色区域表示 P 波初动为压缩(+)的区域，白色区域表示 P 波初动为膨胀(–)的区域.图中的地震矩张量都已归一化，即

$$\hat{\mathbf{M}} = \frac{\mathbf{M}}{\sqrt{\mathbf{M}:\mathbf{M}}}, \tag{7.213}$$

所以，

$$\hat{\mathbf{M}}:\hat{\mathbf{M}} = 1. \tag{7.214}$$

归一化的地震矩张量称作单位震源机制张量(unit source-mechanism tensor). 在图 7.9 中，

第一行的左边表示爆炸源，右边表示内向爆炸源．第二至第四行则是具有代表性的 6 种纯剪切位错(双力偶)源．若以图中走向最小的节面为断层面，则第二行左边表示一个断层面走向 0°的、垂直的纯左旋走滑断层(ϕ_s=0°，δ=90°，λ=0°)；第二行右边表示一个断层面走向 45°、垂直的纯右旋走滑断层(ϕ_s=45°，δ=90°，λ=180°)；第三行左边表示一个断层面走向 90°、垂直的逆断层(ϕ_s=90°，δ=90°，λ=90°)；第三行右边表示一个断层面走向 0°的、垂直的逆断层(ϕ_s=0°，δ=90°，λ=90°)；第四行左边表示一个断层面走向 90°、倾角 45°的逆断层(ϕ_s=90°，δ=45°，λ=90°)；第四行右边表示一个断层面走向 0°、倾角 45°的逆断层(ϕ_s=0°，δ=45°，λ=90°)．最后两行表示的是补偿线性矢量偶极源，它们是：第五行左边表示最大主压应力轴(“压力轴”)沿 x_2 轴方向的情形；第五行右边则表示最大主压应力轴沿 x_1 轴方向的情形；第六行左边表示最大主压应力轴沿竖直方向(x_3 轴方向)的情形，第六行右边则表示最小主压应力轴(“张力轴”)沿竖直方向的情形．

矩张量	海滩球	矩张量	海滩球
$\frac{1}{\sqrt{3}}\begin{pmatrix}1&0&0\\0&1&0\\0&0&1\end{pmatrix}$		$-\frac{1}{\sqrt{3}}\begin{pmatrix}1&0&0\\0&1&0\\0&0&1\end{pmatrix}$	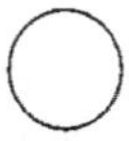
$-\frac{1}{\sqrt{2}}\begin{pmatrix}0&1&0\\1&0&0\\0&0&0\end{pmatrix}$		$\frac{1}{\sqrt{2}}\begin{pmatrix}1&0&0\\0&-1&0\\0&0&0\end{pmatrix}$	
$\frac{1}{\sqrt{2}}\begin{pmatrix}0&0&-1\\0&0&0\\-1&0&0\end{pmatrix}$		$\frac{1}{\sqrt{2}}\begin{pmatrix}0&0&0\\0&0&-1\\0&-1&0\end{pmatrix}$	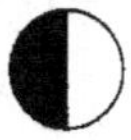
$\frac{1}{\sqrt{2}}\begin{pmatrix}-1&0&0\\0&0&0\\0&0&1\end{pmatrix}$		$\frac{1}{\sqrt{2}}\begin{pmatrix}0&0&0\\0&-1&0\\0&0&1\end{pmatrix}$	
$\frac{1}{\sqrt{6}}\begin{pmatrix}1&0&0\\0&-2&0\\0&0&1\end{pmatrix}$		$\frac{1}{\sqrt{6}}\begin{pmatrix}-2&0&0\\0&1&0\\0&0&1\end{pmatrix}$	
$\frac{1}{\sqrt{6}}\begin{pmatrix}1&0&0\\0&1&0\\0&0&-2\end{pmatrix}$		$-\frac{1}{\sqrt{6}}\begin{pmatrix}1&0&0\\0&1&0\\0&0&-2\end{pmatrix}$	

图 7.9　以震源球下半球的海滩球表示方法表示一些具有代表性的地震矩张量

图 7.9 中的矩张量表示式是按以震源为坐标原点，以 x_1 轴指向正北方向，x_2 轴指向正东方向，x_3 轴指向竖直方向，向下为正(图 7.5a)给出的．如前(本章第六节)已述，若采用不同的坐标系，同一矩张量的表示式则不尽相同．例如，如果采用图 7.5b 所示的坐标系，即以向北、向西、向上为 x_1, x_2, x_3 轴的正方向，则与图 7.9 中各个海滩球所表示的矩张量相应的表示式可由式(7.88)所示的关系式得到(Stein and Wysession, 2003)．如果采用图 7.5c 所示的球极坐标系，即以向上、向南、向东的单位矢量 $\boldsymbol{e}_r, \boldsymbol{e}_\theta, \boldsymbol{e}_\phi$构成的坐标系，则与图 7.9 中各个海滩球所表示的矩张量相应的表示式可由式(7.91)所示的关系式得到(Dahlen and Tromp, 1998)．

第十节 矩张量的莫尔圆表示

既然地震矩张量具有应力张量的一切性质，那么，和用莫尔(Mohr)圆表示三维空间中的正应力和剪切应力随方向的变化一样(Jaeger, 1962)，我们也可以用莫尔圆表示地震矩张量(Madariaga, 1983)．

我们来考察矩张量 $\mathbf{M}$ 的径向分量($\mathbf{M}\cdot\boldsymbol{e}_R$)．在主轴坐标系($\boldsymbol{t}, \boldsymbol{b}, \boldsymbol{p}$)中，

$$\mathbf{M}=\begin{bmatrix} M_1 & 0 & 0 \\ 0 & M_2 & 0 \\ 0 & 0 & M_3 \end{bmatrix}=M_1\boldsymbol{tt}+M_2\boldsymbol{bb}+M_3\boldsymbol{pp}, \tag{7.215}$$

$$\boldsymbol{e}_R=l_1\boldsymbol{t}+l_2\boldsymbol{b}+l_3\boldsymbol{p}, \tag{7.216}$$

式中，$l_i, i=1, 2, 3$ 是 $\boldsymbol{e}_R$ 在主轴坐标系的方向余弦．所以

$$\mathbf{M}\cdot\boldsymbol{e}_R=M_1l_1\boldsymbol{t}+M_2l_2\boldsymbol{b}+M_3l_3\boldsymbol{p}. \tag{7.217}$$

由式(7.54)和以上两式可得($\mathbf{M}\cdot\boldsymbol{e}_R$)的径向分量

$$M_{RR}=\boldsymbol{e}_R\cdot\mathbf{M}\cdot\boldsymbol{e}_R=M_1l_1^2+M_2l_2^2+M_3l_3^2, \tag{7.218}$$

以及($\mathbf{M}\cdot\boldsymbol{e}_R$)的切向分量

$$M_{RT}=(M_1^2l_1^2+M_2^2l_2^2+M_3^2l_3^2)-(M_1l_1^2+M_2l_2^2+M_3l_3^2)^2. \tag{7.219}$$

由以上两式和

$$l_1^2+l_2^2+l_3^2=1, \tag{7.220}$$

可以解出

$$l_1^2=\frac{(M_2-M_{RR})(M_3-M_{RR})+M_{RT}^2}{(M_2-M_1)(M_3-M_1)}, \tag{7.221}$$

$$l_2^2=\frac{(M_3-M_{RR})(M_1-M_{RR})+M_{RT}^2}{(M_3-M_2)(M_1-M_2)}, \tag{7.222}$$

$$l_3^2=\frac{(M_1-M_{RR})(M_2-M_{RR})+M_{RT}^2}{(M_1-M_2)(M_2-M_3)}. \tag{7.223}$$

今固定一个方向余弦 l_3; 这意味着所考虑的径向 $\boldsymbol{e}_R$ 与 x_3 轴的交角固定为 $\cos^{-1}l_3$．由式(7.223)可知，对于这样一个方向，M_{RR} 与 M_{RT} 由

$$(M_1-M_{RR})(M_2-M_{RR})+M_{RT}^2=l_3^2(M_1-M_3)(M_2-M_3), \tag{7.224}$$

即

$$M_{RT}^2+\left[M_{RR}^2-\frac{1}{2}(M_1+M_2)\right]^2=\frac{1}{4}(M_1-M_2)^2+l_3^2(M_1-M_3)(M_2-M_3) \tag{7.225}$$

联系在一起．这就是说，在(M_{RR}, M_{RT})平面上，M_{RR} 和 M_{RT} 位于一个圆上，这个圆的圆心位于 [$(M_1+M_2)/2, 0$]，半径为

$$[(M_1-M_2)^2/4+l_3^2(M_1-M_3)(M_2-M_3)]^{1/2}. \tag{7.226}$$

图 7.10 表示了在(M_{RR}, M_{RT})平面上 $P(M_1, 0)$，$Q(M_2, 0)$，$R(M_3, 0)$诸点以及圆心$A[(M_1+M_2)/2, 0)]$的位置．由式(7.224)可知，圆和半径由 $l_3=0$ 时的 $AQ=(M_1-M_2)/2$ 变化到 $l_3=1$ 时的 $AR=(M_1+M_2)/2-M_3$．

类似地，令式(7.221)中的 l_1 固定不变，可以得到另一组圆：

$$M_R^2+\left[M_{RR}^2-\frac{1}{2}(M_2+M_3)\right]^2=\frac{1}{4}(M_2-M_3)^2+l_1^2(M_2-M_1)(M_3-M_1). \quad (7.227)$$

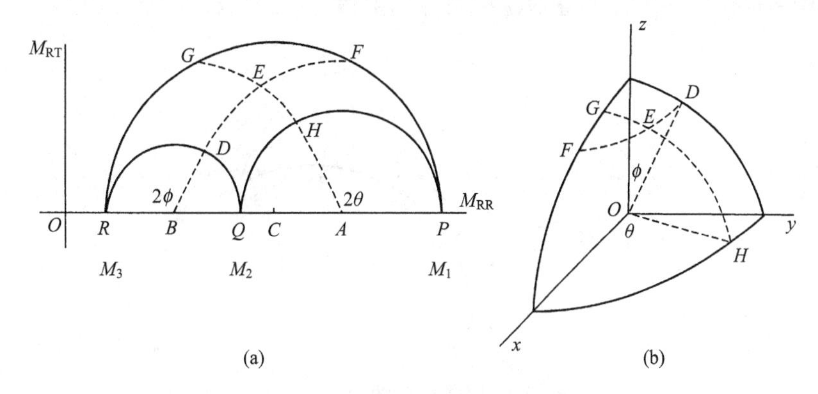

图 7.10　地震矩张量的莫尔圆表示法

(a) 图 7.10b 的各个代表性点在 M_{RR}–M_{RT}图中的几何表示；(b) 在单位球的象限内各个代表性点的几何表示

这组圆的圆心位于 $B[(M_2+M_3)/2, 0)]$，其半径由 $l_1=0$ 时的 BQ 变化到 $l_1=1$ 时的 BP．当 $0<l_1<1$ 时，这组圆的一段圆弧由 GEH 表示．

最后，令式(7.222)中的 l_2 为常量，可得

$$M_{RT}^2+\left[M_{RR}^2-\frac{1}{2}(M_1+M_3)\right]^2=\frac{1}{4}(M_1-M_3)^2+l_3^2(M_3-M_2)(M_1-M_2). \quad (7.228)$$

这组圆的圆心位于 $C[(M_3+M_1)/2, 0)]$，其半径由 $l_2=0$ 时的 CR 减小到 $l_2=1$ 时的 CQ.

现在我们来分析在图 7.10 所示的单位球的象限中 $\boldsymbol{e}_R$ 的几何情况．

在图 7.10b 中，E 点表示 $\boldsymbol{e}_R$，圆 GEH 相应于 $l_1=\cos\theta=$常数，H 是圆 GEH 与(M_1, M_2)平面的交点，所以$\angle HOM_1=\theta$, $H(\cos\theta, \sin\theta, 0)$．类似地，圆 FED 相应于 $l_3=\cos\phi=$常数，D 是圆 FED 与(M_2, M_3)平面的交点，$\angle DOM_3=\phi$，$D(0, \sin\phi, \cos\phi)$．

图 7.10a 中的 B 点和 A 点实际上分别是(M_2, M_3)平面和(M_1, M_2)平面的二维莫尔圆的圆心．我们以后者为例说明这一点．由前面分析可知，与图 7.10b 中的 H 点相应的 M_{RR} 和 M_{RT} 可由 $l_1=\cos\theta$, $l_2=\sin\theta$, $l_3=0$ 时的式(7.218)和式(7.219)两式得到，结果是

$$M_{RR}=M_1\cos^2\theta+M_2\sin^2\theta=\frac{1}{2}(M_1+M_2)+\frac{1}{2}(M_1-M_2)\cos^2\theta, \quad (7.229)$$

$$M_{RT}^2=\frac{1}{4}(M_1-M_2)^2\sin^2 2\theta. \quad (7.230)$$

既然在图 7.10b 中的 H 点的(M_{RR}, M_{RT})是由图 7.10a 中的 H 点所表示的，所以我们可以得出$\angle HAP=2\theta$ 的结论．类似地，可以证明$\angle DBR=2\phi$.

从以上分析可以得到一个表示三维空间中某一方向上的 M_{RR} 和 M_{RT} 的方法，这就是：对于如图 7.10b 所示的 $l_1=\cos\theta$, $l_3=\cos\phi$ 的某一点 E，我们可以按图 7.10a 作 $\angle HAP=2\theta$ 以确定出点 H，作 $\angle DBR=2\phi$ 以确定出点 D；然后分别以 B 点为圆心，以 $\overline{BH}$ 为半径和以 A 点为圆心，以 $\overline{AD}$ 为半径作圆弧 $\widehat{GEH}$ 和 $\widehat{DEF}$，这两段圆弧的交点 E 的横坐标就是 M_{RR}，纵坐标则给出 M_{RT}. 图 7.11 给出了与 $0\leqslant\theta\leqslant 90°$，$0\leqslant\phi\leqslant 90°$ 相应的两组圆弧，由标在圆弧边上的 θ 和 ϕ 的数值很容易得到与某一方向 (θ, ϕ) 相应的、图 7.10 中的 E 点在 M_{RR}–M_{RT} 图中的位置，从而求得 M_{RR} 和 M_{RT} 的数值.

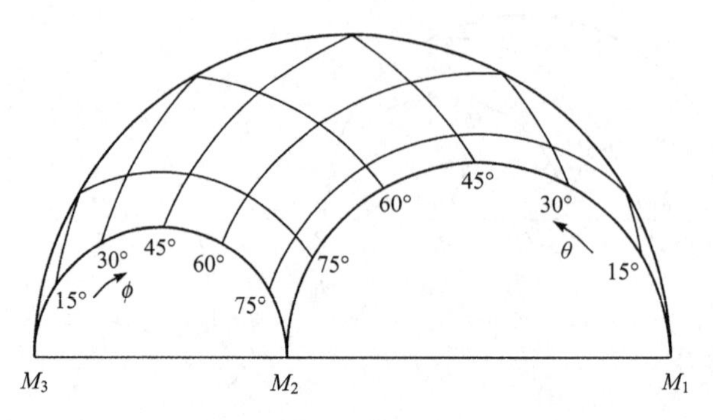

图 7.11　地震矩张量(或辐射图型因子)的莫尔圆表示

注意到点矩张量震源辐射的地震波远场位移的 P 波辐射图型因子 $\mathscr{F}^{\mathrm{P}}$ 与 M_{RR} 成正比，S 波辐射图型因子 $\mathscr{F}^{\mathrm{S}}$ 与 $M_{RT}=(M_{R\theta}^2+M_{R\phi}^2)^{1/2}$ 成正比，因此上面叙述的关于 M_{RR} 与 M_{RT} 的莫尔圆表示法实际上也是辐射图型因子 $\mathscr{F}^{\mathrm{P}}$ 与 $\mathscr{F}^{\mathrm{S}}$ 的莫尔圆表示法(Madariaga, 1983).

第十一节　坐标变换下的矩张量

(一) 在不同的直角坐标系中矩张量的变换

如前所述，n 阶多极矩在坐标系旋转情况下其变换有如 $(n+1)$ 阶张量的变换［式(7.26)］. 特别是在以 $\boldsymbol{e}_p$, p=1, 2, 3 为基矢量的直角坐标系 (x_1, x_2, x_3) 中，地震矩张量可表示为

$$\mathbf{M}=M_{pq}\boldsymbol{e}_p\boldsymbol{e}_q. \tag{7.231}$$

今考虑与上述坐标系原点相同但以 $\boldsymbol{e}'_j$, j=1, 2, 3 为基矢量的另一直角坐标系 (x'_1, x'_2, x'_3). 设在这一坐标系中地震矩张量表示为

$$\mathbf{M}=M'_{jk}\boldsymbol{e}'_j\boldsymbol{e}'_k, \tag{7.232}$$

并设 γ_{jp} 为 $\boldsymbol{e}'_j$ 与 $\boldsymbol{e}_p$ 的夹角的方向余弦［参见式(7.21)］，则

$$\boldsymbol{e}_p=\gamma_{jp}\boldsymbol{e}'_j. \tag{7.233}$$

将上式代入式(7.231)，可得

$$\mathbf{M}=M_{pq}\gamma_{jp}\gamma_{kq}\boldsymbol{e}'_j\boldsymbol{e}'_k. \tag{7.234}$$

对比上式与式(7.232)立得

$$M'_{jk}=\gamma_{jp}M_{pq}\gamma_{kq},\tag{7.235}$$

即在原点相同的两个直角坐标系中，矩张量通过下列矩阵变换相联系：

$$[M'_{jk}]=[\gamma_{jp}][M_{pq}][\gamma_{qk}]^{\mathrm{T}}.\tag{7.236}$$

事实上，式(7.235)与式(7.236)是前文已经得到的结果［参见式(7.24)与式(7.25)］.

(二)在旋转坐标系中矩张量的变换

上述坐标变换的一种有意义的特殊情况是坐标系绕 x_3 轴旋转某一角度ϕ 的坐标变换. 直角坐标系的这种旋转变换对于处理以 x_3 轴为对称轴的轴对称问题以及 x_3 轴垂直于地面的水平层状介质的问题是特别重要的. 在这种情况下，与绕 x_3 轴旋转相联系的方向余弦矩阵

$$[\gamma_{jp}]=\begin{bmatrix}\cos\phi & \sin\phi & 0\\ -\sin\phi & \cos\phi & 0\\ 0 & 0 & 0\end{bmatrix}.\tag{7.237}$$

由上式和式(7.235)可以求得经过上述旋转后的坐标系(x'_1, x'_2, x'_3)中的矩张量的分量：

$$M'_{11}=\frac{1}{2}(M_{11}+M_{22})+\frac{1}{2}(M_{11}-M_{22})\cos 2\phi+\frac{1}{2}(M_{12}+M_{21})\sin 2\phi,\tag{7.238}$$

$$M'_{12}=\frac{1}{2}(M_{12}-M_{21})+\frac{1}{2}(M_{12}+M_{21})\cos 2\phi+\frac{1}{2}(M_{22}-M_{11})\sin 2\phi,\tag{7.239}$$

$$M'_{13}=M_{13}\cos\phi+M_{23}\sin\phi.\tag{7.240}$$

$$M'_{21}=\frac{1}{2}(M_{21}-M_{12})+\frac{1}{2}(M_{21}+M_{12})\cos 2\phi+\frac{1}{2}(M_{22}-M_{11})\sin 2\phi=M'_{12},\tag{7.241}$$

$$M'_{22}=\frac{1}{2}(M_{22}+M_{11})+\frac{1}{2}(M_{22}-M_{11})\cos 2\phi-\frac{1}{2}(M_{12}+M_{21})\sin 2\phi,\tag{7.242}$$

$$M'_{23}=-M_{13}\sin\phi+M_{23}\cos\phi,\tag{7.243}$$

$$M'_{31}=M_{31}\cos\phi+M_{32}\sin\phi=M'_{13},\tag{7.244}$$

$$M'_{32}=-M_{31}\sin\phi+M_{32}\cos\phi=M'_{23},\tag{7.245}$$

$$M'_{33}=M_{33}.\tag{7.246}$$

考虑到地震矩张量的对称性 M_{pq}=M_{qp}，由式(7.126)可以得到，在直角坐标系(x_1, x_2, x_3)中，

$$\begin{aligned}\mathbf{M}=&\frac{1}{3}(M_{11}+M_{22}+M_{33})(\boldsymbol{e}_1\boldsymbol{e}_1+\boldsymbol{e}_2\boldsymbol{e}_2+\boldsymbol{e}_3\boldsymbol{e}_3)\\&+\frac{1}{6}(2M_{33}-M_{11}-M_{22})(2\boldsymbol{e}_3\boldsymbol{e}_3-\boldsymbol{e}_1\boldsymbol{e}_1-\boldsymbol{e}_2\boldsymbol{e}_2)\\&+\frac{1}{2}(M_{11}-M_{22})(\boldsymbol{e}_1\boldsymbol{e}_1-\boldsymbol{e}_2\boldsymbol{e}_2)+M_{23}(\boldsymbol{e}_2\boldsymbol{e}_3+\boldsymbol{e}_3\boldsymbol{e}_2)\end{aligned}$$

$$+M_{13}(\boldsymbol{e}_1\boldsymbol{e}_3+\boldsymbol{e}_3\boldsymbol{e}_1)+M_{12}(\boldsymbol{e}_1\boldsymbol{e}_2+\boldsymbol{e}_2\boldsymbol{e}_1). \tag{7.247}$$

而在绕 x_3 轴旋转了 ϕ 角的坐标系 (x'_1, x'_2, x'_3) 中，同一个地震矩张量 $\mathbf{M}$ 可用与上式类似的表示式表示：

$$\begin{aligned}\mathbf{M}=&\frac{1}{3}(M'_{11}+M'_{22}+M'_{33})(\boldsymbol{e}'_1\boldsymbol{e}'_1+\boldsymbol{e}'_2\boldsymbol{e}'_2+\boldsymbol{e}'_3\boldsymbol{e}'_3)\\&+\frac{1}{6}(2M'_{33}-M'_{11}-M'_{22})(2\boldsymbol{e}'_3\boldsymbol{e}'_3-\boldsymbol{e}'_1\boldsymbol{e}'_1-\boldsymbol{e}'_2\boldsymbol{e}'_2)\\&+\frac{1}{2}(M'_{11}-M'_{22})(\boldsymbol{e}'_1\boldsymbol{e}'_1-\boldsymbol{e}'_2\boldsymbol{e}'_2)+M'_{23}(\boldsymbol{e}'_2\boldsymbol{e}'_3+\boldsymbol{e}'_3\boldsymbol{e}'_2)\\&+M'_{13}(\boldsymbol{e}'_1\boldsymbol{e}'_3+\boldsymbol{e}'_3\boldsymbol{e}'_1)+M'_{12}(\boldsymbol{e}'_1\boldsymbol{e}'_2+\boldsymbol{e}'_2\boldsymbol{e}'_1),\end{aligned} \tag{7.248}$$

式中，M'_{jk}, j, k=1, 2, 3 由式(7.238)至式(7.246)诸式表示．由这些关系式，容易求得下列关系式：

$$\frac{1}{3}(M'_{11}+M'_{22}+M'_{33})=\frac{1}{3}(M_{11}+M_{22}+M_{33}), \tag{7.249}$$

$$\frac{1}{6}(2M'_{33}-M'_{11}-M'_{22})=\frac{1}{6}(2M_{33}-M_{11}-M_{22}), \tag{7.250}$$

$$\frac{1}{2}(M'_{11}-M'_{22})=\frac{1}{2}(M_{11}-M_{22})\cos 2\phi+M_{12}\sin 2\phi, \tag{7.251}$$

$$-M'_{23}=M_{13}\sin\phi-M_{23}\cos\phi, \tag{7.252}$$

$$M'_{13}=M_{13}\cos\phi+M_{23}\sin\phi, \tag{7.253}$$

$$-M'_{12}=-M_{12}\cos 2\phi+\frac{1}{2}(M_{11}-M_{22})\sin 2\phi, \tag{7.254}$$

以及在今后的分析中要用到的另一个有用的关系式：

$$-\frac{1}{2}(M'_{11}+M'_{22})=-\frac{1}{2}(M_{11}+M_{22}). \tag{7.255}$$

（三）轴对称情形下的点矩张量引起的位移场

位于坐标原点的点矩张量引起的、介质中某一点 $\boldsymbol{r}$ 处的位移场

$$\boldsymbol{u}(\boldsymbol{r},t)=\mathbf{G}(\boldsymbol{r},t;\mathbf{0},0)*\mathbf{M}(t), \tag{7.256}$$

以分量表示则为

$$u_i(\boldsymbol{r},t)=G_{ij,k}(\boldsymbol{r},t;\mathbf{0},0)*M_{jk}(t). \tag{7.257}$$

地震矩张量是对称张量，$M_{jk}=M_{kj}$，其独立的分量只有6个；与此相应，$G_{ij,k}$ 可组合成3×6=18个．我们将要指出，在以 x_3 为旋转轴的轴对称问题中，位于坐标原点的点矩张量在 $\boldsymbol{r}$ 处引起的位移可以用10组(而不是18组)特定的格林函数在特定的观测点上(而不是在以 $\boldsymbol{r}$ 表示的所有观测点上)的函数值的线性组合与矩张量的乘积表示．

在以 x_3 为旋转轴的轴对称问题中，采用柱坐标 (r, ϕ, z) 比较方便．在柱坐标系中，

$$\boldsymbol{r}=x_1\boldsymbol{e}_1+x_2\boldsymbol{e}_2+x_3\boldsymbol{e}_3=r\boldsymbol{e}_r+\phi\boldsymbol{e}_\phi+z\boldsymbol{e}_z, \tag{7.258}$$

$$
\begin{cases}
r = (x_1^2 + x_2^2)^{1/2}, \\
\phi = \tan^{-1}\left(\dfrac{x_2}{x_1}\right), \\
z = x_3.
\end{cases}
\tag{7.259}
$$

现在把坐标系$(x_1,\ x_2,\ x_3)$按右手螺旋法则绕x_3轴旋转ϕ角，得到新的直角坐标系$(x'_1,\ x'_2,\ x'_3)$．在旋转后的直角坐标系中，观测点$\boldsymbol{r}$的直角坐标为

$$
\boldsymbol{r} = r\boldsymbol{e}_1' + 0\cdot\boldsymbol{e}_2' + z\boldsymbol{e}_3'. \tag{7.260}
$$

在旋转后的直角坐标系中，矩张量$\mathbf{M}$的分量M'_{jk}的各种组合与原来的直角坐标系中的矩张量的分量M_{pq}通过式(7.249)至式(7.255)诸式相联系．不过，需要强调的是，这些关系式中的ϕ现在既表示坐标系绕x_3轴旋转过的角度，又表示观测点的圆极角坐标．

由式(7.256)和式(7.249)至式(7.255)诸式，我们得到：

$$
\begin{aligned}
\boldsymbol{u}(r,\phi,z;t) &= u_i'(x_1'=r,x_2'=0,x_3'=z;t)\boldsymbol{e}_i' \\
&= \frac{1}{3}(M_{11}+M_{22}+M_{33})\cdot(G_{i'1,1}+G_{i'2,2}+G_{i'3,3})\boldsymbol{e}_i' \\
&= \frac{1}{6}(2M_{33}-M_{11}-M_{22})\cdot(2G_{i'3,3}-G_{i'1,1}-G_{i'2,2})\boldsymbol{e}_i' \\
&= \left[\frac{1}{2}(M_{11}-M_{22})\cos 2\phi + M_{12}\sin 2\phi\right]\cdot(G_{i'1,1}-G_{i'2,2})\boldsymbol{e}_i' \\
&\quad + (M_{13}\sin\phi - M_{23}\cos\phi)\cdot(-G_{i'3,2}-G_{i'2,3})\boldsymbol{e}_i' \\
&\quad + (M_{13}\cos\phi + M_{23}\sin\phi)\cdot(-G_{i'1,3}+G_{i'3,1})\boldsymbol{e}_i' \\
&\quad + \left[\frac{1}{2}(M_{11}-M_{22})\sin 2\phi - M_{12}\cos 2\phi\right]\cdot(-G_{i'1,2}-G_{i'2,1})\boldsymbol{e}_i',
\end{aligned}
\tag{7.261}
$$

式中，格林函数张量$G_{i'j',k'}$表示的是

$$
G_{i'j',k'} = G_{i'j',k'}(x_1'=r,x_2'=0,x_3'=z;\mathbf{0},0). \tag{7.262}
$$

注意到在轴对称情形下，格林函数张量具有旋转不变性：

$$
G_{i'j',k'}(x_1'=r,x_2'=0,x_3'=z;t;\mathbf{0},0)\boldsymbol{e}_i' = G_{ij,k}(x_1=r,x_2=0,x_3=z;t;\mathbf{0},0)\boldsymbol{e}_i, \tag{7.263}
$$

所以，由式(7.260)与上式我们可以求得：

$$
\begin{aligned}
\boldsymbol{u}(r,\phi,z;t) &= u_i(r,\phi,z;t)\boldsymbol{e}_i \\
&= \frac{1}{3}(M_{11}+M_{22}+M_{33})\cdot(G_{i1,1}+G_{i2,2}+G_{i3,3})\boldsymbol{e}_i \\
&= \frac{1}{6}(2M_{33}-M_{11}-M_{22})\cdot(2G_{i3,3}-G_{i1,1}-G_{i2,2})\boldsymbol{e}_i \\
&= \left[\frac{1}{2}(M_{11}-M_{22})\cos 2\phi + M_{12}\sin 2\phi\right]\cdot(G_{i1,1}-G_{i2,2})\boldsymbol{e}_i \\
&\quad + (M_{13}\sin\phi - M_{23}\cos\phi)\cdot(-G_{i3,2}-G_{i2,3})\boldsymbol{e}_i \\
&\quad + (M_{13}\cos\phi + M_{23}\sin\phi)\cdot(-G_{i1,3}+G_{i3,1})\boldsymbol{e}_i
\end{aligned}
$$

$$+\left[\frac{1}{2}(M_{11}-M_{22})\sin 2\phi - M_{12}\cos 2\phi\right]\cdot(-G_{i1,2}-G_{i2,1})\boldsymbol{e}_i, \tag{7.264}$$

式中，格林函数张量 $G_{ij,k}$ 表示的是点矩张量在 $\boldsymbol{r}=r\boldsymbol{e}_1+0\cdot\boldsymbol{e}_2+z\boldsymbol{e}_3$ 这一特定点产生的位移的 i 分量：

$$G_{ij,k}=G_{ij,k}(x_1=r, x_2=0, x_3=z; t; \boldsymbol{0}, 0). \tag{7.265}$$

今以 x_1 轴指向北，x_2 轴指向东，x_3 轴垂直于地面向下，那么 ϕ 即为观测点的方位角. 在这个地理坐标系中，可对式(7.264)右边的格林函数张量的各种组合的意义作如下分析.

(1) 爆炸源　$G_{i1,1}+G_{i2,2}+G_{i3,3}$ 表示爆炸源产生的位移，以 $\boldsymbol{EP}$ 表示，即：

$$\boldsymbol{EP}=G_{i1,1}+G_{i2,2}+G_{i3,3}. \tag{7.266}$$

(2) 补偿线性矢量偶极　$2G_{i3,3}-G_{i1,1}-G_{i2,2}$ 表示一个补偿性矢量偶极产生的位移，以 $\boldsymbol{LD}$ 表示，即：

$$\boldsymbol{LD}=2G_{i3,3}-G_{i1,1}-G_{i2,2}. \tag{7.267}$$

这个补偿线性矢量偶极可以分解为

$$\boldsymbol{LD}=(G_{i3,3}-G_{i1,1})+(G_{i3,3}-G_{i2,2}), \tag{7.268}$$

上式右边第二项表示断层走向方位角 $\phi_s=0$，倾角 $\delta=\pi/4$，滑动角 $\lambda=\pi/2$ 的逆断层产生的位移，以 $\boldsymbol{DD}(\phi_s=0)$ 表示：

$$\boldsymbol{DD}(\phi_s=0)=G_{i3,3}-G_{i2,2}. \tag{7.269}$$

第一项则表示 $\phi_s=\pi/2$，$\delta=\pi/4$，$\lambda=\pi/2$ 的逆断层产生的位移，以 $\boldsymbol{DD}(\phi_s=\pi/2)$ 表示：

$$\boldsymbol{DD}(\phi_s=\pi/2)=G_{i3,3}-G_{i1,1}. \tag{7.270}$$

从而，

$$\boldsymbol{LD}=\boldsymbol{DD}(\pi/2)+\boldsymbol{DD}(0). \tag{7.271}$$

(3) 走滑断层　$-(G_{i1,2}+G_{i2,1})$ 表示 $\phi_s=0$，$\delta=\pi/2$，$\lambda=\pi$ 即断层面垂直于地面的右旋走滑断层产生的位移，以 $\boldsymbol{SS}(\phi_s=0)$ 表示，即：

$$\boldsymbol{SS}(\phi_s=0)=-(G_{i1,2}+G_{i2,1}). \tag{7.272}$$

$(G_{i1,1}-G_{i2,2})$ 则表示 $\phi_s=\pi/4$，$\delta=\pi/2$，$\lambda=\pi$ 即断层面垂直于地面的右旋走滑断层产生的位移，以 $\boldsymbol{SS}(\phi_s=\pi/4)$ 表示，即：

$$\boldsymbol{SS}(\phi_s=\pi/4)=G_{i1,1}-G_{i2,2}. \tag{7.273}$$

(4) 倾滑断层　$-(G_{i3,2}+G_{i2,3})$ 表示 $\phi_s=0$，$\delta=\pi/2$，$\lambda=\pi/2$ 即断层面垂直于地面的逆断层［按前面(第二章第九节)已提及的对于倾角 $\delta=\pi/2$ 情形有关上盘、下盘的定义］引起的位移，以 $\boldsymbol{DS}(\phi_s=0)$ 表示，即：

$$\boldsymbol{DS}(\phi_s=0)=-(G_{i3,2}+G_{i2,3}), \tag{7.274}$$

而 $(G_{i1,3}+G_{i3,1})$ 则表示 $\phi_s=\pi/2$，$\delta=\pi/2$，$\lambda=\pi/2$ 即断层面垂直于地面的逆断层［按前面(第二章第九节)已提及的对于倾角 $\delta=\pi/2$ 情形有关上盘、下盘的定义］引起的位移，以 $\boldsymbol{DS}(\phi_s=\pi/2)$ 表示，即：

$$\boldsymbol{DS}(\phi_s=\pi/2)=G_{i1,3}+G_{i3,1}. \tag{7.275}$$

引进下列符号：

$$A_1 = \frac{1}{2}(M_{11} - M_{22})\cos 2\phi + M_{12}\sin 2\phi, \tag{7.276}$$

$$A_2 = M_{13}\cos\phi + M_{23}\sin\phi, \tag{7.277}$$

$$A_3 = -\frac{1}{2}(M_{11} + M_{22}), \tag{7.278}$$

$$A_4 = \frac{1}{2}(M_{11} - M_{22})\sin 2\phi - M_{12}\cos 2\phi, \tag{7.279}$$

$$A_5 = -M_{23}\cos\phi + M_{13}\sin\phi, \tag{7.280}$$

则

$$\begin{aligned}\boldsymbol{u}(r,\phi,z;t) = P\cdot(\boldsymbol{EP}+\boldsymbol{LD}) + A_3\cdot\boldsymbol{LD} + A_1\cdot\boldsymbol{SS}(\pi/4) + A_5\cdot\boldsymbol{DS}(0)\\ + A_2\cdot\boldsymbol{DS}(\pi/4) + A_4\cdot\boldsymbol{SS}(0),\end{aligned} \tag{7.281}$$

式中，

$$P = \frac{1}{3}(M_{11} + M_{22} + M_{33}). \tag{7.282}$$

并且，由式(7.266)与式(7.267)两式易知：

$$\boldsymbol{EP} + \boldsymbol{LD} = 3G_{i3,3}. \tag{7.283}$$

以 R, T, Z 分别表示位移的水平径向、横向和垂向分量，由对称性考虑可知 $RSS(0)=ZSS(0)=TSS(\pi/4)=RDS(0)=ZDS(0)=TDS(\pi/2)=TEP=TLD=0$．所以在轴对称问题中，在总计为 $3\times6=18$ 个格林函数的线性组合中，有 8 个恒为零，在需要计算 $\boldsymbol{u}(r, \phi, z; t)$时，无论$\phi$取何值，只需要先计算在特定点 $x_1=r$, $x_2=0$, $x_3=z$ 上的 10 个特定的、由格林函数构成的线性组合，然后通过式(7.281)右边所示的简单计算便可以求得方位角为ϕ，矩张量为 M_{jk} 时的 $\boldsymbol{u}(r, \phi, z; t)$．这 10 个线性组合是(表 7.1)：

表 7.1　轴对称情形下的格林函数张量的 10 种基本的线性组合

	R	T	Z
$\boldsymbol{SS}(0)$	0	$TSS(0)$	0
$\boldsymbol{SS}(\pi/4)$	$RSS(\pi/4)$	0	$ZSS(\pi/4)$
$\boldsymbol{DS}(0)$	0	$TDS(0)$	0
$\boldsymbol{DS}(\pi/2)$	$RDS(\pi/2)$	0	$ZDS(\pi/2)$
$\boldsymbol{EP}$	REP	0	ZEP
$\boldsymbol{LD}$	RLD	0	ZLD

(1) 断层走向 $\phi_s=0$ 的、断层面垂直于地面的右旋走滑断层 $\boldsymbol{SS}(0)$ 引起的横向分量 $TSS(0)$；

(2) 断层走向 $\phi_s=\pi/4$ 的、断层面垂直于地面的右旋走滑断层 $\boldsymbol{SS}(\pi/4)$ 引起的水平径向分量 $RSS(\pi/4)$ 和垂直分量 $ZSS(\pi/4)$；

(3) 断层走向 $\phi_s=0$ 的、断层面垂直于地面的倾滑逆断层 $\boldsymbol{DS}(0)$ 引起的横向分量

$TDS(0)$；

(4) 断层走向$\phi_s=\pi/2$ 的、断层面垂直于地面的倾滑逆断层 $\boldsymbol{DS}(\pi/2)$ 引起的水平径向分量 $RDS(\pi/2)$ 和垂直分量 $ZDS(\pi/2)$；

(5) 爆炸源 $\boldsymbol{EP}$ 引起的水平径向分量 REP 和垂向分量 ZEP；

(6) 补偿线性矢量偶极 $\boldsymbol{LD}$ 引起的水平径向分量 RLD 和垂直分量 ZLD.

这样，位于圆柱坐标为(r, ϕ, z)的观测点的位移便可表示为

$$\begin{aligned}u_r(r,\phi,z;t)=&\frac{1}{3}(M_{11}+M_{22}+M_{33})\cdot(REP+RLD)-\frac{1}{2}(M_{11}+M_{22})\cdot RLD\\&+\left[\frac{1}{2}(M_{11}-M_{22})\cos 2\phi+M_{12}\sin 2\phi\right]\cdot RSS(\pi/4)\\&+(M_{13}\cos\phi+M_{23}\sin\phi)\cdot RDS(\pi/2),\end{aligned}\tag{7.284}$$

$$\begin{aligned}u_\phi(r,\phi,z;t)=&\left[\frac{1}{2}(M_{11}-M_{22})\sin 2\phi-M_{12}\cos 2\phi\right]\cdot TSS(0)\\&+(M_{13}\sin\phi-M_{23}\cos\phi)\cdot TDS(0),\end{aligned}\tag{7.285}$$

$$\begin{aligned}u_r(r,\phi,z;t)=&\frac{1}{3}(M_{11}+M_{22}+M_{33})\cdot(ZEP+ZLD)-\frac{1}{2}(M_{11}+M_{22})\cdot ZLD\\&+\left[\frac{1}{2}(M_{11}-M_{22})\cos 2\phi+M_{12}\sin 2\phi\right]\cdot ZSS(\pi/4)\\&+(M_{13}\cos\phi+M_{23}\sin\phi)\cdot ZDS(\pi/2),\end{aligned}\tag{7.286}$$

从而，

$$\begin{aligned}u_r(r,\phi,z;t)=&M_{11}\cdot\left[\frac{1}{3}(REP+RLD)-\frac{1}{2}RLD+\frac{1}{2}RSS(\pi/4)\cos 2\phi\right]\\&+M_{22}\cdot\left[\frac{1}{3}(REP+RLD)-\frac{1}{2}RLD-\frac{1}{2}RSS(\pi/4)\cos 2\phi\right]\\&+M_{33}\cdot\left[\frac{1}{3}(REP+RLD)\right]+M_{12}\cdot[RSS(\pi/4)\sin 2\phi]\\&+M_{13}\cdot[RDS(\pi/2)\cos\phi]+M_{23}\cdot[RDS(\pi/2)\sin\phi],\end{aligned}\tag{7.287}$$

$$\begin{aligned}u_\phi(r,\phi,z;t)=&M_{11}\cdot\left[\frac{1}{2}TSS(0)\sin 2\phi\right]+M_{22}\cdot\left[-\frac{1}{2}TSS(0)\sin 2\phi\right]\\&+M_{12}\cdot[-TSS(0)\cos 2\phi]+M_{13}\cdot[TDS(0)\sin\phi]\\&+M_{23}\cdot[-TDS(0)\cos\phi],\end{aligned}\tag{7.288}$$

$$\begin{aligned}u_z(r,\phi,z;t)=&M_{11}\cdot\left[\frac{1}{3}(ZEP+ZLD)-\frac{1}{2}ZLD+\frac{1}{2}ZSS(\pi/4)\cos 2\phi\right]\\&+M_{22}\cdot\left[\frac{1}{3}(ZEP+ZLD)-\frac{1}{2}ZLD-\frac{1}{2}ZSS(\pi/4)\cos 2\phi\right]\\&+M_{33}\cdot\left[\frac{1}{3}(ZEP+ZLD)\right]+M_{12}\cdot[ZSS(\pi/4)\sin 2\phi]\\&+M_{13}\cdot[ZDS(\pi/2)\cos\phi]+M_{23}\cdot[ZDS(\pi/2)\sin\phi].\end{aligned}\tag{7.289}$$

以上三式是最一般情形下位移 $u(r, \phi, z; t)$ 与矩张量 M_{jk} 的 6 个分量和在 $x_1=r$, $x_2=0$, $x_3=z$ 上的 10 个特定的格林函数的线性组合的关系式．需要特别指出的是，在 u_ϕ 的表示式中，不包含 M_{33}．这意味着，u_ϕ 不包含有关 M_{33} 的信息，所以单从 u_ϕ 是求不出 M_{33} 的；换句话说，由 u_ϕ 的信息是无从提取或分辨出 M_{33} 分量的．

当矩张量的迹为零时，以上三式化为

$$\begin{aligned} u_r(r,\phi,z;t) = {} & M_{11}\cdot\left[-\frac{1}{2}RLD+\frac{1}{2}RSS(\pi/4)\cos 2\phi\right] \\ & +M_{22}\cdot\left[-\frac{1}{2}RLD-\frac{1}{2}RSS(\pi/4)\cos 2\phi\right] \\ & +M_{12}\cdot[RSS(\pi/4)\sin 2\phi]+M_{13}\cdot[RDS(\pi/2)\cos\phi] \\ & +M_{23}\cdot[RDS(\pi/2)\sin\phi], \end{aligned} \tag{7.290}$$

$$\begin{aligned} u_\phi(r,\phi,z;t) = {} & M_{11}\cdot\left[\frac{1}{2}TSS(0)\sin 2\phi\right] \\ & +M_{22}\cdot\left[-\frac{1}{2}TSS(0)\sin 2\phi\right]+M_{12}\cdot[-TSS(0)\cos 2\phi] \\ & +M_{13}\cdot[TDS(0)\sin\phi]+M_{23}\cdot[-TDS(0)\cos\phi], \end{aligned} \tag{7.291}$$

$$\begin{aligned} u_z(r,\phi,z;t) = {} & M_{11}\cdot\left[-\frac{1}{2}ZLD+\frac{1}{2}ZSS(\pi/4)\cos 2\phi\right] \\ & +M_{22}\cdot\left[-\frac{1}{2}ZLD-\frac{1}{2}ZSS(\pi/4)\cos 2\phi\right] \\ & +M_{12}\cdot[ZSS(\pi/4)\sin 2\phi]+M_{13}\cdot[ZDS(\pi/2)\cos\phi] \\ & +M_{23}\cdot[ZDS(\pi/2)\sin\phi]. \end{aligned} \tag{7.292}$$

在这种情况下，矩张量有 5 个独立分量 $M_{11}, M_{22}, M_{12}, M_{13}, M_{23}$．容易看出，它们可以有多种组合方式，其中最常用的两种组合方式是：$(M_{11}-M_{22}), (M_{11}+M_{22}), M_{12}, M_{13}, M_{23}$ 以及 $(M_{11}-M_{22}), M_{33}, M_{12}, M_{13}, M_{23}$．与这两种组合相应的位移表示式分别为

$$\begin{aligned} u_r(r,\phi,z;t) = {} & (M_{11}-M_{22})\cdot\left[\frac{1}{2}RSS(\pi/4)\cos 2\phi\right] \\ & +(M_{11}+M_{22})\cdot\left[-\frac{1}{2}RLD\right]+M_{12}\cdot[RSS(\pi/4)\sin 2\phi] \\ & +M_{13}\cdot[RDS(\pi/2)\cos\phi]+M_{23}\cdot[RDS(\pi/2)\sin\phi], \end{aligned} \tag{7.293}$$

$$\begin{aligned} u_\phi(r,\phi,z;t) = {} & (M_{11}-M_{22})\cdot\left[\frac{1}{2}TSS(0)\sin 2\phi\right] \\ & +M_{12}\cdot[-TSS(0)\cos 2\phi]+M_{13}\cdot[TDS(0)\sin\phi] \\ & +M_{23}\cdot[-TDS(0)\cos\phi], \end{aligned} \tag{7.294}$$

$$u_z(r,\phi,z;t)=(M_{11}-M_{22})\cdot\left[\frac{1}{2}ZSS(\pi/4)\cos 2\phi\right]$$
$$+(M_{11}+M_{22})\cdot\left[-\frac{1}{2}ZLD\right]+M_{12}\cdot[ZSS(\pi/4)\sin 2\phi]$$
$$+M_{13}\cdot[ZDS(\pi/2)\cos\phi]+M_{23}\cdot[ZDS(\pi/2)\sin\phi], \tag{7.295}$$

以及

$$u_r(r,\phi,z;t)=(M_{11}-M_{22})\cdot\left[\frac{1}{2}RSS(\pi/4)\cos 2\phi\right]+M_{33}\cdot\left[\frac{1}{2}RLD\right]$$
$$+M_{12}\cdot[RSS(\pi/4)\sin 2\phi]+M_{13}\cdot[RDS(\pi/2)\cos\phi]$$
$$+M_{23}\cdot[RDS(\pi/2)\sin\phi], \tag{7.296}$$

$$u_\phi(r,\phi,z;t)=(M_{11}-M_{22})\cdot\left[\frac{1}{2}TSS(0)\sin 2\phi\right]$$
$$+M_{12}\cdot[-TSS(0)\cos 2\phi]+M_{13}\cdot[TDS(0)\sin\phi]$$
$$+M_{23}\cdot[-TDS(0)\cos\phi], \tag{7.297}$$

$$u_z(r,\phi,z;t)=(M_{11}-M_{22})\cdot\left[\frac{1}{2}ZSS(\pi/4)\cos 2\phi\right]+M_{33}\cdot\left[\frac{1}{2}ZLD\right]$$
$$+M_{12}\cdot[ZSS(\pi/4)\sin 2\phi]+M_{13}\cdot[ZDS(\pi/2)\cos\phi]$$
$$+M_{23}\cdot[ZDS(\pi/2)\sin\phi]. \tag{7.298}$$

图 7.12 是均匀半无限介质中上述 10 个基本的格林函数的计算结果(Wang and Herrmann, 1980; Herrmann and Wang, 1985; Jost and Hermann, 1989; Johnson, 1974; 李旭和陈运泰，1996a)．这 10 个时间函数是用 Cagniard-De Hoop 方法(Cagniard, 1939, 1962; De Hoop, 1960)计算得到的. 均匀半无限介质的参数如表 7.2 所示. 计算这些格林函数时，采用下式所表示的远场震源时间函数[即震源时间函数 $S(t)$ 的微商] $\dot{S}(t)$：

$$2\tau\dot{S}(t)=\begin{cases}0 & t\leqslant 0,\\ \frac{1}{2}\left(\frac{t}{\tau}\right)^2 & 0\leqslant t\leqslant\tau,\\ -\frac{1}{2}\left(\frac{t}{\tau}\right)^2+2\left(\frac{t}{\tau}\right)-1 & \tau\leqslant t\leqslant 3\tau,\\ \frac{1}{2}\left(\frac{t}{\tau}\right)^2-4\left(\frac{t}{\tau}\right)+8 & 3\tau\leqslant t\leqslant 4\tau,\\ 0 & t\geqslant 4\tau.\end{cases} \tag{7.299}$$

计算中，取参量 τ=0.500s，地震矩 M_0=1.0×10^{20} dyn·cm，方位角 ϕ=0°，震中距 r=10.00 km，震源深度 h=10.00km，时间窗由 $t_{\min}$=1.30s 至 $t_{\max}$=33.05s，采样间隔Δt=0.250s．结果如图 7.12 所示．图中最大振幅以 cm 为单位.

表 7.2　用于计算均匀半无限介质中 10 个基本的格林函数时所采用的参量

α/km·s^{-1}	β/km·s^{-1}	ρ/g·cm^{-3}	H/km	Q_P	Q_S
6.15	3.55	2.8	∞	1000	500

注：α与β分别是纵波与横波的速度，ρ是介质的密度，H是层的厚度，Q_P与Q_S分别是纵波与横波的介质的品质因子

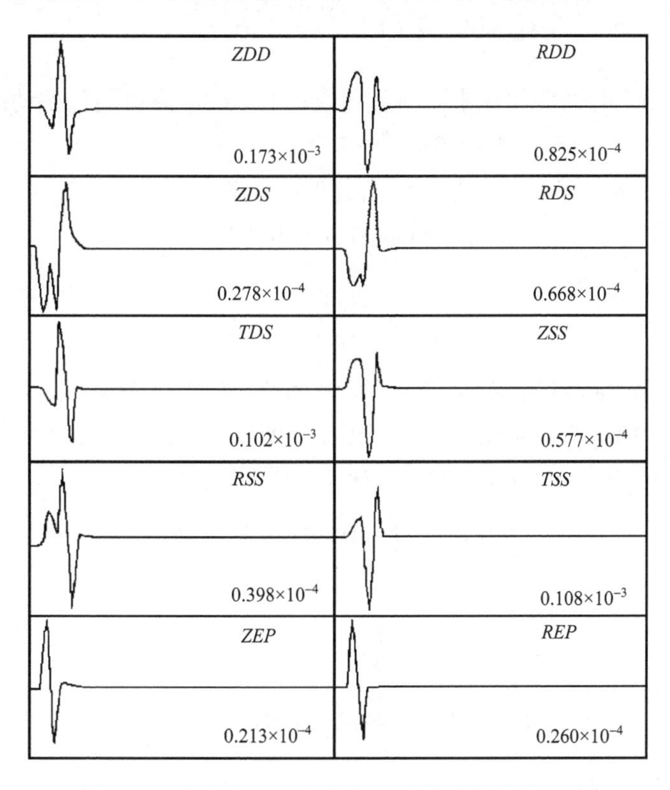

图 7.12　均匀半无限介质中 10 个基本的格林函数

图中 10 种基本的格林函数的定义参见表 7.1 与式(7.266)至式(7.289)．计算取 $t_{\min}$=1.20s, $t_{\max}$=33.05s, r=10.00 km, h=10.00 km, Δt=0.25s, τ=0.500s．每幅子图右下角的数字是最大振幅，以 cm 为单位

第十二节　矩张量反演

(一)点矩张量反演

如已指出的，当震源距和所论及的最短的波长都远远地大于震源的尺度时，可以把震源视为点源．设点矩张量源位于坐标原点，则表征点源的矩张量——点矩张量 $\mathbf{M}(t)$ 引起的位移可由式(7.47)得到[令式(7.47)中的 $\boldsymbol{r}^0=\mathbf{0}$]：

$$\boldsymbol{u}(\boldsymbol{r},t)=\int_0^t \mathbf{M}(t'):\nabla\mathbf{G}^{\mathrm{T}}(\boldsymbol{r},t;\mathbf{0},t')\mathrm{d}t', \tag{7.300}$$

其分量形式可由式(7.48)得到：

$$u_i(\boldsymbol{r}, t) = \int_0^t G_{ij,k}(\boldsymbol{r}, t; \boldsymbol{0}, t') M_{jk}(t') \mathrm{d}t', \tag{7.301}$$

式中，

$$G_{ij,k}(\boldsymbol{r}, t; \boldsymbol{0}, t') = \left. \frac{\partial G_{ij}(\boldsymbol{r}, t; \boldsymbol{r}', t')}{\partial x_k'} \right|_{\boldsymbol{r}'=\boldsymbol{0}} . \tag{7.302}$$

在边界条件不依赖于时间的问题中，格林函数中的时间原点可随意挪动：

$$\mathbf{G}(\boldsymbol{r}, t; \boldsymbol{0}, t') = \mathbf{G}(\boldsymbol{r}, t - t'; \boldsymbol{0}, 0), \tag{7.303}$$

所以式(7.300)表示的结果实质上是格林函数张量与点矩张量的卷积：

$$u_i(\boldsymbol{r}, t) = G_{ij,k}(\boldsymbol{r}, t; \boldsymbol{0}, 0) * M_{jk}(t). \tag{7.304}$$

在频率域，则为

$$\hat{u}_i(\boldsymbol{r}, \omega) = \hat{G}_{ij,k}(\boldsymbol{r}, \boldsymbol{0}; \omega) \cdot \hat{M}_{jk}(\omega). \tag{7.305}$$

由观测得到的地震波波场的资料 u_i 确定作为时间函数的点矩张量的元素(分量)的工作称作(点)矩张量的反演．由于矩张量是对称张量，所以以上两式可以表示为

$$u_i(\boldsymbol{r}, t) = H_{ijk}(\boldsymbol{r}, t; \boldsymbol{0}, 0) * M_{jk}(t), \tag{7.306}$$

$$\hat{u}_i(\boldsymbol{r}, \omega) = \hat{H}_{ijk}(\boldsymbol{r}, \boldsymbol{0}; \omega) \cdot \hat{M}_{jk}(\omega), \tag{7.307}$$

式中，

$$H_{ijk} = \frac{1}{2}(G_{ij,k} + G_{ik,j}), \tag{7.308}$$

$$\hat{H}_{ijk} = \frac{1}{2}(\hat{G}_{ij,k} + \hat{G}_{ik,j}). \tag{7.309}$$

既然矩张量作为对称张量只有 6 个独立的分量，所以式(7.306)可以改写为

$$u_i(\boldsymbol{r}, t) = X_{in}(\boldsymbol{r}, t; \boldsymbol{0}, 0) * M_n(t), \tag{7.310}$$

式中，$M_n(t)$, n=1, 2, …, 6 是由矩张量 **M** 的 6 个独立分量构成的矢量 **M** 的分量：

$$\mathbf{M} = (M_1, M_2, M_3, M_4, M_5, M_6)^{\mathrm{T}} \tag{7.311}$$

$$M_1 = M_{11}, M_2 = M_{22}, M_3 = M_{33}, M_4 = M_{12}, M_5 = M_{13}, M_6 = M_{23}, \tag{7.312}$$

$$\begin{cases} X_{i1} = H_{i11} = G_{i1,1}, \\ X_{i2} = H_{i22} = G_{i2,2}, \\ X_{i3} = H_{i33} = G_{i3,3}, \\ X_{i4} = 2H_{i12} = G_{i1,2} + G_{i2,1}, \\ X_{i5} = 2H_{i13} = G_{i1,3} + G_{i3,1}, \\ X_{i6} = 2H_{i23} = G_{i2,3} + G_{i3,2}. \end{cases} \tag{7.313}$$

相应地，式(7.305)可以改写为

$$\hat{u}_i(\boldsymbol{r}, \omega) = \hat{X}_{in}(\boldsymbol{r}, \boldsymbol{0}; \omega) \cdot \hat{M}_n(\omega), \tag{7.314}$$

式中，$\hat{M}_n(\omega)$ 与 $\hat{X}_{in}(\boldsymbol{r}, \boldsymbol{0}; \omega)$ 分别为式(7.312)与式(7.313)所表示的量的谱．

在轴对称情形下，与式(7.302)相应的表示式是式(7.287)至式(7.289)．如前已述，在此情形下，只需要计算10组特定的格林函数在特定点$x_1=r$, $x_2=0$，$x_3=z$上的函数值，由其线性组合便可得出圆柱坐标为(r, ϕ, z)处的X_{in}, $i=r, \phi, z$．

如式(7.310)与式(7.314)所示，在时间域，位移是格林函数张量与点源矩张量的卷积；在频率域，位移谱是格林函数张量的谱与点源矩张量的谱的乘积．式(7.314)可以进一步改写为

$$\hat{u}_i(\boldsymbol{r}, \omega) = \hat{X}_{in}^{\mathrm{H}}(\boldsymbol{r}, \boldsymbol{0}; \omega) \cdot \hat{\dot{M}}_n(\omega), \tag{7.315}$$

式中，$\hat{\dot{M}}_n(\omega)$是$\dot{M}_n(t)$的谱，而$\dot{M}_n(t)$，$n=1, 2, \ldots, 6$ 是由地震矩率张量$\dot{M}_{jk}(t)$的6个独立分量构成的矢量$\dot{\boldsymbol{M}}$的分量：

$$\dot{\boldsymbol{M}} = (\dot{M}_1, \dot{M}_2, \dot{M}_3, \dot{M}_4, \dot{M}_5, \dot{M}_6)^{\mathrm{T}}. \tag{7.316}$$

$\hat{X}_{in}^{\mathrm{H}}(\boldsymbol{r}, \boldsymbol{0}; \omega)$是对应于亥维赛单位阶跃函数集中力的格林函数的谱，它与对应于单位脉冲集中力的格林函数$\hat{X}_{in}(\boldsymbol{r}, \boldsymbol{0}; \omega)$有如下所示关系：

$$\hat{X}_{in}^{\mathrm{H}}(\boldsymbol{r}, \boldsymbol{0}; \omega) = \frac{1}{\mathrm{i}\omega} \hat{X}_{in}(\boldsymbol{r}, \boldsymbol{0}; \omega). \tag{7.317}$$

式(7.314)或式(7.315)表明，当震源时间函数未知时或当对震源时间函数的同步性不作任何假定时，频率域中的矩张量反演问题是线性反演问题．

(二)时间域内的矩张量反演

1. 同步震源

矩张量反演既可在时间域内进行，也可在频率域内进行(Silver and Jordan, 1983)；既可单独使用诸如地球的自由振荡、面波、体波资料或地震记录图上的某个分量进行反演，也可将上述资料结合在一起进行反演；既可在某一或某些约束条件下进行反演，也可在不加约束的条件下进行反演(Parker, 1977; Doornbos, 1982)．

如前已述，如果作为时间函数的矩张量，其时间函数是可以分离的，并且是同步震源，即所有分量都具有相同的时间函数$S(t)$(Silver and Jordan, 1983; Lay and Wallace, 1995; Vasco, 1989)［参见式(7.208)］：

$$M_{jk}(t) = M_{jk} S(t) \tag{7.318}$$

[在上式中沿用惯例，在不致引起混淆的情况下，对$M_{jk} = M_{jk}(t)|_{t\to\infty}$与作为时间函数的矩张量$M_{jk}(t)$在符号上不加区分]；再有，如果同步震源的不依赖于时间的矩张量M_{jk}是已知的，则反演问题转化为确定震源时间函数$S(t)$的反卷积问题．若将时间t用N个离散点表示，则$S(t)$的待解参量有N个．如果同步震源的不依赖于时间的矩张量M_{jk}不是已知的，那么在反演$M_{jk}(t)$时就有 $6\times N$ 个待解参量．在此情况下，$M_{jk}(t)$作为t的函数极大地增加了待反演参量的数量(Stump and Johnson, 1977)：

$$u_i(\boldsymbol{r}, t) = M_{jk} G_{ij,k}(\boldsymbol{r}, t; \boldsymbol{0}, 0) * S(t). \tag{7.319}$$

而在事先已知或假定已知震源时间函数$S(t)$情形下，因为位移$u_i(\boldsymbol{r}, t)$是矩张量元素M_{jk}

和 $G_{ij,k}(\boldsymbol{r}, t; \boldsymbol{0}, 0) * S(t)$ 的线性函数，所以上述反演问题转化为确定不依赖于时间的矩张量 M_{jk} 的线性反演问题．在已知 $G_{ij,k}$ 的情况下，已知 M_{jk} 确定 $S(t)$ 的步骤与已知 $S(t)$ 确定 M_{jk} 的步骤可以迭代地进行，由于不直接反演 $M_{jk}(t)$，而是分别反演 $S(t)$ 和 M_{jk}，单次反演的待解参量数也相应减少，提高了反演的效率和稳定性．从而可以求得时间函数可分离的同步震源情形下的震源时间函数和不依赖于时间的矩张量(Šilený and Panza, 1991)．

2. 经验格林函数

在震源时间函数可分离的同步震源情形下通过反卷积确定震源时间函数时，需要预先知道表征震源特征的地震矩张量 M_{jk} 以及表征传播介质特征的格林函数 $G_{ij,k}$．如果有两个地震，其震源位置相同，震源机制也相同．这里所说的“相同”与所涉及的地震波的波长、震源的大小、定位精度等因素相联系．那么在同一台站、同一台仪器记录到的这两个地震引起的地面运动(记录位移) $U_i(\boldsymbol{r}, t)$ 及 $U'_i(\boldsymbol{r}, t)$ 的频谱 $\hat{U}_i(\boldsymbol{r}, \omega)$ 及 $\hat{U}'_i(\boldsymbol{r}, \omega)$ 分别为

$$\hat{U}_i(\boldsymbol{r}; \omega) = M_{jk} \hat{G}_{ij,k}(\boldsymbol{r}, \boldsymbol{0}; \omega) \hat{S}(\omega) \hat{Q}(\omega) \hat{I}(\omega), \tag{7.320}$$

$$\hat{U}'_i(\boldsymbol{r}; \omega) = M'_{jk} \hat{G}'_{ij,k}(\boldsymbol{r}, \boldsymbol{0}; \omega) \hat{S}'(\omega) \hat{Q}'(\omega) \hat{I}'(\omega), \tag{7.321}$$

式中，$\hat{Q}'(\omega)$ 表示介质的衰减因子 $Q(t)$ 的谱，$\hat{I}'(\omega)$ 表示记录仪器的频率响应，即仪器的脉冲响应 $I(t)$ 的谱，带撇的量表示与较小的地震相应的量．对于震源位置相同的两个地震而言，它们辐射的地震波沿着同一路径传播到同一台站，所以具有相同的传播路径效应与衰减效应，即

$$\hat{G}_{ij,k}(\boldsymbol{r}, \boldsymbol{0}; \omega) = \hat{G}'_{ij,k}(\boldsymbol{r}, \boldsymbol{0}; \omega), \tag{7.322}$$

$$\hat{Q}(\omega) = \hat{Q}'(\omega). \tag{7.323}$$

又由于它们为同一仪器所记录，所以

$$\hat{I}(\omega) = \hat{I}'(\omega). \tag{7.324}$$

并且，由于我们假定这两个地震的震源机制相同，例如都是断层面法向为 $\boldsymbol{\nu}$，滑动矢量为 $\boldsymbol{e}$ 的纯剪切位错源，所以其地震矩张量可以表示为［参见式(7.68)］

$$M_{jk} = M_0(\nu_j e_k + \nu_k e_j), \tag{7.325}$$

$$M'_{jk} = M'_0(\nu_j e_k + \nu_k e_j), \tag{7.326}$$

M_0 与 M'_0 分别是这两个地震的标量地震矩．将式(7.320)和式(7.321)两式相除便可消去共同的传播路径效应、衰减效应和仪器的响应，从而得到：

$$\frac{\hat{U}_i(\boldsymbol{r}, \omega)}{\hat{U}'_i(\boldsymbol{r}, \omega)} = \frac{M_0}{M'_0} \frac{\hat{S}(\omega)}{\hat{S}'(\omega)}. \tag{7.327}$$

如果较小的地震足够小，以致可将其震源时间函数视为亥维赛单位阶跃函数

$$S'(t) = H(t) = \begin{cases} 0, & t < 0, \\ 1, & t > 0, \end{cases} \tag{7.328}$$

那么相应的较小地震的震源时间函数的频谱则为

$$\hat{S}'(\omega)=\hat{H}(\omega)=\frac{1}{\mathrm{i}\omega}. \tag{7.329}$$

从而较大地震与较小地震记录位移的频谱的商

$$\hat{R}(\omega)=\frac{\hat{U}_i(\boldsymbol{r},\omega)}{\hat{U}_i'(\boldsymbol{r},\omega)}=\frac{M_0}{M_0'}\mathrm{i}\omega\hat{S}(\omega), \tag{7.330}$$

或较大地震的记录位移的频谱

$$\hat{U}_i(\boldsymbol{r},\omega)=\frac{M_0}{M_0'}\hat{U}_i'(\boldsymbol{r},\omega)\mathrm{i}\omega\hat{S}(\omega). \tag{7.331}$$

返回时间域，即

$$R(t)=\frac{M_0}{M_0'}\dot{S}(t), \tag{7.332}$$

或

$$U_i(\boldsymbol{r},t)=\frac{M_0}{M_0'}U_i'(\boldsymbol{r},t)*\dot{S}(t), \tag{7.333}$$

式中，$R(t)$ 是谱商 $\hat{R}(\omega)$ 的傅里叶反变换，$\dot{S}(t)$ 是较大地震的震源时间函数的时间微商. 这就是说，通过同一台站、同一仪器记录的、震源位置和震源机制都相同的两个地震的记录位移的频谱相除不仅可以求得较大地震的震源时间函数的时间微商，也即远场震源时间函数 $\dot{S}(t)$，而且作为“副产品”，还可以求得两个地震的标量地震矩之比 M_0/M'_0.

注意到式(7.327)与式(7.330)中的 $\hat{U}_i(\boldsymbol{r},\omega)$ 与 $\hat{U}_i'(\boldsymbol{r},\omega)$ 分别乘上 $\mathrm{i}\omega$与$-\omega^2$ 便可得到速度与加速度的频谱，所以式(7.327)与式(7.330)不仅对于位移记录成立，对于速度记录 $\dot{U}_i(\boldsymbol{r},t)$ 及加速度记录 $\ddot{U}_i(\boldsymbol{r},t)$ 同样成立，从而：

$$\dot{U}_i(\boldsymbol{r},t)=\frac{M_0}{M_0'}\dot{U}_i'(\boldsymbol{r},t)*\dot{S}(t), \tag{7.334}$$

$$\ddot{U}_i(\boldsymbol{r},t)=\frac{M_0}{M_0'}\ddot{U}_i'(\boldsymbol{r},t)*\dot{S}(t). \tag{7.335}$$

通常，把上述与较大地震震源位置和震源机制相同的较小地震的位移记录 $U_i'(\boldsymbol{r},t)$ [或速度记录 $\dot{U}_i'(\boldsymbol{r},t)$，或加速度记录 $\ddot{U}_i'(\boldsymbol{r},t)$] 称作经验格林函数(Hartzell, 1978; Mueller, 1985; Dreger, 1994; Velasco *et al*., 1994; Xu and Chen, 1996; 许力生和陈运泰, 1996; Udías *et al*., 2014).

(三)频率域内的矩张量反演

如果不能将震源时间函数从矩张量中分离出来，或者，能将其分离出来，但其各分量的时间函数并不同步(不同步震源)，则可运用式(7.312)或式(7.313)在频率域中反演矩张量，由此可以求得矩张量每一个元素(分量)的时间函数 $M_{jk}(t)$ 或相应的矩张量随时间变化率(矩率函数) $\dot{M}_{jk}(t)$. 式(7.314)或式(7.315)所示的频率域内的矩张量反演以及式

(7.319)所示的时间域内的矩张量反演，都是线性反演. 线性反演的优点是迄今已有许多快速计算的线性反演算法可资利用.

频率域内的矩张量反演可在不对 $M_{jk}(t)$ 作任何约束的最一般前提下进行，在必要与可能时，可在假定矩张量的迹等于零的约束条件下进行矩张量反演. 矩张量的迹等于零的约束条件是一个线性的关系，在此条件下由式(7.289)至式(7.291)［或与之等价的式(7.292)至式(7.294)或式(7.295)至式(7.297)］表示的反演仍是线性的. 如果进一步假定震源是纯剪切位错源，也即假定除了迹等于零外至少有一个本征值为零，那么由于这一约束条件不是线性的，所以不能直接运用线性反演的方法. 此时通常采用反复迭代的方法进行反演.

(四)矩心矩张量

在弹性波场的多极子展开式中，体力 f_j 的零阶矩是作用于体积 V_0 的总的体力［参见式(7.6)］，它与参考点(基准点)的选取无关. 体力 f_j 的一阶矩是地震矩张量. 由于地震的震源是一种内源，作为一种内源，作用于体积 V_0 的总的体力(净力)为零，因此地震矩张量与基准点的选取无关，是表征震源所具有的性质的一个特征量［参见式(7.27)］. 最低阶的、非零的多极矩与基准点的选取无关，但阶数高于这个阶数的多极矩则与基准点的选取有关［参见式(7.29)］. 在高阶矩张量的定义式中，显含基准点的位置. 因此，与地震矩张量不同，高阶矩张量一般与基准点的选取有关. 为了要避免这一任意性，求得能够反映震源固有性质的高阶矩张量，必须寻找一个客观的、特定的、在某种意义上代表地震矩张量在时间-空间分布“中心”的点作为基准点. 很容易想到，如果地震矩张量是标量场，那么可以选取矩心(centroid)作为基准点. 就标量场而言，可以用下述两种方法之一定义矩心. 一种方法是定义相对于该点的一阶矩为零的点为矩心. 另一种方法则是定义相对于该点的二阶矩取极小值的点为矩心. 不难证明，这两种定义是等价的. 然而，对张量场而言，一般不存在满足上述两种定义的点. 在张量场情形下，作为对标量场情形下矩心定义的一个自然的推广，定义地震矩率张量的一阶矩平方和达到极小值的点为矩心(Backus, 1977a, b; Dziewonski and Woodhouse, 1983a, b; Dziewonski *et al.*, 1991; Dahlen and Tromp, 1998).

今以 $\dot{\boldsymbol{m}}(\boldsymbol{r},t)$ 表示地震矩密度张量(应力过量)随时间的变化率(地震矩率密度张量)，则地震矩张量 M_{jk} 便可表示为

$$M_{jk}=\int_{t_0}^{t_f}\iiint_{V_t}\dot{m}_{jk}(\boldsymbol{r},t)\mathrm{d}V\mathrm{d}t, \tag{7.336}$$

式中，V_t 表示在 t 时刻，地震矩率密度张量所占据的空间，即在 t 时刻的震源体积；t_0 是地震破裂起始时刻即发震时刻(origin time)；t_f 表示地震破裂停止时刻. 因此 $t_0 \leqslant t \leqslant t_f$ 即地震破裂持续的时间间隔，$t_m=t_f-t_0$ 即为震源持续时间(source duration time).

相应地，地震矩率张量的一阶空间矩(first spatial moment of the moment rate) Λ_{ijk} 与一阶时间矩(first temporal moment of the moment rate) H_{jk} 可以分别表示为:

$$\Lambda_{ijk} = \int_{t_0}^{t_f} \iiint_{V_t} (x_i - x_i^{\mathrm{s}}) \dot{m}_{jk}(\boldsymbol{r}, t) \mathrm{d}V \mathrm{d}t, \tag{7.337}$$

$$H_{jk} = \int_{t_0}^{t_f} \iiint_{V_t} (t - t_{\mathrm{s}}) \dot{m}_{jk}(\boldsymbol{r}, t) \mathrm{d}V \mathrm{d}t. \tag{7.338}$$

Λ_{ijk} 与 H_{jk} 分别为相对于任意选取的(时间-空间)基准点($\boldsymbol{r}^s = x_i^s \boldsymbol{e}_i$与$t_s$)的矩率张量的一阶空间矩与一阶时间矩．矩心位置(centroid location) $\boldsymbol{r}^c = x_i^c \boldsymbol{e}_i$ 与矩心时间(centroid time) t_c 合起来称作矩心(centroid)．矩心定义为使Λ_{ijk}与 H_{jk} 的平方和都取极小值的基准点，即：

$$\Lambda_{ijk}^c \Lambda_{ijk}^c = \min, \tag{7.339}$$

$$H_{jk}^c H_{jk}^c = \min, \tag{7.340}$$

式中，

$$\Lambda_{ijk}^c = \Lambda_{ijk} |_{x_i^s = x_i^c}, \tag{7.341}$$

$$H_{jk}^c = H_{jk} |_{t_s = t_c}. \tag{7.342}$$

由上述矩心的定义［式(7.339)与式(7.340)］，可以得出：

$$\Lambda_{ijk}^c M_{jk} = 0, \tag{7.343}$$

$$H_{jk}^c M_{jk} = 0. \tag{7.344}$$

从而可以求出矩心距任意选取的基准点($\boldsymbol{r}^s$，t_s)的“距离”(时间-空间距离)：

$$\Delta x_i = x_i^c - x_i^s = \frac{\Lambda_{ijk} M_{jk}}{M_{jk} M_{jk}}, \tag{7.345}$$

$$\Delta t = t_c - t_s = \frac{H_{jk} M_{jk}}{M_{jk} M_{jk}}. \tag{7.346}$$

将由以上两式得出的 $\boldsymbol{r}_c$，t_c 代入式(7.341)与式(7.342)，便得到可以由地震资料确定的、反映震源固有性质的、以矩心为基准点的矩率张量的一阶空间矩Λ_{ijk}与一阶时间矩 H_{jk}^{c}：

$$\Lambda_{ijk}^c = \int_{t_0}^{t_f} \iiint_{V_t} (x_i - x_i^c) \dot{m}_{jk}(\boldsymbol{r}, t) \mathrm{d}V \mathrm{d}t, \tag{7.347}$$

$$H_{jk}^c = \int_{t_0}^{t_f} \iiint_{V_t} (t - t_c) \dot{m}_{jk}(\boldsymbol{r}, t) \mathrm{d}V \mathrm{d}t. \tag{7.348}$$

以矩心为基准点(参考点)确定的矩张量称作矩心矩张量(centroid moment tensor, CMT)．

(五)矩心的物理解释

以下以一特殊情形为例，对矩心矩张量所表示的矩心的物理意义做一解释．为此假设矩率密度张量可以表示为与时间无关的矩张量 M_{jk} 与标量函数 $\dot{m}(\boldsymbol{r}, t)$ 的乘积：

$$\dot{m}_{jk}(\boldsymbol{r}, t) = M_{jk} \dot{m}(\boldsymbol{r}, t), \tag{7.349}$$

式中，标量函数 $\dot{m}(\boldsymbol{r},t)$ 满足下列条件：

$$\int_{t_0}^{t_f}\iiint_{V_t}\dot{m}(\boldsymbol{r},t)\mathrm{d}V\mathrm{d}t=1,\tag{7.350}$$

$\dot{m}(\boldsymbol{r},t)$ 称作归一化的标量矩率密度(normalized scalar moment-rate density).

在此情况下，矩心距基准点的距离即改变量$(\Delta x_i,\Delta t)$可以用 $\dot{m}$ 表示：

$$\Delta x_i=\int_{t_0}^{t_f}\iiint_{V_t}(x_i-x_i^s)\dot{m}(\boldsymbol{r},t)\mathrm{d}V\mathrm{d}t,\tag{7.351}$$

$$\Delta t=\int_{t_0}^{t_f}\iiint_{V_t}(t-t_s)\dot{m}(\boldsymbol{r},t)\mathrm{d}V\mathrm{d}t.\tag{7.352}$$

由式(7.343)和式(7.344)可得到此特殊情形的矩心的位置$(\boldsymbol{r}^c,t_c)$：

$$x_i^c=\int_{t_0}^{t_f}\iiint_{V_t}x_i\dot{m}(\boldsymbol{r},t)\mathrm{d}V\mathrm{d}t,\tag{7.353}$$

$$t_c=\int_{t_0}^{t_f}\iiint_{V_t}t\dot{m}(\boldsymbol{r},t)\mathrm{d}V\mathrm{d}t.\tag{7.354}$$

由以上两式可见，$(\boldsymbol{r}^c,\ t_c)$可以解释为归一化的标量矩率密度的矩心；我们可以把以上两式中的标量矩率密度 $\dot{m}(\boldsymbol{r},t)$ 与电学中作为标量的电荷密度相类比.

图 7.13 以规一化的标量矩率密度函数 $\dot{m}(\boldsymbol{r},t)$ 为例，说明 t_0, t_f, t_s, t_c 诸量的意义. 图中，t_0 是地震破裂起始时刻，即发震时刻；t_f 是地震破裂终止时刻；$t_f-t_0=t_m$ 是破裂持续时间，即震源持续时间；t_s 是参考时间，即任意选取的基准时间；t_c 是矩心时间；$\Delta t=t_c-t_s$ 是矩心时间相对于参考时间的改变量.

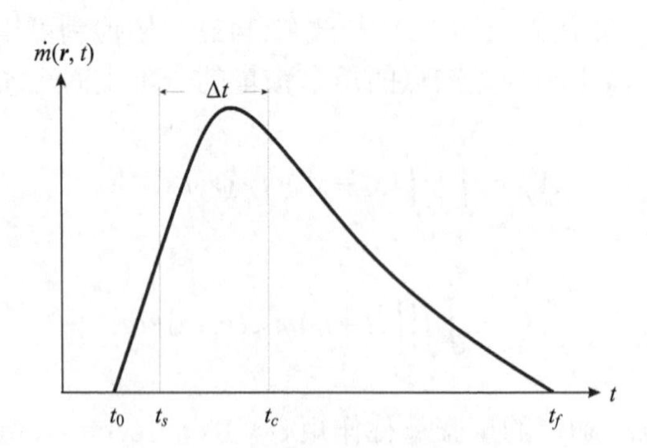

图 7.13　规一化的标量矩率密度函数 $\dot{m}(\boldsymbol{r},t)$

图中示意地表示了 t_0, t_f, t_s, t_c 诸量的意义

进一步，如果矩率密度张量表示的是均匀、各向同性、完全弹性介质中的纯剪切位错，那么矩密度张量

$$m_{jk}(\boldsymbol{r},t)=2\mu\varepsilon_{jk}^{\mathrm{T}},\tag{7.355}$$

矩率密度张量为

$$\dot{m}_{jk}(\boldsymbol{r},t)=2\mu\dot{\varepsilon}_{jk}^{\mathrm{T}}.\tag{7.356}$$

由上式与式(7.336)得

$$M_{jk}=\int_{t_0}^{t_f}\iiint_{V_t}2\mu\dot{\varepsilon}_{jk}^{\mathrm{T}}\mathrm{d}V\mathrm{d}t.\tag{7.357}$$

由于 dV=hdΣ，$h\to 0$, 所以上式可改写为

$$M_{jk}=\int_{t_0}^{t_f}\iint_{\Sigma_t}\mu([\dot{u}_j]\nu_k+[\dot{u}_k]\nu_j)\,\mathrm{d}\Sigma\mathrm{d}t,\tag{7.358}$$

$$=\mu(e_j\nu_k+e_k\nu_j)\int_{t_0}^{t_f}\iint_{\Sigma_t}\Delta u(\boldsymbol{r},t)\,\mathrm{d}\Sigma\mathrm{d}t,\tag{7.359}$$

式中，Σ_t 表示在 t 时刻的位错面，$\Delta\dot{u}(\boldsymbol{r},t)$ 是 $\boldsymbol{r}$ 处、t 时刻的位错随时间的变化率，$\boldsymbol{e}=e_j\boldsymbol{e}_j$ 是滑动矢量．由上式得

$$M_{jk}=M_0(e_j\nu_k+e_k\nu_j),\tag{7.360}$$

$$M_0=\mu\iint_{\Sigma}\Delta u(\boldsymbol{r})\mathrm{d}\Sigma=\mu DA,\tag{7.361}$$

式中，$\Delta u(\boldsymbol{r})$ 是 $\boldsymbol{r}$ 处的最终位错，Σ 是破裂终止时发生过破裂的全部位错面，A 是其面积，D 是平均位错．对比式(7.359)与式(7.357)，即得

$$\dot{m}(\boldsymbol{r},t)=\frac{\mu}{M_0}\Delta\dot{u}(\boldsymbol{r},t)\frac{1}{h},\tag{7.362}$$

从而，

$$x_i^c=\frac{1}{M_0}\iint_{\Sigma}x_i\mu\Delta u(\boldsymbol{r})\mathrm{d}\Sigma,\tag{7.363}$$

$$t_{\mathrm{c}}=\frac{1}{M_0}\int_{t_0}^{t_m}\iint_{\Sigma}t\mu\Delta\dot{u}(\boldsymbol{r},t)\mathrm{d}\Sigma\mathrm{d}t.\tag{7.364}$$

式(7.363)表明，空间矩心(spatial centroid) x_i^c 位于标量地震矩矩心的位置上．

对于以破裂扩展速度 v 沿正 x_1 方向扩展的、宽度 W 可忽略不计的、长度为 L 的有限移动源［参见式(7.4.32)］，若设 t_0=0，则其破裂持续时间便为 t_m=L/v，$\Delta u(\boldsymbol{r},t)=\Delta u(\boldsymbol{r})H(t-x_1/v)$，式中，$\Delta u(\boldsymbol{r})$=$D$，$H(t)$表示亥维赛单位阶跃函数．所以

$$x_1^c=\frac{\mu WD}{M_0}\int_0^L x_1\mathrm{d}x_1=\frac{L}{2},\tag{7.365}$$

$$t_c=\frac{\mu WD}{M_0}\int_0^{t_f}\int_0^L t\delta\left(t-\frac{x_1}{v}\right)\mathrm{d}x_1\mathrm{d}t=\frac{L}{2v}.\tag{7.366}$$

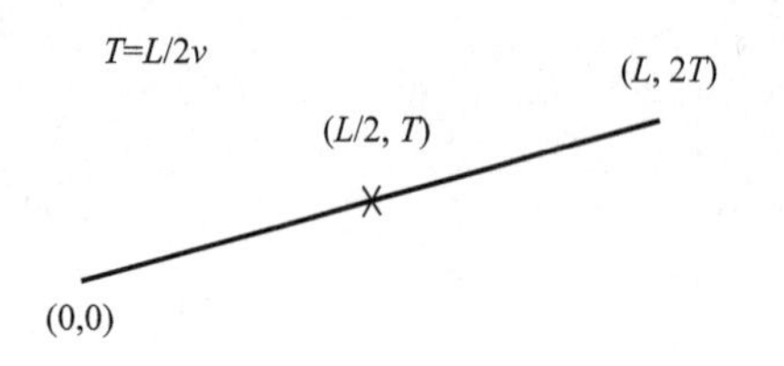

图 7.14　以破裂扩展速度 v 沿正 x_1 方向扩展的、长度为 L 的线源的矩心 $(x_1^c, t_c)=(L/2, T)$

$T=L/2v$ 是半持续时间

也就是说，对于长度为 L，破裂速度为 v 的有限移动源，其矩心 $(x_1^c, t_c)=(L/2, T)$，式中

$$T=\frac{L}{2v}, \tag{7.367}$$

T 为破裂持续时间 $t_m=L/v$ 的一半，称作半持续时间(half duration)(图 7.14).

(六) 地震矩张量反演的一般步骤

以上概要地叙述了地震矩张量的基本概念以及它在研究震源物理过程中的重要性，分析了将矩张量分解成各种基本的等效源的方法，并阐述了地震矩张量与经典的断层面解的联系．从观测资料求解矩张量元素的问题即地震矩张量的反演问题．目前，已有多种的矩张量元素的反演方法．反演可以在时间域进行，也可以在频率域中进行．地球自由振荡(简正振型)、面波和体波等各种不同类型的资料均可分别或联合用来进行地震矩张量的反演．此外，在反演时，可根据实际情况加上某些约束(如迹为零的约束)，以减少所需求解的矩张量元素数目，使反演稳定，从而得到所需的结果(Stretitz, 1978).

不同资料含有不同周期的信息(Johnson, 1974)．对于大地震，其矩释放的持续时间较长，因此，许多作者使用了典型的低通滤波周期是 135s 的长周期面波资料；对于一般地震，有些作者使用了典型的低通滤波周期是 45s 的体波资料；对于近场记录而言，资料所含的频率较高，矩张量反演一般只能用来处理小地震．Fitch 等(1981)比较了从面波资料和体波资料得到的矩张量．Dziewonski 等(1981)提出一种迭代反演方法求解矩张量元素和矩心位置．这种方法的原理在于反复迭代矩张量元素和震源(矩心)位置，以提高反演精度．Patton 和 Aki(1979)以及 Patton(1980)在反演方法中考虑了地球的横向不均匀性．Wallace 等(1981, 1991)以及 Velasco 等(1993, 1994)用宽频带地震资料反演了一些大地震的震源机制，Ekström(1987; 1989)用甚宽频带地震资料反演了一些大地震的震源参量，包括长周期矩心矩张量(CMT)，改进了震源机制解和标量地震矩解．Hartzell 和 Mendoza(1991)用宽频带地震资料反演了一些大地震的震源参量.

作为同步源，如果已知震源时间函数，可使用公式(7.317)进行时间域中的线性反演．如果震源时间函数未知，或者不做同步源的假设，则可选择在频率域中使用式(7.315)反演的方法.

式(7.319)或式(7.315)都可写成矩阵形式：

$$\mathbf{u}=\mathbf{G}\mathbf{M}. \tag{7.368}$$

在时间域中［参见式(7.319)］，矢量 $\mathbf{u}$ 是在各个台站观测到的各个到时、各种分量的地面位移的 n 个样本值；格林函数 $\mathbf{G}$ 是一个由 $G_{ij,k}(\boldsymbol{r}, t; \mathbf{0}, 0)*S(t)$ 得出的 $n\times 6$ 矩阵［对于轴对称情形，$\mathbf{G}$ 的行矢量由式(7.287)至式(7.289)的右边的方括号中的因子构成］；$\mathbf{M}$ 是一个未知量，含有要确定的 6 个矩张量元素．在频率域中［参见式(7.314)或式(7.315)］,

可对每个频率分别写出上式．$\hat{\mathbf{u}}$ 由位移谱的实部和虚部组成．如果用于反演的地震图有 N 幅，那么矩阵 $\hat{\mathbf{u}}$ 就有 $2N$ 个元素；对某一频率而言，$\hat{\mathbf{M}}$ 有实部和虚部，因此共有 12 个元素，构成了共有 12 个元素的矢量；相应地，$\hat{\mathbf{G}}$ 是一个 $2N\times12$ 的矩阵．如果对反演加上约束，则 $\hat{\mathbf{M}}$ 可含有较少数目的矩张量元素．在这种情况下 $\hat{\mathbf{G}}$ 也要作相应调整．

下面概述地震矩张量反演的一般步骤．

1. 资料的获取和预处理

首先，用以进行矩张量反演所需要的资料在未处理前应有较高的信噪比，并且在震源球球面上有良好的方位分布；台站的震中距分布要尽量均匀，震中距范围为 30°至 90°．一般情况下，震级越大，可供使用的台站越多，所选用的台站的震中距越大，方位分布与震中距分布一般也较好．

矩张量将地震震源近似为点源，从整体上反映震源特征．点源近似要求所涉及的地震波波长远大于震源的尺度．因此，通常利用低频的地震信号进行反演．宽频带(broadband, BB)仪器记录的地震信号含有丰富的低频成分，是矩张量反演的首选．长周期(long period, LP)地震记录也可用于矩张量反演，但由于全球范围内长周期台站的数量相对较少，可利用的数据量通常没有宽频带数据多．另外，考虑水平向记录受干扰较大，所选用的资料大多数是垂直向 P 波记录．

应识别出由于仪器非线性引起的非地震信号的大振幅尖脉冲并尽可能将其去掉；模拟记录必须数字化，模拟记录器的非正交性的影响必须校正；必须对数字化记录进行内插并以不变的采样率重新采样，需将采样后的波形与原始记录波形进行比较，以识别因数字化引起的误差；应将水平分量换算成径向和横向分量；线性趋势(即基线漂移)和低频噪声应加以识别并予以消除．

其次，要考虑仪器的影响．可将观测到的资料(观测地震图)与理论地震图作比较；亦可将仪器的响应放到理论格林函数中计算，再与观测资料比较．可以使用现成的仪器特性曲线或者对记录器加上校验脉冲来检验仪器的响应．另外，要检查鉴别仪器的极性，例如可用已知的核爆炸记录来检查鉴别仪器的极性．资料中的高频噪声应通过低通滤波去掉．应对几何扩散和在地球自由表面的反射做振幅修正．对于面波可应用移动窗分析以确定群速度的频散．通过这种分析可以识别瑞利波和勒夫波的基阶振型，从而将其分开．

2. 计算理论格林函数

格林函数及其偏导数对于理论地震图的计算及矩张量反演是十分重要的．格林函数依赖于地球模型、震源位置(矩心或震中以及震源深度)和接收点位置．地球模型的选取，可依据所涉及的震源深度、选用的资料(面波、体波或自由振荡)、地震射线通过的介质的复杂性来选择究竟是用均匀半无限介质模型，还是用分层均匀介质模型或横向不均匀介质的地球模型来计算格林函数(Cagniard, 1939, 1962; Dix, 1954; Fuchs and Mueller, 1971; Gilbert, 1970; Johnson, 1974; Langston and Helmberger, 1975; Chapman, 1978; Kind, 1978; Helmberger and Eugen, 1980; Bouchon, 1981; Barker and Langston, 1982; Kennett,

1983; Helmberger, 1983; Diewenski and Woodhouse, 1983a, b; Herrmann and Wang, 1985; Udías, 1991; Udías *et al*., 2014; Šilený *et al*., 1992, 1996; Šilený and Psencik, 1995; Dahm, 1996; Červený, 2001)．在以下给出的例子中，格林函数的计算采用 IASPEI91 全球速度结构模型(Kennett and Engdahl, 1991)和反射率方法(Kennett, 1983)．在格林函数的计算程序中，震源以矩张量的形式直接输入．

3. 最小二乘意义下的反演

线性方程(7.364)的求解问题通常是矛盾线性方程组的超定问题(Aki and Richards, 1980)．可以运用奇异值分解方法(Lanczos, 1961)对 **G** 进行分解，求其广义逆以实现在最小二乘意义下的矩张量反演(Gilbert, 1973)．将 **G** 实行奇异值分解：

$$\mathbf{G} = \mathbf{U}_p \mathbf{\Lambda}_p \mathbf{V}_p^{\mathrm{T}} \tag{7.369}$$

式中，$\mathbf{U}_p$ 为与 $\mathbf{G}\mathbf{G}^{\mathrm{T}}$ 的非零本征值对应的本征矢量，$\mathbf{V}_p^{\mathrm{T}}$ 是 $\mathbf{V}_p$ 的转秩，$\mathbf{V}_p$ 为与 $\mathbf{G}^{\mathrm{T}}\mathbf{G}$ 的非零本征值对应的本征矢量，对角矩阵$\mathbf{\Lambda}_p$ 的元素为 $\mathbf{G}^{\mathrm{T}}\mathbf{G}$ 的非零本征值的平方根．在式(7.369)中，仅保留了 p 个较大的本征值$(\lambda_1, \lambda_2, \cdots, \lambda_p)$，从而

$$\mathbf{M} = \mathbf{V}_p \mathbf{\Lambda}_p^{-1} \mathbf{U}_p^{\mathrm{T}} \mathbf{u}. \tag{7.370}$$

通常假定式(7.366)中的震源时间函数是亥维赛单位阶跃函数．为了复原震源时间函数，Burdick 和 Mellman(1976)根据观测到的长周期体波列和理论结果之间的最优化交替修正的办法，提出一种有效的迭代波形反演方法．Wallace 等(1981)用同样的方法对断层面解求逆，有些作者还用了其他一些方法．Ford 等(2010)研究了区域矩张量的反演问题．Christensen 和 Ruff 于 1985 年提出并运用了一种交互迭代浅源地震的震源时间函数和震源深度的方法．

如果未知震源深度，则可在某些深度试行线性反演．理论波形和观测波形之差的平方和最小的那个深度就是最可能的实际深度．Sipkin(1982)研究了震源深度对矩张量反演结果的影响．震源深度不同影响到简正振型相对激发程度，从而引起反演中的系统误差．反演中的系统误差还由于地球模型与实际的地球介质的偏差引起，这种偏差会影响理论格林函数的计算，这是我们只能以相当有限的精度将震源效应从观测地震图上分离出来的根本问题所在．还有一个重要问题是地球的侧向不均匀性．例如，相对变化为 0.5% 的侧向不均匀性在震中距约 90°时可引起 50 km 的位置偏差．Giardini(1984)等报告了由于侧向不均匀性引起的矩心位置的区域性偏差．在反演中，侧向不均匀性常常忽略不计，也就是说格林函数的计算常常是基于侧向均匀的分层介质模型．Nakanishi 和 Kanamori(1982)将侧向不均匀性的影响包括到矩张量反演中，对在一小震源区域的地震发展了一种“标定地震”的方法，将这个地区的地震与这个“标定地震”的谱相比，以消除路径的影响．由侧向不均匀性引起的误差通常相当大，以致难以对矩张量的各向同性分量做有统计意义的检测．

Patton 和 Aki(1979)研究了噪声对长周期面波资料反演的影响．他们发现附加噪声(例如记录的背景噪声)并不严重影响线性反演．然而由射线聚焦、焦散、多重途径、高阶振型或体波干涉以及散射引起的倍增噪声(即信号噪声)会使反演结果产生重大畸变，

即过高或过低估计矩张量元素或造成震源机制的偏差，等等. 用地震矩大于 10^{20}N·m 的地震体波反演时，会受到震源方向性和有限性的严重影响；如不加以修正，反演所得的矩张量元素将包含有相当大的误差.

对于某些资料，通过反演只能得到有限的矩张量元素的解. 如果只有基阶瑞利波的谱，就必须加上矩张量的迹为零(无体积改变)的约束，这是一个线性的约束条件. 另一个附加的约束条件是令一个本征值为零，即把震源近似地当作纯剪切位错源，也即双力偶. 这个约束条件不是线性的约束条件，在这种情况下，反演是通过将这些约束条件线性化然后进行迭代. 对深度小于 30 km 的浅源地震，与垂直倾滑对应的矩张量元素 M_{13} 和 M_{23} 不受长周期面波资料的约束，因为在地球表面附近，相应的激发函数数值相当小. 为了克服这个困难，其他独立的资料，例如以可观测到的地面破裂为依据的断层走向可以引入到反演中. 另一种做法是令这些矩张量元素为零. 这相当于假定断层为垂直走滑断层或者倾角为 45°的倾滑断层.

(七) 2010 年 4 月 13 日青海玉树 M_W6.9 地震的矩张量反演

以下以 2010 年 4 月 13 日青海玉树 M_W6.9 地震为例，说明地震矩张量反演的一般步骤与所得结果(表 7.3).

表 7.3 由不同波形数据得到的矩张量解

数据类型	M_{11}	M_{22}	M_{33}	M_{12}	M_{13}	M_{23}	单位/N·m	M_W	平均相关系数
P 波	4.65	−4.44	−0.28	−2.48	0.10	−0.28	10^{19}	7.1	0.87
S 波	1.28	−1.05	−0.22	−0.71	−0.13	−0.22	10^{19}	6.7	0.85
P 波与 S 波	1.11	−0.98	−0.13	−0.17	−0.00	−0.02	10^{19}	6.8	0.82

表 7.4 由不同波形数据得到的最佳双力偶解

数据类型	最佳双力偶解							
	节面 1				节面 2			
	走向/(°)	倾角/(°)	滑动角/(°)	M_0/10^{19}N·m	走向/(°)	倾角/(°)	滑动角/(°)	M_0/10^{19}N·m
P 波	121	87	−1	5.19	211	89	−177	5.19
S 波	118	83	−11	1.40	210	79	−172	1.40
P 波与 S 波	118	82	−5	1.90	209	85	−172	1.90

玉树地震发生在青藏高原东部，发震的玉树断层近垂直，走向为西北-东南向，是一次典型的左旋走滑地震事件， 断层面即表 7.4 中的节面 1. 震源机制与当地区域的背景构造应力吻合. 根据破裂过程的研究(Zhang *et al.*, 2010)，地震破裂持续时间约 16s，是一次具有较大滑动速率的单侧破裂事件. 这次地震的破裂过程比较简单，发震过程中震源机制没有出现明显变化，地震破裂持续时间较短.

对这次地震，选取了 37 条宽频带 P 波垂直向记录和 50 条宽频带 S 波水平向记录用于反演，震中距范围为 30°～90°，台站分布见图 7.15．P 波数据和 S 波数据的方位角覆盖较好，无较大方位角间隙．

所有波形均通过 4 阶巴特沃斯(Butterworth)滤波器滤波，频率上限为 0.03Hz，下限为 0.002Hz．截取 P 波理论到时前 10s 和后 70s 数据，S 波理论到时前 10s 和后 70s 数据用于反演，并在截取波形两端叠加了 1/4 周期的正弦函数窗口，窗口长度为 10s．

从图 7.15 可以看出，P 波震源时间函数与 S 波震源时间函数的持续时间均为 30s 左右，峰值时刻约有 6s 的差异．

从图 7.15 和表 7.2、表 7.3 可以看出，P 波矩张量解和 S 波矩张量解较为一致，能够保证 P 波和 S 波联合反演的稳定性．

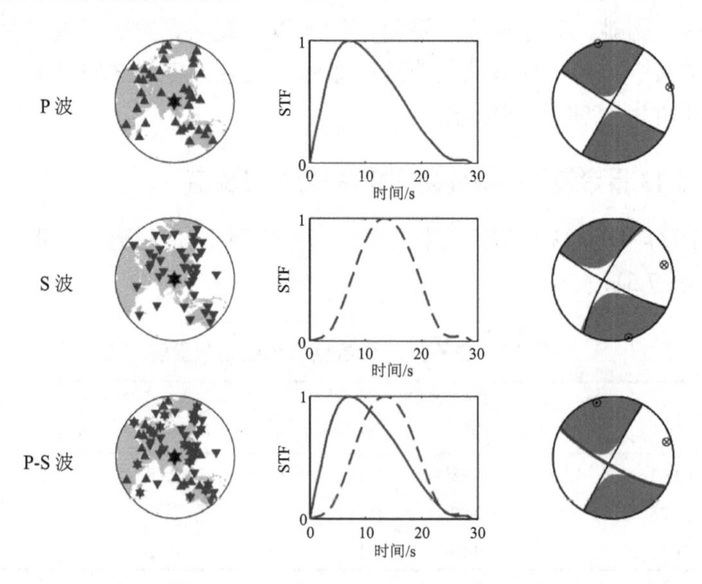

图 7.15　由 P 波(第一行)、S 波(第二行)以及 P 波与 S 波联合(第三行)反演矩张量解对应的震中-台站分布、归一化震源时间函数(STF)和矩张量解

黑色六角星表示震中．第一行为由 P 波反演得到的结果，台站用实心正三角形表示，相应的震源时间函数用实线表示．第二行为由 S 波反演得到的结果，台站用实心倒三角表示，相应的震源时间函数用虚线表示．第三行为由 P 波与 S 波联合反演得到的结果，P 波台站用实心正三角表示，S 波台站用实心倒三角表示，P 波和 S 波同时采用的台站用实心正三角与实心倒三角的叠加(实心六角星)表示．第三列为矩张量解，以震源球下半球等面积投影表示，阴影区域表示初动为压缩(+)的区域，白色区域表示初动为膨胀(—)的区域．粗实线表示断层面

第十三节　地震矩张量与岩体地震过程

用连续介质模型描述地球介质的方法与单元尺度的选取有关，同一种介质在不同的宏观描述水平上可以是不同的介质．直到现在，我们研究的是能使一次地震的震源破裂具有宏观尺度的那种介质描述水平，也就是当作单元介质部分的尺度要比断裂本身的尺度小得多的那种描述水平．

地震不仅是构造形变的结果，而且本身也对构造形变起作用，它们在“大尺度”上合并成一个准塑性形变的过程．为了描述这一过程，必须把包含大量震源在内的体积当作连续介质的单元体来研究，而作为时间的单元区间则必须研究超过地震平均复发时间很多倍的阶段．对于不同级的地震来说，这样的体积和时间区间是不同的，因此，在一特定的描述水平上，高于某一级的大地震可以不连续地作为介质中的断裂来描述，而较小的地震则将合并在一起，并只能在这一介质的形变中得到反映．从属于一个大断裂的那些地震，例如美国加利福尼亚地震，是一种特殊情况，在“大尺度”内研究时这些地震表现为沿断层滑动的间断性小过程，并且它们合并后就构成错动的地震部分．

(一)布龙公式

布龙(Brune)于 1968 年最先基于上述观点，将沿断层的错动分解成与地震波辐射相联系的地震部分，以及与沿断层的“平静”滑动——蠕动相联系的非地震部分开展综合研究．显然，这种分解与地震记录水平有关．因为微弱的、未能为地震仪器记录下的、与地震相联系的断层错动应该属于非地震部分．单靠地震观测只能得出与断层错动相联系的地震部分的大小．

今考虑地震断层面上的一部分断层面$\Delta\sum$在时间间隔Δt 内发生过的地震断裂(图 7.16)．我们称$\Delta\sum$为断层面上的面积单元，称Δt 为时间单元．在面积单元$\Delta\sum$上，分布着很多在时间单元Δt 期间发生过的地震的震源．若以$\Delta\sum_{(n)}$，n=1，2，…，N，表示在该断层面面积单元上发生的第 n 个地震的断裂面，以 $S_{(n)}$表示$\sum_{(n)}$的面积，以$\Delta u_{i(n)}(\boldsymbol{r}')$表示在该断层面面积单元$\Delta\sum_{(n)}$上发生的、作为位置 $\boldsymbol{r}'$函数的最终滑动量，则在$\Delta\sum$上，第 n 个地震的平均滑动量$\overline{\Delta u_{i(n)}}$为

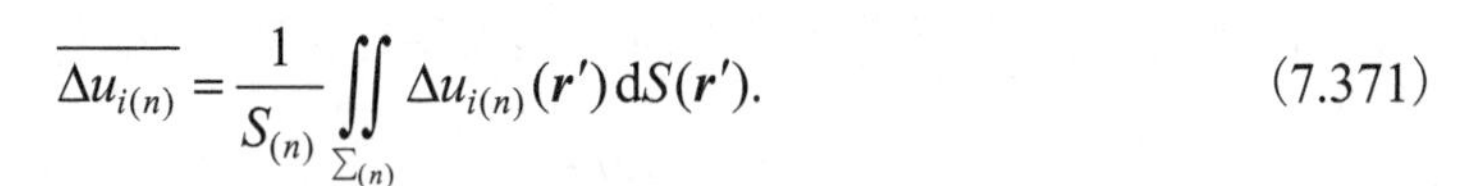

$$\overline{\Delta u_{i(n)}}=\frac{1}{S_{(n)}}\iint\limits_{\sum_{(n)}}\Delta u_{i(n)}(\boldsymbol{r}')\,\mathrm{d}S(\boldsymbol{r}'). \tag{7.371}$$

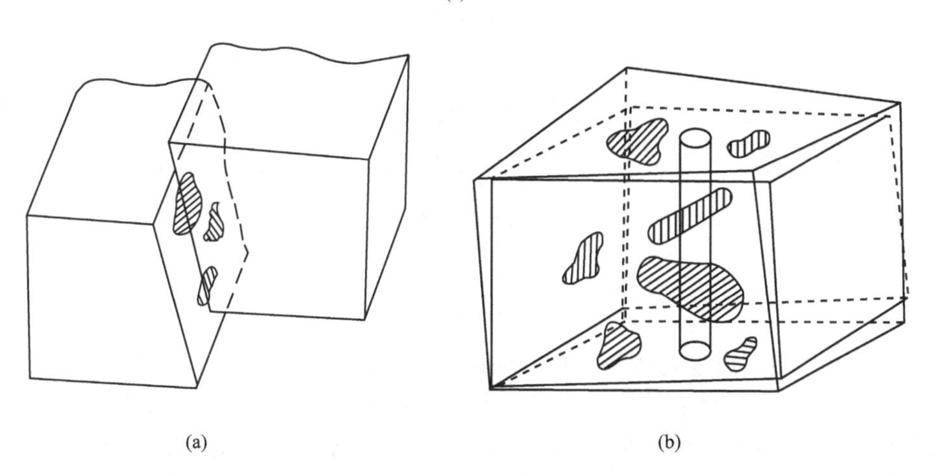

(a)　　(b)

图 7.16　震源处错动的两种平均方式

(a)沿断层的滑动；(b)地震应变

单位时间内发生于$\Delta\sum$上的所有的地震断裂对$\Delta\sum$的平均值的和称为沿该断层面积单元$\Delta\sum$滑动的地震滑动速率：

$$\Delta \dot{u}_i = \frac{1}{\Delta S \Delta t} \sum_{n=1}^{N} \overline{\Delta u_{i(n)}} S_{(n)}, \tag{7.372}$$

$$\Delta \dot{u}_i = \frac{1}{\Delta S \Delta t} \sum_{n=1}^{N} \iint_{\sum_{(n)}} \Delta u_{i(n)}(\boldsymbol{r}') \, \mathrm{d}S(\boldsymbol{r}'), \tag{7.373}$$

式中，ΔS 为面积单元$\Delta\sum$的面积．令

$$\overline{\Delta u_{i(n)}} = \overline{\Delta u_{(n)}} e_{i(n)}, \tag{7.374}$$

式中，$\overline{\Delta u_{(n)}}$ 表示第 n 个地震的平均滑动量，$e_{i(n)}$是其相应的滑动矢量 $e_{(n)}$的分量．将上式代入(7.372)后得

$$\Delta \dot{u}_i = \frac{1}{\Delta S \Delta t} \sum_{n=1}^{N} \overline{\Delta u_{(n)}} e_{i(n)} S_{(n)}. \tag{7.375}$$

如果发生于$\Delta\sum$上的所有地震的震源都具有相同的错动方向，也就是滑动矢量都相同：

$$e_{i(n)} = e_i, \tag{7.376}$$

则在Δt 时段内沿该断层面积单元$\Delta\sum$滑动的地震滑动平均速率 $\Delta \dot{u}$ 为

$$\Delta \dot{u} = \frac{1}{\Delta S \Delta t} \sum_{n=1}^{N} \overline{\Delta u_{(n)}} S_{(n)}, \tag{7.377}$$

式中，$\Delta \dot{u}$ 是 $\Delta \dot{u}_i$ 的模：

$$\Delta \dot{u}_i = \Delta \dot{u} e_i. \tag{7.378}$$

将式(7.377)右边的分子、分母均乘以刚性系数μ，即得

$$\Delta \dot{u} = \frac{1}{\mu \Delta S \Delta t} \sum_{n=1}^{N} M_{0(n)}, \tag{7.379}$$

式中，

$$M_{0(n)} = \mu \overline{\Delta u_{(n)}} S_{(n)}, \tag{7.380}$$

是第 n 个地震的地震矩．从而，在Δt 时段内的地震滑动量Δu 为

$$\Delta u = \Delta \dot{u} \Delta t, \tag{7.381}$$

$$\Delta u = \frac{1}{\mu \Delta S} \sum_{n=1}^{N} M_{0(n)}. \tag{7.382}$$

式(7.379)称为确定地震滑动速率的布龙(Brune)公式．布龙公式表明，在所考虑的断层面面积单元$\Delta\sum$上，一次地震的地震矩表征了该地震对断层面上的断层错动所做贡献的大小，在单位时间、单位面积内发生于时段Δt，面积单元$\Delta\sum$的所有地震的地震矩的总和除以μ即为发生于该时段、该断层面积单元上的平均滑动速率 $\Delta \dot{u}$ ．

(二) 岩体地震过程

在许多地震活动区，例如在板内地震活动区，地震并不总是发生在一条大断层的断层面上，更多的情况是地震分布在不规则排列的断层上．在这种情况下，不宜再用沿某

一断层的滑动来描述该地区的构造运动，但可以考虑用发生于该地区的构造形变来描述该地区的构造运动．若设地震断裂随机地分布于岩体之内，则可用里兹尼钦科(Ризниченко, 1965)、科斯特罗夫(Костров, 1975)提出的岩体地震过程模型来描述该地区的构造运动．

设在时间单元Δt内，在各边与坐标轴平行并且其边长分别为l_1, l_2, l_3的长方体形的体积单元ΔV内发生了数目为N的大量地震，这些地震的断层面为$\sum_{(n)}$，地震矩为$M_{ij}^{(n)}, n=1,2,\cdots,N$．今在$\Delta V$内截取一个图7.16b所示的圆柱形单元，我们来研究该圆柱形单元端部的相互位移．此位移是由该圆柱体各部分连续形变产生的位移量与被此圆柱单元切割的所有地震断裂面上的位错的和．若不考虑连续形变产生的位移量，只考虑地震位错的贡献，则断裂面上的相对位移

$$\Delta u_i = \sum_n \Delta u_i^{(n)}, \tag{7.383}$$

式中，应对所有被圆柱体单元切割的断裂面求和．于是，沿所有圆柱体单元在l_1方向上的相对位移的平均值为

$$\overline{\Delta u_i} = \frac{1}{l_2 l_3}\int_0^{l_2}\int_0^{l_3}\sum_n \Delta u_i^{(n)} \mathrm{d}x_2 \mathrm{d}x_3. \tag{7.384}$$

由于

$$\mathrm{d}x_2 \mathrm{d}x_3 = \nu_1^{(n)} \mathrm{d}S^{(n)}, \tag{7.385}$$

式中，$\mathrm{d}S^{(n)}$是断裂面被圆柱体单元切割出的第n个地震的断裂面面积，$\nu_1^{(n)}$是其法线$\boldsymbol{\nu}^{(n)}$在x_1轴的方向余弦，我们可以将式(7.384)对(x_2, x_3)的积分转换为沿断裂面的积分：

$$\overline{\Delta u_i} = \frac{1}{l_2 l_3}\sum_{n=1}^{N}\iint_{\Sigma_{(n)}} \Delta u_i^{(n)} \nu_1^{(n)} \mathrm{d}S^{(n)}. \tag{7.386}$$

对上式两边都除以l_1后，即得出平均变形量$\overline{\Delta u_i}/\Delta x_1$为

$$\frac{\Delta u_i}{\Delta x_1} = \frac{1}{\Delta V}\sum_{n=1}^{N}\iint_{\Sigma_{(n)}} \Delta u_i^{(n)} \nu_1^{(n)} \mathrm{d}S^{(n)}, \tag{7.387}$$

式中，

$$\Delta V = l_1 l_2 l_3, \tag{7.388}$$

是体积单元ΔV的体积．

对其他两个方向重复上述推导，便可以得出平均变形张量的表示式：

$$\frac{\overline{\Delta u_i}}{\Delta x_k} = \frac{1}{\Delta V}\sum_{n=1}^{N}\iint_{\Sigma_{(n)}} \Delta u_i^{(n)} \nu_k^{(n)} \mathrm{d}S^{(n)}. \tag{7.389}$$

因为体积ΔV可以看作是单元体积，所以如上式左边所表示的$\overline{\Delta u_i}$与Δx_k差分的商可以用偏导数来代替，从而

$$\frac{\partial u_i}{\partial x_k} = \frac{1}{\Delta V}\sum_{n=1}^{N}\iint_{\Sigma_{(n)}} \Delta u_i^{(n)} \nu_k^{(n)} \mathrm{d}S^{(n)}. \tag{7.390}$$

于是，在时间段Δt内、体积单元ΔV中的平均应变张量的增量$\overline{\Delta\varepsilon_{ik}}$为

$$\overline{\Delta\varepsilon_{ik}}=\frac{1}{2}\left(\frac{\partial u_i}{\partial x_k}+\frac{\partial u_k}{\partial x_i}\right), \tag{7.391}$$

即

$$\overline{\Delta\varepsilon_{ik}}=\frac{1}{\Delta V}\sum_{n=1}^{N}\iint\limits_{\Sigma_{(n)}}\frac{1}{2}(\Delta u_i^{(n)}v_k^{(n)}+\Delta u_k^{(n)}v_i^{(n)})\,\mathrm{d}S^{(n)}. \tag{7.392}$$

在上式中，每一个被加数都是每个地震震源的地震矩张量除以2μ，所以

$$\varepsilon_{ik}=\overline{\Delta\varepsilon_{ik}}=\frac{1}{2\mu\Delta V}\sum_{n=1}^{N}M_{ik}^{(n)}, \tag{7.393}$$

式中，$M_{ik}^{(n)}$是第n个地震的地震矩张量：

$$M_{ik}^{(n)}=\mu(\Delta u_i^{(n)}v_k^{(n)}+\Delta u_k^{(n)}v_i^{(n)})S^{(n)}, \tag{7.394}$$

$S^{(n)}$是第n个地震的断层面面积．式(7.393)左右两边都除以时间Δt后，便可得出由地震引起的应变张量的平均速率即平均应变速率张量：

$$\dot{\varepsilon}_{ik}=\frac{1}{2\mu\Delta V\Delta t}\sum_{n=1}^{N}M_{ik}^{(n)}. \tag{7.395}$$

这样，由岩体地震过程引起的平均应变速率张量$\dot{\varepsilon}_{ik}$就等于发生在单位时间、单位体积内的所有地震的矩张量之和除以2μ.

式(7.395)是布龙公式[式(7.377)]对发生于岩体的某一体积内而不是沿某单个断层的断层面上的地震过程的自然推广．如果已知地震矩与地震震级的经验关系，就可应用这个公式计算应变的长期平均速率$\dot{\varepsilon}_{ik}$．应当就每个地区求得地震矩与地震震级的经验关系．不过，作为一级近似，可以利用对全球得出的地震矩与地震震级的经验关系．假定对于体积单元ΔV来说，震源的取向可用对该体积平均后的主轴矢量张力轴t_i，压力轴p_i表示，则上式可化为

$$\dot{\varepsilon}_{ik}=\frac{1}{2\mu\Delta V\Delta t}(t_it_k-p_ip_k)\sum_{n=1}^{N}M_0^{(n)}, \tag{7.396}$$

式中，$M_0^{(n)}$是第n个地震的标量地震矩．应变量随时间变化率

$$\dot{\varepsilon}=\frac{1}{2\mu\Delta V\Delta t}\sum_{n=1}^{N}M_0^{(n)}. \tag{7.397}$$

假设地震矩M_0与地震能量E_{s}有如下关系：

$$M_0=M_0(E_{\mathrm{s}}), \tag{7.398}$$

并且，假设在体积单元ΔV中，在单位时间、单位体积内发生的地震能量$\geqslant E_{\mathrm{s}}$的地震数目N与E_{S}有如下幂次关系(地震频度–能量关系)：

$$N(E_{\mathrm{S}})=A_0E_{\mathrm{S}}^{-\gamma}, \tag{7.399}$$

式中，γ为幂次．那么，在ΔV，Δt内发生的能量在(E_{S}，$E_{\mathrm{S}}+\Delta E_{\mathrm{S}}$)的地震数$\mathrm{d}N(E_{\mathrm{S}})$为

$$-\frac{\mathrm{d}N(E_{\mathrm{S}})}{\mathrm{d}E_{\mathrm{S}}}=\Delta E_{\mathrm{S}}=AE_{\mathrm{S}}^{-(\gamma+1)}\Delta E_{\mathrm{S}}\Delta V\Delta t, \tag{7.400}$$

式中，

$$A=\gamma A_0. \tag{7.401}$$

对于能量从 0 到 E_{S} 的区间内由地震引起的应变的长期平均速率

$$\dot{\varepsilon}_{ik}=\frac{A}{2\mu}(t_i t_k-p_i p_k)\int_0^{E_{\mathrm{S}}}M_0(E_{\mathrm{S}})E_{\mathrm{S}}^{-(\gamma+1)}\mathrm{d}E_{\mathrm{S}}. \tag{7.402}$$

单用地震观测手段不足以确定处于地震活动状态的介质的流变性质，因为在地震过程中的所有能量损耗内，我们只知道地震辐射能. 但除地震辐射能外，尚有破裂能和摩擦能. 通过与地震辐射相联系的应力σ_{ik}可以计算体积单元ΔV内、时段Δt内的地震总能量

$$\Delta E=\sigma_{ik}\dot{\varepsilon}_{ik}\Delta V\Delta t. \tag{7.403}$$

地震的应力张量σ_{ik}根据定义具有与$\dot{\varepsilon}_{ik}$相同的主轴，亦即

$$\sigma_{ik}=(t_i t_k-p_i p_k)\sigma, \tag{7.404}$$

式中，σ是地震过程中释放的应力值.

由式(7.400)可知，在ΔV，Δt内，在能量区间(E_{S}，$E_{\mathrm{S}}+\Delta E_{\mathrm{S}}$)释放的地震能为

$$E_{\mathrm{S}}\cdot AE_{\mathrm{S}}^{-(\gamma+1)}\Delta E_{\mathrm{S}}\Delta V\Delta t=AE_{\mathrm{S}}^{-\gamma}\Delta E_{\mathrm{S}}\Delta V\Delta t, \tag{7.405}$$

所以在 0 至 E_{S} 的能量区间释放的地震能为:

$$\Delta E=\int_0^{E_{\mathrm{S}}}AE_{\mathrm{S}}^{-\gamma}\Delta V\Delta t\mathrm{d}E_{\mathrm{S}}=\frac{A}{1-\gamma}E_{\mathrm{S}}^{1-\gamma}\Delta V\Delta t. \tag{7.406}$$

将式(7.404)，式(7.405)和式(7.406)代入式(7.403)即可得

$$\frac{1}{1-\gamma}E_{\mathrm{S}}^{1-\gamma}\Delta V\Delta t=(t_i t_k-p_i p_k)\sigma\frac{A}{2\mu}(t_i t_k-p_i p_k)\int_0^{E_{\mathrm{S}}}M_0(E_{\mathrm{S}})E_{\mathrm{S}}^{-(\gamma+1)}\mathrm{d}E_{\mathrm{S}}\Delta V\Delta t,$$

$$\frac{1}{1-\gamma}E_{\mathrm{S}}^{1-\gamma}=\frac{\sigma}{\mu}\int_0^{E_{\mathrm{S}}}M_0(E_{\mathrm{S}})E_{\mathrm{S}}^{-(\gamma+1)}\mathrm{d}E_{\mathrm{S}}. \tag{7.407}$$

由此可得地震过程中释放的应力的表示式:

$$\sigma=\frac{1}{1-\gamma}E_{\mathrm{S}}^{1-\gamma}\left[\int_0^{E_{\mathrm{S}}}M_0(E_{\mathrm{S}})E_{\mathrm{S}}^{-(\gamma+1)}\mathrm{d}E_{\mathrm{S}}\right]^{-1}. \tag{7.408}$$

注意到应变张量速率的表示式(7.395)，可以得出地震应变速率的表示式:

$$\dot{\varepsilon}=\frac{A}{2\mu}\int_0^{E_{\mathrm{S}}}M_0(E_{\mathrm{S}})E_{\mathrm{S}}^{-(\gamma+1)}\mathrm{d}E_{\mathrm{S}}. \tag{7.409}$$

利用式(7.406)与式(7.407)，可以研究地震过程中释放的应力σ与应变速率$\dot{\varepsilon}$的关系，例如，可以求得平均地震黏滞系数η:

$$\eta = \frac{\sigma}{\dot{\varepsilon}}. \tag{7.410}$$

除了研究由地震重复性定律确定出的平均量的同时，也可以将实际发生过的地震的矩相加[参见式(7.307)]，研究$\dot{\varepsilon}$, σ, η的实测值．对比实测值与平均值，可能具有重要的预测意义(Костров, 1975)．

式(7.362)表示了在体积单元ΔV 和时段Δt 内发生于岩体中的地震对构造形变的贡献．对地震矩张量求和可以求得地震应变张量的平均速率，或者在地震应变张量与应力张量具有相同主轴的情况下，运用式(7.365)或式(7.366)对标量地震矩求和可以求得地震应变张量或应变量的平均速率，是基于现代地震学震源理论关于震源是地球介质中连续性的破裂的概念，具有坚实的物理基础．因此在地震活动性的研究中，应当以式(7.396)或式(7.397)[或式(7.402)或式(7.409)]计算地震过程中平均应变率张量或平均应变率，研究它们的时–空变化特征，以代替沿用已久的、传统的、与现代震源理论关于震源是地球介质中连续性破裂的概念不相符合的、由能量开方求得应变的贝尼奥夫(Benioff, 1951)“应变”．

参 考 文 献

李旭, 陈运泰, 1996a. 合成理论地震图的广义反射透射系数矩阵法. 地震地磁观测与研究, **17**(3): 1-20.

李旭, 陈运泰, 1996b. 用长周期地震波波形资料反演 1990 年青海共和地震的震源过程. 地震学报, **18**(3): 279-286. 英文刊载: Li, X. and Chen, Y. T., 1996. Inversion of long-period body-wave data for the source process of the Gonghe, Qinghai, China earthquake. *Acta Seismologica Sinica*(English Edition) **9**(3): 361-370.

刘瑞丰, 陈运泰, 周公威, 涂毅敏, 陈培善, 1999. 地震矩张量反演在地震快速反应中的应用. 地震学报, **21**(2): 115-122. 英文刊载: Liu, R. F., Chen, Y. T., Zhou, G. W., Tu, Y. M. and Chen P. S., 1999. Applications of seismic moment tensor inversion in fast response to earthquakes. *Acta Seismologica Sinica*, **12**(2): 129-136.

倪江川, 1987. 人工爆炸和天然地震的矩张量反演. 北京: 国家地震局地球物理研究所硕士学位论文.

倪江川, 陈运泰, 陈祥熊, 1991a. 地震矩张量及其反演. 地震地磁观测与研究, **12**(5): 1-17.

倪江川, 陈运泰, 王鸣, 吴明熙, 周家玉, 王培德, 吴大铭, 1991b. 云南禄劝地震部分余震的矩张量反演. 地震学报, **13**(4): 412-419.

倪江川, 陈运泰, 吴忠良, 王培德, 王瑋, 柯兆明, 1997. 地下爆炸的矩张量反演. 地震地磁观测与研究, **18**(6A): 5-13.

许力生, 陈运泰, 1996. 用经验格林函数方法从长周期数字波形资料中提取共和地震的震源时间函数. 地震学报, **18**(2): 156-169. 英文刊载: Xu, L. S. and Chen, Y. T., 1996. Source time function of the Gonghe, China earthquake retrieved from long period digital waveform data using empirical Green's function technique. *Acta Seismologica Sinica*(English Edition) **9**(2): 209-222.

张勇, 2008. 地震破裂过程反演方法研究. 北京大学地球与空间科学学院博士学位论文. 1-158.

周家玉, 陈运泰, 倪江川, 王鸣, 王培德, 孙次昌, 吴大铭, 1993. 用经验格林函数确定中小地震的震源时间函数. 地震学报, **15**(1): 22-31. 英文刊载: Zhou, J. Y., Chen, Y. T., Ni, J. C., Wang, M., Wang, P. D., Sun, Z. C. and Wu, F. T., 1993. Determination of source - time function of intermediate and small earthquakes from empirical Green's functions. *Acta Seismologica Sinica*(English Edition) **6**(2): 353-363.

周荣茂，陈运泰，吴忠良，1999a. 由矩张量反演得到的海南东方震群的震源机制. 地震学报，**21**(4): 337-343. 英文刊载: Zhou, R. M., Chen, Y. T. and Wu, Z. L., 1999. Moment tensor inversion for the focal mechanism of the Dongfang (Hainan) earthquake swarm. *Acta Seismologica Sinica* **12**(4): 371-378.

周荣茂，吴忠良，陈运泰，1999b. 由矩张量反演得到的北部湾地震的震源机制. 地震学报，**21**(6): 561-569. 英文刊载: Zhou, R. M., Chen, Y. T. and Wu, Z. L., 1999. Moment tensor inversion for the focal mechanism of the Beibuwan earthquake. *Acta Seismologica Sinica* **12**(6): 609-617.

Aki, K. and Patton, H., 1978. Determination of seismic moment tensor using surface waves. *Tectonophysics* **49**: 213-222.

Aki, K. and Richards, P. G., 1980. *Quantitative Seismology. Theory and Methods.* **1** & **2.** San Francisco: W. H. Freeman. 1-932. 安芸敬一, P. G. 理查兹, 1986. 定量地震学. 第**1, 2**卷. 李钦祖, 邹其嘉等译. 北京: 地震出版社. 1-620, 1-406.

Ampuero, J. -P. and Dahlen, F. A., 2005. Ambiguity of the moment tensor. *Bull. Seismol. Soc. Am.* **95**: 390-400.

Archambeau, C. B., 1968. General theory of elastodynamic source fields. *Rev. Geophys.* **16**: 241-288.

Backus, G. E., 1977a. Interpreting the seismic glut moments of total degree two or less. *Geophys. J. R. astr. Soc.* **51**: 1-25.

Backus, G. E., 1977b. Seismic sources with observable glut moments of spatial degree two. *Geophys. J. R. astr. Soc.* **51**: 27-45.

Backus, G. E. and Mulcahy, M., 1976. Moment tensors and other phenomenological descriptions of seismic sources—I. Continuous displacements. *Geophys. J. R. astr. Soc.* **46**: 321-361.

Backus, G. E. and Mulcahy, M., 1977. Moment tensors and other phenomenological descriptions of seismic sources—II. Discontinuous displacements. *Geophys. J. R. astr. Soc.* **47**: 301-329.

Balakina, L. M., Shirokova, H. I. and Vvedenskaya, A. V., 1961. Study of stresses and ruptures in earthquake foci with the aid of dislocation theory. *Publ. Dom. Obs. Ottawa* **24**: 321-327.

Barker, J. S. and Langston, C. A., 1982. Moment tensor inversion of complex earthquakes. *Geophys. J. R. astr. Soc.* **68**: 777-803.

Benioff, H., 1951. Earthquakes and rock creep. I. Creep characteristics of rocks and the origin of aftershocks. *Bull. Seismol. Soc. Am.* **41**: 31-62.

Ben-Menahem, A. and Singh, S. J., 1968. Multipolar elastic fields in a layered half-space. *Bull. Seismol. Soc. Am.* **58**: 1519-1572.

Ben-Menahem, A. and Singh, S. J., 1981. *Seismic Waves and Sources*. New York, Heidelberg, Berlin: Springer-Verlag, 1-1108.

Ben-Zion, Y. and Ampuero, J. -P., 2009. Seismic radiation from regions sustaining material damage. *Geophys. J. Int.* **178**(3): 1351-1356.

Blandford, R., 1977. Discrimination between earthquakes and underground explosions. *Ann. Rev. Earth Planet. Sci.* **5**: 111-122.

Bolt, B. A., 1976. *Nuclear Explosions and Earthquakes*. San Francisco: W. H. Freeman. 1-300.

Bouchon, M., 1981. A simple method to calculate Green's functions for elastic layered media. *Bull. Seismol.*

Soc. Am. **71**: 959-971.

Burdick, L. J. and Mellman, G. R., 1976. Inversion of the body waves from the Borrego Mountain earthquake to the source mechanism. *Bull. Seismol. Soc. Am.* **66**: 1485-1499.

Burridge, R. and Knopoff, L., 1964. Body force equivalents for seismic dislocations. *Bull. Seismol. Soc. Am.* **54**(6A): 1875-1888.

Byerly, P., 1926. The Montana earthquake of June 28, 1925. *Bull. Seismol. Soc. Am.* **16**: 209-263.

Byerly, P., 1930. Love waves and the nature of the motion at the origin of the Chilean earthquake of November 11, 1922. *Am. J. Sci.* **19**: 274-282.

Cagniard, L., 1939. *Réflecxion et Réfraction des Ondes Séismiques Progressives*. Paris: Gauthier-Villars and Cie.

Cagniard, L., 1962. *Reflection and Refraction of Progressive Seismic Waves*. Translated and revised by Flinn, E. A. and Dix, C. H. New York: McGraw-Hill. 1-282.

Červený, V., 2001. *Seismic Ray Theory*. New York: Cambridge University Press. 1-713.

Chapman, C. H., 1978. A new method for computing synthetic seismograms. *Geophys. J. R. astr. Soc.* **54**: 481-518.

Chen, P., 2005. Finite-moment tensor of the 3 September 2002 Yorba Linda earthquake. *Bull. Seismol. Soc. Am.* **95**(3): 1170-1180.

Chen, Y. T., Zhou, J. Y. and Ni, J. C., 1991. Inversion of new-source broadband accelerograms for the earthquake source-time function. *Tectonophysics* **197**: 89-98.

Chouet, B., 2003. Source mechanisms of explosions at Stromboli volcano, Italy, determined from moment-tensor inversions of very-long-period data. *J. Geophys. Res.* **108**(B1): 2019.

Dahlen, F. A. and Tromp, J., 1998. *Theoretical Global Seismology*. Princeton: Princeton University Press. 1-1025.

Dahm, T., 1996. Relative moment tensor inversion based on ray theory: Theory and synthetic tests. *Geophys. J. Int.* **124**(1): 245-257.

Dahm, T. and Brandsdottir, B., 1997. Moment tensors of micro-earthquakes from the Eyjafjallojokull volcano in South Iceland. *Geophys. J. Int.* **130**: 183-192.

De Hoop, A. T., 1960. A modification of Cagniard's method for solving seismic pulse problems. *Appl. Sci. Res.* **38**: 349-356.

Dix, C. H., 1954. The method of Cagniard in seismic pulse problem. *Geophysics* **19**: 722-738.

Doornbos, D. J., 1982. Seismic moment tensors and kinematic source parameters. *Geophys. J. R. astr. Soc.* **69**: 235-251.

Douglas, A., 1981. Seismic source identification: A review of past and present research efforts. In: Husebye, E. S. and Mykkeltveit, S.(eds.), *Identification of Seismic Sources—Earthguake or Underground Explosion*. Dordrecht: D. Reidel Publishing Company. 1-48.

Douglas, A. and Rivers, D. W., 1988. An explosion that looks like an earthquake. *Bull. Seismol. Soc. Am.* **78**(2): 1011-1019.

Douglas, A., Hudson, J. A., Marshall, P. D. and Young, J. B., 1974. Earthquakes that look like explosions. *Geophys. J. R. astr. Soc.* **36**: 227-233.

Dreger, D. S., 1994. Empirical Green's function study of the January 17, 1994 Northridge, California earthquake. *Geophys. Res. Lett.* **21**: 2633-2636.

Dziewonski, A. M. and Gilbert, F., 1974. Temporal variation of the seismic moment tensor and the evidence of precursive compression for two deep earthquakes. *Nature* **247**: 185-188.

Dziewonski, A. M. and Woodhouse, J. H., 1983a. Studies of the seismic source using normal-mode theory. In: Kanamori, H. and Boschi, E. (eds.), *Earthquakes: Observation, Theory and Interpretation.* Amsterdam: North-Holland Publishing Company. 45-137.

Dziewonski, A. M. and Woodhouse, J. H., 1983b. An experiment in systematic study of global seismicity: Centroid moment tensors solution for 201 moderate and large earthquakes of 1981. *J. Geophys. Res.* **88**: 3247-3271.

Dziewonski, A. M., Chou, T. A. and Woodhouse, J. H., 1981. Determination of earthquake source parameters from waveform data for studies of global and regional seismicity. *J. Geophys. Res.* **86** (B4): 2825-2852.

Dziewonski, A. M., Ekström, G., Woodhouse, J. H. and Zwart, G., 1991. Centroid-moment tensor solutions for April-June 1990. *Phys. Earth Planet. Inter.* **66**: 133-143.

Dziewonski, A. M., Friedman, A., Giardini, D. and Woodhouse, J. H., 1983. Global seismicity of 1982: Centroid-moment tensor solutions for 308 earthquakes. *Phys. Earth Planet. Inter.* **33**: 76-90.

Eissler, H. K. and Kanamori, H., 1987. A single-force model for the 1975 Kalapana, Hawaii, earthquake. *J. Geophys. Res.* **92** (B6): 4827-4836.

Eissler, H. K. and Kanamori, H., 1988. Reply. *J. Geophys. Res.* **93**: 8083-8084.

Eissler, H. K., Astiz, L. and Kanamori, H., 1986. Tectonic setting and source parameters of the September 19, 1985 Michaocan, Mexico earthquake. *Geophys. Res. Lett.* **13**: 569-572.

Ekström, G., 1987. A very broad band method of earthquake analysis. Ph. D. Thesis, Harvard University.

Ekström, G., 1989. A very broad band inversion method for the recovery of earthquake source parameters. *Tectonophys.* **66** (1-3): 73-100.

Eshelby, J. D., 1957. The determination of elastic field of an ellipsoid inclusion and related problems. *Proc. Roy. Soc. London* **A241**: 376-396.

Eshelby, J. D., 1973. Dislocation theory for geophysical applications. *Phil. Trans. Roy. Soc. London* **274**: 331-338.

Fitch, T. J., 1981. Correction and addition to 'Estimation of the seismic moment tensor from teleseismic body wave data with application to intraplate and mantle earthquakes' by Fitch, T. J., McCowan, D. W. and Shields, M. W. *J. Geophys. Res.* **86**: 9375- 9376.

Fitch, T. J., McCowan, D. W. and Shields, M. W., 1980. Estimation of the seismic moment tensor from teleseismic body wave data with application to intraplate and mantle earthquakes. *J. Geophys. Res.* **85** (B7): 3817-3828.

Fitch, T. J., North, R. G. and Sields, M. W., 1981. Focal depth and moment tensor representations of shallow earthquakes associated with the Great Sumba earthquake. *J. Geophys. Res.* **86**: 9357 -9374.

Ford, S. R., Dreger, D. S. and Walter, W. R., 2010. Network sensitivity solutions for regional moment-tensor inversions. *Bull. Seismol. Soc. Am.* **100** (5A): 1962-1970.

Frohlich, C., 1989. The nature of deep earthquakes. *Ann. Rev. Earth Planet. Sci.* **17**: 227–254.

Frohlich, C., 1990. Note concerning non double-couple source components from slip along surfaces of revolution. *J. Geophys. Res.* **95**: 6861-6866.

Frohlich, C., 1995. Characteristics of well-determined non-double-couple earthquakes in the Harvard CMT catalog. *Phys. Earth Planet. Inter.* **91**: 213-228.

Frohlich, C., 2007. Practical suggestions for assessing rates of seismic-moment release. *Bull. Seismol. Soc. Am.* **97**: 1158-1166.

Frohlich, C. and Davis, S. D., 1999. How well constrained are well-constrained T, B, and P axes in moment tensor catalogs. *J. Geophys. Res.* **104**: 4901-4910.

Fuchs, K. and Mueller, G., 1971. Computation of synthetic seismograms with the reflectivity method and computation of observations. *Geophys. J. R. astr. Soc.* **23**: 417-433.

Geller, R., 1976. Body force equivalents for a stress drop source. *Bull. Seismol. Soc. Am.* **66**: 1801-1805.

Gilbert, F., 1970. Excitation of the normal modes of the Earth by earthquake sources. *Geophys. J. R. astr. Soc.* **22**: 223-226.

Gilbert, F., 1973. Derivation of source parameters from low-frequency spectra. *Phil. Trans. Roy. Soc. London* **A274**: 369-371.

Giardini, D., 1984. Systematic analysis of deep seismicity: 200 centroid-moment tensor solutions for earthquakes between 1977 and 1980. *Geophys. J. R. astr. Soc.* **77**: 83-914.

Gilbert, F. and Buland, R. R., 1976. An enhanced deconvolution procedure for retrieving the seismic moment tensor from a sparse network. *Geophys. J. R. astr. Soc.* **47**: 251-255.

Gilbert, F. and Dziewonski, A. M., 1975. An application of normal mode theory to the retrieval of structural parameters and source mechanisms from seismic spectra. *Phil. Trans. Roy. Soc. London* **A278**: 187-269.

Hartzell, S. and Mendoza, C., 1991. Application of an iterative least-squares waveform inversion of strong motion and teleseismic records to the 1978 Tabas, Iran, earthquake. *Bull. Seism. Soc. Amer.* **81**: 305-331.

Hartzell, S. H., 1978. Earthquake aftershocks as Green's function. *Geophys. Res. Lett.* **5**: 1-4.

Helmberger, D. V., 1983. Theory and application of synthetic seismograms. In: Kanamori, H. and Boschi, E. (eds.), *Earthquakes: Observation, Theory and Interpretation.* Amsterdam: North-Holland Publishing Company. 174-222.

Helmberger, D. V. and Eugen, J. R., 1980. Modeling the long period body waves from shallow earthquakes at regional ranges. *Bull. Seismol. Soc. Am.* **70**: 1699-1714.

Herrmann, R. B. and Wang, C. Y., 1985. A comparison of synthetic seismograms. *Bull. Seismol. Soc. Am.* **75**: 41-56.

Honda, H., 1957. The mechanism of the earthquakes. *Sci. Repts. Tohoku Univ., Ser.* 5, *Geophys.* Suppl. **9**: 1-46. *Pub. Dominion Obs. Ottawa.* **20**: 295-340.

Honda, H., 1961. The generation of seismic waves. *Pub. Dominion Obs. Ottawa.* **24**: 329-334.

Honda, H., 1962. Earthquake mechanism and seismic waves. *J. Phys. Earth* **10**(suppl.): 1-98.

Jaeger, J. C., 1962. *Elasticity, Fracture and Flow with Engineering and Geological Applications.* 2nd edition. London: Methuen and Co. Ltd. 1-212.

Johnson, J. R., 1974. Green's function for Lamb's problem. *Geophys. J. R. astr. Soc.* **37**: 99-131.

Jost, M. L. and Hermann, R. B., 1989. A student's guide to and review of moment tensors. *Seism. Res. Lett.* **60**: 37-57.

Julian, B. R., Miller, A. D. and Foulger, G. R., 1998. Non-double-couple earthquakes 1. Theory. *Rev. Geophys.* **36**(4): 525-549.

Kanamori, H. and Given, J. W., 1981. Use of long-period surface waves for rapid determination of earthquake-source parameters. *Phys. Earth Planet. Interi.* **27**: 8-31.

Kanamori, H. and Given, J. W., 1982. Preliminary determination of source mechanisms of large earthquakes (M_S>6. 5) in 1980. *Phys. Earth Planet. Interi.* **30**: 260-268.

Kanamori, H., Given, J. W. and Lay, T., 1984. Analysis of seismic body waves excited by the mount St. Helens eruption of May 18, 1980. *J. Geophys. Res.* **89** (B3): 1856-1866.

Kawakatsu, H., 1991. Enigma of earthquakes at ridge-transform-fault plate boundaries-distribution of non-double couple parameter of Harvard CMT solutions. *J. Geophys. Res.* **18**: 1103-1106.

Keylis-Borok, V. I., 1957. The study of earthquake mechanism. *Pub. Dominion Obs. Ottawa* **20**: 279-294.

Kennett, B. and Engdahl, E. R., 1991. Travel times for global earthquake location and phase identification. *Geophys. J. Int.* **105**: 429-465.

Kennett, B. L. N., 1983. *Seismic Wave Propagation in Stratified Media.* Cambridge: Cambridge University Press. 1-342.

Kind, R., 1978. The reflectivity method for a buried source. *J. Geophys.* **44**: 603-612.

Knopoff, L., 1981. On the nature of the earthquake source. In: Husebye, E. S. and Mykkeltveit, S. (eds.), *Identification of Seismic Source—Earthquake or Underground Explosion.* Dordrecht: D. Reidel. 49-69.

Knopoff, L. and Randall, M. J., 1970. The compensated linear-vector dipole: A possible mechanism for deep earthquakes. *J. Geophys. Res.* **75**: 4957-4963.

Kostrov, B. V. and Das, S., 1988. *Principles of Earthquake Source Mechanics.* Cambridge: Cambridge University Press. 1-286.

Kuge, K. and Kawakatsu, H., 1990. Analysis of a deep "non double couple" earthquake using very broadband data. *Geophys. Res. Lett.* **17** (3): 227-230.

Kuge, K. and Kawakatsu, H., 1992. Deep and intermediate-depth non-double couple earthquakes: Interpretation of moment tensor inversion using various passbands of very broadband seismic data. *Geophys. J. Int.* **111**: 589-606.

Kuge, K. and Kawakatsu, H., 1993. Significance of non-double couple components of deep and intermediate-depth earthquakes: Implications from moment tensor inversions of long-period seismic waves. *Phys. Earth Planet. Inter.* **75**: 243-366.

Lanczos, C., 1961. *Linear Differential Operators*. London: Van Nostrand. 1-563.

Langston, C. A. 1981. Source inversion of seismic waveforms: The Koyna, India, earthquakes of September 1967. *Bull. Seismol. Soc. Am.* **71**: 1-24.

Langston, C. A. and Helmberger, D. V., 1975. A procedure for modeling shallow dislocation sources. *Geophys. J. R. astr. Soc.* **42**: 117-130.

Lay, T. and Wallace, T. C., 1995. *Modern Global Seismology.* San Diego: Academic Press, 1-521.

Lay, T., Given, J. W. and Kanamori, H., 1982. Long period mechanism of the 8 November Eureka, California, earthquake. *Bull. Seismol. Soc. Am.* **72**: 439-456.

Madariaga, R., 1981. Dislocations and earthquakes. In: Balian, R., Kléman, M. and Poirier, J. -P. (eds.), *Physics of Defects.* Amsterdam: North-Holland Publishing Company. 569-616.

Madariaga, R., 1983. Earthquake source theory: A review. In: Kanamori, H. and Boschi, E. (eds.), *Earthquakes: Observation, Theory and Interpretation.* Amsterdam: North-Holland Publishing Company.

1-44.

Madariaga, R., 1989. Seismic source: Theory. In: James, D. E. (ed.), *Encyclopedia of Solid Earth Geophysics*. New York: Van Nostrand Reinhold Co. 1129-1133.

Madariaga, R., 2011. Earthquakes: Source theory. In Gupta, H. K. (ed.), *Encyclopedia of Solid Earth Geophysics*. Dordrecht: Springer. 248-252.

Maruyama, T., 1963. On the force equivalents of dynamical elastic dislocations with reference to the earthquake mechanism. *Bull. Earthq. Res. Inst., Tokyo Univ*. **41**: 467-486.

Maruyama, T., 1964. Statical elastic dislocation in an infinite and semi-infinite medium. *Bull. Earthq. Res. Inst., Tokyo Univ*. **42** (2): 289-368.

McCowan, D. W., 1976. Moment tensor representation of surface wave sources. *Geophys. J. R. astr. Soc*. **44**: 595-599.

Mendiguren, J. A., 1977. Inversion of surface wave data in source mechanism studies. *J. Geophys. Res*. **82** (5): 889-894.

Michael, A. J. and Geller, R. J., 1984. Linear moment tensor inversion for shallow thrust earthquakes combining first motion and surface wave data. *J. Geophys. Res*. **89**: 1889-1897.

Miller, A. D., Foulger, G. R., Julian, B. R, 1998. Non-double-couple earthquakes 2. Observations. *Rev. Geophys*. **36** (4): 551-568.

Mozaffari, P., 许力生, 吴忠良, 陈运泰, 1999. 用长周期体波数据反演 1988 年 11 月 6 日澜沧-耿马地震的矩张量. 地震学报, **21** (4): 344-353. 英文刊载: Mozaffari, P., Xu, L. S., Wu. Z. L. and Chen, Y. T., 1999. Moment tensor inversion of the November 6, 1988 M_S=7. 6, Lancang-Gengma, China, earthquake using long-period body-waves data. *Acta Seismologica Sinica* (English Edition) **12** (4): 379-389.

Mueller, C. S., 1985. Source pulse enhancement by deconvolution of an empirical Green's function. *Geophys. Res. Lett*. **12**: 23-36.

Mueller, R. A. and Murphy, J. R., 1971. Seismic characteristics of underground nuclear detonations. I. *Bull. Seismol. Soc. Am*. **61**: 1675-1692.

Murphy, J. R. and Mueller, R. A., 1971. Seismic characteristics of underground nuclear detonations. II. *Bull. Seismol. Soc. Am*. **61**: 1693-1704.

Nakanishi, I. and Kanamori, H., 1982. Effects of lateral heterogeneity and source process time on the linear moment tensor inversion of long-period Rayleigh waves. *Bull. Seismol. Soc. Am*. **72**: 2063-2080.

Nakanishi, I. and Kanamori, H., 1984. Source mechamism of twenty-six large, shallow earthquake (M_S> 6.5) during 1980 from P-wave first motion and long period Rayleigh wave data. *Bull. Seismol. Soc. Am*. **74**: 805-808.

Nettles, M. and Ekström, G., 1998. Faulting mechanism of anomalous earthquakes near Bardarbunga Volcano, Iceland. *J. Geophys. Res*. **103**: 17973-17983.

Randall, M. J., 1973. The spectral theory of seismic sources. *Bull. Seismol. Soc. Am*. **63**: 1133-1144.

Randall, M. J. and Knopoff, L., 1970. The mechanism at the focus of deep earthquakes. *J. Geophys. Res*. **75** (26): 4965-4976.

Parker, R. L., 1977. Understanding inverse theory. *Ann. Rev. Earth Planet. Sci*. **5**: 35-64.

Panza, G. F. and Saran, A., 2000. Monitoring volcanic and geothermal areas by full seismic moment tensor inversion: Are non-double-couple components always artifacts of modelling? *Geophys. J. Int*. **143**:

353-364.

Patton, H., 1980. Reference point equalization method for determining the source and path effects of surface waves. *J. Geophys. Res.* **85**: 821-848.

Patton, H. and Aki, K., 1979. Bias in the estimate of seismic moment tensor by the linear inversion method. *Geophys. J. R. astr. Soc.* **59**: 479-495.

Rice, J. R., 1980. The mechanics of earthquake rupture. In: Dziewonski, A. M. and Boschi, E. (eds.), *Physics of the Earth's Interior, Proceedings International School of Physics "Enrico Fermi", Course 78, 1979*. Amsterdam: Italian Physical Society/North Holland Publ. Co. 555-649.

Rodean, H. C., 1981. Inelastic processes in seismic wave generation by under ground explosions. In: Husebye, E. S. and Mykkeltveit, S. (eds.), *Identification of Seismic Sources—Earthguake or Underground Explosion*. Dordrecht: D. Reidel Publishing Company. 97-196.

Romanowicz, B., 1981. Depth resolution of earthquakes in central Asia by moment tensor inversion of long-period Rayleigh waves: Effects of phase velocity variations across Eurasia and their calibration. *J. Geophys. Res.* **86**: 5963-5984.

Romanowicz, B., 1982. Moment tensor inversion of long period Rayleigh waves, a new approach. *J. Geophys. Res.* **87**: 5395-5407.

Saran, A., Panza, G. F., Privitera, E. and Cocina, O., 2001. Non-double-couple mechanisms in the seismicity preceding the 1991-1993 Etna volcano eruption. *Geophys. J. Int.* **145**: 319-335.

Šilený, J. and Panza, G. F., 1991. Inversion of seismograms to determine simultaneously the moment tensor components and source time function for a point source buried in a horizontally layered medium. *Studia Geophys. Geod.* **35**: 166-183.

Šilený, J. and Psencik, I., 1995. Mechanisms of local earthquakes in 3-D inhomogeneous media determined by waveform inversion. *Geophys. J. Int.* **121**: 459-474.

Šilený, J., Campus, P. and Panza, G. F., 1996, Seismic moment tensor resolution by waveform inversion of a few local noisy records-1. Synthetic tests. *Geophys. J. Int.* **126**: 605-619.

Šilený, J., Panza, G. F. and Campus, P., 1992. Waveform inversion for point source moment retrieval with variable hypocentral depth and structural model. *Geophys. J. Int.* **109**: 259-274.

Silver, P. G. and Jordan, T. H., 1982. Optimal estimation of scalar seismic moment. *Geophys. J. R. astr. Soc.* **70**: 755-787.

Silver, P. G. and Jordan, T. H., 1983. Total-moment spectra of fourteen large earthquakes. *J. Geophys. Res.* **88**: 3273-3293.

Sipkin, S. A., 1982. Estimation of earthquake source parameters by the inversion of waveform data: synthetic waveforms. *Phys. Earth Planet. Interi.* **30**: 242-259.

Sipkin, S. A., 1986a. Interpretation of non-double-couple earthquake mechanisms derived from moment tensor inversion. *J. Geophys. Res.* **91**: 531-547.

Sipkin, S. A., 1986b. Estimation of earthquake source parameters by the inversion of waveform data: Global seismicity, 1981-1983. *Bull. Seismol. Soc. Am.* **76**: 1515-1541.

Stein, S. and Wysession, M., 2003. *An Introduction to Seismology, Earthquakes, and Earth Structure*. Malden: Blackwell Publishing. 1-498.

Steketee, J. A., 1958a. On Volterra's dislocation in a semi-infinite elastic medium. *Can. J. Phys.* **36**(2):

192-205.

Steketee, J. A., 1958b. Some geophysical applications of the elasticity theory of dislocations. *Can. J. Phys.* **36**(9): 1168-1198.

Steketee, J. A., 1975. A note on elasticity theory of dislocations and earthquake mechanism. In: Barradaile, G. J. *et al.* (eds.), *Progress in Geophysics*. Amsterdam: North-Holland Publishing Company.

Stratton, J. A., 1941. *Electromagnetic Theory*. New York: McGraw-Hill. 1-615.

Stretitz, R. A., 1978. Moment tensor inversions and source models. *Geophys. J. R. astr. Soc.* **52**: 359-364.

Stretitz, R. A., 1980. The fate of the downgoing slab: A study of the moment tensor from body waves of complex deep-focus earthquakes. *Phys. Earth Planet. Inter.* **21**: 83-96.

Stretitz, R. A., 1989. Choosing the best double couple from a moment tensor inversion. *Geophys. J. Int.* **99**: 811-815.

Stump, B. W. and Johnson, L. R., 1977. The determination of source parameters by the linear inversion of seismograms. *Bull. Seismol. Soc. Am.* **67**: 1489-1502.

Stump, B. W. and Johnson, L. R., 1984. Near-field source characterization of contained nuclear explosions in tuff. *Bull. Seismol. Soc. Am.* **74**: 1-26.

Takei, Y. and Kumazawa, M., 1994. Why have the single force and torque been excluded from seismic source models? *Geophys. J. Int.* **118**(1): 20-30.

Takei, Y. and Kumazawa, M., 1995. Phenomenological representation and kinematics of general seismic sources including the seismic vector modes. *Geophys. J. Int.* **121**(3): 641-662.

Takeo, M., 1987. An inversion method to analyze the rupture processes of earthquakes using fear-field seismogram. *Bull. Seismol. Soc. Am.* **77**: 490-513.

Takeo, M., 1988. Rupture process of the 1980 Izu-Kanto-Toho-Oki earthquake deduced from strong motion seismograms. *Bull. Seismol. Soc. Am.* **78**: 1074-1091.

Takeo, M., 1992. The rupture process of the 1989 offshore Ito earthquake preceeding submarine volcanic eruption. *J. Geophys. Res.* **97**(135): 6613-6627.

Udías, A., 1991. Source mechanism of earthquakes. *Adv. Geophys.* **33**: 81-140.

Udías, A., 1999. *Principles of Seismology*. Cambridge: Cambridge University Press. 1-475.

Udías, A., Madariaga, R. and Buforn, E., 2014. *Source Mechanisms of Earthquakes*. Cambridge: Cambridge University Press. 1-302.

Ukawa, M. and Ohtake, M., 1987. A monochromatic earthquake suggesting deep-seated magmatic activity beneath the izu-ooshima volcano, Japan. *J. Geophys. Res.* **92**(B12): 12649-12663.

Vasco, D. W., 1989. Deriving source-time functions using principal component analysis. *Bull. Seismol. Soc. Am.* **79**: 711-730.

Vassiliou, M. S., 1984. The state of stress in subducting slabs as revealed by earthquakes analyzed by moment tensor inversion. *Earth Planet. Sci. Lett.* **69**, 195-202.

Velasco, A. A., Ammon, G. J. and Lay, T., 1994. Empirical Green function deconvolution of broadband surface waves: Rupture directivity of the 1992 Landers California (M_W=7. 3) earthquake. *Bull. Seismol. Soc. Am.* **84**: 735-750.

Velasco, A. A., Lay, T. and Zhang, J., 1993. Long period surface wave inversion for source parameters of the October 18, 1989 Loma Prieta earthquake. *Phys. Earth Planet. Inter.* **76**: 43-66.

Wallace, T. C., Helmberger, D. V. and Ebel, J. E., 1981. A broadband study of the 13 August 1978 Santa Barbara earthquake. *Bull. Seismol. Soc. Am.* **71**: 1701-1718.

Wallace, T. C., Helmberger, D. V., Eugen, G. R., 1983. Evidence for tectonic release from underground nuclear explosion in long period P wave. *Bull. Seismol. Soc. Am.* **73**: 326-346.

Wallace, T. C., Velasco, A., Zhang, J. and Lay, T., 1991. A broadband seismological investigation of the 1989 Loma Prieta, California, earthquake: Evidence for deep slow slip? *Bull. Seismol. Soc. Am.* **81**: 1622-1646.

Wang, C. Y. and Herrmann, R. B., 1980. A numerical study of P-SV, and SH wave generation in a plane layered medium. *Bull. Seismol. Soc. Am.* **70**: 1015-1036.

Ward, S. N., 1980. A technique for the recovery of the seismic moment tensor applied to the Oaxaca, Mexico earthquake of November 1978. *Bull. Seismol. Soc. Am.* **70**: 717-734.

Ward, S. N., 1983. Body wave inversion: Moment tensors and depths of oceanic intraplate bending earthquakes. *J. Geophys. Res.* **88**: 9315-9330.

Woodhouse, J. H. and Dziewonski, A. M., 1984. Mapping the upper mantle: three-dimensional modeling of Earth structure by inversion of seismic waveforms. *J. Geophys. Res.* **89**: 5953-5986.

Xu, L. S. and Chen, Y. T., 1996. Relative source time function of the April 26, 1990, Gonghe, China earthquake by empirical Green's function deconvolution. In: Kim, S. G. (ed.), *Modern Seismology*. Seoul: Hanyang University. 169-177.

Zhang, Y., Xu, L. S. and Chen, Y. T., 2010. Fast inversion of rupture process of the 14 April 2010 Yushu, Qinghai, earthquake. *Earthquake Science* **23**(3): 201-204.

Введенская, А. В., 1956. Определение полей смещений при землетрясениях с помощью теории дислокцй. *Изв АН СССР*, *сер. Геофиз*. (3): 277-284.

Кейлис-Борок, В. И., 1957. *Исследование Механизма Землетрясений*. Тр. Геофиз. Ин-та АН СССР **40**, 1-166. Москва: Изд. АН СССР. В. И. 克依利斯—博洛克, 1961. 地震机制的研究. 李宗元译, 傅承义校. 北京: 科学出版社. 1-130.

Костров, Б. В., 1975. *Механика Очага Тектонического Землетрясения*. Москва: Издателвство《Наука》, АН СССР. 1-176. Б. В. 科斯特罗夫, 1979. 构造地震震源力学. 冯德益, 刘建华, 汤泉译. 北京: 地震出版社. 1-204.

Ризниченко, Ю. В., 1965. О сейсмическом течении горних масс. В. сб. *Динамика Земной Коры*. М.,《Наука》1-63.

第八章　地震破裂过程反演

第一节　引　言

与地球物理学所有其他领域一样，反演问题也是地震学的主要问题. 所谓反演，简而言之即：由果及因——由结果逆推(又称反推)产生结果的原因. 地震震源力学的反演问题即通过分析地震记录图(又称地震波形)逆推地震破裂过程的详细信息，特别是地震发生时断层面两边的滑动(又称错动)是如何进行的？滑动沿哪个方向？速率有多大？地震破裂面(又称错动面)如何扩展？地震应力降有多大？等等. 这些信息无论在理论上，还是在实际应用上，都有重要的意义.

自 1980 年代开始，随着全球数字地震台网与地震震源理论的发展(Chen *et al*., 1991; Butler *et al*., 2004; Heidemann *et al*., 2006)，已有可能对有限大小断层上的地震破裂过程进行反演研究. 迄今，已有一些作者对许多重大地震的破裂过程进行了反演，获得了这些地震的破裂过程模型(又称断层滑动模型)，提供了有关地震震源的许多重要信息，如地震断层的尺度、震源破裂持续时间、地震破裂方向性、地震断层面上滑动量的分布、震源时间函数等等，更新与增进了人们对地震震源物理过程，特别是地震震源动力学过程的认识. 此外，在强地面运动的模拟研究中，有关地震破裂过程的模型对于地震危险性分析、地震烈度评估是极为重要的(Somerville *et al*., 1999)；而烈度大小的快速评估对于地震应急响应(earthquake emergency response, EER)，乃至地震预警(earthquake early warning, EEW)具有重要的、直接的意义(Allen *et al*., 2009; Zhang *et al*., 2012a).

地震破裂过程反演的开创性工作可以追溯到 Kikuchi 和 Kanamori(1982), Hartzell 和 Heaton(1983, 1985), Kostrov 和 Das(1988), Das 和 Kostrov(1990, 1994), Hartzell 和 Iida(1990), Delouis 等(2002), Das 和 Henry(2003)以及 Das(2007, 2011)等研究者的贡献. 这些研究者通过反演地方性强地面运动的地震图和(或)远震地震图求得了地震破裂过程的模型. 随后的研究者(例如，Dreger, 1994; 许力生, 1995; 许力生和陈运泰, 1996, 1997, 1999, 2002; Chen *et al*., 1996, 2019a, b; 许力生等, 1998, 2002; Xu and Chen, 2006a, b; Chen and Xu, 1999, 2000; Xu *et al*., 2002; Ji *et al*., 2002; Zhou *et al*., 2002; 周云好等, 2002; Zhang *et al*., 2007, 2012a, b, 2014a, b; 张勇, 2008; 张勇等, 2008a, b, 2009a, b, 2010a, b, c, d, e, f, g, 2013, 2014, 2015a, b)运用与改进了所用的反演方法，并将其实用化，应用于震源物理研究与震后快速应急响应.

地震破裂过程可以通过反演地震记录图进行，也可以用另一种方法，即通过反演视震源时间函数(apparent source time function, ASTF)进行. 而视震源时间函数既可以用理论计算合成的格林函数(Green’s function, GF)从主地震的地震图解卷积求得，也可由小震作为经验格林函数(empirical Green’s function, EGF)求得(Hartzell, 1978; Mori and Hartzell, 1990; 许力生, 1995; Xu and Chen, 1999; Xu *et al*., 2001; 许力生和陈运泰, 1997;

Chen and Xu, 1999, 2000). 理论与实践表明，在地震破裂过程反演中，地震图直接反演与视震源时间函数反演这两类反演方法原则上同样地有效(Zhang *et al*., 2007, 2012a, b, 2014a, b; 张勇, 2008).

地震破裂过程模型亦可由大地形变测量资料反演求得(Ward and Barrientos, 1986; Johnson *et al*., 1994). 与运用地震资料反演地震破裂过程相比，用同震(co-seismic)大地形变测量资料进行地震破裂过程反演的优点是所涉及的未知量要少一些，从而反演的稳定性要好一些. 不过，与此俱来的缺点是它不能有效地约束滑动量随时间变化的进程. 将地震资料与大地形变测量资料联合用于反演，可以发挥各自的优点，从而得到对于不同深度滑动量分布的较强的分辨能力. 因此，在过去的 20 多年间，地震资料与大地形变测量资料的联合反演已成为研究地震震源破裂过程的有力工具. 各种地震资料和大地形变测量资料，例如强地面运动资料，地方性的、区域性的和远震距离的宽频带资料，全球卫星导航系统(Global Navigation Satellite System, GNSS)，合成孔径雷达干涉测量(Interferometric Synthetic Aperture Radar, InSAR)资料，以及大地形变测量资料，都被用以反演地震震源破裂过程(例如 Delouis *et al*., 2002; Zhang *et al*., 2012b). 联合反演大大地扩展了震源反演的频率范围，对地震参量，例如震级、震源尺度、地震断层滑动方向与速率、地震破裂持续时间、破裂速度、破裂方向性等地震参量提供了较有效的约束.

进入 21 世纪以来，大的灾害性地震频繁发生. 出于对减轻地震灾害的需要，对地震震源反演提出越来越多、越高的要求. 地震震源破裂过程的快速反演可以有效地提供有关地震烈度，尤其是靠近发震断层地点烈度的很有价值的信息. 例如，2008 年 5 月 12 日四川汶川 $M_W7.9$ 地震后野外调查发现， 汶川地震有两个极震区，烈度均为 XI 度，它们分别位于震中区(映秀-都江堰-汶川地区)与在震中东北面、距震中约 150km 的北川-平武地区，这两个极震区正好就是地震震源反演得到的滑动量最大的两个片区(张勇, 2008; 陈运泰等, 2008, 2013a, b; 张勇等, 2009a; Chen *et al*., 2019a, b). 这一与震后野外烈度调查完全独立进行得到的结果在震后翌日凌晨即震后十几小时就已得出并报告上级主管部门和公布于网上. 引起人们对“极震区常常就是震中区，但也可能不在震中区，或不单是在震中区”，“北川-平武地区与震中区一样，也是极震区”的关注，是地震震源破裂过程反演结果及时运用于震后快速响应的实例.

另一个例子是 2011 年 3 月 11 日日本东北部 $M_W9.1$～9.2 地震. 虽然日本的地震预警系统运作正常，地震刚发生即地震破裂起始(initiation)或成核(nucleation)后快速测定的震级虽然也不小，达到 $M_S8.1$, 但远不是后来确认的 $M_W9.1$，甚而是 $M_W9.2$. 冲向海岸的海啸波浪的高度即海啸波高[tsunami wave height, 简称 tsunami height，海啸波浪的波谷至波峰的高度，即双振幅；海啸波高区别于海啸振幅(tsunami amplitude)，海啸振幅是潮汐面(tidal level)至海啸波峰的高度，即单振幅]最初的估计虽然也不小，达到约 3～6m(Monastersky, 2012). 但实际上，$M_W9.1$～9.2 地震引起的海啸波高比最初的估计要高大约一个数量级. 例如，在宫城县就高达 37.9m，造成了地震-海啸时大量的人员伤亡与失踪. 出现这一显著差别的原因在于日本气象厅(Japan Meteorological Agency, JMA)的地震预警系统沿袭传统的做法，把地震震源视为点源，而不是有限大小的断层面(简称“有限断层”)来处理(https://www.Nature.com/news/2011/110329/full/471556 a.html). 日

本东北部 M_W9.1～9.2 地震的经验表明，为了尽量准确地估算靠近发震断层地点的烈度(或与之相当的量)和海啸浪高，应当考虑断层的大小即有限断层破裂模式.

本章将概述有限断层地震破裂过程反演的基本理论与方法(Das, 2011; Udías *et al*., 2014; Chen *et al*., 2019a, b). 我们将推导视震源时间函数反演与地震图反演等两类方法所涉及的基本方程. 通过将上述两类反演方法运用于 2009 年意大利拉奎拉(L'Aquila) M_W6.3 地震，分析对比这两类反演方法各自的优点与缺点. 我们也将给出用地震资料与大地测量资料进行联合反演的方法，并仍以拉奎拉地震为例，说明运用地震资料与大地测量资料联合反演震源破裂过程可以提高反演的分辨度. 我们将给出青藏高原周缘发生的 3 个重大地震破裂过程的研究结果. 这 3 个地震是：2001 年 11 月 14 日的我国昆仑山口 M_W7.8(M_S8.1)地震，2008 年 5 月 12 日我国四川汶川 M_W7.9(M_S8.1)地震，以及 2010 年 4 月 14 日我国青海玉树 M_W6.9(M_S7.1)地震. 最后，我们将介绍在地震应急响应中震源破裂过程快速反演方面取得的进展，特别是在大地震发生之后快速"预测"地震破裂方向乃至极震区的成功，表明了目前地震破裂过程反演对震后地震烈度的快速估计已经可以为抗震应急救援提供很有参考价值的信息，并在减轻地震灾害实践中起到重要的实际作用.

第二节　理论与方法

(一) 地震反演

有限断层震源(图 8.1)辐射的地震波可以表示为(Aki and Richards, 1980)

$$U_n(\boldsymbol{x},t)=\iint\limits_{\Sigma} G_{np,q}(\boldsymbol{x},t;\xi,\tau)*m_{pq}(\xi,t)\mathrm{d}\Sigma(\xi), \tag{8.1}$$

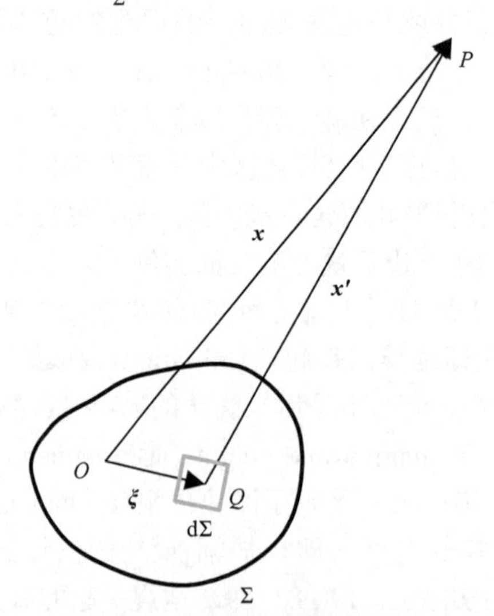

图 8.1　有限断层震源模式

取有限断层面上的参考点(例如震源)O 点为坐标原点，$R=|\boldsymbol{x}|=|\overline{OP}|$ 与 $R'=|\boldsymbol{x}'|=|\overline{QP}|$，$\boldsymbol{x}$ 与 $\boldsymbol{x}'$ 分别是观测点 P 相对于断层面上的 O 点与 Q 点的位置矢量，$\boldsymbol{\xi}$ 是断层面上的 Q 点相对于 O 点的位置矢量

式中，$U_n(\boldsymbol{x},t)$ 是在 P 点观测到的位移 n 方向分量的地震图，$G_{np,q}(\boldsymbol{x},t;\boldsymbol{\xi},\tau)$ 是格林函数，是在 τ 时刻位于 $Q(\boldsymbol{\xi})$ 点的一个单力偶 $(p,\ q)$ 在 t 时刻在 $P(\boldsymbol{x})$ 点产生的位移，$m_{pq}(\boldsymbol{\xi},t)$ 是位于 $Q(\boldsymbol{\xi})$ 点的矩密度张量（单位面积力偶矩）的时间历程（time history），即矩密度张量元素. 式(8. 1)是地震破裂过程反演的基础.

1. 滑动角固定情形下的地震反演

1)基本方程

如果假定地震震源是纯剪切位错源并且假定其双力偶的机制是已知的，我们有

$$m_{pq}(\boldsymbol{\xi},t)=M_0(\boldsymbol{\xi},t)(e_p v_q+e_q v_p),\tag{8.2}$$

式中，$M_0(\boldsymbol{\xi},t)$ 是标量地震矩密度，$\boldsymbol{e}$ 和 $\boldsymbol{v}$ 分别是滑动矢量和断层面的法线方向. 将式(8.2)代入式(8.1)，可以得到：

$$U_n(\boldsymbol{x},t)=\iint_{\Sigma} G_{np,q}(\boldsymbol{x},t;\boldsymbol{\xi},\tau)*[M_0(\boldsymbol{\xi},t)(e_p v_q+e_q v_p)]\mathrm{d}\Sigma(\boldsymbol{\xi}).\tag{8.3}$$

令 $g_n(\boldsymbol{x},t;\boldsymbol{\xi},\tau)$ 表示已知震源机制的点源引起的格林函数：

$$g_n(\boldsymbol{x},t;\boldsymbol{\xi},\tau)=G_{np,q}(\boldsymbol{x},t;\boldsymbol{\xi},\tau)\cdot(e_p v_q+e_q v_p),\tag{8.4}$$

那么式(8.3)变为

$$U_n(\boldsymbol{x},t)=\iint_{\Sigma} g_n(\boldsymbol{x},t;\boldsymbol{\xi},\tau)*M_0(\boldsymbol{\xi},t)\mathrm{d}\Sigma(\boldsymbol{\xi}),\tag{8.5}$$

式中，未知量是作为时间 t 与空间坐标 $\boldsymbol{\xi}$ 函数的标量地震矩密度 $M_0(\boldsymbol{\xi},t)$，即标量地震矩密度的时-空变化.

如果边界条件不随时间变化，作为时间坐标 t 与空间坐标 $\boldsymbol{x}$ 函数的格林函数是可以平移的，即：

$$g_n(\boldsymbol{x},t;\boldsymbol{\xi},\tau)=g_n(\boldsymbol{x}-\boldsymbol{\xi},t-\tau;\boldsymbol{O},0)=g_n(\boldsymbol{x}',t';\boldsymbol{O},0),\tag{8.6}$$

式中，

$$\boldsymbol{x}'=\boldsymbol{x}-\boldsymbol{\xi},\tag{8.7}$$

$$t'=t-\tau.\tag{8.8}$$

(1)“空间” 点源近似

今以 L 表示震源尺度 $\boldsymbol{\xi}$：$|\boldsymbol{\xi}|\sim L$. 当震源距 R 远大于震源尺度 L 时，即 $R>>L$ 时，由式(8.7)可知，该式右边 $\boldsymbol{x}-\boldsymbol{\xi}$ 中的 $\boldsymbol{\xi}$ 与 $\boldsymbol{x}$ 相比较，几乎可以忽略不计，因此 $\boldsymbol{x}'\approx\boldsymbol{x}$. 此时，由式(8.6)可得相应的格林函数为：

$$g_n(\boldsymbol{x}',t';\boldsymbol{O},0)\approx g_n(\boldsymbol{x},t';\boldsymbol{O},0)=g_n(\boldsymbol{x},t-\tau;\boldsymbol{O},0).\tag{8.9}$$

也即：在 $R>>L$ 时，可以把震源视为空间中的一个点（“空间” 点源）.

(2)夫琅禾费(Fraunhofer)近似

在式(8.9)中，τ 即延迟时间. 延迟时间包括：由 Q 点发出扰动比由原点 O 发出扰动延迟的时间 τ_1；以及由 Q 点至观测点 P 的行程 $R'=|\boldsymbol{x}'|$ 与 O 点至观测点 P 的行程 $R=|\boldsymbol{x}|$ 之

差 $R-R'$ 产生的时间差 τ_2，即：

$$\tau=\tau_1+\tau_2, \tag{8.10}$$

τ_1 也即破裂由 O 点以破裂速度 v_r 扩展(传播)至 Q 点的时间:

$$\tau_1=\frac{\xi}{v_r}, \tag{8.11}$$

而

$$\tau_2=\frac{R-R'}{c}, \tag{8.12}$$

式中，c 是波传播速度. 通常, v_r 是与 c 同数量级的量.

在上式中，行程差 $R-R'$ 的表示式可以通过下述推导得出：

$$\boldsymbol{R}'=\boldsymbol{R}-\boldsymbol{\xi}, \tag{8.13}$$

$$R'=(\boldsymbol{R}'\cdot\boldsymbol{R}')^{1/2}=[(\boldsymbol{R}-\boldsymbol{\xi})\cdot(\boldsymbol{R}-\boldsymbol{\xi})]^{1/2}=(R^2-2\boldsymbol{\xi}\cdot\boldsymbol{R}+\boldsymbol{\xi}\cdot\boldsymbol{\xi})^{1/2},$$

$$R'=R\left[1+\frac{\xi^2}{R^2}-2\frac{(\boldsymbol{\xi}\cdot\boldsymbol{e}_R)}{R}\right]^{1/2}, \tag{8.14}$$

式中，$\boldsymbol{e}_R$ 为 R 方向的单位矢量. 当 $R\gg L$ 即 $L/R\ll 1$ 时，可对上式做泰勒展开：

$$R'=R\left\{1+\frac{1}{2}\left[\frac{\xi^2}{R^2}-2\frac{(\boldsymbol{\xi}\cdot\boldsymbol{e}_R)}{R}\right]-\frac{1}{8}\left[\frac{\xi^2}{R^2}-2\frac{(\boldsymbol{\xi}\cdot\boldsymbol{e}_R)}{R}\right]^2+\dots\right\}$$

$$R'=R\left\{1-\frac{(\boldsymbol{\xi}\cdot\boldsymbol{e}_R)}{R}+\frac{1}{2}\left[\left(\frac{\xi}{R}\right)^2-\frac{(\boldsymbol{\xi}\cdot\boldsymbol{e}_R)^2}{R^2}\right]+\dots\right\}.$$

略去高于 $(L/R)^2$ 幂次的项，即得行程差 $R-R'$ 的表示式：

$$R'-R=-(\boldsymbol{\xi}\cdot\boldsymbol{e}_R)+\frac{1}{2R}\left[\xi^2-(\boldsymbol{\xi}\cdot\boldsymbol{e}_R)^2\right]. \tag{8.15}$$

由行程差 $R-R'$ 引起的时间延迟为

$$\tau_2=\frac{R'-R}{c}=-\frac{(\boldsymbol{\xi}\cdot\boldsymbol{e}_R)}{c}+\frac{1}{2cR}\left[\xi^2-(\boldsymbol{\xi}\cdot\boldsymbol{e}_R)^2\right]. \tag{8.16}$$

在式(8.16)中，$\left[\xi^2-(\boldsymbol{\xi}\cdot\boldsymbol{e}_R)^2\right]/2cR$ 项是数量级为 $L^2/2cR$ 的量，如果不但 $R>>L$，而且 $L^2/2cR$ 远小于 $g_n(\boldsymbol{x},t-\tau;\boldsymbol{O},0)$ 波形的最小周期 T 的 1/4，即 $L^2/2cR<<T/4$，或者说 $L^2/2R<<\lambda/4$，式中，$\lambda=cT$ 是所涉及的最短波长，那么，由 $\left[\xi^2-(\boldsymbol{\xi}\cdot\boldsymbol{e}_R)^2\right]/2cR$ 项引起的波形变化便可以忽略不计，即：

$$\tau_2\approx-\frac{(\boldsymbol{\xi}\cdot\boldsymbol{e}_R)}{c}, \tag{8.17}$$

$$g_n(\boldsymbol{x},t;\boldsymbol{\xi},0)\approx g_n(\boldsymbol{x},t-\tau;\boldsymbol{O},0), \tag{8.18}$$

$$\tau=\frac{\xi}{v}-\frac{(\boldsymbol{\xi}\cdot\boldsymbol{e}_R)}{c}. \tag{8.19}$$

满足 $\lambda R/2>>L^2$ 条件下所做的近似称为夫琅禾费(Fraunhofer)近似.

(3)“时间点源”近似

如果不但 $R>>L$（“空间”点源），而且比夫琅禾费近似更进一步，$L/c<<T/4$ 即 $\lambda/4>>L$，此时式(8.18)中的 $t-\tau\approx t$，从而，

$$g_n(\boldsymbol{x},t;\boldsymbol{\xi},0)\approx g_n(\boldsymbol{x},t;\boldsymbol{O},0). \tag{8.20}$$

在此条件下，不但可以将格林函数视为空间中的一个点（“空间”点源），而且还可以视为在时间上也是一个点（“时间”点源）. 满足 $R>>L$ 与 $\lambda/4>>L$ 两个条件的震源称为时间上与空间上的点源，简称点源.

(4)远场近似

一般情况下，格林函数既包含“远场项”，又包含“中场项”、“近场项”. “远场项”即格林函数中与 (λ/R) 成正比的项；“中场项”即格林函数中与 $(\lambda/R)^2$ 成正比的项；“近场项”即格林函数中与 $(\lambda/R)^2$ 或更高幂次成正比的项. 在“远场”，即震源距 R 远大于所涉及的波长 λ 的距离（$R\gg\lambda$）上，“中场项”和“近场项”与“远场项”相比，均可以忽略，此时格林函数表示式可以大大简化，只留下“远场项”. 满足 $R\gg\lambda$ 近似条件的距离称为远场距离.

不满足远场近似条件（$R\gg\lambda$）的距离范围称为“近场”. 在“近场”，与远场情况不同，不存在 $R\approx\lambda$ 和(或) $R\ll\lambda$ 情况下的近似；也就是说，在“近场”情况下，“中场项”和“远场项”相对于“近场项”是否可予以忽略，没有一般的结果，需视具体情况而定；一般而言，在“近场”，不但“近场项”，而且“中场项”、“远场项”都不能忽略.

类似地，虽然格林函数中包含“远场项”、“近场项”和“中场项”，按照震源距 R 是否远大于波长 λ，距离范围有“远场”与“近场”之分，但并不存在介于“远场”范围与“近场”范围的“中场”范围.

现在，在满足 $R>>L$ 以及 $\lambda R/2>>L^2$ 的条件下将式(8.18)代入式(8.5)，可得

$$U_n(\boldsymbol{x},t)=\iint_{\Sigma}[g_n(\boldsymbol{x},t-\tau;\boldsymbol{O},0)*M_0(\boldsymbol{\xi},t)]\mathrm{d}\Sigma(\boldsymbol{\xi}). \tag{8.21}$$

上式可改写为

$$U_n(\boldsymbol{x},t)=g_n(\boldsymbol{x},t;\boldsymbol{O},0)*\iint_{\Sigma}[\delta(t-\tau)*M_0(\boldsymbol{\xi},t)]\mathrm{d}\Sigma(\boldsymbol{\xi}). \tag{8.22}$$

令

$$S(\boldsymbol{x},t)=\iint_{\Sigma}[\delta(t-\tau)*M_0(\boldsymbol{\xi},t)]\mathrm{d}\Sigma(\boldsymbol{\xi}), \tag{8.23}$$

则

$$U_n(\boldsymbol{x},t)=g_n(\boldsymbol{x},t;\boldsymbol{O},0)*S(\boldsymbol{x},t). \tag{8.24}$$

在式(8.23)与式(8.24)中，$S(\boldsymbol{x},t)$ 即视震源时间函数. 由式(8.22)可知，只要知道每个台的格林函数，原则上便可求得表示地震破裂时-空过程的函数 $M_0(\boldsymbol{\xi},t)$，这样，便可大大地减少格林函数的计算量. 式(8.23)与式(8.24)则表明，也可以用另外的方法表示函数

$M_0(\xi,t)$. 这就是首先通过运用式(8.24)由观测资料通过解卷积格林函数求得视震源时间函数；然后根据式(8.23)，用视震源时间函数反演表示地震破裂时-空过程的函数$M_0(\xi,t)$. 在式(8.21)中描述的与在式(8.22)至式(8.24)中运用的路径近似有两点应予特别指出的是：①这一近似只适用于远场($R>>\lambda$)，“空间”点源($R>>L$)以及夫琅禾费近似条件($\lambda R/2>>L^2$)成立的情形. ②这一近似只能涉及单个震相，因为延迟时间$\tau=\xi/v-(\boldsymbol{\xi}\cdot\boldsymbol{e}_R)/c$的计算(夫琅禾费近似)涉及射线路径($R$与$R'$)的长度与相速度$c$.

为求地震破裂过程，通常将有限断层离散化为若干个子断层(图 8.2). 欲求的未知量是子断层的远场震源时间函数(或乘以相应的标量地震矩后成为地震矩率函数). 由于格林函数是基于远场、点源计算的，因此震源距(R)应当远大于所涉及的波长(λ)；点源近似只有当震源距(R)与所涉及的波长(λ)都远大于子断层的尺度大小(L_S)时即$R>>L_S$与$\lambda>>L_S$才成立，子断层当合理地足够小. 条件 $R>>L_S$意味着由断层上不同地点到达台站的格林函数波形相似(即“空间点源”)，而$\lambda>>L_S$则意味着子断层的尺度大小引起的格林函数的位相变化可以忽略不计(即“时间点源”). 在对子断层点源近似的条件下，式(8.21)至式(8.24)的积分可用求和代替(断层面离散化)：

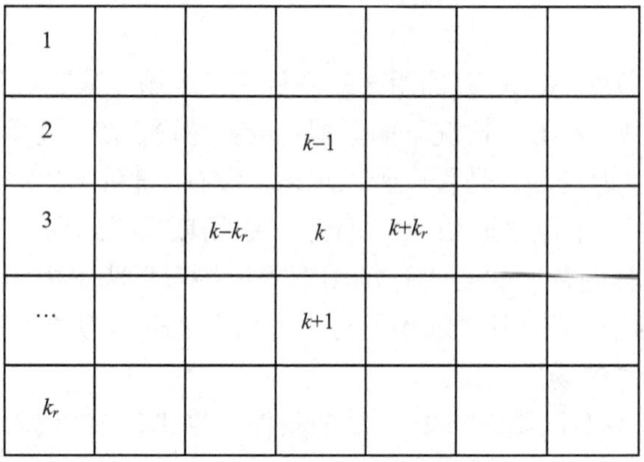

1						
2			$k-1$			
3		$k-k_r$	k	$k+k_r$		
…			$k+1$			
k_r						

图 8.2　断层面离散化

j_r是沿断层面向下倾斜方向的子断层数，j 是子断层的指标，J 是子断层的总数

$$U_n^{(i)}(t)=\sum_j[g_n^{(i)}(t-\tau_{ij})*m_j(t)], \tag{8.25}$$

$$U_n^{(i)}(t)=g_n^{(i)}(t)*S^{(i)}(t), \tag{8.26}$$

$$S^{(i)}(t)=\sum_j[\delta(t-\tau_{ij})*m_j(t)], \tag{8.27}$$

式中，角标 i=1,2,⋯, I 和 j=1,2,⋯, J 分别为台站和子断层的指标，I 是台站总数，J 是子断层总数，τ_{ij} 是延迟时间 τ 的离散形式. 式(8.25)表明，地震破裂时-空过程可以通过反演台站波形$U_n^{(i)}(t)$求得；式(8.26)与式(8.27)则表明，地震破裂时-空过程也可以通过反演视震源函数$S^{(i)}(t)$求得. 以下分别描述这两类反演方法.

2)震源时间函数

在区域性距离(0～100km)上，由于地壳与上地幔结构的非均匀性，难以从观测得到的地震图中将震源效应与路径效应区分开. 为了模拟区域性的地震波形，需要有相当详细的地壳模型以计算格林函数. 在许多情形下，由于地壳与上地幔存在侧向非均匀性，运用均匀分层模型的反射率法或广义射线法计算理论(合成)地震图便可能并不适宜. 解决这一问题的一条途径是运用经验格林函数(Hartzell, 1978;许力生和陈运泰, 1996, 1997, 1999, 2002). 这要求通过经验性的方法获取所关注的研究地区的格林函数. 为了运用经验格林函数法，需要两个震源位置、震源机制相同(因而波形相似)，为同一地震台记录到的两个震级大小不同的地震(经验表明，震级相差约 1 至 2.5 级为宜).

标量地震矩为 M_0 的地震产生的记录位移可以表示为(Hartzell, 1978; Hartzell and Heaton, 1983; Hartzell and Iida, 1990; Mueller, 1985)

$$u(t) = M_0 S(t) * P(t) * I(t), \tag{8.28}$$

式中，“*”表示卷积，$S(t)$为归一化的远场震源时间函数(source time function, STF)，即归一化的近场震源时间函数$s(t)$的时间导数：

$$S(t) = \dot{s}(t), \tag{8.29}$$

$P(t)$是传播路径的脉冲响应 $I(t)$是仪器的脉冲响应. 在频率域，式(8.28)的卷积变为简单的乘积，即：

$$u(\omega) = M_0 S(\omega) \cdot P(\omega) \cdot I(\omega). \tag{8.30}$$

与式(8.30)相类似，对于另一个地震，可以得到一个相似的方程：

$$u'(\omega) = M_0' S'(\omega) \cdot P'(\omega) \cdot I'(\omega), \tag{8.31}$$

式中，u', M_0', S', P'和I'是这个地震的相应的量. 对于与第一个地震具有相同的震源位置与震源机制、被同一仪器所记录，并且这个地震与第一个地震相比足够小，以至其远场震源时间函数可以视为时间域的狄拉克δ-函数(Dirac δ-function)， 那么较小的地震的波形记录图就可视为传播路径和仪器的脉冲响应(乘一个因子M_0')，因而可以当作较大地震的经验格林函数. 在频率域，因为$P(\omega) = P'(\omega)$，$I(\omega) = I'(\omega)$，$S'(\omega) = 1$，较大地震与较小地震的位移谱之比(称为“谱商”)的关系式化为

$$\frac{u(\omega)}{u'(\omega)} = \frac{M_0}{M_0'} S(\omega). \tag{8.32}$$

如式(8.32)所示，较大地震的频谱与较小地震的频谱之比(谱商)等于较大地震的远场震源时间函数乘以较大地震的地震矩(M_0)与较小地震的地震矩(M_0')之比(M_0/M_0')，因而由较大地震与较小地震的位移谱之比$u(\omega)/u'(\omega)$得到的是相对的震源时间函数. 在没有符合上述条件的较小地震可资利用时，只得用理论(合成)地震图取代. 如果用理论地震图来计算较大地震的震源时间函数，那么标量地震矩之比就是较大地震的标量地震矩，因为理论地震图原本就是按单位地震矩计算的. 运用理论格林函数计算较大地震的震源时间函数的缺点是，由此计算的震源时间函数受到理论格林函数不准确性的影响. 所以通常倾向于运用经验格林函数来计算较大地震的震源时间函数.

以下涉及的较大地震的震源时间函数系通过频率域的较大地震与较小地震的频谱相除(谱商)求得(Di Bona and Boatwright, 1991; Dreger 1994; Chen *et al*., 1996; 许力生等, 1998).

3)基于视震源函数构建滑动量分布

如果一个地震断层破裂过程结束时的破裂面积(最终的破裂面积)是 A, 其作为时间函数的标量地震矩与平均滑动量分别为$M_0(t)$与$D(t)$,那么，在断层面上，

$$D(t)=\frac{M_0(t)}{\mu A}, \tag{8.33}$$

式中,μ是地震震源区介质的刚性系数. 对于有限地震断层，其滑动量一般是不均匀的，并且随时间与空间变化; 其破裂区域形状一般是不规则的. 在此情况下，可将有限断层分成若干子断层，每个子断层可以视为点源. 作为时间函数的第 j 个子断层的滑动量$D_j(t)$可以表示为

$$D_j(t)=\frac{M_j(t)}{\mu A_j}, \tag{8.34}$$

式中，$M_j(t)$和A_j分别为第 j 个子断层的标量地震矩和面积. 在第i个地震台观测到的归一化的远场震源时间函数$S^{(i)}(t)$,是所有子断层远场震源时间函数$s_j(t)$的加权和：

$$S^{(i)}(t)=\sum_{j=1}^{J}w_j s_j(t-\tau_{ij}), \tag{8.35}$$

式中，j=1,2,3,…,J是子断层的序数,J是子断层的总数,τ_{ij}是与波的传播有关的延迟时间,w_j是定义为第 j 个子断层的标量地震矩M_j与总标量地震矩M_0之比的权：

$$w_j=\frac{M_j}{M_0}. \tag{8.36}$$

令$m_j(t)$表示第j个子断层的加权远场震源时间函数,

$$m_j(t)=w_j s_j(t), \tag{8.37}$$

每个子断层的权由对子断层的加权远场震源时间函数归一化求得

$$\int_0^\infty m_j(t)\,\mathrm{d}t=\int_0^\infty w_j s_j(t)\,\mathrm{d}t=w_j\int_0^\infty s_j(t)\,\mathrm{d}t=w_j,$$

$$w_j=\int_0^\infty m_j(t)\,\mathrm{d}t. \tag{8.38}$$

则式(8.35)可重写为

$$S^{(i)}(t)=\sum_{j=1}^{J}m_j(t-\tau_{ij}). \tag{8.39}$$

因此，第 j 个子断层滑动量的时间导数(滑动速率)为

$$\dot{D}_j(t)=\frac{\dot{M}_j(t)}{\mu A_j}=\frac{M_j s_j(t)}{\mu A_j}=\frac{M_0}{\mu A_j}m_j(t). \tag{8.40}$$

如果断层的线性尺度足够小以至于可将其视为点源，那么在不同距离和(或)不同方位，观测到的震源时间函数是相同的. 可是，对于一个有限的断层，其震源时间函数是随方位而变化的. 如果将一个有限的断层视为若干个子断层的组合，如式(8.39)所示，在第 i 个地震台观测到的震源时间函数(视震源时间函数)便是延迟时间 τ_{ij} 各不相同的所有子断层震源时间函数的加权和：

$$S^{(i)}(t)=\sum_{j=1}^{J}\delta\left(t-\tau_{ij}\right)*m_j(t), \tag{8.41}$$

式中，与波的传播相联系的延迟时间[参见式(8.19)]：

$$\tau_{ij}=\frac{r_j}{v_i}, \tag{8.42}$$

r_j 是 ξ 的离散形式，即第 j 个子断层与断层面上的参考点的距离，v_i 是与波速、传播方向、破裂速度和第 j 个子断层有关的视速度.

由狄拉克-δ 函数的性质不难证明，式(8.41)与式(8.39)是等价的.

4) 矩阵方程组的构建

今以简单问题为例，简述由观测的震源时间函数反演地震破裂过程的矩阵方程组构建(图 8.3). 设有限断层分为 3 个子断层(J=3)、有 3 个地震台的观测资料(I=3)时，式(8.39)可以写为如下的矩阵形式：

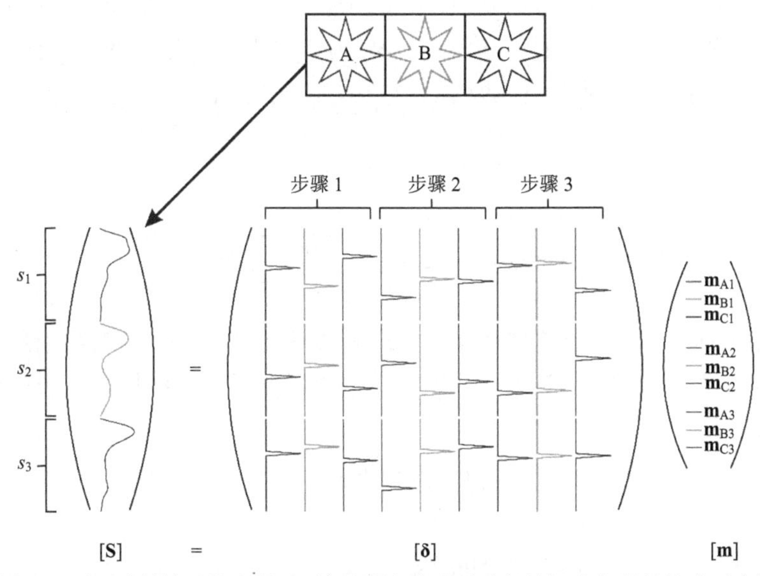

图 8.3　由观测的视震源时间函数反演地震破裂过程的矩阵方程组构建示意图

[S] 是按 3 个地震台 S_1, S_2, S_3 的顺序得到的、观测的视震源时间函数构成的列矢量(观测矢量)；[δ] 是按时间顺序 t_1,t_2,t_3 排列的各子断层震源时间函数的矩阵系数矩阵，是一个元素非 0 即 1 的稀疏矩阵；[m] 是先按时间顺序 t_1,t_2,t_3，后按子断层序数排列的震源时间函数的列矢量

$$[\mathbf{S}]=[\boldsymbol{\delta}][\mathbf{m}], \tag{8.43}$$

式中，

$$\left[\mathbf{S}\right]=\left[\mathbf{S}^{(1)}\mathbf{S}^{(2)}\mathbf{S}^{(3)}\right]^{\mathrm{T}}. \tag{8.44}$$

上角标 T 表示转秩. 式(8.44)是按 3 个地震台 S_1, S_2, S_3 的顺序排列的、观测的视震源时间函数构成的列矢量(观测矢量)：

$$\left[\mathbf{S}^{(i)}\right]=\left[S^{(i)}(t_1)\,S^{(i)}(t_2)\,S^{(i)}(t_3)\,S^{(i)}(t_4)\,S^{(i)}(t_5)\right]^{\mathrm{T}}, \tag{8.45}$$

$$\left[\mathbf{m}\right]=\left[m_1(t_1)\,m_2(t_1)\,m_3(t_1)\,m_1(t_2)\,m_2(t_2)\,m_3(t_2)\,m_1(t_3)\,m_2(t_3)\,m_3(t_3)\right]^{\mathrm{T}}. \tag{8.46}$$

上式$[\mathbf{m}]$实际上就是先按时间的顺序 t_1, t_2, t_3 排列，后按子断层的顺序排列的震源时间函数列矢量，其中的元素构成的列矢量

$$\left[m_j(t_1)\,m_j(t_2)\,m_j(t_3)\right]^{\mathrm{T}}, \quad j=1, 2, 3, \tag{8.47}$$

即第 j 个子断层的震源时间函数. $[\boldsymbol{\delta}]$是$[\mathbf{m}]$的系数矩阵，是一个元素非 0 即 1 的稀疏矩阵:

$$\left[\boldsymbol{\delta}\right]=\left[\delta^{(1)}\;\delta^{(2)}\;\delta^{(3)}\right]^{\mathrm{T}}, \tag{8.48}$$

$[\boldsymbol{\delta}^{(i)}]$的具体形式如下：

$$[\boldsymbol{\delta}^{(i)}]=\begin{bmatrix} \delta_1^{(i)}(t_1) & \delta_2^{(i)}(t_1) & \delta_3^{(i)}(t_1) & 0 & 0 & 0 & 0 & 0 & 0 \\ \delta_1^{(i)}(t_2) & \delta_2^{(i)}(t_2) & \delta_3^{(i)}(t_2) & \delta_1^{(i)}(t_1) & \delta_2^{(i)}(t_1) & \delta_3^{(i)}(t_1) & 0 & 0 & 0 \\ \delta_1^{(i)}(t_3) & \delta_2^{(i)}(t_3) & \delta_3^{(i)}(t_3) & \delta_1^{(i)}(t_2) & \delta_2^{(i)}(t_2) & \delta_3^{(i)}(t_2) & \delta_1^{(i)}(t_1) & \delta_2^{(i)}(t_1) & \delta_3^{(i)}(t_1) \\ \delta_1^{(i)}(t_4) & \delta_1^{(i)}(t_4) & \delta_1^{(i)}(t_4) & \delta_1^{(i)}(t_3) & \delta_2^{(i)}(t_3) & \delta_3^{(i)}(t_3) & \delta_1^{(i)}(t_2) & \delta_2^{(i)}(t_2) & \delta_3^{(i)}(t_2) \\ \delta_1^{(i)}(t_5) & \delta_1^{(i)}(t_5) & \delta_1^{(i)}(t_5) & \delta_1^{(i)}(t_4) & \delta_1^{(i)}(t_4) & \delta_1^{(i)}(t_4) & \delta_1^{(i)}(t_3) & \delta_2^{(i)}(t_3) & \delta_3^{(i)}(t_3) \end{bmatrix}, \tag{8.49}$$

式中，

$$\delta_j^{(i)}(t_p)=\begin{cases}0, & t_p\neq\tau_{ij},\\ 1, & t_p=\tau_{ij}.\end{cases} \tag{8.50}$$

对于更加复杂的情况，可以重复式(8.43)至式(8.49)的步骤得到. 若有限断层分为 J 个子断层，有 I 个地震台的观测资料时，由观测的震源时间函数反演地震破裂过程的矩阵方程组仍为式(8.43)：

$$[\mathbf{S}]=[\boldsymbol{\delta}][\mathbf{m}],$$

但式中，

$$\left[\mathbf{S}\right]=\left[\mathbf{S}^{(1)}\mathbf{S}^{(2)}\mathbf{S}^{(3)}\cdots\mathbf{S}^{(i)}\cdots\mathbf{S}^{(I)}\right]^{\mathrm{T}}, \tag{8.51}$$

$$\mathbf{S}^{(i)}, \qquad i=1, 2, 3, \;\cdots, I \tag{8.52}$$

是第 i 个地震台得到的观测的视震源时间函数构成的矢量(观测矢量)，上角标 T 表示转秩，即$[\mathbf{S}]$是由$\mathbf{S}^{(i)}$构成的列矢量. 而$\mathbf{S}^{(i)}$的具体构成如下：

$$\left[\mathbf{S}^{(i)}\right]=\left[\mathbf{S}^{(i)}(t_1)\mathbf{S}^{(i)}(t_2)\mathbf{S}^{(i)}(t_3)\cdots\mathbf{S}^{(i)}(t_n)\cdots\mathbf{S}^{(i)}(t_N)\right]^{\mathrm{T}}, \tag{8.53}$$

$$\mathbf{S}^{(i)}(t_n), \qquad \text{n}=1, 2, 3, \cdots, N. \tag{8.54}$$

式(8.53)中，$\mathbf{S}^{(i)}(t_n)$时间抽样点为N，而

$$\begin{aligned}\mathbf{m}=\Big[&m_1(t_1)\, m_2(t_1)\, m_3(t_1)\cdots m_j(t_1)\cdots m_J(t_1);\\ &m_1(t_2)\, m_2(t_2)\, m_3(t_2)\cdots m_j(t_2)\cdots m_J(t_2);\\ &m_1(t_3)\, m_2(t_3)\, m_3(t_3)\cdots m_j(t_3)\cdots m_J(t_3);\\ &\ldots\\ &m_1(t_l)\, m_2(t_l)\, m_3(t_l)\cdots m_j(t_l)\cdots m_J(t_l);\\ &\ldots\\ &m_1(t_L)\, m_2(t_L)\, m_3(t_L)\cdots m_j(t_L)\cdots m_J(t_L)\Big]^{\mathrm{T}},\end{aligned} \tag{8.55}$$

式中，

$$\left[m_j(t_l)\, m_j(t_2)\, m_j(t_3)\cdots m_j\,(t_l)\cdots m_j\,(t_L)\right]^{\mathrm{T}}, \qquad j=1, 2, 3, \cdots, \quad J. \tag{8.56}$$

表示第j个子断层的震源时间函数，依次类推．故$[\mathbf{m}]$是包含各子断层震源时间函数的矩阵．$[\boldsymbol{\delta}]$是$[\mathbf{m}]$的系数矩阵，是一个元素非0即1的稀疏矩阵:

$$[\boldsymbol{\delta}]=\left[\boldsymbol{\delta}^{(1)}\boldsymbol{\delta}^{(2)}\boldsymbol{\delta}^{(3)}\cdots\boldsymbol{\delta}^{(i)}\cdots\boldsymbol{\delta}^{(I)}\right]^{\mathrm{T}}, \tag{8.57}$$

$[\boldsymbol{\delta}^{(i)}]$具体的形式如下：

$$[\boldsymbol{\delta}^{(i)}]=\left[\begin{matrix}
\delta_1^{(i)}(t_1) & \delta_2^{(i)}(t_1) & \ldots & \delta_J^{(i)}(t_1) & 0 & 0 & 0 & 0 & \ldots\\
\ldots & \ldots & \ldots & \ldots & \delta_1^{(i)}(t_1) & \delta_2^{(i)}(t_1) & \ldots & \delta_J^{(i)}(t_1) & \ldots\\
\delta_1^{(i)}(t_p) & \delta_2^{(i)}(t_p) & \ldots & \delta_J^{(i)}(t_p) & \ldots & \ldots & \ldots & \ldots & \ldots\\
\ldots & \ldots & \ldots & \ldots & \delta_1^{(i)}(t_p) & \delta_2^{(i)}(t_p) & \ldots & \delta_J^{(i)}(t_p) & \ldots\\
\delta_1^{(i)}(t_P) & \delta_2^{(i)}(t_P) & \ldots & \delta_J^{(i)}(t_P) & \ldots & \ldots & \ldots & \ldots & \ldots\\
0 & 0 & \ldots & 0 & \delta_1^{(i)}(t_P) & \delta_2^{(i)}(t_P) & \ldots & \delta_J^{(i)}(t_P) & \ldots\\
\vdots & \vdots & \vdots & \vdots & 0 & 0 & \ldots & 0 & \ldots\\
0 & 0 & \ldots & 0 & 0 & 0 & \ldots & \ldots & \ldots
\end{matrix}\right.$$

$$\left.\begin{matrix}
0 & 0 & \ldots & 0 & 0 & 0 & \ldots & 0\\
0 & 0 & \ldots & 0 & \vdots & \vdots & \ldots & \vdots\\
\delta_1^{(i)}(t_1) & \delta_2^{(i)}(t_1) & \ldots & \delta_J^{(i)}(t_1) & 0 & 0 & \ldots & 0\\
\ldots & \ldots & \ldots & \ldots & \delta_1^{(i)}(t_1) & \delta_2^{(i)}(t_1) & \ldots & \delta_J^{(i)}(t_1)\\
\delta_1^{(i)}(t_p) & \delta_2^{(i)}(t_p) & \ldots & \delta_J^{(i)}(t_p) & \ldots & \ldots & \ldots & \ldots\\
\ldots & \ldots & \ldots & \ldots & \delta_1^{(i)}(t_p) & \delta_2^{(i)}(t_p) & \ldots & \delta_J^{(i)}(t_p)\\
\delta_1^{(i)}(t_P) & \delta_2^{(i)}(t_P) & \ldots & \delta_J^{(i)}(t_P) & \ldots & \ldots & \ldots & \ldots\\
0 & 0 & \ldots & 0 & \delta_1^{(i)}(t_P) & \delta_2^{(i)}(t_P) & \ldots & \delta_J^{(i)}(t_P)
\end{matrix}\right], \tag{8.58}$$

式中，$\delta_j^{(i)}(t_p)$如式(8.50)所示:

$$\delta_j^{(i)}(t_p)=\begin{cases}0, & t_p \neq \tau_{ij}, \\ 1, & t_p = \tau_{ij}.\end{cases}$$

如果有 I 个台的、由观测得来的震源时间函数，而每个震源时间函数有 N 个时间抽样点，那么观测资料矢量便有 $N\times I$ 个元素；如果有限断层可以分成 J 个子断层(点源)，而每个子断层的震源时间函数有 L 个抽样点，则 $[\mathbf{m}]$ 是具有 $J\times L$ 个元素的列；那么 $[\boldsymbol{\delta}^{(i)}]$ 是一个 $(P+L-1)$ 行，$J\times L$ 列的矩阵，$\mathbf{S}^{(i)}$ 是一个具有 N 个元素的列矢量. $[\boldsymbol{\delta}]$ 必然是一个 $I\times N$ 行、$J\times L$ 列的矩阵. 观测的视震源时间函数的抽样点的数目 N 和子断层震源时间函数的抽样点的数目 L 以及 $[\boldsymbol{\delta}]$ 矩阵的抽样点的数目 P 应满足下列关系式：

$$N=P+L-1 \tag{8.59}$$

$[\boldsymbol{\delta}]$ 矩阵的一个例子见图 8.4.

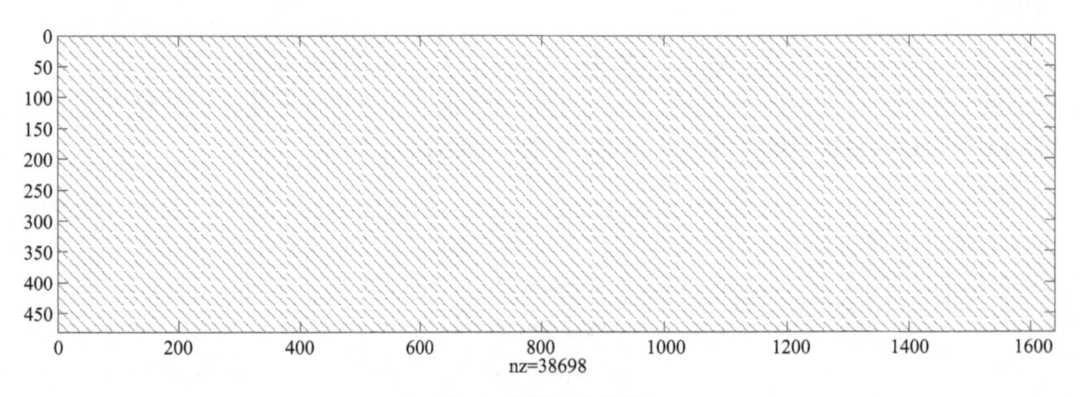

图 8.4　矩阵 $[\boldsymbol{\delta}]$ 举例

深色点表示非零元素

具体步骤是，首先需依据延迟时间 τ_{ij} 的最大值和最小值来确定 $[\boldsymbol{\delta}]$ 的抽样点数目 L，然后确定子断层的震源时间函数的抽样点数目 P，最后依据式(8.59)确定观测的视震源时间函数的抽样点数 N.

以上介绍了如何利用观测得到的视震源函数反演震源破裂过程的方法，所用的观测资料是由各观测点由地震仪记录到的地震波形提取的视震源时间函数，而不是直接由地震仪记录到的地震波形，所以称这种方法为震源破裂过程的视震源时间函数反演方法.

理解了视震源时间函数反演方法，就很容易理解直接利用地震波形反演破裂过程的方法.

5) 波形反演

式(8.25)可以重新写为矩阵方程：

$$[\mathbf{U}]=[\mathbf{g}][\mathbf{m}], \tag{8.60}$$

式中，$[\mathbf{U}]$ 是波形地震图矢量，$[\mathbf{m}]$ 是子断层震源时间函数矢量，而 $[\mathbf{g}]$ 是由块状矩阵组成的矩阵：

$$[\mathbf{g}]=\begin{bmatrix}\mathbf{g}^{11} & \mathbf{g}^{12} & \dots & \mathbf{g}^{1J}\\ \mathbf{g}^{21} & \mathbf{g}^{22} & \dots & \mathbf{g}^{2J}\\ \dots & \dots & \mathbf{g}^{ij} & \dots\\ \mathbf{g}^{I1} & \mathbf{g}^{I2} & \dots & \mathbf{g}^{IJ}\end{bmatrix},\tag{8.61}$$

式中，$[\mathbf{g}^{ij}]$是$g_n^{ij}(t-\tau_{ij})$的卷积矩阵：

$$[\mathrm{g}^{ij}(t)]=\begin{bmatrix}g^{ij}(1) & & & \\ g^{ij}(2) & g^{ij}(1) & & \\ \dots & & \dots & \\ g^{ij}(L_g) & \dots & g^{ij}(2) & g^{ij}(1)\end{bmatrix}.\tag{8.62}$$

式(8.62)是最大震源持续时间(t_P)等于格林函数长度(t_L)，P=L 的情形. 对于更一般情形，假定较短的震源持续时间 t_P 用于反演，那么$[g^{ij}(t)]$仅仅留下前 P 列. 由于超过一半的元素不为 0，所以$[\mathbf{g}]$一般是一个致密矩阵.

2. 变滑动角情形下的地震反演

在某些情形下，要考虑滑动角变化情形下的反演. 滑动角变化的情形即断层面上滑动矢量随时间与空间变化的情形：

$$m_{pq}(\xi,t)=M_0(\xi,t)[e_p(t)v_q+e_q(t)v_p].\tag{8.63}$$

将式(8.63)代入式(8.1)，我们得

$$U_n(\boldsymbol{x},t)=\iint_\Sigma G_{np,q}(\boldsymbol{x},t;\boldsymbol{\xi},\tau)*\{M_0(\boldsymbol{\xi},t)\cdot[e_p(t)v_q+e_q(t)v_p]\}\mathrm{d}\Sigma(\boldsymbol{\xi}).\tag{8.64}$$

断层面上滑动矢量和法线方向原则上可以在任意一个坐标系投影. 不失一般性，我们在断层面上定义一坐标系(图 8.5)：x_1 轴为走向，x_2 轴为逆倾滑方向，x_3 轴为断层面法线方向. 对于纯剪切走滑断层，e_3=0, v_1=v_2=0，这使得式(8.64)变为

$$U_n(\boldsymbol{x},t)=\iint_\Sigma [g_{n1}(\boldsymbol{x},t;\boldsymbol{\xi},0)*M_{01}(\boldsymbol{\xi},t)+g_{n2}(\boldsymbol{x},t;\boldsymbol{\xi},0)*M_{02}(\boldsymbol{\xi},t)]\mathrm{d}\Sigma(\boldsymbol{\xi}),\tag{8.65}$$

式中，

$$\begin{aligned}&g_{n1}(\boldsymbol{x},t;\boldsymbol{\xi},0)=G_{n1,3}(\boldsymbol{x},t;\boldsymbol{\xi},0)\cdot v_3, \qquad M_{01}(\boldsymbol{\xi},t)=M_0(\boldsymbol{\xi},t)\cdot e_1(t),\\&g_{n2}(\boldsymbol{x},t;\boldsymbol{\xi},0)=G_{n2,3}(\boldsymbol{x},t;\boldsymbol{\xi},0)\cdot v_3, \qquad M_{02}(\boldsymbol{\xi},t)=M_0(\boldsymbol{\xi},t)\cdot e_2(t),\end{aligned}\tag{8.66}$$

$M_{01}(\boldsymbol{\xi},t)$ 和 $M_{02}(\boldsymbol{\xi},t)$ 分别为沿走向与逆倾滑方向的矩随时间变化的历程. 与式(8.5)、式(8.39)以及式(8.60)类似，式(8.65)可写为

$$[\mathbf{U}]=[\mathbf{g}_1\ \mathbf{g}_2]\begin{bmatrix}\mathbf{m}_1\\ \mathbf{m}_2\end{bmatrix}.\tag{8.67}$$

解出 $\mathbf{m}_1(\boldsymbol{\xi},t)$ 和 $\mathbf{m}_2(\boldsymbol{\xi},t)$ ，即可得滑动角变化情形下的解. 与滑动角固定不变的情形相比，滑动角变化情形的反演未知数的数目加倍.

式(8.41)，式(8.58)和式(8.65)分别相应于视震源时间函数反演、滑动角固定不变波形地震图反演与滑动角变化情形的波形地震图反演. 值得指出，这 3 个方程中的未知参量是标量地震矩的时间历程. 若格林函数是按对阶跃函数的响应计算的，那么相应地，未知量应为矩率函数或远场震源时间函数. 矩率函数除以剪切模量与子断层的面积便可得到断层的滑动率.

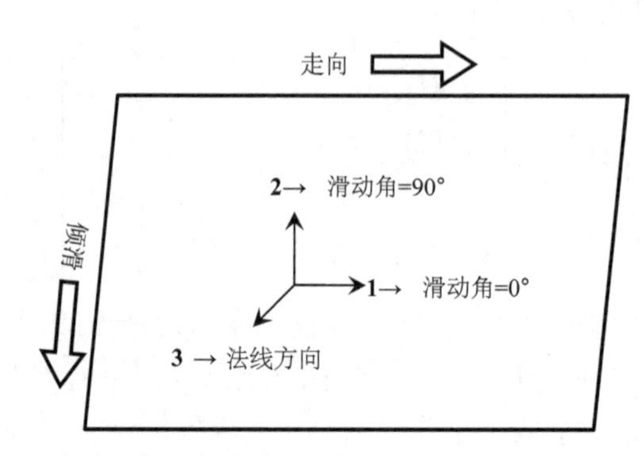

图 8.5　用于地震破裂过程反演的断层面上的坐标系

x_1 轴沿走向(滑动角=0°)，x_2 轴沿逆倾滑方向(滑动角=90°)，x_3 轴为断层面的法线方向

3. 限制与约束

由于格林函数矩阵病态与通常地震台站分布不理想，反演是不稳定的，解是不唯一的，式(8.43)、式(8.60)和式(8.67)可能误导，得出不合理的破裂模型. 为使反演稳定，有必要引入一些物理上合理的即基于地震破裂过程物理学的、行之有效的限制或约束. 遗憾的是，地震学家对地震物理过程的认识仍然十分有限，所以迄今几乎没有什么公认是物理上十分合理的、有效的限制与约束条件. 通常考虑下述约束条件.

1)最大破裂速度限制

在资料反演中，特别是远场资料反演中，难以很好地约束破裂速度. 对破裂速度加以限制将有助于使破裂速度更为合理. 原则上，破裂速度不超过 P 波速度，通常小于剪切波速度的 0.85 倍. 对于距震源为 r_j 的子断层，最大破裂速度为 v_0 意味着直至时间 $\tau_r=r_j/v_0$ 时不发生破裂(图 8.6).

2)子断层最大破裂持续时间限制

在很大的程度上未知量的数目取决于子断层破裂持续时间，即子断层破裂起始与停止之间的时间差. 原则上，持续时间取得较长些，资料会符合得较好些，但同时会引起反演比较不稳定. 所以反演时通常对最大破裂持续时间 D(图 8.6)要有个合理的限制. 在有多重破裂时最大破裂持续时间 D 应当合理地长些.

3)非负约束

地震断层滑动发生于高围压水平的深度上，摩擦可能阻止应力完全释放. 这使得断层滑动难以反向. 因此，通常将非负约束施加于滑动率矢量上.

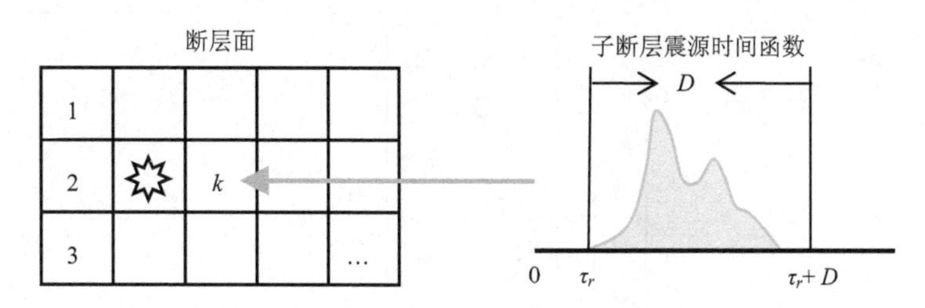

图 8.6 子断层震源时间函数的破裂起始时间(τ_r)和破裂持续时间(D)示意图

4) 空间光滑

基于地震后应力(残余应力)在某种程度上趋于均匀的假定，断层滑动应当足够合理的光滑. 为此，可将拉普拉斯方程用于这种情形(例如，Yagi *et al.*, 2004)：

$$4m_j(t) - [m_{j-1}(t) + m_{j+1}(t) + m_{j-j_r}(t) + m_{j+j_r}(t)] = 0, \tag{8.68}$$

式中，$m_j(t)$ 是第 j 个子断层的矩率函数.

5) 时间光滑

反演中，点源近似要求所涉及的最小波长远大于子断层的大小，在格林函数计算中，由于对于三维地球的详细结构认识不足，高频波资料一般比低频波资料更难模拟. 因此，子断层的震源时间函数(滑动率函数或矩率时间历程)应当足够光滑. 同样可以将拉普拉斯方程施加于第 j 个子断层的矩率函数上：

$$2m_j(t) - [m_j(t-1) + m_j(t+1)] = 0. \tag{8.69}$$

6) 标量地震矩取极小值

地震破裂过程反演的理想情形要求地震台无论在方位上，还是在离源角上都是均匀地分布的. 但在对实际资料做反演时，台站分布通常是不均匀的. 这使得反演问题病态. 解决这个问题的一个可能办法是通过标量地震矩取极小值压低解的范数(Hartzell and Iida, 1990；Johnson *et al.*,1994).

4. 三类反演的方程组

现将包括上述的三类反演的方程组、包括时-空光滑与标量地震矩取极小值等约束条件的方程归纳如下：

$$\begin{bmatrix} \mathbf{S} \\ 0 \\ 0 \end{bmatrix} = \begin{bmatrix} \boldsymbol{\delta} \\ \kappa_1 \mathbf{D} \\ \kappa_2 \mathbf{T} \end{bmatrix} [\mathbf{m}], \tag{8.70}$$

$$\begin{bmatrix} \mathbf{U} \\ 0 \\ 0 \\ 0 \end{bmatrix} = \begin{bmatrix} \mathbf{g} \\ \kappa_1 \mathbf{D} \\ \kappa_2 \mathbf{T} \\ \kappa_3 \mathbf{Z} \end{bmatrix} [\mathbf{m}], \tag{8.71}$$

和

$$\begin{bmatrix} \mathbf{U} \\ 0 \\ 0 \\ 0 \end{bmatrix} = \begin{bmatrix} \mathbf{g}_1 & \mathbf{g}_2 \\ \kappa_1 \begin{bmatrix} \mathbf{D} & \\ & \mathbf{D} \end{bmatrix} \\ \kappa_2 \begin{bmatrix} \mathbf{T} & \\ & \mathbf{T} \end{bmatrix} \\ \kappa_3 \begin{bmatrix} \mathbf{Z} & \\ & \mathbf{Z} \end{bmatrix} \end{bmatrix} \begin{bmatrix} \mathbf{m}_1 \\ \mathbf{m}_2 \end{bmatrix}. \tag{8.72}$$

上列方程组中的第一行分别是式(8.43)，式(8.60)与式(8.67)，未知量$[\mathbf{m}]$是子断层的滑动率函数，$[\mathbf{D}]$, $[\mathbf{T}]$和$[\mathbf{Z}]$ 分别是空间光滑、时间光滑和标量地震矩取极小值等约束条件，κ_1, κ_2和κ_3是相应的权重，权重的大小可以通过贝叶斯准则(Bayesian criterion)或根据经验优化选取. 在视震源时间函数反演中，不出现标量地震矩取极小值的约束条件，因为$[\boldsymbol{\delta}]$是一个稀疏矩阵，已经具有小的条件数.

5. 例——2009 年意大利拉奎拉 M_W6.3 地震

今以 2009 年意大利拉奎拉 M_W6.3 地震为例，对式(8.70)至式(8.72)所示的三类反演方法作一比较(张勇等, 2010a). 分析时，采用 24 个远震台站(图 8.7a)的 P 波垂直分量(Zheng *et al*., 2010).视震源时间函数用投影兰德韦伯解卷积法(Projected Landweber Deconvolution method, PLD 法)，基于震源机制解(走向 132°/倾角 53°/滑动角–103°)求得(Piana and Bertero, 1997; Bertero *et al*., 1997; Zhang *et al*., 2012b; 张勇等, 2009b; 刘超等, 2009). 随方位角变化的视震源时间函数如图 8.7b 所示. 由图 8.7b 可以清晰地辨认出有两个子事件. 第一个子事件在所有台上几乎是同时(约 2s)出现，表明这一事件是围绕着震源发生的. 第二个子事件的峰值在方位角 150°的方位上最早出现，表明它位于震中东南. 两次子事件的破裂方向性意味着地震是单侧破裂事件.

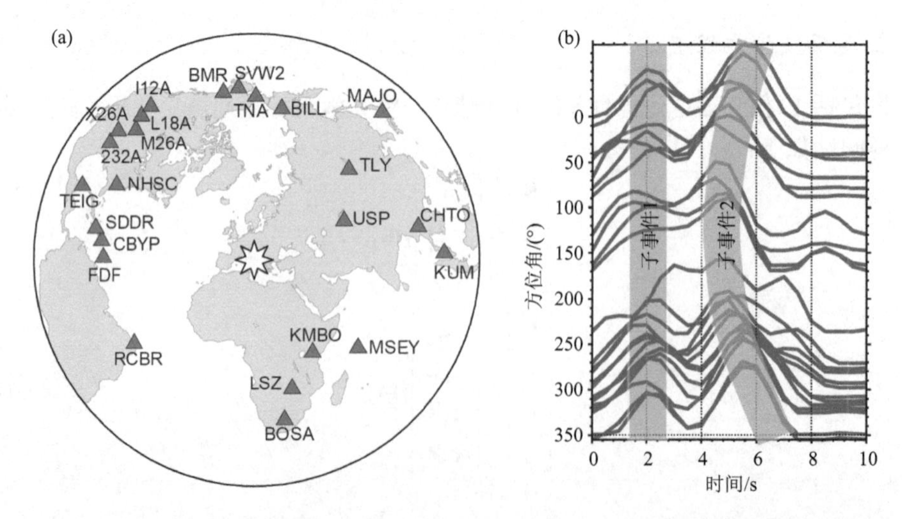

图 8.7 由远震 P 波记录得到的 2009 年意大利拉奎拉 M_W6.3 地震的视震源时间函数

(a)拉奎拉 M_W6.3 地震的震中(星号)和远震台站(三角形)；(b)拉奎拉 M_W6.3 地震随方位变化的视震源时间函数

通过求解式(8.70)～式(8.72)(图 8.8～图 8.11)，分别用视震源时间函数和 P 波地震图，可得 3 个破裂过程模型. 它们基本上是一样的，表明视震源时间函数反演与地震图反演对于估算震源破裂过程基本上都是有效的. 只是由于反演流程上的差异，这两类方法得到的结果少许不同，表现在表 8.1 所示的如下几个方面.

表 8.1　视震源时间函数反演与地震图反演方法对比

	视震源时间函数反演	地震图反演
稳定性	√	
效率	√	
应用范围		√
误导破裂行为		√

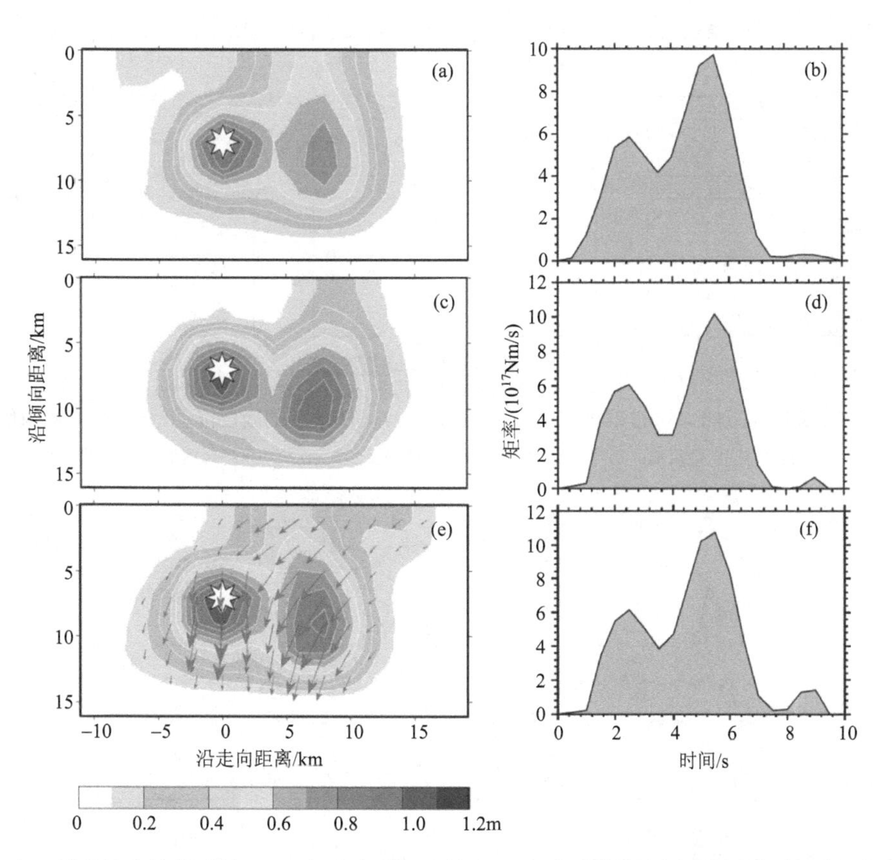

图 8.8　由三类反演方法得到的 2009 年意大利拉奎拉 M_W6.3 地震的静态滑动量分布(左)与震源时间函数(右)结果对比

(a),(b)视震源时间函数反演；(c),(d)假定滑动角不变情形反演；(e),(f)假定滑动角变化情形反演

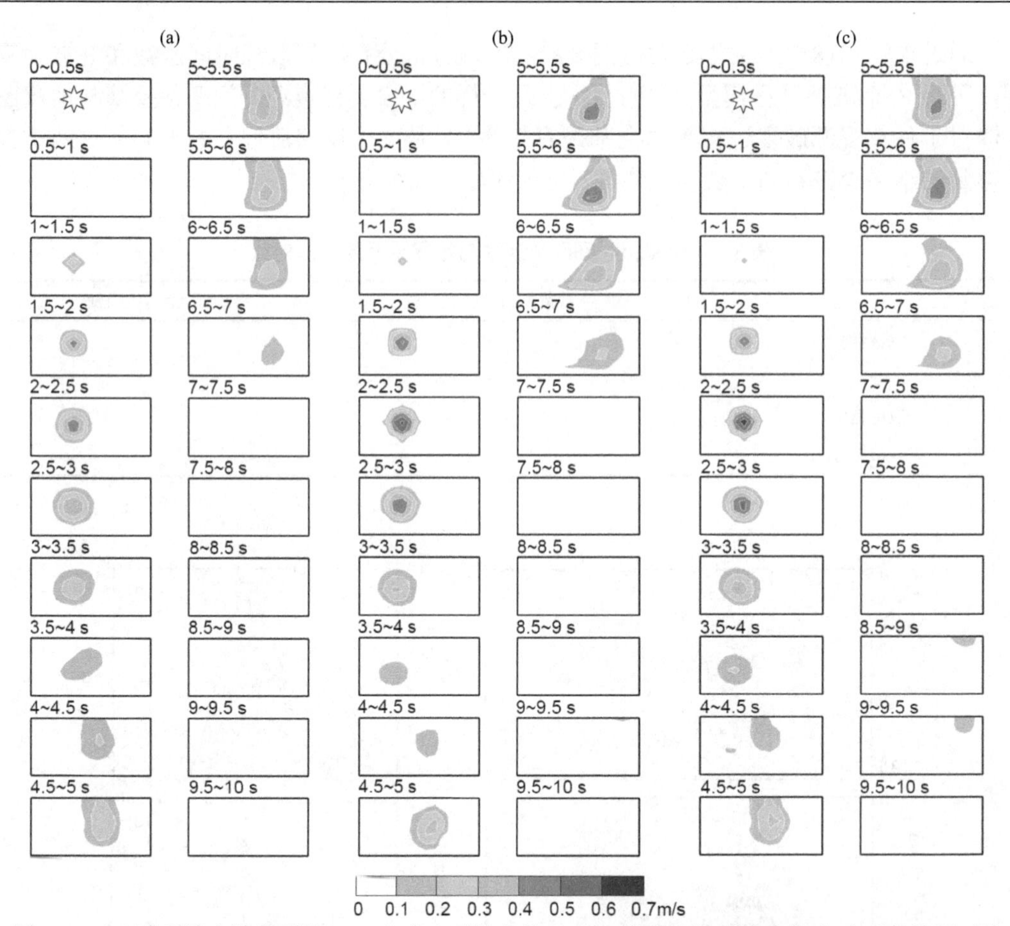

图 8.9　由三类反演方法得到的 2009 年意大利拉奎拉 M_W6.3 地震的断层滑动率时-空变化快照对比

(a)视震源时间函数反演；(b)滑动角固定情形的地震图反演；(c)滑动角变化情形的地震图反演

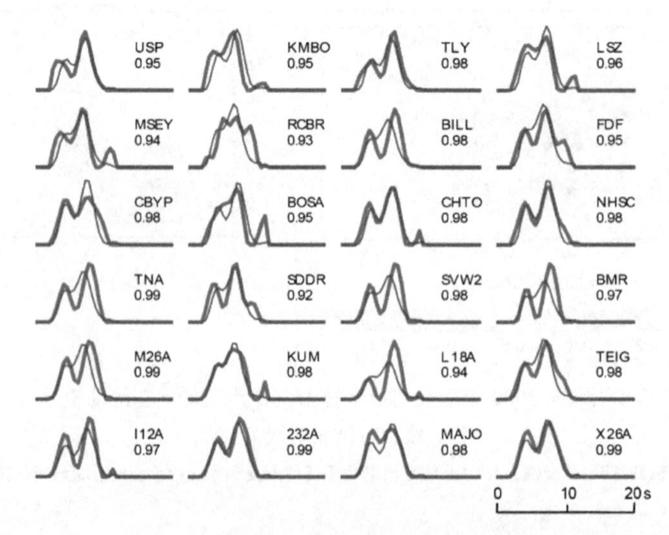

图 8.10　观测的(粗实线)与合成的(细实线)视震源时间函数对比

每幅小图右面分别标记台站代码(上)及观测的与合成的视震源时间函数的相关系数(下)

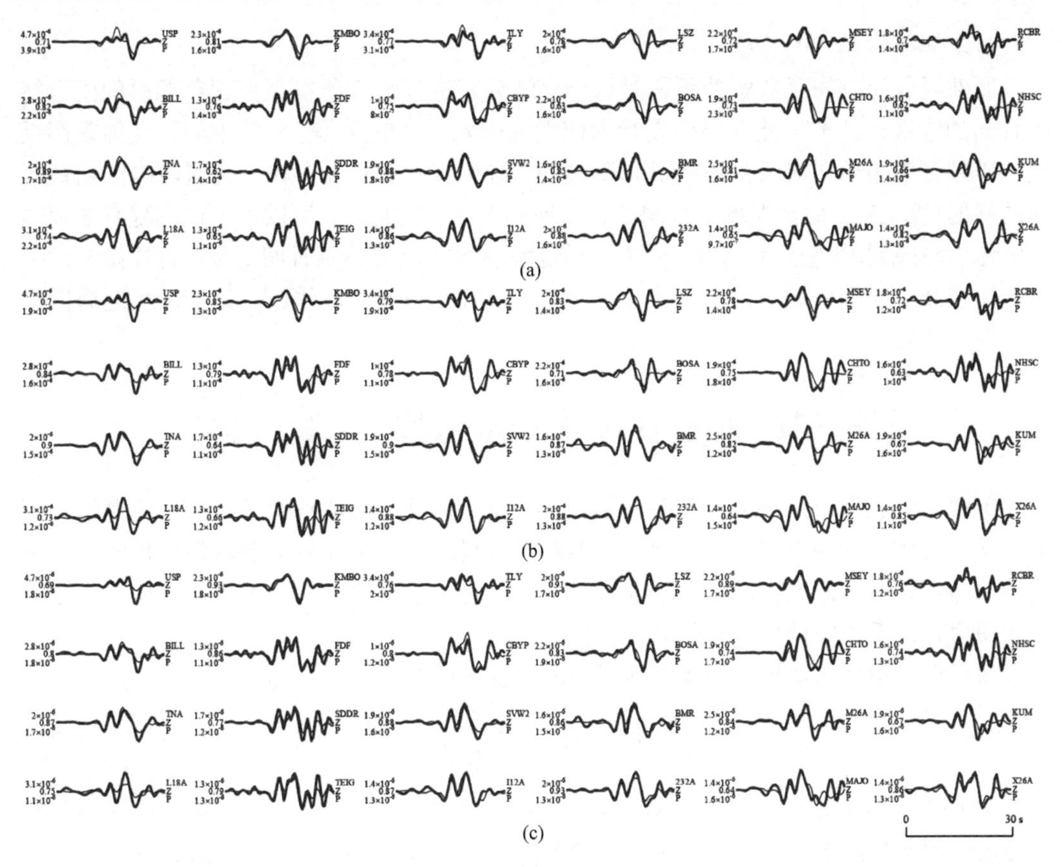

图 8.11　由三类反演方法得到的 2009 年意大利拉奎拉 $M_W6.3$ 地震的观测的(粗实线)与理论合成的(细实线)地震图对比

(a)视震源时间函数反演；(b)滑动角固定情形的地震图反演；(c)滑动角变化情形的地震图反演. 每幅小图左边的数字由上至下分别表示最大振幅的观测值、相关系数和最大振幅的理论值，每幅小图右边的文字由上至下分别表示台站代码、分量和波型

1)稳定性

对于视震源时间函数反演，不稳定性主要发生于视震源时间函数解卷积时. 在反演视震源时间函数求破裂过程时，由于矩阵[**δ**]的条件数不是很大，反演基本上是稳定的. 但在地震图反演时，矩阵[**g**]通常是病态的，导致反演不稳定.

2)效率

对于视震源时间函数反演情形，系数矩阵是稀疏矩阵. 我们可以用稀疏矩阵相乘有效地求解方程. 在用于拉奎拉地震时，这三类反演的计算时间，在 Intel CPU T9300 笔记本电脑上分别为 0.8s(包括 0.05s 用于提取视震源时间函数), 3.6s 和 7.3s. 而视震源时间函数反演的计算时间几乎比地震图反演时间低一个数量级.

3)应用范围

在视震源时间函数反演中，要求作震源距远大于震源尺度的近似，因而要求单种震相的波形资料. 这就限制了它的应用范围. 在地震图反演中，不需要这些限制，从而地震图反演方法适用于更一般的情形.

4）求解破裂模型的方法

既然视震源时间函数解卷积是对每个台站分别进行的，所以任何视震源时间函数持续时间的错误估计都可能误导破裂行为或者说引入显著的误差. 与此不同，在地震图反演中破裂行为是由同时反演所有波形确定的. 这将有助于减少存在于视震源时间函数反演的问题（表 8.1）. 综合视震源时间函数与地震图反演的优点，可以按下述流程有效地与稳定地求解破裂时-空过程模型. 首先，通过解卷积提取视震源时间函数，这样做有助于对震源持续时间和破裂方向有一个总体估计. 然后，基于总体估计，直接反演地震图求得详细的破裂过程.

第三节　地震资料与大地测量资料联合反演

单独用地震资料反演震源破裂常出现不稳定. 主要原因是破裂速度与断层滑动量两者之间的权衡（trade-off）效应. 虽然，大地测量资料对于随时间变化的破裂过程没有分辨能力，但可强有力地约束断层滑动量的分布. 因此，地震资料与同震大地测量资料合在一起使用有助于更好地估计破裂时-空过程.

考虑滑动角变化情形，同震大地形变测量资料反演可以表示为

$$[\mathbf{E}]=[\mathbf{B}_1\ \mathbf{B}_2]\begin{bmatrix}\mathbf{f}_1\\ \mathbf{f}_2\end{bmatrix}, \tag{8.73}$$

式中，$[\mathbf{E}]$是同震大地形变测量资料, $[\mathbf{B}]$是格林函数，即由矩形子断层上单位滑动量引起的地表面的形变，$[\mathbf{f}]$是断层滑动量即滑动率$[\mathbf{m}]$的积分，它可以近似写为求和：

$$\begin{bmatrix}\mathbf{f}_1\\ \mathbf{f}_2\end{bmatrix}=\begin{bmatrix}\mathbf{J} & 0\\ 0 & \mathbf{J}\end{bmatrix}\begin{bmatrix}\mathbf{m}_1\\ \mathbf{m}_2\end{bmatrix}, \tag{8.74}$$

式中，$[\mathbf{J}]$由元素等于 1 的行矢量即$[1, 1, \cdots, 1]$组成.

将式（8.74）代入式（8.73）可得

$$[\mathbf{E}]=[\mathbf{H}_1\ \mathbf{H}_2]\begin{bmatrix}\mathbf{m}_1\\ \mathbf{m}_2\end{bmatrix}, \tag{8.75}$$

式中，$[\mathbf{H}_1]=[\mathbf{B}_1]\cdot[\mathbf{J}]$，$[\mathbf{H}_2]=[\mathbf{B}_2]\cdot[\mathbf{J}]$.

联合反演方程可由式（8.72）与式（8.75）联立求得

$$\begin{bmatrix}\mathbf{U}\\ 0\\ 0\\ 0\\ \kappa\mathbf{E}\end{bmatrix}=\begin{bmatrix}\mathbf{g}_1 \quad \mathbf{g}_2\\ \kappa_1\begin{bmatrix}\mathbf{D} & \\ & \mathbf{D}\end{bmatrix}\\ \kappa_2\begin{bmatrix}\mathbf{T} & \\ & \mathbf{T}\end{bmatrix}\\ \kappa_3\begin{bmatrix}\mathbf{Z} & \\ & \mathbf{Z}\end{bmatrix}\\ \kappa\begin{bmatrix}\mathbf{H}_1\ \mathbf{H}_2\end{bmatrix}\end{bmatrix}\begin{bmatrix}\mathbf{m}_1\\ \mathbf{m}_2\end{bmatrix}, \tag{8.76}$$

式中，κ是同震大地形变测量资料与地震波资料的相对权重. 因为地震资料的数值和形变资料数值的差别可能达到好几个数量级，所以有必要归一化以保证它们在联合反演时可以相比拟. 通常以其能量的平方根将其归一化：

$$U=\frac{U}{\sqrt{\int U^2\mathrm{d}t}},\ E=\frac{E}{\sqrt{\int E^2\mathrm{d}t}}. \tag{8.77}$$

若$\kappa=1$，意味着两套资料在最小二乘优化时是等权的.

最佳相对权重κ的选择迄今尚无一个客观的准则. 根据经验，在大多数情形下，对同震大地形变测量资料与地震波资料这两套资料等权，对于还原破裂过程的主要特征通常就足够了.

同震形变资料除了能对静态断层滑动量分布约束外，它还可以较好地约束浅层的滑动量. 与此相反，因为有些地震波是从震源向下辐射开的下行波，所以地震资料可以在深度方面有更好的分辨度. 图 8.12 与图 8.13 展示用远震地震波资料和 InSAR 形变资料对 2009 年拉奎拉 $M_{\mathrm{W}}6.3$ 地震反演做的两个数字试验. 第一个试验是：假定两个滑动片区面积相同，但滑动量和深度不同：浅的片区滑动量小于深的片区(图 8.12a). 反演表明，远震资料反演主要复原具有较大地震矩的、较深的滑动片区(图 8.12b). 与此不同，InSAR 资料反演对深度较浅的滑动片区有较好的分辨度(图 8.12c). 联合反演综合了两套资料的优点(图 8.12d).

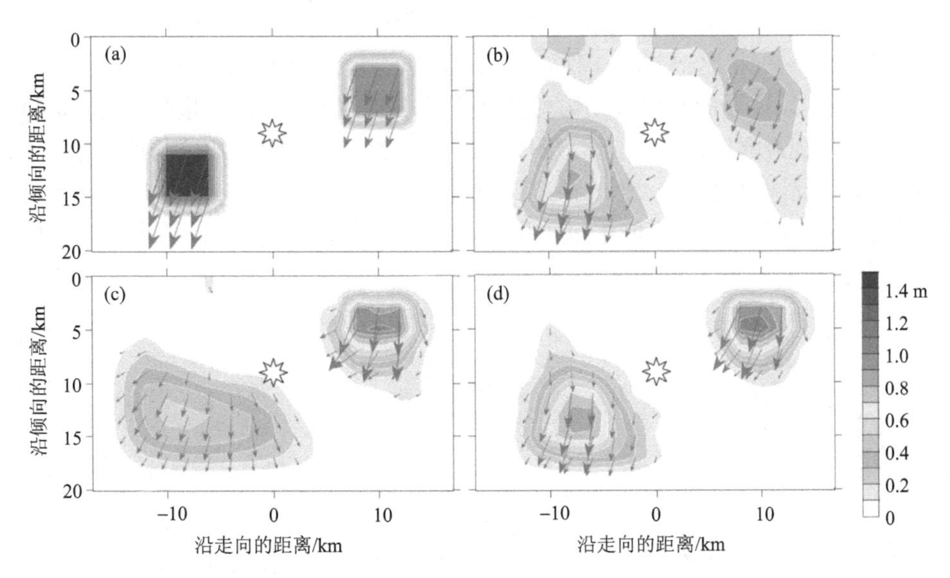

图 8.12 数字试验 1：面积相同、但滑动量与深度不同的两个滑动片区的反演结果对比

(a) 断层面上滑动量的分布；(b) 由远震资料反演得到的断层面上滑动量的分布；(c) 由 InSAR 资料反演得到的断层面上滑动量的分布；(d) 由联合反演得到的断层面上滑动量的分布. 星号表示震源，箭头表示滑动矢量

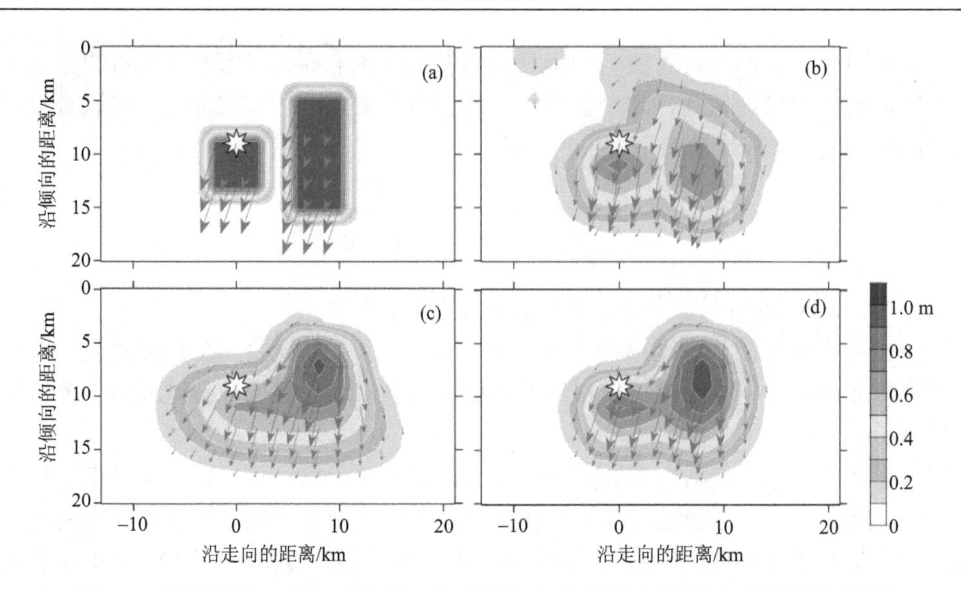

图 8.13　数字试验 2：两个相邻的、沿下倾方向长度不同的滑动片区反演结果对比

(a) 断层面上滑动量的分布；(b) 由远震资料反演得到的断层面上滑动量的分布；(c) 由 InSAR 资料反演得到的断层面上滑动量的分布；(d) 由联合反演得到的断层面上滑动量的分布. 星号表示震源，箭头表示滑动矢量

在第二个试验(图 8.13)中，假定两个相邻的滑动片区在沿下倾的方向具有不同的范围(图 8.13a). 地震资料反演很好地区分了两个片区，仅对片区的形状的一些细节没能区分出来(图 8.13b). InSAR 资料反演很好地恢复了浅处的滑动量，但不能区分滑动量之间的间隙(图 8.13c). 相比于单纯一种资料反演，联合反演提供了较好的估计.

2009 年拉奎拉地震的断层滑动可能类似于图 8.14c 所示的滑动模型. 地震资料反演(图 8.14a)，还有视震源时间函数分析(图 8.8)清楚地表示两个滑动片区与两个子事件. 可是，InSAR 资料反演只得出一个滑动片区(图 8.14b). 原因可能是较小的片区几乎没有引起显著的地表面形变，因此可能难以被区分出来. 但通过联合反演，两个滑动量较大的片区就被很好地成像(图 8.14c).

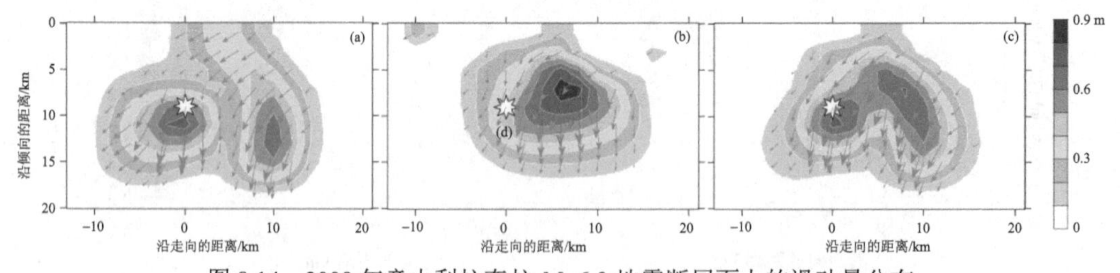

图 8.14　2009 年意大利拉奎拉 M_W6.3 地震断层面上的滑动量分布

(a) 由远震资料反演得到的断层面上滑动量的分布；(b) 由 InSAR 资料反演得到的断层面上滑动量的分布；(c) 由联合反演得到的断层面上滑动量的分布. 星号表示震源，箭头表示滑动矢量

第四节　应　　用

1990 年以来，巴颜喀拉地块边缘及其邻域重大地震频繁发生(表 8.2，图 8.15). 所谓

表 8.2　1990 年以来发生于青藏高原巴颜喀拉地块边界及其附近的重大地震震源机制

编号	日期	时间	纬度	经度	深度	震 M_W	级 M_S	地震矩	节面 I			节面 II			参考地名	来源
	年-月-日	时:分:秒	/(°N)	/(°E)	/km			M_0/Nm	走向/(°)	倾角/(°)	滑动角/(°)	走向/(°)	倾角/(°)	滑动角/(°)		
1	1990-04-26	17:37:15	35.986	100.245	8.1	6.5	6.9	9.4×10^{18}	113	68	89	294	22	91	青海共和	许力生和陈运泰, 1997
2	1997-11-08	18:02:55	35.260	87.330	40	7.5	7.4	3.4×10^{20}	250	88	19	159	71	178	西藏玛尼	许力生和陈运泰, 1999
3	2001-11-14	17:26:12	35.880	90.950	15	7.8	8.1	3.5×10^{20}	290	85	−10	21	80	−175	昆仑山口	Xu and Chen, 2006b
4	2008-03-21	06:32:58	35.970	81.467	10	7.2	7.3	8.3×10^{19}	353	29	−131	219	69	−68	新疆于田	USGS CMT 解
5	2008-05-12	14:28:01	31.002	103.322	19	7.9	8.0	2.0×10^{21}	220	32	118	8	63	74	四川汶川	刘超等, 2008
6	2010-04-14	07:49:37	33.271	96.625	14	6.9	7.1	3.2×10^{19}	119	83	−2	209	88	−173	青海玉树	张勇等, 2010
7	2013-04-20	08:02:48	30.314	102.934	13	6.6	7.0	1.6×10^{19}	34	55	87	220	35	95	四川芦山	张勇等, 2013
8	2014-02-12	17:19:48	35.922	82.558	12.5	6.9	7.3	1.5×10^{19}	160	80	167	252	77	11	新疆于田	张勇等, 2014

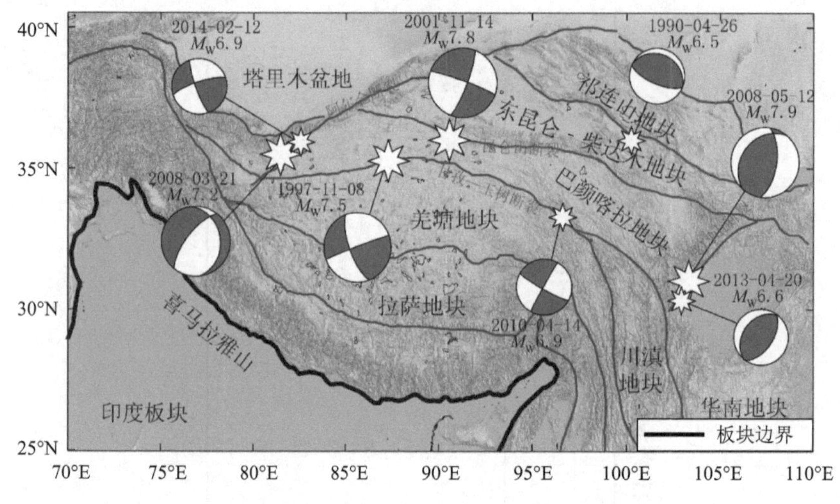

图 8.15　1990 年以来巴颜喀拉地块边缘及邻域的重大地震

重大地震系指造成中等程度破坏(即损失 100 万美元，死亡人数≥10 人，震级≥7.5，震中烈度≥X 度，或引发海啸)的地震(陈运泰和许力生, 2003; 刘超等, 2010c). 这些地震包括：2001 年 11 月 14 日昆仑山口 M_W7.8 地震(刘瑞丰等，2005)，2008 年 5 月 12 日四川汶川 M_W7.9 地震(刘超等, 2008)，2010 年 4 月 14 日青海玉树 M_W6.9 地震等(Li and Chen,1996; 许力生和陈运泰, 1997, 1999; Chen and Xu,1999; 刘超等, 2010c). 下面以这些地震为例，简要说明如何将由地震记录提取的地震破裂过程的知识运用于研究地震破裂的复杂性及服务于地震灾害应急响应(Chen and Xu, 1999；Chen *et al.*, 2019a, b).

(一) 2001 年 11 月 14 日昆仑山口 M_W7.8 地震

1. 构造背景

第一个例子是 2001 年 11 月 14 日昆仑山口 M_W7.8 地震(图 8.16). 昆仑山口地震(Kunlun Mountain Pass earthquake, KMPE)发生于青藏高原东部巴颜喀拉地块的北缘. 震中位于东-西走向、左旋走滑的昆仑山断层(Kunlun Mountain Fault, KMF)上(Tapponnier and Molnar, 1977; Molnar and Tapponnier, 1978; Deng *et al.*, 1984, 2003; Molnar and Lyon-Caent, 1989; Avouac and Tapponnier, 1993; Peltzer and Saucier, 1996; Wen *et al.*, 2003).

2. 余震

尽管 2001 年 11 月 14 日昆仑山口 M_W7.8 地震很大，但没有引起人员伤亡或损失，因为该地震发生在海拔为 4500m 至 6860m 的荒无人烟的山区. 地震后有大量余震. 直至 2001 年 11 月 27 日，青海省地震局地方性地震台网记录与定位的 M_L1.0 及以上的余震有 2000 多个. 余震主要沿昆仑山断层分布在主震震中以东约 100km 外(图 8.17).

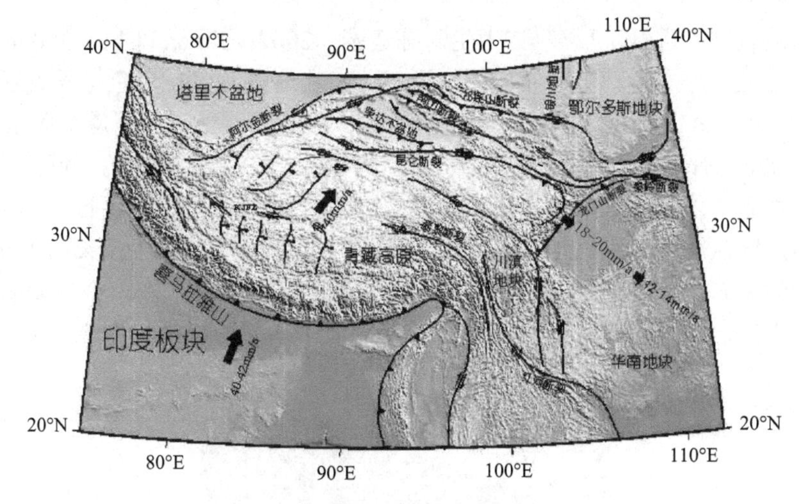

图 8.16　青藏高原及其周边地区的大地构造

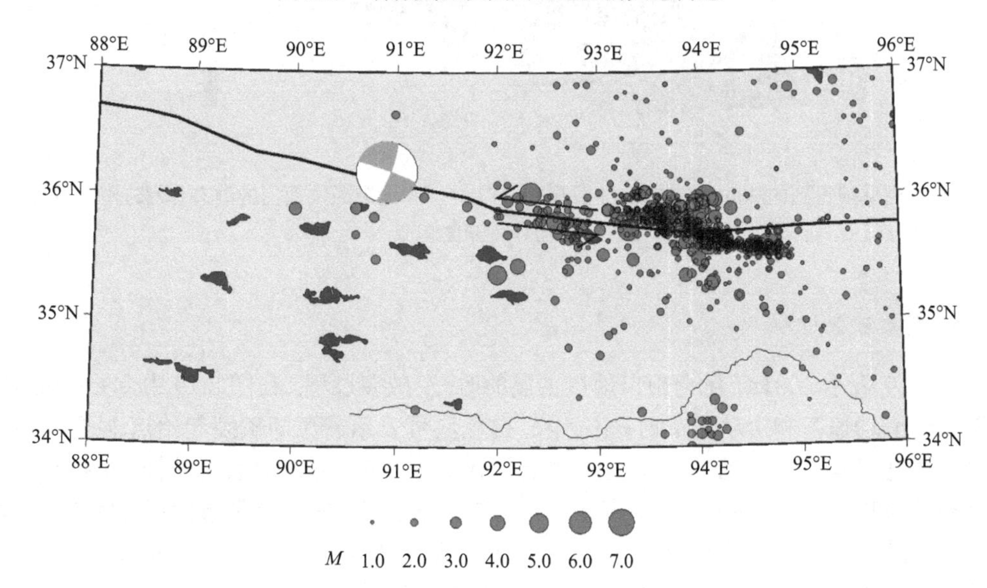

图 8.17　2001 年 11 月 14 日昆仑山口 M_W7.8 地震

主震(震源机制解海滩球表示)及直至 2001 年 1 月 27 日的 2000 多个余震的震中(深灰圆圈)分布. 黑实线表示昆仑山断裂

3. 震源机制

震源机制为走向 290°/倾角 85°/滑动角−10°(表 8.2，图 8.18)，矩释放 3.5×10^{20} Nm (相当于矩震级 M_W7.8). 这些结果表明，昆仑山口地震是在几乎垂直(倾角 85°)的断层面上发生左旋走滑(滑动角−10°)的破裂. 这个机制与巴颜喀拉地块相对于东昆仑-柴达木地块朝东南方向运动是一致的(图 8.15).

4. 静态滑动量分布

运用时间域视震源时间函数反演方法(Chen and Xu, 2000; Xu *et al*., 2002)，对昆仑

山口地震的破裂过程进行了反演(许力生和陈运泰，2002；Xu and Chen, 2006b)．由反演得到的断层面上的静态滑动量分布如图 8.18 所示．在这幅图中，白色星号表示震源即破裂起始点．滑动量≥1.0m 的破裂片区由震中以西约 120km 处延伸至震中以东约 300km 处，长约 420km．有两个滑动量较大的片区即滑动量幅度大于 1.5m 的区域．一个滑动量较大的片区由震中以东约 30km 处延伸到震中以西约 80km 处，长约 110km，另一个滑动量较大的片区从震中以东约 150km 处延伸到震中以东约 280km 处，长约 130km．断层面上滑动量的分布在空间上是不均匀的．峰值滑动量约为 2.2m，在整个破裂面积上，平均滑动量约 1.2m．峰值应力降估计约为 7.0MPa, 而平均应力降约为 4.0MPa.

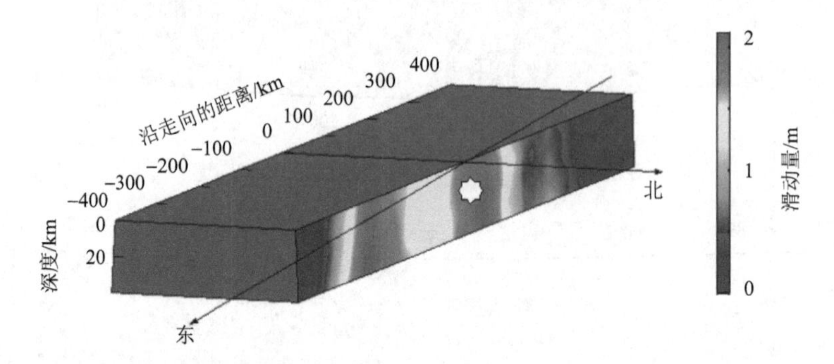

图 8.18　由反演得到的 2001 年 11 月 14 日昆仑山口 M_W7.8 地震断层面上的静态(最终)滑动量分布
白色星号表示震源

5. 震源破裂过程

图 8.19 表示 2001 年昆仑山口地震主震的时-空破裂过程．在图 8.19 中，左图和右图分别表示滑动速率和滑动量的时-空变化．白色星号表示震源即破裂起始点.昆仑山口地震的震源过程具有时-空复杂性，但总体上具有由西向东、单侧破裂的特征．根据滑动率与滑动量的时-空分布特征，整个事件可分为 3 个子事件．第 1 个子事件从时间上讲，发生于自发震时刻起(0s)至第 60s 之间；从空间上讲，发生于仪器震中以东约 30km 至仪器震中以西约 150km 之间，表现为从东向西的单侧破裂，平均破裂速度约 3.8km/s．第 2 个子事件从时间上讲，发生于第 52s 至第 92s 之间；从空间上讲，发生于仪器震中以西约 100km 至 200km 之间，表现为从西向东的单侧破裂，平均破裂速度约 3.1km/s．第 3 个子事件从时间上讲，发生于第 56s 至第 140s 之间；从空间上讲，发生于仪器震中以东约 30km 至 330km 之间，表现为从东向西的单侧破裂，平均破裂速度约 2.7km/s．这 3 个子事件在断层走向上的不同地点、在不同的时间起始，规模不同，破裂方向和破裂速度彼此各异．在长约 140s 的破裂持续时间内与长约 600km 的断层上，发生了复杂的破裂起始、传播、聚合、愈合与停止的过程(图 8.19)．

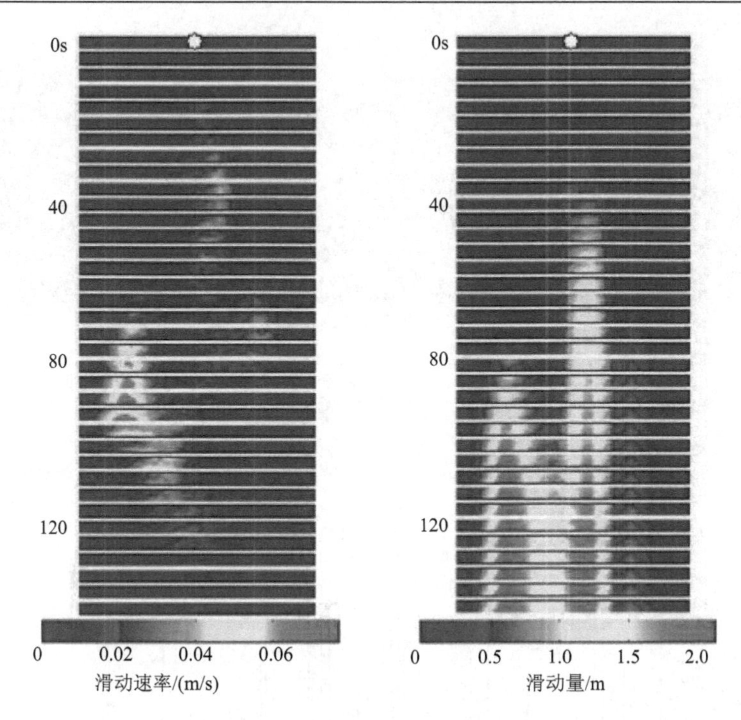

图 8.19　2001 年昆仑山口地震断层面上滑动速率(左图)与滑动量(右图)的时-空演化快照

快照表示在宽 40km，长 800km 的断层面上每隔 4s 时间间隔破裂扩展的时-空过程. 白色星号表示震源

6. 地表破裂

昆仑山口地震的地表破裂大多数分布于主震震中(35.97°N, 90.59°E)以东(图 8.20). 表面破裂长度(surface rupture length, SRL)在震中以西估计为 350km,断层运动主要为左旋走滑，在大多数断层段上的错距大约是 2m 至 4m, 最大错距约为 6m(Zhang *et al.*, 2014b). 震中以西还有一段(太阳湖段)表面断裂，长约 90km, 最大水平错距约 5m,正好靠近震中. 总体上，昆仑山口 M_W7.8 地震的表面破裂长度大约为 440km. 这个长度正好相应于反演得出的滑动量大于 1.0m 的破裂面的长度的计算值(420km)，即库塞湖山峰以东段(图 8.20 库塞湖段)，在那里，已发现严重的地表断裂.

根据震源机制解、余震分布以及震源破裂过程的反演结果，可以推知发生于青藏高原东部巴颜喀拉地块的昆仑山口 M_W7.8 地震的发震断层是几乎垂直于地面的、左旋走滑的昆仑山断层，地震断层的错动与巴颜喀拉地块相对于华南地块的东南方向的运动一致. 由昆仑山口地震引起的大幅度左旋走滑意味着青藏高原北部和中南部之间的 12～14mm/a 的差异运动被昆仑山断层以地震滑动的方式在这一次地震事件中调整了. 这一研究结果印证了沿着东-西向的昆仑山断层大尺度的走滑运动可以通过青藏高原向东推进调整印度板块相对于欧亚板块连续的运动.

昆仑山口地震震源破裂过程具有时-空复杂性，但是总体上具有由西向东、单侧破裂的特征. 由地震反演得出的、穿透到地表面的滑动量较大的片区与震后野外调查发现的地表破裂段即极震区相对应.

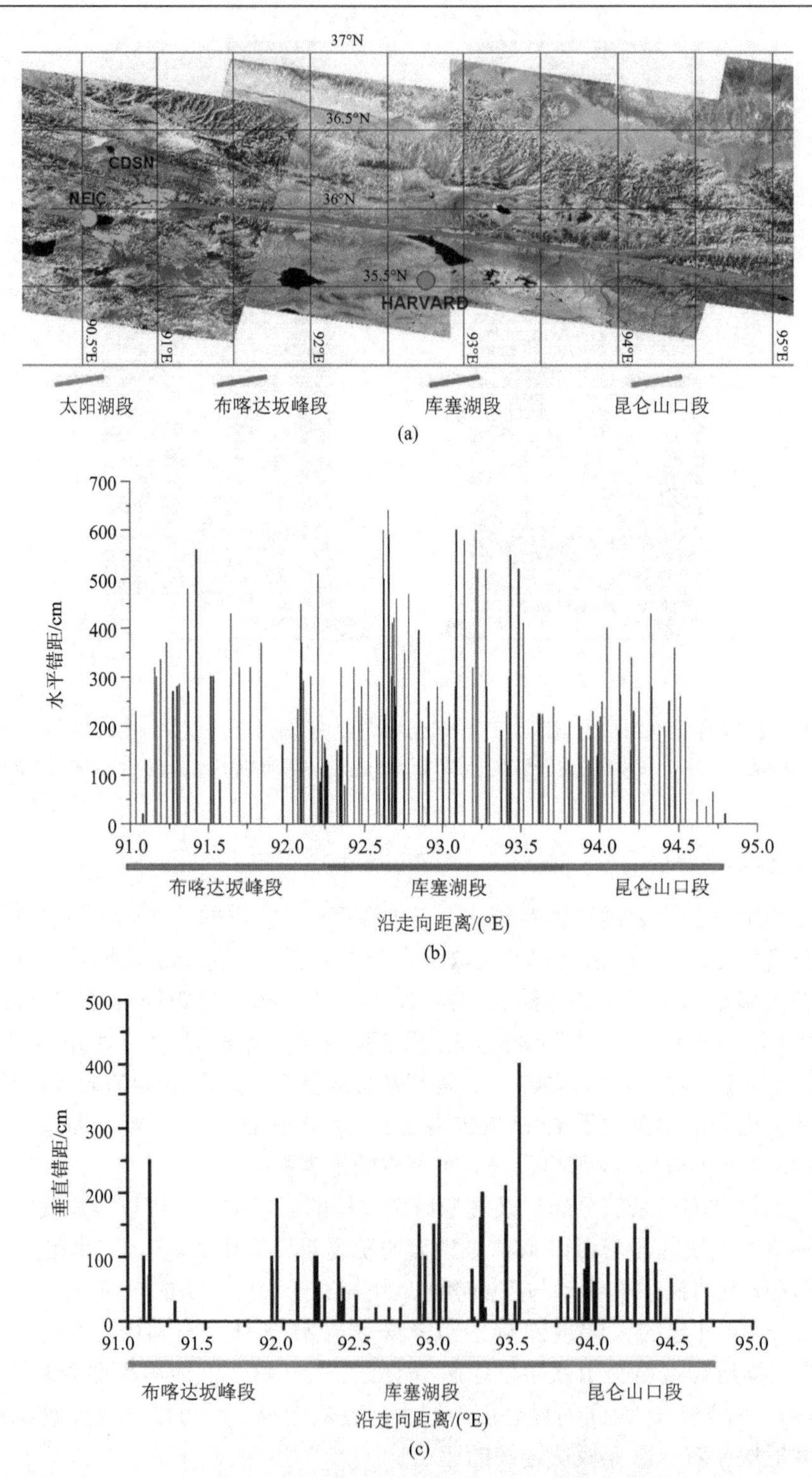

图 8.20　2001 年 11 月 14 日昆仑山口 M_W7.8 地震的地表破裂的分布

(a) 地表破裂平面图; (b) 水平错距沿走向的分布; (c) 垂直错距沿走向的分布

昆仑山口地震震源破裂过程远比我们设想的错综复杂. 在昆仑山口地震破裂过程中，在走向上，三个断层段即在 3 个不同地点发生的 3 次子事件在不同的时间发生破裂，最后聚合成一次震级为 M_W7.8 的事件. 从昆仑山口地震我们可以学到的经验是，在地震灾害评估时，不仅应当考虑到一段断层破裂的可能性，还应考虑在一次大的事件中多于两段断层破裂的可能性，以及破裂直达地表面的滑动量较大的片区与地表破裂区即极震区相对应.

(二) 2008 年 5 月 12 日四川汶川 M_W7.9 地震

1. 构造背景

汶川地震发生在龙门山断裂带的南部(图 8.15, 图 8.16, 图 8.21). 从地震之后根据全国与全球地震台网的记录数据，以及四川省地震台网的记录数据的综合分析、重新修订的结果可知(杨智娴等, 2012)：汶川地震的发震时刻是 2008 年 5 月 12 日北京时间 14 点 27 分 57 秒(协调世界时 06 点 27 分 57 秒)；震中位置为 31.01° N，103.38° E，即在现在称为都江堰(过去称为灌县)的映秀镇；震源深度 15 km. 地震的震级如果用不同的标度来度量，得出的数值常不尽一致. 汶川地震的震级如果用面波震级 M_S 来度量是 M_S8.0；如果用现在国际上提倡并且通用的矩震级 M_W 来度量，则是 M_W7.9(刘超等, 2008；陈运泰，2008). 这次地震发生在我国地震活动主要区域(我国有西北地区、华北地区、东南沿海地区、西南地区、台湾地区等 5 个主要地震活动区)之一的西南地区. 在这个地区中，有一条从东北向西南延展的地震带，叫龙门山地震带(周荣军等,1997). 这次地震就发生在龙门山地震带的南部. 龙门山地震带的西南面有一个地块，通常称为川滇地块. 因为这个地块包括四川和云南大部分地区. 川滇地块的几何形状很像一个菱形，所以也称为川滇菱形地块. 川滇地块是由西北向东南方向运动的，汶川地震的震中在川滇地块的东北面. 川滇地块的边界，北是鲜水河断裂带，东是安宁河-小江断裂带，往南则是著名的红河断裂，红河断裂往南延伸，直到越南. 川滇地块的边界以及其东北面的龙门山断裂带，在历史上都是地震非常活跃的地方. 这样一种情况是与板块的相对运动和相互作用分不开的(Zeng and Sun, 1993; 陳運泰, 2012; 陈运泰等, 2013a, b).

汶川地震发生的基本原因，是因为印度板块朝北偏东的方向相对于欧亚板块运动(图 8.16).这个运动造成了喜马拉雅山，也造成了青藏高原. 喜马拉雅山现在的高度超过 8000m. 当青藏高原升高到 5000～6000m 的时候，便逐渐地慢了下来，不再像原来那样快地隆升. 可是，一方面，印度板块还继续向北偏东的方向运动；另一方面，印度板块和喜马拉雅山的下地壳中可以缓慢流动的物质在北面受到昆仑山断裂带的阻拦，所以只能被迫改变方向，向东偏南方向运动，并且带动其上的地块向东偏南方向运动. 这个向东偏南方向运动的速率大约是 18～20 mm/a. 地壳中这些缓慢流动的物质在朝东偏南方向运动时，到了龙门山一带受到了阻拦，运动速率从原来的 18～20 mm/a，降低为龙门山断裂带以东的华南地块的 12～14 mm/a. 松潘-甘孜地块以及华南地块都是朝同一个方向(东偏南的方向)运动的，但运动速率有明显的差别. 松潘-甘孜地块以比较大的速率朝东偏南方向运动，而华南地块以比较小的速率朝同一个方向运动. 两者的差别是 18～

20mm/a 与 12～14mm/a 的差别；也就是说，松潘-甘孜地块与华南地块运动速率的差别是 4～8mm/a. 龙门山断裂带东西两边地块运动速率不一样，相当于松潘-甘孜地块以 4～8 mm/a 的速率朝着华南地块、朝着成都平原、四川盆地的运动受阻，于是应变能逐渐在龙门山断裂带的岩石内积累起来. 岩石内逐渐积累起来的应变能，一旦快速释放出来就是地震. 这种情况使得龙门山断裂带成为极具有地震危险性的活动构造. 但是，如果考察历史地震的情况，便可以发现历史地震的情况与上述情况形成强烈反差，因为龙门山断裂带在历史上从来没有发生过 7 级以上大地震(谢毓寿和蔡美彪, 1987; 闵子群, 1995a, b).

从图 8.21 可以看到汶川地震(白色八角星)与余震(深灰色圆点)震中位置、震中区的主要断裂(实线)、历史地震(浅灰色圆点)和沿龙门山断裂带及其附近的主要城市(白色圆点). 龙门山断裂带大约 500km 长. 龙门山断裂带包含不只一条断裂，它包含西面的茂县-汶川断裂，中间的映秀-北川断裂，东面的彭县-灌县断裂. 灌县现称都江堰. 这三条主要的断裂构成了龙门山断裂带. 尽管龙门山断裂带的地震活动也是非常活跃的，但截至发生汶川地震时，历史上并没有发生大地震的记录. 可是在龙门山断裂带附近，包括在

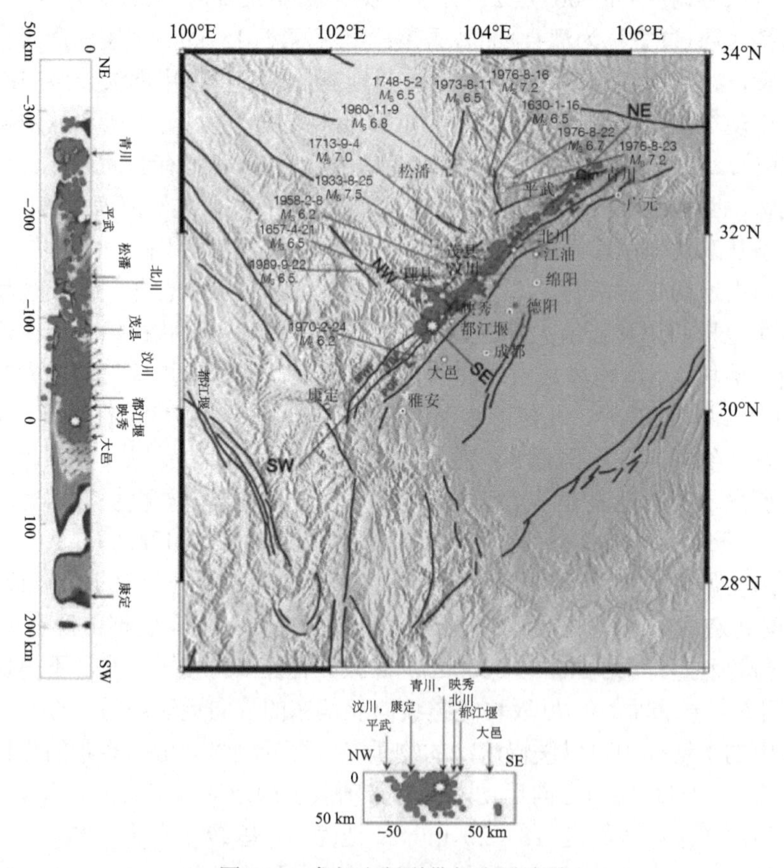

图 8.21　龙门山断裂带与汶川地震

汶川地震(白色八角星)与余震(深灰色圆点)震中位置、震中区的主要断裂(实线)、历史地震(浅灰色圆点)和沿龙门山断裂带及其附近的主要城市(白色圆点). 龙门山断裂带主要由三条断裂组成，依照由西到东的顺序，分别是：茂县-汶川断裂；映秀-北川断裂，彭县-灌县断裂

其西面的鲜水河断裂带，在其南面的安宁河断裂带，以及在龙门山断裂带周边的一些断裂带，地震是非常活跃的，历史上发生过多次 7 级及 7 级以上的大地震. 比较近期的有 1976 年 8 月 16 日、8 月 23 日发生在松潘-平武的、两次均为面波震级 $M_S7.2$ 的大地震. 然而在龙门山断裂带上发生的地震，最大也不过是 6.2. 对包括松潘-平武、龙门山断裂带在内的、1992～1996 年发生于我国中西部地区的地震作精确定位的结果(杨智娴等, 2003, 2004; Yang *et al*., 2005)显示(图 8.22)，龙门山断裂带尽管历史上没有特别大的地震活动，但在龙门山断裂带以及鲜水河断裂带等断裂带上，中、小地震是非常活跃的(Yang *et al*., 2005). 在龙门山断裂带上，中小地震分布在一条长度约 470km, 宽度约 50km 的地带上，使得龙门山断裂带成为非常具有地震危险性的一条断裂带(图 8.23).

总之，发生汶川地震的龙门山断裂带，尽管在历史上没有发生过 7 级及 7 级以上的大地震，但由于板块的运动与相互作用，由于地壳块体与地壳块体之间的运动得不到调整，在龙门山断裂带长期积累起应变能使它成为一条最具有地震危险性的活动的构造. 同时，这条断裂带很长，将近 500km 长. 汶川地震就是发生在这样一条将近 500 km 的断裂带上的大部分，即约 350 km 长的地带上的一次大规模的断裂.

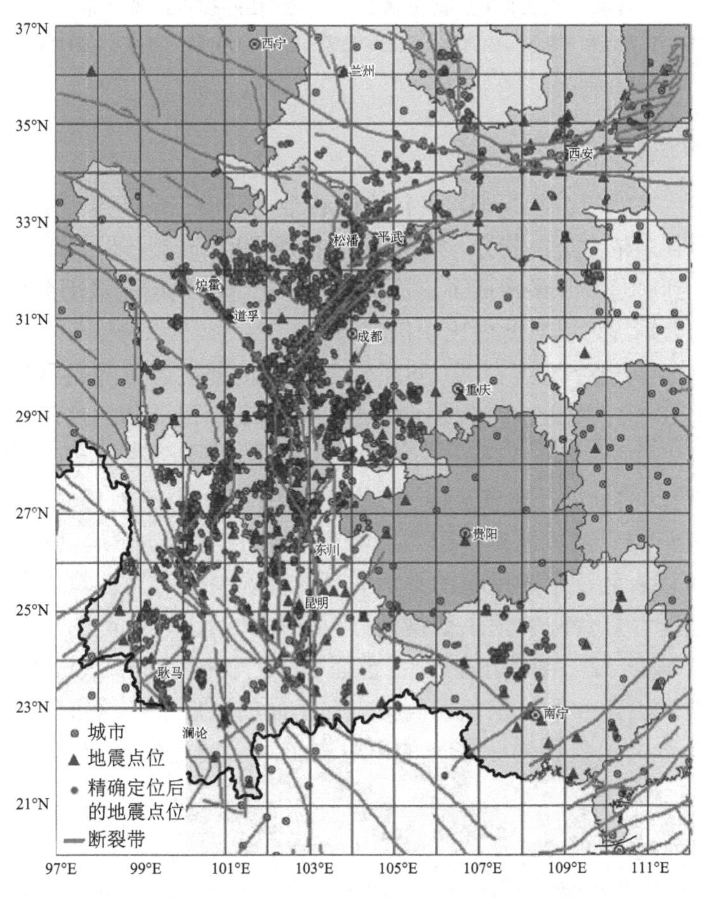

图 8.22　我国中西部地区的地震经重新精确定位后的结果

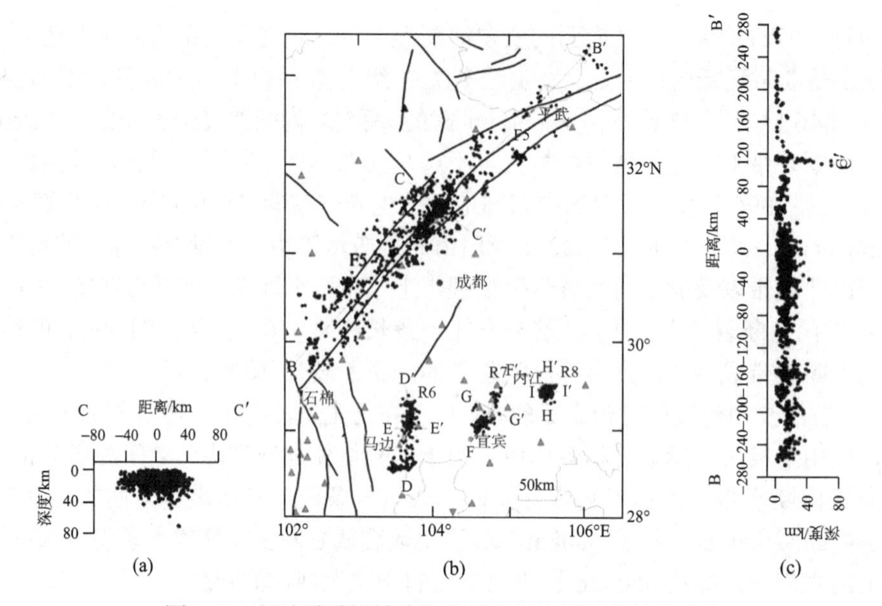

图 8.23　经地震重新精确定位的龙门山断裂带地震分布

(a)地震震中分布；(b)沿西南一东北方向的 B-B’剖面的地震分布；(c)沿西北-东南方向的 C-C’剖面的地震分布

2. 震源机制

汶川地震发生在龙门山断裂带，龙门山断裂带主要由三条断裂组成.如图 8.21 所示，这三条断裂从西到东依次是：茂县-汶川断裂，映秀-北川断裂，以及彭县-灌县断裂. 在这三条断裂中，到底是哪一条造成了这次大地震、是这次地震的成因断层呢？利用全球地震台网记录的数据，可以对此做出明确的解答.

图 8.24 是由全球数字地震台网(GSN)记录的观测地震图反演得到的汶川地震的震源机制(刘超等, 2008). 图上的点代表地震台，曲线表示记录到的汶川地震引起的台站地面运动的情况. 图中展示的只是一个方向的运动情况. 地面的运动是三维的，它既有沿东-西方向的运动的分量，也有沿南-北方向运动的分量，又有沿垂直方向上-下运动的分量，图 8.24 只展示汶川地震引起的地面在垂直方向的上-下运动在最初 150 s 的情况. 由图 8.24 可以看到，地震引起的地面震动的情况是非常复杂的. 图 8.24 中部的图表示的是根据全球地震台网的记录数据通过反演得到的汶川地震的震源机制，即：节面 I, 走向 220 °/倾角 32 °/滑动角 118 °；节面 II, 走向 8 °/倾角 63 °/滑动角 74 °. 由图可知：汶川地震发生在一条从东北朝西南方向延展的断层上，这条断层的断层面朝西北方向倾斜，西北的上盘相对于东南的下盘向上运动的逆断层错动，滑动角是 118°(图 8.25).

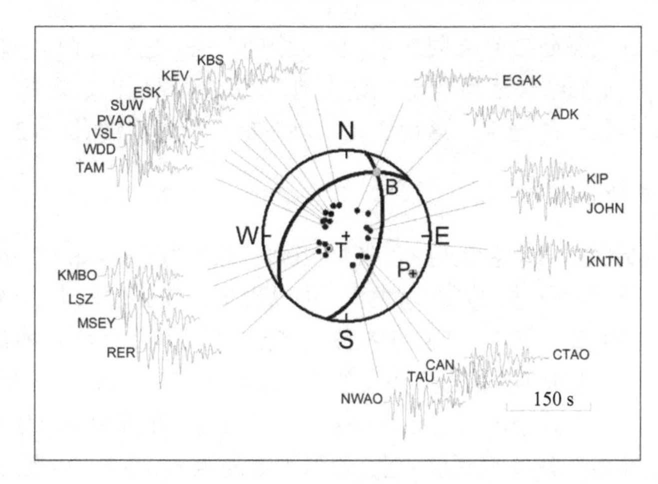

图 8.24　由全球数字地震台网(GSN)记录的观测地震图反演得到的汶川地震的震源机制（震源球下半球投影）

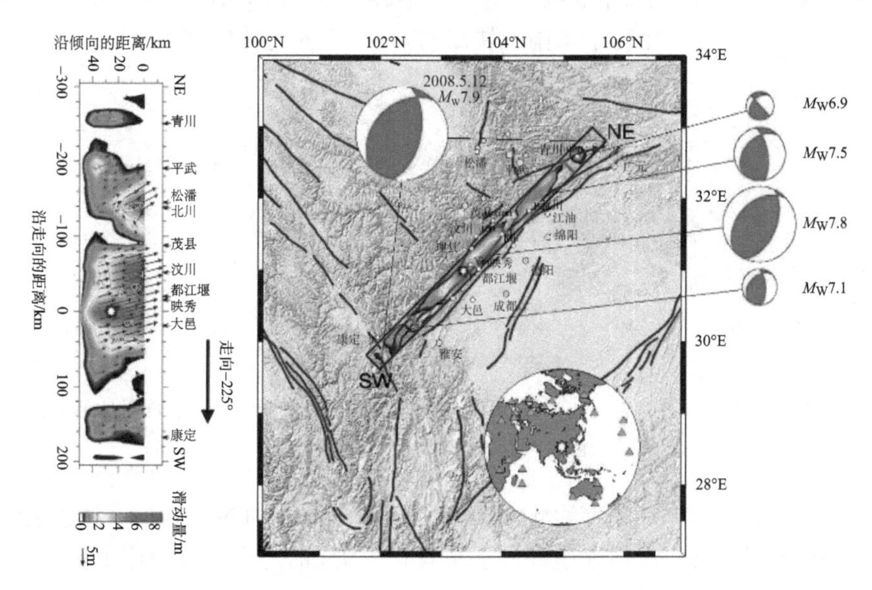

图 8.25 汶川地震成因断层、震源机制与滑动量在断层面上的分布

图中还显示了汶川地震成因断层的震源机制由西南至东北由以逆断层为主逐渐地变化为以左旋走滑为主

3. 余震分布

余震分布在长达 300 km 的条带上，而这条余震分布条带延展的方向正好就是龙门山断裂带延展的方向. 如果从西南朝东北方向看(图 8.21 下图)，可以看到余震的震源分布在一条很宽的地带内. 这一情况形象直观地说明，跟其他许多大地震不一样，汶川地震并不是简单地只发生在一条断层上. 从它的余震的空间分布可以看到，地震的发生主要是龙门山断裂带三条主干断裂的中间那一条，也就是映秀-北川断裂错动的结果. 但另外两条主干断裂，一条是主干断裂西面的龙门山后山断裂，即茂县-汶川断裂，还有就是主干断裂东面的龙门山前主边界断裂，即彭县-灌县断裂的错动作用也是不可忽视的. 也

可以说这次地震是这三条断裂带共同作用，但以中间一条，也就是映秀-北川断裂为主作用的结果. 此外，从反演结果还可看出，这次地震的成因断层的震源机制，由西南至东北是逐渐地由以逆断层错动为主逐渐地变化为以左旋走滑为主的(图 8.25 左图).

4. *静态滑动量的分布*

图8.26表示断层面上滑动量的分布(张勇, 2008; 张勇等, 2008a, b). 滑动矢量表示每个子断层上盘相对于下盘位移的方向与大小. 可以看出，在断层面上有 4 个滑动量较大的片区(图 8.26). 由西南至东北(图 8.25 左图)，震源机制从靠近康定的最西南段的下方的斜逆冲和右旋走滑断层错动(相当于矩震级为 M_W7.1 地震)，到映秀-都江堰-汶川地区正下方的以逆冲为主，兼具小的右旋走滑断层错动(相当于矩震级为 M_W7.8 地震)，到在北川地区下方斜逆冲与右旋走滑断层错动(相当于矩震级为 M_W7.5 地震)，再到青川地区正下方以右旋走滑为主的断层错动(相当于矩震级为 M_W6.9 地震). 总体上是以逆冲为主，具有小的右旋走滑分量(矩震级为 M_W7.9 地震)，与龙门山断层总体走向 NE-SW 向很一致，是巴颜喀拉地块相对于华南地块沿 NW-SE 方向逆冲的结果.

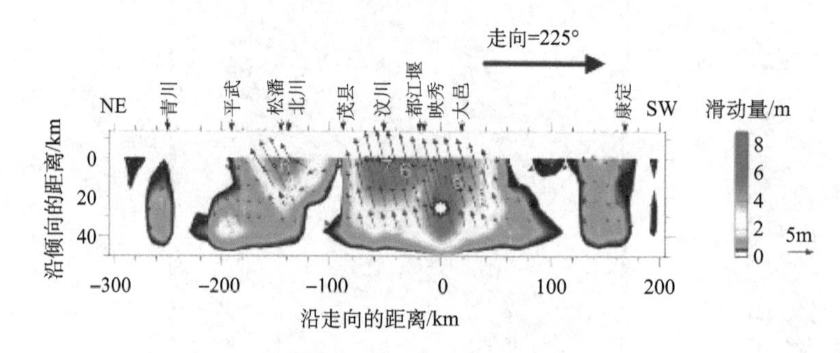

图 8.26　2008 年 5 月 12 日四川汶川 M_W7.9 地震断层面上滑动量的分布的水平投影

白色星号表示震源，箭头表示滑动矢量

反演表明，汶川地震是长度约 470 km、宽度约 50km 的 NE-SW 向的龙门山断层断裂了长达 350km 的结果. 汶川地震释放了 9.4×10^{20} Nm 的地震矩，相应于矩震级 M_W7.9. 汶川地震的平均应力降与最大应力降分别为 18MPa 与 65MPa，与 M8 板内地震典型的应力降相当.

如图 8.26 的断层面上的滑动量分布与图 8.25 右图海滩球分布所示，M_W7.9 汶川地震是一次复杂的、由断层面上的 4 个滑动量较大的片区构成的事件，其中断层面上地震破裂滑动量大于 2m 的片区有两处，一个片区在震中以南约 40km 至震中东北约 80 km 的 120km 的范围内，即在映秀-都江堰-汶川地区. 最大滑动量发生于震源处，达 8.9m，但位于地表下 15km. 滑动量大于 5m 的片区在震中以南约 20km 至震中东北约 70 km 的 90km 的范围内，直达地面，造成了大规模的地表破裂. 在汶川地区，地面上的最大滑动量达 7.5m. 另外一个滑动量大于 2m 的片区在震中东北 100～170km 的范围内，地面上的最大滑动量在北川地区，达 6.7m. 另外，在震中东北 250～270km 范围内，以及在震中西南 120～170km 范围内，还有两个滑动量较大的片区，其平均滑动量均约为 1.0m. 最大滑动量分别为 2.3m 和 1.6m，它们正好分别位于青川和康定下方，对应于烈度略低于极震区的青川和康定两个地区(图 8.27).

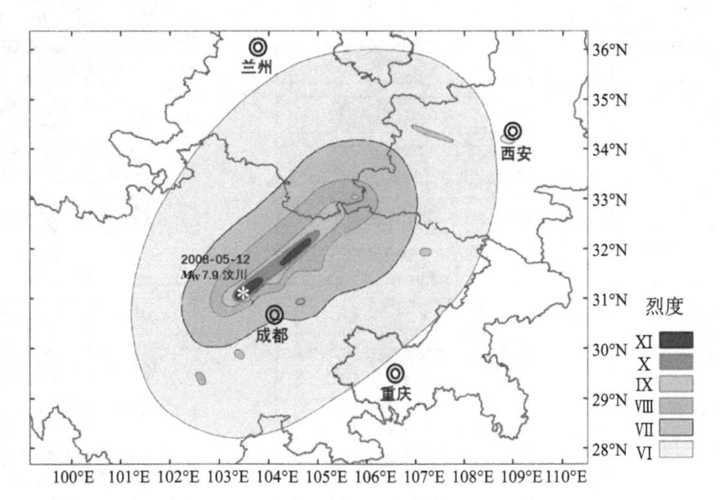

图 8.27　2008 年 5 月 12 日四川汶川 M_W7.9 地震烈度分布

八角星号表示汶川 M_W7.9 地震的震中，双圆圈表示主要城市

5. 汶川地震的破裂过程

M_W7.9 汶川地震是一次复杂的破裂过程(图 8.28). 汶川地震的破裂过程(张勇等, 2008a; 张红霞等，2008；张勇等, 2009a)开始于地震台网所确定的震源位置(震中位置：31.01°N,103.38°E, 震源深度：15km)，即大约在都江堰-映秀下方，以复杂的、不对称双侧破裂的方式分别朝东北方向与西南方向扩展，历时约 90s(图 8.25，图 8.26，图 8.28). 朝东北方向强，破裂持续时间长(约 90s)；朝西南方向较弱，破裂持续时间较短(约 60s)，致使表观上表现为朝东北方向的单侧破裂，主要的破裂向东北方向扩展了约 200km，但在东北方向约 260km 处也发生了滑动量较小(小于 1m)的错动；在震中的西南方向，滑动量和破裂延伸范围总体上都比较小，主要的破裂向西南方向扩展了约 100km，但在西南方向约 180km 处也发生了滑动量较小(小于 1m)的错动.

汶川地震破裂的时间过程大体上可分为 4 个主要阶段(图 8.28, 图 8.29). 图 8.29 中，实线和点线分别表示破裂的前缘与后缘. 第一个阶段为 0～16s，在这段时间内释放了整个过程释放的地震矩的 11%；第二个阶段为 16～40s，为本次地震破裂过程中最大也是最主要的一个阶段，释放了整个过程释放的地震矩的 56%, 在这个阶段，破裂在时间上是间歇性的，在空间上是分块的；第三个阶段为 40～58s，释放了整个过程释放的地震矩的 28%, 在这个阶段，破裂在两个片区发生，一个片区在震源东北 120km，另一个片区在震源西南 160km；最后一个阶段(第四个阶段)为 58～90s. 在这个阶段，朝西南方向的破裂已经基本完成，朝东北方向的破裂则断断续续，亦比较微弱，在这段时间内只释放了整个过程释放的地震矩的 5%. 在这个阶段，破裂表现为向东北方向的单侧破裂，在时间上是断断续续的，在空间上是分块的. 整个地震破裂过程释放了约 9.4×10^{20}Nm 的地

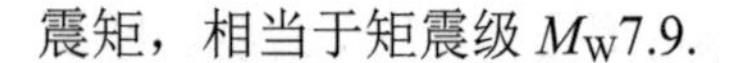

震矩，相当于矩震级 $M_W7.9$.

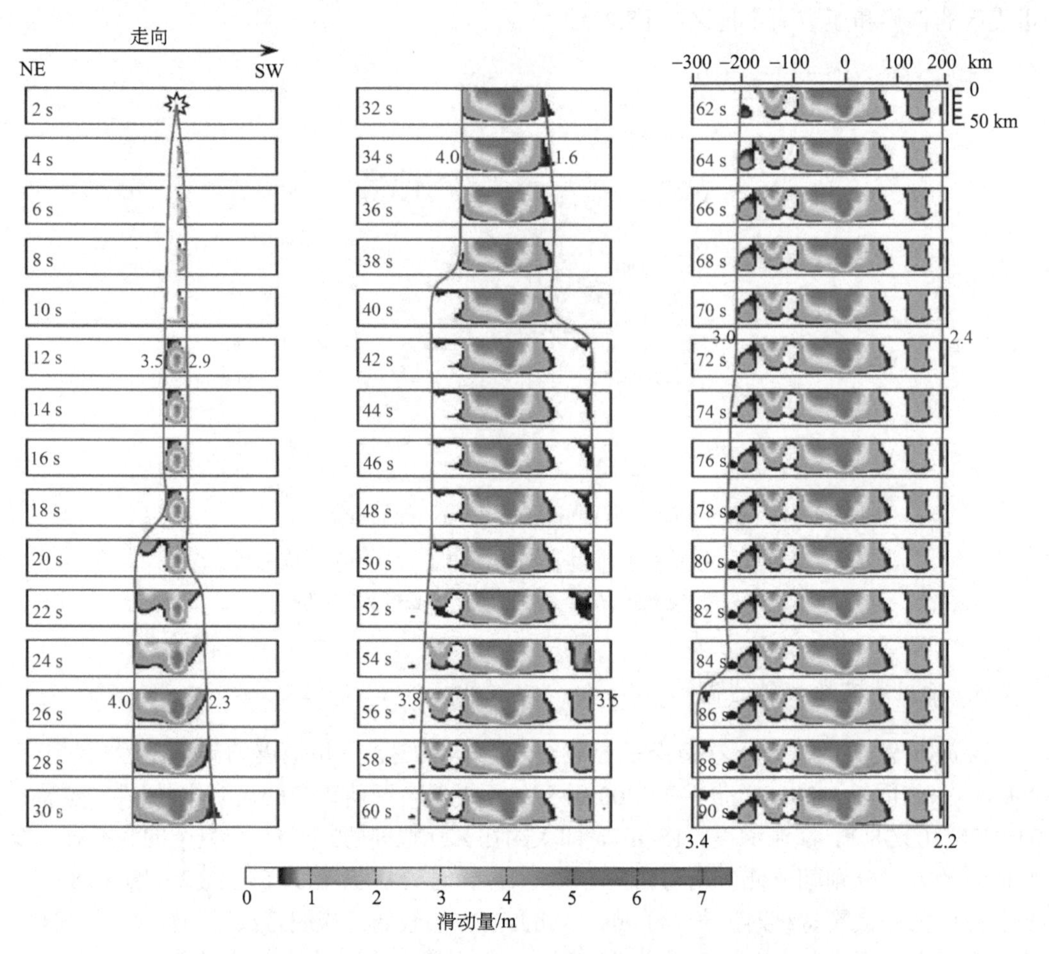

图 8.28　反演得到的 2008 年 5 月 12 日四川汶川 $M_W7.9$ 地震破裂过程的快照图

在宽 50km，长 500km 的断层面上从 0 至 90s，每隔 2s 时间间隔破裂扩展的时-空过程快照. 破裂面前缘旁的数值表示破裂扩展(传播)速度，单位：km/s，白色星号表示震源

从地应力的角度看，地震是地下岩石中的应力的突然、快速的释放. 在汶川地震发生时，地壳内沿发震断裂破裂面上的剪切应力从震前的高应力状态(“震前应力”)急遽下降到震后的较低应力的状态(“震后应力”)，所释放的应力(“应力降”)也就是震前应力与震后应力之差约为 18MPa(1MPa＝10bar). 最大应力降发生于破裂起始点即震源所在处，达 65 MPa. 汶川地震的应力降大约是发生于板块内部的地震(“板内地震”)典型的应力降(10 MPa)的两倍. 从应力降的数量级来看，汶川地震与其他板内地震并无特别之处.

汶川地震的破裂的时-空过程十分复杂. 地震大(指的是断裂长达 350km，宽达 40km，断裂滑动量大，平均约 2.5m，最大达 8.9m)，震源浅(不仅是指作为破裂起始点的震源深度只有 15km，更重要的是断裂面的倾角不大，约为 32°，长达 350km、宽达 40km 的破裂面从地下约 30km 处一直延展至地面，滑动量达数米的断裂错动贯穿地面)，破裂

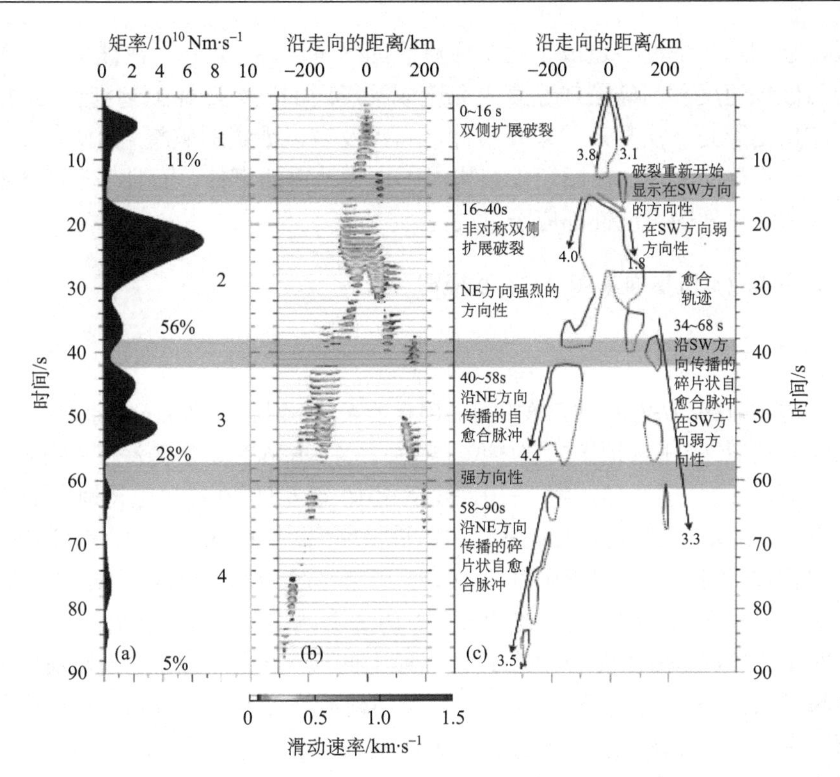

图 8.29　2008 年 5 月 12 日四川汶川 M_W7.9 地震破裂的时-空过程

(a)震源时间函数；(b)断层面上滑动率的时-空演化；(c)地震破裂时-空过程解译

持续时间长(达 90s)，以及破裂过程很不规则等 4 个因素是致使极震区遭到极其严重破坏的根本原因. 断裂的不对称性即断裂面以大约 39°的倾角向西北方向倾斜致使在断裂的西侧(即“上盘”)震动的幅度比其东侧(即“下盘”)震动的幅度大得多. 这种在许多地震中已被证实，如 1999 年 9 月 21 日我国台湾集集大地震(矩震级 M_W7.7)也发生过的所谓“上盘-下盘效应”，说明了为什么龙门山断裂带以西(处于向西北方向倾斜的断裂面上方即“上盘”)的破坏与灾害远比断裂带以东的四川盆地(处于向西北方向倾斜的断裂面下方即“下盘”)如成都等地严重. 地震的影响范围在震中(都江堰-映秀)的东北方向与西南方向具有明显的不对称性. 地面烈度达 VI 度的区域在震中的东北方向远达距震中 700km 以上的甘肃省镇原县、宁县、庆阳市、陕西彬县、宁夏固原县等地，而在震中的西南方向则只到达距震中 300km 以上的四川九龙县、冕宁县和喜德县等地. 汶川地震的破裂是以朝东北方向传播为主的不对称双侧破裂方式进行的，历时长达 90s. 破裂持续时间长达 90s 的“地震多普勒效应”致使地震的烈度分布、影响范围在震中的东北方向与西南方向呈现了明显的不对称性.

可以看出，汶川 M_W7.9 地震以逆冲为主的运动具有较小的右旋运动与 NE-SW 走向的龙门山断层的构造背景是一致的(Deng *et al.*,1984, 2003)，是巴颜喀拉地块相对于华南地块、沿着 NE-SW 走向的龙门山断层朝着 NW-SE 方向逆冲引起的. 也可以看出，汶川地震的破裂过程是极为复杂的. 在汶川地震的破裂过程中，断层面上有两个滑动量比较大的片区，它们达到地面，造成了两个极震区的严重破坏. 此外，在破裂生长过程中，不规则的高破裂速度和高破裂加速度也在造成极震区的巨大破坏上起到重要的作用. 应当指出，汶川地震是一次复杂的破裂事件，它涉及多段断层的破裂. 因此，在评估地震灾害风险时，不仅应关注一段断层破裂构成一次大地震的事件，而且多于两条断层破裂汇聚成一次大的事件的可能性都应予以关注.

(三) 2010 年 4 月 14 日青海玉树 M_W6. 9 地震

1. 构造背景

青海玉树 M_W6.9 (M_S7. 1) 地震发生于 2010 年 4 月 14 日 07:49 am 北京时间 (2010 年 4 月 13 日 23:49 UTC). 玉树地震的震中位于 (33. 2°N, 96. 6°E)，震源深度 14 km，在玉树市西北 44km (表 8.2，图 8.15，图 8.30). 截至 2010 年 5 月 30 日，玉树地震造成了 3000 人死亡或失踪，10000 人受伤，大量房屋和建筑物倒塌. 玉树地震发生在位于巴颜喀拉地块南边界的甘孜-玉树断层带 (李闽峰等,1995; 周荣军等, 1997; Wen *et al*., 2003). 甘孜-玉树断层带是一条东南走向的左旋走滑断层. 历史上，该断层地震活动性很高. 玉树地震是在过去的 100 年间，在甘孜-玉树断层西北段上的最大地震. 为了对地震灾害做出快速响应，刘超等 (2010c) 和张勇等 (2010b) 通过反演地震波资料分别得到了该地震的震源机制和震源破裂过程，并在主震发生之后约 2.5h 公布; 地震发生后 5h，以及两天后，有更多的资料可以使用时，分别两次更新了结果 (http://www. csi. ac. cn). 为了更好地了解玉树地震的震源过程，在玉树地震快速响应活动期过了之后，张勇等 (2010g) 又一次反演经仔细挑选的波形资料，改进了震源破裂过程的结果 (图 8.30).

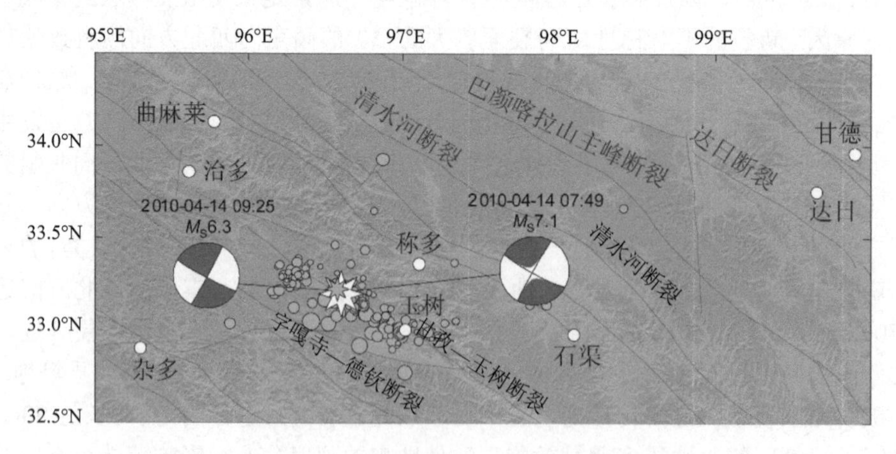

图 8.30　2010 年 4 月 14 日青海玉树 M_W6.9 地震的构造背景

白色与灰色星号分别表示 M_W6.9 (M_S7.1) 主震与 M_S6.3 最大余震的震中. 细实线表示主要断层. 海滩球表示主震与 M_S6. 3 最大余震的震源机制 (震源球下半球等面积投影)，空心圆圈表示主震发生后最初 5h 余震震中的位置 (据青海省地震局). 左下方插图中的黑框表示主图的所在的地理位置

2. 震源机制

反演结果(图 8.30)表明(刘超等, 2010c)，玉树地震的震源机制是走向 119°/倾角 83°/滑动角−2°,标量地震矩约为 2. 7×10^{19}Nm，相当于矩震级 M_W6.9.

3. 静态滑动量

图 8.31 总结了反演得出的 2010 年 4 月 14 日玉树地震的时-空破裂过程(张勇等, 2010f). 如图 8.31 所示，有 2 个滑动量较大的片区，分别位于震源附近与震中东南. 第一个片区位于震中西北 10km 至东南 10km 之间，最大滑动量约 0.8m. 第二个滑动量较大的片区位于沿走向、震中东南 17km 至 54km 处(图 8.31c,d,e 中的深色区域)，最大滑动量约 1.8m，破裂面穿透到地面上. 整个断层面上的平均滑动量约为 0.6m，平均应力降 15MPa，与板内地震典型的应力降(约为 10MPa)一致.

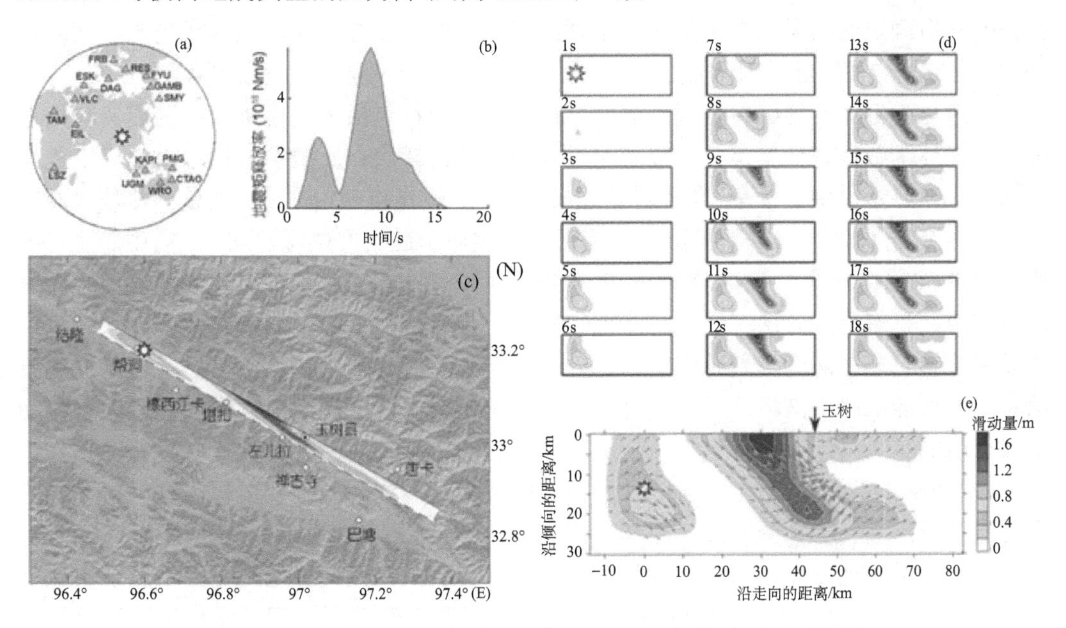

图 8.31　2010 年 4 月 14 日青海玉树 M_W6. 9 地震的时-空破裂过程

(a)震中与台站分布; (b)震源时间函数; (c)静态(最终)滑动量分布在地表面上的投影; (d)滑动量在断层面上的时-空分布; (e)断层面上的静态滑动量分布. 在图 8.31a 与图 8.31c 中,白色八角星号表示震中,但在图 8.31d 与图 8.31e 中则表示震源(破裂起始点). 灰色箭头表示滑动矢量

4. 震源破裂过程

反演得到的结果表明玉树 M_W6.9(M_S7.1)地震由两个明显的子事件构成(图 8.31b, c, e). 第一个事件发生于最初 5s,释放的地震矩较小;第二个子事件发生于以后 11s(即 5～16s),释放较大的地震矩. 震中东南滑动量大的片区破裂到达地表面. 峰值滑动量与峰值滑动量释放率分别为 2.1m 与 1.1m/s. 这些结果表明，总体上，玉树地震是一次单侧破裂事件，破裂主要朝东南方向扩展. 由此推知，位于震中东南 44km 的玉树市，将遭受

严重的破坏，因为震中东南的滑动量较大的片区穿透到地表面及地震多普勒效应，地震波能量在震中东南方向强烈地聚焦. 这些结果在地震之后约 2.5h 就报告有关部门，并在网上向公众公布. 后来便得到玉树市遭受严重破坏的野外调查报告证实，证明了这些信息对于玉树地震的应急救援工作是很有用的.

第五节　对地震应急响应的应用

根据对视震源时间函数反演与地震图震源破裂过程反演方法的分析对比研究(见表 8.1)，现在采用两步反演方案来进行快速破裂过程反演(Chen *et al*., 2019a, b).

首先，提取视震源时间函数，通过借助地震多普勒效应分析视震源时间函数，初步估计出总体上的破裂方向.

其次，在初步估计震源特性的基础上，直接用地震图反演破裂模型. 由地震图反演获得的最后确定的结果应当满足两个条件：①两者的破裂方向性类似；②震源时间函数(STF)应与平均视震源时间函数(近似为所有的视震源时间函数的叠加)类似.

快速与稳健地实施破裂过程反演的半自动操作流程包括下列模块，如远震资料处理模块、格林函数快速计算模块、视震源时间函数分析模块、反演参量设置模块，以及反演结果快速显示模块，等等. 在资料处理模块中，P 波是自动拾取的. 远震台站是通过一个间隔为 5°方位滤波器重新挑选的，使得台站相对于震中方位覆盖均匀. 震中距至 90°的远震 P 波垂直分量由 IRIS 网站下载. 实践表明，在过去 30 年发展起来地震震源破裂过程快速、稳健反演方法在提供震源特性信息上是有效的，除了通常的地震震源参量，如震中位置、震源深度、震源机制等之外，地震破裂过程的快速反演提供了更多的重要信息，如可能的严重破坏地区，及时地公布这些结果对于地震应急响应与地震灾害救助是很有用的.

自 2009 年 1 月以来，对全球 71 个以上的重大地震的震源破裂过程用这个新发展的方法作了反演(表 8.3，图 8.32，图 8.33)，并将反演结果及时公布于网上(不过，此前与此后的个别重大地震如 2008 年汶川地震与 2009 年意大利拉奎拉地震等因不属于快速反演未列其中). 2009～2018 年全球重大地震发生后其震源破裂过程在震后快速反演并在反演后立即公布的地震数据处理所用的时间，在 2009 年是震后 3～5h，现在是 1～3h(表 8.3，图 8.32，图 8.33). 这些地震包括：2010 年 1 月 12 日海地 M_W7.0 地震(Zhang *et al*., 2010; 刘超等, 2010b)，2010 年 2 月 27 日智利马乌拉(Maula)比奥-比奥(Bio-Bio) M_W8.8 地震(张勇等, 2010f)，2010 年 3 月 4 日中国台湾嘉义 M_W6.5 地震，2010 年 4 月 4 日墨西哥 M_W7.2 地震(属于约束得不好的模型)，2010 年 4 月 6 日苏门答腊 M_W7.8 地震，2013 年 4 月 20 日四川芦山 M_W6.6 地震(陈运泰等, 2013a, b; 刘瑞丰等, 2013; Zhang *et al*., 2014b)，2013 年 7 月 21 日甘肃岷县-漳县 M_W6. 0 地震，2014 年 8 月 3 日云南鲁甸 M_W6.1 地震(张勇等, 2015a)，2015 年 4 月 25 日尼泊尔廓尔喀(Gorkha) M_W7.8 地震(郭祥云等, 2015; 张勇等, 2015b)，以及 2017 年 8 月 5 日四川九寨沟 M_W6.5 地震，等等.

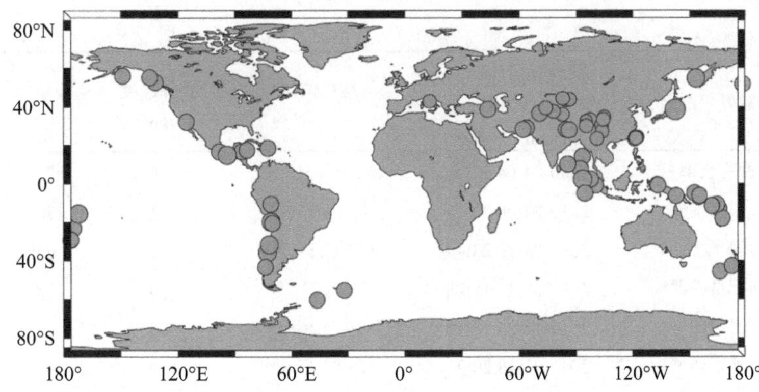

图 8.32　破裂过程在震后快速反演并立即公布的全球重大地震(2009～2018 年)震中(圆圈)分布

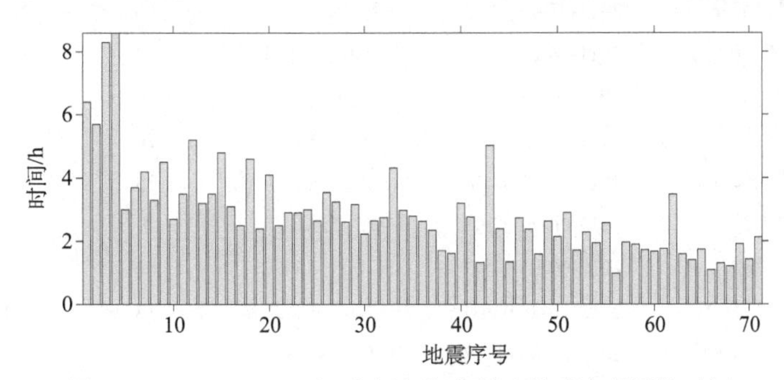

图 8.33　2009～2018 年重大地震破裂过程反演所用的时间

横坐标为重大地震序号，纵坐标表示数据处理所用的时间(单位：h，参见表 8.3)

表 8.3　全球重大地震破裂过程反演(2009～2018 年)

(部分结果还可参见 http://www. cenc. ac. cn/cenc/ 300651/index. html)

地震序号	地震发生地	发震时刻(UTC) 年-月-日 时：分 a-mo-d h:m	震中位置 纬度/°N，经度/°E	震源深度 /km	矩震级 M_W	反演耗时 /h
1	巴布亚群岛北	2009-01-04 04:43	(–0.5°, 132.8°)	33	7.7	6.4
2	巴布亚群岛北	2009-01-04 06:33	(–0.7°, 133.2°)	33	7.5	5.7
3	汤加	2009-03-19 18:17	(–23.0°, –174.7°)	10	7.8	8.3
4	加勒比海	2009-05-28 08:24	(16.8°, –86.2°)	15	7.2	8.6
5	台湾花莲海域	2009-07-13 18:05	(24.1°, 122.2°)	6	6.4	3.0
6	新西兰南岛	2009-07-15 09:22	(–45.7°, 166.6°)	33	7.8	3.7
7	安达曼群岛	2009-08-10 19:55	(14.1°, 92.9°)	33	7.8	4.2
8	萨摩亚群岛	2009-09-29 17:48	(–15.5°, –172.2°)	33	8.0	3.3
9	苏门答腊南部	2009-09-30 10:16	(–0.8°, 99.8°)	60	7.6	4.5
10	瓦努阿图	2009-10-07 22:03	(–13.0°, 166.3°)	33	7.8	2.7
11	台湾花莲	2009-12-19 13:02	(23.8°, 121.7°)	30	6.6	3.5
12	海地	2010-01-12 21:53	(18.5°, –72.4°)	10	7.1	5.2
13	智利中部	2010-02-27 06:34	(–35.8°, –72.7°)	33	8.6	3.2
14	台湾中部	2010-03-04 00:18	(23.0°, 120.7°)	5	6.5	3.5

续表

地震序号	地震发生地	发震时刻(UTC) 年-月-日 时：分 a-mo-d h:m	震中位置 纬度/°N，经度/°E	震源深度/km	矩震级 M_W	反演耗时/h
15	墨西哥北部	2010-04-04 22:40	(32.1°, –115.5°)	10	7.2	4.8
16	苏门答腊南部	2010-04-06 22:15	(2.4°, 97.1°)	31	7.8	3.1
17	青海玉树	2010-04-13 23:49	(33.1°, 96.7°)	10	6.9	2.5
18	尼科巴群岛西	2010-06-12 19:26	(7.7°, 91.9°)	30	7.6	4.6
19	瓦努阿图	2010-12-25 13:16	(–19.7°,168.9°)	20	7.4	2.4
20	巴基斯坦西南	2011-01-18 20:23	(28.8°, 63.9°)	10	7.1	4.1
21	日本东北	2011-03-11 05:46	(38.3°, 142.4°)	24	9.0	2.5
22	克马德克群岛	2011-07-06 19:03	(–29.3°, –176.2°)	10	7.7	2.9
23	克马德克岛	2011-10-21 17:57	(–29.0°, –176.2°)	33	7.5	2.9
24	土耳其东部	2011-10-23 10:41	(38.6°, 43.5°)	20	7.3	3
25	墨西哥	2012-03-20 18:02	(16.7°,–98.2°)	20	7.5	2.7
26	苏门答腊北部海域	2012-04-11 08:38	(2.3°, 93.1°)	23	8.6	3.6
27	新疆新源	2012-06-29 21:07	(43.4°, 84.8°)	7	6.3	3.3
28	哥斯达黎加	2012-09-05 14:42	(10.1°, 85.3°)	41	7.6	2.6
29	夏洛特皇后群岛	2012-10-28 03:04	(52.8°, –131.9°)	18	7.8	3.2
30	阿拉斯加东南海域	2013-01-05 08:58	(55.2°, –134.8°)	10	7.5	2.2
31	圣克鲁斯群岛	2013-02-06 01:12	(–10.8°, 165.1°)	6	7.8	2.7
32	台湾南投	2013-03-27 02:03	(23.8°, 121.1°)	21	6.0	2.8
33	伊朗巴基斯坦交界	2013-04-16 10:44	(28.1°, 62.1°)	82	7.7	4.3
34	四川芦山	2013-04-20 00:02	(30.3°, 103.0°)	12	6.8	3
35	鄂霍次克海	2013-05-24 05:44	(54.9°, 153.3°)	610	8.3	2.8
36	台湾南投	2013-06-02 05:43	(23.8°,121,1°)	20	6.2	2.6
37	甘肃岷县漳县	2013-07-21 23:45	(34.5°,104.2°)	10	6	2.4
38	台湾花莲	2013-10-31 12:02	(23.6°,121.4°)	12	6.3	1.7
39	斯科舍海	2013-11-17 09:04	(–60.3°,–46.4°)	10	7.8	1.6
40	新疆于田	2014-02-12 09:19	(35.9°,82.6°)	13	6.9	3.2
41	智利北部近海	2014-04-01 23:46	(–19.6°,–70.8°)	20	8.2	2.8
42	智利北部近海	2014-04-03 02:43	(–20.4°,–70.1°)	20	7.7	1.3
43	所罗门群岛海域	2014-04-12 20:14	(–11.3°,162.2°)	29	7.6	5
44	所罗门群岛海域	2014-04-13 12:36	(–11.5°,162.1°)	35	7.5	2.4
45	巴布亚新几内亚	2014-04-19 13:27	(–6.7°,154.9°)	31	7.5	1.3
46	阿拉斯加	2014-06-23 20:53	(51.8°,178.8°)	114	7.9	2.7
47	云南鲁甸	2014-08-03 08:30	(27.1°,103.3°)	12	6.1	2.4
48	云南景谷	2014-10-07 13:49	(23.4°,100.5°)	5	6.0	1.6
49	新不列颠地区	2015-03-29 23:48	(–4.8°,152.6°)	18	7.5	2.6
50	尼泊尔	2015-04-25 06:11	(28.1°,84.6°)	40	7.9	2.2
51	尼泊尔	2015-05-12 07:05	(27.8°,86.1°)	15	7.2	2.9
52	新疆皮山	2015-07-03 01:07	(37.5°,78.1°)	15	6.3	1.7

续表

地震序号	地震发生地	发震时刻(UTC) 年-月-日 时：分 a-mo-d h:m	震中位置 纬度/°N，经度/°E	震源深度 /km	矩震级 M_W	反演耗时 /h
53	智利中部近海	2015-09-16 22:54	(–31.6°,–71.7°)	13	8.2	2.3
54	兴都库什	2015-10-26 09:09	(36.4°,70.7°)	213	7.5	2
55	巴西塔劳阿卡	2015-11-24 22:45	(–10.5°,–70.9°)	600	7.4	2.6
56	苏门答腊海域	2016-03-02 12:49	(–4.9°,94.2°)	10	7.7	1
57	南乔治亚岛	2016-08-19 07:32	(–55.3°,–31.9°)	10	7.4	2
58	青海杂多	2016-10-17 07:14	(32.8°,94.9°)	9	5.8	1.9
59	意大利诺尔恰	2016-10-30 06:40	(42.9°,13.1°)	10	6.3	1.7
60	新西兰南岛	2016-11-13 11:02	(–42.8°,173.1°)	10	7.9	1.7
61	新疆阿克陶	2016-11-25 14:24	(39.3°,74.0°)	12	6.5	1.8
62	新疆呼图壁	2016-12-08 05:15	(43.8°,86.4°)	6	6.2	3.5
63	智利	2016-12-25 14:22	(–43.4°,–73.8°)	40	7.5	1.6
64	所罗门群岛	2017-01-22 04:30	(–6.1°,155.2°)	168	7.9	1.4
65	四川九寨沟	2017-08-08 13:19	(33.2°,103.8°)	10	6.5	1.7
66	新疆精河	2018-08-0823:27	(44.3°,82.9°)	11	6.3	1.1
67	墨西哥	2017-09-08 12:49	(14.9°,–94.0°)	30	8.1	1.3
68	西藏米林	2017-11-17 22:34	(29.8°,94.9°)	10	6.4	1.2
69	洪都拉斯北部	2018-01-10 02:51	(17.5°,–83.5°)	10	7.7	1.9
70	阿拉斯加	2018-01-23 09:31	(56.0°,–149.1°)	10	7.9	1.4
71	巴布亚新几内亚	2018-02-25 17:44	(–6.1°,142.8°)	20	7.4	2.1

以上概述了地震破裂过程反演的理论与方法及其对地震应急响应的应用. 在过去的40年(1982至今)里，出于对探索地震震源物理过程奥秘与预防和减轻地震灾害及其风险的需要，地震破裂过程反演的理论与方法得以不断改进与完善，反演工作更加高效和稳健. 由地震破裂过程反演获得的知识极大地增进了我们对地震现象(如地震震源复杂性)的认识，并且对减轻地震灾害的实践(如地震快速应急响应中估计灾害性地震的极震区)具有重要的参考价值. 特别是自2008年5月12日四川汶川地震(矩震级M_W7.9，面波震级M_S8.0)以来，快速、稳健确定地震破裂过程的方法已应用于全球重大地震的快速应急响应，所得结果不但及时上报有关部门，而且同时在网上向公众公布. 目前，地震破裂过程反演可以在地震发生之后1～3h(平均约2h)完成，而在10年前则需要3～5h(平均约4h). 实践表明，地震破裂过程反演不仅仅是地震科学研究的重要组成部分，而且是地震灾害应急响应的必要工作.

需要指出的是，在地震发生之后1～3h可以很好地确定出来地震破裂模型虽然对于估计灾害性地震的极震区、从而对于地震灾害应急救援很有参考价值，但对于近海岸地震引发的海啸的预警(Allen *et al.*, 2009)，这个时间还是太长(陈运泰, 2014, 2015). 因为通常近场海啸(near-field tsunami)在10～30min内就可以到达最近的海岸. 为了进一步减少反演所耗费的时间，一个可行的办法是运用地方性或区域性地震资料，而不是单靠远震资料. 随着地震监测工作、特别是在地震危险地区的地震监测工作继续得到改进，近震源资料的获取与运用将是今后进一步缩短快速与常规地震破裂过程反演时间的发展方向.

参 考 文 献

陈运泰, 2008. 汶川特大地震的震级和断层长度. 科技导报, **26**(10): 26-27.

陈运泰, 2009. 地震预测: 回顾与展望. 中国科学 D 辑: 地球科学, **39**(12): 1633-1658.

陈运泰, 2014. 从苏门答腊–安达曼到日本东北: 特大地震及其引发的超级海啸的启示. 地学前缘, **21**(1): 120-131.

陈运泰, 2015. 地震与防震减灾. 白春礼(主编), 科学与中国——院士专家巡讲团报告集(第九辑). 北京: 科学出版社. 17-60.

陈运泰, 许力生, 2003. 青藏高原及其周边地区大地震震源过程成像. 地学前缘, **10**(1): 57-62.

陈运泰, 许力生, 张勇, 杜海林, 冯万鹏, 刘超, 李春来, 张红霞, 2008. 2008 年 5 月 12 日汶川特大地震震源特性分析报告. http: //www. cea-igp. ac. cn/汶川地震专题/地震情况/初步研究及考察结果(一).

陈运泰, 杨智娴, 张勇, 刘超, 2013a. 浅谈芦山地震. 地震学报, **35**(3): 285-295.

陈运泰, 杨智娴, 张勇, 刘超, 2013b. 从汶川地震到芦山地震. 中国科学: D 辑地球科学, **43**(6): 1064-1072.

陳運泰, 2012. 汶川地震解讀. 许敖敖(主编), 聆聽大師 走近科學——澳門科技大學“大師講座”院士講演錄(第二輯). 澳門: 澳門科技大學: 176-202.

郭祥云, 陈运泰, 房立华, 刘瑞丰, 2015. 2015 年 4 月 25 日尼泊尔 $M_W7.9$ 地震的震源机制. 地震学报, **37**(4): 705-707.

李闽峰, 邢成起, 蔡长星, 国义秀, 郭树学, 袁著忠, 孟勇琦, 涂德龙, 张瑞斌, 周荣军, 1995. 玉树断裂活动性研究. 地震地质, **17**(3): 218-224.

刘超, 许力生, 陈运泰, 2009. 2009 年 4 月 6 日意大利拉奎拉(L'Aquila)地震快速矩张量解. 地震学报, **31**(4): 464-465. 英文刊载: Liu, C., Xu, L. S. and Chen, Y. T., 2009. Quick moment tensor solution for 6 April 2009, L'Aquila, Italy, earthquake. *Earthquake Science* **22**(5): 449-450.

刘超, 许力生, 陈运泰, 2010a. 2009 年 12 月 19 日台湾花莲地震快速矩张量解. 地震学报, **32**(1): 127-129.

刘超, 许力生, 陈运泰, 2010b. 2010 年 1 月 12 日海地地震快速矩张量解. 地震学报, **32**(1): 130-132.

刘超, 许力生, 陈运泰, 2010c. 2010 年 4 月 14 日青海玉树地震快速矩张量解. 地震学报, **32**(3): 366-368.

刘超, 许力生, 陈运泰, 2010d. 2008 年 10 月至 2009 年 11 月 32 次中强地震的快速矩张量解. 地震学报, **32**(5): 619-624.

刘超, 许力生, 陈运泰, 2011. 2009 年 11 月至 2011 年 11 月 27 次中强地震的快速矩张量解. 地震学报, **33**(4): 550-552.

刘超, 张勇, 许力生, 陈运泰, 2008. 一种矩张量反演新方法及其对 2008 年汶川 $M_S8.0$ 地震序列的应用. 地震学报, **30**(4): 329-339. 英文刊载: Liu, C., Zhang, Y., Xu, L. S. and Chen, Y. T., 2008. A new technique for moment tensor inversion with applications to the 2008 Wenchuan $M_S8.0$ earthquake sequence. *Acta Seismologica Sinica* (English Edition) **21**(4): 333-343.

刘瑞丰, 陈运泰, 任枭, 侯建民, 邹立晔, 2005. 2001 年 11 月 14 日昆仑山口西地震——一次面波震级未饱和的地震. 地震学报, **27**(5): 467-476. 英文刊载: Liu, R. F., Chen, Y. T., Ren, X., Hou, J. M. and Zou, L. Y., 2005. The November 14, 2001 west of Kunlun Mountain Pass earthquake with unsaturated surface wave magnitude. *Acta Seismologica Sinica* **18**(5): 499-509.

刘瑞丰, 陈运泰, 邹立晔, 陈宏峰, 梁建宏, 张立文, 韩雪君, 任枭, 孙丽. 2013. 2013 年 4 月 20 日四川芦山 $M_W6.7$($M_S7.0$)地震参数的测定. 地震学报, **35**(5): 652-660.

闵子群(主编), 国家地震局震害防御司(编), 1995a. 中国历史强震目录(公元前 23 世纪—公元 1911 年). 北京: 地震出版社. 1-514.

闵子群(主编), 国家地震局震害防御司(编), 1995b. 中国历史强震目录(公元 1912 年—公元 1990 年, $M_S \geq 4.7$). 北京: 地震出版社. 1-1636.

谢毓寿, 蔡美彪(主编), 1987. 中国地震历史资料汇编. 第三卷(上). 北京: 科学出版社. 1-540.

许力生, 1995. 地震破裂时空过程研究. 北京: 中国地震局地球物理研究所博士论文. 1-108.

许力生, 陈运泰, 1996. 用经验格林函数方法从长周期波形资料中提取共和地震的震源时间函数. 地震学报, **18**(2): 156-169. 英文刊载: Xu, L. S and Chen, Y. T., 1996a. Source time functions of the Gonghe, China earthquake retrieved from long-period digital waveform data using empirical Green's function technique. *Acta Seismologica Sinica* (English Edition) **9**(2): 209-222.

许力生, 陈运泰, 1997. 用数字化宽频带波形资料反演共和地震的震源参数. 地震学报, **19**(2): 113-128. Xu, L. S. and Chen, Y. T., 1997. Source parameters of the Gonghe, Qinghai Province, China, earthquake from inversion of digital broadband waveform data. *Acta Seismologica Sinica* (English Edition) **10**(2): 143-159.

许力生, 陈运泰, 1999. 1997 年中国西藏玛尼 $M_S7.9$ 地震的时空破裂过程. 地震学报, **21**(5): 449-459. 英文刊载: Xu, L. S. and Chen, Y. T., 1999. Tempo-spatial rupture process of the 1997 Mani, Xizang (Tibet), China earthquake of $M_S=7.9$. *Acta Seismologica Sinica* **12**(5): 495-506.

许力生, 陈运泰, 2002. 震源时间函数与震源破裂过程. 地震地磁观测与研究, **23**(6): 1-8.

许力生, 陈运泰, S. Fasthoff, 1998. 用经验格林函数方法反演 1996 年云南丽江地震的破裂过程. 晏凤桐(主编), 1996 年丽江地震. 北京: 地震出版社. 79-81.

许力生, Patau, G., 陈运泰, 2002. 用余震作为经验格林函数从 GDSN 长周期波形资料中提取 1999 年集集地震的震源时间函数. 地震学报, **24**(2): 113-125. 英文刊载: Xu, L. S., Patau, G. and Chen, Y. T., 2001. Soure tome functions of the 1999, Jiji (Chi-Chi) earthquake from GDSN long period waveform data using aftershocks as empirical Green's functions. *Acta Seismologica Sinica* (English Edition) **15**(2): 121-133.

杨智娴, 陈运泰, 郑月军, 于湘伟. 2003. 双差地震定位法在我国中西部地区地震精确定位中的应用. 中国科学, **33**(增刊): 129-134. 英文刊载: Yang, Z. X., Chen, Y. T., Zheng, Y. J. and Yu, X. W., 2003. Accurate relocation of earthquakes in central-western China using the double-difference earthquake location algorithm. *Science in China* (Series D) **46** (Supp.): 181-188.

杨智娴, 陈运泰, 苏金蓉, 陈天长, 吴朋, 2012. 2008 年 5 月 12 日汶川 $M_W7.9$ 地震的震源位置与发震时刻. 地震学报, **34**(2): 127-136.

杨智娴, 于湘伟, 郑月军, 陈运泰, 倪晓希, Chan, W., 2004. 中国中西部地区地震的重新定位和三维地震波速度结构. 地震学报, **26**(1): 19-29. 英文刊载: Yang, Z. X., Yu, X. W., Zheng, Y. J., Chen Y. T., Ni X. X. and Chan, W., 2004. Earthquake relocation and 3-dimensional crustal structure of P-wave velocity in central-western China. *Acta Seismologica Sinica* **17**(1): 20-30.

张红霞, 许力生, 陈运泰, 李春来, Stammler, K., 2008. 用频率域台阵技术推测 2001 年昆仑山口大地震的破裂时间与几何特征. 地震学报, **30**(1): 12-25.

张勇, 2008. 地震破裂过程反演方法研究. 北京大学地球与空间科学学院博士学位论文. 1-158.

张勇, 冯万鹏, 许力生, 周成虎, 陈运泰, 2008a. 2008 年汶川大地震的时空破裂过程. 中国科学 D 辑: 地球科学, **38**(10): 1186-1194. 英文刊载: Zhang, Y., Feng, W. P., Xu, L. S., Zhou, C. H. and Chen, Y. T., 2008a. Spatio-temporal rupture process of the 2008 great Wenchuan earthquake. *Science in China,* Series D: Earth Sciences **52**(2): 145-154.

张勇, 许力生, 陈运泰, 冯万鹏, 杜海林, 2008b. 2007年云南宁洱M_S6. 4地震震源过程. 中国科学 D 辑: 地球科学, **38**(6): 683-692. 英文刊载: Zhang, Y., Xu, L. S., Chen, Y. T., Feng, W. P. and Du, H. L., 2008b. Source process of M_S6. 4 earthquake in Ning'er, Yunnan in 2007. *Science in China*, Series D: Earth Sciences **52**(2): 180-188.

张勇, 许力生, 陈运泰, 2009a. 2008 年汶川大地震震源机制的时空变化. 地球物理学报, **52**(2): 379-389.

张勇, 许力生, 陈运泰, 2009b. 提取视震源时间函数的 PLD 方法及其对 2005 年克什米尔 M_W7. 6 地震的应用. 地球物理学报, **52**(3): 672-680.

张勇, 陈运泰, 许力生, 2010a. 2009 年 4 月 6 日意大利拉奎拉(L'Aquila)地震的破裂过程——视震源时间函数方法与直接波形反演方法比较. 地球物理学报, **53**(6): 1428-1436.

张勇, 许力生, 陈运泰, 2010b. 2010 年 4 月 14 日青海玉树地震破裂过程快速反演. 地震学报, **32**(3): 361-365. 英文刊载: Zhang, Y., Xu, L. S. and Chen, Y. T., 2010b. Fast inversion of rupture process of the 14 April 2010 Yushu, Qinghai, earthquake. *Earthquake Science* **23**(3): 201-204.

张勇, 许力生, 陈运泰, 2010c. 2009 年 9 月 29 日萨摩亚群岛地区地震破裂过程快速反演. 地震学报, **32**(1): 118-120.

张勇, 许力生, 陈运泰, 2010d. 2009 年 10 月 7 日瓦努阿图地震破裂过程快速反演. 地震学报, **32**(1): 121-123.

张勇, 许力生, 陈运泰, 2010e. 2010 年 1 月 12 日海地地震破裂过程快速反演. 地震学报, **32**(1): 124-126.

张勇, 许力生, 陈运泰, 2010f. 2010 年 2 月 27 日智利地震破裂过程快速反演. 地震学报, **32**(2): 242-244. 英文刊载: Zhang, Y., Xu, L. S. and Chen, Y. T., 2010f. Fast inversion of the rupture process of 27 February 2010 Chile earthquake. *Acta Seismologica Sinica* **23**(2): 242-244.

张勇, 许力生, 陈运泰, 2010g. 2010 年青海玉树地震震源过程. 中国科学 D 辑: 地球科学, **40**(7): 819-821. 英文刊载: Zhang, Y., Xu, L. S. and Chen, Y. T., 2010g. Source process of the 2010 Yushu, Qinghai, earthquake. *Science in China,* Series D: Earth Sciences **53**(9): 1249-1251.

张勇, 许力生, 陈运泰, 2013. 芦山 4. 20 地震破裂过程及其致灾特征初步分析. 地球物理学报, **56**(4): 1408-1411.

张勇, 许力生, 陈运泰, 汪荣江, 2014. 2014 年 2 月 12 日于田 M_W6.9 地震破裂过程初步反演: 兼论震源机制对地震破裂过程反演的影响. 地震学报, **36**(2): 159-164.

张勇, 陈运泰, 许力生, 魏星, 金明培, 张森, 2015a. 2014 年云南鲁甸 M_W6. 1 地震: 一次共轭破裂地震. 地球物理学报, **58**(1): 153-162.

张勇, 许力生, 陈运泰, 2015b. 2015 年尼泊尔 M_W7.9 地震破裂过程: 快速反演与初步联合反演. 地球物理学报, **58**(5): 1804-1811.

周荣军, 闻学泽, 蔡长星, 马声浩, 1997. 甘孜-玉树断裂带的近代地震与未来地震趋势估计. 地震地质, **19**: 115-124.

周云好，许力生，陈运泰，2002. 2000 年 6 月 4 日印度尼西亚苏门答腊南部 M_S8. 0 地震的时空破裂过程. 中国地震，**18**(3)：221-229.

Aki, K. and Richards, P. G., 1980. *Quantitative Seismology. Theory and Methods.* **1** & **2**. San Francisco: W. H. Freeman. 1-932. 安芸敬一，P. G. 理查兹，1986. 定量地震学. 第**1, 2**卷. 李钦祖，邹其嘉等译. 北京：地震出版社. 1-620, 1-406.

Allen, R. M., Gasparini, P., Kamigaichi, O. and Bose, M., 2009. The status of earthquake early warning around the world: An introductory overview. *Seismol. Res. Lett.* **80**(5)：682-693.

Avouac, J. P. and Tapponnier, P., 1993. Kinematic model of active deformation in central Asia. *Geophys. Res. Lett.* **20**: 895-898.

Bertero, M., Bindi, D., Boccacci, P., Cattaneo, M., Eva, C. and Lanza, V., 1997. Application of the projected Landweber method to the estimation of the source time function in seismology. *Inverse Problems* **13**: 465-486.

Butler, R., Lay, T., Creager, K., Earl, P., Fischer, K., Gaherty, J. and Tromp, J., 2004. The Global Seismographic Network surpasses its design goal. *Eos, Trans. Amer. Geophys. Union* **85**(23)：225-229.

Chen, Y. T. and Xu, L. S., 2000. A time domain inversion technique for the tempo-spatial distribution of slip on a finite fault plane with applications to recent large earthquakes in Tibetan Plateau. *Geophys. J. Int.* **143**(2)：407-416.

Chen, Y. T. and Xu, L. S., 1999. Source processes of recent large earthquakes in Qinghai-Xizang(Tibetan) Plateau. *J. Geology* **B**(13/14)：216-217.

Chen, Y. T., Mu, Q. D. and Zhou, G. W., 1991. China Digital Seismograph Network: Current status and future direction. *MetNet*. Rome: Il Cigno Galileo Galilei. 114-120.

Chen, Y. T., Xu, L. S., Li, X. and Zhao, M., 1996. Source process of the 1990 Gonghe, China earthquake and tectonic stress field in the Northeastern Qinghai-Xizang(Tibetan) Plateau. *Pure Appl. Geophys.* **146**(3/4)：97-105.

Chen, Y. T., Xu, L. S., Zhang, Y. and Zhang, X., 2019a. Inversion of the earthquake rupture process: Methods, case studies and applications to emergency response. In: Li, Y. -G. (ed.), *Earthquake and Disaster Risk: Decade Retrospective of the Wenchuan Earthquake*. Beijing: Higher Education Press and Springer Nature Sigapore Pte Ltd. 1-30.

Chen, Y. T., Zhang, Y. and Xu, L. S., 2019b. Inversion of earthquake rupture process: Theory and applications. In: Bizzarri, A., Das, S. and Petri, A. (eds.), "Enrico Fermi", Course 202, *Mechanics of Earthquake Faulting*. Amsterdam: IOS Press. SIF, Bologna, 133-175. 又载：Chen, Y. T., Zhang, Y. and Xu, L. S., 2019b. Inversion of earthquake rupture process: Theory and applications. *Rivista Del Nuovo Cimento* **42**(8)：367-406.

Das, S. and Henry, C. 2003. Spatial relation between main earthquake slip and its aftershock distribution. *Rev. Geophys* **41**(3)：1013, doi: 10. 1029/2002RG000119, 2003.

Das, S. and Kostrov, B. V., 1990. Inversion for seismic slip rate history and distribution with stabilizing constraints: Application to the 1986 Andreanof Islands earthquake. *J. Geophys. Res.* Solid Earth **95**(B5)：6899-6913.

Das, S. and Kostrov, B. V., 1994. Diversity of solutions of the problem of faulting inversion. Application to SH waves for the great Macquarie Ridge earthquake. *Phys. Earth Planet. Inter.* **85**: 293-318.

Das, S., 2007. The needs to study speed. *Science* **317**: 905-906.

Das, S., 2011. Earthquake rupture inverse problem. In: Gupta, H. K. (ed.), *Encyclopedia of Solid Earth Geophysics*. Netherland: Springer. 182-188.

Delouis, B., Giardini, D., Lundgren, P. and Salichon, J., 2002. Joint inversion of InSAR, GPS, teleseismic, and strong-motion data for the spatial and temporal distribution of earthquake slip: application to the 1999 Izmit mainshock. *Bull. Seismol. Soc. Am.* **92**: 278-299.

Deng, Q. D., Sung, F. M., Zhu, S. L., Li, M. L., Wang, T. L., Zhang, W. Q., Burchfiel, B. C., Molnar, P. and Zhang, P. Z., 1984. Active faulting and tectonics of the Ningxia-Hui Autonomous Region, China. *J. Geophys. Res* **89:** 4427-4445.

Deng, Q. D., Zhang, P. Z., Ran, Y. K., Yang, X. P., Ming, W. and Chu, Q. Z., 2003. Basic characteristics of active tectonics of China. *Science in China*, Series D: Earth Sciences **46** (4) : 356-372+417-418.

Di Bona, M. and Boatwright, J., 1991. Single-station decomposition of seismograms for subevent time histories. *Geophys. J. Int.* **105** (1) : 103-117.

Dreger, D. S., 1994. Investigation of the rupture process of the 28th June 1992 Landers earthquake utilizing TERRA Scope. *Bull. Seismol. Soc. Am.* **84**: 713-724.

Hartzell, S. and Iida, M., 1990. Source complexity of the 1987 Whittier Narrows, California, earthquake from the inversion of strong motion records. *J. Geophys. Res.* : Solid Earth **95** (B8) : 12475-12485.

Hartzell, S. H. and Heaton, T. H, 1983. Inversion of strong ground motion and teleseismic waveform data for the fault rupture history of the 1979 Imperial Valley, California, earthquake. *Bull. Seismol. Soc. Am.* **73**: 1553 -1583.

Hartzell, S. H. and Heaton, T. H, 1985. Teleseismic time functions for large shallow subduction zone earthquakcs. *Bull. Seismol. Soc. Am.* **75**: 965 -1004.

Hartzell, S. H., 1978. Earthquake aftershocks as Green's function. *Geophys. Res. Lett.* **5**, 1-4.

Heidemann, J., Ye, W., Wills, J., Syed, A. and Li, Y., 2006. Research challenges and applications for underwater sensor networking. In: *Wireless Communications and Networking Conference, 2006. IEEE* **1**: 228-235.

Ji, C., Wald, D. J. and Helmberger, D. V., 2002. Source description of the 1999 Hector Mine, California, earthquake, Part I: Wavelet domain inversion theory and resolution analysis. *Bull. Seismol. Soc. Am.* **92**: 1192-1207.

Johnson, H. O., Agnew, D. C. and Hudnut, K., 1994. Extremal bounds on earthquake movement from geodetic data: Application to the Landers earthquake. *Bull. Seismol. Soc. Am.* **84** (3) : 660-667.

Kikuchi, M. and Kanamori, H., 1982. Inversion of complex body waves. *Bull. Seismol. Soc. Am.* **72**: 491-506.

Kostrov, B. V. and Das, S., 1988. *Principles of Earthquake Source Mechanics*. Cambridge: Cambridge University Press. 1-475.

Li, X. and Chen, Y. T., 1996. Inversion of long-period body-wave data for the source process of the Gonghe, Qinghai, China earthquake. *Acta Seismologica Sinica* (English Edition) **9** (3) : 361-370.

Liu, C., Xu, L. S. and Chen, Y. T., 2009. Quick moment tensor solution for 6 April 2009, L'Aquila, Italy, earthquake. *Earthquake Science* **22** (5) : 449-450.

Liu, C., Xu, L. S. and Chen, Y. T., 2011. Quick moment tensor solutions for 27 moderate and large earthquakes of November 2009-November 2010. *Acta Seismologica Sinica* **33** (4) : 550-552.

Molnar, P. and Lyon-Caent, H., 1989. Fault plane solutions of earthquakes and active tectonics of the Tibetan Plateau and its margins. *Geophys. J. Int.* **99**: 123-153.

Molnar, P., and Tapponnier, P., 1978. Active tectonics of Tibet. *J. Geophys. Res.* **83**: 5361-5375.

Monastersky, R., 2012. The next wave. *Nature* **483**(7388): 144.

Mori, J. and Hartzell, H. S., 1990. Source inversion of the 1988 Upland, California, earthquake: determination of a fault plane for a small event. *Bull. Seismol. Soc. Am.* **80**: 507-517.

Mueller, C. S., 1985. Source pulse enhancement by deconvolution of an empirical Green's function. *Geophys. Res. Lett.* **12**: 33-36.

Peltzew, G. and Saucier, F., 1996. Present-day kinematics of Asia derived from Geologic fault rates. *J. Geophys. Res.* **101**: 27943-27956.

Piana, M. and Bertero, M., 1997. Projected Landweber method and preconditioning. *Inverse Problem* **13**: 441-463.

Somerville, P., Irikura, K., Graves, R., Sawada, S., Wald, D., Abrahamson, N., and Kowada, A., 1999. Characterizing crustal earthquake slip models for the prediction of strong ground motion. *Seismol. Res. Lett.* **70**(1): 59-80.

Tapponnier P., and Molnar, P., 1977. Active faulting and tectonics in China. *J. Geophys. Res.,* **82**: 2905-2930.

Udías, A., Madariaga, R. and Buforn, E., 2014. *Source Mechanisms of Earthquakes*. Cambridge: Cambridge University Press. 1-302.

Ward, S. N. and Barrientos, S. E., 1986. An inversion for slip distribution and fault shape from geodetic observations of the 1983, Borah Peak Idaho, earthquake. *J. Geophys. Res.* **91**: 4909-4919.

Wen, X. Z., Xu, X. W., Zheng, R. Z., *et al.*, 2003. Average slip-rate and recent large earthquake ruptures along the Garzê-Yushu fault. *Science in China*, Series D: Earth Sciences **46**(Supp): 276-288.

Xu, L. S. and Chen, Y. T., 2006a. Source process of the 2004 Sumatra-Andaman earthquake. In: Chen, Y. T. (ed.), *Advances in Geosciences* **1**: Solid Earth (SE). Singapore: World Scientific Publishing Co. 27-40.

Xu, L. S. and Chen, Y. T., 2006b. Observed evidence for crack fusion from the 14 November 2000 Kunlun Mountain earthquake. In: Chen, Y. T. (ed.), *Advances in Geosciences* **1**: Solid Earth (SE). Singapore: World Scientific Publishing Co. 51-59.

Xu, L. S., Chen, Y. T., Teng, T. L. and Patau, G., 2002. Temporal and spatial rupture process of the 1999 Chi-Chi earthquake from IRIS and GEOSCOPE long-period waveform data using aftershocks as empirical Green's functions. *Bull. Seismol. Soc. Am.* **92**(8): 3210-3228.

Yagi, Y., Mikumo T., Pacheco, J. and Reyes, G., 2004. Source rupture process of the Tecomán, Colima, Mexico earthquake of 22 January 2003, determined by joint inversion of teleseismic body-wave and near-source data. *Bull. Seismol. Soc. Am.* **94**: 1795-1807.

Yang, Z. X., Waldhauser, F., Chen, Y. T. and Richards, P., 2005. Double-difference relocation of earthquakes in central-western China, 1992–1999. *J. Seismol.* **9**: 241-264.

Zeng, R. S. and Sun, W. G., 1993. Seismicity and focal mechanism in Tibetan Plateau and its implications to lithospheric flow. *Acta Seismologica Sinica* **6**(2): 261-287.

Zhang, Y., Chen, Y. T. and Xu, L. S., 2007. Rupture process of the 2005 Southern Asian (Pakistan) M_W7. 6 earthquake from long-period waveform data. In: Chen, Y. T. (ed.), *Advances in Geosciences* **9**: Solid Earth (SE), Ocean Science (OS) and Atmospheric Science (AS). Singapore: World Scientific Publishing

Co. 13-21.

Zhang, Y., Chen, Y. T. and Xu, L. S., 2012a. Fast and robust inversion of earthquake source rupture process and its application to earthquake emergency response. *Earthquake Science* **25**(2): 121-128.

Zhang, Y., Feng, W. P., Chen, Y. T., Xu, L. S., Li, Z. H. and Forrest, D., 2012b. The 2009 L'Aquila M_W6. 3 earthquake: a new technique to locate the hypocentre in the joint inversion of earthquake rupture process. *Geophys. J. Int.* **191**: 1417-1426.

Zhang, Y., Wang, R., Chen, Y. T., Xu, L, Du, F., Jin, M., Tu, H. and Dahm, T., 2014a. Kinematic rupture model and hypocenter relocation of the 2013 M_W 6. 6 Lushan earthquake constrained by strong-Motion and teleseismic data. *Seismol. Res. Lett.* **85**(1): 15-22.

Zhang, Y., Wang, R., Zschau, J., Chen, Y. T. and Parolai, S., 2014b. Automatic imaging of earthquake rupture processes by iterative deconvolution and stacking of high-rate GPS and strong motion seismograms. *J. Geophys. Res., Solid Earth*, 10. 1002/2013JB010469.

Zheng, X. F., Yao, Z. X., Liang, J. H. and Zheng, J., 2010. The role played and opportunities provided by IGP DMC of China National Seismic Network in Wenchuan earthquake disaster relief and researches. *Bull. Seismol. Soc. Am.* **100**(5B): 2866-2872.

Zhou, Y. H., Xu, L. S. and Chen, Y. T., 2002. Source process of the 4 June 2000 southern Sumatra, Indonesia, earthquake. *Bull. Seismol. Soc. Am.* **92**(5): 2027-2035.

Костров, Б. В., 1975. *Механика Очага Тектонического Землетрясения*. Москва: Издателвство《Наука》, АН СССР. 1-176. Б. В. 科斯特罗夫, 1979. 构造地震震源力学. 冯德益, 刘建华, 汤泉译. 北京: 地震出版社. 1-204.

第九章　地震破裂动力学

第一节　地震破裂动力学中的自相似问题

（一）地震震源与脆性破裂

1. 脆性张破裂

使岩石中的晶体联结在一起的力是原子间的相互作用力，通常称为内聚力. 原子间的内聚力 $F(x)$ 与它们之间的距离 x 的关系如图 9.1a 所示（Burridge, 1976）. $F(x)<0$ 表示吸引力，$F(x)>0$ 表示排斥力. 在 $x=e$ 处，$F(x)=0$，e 称为平衡距离. 在 $x=e$ 处，$F(x)$ 是可微的，其斜率 $F'(x)$ 正比于晶体的杨氏模量. 内聚力在某一距离 $x=h_1$ 时达到极大值，然后随着 x 的增大而迅速地减小，到 $x=h_2$ 时再度减到零. 由原子排列成的两个面的原子之间的距离大于 h_2 时两个面就分开了，也就是发生了破裂. 为便于理解起见，我们先以张性裂纹为例来说明破裂面端部的情况. 假定在张性载荷的影响下，由原子排列成的平面如图 9.2 所示. 图 9.2 的右边表示破裂面已形成. 此时两个平面之间的内聚力（吸引力）几乎等于零. 图 9.2 的左边表示材料尚未破裂. 在图 9.2 的中间区间，内聚力最大，因为两个平面之间的距离几乎等于 h_1. 若以 N 表示正在裂开的平面上单位面积内的原子数，则内聚力等于 $N\times F$.

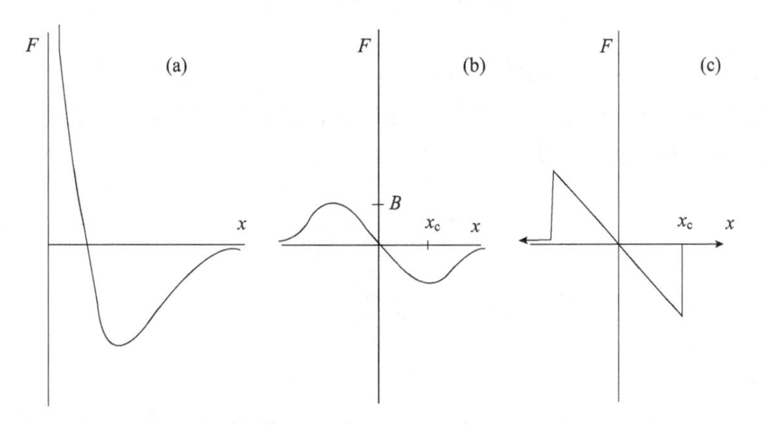

图 9.1　原子间的内聚力 $F(x)$ 与它们之间的距离 x 的关系

(a) 脆性张破裂；(b) 脆性剪切破裂；(c) 理想化了的脆性剪切破裂

随着张性载荷增加，图 9.2 所示的破裂面将向左扩展. 在一些情况下，即使载荷不增加，破裂面也可能会自发地失稳扩展. 在破裂问题中，我们想要知道在给定的载荷下破裂面是怎样运动的并求出其相应的弹性波场. 为方便起见，在处理这个问题时，通常简单地假定晶体是脆性的，即直至破裂前，晶体仍然是完全弹性的，在这种情形下，为了使原子构成的平面分开一个单位面积，必须反抗内聚力做功：

$$2G = N\int_{e}^{h_2} F(x)\mathrm{d}x, \tag{9.1}$$

式中，G 称为表面能系数，它表示产生单位面积新鲜破裂面所需要消耗的能量．上式左边的因子 2 表示当原子构成的平面分开一个单位面积时，便有两倍面积的新鲜破裂面产生．

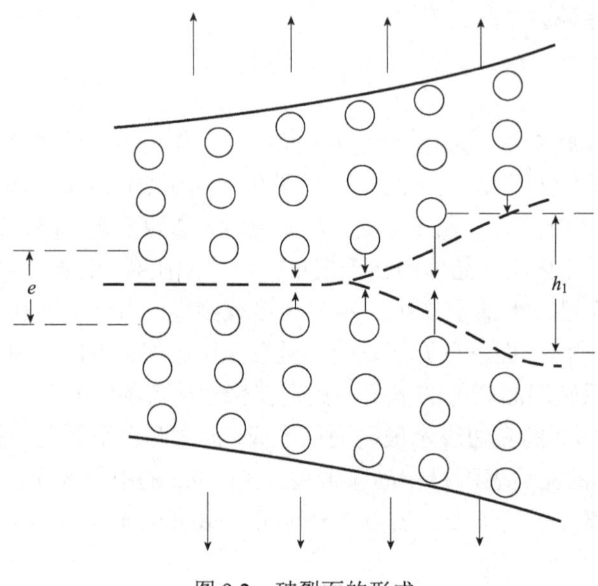

图 9.2　破裂面的形成

在许多情况下，破裂面端部的范围很小，近似地可以把它当作是一条线；在二维问题里，近似地可以把它当作是一个奇点．如果以 v_c 表示破裂面端部的扩展速度，那么单位时间内反抗内聚力所做的功为：

$$2v_c G = v_c N\int_{e}^{h_2} F(x)\mathrm{d}x. \tag{9.2}$$

这个功等于单位时间内流入破裂面端部的能量 g.

2. 脆性剪切破裂

以上说的是脆性张破裂情形．地震时地下岩石的破裂过程与此类似．不同的是，地震时介质发生的主要是剪切破裂．图 9.1b 示意地表示作用于原子上的剪切力与原子离开其平衡位置的侧向位移 x 的函数关系．在平衡位置上，作用于原子的剪切力等于零．当断层面上相对着的两盘上两个原子分开的距离等于无穷大时，剪切力再度等于零．当上述两个原子分开的距离很短，其相互作用的剪切力很小时，力和距离近似是线性的，遵从弹性理论中的虎克定律．当外加的作用力(剪切载荷)的幅度达到并超过某一极大值 B 时，两个原子将移动到临界位置，此时，所施加的作用力超过将断层面两盘联结在一块、趋于使原子回到其平衡位置的吸引力．在这种情况下，原子将加速运动．其位移将愈来愈大，当距离 x 很大时，原子彼此间没有什么约束，在数值等于 B 的力的作用下加速运动．原子的侧向运动在发生碰撞时会减速．断层面两盘之间的黏滞阻力、动摩擦以及地震辐射都可以模拟成碰撞．如果以弹簧模拟断层面两盘之间的联结，把力和距离的函数关系理想化为当 $x<x_c$ 时是线性的；而当 $x>x_c$ 时，恢复力立即降为零，则这个关系如图 9.1c 所示．

原子在侧向移动的自由度取决于其附近的其他原子的排列．如果在其运动方向前方最近的点阵上已经有原子占据着位置，那么这个原子的不稳定运动可能会引起作用在其附近的原子上的力动态地增加，并且可能最终导致这个作用力超过使断层面两盘联结在一起的力．于是，相邻的原子受到触发，发生自由运动或者几乎是自由的运动，当剪切位移增大时，运动不受断层面之间的弹性的恢复力的影响或只受恢复力的轻微影响．这种情况逐级发展下去，就表现为一个扩展着的裂纹．另一方面，如果在原子运动方向前方的最近的点阵上是一个空位，则该原子的力-距离关系就与图 9.1b 大不相同，而这对原子-空位的表现就与原子的加速度有关；当加速度较小时，可能出现原子与空穴互换位置的情况；宏观上则表现为一种蠕动．当加速度较大时，有可能发生原子越过空穴的级联式的运动．

按照上述模式，如果依次作用在每个原子上的动态力超过其临界结合强度的话，那么破裂就将继续进行．反之，如果作用在任一原子上的总动态力即原有的静态力加上由于已破裂原子的运动产生的附加力的总和小于其临界结合强度，则破裂将停止扩展．

地震时介质发生的主要是剪切破裂，它是地下岩石在剪切载荷下，沿某个软弱面(断层面)发生的突然错动，而这个面上的剪切阻抗在发生断层错动后随即下降到比静态剪切阻抗要低的数值，于是一个滑动面即剪切破裂面就以失稳方式沿着上述软弱面动态地扩展．

这就是说，脆性材料的张破裂与地震时作为一种脆性材料的岩石的剪切破裂两者都是一种失稳过程．通过这一过程，在某些面上产生逐渐扩展的相对位移的区域．而一旦开始运动后，内聚力(即阻碍破裂面两边相对运动的力)则降到低于初始静内聚力(静摩擦力)的数值．

根据以上分析，我们可以依照各种不同层次的提法来研究地震时地下岩石的破裂问题(Savage, 1980; Lay and Wallace, 1995; Udías, 1999; Scholz, 2002; Lee *et al*., 2002; Udías *et al*., 2014)．最一般的提法可以是：已知完整的、未遭受破损的岩石的状态方程及其所受载荷，问是否会发生破裂？如果会，那么将沿哪个平面发生破裂？作为时间和位置的函数，质点是怎样运动的？等等．想用解析的方法处理这样的问题是很困难的，看来只有用数值模拟才有可能处理．比上述最一般的提法层次略低一点的提法可以是：已知破裂面所在的平面和破裂准则，求究竟是在这个面上的哪个部分发生破裂，破裂面上的相对位移以及破裂面端部的扩展速度．层次再低一点的提法是：假定知道了载荷，知道了断层所在的平面、作为时间函数的破裂区以及沿破裂面的作用力(在摩擦滑动时这个力就是动摩擦)，求破裂面的相对位移．在这种情况下，既然已经预先知道了随时间而变化的破裂区，所以不需要用到破裂准则．但是，如果我们除了想知道破裂面的位移之外，还想要确定作为时间函数的破裂面，就需要运用到破裂准则．

基于上述分析，以下将先从上述最简单的一种情形，即假定已知相对位移区域和载荷的情形开始．

(二) 地震破裂动力学中的自相似问题

1. 自相似问题

我们来考虑一个二维问题．设在 $t<0$ 时，均匀、各向同性和完全弹性的无限介质在平行于 z 方向的均匀剪切应力作用下处于平衡状态(图 9.3) (Burridge and Willis, 1969; Ida, 1972, 1973)，即：

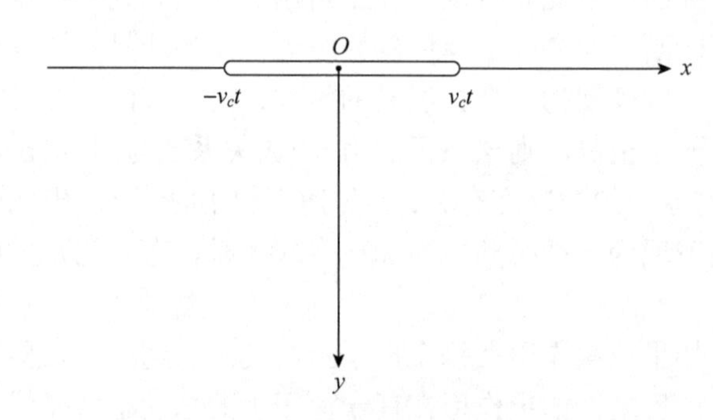

图 9.3　破裂动力学中的自相似问题

$$\tau_{yz} = \tau_{zy} = \tau_b, \qquad t < 0, \tag{9.3}$$

式中，τ_b 是常量．假定在 $t<0$ 时，在 $y=0$ 平面上的一个随时间扩展的区域$-v_ct<x<v_ct$，$-\infty<z<+\infty$两边的介质不再紧密结合在一起，从而应力突然下降．这种情况称为应力的松弛，一旦上述区域两边的介质不再紧密结合在一起并发生应力的松弛，上述区域的两边就发生相对运动．如果以τ_d表示作用在发生滑动的区域两边的摩擦应力，则：

$$\tau_{yz} = \tau_d, \qquad -v_ct < x < v_ct, \qquad y = 0, \qquad t > 0, \tag{9.4}$$

式中，τ_d 也是常量．设位移全沿着 z 方向，并以 $W(x, y, t)$ 表示之．$W(x, y, t)$ 系由初始的平衡状态起算．在这些条件下，应力

$$\tau_{yz} = \tau_b + \sigma_{yz}, \tag{9.5}$$

式中，σ_{yz} 是应力增量，它与应变的$\partial W/\partial y$ 关系为

$$\sigma_{yz} = \mu \frac{\partial W}{\partial y}, \tag{9.6}$$

而 W 满足波动方程：

$$\rho \frac{\partial^2 W}{\partial t^2} = \mu \nabla^2 W. \tag{9.7}$$

以上两式中，ρ是密度，μ是刚性系数，这里设它们都是常量．

由式(9.4)至式(9.6)可得

$$\mu\frac{\partial W}{\partial y}=-\Delta\tau, \qquad -v_c t<x<v_c t, \qquad y=0, \qquad t=0, \tag{9.8}$$

式中，

$$\Delta\tau=\tau_b-\tau_d. \tag{9.9}$$

式(9.8)表明，弹性介质中的运动就好像在 $t>0$ 时沿着$-v_c t<x<v_c t$，$y=0$ 施加了一个$-\Delta\tau$的应力一样．通常把$\Delta\tau$称为动态应力降，它是现在讨论的这个问题中的驱动力．

方程(9.7)至方程(9.9)连同初始条件 $t<0$ 时 $W=0$ 构成了求解 W 的初值-边值问题．

由于这个问题具有反对称性，所以 W 是 y 的奇函数：$W(x,-y,t)=W(x,y,t)$．既然在 $y=0$，$|x|>v_c t$ 时 $W(x,y,t)$是连续的，所以对于$|x|>v_c t$ 来说，$W(x,0,t)=0$．这样一来，我们只需要讨论 $y>0$ 的情形．于是上述问题转化为半无限介质 $y>0$ 中求解 W 的初值-边值问题：

$$\frac{1}{\beta^2}\frac{\partial^2 W}{\partial t^2}=\nabla^2 W, \qquad y>0, \qquad t>0, \tag{9.10}$$

$$W(x,0^+,t)=0, \qquad |x|>v_c t, \quad t>0, \tag{9.11}$$

$$\mu\frac{\partial W}{\partial y}\bigg|_{y=0^+}=-\nabla\tau, \quad |x|<v_c t, \quad t>0, \tag{9.12}$$

$$W(x,y,t)=0, \qquad |y|>0, \quad t<0, \tag{9.13}$$

式中，β是横波速度：

$$\beta=\left(\frac{\mu}{\rho}\right)^{1/2}. \tag{9.14}$$

对 x, y, t, W 作下列变换：

$$x'=\alpha x, \quad y'=\alpha y, \quad t'=\alpha t, \quad W'=\alpha W, \tag{9.15}$$

式中，α是常数．上述变换相当于一种尺度的变换．很容易看出，通过上述变换，方程(9.10)至方程(9.13)保持不变．这表明，作为x', y', t'的函数，W'的形式与作为 x, y, t 函数的 W 的形式应当是一样的，即：

$$W'(x',y',t')=W(x',y',t'). \tag{9.16}$$

但由式(9.15)的最末一个变换式可知上式的左边

$$W'(x',y',t')=\alpha W(x,y,t). \tag{9.17}$$

而由式(9.15)的前三个变换式可知式(9.16)的右边

$$W'(x',y',t')=W(\alpha x,\alpha y,\alpha t), \tag{9.18}$$

所以，

$$W(\alpha x,\alpha y,\alpha t)=\alpha W(x,y,t). \tag{9.19}$$

上式表明，W 是 x, y, t 的一次齐次函数．通常把具有这种性质的解称为自相似解．因此式(9.10)至式(9.13)所表示的问题的解是一种自相似解．式(9.10)至式(9.13)所表示的问题是一种自相似问题．

2. 波动方程的自相似解

我们现在来求式(9.10)至式(9.13)所表示的自相似问题的解．首先，我们注意到 W 是 x, y, t 的一次齐次函数，所以速度

$$W_t = \frac{\partial W}{\partial t} \tag{9.20}$$

是 x, y, t 的零次齐次函数：

$$W_t(\alpha x, \alpha y, \alpha t) = \frac{\partial W(\alpha x, \alpha y, \alpha t)}{\partial(\alpha t)} = \frac{\alpha \partial W(x, y, t)}{\alpha \partial t} = W_t(x, y, t). \tag{9.21}$$

今取 W_t 的解的形式为

$$W_t(x, y, t) = \mathrm{Im}[F(\tau)], \tag{9.22}$$

$$t = \xi(\tau)x + \zeta(\tau)y, \tag{9.23}$$

式中，τ 是复变数，$\xi(\tau)$，$\zeta(\tau)$ 是 τ 的解析函数．上式表示了 τ 和 x, y, t 的关系，而 $F(\tau)$ 是 τ 的解析函数．为书写简洁起见，以下一般都略去 $F(\tau)$ 的前面的符号 Im，只是在必要时才恢复它．

由式(9.22)可得

$$\frac{\partial W_t}{\partial t} = F'(\tau)\frac{\partial \tau}{\partial t}, \tag{9.24}$$

$$\frac{\partial W_t}{\partial x} = F'(\tau)\frac{\partial \tau}{\partial x}, \tag{9.25}$$

$$\frac{\partial W_t}{\partial y} = F'(\tau)\frac{\partial \tau}{\partial y}. \tag{9.26}$$

而由式(9.23)可得

$$\mathrm{d}t = \xi \mathrm{d}x + \zeta \mathrm{d}y + \delta' \mathrm{d}\tau, \tag{9.27}$$

式中，

$$\delta' = \xi' x + \zeta' y. \tag{9.28}$$

从而，

$$\frac{\partial \tau}{\partial t} = \frac{1}{\delta'}, \tag{9.29}$$

$$\frac{\partial \tau}{\partial x} = -\frac{\xi}{\delta'}, \tag{9.30}$$

$$\frac{\partial \tau}{\partial y} = -\frac{\xi}{\delta'}. \tag{9.31}$$

将以上三式代入式(9.24)至式(9.26)便得

$$\frac{\partial W_t}{\partial t} = \frac{F'}{\delta'}, \tag{9.32}$$

$$\frac{\partial W_t}{\partial x} = -\frac{F'\xi}{\delta'}, \tag{9.33}$$

$$\frac{\partial W_t}{\partial y} = -\frac{F'\xi}{\delta'}. \tag{9.34}$$

对以上三式分别再对 t, x, y 微商一次，我们得到：

$$\frac{\partial^2 W_t}{\partial t^2} = \frac{1}{\delta'}\frac{\partial}{\partial \tau}\left(\frac{F'}{\delta'}\right), \tag{9.35}$$

$$\frac{\partial^2 W_t}{\partial x^2} = \frac{1}{\delta'}\frac{\partial}{\partial \tau}\left(\frac{F'\xi^2}{\delta'}\right), \tag{9.36}$$

$$\frac{\partial^2 W_t}{\partial y^2} = \frac{1}{\delta'}\frac{\partial}{\partial \tau}\left(\frac{F'\xi^2}{\delta'}\right). \tag{9.37}$$

W_t 同样满足式(9.10)所示的波动方程．将以上三式代入波动方程(9.10)，我们可以得到：

$$\frac{1}{\delta'}\frac{\partial}{\partial \tau}\left[\frac{1}{\delta'}(\beta^{-2} - \xi^2 - \zeta^2)F'\right] = 0. \tag{9.38}$$

这表明，如果 $\xi(\tau), \zeta(\tau)$ 作为 τ 的函数满足方程：

$$\xi^2 + \zeta^2 = \beta^{-2}, \tag{9.39}$$

并且 $F(\tau)$ 是任一解析函数，则由式(9.22)所给出的 W 是波动方程的解．根据这种情况，我们取

$$\xi \equiv \tau, \tag{9.40}$$

$$\zeta = (\beta^{-2} - \xi^2)^{1/2} \equiv \eta(\xi), \tag{9.41}$$

于是波动方程的解便是

$$W_t(x, y, t) = F(\xi), \tag{9.42}$$

式中，ξ 满足方程：

$$\xi x + \eta(\xi) y = t. \tag{9.43}$$

3. 破裂面上的位移分布

函数 $F(\xi)$ 的具体形式应当由这个问题的其他条件来确定．在 $y=0^+$，

$$\frac{\partial W_t}{\partial t} = \frac{F'(\xi)}{x}, \tag{9.44}$$

$$\frac{\partial W_t}{\partial y} = -\frac{\eta(\xi)F'(\xi)}{x}, \tag{9.45}$$

$$\xi = \frac{t}{x}. \tag{9.46}$$

由式(9.11)和式(9.12)两式所表示的边界条件可得，在 $y=0^+$，

$$\frac{\partial^2 W}{\partial t^2} = 0, \quad |x| > v_c t, \quad t > 0, \tag{9.47}$$

$$\frac{\partial^2 W}{\partial t \partial y} = 0, \quad |x| < v_c t, \quad t > 0. \tag{9.48}$$

这表明，当ξ是实数且$|\xi|=|t/x|<v_c^{-1}$时，$F'(\xi)$是实数；当$|\xi|>v_c^{-1}$时，$\eta(\xi)F'(\xi)$是实数.

在外加载荷不变的情况下，破裂面的扩展是在已破裂的部分所发生的扰动的影响下发生的，从因果关系考虑，破裂面端部的扩展速度应当小于波的传播速度．在这个问题里横波是唯一的一种波，所以

$$v_c < \beta, \tag{9.49}$$

从而，

$$\eta(\xi) = (\beta^{-2} - \xi^2)^{1/2}. \tag{9.50}$$

在$|\xi|>v_c^{-1}$时是纯虚数．这样，上述推论可以概括为：当 $\mathrm{Im}\xi=0$ 时，

$$\mathrm{Im}[F'(\xi)] = 0, \qquad |\xi| < v_c^{-1}, \tag{9.51}$$

$$\mathrm{Re}[F'(\xi)] = 0, \qquad |\xi| > v_c^{-1}. \tag{9.52}$$

这表明 $F'(\xi)$ 的形式应当是

$$F'(\xi) = (v_c^{-2} - \xi^2)^{n+\frac{1}{2}} P(\xi), \tag{9.53}$$

式中，$P(\xi)$是实系数的多项式，n是整数．因为在 $x=0$ 即$\xi=\infty$时$\partial W/\partial t$ 是有限的，所以 $F'(\xi)$ 在$\xi\to\infty$时是可积的；而在 $x=v_c t$ 即$\xi=\pm v_c^{-1}$时 W 也是有限的，所以 $F'(\xi)$经过二次积分后在$\xi=\pm v_c^{-1}$时也必定是有限的．这些条件意味着在上式中$-5/2\leqslant n<-1$ 即 $n=-2$ 且 P 为常数．于是，

$$F'(\xi) = \frac{A}{(v_c^{-2} - \xi^2)^{3/2}}, \tag{9.54}$$

式中，A 是实常数．对ξ作积分后得

$$F(\xi) = \frac{A\xi v_c^2}{(v_c^{-2} - \xi^2)^{1/2}} + C. \tag{9.55}$$

因为 $t=0$ 即$\xi=0$ 时$\partial W/\partial t=0$，所以 $C=0$．于是，

$$F(\xi) = \frac{A\xi v_c^2}{(v_c^{-2} - \xi^2)^{1/2}}. \tag{9.56}$$

注意到在 $y=0^+$时$\xi=t/x$，所以，

$$\left.\frac{\partial W}{\partial t}\right|_{y=0^+} = \mathrm{Im}\left[\frac{Atv_c^2}{(v_c^{-2}x^2 - t^2)^{1/2}}\right]. \tag{9.57}$$

若规定 $\mathrm{Im}(v_c^{-2}x^2-t^2)^{1/2}\leqslant 0$，则

$$\left.\frac{\partial W}{\partial t}\right|_{y=0^+} = \begin{cases} 0, & \text{当} v_c t < |x|, \\ \dfrac{Atv_c^2}{(t^2 - v_c^{-2}x^2)^{1/2}}, & \text{当} v_c t > |x|. \end{cases} \tag{9.58}$$

对上式再作一次积分就得到：

$$W\Big|_{y=0^+}=\begin{cases}0, & 当 v_c t<|x|,\\ Atv_c^2(t^2-v_c^{-2}x^2)^{1/2}, & 当 v_c t>|x|.\end{cases}\tag{9.59}$$

系数 A 可以由应力边界条件确定出，这就是式(9.12)所表示的在 $y=0^+$，

$$\mu\frac{\partial W}{\partial y}\Big|_{y=0^+}=-\Delta\tau,\qquad |x|<v_c t,\qquad t>0,\tag{9.60}$$

为此，对式(9.45)的 t 作积分，我们得

$$\frac{\partial W}{\partial y}\Big|_{y=0^+}=-\mathrm{Im}\int_0^t\frac{\eta(\xi)F'(\xi)}{x}\mathrm{d}t,\qquad |x|<v_c t,\qquad t>0.\tag{9.61}$$

将式(9.50)与式(9.54)代入上式，并注意在 $y=0^+$ 时 $\xi=t/x$，所以，

$$\frac{\partial W}{\partial y}\Big|_{y=0^+}=-A\,\mathrm{Im}\int_0^\xi\frac{(\beta^{-2}-\xi^2)^{1/2}}{(v_c^{-2}-\xi^2)^{3/2}}\mathrm{d}\xi,\qquad |\xi|>v_c^{-1}.\tag{9.62}$$

在复 ξ 平面，$\xi=\pm\beta^{-1}$ 和 $\pm v_c^{-1}$ 都是支点．我们规定上式所表示的积分从 $\xi=\beta^{-1}$ 和 v_c^{-1} 的上方绕过．将上式代入式(9.60)即得

$$\Delta\tau=\mu A\,\mathrm{Im}\int_0^\xi\frac{(\beta^{-2}-\xi^2)^{1/2}}{(v_c^{-2}-\xi^2)^{3/2}}\mathrm{d}\xi,\qquad |\xi|>v_c^{-1}.\tag{9.63}$$

今以 ε 表示一个小的正数，则因为当 $\xi<\beta-\varepsilon$ 时 $(\beta^{-2}-\xi^2)^{1/2}$ 与 $(v_c^{-1}-\xi^2)^{3/2}$ 均为实数，所以 $\mathrm{Im}\int_0^{\beta^{-1}-\varepsilon}=0$；当 $\xi>v_c^{-1}+\varepsilon$ 时它们均为纯虚数，所以 $\mathrm{Im}\int_{v_c^{-1}+\varepsilon}^{\xi}=0$．于是，

$$\Delta\tau=\mu A\,\mathrm{Im}\int_{\beta^{-1}-\varepsilon}^{v^{-1}+\varepsilon}\frac{(\beta^{-2}-\xi^2)^{1/2}}{(v_c^{-2}-\xi^2)^{3/2}}\mathrm{d}\xi.\tag{9.64}$$

对上式分部积分，我们得

$$\begin{aligned}\Delta\tau=\mu A\,\mathrm{Im}\Bigg\{&\frac{\xi(\beta^{-2}-\xi^2)^{1/2}}{v_c^{-2}(v_c^{-2}-\xi^2)^{1/2}}\Bigg|_{\beta^{-1}-\varepsilon}^{v_c^{-1}+\varepsilon}\\&-\int_{\beta^{-1}-\varepsilon}^{v_c^{-1}+\varepsilon}\frac{-\xi^2}{v_c^{-2}(v_c^{-2}-\xi^2)^{1/2}(\beta^{-2}-\xi^2)^{1/2}}\mathrm{d}\xi\Bigg\}.\end{aligned}\tag{9.65}$$

因为

$$\mathrm{Im}\left\{\frac{\xi(\beta^{-2}-\xi^2)^{1/2}}{(v_c^{-2}-\xi^2)^{1/2}}\Bigg|_{\beta^{-1}-\varepsilon}^{v_c^{-1}+\varepsilon}\right\}=0,$$

而在区间 $[\beta^{-1},\ v_c^{-1}]$ 以外，上式花括号内的第二项的被积函数的虚部为零，所以，

$$\Delta\tau = \mu A v_c^2 \int_{\beta^{-1}}^{v_c^{-1}} \frac{\xi^2}{(v_c^{-2}-\xi^2)^{1/2}(\xi^2-\beta^{-2})^{1/2}} \mathrm{d}\xi. \tag{9.66}$$

设

$$v_c^{-2}-\xi^2 = (v_c^{-2}-\beta^{-2})u^2, \tag{9.67}$$

则式(9.66)可以表示成

$$\Delta\tau = \mu A v_c \int_0^1 \left(\frac{1-k^2u^2}{1-u^2}\right)^{1/2} \mathrm{d}u, \tag{9.68}$$

式中，

$$k = (1-v_c^2\beta^{-2})^{1/2} < 1. \tag{9.69}$$

若令

$$u = \sin\phi, \tag{9.70}$$

那么，

$$\Delta\tau = \mu A v_c E(k), \tag{9.71}$$

式中，

$$E(k) = \int_0^{\pi/2} (1-k^2\sin^2\phi)^{1/2} \mathrm{d}\phi \tag{9.72}$$

是第二类完全椭圆积分(王竹溪和郭敦仁，1965)．这样，我们便定出了系数 A：

$$A = \frac{\Delta\tau}{\mu v_c E(k)}. \tag{9.73}$$

现在，把 A 的表示式代回到式(9.59)，便得到在自相似破裂面上的位移分布，即在 $y=0^+$(图 9.4)，

$$W = \begin{cases} 0, & |x| > v_c t, \\ \dfrac{\Delta\tau}{\mu E(k)}(v_c^2t^2-x^2)^{1/2}, & |x| < v_c t. \end{cases} \tag{9.74}$$

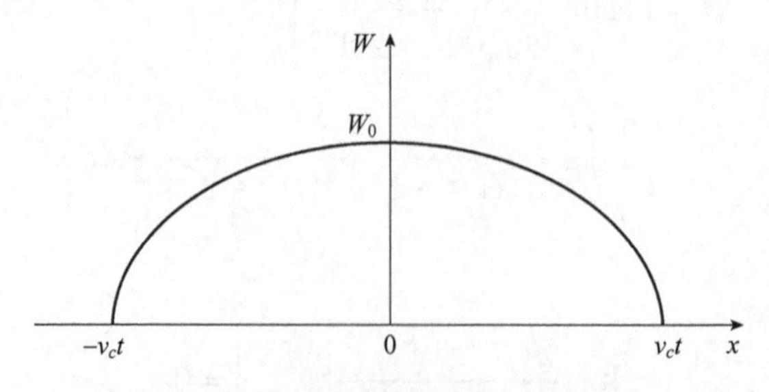

图 9.4　自相似破裂面上的位移分布

$W_0=\Delta\tau v_c t/\mu E(k)$

4. 破裂速度对位移的影响

以 a 表示某一长度单位．由上式所表示的结果，我们注意到当 $t=a/v_c$ 时，在 $y=0^+$，

$$W=\begin{cases}0, & |x|>a,\\ \dfrac{\Delta\tau}{\mu E(k)}(a^2-x^2)^{1/2}, & |x|<a.\end{cases} \tag{9.75}$$

据此公式，我们可以比较破裂速度不同时破裂面上的位移量的大小．作为举例，我们来比较两种极端情形，即缓慢破裂（$v_c\to 0$ 也即 $v_c^{-1}\to\infty$）和 $v_c=\beta$ 两种情形．在我们讨论的问题里，破裂是从一点开始的，所以如果没有外界作用，v_c 总是小于β，不会有 $v_c>\beta$ 的情形．因此我们不讨论 $v_c^{-1}<\beta^{-1}$ 的情形．当 $v_c^{-1}\to\infty$时 $k\to 1$，$E(k)\to 1$，于是

$$W=\frac{\Delta\tau}{\mu}(a^2-x^2)^{1/2}, \qquad |x|<a. \tag{9.76}$$

而当 $v_c^{-1}<\beta^{-1}$ 时，$k\to 0$，$E(k)\to\pi/2$，于是

$$W=\frac{2}{\pi}\frac{\Delta\tau}{\mu}(a^2-x^2)^{1/2}, \qquad |x|<a. \tag{9.77}$$

以上两式说明，当应力降 $\Delta\tau$ 的大小一样时，较慢破裂导致破裂面出现较大的位移．

5. 质点运动速度

以上得到的是 $y=0^+$处的解．现在来求 $y>0$ 的解．由式(9.22)，式(9.56)和式(9.73)可得

$$\frac{\partial W}{\partial t}=\frac{\Delta\tau v_c}{\mu E(k)}\mathrm{Im}\left[\frac{\xi}{(v_c^{-2}-\xi^2)}\right]. \tag{9.78}$$

与对 $\mathrm{Im}(v_c^{-2}x^2-t^2)^{1/2}\leqslant 0$ 所作的规定一致，我们规定上式中的根式为 $\mathrm{Im}(v_c^{-2}-\xi^2)^{1/2}\leqslant 0$．

由式(9.41)与式(9.43)可以解出ξ：

$$\xi=\frac{1}{r}[t\sin\theta\pm(\beta^{-2}r^2-t^2)^{1/2}\cos\theta], \tag{9.79}$$

式中，

$$\begin{cases}x=r\sin\theta,\\ y=r\cos\theta.\end{cases} \tag{9.80}$$

当 $t\to\infty$时，$\xi\to t/r(\sin\theta\pm \mathrm{i}\cos\theta)$．在复$\xi$ 平面上，作割线 $[v_c^{-1},+\infty)$．规定在割线的上岸，$\mathrm{Im}(v_c^{-2}-\xi^2)^{1/2}\leqslant 0$．这样一来，在 $t\to\infty$ 时只有 $\xi\to t/r(\sin\theta+\mathrm{i}\cos\theta)$ 这种情形满足 $\mathrm{Im}(v_c^{-2}-\xi^2)^{1/2}\leqslant 0$ 这个条件的要求．这就是说，如果取ξ 的解为

$$\xi=\frac{1}{r}[t\sin\theta-(\beta^{-2}r^2-t^2)^{1/2}\cos\theta], \tag{9.81}$$

并且在复 t 平面作割线$[\beta^{-1}r,+\infty)$，规定在割线的上岸，$\mathrm{Im}(\beta^{-2}r^2-t^2)^{1/2}=-(t^2-\beta^{-2}r^2)^{1/2}\leqslant 0$；则在 $0\leqslant t\leqslant r/\beta$，$\mathrm{Re}(\beta^{-2}r^2-t^2)^{1/2}\geqslant 0$．也就是

$$\xi = \begin{cases} \dfrac{1}{r}[t\sin\theta - (\beta^{-2}r^2 - t^2)^{1/2}\cos\theta], & t < r/\beta, \\ \dfrac{1}{r}[t\sin\theta + \mathrm{i}(t^2 - \beta^{-2}r^2)^{1/2}\cos\theta], & t > r/\beta. \end{cases} \tag{9.82}$$

将上式代到式(9.56)中便可得到质点运动的速度．事实上，因为当 $t<r/\beta$ 时 ξ 是实数并且小于 v_c^{-1}，所以 $(v_c^{-2}-\xi^2)^{1/2}$ 也是实数．由此可知 $\partial W/\partial t$，从而 W 在 $t<r/\beta$ 时都等于零．

6. 应力强度因子

我们来分析 $y=0^+$ 处破裂面端部的应力奇点的性质．应力由式(9.5)给出，而其中与应力增量相联系的应变 $\partial W/\partial y$ 由式(9.62)给出．将式(9.62)分部积分，得

$$\left.\frac{\partial W}{\partial y}\right|_{y=0^+} = -A\,\mathrm{Im}\left\{\left.\frac{(\beta^{-2}-\xi^2)^{1/2}\xi}{v_c^{-2}(v_c^{-2}-\xi^2)^{1/2}}\right|_0^{\xi} + \int_0^{\xi}\frac{\xi^2}{v_c^{-2}(v_c^{-2}-\xi^2)^{1/2}(\beta^{-2}-\xi^2)^{1/2}}\mathrm{d}\xi\right\}, \tag{9.83}$$

当 $\xi\uparrow v_c^{-1}$ 时，上式右边花括号内的积分是有限的，所以当 $\xi\uparrow v_c^{-1}$ 也即 $x\downarrow v_ct$ 时，

$$\left.\frac{\partial W}{\partial y}\right|_{y=0^+} \approx A\frac{v_c^{3/2}(v_c^{-2}-\beta^{-2})^{1/2}}{2^{1/2}v_c^{-1/2}(v_c^{-1}-\xi)^{1/2}}, \qquad \xi\uparrow v_c^{-1}, \tag{9.84}$$

但是因为 $\xi=t/x$，所以，

$$\frac{\partial W}{\partial y} \approx A\frac{v_c^2(v_c^{-2}-\beta^{-2})^{1/2}x^{1/2}}{2^{1/2}(x-v_ct)^{1/2}}, \qquad x\downarrow v_ct, \tag{9.85}$$

从而，

$$\tau_{yz} = \frac{k\Delta\tau x^{1/2}}{2^{1/2}E(k)}\frac{1}{(x-v_ct)^{1/2}} + \mathrm{O}(1), \qquad x\downarrow v_ct, \tag{9.86}$$

式中，k 如式(9.69)所示，O(1)是数量级为 1 的小量．

上式说明，当 $x\downarrow v_ct$ 时，破裂面端部的应力与 $(x-v_ct)^{1/2}$ 成反比．这在线性弹性力学的裂纹问题中是习见的．通常将因子 $[2\pi(x-v_ct)]^{-1/2}$ 前的系数称为应力强度因子，即

$$\tau_{yz} = \frac{K}{(2\pi)^{1/2}(x-v_ct)^{1/2}}. \tag{9.87}$$

所以，应力强度因子

$$K = \frac{(\pi v_ct)^{1/2}k\Delta\tau}{E(k)}. \tag{9.88}$$

7. 能量

我们来计算单位时间内流入破裂面端部的能量，由式(9.58)与式(9.73)，不难得到，当 $x\uparrow v_ct$ 时，

$$\frac{\partial W}{\partial t}=\frac{v_c\Delta\tau x^{1/2}}{2^{1/2}\mu E(k)}\frac{1}{(v_c t-x)^{1/2}}+\mathrm{O}(1),\qquad x\uparrow v_c t.\tag{9.89}$$

所以单位时间内流入破裂面端部的能量 g 为

$$g=\int_{v_c t-\varepsilon}^{v_c t+\varepsilon}2\frac{\partial W}{\partial t}\tau_{yz}\mathrm{d}x=\int_{-\varepsilon}^{+\varepsilon}\frac{v_c k\Delta\tau^2(v_c t+x)}{\mu[E(k)]^2}x_-^{-1/2}x_+^{-1/2}\mathrm{d}x,\tag{9.90}$$

式中，

$$x_-^{-1/2}=\begin{cases}0, & x\geqslant 0,\\ |x|^{-1/2}, & x<0,\end{cases}\tag{9.91}$$

$$x_+^{-1/2}=\begin{cases}x^{-1/2}, & x>0,\\ 0, & x\leqslant 0.\end{cases}\tag{9.92}$$

8. 广义函数 x_-^{α} 和 $x_+^{-1-\alpha}$ 的积

式(9.90)涉及形如 x_-^{α} 与 $x_+^{-1-\alpha}$ 的广义函数的积的积分.

由分布论可以证明，广义函数 x_-^{α} 与 $x_+^{-1-\alpha}$ 的积可以表示为

$$x_-^{\alpha}x_+^{-1-\alpha}=-\frac{\pi}{2}\frac{1}{\sin\pi\alpha}\delta(x),\tag{9.93}$$

式中，

$$x_-^{\alpha}=\begin{cases}|x|^{\alpha}, & x<0,\\ 0, & x>0,\end{cases}\tag{9.94}$$

$$x_+^{-1-\alpha}=\begin{cases}0, & x<0,\\ x^{-1-\alpha}, & x>0.\end{cases}\tag{9.95}$$

$\delta(x)$ 为狄拉克(Dirac) δ–函数.

首先，因为

$$\begin{aligned}(x+\mathrm{i}0)^{\lambda}&=\lim_{y\to 0}(x+\mathrm{i}y)^{\lambda}\\&=\lim_{y\to 0}[(x^2+y^2)^{1/2}\mathrm{e}^{\mathrm{i}\tan^{-1}(y/x)\lambda}]\\&=\lim_{y\to 0}(x^2+y^2)^{\lambda/2}\mathrm{e}^{\mathrm{i}\lambda\tan^{-1}(y/x)},\end{aligned}\tag{9.96}$$

所以

$$(x+\mathrm{i}0)^{\lambda}=\begin{cases}|x|^{\lambda}\,\mathrm{e}^{\mathrm{i}\lambda\pi}, & x<0,\\ x^{\lambda}, & x>0,\end{cases}\tag{9.97}$$

类似地，

$$(x-\mathrm{i}0)^{\lambda}=\begin{cases}|x|^{\lambda}\,\mathrm{e}^{-\mathrm{i}\lambda\pi}, & x<0,\\ x^{\lambda}, & x>0.\end{cases}\tag{9.98}$$

将式(9.94)与式(9.95)两式代入以上两式就可得到：

$$(x+\mathrm{i}0)^{\lambda}=x_{+}^{\lambda}+\mathrm{e}^{\mathrm{i}\lambda\pi}x_{-}^{\lambda}, \tag{9.99}$$

$$(x-\mathrm{i}0)^{\lambda}=x_{+}^{\lambda}+\mathrm{e}^{-\mathrm{i}\lambda\pi}x_{-}^{\lambda}. \tag{9.100}$$

若以$(x+\mathrm{i}0)^{\lambda}$和$(x-\mathrm{i}0)^{\lambda}$表示$x_{+}^{\lambda}$和$x_{-}^{\lambda}$，则为

$$2\mathrm{i}\sin\pi\lambda x_{-}^{\lambda}=(x+\mathrm{i}0)^{\lambda}-(x-\mathrm{i}0)^{\lambda}, \tag{9.101}$$

$$2\mathrm{i}\sin\pi\lambda x_{+}^{\lambda}=\mathrm{e}^{\mathrm{i}\lambda\pi}(x-\mathrm{i}0)^{\lambda}-\mathrm{e}^{-\mathrm{i}\lambda\pi}(x+\mathrm{i}0)^{\lambda}, \tag{9.102}$$

由这两个公式即可得

$$\begin{aligned}-4\sin^{2}\pi\alpha\, x_{-}^{\alpha}x_{+}^{-1-\alpha}=&\,\mathrm{e}^{i\alpha\pi}(x+\mathrm{i}0)^{-1}+\mathrm{e}^{-\mathrm{i}\alpha\pi}(x-\mathrm{i}0)^{-1}-\mathrm{e}^{\mathrm{i}\alpha\pi}(x-\mathrm{i}0)^{\alpha}(x+\mathrm{i}0)^{-1-\alpha}\\&-\mathrm{e}^{-\mathrm{i}\alpha\pi}(x-\mathrm{i}0)^{-1-\alpha}(x+\mathrm{i}0)^{\alpha}.\end{aligned} \tag{9.103}$$

其次，我们注意到：

$$\begin{aligned}\ln(x+\mathrm{i}0)&=\lim_{y\to 0}\ln(x+\mathrm{i}y)\\&=\lim_{y\to 0}\ln[(x^{2}+y^{2})^{1/2}\mathrm{e}^{\mathrm{i}\tan^{-1}(y/x)}]\\&=\begin{cases}\ln|x|+\mathrm{i}\pi, & x<0,\\ \ln x, & x>0,\end{cases}\end{aligned}$$

也就是，

$$\ln(x+\mathrm{i}0)=\ln|x|+\mathrm{i}\pi[1-H(x)], \tag{9.104}$$

式中，$H(x)$是亥维赛(Heaviside)单位函数．所以，

$$(x+\mathrm{i}0)^{-1}=x^{-1}-\mathrm{i}\pi\delta(x), \tag{9.105}$$

类似地，

$$\ln(x-\mathrm{i}0)=\ln|x|-\mathrm{i}\pi[1-H(x)], \tag{9.106}$$

$$(x-\mathrm{i}0)^{-1}=x^{-1}+\mathrm{i}\pi\delta(x). \tag{9.107}$$

将式(9.94)和式(9.95)代入式(9.99)和式(9.100)．然后代到式(9.103)中并将以上两式也代到式(9.103)中，即得

$$\begin{aligned}-4\sin^{2}\pi\alpha\, x_{-}^{\alpha}x_{+}^{-1-\alpha}&=\mathrm{e}^{\mathrm{i}\alpha\pi}[x^{-1}-\mathrm{i}\pi\delta(x)]+\mathrm{e}^{-\mathrm{i}\alpha\pi}[x^{-1}+\mathrm{i}\pi\delta(x)]-\mathrm{e}^{\mathrm{i}\alpha\pi}x^{-1}-\mathrm{e}^{-\mathrm{i}\alpha\pi}x^{-1}\\&=2\pi\sin\pi\alpha\,\delta(x).\end{aligned} \tag{9.108}$$

也就是，

$$x_{-}^{\alpha}x_{+}^{-1-\alpha}=-\frac{\pi}{2}\frac{1}{\sin\pi\alpha}\delta(x). \tag{9.109}$$

将上式代入式(9.90)，即得单位时间内流入破裂面端部的能量：

$$g=\frac{\pi v_{c}^{2}k\Delta\tau^{2}t}{2\mu[E(k)]^{2}}, \tag{9.110}$$

9. 表面能系数

若以应力强度因子表示单位时间内流入破裂面端部的能量 g，就是

$$g=\frac{v_c K^2}{2\mu k}=\frac{K^2}{2\mu}(v_c^{-2}-\beta^{-2})^{-1/2}. \tag{9.111}$$

当 $0<v_c<\beta$ 时，$k>0$，所以 g 是正的；当 $v_c=\beta$ 时，$k=0$，此时没有能量流入破裂面端部.

由式(9.2)可知，表面能系数

$$G=\frac{g}{2v_c}. \tag{9.112}$$

上式的右边分母中出现因子 2 是因为新鲜破裂面是成对出现的. 将式(9.111)代入上式，即得

$$G=\frac{\pi v_c k\Delta\tau^2 t}{4\mu[E(k)]^2}. \tag{9.113}$$

上式表明，G 与 t 成正比；只有当 $k=0$ 也就是在 $v_c=\beta$ 的情况下 G 才有可能是常量，不过此时 $G=0$.

以上讨论了地震破裂动力学中最简单情形的自相似问题，对于更加复杂情形的自相似问题，例如各向异性介质中扩展的椭圆形破裂面的自相似问题，亦可用类似方法处理(Burridge and Willis, 1969).

第二节 剪切破裂的非稳态扩展

(一)纵向剪切破裂面的非稳态扩展

在许多分析破裂面的非稳态扩展问题中(例如本章第一节所讨论的问题中)，都假定破裂面以恒定的速度扩展. 这个假定是人为的，是为了求解方便而作的，所以它限制了所得结果的适用范围. 因此，应当在一定的物理前提下确定作为时间函数的破裂扩展速度. 不过，在一般情况下，用现有的方法很难求得解析解. 目前只有少数几种情形已求得解析解. 纵向剪切破裂面的非稳态扩展是其中一种情形.

现在我们来分析纵向剪切破裂面的非稳态扩展问题(Kostrov, 1966; Burridge, 1969; Костров *et al.*, 1969; Костров, 1975; Kostrov and Das, 1988). 和上一节所分析的问题不同，我们假定预先并不知道破裂面端部的运动情况，而是把它归入待定的解的一部分. 为了求解这样的问题，除了给定应力条件、边界条件和初始条件外，还得再加上有关破裂的准则. 有关表面能系数的条件，即预先给定为产生单位面积的新鲜破裂面所需要的能量 G 就是这样一种条件. 如果以 v_c 表示破裂面端部的扩展速度，则 $2v_cG$ 就是单位时间内在破裂面端部被吸收的能量.

1. 运动方程、初始条件与边界条件

设 $t<0$ 时在均匀、各向同性和完全弹性的无限介质中唯一不为零的应力分量为

$$\tau_{yz}=\tau_{xy}=\tau_b, \tag{9.114}$$

式中，τ_b是常量．假定在 t>0 时，在 y=0 平面上一个随时间扩展的区域 $x_1(t)<x<x_2(t)$，$-\infty<z<+\infty$内应力突然松弛(图 9.5)．于是，上述区域两边的介质就发生相对滑动．如果以τ_d表示作用在发生滑动的区域两边的动态摩擦应力，那么，

$$\tau_{yz}=\tau_d, \qquad t>0, \quad x_1(t)<x<x_2(t), \quad y=0 \tag{9.115}$$

以 $W(x,y,t)$表示沿 z 方向的位移，由初始的平衡状态起算．若以σ_{yz}表示应力增量，则应力

$$\tau_{yz}=\tau_b+\sigma_{yz}, \tag{9.116}$$

式中，

$$\sigma_{yz}=\mu\frac{\partial W}{\partial y}, \tag{9.117}$$

W满足波动方程：

$$\rho\frac{\partial^2 W}{\partial t^2}=\mu\nabla^2 W, \tag{9.118}$$

式中，ρ是密度，μ是刚性系数，假设它们都是常量．

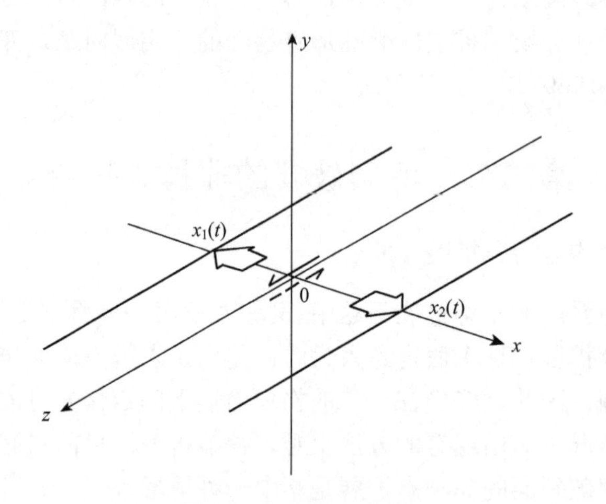

图 9.5　纵向剪切破裂面

由式(9.115)至式(9.116)得

$$\sigma_{yz}=-\Delta\tau, \qquad t>0, \quad x_1(t)<x<x_2(t), \quad y=0, \tag{9.119}$$

式中，

$$\Delta\tau=\tau_b-\tau_d. \tag{9.120}$$

这表示，弹性介质中的运动犹如在 t>0 时沿着随时间扩大的平面 $x_1(t)<x<x_2(t)$，y=0 施加了$-\Delta\tau$的应力所引起的运动．

由于反对称性，W 是 y 的奇函数：$W(x,-y,t)=-W(x,y,t)$．既然在 y=0，$-\infty<x<x_1(t)$和 $x_2(t)<x<+\infty$时位移是连续的，所以在上述范围内 $W(x, 0, t)$=0．这样一来，我们只需

讨论 $y>0$ 的情况．于是问题转化为

$$\frac{1}{\beta^2}\frac{\partial^2 W}{\partial t^2}=\nabla^2 W, \qquad y=0, \quad t>0, \tag{9.121}$$

$$W(x,0^+,t)=0, \qquad -\infty<x<x_1(t), \quad x_2(t)<x<\infty, \tag{9.122}$$

$$\sigma_{yz}(x,0^+,t)\equiv\mu\left.\frac{\partial W}{\partial y}\right|_{y=0^+}=-\Delta\tau(x,t), \qquad x_1(t)<x<x_2(t), \quad t>0, \tag{9.123}$$

$$W(x,y,t)=0, \qquad y>0, \quad t<0, \tag{9.124}$$

2. 解的积分公式

对 $W(x,y,t)$ 的时间 t 作单边拉普拉斯变换，对 x 作傅里叶变换，可得

$$\hat{W}(k,y,p)=\int_{-\infty}^{\infty}\mathrm{d}x\int_0^{\infty}W(x,y,t)\mathrm{e}^{-pt+\mathrm{i}kx}\mathrm{d}t, \tag{9.125}$$

$$W(x,y,t)=\frac{1}{(2\pi)^2\mathrm{i}}\int_{c-\mathrm{i}\infty}^{c+\mathrm{i}\infty}\mathrm{e}^{pt}\mathrm{d}p\int_{-\infty}^{\infty}\hat{W}(k,y,p)\mathrm{e}^{-\mathrm{i}kx}\mathrm{d}k. \tag{9.126}$$

将上式代入式(9.121)，可得 $\hat{W}$ 满足的方程：

$$\frac{\mathrm{d}^2\hat{W}}{\mathrm{d}y^2}-\nu^2\hat{W}=0, \tag{9.127}$$

式中，

$$\nu=\left(k^2+\frac{p^2}{\beta^2}\right)^{1/2}, \qquad \mathrm{Re}\,\nu\geqslant 0. \tag{9.128}$$

如上式所表示的，我们取多值函数 ν 满足 $\mathrm{Re}\,\nu\geqslant 0$ 的分支．方程(9.127)的解是

$$\hat{W}=A\mathrm{e}^{-\nu y}+B\mathrm{e}^{\nu y}. \tag{9.129}$$

由于当 $y\to+\infty$ 时，$\hat{W}$ 应当是有限的，所以 $B=0$．于是，

$$W(x,y,t)=\frac{1}{(2\pi)^2\mathrm{i}}\int_{c-\mathrm{i}\infty}^{c+\mathrm{i}\infty}\mathrm{e}^{pt}\mathrm{d}p\int_{-\infty}^{\infty}A\mathrm{e}^{-\mathrm{i}kx-\nu y}\mathrm{d}k. \tag{9.130}$$

对 $\sigma_{yz}(x,0^+,t)$，$-\infty<x<+\infty$ 作和 $W(x,y,t)$ 同样的变换，我们得

$$\hat{\sigma}_{yz}(k,0^+,p)=\int_{-\infty}^{\infty}\mathrm{d}x\int_0^{\infty}\sigma_{yz}(x,0^+,t)\mathrm{e}^{-pt+\mathrm{i}kx}\mathrm{d}t, \tag{9.131}$$

$$\sigma_{yz}(x,0^+,t)=\frac{1}{(2\pi)^2\mathrm{i}}\int_{c-\mathrm{i}\infty}^{c+\mathrm{i}\infty}\mathrm{e}^{pt}\mathrm{d}p\int_{-\infty}^{\infty}\hat{\sigma}_{yz}(k,0^+,p)\mathrm{e}^{-\mathrm{i}kx}\mathrm{d}k. \tag{9.132}$$

将上式与式(9.130)代入边界条件式(9.123)便可求得

$$A=-\hat{\sigma}_{yz}(k,0^+,p)/\mu\nu. \tag{9.133}$$

从而，

$$W(x_0, y_0, t_0) = -\int_{-\infty}^{\infty} \mathrm{d}x \int_{0}^{\infty} \frac{\sigma_{yz}(x, 0^+, t)}{\mu} G(x_0, y_0, t_0; x, t) \mathrm{d}t, \tag{9.134}$$

式中，

$$G(x_0, y_0, t_0; x, t) = \frac{1}{(2\pi)^2 \mathrm{i}} \int_{c-\mathrm{i}\infty}^{c+\mathrm{i}\infty} \mathrm{e}^{p(t_0-t)} \mathrm{d}p \int_{-\infty}^{\infty} \frac{1}{v} \mathrm{e}^{-\mathrm{i}k(x_0-x)-vy_0} \mathrm{d}k. \tag{9.135}$$

在推导式(9.134)时，我们将式(9.130)的(x, y, t)换成了(x_0, y_0, t_0)．今令

$$k = pu, \tag{9.136}$$

则式(9.135)右边对k的积分可以表示为

$$I = \int_{-\infty}^{\infty} \frac{1}{v'} \mathrm{e}^{-p[\mathrm{i}u(x_0-x)+v'y_0]} \mathrm{d}u, \tag{9.137}$$

式中，v'定义为

$$v = pv', \tag{9.138}$$

$$v' = (u^2 + \beta^{-2})^{1/2}, \qquad \mathrm{Re}\, v' \geqslant 0. \tag{9.139}$$

在式(9.137)的右边，我们把u表示成：

$$u = -\mathrm{i}s, \tag{9.140}$$

并且把 s 看作是复s–平面上的复变量，则

$$I = -\mathrm{i} \int_{-\mathrm{i}\infty}^{\mathrm{i}\infty} \frac{1}{v'} \mathrm{e}^{-p\tau} \mathrm{d}s, \tag{9.141}$$

式中，

$$\tau = s(x_0 - x) + v'y_0, \tag{9.142}$$

$$v' = (\beta^{-2} - s^2)^{1/2}, \qquad \mathrm{Re}\, v' \geqslant 0. \tag{9.143}$$

τ是矢量(s, v')在$\boldsymbol{r}$方向的投影．在以下将要作的一系列积分路径的变换中，我们取在复s–平面上$\mathrm{Re}v' \geqslant 0$，这意味着我们沿着$\mathrm{Im}\, s=0$，$\beta^{-1}<|\mathrm{Re}\, s|<+\infty$作割线(图 9.6a)．

现在我们通过式(9.142)所示的变换，把在复 s–平面上沿虚轴的积分变换为在复τ–平面上沿Γ_1的积分：

$$I = -\mathrm{i} \int_{\Gamma_1} \frac{1}{v'} \mathrm{e}^{-p\tau} \frac{\partial s}{\partial \tau} \mathrm{d}\tau. \tag{9.144}$$

当$s \to \pm\mathrm{i}\infty$时，$\tau \to [\pm\mathrm{i}(x_0-x)+y_0]|s|$，即$\Gamma_1$趋于斜率为$\pm(x_0-x)/y_0$的直线；当$s=0$时，$\tau=y_0/\beta$，即$\Gamma_1$的顶点在实轴上$\tau=y_0/\beta$ 处．Γ_1如图 9.6b 所示．

今以r表示源点至场点的距离：

$$r = [(x_0 - x)^2 + y_0^2]^{1/2}, \tag{9.145}$$

则由式(9.142)可以解出 s 作为τ 的函数：

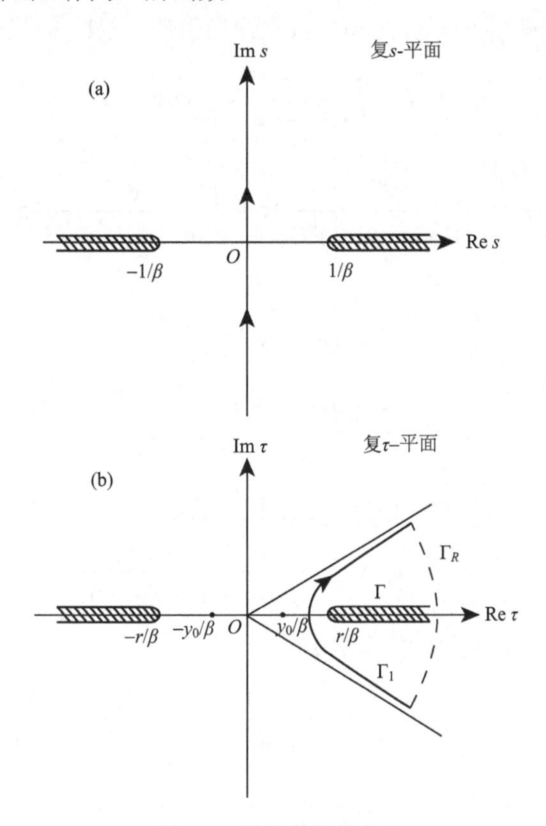

图 9.6　积分变量的变换

(a)复 s–平面；(b)复τ–平面

$$s=[\tau(x_0-x)+(\beta^{-2}r^2-\tau^2)^{1/2}y_0]/r^2, \tag{9.146}$$

这是因为 s 是矢量(s, v')在 x_0 轴方向的投影.

由式(9.146)可以求得

$$\frac{\partial s}{\partial \tau}=\frac{v'}{(\beta^{-2}r^2-\tau^2)^{1/2}}, \tag{9.147}$$

所以,

$$I=\mathrm{i}\int_{\Gamma_1}\frac{\mathrm{e}^{-p\tau}}{(\beta^{-2}r^2-\tau^2)^{1/2}}\mathrm{d}\tau. \tag{9.148}$$

式(9.146)积分沿双曲线的一支Γ_1进行.

由式(9.142)与式(9.146)两式可以将 v'用τ表示：

$$v'=[y_0\tau-(x_0-x)(\beta^{-2}r^2-\tau^2)^{1/2}]/r^2. \tag{9.149}$$

在复τ–平面，$\tau=\pm r/\beta$是分支点．今沿$-\infty<\tau\leqslant -r/\beta$和 $r/\beta\leqslant\tau<+\infty$作割线，并规定在割线 $r/\beta\leqslant\tau<+\infty$的上岸，$\mathrm{Im}(\beta^{-2}r^2-\tau^2)^{1/2}\geqslant 0$，则在割线$-\infty<\tau\leqslant -r/\beta$的下岸，$\mathrm{Im}(\beta^{-2}r^2-\tau^2)^{1/2}$

≤0. 这个规定保证了当 $\mathrm{Re}\tau \geqslant 0$ 时，$\mathrm{Re}\nu' \geqslant 0$. 现在改变积分回路，把沿$\Gamma_1$的积分变换为沿支线$\Gamma$的积分和沿圆弧$\Gamma_R$的积分之和，按照约当引理，沿$\Gamma_R$的积分等于零. 于是

$$I = \mathrm{i}\int_{\Gamma} \frac{\mathrm{e}^{-p\tau}}{(\beta^{-2}r^2 - \tau^2)^{1/2}}\mathrm{d}\tau, \tag{9.150}$$

$$I = \mathrm{i}\left[\int_{+\infty}^{r/\beta} \frac{\mathrm{e}^{-p\tau}}{(-\mathrm{i})(\tau^2 - \beta^2 r^2)^{1/2}}\mathrm{d}\tau + \int_{r/\beta}^{+\infty} \frac{\mathrm{e}^{-p\tau}}{\mathrm{i}(\tau^2 - \beta^2 r^2)^{1/2}}\mathrm{d}\tau\right], \tag{9.151}$$

$$I = 2\int_{r/\beta}^{+\infty} \frac{\mathrm{e}^{-p\tau}}{(\tau^2 - \beta^{-2}r^2)^{1/2}}\mathrm{d}\tau, \tag{9.152}$$

$$I = \int_0^{\infty} \frac{2H(t - r/\beta)}{(\tau^2 - \beta^{-2}r^2)^{1/2}}\mathrm{e}^{-p\tau}\mathrm{d}\tau, \tag{9.153}$$

式中，H 是亥维赛(Heaviside)单位阶跃函数. 把上式的结果代回式(9.135). 我们便得到：

$$G(x_0, y_0, t_0; x, t) = \frac{H(t_0 - t - r/\beta)}{\pi[(t_0 - t)^2 - \beta^{-2}r^2]^{1/2}}. \tag{9.154}$$

将 G 代入式(9.134)，就得到解的积分公式：

$$W(x_0, y_0, t_0) = -\int_{-\infty}^{\infty}\mathrm{d}x\int_0^{\infty} \frac{\sigma(x, 0^+, t)H(t_0 - t - r/\beta)}{\pi\mu[(t_0 - t)^2 - \beta^{-2}r^2]^{1/2}}\mathrm{d}t, \tag{9.155}$$

式中略去了应力增量σ_{yz}的下角标. 这个结果又可表示为

$$W(x_0, y_0, t_0) = \frac{-1}{\pi\mu}\iint_S \frac{\sigma(x, 0^+, t)}{\{(t_0 - t)^2 - \beta^{-2}[(x - x_0)^2 + y_0^2]\}^{1/2}}\mathrm{d}x\mathrm{d}t, \tag{9.156}$$

式中，S 是(x, y, t)空间中、在顶点为(x_0, y_0, t_0)的特征锥

$$\beta^2(t_0 - t)^2 - (x_0 - x)^2 - y_0^2 \geqslant 0, \qquad 0 \leqslant t \leqslant t_0 \tag{9.157}$$

内的那部分区域.

在 $y_0 = 0^+$时，解的积分公式化为比较简单的形式：

$$W(x_0, 0^+, t_0) = \frac{-1}{\pi\mu}\iint_{S_0} \frac{\sigma(x, 0^+, t)}{[(t_0 - t)^2 - \beta^{-2}(x_0 - x)^2]^{1/2}}\mathrm{d}x\mathrm{d}t, \tag{9.158}$$

式中，S_0 是(x, t)平面上、在顶点为(x_0, t_0)的特征三角形

$$(t_0 - t)^2 - \beta^{-2}(x_0 - x)^2 \geqslant 0, \qquad 0 \leqslant t \leqslant t_0 \tag{9.159}$$

内的区域(图 9.7).

(二) 阿贝尔积分方程

解的积分公式(9.158)并没有立即给出问题的解答. 为了求得这个问题的解，需要求解阿贝尔积分方程. 形式最简单的阿贝尔积分方程是(Burridge, 1969)：

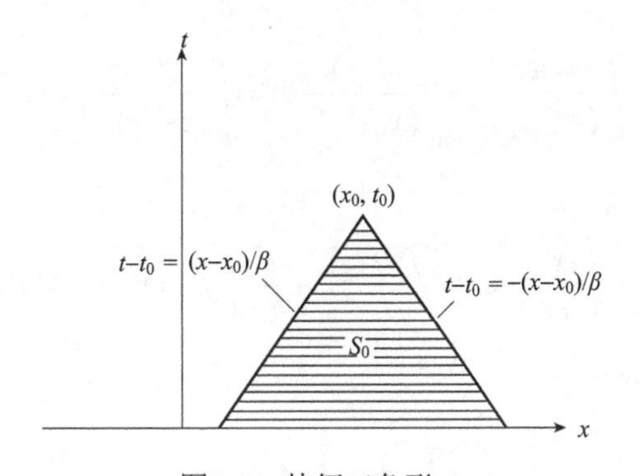

图 9.7　特征三角形 S_0

S_0 内的所有点均可影响 (x_0, t_0) 点的位移

$$\int_0^x \frac{\phi(y)}{\sqrt{x-y}}\mathrm{d}y = f(x), \tag{9.160}$$

以 $1/\sqrt{z-x}$ 乘上式两边，然后对 x 从零积分到 z：

$$\int_0^z \frac{\mathrm{d}x}{\sqrt{z-x}}\int_0^x \frac{\phi(y)}{\sqrt{x-y}}\mathrm{d}y = \int_0^z \frac{f(x)}{\sqrt{z-x}}\mathrm{d}x, \tag{9.161}$$

对上式右边分部积分：

$$\int_0^z \frac{f(x)}{\sqrt{z-x}}\mathrm{d}x = 2f(0)\sqrt{z} + 2\int_0^z f'(x)\sqrt{z-x}\,\mathrm{d}x, \tag{9.162}$$

改变式(9.161)左边的积分顺序：

$$\int_0^z \frac{\mathrm{d}x}{\sqrt{z-x}}\int_0^x \frac{\phi(y)}{\sqrt{x-y}}\mathrm{d}y = \int_0^z \phi(y)\mathrm{d}y\int_y^z \frac{\mathrm{d}x}{\sqrt{z-x}\sqrt{x-y}} = \pi\int_0^z \phi(y)\mathrm{d}y, \tag{9.163}$$

则得：

$$\int_0^z \phi(y)\mathrm{d}y = \frac{2}{\pi}f(0)\sqrt{z} + \frac{2}{\pi}\int_0^z f'(x)\sqrt{z-x}\,\mathrm{d}x. \tag{9.164}$$

在上式两边对 z 求微商，便可得到：

$$\phi(z) = \frac{f(0)}{\pi\sqrt{z}} + \frac{1}{\pi}\int_0^z \frac{f'(x)}{\sqrt{z-x}}\mathrm{d}x. \tag{9.165}$$

对于比式(9.160)稍复杂一些的阿贝尔积分方程：

$$\int_0^x \frac{\phi(y)}{(x-y)^{\alpha}}\mathrm{d}y = f(x), \qquad 0<\alpha<1, \tag{9.166}$$

也可用类似方法求解．以 $(z-x)^{-1+\alpha}$ 乘上式两端，然后对 x 从 0 积分到 z，就得到：

$$\int_0^z \frac{\mathrm{d}x}{(z-x)^{1-\alpha}} \int_0^x \frac{\phi(y)}{(x-y)^{\alpha}} \mathrm{d}y = \int_0^z \frac{f(x)}{(z-x)^{1-\alpha}} \mathrm{d}x, \tag{9.167}$$

对上式右边分部积分：

$$\int_0^z \frac{f(x)}{(z-x)^{1-\alpha}} \mathrm{d}x = \frac{f(0)}{\alpha} z^{\alpha} + \frac{1}{\alpha} \int_0^z f'(x)(z-x)^{\alpha} \mathrm{d}x, \tag{9.168}$$

改变式(9.167)左边的积分顺序：

$$\int_0^z \frac{\mathrm{d}x}{(z-x)^{1-\alpha}} \int_0^x \frac{\phi(y)}{(x-y)^{\alpha}} \mathrm{d}y = \int_0^z \phi(y)\mathrm{d}y \int_y^z \frac{\mathrm{d}x}{(z-x)^{1-\alpha}(x-y)^{\alpha}}. \tag{9.169}$$

积分

$$I = \int_y^z \frac{\mathrm{d}x}{(z-x)^{1-\alpha}(x-y)^{\alpha}} \tag{9.170}$$

可以用下述方法积出．设

$$x - y = (z-y)u, \tag{9.171}$$

则

$$z - x = (z-y)(1-u). \tag{9.172}$$

因此，

$$I = \int_0^1 \frac{\mathrm{d}u}{(1-u)^{1-\alpha} u^{\alpha}}. \tag{9.173}$$

再令

$$v = \frac{u}{1-u}, \tag{9.174}$$

则

$$I = \int_0^{\infty} \frac{v^{-\alpha}}{1+v} \mathrm{d}v = \frac{\pi}{\sin \pi\alpha}. \tag{9.175}$$

将式(9.168)，式(9.169)与式(9.175)三式代入式(9.167)，即得

$$\frac{\pi}{\sin \pi\alpha} \int_0^z \phi(y)\mathrm{d}y = \frac{f(0)}{\alpha} z^{\alpha} + \frac{1}{\alpha} \int_0^z f'(x)(z-x)^{\alpha} \mathrm{d}x. \tag{9.176}$$

在上式两边对 z 求微商，便可得到：

$$\phi(z) = \frac{\sin \pi\alpha}{\pi} \left[\frac{f(0)}{z^{1-\alpha}} + \int_0^z \frac{f'(x)}{(z-x)^{1-\alpha}} \mathrm{d}x \right]. \tag{9.177}$$

对于最一般形式的阿贝尔积分方程：

$$\int_a^x \frac{\phi(y)}{(x-y)^\alpha} \mathrm{d}y = f(x), \qquad 0<\alpha<1, \tag{9.178}$$

不难通过参数变换由式(9.177)求得

$$\phi(z) = \frac{\sin \pi\alpha}{\pi}\left[\frac{f(a)}{(z-a)^{1-\alpha}} + \int_a^z \frac{f'(x)}{(z-x)^{1-\alpha}}\mathrm{d}x\right]. \tag{9.179}$$

(三)破裂面端部的应力

现在我们回到解的积分公式(9.158)．如前已述，式(9.158)并没有立即给出问题的解答，因为 S_0 内的 $\sigma(x, 0^+, t)$ 并不全都是已知的．不过，我们注意到在 $y_0=0^+$ 平面上，除了破裂面以外，即在 $x_0<x_1(t)$ 和 $x_0>x_2(t)$ 两处，$W(x_0, 0^+, t_0)=0$．所以，

$$\iint_{S_0} \frac{\sigma(x,0^+,t)}{[(t_0-t)^2-\beta^{-2}(x_0-x)^2]^{1/2}}\mathrm{d}x\mathrm{d}t = 0. \tag{9.180}$$

先看破裂面右边的观测点 $x_0>x_2(t)$ 在破裂面左端的扰动尚未传到时[即 $0<\beta t_0<x_0-x_1(0)$]的情形(图 9.8)．

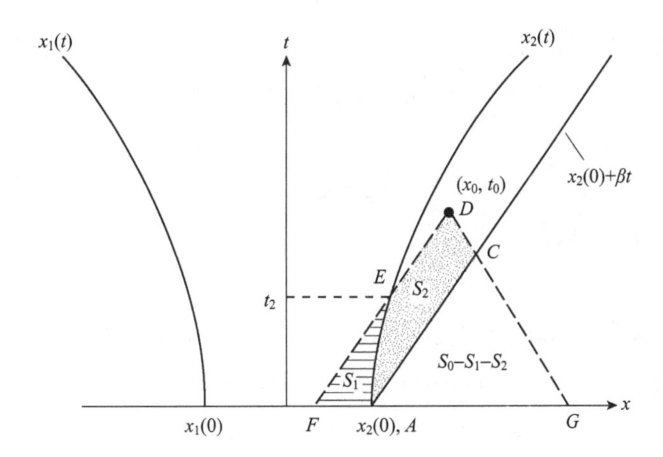

图 9.8　应力降已知的区域 S_1，扰动区 S_2 与未受扰动区 $S_0-S_1-S_2$

按照式(9.159)，在 (x, t) 平面，积分区域应是以 (x_0, t_0) 为顶点的特征三角形 DFG．注意到在平行于 DF 的直线 AC 以下，即当 $\beta t<x-x_2(0)$ 时，由 $x_2(0)$ 发出的扰动尚未到达．所以实际上积分区域是梯形 $ACDF$，即由式(9.159)与

$$\beta t > x - x_2(0) \tag{9.181}$$

所决定的区域．这个区域分成两部分，我们将在 $x<x_2(t_0)$ 的部分，记以 S_1；在 $x>x_2(t_0)$ 的部分，记以 S_2．在 S_1，即在裂纹面上，$\sigma(x, 0^+, t)$ 是已知的，由式(9.119)给出；在 S_2，$\sigma(x, 0^+, t)$ 是未知的．于是，当裂纹左端的扰动未传到裂纹右边的观测点，也即 S 尚未与 $x_1(t)$ 相交时，我们有

$$\iint_{S_2} \frac{\sigma(x,0^+,t)}{[(t_0-t)^2-\beta^{-2}(x_0-x)^2]^{1/2}}\mathrm{d}x\mathrm{d}t = \iint_{S_1} \frac{\Delta\tau(x,t)}{[(t_0-t)^2-\beta^{-2}(x_0-x)^2]^{1/2}}\mathrm{d}x\mathrm{d}t. \tag{9.182}$$

在分析这类破裂传播问题时，采用下式所定义的特征变量(ξ,η)比较方便：

$$\begin{cases}\xi=(\beta t+x)/\sqrt{2},\\ \eta=(\beta t-x)/\sqrt{2}.\end{cases} \tag{9.183}$$

于是，(x,t)可以用特征变量(ξ,η)表示为

$$\begin{cases}x=(\xi-\eta)/\sqrt{2},\\ t=(\xi+\eta)/\sqrt{2}\beta.\end{cases} \tag{9.184}$$

对于图 9.8 所表示的区域，可以运用式(9.183)将其边界用特征变量表示. 在 FA，t=0，所以，

$$\begin{cases}\xi=x/\sqrt{2},\\ \eta=-x/\sqrt{2},\end{cases}$$

也就是，

$$\xi=-\eta. \tag{9.185}$$

在 AC，$t=[x-x_2(0)]/\beta$，所以，

$$\eta=-x_2(0)\sqrt{2}. \tag{9.186}$$

在 CD，$t=t_0-(x-x_0)/\beta$，所以，

$$\xi=\xi_0. \tag{9.187}$$

在 DF，$t=t_0+(x-x_0)/\beta$，所以，

$$\eta=\eta_0, \tag{9.188}$$

在 AE，$x=x_2(t)$，如果以$\xi=\xi_2(\eta)$表示 AE，则由式(9.183)可得

$$\begin{cases}\xi_2(\eta)=[(\beta t+x_2(t)]/\sqrt{2},\\ \eta=[(\beta t-x_2(t))]/\sqrt{2}.\end{cases}$$

从而，

$$\xi_2(\eta)=\eta+\sqrt{2}x_2\left(\frac{\xi_2(\eta)+\eta}{\sqrt{2}\beta}\right). \tag{9.189}$$

换句话说，$\xi_2(\eta)$是上列方程的解.

在(x,t)平面，面积元

$$\mathrm{d}S=\mathrm{d}t\mathrm{d}x, \tag{9.190}$$

而在(ξ,η)平面，面积元

$$\mathrm{d}S=\frac{1}{|\nabla\xi||\nabla\eta|}\mathrm{d}\xi\mathrm{d}\eta=\beta^{-1}\mathrm{d}\xi\mathrm{d}\eta. \tag{9.191}$$

所以式(9.180)可以化为

$$\iint_{S_0}\frac{\sigma_1(\xi,\eta)}{(\xi_0-\xi)^{1/2}(\eta_0-\eta)^{1/2}}\mathrm{d}\xi\mathrm{d}\eta=0,\qquad \xi_0>\xi_2(\eta_0),\tag{9.192}$$

式中，$\sigma_1(\xi,\eta)$是用特征变量表示的$y=0^+$平面上的应力：

$$\sigma_1(\xi,\eta)\equiv\sigma(x,0^+,t),\tag{9.193}$$

而$\xi_2=\xi_2(\eta_0)$是以(ξ_2,η_0)表示的破裂面右端的位置：

$$\xi_2=\eta_0+\sqrt{2}x_2\left(\frac{\xi_2+\eta_0}{\sqrt{2}\beta}\right).\tag{9.194}$$

式(9.192)可以进一步表示为

$$\int_{-x_2(0)/\sqrt{2}}^{\eta_0}\frac{\mathrm{d}\eta}{(\eta_0-\eta)^{1/2}}\int_{-\eta}^{\xi_0}\frac{\sigma_1(\xi,\eta)}{(\xi_0-\xi)^{1/2}}\mathrm{d}\xi=0,\qquad \xi_0>\xi_2(\eta_0).\tag{9.195}$$

如果上式对于η_0成立，则它对于所有小于η_0的情形也成立. 这是一个阿贝尔积分方程[参见上节(9.178)]，它的解是[参见上节式(9.179)]

$$\int_{-\eta_0}^{\xi_0}\frac{\sigma_1(\xi,\eta)}{(\xi_0-\xi)^{1/2}}\mathrm{d}\xi=0,\qquad \xi_0>\xi_2(\eta_0).\tag{9.196}$$

在$\xi>\xi_2(\eta_0)$时，$\sigma_1(\xi,\eta_0)$是未知的；在$\xi<\xi_2(\eta_0)$时，$\sigma_1(\xi,\eta_0)$是已知的，等于$-\Delta\tau_1(\xi,\eta_0)$. $\Delta\tau_1(\xi,\eta)$是用特征变量表示的应力降：

$$\Delta\tau_1(\xi,\eta)\equiv\Delta\tau(x,t).\tag{9.197}$$

这样一来，式(9.196)便可以表示成：

$$\int_{\xi_2(\eta_0)}^{\xi_0}\frac{\sigma_1(\xi,\eta)}{(\xi_0-\xi)^{1/2}}\mathrm{d}\xi=\int_{-\eta}^{\xi_0}\frac{\Delta\tau_1(\xi,\eta)}{(\xi_0-\xi)^{1/2}}\mathrm{d}\xi.\tag{9.198}$$

方程(9.198)是关于破裂面右方的应力$\sigma_1(\xi,\eta_0)$的阿贝尔积分方程：

$$\int_{\xi_2(\eta_0)}^{\xi_0}\frac{\sigma_1(\xi,\eta_0)}{(\xi_0-\xi)^{1/2}}\mathrm{d}\xi=\int_{-\eta_0}^{\xi_0}\frac{\Delta\tau_1(\xi,\eta_0)}{(\xi_0-\xi)^{1/2}}\mathrm{d}\xi,\tag{9.199}$$

它的解[参见式(9.178)与式(9.179)]是

$$\begin{aligned}\sigma_1(\xi_0,\eta_0)=\frac{\sin(\pi/2)}{\pi}\Bigg\{&\frac{1}{[\xi_0-\xi_2(\eta_0)]^{1/2}}\int_{-\eta_0}^{\xi_2(\eta_0)}\frac{\Delta\tau_1(\xi,\eta_0)}{[\xi_2(\eta_0)-\xi)]^{1/2}}\mathrm{d}\xi\\&-\int_{\xi_2(\eta_0)}^{\xi_0}\frac{\mathrm{d}\xi'}{(\xi_0-\xi')^{1/2}}\int_{-\eta_0}^{\xi_2(\eta_0)}\frac{\Delta\tau_1(\xi,\eta_0)}{2(\xi'-\xi)^{3/2}}\mathrm{d}\xi\Bigg\}.\end{aligned}\tag{9.200}$$

改变上式右边花括号内的第二个积分的顺序：

$$\int_{\xi_2(\eta_0)}^{\xi_0}\frac{\mathrm{d}\xi'}{(\xi_0-\xi')^{1/2}}\int_{-\eta_0}^{\xi_2(\eta_0)}\frac{\Delta\tau_1(\xi,\eta_0)\mathrm{d}\xi}{2(\xi'-\xi)^{3/2}}=\int_{-\eta_0}^{\xi_2(\eta_0)}\frac{\Delta\tau_1(\xi,\eta_0)}{2}\mathrm{d}\xi\int_{\xi_2(\eta_0)}^{\xi_0}\frac{\mathrm{d}\xi'}{(\xi_0-\xi')^{1/2}(\xi'-\xi)^{3/2}},\tag{9.201}$$

然后将上式右端对ξ'的积分作出：

$$\int_{\xi_2(\eta_0)}^{\xi_0} \frac{\mathrm{d}\xi'}{(\xi_0-\xi')^{1/2}(\xi'-\xi)^{3/2}} = \frac{2}{(\xi_0-\xi)}\left[\frac{\xi_0-\xi_2(\eta_0)}{\xi_2(\eta_0)-\xi}\right]^{1/2}, \tag{9.202}$$

即得：

$$\begin{aligned}\sigma_1(\xi_0,\eta_0) &= \frac{1}{\pi}\int_{-\eta_0}^{\xi_2(\eta_0)} \frac{1}{(\xi_0-\xi)}\left[\frac{\xi_2(\eta_0)-\xi}{\xi_0-\xi_2(\xi_0)}\right]^{1/2}\Delta\tau_1(\xi,\eta_0)\mathrm{d}\xi, \\ &= \frac{1}{\pi[\xi_0-\xi_2(\eta_0)]^{1/2}}\int_{-\eta_0}^{\xi_2(\eta_0)}\left[\frac{\Delta\tau_1(\xi,\eta_0)[\xi_2(\eta_0)-\xi]^{1/2}}{(\xi_0-\xi)}\right]\mathrm{d}\xi. \end{aligned} \tag{9.203}$$

上式在 $x_0>x_2(t_2)$ [即$\xi_0>\xi_2(\eta_0)$]时成立．破裂面左端的左边的应力可以用类似方法求得，结果是：在 $x_0<x_1(t_1)$ [即$\eta_0>\eta_1(\xi_0)$]时，

$$\sigma_1(\xi_0,\eta_0) = \frac{1}{\pi[\eta_0-\eta_1(\xi_0)]^{1/2}}\int_{-\xi_0}^{\eta_1(\xi_0)} \frac{\Delta\tau_1(\xi_0,\eta)[\eta_1(\xi_0)-\eta]^{1/2}}{(\eta_0-\eta)}\mathrm{d}\eta, \tag{9.204}$$

式中，$\eta_1(\xi_0)$是以特征坐标表示的破裂面左端的位置：

$$\xi_0 = \eta_1 + \sqrt{2}x_1\left(\frac{\xi_0+\eta_1}{\sqrt{2}\beta}\right). \tag{9.205}$$

利用式(9.183)，可以把式(9.203)表示的破裂面右方的应力$\sigma_1(\xi_0,\ \eta_0)$用物理意义比较直接的变量(x, t)表示：

(1) 当$\xi=\xi_0$，$\eta=\eta_0$时，

$$\begin{cases} x = (\xi_0-\eta_0)/\sqrt{2} = x_0, \\ t = (\xi_0+\eta_0)/\sqrt{2}\beta = t_0. \end{cases} \tag{9.206}$$

所以式(9.203)左边所表示的破裂面右方的应力

$$\sigma_1(\xi_0,\eta_0) = \sigma(x_0, 0^+, t_0). \tag{9.207}$$

(2) 当$\xi=\xi$，$\eta=\eta_0$时，

$$\begin{cases} x = (\xi-\eta_0)/\sqrt{2} = x_0, \\ t = (\xi+\eta_0)/\sqrt{2}\beta = (x+\sqrt{2}\eta_0)/\beta = t_0-(x_0-x_1)/\beta. \end{cases} \tag{9.208}$$

所以式(9.203)右边积分号下的应力降

$$\Delta\tau_1(\xi,\eta_0) = \Delta\tau[x, t_0-(x_0-x_1)/\beta]. \tag{9.209}$$

(3) 当式(9.203)积分的下限$\xi=-\eta_0$，$\eta=\eta_0$时，

$$\begin{cases} x = (-\eta_0-\eta_0)/\sqrt{2} = -\sqrt{2}\eta_0 = x_0-\beta t_0, \\ t = (-\eta_0+\eta_0)/\sqrt{2}\beta = 0. \end{cases} \tag{9.210}$$

(4) 当式(9.203)积分的上限$\xi=\xi_2(\eta_0)$，$\eta=\eta_0$时，

$$\begin{cases} x = [\xi_2(\eta_0) - \eta_0] / \sqrt{2} = x_2(t_2), \\ t = [\xi_2(\eta_0) + \eta_0] / \sqrt{2}\beta = t_2. \end{cases} \tag{9.211}$$

所以由式(9.206)与上式可以得积分的上限 $x_2(t_2)$ 满足下列方程：

$$x_0 - x_2(t_2) = \beta(t_0 - t_2). \tag{9.212}$$

(5) 由式(9.201)与式(9.206)可得

$$\xi_0 - \xi_2(\eta_0) = \sqrt{2}[x_0 - x_2(t_2)]. \tag{9.213}$$

(6) 由式(9.203)与式(9.206)可得

$$\xi_2(\eta_0) - \xi = \sqrt{2}[x_2(t_2) - x]. \tag{9.214}$$

(7) 由式(9.201)与式(9.203)可得

$$\xi_0 - \xi = \sqrt{2}(x_0 - x). \tag{9.215}$$

将以上结果连同由式(9.208)得到的、当 $\eta=\eta_0$ 时，

$$\mathrm{d}\xi = \sqrt{2}\mathrm{d}x \tag{9.216}$$

代入式(9.203)，就可得到以物理意义比较直接的变量 (x, t) 表示的破裂面右方的应力：

$$\sigma(x_0, 0^+, t_0) = \frac{1}{\pi[x_0 - x_2(t_2)]^{1/2}} \int_{x_0-\beta t_0}^{x_2(t_2)} \frac{\Delta\tau[x, t_0 - (x_0 - x_1)/\beta]}{(x_0 - x)} [x_2(t_2) - x]^{1/2} \mathrm{d}x,$$

$$x_0 > x_2(t_2), \tag{9.217}$$

式中，t_2 是下列方程的解：

$$\beta t_0 - x_0 = \beta t_2 - x_2(t_2). \tag{9.218}$$

类似地，可以得到以 (x, t) 表示的破裂面左方的应力：

$$\sigma(x_0, 0^+, t_0) = \frac{1}{\pi[x_1(t_1) - x_0]^{1/2}} \int_{x_0+\beta t_0}^{x_1(t_2)} \frac{\Delta\tau[x, t_0 + (x_0 - x)/\beta]}{(x_0 - x)} [x - x_1(t_1)]^{1/2} \mathrm{d}x,$$

$$x_0 < x_1(t_1), \tag{9.219}$$

式中，t_1 是下列方程的解；

$$\beta t_0 + x_0 = \beta t_1 - x_1(t_1). \tag{9.220}$$

换句话说，t_2 是破裂面右端的轨迹 $x_2(t)$ 和积分路径 $\eta=\eta_0$[即 $\beta(t-t_0)=x-x_0$]的交点；t_1 是破裂面左端的轨迹 $x_1(t)$ 和积分路径 $\xi=\xi_0$[即 $\beta(t-t_0)=-(x-x_0)$]的交点．必须指出，式(9.213)与式(9.214)两式分别在 $0<\beta t_0<x_0-x_1(0)$ 和 $0<\beta t_0<x_2(0)-x_0$ 时成立，也就是分别在裂纹左端的扰动尚未传到裂纹右边的观测点和当裂纹右端的扰动尚未传到裂纹左边的观测点时成立．如果想知道 $\beta t_0>x_0-x_1(0)$ 和 $\beta t_0>x_2(0)-x_0$ 之后的应力，S_1 中将包含 $\sigma_1(x, 0^+, t)$ 为未知的子区，这种情形相应于波在裂纹边缘的反复衍射．

(四) 应力强度因子

现在来分析 $x_0\downarrow x_2(t)$ 时的应力．首先，注意到当 $x_0\downarrow x_2(t)$ 时(图 9.8)，$t_2\to t_0$，因此，

$$x_2(t_2) \approx x_0(t_0) + \dot{x}_2(t_0)(t_2 - t_0). \tag{9.221}$$

而据式(9.219)，

$$t_2 - t_0 = \frac{x_2(t_2) - x_0}{\beta}. \tag{9.222}$$

所以，

$$x_0 - x_2(t_2) \approx \frac{x_0 - x_2(t_2)}{1 - \dot{x}_2(t_0)/\beta}. \tag{9.223}$$

这就是说，当 $x_0 \downarrow x_2(t)$ 时，$t_2 \to t_0$，$x_2(t_2) \uparrow x_2(t_0)$.

其次，我们来考察式(9.217)，因为

$$\frac{[x_2(t_2) - x]^{1/2}}{(x_0 - x)} = \frac{1}{[x_2(t_2) - x]^{1/2}} - \frac{x_0 - x_2(t_2)}{(x_0 - x)[x_2(t_2) - x]^{1/2}}, \tag{9.224}$$

所以，

$$\sigma(x_0, 0^+, t_0) = \frac{1}{\pi[x_0 - x_2(t_2)]^{1/2}} \int_{x_0 - \beta t_0}^{x_2(t_2)} \frac{\Delta\tau[x, t_0 - (x_0 - x)/\beta]}{[x_2(t_2) - x_0]^{1/2}} \mathrm{d}x$$
$$- \frac{1}{\pi} \int_{x_0 - \beta t_0}^{x_2(t_2)} \frac{\Delta\tau[x, t_0 - (x_0 - x)/\beta][x_0 - x_2(t_2)]^{1/2}}{(x_0 - x)[x_2(t_2) - x]^{1/2}} \mathrm{d}x. \tag{9.225}$$

现在考察上式右边第二个积分. 当 $x_0 \downarrow x_2(t)$ 时，在 $x_0 \to \beta t_0 \leqslant x \leqslant x_2(t_2) - \delta < x_2(t_2)$ 时(δ是大于零的小量)，

$$\frac{[x_0 - x_2(t_2)]^{1/2}}{(x_0 - x)[x_2(t_2) - x]^{1/2}} \to 0, \tag{9.226}$$

而当 $x_0 \downarrow x_2(t)$ 时，

$$\frac{1}{\pi} \int_{x_0 - \beta t_0}^{x_2(t_2)} \frac{[x_0 - x_2(t_2)]^{1/2}}{(x_0 - x)[x_2(t_2) - x]^{1/2}} \mathrm{d}x = 1, \tag{9.227}$$

所以，

$$\sigma(x_0, 0^+, t_0) = \frac{1}{\pi[x_0 - x_2(t_2)]^{1/2}} \int_{x_0 - \beta t_0}^{x_2(t_2)} \frac{\Delta\tau\left[x, t_0 - (x_0 - x)/\beta\right]}{\left[x_2(t_2) - x\right]^{1/2}} \mathrm{d}x - \Delta\tau(x_2 - t_2). \tag{9.228}$$

当 $x_0 \downarrow x_2(t)$ 时，上式右边第二项是有限的，而第一项与 $[x_0 - x_2(t_2)]^{1/2}$ 成正比，所以

$$\sigma(x_0, 0^+, t_0) \approx \frac{1}{\pi[x_0 - x_2(t_2)]^{1/2}} \int_{x_0 - \beta t_0}^{x_2(t_2)} \frac{\Delta\tau\left[x, t_0 - (x_0 - x)/\beta\right]}{[x_2(t_2) - x]^{1/2}} \mathrm{d}x. \tag{9.229}$$

注意到上式是在 $x_0 \downarrow x_2(t)$ 时得到的，因此 $t_2 \to t_0$，$x_2(t_2) \uparrow x_2(t_0)$，而 $x_0 - x_2(t_0)$ 则由式(9.223)所示，所以，

$$\sigma(x_0, 0^+, t_0) \approx \frac{1}{\pi} \frac{1 - \dot{x}_2(t_0)/\beta}{[x_0 - x_2(t_0)]^{1/2}} \int_{x_0(t_0) - \beta t_0}^{x_2(t_0)} \frac{\Delta\tau\left[x, t_0 - (x_2(t_0) - x)/\beta\right]}{[x_2(t_2) - x]^{1/2}} \mathrm{d}x, \tag{9.230}$$

或

$$\sigma(x_0,0^+,t_0)\approx\frac{K_2}{(2\pi)^{1/2}[x_0-x_2(t_0)]^{1/2}},\qquad x_0\downarrow x_2(t),\tag{9.231}$$

式中，

$$K_2=\left(\frac{2}{\pi}\right)^{1/2}[1-\dot{x}_2(t_0)/\beta]^{1/2}\int_{x_2(t_0)-\beta t_0}^{x_2(t_0)}\frac{\Delta\tau\left[x,t_0-(x_2(t_0)-x)/\beta\right]}{\left[x_2(t_0)-x\right]^{1/2}}\mathrm{d}x\tag{9.232}$$

是破裂面右端的应力强度因子.

类似地，在破裂面左端附近的应力为

$$\sigma(x_0,0^+,t_0)\approx\frac{K_1}{(2\pi)^{1/2}[x_1(t_0)-x_0]^{1/2}},\qquad x_0\uparrow x_1(t),\tag{9.233}$$

$$K_1=\left(\frac{2}{\pi}\right)^{1/2}[1+\dot{x}_1(t_0)/\beta]^{1/2}\int_{x_1(t_0)}^{x_1(t_0)+\beta(t_0)}\frac{\Delta\tau\left[x,t_0+(x_1(t_0)-x)/\beta\right]}{[x-x_1(t_0)]^{1/2}}\mathrm{d}x\tag{9.234}$$

是破裂面左端的应力强度因子.

现在我们引进一个运动坐标系，将这个坐标系的原点置于破裂面的一个端点上，x 轴沿着破裂面，让它总是指向破裂面内部，则 K_1 和 K_2 可以统一地表示为：

$$K=\left(\frac{2}{\pi}\right)^{1/2}(1-v_c/\beta)^{1/2}\int_0^{\beta(t_0)}\frac{\Delta\tau\left[x',t_0-x'/\beta\right]}{(x')^{1/2}}\mathrm{d}x'.\tag{9.235}$$

这个公式概括了破裂面两端的应力强度因子. 在这个公式中，$x'>0$ 总是表示破裂面，$x'<0$ 总是表示破裂面的延伸部分. v_c 是破裂速度. 对于破裂面左端，$x'=x-x_1(t)$，$v_c=-\dot{x}_1(t)$；对于破裂面右端，$x'=x_2(t)-x$，$v_c=-\dot{x}_2(t)$.

如果以 $F(x,t)$ 表示破裂面端部的内聚力的分布，那么在考虑到内聚力之后，应力强度因子便应当是

$$K'=\left(\frac{2}{\pi}\right)^{1/2}(1-v_c/\beta)^{1/2}\int_0^{\beta(t_0)}\frac{\Delta\tau(x',t_0-x'/\beta)-F(x',t_0-x'/\beta)}{(x')^{1/2}}\mathrm{d}x'.\tag{9.236}$$

破裂面端部的应力应当是有限的，因此 K' 应当等于零，也就是

$$K=K_c(v_c,t_0),\tag{9.237}$$

式中，

$$K_c(v_c,t_0)=\left(\frac{2}{\pi}\right)^{1/2}(1-v_c/\beta)^{1/2}\int_0^{\beta(t_0)}\frac{F(x',t_0-x'/\beta)}{(x')^{1/2}}\mathrm{d}x',\tag{9.238}$$

$K_c(v_c,\ t_0)$ 称为内聚模量，K 是不考虑内聚力时的应力强度因子. 我们不知道破裂面上内聚力的分布，也不知道内聚力的大小随破裂面两端的距离的变化. 此外，一般地说，内聚力的分布与载荷方式有关. 为了克服这些困难，可以引进两个简化假设. 第一个假设是：假设内聚力只在破裂面端部附近线性尺度为 l 的范围内作用，且 $l<<\beta t$：

$$K_c(v_c, t_0) = \left(\frac{2}{\pi}\right)^{1/2} (1 - v_c / \beta)^{1/2} \int_0^l \frac{F(x', t_0)}{(x')^{1/2}} \mathrm{d}x'. \tag{9.239}$$

第二个假设是：破裂面的形式和载荷方式无关，对于同一种介质，在给定的温度、压强等条件下，正在扩展的破裂面端部的内聚力分布仅与破裂速度有关，而与 t_0 不直接有关．在这种情况下，内聚模量只与破裂速度有关：

$$K_c(v_c, t_0) = \left(\frac{2}{\pi}\right)^{1/2} (1 - v_c / \beta)^{1/2} \int_0^l \frac{F(x', v_c)}{(x')^{1/2}} \mathrm{d}x' . \tag{9.240}$$

(五) 破裂面上的位移

1. 以特征坐标 (ξ, η) 表示破裂面上的位移

我们来分析破裂面 $x_1(t_0)<x_0<x_2(t_0)$ 上的位移．按照式(9.158)与式(9.184)，在 $y_0=0^+$，$x_1(t_0)<x_0<x_2(t_0)$ 处，位移可以用特征变量表示成

$$W_1(\xi_0, \eta_0) = \frac{1}{2^{1/2}\pi\mu} \int_{-x_2(0)/\sqrt{2}}^{\eta_0} \mathrm{d}\eta \int_{-\eta}^{\xi_0} \frac{\Delta\tau_1(\xi, \eta)}{(\xi_0 - \xi)^{1/2}(\eta_0 - \eta)^{1/2}} \mathrm{d}\xi, \qquad \xi_0 < \xi_2(\eta_0), \tag{9.241}$$

式中，

$$W_1(\xi_0, \eta_0) \equiv W(x_0, 0^+, \eta_0) . \tag{9.242}$$

在式(9.241)中，对 η 的积分下限是 $-x_2(0)/\sqrt{2}$，但由式(9.196)可知，当 $\xi_0>\xi_2(\eta_0)$ 时，

$$\int_{-\eta}^{\xi_0} \frac{\Delta\tau_1(\xi, \eta)}{(\xi_0 - \xi)^{1/2}} \mathrm{d}\xi = 0.$$

这就是说，当 $\eta<\eta_2(\xi_0)$ 时，

$$\int_{-\eta}^{\xi_0} \frac{\Delta\tau_1(\xi, \eta)}{(\xi_0 - \xi)^{1/2}} \mathrm{d}\xi = 0.$$

所以式(9.241)可以表示成：

$$W_1(\xi_0, \eta_0) = \frac{1}{2^{1/2}\pi\mu} \int_{\eta_2(\xi_0)}^{\eta_0} \frac{\mathrm{d}\eta}{(\eta_0 - \eta)^{1/2}} \int_{-\eta}^{\xi_0} \frac{\Delta\tau_1(\xi, \eta)}{(\xi_0 - \xi)^{1/2}} \mathrm{d}\xi , \tag{9.243}$$

式中，$\eta=\eta_2(\xi_0)$ 是 $\xi_0=\xi_2(\eta)$ 的反函数．

由上式可得，当 $\eta_0 \downarrow \eta_2(\xi_0)$ 时，

$$W_1(\xi_0, \eta_0) \approx \frac{\sqrt{2}}{\pi\mu} [\eta_0 - \eta_2(\xi_0)]^{1/2} \int_{-\eta_2(\xi_0)}^{\xi_0} \frac{\Delta\tau_1[\xi, \eta_2(\xi_0)]}{(\xi_0 - \xi)^{1/2}} \mathrm{d}\xi . \tag{9.244}$$

2. 用变量 (x,t) 表示破裂面上的位移

上式是用特征变量表示的破裂面上的位移，利用式(9.184)，可以将上式用物理意义

比较直接的变量(x, t)表示.

因为当$\xi=\xi_0$，$\eta=\eta_0$时，

$$\begin{cases} x=(\xi_0-\eta_0)/\sqrt{2}=x_0, \\ t=(\xi_0+\eta_0)/\sqrt{2}\beta=t_0, \end{cases} \tag{9.245}$$

所以，

$$W_1(\xi_0,\eta_0)=W(x_0,0^+,t_0). \tag{9.246}$$

当$\xi=\xi$，$\eta=\eta_2(\xi_0)$时，

$$\begin{cases} x=[\xi-\eta_2(\xi_0)]/\sqrt{2}, \\ t=[(\xi+\eta_2(\xi_0)]/\sqrt{2}\beta=[x+\sqrt{2}\eta_2(\xi_0)]/\beta, \end{cases} \tag{9.247}$$

式中，$\eta_2(\xi_0)$是$\xi_2(\eta_0)$的反函数，即$\eta_2(\xi_0)$是下列方程的解[参见式(9.194)]:

$$\xi_0=\eta_2(\xi_0)+\sqrt{2}x_2\left(\frac{\xi_0+\eta_2(\xi_0)}{\sqrt{2}\beta}\right), \tag{9.248}$$

所以，

$$t=\frac{\sqrt{2}}{\beta}\xi_0-\frac{\sqrt{2}}{\beta}x_2\left(\frac{\xi_0+\eta_2(\xi_0)}{\sqrt{2}\beta}\right)+\frac{x}{\beta}=t_0+[x_0+x-2x_2(t_2')]/\beta, \tag{9.249}$$

式中，t_2'是下列方程的解:

$$[\xi_0+\eta_2(\xi_0)]/\sqrt{2}\beta=t_2', \tag{9.250}$$

也即:

$$t_0+x_0/\beta=t_2'+x_2(t_2')/\beta. \tag{9.251}$$

于是

$$\Delta\tau_1[\xi,\eta_2(\xi_0)]=\Delta\tau\left[x,t_0+\frac{x_0+x-2x_2(t_2')}{\beta}\right]. \tag{9.252}$$

由式(9.245)和式(9.247)两式得

$$\xi_0-\xi=\sqrt{2}[x_2(t_2')-x]. \tag{9.253}$$

由式(9.245)和式(9.247)两式还可得

$$\eta_0-\eta_2(\xi_2)=\sqrt{2}[x_2(t_2')-x_0]. \tag{9.254}$$

将以上结果连同由式(9.247)得到的

$$\mathrm{d}\xi=\sqrt{2}\mathrm{d}x \tag{9.255}$$

代入式(9.247)，即得

$$W(x_0,0^+,t_0)\approx\frac{\sqrt{2}}{\pi\mu}[x_2(t_2')-x_0]^{1/2}\int_{x_0+\beta(t_0-2t_2')}^{x_0+\beta(t_0-t_2')}\frac{\Delta\tau\left[x,t_0+\dfrac{x_0+x-2x_2(t_2')}{\beta}\right]}{[x_2(t_2')-x]}\mathrm{d}x. \tag{9.256}$$

上式是在$x_0\uparrow x_2(t_0)$时成立的，所以

$$W(x_0,0^+,t_0)\approx\frac{\sqrt{2}}{\pi\mu}[x_2(t_2')-x_0]^{1/2}\int_{x_2(t_2')-\beta t}^{x_2(t_2')}\frac{\Delta\tau\left[x,t_0-\dfrac{x_2(t_2')-x}{\beta}\right]}{[x_2(t_2')-x]}\mathrm{d}x, \tag{9.257}$$

上式中，

$$\begin{aligned}x_2(t_2')-x_0&=x_2(t_2')-x_2(t_0)+x_2(t_0)-x_0,\\&\approx\dot{x}_2(t_0)(t_2'-t_0)+x_2(t_0)-x_0.\end{aligned}$$

但据式(9.251)

$$t_2'-t_0=[x_0-x_2(t_2')]/\beta,$$

所以，

$$x_2(t_2')-x_0\approx\frac{\dot{x}_2(t_0)}{\beta}[x_0-x_2(t_2')]+x_2(t_0)-x_0,$$

也就是，

$$x_2(t_2')-x_0\approx\frac{x_2(t_0)-x_0}{1+\dot{x}_2(t_0)/\beta}. \tag{9.258}$$

将上式代入式(9.257)，即得

$$W(x_0,0^+,t_0)\approx\frac{2}{\pi\mu}\left[\frac{x_2(t_0)-x_0}{1+\dot{x}_2(t_0)/\beta}\right]^{1/2}\int_{x_2(t_0)-\beta t_0}^{x_2(t_0)}\frac{\Delta\tau\left[x,t_0-\dfrac{x_2(t_0)-x}{\beta}\right]}{[x_2(t_0)-x)]^{1/2}}\mathrm{d}x,\quad x_0\uparrow x_2(t_0), \tag{9.259}$$

或

$$W(x_0,0^+,t_0)\approx\left(\frac{2}{\pi}\right)^{1/2}\frac{[x_2(t_0)-x_0]^{1/2}}{\mu[1+\dot{x}_2(t_0)/\beta]^{1/2}[1-\dot{x}_2(t_0)/\beta]^{1/2}}K_2,\qquad x_0\uparrow x_2(t_0), \tag{9.260}$$

式中，K_2是如式(9.232)所表示的应力强度因子：

$$K_2=\left(\frac{2}{\pi}\right)^{1/2}[1-\dot{x}_2(t_0)/\beta]^{1/2}\int_{x_2(t_0)-\beta t_0}^{x_2(t_0)}\frac{\Delta\tau\left[x,t_0-\dfrac{x_2(t_0)-x}{\beta}\right]}{[x_2(t_0)-x]^{1/2}}\mathrm{d}x. \tag{9.261}$$

(六)能量

由式(9.260)容易求得在$x_0\uparrow x_2(t_2')$处破裂面上的质点运动速度：

$$\frac{\partial W(x_0,0^+,t_0)}{\partial t_0}\approx\left(\frac{2}{\pi}\right)^{1/2}\frac{\dot{x}_2(t_0)}{\mu[1+\dot{x}_2(t_0)/\beta]^{1/2}[1-\dot{x}_2(t_0)/\beta]^{1/2}[x_2(t_0)-x_0]}K_2, \tag{9.262}$$

进而可以计算单位时间内流入破裂面端部的能量：

$$g=\int_{x_2(t_0)-\varepsilon}^{x_2(t_0)+\varepsilon}2\frac{\partial W(x_0,0^+,t_0)}{\partial t_0}\sigma(x_0,0^+,t_0)\mathrm{d}x, \tag{9.263}$$

式中，ε是正的小量．结果是

$$g = \frac{K_2^2 \dot{x}_2(t_0)}{\pi\mu[1+\dot{x}_2(t_0)/\beta]^{1/2}[1-\dot{x}_2(t_0)/\beta]^{1/2}} \int_{-\varepsilon}^{\varepsilon} x_-^{-1/2} x_+^{1/2} \mathrm{d}x, \tag{9.264}$$

$$g = \frac{K_2^2 \dot{x}_2(t_0)}{2\mu\{1-[\dot{x}_2(t_0)/\beta]^2\}^{1/2}}. \tag{9.265}$$

这是与式(9.111)一致的结果．这个能量等于单位时间内反抗内聚力所做的功 $2v_cG$．如果表面能系数 G 只与破裂速度有关，那么

$$K_2^2 = 4\mu G(v_c)[1-(v_c/\beta)^2]^{1/2}, \tag{9.266}$$

也就是应力强度因子

$$K_2 = \{4\mu G(v_c)[1-(v_c/\beta)^2]^{1/2}\}^{1/2}. \tag{9.267}$$

对比式(9.237)和上式，可得当内聚模量只与破裂速度有关时，

$$\{4\mu G(v_c)[1-(v_c/\beta)^2]^{1/2}\}^{1/2} = K_c(v_c). \tag{9.268}$$

这个公式是关于 $x_2(t_0)$ 的微分方程[式中的 $v_c=\dot{x}_2(t_0)$]．当 $v_c \to 0$ 时，它退化为格里菲斯(Griffith)破裂准则．

(七)破裂面端部的运动规律与破裂速度

1. 均匀载荷的半无限破裂面

为了确定破裂面端部的运动规律和破裂速度，可由式(9.232)，式(9.237)与式(9.240)三式得到确定破裂面端部位置 $x_2(t_0)$ 的微分方程：

$$\int_{x_2(t_0)-\beta t_0}^{x_2(t_0)} \frac{\Delta\tau[x, t_0-(x_2(t_0)-x)/\beta]}{[x_2(t_0)-x]^{1/2}} \mathrm{d}x = \left(\frac{\pi}{2}\right)^{1/2} \frac{K_2[\dot{x}_2(t_0)]}{[1-\dot{x}_2(t_0)/\beta]^{1/2}}. \tag{9.269}$$

将式(9.267)代入上式右边的 K_2，可得

$$\int_{x_2(t_0)-\beta t_0}^{x_2(t_0)} \frac{\Delta\tau[x, t_0-(x_2(t_0)-x)/\beta]}{[x_2(t_0)-x]^{1/2}} \mathrm{d}x = [2\pi\mu G(\dot{x}_2)]^{1/2} \left(\frac{1+\dot{x}_2/\beta}{1-\dot{x}_2/\beta}\right)^{1/4}. \tag{9.270}$$

因为上式只有当

$$\int_{x_2(t_0)-\beta t_0}^{x_2(t_0)} \frac{\Delta\tau[x, t_0-(x_2(t_0)-x)/\beta]}{[x_2(t_0)-x]^{1/2}} \mathrm{d}x \geqslant [2\pi\mu G(\dot{x}_2)]^{1/2} \tag{9.271}$$

时才成立，所以只有在上列不等式成立的情况下裂纹才会扩展，否则裂纹端部不会扩展．

先来研究均匀的无限介质中的一个半无限破裂面的扩展问题．

设 $t<0$ 时 $x_2(t)=0$，在 $t=0$ 时突然发生破裂，即沿负实轴$(x<0)$施加了大小为$-\tau_0$的应力：

$$\begin{cases} \Delta\tau(x,t) = \tau_0, & -\infty < x < x_2(t), \\ x_2(t) = 0, & t < 0. \end{cases} \tag{9.272}$$

将上式代入式(9.232)，可以求得应力强度因子

$$K_2 = \left(\frac{2}{\pi}\right)^{1/2} [1 - \dot{x}_2(t_0) / \beta]^{1/2} \int_{x_2(t)-\beta t}^{x_2(t)} \frac{\tau_0}{[x_2(t) - x']} \mathrm{d}x' , \tag{9.273}$$

即

$$K_2 = 2\left(\frac{2}{\pi}\right)^{1/2} [1 - \dot{x}_2(t_0) / \beta]^{1/2} (\beta t)^{1/2} \tau_0 . \tag{9.274}$$

上式表明，应力强度因子在 $\dot{x}_2(t_0)=0$ 时随时间的推移而增加．如果以 $K_c(\dot{x}_2)$ 表示内聚模量，则当

$$K_2 < K_c(0) \tag{9.275}$$

时，也即

$$t < \frac{\pi[K_c(0)]^{1/2}}{8\beta\tau_0^2} = t_0 \tag{9.276}$$

时破裂面不扩展(图 9.9)．当 $t \geqslant t_0$ 时，破裂面开始朝 x 方向扩展，此时

$$K_2 = K_c(\dot{x}_2), \tag{9.277}$$

也即

$$2\left(\frac{1}{\pi}\right)^{1/2} \tau_0(\beta t)^{1/2} = K_c(\dot{x}_2)(1 - \dot{x}_2 / \beta)^{-1/2} \tag{9.278}$$

便确定了 $x_2(t)$．容易看出，如果 $K_c(\dot{x}_2)$ 有界，那么当 $t \to \infty$ 时，$\dot{x}_2 \to \beta$ (图 9.10)．这就是说破裂速度随着 t 增大而趋于介质中的横波速度，但破裂过程不会停止．

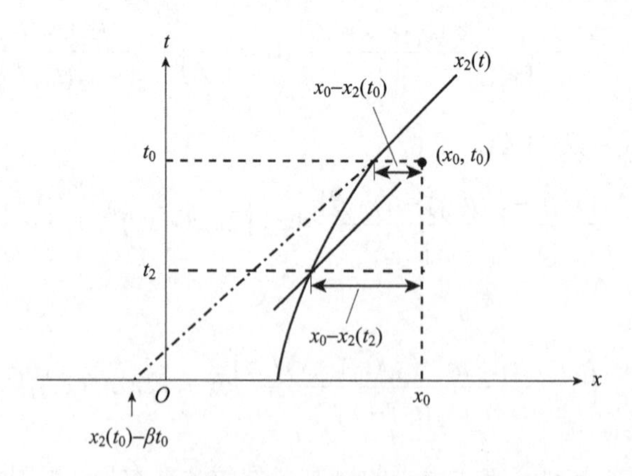

图 9.9　应力强度因子表示式中的积分路径的意义

只要知道了 $K_c(\dot{x}_2)$ 的具体形式，就可以通过积分上式而得到破裂面扩展过程的详细情节．我们已经知道，$K_c(\dot{x}_2)$ 由式(9.268)所表示，如果设表面能系数 $G(v_c)$ 为常量，则得：

$$2\left(\frac{2}{\pi}\right)^{1/2}\tau_0(\beta t)^{1/2}=(4\mu G)^{1/2}\left(\frac{1+\dot{x}_2/\beta}{1-\dot{x}_2/\beta}\right)^{1/4}, \tag{9.279}$$

$$\left(\frac{t}{t_0}\right)^{1/2}=\left(\frac{1+\dot{x}_2/\beta}{1-\dot{x}_2/\beta}\right)^{1/4}, \tag{9.280}$$

$$\frac{\mathrm{d}x_2(t)}{\mathrm{d}t}=\beta\left(1-\frac{2t_0^2}{t^2+t_0^2}\right), \tag{9.281}$$

从而，

$$x_2=\beta t-2\beta t_0\tan^{-1}\left(\frac{t}{t_0}\right)+C. \tag{9.282}$$

由初始条件($t=t_0$ 时 $x_2=0$)可以确定系数 C：

$$C=\beta t\left(\frac{\pi}{2}-1\right). \tag{9.283}$$

于是，

$$x_2=\beta t+\beta t_0\left[\frac{\pi}{2}-1-2\tan^{-1}\left(\frac{t}{t_0}\right)\right]. \tag{9.284}$$

裂纹端部在 $t=t_0$ 时刻以零初始速度开始扩展，迅速达到终极速度β(图 9.10).

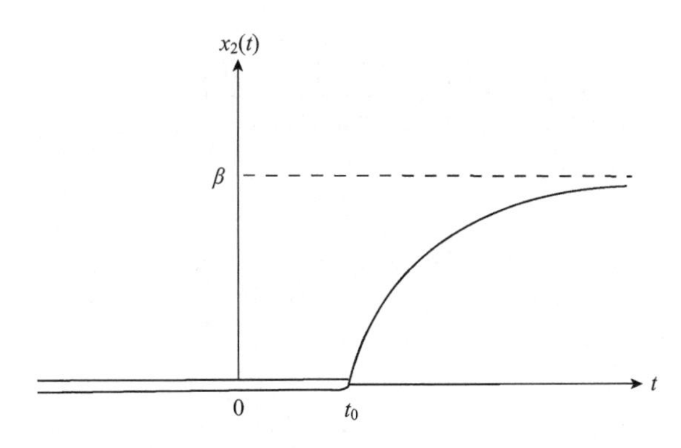

图 9.10　均匀载荷的半无限破裂面的扩展

2. 集中载荷的半无限破裂面

作为第二个例子，我们来研究一个半无限的破裂面$-\beta<x<x_2(t)$.

设 $t<0$ 时 $x_2(t)=0$，在 $t=0$ 时沿负实轴 $x<0$ 突然破裂，此时在 $x=-a$ 处突然施加一个强度为$-\tau_0$ 的集中剪切载荷：

$$\begin{cases}\Delta\tau(x,t)=\tau_0\delta(x+a)H(t),\\ x_2(t)=0,\qquad t<0.\end{cases} \tag{9.285}$$

将上式代入到式(9.232)，我们得

$$K_2=\left(\frac{2}{\pi}\right)^{1/2}[1-\dot{x}_2(t)/\beta]^{1/2}\int_{x_2(t)-\beta t}^{x_2(t)}\frac{\tau_0\delta(x'+a)H[t-(x_2(t)-x')/\beta]}{[x_2(t)-x']}\mathrm{d}x', \tag{9.286}$$

$$K_2=\left(\frac{2}{\pi}\right)^{1/2}\left[\frac{1-\dot{x}_2(t)/\beta}{x_2(t)+a}\right]^{1/2}\tau_0H[t-(x_2(t)+a)/\beta]. \tag{9.287}$$

由上式可知，当 $t<a/\beta$ 时，即集中载荷所产生的扰动尚未传播至破裂面之前，$K_2=0$，因而此时破裂不会扩展.

当 $t\geqslant a/\beta$ 但破裂面尚未扩展($\dot{x}_2=0$)时，

$$K_2=\left(\frac{2}{\pi a}\right)^{1/2}\tau_0. \tag{9.288}$$

一旦破裂面开始扩展，即 $x_2>0$ 和 $\dot{x}_2>0$ 时，

$$K_2=\left(\frac{2}{\pi}\right)^{1/2}\left[\frac{1-\dot{x}_2(t)/\beta}{x_2(t)+a}\right]^{1/2}\tau_0<\left(\frac{2}{\pi a}\right)^{1/2}\tau_0. \tag{9.289}$$

这表明破裂面一旦扩展之后，应力强度因子便下降. 所以只有在

$$\left(\frac{2}{\pi a}\right)^{1/2}\tau_0>K_c(\dot{x}_2)\Big|_{\dot{x}_2=0} \tag{9.290}$$

时破裂面才能扩展. 在上述条件能满足的情况下，关于 $x_2(t)$ 的微分方程可以由式(9.237)和式(9.287)求得

$$K_c(\dot{x}_2)=\left(\frac{2}{\pi}\right)^{1/2}\left[\frac{1-\dot{x}_2(t)/\beta}{x_2(t)+a}\right]^{1/2}\tau_0. \tag{9.291}$$

由上式可见，若 x_m 是方程

$$K_c(0)=\left(\frac{2}{\pi}\right)^{1/2}\frac{\tau_0}{(x_m+a)^{1/2}} \tag{9.292}$$

的根，则当

$$x_2>x_m=\frac{2}{\pi}\left[\frac{\tau_0}{K_c(0)}\right]^2-a \tag{9.293}$$

时，破裂面不再扩展.

由式(9.267)与式(9.287)两式得，当 $t\geqslant a/\beta$ 时，

$$\left\{4\mu G(\dot{x}_2)[1-(\dot{x}_2/\beta)^2]^{1/2}\right\}^{1/2}=\left(\frac{2}{\pi}\right)^{1/2}\left[\frac{1-\dot{x}_2(t)/\beta}{x_2(t)+a}\right]^{1/2}\tau_0. \tag{9.294}$$

若设 $G(\dot{x}_2)$ 是常量，则由上式可得

$$\frac{1+\dot{x}_2/\beta}{1-\dot{x}_2/\beta}=\left(\frac{x_m+a}{x_2+a}\right)^2. \tag{9.295}$$

积分上式即得：

$$\beta t=(x_m+a)\ln\left|\frac{x_m+x_2+2a}{x_m-x_2}\right|-x_2-a+C. \tag{9.296}$$

因为当 $x_2=0$ 时，$\beta t=a$，所以

$$C=2a-(x_m+a)\ln\left|\frac{x_m+2a}{x_m}\right|, \tag{9.297}$$

从而，

$$\beta t=(x_m+a)\ln\left|\frac{(x_m+x_2+2a)x_m}{(x_m-x_2)(x_m+2a)}\right|-x_2+a. \tag{9.298}$$

上式表明，当 $t\to\infty$时，$x_2\to x_m$. 这就是说，对于这种集中剪切载荷，破裂面或者根本就不会扩展[如果$(2/\pi a)^{1/2}\tau_0<K_c(0)$，也即 $x_m<0$]；或者只扩展到有限距离 x_m 就停止下来[如果$(2/\pi a)^{1/2}\tau_0>K_c(0)$，也即 $x_m>0$]. 在后一种情形下破裂面端部的运动情况如图 9.11 所示.

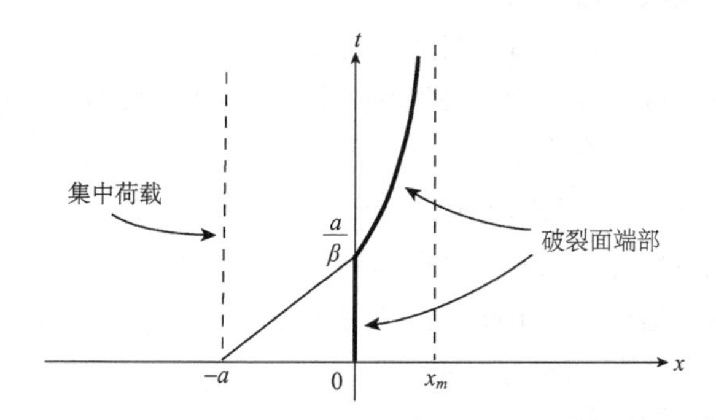

图 9.11　集中载荷下的半无限破裂面的扩展

第三节　半无限介质中剪切破裂面的非稳态扩展

(一)半无限介质中纵向剪切破裂面的非稳态扩展

1. 运动方程、初始条件和边界条件

我们来研究半无限介质中纵向剪切破裂面的非稳态扩展问题(Burridge and Halliday, 1971). 以 $x\geqslant0$ 表示均匀、各向同性和完全弹性的半无限介质，y 轴和 z 轴均置于地面上. 设在 $y=0$ 平面上有一个沿 z 轴方向延伸的二维断层(图 9.12)，并设半无限介质在 $t<t_a=a/\beta$ 时在平行于 z 方向的均匀剪切预应力作用处于平衡状态，即

$$\tau_{yz}=\tau_b,\qquad t<t_a=a/\beta, \tag{9.299}$$

式中，τ_b 是一个常量，t_a 是破裂起始时刻，a 是破裂起始点所在的深度，β是横波速度：

$$\beta=\left(\frac{\mu}{\rho}\right)^{1/2}, \tag{9.300}$$

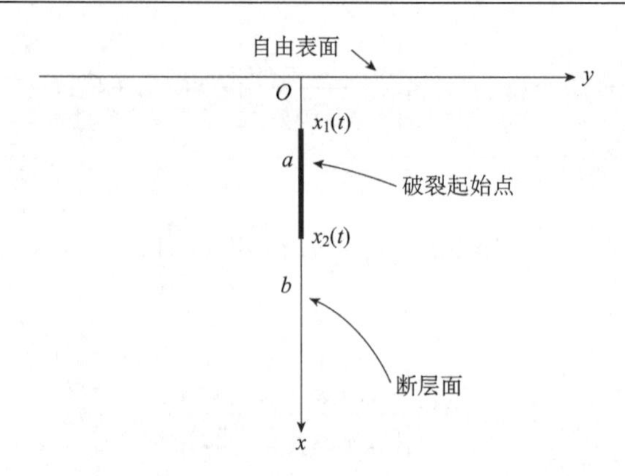

图 9.12　半无限介质中剪切破裂面的非稳态扩展

应力降在 $0<x<b$ 为正

式中，μ是介质的刚性系数，ρ是其密度．设断层面是靠 $y>0$ 和 $y<0$ 之间的摩擦应力闭锁住的，并设摩擦应力随深度而增加．

假设在 $t=t_a$ 时，由于应力场和摩擦系数的局部非均匀性，在某一深度 $x=a$ 处出现了破裂，然后破裂面沿 $y=0$ 平面扩展，在时刻 t 到达 $x_1(t)<x<x_2(t)$．设断层滑动时在断层面之间只有随深度 x 而变化的动态摩擦应力作用：

$$\tau_{yz}=\tau_d(x),\qquad x_1(t)<x<x_2(t),\quad y=0,\quad t>t_a.\tag{9.301}$$

在这种情况下，破裂所引起的位移全都沿 z 方向，以 $W(x,y,t)$ 表示．$W(x,y,t)$ 从初始平衡状态起算；换句话说，在破裂前，位移为零：

$$W(x,y,t)=0,\qquad x\geqslant 0,\quad t<t_a.\tag{9.302}$$

破裂开始之后，除了破裂面外，W 满足波动方程：

$$\frac{1}{\beta^2}\frac{\partial^2 W}{\partial t^2}=\frac{\partial^2 W}{\partial x^2}+\frac{\partial^2 W}{\partial y^2},\qquad \text{除了}y=0,\quad x_1(t)<x<x_2(t)\text{外},\quad x>0,\quad t>t_a.\tag{9.303}$$

应力分量 τ_{yz} 和 τ_{xz} 分别是

$$\tau_{yz}=\tau_b+\mu\frac{\partial W}{\partial y},\tag{9.304}$$

$$\tau_{xz}=\mu\frac{\partial W}{\partial x}.\tag{9.305}$$

在自由表面，应力 τ_{xz} 为零，所以

$$\frac{\partial W}{\partial x}=0,\qquad x=0.\tag{9.306}$$

由式(9.301)与式(9.304)两式可得，在破裂面上，应力增量 σ_{yz} 是动态应力降 $\Delta\tau(x)$ 的反号：

$$\sigma_{yz}=\mu\frac{\partial W}{\partial y}=-\Delta\tau(x),\qquad x_1(t)<x<x_2(t),\qquad y=0,\ t>t_a,\tag{9.307}$$

式中，

$$\Delta\tau(x)=\tau_b-\tau_d(x)\tag{9.308}$$

是动态应力降．在破裂面上，位移是不连续的；但在 y=0 平面上除破裂面以外的其他地点，位移 W 和应力增量σ_{yz} 都是有限的和连续的．

2. 解的积分公式

由式(9.303)可见，如果把 W 作为 x 的偶函数延拓到半空间 x<0，则在破裂开始之后，除了破裂面及其镜像外，W 都满足波动方程：

$$\frac{1}{\beta^2}\frac{\partial^2 W}{\partial t^2}=\frac{\partial^2 W}{\partial x^2}+\frac{\partial^2 W}{\partial y^2},\qquad \text{除了}y=0,\ -x_2(t)<t<-x_1(t),\ x_1(t)<t<x_2(t),\ t>t_a. \tag{9.309}$$

由式(9.307)可知，若把 W 作为 x 的偶函数延拓到 x<0 时，则应当把$\Delta\tau(x)$也作为 x 的偶函数延拓到破裂面对于 x=0 平面的镜像上(图 9.13)，即：

$$\sigma_{yz}=\mu\frac{\partial W}{\partial y}=-\Delta\tau(x),\qquad -x_2(t)<x<-x_1(t),\qquad y=0,\quad t>t_a. \tag{9.310}$$

W 对于 y=0 平面具有反对称性，它是 y 的奇函数：$W(x,-y,t)=-W(x,y,t)$，所以在 y=0 平面上除了破裂面及其镜像以外的其他地点，

$$W(x,0,t)=0. \tag{9.311}$$

这样一来，我们只需要讨论 y>0 半空间的情形(图 9.13)．

由本章第二节(一)可知，这个问题的解是[参见式(9.156)]：

$$W(x_0,y_0,t_0)=\frac{-1}{2\pi\mu}\iint_S\frac{\sigma_{yz}(x,0^+,t)}{\{(t_0-t)^2-\beta^{-2}[(x_0-x)^2+y_0^2]\}^{1/2}}\mathrm{d}x\mathrm{d}t, \tag{9.312}$$

式中，因此 2 系因现在的解是由半空间延拓至全空间而来，S 是(x, y, t)空间中、在顶点为(x_0, y_0, t_0)的特征锥

$$(t_0-t)^2-\beta^{-2}[(x_0-x)^2+y_0^2]\geqslant 0,\quad 0\leqslant t\leqslant t_0 \tag{9.313}$$

内的那部分区域．

在 $y_0=0^+$时，可以将解的积分公式[式(9.312)]化为比较简单的形式[参见式(9.158)]：

$$W(x_0,0^+,t_0)=\frac{-1}{2\pi\mu}\iint_{S_0}\frac{\sigma_{yz}(x,0^+,t)}{[(t_0-t)^2-\beta^{-2}(x_0-x)^2]^{1/2}}\mathrm{d}x\mathrm{d}t, \tag{9.314}$$

式中，S_0 是(x, t)平面上、在顶点为(x_0, t_0)的特征三角形

$$(t_0-t)^2-\beta^{-2}(x_0-x)^2\geqslant 0,\qquad 0\leqslant t\leqslant t_0 \tag{9.315}$$

内的区域．

一般地说，S_0 有一部分在破裂面上，在破裂面上，σ_{yz} 是已知的[参见式(9.307)和式(9.310)]；S_0 的另一部分在破裂面外，在这一部分平面上，σ_{yz} 事先是未知的．下面我们将用前面叙述过的、柯斯特洛夫(Костров, 1966; Kostrov, 1966)采用过的方法计算破裂面外的应力．这个方法也是在薄机翼附近的超声速流动理论研究中曾经运用过的一种方法(Evvard, 1950; Ward, 1955)．

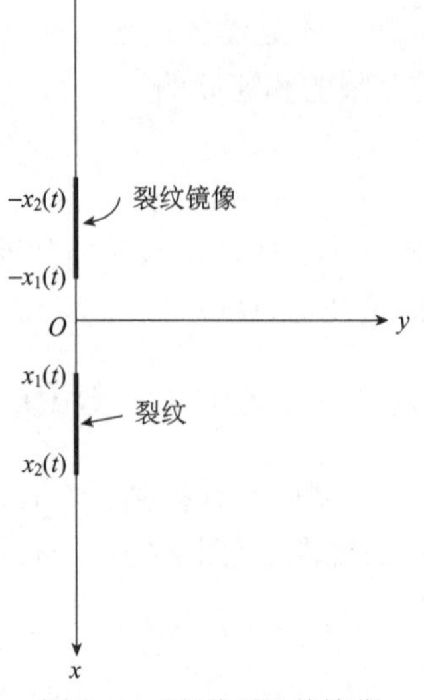

图 9.13 破裂面及其镜像

(二)破裂面端部的应力

在上面的公式中，$x_1(t)$是断层面的上界，$x_2(t)$是其下界．根据假设，破裂过程是在时刻 $t<t_a=a/\beta$ 从深度 $x=a$ 处开始的，所以

$$x_1(t_a)=a=x_2(t_a). \tag{9.316}$$

经过一段时间后，$x_1(t)$将达到自由表面．设它在 t_1 时刻到达自由表面，则可以把破裂面及其镜像在(x, t)平面所占的区域表示为

$$\begin{cases} -x_2(t)<x<-x_1(t), \qquad x_1(t)<x<x_2(t), \qquad t_a\leqslant t\leqslant t_1, \\ -x_2(t)<x<x_2(t), \qquad\qquad\qquad\qquad\qquad\quad t_1\leqslant t. \end{cases} \tag{9.317}$$

引进由下式定义的与前文定义[见式(9.183)和式(9.184)]略有不同的特征变量：

$$\begin{cases} \xi=\beta t+x \\ \eta=\beta t-x \end{cases} \tag{9.318}$$

则变量(x, t)可用特征变量表示为

$$\begin{cases} x=(\xi-\eta)/2, \\ t=(\xi+\eta)/2\beta. \end{cases} \tag{9.319}$$

在(x, t)平面上的面积元

$$\mathrm{d}S=\mathrm{d}x\mathrm{d}t\,, \tag{9.320}$$

而在(ξ, η)平面上，面积元

$$\mathrm{d}S=\frac{1}{|\nabla\xi||\nabla\eta|}\mathrm{d}\xi\mathrm{d}\eta=\beta^{-1}\mathrm{d}\xi\mathrm{d}\eta\,. \tag{9.321}$$

所以，如果令

$$W_1(\xi_0,\eta_0)=W(x_0,0^+,t_0)\,, \tag{9.322}$$

$$\sigma_1(\xi,\eta)=\sigma_{yz}(x,0^+,t)\,,\tag{9.323}$$

则可将式(9.314)用特征变量表示为

$$W_1(\xi_0,\eta_0)=\frac{-1}{2\pi\mu}\iint_{S_0}\frac{\sigma_1(\xi,\eta)}{(\xi_0-\xi)^{1/2}(\eta_0-\eta)^{1/2}}\mathrm{d}\xi\mathrm{d}\eta\,.\tag{9.324}$$

如果用特征变量表示，那么 S_0 便是$\xi\leqslant\xi_0$，$\eta\leqslant\eta_0$和$\xi\geqslant-\eta$所构成的三角形(图 9.14)．但是既然破裂是从 $A(a,t_a)$ 点及其镜像点 $A'(-a,t_a)$ 起始的，所以在(x,t)平面上只有满足条件$\beta(t-t_a)\geqslant|x-a|$和$\beta(t-t_a)\geqslant|x+a|$的区域内应力增量$\sigma_{yz}$不为零，考虑到这两个条件，$S_0$ 便是图 9.14 中的区域 $PACDGA'P$. 既然在由 $0\leqslant\xi\leqslant2a$ 和 $0\leqslant\eta\leqslant2a$ 所构成的正方形 $OAPA'O$ 内，应力增量为零，所以可以把 S_0 简单地表示为由 $0\leqslant\xi\leqslant\xi_0$ 和 $0\leqslant\eta\leqslant\eta_0$ 构成的矩形 $OACDGA'O$．于是上式可以表示为

$$W_1(\xi_0,\eta_0)=\frac{-1}{2\pi\mu}\int_0^{\eta_0}\frac{1}{(\eta_0-\eta)^{1/2}}\mathrm{d}\eta\int_0^{\xi_0}\frac{\sigma_1(\xi,\eta)}{(\xi_0-\xi)^{1/2}}\mathrm{d}\xi\,.\tag{9.325}$$

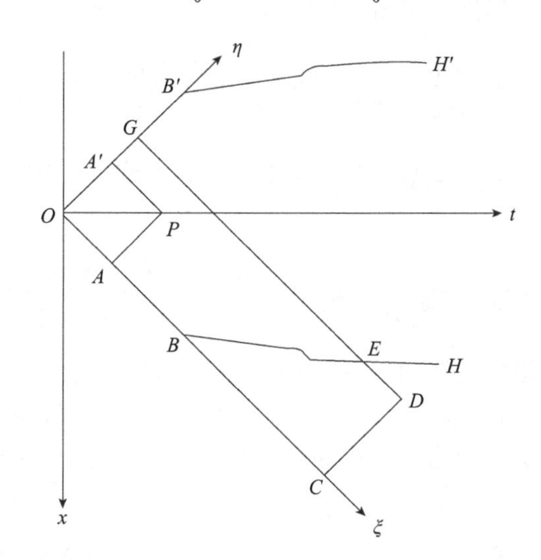

图 9.14　为计算在断层所在的平面(y=0 平面)上破裂面端部的扩展情况所用的示意图

设观测点在破裂面的右边，在(x,t)平面，破裂面右端由方程

$$x_0=x_2(t_0)\tag{9.326}$$

表示．由式(9.319)可知，在(ξ,η)平面，上式转换为

$$\xi_2(\eta_0)=\eta_0+2x_2\left(\frac{\xi_2(\eta_0)+\eta_0}{2\beta}\right).\tag{9.327}$$

所以如果以(ξ,η)为变量的话，观测点位于破裂面右边的条件就应当表示为

$$\xi_0>\xi_2(\eta_0)\,.\tag{9.328}$$

在上述条件下，$W_1(\xi_0,\eta_0)$=0．所以

$$\int_0^{\eta_0}\frac{1}{(\eta_0-\eta)^{1/2}}\mathrm{d}\eta\int_0^{\xi_0}\frac{\sigma_1(\xi,\eta)}{(\xi_0-\xi)^{1/2}}\mathrm{d}\xi=0,\qquad \xi_0>\xi_2(\eta_0).\tag{9.329}$$

如果以$\eta_0'<\eta_0$代替上式中的η_0，则因$\xi_2(\eta_0')<\xi_2(\eta_0)<\xi_0$，上式仍然成立，所以上式是一个关于

$$\phi(\eta)=\int_0^{\xi_0}\frac{\sigma_1(\xi,\eta)}{(\xi_0-\xi)^{1/2}}\mathrm{d}\xi\tag{9.330}$$

的阿贝尔积分方程[参见式(9.160)]．它的解是[参见式(9.165)]

$$\int_0^{\xi_0}\frac{\sigma_1(\xi,\eta_0)}{(\xi_0-\xi)^{1/2}}\mathrm{d}\xi=0,\qquad \xi_0>\xi_2(\eta_0).\tag{9.331}$$

在$\xi>\xi_2(\eta_0)$时，$\sigma_1(\xi,\eta_0)$是已知的；在$\xi_2<\xi_2(\eta_0)$时，和本章第二节的情形不一样，到这一步为止，因为还不知道$x_2(t)$的具体形式，所以不能肯定在$\xi<\xi_2(\eta_0)$时$\sigma_1(\xi,\eta_0)$是否全都已知．不过，我们不妨仍然以$-\Delta\tau_1(\xi,\eta_0)$来表示它．于是，

$$\int_{\xi_2(\eta_0)}^{\xi_0}\frac{\sigma_1(\xi,\eta_0)}{(\xi_0-\xi)^{1/2}}\mathrm{d}\xi=\int_0^{\xi_2(\eta_0)}\frac{\Delta\tau_1(\xi,\eta_0)}{(\xi_0-\xi)^{1/2}}\mathrm{d}\xi\,.\tag{9.332}$$

如果$\Delta\tau_1(\xi,\eta_0)$在$0\leqslant\xi\leqslant\xi_2(\eta_0)$是已知的，那么上式就是关于$\sigma_1(\xi,\eta_0)$的阿贝尔积分方程，这个方程的解是

$$\sigma_1(\xi,\eta_0)=\frac{1}{\pi[\xi_0-\xi_2(\eta_0)]^{1/2}}\int_0^{\xi_2(\eta_0)}\frac{\Delta\tau_1(\xi,\eta_0)[\xi_2(\eta_0)-\xi]^{1/2}}{\xi_0-\xi}\mathrm{d}\xi\,.\tag{9.333}$$

有了这个公式便可以由沿特征线的积分计算在$y=0$平面上破裂面右端以外的任一点上的应力．例如，为计算图9.14中的D点的应力，只需沿图中的一段特征线GE作上述积分．

现在，我们来分析破裂面右端附近的应力．为此，先将上式中被积函数的因子表示成：

$$\frac{[\xi_2(\eta_0)-\xi]^{1/2}}{\xi_0-\xi}=\frac{1}{[\xi_2(\eta_0)-\xi]^{1/2}}-\frac{\xi_0-\xi_2(\eta_0)}{(\xi_0-\xi)[\xi_2(\eta_0)-\xi]^{1/2}},\tag{9.334}$$

从而，

$$\sigma_1(\xi,\eta_0)=\frac{1}{\pi[\xi_0-\xi_2(\eta_0)]^{1/2}}\int_0^{\xi_2(\eta_0)}\frac{\Delta\tau_1(\xi,\eta_0)}{[\xi_2(\eta_0)-\xi]^{1/2}}\mathrm{d}\xi-\frac{1}{\pi}\int_0^{\xi_2(\eta_0)}\frac{[\xi_0-\xi_2(\eta_0)]^{1/2}\Delta\tau_1(\xi,\eta_0)}{(\xi_0-\xi)[\xi_2(\eta_0)-\xi]^{1/2}}\mathrm{d}\xi.\tag{9.335}$$

我们来考察上式右边的第二个积分．设δ是一个正的小量．当$\xi_0\downarrow\xi_2(\eta_0)$时，若$0\leqslant\xi\leqslant\xi_2(\eta_0)-\delta<\xi_2(\eta_0)$，

$$\frac{[\xi_0-\xi_2(\eta_0)]^{1/2}}{(\xi_0-\xi)[\xi_2(\eta_0)-\xi]^{1/2}}\downarrow 0\,,\tag{9.336}$$

而当$\xi_0\downarrow\xi_2(\eta_0)$时，

$$\frac{1}{\pi}\int_{0}^{\xi_2(\eta_0)}\frac{[\xi_0-\xi_2(\eta_0)]^{1/2}}{(\xi_0-\xi)[\xi_2(\eta_0)-\xi]^{1/2}}\mathrm{d}\xi\to 1,\tag{9.337}$$

所以当$\xi_0\downarrow\xi_2(\eta_0)$时，对于任何连续的$\Delta\tau_1$，

$$\sigma_1(\xi_0,\eta_0)=\frac{1}{\pi[\xi_0-\xi_2(\eta_0)]^{1/2}}\int_{0}^{\xi_2(\eta_0)}\frac{\Delta\tau_1(\xi,\eta_0)}{[\xi_2(\eta_0)-\xi]^{1/2}}\mathrm{d}\xi-\Delta\tau_1[\xi_2(\eta_0),\eta_0]+\mathrm{o}(1).\tag{9.338}$$

式中，o(l)表示数量级小于 1 的小量．由式(9.318)与式(9.327)得

$$\xi_0-\xi_2(\eta_0)=2[x_0-x_2(t_2)],\tag{9.339}$$

式中，

$$t_2=2^{-1}\beta^{-1}[\xi_2(\eta_0)+\eta_0]=t_0+[x_2(t_2)-x_0]/\beta.\tag{9.340}$$

当$\xi_0\downarrow\xi_2(\eta_0)$时，

$$\begin{aligned}\xi_0-\xi_2(\eta_0)&=2\{x_0-x_2(t_0)-[x_2(t_2)-x_2(t_0)]\},\\&\approx 2[x_0-x_2(t_0)-\dot{x}_2(t_0)(t_2-t_0)],\\&=2[x_0-x_2(t_0)]+\dot{x}_2(t_0)[\xi_0-\xi_2(\eta_0)]/\beta,\end{aligned}\tag{9.341}$$

即

$$\xi_0-\xi_2(\eta_0)\approx\frac{2[x_0-x_2(t_0)]}{1-\dot{x}_2(t_0)/\beta}.\tag{9.342}$$

从而，

$$\sigma_1(\xi_0,\eta_0)=\frac{[1-\dot{x}_2(t_0)/\beta]^{1/2}}{2\pi[x_0-x_2(t_0)]^{1/2}}\int_{0}^{\xi_2(\eta_0)}\frac{\Delta\tau_1(\xi,\eta_0)}{[\xi_2(\eta_0)-\xi]^{1/2}}\mathrm{d}\xi-\Delta\tau_1(\xi_2(\eta_0),\eta_0)+\mathrm{o}(1).\tag{9.343}$$

当$\xi_0\downarrow\xi_2(\eta_0)$时，

$$\sigma_1(\xi_0,\eta_0)\approx\frac{K_2}{(2\pi)^{1/2}[x_0-x_2(t_0)]^{1/2}},\tag{9.344}$$

式中，K_2是应力强度因子：

$$K_2=\frac{2^{1/4}}{\pi^{1/2}}[1-\dot{x}_2(t_0)/\beta]^{1/2}\int_{0}^{\xi_2(\eta_0)}\frac{\Delta\tau_1(\xi,\eta_0)}{[\xi_2(\eta_0)-\xi]^{1/2}}\mathrm{d}\xi.\tag{9.345}$$

(三) 破裂面端部的运动

在破裂面的端部，应力应当是有限的，这只有当

$$K_2=0\tag{9.346}$$

时才有可能．因此只有当

$$\dot{x}_2=\beta\tag{9.347}$$

或$\xi_2(\eta_0)$满足下列方程

$$\int_0^{\xi_2(\eta_0)} \frac{\Delta\tau_1(\xi,\eta_0)}{[\xi_2(\eta_0)-\xi]^{1/2}} \mathrm{d}\xi = 0 \tag{9.348}$$

时破裂面端部的应力才保持有限．这意味着，破裂面或是以横波速度扩展，或是以上式所确定的破裂速度扩展．

根据以上两个公式，我们来分析破裂面端部的运动情况．设应力降$\Delta\tau_1$在$-b<x<b$为正，在$|x|>b$为负．今以A表示(a, t_a)点，B表示(b, t_b)点(图9.15)．可以看出，在$a<x<b$段，因为$\Delta\tau_1(\xi, \eta_0)$总是正的，所以上式不可能成立；这就是说，在$a<x<b$段，破裂速度只能等于$\beta$．破裂面的端部在$(x, t)$平面上的轨迹也就是直线段$AB$，在$x=b$处，$\Delta\tau_1(\xi, \eta_o)=0$；过了$x=b$点后，$\Delta\tau_1(\xi, \eta_o)<0$，所以上述情况一直持续到$x=c$点，在$x=c$点，上述积分等于零．这就是说，在$a<x<c$段，破裂面右端只能以$\beta$向右扩展；在$(x, t)$平面上，破裂面右端的轨迹如直线段$ABC$所示．

破裂面由$x=a$朝上(朝$-x$方向)扩展的情况与$a<x<b$的情形类似．在$0<x<a$段，$\Delta\tau_1(\xi, \eta_o)$恒大于零，所以$\dot{x}_1(t)=-\beta$．

过了深度$x=c$的点之后，沿着特征线的积分式(9.348)等于零，所以$x_2(t)$以低于β的速度前进，如图9.15中CD所示．到了D点，由A的镜像A'发出的反射脉冲到达．所以，过D点之后的式(9.348)左边的积分由沿PD的积分跃变为沿$A'D$的积分，一般地说，式(9.348)不再被沿$A'D$的积分所满足，所以过了D点后，$x_2(t)$又以横波速度β前进．这种情况继续到E点，此时沿$A'E$的积分式(9.348)为零．过了E点后，$x_2(t)$又以低于β的速度前进，其详细情形后面再讨论．

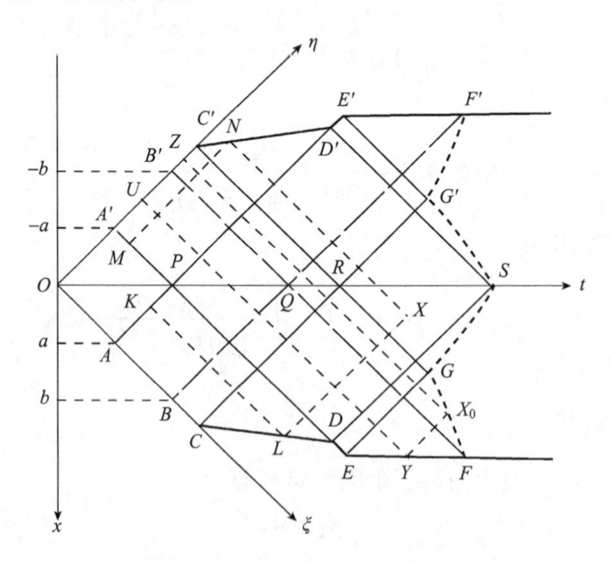

图9.15　破裂面端部的扩展情况

在分析过了E点后的情形之前，我们来研究破裂面右端在何时、何地停止下来．为此，先将确定$\xi_2(\eta_0)$的方程用物理意义比较直接的变量(x, t)表示，这就是

$$\int_{[x_2(t_2)-\beta t_2]/2}^{x_2(t_2)} \frac{\Delta\tau\{x,t_2+[x-x_2(t_2)]/\beta\}}{[x_2(t_2)-x]^{1/2}}\mathrm{d}x=0\,. \tag{9.349}$$

在上式中，积分上限 $x_2(t_2)$ 是破裂面右端(图 9.15 中的 Y 点)的 x 坐标，以 x_Y 表示，而下限是过 Y 点的特征线 UY 的另一端 U 点的 x 坐标，以 x_U 表示. $\Delta\tau$只与 x 有关，所以上式可以改写为

$$\int_{x_U}^{x_Y} \frac{\Delta\tau(x)}{(x_Y-x)^{1/2}}\mathrm{d}x=0\,. \tag{9.350}$$

如果过了 F 点之后，破裂面不再扩展，即当 $t\geqslant t_F$ 时，$x_Y=x_F=$常量，则由上式可得

$$\frac{\Delta\tau(x_{B'})}{(x_Y-x_{B'})^{1/2}}\cdot\frac{\beta}{2}=0\,, \tag{9.351}$$

也就是，

$$\Delta\tau(x_{B'})=0\,. \tag{9.352}$$

这个公式告诉我们：如果到达 F 点后，破裂面就停止扩展，那么过 F 点的特征线 $B'F$ 的另一个端点 B'便是应力降$\Delta\tau=0$ 的点；换句话说，B'是 B 的镜像点.

(四)破裂面上质点的位移和速度

破裂面上质点的位移已由式(9.325)给出. 如果(ξ_0,η_0)位于图 9.15 中的正方形 $OCRC'$中，则该公式中的$\sigma_1(\xi,\eta)$全都是已知的：$\sigma_1(\xi,\eta)=-\Delta\tau_1(\xi,\eta)$，特别是在正方形 $OAPA'O$ 中，$\Delta\tau_1(\xi,\eta)=0$. 但是如果(ξ_0,η_0)在 $OCRC'$这个正方形之外，例如在图 9.15 中的 X 点，则积分区域既包括已知$\sigma_1(\xi,\eta)$的区域，又包括未知$\sigma_1(\xi,\eta)$的 $LC\xi$和 $NC'\eta$. 不过这不成问题. 对于 $LC\xi$区域，$\xi_0>\xi_2(\eta)$. 根据式(9.331)，应当有

$$\int_0^{\xi_0} \frac{\sigma_1(\xi,\eta_0)}{(\xi_0-\xi)^{1/2}}\mathrm{d}\xi=0\,. \tag{9.353}$$

对于 $NC'\eta$区域，$\eta_0>\eta_2(\xi)$，这里$\eta_2(\xi)$是$\xi_2(\eta_0)$的反函数. 和 $LC\xi$区域的情况类似，可以得到，当$\eta_0>\eta_2(\xi)$时，

$$\int_0^{\eta_0} \frac{\sigma_1(\xi,\eta)}{(\eta_0-\eta)^{1/2}}\mathrm{d}\eta=0\,. \tag{9.354}$$

这样一来，如果要计算 X 点的位移，实际需要作积分的区域是 $XNMPKL$. 同样的道理，如果要求图 9.15 中的 X_0 点的位移，实际上需要作积分的区域是 X_0ZUY.

今以η_Y表示 Y 点的η坐标. 由式(9.325)，可将计算破裂面上的 X_0 点的位移的公式表示为

$$W_1(\xi_0,\eta_0)=\frac{1}{2\pi\mu}\int_{\eta_Y}^{\eta_0}\frac{1}{(\eta_0-\eta)^{1/2}}\mathrm{d}\eta\int_0^{\xi_0}\frac{\Delta\tau_1(\xi,\eta)}{(\xi_0-\xi)^{1/2}}\mathrm{d}\xi\,, \tag{9.355}$$

为方便起见，对上式作变数代换：

$$\begin{cases}\xi' = \xi_0 - \xi, \\ \eta' = \eta_0 - \eta,\end{cases} \tag{9.356}$$

则

$$W_1(\xi_0, \eta_0) = \frac{1}{2\pi\mu}\int_0^{\eta_0-\eta_Y}\frac{1}{\eta'^{1/2}}\mathrm{d}\eta'\int_0^{\xi_0}\frac{\Delta\tau_1(\xi_0-\xi', \eta_0-\eta')}{\xi'^{1/2}}\mathrm{d}\xi', \tag{9.357}$$

在上式中，对 t_0 作微商．注意到按照假设，$\Delta\tau_1$ 仅仅是 x 的函数，与 t_0 无关，所以 $\partial\Delta\tau_1/\partial t_0=0$，从而，

$$\frac{\partial W_1(\xi_0,\eta_0)}{\partial t_0} = \frac{\beta}{2\pi\mu\xi^{1/2}}\int_{\eta_Y}^{\eta_0}\frac{\Delta\tau_1(0,\eta')}{(\eta_0-\eta)^{1/2}}\mathrm{d}\eta + \frac{(\beta-\partial\eta_Y/\partial t_0)}{2\pi\mu(\eta_0-\eta_Y)^{1/2}}\int_0^{\xi_0}\frac{\Delta\tau_1(\xi,\eta_Y)}{(\xi_0-\xi)^{1/2}}\mathrm{d}\xi. \tag{9.358}$$

因为 Y 点就在 EF 上，按照式(9.348)，上式右边第二项里的积分应当等于零，于是

$$\frac{\partial W_1(\xi_0,\eta_0)}{\partial t_0} = \frac{\beta}{2\pi\mu\xi^{1/2}}\int_{\eta_Y}^{\eta_0}\frac{\Delta\tau_1(0,\eta)}{(\eta_0-\eta)^{1/2}}\mathrm{d}\eta. \tag{9.359}$$

如果 $X_0(\xi_0, \eta_0)$ 位于图 9.15 所示的区域中，即：

$$\begin{cases}\xi_E \leqslant \xi_0 \leqslant \xi_F, \\ \eta_{B'} \leqslant \eta_0 \leqslant \eta_{C'},\end{cases} \tag{9.360}$$

式中，ξ_E，ξ_F 分别表示 E，F 点的 ξ 坐标，$\eta_{B'}$，$\eta_{C'}$ 分别表示 B'，C' 点的 η 坐标，那么因为 $\eta_Y=\eta_U$，$\eta_U=\eta_Z$，这里，η_U，η_Z 分别是 η 轴上的 U，Z 点的 η 坐标，所以由上式可知，当

$$\int_{\eta_C}^{\eta_Z}\frac{\Delta\tau_1(0,\eta')}{(\eta_0-\eta)^{1/2}}\mathrm{d}\eta = 0 \tag{9.361}$$

时，$\partial W_1(\xi_0, \eta_0)/\partial t_0=0$．这就是说，在式(9.360)所示的区域中，质点运动速度等于零的点的坐标 (ξ_0, η_0) 由

$$\int_0^{\xi_0}\frac{\Delta\tau_1(\xi,\eta_0)}{(\xi_0-\xi)^{1/2}}\mathrm{d}\xi = 0 \tag{9.362}$$

和

$$\int_{\eta_U}^{\eta_0}\frac{\Delta\tau_1(0,\eta)}{(\eta_0-\eta)^{1/2}}\mathrm{d}\eta = 0 \tag{9.363}$$

决定．由于 $\Delta\tau$ 仅仅是 x 的函数，所以 $\Delta\tau_1(\xi,\eta)=\Delta\tau(x)=\Delta\tau[(\xi-\eta)/2]$．于是 (ξ_0, η_0) 应由方程

$$\int_0^{\xi_0}\frac{\Delta\tau_1[(\xi-\eta_0)/2]}{(\xi_0-\xi)^{1/2}}\mathrm{d}\xi = 0 \tag{9.364}$$

和

$$\int_{\eta_U}^{\eta_0} \frac{\Delta\tau_1(-\eta/2)}{(\eta_0-\eta)^{1/2}} \mathrm{d}\eta = 0 \tag{9.365}$$

决定.

不难看出，F 点是满足以上两个方程的点．因为 F 点是破裂面的端部，它就是由方程(9.348)确定出来的．当 $X_0(\xi_0, \eta_0)$ 点位于 F 点时，U，Z 两点都与 B' 点重合，于是 $\eta_U=\eta_Z=\eta_0$，所以上式也成立．到达 F 点后，断层面不再朝下扩展；并且，断层面端部的质点运动速度等于零．此外，G 点也是满足以上两个方程的点．由上述两个方程确定出的点的轨迹如 GF 所示.

当 $X_0(\xi_0, \eta_0)$ 位于 $\xi_D \leqslant \xi_0 \leqslant \xi_E$，$\eta_P \leqslant \eta_0 \leqslant \eta_D$ 时，我们可以得到确定 $\partial W_1(\xi_0, \eta_0)/\partial t_0=0$ 的点的坐标 (ξ_0, η_0) 的方程：

$$\int_{2a}^{\eta_0} \frac{\Delta\tau_1[(\xi_H-\eta)/2)}{(\eta_0-\eta)^{1/2}} \mathrm{d}\eta = 0, \tag{9.366}$$

$$\int_{\xi_H}^{\xi_0} \frac{\Delta\tau_1[(\xi-a)/2)}{(\xi_0-\xi)^{1/2}} \mathrm{d}\xi = 0. \tag{9.367}$$

显然，在 t 轴上的正方形 $PD'SD$ 的顶点 S 是满足上列两个方程的点．由上述两个方程确定出的点的轨迹如 GS 所示.

如果动态应力降 $\Delta\tau$ 仅与深度 x 有关，那么在 (x, t) 平面的曲线 FGS 上的点，质点运动速度为零．过了这些点后，速度将有变成负的趋势．但是，一旦速度降到零，摩擦应力将立即增大(因为最大静摩擦大于动摩擦)，并且其方向与 τ_b 的方向一致，都是阻止质点朝反方向运动的．这样一来，到了 FGS 上的点之后，质点就不能再动起来．因此，我们把这些点叫作“终止点”．换句话说，到达“终止点”后，位移将保持不变，此时位移就是静态平衡位移.

由以上分析可知，曲线 FG 的形状与 a 无关，而曲线 SG 的形状却与 a 有关．因此，G 点的位置与 a 有关.

(五) 当动态应力降是深度的二次函数时破裂面上质点的运动

现在，我们根据以上分析来考察破裂面上质点是如何运动的．为此，简单地假设动态应力降是深度 x 的二次函数(图 9.16)：

$$\Delta\tau(x) = \tau_0(1-x^2), \tag{9.368}$$

式中，τ_0 是常量．由式(9.348)和式(9.368)可知，曲线 EF 应当由方程

$$\int_0^{\xi_2(\eta_0)} \frac{\Delta\tau_1[(\xi-\eta_0)/2)]}{[\xi_2(\eta_0)-\xi]^{1/2}} \mathrm{d}\xi = 0 \tag{9.369}$$

确定.

考虑到下列不定积分：

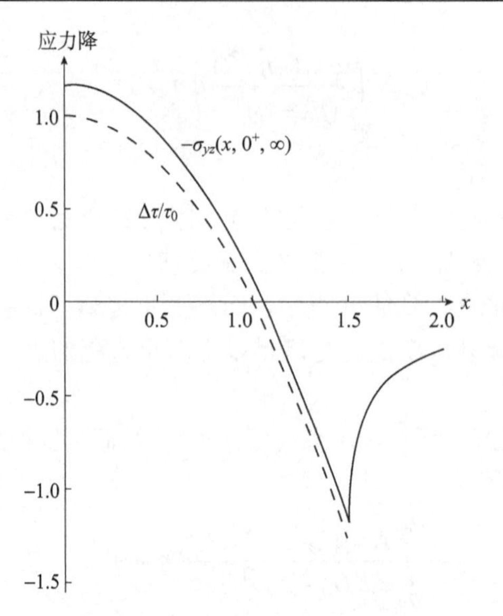

图 9.16　应力降作为深度的函数

虚线表示动态应力降$\Delta\tau(x)=\tau_0(1-x^2)$，实线表示最终的、静态应力降$-\sigma_{yz}(x_0, 0^+, \infty)$

$$I_1=\int\frac{\mathrm{d}\xi}{(\xi_2-\xi)^{1/2}}=-2(\xi_2-\xi)^{1/2}, \tag{9.370}$$

$$I_2=\int\frac{\xi\mathrm{d}\xi}{(\xi_2-\xi)^{1/2}}=-\frac{2}{3}(\xi_2-\xi)^{1/2}(2\xi_2+\xi), \tag{9.371}$$

$$I_3=\int\frac{\xi^2\mathrm{d}\xi}{(\xi_2-\xi)^{1/2}}=-\frac{2}{15}(\xi_2-\xi)^{1/2}(8\xi_2^2+4\xi_2\xi+3\xi^2), \tag{9.372}$$

可将式(9.366)表示为

$$\int_0^{\xi_2(\eta_0)}\frac{\Delta\tau_1[(\xi-\eta_0)/2)]}{[\xi_2(\eta_0)-\xi]^{1/2}}-\mathrm{d}\xi\equiv\int_0^{\xi_2(\eta_0)}\frac{\tau_0[1-(\xi-\eta_0)^2/4]}{[\xi_2(\eta_0)-\xi]^{1/2}}\mathrm{d}\xi=0,$$

$$8\xi_2^2\ -20\xi_2\eta_0+15\eta_0^2=60, \tag{9.373}$$

从而

$$\xi_2(\eta_0)=\frac{1}{4}[5\eta_0+(120-5\eta_0^2)^{1/2}]. \tag{9.374}$$

确定 CD 的方程也是式(9.373)，只要将 P 点当作坐标原点即可. 在原坐标系中，确定 CD 的方程为

$$8\xi_2^2-20\xi_2\eta_0+15\eta_0^2+8a\xi_2-20a\eta_0+12a^2=60. \tag{9.375}$$

上式系将式(9.373)中的 ξ_2 代以 ξ_2-2a ，η_0 代以 η_0-2a 得到的. 令上式中的 $\eta_0=0$ ，即得 C 点的 ξ 坐标为 $\frac{1}{2}[-a+(30-5a^2)^{1/2}]$. 分别令式(9.375)和式(9.373)中的 $\eta_0=2a$ 便可求得 D 点与 E 点的 ξ 坐标.

由以上结果可以计算出在 (x, t) 平面上各控制点的坐标. 为清楚起见，将结果归纳于

表 9.1 中.

容易看出，弧线 FG 与破裂起始深度 a 无关. 于是，当 a 变化时，G 点沿着这条弧线变化. 令表 9.1 中 G 行的 $a=\frac{2}{3}x_0$，我们可求得表示 FG 的方程为

$$t_0=\frac{1}{6\beta}[4x+(270-20x_0^2)^{1/2}]. \tag{9.376}$$

我们还可以将上式的 βt_0 代以 $\beta t_0-2\left(a-\frac{2}{3}x_0\right)$ 求得表示 GS 的方程：

$$t_0=\frac{2a}{\beta}+\frac{1}{6\beta}[-4x_0+(270-20x_0^2)^{1/2}]. \tag{9.377}$$

在表 9.1 中，控制点及其镜像将 (x, t) 平面上已知 $\Delta\tau_1$ 的区域分成了 16 个区域，这 16 个区域的边界分别如图 9.15 中的细实线、粗实线和虚粗线所示，其上、下限可以由前面计算得到的结果求得. 在这个基础上，计算积分

$$W_1(\xi_0,\eta_0)=\frac{1}{2\pi\mu}\iint_{S_0}\frac{\Delta\tau_1(\xi,\eta)}{(\eta_0-\eta)^{1/2}(\xi_0-\xi)^{1/2}}\,\mathrm{d}\xi\mathrm{d}\eta, \tag{9.378}$$

就可以求出这 16 个区域中每一个区域的 $W_1(\xi_0, \eta_0)$ 的解析表示式. 在上式中，积分区域 S_0 是图 9.15 所示的 L 形区域 $XNMPKLX$,

$$\Delta\tau_1(\xi,\eta)=\tau_0\left[1-\frac{(\xi-\eta)^2}{2}\right]. \tag{9.379}$$

表 9.1　一些控制点的坐标

点	ξ	η	βt	x
O	0	0	0	0
A	$2a$	0	a	a
B	2	0	1	1
C	$\frac{1}{2}[-a+(30-5a^2)^{1/2}]$	0	$\frac{1}{4}[-a+(30-5a^2)^{1/2}]$	$\frac{1}{4}[-a+(30-5a^2)^{1/2}]$
D	$2a+\sqrt{15/2}$	$2a$	$\frac{1}{2}(4a+\sqrt{15/2})$	$\frac{1}{2}\sqrt{15/2}$
E	$\frac{1}{2}[5a+(30-5a^2)^{1/2}]$	$2a$	$\frac{1}{4}[9a+(30-5a^2)^{1/2}]$	$\frac{1}{4}[a+(30-5a^2)^{1/2}]$
F	5	2	$\frac{7}{2}$	$\frac{3}{2}$
G	$\frac{1}{2}[5a+(30-5a^2)^{1/2}]$	$\frac{1}{2}[-a+(30-5a^2)^{1/2}]$	$\left[a+\frac{1}{2}(30-5a^2)^{1/2}\right]$	$\frac{3}{2}a$
S	$2a+\sqrt{15/2}$	$2a+\sqrt{15/2}$	$2a+\sqrt{15/2}$	0

图 9.17 和图 9.18 是计算结果，它们分别表示破裂起始点 a=0 与 a=0.4 两种情形. 在 $a\neq0$ 时，我们可以看到由破裂面的镜像发出的强反射脉冲，它就是破裂面的上界突破地面时出现的“爆发震相”(break-out phase).

图 9.15 中的粗虚线 FGS 上的点的位移是破裂过程完成后破裂面上的平衡位移 $W(x_0, 0^+, t)$，它可以由以上两式求得．对于 GS，

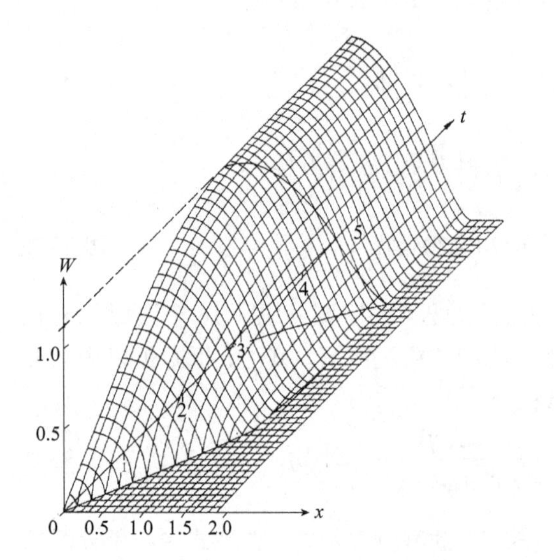

图 9.17 破裂面上位移的透视图

动态应力降$\Delta\tau(x)=\tau_0(1-x^2)$．破裂起始点的深度 a=0

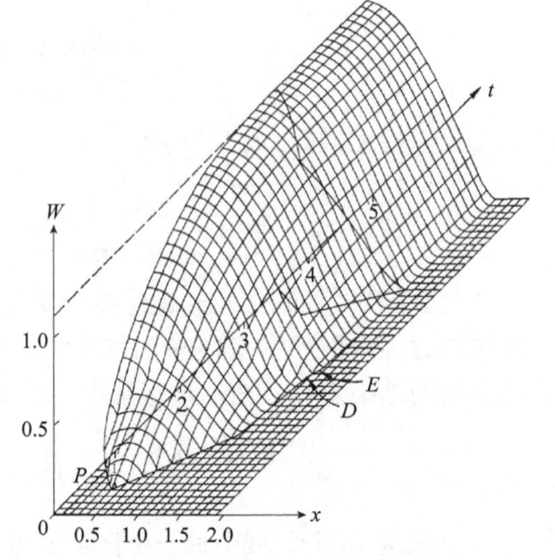

图 9.18 破裂面上的位移的透视图

动态应力降$\Delta\tau(x)=\tau_0(1-x^2)$．破裂起始点的深度 a=0.4

$$W(x_0, 0^+, \infty) = \frac{32\tau_0}{81\pi\mu}\left(\frac{15}{2}\right)^{1/2}\left(\frac{9}{4} - x_0^2\right)^{3/2}. \tag{9.380}$$

以上公式是对 GS 段而言的．对 FG 曲线上的点的位移可以作类似的计算．对于 FG 上的点的位移，$W(x_0, 0^+, \infty)$ 仍如上式所示，它与破裂起始点的深度无关．

当断层面上各点达到其最终的静态位移 $W(x_0,\ 0+,\ \infty)$ 后，在断层面上与这个静态位移相应的最终应力为

$$\tau_{yz}(x_0, 0^+, \infty) = \tau_b + \sigma_{yz}(x_0, 0^+, \infty), \tag{9.381}$$

式中，$\sigma_{yz}(x_0, 0^+, \infty)$ 是与最终的静态位移相应的应力增量：

$$\sigma_{yz}(x_0, 0^+, \infty) = \begin{cases} \dfrac{32}{27\pi}\left(\dfrac{15}{2}\right)^{1/2}\left(x_0^2 - \dfrac{9}{8}\right), & 0 \leqslant x_0 \leqslant \dfrac{3}{2}, \\[2ex] \dfrac{32}{27\pi}\left(\dfrac{15}{2}\right)^{1/2}\left[x_0^2 - \dfrac{9}{8} - x_0\left(x_0^2 - \dfrac{9}{4}\right)^{1/2}\right], & x_0 \geqslant \dfrac{3}{2}. \end{cases} \tag{9.382}$$

图 9.16 的虚线表示动态应力降[由式(9.368) $\Delta\tau(x) = \tau_0(1-x^2)$ 表示]，这个动态应力降就是断层面上的质点运动停止之前推动断层运动的力；图中实线表示最终的静态应力降 $-\sigma_{yz}(x_0, 0^+, \infty)$．这个结果清楚地显示了静态应力降大于动态应力降，即“错动过头”．在 x_0=0 处，“错动过头”达 16.5%.

（六）远场位移

由公式(9.378)可以计算破裂面上的位移随时间的变化；由公式(9.380)可以计算断层面上的质点停止运动时的位移．为了计算空间某一点的位移，我们可以运用与推导式(9.156)同样的方法，求得它和断层面上的质点位移的关系式：

$$W(x_0,y_0,t_0)=\frac{\beta}{\pi}\iint_{S_0}\frac{y_0 W(x,0^+,t)}{[\beta^2(t_0-t)^2-(x_0-x)^2-y_0^2]^{3/2}}\mathrm{d}x\mathrm{d}t\,. \tag{9.383}$$

令

$$\begin{cases}x_0=R_0\cos\theta,\\ y_0=R_0\sin\theta,\\ t_0=R_0/\beta+\tau_0,\end{cases} \tag{9.384}$$

并设 $R_0\gg\beta\tau_0$，$t_0\gg\tau_0$，则βt_0，$R_0\gg x$，βt，

$$\beta^2(t_0-t)^2-(x_0-x)^2-y_0^2\doteq 2R_0(\beta\tau_0-\beta t+x\cos\theta)\,. \tag{9.385}$$

于是，

$$W(x_0,y_0,t_0)=\frac{\beta y_0}{\pi(2R_0)^{3/2}}\iint_{S_0}\frac{W(x,0^+,t)}{(\beta\tau_0-\beta t+x\cos\theta)^{3/2}}\mathrm{d}x\mathrm{d}t\,. \tag{9.386}$$

若令

$$\beta t=\beta s+x\cos\theta\,, \tag{9.387}$$

则

$$W(x_0,y_0,t_0)=\frac{\sin\theta}{2\pi(2R_0\beta)^{1/2}}\int\frac{F(s,\cos\theta)}{(\tau_0-s)^{3/2}}\,\mathrm{d}s\,, \tag{9.388}$$

式中，

$$F(s,\cos\theta)=\int W(x,0^+,s+x\cos\theta)\,\mathrm{d}x\,. \tag{9.389}$$

因此，

$$W(x_0,y_0,t_0)=\frac{\sin\theta}{2\pi(2R_0\beta)^{1/2}}W(\tau_0,\theta)\,. \tag{9.390}$$

由上式可见，对于这里所分析的地震断层，其远场位移的辐射图型因子是$|\sin\theta|$，值得注意的是：在$\theta=0$(即 $x_0=0$)方向上，远场位移为零；而当$\theta=\pm 90°$时，远场位移达到最大．此外，W 随着 $R_0^{-1/2}$ 而减小．

图 9.19 给出了辐射图型因子$|\sin\theta|$．图 9.20 给出了当 $\alpha=0$(左图)和 $\alpha=0.4$(右图)时在$\theta=0°$, 22.5°, 45°, 67.5°和 90°等方向上的远场位移随时间的变化，也就是因子 $W(\tau_0,\theta)$．当然，为了得到 W，应当根据上式乘上相应的辐射图型因子、几何扩散因子及常量 $1/2\pi\sqrt{2\beta}$．从这些结果可以看出，当θ很小而 α 较大(例如 $\alpha=0.4$)时，“爆发震相”比头一个震相(直达波 $i\overline{S}$)要大得多．在极端情况($a=1$)下，直达波变成 $e\overline{S}$，而“爆发震相”

在地震图上表现非常突出.

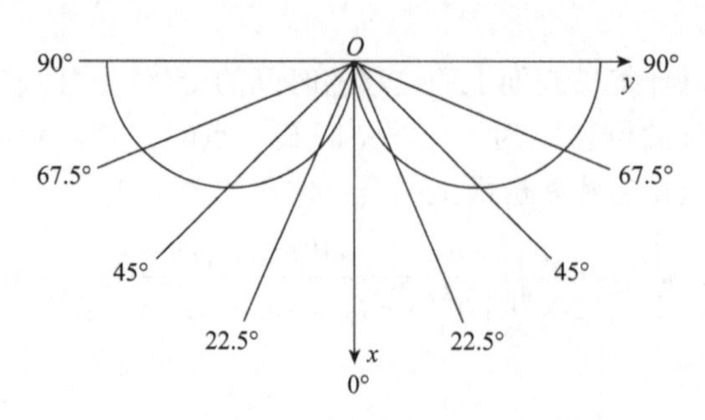

图 9.19 半无限介质中的二维走滑断层的辐射图型因子

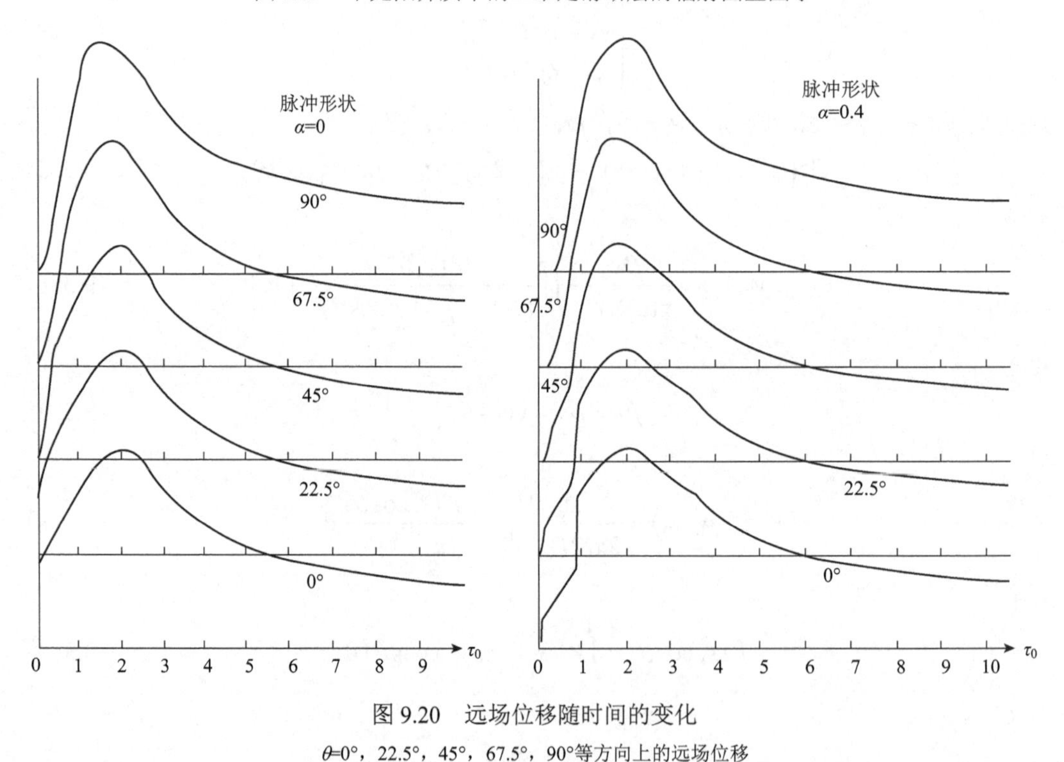

图 9.20 远场位移随时间的变化

θ=0°，22.5°，45°，67.5°，90°等方向上的远场位移

第四节 二维地震断层的自然扩展和自发收缩

地震震源可由内部曲面上的位移间断即位错来表示．如果在内部曲面上的滑动量即位错作为位置和时间的函数(滑动函数)已知，则介质中任意一点的位移可由表示定理确定(Maruyama, 1963; Burridge and Knopoff, 1964)．因此，地震破裂力学中的一个主要问题就是求滑动函数。地震破裂力学问题可以从运动学角度、也可以从动力学角度加以研究(Kostrov, 1966; Kostrov and Das, 1988; Костров, 1975)．在地震震源的运动学位错模式中，滑动函数是预先给定的，位移场是随之导出的．与运动学模式不同，在地震震源的

动力学模式中，滑动函数不是预先给定的，而是由预先给定的、物理上合理的应力的重新分布和适当的破裂准则得到的结果．后者称为裂纹模式．

在裂纹模式中，认为地震是断层上的破裂因摩擦不稳定性所引起的应力的突然释放而自然地发生的动态过程的结果．破裂一旦起始，断层面上的滑动便自然地发展和扩大，发展和扩大的方式依赖于断层面上的应力降和断层区内材料的强度．即使是最简单的反平面剪切情形，这个地震破裂的动力学问题也是很难解的．然而，自 Kostrov(1966)的开创性工作以来，许多动力学裂纹问题已经通过解析方法和数值方法获得解决．Kostrov(1966)求解了处于无限介质中的半无限、瞬态、反平面剪切裂纹的问题．他的方法也适用于有限裂纹，许多作者成功地运用它研究了有限裂纹的动力学问题．Burridge(1969)运用一种数值计算方法研究了恒定破裂速度的平面和反平面有限剪切裂纹问题．Richards(1973, 1976)使用 Cagniard-De Hoop 方法(Cagniard, 1939, 1962; Dix, 1954; De Hoop, 1960)求得了自相似扩展着的椭圆形剪切裂纹辐射问题的解析解．在他的研究中，裂纹以亚声速的破裂速度扩展且保持着椭圆形，但裂纹永不停止．Madariaga(1976)使用有限差分法计算，求解了圆形剪切裂纹以恒定的速度扩展并突然停止的类似问题．在这些研究中，破裂速度是预先给定的．Das(1976)以及 Das 和 Aki(1977a, b)使用数值方法求解二维剪切裂纹在无限、均匀介质中的传播问题．他们使用了临界应力跃变破裂准则来确定破裂过程．临界应力跃变是 Irwin 破裂准则中所用的临界应力强度因子的有限差分近似，它对数值计算是有用的．Andrews(1976a, b)使用有限差分法求解了具有滑动弱化区的二维剪切裂纹的动力学问题．1970～1980 年代以来，Mikumo 和 Miyatake(1978)，Miyatake(1980a, b)，Das(1980，1981)，Day(1982a, b)以及 Virieux 和 Madariaga(1982)曾经得到过三维情形的数值解(Madariaga, 1989, 2007, 2011)．这些研究表明：无论是地震断层面上的应力分布，还是断层区内材料的强度都不是均匀的．因此，需要了解在断层面地震破裂如何起始、扩展和被阻止与愈合，以及地震辐射与地震断层复杂的破裂过程相联系的方式．为了从数值上求解这个问题，需要有数值不稳定性和离散性可予忽略的方式．为此，Chen 等(1987)提出了一种数值方法以求解裂纹上的应力降和裂纹两端的内聚阻力都假设是不均匀的情况下二维地震断层的自然扩展和传播问题．这个方法是 Knopoff 和 Chatterjee(1982)以及 Chatterjee 和 Knopoff(1983)对同一问题所用的迭代法的替代方法．因为断层的有限性是影响地震波辐射性质的主要因素之一，所以不能奢望这些二维剪切裂纹模式会圆满地提供对地震辐射的透彻理解．然而，可以期望从三维模式得到的辐射当能保留二维情形所揭示出来的许多特征．因此，这里所描述的二维模式的解将有助于洞察地震破裂和辐射的过程．

(一)理论和方法

1. 运动方程、初始条件和边界条件

我们研究二维地震断层的自发破裂和随后扩展的问题(Chen *et al.*, 1987)．我们假设在 y=0 平面内，二维反平面剪切裂纹在 t=0，x=0 处起始(图 9.21)，随后在裂纹上的非均匀应力降和裂纹边缘非均匀内聚阻力的影响下在 x 方向上以变化着的速度向两侧传

播．在这个反平面剪切裂纹问题中，唯一的位移分量 $W(x, y, t)$ 是在 z 方向上．令 σ_0 表示预应力，T 表示在破裂中重新分布的应力．总应力 σ 由下式给出：

$$\sigma = \sigma_0 + T . \tag{9.391}$$

对于反平面问题，重新分布应力仅有的非零分量是

$$\tau_{yz} = \mu \frac{\partial W}{\partial x} \tag{9.392}$$

和

$$\tau_{xz} = \mu \frac{\partial W}{\partial x} . \tag{9.393}$$

运动方程是

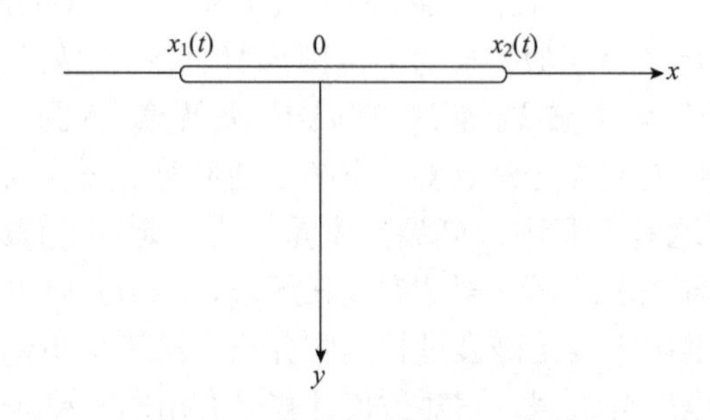

图 9.21　在时刻 t 的双侧传播裂纹

$x_1(t)$ 和 $x_2(t)$ 分别是在时刻 t，裂纹的左（负）边缘和右（正）边缘的位置

$$\frac{1}{\beta^2}\frac{\partial^2 W}{\partial t^2} = \frac{\partial^2 W}{\partial x^2} + \frac{\partial^2 W}{\partial y^2} , \tag{9.394}$$

式中，$\beta = (\mu/\rho)^{1/2}$ 是剪切波速度，μ 是刚性系数，ρ 是介质密度．边界条件是：裂纹上的应力降是一预先给定的量 $T(x, t)$：

$$-\mu \left.\frac{\partial W(x, y, t)}{\partial x}\right|_{y=0} = T(x, t), \qquad x_1(t) \leqslant x \leqslant x_2(t), \tag{9.395}$$

式中，$x_1(t)$ 和 $x_2(t)$ 是裂纹在左（负）和右（正）边缘的位置．在裂纹的破裂区域外，通过 y=0 平面的位移 W 是连续的（图 9.21），但是 W 在通过裂纹的破裂区域是不连续的，通过 y=0 平面 τ_{yz} 是连续的．

我们假设，介质中的位移和速度最初处处为零：

$$W(x, y, t) = 0, \quad \frac{\partial W(x, y, t)}{\partial t} = 0, \qquad t = 0. \tag{9.396}$$

在裂纹上，位移的积分方程是（Kostrov, 1966; Aki and Richards, 1980）：

$$W(x_0, y_0, t_0) = \frac{1}{\pi}\iint_S W_y(x, 0^+, t)[(t - t_0)^2 - [(x - x_0)^2 + y_0^2] / \beta]^{-1/2} \mathrm{d}x\mathrm{d}t, \tag{9.397}$$

式中，S 是由下式定义的、位于 (x, y, t) 空间特征锥面内的区域：

$$(x-x_0)^2+y_0^2 \leqslant \beta^2(t-t_0)^2, \qquad t_0 \geqslant t \geqslant 0. \tag{9.398}$$

既然我们不知道全部积分区域上的 $W_y(x_0, 0^+, t)$，因此方程(9.397)并未立即给出问题的解答. $W_y(x_0, 0^+, t)$在已破裂的区域内是已知的，但是在裂纹的边缘和波前之间的区域中即扰动区域中是未知的. 我们不但必须确定作为时间函数的裂纹边缘的位置，而且必须确定扰动区域内的 $\tau_{yz}(x_0, 0^+, t)$. 一旦求出了(x, t)平面内裂纹边缘的轨迹和扰动区域内的动态应力，裂纹上的滑动函数就可通过对方程(9.417)求积分得到. 求解这个问题已经有很多方法：其中有 Burridge(1969)，Andrews(1976a, b)，Madariaga(1976)，Yamashita(1976)，Das 和 Aki(1977a)，Mikumo 和 Miyatake(1978)，Miyatake(1980a, b)，Das(1981)，Knopoff 和 Chatterjee(1982)，Chatterjee 和 Knopoff(1983)以及 Yoshida(1985)提出的方法. 我们将叙述求解这个问题的一种数值方法.

按照 Kostrov(1966)所提出的步骤，我们推导了确定在正、负两个方向上裂纹的运动和动态应力的联立方程组. 令特征坐标是

$$\begin{cases} \xi = \dfrac{1}{\sqrt{2}}(\beta t - x), \\ \eta = \dfrac{1}{\sqrt{2}}(\beta t + x). \end{cases} \tag{9.399}$$

如果裂纹以亚声速传播，则裂纹边缘的轨迹位于特征线上方. 如果裂纹轨迹是特征线，则裂纹的边缘以剪切波的速度传播. 在特征线下方的未经扰动的区域内，重新分布的应力为零. 特征线和裂纹轨迹将$(x\text{–}t)$的上半平面分成五个区域. 我们将已破裂区域表示为 S^{III}，扰动区域表示为 S^{I} 和 S^{II}. 未经扰动区域表示为 S^{IV} 和 S^{V}(图 9.22). 按新的变量(ξ, η)，扰动区域中 S^{II} 重新分布的应力 μW_y^{II} 是

$$\mu W_y^{\mathrm{II}}(\xi_0, \eta_0) = \frac{1}{\pi\sqrt{\eta_0 - \eta_2(\xi_0)}}\left[\int_{\eta_1(\xi_0)}^{\eta_2(\xi_0)} T(\xi_0, \eta)\frac{\sqrt{\eta_2(\xi_0)-\eta}}{\eta_0-\eta}\mathrm{d}\eta - \int_0^{\eta_1(\xi_0)} \mu W_y^{\mathrm{I}}(\xi_0, \eta)\frac{\sqrt{\eta_2(\xi_0)-\eta}}{\eta_0-\eta}\mathrm{d}\eta\right], \tag{9.400}$$

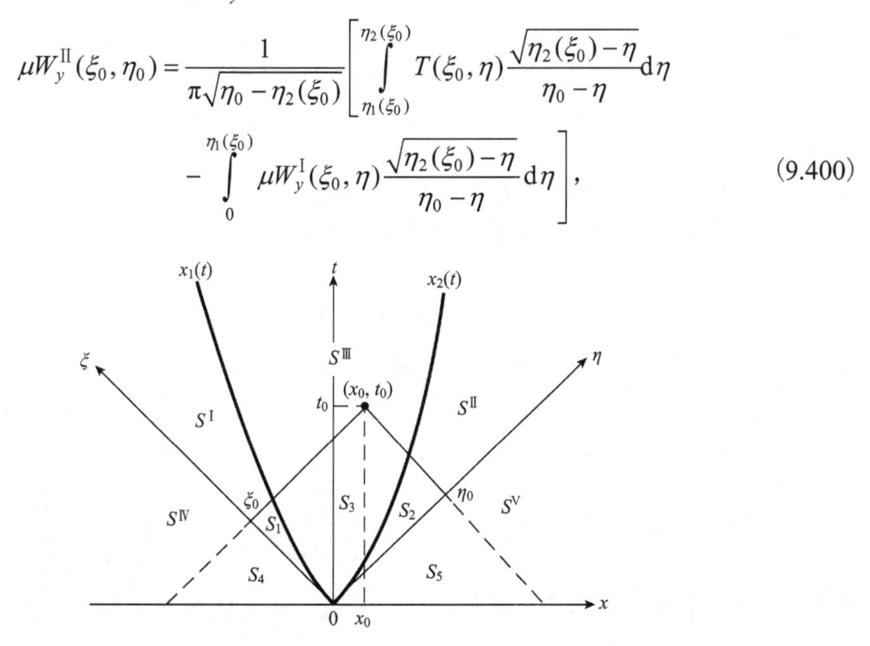

图 9.22　在(x, t)平面内的已破裂区域 S^{III}，扰动区域 S^{I} 和 S^{II}，未破裂区域 S^{IV} 和 S^{V}

式中，$\eta=\eta_1(\xi)$ 和 $\eta=\eta_2(\xi)$ 分别是以 ξ 为自变量用特征坐标表达的裂纹边缘的轨迹 $x=x_1(t)$ 和 $x=x_2(t)$．类似地，扰动区域 S^{I} 内重新分布的应力是

$$\mu W_y^{\mathrm{I}}(\xi_0,\eta_0)=\frac{1}{\pi\sqrt{\xi_0-\xi_1(\eta_0)}}\left[\int_{\xi_1(\eta_0)}^{\xi_2(\eta_0)} T(\xi,\eta_0)\frac{\sqrt{\xi_1(\eta_0)-\xi}}{\xi_0-\xi}\mathrm{d}\xi\right.$$

$$\left.-\int_0^{\xi_2(\eta_0)}\mu W_y^{\mathrm{II}}(\xi,\eta_0)\frac{\sqrt{\xi_1(\eta_0)-\xi}}{\xi_0-\xi}\mathrm{d}\xi\right], \tag{9.401}$$

式中，$\xi=\xi_1(\xi)$ 和 $\xi=\xi_2(\eta)$ 分别是以 η 为自变量用特征坐标表达的裂纹边缘的轨迹 $x=x_1(t)$ 和 $x=x_2(t)$．

方程(9.400)和(9.401)分别描述了扰动区域 S^{I} 和 S^{II} 中的动态应力 μW_y^{I} 和 μW_y^{II} 之间的耦合．倘若我们知道作为时间函数的裂纹两端的轨迹 $\eta_1(\xi)$ 和 $\eta_2(\xi)$ 或者 $\xi_1(\eta)$ 和 $\xi_2(\eta)$，我们就能解方程(9.400)和(9.401)以求得 μW_y^{I} 和 μW_y^{II}．因此，我们必须使用一个适当的破裂准则以确定作为时间函数的裂纹两端的轨迹．

当裂纹扩展时，在前进着的裂纹边缘存在着平方根奇异性(Aki and Richards, 1980)．令 $\eta_0\to\eta_2$ 我们求得

$$\mu W_y^{\mathrm{II}}(\xi_0,\eta_0)\to\frac{k_2(\xi_0,\eta_2(\xi_0))}{\sqrt{\eta_0-\eta_2(\xi_0)}}, \tag{9.402}$$

式中，

$$k_2(\xi_0,\eta_2(\xi_0))=\frac{1}{\pi}\left[\int_{\eta_1(\xi_0)}^{\eta_2(\xi_0)}\frac{T(\xi_0,\eta)}{\sqrt{\eta_2(\xi_0)-\eta}}\mathrm{d}\eta-\int_0^{\eta_1(\xi_0)}\frac{\mu W_y^{\mathrm{I}}(\xi_0,\eta)}{\sqrt{\eta_2(\xi_0)-\eta}}\mathrm{d}\eta\right], \tag{9.403}$$

它通过

$$K_2(R)=2^{-1/4}\left[1-\frac{\dot{x}_2(t_R)}{\beta}\right]^{1/2}k_2(R) \tag{9.404}$$

与动态应力强度因子相联系．式中，R 代表$(\xi_R,\ \eta_2(\xi_R))$．

我们使用临界应力强度破裂准则(Irwin 破裂准则)来确定裂纹的扩展和停止．假设在破裂扩展期间，关系式

$$K_2(R)=K_c(R) \tag{9.405}$$

成立，Irwin 破裂准则即推广到动态问题．式中，$K_2(R)$ 是动态应力强度因子，它依赖于瞬时破裂速度 $\dot{x}_2(t_R)$，$K_c(R)$ 是事先给定的临界动态应力强度因子．临界动态应力强度因子是材料强度的一种度量，这里假设它只是 x_2 的函数．将式(9.404)代入式(9.405)便得到：

$$2^{-1/4}g_2[(\eta_2(\xi_0)-\xi_0)/\sqrt{2}]\sqrt{1+\dot{\eta}_2(\xi_0)}=\int_{\eta_1(\xi_0)}^{\eta_2(\xi_0)}\frac{T(\xi_0,\eta)}{\sqrt{\eta_2(\xi_0)-\eta}}\mathrm{d}\eta-\int_0^{\eta_1(\xi_0)}\frac{\mu W_y^{\mathrm{I}}(\xi_0,\eta)}{\sqrt{\eta_2(\xi_0)-\eta}}\mathrm{d}\eta, \tag{9.406}$$

式中，$g_2=\pi K_c$ 称为内聚模量．类似地，由靠近裂纹左边缘的动态应力条件得出：

$$2^{-1/4}g_1[(\eta_0-\xi_1(\eta_0))/\sqrt{2}]\sqrt{1+\dot{\xi}_1(\eta_0)}=\int_{\xi_2(\eta_0)}^{\xi_1(\eta_0)}\frac{T(\xi,\eta_0)}{\sqrt{\xi_1(\eta_0)-\xi}}\mathrm{d}\xi-\int_0^{\xi_2(\eta_0)}\frac{\mu W_y^{\mathrm{II}}(\xi,\eta_0)}{\sqrt{\xi_1(\eta_0)-\xi}}\mathrm{d}\xi. \quad (9.407)$$

方程(9.406)和(9.407)是求解双侧扩展裂纹运动的非线性微分-积分方程．它们与方程(9.400)和(9.401)一起构成了确定裂纹两端的运动轨迹和两个扰动区域中的动态应力的联立方程组．这些方程中的每一对，即(9.400)和(9.406)或(9.401)和(9.407)，给出一条裂纹边缘的运动和该边缘前方的区域中由于在扩展着的裂纹上的动态应力降所引起的动态地重新分布的应力．

如果我们能导出裂纹两端的初始轨迹以及裂纹边缘前方的扰动区域内的动态地重新分布的应力，我们就能逐步地向前追踪裂纹边缘的运动和裂纹前方动态地重新分布的应力．

如果裂纹最初的轨迹(OA'和OB')(图9.23)和扰动区域($OA'A$和$OB'B$)中动态地重新分布的应力预先已知，我们可以通过解两个独立的一阶常微分方程以求得在区间$0\leqslant\eta\leqslant\overline{OB}$和$0\leqslant\xi\leqslant\overline{OA}$内裂纹边缘运动的轨迹$A'A_1'$和$B'B_1'$以及区域$AA_1A_1'A'$和$BB_1B_1'B'$中重新分布的动态应力．重复采用这个步骤就可求得扩展着的裂纹的全过程和扰动区域中的重新分布的应力．

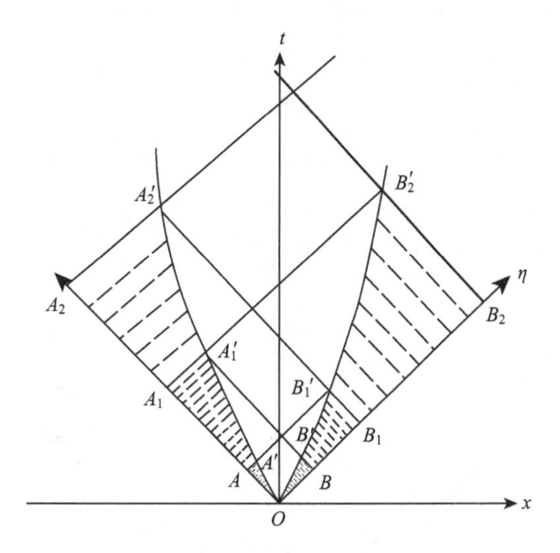

图9.23　求解裂纹运动的数值方法的步骤示意图

(二)与精确解的比较

Chatterjee和Knopoff(1983)曾指出裂纹边缘处内聚模量与离破裂起始点的距离的平方根成正比．裂纹上的动态应力降是常量的反平面剪切裂纹的双侧扩展有精确解．他们发现，裂纹两端以常速传播，因此裂纹是自相似的．他们得到了以完整的形式表示的破裂速度的精确解，并求出了破裂区域中动态应力的精确解．

假设破裂起始点邻域的内聚模量可由(比例系数为α_1和α_2的)平方根关系来近似. 我们使用 Chatterjee 和 Knopoff(1983)的解析解就给定的裂纹边缘的常速度值 V_1 和 V_2 计算无量纲的比值α_1/T和α_2/T. 对两种具有代表性的情形，根据数值计算结果(表 9.2)，将裂纹两端的轨迹画在图 9.24 和图 9.25 中. 破裂速度接近于剪切波速度的裂纹，其精确解和数值解之间一致性很好(图 9.24). 在裂纹缓慢扩展的情形，虽然精确解和数值解仍一致，但是精确度稍差一些(图 9.25). 这个结果不足为奇，因为在后一种情形，在裂纹两条边缘前方的两个扰动区域中，动态应力之间有较强的耦合，从而在数值计算中由于离散化而产生较大的误差. 就我们参照精确解进行检验的情形而言，我们发现数值结果相当稳定，只有因离散化而引起的微小起伏.

表 9.2 自相似扩展裂纹破裂速度的数值解与精确解的比较

$\alpha_1/T(=\alpha_2/T)$	$V_1/\beta(=V_2/\beta)$ (精确解)	V_1/β(数值解)	V_2/β(数值解)
2.027192254	0.2	0.205744	0.205702
1.769412745	0.4	0.405142	0.404965
1.392371414	0.6	0.601576	0.601059
0.939905852	0.8	0.800139	0.800152

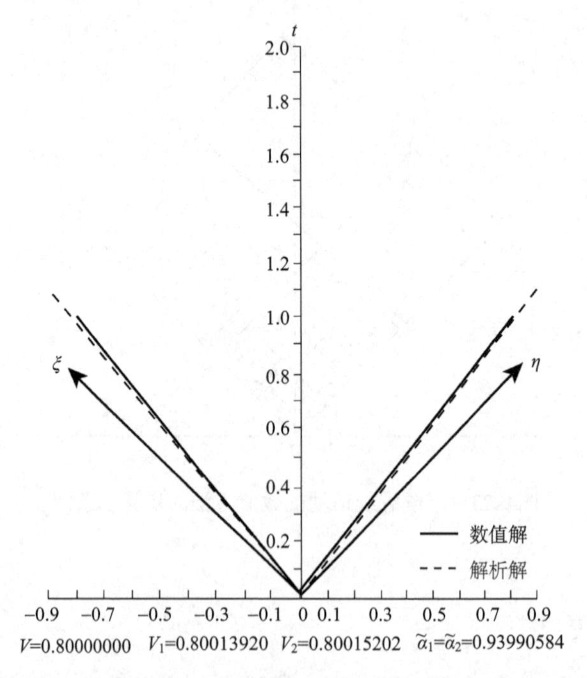

图 9.24 对于以接近于剪切波速的破裂速度双侧扩展着的裂纹的数值解和精确解的比较

破裂速度是以剪切波速度为单位量度的. $\tilde{\alpha}_1=\alpha_1/T$; $\tilde{\alpha}_2=\alpha_2/T$

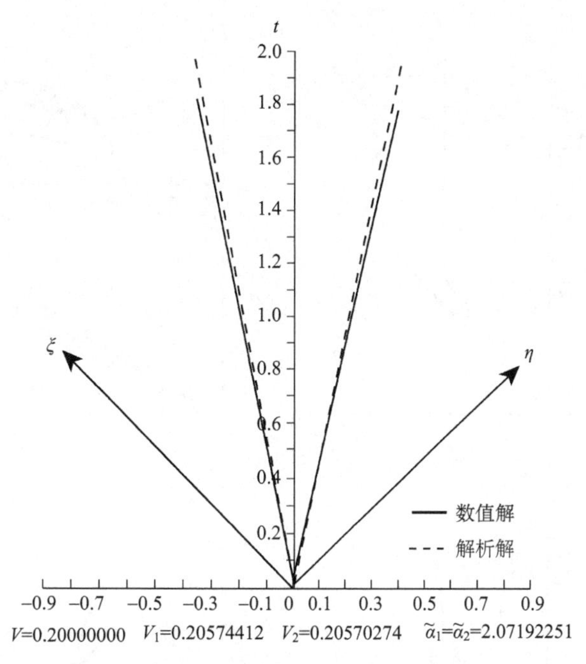

图 9.25　对于以低破裂速度双侧扩展着的裂纹的数值解和精确解的比较

量度单位参见图 9.24

(三) 非均匀裂纹

现在将我们的数值计算方法运用到求解二维反平面剪切裂纹在非均匀应力降和非均匀内聚力影响下动态传播的问题.

1. 障碍体模式

我们考虑三种模式. 第一种情形, 假设裂纹上的应力降是常量, 但是内聚模量是非均匀的、有些部分内聚模量很高(图 9.26b, c). 这是 Das 和 Aki(1977a)提出的障碍体模式. 在这个例子中, 裂纹对称地传播. 我们假设在以 L 为单位的距离 $x/L=\pm5.5$ 处有两个障碍体. 就现在讨论的情形而言, L 是任意的, 因为对此问题并没有先验地给予尺度限制. Das 和 Aki(1977b)曾研究过障碍体的区域范围和与其相遇的裂纹尺度相比是很小的几种情形. 他们发现裂纹的边缘和障碍体将相互作用, 其相互作用的程度取决于障碍体强度相对于构造应力的大小. 当障碍体区域范围很大时, 裂纹就停止扩展(Husseini *et al*., 1975). 如果裂纹遇到一个未破裂的障碍体, 就将突然停止(Chatterjee and Knopoff, 1983). 我们这里要举的例子与上述情形不同之处在于假设障碍体内的内聚模量不是间断地而是十分平滑地变化的. 图 9.26 表示通过数值计算得到的结果. 在图 9.26a 所示的情形中, 裂纹的左边缘和右边缘均以几乎不变的速度($\doteq0.8\beta$)扩展. 当裂纹遇到障碍体时, 它仍然扩展, 但是急剧然而平滑地减速, 并且最后在$|x/L|$略小于 5.5 处停下来. 裂纹进入障碍体中, 但是既没有穿透障碍体, 也没有在$|x/L|=5.5$ 处的区域中产生滑动.

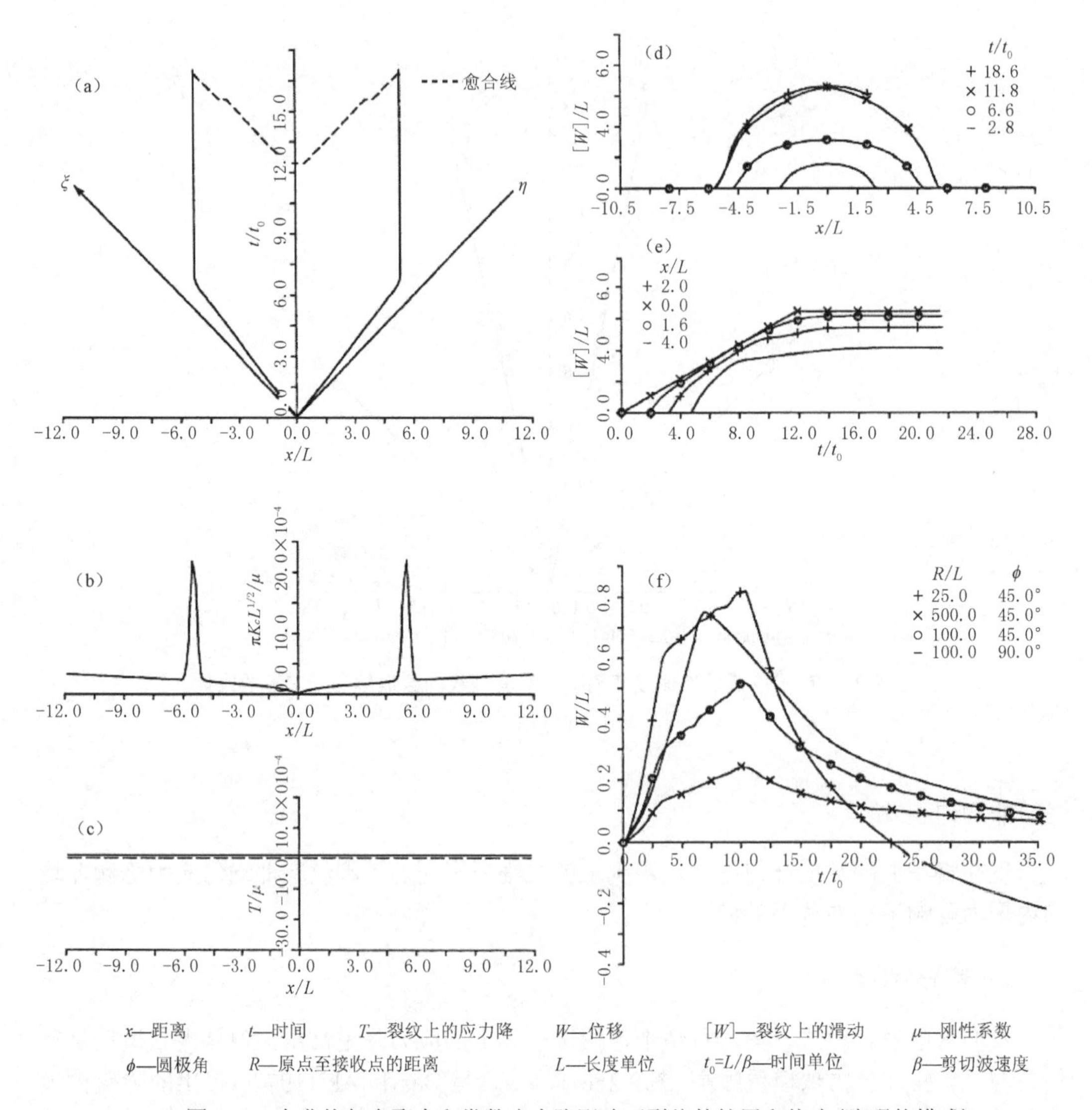

图 9.26 在非均匀内聚力和常数应力降影响下裂纹的扩展和停止(障碍体模式)

(a)在(x, t)平面上裂纹的轨迹；(b)裂纹端部内聚模量的分布；(c)裂纹上应力降的分布；(d)四个相继时刻裂纹上的滑动分布；(e)在几个具有代表性的位置上的震源时间函数；(f)近场和远场理论位移地震图

可以计算裂纹上的震源时间函数．裂纹上的滑动在四个相继时刻的分布表示在图 9.26d 中，在几个具有代表性的位置(x/L=2.8, 0.0, －1.6 和－4.0)上的相对运动也示于图 9.26e 中．关于裂纹愈合条件，我们假设一旦滑动速度变为零，裂纹的两面就被冻结；不允许发生裂纹两面质点相对运动反向(Burridge and Halliday, 1971)．所以，冻结是运动学条件而不是动力学条件(Knopoff, 1981)．

在图 9.26 所示的情形中，当裂纹遇到障碍体时，其边缘就减速．此时，从障碍体上就沿特征线反射来一个应力脉冲．当应力脉冲到达裂纹内部某一点时，裂纹上的滑动就减小到某一非零值．当从第二个障碍体反射的应力脉冲到达时，裂纹就冻结住．应力脉冲在裂纹中点的碰撞触发裂纹变为两段，它们分别收缩并最终消失掉．因为裂纹的扩展速度接近于剪切波速度，裂纹边缘前方动态预应力区域的时滞影响大小，不足以使滑动停止．如果裂纹由于低应力降和高内聚力(图 9.27)的影响以较低的破裂速度传播，则第一个从较近的障碍体反射来的应力脉冲将使裂纹上的滑动停止．这就是 Knopoff 和 Chatterjee(1982)以及 Chatterjee 和 Knopoff(1983)详细讨论过的情形．一旦已知作为时间和沿裂纹的坐标的函数的滑动，介质中任意一点(x_0, y_0, t_0)的位移就可按 Burridge 和 Halliday(1971)以及 Chatterjee 和 Knopoff(1983)给出的公式计算得到．

图 9.26f 中给出了近场和远场理论位移地震图．所有这些地震图都显示出与裂纹和障碍体相遇相应的两次突然变化．在位置ϕ=90°的情形，如图 9.26 和图 9.27 所示的两种情形之比较表明，尽管这两种情形的愈合过程不相同，但理论位移地震图在形状上还是十分类似的．

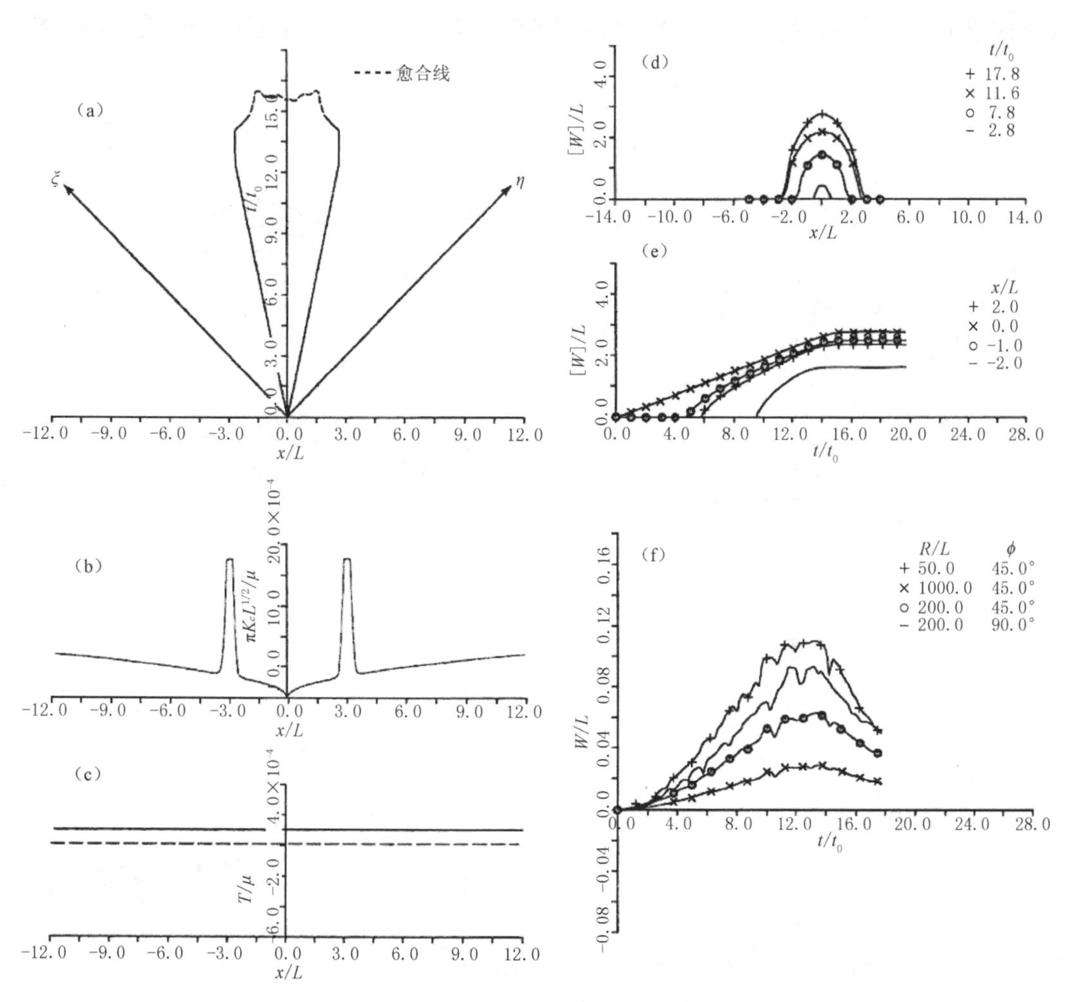

图 9.27　在低应力降和高内聚力影响下裂纹的扩展和停止的障碍体模式

符号及(a)～(f)图的说明参见图 9.26

2. 凹凸体模式

我们考虑一种情形(图 9.28)，在这种情形中，应力降极不均匀，具有一些称作凹凸体的应力降很高的小区域，还有在先前发生的事件中可能已经破裂的一些小区域．我们可取这些小区域应力降为零(图 9.27c) (Kanamori, 1978; Rudnicki and Kanamori, 1981)．为简单起见，我们假设，裂纹边缘的内聚模量与距离呈平方根关系(图 9.28b)．于是，裂纹将自相似地扩展，直到它遇到零应力降区域(图 9.28a)．当裂纹扩展到零应力降区域时，裂纹上的平均应力降变小．于是，裂纹的扩展速率将由于平滑地减小的平均应力降和逐渐增大的内聚阻力而逐渐减小(图 9.28a)．对于凹凸体模式，震源时间函数(图 9.28c)和位移地震图斜率没有突然变化．值得指出的是在图 9.28 所示的例子中，这个例子表明，在沿着大板块边界的大地震的情况下，两个大地震的余震区域将会有多达余震区一半的面积重叠在一起．

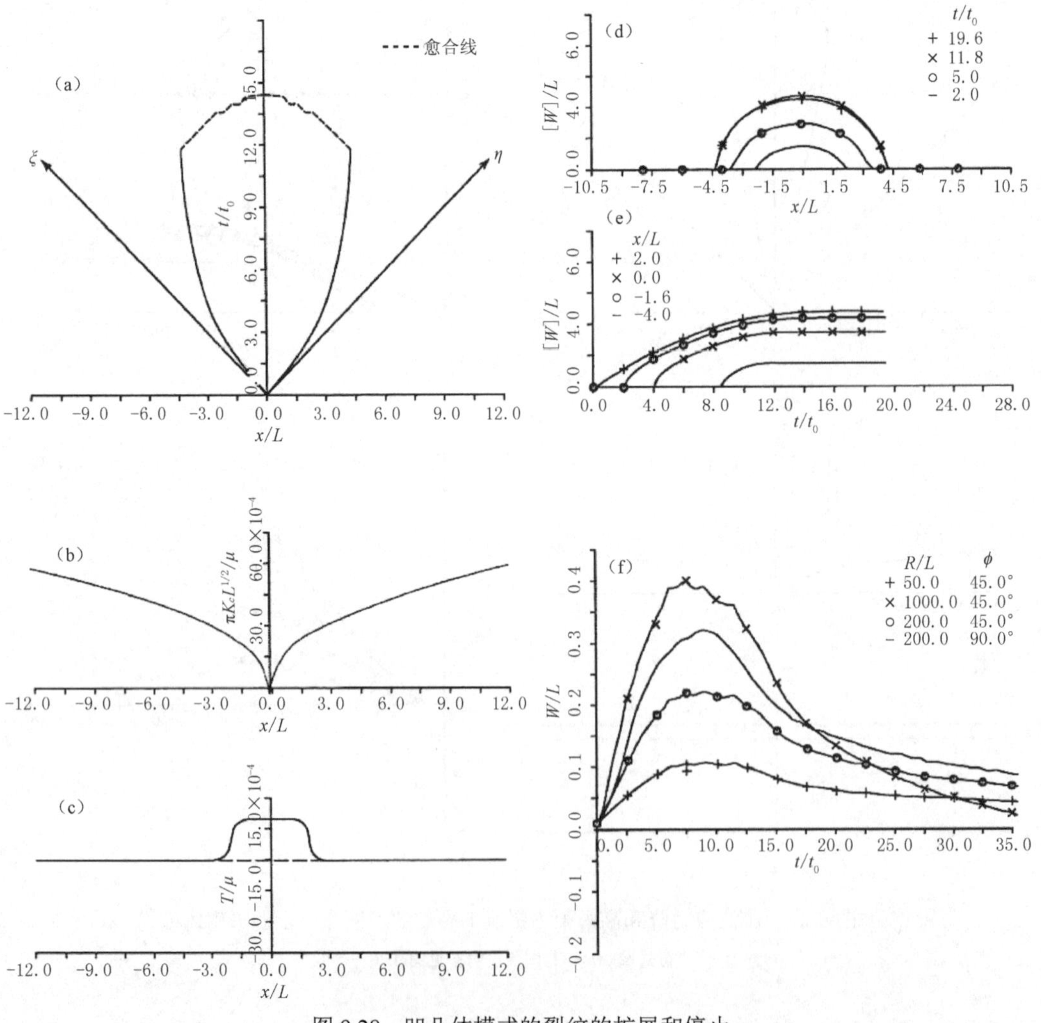

图 9.28 凹凸体模式的裂纹的扩展和停止

符号及(a)～(f)图的说明参见图 9.26

3. 一般模式

地震的破裂过程不可能单纯由障碍体模式、也不可能单纯由凹凸体模式来描述．有迹象表明，地震波形的复杂性可归因于障碍体和凹凸体两者的作用．为了对复杂的地震破裂模式对地震波辐射的影响获得一些概念，我们考虑一种更为一般的、假设内聚模量和应力降两者都是非均匀的情况(图 9.29b, c)，也就是我们考虑由障碍体和凹凸体两者组合的模式．在这种情形中，由每一个障碍体反射来的应力脉冲将按一种复杂的顺序到达并将产生一种复杂的愈合过程(图 9.29a)．对在几个时刻裂纹上的滑动分布(图 9.29d)和不同位置的震源时间函数(图 9.29e)以及近场和远场位移地震图(图 9.29f)的考察，表明它们与两种简单情形下的结果都十分不同．像以前那样，来自每一障碍体的应力脉冲相遇引起裂纹的裂变．在这里所讨论的情形下产生出许多裂片．动态扩展着的裂纹分裂成许多片断是一般模式所特有的，这可能对解释观测资料有特殊意义．值得指出的是：在解释近场和远场观测资料时，必须考虑到裂纹复杂的愈合过程的效应．

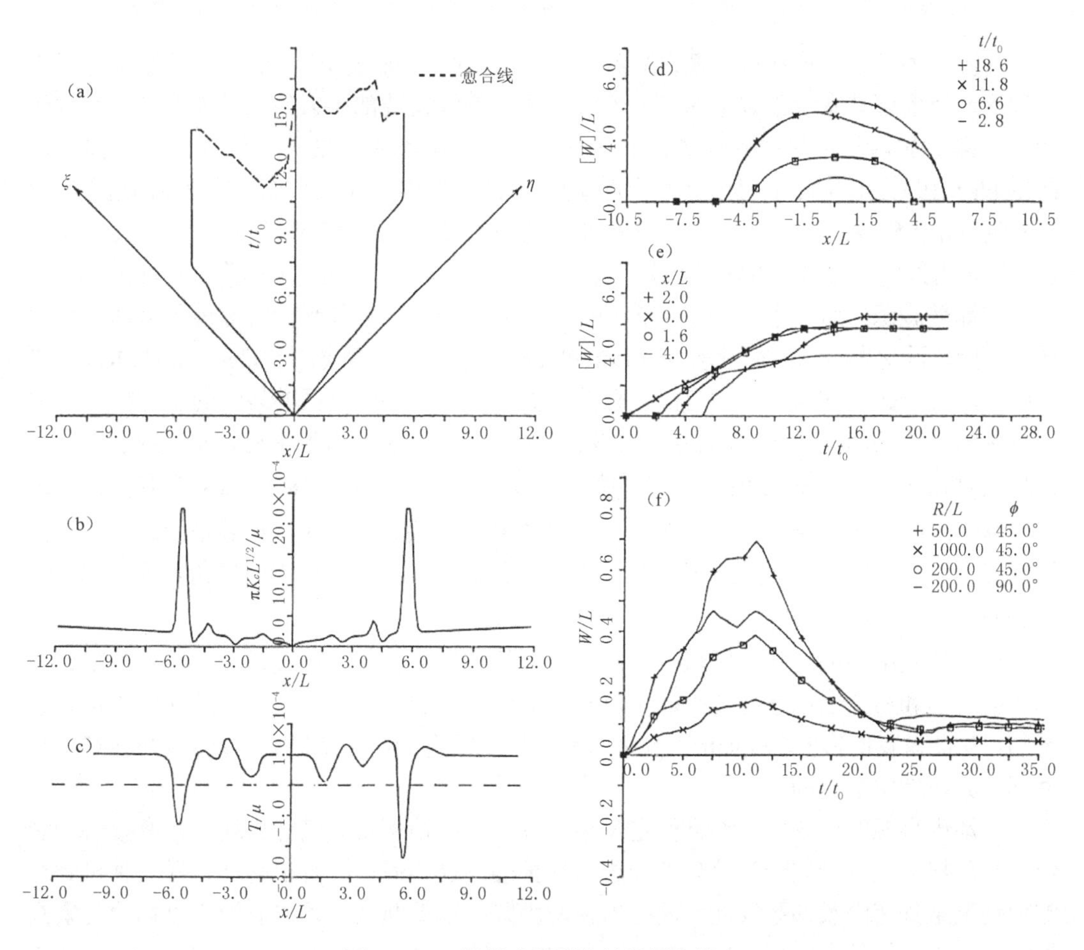

图 9.29　一般模式的裂纹的扩展和停止

符号及(a)～(f)图的说明参见图 9.26

以上分析了二维地震断层自然扩展问题．提出了一种数值计算方法以求解动态裂纹问题．这种方法基于 Kostrov(1966)的工作，以 Chatterjee 和 Knopoff(1983)的解析解作为出发点．大量的数值实验证实了这种数值方法计算结果是稳定的，并且它在研究应力降和内聚阻力都很不均匀的．复杂的动态裂纹问题中是很有用与灵活的．我们将此方法运用到裂纹面上的应力降和(或)裂纹边缘的内聚模量是非均匀的几种情形．初步结果表明，应力降和内聚力两者的不均匀性是控制裂纹的扩展、停止和愈合的主要因素．近场和远场位移的复杂性不仅是由破裂传播过程中的不稳定性引起的，而且也与裂纹和周围介质的错综复杂的相互作用而产生的复杂的愈合过程有关．数值例子还揭示了障碍体和凹凸体对震源时间函数和地震波辐射影响的差异．在障碍体模式中，内聚模量的突然变化引起震源时间函数和理论地震图斜率的突然变化；而在凹凸体模式中，应力降的突然变化没有引起地震图上类似的变化．

第五节　具有滑动弱化区的二维地震断层的动态扩展

震源动力学的原理和方法源自断裂力学．由线弹性断裂力学得到的裂纹端部附近应力和滑动速度都具有反平方根的奇异性．为了消除裂纹端部应力的奇异性，可以引进作为材料常数的内聚模量或其他类似的概念．作为对裂纹端部的非弹性区的一种描述，Barenblatt(1959a, b)曾引入“内聚力”的概念．他假定：①在裂纹端部，破裂面两边之间存在着阻碍介质破裂的内聚力；②内聚力作用区比裂纹尺寸和其他几何尺度小得多；③在平衡状态下，内聚力分布与位错分布无关．Barenblatt 以裂纹端部应力有限作为破裂准则．

在地震震源的研究中，Ida(1972), Palmer 和 Rice(1973)几乎同时提出了滑动弱化模式．滑动弱化模式可以看作是 Barenblatt 模式的一种推广(Chen and Knopoff, 1986a)．Andrews(1976a, b)用有限差分法计算了具有滑动弱化区的裂纹的动态扩展，他所得到的结果表明：平面剪切裂纹的扩展速度由零迅速地增加到瑞利波速，经短时间调整后便以稍大于$\sqrt{2}\beta$的速度扩展(β是横波速度)．Burridge 等(1979)用解析方法也得到了与 Andrews 一致的结论，并证明了当扩展速度小于瑞利波速时，扩展是稳定的；当扩展速度大于$\sqrt{2}\beta$时，扩展是不稳定的．这些工作表明，要了解地震断层的扩展规律，必须计及滑动弱化的效应．

研究裂纹端部的非弹性区域对地震断层自然扩展的影响，以及这个区域对其附近的动态应力场和质点运动速度的影响，对于了解地震引起的近场地面运动的性质是很有意义的，为此，我们将 Barenblatt 的内聚力和内聚区概念运用于地震破裂动力学的研究中，并阐述其在地震学中的含义．

在地震震源的研究中，通常假定在某一时刻，在地下某处突然出现一条有限长的裂纹，然后根据破裂准则计算该裂纹的进一步扩展．这一假定没有说明什么样一种机制能够使地下某处有限长的裂纹面上同时出现应力降．地震断层的动态破裂可以描述为宏观裂纹由一点开始的自然扩展(Knopoff and Chatterjee, 1982; Chatterjee and Knopoff, 1983; Chen *et al.*, 1987)，不过，这种描述忽略了滑动弱化区尺度的效应，不适用于考察有限大滑动弱化区效应的目的. 因此，我们以一个准静态扩展的裂纹作为初始裂纹，也即把地震断层由准静态扩展演变为快速动态扩展的过程看作是地震的引发过程，以准静态扩展裂纹面上的应力条件作为裂纹进一步快速动态破裂的初始条件. 在这一初始条件下，我们研究地震断层的自然动态扩展过程，并研究断层附近的动态应力场性质和质点运动的特征.

(一) 滑动弱化

作为连续介质描述的材料发生破裂时，介质的一部分处于连续状态，一部分处于破裂状态. 处于连续状态的那些质点的变化过程可以用流变介质模型描述；而已破裂的，即位于破裂面两侧的那些质点的变化过程则可以用摩擦定律描述. 除上述两种状态外，介质还存在着介于上述两种状态之间的第三种状态，即过渡状态. 有关介质由连续状态向破裂状态过渡的假设称作破裂模型.

在连续介质力学中，每一个数学点上的物理量所代表的是该物理量在一个“物理上无限小”的单元体内的平均值. 运用这种观点，我们来分析地震断层的扩展过程.

在地震断层的端部附近，在断层所在的曲面上有许多次一级的小断层. 在每两个小断层中间是闭锁段，并且一般说来，离主断层越远，小断层的密度越低、规模越小. 我们把单元体内平均位错小于某一量 δ' 的状态视为连续状态，而把小断层的影响归算到这种连续介质的性质之中. 换言之，存在于介质中的小于 δ' 的平均位错并不妨碍我们将该介质当作连续介质来加以描述. 在这种情况下便可认为介质中该单元体内的宏观位错 W 为零. 如果我们假定单元体内小断层的数目、长度及小断层上位错量的变化是连续的，则肯定存在这样一个单元体，该单元体的介质是连续的，该点的平均应力为介质强度 τ_s，并且该点的应力和位错都是连续的.

如果单元体内的小断层彼此贯通，使平均位错超过某一数值 δ_c，则该单元体也就处于破裂状态，该处的应力为动态摩擦应力 τ_d .

如果平均位错介于 δ' 和 δ_c 之间，则介质处于由连续状态向破裂状态过渡的中间状态. 在过渡区内平均应力 τ 由介质强度 τ_s 逐渐下降为动态摩擦应力 τ_d ；平均位错 W 逐渐由零增加到 δ_c . 以下分别把平均应力简称为应力，把减去了 δ' 的平均位错简称为位错，把过渡区内的应力和动态摩擦应力之差称为“内聚力”，把过渡区称为内聚区. 可见，内聚力实质上是内聚区内各闭锁区内部反抗介质破裂的力. 这样，介质由连续向破裂过渡的中间状态便可用滑动弱化模式(图 9.30)来描述. 数学上，这个模式可以表示为

$$\tau=(\tau_s-\tau_d)\left(1-\frac{W}{\delta_c}\right)+\tau_d. \tag{9.408}$$

在这种情形下，内聚区便是滑动弱化区.

当内聚区长度远大于所选择的单元体的尺度时，破裂模型叫作非理想脆性破裂模型，当内聚区长度小于单元体的长度时，我们就得到理想脆性破裂模型. 显然，单元体尺度的选择与我们所涉及的地震波的波长有关. 不失一般性，可以选择所涉及的波长的 1/100 作为单元体尺度，因为在这样一个尺度内，更小部分的相互位置变化可予忽略，从而可视其为“物理上无限小”.

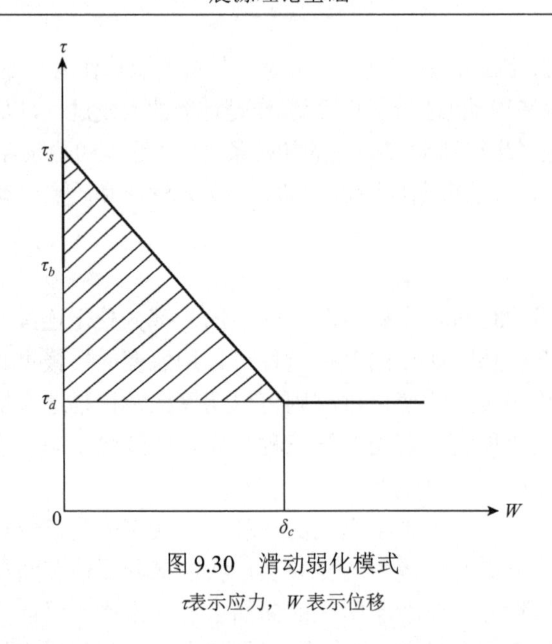

图 9.30　滑动弱化模式

τ表示应力，W 表示位移

当然，地震断层并非是一个几何上的平面，它通常是由分布在一个狭窄区域内的许多几何上不规则小断层所构成的．但是，如果断层带很窄，我们仍可等效地把它当作是一个几何上的平面加以研究．

需要特别说明的是，这里所进行的讨论既适用于已经破裂的断层的重新活动，也适用于新产生的断层．如果我们所考虑的是已经破裂的断层的重新活动，则 τ_s 表示的是最大静摩擦应力；如果我们所考虑的是新产生的断层，则 τ_s 表示的是介质的破裂强度．因为这个原因，在这里将不区分上述两种情形．

（二）破裂准则

今以在均匀、无限、各向同性的完全弹性介质中的二维反平面剪切裂纹作为地震断层的模式(图 9.31)．取裂纹所在平面为 x-z 平面，设裂纹沿 $+x$ 和 $-x$ 方向扩展，其两端分别以 $x_d(t)$ 和 $x_c(t)$ 表示．

弹性运动方程和边界条件为

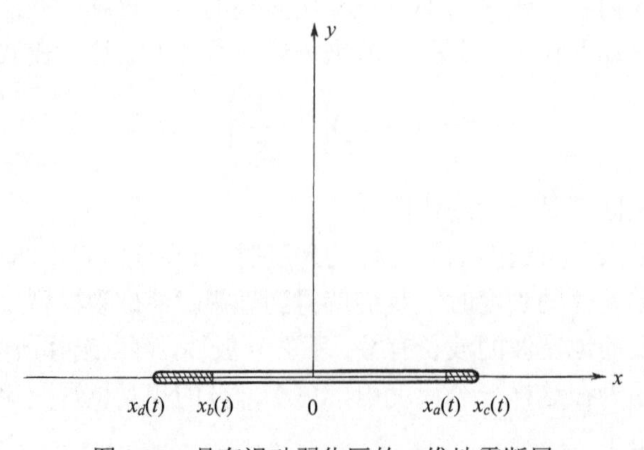

图 9.31　具有滑动弱化区的二维地震断层

$$\frac{1}{\beta^2}\frac{\partial^2 W}{\partial t^2}=\frac{\partial^2 W}{\partial x^2}+\frac{\partial^2 W}{\partial y^2},\tag{9.409}$$

$$\sigma_{yz}(x,0^+,t)=\sigma_0(x,t),\qquad x_d(t)\leqslant x\leqslant x_c(t),\tag{9.410}$$

$$W(x,0^+,t)=0,\qquad x\leqslant x_d(x),\quad x_c(t)\leqslant x,\tag{9.411}$$

式中，$W=W(x,y,t)$为在 t 时刻，质点相对于它在 $t=-\infty$ 时刻的位置沿 z 方向的位移，$\sigma_{yz}(x,y,t)$为在 t 时刻，应力相对于$t=-\infty$时刻的应力的改变量，

$$\sigma_{yz}(x,y,t)=\tau_{yz}(x,y,t)-\tau_{yz}(x,y,-\infty),\tag{9.412}$$

$\sigma_0(x,t)$是$\sigma_{yz}(x,y,t)$在裂纹面内的值．断层面上的应力降$T(x,t)$和过渡区内的内聚力$\sigma_c(x,t)$分别由

$$T(x,t)=\tau_{yz}(x,0^+,-\infty)-\tau_d(x,t),\tag{9.413}$$

$$\sigma_c(x,t)=\tau_{yz}(x,0^+,t)-\tau_d(x,t),\qquad x_d(t)\leqslant x\leqslant x_b(t),\ x_a(t)\leqslant x\leqslant x_c(t)\tag{9.414}$$

表示．以上三式中，$\tau_{yz}(x,y,t)$和$\tau_{yz}(x,y,-\infty)$分别为t时刻和$t=-\infty$时刻的应力，$\tau_d(x,t)$是动态摩擦应力，$x_b(t)$和$x_a(t)$分别表示滑动弱化区的两个内端，断层面上的应力增量

$$\sigma_0(x,t)=\begin{cases}-T(x,t), & x_b(t)\leqslant x\leqslant x_a(t),\\ \sigma_c(x,t)-T(x,t), & x_d(t)\leqslant x\leqslant x_b(t),\ x_a(t)\leqslant x\leqslant x_c(t).\end{cases}\tag{9.415}$$

假设断层在我们所考虑的时刻t_1以前相当长时间已经形成，也即设这个断层开始出现的时刻为$t=-\infty$，并假设断层形成后一直处于准静态扩展之中．所谓准静态指的是位移的变化非常缓慢，以至在式(9.409)中的惯性项可予以忽略．我们将这个断层称为初始断层．我们还假定从$t=-\infty$时刻到t_1时刻，在地球介质中的构造应力场没有发生显著变化．我们来研究在这些条件下断层怎样由t_1时刻前的准静态扩展转化为高速的动态扩展．

式(9.409)至式(9.411)所表示的问题的解是(Kostrov, 1966; Aki and Richards, 1980)

$$W(x_0,y_0,t)=-\frac{\beta}{\pi\mu}\iint_S\frac{\sigma_{yz}(x,0^+,t)\mathrm{d}x\mathrm{d}t}{[\beta^2(t_0-t)^2-(x_0-x)^2-y_0^2]^{1/2}},\tag{9.416}$$

式中，S是(x,y,t)空间中满足

$$\beta^2(t_0-t)^2-(x_0-x)^2-y_0^2\geqslant 0,\qquad -\infty\leqslant t\leqslant t_0\tag{9.417}$$

的特征锥．

当$y_0=0^+$，式(9.436)化为

$$W(x_0,0^+,t_0)=-\frac{\beta}{\pi\mu}\iint_{S_0}\frac{\sigma_{yz}(x,0^+,t)\mathrm{d}x\mathrm{d}t}{[\beta^2(t_0-t)^2-(x_0-x)^2]^{1/2}},\tag{9.418}$$

式中，S_0是特征三角形

$$\beta^2(t_0-t)^2-(x_0-x)^2\geqslant 0,\qquad -\infty\leqslant t\leqslant t_0.\tag{9.419}$$

在特征坐标(ξ,η)中，

$$\begin{cases}\xi=(\beta t+x)/\sqrt{2},\\ \eta=(\beta t-x)/\sqrt{2},\end{cases} \tag{9.420}$$

式(9.418)化为

$$W(\xi_0,\eta_0)=-\frac{1}{\sqrt{2}\pi\mu}\int_{-\infty}^{\xi_0}\int_{-\infty}^{\eta_0}\frac{\sigma_{yz}(\xi,\eta)\mathrm{d}\xi\mathrm{d}\eta}{\sqrt{(\xi_0-\xi)(\eta_0-\eta)}}. \tag{9.421}$$

由于当$\xi_0\geqslant\xi_c(\eta_0)$时，$W(\xi_0,\eta_0)=0$，所以由上式可得

$$\sigma_{yz}(\xi,\eta_0)=-\frac{1}{\pi\sqrt{\xi-\xi_c(\eta_0)}}\int_{-\infty}^{\xi_c(\eta_0)}\frac{\sigma_{yz}(\xi',\eta_0)\sqrt{\xi_c(\eta_0)-\xi'}}{\xi-\xi'}\mathrm{d}\xi',\qquad \xi\geqslant\xi_c(\eta_0). \tag{9.422}$$

上式可进一步化为

$$\sigma_{yz}(\xi,\eta_0)=\frac{1}{\pi}\sqrt{\xi-\xi_c(\eta_0)}\int_{-\infty}^{\xi_c(\eta_0)}\frac{\sigma_{yz}(\xi',\eta_0)}{(\xi-\xi')\sqrt{\xi_c(\eta_0)-\xi'}}\mathrm{d}\xi' -\frac{1}{\pi\sqrt{\xi-\xi_c(\eta_0)}}\int_{-\infty}^{\xi_c(\eta_0)}\frac{\sigma_{yz}(\xi',\eta_0)}{\sqrt{\xi_c(\eta_0)-\xi'}}\mathrm{d}\xi' \tag{9.423}$$

上式中第一项可化为

$$\frac{1}{\pi}\int_{-\infty}^{\xi_c(\eta_0)}\frac{\sigma_{yz}(\xi',\eta_0)\sqrt{\xi-\xi_c(\eta_0)}\sqrt{\xi_c(\eta_0)-\xi'}}{[\xi-\xi_c(\eta_0)][\xi_c(\eta_0)-\xi']+[\xi_c(\eta_0)-\xi']^2}\mathrm{d}\xi'=\frac{1}{\pi}\int_{-\infty}^{\xi_c(\eta_0)}\frac{\sigma_{yz}(\xi',\eta_0)y}{y^2+[\xi'-\xi_c(\eta_0)]^2}\mathrm{d}\xi', \tag{9.424}$$

式中，

$$y=\sqrt{\xi-\xi_c(\eta_0)}\sqrt{\xi_c(\eta_0)-\xi'}.$$

可以证明：

$$\lim_{y\to 0}\frac{y}{y^2+(\xi'-\xi_c)^2}=\pi\delta(\xi'-\xi_c), \tag{9.425}$$

式中，$\delta(\xi'-\xi_c)$是狄拉克δ-函数．所以如果下列条件成立：

$$\int_{-\infty}^{\xi_c(\eta_0)}\frac{\sigma_{yz}(\xi',\eta_0)}{\sqrt{\xi_c(\eta_0)-\xi'}}\mathrm{d}\xi'=0, \tag{9.426}$$

则由式(9.423)和式(9.425)可得

$$\lim_{\xi\to\xi_c}\sigma_{yz}(\xi,\eta_0)=\sigma_{yz}(\xi_c,\eta_0). \tag{9.427}$$

上式表明，在式(9.426)成立的条件下，裂纹端部应力有限且连续．式(9.426)所表示的条件可改写成

$$\int_{-\infty}^{\xi_a(\eta_0)}\frac{T'(\xi',\eta_0)}{\sqrt{\xi_c(\eta_0)-\xi'}}\mathrm{d}\xi'=\int_{\xi_a(\eta_0)}^{\xi_c(\eta_0)}\frac{\sigma_c(\xi',\eta_0)}{\sqrt{\xi_c(\eta_0)-\xi'}}\mathrm{d}\xi', \tag{9.428}$$

式中，

$$T'(\xi',\eta_0)=\begin{cases}-\sigma_{yz}(\xi',\eta_0), & \xi'<\xi_d(\eta_0),\\ T(\xi',\eta_0)-\sigma_c(\xi',\eta_0), & \xi_d(\eta_0)\leqslant\xi'\leqslant\xi_b(\eta_0),\\ T(\xi',\eta_0), & \xi_b(\eta_0)\leqslant\xi'\leqslant\xi_a(\eta_0).\end{cases} \tag{9.429}$$

$$\tau_c(\xi',\eta_0)=[\tau_s(\xi',\eta_0)-\tau_d(\xi',\eta_0)]\left[1-\frac{W(\xi',\eta_0)}{\delta_c}\right]. \tag{9.430}$$

式中，τ_s为介质的破裂强度(最大静摩擦应力)，τ_d 为动摩擦应力．式(9.428)所表示的条件也就是破裂准则，其左端相应于 Irwin 准则中的应力强度因子 $K_{\rm III}$；右端相当于临界应力强度因子，即内聚模量．所不同的是现在式(9.428)的右端是一个与破裂过程有关的量．介质中某一点由连续状态过渡到不连续状态的过程，就是滑动弱化区通过该点的过程．在这个过程中裂纹要克服内聚力作功，这个功在数值上等于图 9.30 中所示的划斜线区域的面积．

(三)数值计算

以$(\tau_s-\tau_d)$作为应力的单位，以 δ_c 作为位移的单位，以 $\mu\delta_c/(\tau_s-\tau_d)$作为坐标的单位，其中 τ_s和 τ_d 分别为静态裂纹内部的最大静摩擦和动摩擦应力，δ_c 为应力下降到动摩擦应力时的临界位移．这样，我们可以把位移、应力和应力有限的条件依次改写为下列无量纲形式：

$$W(\xi_0,\eta_0)=-\frac{1}{\sqrt{2}\pi\mu}\int_{-\infty}^{\xi_0}\int_{-\infty}^{\eta_0}\frac{\sigma_{yz}(\xi,\eta)\mathrm{d}\xi\mathrm{d}\eta}{\sqrt{(\xi_0-\xi)(\eta_0-\eta)}}, \tag{9.431}$$

$$\sigma_{yz}(\xi,\eta_0)=\frac{1}{\pi}\sqrt{\xi-\xi_c(\eta_0)}\int_{-\infty}^{\xi_c(\eta_0)}\frac{\sigma_{yz}(\xi',\eta_0)}{(\xi-\xi')\sqrt{\xi_c(\eta_0)-\xi'}}\mathrm{d}\xi', \qquad \xi\geqslant\xi_c, \tag{9.432}$$

$$\int_{-\infty}^{\xi_a(\eta_0)}\frac{T'(\xi',\eta_0)}{\sqrt{\xi_c(\eta_0)-\xi'}}\mathrm{d}\xi'=\int_{\xi_a(\eta_0)}^{\xi_c(\eta_0)}\frac{\sigma_c(\xi',\eta_0)}{\sqrt{\xi_c(\eta_0)-\xi'}}\mathrm{d}\xi', \tag{9.433}$$

式中，滑动弱化区的本构关系可以表示为下列无量纲形式：

$$\sigma_c(\xi',\eta_0)=[\tau_s(\xi',\eta_0)-\tau_d(\xi',\eta_0)][1-W(\xi',\eta_0)]. \tag{9.434}$$

对于滑动弱化区的内端 $\xi_a(\eta_0)$，由式(9.451)可得

$$1=-\frac{1}{\sqrt{2}\pi\mu}\int_{-\infty}^{\xi_a}\int_{-\infty}^{\eta_0}\frac{\sigma_{yz}(\xi,\eta)\mathrm{d}\xi\mathrm{d}\eta}{\sqrt{(\xi_a-\xi)(\eta_0-\eta)}}. \tag{9.435}$$

由式(9.431)至式(9.435)可以求得 $\xi_c(\eta_0)$，$\xi_a(\eta_0)$ 和 $W(\xi_0,\eta_0)$．对裂纹的另一端可以写出类似的方程．

为求出裂纹面上任一点的位移，需要在一无限长条带内作数值积分，我们在数值计算中对这一积分限为无穷大的积分作了处理．为求解裂纹端部的轨迹 $\xi_c(\eta_0)$，我们采用了比例法解式(9.433)．在运用式(9.432)求解裂纹外部的动态应力场时，需要计算无界函数的积分．对此我们在数值计算中均作了相应的处理．略去计算细节，下面给出一些数

值结果(表 9.3).

(四)具有滑动弱化区的地震断层的自然扩展

1. 地震断层由准静态扩展到快速动态扩展的演变

我们用数值方法计算了准静态扩展裂纹面上的位移，所得结果与 Chen 和 Knopoff(1986a)用数值方法求解非线性积分方程组所得结果极为一致. 作为比较，表 9.3 给出了用上述方法得到的结果与 Chen 和 Knopoff(1986a)解非线性积分方程组得到的结果两者之间的比较，两者最大相对差别仅为 1.2%.

表 9.3 用本节采用的方法得到的结果与用解非线性积分方程组得到的结果(Chen and Knopoff, 1986a)

断层面上的位移			
本节	Chen 和 Knopoff (1986a)	本节	Chen 和 Knopoff (1986a)
0.999160	0.999166	0.529159	0.529096
0.996663	0.996668	0.469859	0.469787
0.986699	0.986712	0.410632	0.410551
0.970246	0.970258	0.352260	0.352172
0.959645	0.959655	0.295532	0.295434
0.933856	0.933863	0.241236	0.241137
0.902230	0.902231	0.190155	0.190053
0.884349	0.884347	0.143071	0.142968
0.884730	0.844722	0.100773	0.100672
0.800391	0.800374	0.064086	0.063990
0.751889	0.751864	0.033939	0.033854
0.699836	0.699802	0.011588	0.011523
0.644892	0.644848	0.004024	0.003975
0.587755	0.587701		

我们计算了五种不同情况下的裂纹动态扩展、动态应力场和滑动函数. 在计算中，以$\gamma=(\tau_b-\tau_d)/(\tau_s-\tau_d)$表示无量纲的应力降. 计算结果如图 9.32 至图 9.36 所示. 其中平面图上的时间轴以t_1时刻为原点. $x_b(t)$和$x_d(t)$以及$x_a(t)$和$x_c(t)$分别表示左右两个滑动弱化区的内外两端. 图 9.32 和图 9.33 表示了$\tau_s(x)$，$\tau_b(x)$和$\tau_d(x)$都是常量的情况，不同的是图 9.32 中的γ较小. 由图 9.32 和图 9.33 可以看到，裂纹由准静态扩展自发地加速到快速扩展是一个历时相当长的缓慢过程. 对于均匀应力情况，裂纹的扩展速度由接近于零逐渐增大，最后趋于横波速度β. 加速度$\ddot{x}_c(t)$由接近于零逐渐增大，达到某一极大值后又逐渐减小到零. 比较图 9.32 和图 9.33 可知，γ较大时，$\ddot{x}_c(t)$和$\ddot{x}_a(t)$也较大. 虽然γ较大时，初始裂纹较短、内聚区较长，但由于其扩展的加速度较大，所以其长度很快地就超过γ较小的裂纹的长度，而滑动弱化区的长度却很快地变得小于γ较小的裂

纹的滑动弱化区的长度．在裂纹扩展过程中，总的趋势是：裂纹长度增大，但滑动弱化区变小．

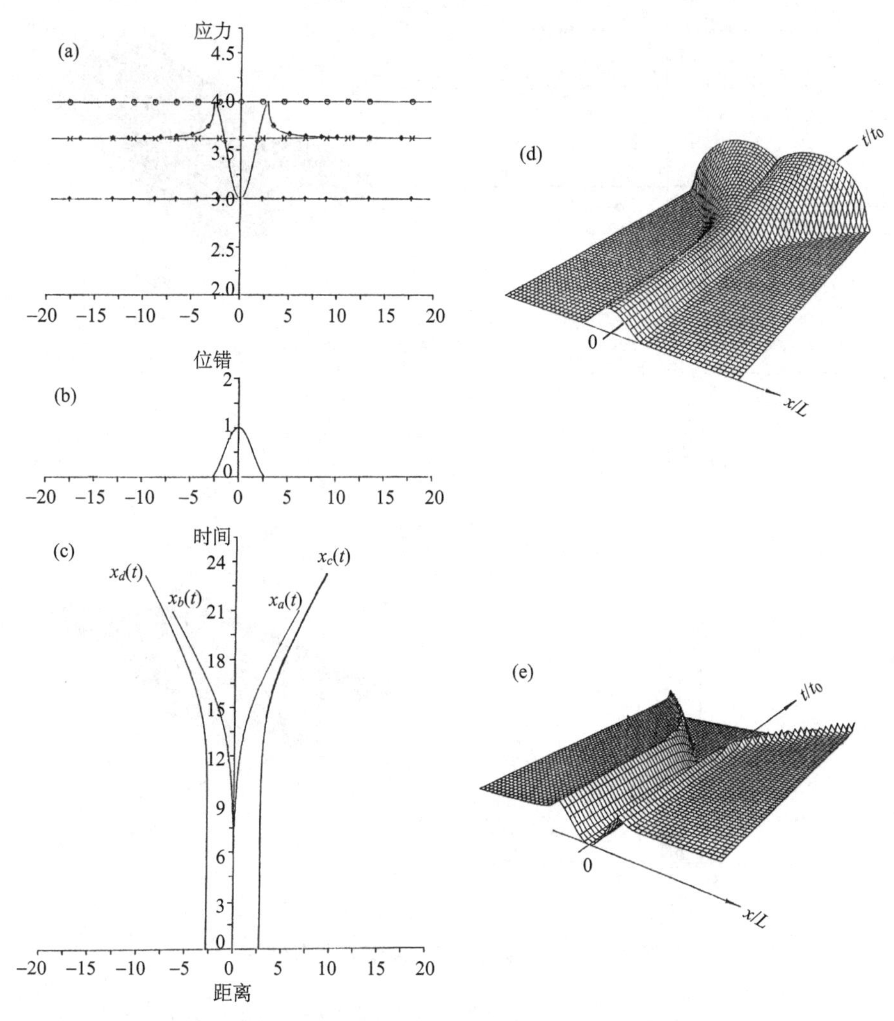

图 9.32　具有滑动弱化区的二维地震断层的动态扩展(破裂强度、预应力和动摩擦应力均为常量的情形)
(a)断层面上的应力分布；(b)破裂扩展前断层面上的位移分布；(c)断层的动态扩展；(d)断层面上的位移分布透视图；(e)断层所在平面上的动态应力透视图．空心圆圈表示破裂强度，叉号表示预应力，三角形表示动摩擦应力，方块表示动态破裂开始时的应力．x: 距离，t: 时间，L: 长度单位，t_0: 时间单位

2. 滑动弱化区

图 9.34 表示的是动摩擦应力 τ_d (x) 非均匀而其他各量均匀的情形．值得指出的是 $\tau_d(x)$ 的改变对 $x_c(t)$ 的影响不很明显，而对 $x_a(t)$ 的影响则较为明显．$x_a(t)$ 遇到 $\tau_d(x)$ 较高的区域时，明显地减速，导致滑动弱化区变宽．$\tau_d(x)$ 的改变对滑动函数的影响也极为明显．图 9.34 所示的滑动函数有两条明显的“脊背”，它们分别与图 9.34 中两个低 $\tau_d(x)$ 区相对应．

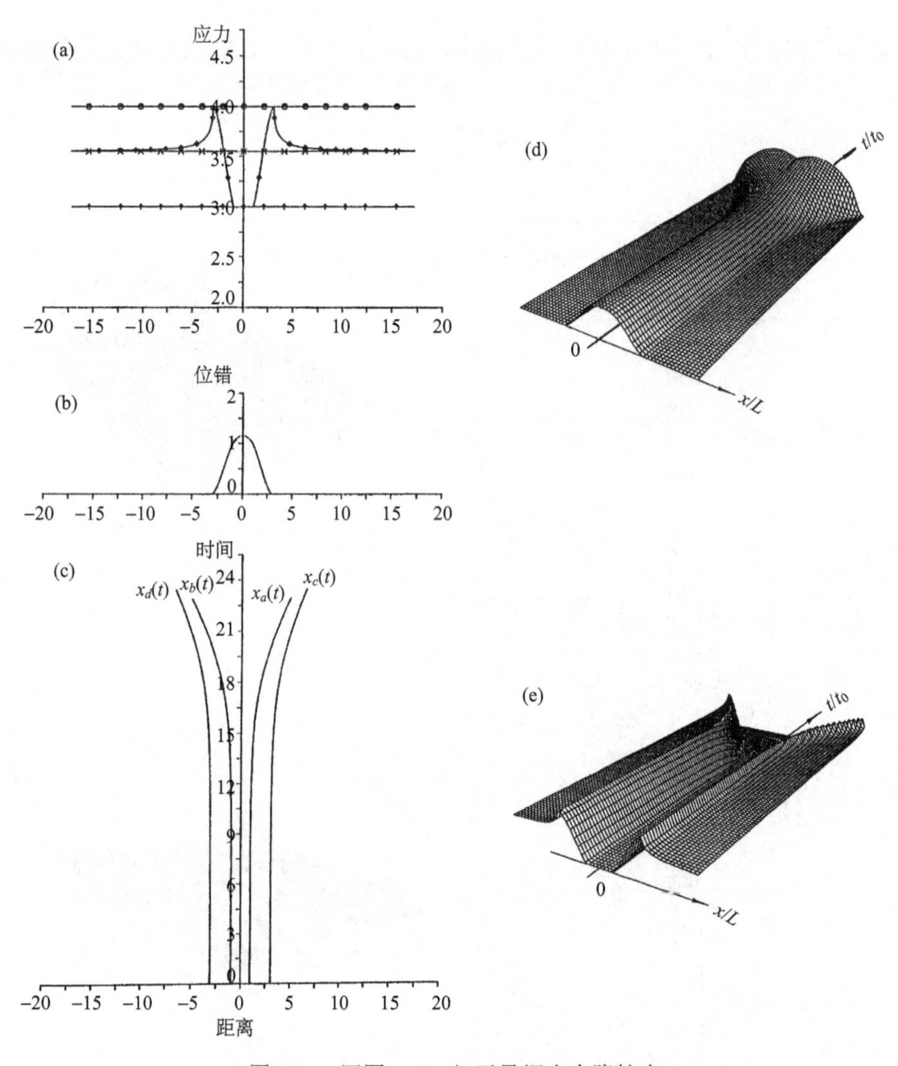

图 9.33　同图 9.32, 但无量纲应力降较小

图9.35表示的是预应力 $\tau_b(x)$ 不均匀而其他各量均匀的情况. $\tau_b(x)$ 的变化对 $x_a(t)$ 和 $x_c(t)$ 的扩展都有较为明显的影响. 高预应力使得 $x_c(t)$ 加速. 当 $x_a(t)$ 和 $x_c(t)$ 遇到预应力低于 $\tau_d(x)$ 的区域时就会减速，这是因为在这样的区域中应力降为负值. 如这个例子所显示的，当滑动弱化区进入低预应力区后，$x_a(t)$ 和 $x_c(t)$ 的扩展均很缓慢. 如果这个区域中的预应力更低，裂纹就会逐渐停止扩展，裂纹两盘也会停止相对滑动.

3. *动态应力场*

由于考虑了滑动弱化区的效应，我们便能够计算裂纹端部及其附近的动态应力，这在不考虑滑动弱化区时是无法做到的. 由于我们得到了动态应力场，我们就可以进一步计算一个裂纹和其他裂纹间的相互作用，或裂纹对介质其他部分的影响. 从而解释诸如地震的隧道效应等现象.

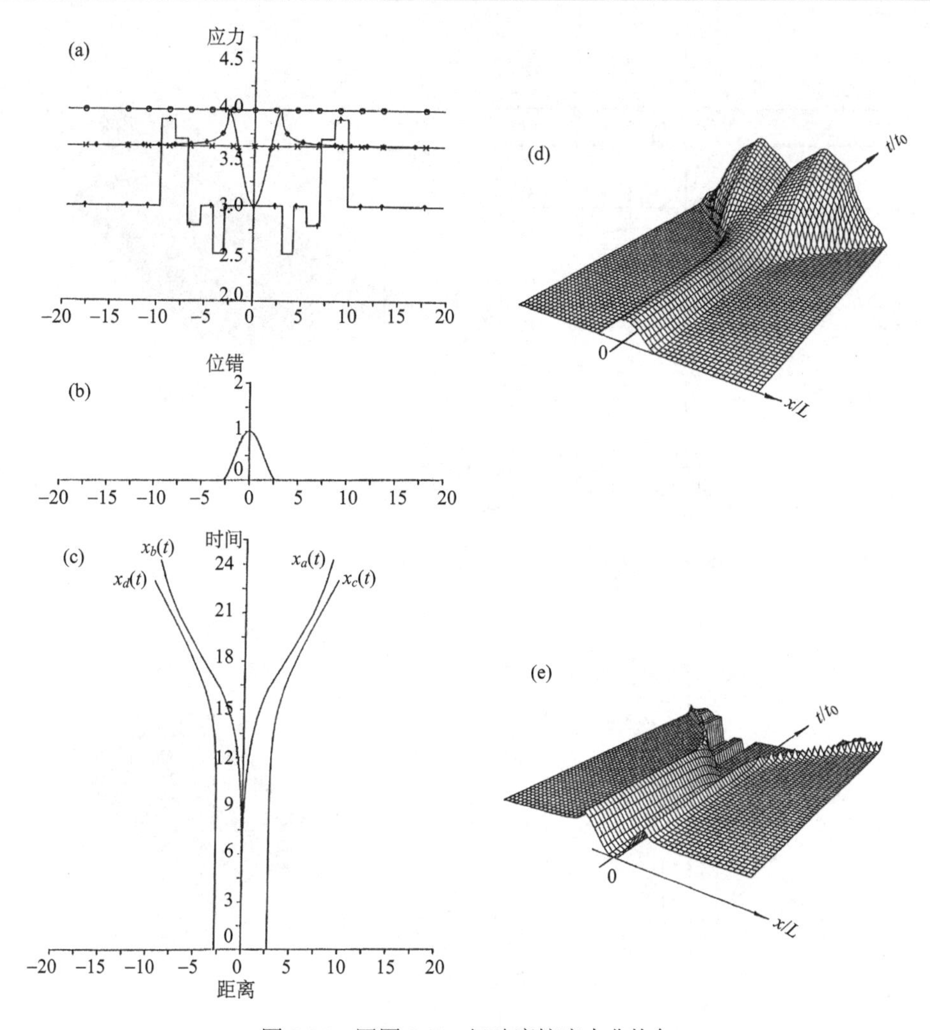

图 9.34　同图 9.32, 但动摩擦应力非均匀

从图 9.36 我们可以看到，当 $x_c(t)$ 遇到低 $\tau_s(x)$ 区时，就会在沿特征轴方向产生一个“应力谷”，当 $x_c(t)$ 遇到高 $\tau_s(x)$ 区时，就会在沿特征轴方向产生一个“应力峰”. 这个应力峰便是所谓隧道效应中的“隧道”. 在这个峰上可能发生另一个地震.

图 9.36 表示 $\tau_s(x)$ 非均匀而其他各量均匀的情况. $\tau_s(x)$ 的变化强烈地直接影响着 $x_c(t)$，而对 $x_a(t)$ 则是通过 $x_c(t)$ 的变化间接影响着的. 高 $\tau_s(x)$ 的区域使 $x_c(t)$ 减速，低 $\tau_s(x)$ 的区域则使 $x_c(t)$ 加速. 当 $x_c(t)$ 遇到具有很高的 $\tau_s(x)$ 值的区域时，它可以穿入高 $\tau_s(x)$ 区一定深度，然后停止.

$\tau_d(x)$ 的变化引起裂纹面上应力降的变化，所以滑动函数和 $x_a(t)$ 也随着发生明显的变化.

$x_c(t)$ 的位置是与内聚模量紧密相关的，内聚模量主要取决于裂纹端部 $x_c(t)$ 附近的应力改变量，而这个改变量又主要地是由 $\tau_s(x)$ 决定的，受 $\tau_d(x)$ 影响不大. 所以 $\tau_d(x)$ 的变化不会显著地直接影响 $x_c(t)$ 的运动.

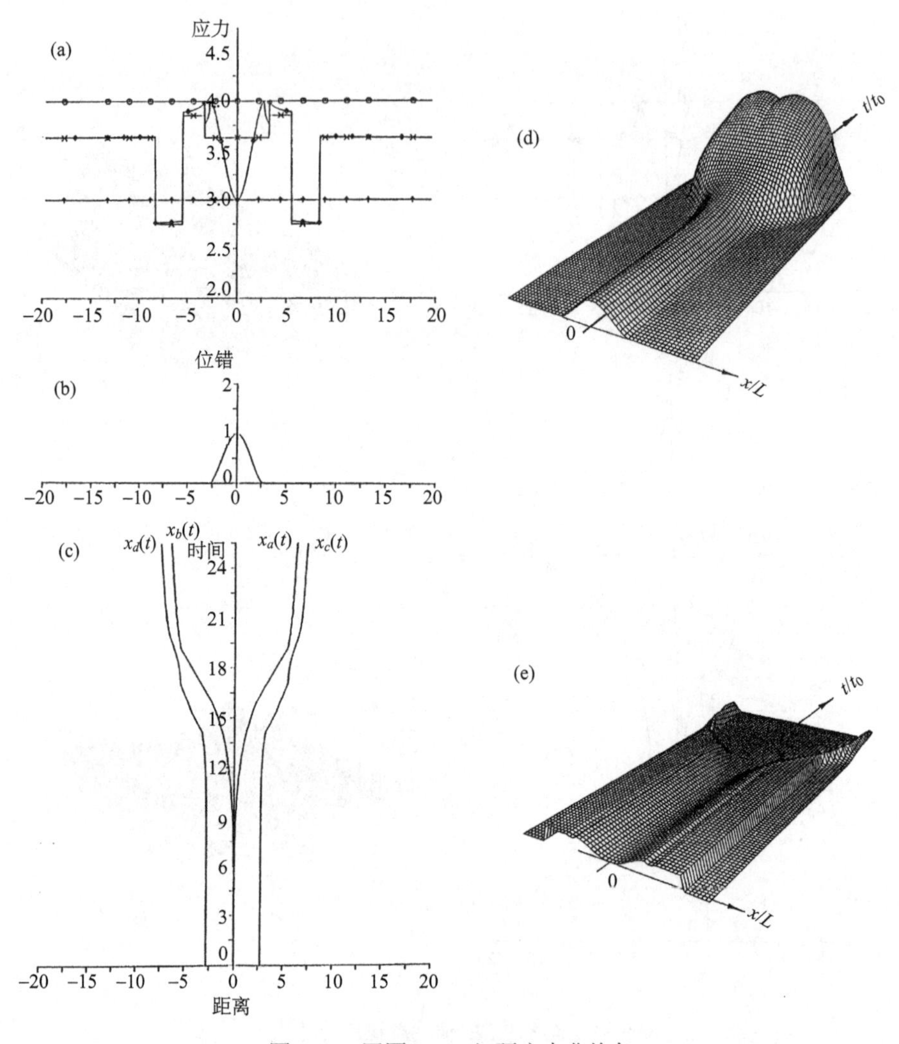

图 9.35　同图 9.32, 但预应力非均匀

$\tau_b(x)$ 的变化既要影响到裂纹面上的应力降又要影响到滑动弱化区中的应力升高，所以它对 $x_c(t)$ 和 $x_a(t)$ 都有直接的影响.

$\tau_s(x)$ 的变化仅对内聚力产生直接影响，与应力降无关，所以它只直接地影响到 $x_c(t)$ 的扩展.

在图 9.35 上也存在着“应力峰”和“应力谷”，但它们不是沿特征线方向传播的，而是在原地不动，当裂纹端部经过它们时，它们就被破坏了. 这种“应力峰”本身不起隧道的作用. 但如果这个峰足够高而该处的 $\tau_s(x)$ 又足够低，就会在该处产生一个新的地震.

图 9.35 至图 9.36 表明，和不考虑滑动弱化区的情况不同，最大位移不一定总是发生在裂纹中部. 在不考虑滑动弱化区的情况下，如果应力降是均匀的，则裂纹中部的位移总是最大. 裂纹中部的位移较小(不会在所有应力分布下都是如此)是由于考虑滑动弱化区后裂纹面上不但有正的应力降，而且有负的应力降即应力升高的缘故.

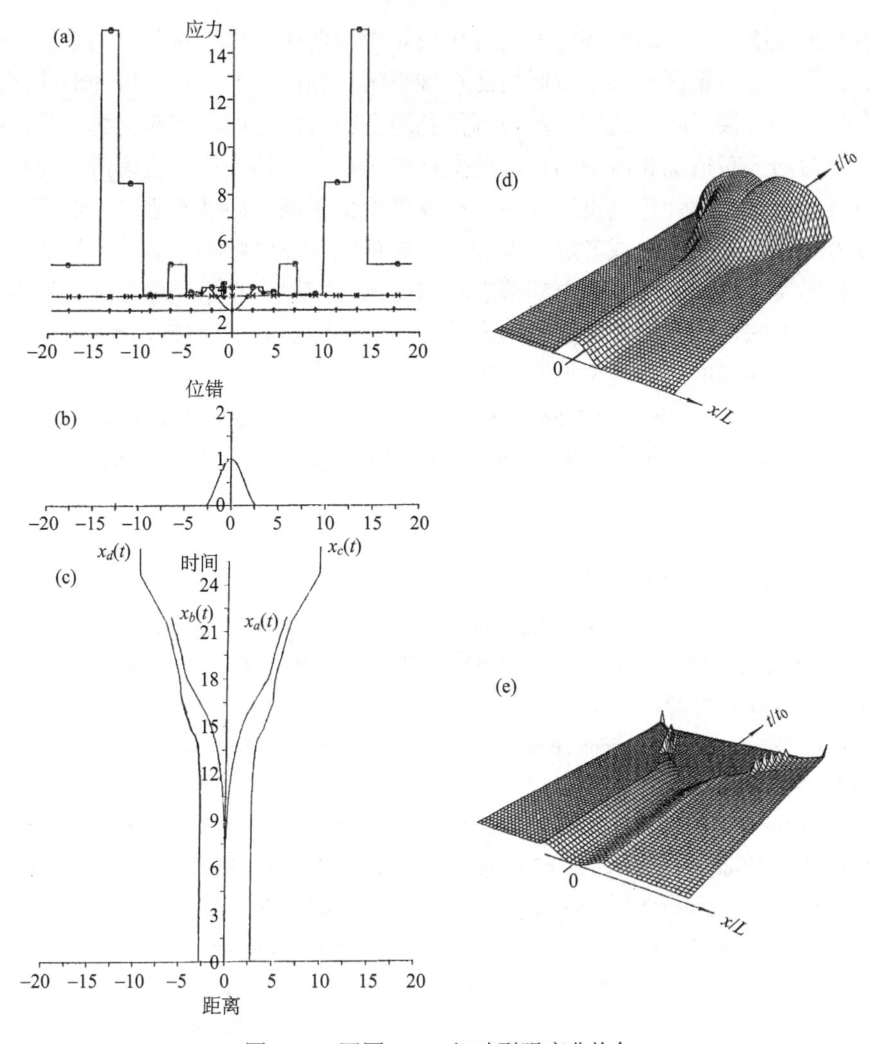

图 9.36　同图 9.32, 但破裂强度非均匀

4. 蠕动、黏滑和余滑

与地震发生有关的断层活动主要地表现为震前沿着活动断层的蠕动即预滑、震时的黏滑以及震后的蠕动即余滑．这三种滑动在实验室内和地震现场都曾观测到过．

图 9.35 所示的例子相当于一个典型的预滑–黏滑–余滑的转化过程．预滑阶段相应于准静态扩展阶段，在这一阶段中裂纹积蓄了快速扩展所需的能量；黏滑阶段相应于快速扩展阶段，即地震仪所记录的或人所感觉到的地震；当断层前沿遇到高动摩擦应力、低预应力或高强度区域时，断层扩展和滑动可能会减速，然后转入震后蠕动状态．如 Chen 和 Knopoff(1986b, 1987)所指出的，在裂纹缓慢扩展的阶段，必须计及介质的黏弹流变性．

综上所述，采用改进的应力强度因子准则，可以通过计算研究具有滑动弱化区的二维反平面剪切裂纹由准静态扩展演变到快速扩展的过程．计算结果表明：应力降较大的裂纹扩展的加速度较大；动摩擦应力的变化只对滑动弱化区内端有明显的直接影响；破裂强度的变化只对内聚区外端部有明显的直接影响；预应力的变化对滑动弱化区的两个端部都有明显的直接影响．通过计算还可得到地震断层附近的动态应力场，展示裂纹扩展过程中应力的分布情况和滑动弱化区的变化情况，这些结果在不考虑滑动弱化区的情形时是不可能得到的．计算结果还表明，裂纹可能由于遇到高破裂强度、低预应力或高动摩擦应力的区域而愈合，或者进入准静态扩展(震后蠕动)状态．数值计算的例子可以从理论上说明实验室和野外观测中都曾观测到的蠕动–黏滑–余滑现象．在计算中，内聚模量不是人为地假定的，而是根据较为容易测量的量和滑动弱化模式计算得到的，使得有可能计算地震断层的快速动态扩展过程．

由于将 Chen 和 Knopoff(1986b)在研究二维反平面剪切裂纹的准静态扩展时所使用的破裂准则推广到了动态扩展情形，从而消除了裂纹端部应力和质点滑动速度的奇异性．

参 考 文 献

王竹溪, 郭敦仁, 1965. 特殊函数概论. 北京: 科学出版社. 1-760.

Aki, K. and Richards, P. G., 1980. *Quantitative Seismology. Theory and Methods*. **1** & **2**. San Francisco: W. H. Freeman. 1-932. 安芸敬一, P. G. 理查兹, 1986. 定量地震学. 第**1**, **2**卷. 李钦祖, 邹其嘉等译. 北京: 地震出版社. 1-406, 1-620.

Andrews, D. J., 1976a. Rupture propagation with finite stress in antiplane strain. *J. Geophys. Res*. **81**: 3575-3582.

Andrews, D. J., 1976b. Rupture velocity of plane-strain shear cracks. *J. Geophys. Res*. **81**: 5678-5687.

Barenblatt, G. I., 1959a. The formation of equilibrium cracks during brittle fracture, general ideas and hypotheses: Axially symmetric cracks. *Appl. Math. Mech*. **23**: 622-636.

Barenblatt, G. I., 1959b. Concerning equilibrium cracks forming during brittle fracture: The stability of isolated cracks, relationships with energetic theories. *Appl. Math. Mech*. **23**: 1273-1282.

Broberg, K. B., 1956. *Shock Waves in Elastic and Elastic-Plastic Media*. Stochholm: Stockholm Publisher. 1-141. K. B. 布罗贝格著, 1965. 弹性和弹塑性介质中的冲击波. 尹祥础译. 北京: 科学出版社. 1-113.

Burridge, R., 1969. The numerical solution of certain integral equations. *Philos. Trans. R. Soc. London, Ser.* **A**, **265**: 353-381.

Burridge, R., 1976. *Some Mathematical Topics in Seismology*. Courant Institution of Mathematical Sciences. New York: New York University. 1-317.

Burridge, R. and Knopoff, L., 1964. Body force equivalence for seismic dislocations. *Bull. Seismol. Soc. Am*. **54**: 1875-1888.

Burridge, R. and Willis, J. R., 1969. The self-similar problem of the expanding elliptical crack in an anisotropic solid. *Proc. Camb. Phil. Soc*. **66**(2): 443-468.

Burridge, R. and Halliday, G. S., 1971. Dynamic shear cracks with friction as models for shallow focus earthquakes. *Geophys. J. R. astr. Soc*. **25**: 261-283.

Burridge, R., Conn, G., and Freund, L. B., 1979. The stability of a rapid mode II shear crack with finite cohesive traction. *J. Geophys. Res*. **85**(B5): 2210-2222.

Cagniard, L., 1939. *Réflecxion et Réfraction des Ondes Séismiques Progressives*. Paris: Gauthier-Villars and Cie.

Cagniard, L., 1962. *Reflection and Refraction of Progressive Seismic Waves*. Translated and revised by Flinn, E. A. and Dix, C. H. New York: McGraw-Hill. 1-282.

Chatterjee, A. K. and Knopoff, L., 1983. Bilateral propagation of a spontaneous two-dimensional-antiplane shear crack under the influence of cohesion. *Geophys. J. R. astr. Soc.* **73**: 449-473.

Chen, Y. T. and Knopoff, L., 1986a. Static shear crack with a zone of slip-weakening. *Geophys. J. R. astr. Soc.* **87**: 1005-1024.

Chen, Y. T. and Knopoff, L., 1986b. The quasistatic extension of a shear crack in a viscoelastic medium. *Geophys. J. R. astr. Soc.* **87**: 1025-1039.

Chen, Y. T. and Knopoff, L., 1987. Simulation of earthquake sequences. *Geophys. J. R. astr. Soc.* **91**: 693-709.

Chen, Y. T., Chen, X. F. and Knopoff, L., 1987. Spontaneous growth and autonomous contraction of a two-dimensional earthquake fault. In: Wesson, R. L. (ed.), *Mechanics of Earthquake Faulting. Tectonophysics* **144**(1/3): 5-17. 中文译载: 陈运泰, 陈晓非, Knopoff, L., 1988. 二维地震断层的自然扩展和自发收缩. 世界地震译丛, (3): 14-23.

Das, S., 1976. A numerical study of rupture propagation and earthquake source mechanism. ScD thesis, Mass. Inst. Technol. Cambridge, Mass.

Das, S., 1980. A numerical method for determination of source-time function for general three-dimensional propagation. *Geophys. J. R. astr. Soc.* **62**: 591-604.

Das, S., 1981 Three-dimensional rupture propagation and implications for the earthquake source mechanism. *Geophys. J. R. astr. Soc.* **67**: 375-393.

Das. S. and Aki, K., 1977a. A numerical study of two-dimensional spontaneous rupture propagation. *Geophys. J. R. astr. Soc.* **50**: 643-688.

Das. S. and Aki, K., 1977b. Fault plane with barriers: a versatile earthquake model. *J. Geophys. Res.* **52**: 5658-5670.

Day, S. M., 1982a. Three-dimensional finite difference simulation of fault dynamics: rectangular faults with fixed rupture velocity. *Bull. Seismol. Soc. Am.* **72**: 705-727.

Day, S. M., 1982b. Three-dimensional simulation of spontaneous rupture: the effect of non-uniform prestress. *Bull. Seismol. Soc. Am.* **72**: 1881-1902.

De Hoop, A. T., 1960. A modification of Cagniard's method for solving seismic pulse problems. *Appl. Sci. Res.* **38**: 349-356.

Evvard, J. C., 1950. Use of source distributions for evaluating theoretical aerodynamics of thin finite wings at supersonic speeds. *N. A. C. A. Report* No. **951**.

Dix, C. H., 1954. The method of cagniard in seismic pulse problem. *Geophysics* **19**: 722-738.

Husseini, M. I., Jovanovich, D. B., Randall, M. J. and Freund, L. B., 1975. The fracture energy of earthquakes. *Geophys. J. R. astr. Soc.* **43**: 367-385.

Ida, Y., 1972. Cohesive force across the tip of a longitudinal shear crack and Griffith's specific surface energy. *J. Geophys. Res.* **77**: 3796-3805

Ida, Y., 1973. The maximum acceleration of seismic ground motion. *Bull. Seismol. Soc. Am.* **63**: 959-968.

Kanamori, H., 1978. Use of seismic radiation to infer source parameters. Proc. Conf. III, Fault Mechanics and its Relation to Earthquake Prediction. U. S. Geol. Surv. Open File Rep. 78-380: 283-381.

Knopoff L., 1981. On the nature of the earthquake source. In: Husebye, E. S. and Mykkeltveit, S. (eds.), *Identification of Seismic Source-Earthquake or Underground Explosion.* Dordrecht: D. Reidel. 49-69.

Knopoff, L. and Chatterjee, A. K., 1982. Unilateral extension of a two-dimensional shear crack under the influence of cohesive force. *Geophys. J. R. astr. Soc.* **68**: 7-25.

Kostrov, B. V., 1966. Unsteady propagation of longitudinal shear cracks. *J. Appl. Math. Mech.* **30**: 1241-1248.

Kostrov, B. V. and Das, S., 1988. *Principles of Earthquake Source Mechanics*. Cambridge: Cambridge University Press. 1-286.

Lay, T. and Wallace, T. C., 1995. *Modern Global Seismology.* San Diego: Academic Press. 1-521.

Lee, W. H. K., Kanamori, H., Jennings, P. C. and Kisslinger, C.（eds.）, 2002. *International Handbook of Earthquake and Engineering Seismology*. Part **A**. San Diego: Academic Press. 1-1933.

Madariage, R., 1976. Dynamics of an extending circular fault. *Bull. Seismol. Soc. Am.* **66**: 639-666.

Madariaga, R., 1989. Seismic source: theory. In: James, D. E.（ed.）, *Encyclopedia of Solid Earth Geophysics.* New York: Van Nostrand Reinhold Co. 1129-1133.

Madariaga, R., 2007. Seismic source theory. In: Kanamori, H.（ed.）, *Earthquake Seismology.* Amsterdam: Elsevier. 59-82.

Madariaga, R., 2011. Earthquakes, source theory. In: Gupta, H. K.（ed.）, *Encyclopedia of Solid Earth Geophysics.* Dordrecht: Springer. 248-252.

Maruyama, T., 1963. On the force equivalents of dynamical elastic dislocations with reference to the earthquake mechanism. *Bull. Earthq. Res. Inst. Tokyo Univ.* **41**: 467-486.

Mikumo, T. and Miyatake, T., 1978. Dynamical rupture process on a three-dimensional fault with non-uniform frictions and near-field seismic waves. *Geophys. J. R. astr. Soc.* **54**: 417-438.

Miyatake, T., 1980a. Numerical simulations of earthquake source process by a three-dimensional crack model. Part 1. Rupture process. *J. Phys. Earth* **28**: 565-598.

Miyatake, T., 1980b. Numerical simulations of earthquake source process by a three-dimensional crack model. Part 2. Seismic waves and spectrum. *J. Phys. Earth* **28**: 599-616.

Palmer, A. C. and Rice, J. R., 1973. The growth of slip surfaces in the progressive failure of over-consolidated clay. *Proc. Roy. Soc. London, Ser. A.* **332**: 527-548.

Richards, P. G., 1973. The dynamic field of a growing plane elliptical shear crack. *Int. J. Solids Strut.* **9**: 843-861.

Richards, P. G., 1976. Dynamic motions near an earthquake fault: a three-dimensional solution. *Bull. Seismol. Soc. Am.* **66**: 1-32.

Rudnicki, J. W. and Kanamori, H., 1981. Effects of fault interaction on moment, stress drop, and strain energy release. *J. Geophys. Res.* **86**: 1785-1793.

Savage, J. C., 1980. Dislocations in seismology. In: Nabarro, F. R. N.（ed.）, *Dislocations in Solids*, Vol. **3**, *Moving Dislocations.* Amsterdam: North-Holland Publishing Company. 251-340.

Scholz, C. H., 2002. *The Mechanics of Earthquakes and Faulting.* 2nd edition. Cambridge: Cambridge University Press. 1-471.

Udías, A., 1999. *Principles of Seismology.* Cambridge: Cambridge University Press. 1-475.

Udías, A., Madariaga, R. and Buforn, E., 2014. *Source Mechanisms of Earthquakes*. Cambridge: Cambridge

University Press. 1-302.

Virieux, J. and Madariage, R., 1982. Dynamic faulting studied by a finite difference method. *Bull. Seismol. Soc. Am.* **72**: 345-369.

Ward, G. N., 1955. *Linearized Theory of Steady High-Speed Flow*. Cambridge: Cambridge University Press.

Yamashita, T., 1976. On the dynamical process of fault motion in the presence of friction and inhomogeneous initial stress. Part I. Rupture propagation. *J. Phys. Earth* **24**: 417-444.

Yoshida, S., 1985. Two dimensional rupture propagation controlled by Irwin's criterion. *J. Phys. Earth* **33**: 1-20.

Костров, Б. В., 1975. *Механика Очага Тектонического Землетрясения*. Москва: Издателвство 《Наука》, АН СССР. 1-176. Б. В. 科斯特罗夫, 1979. 构造地震震源力学. 冯德益, 刘建华, 汤泉译. 北京: 地震出版社. 1-204.

Костров, Б. В., Nикитин, Л. В. и Флитман, Л. М. 1969. Механка хрупкого расзрушения. *Изв АН СССР, Механика Твердого Тела*(3): 112-125.

第十章　非对称地震矩张量

第一节　动态破裂远场辐射的单力偶分量

(一) 地震学基本原理剖析

我们将重新审核地震学文献中的两条基本原理，即远场弹性位移与动态断层面上的滑动速度成正比，以及地震断层上的平面动态滑动与双力偶体力等效. 我们要指出，如果断裂发生于具有一定厚度的断层上，并且向前扩展裂纹的端部附近存在强度弱化区的话，则在与其等效体力中会有一个附加的单力偶项，且在远场位移中也会与向前扩展的强度弱化区内的应力降随时间增加变化率的附加项. 我们还要指出，与单力偶等效的体力并不违背牛顿力学原理，因为单力偶转矩为断层区内的旋转所平衡；于是，裂纹便辐射出转矩波与旋转形变场.

远场弹性位移与动态断层面上的滑动速度成正比(Knopoff and Gilbert, 1960; Haskell, 1964, 1966)，以及地震断层上的动态平面滑动等效于双力偶体力(Knopoff and Gilbert, 1960; Maruyama, 1963; Burridge and Knopoff, 1964)，是地震学文献中的两条基本原理. 头一条原理是用以计算地震事件辐射的地震能量的基础(Knopoff and Gilbert, 1960; Haskell, 1964, 1966; Kostrov, 1970, 1974)，而第二条基本原理是用以计算地震矩的基础(Aki, 1966). 这两条基本原理是彼此直接关联的. 我们要指出，如果破裂发生在具有一定厚度的断层上，并且在向前扩展断层的端部附近存在强度弱化区的话，那么以上两条基本原理都需要做相应的改进.

远场位移与滑动速度成正比的表述与 Kirchhoff 于 1882 年提出的标量波动方程的经典积分似乎是矛盾的(Born and Wolf, 1959, pp.374-377)，这个表述与 Knopoff(1956) 以及 Knopoff 与 Gilbert(1960) 提出的波动方程的经典积分似乎也是矛盾的. 根据这些方程的积分，远场似乎不仅依赖于我们当作弹性破裂的裂纹面 Σ 上场的时间微商的值，而且也依赖于滑动量的空间梯度. 在上述两种情况中，Kirchhoff 的标量波动方程的积分较为浅显易懂. 由包围体积 V 的闭合曲面 Σ 上的源辐射的标量波动方程的解为(Stratton, 1941, p. 427)

$$\psi(\boldsymbol{x},t)=\frac{1}{4\pi}\iint_{\Sigma}\left\{\frac{1}{R}[\nabla\psi]-\frac{1}{R^2}[\psi]\gamma-\frac{1}{cR}[\dot{\psi}]\gamma\right\}\cdot\boldsymbol{n}(\boldsymbol{\xi})\mathrm{d}\sum(\boldsymbol{\xi}),$$

式中，方括号 $f\,[t]$表示时间延迟 R/c，即$[f(t)]=f(t-R/c)$；c 是波速；矢量 $\boldsymbol{R}$ 表示由曲面上的一点 ξ 指向观测点 $\boldsymbol{x}$ 的矢量，$\boldsymbol{R}=\boldsymbol{x}-\boldsymbol{\xi}$，$R=|\boldsymbol{R}|$，而 γ 是沿 $\boldsymbol{R}$ 的单位矢量，$\boldsymbol{\gamma}=\boldsymbol{R}/R$；$\boldsymbol{n}(\boldsymbol{\xi})$ 是曲面的外法线方向. 这个面积分包含了来自体积 V 以外的源的贡献. 如果在 Σ 上 ψ 及其空间梯度与时间微商处处已知，则由 Σ 所包围的体积内所有点的 ψ 值便完全确定(除了不能给这些点任意赋值以外). 在远场，波函数的解仅包含所列的第一项与第三项：

$$\psi(\boldsymbol{x},t)=\frac{1}{4\pi}\iint_{\Sigma}\left\{\frac{1}{R}[\nabla\psi]-\frac{1}{cR}[\dot{\psi}]\gamma\right\}\cdot\boldsymbol{n}(\boldsymbol{\xi})\mathrm{d}\Sigma(\boldsymbol{\xi}).$$

这个公式中的第二项是预料中的、传统的分量，它与曲面上的时间微商成正比．而依赖于曲面上的空间梯度的法向分量的第一项，在迄今处理辐射问题的地震学文献中一直被忽略．

在弹性波情况下，Knopoff 的解[Knopoff，1956，p.223，式(43)]相当复杂，但是也是由与上面述及的那些项相类似的项所构成，为简单起见，此处不予推导．Knopoff 的解包含两类分别以 P 波与 S 波速度延迟的项，其中的每一类又包含两种类型的空间(矢量)微商(散度和旋度)项以及在曲面上的位移的时间导数项．在此，我们不具体写出这些算子，因为它们颇为复杂．Kirchhoff 的标量波动方程的解以及 Knopoff 的弹性(矢量)波动方程的解都是单面情形的解．虽然这些解不是以双面的断层面的情形下显示解的形式给出的，但它们具有相同的本质的特性，那就是，它们的解不仅包含在曲面上的波函数及其对时间的微商，还包含波函数(位移)的矢量的空间微商．在这里我们关注的问题是长期以来一直被忽略的具有两个面的断层面上的空间微商的意义．在下一节中，我们将给出弹性波动方程的一个比较有用的形式的解．

人所熟知的与双力偶等效的力(De Hoop，1958，pp.14-19；Knopoff and Gilbert，1960；Maruyama，1963；Burridge and Knopoff，1964)可由位移的时间微商项的性质直接导出．在这里我们将指出，如果断层区的厚度为零，滑动量的空间导数的贡献在远场的确为零．但是如果断层区具有厚度，并且在向前扩展着的断层端部附近存在强度弱化区的话，则该项不为零．这个迄今被忽略的项有如一个单力偶的辐射．与单力偶等效的体力并不违背牛顿力学原理，因为单力偶的转矩为断层区内的旋转所平衡；于是，裂纹便辐射出转矩波，转矩波是剪切波，在远场表现为辐射的旋转场．

(二) 格林函数

均匀弹性介质中格林函数 G_{ij} 的 Stokes 延迟解(Love，1927，p.305；Aki and Richards，1980，p.73)在远场为

$$4\pi\rho G_{ij}=\frac{\gamma_i\gamma_j}{\alpha^2 R}\delta\left(t-\tau-\frac{R}{\alpha}\right)+\frac{(\delta_{ij}-\gamma_i\gamma_j)}{\beta^2 R}\delta\left(t-\tau-\frac{R}{\beta}\right),\tag{10.1}$$

式中，格林函数 $G_{ij}=(\boldsymbol{x},t;\boldsymbol{\xi},\tau)$ 是 τ 时刻作用在断层面上的点 $Q(\boldsymbol{\xi})$ 沿 i 方向的单位脉冲集中力引起的 t 时刻在远场的点 $P(\boldsymbol{x})$ 处沿 j 方向的位移；ρ 表示介质的密度；α 与 β 分别表示 P 波与 S 波的速度．我们沿用惯例，即格林函数 G_{ij} 第一个下角标 i 表示在源点的集中力的方向，第二个下角标 j 表示在距离 $R=|\boldsymbol{R}|$ 很大时引起的位移的分量；γ_i 表示由源点 $Q(\boldsymbol{\xi})$ 指向观测点 $P(\boldsymbol{x})$ 的矢径 $\boldsymbol{R}=\boldsymbol{x}-\boldsymbol{\xi}$ 的方向余弦(图 10.1)．我们仅限于求解内曲面 Σ 上的滑动在 P 点的弹性波辐射问题．

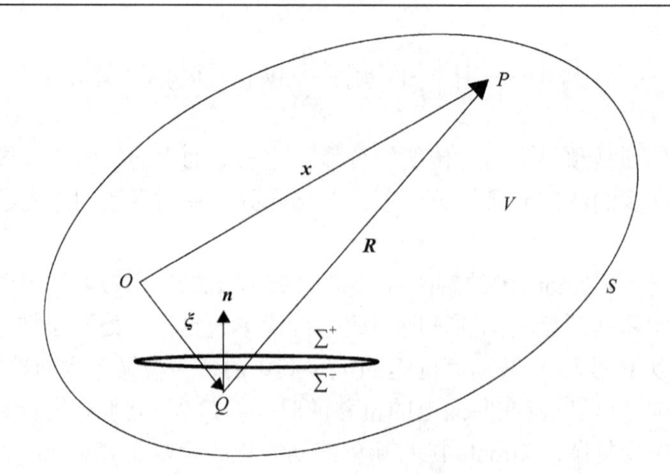

图 10.1　由闭合的外曲面 S 和曲面 Σ 包围的体积为 V 的弹性固体

O 表示坐标原点，$P(\boldsymbol{x})$ 表示体积 V 内的观测点，$Q(\xi)$ 表示面 Σ 上的滑动元，$n_k(\xi)$ 表示曲面 Σ 的外法向，内曲面 Σ 由两相邻的叶 Σ^+ 和 Σ^- 组成

由式(10.1)可得应力格林函数 σ_{ijk} 为

$$\sigma_{ijk} = \lambda\delta_{jk}G_{im,m} + \mu(G_{ij,k} + G_{ik,j}),$$

式中，λ 与 μ 是拉梅(Lamé)弹性参量．在式中省略了 σ_{ijk} 和 G_{ij} 中的宗量．由式(10.1)可得

$$4\pi\rho\sigma_{ijk}(\boldsymbol{x},t;\boldsymbol{\xi},\tau) = -\frac{\gamma_i(\lambda\delta_{jk}+2\mu\gamma_j\gamma_k)}{\alpha^3 R}\dot{\delta}\left(t-\tau-\frac{R}{\alpha}\right) - \frac{\mu(\psi_{ij}\gamma_k+\psi_{ik}\gamma_j)}{\beta^3 R}\dot{\delta}\left(t-\tau-\frac{R}{\beta}\right), \tag{10.2}$$

式中，$\psi_{ij} = \delta_{ij} - \gamma_i\gamma_j$ 表示旋转算子，我们运用 $\gamma_m\gamma_m = 1$ 和 $\psi_{im}\gamma_m = 0$，并且我们只对式(10.1)中的第二个下角标求导数．

(三)波动方程的积分

我们仅考虑内曲面 Σ 上的源．在没有体力的情况下，弹性波动方程为

$$\tau_{jk,k} - \rho\ddot{u}_j = 0. \tag{10.3}$$

我们在由极其大的外曲面 S 与断层区即内曲面的两个曲面之间的区域 V 内来求解方程(10.3)．S 足够远意味着在 Σ 上产生的运动在影响到 P 点的场时尚未到达 S 面(图10.1)．为解方程(10.3)以求得断层上的滑动量，我们令 Σ 具有相距很近的两叶 Σ^+ 与 Σ^-．以下，我们将允许 Σ^+ 与 Σ^- 之间存在一段很小但有限的距离．

在式(10.1)中的格林函数 G_{ij}=$(\boldsymbol{x}, t; \boldsymbol{\xi}, \tau)$ 满足：

$$\sigma_{ijk,k} - \rho\ddot{G}_{ij} = -\delta_{ij}\delta(\boldsymbol{x}-\boldsymbol{\xi})\delta(t-\tau), \tag{10.4}$$

式中，我们省略不写 σ_{ijk} 与 G_{ij} 的空间与时间宗量；$\sigma_{ijk} = \sigma_{ijk}\ (\boldsymbol{x}, t; \boldsymbol{\xi}, \tau)$ 表示式(10.2)中应力张量格林函数．按惯用方法，将式(10.3)乘以来自式(10.1)的 G_{ij}=$(\boldsymbol{x}, t; \boldsymbol{\xi}, \tau)$，式(10.4)乘以 $u_j(\boldsymbol{\xi}, \tau)$，然后相减．从而，

$$(\tau_{jk,k}G_{ij}-u_j\sigma_{ijk,k})-\rho(\ddot{u}_jG_{ij}-u_j\ddot{G}_{ij})=u_i\delta(\boldsymbol{x}-\boldsymbol{\xi})\delta(t-\tau)\,. \tag{10.5}$$

在体积 $V(\xi)$ 以及 $-\infty<\tau<+\infty$ 内对式(10.5)进行积分，并应用高斯定理，我们得：

$$u_i(\boldsymbol{x},t)=\int_{-\infty}^{+\infty}\mathrm{d}\tau\iint_{\Sigma}(u_j\sigma_{ijk}+\tau_{jk}G_{ij})n_k\mathrm{d}\Sigma(\boldsymbol{\xi})\,, \tag{10.6}$$

式中，被积函数中的 $u_j=u_j(\boldsymbol{\xi},\tau),\tau_{jk}=\tau_{jk}(\boldsymbol{\xi},\tau),n_k=n_k(\boldsymbol{\xi})$．式(10.6)就是面源的表示定理，也是本节其余部分的出发点.

(四)通常涉及的问题

我们考虑式(10.6)中的第一个积分：

$$u_i(\boldsymbol{x},t)=\int_{-\infty}^{+\infty}\mathrm{d}\tau\iint_{\Sigma}u_j\sigma_{ijk}n_k\mathrm{d}\Sigma(\boldsymbol{\xi})\,. \tag{10.7}$$

我们把式(10.2)的应力张量格林函数 σ_{ijk} 代入式(10.7)，从而得到在 P 点的位移为

$$u_i(\boldsymbol{x},t)=-\iint_{\Sigma}\frac{\gamma_i(\lambda\delta_{jk}+2\mu\gamma_j\gamma_k)n_k}{4\pi\rho\alpha^3R}\frac{\partial u_j\left(\boldsymbol{\xi},t-\dfrac{R}{\alpha}\right)}{\partial t}\mathrm{d}\Sigma(\boldsymbol{\xi})$$

$$-\iint_{\Sigma}\frac{\mu(\psi_{ij}\gamma_k+\psi_{ik}\gamma_j)n_k}{4\pi\rho\beta^3R}\frac{\partial u_j\left(\boldsymbol{\xi},t-\dfrac{R}{\beta}\right)}{\partial t}\mathrm{d}\Sigma(\boldsymbol{\xi}), \tag{10.8}$$

在推导上式时，我们运用了下列恒等式：

$$\int_{-\infty}^{+\infty}u(\tau)\dot{\delta}\left(t-\tau-\frac{R}{\alpha}\right)\mathrm{d}\tau=\dot{u}\left(t-\frac{R}{\alpha}\right).$$

很容易可以看出，式(10.8)中的两项包含易于辨识出的 P 波和 S 波的时间延迟．我们将分别考虑它们.

令 Σ^+ 与 Σ^- 两叶分开很小的一段距离 ΔW．不难得到：

$$\gamma_i^+\approx\gamma_i^-\left\{1+O\left(\frac{\Delta W}{R}\right)\right\},\qquad \frac{1}{R^+}\approx\frac{1}{R^-}\left\{1+O\left(\frac{\Delta W}{R}\right)\right\},$$

式中，R^+表示(上)曲面 Σ^+上的一点 ξ^+与观测点 $\boldsymbol{x}$ 之间的距离，R^-表示(下)曲面 Σ^-上的一点 ξ^-的相同的量．如果忽略 $\Delta W/R$ 中所有高于零阶的项，且注意到两个法向指向相反的方向 $n_k^+=-n_k^-$，我们有

$$u_i^P(\boldsymbol{x},t)=\iint_{\Sigma}\frac{\gamma_i(\lambda\delta_{jk}+2\mu\gamma_j\gamma_k)n_k}{4\pi\rho\alpha^3R}\frac{\partial\left\langle u_j\left(\boldsymbol{\xi},t-\dfrac{R}{\alpha}\right)\right\rangle}{\partial t}\mathrm{d}\Sigma(\boldsymbol{\xi}),$$

$$u_i^S(\boldsymbol{x},t)=\iint_{\Sigma}\frac{\mu(\psi_{ij}\gamma_k+\psi_{ik}\gamma_j)n_k}{4\pi\rho\beta^3 R}\frac{\partial\left\langle u_j\left(\boldsymbol{\xi},t-\dfrac{R}{\beta}\right)\right\rangle}{\partial t}\mathrm{d}\Sigma(\boldsymbol{\xi}),$$

式中，我们仅对两个曲面中的一个曲面 Σ^- 积分并省略其上角标，而且用 $\langle u_j\rangle$ 表示括弧中的量在断层区两边的差．令

$$\left\langle u_j\left(\boldsymbol{\xi},t-\frac{R}{c}\right)\right\rangle=e_j\left\langle u\left(\boldsymbol{\xi},t-\frac{R}{c}\right)\right\rangle,$$

式中，e_j 表示滑动方向的单位矢量，而 $\langle u\rangle$ 是通过断层时 $u\left(\boldsymbol{\xi},t-\dfrac{R}{c}\right)$ 的变化量，

$$\left\langle u\left(\boldsymbol{\xi},t-\frac{R}{c}\right)\right\rangle=u\left(\boldsymbol{\xi}^+,t-\frac{R^+}{c}\right)-u\left(\boldsymbol{\xi}^-,t-\frac{R^-}{c}\right).$$

因此，

$$u_i^P(\boldsymbol{x},t)=\iint_{\Sigma}\frac{\gamma_i(\lambda\delta_{jk}+2\mu\gamma_j\gamma_k)n_k e_j}{4\pi\rho\alpha^3 R}\frac{\partial\left\langle u\left(\boldsymbol{\xi},t-\dfrac{R}{\alpha}\right)\right\rangle}{\partial t}\mathrm{d}\Sigma(\boldsymbol{\xi}),\tag{10.9-1}$$

$$u_i^S(\boldsymbol{x},t)=\iint_{\Sigma}\frac{\mu(\psi_{ij}\gamma_k+\psi_{ik}\gamma_j)n_k e_j}{4\pi\rho\beta^3 R}\frac{\partial\left\langle u\left(\boldsymbol{\xi},t-\dfrac{R}{\beta}\right)\right\rangle}{\partial t}\mathrm{d}\Sigma(\boldsymbol{\xi}).\tag{10.9-2}$$

易于证明，

$$\left\langle u\left(\boldsymbol{\xi},t-\frac{R}{c}\right)\right\rangle\approx\Delta u\left(\boldsymbol{\xi}^-,t-\frac{R^-}{c}\right)+\frac{\partial u\left(\boldsymbol{\xi}^-,t-\dfrac{R^-}{c}\right)}{\partial t}\frac{\gamma_k^- n_k^-}{c}\Delta W\left\{1+O\left(\frac{\Delta W}{cT_s}\right)\right\},\tag{10.10}$$

式中，

$$\Delta u\left(\boldsymbol{\xi}^-,t-\frac{R^-}{c}\right)=u\left(\boldsymbol{\xi}^+,t-\frac{R^-}{c}\right)-u\left(\boldsymbol{\xi}^-,t-\frac{R^-}{c}\right),$$

表示在同一时刻 $t-R^-/c$ 断层两侧位移 $u(\xi,\ t-R^-/c)$ 通常的变化量，而 T_s 是上升时间，$c=\alpha$ 或 β.

必须指出，位错

$$\Delta u\left(\boldsymbol{\xi}^-,t-\frac{R^-}{c}\right)\approx D,$$

且滑动速度 $\partial u(\boldsymbol{\xi}^-,t-R^-/c)/\partial t$ 与最终滑动量 D 通过

$$\frac{\partial u\left(\boldsymbol{\xi}^-,t-\dfrac{R^-}{c}\right)}{\partial t}\approx\frac{D/2}{T_s}$$

联系．于是，

$$\left\langle u\left(\boldsymbol{\xi},t-\frac{R}{c}\right)\right\rangle \approx \Delta u\left(\boldsymbol{\xi}^{-},t-\frac{R^{-}}{c}\right)\left[1+O\left(\frac{\Delta W}{cT_s}\right)\right], \tag{10.11}$$

因为对于平面滑动来说，滑动方向 e_j 与断层面法向 n_k 垂直，即 n_ke_k=0，因此，对于平面滑动情形，式(10.9)变为

$$u_i^P(\boldsymbol{x},t)=\iint_{\Sigma}\frac{\beta^2\gamma_i\gamma_je_j\gamma_kn_k}{2\pi\alpha^3R}\frac{\partial\Delta u\left(\boldsymbol{\xi},t-\dfrac{R}{\alpha}\right)}{\partial t}\mathrm{d}\Sigma(\boldsymbol{\xi}), \tag{10.12-1}$$

$$u_i^S(\boldsymbol{x},t)=\iint_{\Sigma}\frac{(\psi_{ij}\gamma_k+\psi_{ik}\gamma_j)n_ke_j}{4\pi\beta R}\frac{\partial\Delta u\left(\boldsymbol{\xi},t-\dfrac{R}{\beta}\right)}{\partial t}\mathrm{d}\Sigma(\boldsymbol{\xi}). \tag{10.12-2}$$

如果 $\Delta W/R<<1$ 且 $\Delta W/cT_s<<1$，则式(10.12)对断层具有有限厚度 ΔW 情况成立，这里 $c=\alpha$ 或 β．在形式上，式(10.12)与 Aki 和 Richards(1980, p.802)就断层厚度为零情形得出的式(14.6)一致．根据关系式 $\boldsymbol{\gamma}\times\boldsymbol{\gamma}=0$ 及正交条件 $\gamma_i\psi_{ij}=0$，我们可以得出 u_i^P 与 u_i^S 分别在径向与横向偏振．且式(10.12-1)中的辐射图型 $\gamma_je_j\gamma_kn_k$ 是预期的 P 波辐射图型的双力偶结果．

对于沿 x_1 方向滑动而曲面 Σ 上的法向沿 x_3 方向的情形，在以震源为中心的极坐标系 (R,θ,ϕ) 中，

$$\boldsymbol{e}=(1,0,0),\quad \boldsymbol{n}=(0,0,1),$$
$$\boldsymbol{\gamma}=(\sin\theta\cos\phi,\ \sin\theta\sin\phi,\ \cos\theta),$$

式中，θ 从 x_3 方向起算并且以 (x_1,x_3) 平面为 $\phi=0$ 的平面．从而，

$$u_R^P(\boldsymbol{x},t)=\iint_{\Sigma}\frac{\beta^2\sin2\theta\cos\phi}{4\pi\alpha^3R}\frac{\partial\Delta u\left(\boldsymbol{\xi},t-\dfrac{R}{\alpha}\right)}{\partial t}\mathrm{d}\Sigma(\boldsymbol{\xi}). \tag{10.13-1}$$

我们也计算 S 波项的幅度．沿 θ 向与 ϕ 向的 S 波项为

$$u_\theta^P(\boldsymbol{x},t)=\iint_{\Sigma}\frac{\cos2\theta\cos\phi}{4\pi\beta R}\frac{\partial\Delta u\left(\boldsymbol{\xi},t-\dfrac{R}{\beta}\right)}{\partial t}\mathrm{d}\Sigma(\boldsymbol{\xi}), \tag{10.13-2}$$

$$u_\theta^S(\boldsymbol{x},t)=\iint_{\Sigma}\frac{\cos\theta\sin\phi}{4\pi\beta R}\frac{\partial\Delta u\left(\boldsymbol{\xi},t-\dfrac{R}{\beta}\right)}{\partial t}\mathrm{d}\Sigma(\boldsymbol{\xi}). \tag{10.13-3}$$

在 (x_1,x_3) 平面内 $u_\phi^S=0$，u_θ^S 是预期的、双力偶情形下 P 的辐射图型经 45° 旋转后的四象限分布．

这就是我们对于通常涉及的项的处理结果．无论是否考察强度弱化区，这部分结果，

即与双力偶等效的力都成立，因为式(10.6)中的第一项与应力无关. 在这种情形下，远场辐射与断层上的滑动速率成正比，而且这是标准的结果. 除了角偏振系数以外，P 波与 S 波项的振幅之比为$(\beta/\alpha)^3$.

(五)强度弱化区

我们转向式(10.6)积分中的第二项. 正如前面所说，如果$\langle\tau_{jk}(\boldsymbol{\xi},\tau)\rangle=\tau_{jk}(\boldsymbol{\xi}^+,\tau)-\tau_{jk}(\boldsymbol{\xi}^-,\tau)=0$，该项就为零. 在这种情况下，解只有一项，即上一节所述的传统的双力偶. 然而，在强度弱化区(比如在前进的破裂边缘附近)，应力依赖于时间且不等于零，因为，在强度弱化区边缘的应力降必定在临界剪切应力降与最终应力降之间变化(图10.2). $\tau_{jk}n_k$项是施加于断层面两叶上的拉力，它们方向相反且都不为零. 因此，来自破裂起始点以及来自裂纹前缘裂纹演化产生的辐射必定有一个依赖于这些区域内的应力的分量. 这个数学问题比上一节的数学问题还简单.

在这个问题中，我们从式(10.6)中的

$$u_i(\boldsymbol{x},t)=\int_{-\infty}^{+\infty}\mathrm{d}\tau\iint_{\sum_\varepsilon}\tau_{jk}G_{ij}n_k\mathrm{d}\sum(\boldsymbol{\xi})\tag{10.14}$$

开始，式中，$\sum_\varepsilon$表示强度弱化区的表面. 由式(10.1)可得

$$u_i(\boldsymbol{x},t)=\int_{-\infty}^{+\infty}\mathrm{d}\tau\iint_{\sum_\varepsilon}\left\{\frac{\gamma_i\gamma_j}{4\pi\rho\alpha^2R}\delta\left(t-\tau-\frac{R}{\alpha}\right)+\frac{(\delta_{ij}-\gamma_i\gamma_j)}{4\pi\rho\beta^2R}\delta\left(t-\tau-\frac{R}{\beta}\right)\right\}\tau_{jk}(\boldsymbol{\xi},\tau)n_k\mathrm{d}\sum(\boldsymbol{\xi}),$$

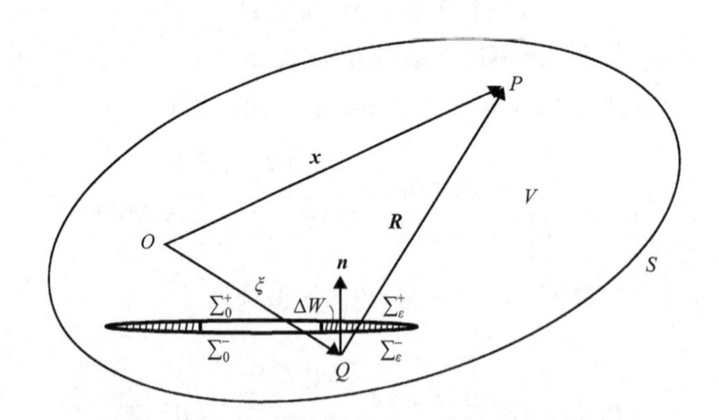

图 10.2 由外曲面S和内曲面$\Sigma=\Sigma_0+\Sigma_\varepsilon$包围的体积为$V$的弹性固体

内曲面由位错面$\sum_0=\sum_0^++\sum_0^-$和强度弱化区(浅灰色区)的曲面$\sum_\varepsilon=\sum_\varepsilon^++\sum_\varepsilon^-$构成. ΔW表示强度弱化区的厚度，O表示坐标原点，$P(\boldsymbol{x})$为V内的观测点，$Q(\xi)$表示Σ_ε上的滑动单元，$\boldsymbol{n}(\xi)$表示曲面Σ的外法向

跟以前一样，P 波在径向偏振，而 S 波偏振方向与 P 波的正交. 这两项为

$$u_i^P(\boldsymbol{x},t)=\iint_{\sum_\varepsilon}\frac{\gamma_i\gamma_j}{4\pi\rho\alpha^2R}\tau_{jk}\left(\boldsymbol{\xi},t-\frac{R}{\alpha}\right)n_k\mathrm{d}\sum(\boldsymbol{\xi}),\tag{10.15-1}$$

$$u_i^S(\boldsymbol{x},t)=\iint\limits_{\Sigma_\varepsilon}\frac{(\delta_{ij}-\gamma_i\gamma_j)}{4\pi\rho\beta^2R}\tau_{jk}\left(\boldsymbol{\xi},t-\frac{R}{\beta}\right)n_k\mathrm{d}\Sigma(\boldsymbol{\xi}). \tag{10.15-2}$$

令 $\tau_{jk}(\boldsymbol{\xi},t)n_k=e_jT(\boldsymbol{\xi},t)$，式中 $e_jT(\boldsymbol{\xi},t)$ 表示作用在外法向为 n_k 的面元 $\mathrm{d}\Sigma$ 上的拉力，e_j 表示拉力方向的单位矢量，则

$$u_i^P(\boldsymbol{x},t)=\iint\limits_{\Sigma_\varepsilon}\frac{\gamma_i\gamma_je_j}{4\pi\rho\alpha^2R}T\left(\boldsymbol{\xi},t-\frac{R}{\alpha}\right)\mathrm{d}\Sigma(\boldsymbol{\xi}), \tag{10.16-1}$$

$$u_i^S(\boldsymbol{x},t)=\iint\limits_{\Sigma_\varepsilon}\frac{(\delta_{ij}-\gamma_i\gamma_j)e_j}{4\pi\rho\beta^2R}T\left(\boldsymbol{\xi},t-\frac{R}{\beta}\right)\mathrm{d}\Sigma(\boldsymbol{\xi}). \tag{10.16-2}$$

采用前面刚述及的条件，即 $\boldsymbol{e}=(1,0,0)$，$\boldsymbol{n}=(0,0,1)$，$\gamma=(\sin\theta\cos\phi,\sin\theta\sin\phi,\cos\theta)$，我们可得出 P 波项为

$$u_R^P(\boldsymbol{x},t)=\iint\limits_{\Sigma_\varepsilon}\frac{\sin\theta\cos\phi}{4\pi\rho\alpha^2R}T\left(\boldsymbol{\xi},t-\frac{R}{\alpha}\right)\mathrm{d}\Sigma(\boldsymbol{\xi}), \tag{10.17-1}$$

S 波项为

$$u_\theta^S(\boldsymbol{x},t)=\iint\limits_{\Sigma_\varepsilon}\frac{\cos\theta\cos\phi}{4\pi\rho\beta^2R}T\left(\boldsymbol{\xi},t-\frac{R}{\beta}\right)\mathrm{d}\Sigma(\boldsymbol{\xi}), \tag{10.17-2}$$

$$u_\phi^S(\boldsymbol{x},t)=-\iint\limits_{\Sigma_\varepsilon}\frac{\sin\phi}{4\pi\rho\beta^2R}T\left(\boldsymbol{\xi},t-\frac{R}{\beta}\right)\mathrm{d}\Sigma(\boldsymbol{\xi}). \tag{10.17-3}$$

这些积分中的被积函数表示的是来自沿 x_1 方向的点力引起的辐射.

在式(10.15)中，如果我们考虑来自内曲面 $\Sigma_\varepsilon=\Sigma_\varepsilon^++\Sigma_\varepsilon^-$ 的贡献，那么点源指向相反的方向，于是我们便得到一个指向 e_j 方向的矢量点源加上一对隔开的距离等于断层厚度的指向相反的力. 这是一个旋转轴方向为 $\boldsymbol{e}\times\boldsymbol{n}$ 方向的扭矩即单力偶.

同前，令 $\tau_{jk}(\boldsymbol{\xi},\tau)n_k=e_jT(\boldsymbol{\xi},t)$ 和 $n_k^+=-n_k^-$. 由式(10.15)我们可得，当 $\Delta W/R<<1$ 时，

$$u_i^P(\boldsymbol{x},t)=-\iint\limits_{\Sigma_\varepsilon}\frac{\gamma_i\gamma_je_j}{4\pi\rho\alpha^2R}\left\langle T\left(\boldsymbol{\xi},t-\frac{R}{\alpha}\right)\right\rangle\mathrm{d}\Sigma(\boldsymbol{\xi}), \tag{10.18-1}$$

$$u_i^S(\boldsymbol{x},t)=-\iint\limits_{\Sigma_\varepsilon}\frac{(\delta_{ij}-\gamma_i\gamma_j)e_j}{4\pi\rho\beta^2R}\left\langle T\left(\boldsymbol{\xi},t-\frac{R}{\beta}\right)\right\rangle\mathrm{d}\Sigma(\boldsymbol{\xi}), \tag{10.18-2}$$

式中，我们仅对曲面 Σ_ε 的下叶 Σ_ε^- 做积分，并省略上角标. 在式(10.18)中 $\langle T(\boldsymbol{\xi},t-R/c)\rangle$ 表示厚度为ΔW 的断层区两侧拉力 $T(\boldsymbol{\xi},t-R/c)$ 的跃变，即

$$\left\langle T\left(\boldsymbol{\xi},t-\frac{R}{c}\right)\right\rangle=T\left(\boldsymbol{\xi}^+,t-\frac{R^+}{c}\right)-T\left(\boldsymbol{\xi}^-,t-\frac{R^-}{c}\right).$$

容易指出，

$$\left\langle T\left(\boldsymbol{\xi},t-\frac{R}{c}\right)\right\rangle \approx \Delta T\left(\boldsymbol{\xi}^{-},t-\frac{R^{-}}{c}\right)+\frac{\partial T\left(\boldsymbol{\xi}^{-},t-\frac{R^{-}}{c}\right)}{\partial t}\frac{\gamma_k^{-}n_k^{-}}{c}\Delta W\left\{1+O\left(\frac{\Delta W}{cT_s'}\right)\right\}, \tag{10.19}$$

式中，

$$\Delta T\left(\boldsymbol{\xi}^{-},t-\frac{R^{-}}{c}\right)=T\left(\boldsymbol{\xi}^{+},t-\frac{R^{-}}{c}\right)-T\left(\boldsymbol{\xi}^{-},t-\frac{R^{-}}{c}\right)$$

表示应力错，而T_s'为应力变化的特征时间，$c=\alpha$或β.

虽然式(10.10)与式(10.19)在形式上相似，但两者在本质上却不相同．式(10.10)中的$\Delta u(\boldsymbol{\xi}^{-}, t-R^{-}/c)$与$\partial u(\boldsymbol{\xi}^{-}, t-R^{-}/c)/\partial t$之间由于$\Delta u(\boldsymbol{\xi}^{-}, t-R^{-}/c)\approx D$，以及$\partial u(\boldsymbol{\xi}^{-}, t-R^{-}/c)/\partial t\approx D/2T_s$而互相关联；而与式(10.10)不同，在式(10.19)中，$\Delta T(\boldsymbol{\xi}^{-}, t-R^{-}/c)$是应力错动，而$\partial T(\boldsymbol{\xi}^{-}, t-R^{-}/c)/\partial t$是应力的时间变化率；后面这些量并不像前述位错情况下的相应的量那样互相关联．应力错动$\Delta T(\boldsymbol{\xi}^{-}, t-R^{-}/c)$可能为零也可能为某个有限的量，不论断层厚度为零还是某个有限的值．不存在与$\Delta u(\boldsymbol{\xi}^{-}, t-R^{-}/c)\approx D$和$\partial u(\boldsymbol{\xi}^{-}, t-R^{-}/c)/\partial t\approx D/2T_s$类似的关系式把应力错$\Delta T(\boldsymbol{\xi}^{-}, t-R^{-}/c)$与应力的时间变化率$\partial T(\boldsymbol{\xi}^{-}, t-R^{-}/c)/\partial t$ 联系起来.

在$\Delta W<<1$，$\Delta W/cT_s<<1$以及$\Delta W/cT_s'<<1$(这里，$c=\alpha$或β)的情况下，我们有

$$\left\langle u\left(\boldsymbol{\xi},t-\frac{R}{c}\right)\right\rangle \approx \Delta u\left(\boldsymbol{\xi}^{-},t-\frac{R^{-}}{c}\right), \tag{10.20}$$

以及

$$\left\langle T\left(\boldsymbol{\xi},t-\frac{R}{c}\right)\right\rangle \approx \Delta T\left(\boldsymbol{\xi}^{-},t-\frac{R^{-}}{c}\right)+\frac{\partial T\left(\boldsymbol{\xi}^{-},t-\frac{R^{-}}{c}\right)}{\partial t}\frac{\gamma_k^{-}n_k^{-}}{c}\Delta W . \tag{10.21}$$

与式(10.10)中右边第二项不同，在$\Delta W/R<<1$，$\Delta W/cT_s<<1$以及$\Delta W/cT_s'<<1$的情形下，式(10.21)中右边第二项不可忽略．出现这一差异的原因是，如果横跨断层区的应力降是连续的，则式(10.21)中的第一项可能为零，而式(10.10)中的第一项是非零的，并且即使在$\Delta W\to 0$的情况下也保持非零.

式(10.21)中的右边第一项对通常涉及的应力错情形下解的贡献为

$$u_i^P(\boldsymbol{x},t)=-\iint_{\Sigma_\varepsilon}\frac{\gamma_i\gamma_j e_j}{4\pi\rho\alpha^2 R}\Delta T\left(\boldsymbol{\xi},t-\frac{R}{\alpha}\right)\mathrm{d}\Sigma(\boldsymbol{\xi}), \tag{10.22-1}$$

$$u_i^S(\boldsymbol{x},t)=-\iint_{\Sigma_\varepsilon}\frac{(\delta_{ij}-\gamma_i\gamma_j)e_j}{4\pi\rho\beta^2 R}\Delta T\left(\boldsymbol{\xi},t-\frac{R}{\beta}\right)\mathrm{d}\Sigma(\boldsymbol{\xi}). \tag{10.22-2}$$

与式(10.16)类似，上式表示作用于e_j方向的、强度为$-\Delta T$的点力源引起的辐射．如果作用在Σ_ε上的拉力连续，则对应于应力错的解为零.

式(10.21)中的右边第二项为隔开的距离等于断层厚度、方向相反的、依赖于时间的

两个力构成的单力偶的解，并且即使在横跨断层的拉力是连续的情况下该项也不为零：

$$u_i^P(\boldsymbol{x},t)=-\iint_{\Sigma_\varepsilon}\frac{\gamma_i\gamma_j e_j\gamma_k n_k}{4\pi\rho\alpha^3 R}\Delta W\frac{\partial T\left(\boldsymbol{\xi},t-\dfrac{R}{\alpha}\right)}{\partial t}\mathrm{d}\Sigma(\boldsymbol{\xi}), \tag{10.23-1}$$

$$u_i^S(\boldsymbol{x},t)=-\iint_{\Sigma_\varepsilon}\frac{(\delta_{ij}-\gamma_i\gamma_j)e_j\gamma_k n_k}{4\pi\rho\beta^2 R}\Delta W\frac{\partial T\left(\boldsymbol{\xi},t-\dfrac{R}{\beta}\right)}{\partial t}\mathrm{d}\Sigma(\boldsymbol{\xi}). \tag{10.23-2}$$

式中，ΔW 是断层强度弱化区的厚度；$-\partial T/\partial t$ 是应力降增加的时间变化率，而且这个积分仅对强度弱化区的下曲面叶进行．与式(10.12)类似，式(10.23)成立的条件也是 $\Delta W/R<<1$，$\Delta W/cT_s<<1$ 以及 $\Delta W/cT_s'<<1$，这里 $c=\alpha$ 或 β.

在如前所述的坐标系中，即 $\boldsymbol{e}=(1,0,0)$，$\boldsymbol{n}=(0,0,1)$，$\boldsymbol{\gamma}=(\sin\theta\cos\phi,\sin\theta\sin\phi,\cos\theta)$，P 波项为

$$u_R^P(\boldsymbol{x},t)=-\iint_{\Sigma_\varepsilon}\frac{\sin 2\theta\cos\phi}{8\pi\alpha^3 R}\Delta W\frac{\partial\Delta T\left(\boldsymbol{\xi},t-\dfrac{R}{\alpha}\right)}{\partial t}\mathrm{d}\Sigma(\boldsymbol{\xi}), \tag{10.24-1}$$

在 θ 与 ϕ 方向的 S 波项分别为

$$u_\theta^S(\boldsymbol{x},t)=-\iint_{\Sigma_\varepsilon}\frac{\cos^2\theta\cos\phi}{4\pi\beta^3 R}\Delta W\frac{\partial T\left(\boldsymbol{\xi},t-\dfrac{R}{\beta}\right)}{\partial t}\mathrm{d}\Sigma(\boldsymbol{\xi}), \tag{10.24-2}$$

$$u_\phi^S(\boldsymbol{x},t)=\iint_{\Sigma_\varepsilon}\frac{\cos\theta\sin\phi}{4\pi\rho\beta^3 R}\Delta W\frac{\partial T\left(\boldsymbol{\xi},t-\dfrac{R}{\beta}\right)}{\partial t}\mathrm{d}\Sigma(\boldsymbol{\xi}). \tag{10.24-3}$$

上式表示依赖于时间的作用力沿 $\pm x_1$ 方向、力臂沿 x_3 方向的单力偶引起的辐射．这个解对应于依赖于时间的单力偶，与 Knopoff 和 Gilbert(1960)就具有一定厚度的断层且横跨断层具有应力降的情形给出的结果是一致的.

来自强度弱化区的辐射解依赖于应力降的变化率．比较式(10.12)与式(10.23)，或式(10.13)与式(10.24)可以看出：来自强度弱化区的单元引起的辐射表示式等效于有矩单力偶引起的辐射的表示式；而来自滑动单元的辐射等效于来自无矩双力偶的辐射．两者符号相反，说明来自强度弱化区的辐射是由强度弱化区内部的应力变化(降低)引起的，它与破裂前应力降增加的方向相反；而来自完全破裂的裂纹的辐射是弱化区破裂以及位错增加的结果.

(六)转矩波

转矩波的辐射是相对位移引起的变形场的一部分．考虑发生位移 $\boldsymbol{u}(\boldsymbol{x})$ 的一个固体材料单元．令初始位置位于 $\boldsymbol{x}$ 的质点移动到 $\boldsymbol{x}+\boldsymbol{u}(\boldsymbol{x})$ 的位置，则在 $\boldsymbol{x}+\delta\boldsymbol{x}$ 处的位移为：

$$u_i(\boldsymbol{x}+\delta\boldsymbol{x}) \approx u_i(\boldsymbol{x})+\frac{\partial u_i(\boldsymbol{x})}{\partial x_j}\delta x_j , \tag{10.25}$$

式中，$\delta\boldsymbol{x}$ 表示无限小量，且偏导数取位于 $\boldsymbol{x}$ 处的值．通过对式(10.25)加减 $1/2\left(\partial u_j(\boldsymbol{x})/\partial x_i\right)\delta x_j$，在 $\boldsymbol{x}+\delta\boldsymbol{x}$ 处的位移可以分为三部分：

$$u_i(\boldsymbol{x}+\delta\boldsymbol{x}) \approx u_i(\boldsymbol{x})+e_{ij}\delta x_j-\omega_{ij}\delta x_j , \tag{10.26}$$

式中，e_{ij} 表示对称的应变张量，ω_{ij} 表示反对称的旋转张量：

$$e_{ij}=\frac{1}{2}\left(\frac{\partial u_j}{\partial x_i}+\frac{\partial u_j}{\partial x_j}\right), \qquad \omega_{ij}=\frac{1}{2}\left(\frac{\partial u_j}{\partial x_i}-\frac{\partial u_j}{\partial x_j}\right).$$

旋转张量可以写为

$$-\omega_{ij}\delta x_j=(\boldsymbol{\Omega}\times\delta\boldsymbol{x})_i , \tag{10.27-1}$$

$$\boldsymbol{\Omega}=\frac{1}{2}\nabla\times\boldsymbol{u} , \tag{10.27-2}$$

式中，$\boldsymbol{\Omega}$即旋转矢量．

均匀弹性介质中的弹性波动方程为

$$(\lambda+2\mu)\nabla(\nabla\cdot\boldsymbol{u})-\mu\nabla\times(\nabla\times\boldsymbol{u})=\rho\ddot{\boldsymbol{u}}-f, \tag{10.28}$$

式(10.6)即该方程的解．对方程(10.28)两边取旋度，可得

$$\mu\nabla^2\boldsymbol{\Omega}=\rho\ddot{\boldsymbol{\Omega}}-\frac{1}{2}\nabla\times f.$$

因此，旋转是 S 波，而且可以预料并且由式(10.27-2)可知它不仅垂直于运动的 P 波分量，也垂直于运动的 S 波分量．

式(10.26)表明，在弹性固体中，$\boldsymbol{x}$ 附近的变形由三部分组成，第一部分由式(10.26)中的第一项 $u_i(\boldsymbol{x})$ 决定，它等于 $\boldsymbol{x}$ 处的位移，从而对应于 $\boldsymbol{x}$ 附近物质的纯平动，既不产生变形也不产生旋转．第二部分由 e_{ij} 项表示的是真正来源于该体积内的差异运动引起的弹性畸变．第三部分由 $\boldsymbol{\Omega}$ 项表示，对应于包含点 $\boldsymbol{x}$ 在内的小体积元围绕平行于 $\boldsymbol{\Omega}$ 的旋转轴的纯旋转．这是一种局部的旋转，不要把它与整个固体的刚性旋转相混淆，因为整个固体的刚性旋转从一开始就已经从 $\boldsymbol{u}$ 中分离出来；也不要把它与微观旋转运动相混淆，因为在微观旋转运动情形中，一个典型质点不仅被当作是一个物质点而且还被当作是一个无限小的刚体(Nowacki, 1986, p.9)．

在平面滑动情形下，式(10.12-1)中的远场项的 $u_i^P(\boldsymbol{x},t)$ 是无旋的，对旋转运动没有贡献，而式(10.12-2)中的 $u_i^S(\boldsymbol{x},t)$ 是有旋的，对旋转波即扭矩波的贡献为

$$\Omega_i(\boldsymbol{x},t)=-\iint_{\Sigma}\frac{\varepsilon_{ikl}\gamma_j\gamma_k(n_je_l+e_jn_l)}{8\pi\beta^2R}\frac{\partial^2\Delta u\left(\boldsymbol{\xi},t-\dfrac{R}{\beta}\right)}{\partial t^2}\mathrm{d}\Sigma(\boldsymbol{\xi}) , \tag{10.29}$$

式中，ε_{ikl} 即通常使用的置换符号．

根据式(10.29)，平面滑动情形下的远场旋转波即扭矩波依赖于断层上的滑动加速

度．依据正交条件$\gamma_i\Omega_i=0$以及式(10.29)，我们可以得到，旋转与 P 波运动$u_i^P(\boldsymbol{x},t)$以及 S 波运动$u_i^S(\boldsymbol{x},t)$正交，并以 S 波速度传播．

在如前所述的坐标系中，即$\boldsymbol{e}$=(1, 0, 0)，$\boldsymbol{n}$=(0, 0, 1)，$\boldsymbol{\gamma}$=(sinθcosϕ, sinθsinϕ, cosθ)，双力偶源引起的旋转波即扭矩波为

$$\Omega_R(\boldsymbol{x},t)=0\,, \tag{10.30-1}$$

$$\Omega_\theta(\boldsymbol{x},t)=-\iint_\Sigma \frac{\cos\theta\sin\phi}{8\pi\beta^2 R}\frac{\partial^2\Delta u\left(\boldsymbol{\xi},t-\dfrac{R}{\beta}\right)}{\partial t^2}\mathrm{d}\Sigma(\boldsymbol{\xi}), \tag{10.30-2}$$

$$\Omega_\phi(\boldsymbol{x},t)=-\iint_\Sigma \frac{\cos 2\theta\cos\phi}{8\pi\beta^2 R}\frac{\partial^2\Delta u\left(\boldsymbol{\xi},t-\dfrac{R}{\beta}\right)}{\partial t^2}\mathrm{d}\Sigma(\boldsymbol{\xi}), \tag{10.30-3}$$

式(10.30)与 Cochard 等(2006)得到的式(30)的远场项一致．

跟平面运动的情形(即双力偶源的情形)一样，在强度弱化区的应力降随时间变化的情形(这是一种单力偶源的情形)下，以式(10.23-1)表示的$u_i^P(\boldsymbol{x},t)$项对远场的旋转运动没有贡献．以式(10.23-2)表示的$u_i^S(\boldsymbol{x},t)$对旋转波的贡献为

$$\Omega_i(\boldsymbol{x},t)=\iint_{\Sigma_\varepsilon} \frac{\varepsilon_{ikl}\gamma_k e_l\gamma_j n_j}{8\pi\mu\beta^2 R}\Delta W\frac{\partial^2 T\left(\boldsymbol{\xi},t-\dfrac{R}{\beta}\right)}{\partial t^2}\mathrm{d}\Sigma(\boldsymbol{\xi})\,. \tag{10.31}$$

强度弱化区的应力降引起的远场旋转波即转矩波依赖于断层面上的应力加速度$\partial^2 T/\partial t^2$．在这种强度弱化情况下，根据正交性条件$\gamma_i\Omega_i=0$以及式(10.31)，我们可以得到在远场$\Omega_i$与 P 波运动$u_i^P(\boldsymbol{x},t)$和 S 波运动$u_i^S(\boldsymbol{x},t)$正交，且具有 S 波的时间延迟．

在与上文述及的条件相同的情况下，$\boldsymbol{e}$=(1, 0, 0)，$\boldsymbol{n}$=(0, 0, 1)，$\boldsymbol{\gamma}$=(sinθcosϕ, sinθsinϕ, cosθ)，由单力偶源引起的旋转为

$$\Omega_R(\boldsymbol{x},t)=0\,, \tag{10.32-1}$$

$$\Omega_\theta(\boldsymbol{x},t)=-\iint_{\Sigma_\varepsilon} \frac{\cos\theta\sin\phi}{8\pi\mu\beta^2 R}\Delta W\frac{\partial^2 T\left(\boldsymbol{\xi},t-\dfrac{R}{\beta}\right)}{\partial t^2}\mathrm{d}\Sigma(\boldsymbol{\xi})\,, \tag{10.32-2}$$

$$\Omega_\phi(\boldsymbol{x},t)=-\iint_{\Sigma_\varepsilon} \frac{\cos^2\theta\cos\phi}{8\pi\mu\beta^2 R}\Delta W\frac{\partial^2 T\left(\boldsymbol{\xi},t-\dfrac{R}{\beta}\right)}{\partial t^2}\mathrm{d}\Sigma(\boldsymbol{\xi})\,. \tag{10.32-3}$$

(七) 有限断层厚度的地震效应

单力偶源的存在与通常解释的与双力偶力等效的源并不矛盾：双力偶是无净力与无净力矩的力源的最低阶组合．那么，在这种情况下怎么能有单力偶解呢？答案来自于对于我们的断层具有有限的厚度，以及在断层区内的静力矩的松弛刚好为由断层所产生的

扭矩波辐射补偿这一事实的认识．如果断层厚度为零，则双力偶解是合适的解(图10.3)．如果断层区厚度为零，扭矩也为零，因为它等于拉力和断层厚度的乘积．在地震事件发生的过程中，在裂纹端部有一过渡区也称作破裂区或内聚区．在这个区域内的介质发生由静弹性连续状态到非线性破裂状态的过渡．如图 10.4 所示，横跨断层面的应力与滑动是通过本构关系联系起来的(Ohnaka and Yamashita，1989；Ohnaka *et al.*，1997；Venkataman and Kanamori，2004)．在这幅图中，σ_0 表示初始应力即预应力(地震发生前的应力即周围介质的应力)；σ_p 表示屈服应力即峰值强度(即静摩擦应力的上界)．在这个水平上，自发失稳开始，强度弱化发生；σ_d 表示动摩擦应力；σ_1 表示最终应力即静摩擦应力．

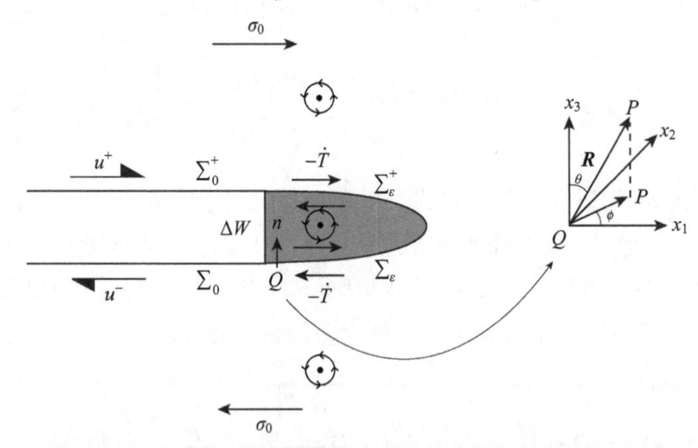

图 10.3　厚度为ΔW的强度弱化区产生的辐射等效于单力偶

$-\dot{T}$ 表示应力降增加的时间变化率．$-\dot{T}$ 产生的扭矩的旋转轴指向$-\boldsymbol{e}\times\boldsymbol{n}$ 方向(在现在的例子中为 x_2 方向)．如强度弱化区内的单力偶及逆时针旋转的小圆圈所示意地表示的那样，断层释放的扭矩波的辐射(图中强度弱化区外面以逆时针旋转的圆圈)正好补偿了断层内并且指向 $\boldsymbol{e}\times\boldsymbol{n}$ 方向的转矩的松弛(在现在的例子中为$-x_2$ 方向)．右侧的图表示中心位于 $\sum_\varepsilon$ 面上的正在滑动的单元 $Q(\boldsymbol{\xi})$ 处的球极坐标系(未按比例刻度)．P 表示观测点，P' 表示 P 在 (x_1, x_2) 平面上的投影．其他符号的解释请参见正文．净力是拉力 T 的和，它可能为零，但是它们会因为分开一定的距离而形成一个转矩

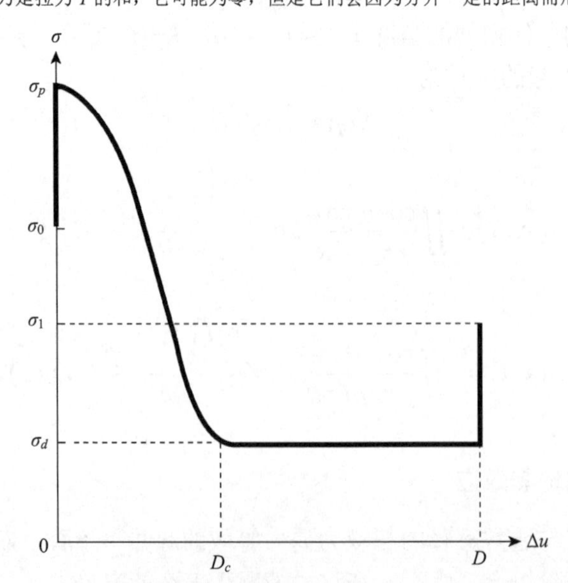

图 10.4　通过断层面的剪应力与滑动的本构关系(据 Ohnaka and Yamashita，1989；Ohnaka *et al.*，1997；Venkataraman and Kanamori，2004)

利用这个本构关系我们可以分析动态地震破裂过程中释放的矩．我们假定动态破裂的断层以变化的破裂速度v_f沿x_1方向传播(参见图 10.5c)．在弹性固体中，动态破裂将从强度过量最小的一个点开始破裂；破裂开始后，应力集中将出现在断层端部．断层面(x_3=0)上裂纹端部前方很远处的剪切应力为初始应力值σ_0．剪切应力σ由初始值σ_0上升到屈服应力即峰值强度σ_p，然后减小到动摩擦应力σ_d(图 10.5a)．在这个过程的滑动弱化部分，随着滑动的继续与增加，剪切应力由σ_p降低到动态摩擦应力σ_d．临界滑动量D_c标志着逐渐减小应力到稳定的动态摩擦的过渡．受动态摩擦σ_d的阻碍，滑动持续增加最终的滑动量D，此时愈合开始(图 10.5b)．当滑动停止后，断层上新锁住的区域上的应力仍随时间变化(增加)，最终达到最终的(静)摩擦应力σ_1．σ_1可能大于、等于或者小于σ_d，不过为简单起见，在图 10.4 与图 10.5 中只给出了$\sigma_1>\sigma_d$的情况．

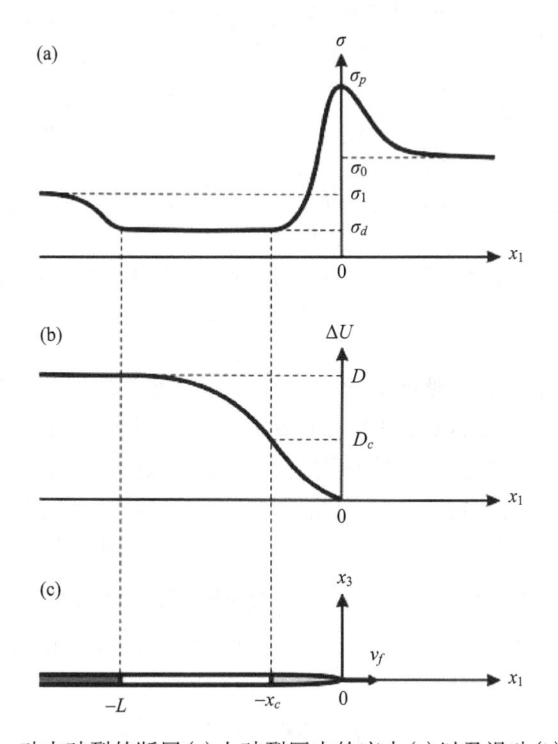

图 10.5　动态破裂的断层(c)上破裂区内的应力(a)以及滑动(b)的分布

淡灰色区域($-x_c\leqslant x_1\leqslant 0$)表示破裂区，深灰色区域($-x_1\leqslant -L$)表示断层的愈合部分[据 Heaton(1990)，Rice 等(2005)]．其他符号的解释，请参见正文．此图的图像朝右传播

图 10.5 表示的是断层上应力的空间变化；与图 10.5 不同，图 10.6 示意地展示了当与裂纹扩展相关的应力变化过断层面上具有代表性的一个点时应力随时间的变化(Yamashita，1976)．在t_0时刻在断层面上的震源上开始发生破裂，随着破裂从起始点向该点发展，应力由σ_0增加到t_p时刻的峰值应力σ_p．随着滑动量由零增加到D_c，强度弱化开始出现，应力由σ_p降低到t_s'时刻的σ_d．对于大于D_c的滑动，断层面上的应力为σ_d，直至在t_s时刻滑动停止．D_c为破裂时的滑动量即临界滑动弱化距离．滑动停止后，应力

增加到 t_1 时刻的 σ_1．在这里我们关心的是滑动弱化过程中随时间变化的应力．除了在破裂的早期阶段滑动的增加伴随着应力的降低以外(如图 10.6 所示)，还有应力的增加，应力的增加发生于滑动停止之后．如果应力的增加发生在滑动完全停止之前，就会有一个来自停止相的单力偶项的贡献.在这里我们仅考虑单力偶辐射的两个阶段的第一个阶段，并且假定强度硬化仅发生在所有滑动停止之后，而且不产生辐射．

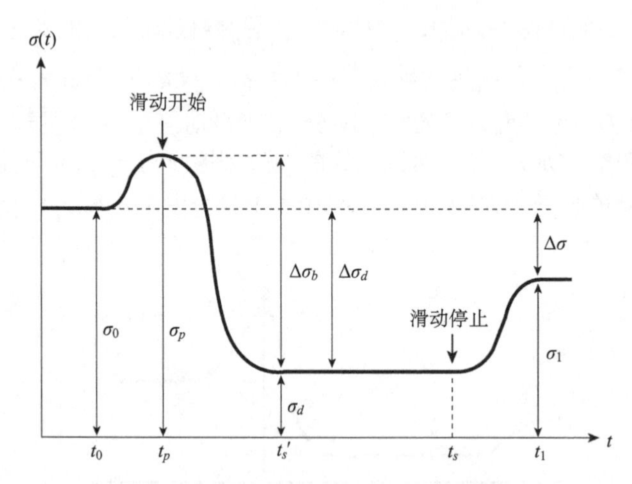

图 10.6　断层面上具有代表性的一个点上的应力随时间的变化

其他符号的解释，参见正文(据 Yamashita，1976)

我们在这里不讨论自愈合脉冲后滑动停止的原因究竟是由于滑动减速时滑动摩擦增加所致(Heaton，1990；Cochard and Madariaga，1996；Zheng and Rice，1998)，还是裂纹遭遇到了断层面上扩展的强固区即导致图 10.6 中摩擦的增加的高强度过量区(Mikumo and Miyatake，1978；Day，1982；Wald and Heaton，1994)．与图 10.4 与图 10.5 一样，图 10.6 仅给出了 $\sigma_1 > \sigma_d$ 的情况．$\Delta\sigma_b = \sigma_p - \sigma_d$ 是有效剪切应力；$\Delta\sigma_d = \sigma_0 - \sigma_d$ 是动态应力降；$\Delta\sigma = \sigma_0 - \sigma_1$ 是静态应力降．因此，破裂区是一个应力剧烈变化的区域．

在断层面上一面积为ΔA 的破裂区上，由于应力降的增加引起的远场辐射近似与扭矩的时间变化率成正比[式(10.23)]：

$$\Delta\dot{M}_t = \Delta W \Delta\dot{\sigma} \Delta A\,, \tag{10.33}$$

式中，ΔW 表示破裂区的厚度；$\Delta\dot{\sigma}$ 表示有效剪切应力$\Delta\sigma(t)$的时间变化率(也就是应力降增加的速率)，

$$\Delta\sigma(t) = \sigma_p - \sigma(t)\,, \tag{10.34}$$

$\sigma(t)$是作为时间函数的剪切应力．在全部破裂时间和整个破裂区上对 $\Delta\dot{W}_t$ 积分，我们得到全部转矩的矩释放：

$$M_t = \Delta W \Delta\sigma_b A, \tag{10.35}$$

式中，

$$\Delta\sigma_b = \sigma_p - \sigma_d \tag{10.36}$$

是有效剪切应力，A 表示断层的全部破裂面积.

对于断层上面积为ΔA 的已破裂区，从开始滑动到最终错距 D，远场辐射与地震矩的时间变化率成正比：

$$\Delta\dot{M}_0 = \mu\Delta\dot{u}\Delta A\ . \tag{10.37}$$

如果我们也在全部时间间隔和破裂区域上对 $\Delta\dot{M}_0$ 进行积分，可得通常涉及的标量地震矩的表示式：

$$M_0 = \mu DA, \tag{10.38}$$

式中，M_0 表示由最终滑动量为 D 的位错源引起的标量地震矩.

有效剪切应力变化为 $\Delta\sigma_b$，厚度为ΔW 的破裂区在破裂过程中的应力降引起的辐射中的扭矩随时间变化率与刚性为μ的同一位错源的通常涉及地震矩率的无量纲比值 k 为

$$k = \frac{\Delta\dot{M}_t}{\Delta\dot{M}_0}\ . \tag{10.39}$$

为了估计转矩(随时间变化)率和地震矩变化率，我们从式(10.33)与式(10.37)求得

$$\Delta\dot{M}_t \approx \frac{\Delta W \Delta\sigma_b \Delta A}{T_s'}, \qquad \Delta\dot{M}_0 \approx \frac{\mu D\Delta A}{T_s},$$

式中，$T_s' = t_s' - t_p$ 表示应力变化的特征时间(即完成破裂的时间)；$T_s = t_s - t_p$ 表示通常涉及的上升时间(即断层上的一个点完成滑动所需的时间). 我们可通过 $T_s \approx D/v_f$，$T_s' = D_c/v_f$ 粗略地估计 T_s 及 T_s'，式中 v_f 为裂纹端部向前扩展的速度(即破裂速度). 从而，

$$k = \frac{\Delta W \Delta\sigma_b}{\mu D_c}, \tag{10.40}$$

式中，我们使用了通过 $T_s \approx D/v_f$ 和 $T_s' \approx D_c/v_f$ 得出的 $T_s/T_s' \approx D/D_c$.

有效剪切应力 $\Delta\sigma_b$ 有多种估计，根据 Kanamori (1994) 早期的估计，$\Delta\sigma_b \approx$2MPa～20MPa. Ohnaka (2003) 的估计是 $\Delta\sigma_b \approx$1MPa～100MPa. Rice 等 (2005) 估计 $\Delta\sigma_b \approx$ 100MPa. 在我们所做的数值估计中我们选取：

$D_c \approx$0.5m (Mikumo and Yagi，2003；Fukuyama and Mikumo，2007)；

$\Delta W \approx$200m (Li and Leary，1990；Li *et al.*，1990；Li and Vidale，1996；Li *et al.*，1997)；

$\Delta\sigma_b \approx$60MPa (Kanamori，1994；Ohnaka，2003；Rice *et al.*，2005)；

$\mu \approx 3\times10^4$ MPa.

把这些数值代入式(10.40)中，可得 $k\approx4/5$. 对一些大地震的野外调查表明，断层的宽度或者强度弱化区的厚度ΔW 范围在几百米至几千米之间. 由此看来，至少对于较大地震而言，k 值可能高于目前的估计值.

对于整个破裂过程与全部破裂区，转矩 M_t 与地震矩 M_0 的总和等效于地震矩为

$$M_0' = \frac{1}{2}M_t + M_0 \tag{10.41}$$

的位错源．式中，引入因子 1/2 是因为具有单位矩的单力偶产生的辐射仅为具有相同地震矩的一组双力偶引起的辐射的一半．

如果不考虑扭力矩对总地震矩的贡献，由位错源引起的地震矩可用式(10.38)予以估计．因此，考虑到扭力矩的贡献由远场辐射估计的地震矩与只简单地考虑位错源的贡献由远场辐射估计的地震矩之比

$$\frac{M_0'}{M_0}=1+\frac{M_t}{2M_0}\approx 1+\frac{k}{2}\cdot\frac{D_c}{D}. \tag{10.42}$$

表 10.1 中列出了 k=0.8 情况下，最终滑动量 D 取不同的具有代表性的值时的比值 M_0'/M_0．在扭力矩的重要性最有利的情况下，总的矩震级的高估量仅为 $(2/3)\lg(M_0'/M_0)=(2/3)\lg(1.2)\approx 0.06$．以对数衡量，这个影响不是很显著．

这里获得的结果有两个含义．一是如果不考虑扭力矩对远场辐射的贡献，在通常做的波形分析中，单用位错模型将会引起对地震矩的过高估计，进而引起对最终错距 D 的过高估计．当错距 D 的范围在 1m 到 5m 之间时，这个高估值可达 1.2 至 1.04 倍．这些结果可以用来解释单用位错模型通过远场波形分析估计的地震矩或最终滑动量与野外调查以及大地测量得到的结果之间的不一致性．二是如果不考虑来自扭力矩的远场辐射的贡献，在通常做的波形分析中，只使用位错模型将会引入一个额外的地震矩率，从而在完成破裂的时间间隔内将会引入高出 $k/2\approx 0.4$ 倍的地震矩率和滑动率，进而将影响对地震事件辐射的地震能量的计算．

表 10.1　M_0'/M_0 比值

D/m	D/D_c	M_0'/M_0
1	2	1.20
2	4	1.10
3	6	1.07
4	8	1.05
5	10	1.04

(八)断层厚度的地震效应

我们重新审核了地震学文献中的两条基本原理，一是远场位移与动态断层面上的滑动速度成正比；二是地震断层上的平面动态滑动与双力偶体力等效．考虑到在向前扩展裂纹的端部附近存在强度弱化区这一事实，我们指出，除通常涉及的双力偶项外，在远场位移的等效体力中还有一与应力降增加的时间变化率成正比的单力偶项．我们也还指出，与单力偶等效的体力并不违背牛顿力学原理，因为单力偶转矩为断层区内的旋转所平衡；于是，裂纹便辐射出转矩波．

我们估计了在破裂过程中辐射的扭力矩率与来自相同的破裂断层的一般地震矩率的比值，以及来自扭矩的地震矩与来自通常涉及的位错源的地震矩的比值．这些结果的意义在于：如果在通常做的波形分析中不考虑来自扭力矩的远场辐射的贡献，单使用位错

源将会高估地震矩，进而高估最终位错，以及产生额外的地震矩率，进而产生额外的滑动速率，这必然会影响对地震事件辐射的能量的计算．我们还指出，具有一定厚度的断层区在两次地震之间积累起来的摩擦扭矩是通过在向前扩展的破裂前缘附近依赖于时间的摩擦或应力弱化(松弛)的那段破裂过程中以剪切波辐射的扭矩波即旋转波的发育得到松弛的．在人们比较熟悉的动摩擦保持相对恒定的摩擦滑动期间，扭矩波很小．

断层内的扭力矩的松弛对于驱动断层区物质的转动以及断层区内动摩擦的剧烈变化起着非常重要的作用，而且，在一次大地震发生之前由破裂前缘的强度弱化区的扭力矩发出的辐射可望为解释在一些历史文献中时有报道的旋转现象提供线索(Galitzin，1912，p.75；Bullen，1953，pp.135，251；Richter，1958，p.213；Bouchon and Aki，1982；Takeo and Ito，1997；Takeo，1998；Teisseyre *et al.*，2003；Igel *et al.*，2007)．

第二节　断层厚度的地震效应与非对称矩张量

1970 年代以来，震源的地震矩张量表示及其反演获得了相当大的成功(例如，Gilbert and Dziewonski, 1975; McCowan, 1976; Fitch *et al.*, 1980; Dziewonski *et al.*, 1981; Ekström, 1989)．常规地震矩张量反演结果表明，大多数的地震是以剪切位错为主的地震，其矩张量解以最佳双力偶成分为主，只有少量的补偿线性矢量偶极(compensated linear vector dipole，CLVD)成分和各向同性成分．已有一些研究工作试图揭示非最佳双力偶成分的起因和特点．有一些研究工作表明，火山地震以单力或 CLVD 成分为主，而大规模低倾角滑坡引发的地震可能以单力为主．此外，发震断层构造的复杂性也会导致较大的 CLVD 分量．Knopoff 和 Chen(2009)指出，如果考虑到地震是发生在具有厚度、而不是厚度等于零的断层上，由于存在滑动弱化区域，在远场，地震波所对应的震源项要比不计及断层厚度的剪切位错源多出一个单力偶项．

在震源物理的研究中，作为二阶对称张量的地震矩张量已被广泛接受并且得到了成功的应用，但对地震矩张量为非对称矩张量的情况则鲜有涉及．理论和实践两方面因素造成非对称地震矩张量在过去的研究中被忽视甚而被遗忘．在震源理论方面，通常基于天然地震是发生于地球内部的震源(内源)的前提，从角动量守恒得出地震矩张量必定对称的结论．然而，正如 Takei 和 Kumazawa(1994)通过严格的论证所指出的，非对称地震矩张量是可以合理存在的，它的存在并不违背角动量守恒原理，Knopoff 和 Chen(2009)指出，地震矩张量的对称性实际上是在一定条件下引入的简化和限制的结果，并不是绝对必要的．一方面，剪切位错与无矩双力偶的等效性在理论上得到严格的证明后，大部分的研究实践便以对称矩张量为基础展开，并取得了相当大的成功，表明对称矩张量是地震震源的很好近似．但是，另一方面，如果研究更为精细的震源模型，例如考虑断层具有厚度和滑动弱化区域的存在或考虑震源区的质量的流动，则超出了对称矩张量的范畴，便需要引入非对称矩张量以表示相应的地震效应．

Knopoff 和 Chen(2009)的研究表明，如果考虑到地震是发生在具有厚度的断层上且存在滑动弱化区域，那么在远场，地震波所对应的震源项，要比忽略断层厚度的剪切位错震源多出一个单力偶项．本节将在 Knopoff 和 Chen(2009)工作的基础上进一步研究与上述单力偶项对应的地震矩张量问题，引入非对称地震矩张量表示具有厚度和滑动弱化区域的断层模型，分析讨论与之相联系的震源时间函数、断层面解的不确定性、标量地震矩和震源模型对非对称地震矩张量的约束等问题.

(一) 厚度为零的断层的地震矩张量

大部分天然地震是由断层错动引起的. 在震源模型中，假设震源区是由内曲面$\Sigma(\boldsymbol{\xi})$所包围的区域，$\boldsymbol{\xi}$是内曲面$\Sigma(\boldsymbol{\xi})$上的一点的空间坐标，断层的错动可由内曲面$\Sigma(\boldsymbol{\xi})$上的位移间断即位错表示.

根据表示定理，如果略去体力项，则由内曲面$\Sigma(\boldsymbol{\xi})$上的$\boldsymbol{\xi}$点，τ 时刻的拉力 $T_j(\boldsymbol{\xi},\tau)$和位移 $u_j(\boldsymbol{\xi},\tau)$在 x 点，t 时刻引起的位移 $u_i(x,t)$可表示为：

$$u_i(x,t)=\int_{-\infty}^{\infty}\mathrm{d}\tau\iint_{\Sigma(\xi)}[T_j(\boldsymbol{\xi},\tau)G_{ij}(\boldsymbol{x},t;\boldsymbol{\xi},\tau)-u_j(\boldsymbol{\xi},\tau)c_{jkpq}(\boldsymbol{\xi})n_k(\boldsymbol{\xi})G_{ip,q}(\boldsymbol{x},t;\boldsymbol{\xi},\tau)]\mathrm{d}\Sigma(\boldsymbol{\xi}),\tag{10.43}$$

式中，$G_{ij}(\boldsymbol{x},t;\boldsymbol{\xi},\tau)$表示格林函数，$c_{jkpq}(\boldsymbol{\xi})$表示弹性系数张量，$n_k(\boldsymbol{\xi})$表示曲面$\Sigma(\boldsymbol{\xi})$上的外法向单位矢量，下标逗号“,”表示对空间坐标$\boldsymbol{\xi}$求偏导数.

设内曲面$\Sigma(\boldsymbol{\xi})$系由分开一定间隔的两叶单曲面$\Sigma^+(\boldsymbol{\xi})$和$\Sigma^-(\boldsymbol{\xi})$组成. 假定断层厚度为零，即内曲面$\Sigma(\boldsymbol{\xi})$的厚度为零，也即$\Sigma^+(\boldsymbol{\xi})$和$\Sigma^-(\boldsymbol{\xi})$的间距为零. 若设拉力 T_j在$\Sigma(\boldsymbol{\xi})$面上连续，格林函数 $G_{ij}(\boldsymbol{x},t;\boldsymbol{\xi},\tau)$及其一阶导数在$\Sigma^+(\boldsymbol{\xi})$和$\Sigma^-(\boldsymbol{\xi})$上相等，那么利用在$\Sigma^+(\boldsymbol{\xi})$与$\Sigma^-(\boldsymbol{\xi})$的外法向单位矢量$n_k^+(\boldsymbol{\xi})$与$n_k^-(\boldsymbol{\xi})$方向相反的性质$n_k^+(\boldsymbol{\xi})=-n_k^-(\boldsymbol{\xi})$可将$\Sigma^+(\boldsymbol{\xi})$面上的积分变换为$\Sigma^-(\boldsymbol{\xi})$面上的积分. 对丁含有位移 $u_i(\boldsymbol{x},t)$的项(式(10.1)右边被积函数的第 2 项)，由式(10.1)可得

$$\begin{aligned}u_i(x,t)&=\int_{-\infty}^{\infty}\mathrm{d}\tau\iint_{\Sigma}[u_j]c_{jkpq}n_kG_{ip,q}\mathrm{d}\Sigma(\boldsymbol{\xi}),\\&=\int_{-\infty}^{\infty}\mathrm{d}\tau\iint_{\Sigma}m_{pq}^{u}G_{ip,q}\mathrm{d}\Sigma,\end{aligned}\tag{10.44}$$

式中，略去Σ^-的上角标，以Σ表示Σ^-，并且，为简明起见，将自变量略去不写；$[u_j]$表示位错，$[m_{pq}^u]$为与位错$[u_j]$对应的矩密度张量，用上标 u 表示.

如果用Δu 表示位错的幅值，用e_j表示位错的方向即滑动矢量，则可将位错$[u_j]$表示为

$$[u_j]=u_j^+-u_j^-=\Delta u e_j .$$

在均匀、各向同性和完全弹性的介质中，弹性系数张量为

$$c_{jkqp}=\lambda\delta_{jk}\delta_{qp}+\mu(\delta_{jp}\delta_{kq}+\delta_{jq}\delta_{kp}),$$

式中，λ和μ为拉梅(Lamé)弹性系数，δ_{jk}为克朗内克(Kronecker)δ,

$$\delta_{jk}=\begin{cases}1, & 若 j=k,\\ 0, & 若 j\neq k.\end{cases}$$

利用剪切位错的滑动矢量 e_j 与位错面的法向矢量 n_k 垂直的条件，$e_m n_m=0$，可得到矩密度张量 m^u_{pq} 的表示式：

$$m^u_{pq}=[u_j]c_{jkpq}n_k=\mu(e_p n_q+e_q n_p)\Delta u.$$

由上式不难看出，与剪切位错相联系的地震矩密度张量具有对称性：

$$m^u_{jk}=m^u_{kj}.$$

对于式(10.43)中含有 $T_j(\boldsymbol{\xi},\tau)$ 的项[式(10.43)右边被积函数的第 1 项]，因 $n^+_k=-n^-_k$，$T^-_j=\tau^-_{jk}n^-_k=T^- e_j$，$T^+_j=\tau^+_{jk}n^+_k=-\tau^+_{jk}n^-_k=-T^+e_j$，$\tau^+_{jk}$ 与 τ^-_{jk} 分别是作用于 $\sum^+$ 与 $\sum^-$ 面上的剪切应力，所以，$(T^+_j+T^-_j)=-(T^+-T^-)e_j=-[T]e_j$，相应的位移场 $u_i(\boldsymbol{\xi},t)$ 可表示为

$$u_i(x,t)=-\int_{-\infty}^{\infty}\mathrm{d}\tau\iint_{\Sigma}[T]e_j G_{ij}(\boldsymbol{x},t;\boldsymbol{\xi},\tau)\mathrm{d}\textstyle\sum, \tag{10.45}$$

式中，与式(10.44)类似，以 $\sum$ 表示 $\sum^-$，$[T]=T^+-T^-$ 即应力错. 若 T 在Σ面上连续，则[T]=0. 所以在此情况下，上式中应力错[T]的积分，即应力错对位移场的贡献为零.

以上分析表明，厚度为零的断层的矩密度张量 m^u_{jk} 只与位错 $[u_j]$ 相关，与拉力项 T_j 无关，m^u_{jk} 为二阶对称矩张量. 与这一震源模型对应的矩张量即迄今被广泛运用的地震矩张量.

(二)具有厚度和滑动弱化区域的断层的非对称地震矩张量表示

1. 非对称地震矩张量表示式

Knopoff 和 Chen(2009)考虑到断层具有厚度和滑动弱化区域，在图 10.7 所示的震源模型中以破裂面(断层面)的两侧 $\sum^+$ 和 $\sum^-$ 分开一段距离ΔW 表示. 他们指出，位移项引起的远场位移与断层厚度为零时相同，拉力项引起的远场位移不再为零. 在这种震源模型中，应力的变化会辐射出地震波，因此震源的矩张量表达式中出现与应力变化相联系的项.

与拉力项相关的远场位移可表示为[参见 Knopoff and Chen, 2009, p.1096, 公式(23.1)，(23.2)]

$$\begin{aligned}u_i(x,t)=&-\iint_{\Sigma_\varepsilon}\frac{\gamma_i\gamma_j e_j}{4\pi\rho\alpha^2 R}\frac{\partial T\left(\boldsymbol{\xi},t-\dfrac{R}{\alpha}\right)}{\partial t}\frac{\gamma_k n_k}{\alpha}\Delta W\mathrm{d}\textstyle\sum(\boldsymbol{\xi})\\ &-\iint_{\Sigma_\varepsilon}\frac{\psi_{ij}e_j}{4\pi\rho\beta^2 R}\frac{\partial T\left(\boldsymbol{\xi},t-\dfrac{R}{\beta}\right)}{\partial t}\frac{\gamma_k n_k}{\beta}\Delta W\mathrm{d}\textstyle\sum(\boldsymbol{\xi}),\end{aligned}\tag{10.46}$$

式中，积分区域为包围强度弱化区的曲面$\sum_\varepsilon$，与式(10.44)类似，略去$\sum_\varepsilon^-$的上角标以$\sum_\varepsilon$表示$\sum_\varepsilon^-$. ρ表示介质密度，α和β分别表示 P 波和 S 波的速度. $\boldsymbol{R}$ 表示由源点 $Q(\boldsymbol{\xi})$ 指向观测点 $P(\boldsymbol{x})$ 的距离矢量 $\boldsymbol{R}=x-\xi$，γ_i 为 $\boldsymbol{R}$ 的方向余弦 $\gamma_i=R_i/R$. $\psi_{ij}=\delta_{ij}-\gamma_i\gamma_j$ 是旋转算子.

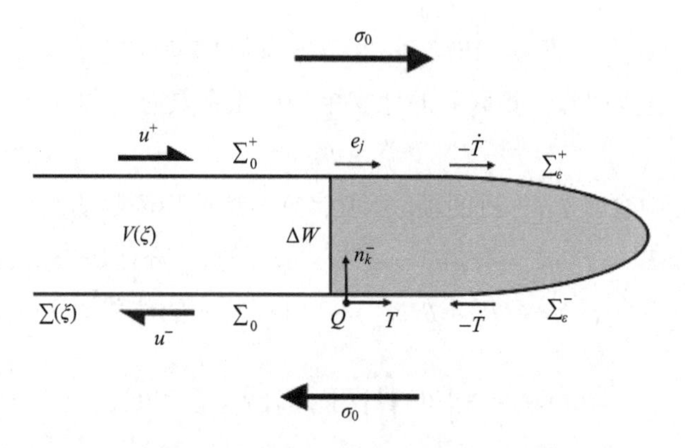

图 10.7　具有厚度和滑动弱化区的断层模型

σ_0 为背景构造应力，u 为断层的滑动量，e_j 为滑动矢量. 震源区 $V(\boldsymbol{\xi})$ 由内曲面 $\sum=\sum_0+\sum_\varepsilon$ 包围. 内曲面$\Sigma(\boldsymbol{\xi})$由位错面 $\sum_0=\sum_0^++\sum_0^-$ 和包围强度弱化区(浅灰色区)的曲面 $\sum_\varepsilon=\sum_\varepsilon^++\sum_\varepsilon^-$ 组成. ΔW 表示强度弱化区的厚度，$n_k(\boldsymbol{\xi})$ 表示内曲面Σ的外法向. T 为滑动单元 $Q(\boldsymbol{\xi})$ 上所受拉力(据 Knopoff and Chen, 2009)

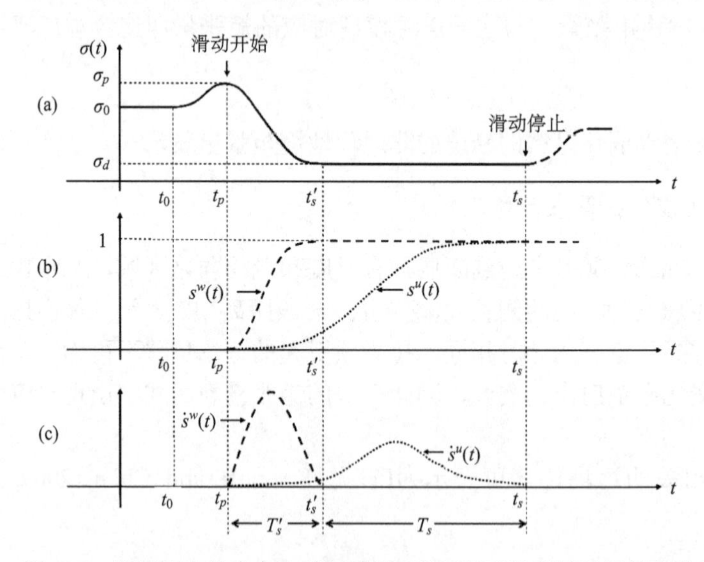

图 10.8　断层面上的应力、震源时间函数及其变化率随时间的变化

(a)断层面上某一具有代表性的点$\boldsymbol{\xi}$上的应力随时间的变化(据 Yamashita, 1976). 破裂开始时，应力从初始值 σ_0 增加到峰值 σ_p. 随着滑动量从零增加到临界滑动弱化距离，应力由 σ_p 降至动态摩擦应力 σ_d，并一直保持到滑动停止. (b)与矩密度张量 $m_{jk}^u(\boldsymbol{\xi},t)$ 和 $m_{jk}^w(\boldsymbol{\xi},t)$ 对应的归一化震源时间函数 $s^u(\boldsymbol{\xi},t)$ 和 $s^w(\boldsymbol{\xi},t)$. t_p 表示破裂的起始时刻，t_s' 表示应力急剧变化的停止时刻，也即滑动急剧变化的起始时刻，t_s 表示滑动的终止时刻. 震源时间函数 $s^w(\boldsymbol{\xi},t)$ 用虚线示意表示，$s^u(\boldsymbol{\xi},t)$ 用点线示意表示. (c)归一化震源时间函数 $s^u(\boldsymbol{\xi},t)$ 和 $s^w(\boldsymbol{\xi},t)$ 的变化率 $\dot{s}^u(\boldsymbol{\xi},t)$ 和 $\dot{s}^w(\boldsymbol{\xi},t)$

与拉力相联系的远场位移表达式，需要满足断层厚度ΔW 远小于源点到观测点的距离 $R(\Delta W/R \ll 1)$的近似条件和断层厚度ΔW远小于波速 c 与应力变化特征时间T_s'之积的近似条件$(\Delta W/cT_s' \ll 1)$ $(T_s' = t_s' - t_p$，参见图 10.8)．远场位移$u_i(\boldsymbol{x}, t)$的幅值与拉力减小的变化率$-\partial T/\partial t$成正比，与强度弱化区的厚度ΔW成正比．

断层面上某一具有代表性的点上的应力σ在地震过程中的变化如图 10.8a 所示．如果只考虑应力σ从峰值应力σ_p下降到动态摩擦应力σ_d的滑动弱化过程$(\sigma_p \geqslant \sigma \geqslant \sigma_d)$，用$\sigma(\boldsymbol{\xi}, t)$表示滑动弱化过程中曲面$\sum_\varepsilon$上的拉力值，$\sigma(\boldsymbol{\xi}, t)=T(\boldsymbol{\xi}, t)$，则有关系：

$$
\begin{aligned}
&\Delta\sigma(\xi,t)=\sigma_p-\sigma(\xi,t)=\sigma_p-T(\xi,t),\\
&\frac{\partial\Delta\sigma(\xi,t)}{\partial t}=\frac{\partial[\sigma_p-\sigma(\xi,t)]}{\partial t}=-\frac{\partial\sigma(\xi,t)}{\partial t}=-\frac{\partial T(\xi,t)}{\partial t},
\end{aligned}
\tag{10.47}
$$

式中，$\Delta\sigma(\boldsymbol{\xi}, t)$为滑动弱化过程中的有效剪切应力(effective shear stress)．由$\sigma_p \geqslant \sigma(\boldsymbol{\xi}, t)$可知$\Delta\sigma(\boldsymbol{\xi}, t)>0$．滑动弱化过程中，拉力急剧减小，拉力减小的变化率即应力降的变化率大于零，$-\partial T/\partial t=\partial\Delta\sigma/\partial t>0$．有效剪切应力$\Delta\sigma$具有与位错幅度$\Delta u$相似的性质．在破裂发生前，$\Delta\sigma=0$，$\Delta u=0$；一旦发生破裂，应力降$\Delta\sigma$与位错幅度$\Delta u$及其变化率$\Delta\dot{\sigma}$与$\Delta\dot{u}$均大于零：$\Delta\sigma>0$，$\Delta u>0$ 且$\Delta\dot{\sigma}>0$，$\Delta\dot{u}>0$．将式(10.47)代入式(10.46)，得

$$
\begin{aligned}
u_i(x,t)=&-\iint\limits_{\Sigma_\varepsilon}\frac{\gamma_i\gamma_j e_j}{4\pi\rho\alpha^2 R}\frac{\partial\Delta\sigma\left(\boldsymbol{\xi},t-\dfrac{R}{\alpha}\right)}{\partial t}\frac{\gamma_k n_k}{\alpha}\Delta W\mathrm{d}\Sigma(\boldsymbol{\xi})\\
&+\iint\limits_{\Sigma_\varepsilon}\frac{\psi_{ij}e_j}{4\pi\rho\beta^2 R}\frac{\partial\Delta\sigma\left(\boldsymbol{\xi},t-\dfrac{R}{\beta}\right)}{\partial t}\frac{\gamma_k n_k}{\beta}\Delta W\mathrm{d}\Sigma(\boldsymbol{\xi}),
\end{aligned}
$$

利用狄拉克(Dirac)δ-函数的性质，可将上式化为

$$
u_i(x,t)=\int_{-\infty}^{\infty}\mathrm{d}\tau\iint\limits_{\Sigma_\varepsilon}\Delta\sigma(\boldsymbol{\xi},t)\Delta W e_j n_k\frac{1}{4\pi\rho}\left\{\frac{\gamma_i\gamma_j\gamma_k}{\alpha^3 R}\dot{\delta}\left(t-\tau-\frac{R}{\alpha}\right)+\frac{\psi_{ij}\gamma_k}{\beta^3 R}\dot{\delta}\left(t-\tau-\frac{R}{\beta}\right)\right\}\mathrm{d}\Sigma(\boldsymbol{\xi}).
\tag{10.48}
$$

在均匀、各向同性和完全弹性的无限介质中，格林函数G_{ij}的远场表示式为

$$
4\pi\rho G_{ij}=\frac{\gamma_i\gamma_j}{\alpha^3 R}\delta\left(t-\tau-\frac{R}{\alpha}\right)+\frac{\psi_{ij}}{\beta^3 R}\delta\left(t-\tau-\frac{R}{\beta}\right),
$$

式中，格林函数$G_{ij}=G_{ij}(\boldsymbol{x},t;\boldsymbol{\xi},\tau)$表示$\tau$时刻作用在$Q(\boldsymbol{\xi})$点$j$方向的单位脉冲集中力在$t$时刻$P(\boldsymbol{x})$点引起的$i$方向位移．利用上式计算$G_{ij}$的空间偏导数$G_{ij,k}$可得

$$
G_{ij,k}=\frac{1}{4\pi\rho}\frac{\partial}{\partial\xi_k}\left\{\frac{\gamma_i\gamma_j}{\alpha^2 R}\delta\left(t-\tau-\frac{R}{\alpha}\right)+\frac{\psi_{ij}}{\beta^3 R}\delta\left(t-\tau-\frac{R}{\beta}\right)\right\}.
$$

利用等式$\partial R/\partial\xi_k=-\gamma_k$和$\partial\gamma_j/\partial\xi_k=-\psi_{jk}/R$，只保留与$1/R$同阶的远场项，可得$G_{ij,k}$的远场近似表示式：

$$4\pi\rho G_{ij,k} \approx \frac{\gamma_i\gamma_j\gamma_k}{\alpha^3 R}\dot{\delta}\left(t-\tau-\frac{R}{\alpha}\right)+\frac{\psi_{ij}\gamma_k}{\beta^3 R}\dot{\delta}\left(t-\tau-\frac{R}{\beta}\right).$$

将其带入式(10.48)即得

$$\begin{aligned} u_i(x,t) &= \int_{-\infty}^{\infty}\mathrm{d}\tau\iint_{\Sigma_\varepsilon}\Delta\sigma(\boldsymbol{\xi},t)\Delta W e_j n_k G_{ij,k}\mathrm{d}\Sigma(\boldsymbol{\xi}) \\ &= \int_{-\infty}^{\infty}\mathrm{d}\tau\iint_{\Sigma_\varepsilon} m_{jk}^{w} G_{ij,k}\mathrm{d}\Sigma(\boldsymbol{\xi}), \end{aligned} \tag{10.49}$$

式中，

$$m_{jk}^{w} = \Delta\sigma\Delta W e_j n_k, \tag{10.50}$$

即是与有效剪应力相联系的矩密度张量 m_{jk}^{w} 的表达式，用上标 w 表示．m_{jk}^{w} 为二阶非对称矩张量，$m_{jk}^{w} \neq m_{kj}^{w}$，即 m_{jk}^{w} 不具有对称性．

在具有厚度和滑动弱化区域的断层模型中，如果近似条件$\Delta W/R \ll 1$ 和$\Delta W/c\,T_s \ll 1$ 得到满足($T_s = t_s - t_p$ 为参考点滑动的特征时间，参见图 10.8)，与位移项u_j 对应的矩密度张量与$\Delta\sigma$=0 时的表示式相同，用带有上标 u 的量 m_{jk}^{u} 表示．m_{jk}^{u} 的推导过程与 m_{jk}^{w} 类似，在此不再赘述．利用 m_{jk}^{u} 的表示式：

$$m_{jk}^{u} = \mu\Delta u(e_j n_k + e_k n_j),$$

可得与位移项 u 相联系的远场位移表示式：

$$u_i(x,t) = \int_{-\infty}^{\infty}\mathrm{d}\tau\iint_{\Sigma} m_{jk}^{u} G_{ij,k}\mathrm{d}\Sigma. \tag{10.51}$$

式(10.51)具有和式(10.44)完全相同的数学形式．需要特别指出的是，虽然式(10.51)和式(10.44)具有相同的数学形式，但式(10.51)的得出利用了 $G_{ij,k}$ 在远场的近似表达式，只在远场条件下成立，而式(10.44)中并未涉及格林函数的具体表达式和远场近似，不受远场近似条件的限制．

对于一次地震事件，考虑整个断层的错动，将矩密度张量 $m_{jk}^{u}(\boldsymbol{\xi},t)$ 与 $m_{jk}^{w}(\boldsymbol{\xi},t)$ 在断层面上积分，可得到随时间变化的地震矩张量表示式：

$$\begin{aligned} M_{jk}^{u}(t) &= \iint_{\Sigma} m_{jk}^{u}(\boldsymbol{\xi},\tau)\mathrm{d}\Sigma(\boldsymbol{\xi}) = \mu\Delta u(t)A(e_j n_k + e_k n_j), \\ M_{jk}^{w}(t) &= \iint_{\Sigma_\varepsilon} m_{jk}^{w}(\boldsymbol{\xi},\tau)\mathrm{d}\Sigma(\boldsymbol{\xi}) = \Delta\sigma(t)\Delta W A_\varepsilon e_j n_k, \\ M_{jk}(t) &= M_{jk}^{u}(t) + M_{jk}^{w}(t) = \mu\Delta u(t)A(e_j n_k + e_k n_j) + \Delta\sigma(t)\Delta W A_\varepsilon e_j n_k, \end{aligned} \tag{10.52}$$

式中，A 为断层的面积，A_ε 为滑动弱化区域的面积，M_{jk} 为与震源对应的地震矩张量，简称矩张量．由于 M_{jk}^{u} 为二阶对称张量，M_{jk}^{w} 为二阶非对称张量，所以 M_{jk} 为二阶非对称张量，不具有对称性，$M_{jk} \neq M_{kj}$．

考虑位移项和拉力项的作用，由式(10.49)，式(10.51)和式(10.52)可将远场位移$u_j(x,t)$表示为

$$\begin{aligned}u_i(\boldsymbol{x},t)&=\int_{-\infty}^{\infty}\mathrm{d}\tau\iint_{\Sigma}m_{jk}^{u}G_{ij,k}\mathrm{d}\sum(\boldsymbol{\xi})+\int_{-\infty}^{\infty}\mathrm{d}\tau\iint_{\Sigma}m_{jk}^{w}G_{ij,k}\mathrm{d}\sum(\boldsymbol{\xi}),\\&=[M_{jk}^{u}(t)+M_{jk}^{w}(t)]*G_{ij,k}(\boldsymbol{x},t;\boldsymbol{0},0),\\&=M_{jk}(t)*G_{ij,k}(\boldsymbol{x},t;\boldsymbol{0},0),\end{aligned}\tag{10.53}$$

式中，“*”表示卷积.

矩张量M_{jk}^{u}具有对称性是因为位错与无矩双力偶等效，净力和净力矩为零. M_{jk}^{u}代表的震源项不与震源区域外的介质发生动量交换和角动量交换，从而震源区的动量守恒和角动量守恒. 矩张量M_{jk}^{w}不具有对称性是因为考虑断层厚度后，应力项等效于单力偶，其净力为零，但净力矩不为零. M_{jk}^{w}代表的震源项与震源区域外的介质发生了角动量交换，震源区的角动量不守恒. 通常认为地震震源作为地球介质的内源，角动量应该守恒的结论是震源区的厚度(从而体积)为零的必然结果. 在地震过程中，震源区向外辐射地震波，与周围介质发生相互作用，若只考虑震源区“外”的介质所在区域(Σ与Σ_ε之间的区域)或只考虑震源区本身(Σ_ε内的区域)，即在这两个区域内动量和角动量都可以不守恒. 若将震源区和整个地震波传播介质视为一个系统，所受的外力和力矩为零，则动量和角动量守恒.

2. 震源时间函数

对于一次地震事件，矩张量$M_{jk}^{u}(t)$与$M_{jk}^{w}(t)$分别是矩密度张量$m_{jk}^{u}(\boldsymbol{\xi},t)$与$m_{jk}^{w}(\boldsymbol{\xi},t)$按位错面面积和滑动弱化区域面积的加权叠加，地震矩张量的震源时间函数既取决于矩密度张量的时间历史，又取决于整个断层面的破裂过程，其中后者起主要作用.

首先考虑断层面上发生剪切滑动的某一具有代表性的点，矩密度张量$m_{jk}^{u}(\boldsymbol{\xi},t)$与断层的位错相关，$m_{jk}^{w}(\boldsymbol{\xi},t)$与断层面上的等效剪应力相关，二者起源不同，时间历史也不相同. 用$s^u(\boldsymbol{\xi},t)$和$s^w(\boldsymbol{\xi},t)$分别表示与矩密度张量$m_{jk}^{u}(\boldsymbol{\xi},t)$和$m_{jk}^{w}(\boldsymbol{\xi},t)$对应的归一化震源时间函数. 如图 10.8 所示，理论上，$s^u(\boldsymbol{\xi},t)$与$s^w(\boldsymbol{\xi},t)$均起始于滑动起始时刻t_p，$s^w(\boldsymbol{\xi},t)$终止于t_s'，持续时间为$T_s'=t_s'-t_p$；$s^u(\boldsymbol{\xi},t)$起始于t_p，终止于t_s，但是，实际上主要集中地发生在t_s'至t_s，持续时间约为$T_s'\approx t_s-t_s'$，所以$T_s'+T_s\approx t_s-t_p$.

再考虑整个地震事件，用$S(t)$表示断层面破裂过程的时间函数. 矩张量$M_{jk}^{u}(t)$与$M_{jk}^{w}(t)$分别是矩密度张量$m_{jk}^{u}(\boldsymbol{\xi},t)$与$m_{jk}^{w}(\boldsymbol{\xi},t)$按位错面面积和滑动弱化区域面积的加权叠加. 若以$\Omega^u(t)$与$\Omega^W(t)$分别表示矩张量$M_{jk}^{u}(t)$和$M_{jk}^{w}(t)$对应的震源时间函数，则$\Omega^u(t)=S(t)*s^u(t)$与$\Omega^w(t)=S(t)*s^w(t)$. 今以$T^{\mathrm{Total}}$表示整个断层面破裂过程$S(t)$的持续时间，则由于断层面上一点的滑动持续时间$T_s\approx t_s-t_s'$，$T_s'\approx t_s'-t_p$均远小于整个断层面的破裂时间$T_s\approx t_s-t_s'<<T^{\mathrm{Total}}$，$T_s'\approx t_s'-t_p<<T^{\mathrm{Total}}$ (Thomas, 1990; Nielsen and Madariaga,

2003)，$T_s' + T_s \approx t_s - t_p << T^{\text{Total}}$，因此$\Omega^u(t) \approx S(t)$，$\Omega^w(t) \approx S(t)$.

利用断层面破裂过程的时间函数$S(t)$将地震矩张量$M_{jk}(t)$中含有时间的部分分离：

$$
\begin{aligned}
M_{jk}(t) &= M_{jk}^u \Omega^u(t) + M_{jk}^w \Omega^w(t), \\
&\approx (M_{jk}^u + M_{jk}^w) S(t), \\
&= M_{jk} S(t).
\end{aligned}
$$

由上式可见，对于非对称地震矩张量$M_{jk}(t)$，仍可假设其各个分量具有相同的时间历史$S(t)$ (Lay and Wallace, 1995)，从而将$S(t)$与不含时的(不依赖于时间的)M_{jk}分离. 在地震矩张量反演中，其时间历史$S(t)$和各个分量的大小M_{jk}可分离出来单独反演.

3. 断层面解的不确定性

对称地震矩张量M_{jk}^u求得的断层面解，含两个节面，无法区分哪一个是断层面，哪一个是辅助面. 利用M_{jk}中非对称地震矩张量M_{jk}^w含有的额外信息，可望通过比较两个节面上沿位错矢量方向单力偶的大小，以区分断层面和辅助面.

由式(10.50)可知，m_{jk}^w等效于强度为$\Delta\sigma\Delta W$，力的作用方向沿$\pm e_j$方向，力臂沿n_k方向，力矩沿$-\boldsymbol{e}\times\boldsymbol{n}$的单力偶(图 10.7). 与$m_{jk}^u = \mu\Delta u(e_j n_k + n_j e_k)$对比可发现，$m_{jk}^w$与$m_{jk}^u$中的单力偶$\mu\Delta u e_j n_k$具有相同的力的作用方向$\pm e_j$，力臂方向$n_k$和力矩方向$-\boldsymbol{e}\times\boldsymbol{n}$. 在$\sum_\varepsilon^+$面上，拉力$T$沿$-e_j$方向，当$T$减小时，等效于一个沿$e_j$方向作用的力；在$\sum_\varepsilon^-$面上，拉力$T$沿$e_j$方向，当$T$减小时，等效于一个沿$-e_j$方向作用的力. 由于$\sum_\varepsilon^+$和$\sum_\varepsilon^-$分开一段距离$\Delta W$，与$\sum_\varepsilon$面上拉力$T$减小等效于一个力臂为$\Delta W$的单力偶，在$\sum_\varepsilon^+$面上的力沿$e_j$方向，在$\sum_\varepsilon^-$面上的力沿$-e_j$方向. 这个单力偶，与位错等效的无矩双力偶中沿位错矢量方向作用的那个单力偶具有相同的力矩方向$-\boldsymbol{e}\times\boldsymbol{n}$. 这使得沿断层面方向(即滑动矢量$e_j$的方向)的单力偶强度较大，与其相应的矩密度为$\mu\Delta u + \Delta\sigma\Delta W$；沿辅助面方向的单力偶强度较小，与其相应的矩密度为$\mu\Delta u$. 利用断层面和辅助面方向单力偶强度不同的性质，如果从地震矩张量中求出两个节面方向的单力偶，则可根据断层的厚度效应判定单力偶较大的节面为断层面，单力偶较小的节面为辅助面.

对于任意非对称矩张量M_{jk}，总可以将它分解为一个对称张量和一个反对称张量：

$$M_{jk} = M_{(jk)} + M_{[jk]},$$

式中，

$$M_{(jk)} = M_{(kj)} = \frac{1}{2}(M_{jk} + M_{kj}),$$

$$M_{[jk]} = -M_{[kj]} = \frac{1}{2}(M_{jk} - M_{kj}).$$

由对称张量$M_{(jk)}$可得到主轴参数和两个互相正交的节面解. 在图 10.9 所示的平面直角坐标系中，用$\boldsymbol{t}$和$\boldsymbol{p}$分别表示与张应力轴(T轴)和压应力轴(P轴)对应的归一化本征矢量. 两个节面为剪切破裂面及与其正交的辅助面，其交线沿零轴(B轴)方向，以$\boldsymbol{b}$表示，并且上述两个节面与 T 轴和 P 轴的夹角均为45°. 可将上述两节面的外法向 $\boldsymbol{n}^1$，$\boldsymbol{n}^2$ 以及矢量 $\boldsymbol{b}$ 表示为

$$\boldsymbol{n}^1=\frac{\sqrt{2}}{2}(\boldsymbol{t}-\boldsymbol{p}),$$
$$\boldsymbol{n}^2=\frac{\sqrt{2}}{2}(\boldsymbol{t}+\boldsymbol{p}),$$
$$\boldsymbol{b}=\boldsymbol{p}\times\boldsymbol{t}.$$

在外法向为 $\boldsymbol{n}^1$ 的节面(节面1)上，滑动矢量的方向 $\boldsymbol{e}^1$ 与 $\boldsymbol{n}^2$ 相同，即 $\boldsymbol{e}^1=\boldsymbol{n}^2$，沿 $\boldsymbol{n}^2$ 方向的单力偶强度(偶极矩)可表示为

$$T_1=n_j^1M_{jk}e_k^1=n_j^1M_{jk}n_k^2=\mu\Delta uA+\Delta\sigma\Delta WA_\varepsilon. \tag{10.54}$$

在外法向为 $\boldsymbol{n}^2$ (节面2)的节面上，滑动矢量的方向 $\boldsymbol{e}^2$ 与 $\boldsymbol{n}^1$ 相同，即 $\boldsymbol{e}^2=\boldsymbol{n}^1$，沿 $\boldsymbol{n}^1$ 方向的单力偶强度(偶极矩)可表示为

$$T_2=n_j^2M_{jk}e_k^2=n_j^2M_{jk}n_k^1=\mu\Delta uA. \tag{10.55}$$

$T_i\,(i=1,2)$ 的单位为N·m. 与 T_i 对应的单力偶中，一个单力为作用在 $\boldsymbol{n}^i$ 面上的拉力，方向与 $\boldsymbol{e}^i$ 相同；另一个单力为作用在 $-\boldsymbol{n}^i$ 面上的拉力，方向与 $\boldsymbol{e}^i$ 相反.

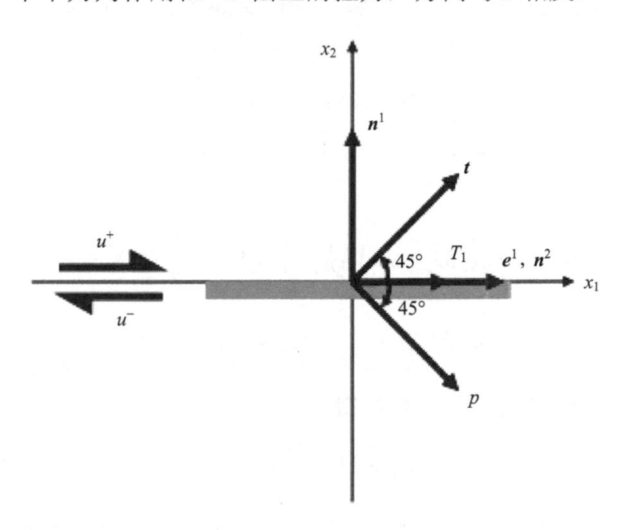

图10.9　断层面解的不确定性分析

灰色区域表示断层面，其外法向如图中的 $\boldsymbol{n}^1$ 所示. 半箭头分别表示在 $\sum^+$ 和 $\sum^-$ 上的断层错动方向 u^+ 和 u^- 与幅度，其他参量的解释参见正文

若仅考虑对称张量 $M_{(jk)}$ 时，$T_1=T_2=\mu\Delta uA$；考虑到非对称地震矩张量 M_{jk} 时，T_1 和 T_2 的大小一般不再相等. 根据具有厚度和滑动弱化区域的地震断层模型，与较大力偶相联系的节面即为断层面，其力偶的矩为 T_1；与较小力偶相联系的节面为辅助面，相应力偶的矩为 T_2. 比较 T_1 和 T_2 的大小，即可区分断层面和辅助面.

为表示 T_1 和 T_2 大小的差异，定义标量 λ:

$$\lambda = \frac{T_1 - T_2}{T_2} = \frac{T_1}{T_2} - 1, \qquad 0 \leqslant \lambda,$$

量λ反映了两个节面上，沿位错矢量方向力偶强度差异的大小．当λ=0 时，$T_1 = T_2$，矩张量M_{jk}退化为对称矩张量$M_{(jk)}$，在此情况下，无法分辨断层面和辅助面．随着反对称部分$M_{[jk]}$比重的增大，T_1逐渐增大，T_2逐渐减小，λ也随之增大．

4. 标量地震矩

在具有厚度和滑动弱化区域的断层模型中，非对称地震矩张量M_{jk}可分解为一个对称矩张量$M_{(jk)}$和一个反对称矩张量$M_{[jk]}$：

$$M_{jk} = M_{(jk)} + M_{[jk]}.$$

因为M_{jk}^u对称，M_{jk}^w非对称，所以对称分量$M_{(jk)}$中有M_{jk}^u和M_{jk}^w（通过M_{jk}^w的对称分量$M_{(jk)}^w$）两者的贡献．在此情况下，若假设震源对应的矩张量为对称矩张量，即假定$M_{jk} = M_{(jk)}$，此矩张量仍然受到断层厚度的地震效应的影响(即受M_{jk}^w项的影响)．将由$M_{(jk)}$求得的标量地震矩记为M_0'，这便是忽略断层厚度的地震效应得到的标量地震矩．

考虑断层厚度的地震效应后，将位错对应的标量地震矩记为M_0，拉力项对应的矩记为M_0^w，由式(10.55)和式(10.54)可得

$$T_2 = \mu \Delta u A = M_0, \tag{10.56}$$

$$T_1 = \mu \Delta u A + \Delta\sigma \Delta W A_\varepsilon = M_0 + M_0^w. \tag{10.57}$$

由于

$$T_1 = n_n^1 (M_{(jk)} + M_{[jk]}) e_k^1 = M_0' + \frac{1}{2} M_0^w,$$

$$T_2 = n_n^2 (M_{(jk)} + M_{[jk]}) e_k^2 = M_0' - \frac{1}{2} M_0^w,$$

代入式(10.56)和式(10.57)后，两式相加得

$$M_0' = M_0 + \frac{1}{2} M_0^w. \tag{10.58}$$

上式表明考虑断层厚度的地震效应后，与对称矩张量相应的标量地震矩由M_0增大为M_0'，二者之差为$M_0^w/2$[参见 Knopoff and Chen, 2009, p.1100, 公式(41)]．这一结果可用于标量地震矩的对比和修正．

5. 具有厚度和滑动弱化区域的断层模型对非对称地震矩张量的约束

具有厚度和滑动弱化区域的断层模型与非对称地震矩张量对应，但只有特定的非对称矩张量才能用于表示该震源模型．或者说，断层模型对非对称地震矩张量有约束．相关的约束可作为地震矩张量反演的约束条件．

对于与位错项对应的矩张量M_{jk}^u，需要将其约束为对称矩张量$M_{jk}^u = M_{(jk)}^u$，还可进一步约束其各向同性分量为零，M_{jk}^u=0．

对于与拉力项对应的矩张量M_{jk}^{w}，由式(10.50)易得约束条件：

$$M_{jk}^{w}=M_{0}^{w}e_{j}n_{k}\ .$$

上式将单力偶M_{jk}^{w}的力的方向约束为$\pm e_{j}$，力臂的方向约束为n_{k}，力矩的方向约束为$-\boldsymbol{e}\times\boldsymbol{n}$．若反演$M_{jk}^{w}$，$M_{jk}^{w}$的力臂方向、作用力方向和力矩方向应由约束条件控制，与震源模型保持一致．

对于反演得到矩张量M_{jk}，可按本章第二节(二)3 中的方法判断出断层面，再利用约束条件$M_{jk}^{w}=M_{0}^{w}e_{j}n_{k}$求出$M_{0}$，$M_{0}^{w}$和$M_{jk}^{w}$．这样矩张量$M_{jk}$在约束后变为$M'_{jk}$：

$$M'_{jk}=M_{jk}^{u}+M_{jk}^{w}=M_{0}(e_{j}n_{k}+e_{k}n_{j})+M_{0}^{w}e_{j}n_{k}\ .$$

利用约束条件，我们才可以将M_{jk}^{u}和M_{jk}^{w}从非对称矩张量M_{jk}中分离并求解，得到满足约束条件的地震矩张量M'_{jk}，通常$M'_{jk}\neq M_{jk}$．在从M_{jk}求解M'_{jk}的过程中，M_{jk}中与震源模型不一致的部分被舍弃，使约束后的地震矩张量M'_{jk}与模型保持一致．

由有厚度的断层模型与非对称地震矩张量的约束可以看出，只有特定的非对称矩张量M'_{jk}才能表示具有厚度和滑动弱化区域的断层模型、并从中分离出与位错和拉力对应的矩张量M_{jk}^{u}和M_{jk}^{w}．

概括地说，考虑具有厚度和滑动弱化区域的断层模型，位移项u引起的远场位移与断层厚度为零时相同，拉力项T引起的远场位移不再为零．利用格林函数的远场近似，可得到震源对应的非对称地震矩张量表示式：

$$M_{jk}(t)=M_{jk}^{u}(t)+M_{jk}^{w}(t)=\mu\Delta uA(e_{j}n_{k}+e_{k}n_{j})+\Delta\sigma\Delta WA_{\varepsilon}e_{j}n_{k}\ .$$

$M_{jk}^{u}(t)$与断层的位错相关，$M_{jk}^{w}(t)$与断层面上的应力变化相关，二者起源不同，时间历程也不相同．但对于一次地震事件，考虑整个断层的破裂，$M_{jk}^{u}(t)$和$M_{jk}^{w}(t)$的时间历程主要是由断层的破裂过程决定的，因此近似地具有相同的归一化震源时间函数．

非对称地震矩张量与对称地震矩张量不同，它消除了断层面的不确定性．由于M_{jk}^{w}的存在，两个节面上，沿位错矢量方向，力偶强度不再相同．根据具有厚度和滑动弱化区域的断层模型，可判断与较大力偶相联系的节面为断层面，与较小力偶相联系的节面为辅助面．

考虑断层厚度的地震效应后，拉力项对标量地震矩也有贡献，标量地震矩不再是$M_{0}=\mu\Delta uA$，而是M'_{0}：

$$M'_{0}=M_{0}+\frac{1}{2}\Delta\sigma\Delta WA_{\varepsilon}\ ,$$

式中，因子 1/2 的引进是因为单位矩的单力偶的辐射是单位矩的双力偶的辐射的 1/2．因此，若忽略拉力项，只按通常的标量地震矩计算，会高估位错项对应的标量地震矩(1/2) $\Delta\sigma\Delta WA_{\varepsilon}$ (Knopoff and Chen, 2009)．

并非所有的非对称地震矩张量都能用于表示有厚度的断层．在对对称矩张量的常见约束基础上，由 $M_{jk}^{w} = M_{0}^{w} e_{j} n_{k}$ 可知，震源模型对非对称矩张量的约束为：与 M_{jk}^{w} 对应的单力偶，力的方向为 $\pm e_{j}$，力臂的方向为 n_{k}，力矩的方向为 $-\boldsymbol{e} \times \boldsymbol{n}$．利用约束条件，人们才可以将 M_{jk}^{u} 和 M_{jk}^{w} 从非对称矩张量 M_{jk} 中分离出来并求解，从而得到与具有厚度和滑动弱化区的断层模型协调的地震矩张量 M'_{jk}．

在得到非对称地震矩张量表示式后，可以进而分析讨论震源时间函数、断层面解的不确定性、标量地震矩和震源模型对非对称地震矩张量的约束等问题并得到相应的结果．这些结果为非对称地震矩张量反演工作提供了理论基础．

第三节　非对称地震矩张量时间域反演：理论与方法

在震源物理研究中，作为二阶对称张量的地震矩张量已被广泛接受并且得到了成功的应用(Gilbert and Dziewonski, 1975; McCowan, 1976; Fitch *et al.*, 1980; Dziewonski *et al.*, 1981; Ekström, 1989)．基于天然地震是发生于地球内部的震源(内源)的前提，从角动量守恒可得出地震矩张量具有对称性的结论(Backus and Mulcahy, 1976a, b; Aki and Richards, 1980; Kennett, 1983)．然而，地震矩张量的对称性不过是在一定条件下引入的简化和限制，并不是绝对必要的(Takei and Kumazawa, 1995)．在平面断层的假设下，对称矩张量是地震震源的很好的近似．但是，如果研究更为接近实际的震源模型，例如考虑震源区的质量流动(Takei and Kumazawa, 1994)，或考虑断层具有厚度和强度弱化区域(Knopoff and Chen, 2009)，则需要引入非对称矩张量以表示相应的地震效应．

如果考虑到地震是发生在具有厚度和强度弱化区域的断层上，那么在远场，地震波对应的震源项，要比不计及断层厚度和强度弱化区域的剪切位错震源(Burridge and Knopoff, 1964)多出一个单力偶项(Knopoff and Chen, 2009)．与这个单力偶项对应的地震矩张量是非对称张量，从而与计及断层厚度和强度弱化区域的剪切位错震源对应的地震矩张量也是非对称张量．与对称地震矩张量不同，非对称地震矩张量中的反对称部分使得断层面解中方向相反的两对正交的单力偶的矩不再相等．因此，根据具有厚度的断层模型，可判断与力偶矩较大的单力偶相联系的节面为断层面，另一节面则为辅助面(刘超和陈运泰，2014)．

在这一节里，我们将在上述工作的基础上，进一步研究时间域内的非对称地震矩张量反演的基本理论与方法，特别是研究从对称地震矩张量反演到非对称地震矩张量反演，是否存在过度拟合，以及影响非对称地震矩张量反演的因素等问题，并将通过数值试验，检验非对称地震矩张量反演方法的可行性．

(一)理论与方法

1. 理论

非对称地震矩张量反演的基本理论与方法和对称地震矩张量反演类似，只需在对称地震矩张量反演的基础上略加改动，即可实现非对称地震矩张量反演．参考对称地震矩张量反演的思路，可将作为观测点位置 x 和时间 t 函数的地面运动位移 $u_{i}(\boldsymbol{x}, t)$ 表示为作为时间函数的地震矩张量 $M_{jk}(t)$ 和与其相对应的格林函数 $G_{ij,k}(\boldsymbol{x},t;\boldsymbol{0},0)$ 卷积的线性组合(刘超等, 2008; 刘超, 2011; 刘超和陈运泰, 2014)：

$$u_i(\boldsymbol{x},t)=G_{ij,k}(\boldsymbol{x},t;\boldsymbol{0},0)*M_{jk}(t)\,, \tag{10.59}$$

式中，“*”表示卷积；$M_{jk}(t)$ 为表征震源特性的、作为时间函数的非对称地震矩张量，$G_{ij,k}(\boldsymbol{x},t;\boldsymbol{0},0)$ 为与其相对应的格林函数．在具有厚度的地震断层模型中(Knopoff and Chen, 2009; 刘超, 2011; 刘超和陈运泰, 2014)，

$$M_{jk}(t)=M_{jk}^{u}(t)=M_{jk}^{T}(t)\,, \tag{10.60}$$

式中，M_{jk}^{u} 和 M_{jk}^{T} 分别为与断层面上的位错 u 和应力错 T 相联系的、含时(依赖于时间的)地震矩张量：

$$\begin{cases}M_{jk}^{u}(t)=\iint\limits_{\Sigma}m_{jk}^{u}(\boldsymbol{\xi},t)\mathrm{d}\Sigma(\boldsymbol{\xi}),\\ M_{jk}^{T}(t)=\iint\limits_{\Sigma}m_{jk}^{T}(\boldsymbol{\xi},t)\mathrm{d}\Sigma(\boldsymbol{\xi}),\end{cases} \tag{10.61}$$

式中，$m_{jk}^{u}(\boldsymbol{\xi},t)$ 和 $m_{jk}^{T}(\boldsymbol{\xi},t)$ 分别为与断层面上的位错 u 和应力错 T 相联系的、作为时间 t 与位置 $\boldsymbol{\xi}$ 函数的地震矩张量密度(又称“地震矩密度张量”)．在式(10.52)与式(10.53)中，由于 $M_{jk}^{u}(t)$ 为二阶对称张量，$M_{jk}^{T}(t)$ 为二阶非对称张量，所以 $M_{jk}(t)$ 为二阶非对称张量，即 $M_{jk}(t)\neq M_{kj}(t)$．

由式(10.52)，可将式(10.51)改写为：

$$\begin{aligned}u_i(\boldsymbol{x},t)&=G_{ij,k}(\boldsymbol{x},t;\boldsymbol{0},0)*[M_{jk}^{u}(t)+M_{jk}^{T}(t)],\\ u_i(\boldsymbol{x},t)&=G_{ij,k}(\boldsymbol{x},t;\boldsymbol{0},0)*[M_{jk}^{u}\cdot S^{u}(t)+M_{jk}^{T}\cdot S^{T}(t)],\end{aligned} \tag{10.62}$$

式中，$S^{u}(t)$ 和 $S^{T}(t)$ 分别为与 $M_{jk}^{u}(t)$ 和 $M_{jk}^{T}(t)$ 对应的归一化震源时间函数，M_{jk}^{u} 和 M_{jk}^{T} 分别为与 $M_{jk}^{u}(t)$ 和 $M_{jk}^{T}(t)$ 对应的不含时间的非对称地震矩张量：

$$\begin{cases}M_{jk}^{u}(t)=M_{jk}^{u}\cdot S^{u}(t),\\ M_{jk}^{T}(t)=M_{jk}^{T}\cdot S^{T}(t).\end{cases} \tag{10.63}$$

对于断层面上的某一点 $\boldsymbol{\xi}$，$m_{jk}^{u}(\boldsymbol{\xi},t)$ 和 $m_{jk}^{T}(\boldsymbol{\xi},t)$ 的时间历程不相同：$m_{jk}^{u}(\boldsymbol{\xi},t)$ 对应滑动开始到滑动停止的过程，持续时间为 T_s；$m_{jk}^{T}(\boldsymbol{\xi},t)$ 对应强度弱化过程，持续时间为 T_s'，$T_s>T_s'$．对于一次地震事件，$M_{jk}^{u}(t)$ 的持续时间为整个断层面的破裂时间 T_s^{Total}；$M_{jk}^{T}(t)$ 的持续时间为 $T_s^{\mathrm{Total}}-(T_s-T_s')$．由于断层面上一点的滑动持续时间 T_s 远小于整个断层面的破裂时间 T_s^{Total} (Thomas, 1990; Nielsen and Madariaga, 2003)：$T_s\ll T_s^{\mathrm{Total}}$，所以 $T_s-T_s'\ll T_s^{\mathrm{Total}}$，也即 $M_{jk}^{T}(t)$ 的持续时间近似等于 T_s^{Total}．因此，$M_{jk}^{u}(t)$ 和 $M_{jk}^{T}(t)$ 具有相同的、由断层面的破裂过程决定的归一化震源时间函数：$S^{u}(t)\approx S^{T}(t)\approx S(t)$，从而由式(10.62)与式(10.63)可将 $u_i(\boldsymbol{x},t)$ 表示为

$$u_i(\boldsymbol{x},t)=G_{ij,k}(\boldsymbol{x},t;\boldsymbol{0},0)*(M_{jk}^u+M_{jk}^T)S(t),$$
$$u_i(\boldsymbol{x},t)=G_{ij,k}(\boldsymbol{x},t;\boldsymbol{0},0)M_{jk}*S(t). \tag{10.64}$$

利用上式，可将对非对称地震矩张量 $M_{jk}(t)$ 的反演转换为分别对不含时间的非对称地震矩张量 M_{jk} 和 $S(t)$ 进行的线性反演．若是反演 M_{jk}，则有 9 个待解参量；若是反演 $S(t)$，则当用 N 个离散点表示震源时间函数 $S(t)$ 时，便有 N 个待解参量．归一化震源时间函数 $S(t)$ 是由断层面的破裂过程决定的，理论上与波传播速度无关．实际上，由于破裂传播效应，由不同型式的波(如 P 波、S 波)反演得到的 $S(t)$ 与波型有关，我们分别称由 P 波和 S 波反演得到的归一化震源时间函数为 P 波震源时间函数 $S^{\mathrm{P}}(t)$ 和 S 波震源时间函数 $S^{\mathrm{S}}(t)$．

2. *方法*

与对称地震矩张量反演对比可发现，从对称地震矩张量反演到非对称地震矩张量反演，只是增加了 3 个待解参量．对称地震矩张量反演的方法和步骤，既可用于对称地震矩张量反演，也可用于非对称地震矩张量反演．只是当地震矩张量对称时，$M_{jk}=M_{kj}$，地震矩张量 M_{jk} 的待解参数减为 6 个；当地震矩张量非对称时，地震矩张量的待解参数为 9 个．因此，只要将对称地震矩张量反演方法和程序作适当修改后便可用于非对称地震矩张量反演．

在反演非对称地震矩张量时，先利用对称地震矩张量反演，分别得到垂直向 P 波和水平向 S 波的震源时间函数，再联合反演非对称地震矩张量．具体步骤如下所述．

(1) 选择 9 个地震矩张量作为基本地震矩张量 M'_{jk}，进行一次正演，得到与 M'_{jk} 对应的格林函数 $G_{ij,k}$．这 9 个基本地震矩张量 M'_{jk} 为

$$\begin{cases} M'_{11}=\begin{bmatrix}1&0&0\\0&0&0\\0&0&0\end{bmatrix},\quad M'_{12}=\begin{bmatrix}0&1&0\\0&0&0\\0&0&0\end{bmatrix},\quad M'_{13}=\begin{bmatrix}0&0&1\\0&0&0\\0&0&0\end{bmatrix},\\ M'_{21}=\begin{bmatrix}0&0&0\\1&0&0\\0&0&0\end{bmatrix},\quad M'_{22}=\begin{bmatrix}0&0&0\\0&1&0\\0&0&0\end{bmatrix},\quad M'_{23}=\begin{bmatrix}0&0&0\\0&0&1\\0&0&0\end{bmatrix},\\ M'_{31}=\begin{bmatrix}0&0&0\\0&0&0\\1&0&0\end{bmatrix},\quad M'_{32}=\begin{bmatrix}0&0&0\\0&1&0\\0&0&0\end{bmatrix},\quad M'_{33}=\begin{bmatrix}0&0&0\\0&0&0\\0&0&1\end{bmatrix}; \end{cases} \tag{10.65}$$

(2) 合成对称地震矩张量反演所需的格林函数 $G_{ij,k}(\boldsymbol{x},t;\boldsymbol{0},0)$；

(3) 利用 P 波进行对称地震矩张量反演，得到 P 波震源时间函数 $S^{\mathrm{P}}(\tau)$；

(4) 利用 S 波进行对称地震矩张量反演，得到 S 波震源时间函数 $S^{\mathrm{S}}(\tau)$；

(5) 用 u_i^{P} 和 $G_{ij,k}^{\mathrm{P}}$ 分别表示 P 波观测数据和格林函数，用 u_i^{S} 和 $G_{ij,k}^{\mathrm{S}}$ 分别表示 S 波观测数据和格林函数，令

$$u_i = \begin{bmatrix} u_i^{\mathrm{P}} \\ u_i^{\mathrm{S}} \end{bmatrix}, \quad G_{ij,k} = \begin{bmatrix} G_{ij,k}^{\mathrm{P}} \\ G_{ij,k}^{\mathrm{S}} \end{bmatrix}, \quad S = \begin{bmatrix} S^{\mathrm{P}} \\ S^{\mathrm{S}} \end{bmatrix}, \tag{10.66}$$

将上式代入式(10.64)中，只剩下地震矩张量 M_{jk} 未知；

(6)将 $S(t)$ 与 $G_{ij,k}(\boldsymbol{x}, t; \mathbf{0}, 0)$ 卷积得到

$$G'_{ij,k}(\boldsymbol{x}, t) = G_{ij,k}(\boldsymbol{x}, t; \mathbf{0}, 0) * S(t),$$

即可将式(10.64)进一步简化为

$$u_i(\boldsymbol{x}, t) = G'_{ij,k}(\boldsymbol{x}, t) M_{jk}, \tag{10.67}$$

据此即可线性地反演出地震矩张量 M_{jk} .

在反演非对称地震矩张量 M_{jk} 时，由式(10.64)可知，需要分别计算出 M_{jk} 中 9 个分量对应的格林函数 $G_{ij,k}$ 用于构建反演问题的系数矩阵．非对称地震矩张量的各个分量能否被精确反演，与格林函数是否携带了相应的震源信息密切相关．在对称地震矩张量反演时，利用垂直向 P 波位移数据即可反演其 6 个分量．然而，在非对称地震矩张量反演时，若是单用垂直向 P 波位移数据将会导致无法区分 M_{xy} 和 M_{yx} 这两个分量，需要加入水平向的信号进行联合反演(刘超和陈运泰, 2014)．这是非对称地震矩张量反演与对称地震矩张量反演的最大区别．

考虑到 S 波的水平向地震信号有较高的信噪比，可运用 S 波水平向数据与 P 波垂直向数据联合反演非对称地震矩张量．对于 S 波，可将计算的格林函数旋转到 N-S 分量和 E-W 分量后，再用于反演．不选择 SH 波而分别选择 N-S 分量和 E-W 分量，是因为在数据处理实践中，选择 N-S 分量和 E-W 分量可获得更多可靠的 S 波信号．SH 波是通过旋转 N-S 向和 E-W 向的水平记录得到的．这要求两个水平分向的仪器响应参量、标定参量、极性和授时等都准确无误．而在处理 S 波波形数据时，两个水平分量记录的不一致性很难识别(如极性反转、标定不准确、仪器响应误差或授时不一致等)，这使得部分错误的 SH 波被用于反演，增大了反演的不确定性．另一方面，即使识别出不一致的水平向地震数据，也只能将两条数据同时舍弃，减少了用于反演的 SH 波数量．但是，如果我们单独选择可用的 N-S 分量或 E-W 分量数据用于反演，则只需旋转理论计算的水平向格林函数，从而避免了对水平两向数据的一致性检查，并且使得可利用的 S 波波形数据增多．在 S 波与 P 波的联合反演中，数据的反演权重会自动调整，使得每一条单独的 P 波或 S 波波形数据，都具有相同的反演权重．

3. 非对称地震矩张量反演是否过度拟合

即使不涉及震源的理论模型，单从数据反演的角度，需要回答的一个重要问题是：非对称地震矩张量反演是否只是因增加了 3 个模型参量提高了对数据的拟合程度，而增加的 3 个参数并不是必需的？或者说，从对称地震矩张量反演到非对称地震矩张量反演，是否存在过度拟合问题？

为回答这个问题，可以引入赤池信息准则(Akaike Information Criterion, 简称 AIC 准则)．按照 AIC 准则，衡量是否过度拟合的 AIC 值由下式表示(Akaike, 1974)：

$$\mathrm{AIC} = N_c N \ln E + 2N_{\mathrm{MT}}\,, \tag{10.68}$$

式中，已略去常数项，N_c 为波形数，N 为每条波形的抽样点数，N_{MT} 为反演地震矩张量的自由度(对称地震矩张量 $N_{\mathrm{MT}}=6$，非对称地震矩张量 $N_{\mathrm{MT}}=9$)，E 为反演残差，定义为

$$E = \sum_{i=1}^{N_c}\sum_{1}^{N}(u_i - s_i)^2, \tag{10.69}$$

式中，u_i 为观测波形，s_i 为拟合波形．利用 AIC 值可挑选同一反演条件下的最佳模型．所谓最佳模型是指该模型既能很好地拟合数据，又具有最少的模型参量．AIC 值的大小不具有绝对意义，只具有相对意义．在比较不同模型的 AIC 值时，较小的 AIC 值对应较优的模型．

在非对称地震矩张量反演时，可利用同一组数据进行对称地震矩张量反演．比较两次反演结果的 AIC 值即可判定对称地震矩张量和非对称地震矩张量孰为更优的模型，从而判定非对称地震矩张量反演是否存在过度拟合问题．

(二) 地震矩张量的矢量表示法

在反演结果的误差分析中，需要定量描述地震矩张量之间的差异．这涉及地震矩张量的分解和分类方法．地震矩张量的分解是不唯一的，地震矩张量的分解与分类应视问题的物理内涵而定．在设定矩张量的分解分类标准时，往往希望这种分类方法既能直接服务于特定的研究内容，又具有清晰直观的物理图像．

常见的地震矩张量分类表示方法，在运用时常具有以下一些不足：对地震矩张量间的差异无法完整统一地定量描述；描述参数的权重难以定量确定；难以推广到非对称地震矩张量的分析．在地理坐标系中，可通过定义走向(strike)、倾角(dip)和滑动角(slip)来表示地震矩张量中的直流(DC)分量(“零频”分量)所对应的断层面参量． 但这三个描述参量间的权重则难以定量确定：倾角较小时，震源类型的相似性较大；倾角较大时，震源类型的相似性较小．Kagan(1991)提出利用两 DC 分量对齐所需的最小空间旋转角(“Kagan 角”)来描述 DC 分量之间差异．考虑到两个完全相反的 DC 分量(T 轴和 P 轴互换)，绕 B 轴转动 90°度即可对齐，而另一些 DC 分量之间需要转动 120°才能对齐，Kagan 角并不是一个描述地震矩张量之间差异的特别合理的参量．利用地震矩张量的 ***e-k*** 分类法(Hudson *et al.*, 1989)虽然可以定量分析各向同性(ISO)分量、直流(DC)分量和补偿线性矢量偶极(CLVD)分量，但仍然难以确定 ***e-k*** 参数和本征轴参数之间的权重．尤其重要的是，上述这些方法都很难运用于非对称地震矩张量分析．

为克服上述困难，我们在这里引入地震矩张量的矢量表示法(Willemann, 1993)，利用地震矩张量内积的性质，将地震矩张量之间的距离定义为矢量之间的夹角．地震矩张量的矢量表示法还可以自然地推广到非对称地震矩张量分析中．

对于地震矩张量 M_{ij} 和 N_{ij}，其内积为

$$M_{ij}N_{ij}\,. \tag{10.70}$$

对于迹为零(ISO=0)的地震矩张量，其内积作为第三不变量，与坐标系选择无关(Kagan and Knopoff, 1985)．若不关心地震矩张量的大小、只关心地震矩张量的类型，可利用标

量地震矩 M_0 定义归一化地震矩张量 m_{ij}，它使得对于任意地震矩张量 M_{ij}，满足：

$$M_{ij} = M_0 m_{ij}, \tag{10.71}$$

$$m_{ij} m_{ij} = 2, \tag{10.72}$$

即归一化地震矩张量 m_{ij} 自身的内积为 2．很自然地，可利用归一化地震矩张量的内积 J_3 描述 m_{ij} 和 n_{ij} 之间的差异：

$$\mathrm{J}_3 = m_{ij} n_{ij}. \tag{10.73}$$

J_3 在[−2, 2]上变化：当 $m_{ij} = n_{ij}$ 时，$\mathrm{J}_3 = 2$；当 $m_{ij} = -n_{ij}$ 时，$\mathrm{J}_3 = -2$．

定义 m_{ij} 和 n_{ij} 之间的距离 D 为

$$D = \arccos\left(\frac{\mathrm{J}_3}{2}\right) = \arccos\left(\frac{m_{ij} n_{ij}}{2}\right). \tag{10.74}$$

这样定义的 D 具有角度的量纲，与地震矩张量在矢量空间中的旋转相联系．D 在[0, π]上变化：当地震矩张量相同（$m_{ij} = n_{ij}$）时，距离最小（$D=0$）；当地震矩张量相反（$m_{ij} = -n_{ij}$）时，距离最大（$D=\pi$）．

选择这种定义距离的方法，使得 D 在数学上有以下优点：

（1）距离 D 与坐标系选择无关，是地震矩张量之间差异的客观量度．

（2）D 是非负的．

（3）D 满足三角不等式：$D_{ij} + D_{jk} \geqslant D_{ik}$．

（4）相同的地震矩张量之间的距离最小，为 0；相反的地震矩张量之间的距离最大，为 π．

（5）可自然地推广到非对称地震矩张量．

从距离 D 的定义可以看出，与 m_{ij} 距离为 D 的地震矩张量 n_{ij} 是不唯一的． 这一特点在地震矩张量的矢量表示中需要注意．

（三）格林函数对地震矩张量反演的影响

运用 Kennett 的广义反射、透射系数矩阵法（Kennett and Kerry, 1979; Kennett, 1980, 1983）和相关程序（李旭, 1993; 李旭等, 1994; 李旭和陈运泰, 1996）计算格林函数．运用中将原程序用 MatLab 重新编写并优化，以提高计算速度．这种方法可较快地求出分层均匀介质中的全波理论地震图，受限制因素较少，适合于反演工作中格林函数的计算．

本节将通过分析格林函数与矩张量各分量之间的关系，指出：在非对称矩张量反演时，若仅用垂直向数据，将无法区分 M_{xy} 和 M_{yx} 这两个分量；需要引入水平向数据进行联合反演以区分 M_{xy} 和 M_{yx}．

利用地球展平变换，可将地球的球形分层速度结构模型变换为水平分层速度结构模型．采用柱坐标系 (r, θ, z)，坐标原点取在震中，z 轴取垂直向下为正，相应的基矢量为 $(\hat{\boldsymbol{r}}, \hat{\boldsymbol{\theta}}, \hat{\boldsymbol{z}})$，坐标系遵循右手法则．

引入一组面谐矢量 $(\boldsymbol{R}_k^m, \boldsymbol{S}_k^m, \boldsymbol{T}_k^m)$：

$$\begin{cases} \boldsymbol{R}_k^m = \hat{\boldsymbol{z}} Y_k^m(r,\theta), \\ \boldsymbol{S}_k^m = \dfrac{1}{k}\nabla_1 Y_k^m(r,\theta), \\ \boldsymbol{T}_k^m = -\dfrac{1}{k}\hat{\boldsymbol{z}}\times\nabla_1 Y_k^m(r,\theta), \end{cases} \tag{10.75}$$

式中，$Y_k^m(r,\theta)=J_m(kr)\exp(\mathrm{i}m\theta)$，$\nabla_1=\hat{\boldsymbol{r}}\partial_r+\hat{\boldsymbol{\theta}}(1/r)\partial_\theta$，$J_m(kr)$是第一类 m 阶贝塞尔函数，m 是整数，exp 表示指数. 位移 $\boldsymbol{u}$ 可表示为

$$\boldsymbol{u}(r,\theta,z)=u_r\hat{\boldsymbol{r}}+u_\theta\hat{\boldsymbol{\theta}}+u_z\hat{\boldsymbol{z}}=\frac{1}{2\pi}\int_{-\infty}^{\infty}\mathrm{d}\omega\exp(-\mathrm{i}\omega t)\int_0^{\infty}\mathrm{d}kk\sum_m(U\boldsymbol{R}_k^m+V\boldsymbol{S}_k^m+W\boldsymbol{T}_k^m), \tag{10.76}$$

式中，位移 $\boldsymbol{u}$ 各分量的表示式为：

$$\begin{cases} u_z(r,\theta,z,t)=\dfrac{1}{2\pi}\displaystyle\int_{-\infty}^{\infty}\mathrm{d}\omega\exp(-\mathrm{i}\omega t)\int_0^{\infty}\mathrm{d}kk\sum_{m=-2}^{2}U(k,m,z,\omega)J_m(kr)\exp(\mathrm{i}m\theta), \\ u_r(r,\theta,z,t)=\dfrac{1}{2\pi}\displaystyle\int_{-\infty}^{\infty}\mathrm{d}\omega\exp(-\mathrm{i}\omega t)\int_0^{\infty}\mathrm{d}kk\left(V(k,m,z,\omega)\frac{\partial J_m(kr)}{\partial(kr)}+W(k,m,z,\omega)\mathrm{i}m\frac{J_m(kr)}{kr}\right)\exp(\mathrm{i}m\theta), \\ u_\theta(r,\theta,z,t)=\dfrac{1}{2\pi}\displaystyle\int_{-\infty}^{\infty}\mathrm{d}\omega\exp(-\mathrm{i}\omega t)\int_0^{\infty}\mathrm{d}kk\sum_{m=-2}^{2}\left(V(k,m,z,\omega)\frac{J_m(kr)}{kr}-W(k,m,z,\omega)\frac{\partial J_m(kr)}{\partial(kr)}\right)\exp(\mathrm{i}m\theta). \end{cases} \tag{10.77}$$

由上式可以看出，经过面谐矢量展开，在位移 $\boldsymbol{u}$ 的表示式中，u_z 只与 U 有关，与 V，W 无关；u_r 和 u_θ 则都与 V，W 有关，与 U 无关：

$$\begin{cases} u_z=f_z(U), \\ u_r=f_r(V,W), \\ u_\theta=f_\theta(V,W). \end{cases} \tag{10.78}$$

假设在水平分层均匀介质内部 $z=z_{\mathrm{S}}$ 处有一点源，它在自由表面 $z=z_0$ 产生的位移为(Kennett and Kerry, 1979)

$$\boldsymbol{W}(z_0)=\boldsymbol{R}_{\mathrm{EV}}(\boldsymbol{I}-\boldsymbol{R}_{\mathrm{D}}^{\mathrm{RS}}\tilde{\boldsymbol{R}})^{-1}\boldsymbol{T}_{\mathrm{D}}^{\mathrm{RS}}(\boldsymbol{I}-\boldsymbol{R}_{\mathrm{D}}^{\mathrm{SL}}\boldsymbol{R}_{\mathrm{U}}^{\mathrm{FS}})^{-1}[\boldsymbol{R}_{\mathrm{D}}^{\mathrm{SL}}\boldsymbol{\Sigma}_{\mathrm{D}}(z_{\mathrm{S}})-\boldsymbol{\Sigma}_{\mathrm{U}}(z_{\mathrm{S}})], \tag{10.79}$$

式中，

$\boldsymbol{R}_{\mathrm{EV}}$ ——自由表面的接收系数矩阵；

$\tilde{\boldsymbol{R}}$ ——自由表面的反射系数矩阵；

$\boldsymbol{R}_{\mathrm{D}}^{\mathrm{RS}}$ ——自由表面与震源之间下行波的广义反射系数矩阵；

$\boldsymbol{T}_{\mathrm{D}}^{\mathrm{RS}}$ ——自由表面与震源之间上行波的广义透射系数矩阵；

$\boldsymbol{R}_{\mathrm{D}}^{\mathrm{SL}}$ ——震源与底界面之间下行波的广义反射系数矩阵；

$\boldsymbol{R}_{\mathrm{U}}^{\mathrm{FS}}$ ——震源与自由表面之间上行波的广义反射系数矩阵(包括自由表面的反射作用)；

$\boldsymbol{\Sigma}_{\mathrm{D}}$ 和 $\boldsymbol{\Sigma}_{\mathrm{U}}$ 为表示震源的波矢量间断矩阵.

由上式可看出，面谐矢量位移解 $\boldsymbol{W}(z_0)$ 包含了自由表面的反射、层间的多次反射、

透射以及 PS-V 波的相互转换等所有作用，是完全响应的位移解．为突出震源项与位移解的关系，可将上式改写为

$$\boldsymbol{W}(z_0) = f_W(\boldsymbol{\Sigma}_{\mathrm{D}}, \boldsymbol{\Sigma}_{\mathrm{U}}) . \tag{10.80}$$

对于 P 波和 SV 波，

$$\boldsymbol{W} = \begin{bmatrix} U \\ V \end{bmatrix}, \boldsymbol{\Sigma}_{\mathrm{D}} = \begin{bmatrix} \phi^{\mathrm{D}} \\ \psi^{\mathrm{D}} \end{bmatrix}, \boldsymbol{\Sigma}_{\mathrm{D}} = \begin{bmatrix} \phi^{\mathrm{U}} \\ \psi^{\mathrm{U}} \end{bmatrix}, \tag{10.81}$$

代入式(10.79)得

$$\begin{bmatrix} U \\ V \end{bmatrix} = f_W\left(\begin{bmatrix} \phi^{\mathrm{D}} \\ \psi^{\mathrm{D}} \end{bmatrix}, \begin{bmatrix} \phi^{\mathrm{U}} \\ \psi^{\mathrm{U}} \end{bmatrix}\right), \tag{10.82}$$

将上式改写为

$$\begin{cases} U = f_U(\phi^{\mathrm{D}}, \psi^{\mathrm{D}}, \phi^{\mathrm{U}}, \psi^{\mathrm{U}}), \\ V = f_V(\phi^{\mathrm{D}}, \psi^{\mathrm{D}}, \phi^{\mathrm{U}}, \psi^{\mathrm{U}}). \end{cases} \tag{10.83}$$

对于 SH 波，

$$\boldsymbol{W} = W, \boldsymbol{\Sigma}_{\mathrm{D}} = \chi^{\mathrm{D}},\ \boldsymbol{\Sigma}_{\mathrm{U}} = \chi^{\mathrm{U}}, \tag{10.84}$$

代入式(10.79)得

$$W = f_W(\chi^{\mathrm{D}}, \chi^{\mathrm{U}}) . \tag{10.85}$$

由式(10.83)和式(10.85)可以看出，面谐矢量位移解 $\boldsymbol{W}$ 中，U 和 V 与震源项 ϕ^{D}，ψ^{D}，ϕ^{U}，ψ^{U} 有关，W 与震源项 χ^{D}，χ^{U} 有关．利用式(10.83)和式(10.85)，可将式(10.78)改写为

$$\begin{cases} u_z = f_z'(\phi^{\mathrm{D}}, \psi^{\mathrm{D}}, \phi^{\mathrm{U}}, \psi^{\mathrm{U}}), \\ u_r = f_r'(\phi^{\mathrm{D}}, \psi^{\mathrm{D}}, \phi^{\mathrm{U}}, \psi^{\mathrm{U}}, \chi^{\mathrm{D}}, \chi^{\mathrm{U}}), \\ u_\theta = f_\theta'(\phi^{\mathrm{D}}, \psi^{\mathrm{D}}, \phi^{\mathrm{U}}, \psi^{\mathrm{U}}, \chi^{\mathrm{D}}, \chi^{\mathrm{U}}). \end{cases} \tag{10.86}$$

在直角坐标系中(李旭, 1993)，当 m=0 时：

$$\begin{cases} \phi^{\mathrm{U}} = (2\rho q_\alpha)^{-1}\left\{-q_\alpha\omega^{-1}\varepsilon_z + \mathrm{i}\left[\dfrac{1}{2}p^2 M_1 + \dfrac{1}{\alpha^2}M_{zz}\right]\right\}, \\ \phi^{\mathrm{D}} = (2\rho q_\alpha)^{-1}\left\{-q_\alpha\omega^{-1}\varepsilon_z - \mathrm{i}\left[\dfrac{1}{2}p^2 M_1 + \dfrac{1}{\alpha^2}M_{zz}\right]\right\}, \\ \psi^{\mathrm{U}} = (2\rho q_\beta)^{-1}\left\{\mathrm{i}p\omega^{-1}\varepsilon_z - \dfrac{1}{2}pq_\beta M_1\right\}, \\ \psi^{\mathrm{D}} = (2\rho q_\beta)^{-1}\left\{-\mathrm{i}p\omega^{-1}\varepsilon_z - \dfrac{1}{2}pq_\beta M_1\right\}, \\ \chi^{\mathrm{U}} = (2\rho\beta q_\beta)^{-1}\left\{\dfrac{1}{2}\mathrm{i}pN_1\right\}, \\ \chi^{\mathrm{D}} = (2\rho\beta q_\beta)^{-1}\left\{-\dfrac{1}{2}\mathrm{i}pN_1\right\}; \end{cases} \tag{10.87}$$

当 $m = \pm 1$ 时：

$$\begin{cases} \phi^{\mathrm{U}} = (2\rho q_\alpha)^{-1}\left\{\dfrac{1}{2}\mathrm{i}p\omega^{-1}(\mp\varepsilon_x + \mathrm{i}\varepsilon_y) + pq_\alpha\left[p_\pm - \dfrac{1}{2}(\mathrm{i}N_3 \pm N_2)\right]\right\}, \\ \phi^{\mathrm{D}} = (2\rho q_\alpha)^{-1}\left\{-\dfrac{1}{2}\mathrm{i}p\omega^{-1}(\mp\varepsilon_x + \mathrm{i}\varepsilon_y) + pq_\alpha\left[p_\pm - \dfrac{1}{2}(\mathrm{i}N_3 \pm N_2)\right]\right\}, \\ \psi^{\mathrm{U}} = (2\rho q_\beta)^{-1}\left\{-\dfrac{1}{2}q_\beta\omega^{-1}(\mp\varepsilon_x + \mathrm{i}\varepsilon_y) + \dfrac{1}{2}\mathrm{i}(\beta^{-2} - 2p^2)P_\pm + \dfrac{1}{2}\mathrm{i}p^2(\mathrm{i}N_3 \pm N_2)\right\}, \\ \psi^{\mathrm{D}} = (2\rho q_\beta)^{-1}\left\{-\dfrac{1}{2}q_\beta\omega^{-1}(\mp\varepsilon_x + \mathrm{i}\varepsilon_y) - \dfrac{1}{2}\mathrm{i}(\beta^{-2} - 2p^2)P_\pm - \dfrac{1}{2}\mathrm{i}p^2(\mathrm{i}N_3 \pm N_2)\right\}, \\ \chi^{\mathrm{U}} = (2\rho\beta q_\beta)^{-1}\left\{\dfrac{1}{2}\omega^{-1}(-\varepsilon_x \pm \mathrm{i}\varepsilon_y) + \dfrac{1}{2}q_\beta Q_\pm\right\}, \\ \chi^{\mathrm{D}} = (2\rho\beta q_\beta)^{-1}\left\{-\dfrac{1}{2}\omega^{-1}(-\varepsilon_x \pm \mathrm{i}\varepsilon_y) + \dfrac{1}{2}q_\beta Q_\pm\right\}; \end{cases} \tag{10.88}$$

当 $m = \pm 2$ 时：

$$\begin{cases} \phi^{\mathrm{U}} = (2\rho q_\alpha)^{-1}\left\{\dfrac{1}{4}\mathrm{i}p^2(N_4 + \mathrm{i}M_2)\right\}, \\ \phi^{\mathrm{D}} = (2\rho q_\alpha)^{-1}\left\{-\dfrac{1}{4}\mathrm{i}p^2(N_4 + \mathrm{i}M_2)\right\}, \\ \psi^{\mathrm{U}} = (2\rho q_\beta)^{-1}\left\{-\dfrac{1}{4}pq_\beta^2(N_4 + \mathrm{i}M_2)\right\}, \\ \psi^{\mathrm{D}} = (2\rho q_\beta)^{-1}\left\{-\dfrac{1}{4}pq_\beta^2(N_4 + \mathrm{i}M_2)\right\}, \\ \chi^{\mathrm{U}} = (2\rho\beta q_\beta)^{-1}\left\{\dfrac{1}{4}p(\pm N_4 + \mathrm{i}M_2)\right\}, \\ \chi^{\mathrm{D}} = (2\rho\beta q_\beta)^{-1}\left\{-\dfrac{1}{4}p(\pm N_4 + \mathrm{i}M_2)\right\}; \end{cases} \tag{10.89}$$

式中，

$$\begin{cases} M_1 = M_{xx} + M_{yy} - M_{zz}, \\ M_2 = M_{xy} + M_{yx}, \\ N_1 = M_{xy} - M_{yx}, \\ N_2 = M_{xz} - M_{zx}, \\ N_3 = M_{zy} - M_{yz}, \\ N_4 = M_{yy} - M_{xx}, \\ P_\pm = \pm M_{xz} - \mathrm{i}M_{yz}, \\ Q_\pm = \pm M_{yz} - \mathrm{i}M_{xz}. \end{cases} \tag{10.90}$$

将含有地震矩张量的表示式代入震源波矢量间断的表示式，并略去与单力 ε_x, ε_y 和 ε_z 相关的项，得到，

当 m=0 时，

$$\begin{cases} \phi^{\mathrm{U}} = (2\rho q_\alpha)^{-1}\left\{\dfrac{\mathrm{i}p^2}{2}(M_{xx}+M_{yy})+\mathrm{i}\left(\dfrac{1}{\alpha^2}-\dfrac{p^2}{2}\right)M_{zz}\right\}, \\ \phi^{\mathrm{D}} = (2\rho q_\alpha)^{-1}\left\{-\dfrac{\mathrm{i}p^2}{2}(M_{xx}+M_{yy})-\mathrm{i}\left(\dfrac{1}{\alpha^2}-\dfrac{p^2}{2}\right)M_{zz}\right\}, \\ \psi^{\mathrm{U}} = (2\rho q_\beta)^{-1}\left(-\dfrac{1}{2}pq_\beta\right)\left\{M_{xx}+M_{yy}-M_{zz}\right\}, \\ \psi^{\mathrm{D}} = (2\rho q_\beta)^{-1}\left(-\dfrac{1}{2}pq_\beta\right)\left\{M_{xx}+M_{yy}-M_{zz}\right\}, \\ \chi^{\mathrm{U}} = (2\rho\beta q_\beta)^{-1}\left(\dfrac{1}{2}\mathrm{i}p\right)\left\{M_{xy}-M_{yx}\right\}, \\ \chi^{\mathrm{D}} = (2\rho\beta q_\beta)^{-1}\left(-\dfrac{1}{2}\mathrm{i}p\right)\left\{M_{xy}-M_{yx}\right\}; \end{cases} \tag{10.91}$$

当 $m=\pm1$ 时，

$$\begin{cases} \phi^{\mathrm{U}} = (2\rho q_\alpha)^{-1}\left(\dfrac{1}{2}pq_\alpha\right)\left\{\pm(M_{xz}+M_{zx})-\mathrm{i}(M_{yz}+M_{zy})\right\}, \\ \phi^{\mathrm{D}} = (2\rho q_\alpha)^{-1}\left(\dfrac{1}{2}pq_\alpha\right)\left\{\pm(M_{xz}+M_{zx})-\mathrm{i}(M_{yz}+M_{zy})\right\}, \\ \psi^{\mathrm{U}} = (2\rho q_\beta)^{-1}\dfrac{1}{2}\left\{\pm\mathrm{i}\left[(\beta^{-2}-p^2)M_{xz}-p^2M_{zx}\right]+\left[(\beta^{-2}-p^2)M_{yz}-p^2M_{zy}\right]\right\}, \\ \psi^{\mathrm{D}} = (2\rho q_\beta)^{-1}\left(-\dfrac{1}{2}\right)\left\{\pm\mathrm{i}\left[(\beta^{-2}-p^2)M_{xz}-p^2M_{zx}\right]+\left[(\beta^{-2}-p^2)M_{yz}-p^2M_{zy}\right]\right\}, \\ \chi^{\mathrm{U}} = (2\rho\beta q_\beta)^{-1}\left(\dfrac{1}{2}\mathrm{i}q_\beta\right)\left\{\mp M_{yz}-\mathrm{i}M_{xz}\right\}, \\ \chi^{\mathrm{D}} = (2\rho\beta q_\beta)^{-1}\left(\dfrac{1}{2}\mathrm{i}q_\beta\right)\left\{\mp M_{yz}-\mathrm{i}M_{xz}\right\}; \end{cases} \tag{10.92}$$

当 $m=\pm2$ 时，

$$
\begin{cases}
\phi^{\mathrm{U}} = (2\rho q_\alpha)^{-1}\left(\dfrac{1}{4}\mathrm{i}p^2\right)\left\{(M_{yy}-M_{xx})\pm \mathrm{i}(M_{xy}+M_{yx})\right\}, \\
\phi^{\mathrm{D}} = (2\rho q_\alpha)^{-1}\left(-\dfrac{1}{4}\mathrm{i}p^2\right)\left\{(M_{yy}-M_{xx})\pm \mathrm{i}(M_{xy}+M_{yx})\right\}, \\
\psi^{\mathrm{U}} = (2\rho q_\beta)^{-1}\left(-\dfrac{1}{4}pq_\beta^2\right)\left\{M_{yy}-M_{xx}\pm \mathrm{i}(M_{xy}+M_{yx})\right\}, \\
\psi^{\mathrm{D}} = (2\rho q_\beta)^{-1}\left(-\dfrac{1}{4}pq_\beta^2\right)\left\{M_{yy}-M_{xx}\pm \mathrm{i}(M_{xy}+M_{yx})\right\}, \\
\chi^{\mathrm{U}} = (2\rho\beta q_\beta)^{-1}\left(\dfrac{1}{4}p\right)\left\{\pm(M_{yy}-M_{xx})+\mathrm{i}(M_{xy}+M_{yx})\right\}, \\
\chi^{\mathrm{D}} = (2\rho\beta q_\beta)^{-1}\left(-\dfrac{1}{4}p\right)\left\{\pm(M_{yy}-M_{xx})+\mathrm{i}(M_{xy}+M_{yx})\right\}.
\end{cases}
\tag{10.93}
$$

式(10.91)，式(10.92)和式(10.93)即为只含有矩张量项的震源波矢量间断的表示式.

现在来分析垂直向位移u_z的表示式．由式(10.86)的第 1 式可知：

$$
u_z = f_z'(\phi^{\mathrm{D}}, \psi^{\mathrm{D}}, \phi^{\mathrm{U}}, \psi^{\mathrm{U}}), \tag{10.94}
$$

在ϕ^{D}，ψ^{D}，ϕ^{U}，ψ^{U}的表示式(10.91)至式(10.93)中，式(10.91)和式(10.92)中不含有与M_{xy}和M_{yx}有关的项，式(10.93)中的M_{xy}和M_{yx}只以$M_{xy}+M_{yx}$的形式出现．这表明计算得到的垂直向位移u_z只与$M_{xy}+M_{yx}$有关，不携带任何单独与M_{xy}或M_{yx}有关的信息. 若单用垂直向位移u_z进行反演，只能获得$M_{xy}+M_{yx}$的大小，不能单独分辨出M_{xy}和M_{yx}的大小．在对称地震矩张量反演中，由于$M_{xy}=M_{yx}$，利用$M_{xy}+M_{yx}$可得$M_{xy}=M_{yx}=(M_{xy}+M_{yx})/2$．但是，在非对称地震矩张量反演中，由于$M_{xy}\neq M_{yx}$，所以仅利用垂直向的位移$u_z$无法单独反演出$M_{xy}$或$M_{yx}$.

若引入水平向位移u_r或u_θ与垂直向位移u_z进行联合反演，由式(10.86)的第 2 和第 3 两式可知：

$$
\begin{cases}
u_r = f_r'(\phi^{\mathrm{D}}, \psi^{\mathrm{D}}, \phi^{\mathrm{U}}, \psi^{\mathrm{U}}, \chi^{\mathrm{D}}, \chi^{\mathrm{U}}), \\
u_\theta = f_\theta'(\phi^{\mathrm{D}}, \psi^{\mathrm{D}}, \phi^{\mathrm{U}}, \psi^{\mathrm{U}}, \chi^{\mathrm{D}}, \chi^{\mathrm{U}}).
\end{cases}
\tag{10.95}
$$

与式(10.94) u_z相比较，u_r和u_θ不仅与震源项ϕ^{D}，ψ^{D}，ϕ^{U}，ψ^{U}有关，还与震源项χ^{D}，χ^{U}有关. 在χ^{D}，χ^{U}的表示式(10.91)中，M_{xy}和M_{yx}以$M_{xy}-M_{yx}$的形式出现．这表明u_r和u_θ携带的与M_{xy}和M_{yx}有关的信息不仅以$M_{xy}+M_{yx}$的形式出现，还以$M_{xy}-M_{yx}$的形式出现，使得利用u_r和(或) u_θ与u_z进行联合反演，有望单独反演出M_{xy}和M_{yx}.

利用u_z即可单独反演地震矩张量的其他分量，不存在上述分辨问题，分析方法与对M_{xy}分量和M_{yx}分量的分析类似．在下一节“数值试验”中将通过数值计算验证本节的结论，即：仅利用u_z无法单独反演出M_{xy}分量和M_{yx}分量，需要利用u_r和(或) u_θ与u_z进行联合反演，才有可能单独反演出M_{xy}和M_{yx}.

(四)数值试验

1. 用于数值试验的数据

为了检测矩张量反演方法的可行性，采用合成数据进行了数值试验．数值试验中设地震震源深度为10km，标量地震矩 M_0 为 1×10^{19}N·m，相当于矩震级 M_W6.6 的地震．选择两组具有代表性的非对称地震矩张量用于数值试验．第一组非对称地震矩张量的对称部分，对应于左旋走滑为主的震源机制，有少量 CLVD 分量，用 $\mathbf{M}_1$ 表示；第二组非对称地震矩张量的对称部分，对应于逆冲为主的震源机制，含有较大的 CLVD 分量，用 $\mathbf{M}_2$ 表示．同一组矩张量，都具有相等的对称部分和幅值不同的反对称部分．

第一组($\mathbf{M}_1$)中的非对称地震矩张量，对称部分 $\mathbf{M}_{1\text{sym}}$ 为

$$\mathbf{M}_{1\text{sym}}=\begin{bmatrix}0.03 & -1 & -0.01\\ -1 & -0.1 & 0.25\\ -0.01 & 0.25 & 0.7\end{bmatrix}. \tag{10.96}$$

利用与 $\mathbf{M}_{1\text{sym}}$ 有关的反对称地震矩张量 $\mathbf{M}_{1\text{anti\_sym}}$：

$$\mathbf{M}_{1\text{anti\_sym}}=\begin{bmatrix}0 & 1 & 0.01\\ -1 & 0 & -0.25\\ -0.01 & 0.25 & 0\end{bmatrix}, \tag{10.97}$$

可以合成得到非对称地震矩张量 $\mathbf{M}_{1\text{asym}}$：

$$\mathbf{M}_{1\text{asym}}=\mathbf{M}_{1\text{sym}}+\mu\mathbf{M}_{1\text{anti\_sym}}, \tag{10.98}$$

式中，μ为标量，μ分别取 0, 0.05, 0.1 和 0.2，由上式计算出 $\mathbf{M}_{1\text{asym}}$ 并归一化(刘超，2011)，即得到 M1 中的 4 个非对称地震矩张量，分别用 $\mathbf{M}_1^{(1)}$, $\mathbf{M}_1^{(2)}$, $\mathbf{M}_1^{(3)}$ 和 $\mathbf{M}_1^{(4)}$ 表示：

$$\begin{gathered}\mathbf{M}_1^{(1)}=\begin{bmatrix}0.029 & -0.967 & -0.010\\ -0.967 & -0.097 & 0.242\\ -0.010 & 0.242 & 0.068\end{bmatrix},\quad \mathbf{M}_1^{(2)}=\begin{bmatrix}0.029 & -0.917 & -0.009\\ -1.014 & -0.097 & 0.229\\ -0.010 & 0.253 & 0.068\end{bmatrix},\\ \mathbf{M}_1^{(3)}=\begin{bmatrix}0.029 & -0.866 & -0.009\\ -1.058 & -0.096 & 0.216\\ -0.011 & 0.265 & 0.067\end{bmatrix},\quad \mathbf{M}_1^{(4)}=\begin{bmatrix}0.028 & -0.758 & -0.008\\ -1.138 & -0.095 & 0.190\\ -0.011 & 0.284 & 0.066\end{bmatrix},\end{gathered} \tag{10.99}$$

式中，$\mathbf{M}_1^{(1)}$ 为对称地震矩张量．若考虑具有厚度和滑动弱化区的地震断层模式(刘超，2011；刘超和陈运泰，2014)，那么与较大力偶相联系的节面即为断层面，其力偶的矩为 T_1；与较小力偶相联系的节面即为辅助面，其力偶的矩为 T_2．为了表示力偶矩大小的差异，定义标量 λ：

$$\lambda=\frac{T_1-T_2}{T_2}=\frac{T_1}{T_2}-1,\quad \lambda\geqslant 0\ . \tag{10.100}$$

λ 反映的是在两个节面上，沿位错矢量方向力偶的矩大小的差异．当 $\lambda=0$ 时，$T_1=T_2$，矩张量退化为对称矩张量．在此情形下，无法分辨断层面和辅助面．随着反对称部分比重的增加，T_1 逐渐增大，T_2 逐渐减少，λ 也随之增大．由式(10.99)可计算出 $\mathbf{M}_1^{(1)}$, $\mathbf{M}_1^{(2)}$, $\mathbf{M}_1^{(3)}$

和 $\mathbf{M}_1^{(4)}$ 及对应的 λ 值，分别为：0, 0.09, 0.19 和 0.43.

类似地，在生成第二组($\mathbf{M}_2$)非对称地震矩张量时，其对称部分 $\mathbf{M}_{2\text{sym}}$ 和反对称部分 $\mathbf{M}_{2\text{anti\_sym}}$ 分别为

$$\mathbf{M}_{2\text{sym}} = \begin{bmatrix} 0.25 & -1 & -0.1 \\ -1 & -1 & 0.25 \\ -0.1 & 0.25 & 0.75 \end{bmatrix}, \quad \mathbf{M}_{2\text{anti\_sym}} = \begin{bmatrix} 0 & 1 & 0.1 \\ -1 & 0 & -0.25 \\ -0.1 & 0.25 & 0 \end{bmatrix}, \tag{10.101}$$

μ 分别取 0, 0.05, 0.1 和 0.2，由式(10.98)可计算出 $\mathbf{M}_{2\text{asym}}$ 并归一化，即得到 $\mathbf{M}_2$ 中的 4 个非对称地震矩张量，分别用 $\mathbf{M}_2^{(1)}, \mathbf{M}_2^{(2)}, \mathbf{M}_2^{(3)}$ 和 $\mathbf{M}_2^{(4)}$ 表示：

$$\begin{aligned} \mathbf{M}_2^{(1)} &= \begin{bmatrix} 0.182 & 0.728 & -0.073 \\ 0.728 & -0.728 & 0.182 \\ -0.073 & 0.182 & 0.546 \end{bmatrix}, \quad \mathbf{M}_2^{(2)} = \begin{bmatrix} 0.182 & 0.691 & -0.069 \\ 0.764 & -0.728 & 0.173 \\ -0.076 & 0.191 & 0.546 \end{bmatrix}, \\ \mathbf{M}_2^{(3)} &= \begin{bmatrix} 0.182 & 0.654 & -0.065 \\ 0.799 & -0.726 & 0.163 \\ -0.080 & 0.200 & 0.545 \end{bmatrix}, \quad \mathbf{M}_2^{(4)} = \begin{bmatrix} 0.180 & 0.576 & -0.057 \\ 0.864 & -0.720 & 0.144 \\ -0.086 & 0.216 & 0.540 \end{bmatrix}, \end{aligned} \tag{10.102}$$

式中，$\mathbf{M}_2^{(1)}$为对称地震矩张量. 由式(10.102)可计算 $\mathbf{M}_2^{(1)}, \mathbf{M}_2^{(2)}, \mathbf{M}_2^{(3)}$和 $\mathbf{M}_2^{(4)}$及对应的 λ 值，分别为：0, 0.06, 0.11 和 0.24.

数值试验选用了 37 个震中距在 30°与 90°之间的虚拟台站(图10.10). 对每一个台站，均采用归一化的、半周期为 15s 的正弦函数作震源时间函数，与格林函数卷积合成地震图. 对地震图分别加上 0%, 20%, 40%和 80%的高斯噪声，再用 4 阶巴特沃斯(Butterworth)滤波器滤波，滤波频率上限为 0.03Hz，频率下限为 0.002Hz. 截取滤波后合成地震图 P 波或 S 波到时前 10s 至到时后 90s 的数据，组成非对称地震矩张量反演数值试验的合成地震图.

图 10.10　数值试验中的台站分布八角星表示震中，三角形表示地震台

2. 数值试验结果

1) $\mathbf{M}_1$ 组中地震矩张量的反演结果

以矩张量 $\mathbf{M}_1^{(1)}$为震源，反演结果如图10.11 左上图和图 10.12 所示．由图10.11 左上图可知，在不同噪声强度水平下，反演结果的误差 D 随噪声增大而增加．其中以单用 P 波反演(以下简称“P 波反演”)的误差最大，P 波和 S 波联合反演(以下简称“联合反演”)的误差较小．由图 10.12 可知，在 40%噪声下，P 波反演结果的误差均超过 0.03，最高达到 0.07；在 80%噪声下，单用 S 波反演(以下简称“S 波反演”)结果的误差和联合反演结果的误差才超过 0.03，分别达到 0.04 和 0.05．$\mathbf{M}_1^{(1)}$为对称地震矩张量，其 λ=0．反演得到的 λ 最大为 0.02，相对较小，反演方法对 λ 的分辨较高，没有产生较大的误差．P 波反演和 S 波反演分别得出的震源时间函数 $S^{\mathrm{P}}(t)$ 和 $S^{\mathrm{S}}(t)$ 均与 $S(t)$ 基本上一致，准确稳定．

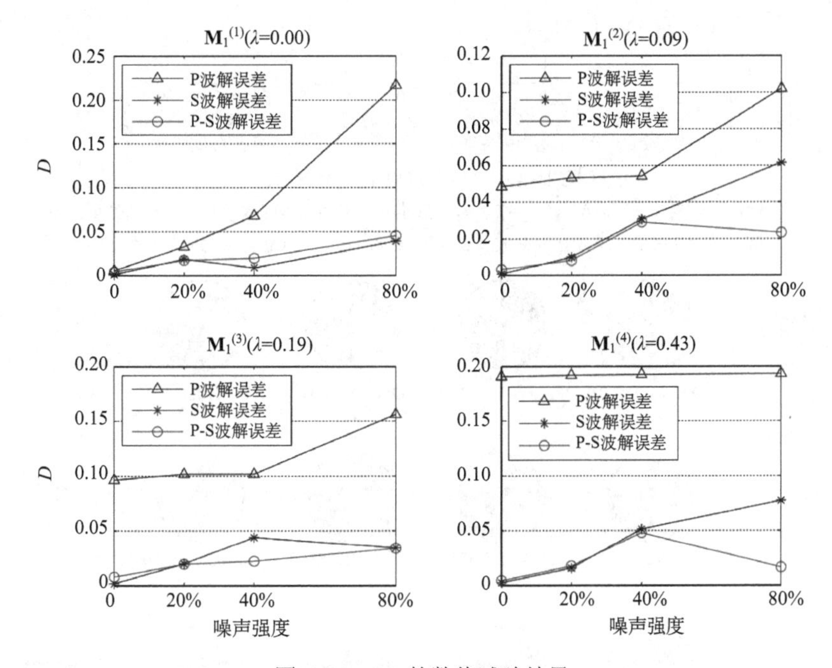

图10.11 $\mathbf{M}_1$ 的数值试验结果

以矩张量 $\mathbf{M}_1^{(2)}$为震源，反演结果如图 10.11 右上图和图 10.13 所示．由图 10.11 右上图可知，在不同噪声强度水平下，反演结果的误差 D 随噪声增大而增加．其中以 P 波反演的误差最大，联合反演的误差较小．由图 10.13 可知，无论噪声大小，P 波反演的误差均超过 0.03，最小为 0.05，最大达 0.1；S 波和联合反演结果的误差在 40%噪声下，达到 0.03．$\mathbf{M}_1^{(2)}$为非对称地震矩张量，其 λ=0.09．P 波反演结果均未能正确分辨断层面，但 S 波反演和联合反演结果均能正确分辨断层面，λ 值的误差随噪声增大而增加，在 0%，20%和 40%噪声下 λ 值误差较小，在 80%噪声下 λ 值有一定的误差．P 波反演和 S 波反演分别得出的震源时间函数 $S^{\mathrm{P}}(t)$ 和 $S^{\mathrm{S}}(t)$ 均与 $S(t)$ 基本上一致，准确稳定．

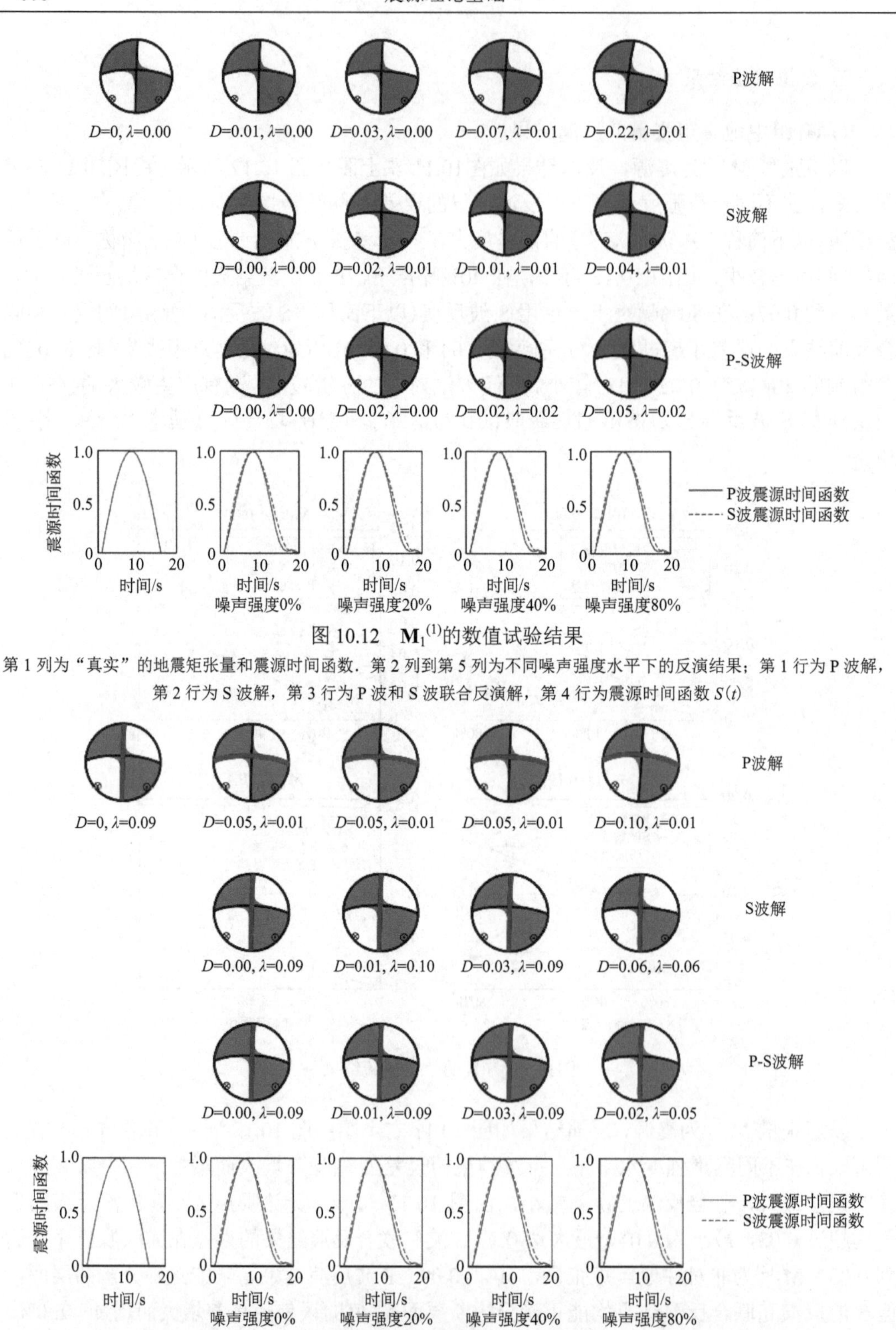

图 10.12　$\mathbf{M}_1^{(1)}$的数值试验结果

第 1 列为“真实”的地震矩张量和震源时间函数．第 2 列到第 5 列为不同噪声强度水平下的反演结果；第 1 行为 P 波解，第 2 行为 S 波解，第 3 行为 P 波和 S 波联合反演解，第 4 行为震源时间函数 $S(t)$

图 10.13　$\mathbf{M}_1^{(2)}$的数值试验结果

第 1 列为“真实”的地震矩张量和震源时间函数.第 2 列到第 5 列为不同噪声强度水平下的反演结果；第 1 行为 P 波解，第 2 行为 S 波解，第 3 行为 P 波和 S 波联合反演解，第 4 行为震源时间函数 $S(t)$

以矩张量$\mathbf{M}_1^{(3)}$为震源，反演结果如图 10.11 左下图和图 10.14 所示．由图 10.11 左下图可知，在不同噪声强度水平下，反演结果的误差D大致随噪声增大而增加，其中以 P 波反演的误差最大，联合反演的误差较小．由图 10.14 可知，无论噪声大小，P 波反演结果的误差均超过 0.03，最大达到 0.16；S 波反演结果的误差在 40%噪声下，达到 0.04；在 80%噪声下，又下降到 0.03；联合反演结果的误差在 80%噪声下达到 0.03．$\mathbf{M}_1^{(3)}$为非对称地震矩张量，其λ=0.19．P 波反演结果均未能正确分辨断层面，但 S 波和联合反演结果均能正确分辨断层面，λ值误差随噪声增大而增加，在 0%,20%和 40%噪声下λ值误差较小，在 80%噪声下λ值的误差较大．P 波反演和 S 波反演分别得出的震源时间函数$S^{\mathrm{P}}(t)$和$S^{\mathrm{S}}(t)$均与$S(t)$基本上一致，准确稳定．

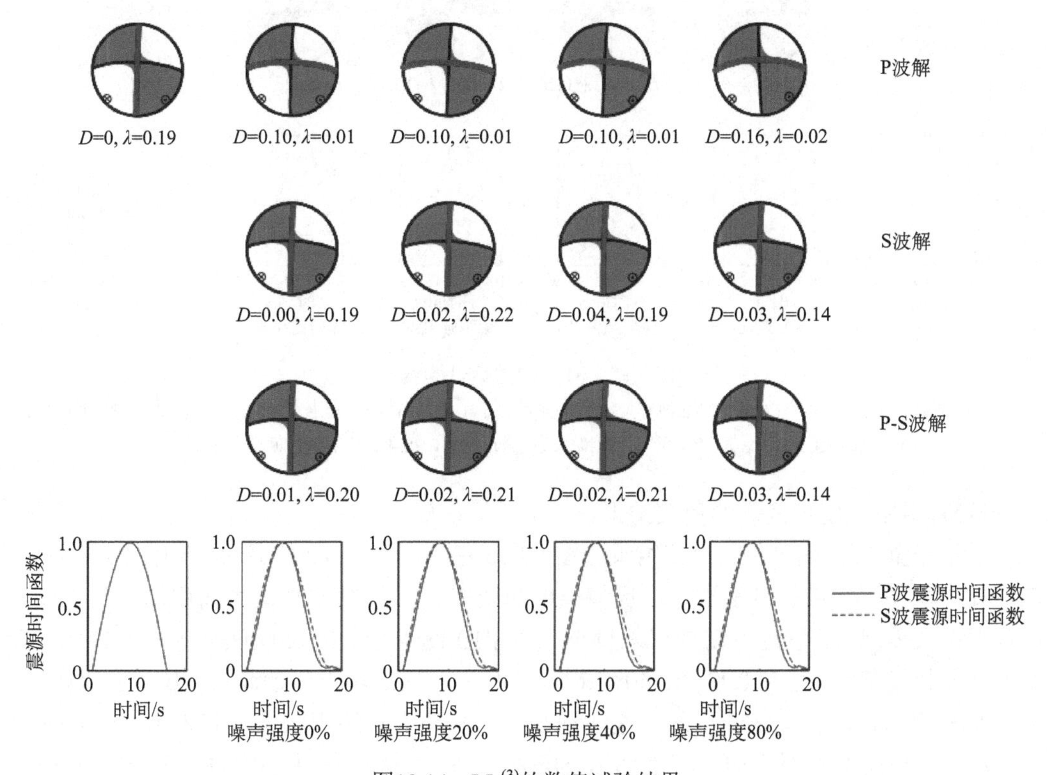

图10.14　$\mathbf{M}_1^{(3)}$的数值试验结果

第 1 列为“真实”的地震矩张量和震源时间函数．第 2 列到第 5 列为不同噪声强度水平下的反演结果；第 1 行为 P 波解，第 2 行为 S 波解，第 3 行为 P 波和 S 波联合反演解，第 4 行为震源时间函数$S(t)$

以矩张量$\mathbf{M}_1^{(4)}$为震源，反演结果如图 10.11 右下图和图 10.15 所示．由图 10.11 右下图可知，在不同噪声强度水平下，反演结果的误差D基本上随噪声增大而增加，其中以 P 波反演的误差最大，联合反演的误差较小．由图 10.15 可见，无论噪声大小，P 波反演结果的误差均超过 0.03，均为 0.19；S 波和联合反演结果的误差在 40%噪声下均达到 0.05．$\mathbf{M}_1^{(4)}$为非对称矩张量，其λ=0.43．P 波反演结果均未能正确分辨断层面，但 S 波反演结果和联合反演结果均能正确分辨断层面，λ值误差大致随噪声增大而增加．P 波反演和 S 波反演分别得出的震源时间函数$S^{\mathrm{P}}(t)$和$S^{\mathrm{S}}(t)$均与$S(t)$基本上一致，准确稳定．

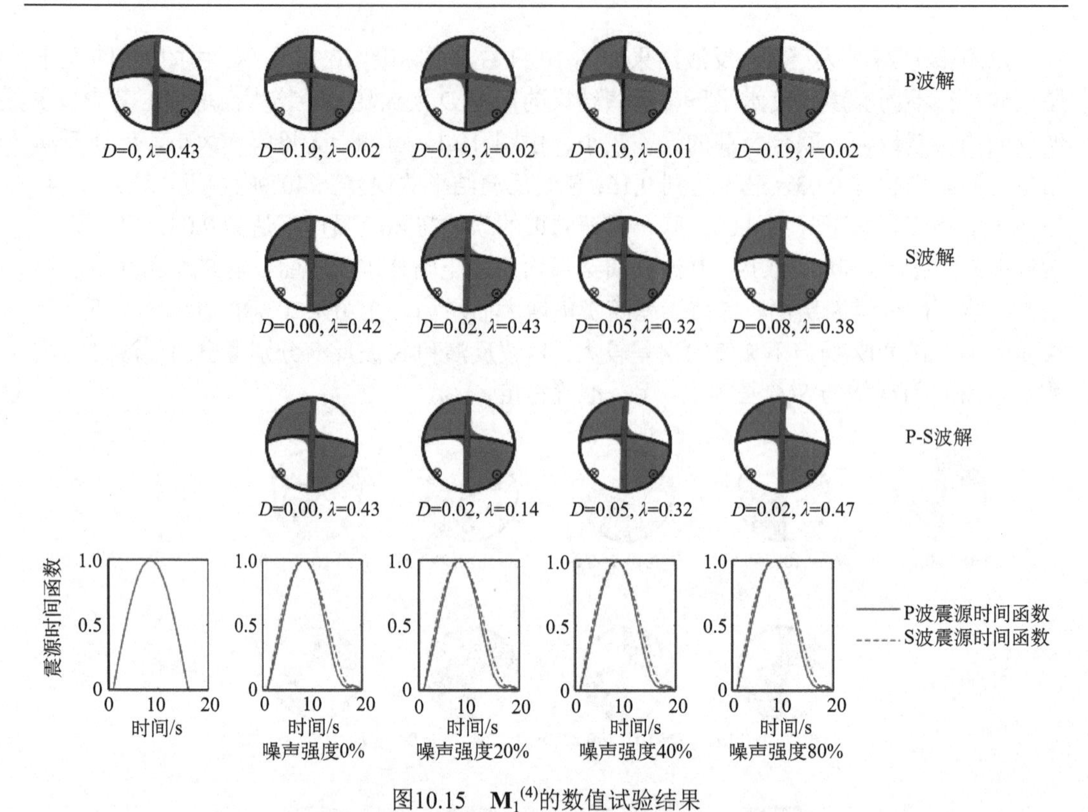

图10.15　$\mathbf{M}_1^{(4)}$的数值试验结果

第 1 列为“真实”的地震矩张量和震源时间函数．第 2 列到第 5 列为不同噪声强度水平下的反演结果；第 1 行为 P 波解，第 2 行为 S 波解，第 3 行为 P 波和 S 波联合反演解，第 4 行为震源时间函数 $S(t)$

2) $\mathbf{M}_2$ 组中地震矩张量的反演结果

以矩张量 $\mathbf{M}_2^{(1)}$为震源，反演结果如图 10.16 左上图和图 10.17 所示．由图10.16 左上图可知，在不同噪声强度水平下，反演结果的误差 D 大致随噪声增大而增加，其中以 P 波反演的误差最大, 联合反演的误差较小．由图10.18 可知，在 20%噪声下，P 波反演结果的误差超过 0.03，达到 0.11；在 40%噪声下，S 波反演的结果误差超过 0.03，达到 0.06；在 40%噪声下，联合反演结果的误差达到 0.03．$\mathbf{M}_2^{(1)}$为对称矩张量，其 λ=0．反演得到的 λ 值随噪声的增大而增加，在 40%和 80%噪声时，λ 值误差相对较大．P 波反演和 S 波反演分别得出的震源时间函数 $S^{\mathrm{P}}(t)$ 和 $S^{\mathrm{S}}(t)$ 均与 $S(t)$ 基本上一致, 准确稳定．

以矩张量 $\mathbf{M}_2^{(2)}$为震源，反演结果如图 10.16 右上图和图 10.18 所示．由图 10.16 右上图可知，在不同噪声强度水平下，反演结果的误差 D 随噪声增大而增加，其中以 P 波反演的误差最大，联合反演的误差较小．由图 10.18 可知，无论噪声大小，P 波反演结果的误差均超过 0.03，最小为 0.05，最大为 0.39．S 波反演和联合反演结果的误差在 40%噪声下，达到 0.03．$\mathbf{M}_2^{(2)}$为非对称矩张量，其 λ=0.06．P 波反演结果均未能正确分辨断层面．在 0%噪声下，S 波反演和联合反演结果均能正确分辨断层面．在 20%噪声下，只有联合反演的结果能正确分辨断层面．λ 值误差随噪声增大而增加．P 波反演和 S 波反演分别得出的震源时间函数 $S^{\mathrm{P}}(t)$ 和 $S^{\mathrm{S}}(t)$ 均与 $S(t)$ 基本上一致, 准确稳定．

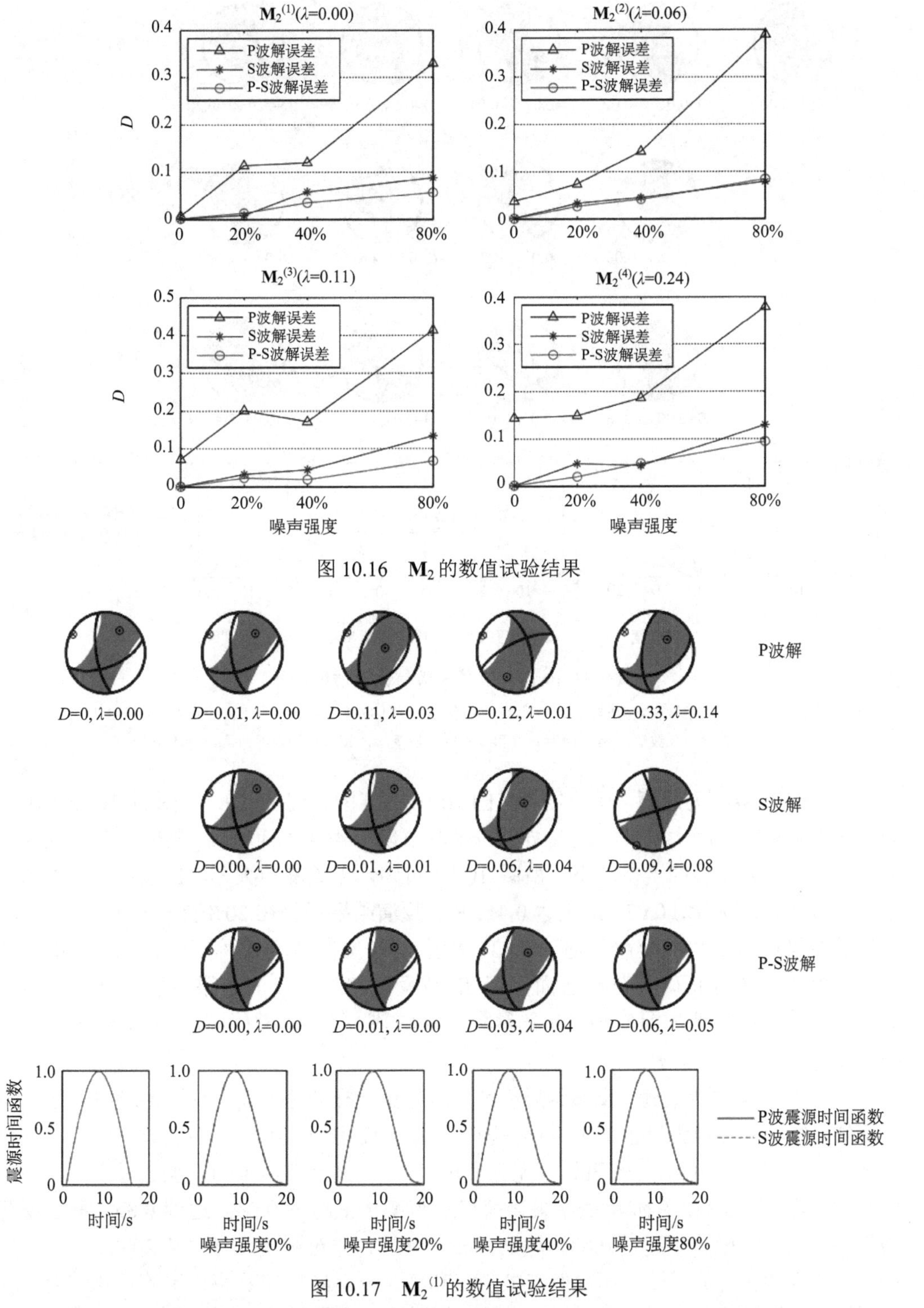

图 10.16　$\mathbf{M}_2$ 的数值试验结果

图 10.17　$\mathbf{M}_2^{(1)}$的数值试验结果

第 1 列为“真实”的地震矩张量和震源时间函数．第 2 列到第 5 列为不同噪声强度水平下的反演结果；第 1 行为 P 波解，第 2 行为 S 波解，第 3 行为 P 波和 S 波联合反演解，第 4 行为震源时间函数 $S(t)$

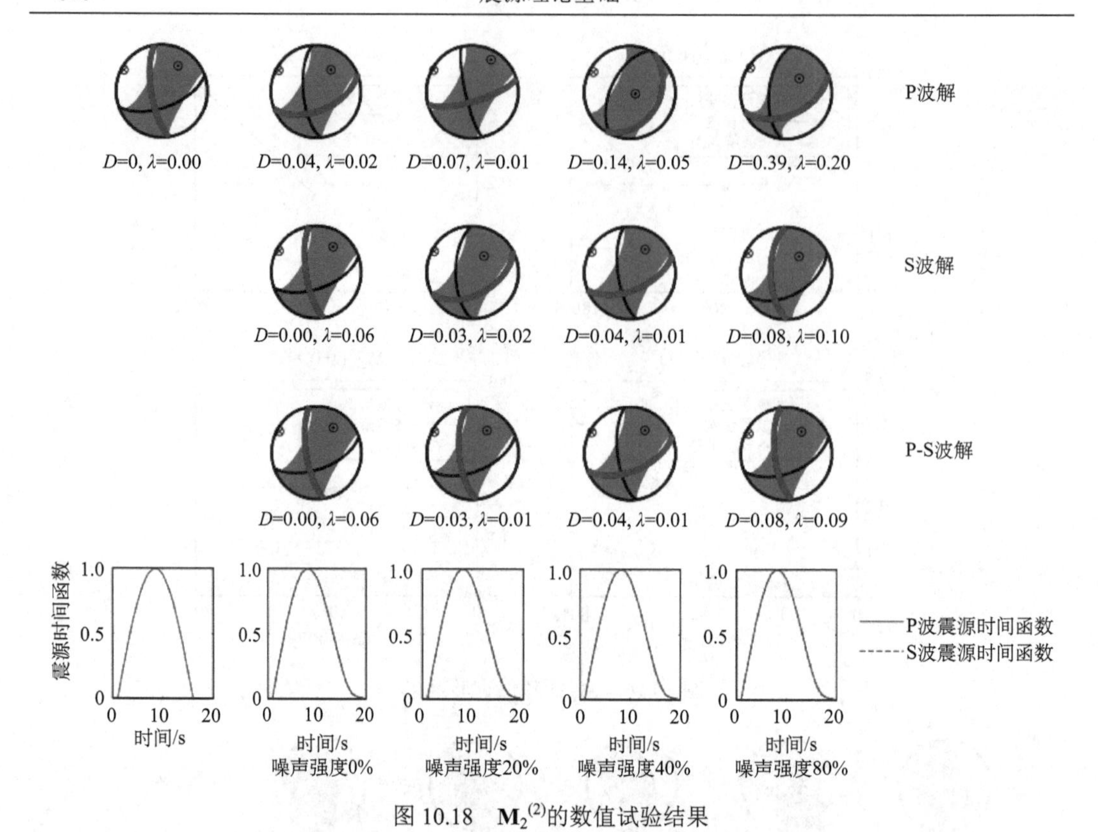

图 10.18　$\mathbf{M}_2^{(2)}$的数值试验结果

第 1 列为"真实"的地震矩张量和震源时间函数．第 2 列到第 5 列为不同噪声强度水平下的反演结果；第 1 行为 P 波解，第 2 行为 S 波解，第 3 行为 P 波和 S 波联合反演解，第 4 行为震源时间函数 $S(t)$

以矩张量 $\mathbf{M}_2^{(3)}$为震源，反演结果见图 10.16 左下图和图 10.19．由图 10.16 左下图可知，在不同噪声强度水平下，反演结果的误差 D 随噪声增大而增加, 其中以 P 波反演的误差最大，联合反演的误差较小．由图 10.19 可知，无论噪声大小，P 波反演结果的误差均超过 0.03，最小为 0.07，最大达 0.41．S 波反演结果误差在 20%噪声下达到 0.03．联合反演结果误差在 80%噪声下超过 0.03，达到 0.07．$\mathbf{M}_2^{(3)}$为非对称矩张量，其 λ=0.11．P 波反演结果均未能正确分辨断层面，但 S 波反演和联合反演结果均能正确分辨断层面．P 波反演和 S 波反演分别得出的震源时间函数 $S^{\mathrm{P}}(t)$ 和 $S^{\mathrm{S}}(t)$ 均与 $S(t)$ 基本上一致, 准确稳定．

以矩张量 $\mathbf{M}_2^{(4)}$为震源, 反演结果如图 10.19 右下图和图10.20 所示．由图 10.16 右下图可知，在不同噪声强度水平下，误差随噪声增大而增加．P 波反演的误差最大，联合反演的误差较小．由图10.20 可知，无论噪声大小, P 波反演结果的误差超过 0.03，最小为 0.14, 最大达 0.38．S 波反演结果误差在 20%噪声下超过 0.03，达到 0.05．联合反演结果误差在 40%噪声下超过 0.03，达到 0.05．$\mathbf{M}_2^{(3)}$为非对称矩张量，其 λ=0.24．P 波反演结果均未能正确分辨断层面，但 S 波反演和联合反演结果在噪声小于等于 40%时，均能正确分辨断层面．P 波反演和 S 波反演分别得出的震源时间函数 $S^{\mathrm{P}}(t)$ 和 $S^{\mathrm{S}}(t)$ 均与 $S(t)$ 基本上一致, 准确稳定．

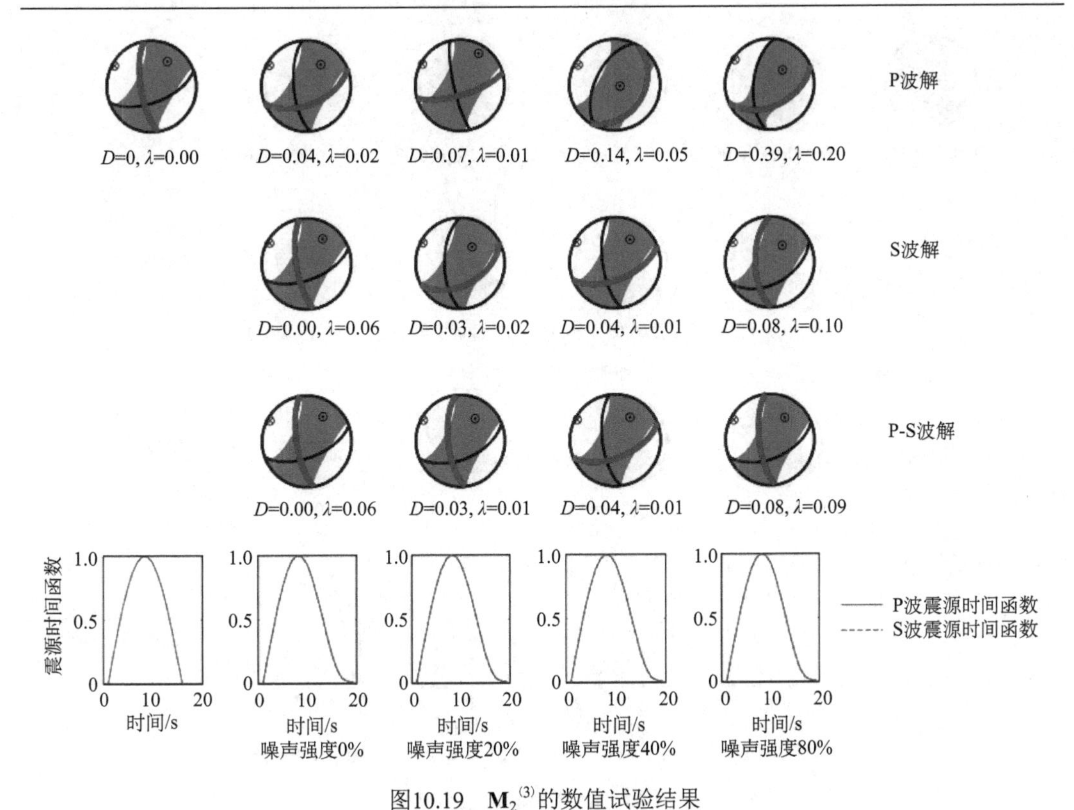

图10.19　$\mathbf{M}_2^{(3)}$的数值试验结果

第1列为“真实”的地震矩张量和震源时间函数．第2列到第4列为不同噪声下的反演结果；第1行为P波解，第2行为S波解，第3行为P波和S波联合反演解，第4行为震源时间函数$S(t)$

3. 非对称地震矩张量反演方法的可行性

以上通过数值试验验证了非对称地震矩张量反演方法的可行性．数值试验涉及具有代表性的非对称地震矩张量，包括以走滑为主、含有少量CLVD分量，以及以倾滑为主、含有较大CLVD分量两种情形，并且这两种情形下的矩张量都具有相等的对称部分和幅值不同的反对称部分．数值试验涉及范围广泛，试验结果具有相当大的适用性．由P波反演和S波反演分别得出的震源时间函数$S^{\mathrm{P}}(t)$和$S^{\mathrm{S}}(t)$均与$S(t)$基本上一致，准确稳定；同时，$S^{\mathrm{P}}(t)$和$S^{\mathrm{S}}(t)$之间又有主要由破裂传播效应产生的微小的差别，有力地说明了反演结果的可靠性与反演方法的可行性．

观察P波反演结果误差和λ值的关系即可发现，随着λ值的增大，P波反演结果的误差也增大．这是由于P波无法分辨非对称矩张量中M_{xy}和M_{yx}这两个分量造成的(刘超,2011)．由P波反演得到的矩张量，其M_{xy}分量和M_{yx}分量始终相等．随着λ增大，矩张量的非对称性越大，M_{xy}和M_{yx}的差异也越大．但因P波无法分辨M_{xy}和M_{yx}，若在反演中始终令M_{xy}和M_{yx}相等，会造成结果误差也随λ的增大而增大．在S波反演以及联合反演中，便不存在类似的问题．

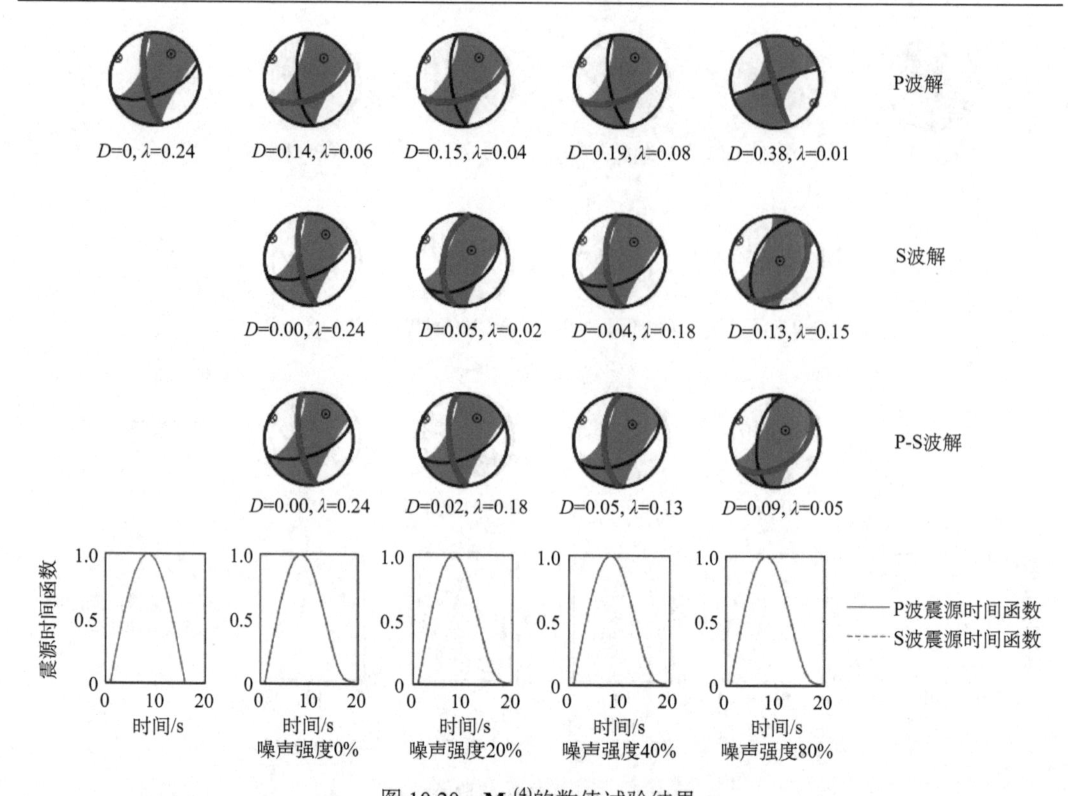

图 10.20　$\mathbf{M}_2^{(4)}$的数值试验结果

第 1 列为“真实”的地震矩张量和震源时间函数. 第 2 列到第 5 列为不同噪声下的反演结果；第 1 行为 P 波解，第 2 行为 S 波解，第 3 行为 P 波和 S 波联合反演解，第 4 行为震源时间函数 $S(t)$

除了对称地震矩张量 $\mathbf{M}_1^{(1)}$和 $\mathbf{M}_2^{(1)}$以外，$\mathbf{M}_2^{(2)}$对应的λ值最小，为$\lambda=0.06$. 当$\lambda=0.06$时，联合反演能在噪声小于等于 20%的条件下正确分辨断层面；当$\lambda\geq 0.09$ 时，由 $\mathbf{M}_1^{(2)}$的结果可知，联合反演能在噪声小于等于 40%的条件下正确分辨断层面.

这些数值试验结果表明，P 波反演的误差最大，S 波反演和联合反演的误差较小. S 波携带的震源信息与 P 波不同，P 波与 S 波联合反演可提高结果的准确性. 与 P 波反演和 S 波反演的结果比较，联合反演结果有较高的断层面判定正确率，充分说明了在非对称地震矩张量反演中，引入 S 波、进行 P 波与 S 波联合反演的必要性.

本节详细介绍了非对称地震矩张量时间域反演的理论与方法，引入了赤池信息准则(AIC 准则)以判断相对于对称地震矩张量反演，分析讨论了非对称地震矩张量反演是否存在过度拟合问题. 在非对称地震矩张量分析中，引入了地震矩张量的矢量表示法以定量地描述地震矩张量之间的差异. 通过分析格林函数与地震矩张量各个分量之间的关系，得出：在非对称地震矩张量反演时，若仅用垂直向地动位移数据，将无法区分 M_{xy} 和 M_{yx} 这两个分量；需要引入水平向地动位移数据进行联合反演以区分 M_{xy} 和 M_{yx}. 为了检验非对称地震矩张量反演方法的可行性，利用合成地震图进行了数值试验，验证了引入 S 波、进行 P 波与 S 波联合反演对于提高非对称地震矩张量反演的准确性、提高对断层面的判定能力的必要性. 在运用实际观测资料反演非对称地震矩张量的工作中，这些研究结果对于非对称地震矩张量的反演是很有益的参考.

参 考 文 献

李旭. 1993. 用地震波波形资料反演 1990 年青海共和地震的震源过程. 北京: 中国地震局地球物理研究所硕士学位论文.

李旭, 陈运泰, 1996. 合成地震图的广义反射透射系数矩阵方法. 地震地磁观测与研究, **17**(3): 1-20.

李旭, 陈运泰, 王培德, 1994. 水平层状介质中理论地震图计算程序的使用说明. 北京: 中国地震局地球物理研究所.

刘超. 2011. 断层厚度的地震效应和非对称矩张量. 北京: 中国地震局地球物理研究所博士学位论文.

刘超, 陈运泰, 2014. 断层厚度的地震效应和非对称地震矩张量. 地球物理学报, **57**(2): 509-517.

Akaike, H., 1974. A new look at the statistical model identification. *IEEE Transactions on Automatic Control* **19**(6): 716-723.

Aki, K., 1966. Generation and propagation of G waves from Niigata earthquake of June 16, 1964. 2. Estimation of earthquake movement, released energy, and stress-strain drop from G wave spectrum. *Bull. Earthq. Res. Inst. Tokyo Univ.* **44**, 23-88.

Aki, K. and Richards, P. G., 1980. *Quantitative Seismology*: *Theory and Methods*. **1** & **2**. San Francisco: W. H. Freeman. 1-932. 安芸敬一, P. G. 理查兹, 1986. 定量地震学. 第 **1, 2** 卷. 李钦祖, 邹其嘉等译. 北京: 地震出版社. 1-620, 1-406.

Backus, G. and Mulcahy, M., 1976a. Moment tensors and other phenomenological descriptions of seismic sources—I. Continuous displacements. *Geophys. J. R. A. S.* **46**: 341-371.

Backus, G. and Mulcahy, M., 1976b. Moment tensors and other phenomenological descriptions of seismic sources—II. Discontinuous displacements. *Geophys. J. R. A. S.* **47**(2): 301-329.

Born, M. and Wolf, E., 1959. *Principles of Optics*. London: Pergamon Press. 1-803.

Bouchon, M. and Aki, K., 1982. Strain, tilt, and rotation associated with strong ground motion in the vicinity of earthquake faults. *Bull. Seismol. Soc. Am.* **72** : 1717-1738.

Bullen, K. E., 1953. *An Introduction to the Theory of Seismology*. Second Ed. New York: Cambridge University Press. 1-296 .

Burridge, R. and Knopoff, L., 1964. Body force equivalents for seismic dislocations. *Bull. Seismol. Soc. Am.* **54**(6A): 1875-1888.

Cochard, A. and Madariaga, R. 1996. Complexity of seismicity due to highly rate-dependent friction. *J. Geophys. Res.* **101(**B11**)**: 25321-25366.

Cochard, A., Igel, H., Schuberth, B., Suryanto, W., Velikoseltsev, A., Schreiber, U., Wassermann, I., Scherbaum, F. and Vollmer, D., 2006. Rotational motions in seismology: Theory, observation, simulation. In: Teisseyrre, R., Takeo, M. and Majewski, E. (eds.), *Earthquake Source Asymmetry, Structural Media and Rotation Effects*. Berlin, Heidelberg, New York, The Netherlands: Springer-Verlag. 1-582.

Day, S. M., 1982. Three-dimensional simulation of spontaneous rupture: The effect of nonuniform prestress. *Bull. Seismol. Soc. Am.* **72**: 1881-1902.

De Hoop, A. T., 1958. *Representation Theorems for the Displacement in An Elastic Solid and Their Application to Elastodynamic Diffraction Theory*. Doctorial Thesis, Technische Hogeschool. The

Netherland: Delft. 1-84.

Dziewonski, A. M., Chou, T. A. and Woodhouse, J. H., 1981. Determination of earthquake source parameters from waveform data for studies of global and regional seismicity. *J. Geophys. Res.* **86**(B4): 2825-2852.

Ekström, G., 1989. A very broad band inversion method for the recovery of earthquake source parameters. *Tectonophysics* **166**(1-3): 73-100.

Fitch, T. J., McCowan, D. W. and Shields, M. W., 1980. Estimation of the seismic moment tensor from teleseismic body wave data with applications to intraplate and mantle earthquakes. *J. Geophys. Res.* **85**(B7): 3817-3828.

Fukuyama, E. and Mikumo, T., 2007. Slip-weakening distance estimated at near-fault stations. *Geophys. Res. Lett.* **34**(9): 529-536.

Galitzin, B. B., 1912. Lecture on seismometry. In: *Selected Works of B. B. Galitzin*. Vol. **2**. 1-228. Moscow: Academy of Sciences, USSR, 1-487. (In Russian)

Gilbert, F. and Dziewonski, A. M., 1975. An application of normal mode theory to the retrieval of structural parameters and source mechanisms from seismic spectra. *Phil. Trans. Roy. Soc. London* **278**: 187-269.

Haskell, N. A., 1964. Total energy and energy spectral density of elastic wave radiation from propagating faults, Part I. *Bull. Seismol. Soc. Am.* **54**: 1811-1841.

Haskell, N. A., 1966. Total energy and energy spectral density of elastic wave radiation from propagating faults, Part II. A statistical source model. *Bull. Seismol. Soc. Am.* **56**: 125-140.

Heaton, T. H., 1990. Evidence for and implications of self-healing pulses of slip in earthquake rupture. *Phys. Earth. Planet. Interi.* **64**(1): 1-20.

Hudson, J. A., Pearce, R. G. and Rogers, R. M., 1989. Source type plot for inversion of the moment tensor. *J. Geophys. Res.* **94**(B1): 765-774.

Igel, H., Cochard, A., Wassermann, J., Flaws, A., Schreiber, U., Velikoseltsev, A. and Pham Dinh, N., 2007. Broad-band observations of earthquake-induced rotational ground motions. *Geophys. J. Int.* **168**: 182-196.

Kagan, Y. Y., 1991. 3-D rotation of double-couple earthquake sources. *Geophys. J. Int.* **106**(3): 709-716.

Kagan, Y. Y. and Knopoff, L., 1985. The two-point correlation function of the seismic moment tensor. *Geophys. J. R. A. S.* **83**(3): 637-656.

Kanamori, H., 1994. Mechanics of earthquakes. *Ann. Rev. Earth Planet. Sci.* **22:** 207-237.

Kennett, B. L. N., 1980. Seismic waves in a stratified half space. *Geophys. J. R. A. S.* **61**(1): 1-10.

Kennett, B. L. N. and Kerry, N. J., 1979. Seismic waves in a stratified half space. *Geophys. J. R. A. S.* **57**(3): 557-583.

Kennett, B. L. N., 1983. *Seismic wave propagation in stratified media*. Cambridge: Cambridge University Press. 1-339.

Knopoff, L., 1956. Diffraction of elastic waves. *Acous. Soc. Am.* **28**: 217-229.

Knopoff, L. and Gilbert, F., 1960. First motions from seismic sources. *Bull. Seismol. Soc. Am.* **50**: 117-134.

Knopoff, L. and Chen, Y. T., 2009. Single-couple component of far-field radiation from dynamical fractures. *Bull. Seismol. Soc. Am.* **99**(2B): 1091-1102.

Kostrov, B. V., 1970. The theory of the focus for tectonic earthquakes. *Izv. Phys. Solid Earth* 258-267. (In Russian)

Kostrov, B. V., 1974. Seismic moment and energy of earthquake and seismic flow of rock. *Izv. Phys. Solid Earth* 13-21. (In Russian)

Lay, T. and Wallace, T. C., 1995. *Modern Global Seismology.* San Diego: Academic Press. 1-521.

Li, Y. -G., and Leary, P. C., 1990. Fault zone trapped seismic waves. *Bull. Seismol. Soc. Am.* **80**: 1245-1271.

Li, Y. -G., and Vidale, J. E., 1996. Low-velocity fault-zone guided waves: Numerical investigations of trapping efficiency. *Bull. Seismol. Soc. Am.* **86**: 371-378.

Li, Y. -G., Leary, P. C., Aki K. and Malin, P. E., 1990. Seismic trapped modes in the Oroville and San Andreas fault zones. *Science* **249**: 763-766.

Li, Y. -G., Ellsworth, W. L., Thurber, C. H., Malin, P. E. and Aki, K., 1997. Fault-zone guided waves from explosions in the San Andreas fault at Parkfield and Cienega valley, California. *Bull. Seismol. Soc. Am.* **87**: 210-222.

Love, A. E. H., 1927. *A Treatise on the Mathematical Theory of Elasticity*. 4th ed. New York: Cambridge University Press. 1-643.

Maruyama, T., 1963. On the force equivalents of dynamical elastic dislocations with reference to the earthquake mechanism. *Bull. Earthq. Res. Inst., Tokyo Univ.* **41**: 467-486.

Mikumo, T. and Miyatake, T., 1978. Dynamic rupture process on a three dimensional fault with non-uniform frictions and near-field seismic waves. *Geophys. J. R. astr. Soc.* **54**: 417-458.

Mikumo, T. and Yagi, Y., 2003. Slip-weakening distance in dynamic rupture of in-slab normal-faulting earthquakes. *Geophys. J. Int.* **155**: 443-455.

Nowacki, W., 1986. *Theory of Asymmetric Elasticity*. Oxford: Pergamon Press. 1-384 .

Ohnaka, M., 2003. A constitutive scaling law and a unified comprehension for frictional slip failure, shear fracture of intact rock, and earthquake rupture. *J. Geophys. Res.* **108**(B2): 2080.

Ohnaka, M. and Yamashita, T., 1989. A cohesive zone model for dynamic shear faulting based on experimentally inferred constitutive relation and strong motion source parameters. *J. Geophys. Res.* **94**: 4089-4104.

Ohnaka, M., Akatsu, H., Mochizuki, A., Tagashira, F. and Yamamoto, Y., 1997. A constitutive law for the shear failure of rock under lithospheric condition. *Tectonophysics* **277**: 1-27.

Rice, J. R., Sammis, C. G. and Parsons, R., 2005. Off-fault secondary failure induced by a dynamic slip-pulse. *Bull. Seismol. Soc. Am.* **95**: 109-134.

Richter, C. F., 1958. *Elementary Seismology*. San Francisco: W. H. Freeman. 1-768 .

Stauder, W. and Bollinger, G. A., 1964. The S-wave project for focal mechanism studies, earthquakes of 1962. *Bull. Seismol. Soc. Am.* **54**: 2198-2208.

Stauder, W. and Bollinger, G. A., 1966. The S-wave project for focal mechanism studies, earthquakes of 1963. *Bull. Seismol. Soc. Am.* **56:** 1363-1371.

Stokes, G. G., 1849. On the dynamical theory of diffraction. *Trans. Camb. Phil. Soc.* **9**: 1-62. Reprinted in Stokes' *Mathematical and Physical Papers* **2**(1883). Cambridge, 243-328.

Stratton, J. A., 1941. *Electromagnetic Theory.* New York: McGraw-Hill. 1-615.

Takei, Y. and Kumazawa, M., 1994. Why have the single force and torque been excluded from seismic source models? *Geophys. J. Int.* **118**(1): 20-30.

Takei, Y. and Kumazawa, M., 1995. Phenomenological representation and kinematics of general seismic sources including the seismic vector modes. *Geophys. J. Int.* **121**(3): 641-662.

Takeo, M., 1998. Ground rotational motions recorded in near-source region of earthquake. *Geophys. Res. Lett.* **25**: 789-792.

Takeo, M. and Ito, H. M., 1997. What can be learned from rotational motions excited by earthquakes? *Geophys. J. Int.* **129**: 319-329.

Teisseyre, R., Suchcicki, J., Teisseyre, K. P., Wiszniowski, J. and Palangio, P., 2003. Seismic rotation waves: Basic elements of theory and recording. *Ann. Geophys.* **46**: 671-685.

Venkataraman, A. and Kanamori, H., 2004. Observational constraints on the fracture energy of subduction zone earthquakes. *J. Geophys. Res.* **109**: B05302, doi 10. 1029/2003JB002549.

Wald, D. J. and Heaton, T. H., 1994. Spatial and temporal distribution of slip for the 1992 Landers, California earthquake. *Bull. Seismol. Soc. Am.* **84**: 668-691.

Willemann, R. J., 1993. Cluster analysis of seismic moment tensor orientations. *Geophys. J. Int.* **115**(3): 617-634.

Yamashita, T., 1976. On the dynamic process of fault motion in the presence of friction and inhomogeneous initial stress. Part I. Rupture propagation. *J. Phys. Earth* **24**: 417-444.

Zheng, G. and Rice, J. R., 1998. Conditions under which velocity weakening friction allows a self-healing versus a cracklike mode of rupture. *Bull. Seismol. Soc. Am.* **88**(6): 1466-1483.